普通高等学校药学类一流本科专业建设教材

 化学工业出版社"十四五"普通高等教育本科规划教材

生物化学

余 蓉 主编

卜友泉 黄春洪 宋永波 副主编

化学工业出版社

·北京·

内 容 简 介

《生物化学》全书分为十四章，包含生物大分子的化学（第一～四章）、物质代谢与调节（第五～十三章）以及生物化学与药学研究（第十四章）。本教材紧扣药学类专业本科教育培养目标，以教育部最新药学教育纲要为基础，重点阐述生物化学的基本理论、基本知识、基本技能，突出思想性、科学性、先进性、启发性和适用性。本书尽可能介绍了与药学相关的生物化学理论和应用以及进展，同时也适当地介绍了一些国外最前沿的生物化学理论与新知识以及取得的研究成果，以便进一步提高教材水平和质量；全书每章还包含有学习目标、知识链接、本章小结、拓展学习和思考题，便于学习和思考。

《生物化学》可供药学、生物制药、制药工程、临床药学等专业的本科生学习，也可作为药学其他专业的参考教材。

图书在版编目（CIP）数据

生物化学/余蓉主编；卜友泉，黄春洪，宋永波副主编. —北京：化学工业出版社，2023.5
普通高等学校药学类一流本科专业建设教材. 化学工业出版社"十四五"普通高等教育本科规划教材
ISBN 978-7-122-42836-3

Ⅰ.①生… Ⅱ.①余…②卜…③黄…④宋… Ⅲ.①生物化学-高等学校-教材 Ⅳ.①Q5

中国国家版本馆 CIP 数据核字（2023）第 041736 号

责任编辑：褚红喜　宋林青　　　　　　　　文字编辑：向　东
责任校对：边　涛　　　　　　　　　　　　装帧设计：关　飞

出版发行：化学工业出版社（北京市东城区青年湖南街 13 号　邮政编码 100011）
印　　装：大厂聚鑫印刷有限责任公司
889mm×1194mm　1/16　印张 31¼　字数 1028 千字　2023 年 10 月北京第 1 版第 1 次印刷

购书咨询：010-64518888　　　　　　　　售后服务：010-64518899
网　　址：http://www.cip.com.cn
凡购买本书，如有缺损质量问题，本社销售中心负责调换。

定　　价：69.80 元　　　　　　　　　　　　　　　　　版权所有　违者必究

《生物化学》编写组

主　编　余　蓉

副主编　卜友泉　黄春洪　宋永波

编写人员　（以姓氏汉语拼音为序）：

卜友泉	（重庆医科大学）	何红鹏	（天津科技大学）
黄春洪	（南昌大学）	李遂焰	（西南交通大学）
刘冰花	（成都大学）	宋永波	（沈阳药科大学）
王永中	（安徽大学）	余　蓉	（四川大学）
赵文锋	（中国药科大学）	郑永祥	（四川大学）
周建芹	（苏州大学）		

前　言

　　生物化学是一门重要的药学基础课，它与多门学科有着广泛的联系，近年随着生命学科的迅速发展，生物化学的新概念、新内容和新技术不断涌现，使生物化学内容的深度、广度不断扩大，极大地丰富了生物化学的内涵。目前，生物化学教科书呈现出多品种、多版本，国内的生物化学教材近百种；国外的生物化学教材，也不断推陈出新，一般每3～5年进行一次修订再版，反映生物化学领域研究的最新成果。党的二十大报告强调，"教育、科技、人才是全面建设社会主义现代化国家的基础性、战略性支撑"，"要坚持教育优先发展、科技自立自强、人才引领驱动，加快建设教育强国、科技强国、人才强国"，"加快建设高质量教育体系"，为适应我国高等药学教育改革与发展的需要，遵循高等药学教育发展规律，努力培养符合我国卫生事业发展和引领行业发展的创新型药学人才，我们根据教育部对教育改革、教材更新提出的要求，组织编写了这本供药学及相关专业的本科生使用的《生物化学》教材，本教材编写本着突出"三基"（基本理论、基础知识、基本技能）和"五性"（科学性、思想性、先进性、启发性、适用性）的原则，充分考虑学生的接受能力，力求做到深入浅出，重点阐述了现代生物化学的基础理论、基本知识和基本技能，并尽可能反映生命科学与化学相结合的现代药学研究模式的特点，突出了生物化学的基础理论与现代生物技术的进展及其在现代药学研究中的地位与作用。此外，本书还介绍了药学研究中的生物化学基础和生物药物及其最新进展。本书主要特点是密切结合医药类专业学生的学习和今后工作、升学需要，所设章节涵盖的知识面较全；既注重基本知识和基本理论的传授，又适当地穿插有知识链接等内容；每章除正文外，还包含有学习目标、知识链接、本章小结、拓展学习和思考题，便于学习和思考以及拓展相关知识。书末附有生物化学专业名词中英文索引以及参考书目。本书可供综合性大学、师范及其他院校医学、药学相关专业作为教材使用，也可供医药院校有关专业师生参考。

　　参与本书编写的各位老师均来自国内生物化学教学一线，且他们的教学经验相当丰富。根据分工，余蓉负责编写绪论、第一章，郑永祥负责编写第二章，周建芹负责编写第三章，王永中负责编写第四、六章，宋永波负责编写第五、十三章，李遂焰负责编写第七章，刘冰花负责编写第八章，赵文锋负责编写第九、十四章，卜友泉负责编写第十章，黄春洪负责编写第十一章，何红鹏负责编写第十二章。

　　本书在编写过程中，虽经多次修改审校，仍可能由于编者学识水平及条件所限，存在疏漏、欠妥之处，敬请同行专家、学生和读者予以批评指正。

编者

2022 年 12 月

目 录

绪论 / 1

第一节　生物化学的概念及研究内容 ·· 1
第二节　生物化学发展简史 ·· 2
第三节　生物化学与药学 ·· 3
小结 ·· 4
思考题 ·· 4
参考文献 ·· 5

第一章　蛋白质 / 6

第一节　概述 ·· 6
一、蛋白质的含量与分布 ··· 6
二、蛋白质的主要生物学作用 ·· 6
三、蛋白质分类 ··· 9
第二节　蛋白质的组成 ·· 9
一、蛋白质的化学组成 ·· 9
二、蛋白质的结构单位——氨基酸 ··· 10
三、氨基酸的理化性质 ··· 13
四、氨基酸的功能 ·· 14
五、氨基酸的分离与分析 ··· 15
第三节　蛋白质的结构 ··· 15
一、蛋白质的一级结构 ··· 15
二、蛋白质的二级结构 ··· 19
三、蛋白质的三级结构 ··· 24
四、蛋白质的四级结构 ··· 25
第四节　蛋白质的结构与功能 ·· 27
一、蛋白质一级结构与功能的关系 ·· 27
二、蛋白质的空间结构与功能 ·· 29
三、蛋白质结构变化与疾病 ··· 30

第五节 蛋白质的理化性质 ·· 31

一、蛋白质的紫外吸收性质 ·· 32

二、蛋白质的两性解离及等电点 ····································· 32

三、蛋白质的颜色反应 ··· 32

四、蛋白质的胶体性质 ··· 33

五、蛋白质的沉淀作用 ··· 33

六、蛋白质的变性与复性 ··· 35

七、蛋白质分子质量与免疫学性质 ································· 36

第六节 蛋白质的分离纯化与分析 ····································· 37

一、蛋白质分离纯化的一般原则与程序 ····························· 37

二、蛋白质纯度鉴定 ··· 42

三、蛋白质浓度测定 ··· 43

四、蛋白质的分子量测定 ··· 44

五、蛋白质的序列与结构分析 ······································· 45

六、蛋白质组学研究 ··· 50

第七节 蛋白质在医药研究中的应用 ··································· 50

一、蛋白质药物 ··· 50

二、蛋白质作为药物靶点 ··· 52

本章小结 ·· 53

拓展学习 ·· 54

思考题 ·· 54

参考文献 ·· 54

第二章　核酸 / 55

第一节 概述 ·· 55

一、核酸的种类及分布 ··· 55

二、核酸的生物学功能 ··· 56

三、核酸的研究简史 ··· 57

第二节 核酸的化学组成 ··· 62

一、核酸的元素组成 ··· 62

二、核酸的结构单元 ··· 62

第三节 核酸的分子结构与功能 ······································· 65

一、DNA 的结构 ·· 66

二、DNA 的功能 ·· 74

三、RNA 的结构 ·· 74

四、RNA 的功能 ·· 80

第四节 核酸的理化性质 ··· 81

一、核酸的物理性质 ··· 81

二、核酸的水解 ··· 82

　　三、核酸的两性解离性质 ·· 83

　　四、核酸的紫外吸收性质 ·· 84

　　五、核酸的变性和复性 ·· 85

第五节　核酸的分离纯化和分析 ··· 87

　　一、核酸的提取和分离 ·· 87

　　二、核酸纯度的测定 ·· 90

　　三、核酸含量的测定 ·· 90

　　四、核酸序列的测定 ·· 91

　　五、核酸序列的化学合成 ·· 93

第六节　核酸在医药研究中的应用 ··· 93

　　一、核酸药物 ·· 94

　　二、核酸作为药物靶点 ·· 95

　　三、核酸技术在检测、诊断中的应用 ·· 96

本章小结 ·· 98

拓展学习 ·· 99

思考题 ·· 99

参考文献 ·· 99

第三章　酶 / 100

第一节　概述 ·· 100

　　一、酶的概述 ·· 100

　　二、酶的作用特点 ·· 101

　　三、酶的命名及分类 ·· 103

第二节　酶的化学本质与结构 ·· 106

　　一、酶的化学本质与分子组成 ·· 106

　　二、酶的结构与功能 ·· 106

第三节　维生素与酶的辅助因子 ·· 107

　　一、维生素概述 ·· 107

　　二、脂溶性维生素 ·· 107

　　三、水溶性维生素与辅酶 ·· 109

　　四、其他辅因子 ·· 117

第四节　酶的作用机制 ·· 117

　　一、酶活性中心的特点 ·· 117

　　二、酶作用专一性的机制 ·· 118

　　三、酶作用高效性的机制 ·· 119

第五节　酶促反应动力学 ·· 121

　　一、酶促反应速率 ·· 121

　　二、影响酶促反应速率的因素 ·· 122

第六节　生物体内重要的调节酶 ··· 132

一、别构酶 ··· 132

二、可逆共价修饰 ··· 135

三、同工酶 ··· 136

四、酶原激活 ··· 137

第七节　酶活力测定与酶的分离纯化 ··· 138

一、酶活力测定 ·· 138

二、酶的分离纯化 ··· 139

第八节　酶在医药研究中的应用 ··· 140

一、酶类药物 ··· 140

二、酶作为药物靶点设计药物 ·· 141

三、酶作为疾病诊断试剂 ··· 141

四、酶作为工具生产药物 ··· 141

本章小结 ··· 143

拓展学习 ··· 144

思考题 ·· 144

参考文献 ··· 144

第四章　生物膜 / 146

第一节　生物膜的化学组成 ··· 146

一、膜脂 ··· 147

二、膜蛋白 ··· 150

三、糖类 ··· 152

第二节　生物膜的结构 ··· 154

一、生物膜的流动镶嵌模型 ···154

二、目前对生物膜结构的认识 ··· 154

第三节　生物膜的功能 ··· 156

一、物质的跨膜运输 ··· 156

二、能量转换 ··· 159

三、信号转导 ··· 160

四、细胞识别 ··· 160

第四节　生物膜在医药研究中的应用 ··· 161

一、脂质类药物 ·· 161

二、生物膜作为药物靶点 ··· 164

三、生物膜对药物转运的影响 ··· 165

本章小结 ··· 167

拓展学习 ··· 168

思考题 ·· 168

参考文献 ··· 168

第五章　代谢导论 / 169

第一节　新陈代谢概述 …………………………………………………………………………… 169
一、新陈代谢的基本概念及特点 ……………………………………………………………… 169
二、物质代谢 …………………………………………………………………………………… 169
三、新陈代谢的研究方法 ……………………………………………………………………… 172
第二节　代谢中的生物能学 ……………………………………………………………………… 173
一、代谢反应中自由能的变化 ………………………………………………………………… 174
二、高能化合物 ………………………………………………………………………………… 175
本章小结 …………………………………………………………………………………………… 176
拓展学习 …………………………………………………………………………………………… 177
思考题 ……………………………………………………………………………………………… 177
参考文献 …………………………………………………………………………………………… 177

第六章　生物氧化 / 178

第一节　概述 ……………………………………………………………………………………… 178
一、生物氧化的概念 …………………………………………………………………………… 178
二、生物氧化的方式与酶类 …………………………………………………………………… 178
三、生物氧化的特点 …………………………………………………………………………… 180
第二节　线粒体氧化体系 ………………………………………………………………………… 181
一、呼吸链 ……………………………………………………………………………………… 181
二、氧化磷酸化 ………………………………………………………………………………… 188
第三节　非线粒体氧化体系 ……………………………………………………………………… 195
一、微粒体的加氧酶体系 ……………………………………………………………………… 195
二、过氧化物酶体氧化体系 …………………………………………………………………… 197
三、活性氧的产生与清除 ……………………………………………………………………… 198
第四节　生物氧化在医药研究中的应用 ………………………………………………………… 199
一、相关辅酶类药物 …………………………………………………………………………… 199
二、生物氧化过程作为药物靶点 ……………………………………………………………… 201
本章小结 …………………………………………………………………………………………… 205
拓展学习 …………………………………………………………………………………………… 206
思考题 ……………………………………………………………………………………………… 206
参考文献 …………………………………………………………………………………………… 206

第七章　糖类及糖代谢 / 208

第一节　糖类的概念、分类与功能 ……………………………………………………………… 208
一、糖类的概念 ………………………………………………………………………………… 208
二、糖类的分类 ………………………………………………………………………………… 208

三、糖类的功能 ………………………………………………………………………………… 209

第二节 糖类的化学结构 ……………………………………………………………………… 209

一、单糖 …………………………………………………………………………………………… 209

二、寡糖 …………………………………………………………………………………………… 218

三、多糖 …………………………………………………………………………………………… 220

第三节 糖的消化吸收 ………………………………………………………………………… 230

一、糖的消化 ……………………………………………………………………………………… 230

二、糖的吸收 ……………………………………………………………………………………… 230

第四节 葡萄糖的分解代谢 …………………………………………………………………… 231

一、单糖的代谢概况 ……………………………………………………………………………… 231

二、葡萄糖的无氧分解 …………………………………………………………………………… 231

三、葡萄糖的有氧氧化 …………………………………………………………………………… 237

四、葡萄糖的磷酸戊糖途径 ……………………………………………………………………… 243

第五节 糖异生 ………………………………………………………………………………… 246

一、糖异生的概念 ………………………………………………………………………………… 246

二、糖异生途径 …………………………………………………………………………………… 247

三、糖异生的调节与生物学意义 ………………………………………………………………… 248

第六节 糖原的代谢 …………………………………………………………………………… 251

一、糖原的分类 …………………………………………………………………………………… 251

二、糖原的合成 …………………………………………………………………………………… 251

三、糖原的分解 …………………………………………………………………………………… 252

四、糖原代谢的调节 ……………………………………………………………………………… 253

第七节 血糖水平的调节 ……………………………………………………………………… 255

一、血糖的来源与去路 …………………………………………………………………………… 255

二、血糖水平的调节 ……………………………………………………………………………… 255

三、血糖水平异常与治疗 ………………………………………………………………………… 257

第八节 糖类及糖代谢在医药领域中的应用 ………………………………………………… 258

一、糖类药物 ……………………………………………………………………………………… 258

二、糖代谢作为药物靶点 ………………………………………………………………………… 259

本章小结 ……………………………………………………………………………………… 260

拓展学习 ……………………………………………………………………………………… 261

思考题 ………………………………………………………………………………………… 261

参考文献 ……………………………………………………………………………………… 261

第八章　脂质及脂质代谢 / 262

第一节 脂质的概念、分类与功能 …………………………………………………………… 262

一、脂质的概念 …………………………………………………………………………………… 262

二、脂质的分类 …………………………………………………………………………………… 262

三、脂质的功能 …………………………………………………………………………………… 263

第二节 脂质的化学结构 ……………………………………………………………………… 264

一、单纯脂质的化学结构 ·· 264

二、复合脂质的化学结构 ·· 267

第三节　脂质的消化、吸收及转运 ·· 270

一、脂质的消化 ·· 270

二、脂质的吸收 ·· 271

三、脂质的转运 ·· 271

四、脂质的储存 ·· 272

第四节　甘油三酯的分解代谢 ·· 272

一、脂肪的水解 ·· 272

二、甘油的代谢 ·· 273

三、脂肪酸的分解 ·· 273

四、酮体的代谢 ·· 277

第五节　甘油三酯的合成代谢 ·· 279

一、甘油-3-磷酸的生物合成 ·· 279

二、脂肪酸的生物合成 ·· 279

三、甘油三酯的生物合成 ·· 284

第六节　其他脂质的代谢 ·· 286

一、甘油磷脂的代谢 ·· 286

二、胆固醇的代谢 ·· 288

第七节　血浆脂蛋白的代谢 ·· 292

一、血脂 ·· 292

二、血浆脂蛋白的组成 ·· 292

三、血浆脂蛋白的结构 ·· 293

四、血浆脂蛋白的分类及其分离方法 ·· 293

五、血浆脂蛋白的来源及功能 ··· 294

六、脂质代谢紊乱 ·· 296

第八节　脂质代谢在医药研究中的应用 ·· 297

一、脂质药物 ·· 297

二、脂质代谢作为药物靶点 ··· 298

本章小结 ·· 300

拓展学习 ·· 301

思考题 ·· 301

参考文献 ·· 301

第九章　氨基酸代谢 / 302

第一节　蛋白质的降解 ·· 302

一、蛋白质的消化与分解 ·· 302

二、细胞内蛋白质的降解 ·· 307

第二节　氨基酸的分解和转化 ·· 309

一、脱氨基作用 ·· 309

　　二、氨的代谢 ………………………………………………………………………………… 313

　　三、氨基酸碳骨架的代谢 ………………………………………………………………… 316

　　四、脱羧基作用 ………………………………………………………………………………… 317

　　五、一碳单位 …………………………………………………………………………………… 319

第三节　氨基酸的生物合成 ………………………………………………………………… 323

　　一、氨的来源 …………………………………………………………………………………… 324

　　二、氨同化 ……………………………………………………………………………………… 326

　　三、氨基酸的生物合成 …………………………………………………………………… 327

　　四、氨基酸衍生的重要生物分子 ……………………………………………………… 341

第四节　蛋白质降解与氨基酸代谢在医药研究中的应用 ……………………… 347

　　一、蛋白降解靶向嵌合体 ………………………………………………………………… 348

　　二、氨基酸类药物 …………………………………………………………………………… 348

　　三、氨基酸代谢作为药物靶点 …………………………………………………………… 349

本章小结 …………………………………………………………………………………………… 351

拓展学习 …………………………………………………………………………………………… 352

思考题 ……………………………………………………………………………………………… 352

参考文献 …………………………………………………………………………………………… 352

第十章　核苷酸代谢 / 353

第一节　核苷酸代谢概述 …………………………………………………………………… 353

　　一、核苷酸的生物学功能 ………………………………………………………………… 353

　　二、核苷酸的消化吸收 …………………………………………………………………… 354

　　三、核苷酸的代谢 …………………………………………………………………………… 354

第二节　嘌呤核苷酸的代谢 ………………………………………………………………… 355

　　一、嘌呤核苷酸的合成 …………………………………………………………………… 355

　　二、嘌呤核苷酸的分解 …………………………………………………………………… 358

第三节　嘧啶核苷酸的代谢 ………………………………………………………………… 359

　　一、嘧啶核苷酸的合成 …………………………………………………………………… 359

　　二、嘧啶核苷酸的分解代谢 …………………………………………………………… 362

第四节　脱氧核糖核苷酸与核苷三磷酸的合成 …………………………………… 363

　　一、脱氧核糖核苷酸的合成 …………………………………………………………… 363

　　二、核苷三磷酸的合成 …………………………………………………………………… 364

第五节　核苷酸代谢在医药研究中的应用 …………………………………………… 364

　　一、核苷酸类似物药物 …………………………………………………………………… 364

　　二、基于核苷酸代谢的药物靶标 ……………………………………………………… 365

本章小结 …………………………………………………………………………………………… 366

拓展学习 …………………………………………………………………………………………… 367

思考题 ……………………………………………………………………………………………… 367

参考文献 …………………………………………………………………………………………… 367

第十一章 核酸的生物合成 / 368

第一节 DNA 的生物合成 ·· 368
一、DNA 复制 ·· 368
二、逆转录 ·· 379
三、DNA 的损伤与修复 ··· 379
第二节 RNA 的生物合成 ·· 385
一、转录 ··· 385
二、RNA 的复制 ··· 394
第三节 与核酸生物合成相关的医药研究 ·· 395
一、抑制核酸合成的药物 ··· 395
二、核酸类似物药物 ·· 396
本章小结 ·· 397
拓展学习 ·· 398
思考题 ·· 398
参考文献 ·· 398

第十二章 蛋白质的生物合成 / 399

第一节 蛋白质合成体系的重要组分 ··· 399
一、mRNA 及遗传密码 ··· 399
二、tRNA ··· 403
三、核糖体 ·· 405
四、重要的酶及辅助因子 ··· 407
第二节 蛋白质的生物合成过程 ·· 408
一、原核生物蛋白质合成过程 ··· 409
二、真核生物蛋白质合成过程 ··· 412
第三节 蛋白质合成后的修饰加工及靶向运输 ····································· 414
一、蛋白质一级结构的修饰加工 ·· 414
二、蛋白质空间构象的形成 ·· 417
三、蛋白质分选与靶向运输 ·· 419
第四节 与蛋白质生物合成相关的医药研究 ··· 421
一、蛋白质生物合成抑制药物 ··· 421
二、蛋白质翻译后修饰与医药研发 ··· 423
三、蛋白质类药物的生物合成 ··· 424
本章小结 ·· 426
拓展学习 ·· 427
思考题 ·· 427
参考文献 ·· 427

第十三章　物质代谢与代谢调节 / 428

第一节　物质代谢的相互关系 ·· 428
　一、糖类代谢与蛋白质代谢的相互关系 ··· 429
　二、糖类代谢与脂质代谢的相互关系 ·· 429
　三、脂质代谢与蛋白质代谢的相互关系 ··· 430
　四、核酸代谢与糖、脂质及蛋白质代谢的相互关系 ························· 430
第二节　代谢调节 ··· 431
　一、细胞水平的代谢调节 ··· 432
　二、激素水平的代谢调节 ··· 436
　三、整体水平的代谢调节 ··· 439
第三节　药物在体内的转运与代谢 ·· 440
　一、药物代谢转化的类型和酶系 ··· 440
　二、影响药物代谢转化的因素 ··· 442
　三、药物代谢转化的意义 ··· 443
第四节　代谢调节剂在医药研究中的应用 ·· 444
　一、代谢抑制剂类药物 ·· 444
　二、代谢激活剂类药物 ·· 445
　三、抗代谢物 ·· 446
本章小结 ·· 447
拓展学习 ·· 449
思考题 ··· 449
参考文献 ·· 449

第十四章　生物化学与药物研究 / 450

第一节　药物研究的生化基础 ·· 450
　一、药物靶点发现的生化基础 ··· 450
　二、药物设计的生化基础 ··· 457
　三、药物递送的生化基础 ··· 460
　四、药理评价的生化基础 ··· 463
第二节　生物药物 ··· 465
　一、生物药物概述 ··· 465
　二、生物药物的分类与应用 ·· 467
　三、生物药物的制备 ·· 468
本章小结 ·· 472
拓展学习 ·· 473
思考题 ··· 473
参考文献 ·· 473

索引 / 474

绪　论

学习目标

1. 掌握：生物化学的概念、主要研究内容。
2. 熟悉：生物化学的发展史、生物化学与药学的相关性。
3. 了解：生物化学的发展趋势。

第一节　生物化学的概念及研究内容

生物化学（biochemistry）是在分子水平上阐明生物体的化学组成和生命过程中的化学变化规律的一门科学，也称生命的化学。本学科主要从化学角度探讨生命体的化学组成、分子结构、理化性质、生物功能、构效关系、代谢转化的过程和规律、信息传递，并在此基础上探讨药物设计和生物药物的技术与应用等。

生物化学研究的内容十分广泛，当代生物化学的研究主要可分为以下三个方面。

1. 结构生物化学

结构生物化学主要阐明生物大分子的结构、性质与功能以及生物大分子之间的相互作用，是当代生物化学研究的重点，其研究内容包括构成生物体的基本生物分子（蛋白质、核酸、酶、脂类、糖类等）的化学组成、结构、理化性质与功能，这部分内容也称为静态生物化学。

2. 代谢生物化学

代谢生物化学主要研究生物体的基本物质在生命活动中的化学转变过程，即**新陈代谢**（metabolism），以及在代谢过程中能量的转换和代谢调节规律，这部分也称为动态生物化学。新陈代谢是生物的基本特征之一，其主要功能包括三个方面：一是能量的获取和利用；二是与细胞的结构和功能相关的分子（如蛋白质、核酸、脂类和糖类）的合成与分解；三是细胞内代谢废物的清除。正常的物质代谢是正常生命过程的必要条件，如果物质代谢发生紊乱则可引起疾病。物质代谢的调节十分复杂，不仅具有细胞水平的调节，而且具有激素和整体水平（神经-体液系统）的调节。研究生物体内的化学反应是研究代谢过程的必经途径，也是生物化学研究的重要内容。

3. 核酸生物化学

核酸生物化学的研究内容是阐明核酸在生命过程中的作用，包括 DNA 复制、转录、翻译以及基因表达与调控。核酸是遗传信息的携带者，遗传信息按照中心法则指导蛋白质的合成，从而使生命得以延续和表现出各种生命特征。其主要以 DNA、RNA 和蛋白质的结构及它们在遗传信息传递中的作用为研究对象，阐明遗传信息的传递、表达与调控，这些也是生物化学与分子生物学研究的交汇点。

第二节　生物化学发展简史

生物化学的诞生主要得益于 18 世纪晚期化学的发展及 19 世纪生物学的发展，至 20 世纪初已基本形成一门独立的学科。在 20 世纪中期，生物化学突飞猛进，已完全形成体系完整、内容丰富的新学科。生物化学发展至今，大体可分为三个阶段。

1. 第一阶段：生物化学初期

1877 年德国医学家 Hoppe-Seyler 提出"biochemie"这一德文名词（含义为"生物化学"），1903 年德国 Carl Neuberg 首先提出"biochemistry"（含义为"生物化学"），标志着生物化学的诞生，并随后发展成一门独立的学科。19 世纪中叶至 20 世纪 30 年代主要研究生物体内的化学组成。对糖、脂质、氨基酸的组成及其性质进行了较为系统的研究，而且发现了核酸，确定了蛋白质是由小分子的氨基酸通过肽键连接的。通过对发酵过程的研究，认识到酶的催化作用，奠定了酶学的基础，该时期着重开展生物体各种组分的分离纯化、结构测定、合成及理化性质的研究，被称为静态生物化学阶段。

2. 第二阶段：生物化学发展期

大约从 20 世纪 30~50 年代，生物化学研究继续深入，在该阶段中各种化学物质在生物体内的代谢途径被逐一阐明。1932 年英国科学家 Krebs 发现了尿素合成的鸟氨酸循环，并在 1937 年发现了三羧酸循环；1940 年德国科学家 Embden 和 Meyerhof 提出了糖酵解途径。此外，磷酸戊糖途径、脂肪酸 β-氧化等多种重要的代谢途径均被揭示，这个阶段被称为动态生物化学阶段。

3. 第三阶段：现代生物化学

20 世纪 50 年代以后，以 DNA 双螺旋结构发现为分界点，生物化学学科的主要特点是研究生物大分子的结构与功能。这一阶段生物体内两类重要的生物大分子蛋白质和核酸成为研究的重点。例如，1951 年 Pauling 发现了蛋白质 α 螺旋和 β 折叠，1953 年 Watson 和 Crick 提出了 DNA 双螺旋结构模型，1953 年 Sanger 确定了牛胰岛素的一级结构，1965 年我国科学家人工合成具有全部活性的结晶牛胰岛素，以及在 1981 年人工合成了具有生物活性的酵母丙氨酸转运核糖核酸。这一期间阐明了 DNA 双螺旋结构，解释了核酸和蛋白质生物合成途径等，这些突出成果是生物化学发展进入分子生物学时期的重要标志。

此后，DNA 的复制机制、基因的转录过程以及各种 RNA 在蛋白质合成过程中的作用等的研究都获得快速发展。1955 年 A. Komberg 发现了 DNA 聚合酶，揭示了 DNA 复制的机制，1966 年 M. Nirenberg 等破译了 mRNA 分子中的遗传密码，1968 年 F. H. Crick 提出了遗传中心法则，上述这些成果更加深入阐明了核酸与蛋白质的关系及在生命活动中的作用。1973 年 Cohen 和 P. Berg 建立了重组 DNA 技术；1981 年 Thomas Cech 发现核酶（ribozyme），从而打破了一切酶都是蛋白质的传统概念；1985 年 K. Mullis 发明了聚合酶链反应（PCR）；1990 年开始启动到 2001 年完成的人类基因组计划（human genome project，HGP）是人类生命科学史上一个重要的里程碑，它揭示了人类遗传学图谱的基本特点。2018 年 1 月，中国科学家成功无性克隆了两只猕猴中中和华华，为医学研究和药物开发提供了更好的动物模型。如今，科学家在人类基因组计划研究基础上，正在开展的蛋白质组学（proteomics）、转录组学（transcriptomics）、代谢组学（metabolomics）、糖组学（glycomics）等各种组学（omics）的研究，这将为人类的健康和疾病的研究带来根本性的变革。

1953 年 Watson 和 Crick 提出了 DNA 双螺旋结构模型，该研究揭示了 DNA、RNA 和蛋白质如何相互协作决定一个生物体的一切生命特性，由此获得 1962 年诺贝尔生理学或医学奖。1952～2019 年，共有71 项诺贝尔生理学或医学奖、化学奖的研究内容与生物化学及分子生物学有关。

第三节　生物化学与药学

生物化学是生命的化学，药学是生命科学的重要组成部分。药学主要研究用于诊断、预防和治疗疾病的药物，而疾病的发生源于人体正常的生理功能发生紊乱。因此，药物治疗的本质就是将体内紊乱的生理功能调整至正常水平。药学生物化学是研究与药学相关的生物化学理论、原理、技术及其在药物研究、生产、质量控制与临床中应用的基础学科。生物化学与分子生物学的发展为新药研究提供了理论、技术和方法，目前药学发展的显著特点就是从传统的以化学模式为主体转变为以化学与生物学相结合的新模式，生物化学与分子生物学在药学科学发展中起着先导作用。

生物化学是现代药学学科的重要理论基础。人体的各种生理功能都是由体内的各种生物大分子及其代谢、信号传导和基因表达调控为基础的。体内的酶催化机体各种代谢反应以维持正常的生理功能。因此，研究药物作用机制离不开生物化学与分子生物学的基本理论、基本知识和基本技术。生物化学为近代药理学和药物代谢动力学提供了理论核心基础，如药理学研究的药物靶点和分子机制，药物在体内的吸收转运过程和药物代谢等。

1. 生物制药学

生物制药学（biopharmaceuticals）是利用生物体、生物组织、细胞或其成分，以生物化学、分子生物学、微生物与免疫学等学科为基础发展起来的一门新兴药学学科。广义的生物药物包含应用现代生物化学技术，从生物体获取生理活性物质用于疾病防治的生化药物，如采用基因工程、蛋白质工程技术制备的一类生物技术药物——重组蛋白药物、治疗性抗体药物、疫苗、基因药物以及基因治疗和干细胞治疗等。生物化学领域研究成果的大量积累和一些重大理论与技术的突破推动了生物技术药物的蓬勃发展。

2. 药物化学

药物化学研究药物的化学性质、合成及其结构与药效的关系。然而，随着近代医学的发展，药物化学家越来越多地将生物化学的理论和技术应用于疾病的预防、诊断和治疗，从分子水平探讨各种疾病的发生发展机制，从中寻找治疗药物靶点已成为当代药学研究的目标。生物化学研究不仅可以从分子水平阐明活细胞内发生的化学过程，而且可以阐明许多疾病的发病机制，为新药的合理设计提供依据。同时药物作用的靶点（如受体、酶和核酸等）也都是生物化学研究的主要内容，因此生物大分子的结构信息是合理设计新药的理论依据，可提高新药研发的成功率。基于生物化学的理论开展合理的药物设计，不但可发现有价值的生物药物，而且还可从中寻找到结构新颖的先导物，设计合成新的化学实体。

3. 药剂学

药剂学尤其是分子药剂学是从分子水平上研究给药系统的构建、体内外行为与过程、作用规律与机理等，而生物化学与分子生物学理论和技术在新型靶向给药系统、载体给药系统、口服缓控释给药系统、新型黏膜给药系统、生物技术药物的新型给药系统以及生物药剂学等研究中均发挥着重要作用。此外，生物药剂学研究药物与药物制剂在体内的吸收、分布、代谢转化和排泄的过程，从而阐明药物剂型因素、生物因素与疗效之间的关系。因此，生化代谢与调控理论及其技术是生物药剂学研究的重要手段之一。

4. 中药学

中药学主要以天然的动植物或矿物来源的药物为研究对象，研究其活性成分和药效机制，而其中部分活性物质是生物大分子，比如多肽、多糖、蛋白质或者其衍生物，故生物化学的理论与技术是中药学活性成分研究的重要手段之一。此外，运用生物化学方法研究天然产物的生物合成与代谢途径，可以调控提高天然药物的生物合成产量。

5. 药物分析

药物分析是以研究药品质量为主要目标，涉及生产质控分析、临床药物分析和体内药物分析等。随着生物技术药物不断获批上市成为新的药品种类，开展生物药物分析和代谢研究迫切需要掌握多肽、蛋白质、酶、抗体和核酸等生物药物的特点，落实**质量源于设计**（quality by design）的理念，运用生物化学和分子生物学的基础理论知识和技术方法，建立科学合理的生物药物分析方法。

6. 临床药学

临床药学主要研究药物在人体内代谢过程中发挥最佳疗效的理论与方法，以阐明药物治疗疾病的有效性和合理性。以人类基因组学和蛋白质组学的研究成果为基础，开展药物基因组学研究，可以揭示药物在不同个体内的药物代谢、药理作用和毒副作用的生化与分子生物学机制，最终达到个体化治疗。各种组学技术，如基因组学、转录组学、蛋白质组学、代谢组学和糖组学以及系统生物学、合成生物学等的迅速发展，为精准医疗、靶向药物的发现和研究提供了重要的理论基础和技术手段。

由此可见，在药学的各分支学科中都会运用生物化学的理论与技术，生物化学已经融入到药学各个学科的发展之中。

小 结

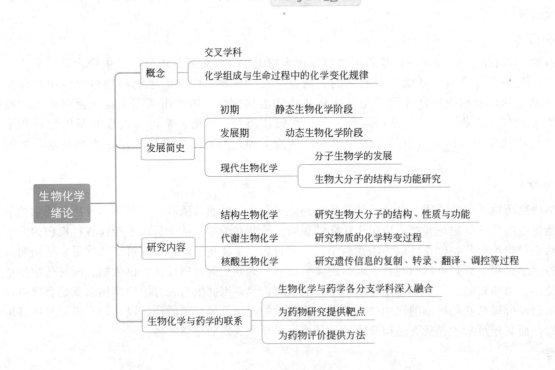

思考题

以诺贝尔奖案例为主题，自行查阅资料，收集 20 世纪迄今生物化学研究领域中获得诺贝尔奖的情况，思考生物化学的重要性以及与药学的相关性。

[1] Berg J M，Tymoczko J L，Stryer L. Biochemistry. 8th edition. New York：WH freeman，2015.

[2] Baynes J W，Dominiczak M H. Medical biochemistry e-book. Elsevier Health Sciences，2014.

[3] Rodwell V，Bender D，Botham K M，et al. Harpers illustrated biochemistry. 31th edition. Columbus, OH：McGraw Hill Professional，2018.

[4] Devlin T M. Textbook of biochemistry：with clinical correlations. New York：John Wiley & Sons，2011.

（余蓉）

第一章

蛋白质

学习目标

1. 掌握：氨基酸、蛋白质的概念，以及其分子结构、理化性质和功能。
2. 熟悉：氨基酸、蛋白质的分类，及其分离纯化、含量测定以及结构表征的分析方法。
3. 了解：蛋白质生物功能的多样性。

　　蛋白质（protein）是生命的物质基础，是生物体中含量最丰富、功能最复杂的一类大分子物质，在所有的生命活动中发挥着至关重要的作用。蛋白质是构成生物体的基本组成成分，它几乎存在于所有的器官和组织，分布广泛，且蛋白质还具有多种多样的生物学功能，如生物催化、代谢调节、信息传递等，蛋白质几乎参与了所有的生命现象和生理过程，可以说一切生命现象都是蛋白质功能的体现。

第一节　概　述

一、蛋白质的含量与分布

　　蛋白质是一切生命的物质基础，是生物体的重要组成成分之一。生物体结构越复杂，其蛋白质种类和功能也越繁多。无论是病毒、细菌、寄生虫等简单的低等生物，还是植物、动物等复杂的高等生物，均含有蛋白质。蛋白质不仅是细胞、组织、器官乃至机体的重要组成成分，而且是细胞中含量最为丰富的生物大分子。蛋白质占人体重量的 $16\%\sim20\%$，约占人体固体总量的 45%，肌肉、血液、毛发、韧带和内脏等都以蛋白质为主要成分，见表 1-1。植物体内蛋白质含量较动物体内偏低，但在植物细胞的原生质和种子中蛋白质含量较高，如黄豆中高达约 40%。微生物中蛋白质含量也很高，细菌中的蛋白质含量一般为 $50\%\sim80\%$，干酵母中蛋白质含量也高达 46.6%。病毒除少量核酸外几乎都由蛋白质组成。疯牛病的病原体——朊病毒（prion）甚至是仅由蛋白质组成。

二、蛋白质的主要生物学作用

　　蛋白质是生命的物质基础，是细胞中的主要功能分子，是生命活动的主要执行者和承担者。据估计：最简单的单细胞生物大肠埃希菌含有 3000 余种蛋白质，人体含有 10 万种以上不同的蛋白质，整个生物界蛋白质的种类更是高达 10^{10} 数量级以上。不同种类的蛋白质，各具其独特的生物学功能。蛋白质几乎参与了所有的生命现象和生理过程。蛋白质生物学功能的多样性是引起生物多样性的最直接因素，它们决定着不同生物体的代谢类型及各种生物学特性。总之，蛋白质的重要性不仅在于它在生物界的广泛性和普遍性，更在于它在生命活动过程中的重要作用。

表1-1　人体部分组织器官中蛋白质含量　　　　　　　单位：g/100g（干组织）

器官或组织	蛋白质含量	器官或组织	蛋白质含量
体液组织	85	脾脏	84
肺脏	82	横纹肌	80
肾脏	72	皮肤	63
心脏	60	肝脏	57
胰脏	47	神经组织	45
骨骼	28	脂肪组织	14

1. 生物催化作用

酶是生命体新陈代谢的催化剂，绝大多数酶的化学本质是蛋白质。酶是被认识最早和研究最多的一大类蛋白质，它的特点是催化生物体内的几乎所有的化学反应。由于酶的作用，生物体内错综复杂的化学反应在温和的条件下也能有序高效和特异地进行，从而使得物质代谢与正常的生理机能互相适应。酶类决定了生物的代谢类型，才有可能表现出各种不同的生命现象。生物催化作用是蛋白质最重要的生物功能之一。

2. 调节作用

生命体中存在着精细的、高效的调节系统以维持生物体的正常生命活动。参与生命体代谢调节的许多激素的化学本质是蛋白质或多肽或氨基酸衍生物，如胰岛素、肾上腺素、甲状腺素及各种促激素等。激素是由分泌腺或分泌细胞分泌的一类微量生物活性物质，对人体健康有很大的影响。激素过量或缺乏可能引发各种疾病，如生长激素分泌过多会引起巨人症，分泌过少会造成侏儒症；胰岛素分泌不足会导致糖尿病。此外，蛋白质还包括一大类基因表达调节因子，通过控制、调节某种基因的表达来控制和保证机体生长、发育与分化的正常进行。蛋白质的这种基因表达调控作用，主要是通过调控转录水平和翻译水平而实现的，如原核生物乳糖操纵子中的阻遏物。

3. 免疫防御与保护作用

生物体为了维持自身的生存，拥有多种类型的防御手段，其中大多通过蛋白质来实现。细胞因子、补体和抗体等是参与机体免疫防御和免疫保护最为直接、最为有效的功能分子，其化学本质大都为蛋白质。细胞因子、补体和抗体等目前已用于包括免疫性疾病和部分非免疫性疾病的预防和治疗。血液凝固蛋白、凝血酶等也具有保护作用。

4. 转运和储存作用

体内物质的转运和储存是一种重要的生命活动现象，主要由一些特殊的蛋白质完成。转运蛋白可分为两大类：一类是把特定的物质从机体的一处运往另一处，如血红蛋白通过血液将氧气从肺转运到其他组织，血清蛋白将脂肪酸从脂肪组织转运到各器官；另一类是膜转运蛋白，如存在于细胞膜上的葡萄糖转运蛋白，介导细胞对葡萄糖的摄入。蛋白质的储存作用主要体现在其为机体提供氮素方面，如乳汁中的酪蛋白是哺乳动物类幼崽的主要氮源。此外，铁蛋白还能储存 Fe，介导血红蛋白等含铁蛋白的合成。

5. 结构功能

蛋白质是机体细胞的重要组成部分，是人体组织更新和修补的主要原料。保护和维持细胞、组织、器官的正常生理形态是蛋白质的重要功能之一。结构蛋白是指具有建造和维持生物体结构的蛋白。微管蛋白、微丝蛋白、中间纤维蛋白等是细胞骨架的主要组成成分，不仅在维持细胞形态、承受外力、保持细胞内部结构有序性方面起重要作用，而且还参与许多重要的生命活动，如：在细胞分裂中，细胞骨架牵引染色体分离；在细胞物质运输中，各类小泡和细胞器可沿着细胞骨架定向转运；在肌肉细胞中，细胞骨架和它的结合蛋白组成动力系统等。动物组织结构蛋白中大多数为不溶性的纤维状蛋白,如构成动物指甲、毛发的α-角蛋白和构成动物骨、腱、韧带、皮肤中的胶原蛋白。胶原蛋白还与弹性蛋白、蛋白聚糖和粘连蛋白等构成动物细胞的胞外基质(细胞液),具有维持细胞正常生理形态等作用。

6. 运动与支撑作用

肌动蛋白、肌球蛋白、原肌球蛋白和肌原蛋白等不仅是引起肌肉收缩运动的最为本质的功能分子,而且也是躯体运动、血液循环、呼吸与消化等生理活动的基础分子。皮肤、骨骼和肌腱的胶原纤维主要含胶原蛋白,具有强的韧性,1mm 粗的胶原纤维可耐受 $10 \sim 40kgf$($1kgf = 9.8N$)的张力。胶原蛋白、弹性蛋白、角蛋白等结构蛋白具有维持或支撑细胞、组织和器官正常形态的作用,而且还具有抵御外界伤害、保证机体正常生理活动等作用。

7. 信息接受与传递作用

具有信息接受和传递功能的蛋白质统称为受体蛋白,它可分为膜蛋白受体和胞内蛋白受体两大类,如细胞膜上蛋白或多肽类激素受体、细胞内甾体激素受体和一些药物受体。受体首先与其特异性的配体识别并结合,接受信息,然后通过自身的构象变化或构型变化结合某种蛋白质或激活某些酶活性,将信息级联放大并传递,进而对其所介导的多样性生命活动进行调节。

8. 生物膜的功能

蛋白质和脂类是组成生物膜的主要成分。生物膜不仅与生物体内物质的转运、信息传递等密切相关,而且也是许多代谢反应和能量转换的重要场所。生物膜的主要功能是将细胞区域化,即形成多种细胞器,使众多的酶系处在不同的分隔区内,从而使细胞的生命活动分室进行,保证细胞的正常代谢。

总之,蛋白质的生物学功能极其广泛(如表1-2)。蛋白质是所有生命形式和生命活动的主要载体和功能执行者,因此,有人称核酸为"遗传大分子",而把蛋白质称作"功能大分子"。蛋白质是有机大分子,是构成细胞的基本有机物,是生命活动的主要承担者。机体中的每一个细胞和所有重要组成部分都有蛋白质参与。近年来分子生物学相关研究表明,蛋白质在高等动物的记忆和识别功能方面也起着十分重要的作用。此外,有些蛋白对人体是有害的,称为毒蛋白,如相思豆毒蛋白、蛇毒蛋白、蓖麻蛋白等,当人们误食后,它们可引起人体的各种毒性反应,甚至可危及生命。

表 1-2　蛋白质生物学功能的多样性

蛋白质的类型与举例		生物学功能
酶类	磷酸酶、磷酸化酶	参与底物的磷酸化、去磷酸化
	糖原合成酶	参与糖原合成
	脂酰基脱氢酶	脂酸的氧化
	DNA 聚合酶	DNA 的复制与修复
激素蛋白	胰岛素	降血糖作用
	促肾上腺皮质激素	调节肾上腺皮质激素合成
防御蛋白	抗体、补体、细胞因子等	免疫保护作用
	纤维蛋白原	参与血液凝固
转运蛋白	血红蛋白	O_2 和 CO_2 的运输
	清蛋白	维持血浆胶体渗透压
	脂蛋白	脂类的运输
收缩蛋白	肌球蛋白、肌动蛋白	参与肌肉的收缩运动
受体蛋白	G 蛋白偶联受体	接受和传递调节信息
结构蛋白	胶原	结缔组织(纤维性)
	弹性蛋白	结缔组织(弹性)

三、蛋白质分类

蛋白质分子种类繁多、功能多样，分类方法有多种。一般多按蛋白质或多肽的组成、性质、结构或功能等进行分类。

1. 根据蛋白质分子组成进行分类

按化学结构可将蛋白质分为两大类，一类为**单纯蛋白**（simple protein），全部为 α-氨基酸所组成；另一类为**结合蛋白**（conjugated protein），由单纯蛋白与非蛋白质分子结合而成。前者水解后的最终产物只是氨基酸；后者水解后还有其所含的非蛋白质分子（辅基，prosthetic group），常见的辅基有糖类、脂类、磷酸、硫酸、核酸、金属离子及色素等，见表1-3。

表1-3 结合蛋白的种类

蛋白质名称	辅　基	举　例
核蛋白	核酸	病毒核蛋白
糖蛋白	糖类	免疫球蛋白、黏蛋白
色蛋白	色素	血红蛋白、黄素蛋白
脂蛋白	脂类	α-脂蛋白、β-脂蛋白
磷蛋白	磷酸	胃蛋白酶、酪蛋白
金属蛋白	金属离子	铁蛋白、胰岛素

2. 根据蛋白质形状和空间结构进行分类

根据蛋白质形状和空间结构，将分子长轴与短轴之比大于10的蛋白质分类为纤维状蛋白质（fibrous protein），而将分子长轴与短轴之比小于10的分类为球状蛋白质（globular protein）。前者多为结构蛋白，一般不溶于水，分子具有延展性和韧性，主要功能是为单个细胞和整个机体提供机械支撑，是形成机体组织的物质基础，如胶原蛋白、弹性蛋白、角蛋白等；后者多为功能蛋白，在水溶液里的形状接近球形，水溶性较好，空间结构比纤维蛋白更复杂，如免疫球蛋白、血红蛋白、肌红蛋白，以及具有生物活性的酶、激素、免疫因子、补体等。

3. 根据蛋白质功能进行分类

根据蛋白质的功能可将蛋白质分为转运蛋白、结构蛋白、调节蛋白、酶蛋白等。也可根据蛋白质分布进行分类，如膜蛋白、核蛋白等。根据溶解度又可将蛋白质分为可溶性蛋白、醇溶性蛋白、不溶性蛋白。

近年来，对蛋白质的研究已发展到深入探索蛋白质的功能与结构的关系，以及蛋白质-蛋白质（或其他生物大分子）相互关系的阶段，因此出现了根据蛋白质的功能将蛋白质分为**活性蛋白质**（active protein）和**非活性蛋白质**（inactive protein）两类。前者大多数是球状蛋白质，它们的特性在于都有识别功能，包括在生命活动过程中一切有活性的蛋白质以及它们的前体，绝大部分蛋白质都属于此类。而后者主要包括一大类起保护和支持作用的蛋白质。

第二节　蛋白质的组成

蛋白质在生命活动中的重要功能有赖于其化学组成、结构和性质。

一、蛋白质的化学组成

蛋白质是一类含氮的大分子有机化合物，除含碳、氢、氧外，还含有氮和少量的硫。对蛋白质的元素含量分析表明，这些元素在蛋白质中以一定的比例关系存在，即含碳 50%～55%、氢 6%～8%、氧 19%～24%、氮 13%～19%、硫 0%～3%及其他微量元素。部分蛋白质还含有其他元素，主要是磷、铁、碘、锌和铜等。大多数蛋白质含氮量比较接近而恒定，平均为 16%。这是蛋白质元素组成的一个重要特点，也是定氮法测定蛋白质含量的计算基础。因为动植物组织中含氮物质以蛋白质为主，因此用定氮法测得的含氮量乘以 6.25，即可算出样品中蛋白质的含量。

$$蛋白质的含量＝蛋白质含氮量×100÷16＝蛋白质含氮量×6.25$$

二、蛋白质的结构单位——氨基酸

蛋白质是由氨基酸以"脱水缩合"的方式组成的一条或多条多肽链，后经盘曲折叠形成的具有一定空间结构的含氮生物大分子。因此，氨基酸被称为蛋白质结构的基本单位。

（一）氨基酸的结构

氨基酸（amino acid）是指含有氨基和羧基的有机化合物的通称，是组成蛋白质的基本单位。天然存在的氨基酸约 180 种，但组成人体蛋白质的氨基酸仅 20 余种，这些氨基酸被称为基本氨基酸，这些基本氨基酸具有其特定的结构特点，其氨基直接连接在 α-碳原子上，故也被称为 α-氨基酸。α-氨基酸是肽和蛋白质的构件分子。其化学结构可用图 1-1 表示。

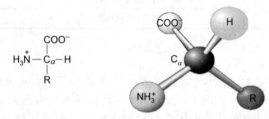

图 1-1　氨基酸的分子结构通式

由通式分析可知，各种基本氨基酸在结构上具有以下三个共同特点：

① 除脯氨酸和羟脯氨酸为 α-亚氨基酸外，其他组成蛋白质的基本氨基酸均为 α-氨基酸。

② 除 R 侧链为 H 原子的甘氨酸外，其他氨基酸的 α-碳原子均为不对称碳原子，即手性碳原子，可形成不同的构型，具有旋光性质。天然蛋白质中的基本氨基酸皆为 L-型，故称为 L-型 α-氨基酸。

③ 不同的 α-氨基酸，其 R 侧链不同。它对蛋白质的空间结构和理化性质有着重要的影响。

为了表达蛋白质和多肽的结构，氨基酸也常用其英文名称的前三个字母组成的简写符号或单字母代号表示，如表 1-4。

表 1-4　氨基酸的结构与分类

名称	三/单字母缩写		分子量	等电点
非极性 R 基氨基酸				
丙氨酸（alanine）	Ala	A	89.06	6.00
缬氨酸*（valine）	Val	V	117.09	5.96
亮氨酸*（leucine）	Leu	L	131.11	5.98
异亮氨酸*（isoleucine）	Ile	I	131.11	6.02
甲硫氨酸*（methionine）	Met	M	149.15	5.74
脯氨酸（proline）	Pro	P	115.13	6.30
苯丙氨酸*（phenylalanine）	Phe	F	165.09	5.48
色氨酸*（tryptophan）	Trp	W	204.22	5.89
极性不带电荷 R 基氨基酸				
甘氨酸（glycine）	Gly	G	75.05	5.97
丝氨酸（serine）	Ser	S	105.06	5.68
苏氨酸*（threonine）	Thr	T	119.08	6.16
半胱氨酸（cysteine）	Cys	C	121.12	5.07
天冬酰胺（asparagine）	Asn	N	132.12	5.41

名称	三/单字母缩写	分子量	等电点
谷氨酰胺（glutamine）	Gln Q	146.15	5.56
酪氨酸（tyrosine）	Tyr Y	181.09	5.66
带负电荷的 R 基氨基酸（酸性氨基酸）			
天冬氨酸（aspartic acid）	Asp D	133.60	2.77
谷氨酸（glutamic acid）	Glu E	147.08	3.32
带正电荷的 R 基氨基酸（碱性氨基酸）			
赖氨酸* （lysine）	Lys K	146.63	9.74
精氨酸（arginine）	Arg R	174.14	10.76
组氨酸（histidine）	His H	155.16	7.59

注：* 为必需氨基酸。

（二）氨基酸的分类

氨基酸分类的方法有很多。由于蛋白质的许多性质、结构和功能等都与氨基酸的侧链 R 基团密切相关。因此，目前常以氨基酸的 R 基团的结构和性质作为氨基酸分类的基础。根据 R 基团的极性可将氨基酸分为四大类。

1. 非极性 R 基氨基酸

这一类氨基酸共有 8 种，即脂肪族氨基酸 5 种（丙氨酸、缬氨酸、亮氨酸、异亮氨酸和甲硫氨酸）；芳香族氨基酸 1 种（苯丙氨酸）；杂环氨基酸 2 种（脯氨酸和色氨酸）。其中，丙氨酸的侧链是一个简单的甲基，疏水性为最小，介于非极性 R 基氨基酸和极性不带电荷 R 基氨基酸之间；甲硫氨酸含有硫元素，又称蛋氨酸，是疏水氨基酸，它的侧链上带有一个非极性的甲基硫醚基，是体内代谢中甲基的供体。

2. 极性不带电荷 R 基氨基酸

这类氨基酸的特征是比非极性 R 基氨基酸易溶于水，共 7 种，其中，含羟基氨基酸 3 种，即丝氨酸、苏氨酸和酪氨酸；酰胺类氨基酸 2 种，即天冬酰胺和谷氨酰胺；含巯基氨基酸 1 种，即半胱氨酸，以及结构最为简单的甘氨酸等。

3. 带负电荷的 R 基氨基酸

这一类包括 2 种酸性氨基酸，即天冬氨酸和谷氨酸，它们都是二羧基氨基酸，除了含有 α-羧基外，天冬氨酸还含有 β-羧基，谷氨酸还含有 γ-羧基。在生理条件下这 2 种氨基酸带负电荷，是一类酸性氨基酸。

4. 带正电荷的 R 基氨基酸

这一类包括 3 种碱性氨基酸，组氨酸、精氨酸和赖氨酸，它们的侧链都带有亲水性的含氮碱基基团，在生理条件下时它们的侧链基团带有正电荷，是一类碱性氨基酸。

少数蛋白质中还存在一些不常见的稀有氨基酸。稀有氨基酸在蛋白质生物合成中没有翻译密码，是蛋白质生物合成后由相应的氨基酸残基经加工修饰形成的。如组成弹性蛋白和胶原蛋白中的 4-羟基脯氨酸和 5-羟基赖氨酸（图 1-2）；肌球蛋白和组蛋白中含有的 6-N-甲基赖氨酸；凝血酶原中存在 γ-羧基谷氨酸；酪蛋白中存在磷酸丝氨酸；哺乳动物的肌肉中存在 N-甲基甘氨酸等。此外，在自然界中还发现 150 多种非蛋白质氨基酸，它们不存在蛋白质中。这些非蛋白氨基酸大多为 L-构型，但也存在着一些 D-构型，如人牙齿蛋白中含有 D-精氨酸。D-氨基酸的存在也与某些蛋白质的功能密切相关。某些非蛋白质氨基酸是代谢过程中重要的前体或中间体，如 γ-氨基丁酸（GABA）是谷氨酸脱羧的产物，在脑中含量较多，对中枢神经系统有抑制作用；焦谷氨酸存在于细菌磷脂膜内的一种光驱动的质子泵蛋白质中；β-丙氨酸是构成维生素泛酸的成分；同型半胱氨酸是甲硫氨酸代谢的产物；瓜氨酸和鸟氨酸是尿素合成的中间产物；D-苯丙氨酸参与组成抗生素短杆菌肽 S 等。目前，一些非蛋白质氨基酸已作为药物用于临床。

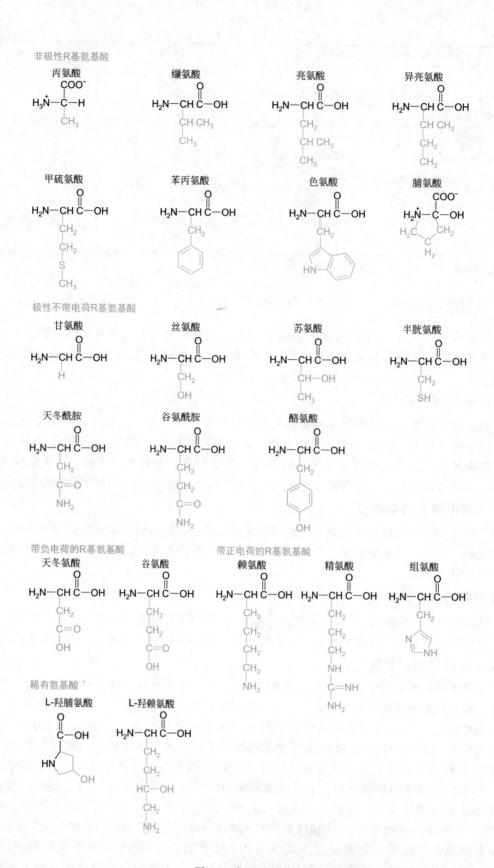

图 1-2　氨基酸结构

三、氨基酸的理化性质

结构决定性质，不同氨基酸之间的差异仅存在于侧链 R 基团上，因此氨基酸具有许多共同性质。个别氨基酸由于其侧链 R 基团的不同结构还有许多特殊的性质。

1. 一般物理性质

α-氨基酸均为无色晶体，每种氨基酸都有其特殊的结晶形状，利用结晶形状及其颜色可以鉴别各种氨基酸，熔点一般均较高（常在 230～300℃之间）。不同的氨基酸的味道不同，有的无味，有的味甜，有的味苦。例如，谷氨酸的单钠盐有鲜味，是味精的主要成分。除胱氨酸和酪氨酸外，其他氨基酸都能溶于水，各种氨基酸在水中的溶解度差别很大，并能溶解于稀酸或稀碱中，但难溶于乙醚等有机溶剂。向氨基酸水溶液中加入乙醇，能使许多氨基酸从水中沉淀析出。

在天然氨基酸中除甘氨酸外，其余氨基酸均至少含有一个不对称碳原子，因此氨基酸具有旋光性，均具有**手性**（chirality）。其在三维空间上有互为镜像的两种不同的构型，分别称为 D-型和 L-型**对映异构体**（enantiomer）或镜像异构体（图 1-3）。所有具有手性碳的氨基酸都具有旋光性，通常用符号（＋）表示右旋，（－）表示左旋。研究证明，蛋白质分子中的不对称氨基酸都是 L-型。然而，氨基酸的 D-型和 L-型与旋光方向没有必然直接的对应关系。氨基酸的旋光性和大小取决于其 R 基的性质，并与测定体系溶液的 pH 值有关。氨基酸的旋光性是使用旋光仪测定的。

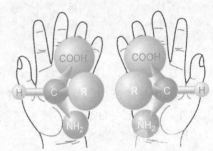

图 1-3　L-氨基酸和 D-氨基酸（互为镜像）

2. 化学性质

（1）两性解离与等电点　氨基酸分子中既含有氨基，又含有羧基。在水溶液中，它既可以释放质子作为酸，又可以接受质子作为碱，因此氨基酸为两性解离化合物，见图 1-4。在一定的 pH 条件下，当氨基酸分子中所带的正电荷和负电荷数相同即净电荷为零时，此时溶液的 pH 称为该氨基酸的**等电点**（isoelectric point），用符号 pI 表示。由于静电作用，在等电点时，氨基酸的溶解度最小。

每一种氨基酸都有各自不同的 pI 值，氨基酸的 pI 值由其分子中的氨基和羧基的解离程度所决定。氨基酸的等电点可经实验测定，也可根据氨基酸分子中所带的可解离基团的 pK 值来计算。若一个氨基酸仅有两个可解离基团，氨基酸的 pI 计算公式为：$pI = 1/2(pK_1 + pK_2)$，式中，pK_1 代表氨基酸的 α-羧基的解离常数的负对数；pK_2 代表氨基酸 α-氨基的解离常数的负对数。若一个氨基酸有三个可解离基团，写出它们电离式后取兼性离子两边 pK 的平均值，即为该氨基酸的 pI。

（2）紫外吸收性质　由于色氨酸、酪氨酸和苯丙氨酸含有苯环共轭双键系统，故其具有紫外吸收特性。色氨酸的最大吸收波长为 280nm，酪氨酸的最大吸收波长为 275nm，苯丙氨酸的最大吸收波长为 257nm（图 1-5）。

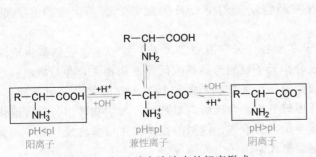

图 1-4　氨基酸在溶液中的解离形式

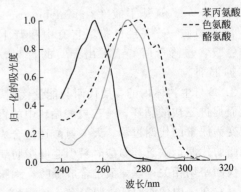

图 1-5　色氨酸、酪氨酸和苯丙氨酸的紫外吸收

（3）茚三酮反应　茚三酮在弱酸性水溶液中与大多数 α-氨基酸加热反应产生蓝紫色物质，其最大吸收峰在 570nm 波长处（图 1-6），因此可利用该性质对氨基酸的含量进行比色测定。脯氨酸和羟脯氨酸两种亚氨基酸与茚三酮反应不放出氨，反应呈黄色。天冬酰胺与茚三酮反应呈棕色。

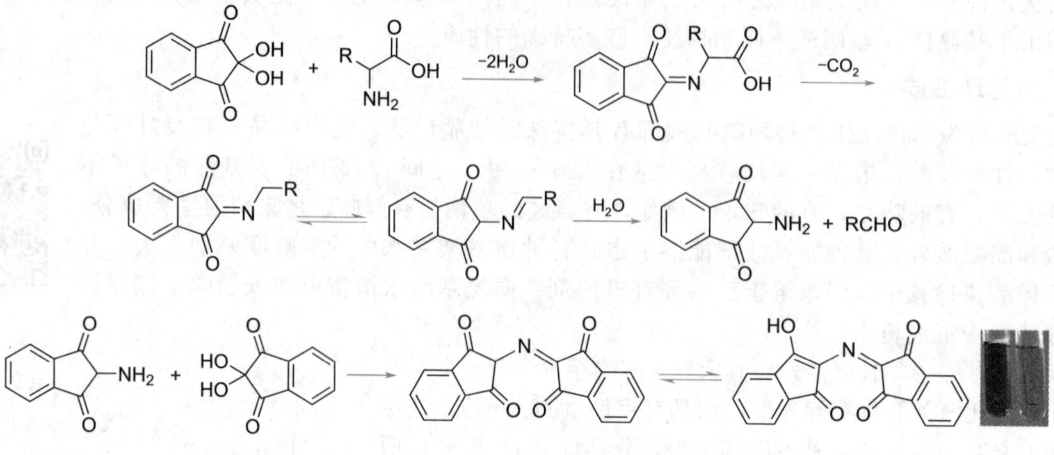

图 1-6　茚三酮反应过程

（4）α-羧基的反应　氨基酸的 α-羧基和一般的羧基一样，可以与碱作用生成盐，也能与醇脱水生成酯。此外，氨基酸的 α-羧基还能被还原成其相应的 α-氨基醇，如被氢硼化锂还原。此性质可用于蛋白质一级结构 C-末端氨基酸的鉴定。

（5）R 基的反应　R 侧链含有活性官能团的氨基酸也能发生某些特殊的化学反应，如含有羟基的丝氨酸、苏氨酸和羟脯氨酸均能形成酯；含有苯酚基的酪氨酸，具有还原性，可用于蛋白质的定量测定；具有芳香环或杂环的酪氨酸和组氨酸，均能与对氨基苯磺酸的重氮盐等重氮化合物反应生成棕红色化合物，可用于蛋白质的定性与定量测定；含—SH 的半胱氨酸，在碱性溶液中容易失去硫原子而氧化生成胱氨酸，且还可与重金属离子 Ag^+、Hg^{2+} 反应生成硫醇盐等。

四、氨基酸的功能

氨基酸不仅是生物体内蛋白质的基本结构单位，而且某些氨基酸在体内还参与一些特殊的代谢反应，具有重要的生理功能，与生物的生命活动有着密切的关系，是生物体内不可缺少的成分之一。

① 作为各种肽的组成单位。

② 作为多种生物活性物质的前体。例如精氨酸是 NO 的前体，组氨酸是组胺的前体，色氨酸是褪黑激素的前体。

③ 作为神经递质或神经营养素。谷氨酸、天冬氨酸具有兴奋性递质作用，它们是哺乳动物中枢神经系统中含量最高的氨基酸，对改进和维持脑功能必不可少；谷氨酸的脱羧基产物是一种抑制性神经递质——γ-氨基丁酸（γ-aminobutyric acid，GABA）；色氨酸可转化生成人体大脑中的一种重要神经传递物质——5-羟色胺，它有中和肾上腺素与去甲肾上腺素的作用，可改善睡眠。当大脑中的5-羟色胺含量降低时，表现出异常的行为，出现神经错乱的幻觉以及失眠等，医药上常将色氨酸用作抗抑郁剂。

④ 参与生物体内的物质代谢与能量代谢，如天冬氨酸、天冬酰胺等。天冬氨酸通过脱氨基生成草酰乙酸而促进三羧酸循环，是三羧酸循环中的重要成分；天冬氨酸与鸟氨酸循环密切相关，参与将血液中的氨转变为尿素的代谢过程；天冬氨酸还是合成乳清酸等核酸前体物质的原料。苏氨酸是必需氨基酸之一，参与脂肪代谢，缺乏苏氨酸时易引起肝脂肪病变。甲硫氨酸是含硫必需氨基酸，与生物体内各种含硫化合物的代谢密切相关；丝氨酸是合成嘌呤、胸腺嘧啶与胆碱的前体；丙氨酸在体内蛋白质合成过程中起重要作用，它在体内代谢时通过脱氨基生成酮酸，经葡萄糖代谢途径生成糖等。

五、氨基酸的分离与分析

氨基酸的分离与分析是测定蛋白质分子组成和结构的基础。氨基酸的分离方法较多，通常有溶解度法、等电点法、特殊试剂沉淀法及离子交换法。这些方法的详细叙述可参考相关生化实验方法和技术的专门著作。氨基酸分析最常用的是自动化氨基酸分析仪法，采用此法能准确测定蛋白质样品中各种氨基酸的含量。其过程是首先通过水解破坏蛋白质的肽键，然后将水解的混合产物调至 pH＝2，经过钠型阳离子交换柱，再分别用不同 pH 和离子强度的缓冲液洗脱。洗脱的顺序是先酸性和极性大的氨基酸，后中性和碱性氨基酸。根据洗脱图谱上各氨基酸的位置与标准氨基酸色谱图比较以及各峰面积而确定氨基酸的种类和含量。另外，还可采用高效液相色谱法、离子交换色谱法、生物质谱法来分析氨基酸，这些方法的基本原理将在本章第六节加以介绍。

第三节　蛋白质的结构

蛋白质是以氨基酸为基本单位构成的具有三维空间结构的生物功能大分子。蛋白质中氨基酸的序列和由此形成的立体结构形成了蛋白质结构的多样性。根据蛋白质肽链折叠的方式与复杂程度，蛋白质的分子结构可分为一级结构、二级结构、三级结构、四级结构，其中二级、三级、四级结构也被称为蛋白质的空间结构。蛋白质的一级结构是蛋白质结构的基础，决定着蛋白质的空间结构。

一、蛋白质的一级结构

蛋白质是由不同种类和数量的 L-型 α-氨基酸按照特定的排列顺序（由其对应的基因决定）所组成的肽链，并进一步折叠成具有特定空间结构的高分子有机含氮化合物。前者我们称为蛋白质的**一级结构**（primary structure），也叫初级结构或基本结构。蛋白质一级结构是理解蛋白质结构、作用机制以及与其同源蛋白质生理功能的必要基础。蛋白质的一级结构包括：①组成蛋白质的多肽链的数目；②多肽链的氨基酸顺序；③多肽链内或链间二硫键的数目和位置。蛋白质分子中所含的氨基酸有 20 余种，氨基酸的数目少则几十个，多则可达几千个，因而蛋白质种类非常多。

（一）肽键和肽链

肽键（peptide bond）是蛋白质分子中氨基酸之间的主要连接方式，是由一分子氨基酸的 α-羧基与另一分子氨基酸的 α-氨基脱水缩合而形成的酰胺键。肽键形成过程见图 1-7。

氨基酸通过肽键相连的化合物称为肽。由 2 个氨基酸缩合形成的肽称为**二肽**（dipeptide），由 3 个氨基酸缩合形成的肽称为**三肽**（tripeptide），以此类推。少于 10 个氨基酸的肽，称为**寡肽**（oligopeptide）。由 10 个以上氨基酸组成的肽，称为多肽（polypeptide）或**多肽链**，因此蛋白质的结构就是多肽链结构。多肽链中的氨基酸参与构成肽键，已非原来完整的分子，称为**氨基酸残基**（amino acid residue）。多肽链中的骨干是由氨基酸的羧基与氨基形成的肽键部分规则地重复排列而成，称为共价主链；R 基部分，称为侧链。多肽链的一级结构存在 3 种形式，即无分支的开链多肽、分支开链多肽和环状多肽，其中环状多肽是由开链多肽的末端氨基与末端羧基缩合形成的。蛋白质分子结构可含有一条或多条共价主链和许多侧链。

多肽链的结构具有方向性。一条多肽链主链上有两个末端，含 α-氨基一端称为氨基末端或 N 端；含 α-羧基一端称为羧基末端或 C 端。其结构如图 1-8 所示。

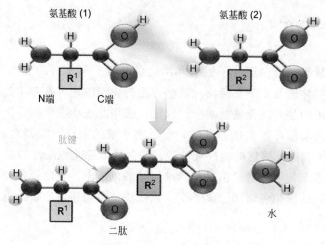

图 1-7　肽键形成示意图

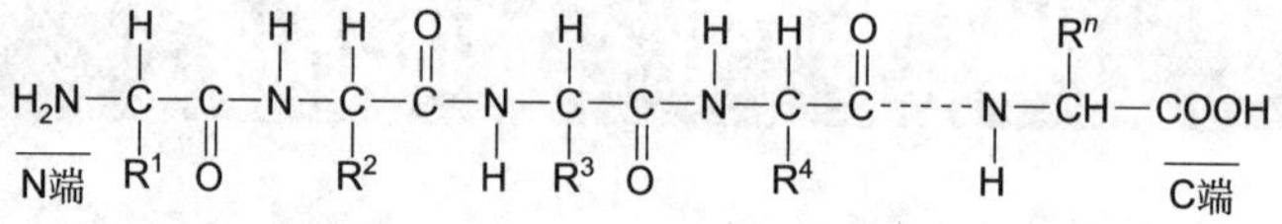

$$H_2N-\overset{\overset{\displaystyle H}{|}}{\underset{\underset{\displaystyle R^1}{|}}{C}}-\overset{O}{\underset{\underset{\displaystyle O}{\|}}{C}}-\overset{\overset{\displaystyle H}{|}}{\underset{\underset{\displaystyle R^2}{|}}{N}}-\overset{\overset{\displaystyle H}{|}}{C}-\overset{O}{\underset{}{\|}}{C}-\overset{\overset{\displaystyle H}{|}}{\underset{\underset{\displaystyle R^3}{|}}{N}}-\overset{\overset{\displaystyle H}{|}}{C}-\overset{O}{\|}{C}-\overset{\overset{\displaystyle H}{|}}{\underset{\underset{\displaystyle R^4}{|}}{N}}-\overset{\overset{\displaystyle H}{|}}{C}-\overset{O}{\|}{C}-\cdots-\overset{\overset{\displaystyle R^n}{|}}{\underset{\underset{\displaystyle H}{|}}{N}}-CH-COOH$$

N端　　　　　　　　　　　　　　　　　　　　　　　　　　　C端

图 1-8　肽链的方向性

体内多肽和蛋白质生物合成时，均是从氨基端开始，延长到羧基端终止，因此 N 端被定为多肽链的头，多肽链结构的书写通常是将 N 端写在左边，C 端写在右边；肽的命名也是从 N 端到 C 端。例如丙丝甘肽，是由丙氨酸、丝氨酸和甘氨酸组成的三肽，其中丙氨酸为 N 端，而甘氨酸为 C 端，其结构如图 1-9 所示。

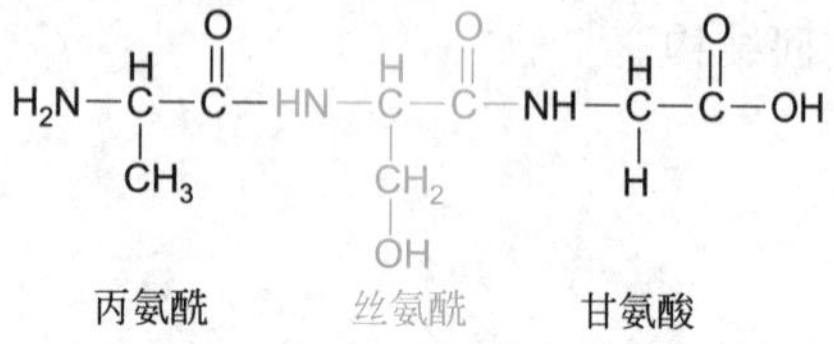

图 1-9　丙丝甘肽结构示意图

若其中任何一种氨基酸顺序发生改变，即非丙丝甘肽，而是另一种不同的三肽顺序异构体。蛋白质分子中的顺序异构现象可解释为什么仅 20 种氨基酸却构成了自然界种类繁多的不同蛋白质。根据排列理论计算，由两种不同氨基酸组成的二肽，有异构体 2 种；由 20 种不同氨基酸组成的二十肽，其顺序异构体有 2.43×10^{18} 种，这仅是一个分子量约 2600 的小分子多肽；对于分子量为 34000 的蛋白质，若仅含 12 种不同的氨基酸，且每种氨基酸的数目均等，其顺序异构体可达 10^{300} 种，这是一个多么惊人的数字。1953 年 Sanger 等完成了牛胰岛素的氨基酸顺序的测定，这是生化领域中一次划时代的重大突破，因为它首次证明了蛋白质是具有确切氨基酸顺序的。迄今已有上万种蛋白质的氨基酸顺序被完全确定，其结果均表明每一种蛋白质都具有特异而严格的氨基酸种类、数量和排列顺序。举例见图 1-10、表 1-5。

表 1-5　部分蛋白质和多肽含氨基酸数

蛋白质或多肽	氨基酸残基数	蛋白质或多肽	氨基酸残基数
加压素	9	干扰素	166
胰高血糖素	29	血红蛋白	574
胰岛素	51	γ-球蛋白	1250
核糖核酸酶	124	谷氨酸脱氢酶	8300

综上，蛋白质一级结构总结如下：蛋白质是由不同的氨基酸种类、数量和排列顺序，通过肽键而构成的高分子有机含氮化合物。它是蛋白质作用的特异性、空间结构的差异性和生物学功能多样性的基础。此外，蛋白质一级结构中除肽键外，有些还含有少量的二硫键，它是由两分子半胱氨酸残基的巯基脱氢而生成的，可存在肽链内，也可存在于肽链间。如胰岛素是由两条肽链经二硫键连接而成。

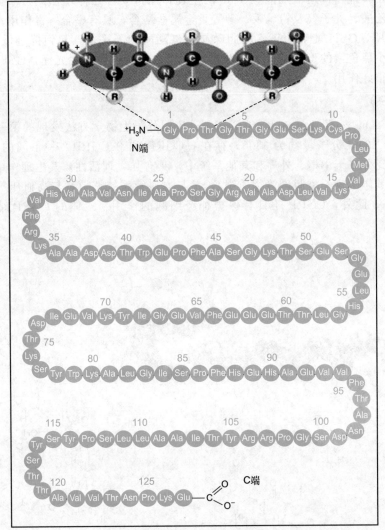

(a) 转甲状腺素蛋白的一级结构

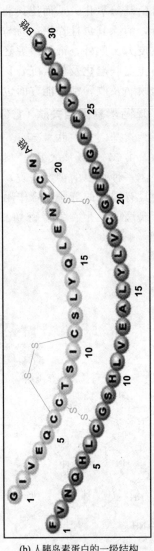

(b) 人胰岛素蛋白的一级结构

图 1-10　部分肽和蛋白质的氨基酸顺序

（二）活性肽

生物活性肽为天然存在的一些具有重要生物功能的寡肽或多肽，如谷胱甘肽、降钙素基因相关肽（CGRP）、钠尿肽（NPs）、生长素释放肽（GHRP）、多肽类激素、神经肽及多肽类抗生素等，其在代谢调控、神经传导等方面起着重要作用，研究表明一种活性多肽常具有很多种功能。生物活性肽由于具有分子量较小、生物活性多样、功能显著等优点，目前已成为新药研制和开发的新对象。

1. 谷胱甘肽（glutathione，GSH）

谷胱甘肽（图 1-11）广泛存在于动植物体中，是由谷氨酸、半胱氨酸和甘氨酸组成的三肽，即 γ-谷氨酰半胱氨酰甘氨酸。谷胱甘肽存在两种形式，即还原型谷胱甘肽（GSH）和氧化型谷胱甘肽（GSSG），在生理条件下谷胱甘肽还原酶催化二者的互变，还原型占绝大多数。该酶的辅酶为磷酸戊糖旁路代谢提供的 NADPH（还原型辅酶Ⅱ）。GSH 分子特点是：具有活性—SH，可参与机体内多种重要生化反应；具有还原性，可作为体内重要还原剂。GSH 在体内能够保护许多蛋白质和酶等分子中的—SH 不被自由基等有害物质氧化，从而保证了含巯基蛋白质和酶等分子生理功能的正常发挥，如人体红细胞中 GSH 的含量很多，对保护红细胞膜上蛋白质的巯基处于还原状态、防止溶血具有重要意义，而且还可保护血红蛋白不受过氧化

谷氨酰　　半胱氨酰　　甘氨酸

图 1-11　谷胱甘肽结构

氢、自由基等氧化，从而使其能够正常地发挥运氧功能。GSH 的生理作用重要性还体现在：与毒物或药物结合，消除其毒性作用；易与碘乙酸、芥子气及铅、汞、砷等重金属盐络合，具有整合解毒作用；提高人体免疫力。此外，最新研究还表明，GSH 能够纠正乙酰胆碱与胆碱酯酶的不平衡，起到抗过敏作用；还可防止皮肤老化及色素沉着，减少黑色素的形成，改善皮肤抗氧化能力并使皮肤产生光泽，GSH 在治疗眼角膜病及改善性功能方面也有很好作用。

2. 降钙素基因相关肽（CGRP）

降钙素基因相关肽（calcitonin gene related peptide，CGRP）是应用分子生物学方法发现的第一个活性多肽，由 37 个氨基酸组成（图 1-12），分子量约为 3800，存在 α-CGRP 和 β-CGRP 2 种不同的形式。它是人体一种重要的神经递质，广泛分布于中枢、外周和其他系统中，具有强生理活性。其生理作用主要表现为具有强效的舒张血管作用（其作用较乙酰胆碱等物质强），参与心血管系统调节，与高血压等多种心血管疾病的发生、发展密切相关。此外，CGRP 还具有保护神经细胞的作用。人体的 CGRP 结构见图 1-12。

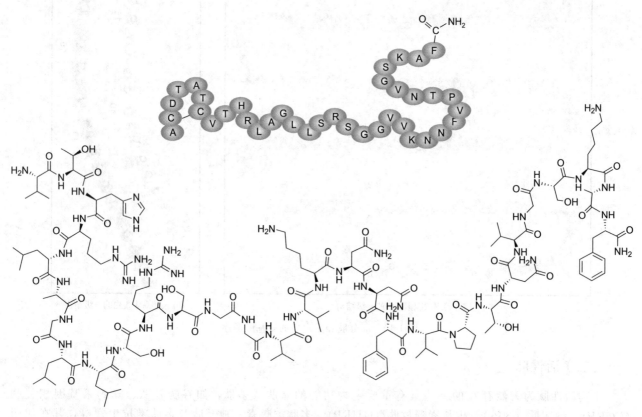

图 1-12　人体的降钙素基因相关肽结构

3. 肽类激素及神经肽

肽类激素（peptide hormone）是由氨基酸通过肽键连接而成。最小的肽类激素由三个氨基酸组成，如促甲状腺激素释放激素（thyrotropin-releasing hormone，TRH），多数肽类激素或蛋白类激素可由十几个、几十个或乃至几百个氨基酸组成。肽类激素的主要分泌器官是丘脑下部及脑垂体，在胃肠道、脑组织、肺及心脏等其他器官中也有发现，它们各自具有不同的生理功能，目前大都处于研究阶段。促甲状腺激素释放激素是由下丘脑分泌的特殊三肽（图 1-13），其 N 端的谷氨酸环化成为焦谷氨酸，C 端的脯氨酸残基酰化成为脯氨酰胺，可促进腺垂体分泌促甲状腺素。

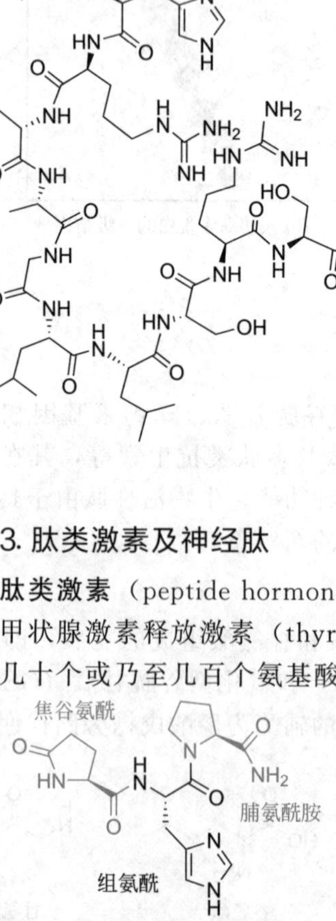

神经肽（neuropeptide）泛指存在于神经组织并参与神经系统功能作用的内源性活性物质，是一类特殊的信息物质，如脑啡肽（五肽）、P 物质（十肽）、强啡肽（十七肽）等（部分结构式见图 1-14），

图 1-13　促甲状腺激素释放激素结构

既能以突触释放的方式实现调节作用，又能以非突触释放的方式对邻近或较远部位的靶细胞活性进行调节。这类物质的特点是含量低、活性高、作用广泛而又复杂，在体内调节多种多样的生理功能，如痛觉、睡眠、情绪、学习与记忆乃至神经系统本身的分化和发育都受神经肽的调节。

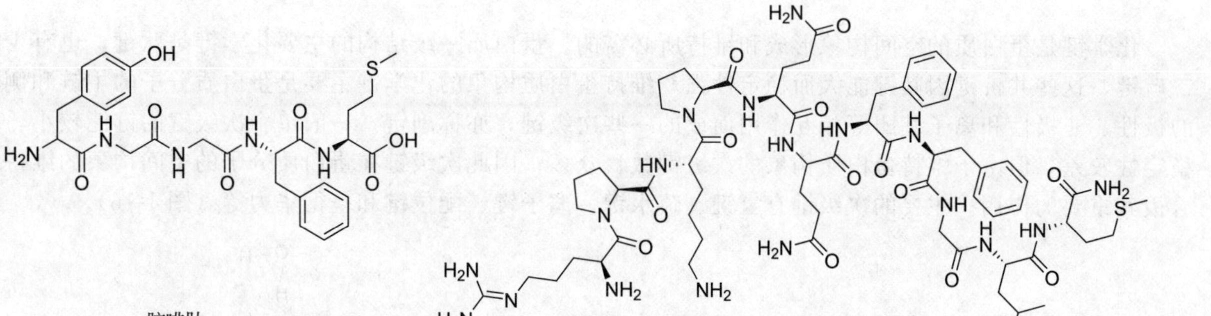

图 1-14　部分神经肽结构

4. 多肽类抗生素

多肽类抗生素（polypeptide antibiotic）是生物体内经诱导产生的一种具有多肽结构特征的抗生素。目前已发现的多肽类抗生素达 1200 多种，包括多黏菌素类［多黏菌素 B（图 1-15）、多黏菌素 E］、杆菌肽类（杆菌肽、短杆菌肽、S 短杆菌肽 A）、万古霉素、缬氨霉素（valinomycin）、博来霉素（bleomycin）等。药物的环形多肽部分的氨基与细菌外膜脂多糖的 2 价阳离子结合点产生静电相互作用，破坏细菌外膜的完整性，药物的脂肪酸部分得以穿透细菌外膜，进而细菌内膜的渗透性增加，导致胞内的磷酸、核苷等小分子外逸，引起细胞功能障碍直至死亡。由于革兰氏阳性细菌外层有厚的细胞壁，可阻止此类药物的进入，故此类药物对革兰氏阳性菌无效。目前对抗生素肽的研究已成为世界上研究抗生素新产品的前沿性课题，被认为是新型抗生素研究的新资源和重要途径。

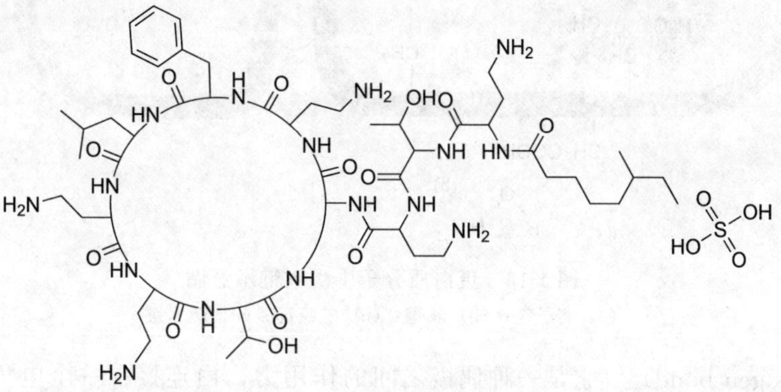

图 1-15　多黏菌素 B 结构

二、蛋白质的二级结构

蛋白质分子中原子和基团在三维空间上的排布、走向称为蛋白质的**构象**（conformation），又称蛋白质的空间结构、立体结构、高级结构和三维构象等。构象与**构型**（configuration）的概念完全不同。构型是指在立体异构体中一组特定的原子或基团在空间上的几何排布，两种构型的变化必将产生共价键的断裂和重新形成。构象的变化仅仅是由单键的自由旋转造成的。构成蛋白质的多肽链上存在多个单键，因此一种蛋白质在理论上可具有许多不同的构象，但在生理条件下，一种蛋白质只会有一种或几种在能量上有利稳定的构象。蛋白质分子的构象是以一级结构为基础的，是蛋白质发挥生物学功能所必需的。蛋白质分子的构象又可分为蛋白质的二级结构、三级结构和四级结构。

蛋白质的**二级结构**（secondary structure）是指多肽链的主链骨架中若干肽单位，各自沿一定的轴盘旋或折叠，并以氢键为主要的次级键而形成有规则的重复构象，如 α 螺旋、β 折叠和 β 转角等。蛋白质的二级结构仅限于主链原子的局部空间排列，不包括与肽链其他区段的相互关系及侧链构象。

（一）稳定蛋白质结构的作用力

化学键是蛋白质的空间构象形成和维持所必需的。蛋白质一级结构的主要化学键是肽键，也有少量的二硫键，这些共价键因其键能大而稳定性强。维持蛋白质构象的化学键主要是蛋白质分子的主链和侧链上的极性、非极性和离子基团等相互作用而成的一些次级键，亦称副键。一般单个次级键的键能较小，因而稳定性较差，但由于维持蛋白质构象的次级键数目众多，因此次级键在蛋白质分子的空间构象的维持中起着极其重要的作用。主要的次级键有氢键、疏水键、离子键、配位键和范德华力等（图 1-16）。

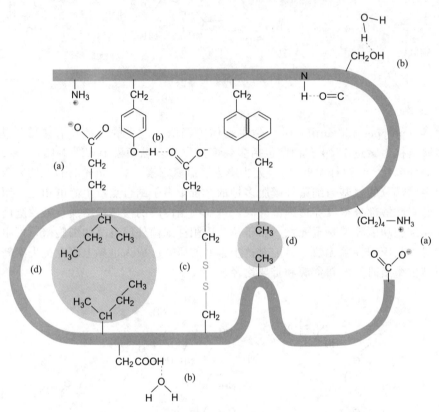

图 1-16　蛋白质分子中次级键示意图
(a) 离子键；(b) 氢键；(c) 二硫键；(d) 疏水键

（1）**氢键**（hydrogen bond）　它是一种偶极之间的作用力，由连接在一个电负性大的原子上的氢与另一个电负性大的其他原子相互作用而形成，既可在分子间形成，也可以在分子内形成。氢键是次级键中键能最弱的，但因其数量最多，所以是最重要的次级键。一般多肽链中主链骨架上羰基的 O 原子与亚氨基的 H 原子所生成的氢键是维持蛋白质二级结构的主要次级键。而侧链间或主链骨架间所生成的氢键则是维持蛋白质三级、四级结构所需的。

（2）**疏水键**（hydrophobic bond）　即疏水作用力，是由两个非极性基团因避开水相而群集在一起的作用力。蛋白质分子中一些疏水基团因避开水相而互相黏附并藏于蛋白质分子内部，这种相互黏附形成的疏水键是维持蛋白质三级、四级结构的主要次级键。

（3）**离子键**（ionic bond）　又称**盐键**（salt bond），是蛋白质分子中带正电荷基团与带负电荷基团之间静电吸引所形成的化学键。如：羧基和氨基、胍基、咪唑基等基团之间的作用力。

（4）**配位键**（coordination bond）　它是在两个原子间形成的，由其中一个原子单方面提供共用电子对所形成的化学键。蛋白质与金属离子结合中常含有配位键，并参与维持蛋白质的三级、四级结构。

（5）**二硫键**（disulfide bond）　它是由蛋白质中的两个半胱氨酸残基中的硫原子间脱氢所形成的共价化学键。二硫键是较强的化学键，对含二硫键蛋白质空间构象的维持与稳定有着非常重要的作用。

（6）**范德华力**（Van der Waals force） 它包括范德华引力和斥力。吸引力只有当两个非键合原子处于两个原子的范德华半径之和（也称为范德华距离）时才能达到最大。单个范德华力是很弱的，但其相互作用数量大且有加和效应及位相效应，因此成为一种不可忽视的作用力。其在蛋白质内部非极性结构中较重要，也是一个维持蛋白质分子的高级结构的重要的作用力。

（二）蛋白质二级结构的构成

1. 肽单位

肽键是构成蛋白质分子的基本化学键，肽键与相邻的 α 位两个碳原子所组成的基团，称为**肽单位**（peptide unit）或肽平面。多肽链是由许多重复的肽单位连接而成，它们构成肽链的主链骨架。肽单位和各氨基酸残基侧链的结构和性质对蛋白质的空间构象有重要影响。肽单位和多肽链中肽单位的结构如图 1-17 所示。

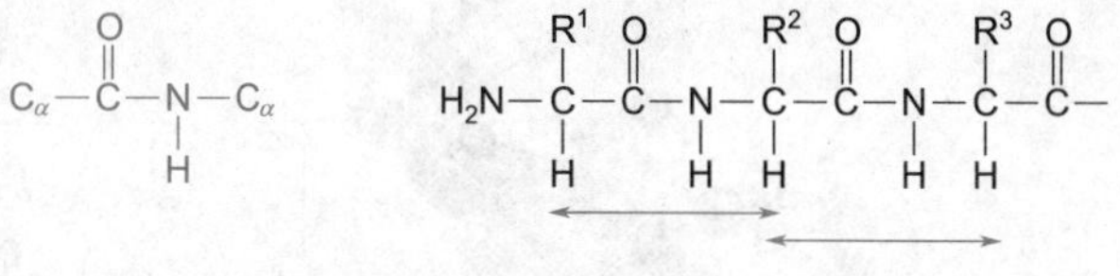

X 射线衍射结构分析表明，肽单位具有以下特性：

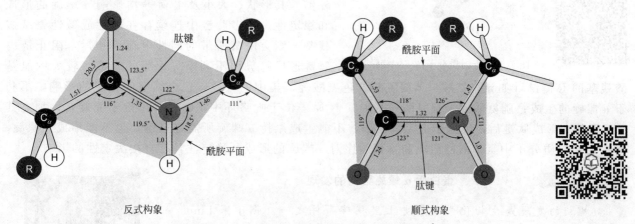

图 1-17 肽单位

① 肽键中的 C—N 键的键长为 0.133nm 比 C—N 单键（键长 0.145nm）短，而比 C ═N 双键（键长 0.125nm）长，具有部分双键的性质，不能自由旋转（图 1-18）。

反式构象　　　　　　　　　　　顺式构象

图 1-18　氨基酸 R 基侧链的分布（键长单位：Å）

② 肽单位为刚性平面，即肽单位上的六个原子均处于同一个平面，又称为肽键平面（图 1-19）。

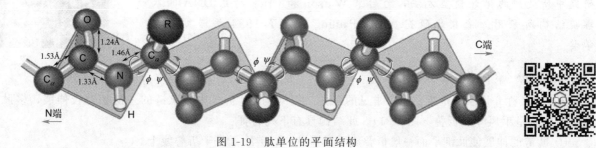

图 1-19　肽单位的平面结构

③ 肽单位中与 C—N 相连的氢和氧原子与两个 α 碳原子呈反向分布。鉴于多肽主链中的 C—N 键不能自由旋转及肽单位刚性平面等特点，使肽链的构象数目受到很大的限制，因而可以把多肽链的主链看成是由一系列刚性平面所组成的。主链 C$_\alpha$—N 和 C$_\alpha$—C 键虽然可以旋转，但也是会受到 R 基团和肽键中 H 及 O 原子的空间阻碍的影响，影响程度与侧链基团的结构和性质有关，使得多肽链构象的数目又进一步受到限制。在肽键平面上，有 1/3 的键不能旋转，只有两端的 α-碳原子单键可以旋转，因此，多肽链的盘旋或折叠是由肽链中许多 α-碳原子的旋转所决定的。由于肽键平面对多肽链构象的限制作用，使蛋白质的二级结构构象是有限的，主要有 α 螺旋、β 折叠、β 转角和无规卷曲等。

2. α 螺旋（α-helix）

α螺旋是蛋白质中最为常见的、最典型、含量最丰富的二级结构，于 1951 年由 Linus Pauling 和 Robert Corey 最先提出。蛋白质分子中多个肽键平面通过氨基酸 α-碳原子的旋转，使多肽链的主骨架沿中心轴盘曲成稳定的 α 螺旋构象（图 1-20），其具有下列特征。

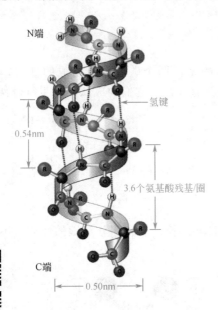

图 1-20　蛋白质分子的 α 螺旋结构

① 螺旋的方向为右手螺旋，每 3.6 个氨基酸残基旋转一圈，螺距为 0.54nm，每个氨基酸残基的高度为 0.15nm，螺旋的直径为 0.50nm，且由氢键封闭的环是 13 元环，因此 α 螺旋也称 3.6_{13} α-螺旋，且肽键平面与螺旋长轴平行。

② 氢键是 α 螺旋稳定的主要次级键。相邻的螺旋之间形成链内氢键，即一个肽单位的 N 上氢原子与其后第四个肽单位羰基上的氧原子生成氢键。α 螺旋构象允许所有肽键参与链内氢键的形成，因此 α 螺旋靠氢键维持是相当稳定的。若破坏氢键，则 α 螺旋构象遭到破坏。

③ 肽链中氨基酸残基的 R 基侧链分布在螺旋的外侧，其形状、大小及电荷等均影响 α 螺旋的形成和稳定性。若多肽链中连续存在酸性或碱性氨基酸残基，则会由其所带的同性电荷而相斥，阻止链内氢键形成趋势而不利于 α 螺旋的生成；较大的氨基酸残基的 R 侧链（如异亮氨酸、苯丙氨酸、色氨酸等）集中的区域，也会因空间位阻的影响，不利于 α 螺旋的生成；脯氨酸或羟脯氨酸残基因其 N 原子位于吡咯环中，C_α—N 单键不能旋转，加之其 α-亚氨基在形成肽键后，N 原子上无氢原子，不能生成维持 α 螺旋所需之氢键，也不能形成 α 螺旋。显然，蛋白质分子中氨基酸的组成和排列顺序对 α 螺旋的形成及稳定性具有直接决定性的影响。

> **知识链接**　　　　　　　　　　**蛋白质 α 螺旋结构的发现**
>
> α螺旋的发现是生物化学发展史上里程碑事件之一。化学家 Linus Pauling 长期研究化学键的本质，在了解氨基酸和肽的 X 射线图谱及晶体结构后，提出了蛋白质 α 螺旋结构。特别是 Pauling 在提出 α 螺旋结构研究中所使用的体外模型方法，为后来 Watson 和 Crick 研究 DNA 的双螺旋结构所采用。依靠此研究贡献，Pauling 获得了 1954 年诺贝尔化学奖。

3. β 折叠（β pleated sheet）

β折叠又称β片层，是蛋白质中常见的一种二级结构。β折叠中多肽链的主链相对较伸展，多肽链的肽平面之间呈手风琴状折叠（图 1-21）。此结构具有下列特征：

① 肽链的伸展使肽键平面一般折叠成手风琴状，α-碳原子位于折叠线上。

② 两条及两条以上肽链或同一条多肽链的不同部分平行排列，相邻肽链之间的肽键相互交替形成许多氢键，是维持这种结构的主要次级键。

③ 肽链平行的走向有顺式和反式两种，肽链的 N 端在同侧为顺式，两残基间距为 0.65nm；不在同侧为反式，两残基间距为 0.70nm。反式较顺式平行折叠更加稳定，顺式平行折叠比反式平行折叠更规则。

④ 肽链中氨基酸残基的 R 侧链分布在片层的上下。

能形成β折叠的氨基酸残基一般不大，且不带同种电荷，这样有利于多肽链的伸展，如甘氨酸、丙氨酸在β折叠中出现的概率最高。

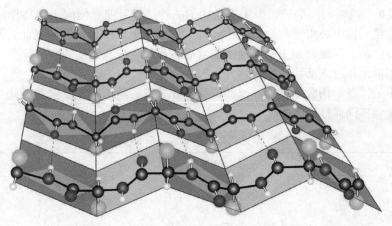

图 1-21　蛋白质的 β 折叠

4. β 转角 (β turn)

β 转角又称 β 弯曲 (β bend)，是球状蛋白形成的主要原因，是一种非重复性结构。它是由四个连续氨基酸残基构成，第一个氨基酸残基的羰基与第四个氨基酸残基的亚氨基之间形成氢键以维持其构象（图 1-22）。目前发现的 β 转角多数都处在蛋白质分子的表面，在这里改变多肽链方向的阻力比较小。

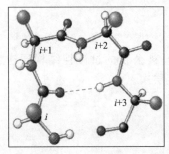
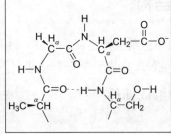

图 1-22　β 转角折叠示意图

5. 无规卷曲 (random coil)

无规卷曲也称无规线团。蛋白质二级结构中除上述构象外，尚存在一些不能被归入明确的二级结构如 α 螺旋、β 折叠和 β 转角的多肽区段，将这些二级结构统称为无规卷曲（图 1-23）。实际上这些无规卷曲的二级结构大多数既不是卷曲，也不是完全没有规律。与其他的二级结构一样，也有着明确而稳定的结构。这类有序的非重复性结构经常构成酶活性部位和其他蛋白质特异的功能部位。

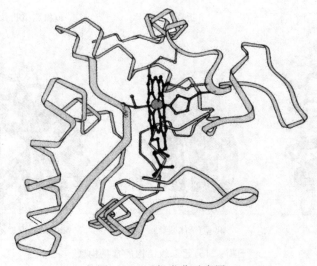

图 1-23　无规卷曲示意图

环（loop）在很长一段时间里都被视为无规卷曲的一种，但目前有倾向于将环作为一种独立的二级结构。环作为蛋白质三维元构中最重要的动态结构元件，一般位于球形蛋白质的表面，常常作为纽带将有规则的二级结构联系在一起，其侧链和主链部分通常含有各种结合位点和功能位点，并以运动的方式作为控制与蛋白质相互作用的配体进入活性区域的"开关"。

每一种蛋白质中的二级结构并非仅含单纯的 α 螺旋或 β 折叠结构，而是这些不同类型构象的组合，只是不同蛋白质中的比例不同而已（表 1-6）。

表 1-6　常见蛋白质中 α 螺旋及 β 折叠含量

蛋白质名称	α 螺旋/%	β 折叠/%
血红蛋白	78	0
细胞色素 c	39	0
溶菌酶	40	12
羧肽酶	38	17
核糖核酸酶	26	35
凝乳蛋白酶	14	45

三、蛋白质的三级结构

在蛋白质的二级结构和三级结构之间，存在一些已被公认的过渡性结构层次：模体（motif）和结构域（domain），但并不是每种蛋白质中都存在这些过渡层次。

（一）三级结构的组成部件

1. 模体

模体又称超二级结构（super-secondary structure），是指在多肽链内顺序上相邻的二级结构常常在空间折叠中靠近，彼此相互作用，形成有规则的、在空间上能辨认的二级结构聚集体，并充当三级结构的构件。常见的模体结构有 α 螺旋组合（αα）、β 折叠组合（ββ）和 α 螺旋/β 折叠组合（βαβ）等（图 1-24）。如已发现在一些纤维状蛋白质和球状蛋白质中存在着 α 螺旋聚集体（αα 型）模体，在球状蛋白质中还存在着 βαβαβ 模体。模体结构可直接作为三级结构的"建筑块"或结构域的组成单位，是介于二级结构和结构域间的一个构象层次，是蛋白质发挥特定功能的基础。

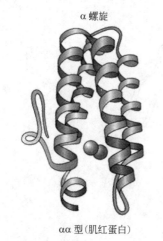

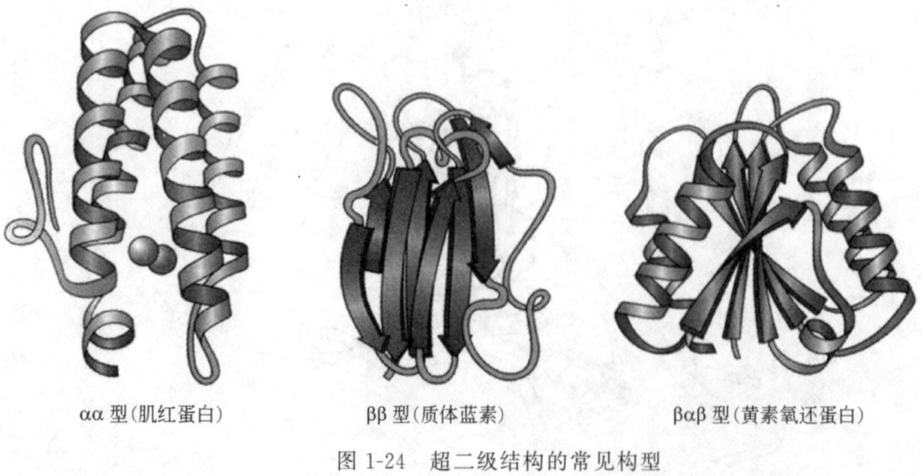

α螺旋　　　　　β折叠　　　　　α螺旋/β折叠

αα 型（肌红蛋白）　　　ββ 型（质体蓝素）　　　βαβ 型（黄素氧还蛋白）

图 1-24　超二级结构的常见构型

2. 结构域

结构域通常是指空间结构上相近的几个超二级结构单元进一步折叠盘曲而形成的一个或多个相对独立的致密的三维实体（图 1-25）。结构域通常是由 100～200 个氨基酸残基组成，具有独特的空间构象，与分子整体以共价键相连，并承担着不同的生物学功能，所以有时结构域也指功能域。结构域在结构上是相对独立的，在功能上也是如此。许多蛋白质的结构域在特殊的条件下被分开后，每一个结构域仍然保留各自原有的功能。

结构域是三级结构的一部分，是将三级结构打开后首先看到的结构。由于结构域是与分子整体以共价键相连的，一般难以分离，这是它与蛋白质亚基结构的最主要的区别。结构域是球状蛋白质的独立折叠单元。例如免疫球蛋白（IgG）由 12 个结构域组成，其中两个轻链上各有 2 个，两个重链上各有 4 个；补体结合部位与抗原结合部位处于不同的结构域。一般说来，较小蛋白质的短肽链若仅有 1 个结构域，则此蛋白质的结构域和三级结构即为同一结构层次。较大的蛋白质为多结构域，它们可能是相似的，也可能是完全不同的。

（二）三级结构

三级结构（tertiary structure）是指构成蛋白质的多肽链在二级结构的基础上，进一步盘旋、卷曲和折叠形成的特定空间结构，包含了肽链上所有原子的空间排布。也就是说，蛋白质的三级结构是整条肽链中全部氨基酸残基的相对空间位置，包含了一条多肽链的主链构象和侧链构象。具有二级结构的一条多肽链，由其序列上相隔较远而空间上相近的氨基酸残基侧链发生相互作用，进行范围更广泛的盘曲折叠而形成包括主、侧链在内的空间整体排布，即三级结构（图 1-26）。三级结构通常由模体和结构域组成。三级结构中多肽链的盘曲方式是由氨基酸残基的排列顺序决定的。各 R 基团间相互作用生成的次级键如疏水键、氢键、离子键、配位键等是稳定三级结构的主要化学键。

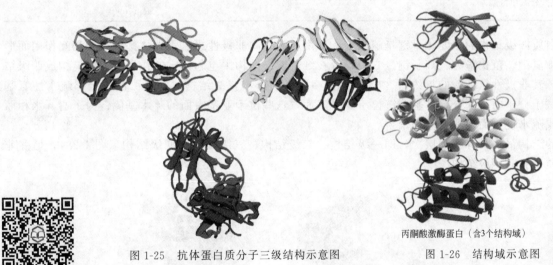

丙酮酸激酶蛋白（含3个结构域）

图 1-25 抗体蛋白质分子三级结构示意图   图 1-26 结构域示意图

四、蛋白质的四级结构

自然界存在的有生物活性的蛋白质大都由两条或两条以上肽链构成，肽链与肽链之间并不是通过共价键相连，而是由非共价键所维系的，每条肽链都有自己的一级、二级和三级结构。由两个或两个以上的亚基之间相互作用，彼此以非共价键相连而形成的构象更为复杂的聚集体结构，称为蛋白质的**四级结构**（quaternary structure）（图 1-27）。在具有四级结构的蛋白质中，每一条具有三级结构的肽链均被称为亚基或亚单位，缺少一个亚基或亚基单独存在都不具有生物活性。四级结构涉及亚基在整个分子中的空间排布以及亚基之间的相互关系。

图 1-27 蛋白质的四级结构

亚基（subunit）又称亚单位，也被称为原聚体或单体，一般由一条多肽链组成。亚基本身具有其自身的一级、二级、三级结构。由 2～10 个亚基组成具有四级结构的蛋白质称为**寡聚体蛋白**（oligomer），更多亚基数目构成的蛋白质则称为**多聚体蛋白**（polymer）。有些蛋白质的四级结构是均质的，即由相同的亚基组成，而有些则是不均质的，即由不同亚基组成。亚基一般以 α、β、γ 等命名，亚基的数目一般为偶数，个别为奇数，亚基在蛋白质中的排布一般呈对称分布，对称性是具有四级结构蛋白质的重要性质之一（表 1-7）。一般单独存在的亚基多无活性，只有当它们构成具有完整四级结构时，才表现出生物学活性。

表 1-7　部分蛋白质中亚基数与分子量

蛋白质或酶	亚基数目	亚基分子量
牛乳球蛋白	2	18375
过氧化氢酶	4	60000
磷酸果糖激酶	6	130000
烟草斑纹病毒	2130	17530
血红蛋白	4($\alpha_2\beta_2$)	α:15130 β:15870
天冬氨酸转氨甲酰酶	12(C_6,R_6)	C:34000 R:17000

　　维持蛋白质四级结构的主要化学键是疏水键，即由亚基之间非极性或疏水性氨基酸残基相互作用而形成的。此外，氢键、范德华力、离子键、二硫键等在维持四级结构中也起一定的作用。一般能构成四级结构的蛋白质，其非极性氨基酸的量约占 30%。这些多肽链在形成三级结构时，不可能将全部疏水性氨基酸残基侧链藏于分子内，部分疏水基侧链位于亚基表面，这些位于亚基表面的疏水基侧链为了避开水相而相互作用形成疏水键进而导致亚基的聚合。

　　蛋白质的结构最多具有四个层次，即一级结构、二级结构、三级结构和四级结构（图 1-28），但并非所有的蛋白质都具有四级结构。

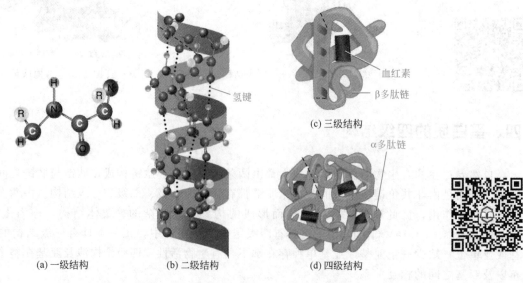

(a) 一级结构　　　　(b) 二级结构　　　　(c) 三级结构　　　(d) 四级结构

图 1-28　血红蛋白一级、二级、三级、四级结构示意图

生物体内有数以万计的蛋白质，每一种蛋白质各自执行其独特的功能，生物体功能的多样性有赖于其空间结构的复杂性及其一级结构的独特性。蛋白质分子的一级结构是形成空间结构的物质基础，而蛋白质的生物功能是蛋白质分子特定的天然构象所表现的性质或所具有的属性。蛋白质结构与功能关系的研究是从分子水平上认识生命现象的一种极为重要的手段，同时蛋白质结构与功能关系的研究对医药的研究与开发也有着十分重要的意义。近年来新兴起的蛋白质工程就是以蛋白质的结构和功能的关系为基础，通过分子设计，有针对性地合成新的基因或修饰已有的基因或对表达产物蛋白质的化学修饰，进而实现对蛋白质的定向改造，创造出自然界不存在的或已存在的但功能上更优越的蛋白质，从而为人类的健康需要服务。蛋白质的结构与功能的研究不仅能从分子水平上阐明酶、激素等活性物质的作用机制，还有利于一些遗传性疾病发生机制的阐明等，这将为肿瘤等一系列重大疾病的防治和药物研发提供重要的理论根据。因此蛋白质结构与功能关系的研究已成为生命科学和现代医学亟须解决的重要问题。

一、蛋白质一级结构与功能的关系

蛋白质的一级结构决定着其空间构象，而特定的空间构象是蛋白质功能发挥的基础。不同蛋白质和多肽具有不同的功能，有时仅微小的差异就可表现出不同的生物学功能。在生物体内，蛋白质的多肽链一旦被合成后，即可根据一级结构的特点自然折叠和盘曲，形成一定的空间构象。蛋白质一级结构与功能的关系总体可归为以下三种情况。

（1）一级结构不同，其生物学功能各异　不同蛋白质或多肽具有不同的生物学功能，其根本原因是它们的一级结构不同，有时仅微小的差异就可表现出不同的生物学功能。如加压素与缩宫素都是由垂体后叶分泌的九肽激素，它们分子中仅两个氨基酸不同，但两者的生理功能却有根本的区别。加压素能促进血管收缩，升高血压及促进肾小管对水的重吸收，表现为抗利尿作用；而缩宫素则能刺激平滑肌引起子宫收缩，表现为催产功能。其结构如下：

加压素　　H$_2$N-Cys-Tyr-Phe-Gln-Asn-Cys-Pro-Arg-Gly-CO-NH$_2$
　　　　　　　　　　　　　　　└──S──S──┘

催产素　　H$_2$N-Cys-Tyr-Len-Gln-Asn-Ile-Pro-Arg-Gly-CO-NH$_2$

在蛋白质的一级结构中，参与功能活性部位的残基均处于特定构象的关键位置，即使在整个分子中活性部位的一个残基异常，也会影响该蛋白质的正常功能。基因突变可导致蛋白质一级结构的变化，使蛋白质的生物学功能降低或丧失，甚至可引起生理功能的改变而发生疾病。这种由遗传突变引起的、在分子水平上仅存在微观差异而导致的疾病，称为**分子病**（molecular disease）。现在几乎所有分子病都与正常蛋白质分子结构改变有关，甚至有些缺损的蛋白质可能仅仅只有一个氨基酸异常。例如糖尿病胰岛素分子病是胰岛素 51 个氨基酸残基中的一个氨基酸残基异常，使胰岛素活性很低而导致糖尿病。

　　　　　　　　　　　　　21　22　23　24　25　26　27
正常人胰岛素 B 链　　　　-Glu-Arg-Gly-Phe-Phe-Tyr-Thr-
异常人胰岛素 B 链　　　　-Glu-Arg-Gly-Phe-Phe-Tyr-Leu-

再如被称为分子病的**镰刀状红细胞性贫血**（sickle cell anemia）（图 1-29）仅仅是 574 个氨基酸残基中一个氨基酸残基即 β 亚基 N 端的第 6 号氨基酸残基发生了改变而造成的。正常血红蛋白（HbA）β链第 6 位为谷氨酸，而患者血红蛋白（HbS）β链第 6 位突变成缬氨酸。HbS 的带氧能力降低，分子间容易"黏合"形成线状巨大分子而沉淀。红细胞从正常的双凹盘状被扭曲成镰刀状，容易产生溶血性贫血症。

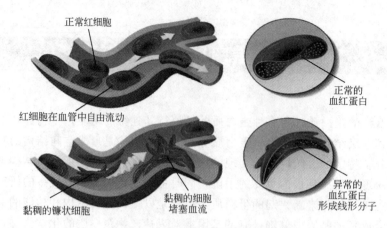

图 1-29 镰刀状红细胞性贫血

（2）一级结构相似的蛋白质，其基本构象及功能也相似　如不同种属的生物体分离出来的胰岛素，它们均具有降血糖的功能，其一级结构只有极小的差别，而且在系统进化位置上相距愈近的差异愈小（表1-8）。再如促肾上腺皮质激素（ACTH）是由垂体前叶分泌的含39个氨基酸残基的多肽激素。研究表明：其1～24位肽段是活性所必需的关键部分，若N端1位丝氨酸残基被乙酰化，活性显著降低，仅为原活性的3.5%；若切去25～39位片段仍具有全部活性。不同动物来源的ACTH，其氨基酸顺序差异主要在25～33位，而1～24位的氨基酸顺序相同表现出相同的生化功能。这表明一些蛋白质或多肽的生物功能并不要求分子的完整性。它启示我们用化学法合成ACTH时，不必合成整个39肽，而仅合成其活性所必需的关键部分。

1 -------------- 24 ---- 33 ---- 39

ACTH活性必需部分　　种属特异性

来源	31	33
人	Ser	Glu
猪	Leu	Glu
牛	Ser	Gln

表 1-8　不同物种胰岛素分子的氨基酸残基差异

胰岛素来源	氨基酸残基的差异部分			
	A5	A6	A10	A30
人	Thr	Ser	Ile	Thr
猪	Thr	Ser	Ile	Ala
狗	Thr	Ser	Ile	Ala
兔	Thr	Ser	Ile	Ser
牛	Ala	Ser	Val	Ala
羊	Ala	Gly	Val	Ala
马	Thr	Gly	Ile	Ala
抹香鲸	Thr	Ser	Ile	Ala
鲤鲸	Ala	Ser	Thr	Ala

（3）一级结构中关键序列变化，其生物活性或功能发生改变　蛋白质或多肽的结构与功能的研究表明，改变蛋白质或多肽中某些重要的氨基酸残基，常常可以改变其生物活性或功能。近年来应用蛋白质工程技术，如选择性的基因突变或化学修饰等，定向改造多肽中一些"关键"氨基酸残基，可得到自然界不存在的且功能更优的多肽或蛋白质，这对研究多肽类新药具有重要意义。举例见表1-9。

表 1-9 多肽或蛋白质中氨基酸的变化与活性

多肽或蛋白质	氨基酸位置	相对活性
脑啡肽	Gly^2 Met^5	1.0
衍生物	D-Ala $Met-CO-NH_2$	10.0
促黄体生成释放素	Trp^3 Ser^4 Gly^6 Gly^{10}	1.0
衍生物	Phe — — —	0.04
	Phe — D-Ser $Gly-NH-C_2H_5$	144.0
生长抑素	Phe^6 Ser^8 Thr^{10} Ser^{13}	1.0
衍生物	— — — D-Ser	0.01
	— D-Trp	8.0
胰岛素	$A-Gly^1$ Asn^{21} $B-His^{10}$ Phe^{25}	1.0
衍生物	×	0.05
	— Asp	2.5
肿瘤坏死因子	Val^1 … Thr^7 Pro^8 Ser^9 Asp^{10} Leu^{157}	1.0
衍生物	× … × … × Arg Lys Arg Phe	10.0

注：—表示与天然产物氨基酸相同，×表示切去该氨基酸。

二、蛋白质的空间结构与功能

蛋白质多种多样的生物学功能与其特定空间构象的形成密切相关。蛋白质的空间构象是其功能活性的基础，也是表现其生物学功能或活性所必需。蛋白质一般以无活性的形式存在，在外界刺激等条件下，才转变为有生物活性的特定构象进而表现其生物功能，如酶原的激活、蛋白质前体的活化等。若蛋白质分子特定的空间构象受到破坏，如蛋白质的变性，其生物学功能丧失；蛋白质与某些物质结合也可引起蛋白质构象的改变，如蛋白质的变构效应（也称别构效应）、变构酶的协同作用等。

1. 蛋白质前体的活化

生物体中有许多蛋白质是以无活性的蛋白质原的形式在体内合成、储存和分泌的，在机体应急或细胞需要时，这些蛋白质原中某条或某些肽链方才以特定的方式断裂，生成有活性的蛋白质，进而发挥出它所特有的生物学功能。这类蛋白质主要包括消化系统中的一些蛋白水解酶、蛋白类激素和参与血液凝固作用的一些蛋白质分子等，这些蛋白质前体无活性或活性很低。这是生物体内一种自我保护及调控的重要方式，是在长期生物进化过程中发展起来的，也是蛋白质分子结构与功能高度统一的表现。研究发现，分泌性蛋白质除含有特征性的信号肽或导肽序列外，几乎所有的蛋白质都有其前体，即**原蛋白**（proprotein），含有信号肽或导肽或插入肽，这些需切除的肽段是在蛋白质生物合成过程中生成转运以及形成独特生理活性所需的空间结构所必需的。但一旦其相应的功能完成，肽段便被切除。例如胰岛素的前体是胰岛素原，猪胰岛素原是由 84 个氨基酸残基组成的一条多肽链，其活性仅为胰岛素活性的 10%。在体内胰岛素原经两种专一性水解酶的作用，将肽链的 31 位、32 位和 62 位、63 位的四个碱性氨基酸残基切掉，结果生成含 29 个氨基酸残基 C 肽和由含 21 个氨基酸残基 A 链与含 30 个氨基酸残基 B 链经两对二硫键连接而成的胰岛素分子。胰岛素分子具有其特定的空间结构，从而表现出其降血糖生物活性。胰岛素在合成成熟过程中除有一段信号肽序列外，合成完毕未修饰前还有一段 C 肽。含信号肽和 C 肽的胰岛素前体叫做**前胰岛素原**（preproinsulin）；前胰岛素原在内质网腔切除信号肽后叫做**胰岛素原**（proinsulin）；胰岛素原经胰蛋白酶切除 A、B 链间的 C 肽后才形成有活性的成熟胰岛素（图 1-30）。

2. 蛋白质的变构现象

一些蛋白质由于受别构剂或配基等因素的影响，其一级结构不变而空间构象发生一定的变化，进而导致其生物学功能的改变，称为蛋白质的**变构效应或别构作用**（allosteric effect）。变构效应是蛋白质表现其生物学功能的一种普遍而又十分重要的现象，也是调节蛋白质生物学功能强有效的方式。研究表明：分子质量较大的（＞55000Da）蛋白质多为具有四级结构的多聚体。具有四级结构的酶或蛋白质常处于某些代谢通路的关键部位，具有调节整个反应过程的作用，它们大都是通过多聚体的变构作用而实现调节作用的。组成蛋白质的各个亚基共同控制着蛋白质分子的生物活性，并对别构剂或配基等信息信号物做出反应，信号物与一个亚基的结合可传递到整个蛋白质分子，这个传递是通过亚基构象的改变而实现的。例如血红蛋白是一个四聚体蛋白质（如图1-31），具有氧合功能，是最早发现具有变构作用的蛋白质。研究发现，脱氧血红蛋白与氧的亲和力很低，不易与氧结合，而一旦血红蛋白分子中的一个亚基与O_2结合，就会引起该亚基构象发生改变，并引起其他三个亚基的构象相继发生变化，使它们易于和O_2结合，这说明变化后的构象最适合与氧结合。

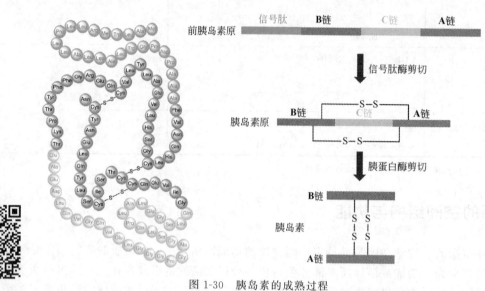

图 1-30　胰岛素的成熟过程

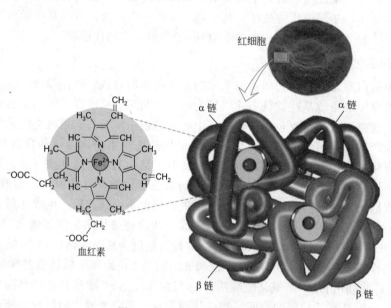

图 1-31　血红蛋白结构示意图

三、蛋白质结构变化与疾病

　　蛋白质在体内的合成、加工、成熟是一个非常复杂的过程，其中多肽链的正确折叠对其正确构象的形成和功能发挥至关重要。研究发现一些蛋白质尽管其一级结构不变，但折叠发生错误，使其构象发生改变，进而影响到其正常功能，严重时可导致疾病的发生。因蛋白质折叠错误或折叠导致构象异常变化而引起的疾病，称为**蛋白质构象病**（protein conformation disease）。例如由**朊病毒**（prion）所引起的疯牛病、羊瘙痒病、老年痴呆症、致死性家族失眠症等传染性海绵样脑病就是蛋白质构象病中的一种。朊病毒是一类能引起哺乳动物和人的中枢神经系统退行性病变的传染性的病变因子，Prusiner 认为它是一种蛋白质侵染颗粒。朊病毒蛋白（prion protein，PrP）有正常型（PrP^c）和致病型（PrP^{sc}）两种构象，这两者一级结构与共价修饰完全相同，但空间结构不同。PrP^c 由 43% 的 α 螺旋和 3% 的 β 折叠组成，表现蛋白酶消化敏感性和水溶性；而 PrP^{sc} 则由 34% 的 α 螺旋和 43%β 折叠组成，对蛋白酶消化具有显著的抵抗能力，并聚集成淀粉样的纤维杆状结构。目前普遍认为其致病机理是 PrP^{sc} 形成后，可催化更多的 PrP^c 向 PrP^{sc} 转变（如图 1-32），进而形成淀粉样斑块导致海绵样脑组织发生病变。

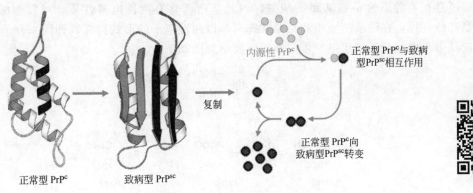

图 1-32　朊病毒的复制

正常型 PrP^c　　致病型 PrP^{sc}

内源性 PrP^c

复制

正常型 PrP^c 与致病型PrP^{sc}相互作用

正常型 PrP^c向致病型PrP^{sc}转变

知识链接　　　　　　　　　　　　　　**朊病毒的发现**

早在 300 年前，人类在绵羊和小山羊中首次发现了感染朊病毒的患病动物。1996 年春天，英国蔓延也波及整个欧洲的"疯牛病"引起全世界极大恐慌，朊病毒对人类最大的威胁是可以导致人类和家畜患中枢神经系统退化性病变，最终不治而亡。因此当时世界卫生组织将朊病毒病和艾滋病并立为世纪之交危害人体健康的顽疾。

美国生物化学家斯坦利·普鲁辛纳（Stanley B. Prusiner）因发现了一种新型的生物——朊病毒（prion）而获得 1997 年诺贝尔生理学或医学奖。朊病毒是一类能侵染动物并在宿主细胞内复制的小分子无免疫性疏水蛋白质。朊病毒严格来说不是病毒，是一类不含核酸而仅由蛋白质构成的可自我复制并具感染性的因子，它是能在人和动物中引起可传染性脑病（TSE）的一个特殊的病因。

综上所述，蛋白质的结构与功能之间的关系主要包括：蛋白质的一级结构决定其空间结构，其空间结构与功能密切相关；总体来看，结构相似的蛋白质具有相似的功能；若空间结构被破坏，蛋白质的功能往往会随之丧失；一些蛋白质可以通过变构执行多种不同的功能；蛋白质的一级结构相似性高，其空间结构也基本相同，生物的亲缘关系往往很近，一级结构的差异程度可反映物种在进化上的亲缘性。

第五节　蛋白质的理化性质

蛋白质的性质是由其分子大小、氨基酸组成以及化学结构所决定的。蛋白质是由氨基酸组成的高分子有机化合物，因此其性质必定与氨基酸有部分相同或相关的性质，如两性解离及等电点、紫外吸收性质、呈色反应等。此外，作为高分子化合物的蛋白质又会表现出与低分子化合物有根本区别的一些大分子特性，如胶体性、变性和免疫学特性等。

一、蛋白质的紫外吸收性质

大多数蛋白质分子中含有酪氨酸、苯丙氨酸和色氨酸残基，因此蛋白质在 280nm 有最大紫外吸收峰。在一定范围内，蛋白质的 A_{280} 与其浓度呈正比，可用这一性质测定蛋白质含量。

二、蛋白质的两性解离及等电点

蛋白质由氨基酸组成，在其分子表面有氨基、羧基、酚羟基、咪唑基、胍基等可解离的 R 基团，且在肽链两端还存在着游离的 α-氨基和 α-羧基，因此蛋白质具有两性电解性质，可以与酸或碱相互作用。蛋白质与氨基酸一样，在纯水溶液中和结晶状态时以两性离子的形式存在，即同一分子中可带有正负两种电荷，羧基带负电而氨基带正电。蛋白质的解离示意图如下：

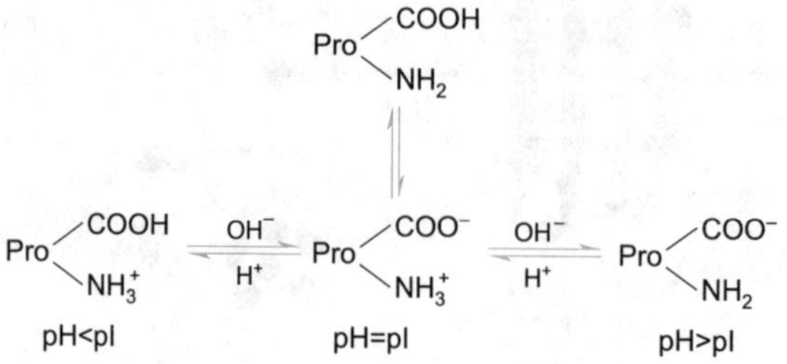

溶液中蛋白质的带电状况与其所处环境的 pH 有关。当溶液在某一特定的 pH 条件下，蛋白质分子所带的正电荷数与负电荷数相等，即净电荷为零，此时蛋白质分子在电场中不发生迁移，这一特定的 pH 称为该蛋白质的 **等电点**（isoelectric point，pI），此时蛋白质的溶解度最小。由于不同蛋白质的氨基酸组成（种类和数目）不同，所以蛋白质都有其特定的等电点（表 1-10），在同一 pH 条件下所带净电荷不同。如果蛋白质中碱性氨基酸较多，则等电点偏碱；如果酸性氨基酸较多，等电点偏酸。体内多数蛋白质的酸碱氨基酸比例相近，其等电点大多为中性偏酸，约在 5.0。所以在生理条件下（pH 为 7.4），它们大都以负离子形式存在。

表 1-10　蛋白质的氨基酸组成与等电点（pI）

蛋白质	酸性氨基酸数	碱性氨基酸数	pI
胃蛋白酶	37	6	1.0
RNA 酶	10	18	7.8
胰岛素	4	4	5.35
细胞色素 c	12	25	9.8～10.8

带电质点在电场中向相反电荷电极移动的现象称为 **电泳**（electrophoresis）。由于蛋白质在溶液中解离成带电的微粒，因此可以在电场中移动，移动的方向和速度取决于所带净电荷的正负性、多少以及分子微粒的大小和形状。由于各种蛋白质的等电点不同，所以在同一 pH 溶液中所带电荷不同，在电场中移动的方向和速度也各不相同，根据此原理可利用电泳的方法对混合蛋白质进行分离。

蛋白质的两性解离与等电点的性质是极其重要的性质，对蛋白质的分离、纯化和分析等都具有重要的实用价值。蛋白质的等电点沉淀、电泳和离子交换等分离分析方法的基本原理都是以此特性为基础。

三、蛋白质的颜色反应

蛋白质分子中的肽键及侧链上的各种特殊基团可以和有关试剂呈现一定的颜色反应，这些反应常被用于蛋白质的定性、定量分析。

（1）双缩脲呈色反应　双缩脲在碱性条件下能与 Cu^{2+} 结合生成紫红色化合物，此反应称为双缩脲反应。蛋白质中的肽键也能发生双缩脲反应。

（2）酚试剂呈色反应　酚试剂呈色反应是较为常用的蛋白质定量方法。它是 1951 年由 Lowry 在双缩脲法和酚试剂法的基础上建立的蛋白质含量测定方法，故又称 Lowry 法。具体原理涉及两步反应：第一步反应是双缩脲反应，即在碱性条件下，含有酰胺键的化合物可与 Cu^{2+} 形成紫红色的络合物，颜色的深浅与蛋白质的含量呈正比；第二步反应是酚试剂反应，蛋白质分子中的酪氨酸、色氨酸、半胱氨酸残基使酚试剂中的磷钨酸-磷钼酸还原成深蓝色的钨蓝和钼蓝。酚试剂法很灵敏，可检测出 $5\mu g$ 的蛋白质。

（3）考马斯亮蓝显色法　该法是 1976 年由 Bradford 等建立，故又称 Bradford 法。它是另一种常用的蛋白质定量方法。该法的基本原理为：游离状态的考马斯亮蓝 G-250（一种染料）在酸性溶液中呈红褐色，与蛋白质结合后，由红褐色转变为蓝色。此法的灵敏度比酚试剂法高四倍，而且方法简单、稳定，使用广泛。

四、蛋白质的胶体性质

蛋白质是高分子有机化合物，其分子直径在 $2\sim20nm$，在溶液中易形成大小介于 $1\sim100nm$ 的质点（胶体质点的范围），因此，蛋白质具有胶体的一般性质，如布朗运动、光散射现象、不能透过半透膜以及具有吸附能力等。

蛋白质溶液属于胶体系统，在水中形成一种比较稳定的亲水胶体。蛋白质溶液胶体系统的稳定性依赖于以下两个基本因素。

（1）蛋白质表面形成水化层　由于蛋白质颗粒表面带有许多如—NH_3^+、—COO^-、—OH、—SH、—CO、—NH_2、肽键等亲水的极性基团，因而易于发生**水合作用**（hydration），进而使蛋白质颗粒表面形成一层较厚的水化层。水化层的存在使蛋白质颗粒相互隔开，使其不致聚集而沉淀。每克蛋白质结合水约 $0.3\sim0.5g$。

（2）蛋白质表面具有同性电荷　蛋白质溶液除在等电点时分子的净电荷为零外，在非等电点状态时，蛋白质颗粒皆带有同性电荷，即在酸性溶液中带正电荷，在碱性溶液中带负电荷，与其周围的反离子构成稳定的双电层。蛋白质胶体分子间表面双电层的同性电荷相互排斥，进而阻止其聚集而沉淀。

蛋白质的亲水胶体性质具有重要的生理意义。生物体中最多的成分是水，蛋白质与大量的水结合可形成各种流动性不同的胶体系统。如构成生物细胞的原生质就是复杂的、非均一性的胶体系统，生命活动的许多代谢反应即在此系统中进行。其他各种组织细胞的形状、弹性、黏度等性质，也与蛋白质的亲水胶体性质密切相关。

蛋白质的胶体性质还是许多蛋白质分离、纯化的基础。如蛋白质盐析、等电点沉淀和有机溶剂分离沉淀法的基本原理就是破坏了蛋白质分子表面的水化层和同性电荷作用的稳定因素，从而使蛋白质颗粒相互聚集而沉淀。其他透析法是利用蛋白质大分子不能透过半透膜的性质以除去无机盐等小分子杂质。

五、蛋白质的沉淀作用

蛋白质分子聚集而从溶液中析出的现象称为蛋白质的**沉淀**（precipitation）。蛋白质的沉淀反应具有重要的实用价值，如蛋白质类杂质的去除、蛋白质类药物的分离制备、生物样品的分析、灭菌技术等都涉及蛋白质的沉淀。变性蛋白质一般易于沉淀，但蛋白质沉淀可能是变性，也可能是未变性，这主要取决于沉淀的方法和条件。下面对一些常用的蛋白质沉淀方法的基本原理做简要介绍。

1. 中性盐沉淀反应

中性盐沉淀方法是一种常用的蛋白质沉淀方法。逐渐地向蛋白质溶液中加入如 $(NH_4)_2SO_4$ 等中性盐，在低盐浓度时可使蛋白质溶解度增加，这种现象称为盐溶。其原因为蛋白质表面吸附了某种离子，导致其颗粒表面同性电荷增加而排斥加强，同时与水分子作用也增强，从而提高了其溶解度。随着盐浓度的不断增加，蛋白质水化层被破坏，其表面电荷被中和，从而促使蛋白质颗粒相互聚集而沉淀，这种现象被称为**盐析**（salting out）。盐析时所需的盐浓度因蛋白质的分子大小、电荷种类和多少而异。混合蛋白质溶液可用不同的盐浓度使其中蛋白质分别沉淀，这种方法称为分级沉淀或分段盐析，如血清中加入质量分数为 5％的（NH_4）$_2SO_4$ 可使球蛋白析出，而加入（NH_4）$_2SO_4$ 至饱和可使清蛋白析出。常用的无机盐有 NaCl、（NH_4）$_2SO_4$、Na_2SO_4 等。本法的主要特点是沉淀出的蛋白质不变性，因此它常用于酶、激素等具有生物活性蛋白质的分离制备。盐析和盐溶的原理如图 1-33 所示。

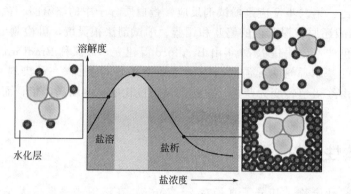

图 1-33　盐析与盐溶

2. 加热沉淀反应

加热可使蛋白质凝固而沉淀。加热灭菌的原理就是加热使细菌蛋白质变性凝固而失去生物活性。但加热使蛋白质变性沉淀与溶液的 pH 值也密切相关，在等电点时最易沉淀，而偏酸或偏碱时，蛋白质虽加热变性也不易沉淀。实际工作中常利用在等电点时加热沉淀除去杂蛋白。

3. 有机溶剂沉淀反应

在低温下，向蛋白质溶液中加入一定量的与水可互溶的甲醇、乙醇、丙酮等有机溶剂，可使蛋白质表面水化层削弱或破坏并使其介电常数降低进而增加带电质点的相互作用，从而使得蛋白质颗粒更易相互聚集沉淀。本法有时可引起蛋白质变性，这与有机溶剂的浓度、与蛋白质接触的时间以及沉淀的温度密切相关。因此，用此法分离制备有生物活性的蛋白质时，应注意控制可引起变性的因素。不同蛋白质沉淀所需有机溶剂的浓度各异，因此可调节有机溶剂的浓度使混合蛋白质分级沉淀。此外，在等电点时加入有机溶剂更易使蛋白质聚集而沉淀。

4. 重金属盐沉淀反应

蛋白质在 pH 大于 pI 的溶液中呈负离子状态，可与 Cu^{2+}、Hg^{2+}、Pb^{2+}、Ag^+ 等重金属离子结合成不溶性蛋白盐或蛋白络合物而沉淀。临床上抢救误食重金属盐的病人时，给以大量的富含蛋白质的牛奶、豆浆等使其生成不溶性沉淀进而减少重金属离子的吸收，再用催吐剂使其排出体外。

5. 生物碱试剂的沉淀反应

蛋白质在 pH 小于 pI 时呈正离子状态，可与苦味酸、磷钨酸、磷钼酸、鞣酸、三氯醋酸、磺基水杨酸等生物碱试剂结合成不溶性的盐而沉淀。其反应式如下：

此类反应在实际工作中有许多应用，如血液样品分析中无蛋白滤液的制备，中草药注射液中蛋白质的检查及鞣酸、苦味酸的收敛作用等皆以此反应为依据。

蛋白质变性和沉淀反应是两个不同概念，两者有联系但又不完全一致。蛋白质变性有时可表现为沉淀，亦可表现为溶解状态；同样，蛋白质沉淀有时可以是变性，亦可以未变性，这取决于沉淀的方法和条件以及对蛋白质空间构象有无破坏而定，切不可只看表面现象而忽视了本质的区别。

六、蛋白质的变性与复性

在某些物理或/和化学因素的作用下，蛋白质分子的空间构象发生改变或破坏，进而导致其理化性质发生改变和生物活性降低或丧失，这种现象被称为蛋白质的**变性**（denaturation）。各种蛋白质都有特定的构象，而这种构象对于表现其生物功能是十分重要的。构象的破坏是蛋白质变性的结构基础。

1. 蛋白质变性的本质

次级键的形成是蛋白质分子空间构象的形成与稳定的基本因素。现代研究技术特别是 X 射线衍射技术的应用，使对蛋白质变性的研究从变性现象的观察、分子形状的改变，深入到分子构象变化的分析。研究结果表明，蛋白质变性作用的本质正是因破坏了形成与稳定蛋白质分子空间构象的各种次级键从而导致其空间构象的改变或破坏，并不涉及肽键的断裂。

2. 变性作用的特征

（1）生物活性的丧失　生物活性的丧失是蛋白质变性的主要特征。蛋白质的生物活性是指蛋白质表现其生物学功能的能力，如蛋白质或多肽类激素的代谢调节功能、蛋白质毒素的致毒作用、酶的生物催化作用、抗原与抗体的反应能力、血红蛋白运输 O_2 和 CO_2 的能力等，这些生物学功能是由各种蛋白质的特定空间构象所决定的，一旦外界因素使其空间构象遭受破坏时，其表现生物学功能的能力也随之丧失。有时空间构象仅有微妙的变化，而这种变化尚未引起其理化性质改变时，在生物活性上已可反映出来。因此，在提取、制备具有生物活性的蛋白质类化合物时，如何防止变性的发生是关键性的问题。

（2）某些理化性质的改变　蛋白质变性后，一般溶解度降低且易发生沉淀，但在偏酸或偏碱时，蛋白质虽变性却可保持溶解状态；变性还可引起球状蛋白不对称性增加、黏度增加、扩散系数降低等变化；一些天然蛋白可以结晶，而变性后失去结晶的能力；一般蛋白质变性后，其原来处于分子内部的疏水性残基大量暴露，导致分子结构松散，易被蛋白酶水解，因此食用变性蛋白更有利于消化。

3. 变性作用的因素

能引起蛋白质变性的因素很多，总体可分为两大类，即物理因素和化学因素。常见的物理因素有高温、紫外线、X 射线、超声波和剧烈振荡等；化学因素有强酸、强碱、重金属（Hg^{2+}、Ag^+、Pb^{2+}）、尿素、去污剂、三氯醋酸、浓乙醇等。各种蛋白质对这些因素敏感性不同，可根据需要选用。不同蛋白质对各种因素的敏感度不同，因此其空间构象破坏的深度与广度各异。如果除去变性因素后，蛋白质构象可恢复则称为可逆变性；构象不能恢复则称为不可逆变性。

4. 复性

变性蛋白质的一级结构未被破坏，有些蛋白质在发生轻微变性后，除去变性因素而恢复活性，这种现象称为**复性**（renaturation）。核糖核酸酶的变性与复性及其功能的丧失与恢复就是一个典型的例子。核糖核酸酶（图 1-34）是由 124 个氨基酸组成的一条多肽链，含有四对二硫键，空间构象为球状分子。将天然核糖核酸酶在 8mol/L 尿素作用后再用 β-巯基乙醇处理，则分子内的四对二硫键断裂，分子变成一条松散的肽链，此时酶活性完全丧失。但用透析法除去 β-巯基乙醇和尿素后，此酶经氧化又自发地折叠成原有的天然构象，同时酶活性又可再次恢复。

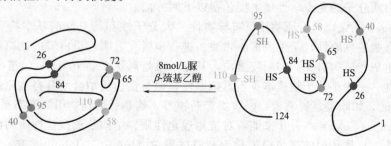

图 1-34　核糖核酸酶的变性与复性

　　Christian B. Anfinsen 通过对核糖核酸酶变性、复性与功能的实验研究，阐明了蛋白质一级结构决定蛋白质空间结构和生物功能的理论，获得了 1972 年诺贝尔化学奖。

　　蛋白质的变性作用不仅对研究蛋白质的结构与功能有重要的理论价值，而且对医药的生产和应用也有着重要的指导作用。实践中对蛋白质的变性作用有不同的要求，有时必须尽力避免，而有时则必须充分利用。在制备有生物活性的蛋白质、酶、激素或疫苗、抗毒素等其他生物制品时，要求必须保持所需成分的活性，而不需要的杂蛋白则应使其变性或沉淀除去。此时，应选用适当的方法，严格控制操作条件，尽量减少所需蛋白质变性。有时还可加些保护剂、抑制剂等以增强蛋白质的抗变性能力。要使细菌蛋白变性失活时，则可采用酒精、紫外线消毒，高温、高压灭菌等方法；中草药有效成分的提取或其注射液的制备也常用加热、加入浓乙醇等变性的方法除去杂蛋白质。

七、蛋白质分子质量与免疫学性质

1. 蛋白质的分子质量

　　蛋白质是一类高分子有机化合物，分子质量一般为 $1 \times 10^4 \sim 1 \times 10^6$ Da 或更高，表 1-11 列出了一些常见蛋白质的分子参数。通常人为地将分子质量低于 10000Da 的称为多肽，高于 10000Da 的称为蛋白质。这种划分并不是很严格的，如胰岛素的分子质量为 5437Da，但习惯上称作蛋白质，有时亦称多肽；有时也以胰岛素的分子作为蛋白质和多肽的划分界线。蛋白质在溶液中的形状可根据不对称常数分为球形、椭圆形、纤维状等。

表 1-11　一些常见蛋白质的分子参数

蛋白质	分子质量/Da	氨基酸残基数	多肽链数	蛋白质	分子质量/Da	氨基酸残基数	多肽链数
人细胞色素 c	13000	104	1	牛胰岛素	5733	51	2
人载脂蛋白 B	513000	4636	1	牛肝谷氨酸脱氢酶	1 000000	约 8300	约 40
人血红蛋白	64500	574	4	E. coli RNA 聚合酶	450000	约 4100	5
牛胰糜蛋白酶	21600	241	3				

　　可根据蛋白质在溶液中的扩散系数、黏度或其他物理参数等推算出蛋白质的不对称常数，作为衡量蛋白质分子形状的依据。不对称常数近于 1，分子呈球形，如珠蛋白、β-脂蛋白；不对称常数越大，分子越呈纤维状，如角蛋白、胶原蛋白；介于两者之间则为椭圆形，如清蛋白、β$_1$-球蛋白等。

2. 蛋白质的免疫学性质

　　凡具有异物性、大分子性和特异性等基本性质的大分子或颗粒均具有免疫原性，即可引起机体的免疫反应。我们把凡能刺激机体免疫系统产生免疫应答，并能与相应的抗体或/和致敏淋巴细胞受体发生特异性结合的物质统称为抗原。抗原刺激机体产生能与相应抗原特异结合并具有免疫功能的免疫球蛋白，称为抗体。免疫反应是人类对疾病具有抵抗力的重要标志。正常情况下，免疫反应对机体是一种保护作用；异常情况时，免疫反应伴有组织损伤或出现功能紊乱，称为变态反应或过敏反应，这是一类对机体有害的病理性免疫反应。蛋白质分子的免疫学性质主要包括以下两方面。

　　(1) 抗原 (antigen, Ag)　抗原物质具有异物性、大分子性和特异性的基本特点。蛋白质是大分子物质，异体蛋白具有强的抗原性，是主要抗原物质。进一步研究表明，蛋白质的抗原性不仅与分子大小有关，还与其氨基酸组成和结构有关。如明胶蛋白，其分子质量高达 10×10^4 Da，但组成中缺少芳香族氨基酸，几乎不具抗原性。一些小分子物质本身不具抗原性，但与蛋白质结合而具有抗原性，这类小分子物质称为半抗原 (hapten)，如脂类、青霉素、磺胺类等药物等，这是一些药物引起变态反应的重要原因。

　　(2) 抗体 (antibody, Ab)　近年来随着对抗体理化性质、结构及免疫学性质的深入研究，将具有抗体活性以及化学结构与抗体相似的球蛋白统称为**免疫球蛋白** (immunoglobulin, Ig)。应注意到抗体都是免疫球蛋白，而免疫球蛋白不一定是抗体。也就是说，抗体是生物学和功能的概念，而免疫球蛋白则是化学结构的概念。抗体具有高度特异性，它仅能与相应抗原发生特异性结合，抗体的特异性取决于抗原分子表面的特殊化学基团，即**抗原决定簇**（antigenic determinant）。各抗原分子均具有多种抗原决定簇，由它免疫动物所产生的抗血清实际上是多种抗体的混合物，称为**多克隆抗体**（polyclonal antibody）。用这种传统的方法制备抗体，其效价不稳定而产量有限，要想将这些不同抗体分离纯化是极其困难的。**单克隆抗体**（monoclonal antibody，mAb/McAb）是针对一个抗原决定簇且又是由单一的 B 淋巴细胞克隆产生的抗体。它是结构和特异性完全相同的高纯度抗体。制备单克隆抗体是采用 B 淋巴细胞杂交瘤技术。单克隆抗体既具有高度特异性、均一性，又具有来源稳定、可大量生产等特点，这为抗体的制备和应用提供了全新的手段，同时还促进了生命科学领域里多学科的发展。

蛋白质的免疫学性质具有重要的理论与实践应用价值，不仅在医药领域而且在整个生命科学研究中都显示出极为广阔的应用前景。主要包括：①疾病的免疫诊断，如 α-甲胎蛋白诊断肝癌，血型、HBsAg 检测等；②疾病的免疫预防，如卡介苗、脊髓灰质炎糖丸疫苗、白喉类毒素、乙肝的基因工程疫苗等；③疾病的免疫治疗，如破伤风抗毒素、狂犬病毒抗血清、蛇毒抗毒素、胸腺素和干扰素等，单克隆抗体也常作为靶向药物载体用于肿瘤治疗；④标记免疫分析，如放射免疫分析（RIA）、酶联免疫分析（EIA）、荧光标记免疫分析等；⑤免疫分离纯化，如免疫亲和层析等；⑥免疫分析，如免疫扩散、免疫电泳等方面。

蛋白质的免疫学性质有时也可带来严重的危害性，如异体蛋白进入人体内可产生病理性的免疫反应，甚至可危及生命。因此，对一些生产过程中可带入毒素、病原菌、病毒等异体蛋白质的注射用药物、生化药物、中药制剂、发酵生产的抗生素和基因工程产品等，其质量标准之一就是异体蛋白的控制，过敏实验应符合规定，以保证药品的安全性。

第六节　蛋白质的分离纯化与分析

蛋白质的分离与纯化是研究蛋白质化学组成、结构及生物学功能等的基础。在生化制药工业中，酶、激素、细胞因子等蛋白质类药物的生产制备也涉及不同程度的分离和纯化问题。蛋白质不仅存在于复杂的混合体系中，而且许多重要的蛋白质在组织细胞内的含量极低，因此要把目标蛋白质从复杂的体系中提取分离，又要防止其空间构象的改变或生物活性的损失，显然是有相当难度的。迄今为止，还没有一个单独的或一套现成的方法能把任何一种蛋白质从复杂的混合物中提取出来。但是对于任何一种蛋白质都有可能选择一种较合适的分离纯化程序以获得高纯度的制品，且分离的关键步骤、基本手段还是相似的。目前，蛋白质分离与纯化的发展趋向是精细而多样化技术的综合运用，但基本原理均是以蛋白质的性质为依据。实际工作中应按不同的要求和可能的条件选用不同的方法。下面简要介绍一些常用方法的基本原理。

一、蛋白质分离纯化的一般原则与程序

蛋白质分离纯化的目的是增加目的产品的纯度和产量，同时又要尽可能地保持和提高产品的生物活性。

（一）蛋白质的提取

1. 材料的选择

蛋白质的提取首先要选择适当的材料。选择材料总的原则是目的蛋白质的含量高，且材料来源方便、价格便宜。由于目的不同，有时只能用特定的原料。原料还应注意其保存方式，否则影响后续纯化效果。

2. 组织细胞的粉碎

多数蛋白质存在于细胞内，并结合在一定的细胞器上，故需先破碎细胞，然后以适当的溶剂提取。根据动物、植物或微生物原料不同，选用不同的组织细胞破碎方法。主要有组织匀浆法、超声波等物理法，酸、碱等化学法和溶菌酶、纤维素酶等生物法三大类。少数蛋白质以可溶形式存在于体液中，可直接分离。

3. 提取

蛋白质的提取应按其理化性质选用适宜的溶剂和提取次数以提高收率。通常选择适当的缓冲液作溶剂把蛋白质提取出来。提取所用缓冲液的 pH、离子强度、组成成分等条件的选择应根据目标蛋白质的性质而定。例如膜蛋白的抽提，抽提缓冲液中一般要加入表面活性剂（十二烷基磺酸钠、Triton X-100 等），使膜结构破坏，利于蛋白质与膜分离。在提取过程中，应注意温度、细胞内外蛋白酶、避免剧烈搅拌等，以防止蛋白质的变性。总而言之，蛋白质提取的条件是很重要的，既要提高目标蛋白质的含量，又要防止蛋白酶等的降解和其他因素对其空间构象的破坏作用。蛋白质的粗提液可进一步进行分离纯化。

（二）蛋白质的分离

蛋白质分离纯化的方法均是基于蛋白质在溶液中的溶解度、分子大小、电荷、吸附性质和对配体分子的生物学亲和力等性质来确定的。

1. 根据溶解度不同的分离纯化方法

利用蛋白质溶解度的差异是分离蛋白质的常用方法之一。影响蛋白质溶解度的主要因素有溶液的 pH 值、离子强度、溶剂介电常数和温度等。在一定条件下，蛋白质溶解度的差异主要取决于它们的分子结构，如氨基酸组成、极性基团和非极性基团的多少等。因此，适当地改变这些外界影响因素，可选择性地造成不同蛋白质的溶解度不同而分离。

（1）等电点沉淀　蛋白质分子的电荷性质和数量因溶液的 pH 不同而变化。蛋白质在等电点时溶解度最小。单纯使用此法不易使蛋白质完全沉淀而分离，常需与盐析等其他方法配合使用。

（2）盐析沉淀　中性盐对蛋白质胶体的稳定性有着显著性的影响。一定浓度的中性盐可破坏蛋白质胶体的稳定因素而使蛋白质盐析沉淀。盐析沉淀的蛋白质一般保持着天然构象而不变性。有时不同的盐浓度可有效地使蛋白质分级沉淀。通常，NaCl 比二价离子的中性盐如 $(NH_4)_2SO_4$ 对蛋白质溶解度的影响较小，所以 $(NH_4)_2SO_4$ 等二价离子中性盐在蛋白质盐析沉淀时比 NaCl 等单价离子的中性盐更为常用。

（3）低温有机溶剂沉淀法　有机溶剂的介电常数比水低。如 20℃ 时，水的介电常数为 79、乙醇为 26、丙酮为 21。因此，在一定量的有机溶剂中，蛋白质分子间极性基团的静电引力增加，而水化作用降低，促使蛋白质聚集沉淀。此法沉淀蛋白质的选择性较高，且不需脱盐，但温度高时易引起蛋白质变性，故应控制温度。

（4）温度对蛋白质溶解度的影响　一般在 0～40℃ 之间，多数球状蛋白的溶解度随温度的升高而增加；在 40～50℃ 以上，多数蛋白质的稳定性降低并开始变性。因此，对蛋白质的沉淀一般要求低温条件。

2. 根据分子大小不同的分离纯化方法

特定蛋白质均为分子量明确的大分子物质，但不同蛋白质分子大小各异，因此可利用此性质从混合蛋白质中分离目的蛋白质。

（1）透析和超滤　透析（dialysis）是基于蛋白质大分子对透析袋的不可透过性而与其他小分子物质分开的一种常用实验方法。透析操作简便，常用于蛋白质的脱盐，不足之处为所需时间较长。

超滤（ultrafiltration）是依据分子大小和形状，在 10^{-8} cm 数量级进行选择性分离的技术。其原理是在一定的外源压力（如 N_2、真空泵压等）或离心力的作用下，大分子物质被超滤膜截留而小分子物质和溶剂则滤过排出。选择不同孔径的超滤膜可截留不同分子量的物质（表 1-12）。此法的优点是可选择性地分离所需分子量的蛋白质，超滤过程无相态变化，条件温和，蛋白质不易变性，常用于蛋白质溶液的浓缩、脱盐、分级纯化等。本法的关键是超滤膜的质量，大多数超滤膜都是聚合物或共聚物的合成膜，主要有醋酸纤维超滤膜、芳香族多聚物、高分子电解质络合物等。制膜技术和超滤装置的不断发展与改进，将使本法具有简便、快速、大容量和多用途的特点，是一种很具分离、浓缩前景的技术。此外，超滤也存在着一定的局限性，如与其他的浓缩方法相比，不能直接得到干粉制剂，蛋白质溶液一般也只能达到10%～50%的浓度。

表 1-12　超滤膜孔径与截留蛋白质的分子量

膜孔平均直径/10^{-8}cm	分子量截留值	膜孔平均直径/10^{-8}cm	分子量截留值
10	500	22	3×10^4
12	1000	30	5×10^4
15	1×10^4	55	10×10^4
18	2×10^4	140	30×10^4

　　（2）**凝胶过滤**（gel filtration）　它又称分子排阻层析或分子筛层析法，是根据分子大小来分离蛋白质混合物的最简便有效的生化分离方法之一。其原理是利用蛋白质分子量的差异，通过具有分子筛性质的凝胶而被分离。层析柱中装有多孔凝胶，当含有各种组分的混合溶液流经凝胶层析柱时，各组分在层析柱内同时进行两种不同的运动，一种是随着溶液流动而进行的垂直向下的移动，另一种是无定向的分子扩散运动。大分子物质由于分子直径大，不能进入凝胶的微孔，仅分布在凝胶颗粒的间隙中，从而以较快的速度流过凝胶层析柱。而较小的分子可进入凝胶的微孔中，不断地进出于一个个颗粒的微孔内外，这就使得小分子物质向下移动的速度比大分子的速度慢，从而使混合溶液中各组分按照分子量由大到小的顺序先后流出而达到分离目的。在凝胶层析中，分子量并不是唯一的分离依据，即使有些物质的分子量相同，但由于分子的形状不同，以及各种物质与凝胶之间的非特异性的吸附作用，仍可以加以分离。该法的突出优点是层析所用的凝胶属于惰性载体，不带电荷，吸附力弱，不需要再生处理即可反复使用，操作条件比较温和，可在相当广泛的温度范围内进行，不需要有机溶剂，进而可保持分离成分独特的理化性质。

　　常用的凝胶有葡聚糖凝胶（Sephadex）、聚丙烯酰胺凝胶（Bio-gel）和琼脂糖凝胶（Sepharose）等。葡聚糖凝胶是以葡聚糖与交联剂形成有三维空间的网状结构物，两者的比例和反应条件决定其交联度的大小，即孔径大小，用 G 表示。G 越小，即孔径越小，交联度越大。当蛋白质分子的直径大于凝胶的孔径时，被排阻于胶粒之外；小于孔径者则进入凝胶。在层析洗脱时，大分子受阻小而最先流出；小分子受阻大而最后流出。最终大小不同的物质实现分离（图 1-35）。

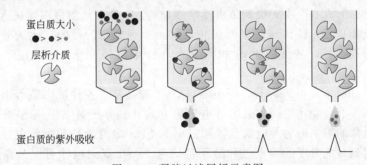

图 1-35　凝胶过滤层析示意图

　　聚丙烯酰胺凝胶是由单体丙烯酰胺（Acr）和交联剂 N,N'-亚甲基双丙烯酰胺（Bis）在加速剂 N,N,N',N'-四甲基乙二胺（TEMED）和催化剂过硫酸铵（AP）或核黄素（VB$_2$）的作用下聚合交联而成的三维网状结构。其交联度的大小也是由单体和交联剂的比例和反应条件所决定的。

　　从琼脂中除去带电荷的琼脂胶后，剩下不含磺酸基团、羧酸基团等带电荷基团的中性部分，即琼脂糖，其结构是链状的聚半乳糖，易溶于沸水，冷却后可依靠糖基间的氢键等次级键引力形成网状结构的凝胶。凝胶的网孔大小和凝胶的机械强度取决于琼脂糖浓度。一般情况下，其结构较为稳定，可以在如水、pH 4～9 范围内的盐溶液等条件下使用。琼脂糖凝胶在 40℃ 以上开始熔化，因此不能进行高压消毒，可用化学试剂灭菌处理。由于琼脂凝胶是透明的，生化上也常用作免疫扩散和免疫电泳的支持介质。

　　（3）**密度梯度离心**（density gradient centrifugation）　蛋白质颗粒的沉降速度取决于其分子大小和密度。当其在具有密度梯度的介质中离心时，质量和密度大的颗粒比质量和密度小的颗粒沉降得快，并且每种蛋白质颗粒沉降到与自身密度相等的介质梯度时，即停滞不前，可分步收集进行分析。在离心中使用密度梯度具有稳定作用，可以抵抗由于温度的变化或机械振动引起区带界面的破坏而影响分离效果。常用的密度梯度有蔗糖梯度、聚蔗糖梯度和其他合成材料的密度梯度。

3. 根据电离性质不同的分离纯化方法

蛋白质具有两性电解性质，在一定 pH 条件下，不同蛋白质所带电荷的性质与数量不同，进而可用电泳法或离子交换层析法等进行分离纯化。

（1）电泳法 带电质点在电场中向与自身电荷性质相反的电极方向移动，这种现象称为**电泳**（electrophoresis）。蛋白质除等电点外，具有电泳性质。蛋白质在电场中移动的速度和方向主要取决于蛋白质分子所带电荷的性质、数量及其分子大小和形状。带电质点在电场中的电泳速度以电泳迁移率表示，即单位电场下带电质点的泳动速度。

$$\mu = \frac{u}{E} = \frac{dL}{Vt}$$

式中，μ 为电泳迁移率；u 为质点泳动速度；E 为电场强度；d 为质点移动距离；L 为支持物的有效长度；V 为支持物两端的实际电压；t 为通电时间。

带电质点的泳动速度除受自身性质决定外，还受其电场强度、溶液的 pH、离子强度、电渗现象、温度、支持介质等其他外界因素的影响。当这些外界因素一定时，各种蛋白质因自身电荷的性质、多少及分子大小不同，其电泳迁移率各异而达到分离的目的。这是蛋白质分离和分析的重要方法。由于电泳装置、电泳支持介质的不断改进和发展以及电泳目的的不同，电泳法已构成形式多样、方法各异但本质相同的系列技术。这里仅介绍一些常用的方法。

① 聚丙烯酰胺凝胶电泳（PAGE）：又称分子筛电泳。它以聚丙烯酰胺凝胶为支持介质，具有电泳和凝胶过滤的特点，即电荷效应、浓缩效应和分子筛效应，因而电泳分辨率高。例如醋酸纤维薄膜电泳分离人血清仅能分出 5～6 种蛋白成分，而用聚丙烯酰胺凝胶电泳可分出 20～30 种蛋白成分，且样品需要量少（1～100μg 即可）。

② 醋酸纤维薄膜电泳（cellulose acetate membrance electrophoresis）：以醋酸纤维薄膜为支持介质，操作简单、快速、廉价，时间短、电泳图谱清晰。尽管分辨力比聚丙烯酰胺凝胶电泳低，但因具有快速省时、灵敏度高、样品用量少等特点被广泛应用。

③ 等点聚焦电泳（isoelectric focusing electrophoresis）：电泳系统中加入两性电解质载体，当通直流电时，两性电解质载体即形成一个由正极到负极逐渐增加的 pH 梯度。当蛋白质进入此系统时，不同的蛋白质移动到与其等电点相应的 pH 区域位置而停止，从而达到分离的目的。此法分辨率高，区带清晰且窄，加样部位自由，重现性好，各蛋白质 pI 相差 0.02 pH 单位即可分开，可用于蛋白质的分离纯化和分析。

④ **双向电泳**（two-dimensional electrophoresis）：其原理是基于各种蛋白质等电点和分子量的两个一级属性的差异，将蛋白质混合物在电荷（采用等电聚焦方式）和分子量（采用 SDS-PAGE 方式）两个方向上进行分离。双向电泳的第一向为等电聚焦，第二向为 SDS-聚丙烯酰胺凝胶电泳。样品经过电荷和质量两次分离后，可以得到目的分子的等电点和分子量信息。一次双向电泳可以分离几千甚至上万种蛋白质，这是目前所有电泳技术中分辨率最高、信息量最多的电泳技术。

⑤ **免疫电泳**（immunoelectrophoresis）：将电泳技术和抗原与抗体特异性反应相结合而形成的一种技术，一般以琼脂或琼脂糖凝胶为支持介质。具体方法是先将抗原中各蛋白质组分经凝胶电泳分开，然后加入特异性抗体经扩散可产生免疫沉淀反应。本法常用于蛋白质的鉴定及其纯度的检查。目前此类方法已有许多新的发展，如荧光免疫电泳、酶联免疫电泳、放射免疫电泳、Western Blot 分析等。

（2）**离子交换层析**（ion-exchange chromatography） 它是以离子交换剂为固定相，依据流动相中的组分离子与交换剂上的平衡离子进行可逆交换时的结合力大小的差别而进行分离的一种层析方法。蛋白质是两性化合物，在离子交换层析技术中，以离子交换纤维素或离子交换葡聚糖凝胶为固定相，以蛋白质为移动相，从而达到分离和提纯蛋白质的目的。

离子交换介质根据其惰性载体上偶联基团的电荷性质分为两类，即阴离子交换介质和阳离子交换介质。阴离子交换介质是在不溶性惰性载体上共价连接正电荷基团，如季铵盐类基团等，吸附和交换周围环境中的阴离子（如图 1-36）；而阳离子交换介质是在不溶性惰性载体上共价连接负电荷基团，如磺酸基等，吸附和交换周围环境中的阳离子。

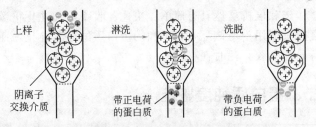

图 1-36　阴离子交换层析示意图

4. 根据配基免疫特异性的分离纯化方法

亲和层析（affinity chromatography）又名选择层析或功能层析、生物特异吸附层析。蛋白质能与其相对应的化合物（通称为配基）发生特异结合，这种特异性结合的能力称为亲和力。这种亲和力具有下列重要特性：

（1）高度特异性　如抗原与抗体、受体与配体、酶与底物或抑制剂、RNA 与其互补的 DNA 之间等，它们的相互结合具有高度的特异选择性。

（2）可逆性　上述化合物在一定条件下可特异相互识别并结合形成复合物，当条件改变时这种复合物又可以解离分开。如抗原与抗体的反应，一般在碱性时两者结合，而酸性时则解离。

亲和层析就是根据这种具有特异亲和力的化合物之间能可逆结合与解离的性质而建立的一种层析方法，具有简单、快速、收率好和纯化倍数高等显著优点，是一种具有高度专一性分离纯化蛋白质的有效方法（图 1-37）。

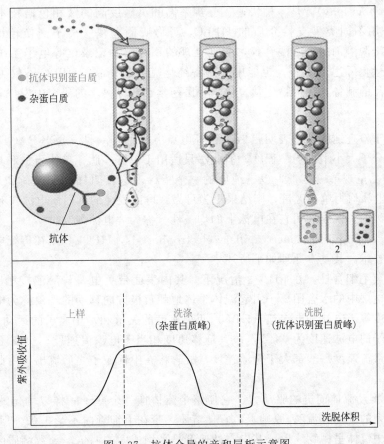

图 1-37　抗体介导的亲和层析示意图

以抗原纯化为例，简要介绍亲和层析的操作步骤。

（1）配基的固相化　选用与抗原（Ag）相应的抗体（Ab）为配基，用化学方法使其与固相载体相连接。常用的固相载体有琼脂糖凝胶、葡聚糖凝胶、纤维素等。

（2）抗原的吸附　将连有抗体的固相载体装入层析柱，使含有抗原的混合物通过此层析柱，相应的抗原被抗体特异地识别并结合，而非特异的抗原等杂质不能被吸附而直接流出层析柱。

（3）抗原的洗脱　将层析柱中的杂质洗净，改变条件使 Ag-Ab 复合物解离，此时洗脱液中的抗原即为纯化抗原，经冷冻干燥后于低温保存。

亲和层析虽然具有简单、快速、收率好和纯化倍数高等显著优点，但也存在不足，即每一种特异性的凝胶只能用于与该配基相亲和的蛋白质的分离纯化，而不能用于其他蛋白质的分离纯化。因此，制备这种特异性凝胶，耗时耗材。

二、蛋白质纯度鉴定

自然界中存在着数量惊人的丰富蛋白质，它们之间在某些理化性质上可能相同或较为相似，因此用一种方法对其进行检测时，可能会出现重叠现象，因此蛋白质的纯度是指一定条件下的相对均一性。蛋白质的纯度标准主要取决于测定方法的检测极限，用低灵敏度的方法证明是纯的样品，改用高灵敏度的方法则可能证明是不纯的。所以，在确定蛋白质的纯度时，应根据要求选用多种不同的方法从不同的角度去测定其均一性。下面介绍一些常用检查纯度的方法。

1. 色谱法

用分子筛或离子交换层析法检查样品时，如果样品是纯的，应显示单一的洗脱峰；若样品是酶类，分离后则显示恒定的比活性。如果这样，可认为该样品在色谱性质上是均一的，称为"色谱纯"。

高效液相色谱（high performance liquid chromatography，HPLC），有时也称高压液相色谱（high pressure liquid chromatography），是一种快速、分辨率高和灵敏度高的液相色谱技术。在原理上与常压液相色谱基本相同。用不同类型支持介质的 HPLC，可做吸附色谱、离子交换色谱和凝胶过滤色谱。HPLC 配有程序控制洗脱溶剂的梯度混合仪，数据处理的积分仪和记录仪等电子系统，成为一种先进的分析仪器。其分析微量化可达 10^{-10} g，也能用于制备纯化克级的样品。HPLC 不仅可用于蛋白质纯度分析，也可用于少量样品的制备。在生物化学、化学、医药学和环境科学的研究中发挥着重要作用。

2. 电泳法

等电聚焦电泳用于检查纯度，可表明蛋白质在等电点方面的均一性。SDS-PAGE 检测纯度也很有价值，它说明蛋白质在分子大小上的均一程度，但此法只适用于单链多肽、单体蛋白和具有相同亚基的蛋白质。用 PAGE 检查样品呈现单一区带，也是纯度的一个指标，这表明样品在电荷和质量方面的均一性，若在不同 pH 条件下电泳均为单一区带，则结果更为可靠。可以说纯的蛋白质电泳仅有一条区带，但仅有一条区带却不一定是纯的，仅能表明它在电泳上的均一性，称为"电泳纯"。

高效毛细管电泳（high performance capillary electrophoresis，HPCE）是在传统电泳的基础上发展的一种新型的分离分析技术。其基本原理如下所述。

HPCE 所用的石英毛细管柱，在 pH>3 情况下，其内表面带负电，与溶液接触时形成了一双电层。在高电压作用下，双电层中的水合阳离子引起流体整体地朝负极方向移动的现象称为电渗，粒子在毛细管内电解质中的迁移速度等于电泳和电渗流（EOF）两种速度的矢量和，正离子的运动方向和电渗流一致，故最先流出；中性粒子的电泳速度为"零"，故其迁移速度相当于电渗流速度；负离子的运动方向和电渗流方向相反，但因电渗流速度一般都大于电泳速度，故它将在中性粒子之后流出，由此各种粒子因迁移速度不同而达到分离。

电渗是 HPCE 中推动流体前进的驱动力，它使整个流体像一个塞子一样以均匀的速度向前运动，使整个流型呈近似扁平型的"塞式流"。原则上，它使溶质区带在毛细管内不会扩张。但在 HPLC 中，采用的压力驱动方式使柱中流体呈抛物线形，其中心处速度是平均速度的两倍，导致溶质区带发生扩张，进而引起柱效下降，使其分离效率不如 HPCE。

高效毛细管电泳法和普通电泳法的区别：与普通电泳相比，HPCE 采用高电场，因此其分离速度较快；检测器除了未能和原子吸收及红外光谱连接以外，其他类型检测器均已和 HPCE 实现了连接检测；一般电泳定量精度较差，而 HPCE 和 HPLC 相近；HPCE 操作自动化程度比普通电泳要高得多。HPCE 的优点可概括为"三高二少"：①高灵敏度，常用紫外检测器的检测限可达 $10^{-13} \sim 10^{-15}$ mol，激光诱导荧光检测器则达 $10^{-19} \sim 10^{-21}$ mol；②高分辨率，其每米理论塔板数为几十万，高者可达几百万乃至千万，而 HPLC 一般为几千到几万；③高速度，最快可在 60s 内完成，在 250s 内可分离 10 种蛋白质，1.7min 可分离 19 种阳离子，3min 内可分离 30 种阴离子；④样品少，只需纳升（10^{-9} L）级的进样量；⑤成本低，只需几毫升流动相和价格低廉的毛细管。以上优点以及分离生物大分子的能力，使 HPCE 成为近年来发展最迅速的分离分析方法之一。当然 HPCE 还是一种正在发展中的技术，一些理论研究和实际应用正处于初始阶段。

HPCE 和 HPLC 相比，其相同处在于都是高效分离技术，仪器操作均可自动化，且二者均有多种不同分离模式。二者之间的差异在于：HPCE 用迁移时间取代 HPLC 中的保留时间，HPCE 的分析时间通常不超过 30min，比 HPLC 速度快；对 HPCE 而言，从理论上推得其理论塔板高度和溶质的扩散系数成正比，对扩散系数小的生物大分子而言，其柱效要比 HPLC 高得多；HPCE 所需样品为纳升级，流动相用量也只需几毫升，而 HPLC 所需样品为微升级，流动相则需几百毫升乃至更多；但 HPCE 仅能实现微量制备，而 HPLC 可作常量制备。

近年来随着生物工程的迅速发展，新的基因工程产品不断出现，使 HPCE 在生物技术产品分析研究中成为重要手段。综上所述，HPCE 的主要特点：快速，分析时间 1～15min；微量，样品量 1～10nL；高效，理论塔板数为 10^4～10^6 块/m；高灵敏度，如人生长激素 20 pg 即可分离检出等。

3. 免疫化学法

免疫学技术是鉴定蛋白质纯度的有效方法，根据抗原与抗体反应的特异性，可用已知抗体检查抗原或已知抗原检查抗体。常用的方法有免疫扩散、免疫电泳、双向免疫电泳和放射免疫分析等。特别是**放射免疫分析**（radioimmunoassay，RIA），也称为免疫放射分析，是一种将放射性同位素测量的高度灵敏性、精确性与抗原抗体反应的特异性相结合的体外测定超微量（10^{-9}～10^{-15}g）物质的技术。广义上凡是应用放射性同位素标记的抗原或抗体，通过免疫反应测定的技术都可称为放射免疫技术。经典的放射免疫技术是标记抗原与未标抗原竞争有限量的抗体，然后通过测定标记抗原抗体复合物中放射性强度的改变，测定出未标记抗原量。放射免疫分析可分为竞争性 RIA 和非竞争性 RIA 两类。放射免疫分析是一种超微量的特异分析方法，灵敏度非常高，可达 pg～ng 水平，但需特殊设备并存在放射性有害污染。

近年来新建立了一种酶标免疫分析法（enzyme immunosorbent assay，EIA），尤其是**酶联免疫吸附法**（enzyme linked immunosorbent assay，ELISA），它使抗原或抗体与某种酶连接成酶标抗原或抗体，而这种酶标抗原或抗体既保留了抗原或抗体的免疫活性，又保留了酶的活性，由于酶的催化速度非常高，故可放大反应效果，从而使测定方法达到很高的敏感度。此法的灵敏度近似于 RIA，但又无放射性污染危险。

免疫学方法是鉴定蛋白质纯度的特异方法，但对那些具有相同抗原决定簇的化合物也可能出现同样的反应。用此法检测的纯度称为"免疫纯"。

4. 其他方法

蛋白质纯度的鉴定方法还有超高速离心法、蛋白质化学组成和结构分析法等，但这些方法因需特殊设备或测定方法复杂而在实际应用中受到限制。可以说蛋白质最终的纯度标准应是其氨基酸组成和顺序分析，但因其难度大而一般很少用它来检查蛋白质的纯度。目前常用的方法仅表明在一定条件下的相对纯度。实际工作中，可根据对纯度的要求选用适当的方法。若对纯度要求高，应选灵敏度高的多种方法进行分析。

三、蛋白质浓度测定

1. 凯氏定氮法（Kjeldahl method）

凯氏定氮法是测定蛋白质含量最经典的方法。其原理是蛋白质中具有相对稳定的含氮量，平均为 16%，因此测定蛋白质的含氮量即可计算出其含量。含氮量的测定是使蛋白质经硫酸消化为 $(NH_4)_2SO_4$，在碱性条件下蒸馏释放出的 NH_3 用定量的硼酸吸收，再用标准浓度的酸进行滴定，从而计算出含氮量。值得注意的是，本方法要求产生的 NH_3 的氮元素都来自于蛋白质，在实际应用中要注意排除非蛋白质氮的影响。

2. 紫外分光光度法

蛋白质分子中常含有色氨酸、酪氨酸、苯丙氨酸等芳香族氨基酸，在 280nm 处有特征性的最大吸收峰，可用于蛋白质的定量。此法简便、快速、不损失样品，测定蛋白质的浓度范围是 0.1～0.5mg/mL。

若样品中含有其他具有紫外吸收的杂质（如核酸等），可产生较大的误差，故应作适当的校正。若蛋白质样品中含有核酸时，可按下列公式计算蛋白质的浓度：

$$\text{蛋白浓度}(\text{mg/mL})=1.55A_{280}-0.75A_{260}$$

式中，A_{280} 为280nm处吸收值；A_{260} 为260nm处吸收值。

3. 双缩脲法

在碱性条件下，蛋白质分子中的肽键可与 Cu^{2+} 反应生成紫红色的络合物，进而可用比色法进行定量。此法简便，受蛋白质氨基酸组成影响小；但灵敏度低、样品用量大，待测蛋白质浓度范围一般为 $0.5\sim10\text{mg/mL}$。

4. 考马斯亮蓝法

该法又称 Bradford 法，是由 Bradford 于 1976 年根据蛋白质与染料相结合的原理而设计建立的。其原理是基于考马斯亮蓝 G-250 有红、蓝两种不同颜色的形式。在一定浓度的乙醇及酸性条件下，考马斯亮蓝 G-250 可配成淡红色的溶液；当与蛋白质结合后，产生蓝色化合物，其最大吸收峰从 465nm 移至 595nm 处，反应迅速而稳定。检测反应化合物在 595nm 处的光吸收值，可计算出蛋白质的含量。此法特点是：快速简便，10min 左右即可完成；灵敏度范围一般在 $25\sim200\mu\text{g/mL}$，最小可测 $2.5\mu\text{g/mL}$ 的蛋白质；氨基酸、肽、EDTA、Tris、糖等无干扰。在生物学实验室中常用根据此原理而研制的蛋白质定量检测试剂盒。

5. 福林-酚试剂法

福林-酚试剂法又称 Lowry 法，是测定蛋白质浓度应用较为广泛的一种方法。其原理是在碱性条件下蛋白质与 Cu^{2+} 生成复合物，并同时将磷钼酸-磷钨酸试剂还原生成蓝色化合物，进而用比色法进行测定。此法优点是操作简便、灵敏度高，且待测蛋白质浓度范围为 $25\sim250\mu\text{g/mL}$。但此法实际上是蛋白质中酪氨酸和色氨酸与试剂的反应，因此易受蛋白质的氨基酸组成的影响，即不同蛋白质中此两种氨基酸量不同使显色强度有所差异；此外，酚类等一些物质的存在也可干扰此法的测定，导致分析误差。

6. BCA 比色法

在碱性溶液中，蛋白质将 Cu^{2+} 还原为 Cu^{+} 再与 BCA 试剂（4,4'-二羧酸-2,2'-二喹啉钠）生成紫色复合物，该复合物于 562nm 波长处有最大吸收，其吸收强度与蛋白质浓度成正比。此法的优点是试剂单一、终产物稳定，且与 Lowry 法相比几乎没有干扰物质的影响。BCA 比色法可直接对含 Triton X-100、SDS 等表面活性剂的蛋白质溶液进行测定。其灵敏度范围一般在 $10\sim1200\mu\text{g/mL}$。

四、蛋白质的分子量测定

高分子特性是蛋白质的重要性质，也是蛋白质胶体性、变性和免疫学性质的基础。因此，测定蛋白质分子的大小是了解蛋白质性质的重要内容。测定蛋白质分子量的方法有凝胶过滤、SDS-聚丙烯酰胺凝胶电泳、生物质谱等，下面就其基本原理做简单介绍。

1. 凝胶过滤（gel filtration）

凝胶过滤法又称**分子排阻层析**（molecular exclusion chromatography）或**分子筛层析**（molecular sieve chromatography），是一种比较简便，不需复杂仪器就能相对精确地测出蛋白质的分子量的实验方法。它以具有一定大小孔径的凝胶为支持介质，起分子筛的作用。当用缓冲液洗脱时，大于凝胶孔的蛋白质分子被排阻其外，而直径小于凝胶孔径的蛋白质分子可进入胶粒内部，使得大小不同的分子所经历的路程不同而得以分离，大分子先洗脱下来，小分子后洗脱下来。实验表明，在一定的分子量范围内，洗脱液的外水体积（V_e）是分子量（M）对数的线性函数，即：

$$V_e=K_1-K_2\lg M$$

式中，K_1 和 K_2 是常数，随实验条件而定。因此，用与待测蛋白质分子量相近的已知分子量的蛋白质在同样条件下层析，以 V_e 对 $\lg M$ 作图而得一条标准曲线，进而可根据待测蛋白质的洗脱体积求得待测蛋白质的近似分子量。此法简便，设备要求不高，但要获得重复可靠的结果，应严格控制实验条件和操作。此外，即使待测蛋白质样品不纯，只要它具有专一的生物活性，根据其活性确定洗脱峰的位置，也可以测定它的分子量。

2. SDS-聚丙烯酰胺凝胶电泳（SDS-PAGE）

由于蛋白质所带电荷种类、电荷数量、分子大小和形状不同，其在电场中的电泳速度也不同。如果在电泳系统中加入十二烷基硫酸钠（SDS）和少量的巯基乙醇（或巯基苏糖醇），可消除蛋白质所带电荷种类和数量以及形状对其电泳迁移速度的影响，进而使蛋白质的电泳速度仅取决于其分子量。SDS是一种阴离子表面活性剂，它与蛋白质结合成复合物，使不同蛋白质带上相同密度的负电荷，其数量远超过蛋白质原有的电荷量，从而消除不同蛋白质间原有的电荷差异，即各种蛋白质分子具有相同的质核比；SDS同时也是一种蛋白质变性剂，它能破坏蛋白质分子中的氢键和疏水键，使得它们形成短轴相等而长轴不等的棒状，进而消除不同蛋白质分子间的形状差异，因而其电泳速度仅与分子量相关。巯基乙醇可打开二硫键，因此对具有四级结构的蛋白质，本法所测定的分子量实为其亚基的分子量。

实验结果表明，蛋白质的电泳迁移率（D）与其分子量（M）的对数呈线性关系，即：

$$\lg M = K - \alpha d_e / d_o = K - \alpha D$$

式中，K 和 α 为常数；d_e 为蛋白质的移动距离；d_o 为小分子示踪物的移动距离。根据方程用已知分子量的蛋白质制得标准曲线，在同样条件下测出未知蛋白质的电泳迁移率，即可从标准曲线求得其近似分子量。此法的优点是快速、微量，并可同时测定若干个样品。但误差较大，若严格掌握实验技术也可获得理想的结果。

上述两种方法仅能测得蛋白质的近似分子量，如需获得其准确的分子量，可采用生物质谱的方法或根据蛋白质的氨基酸组成或一级结构进行测定或计算。

3. 生物质谱

质谱（mass spectrum，MS）是带电原子、分子或分子碎片按质荷比的大小顺序排列的图谱。早期质谱主要用于有机小分子的分子结构测定，而蛋白质和多肽等有机大分子因其分子量大、高温汽化分解而难以测定；20 世纪 80 年代后，因于快原子轰击电离、**电喷雾电离**（electrospray ionization，ESI）和**基质辅助激光解吸电离**（matrix-assisted laser desorption ionization，MALDI）等的发展，生物大分子可转变成气相离子，从而产生了生物质谱。其基本原理为蛋白质或肽、氨基酸等生物大分子在质谱的离子化室中轰击后被电离，所生成的各种正离子碎片在高压电场中加速，经过磁场时被偏转，其偏转的轨道半径 R 为：

$$R = \sqrt{2V/H^2}\, m/z$$

式中，V 为加速电压；H 为磁场强度；m 为正离子质量；z 为正离子电荷。

通过改变加速电压或磁场强度，只允许某一种质荷比（m/z）的离子通过出口狭缝，被离子捕获器收集，经过信息的放大处理，记录成条状的质谱图，与标准样品的质谱图对照，就可得到未知样品的结构信息。通过质谱分析，可获得分析样品的分子量、分子式、分子中同位素构成和分子结构等多方面的信息。目前，**基质辅助激光解吸离子化质谱法**（matrix-assisted laser desorption ionization mass spectrometry，MALDI-MS）和**电喷雾离子化质谱法**（electrospray ionization mass spectrometry，ESI-MS）在生物大分子的分析方面取得了突破性的进展。用 MALDI-MS 或 ESI-MS 可直接测定氨基酸、多肽、蛋白质、核苷酸、糖类等的分子量，还可以进行肽图谱及氨基酸序列的分析。用质谱法研究蛋白质的抗体-抗原、蛋白质-辅助因子、受体-配体和酶-底物等非共价复合物已崭露头角，其在研究药物与靶分子的亲和力以期建立一种快速、灵敏的药物筛选方法中越来越受到重视。

五、蛋白质的序列与结构分析

（一）蛋白质序列分析

1953 年，Frederick Sanger 在对牛胰岛素的研究中首先提出氨基酸直接测序的概念，迄今为止，已通过直接测序阐明了几千种蛋白质的氨基酸序列。在蛋白质序列测定中，蛋白质样品含量有限，且蛋白质包含的 20 种不同的氨基酸表现出不同的化学功能和化学活性，在测序过程中每一次变性或裂解所发生的一系列副反应，都将使测定过程变得十分复杂，而且在蛋白质序列测定中没有类似于 DNA 序列测定中采用的 PCR 技术可应用，因此，与 DNA 序列测定相比，蛋白质序列测定较为复杂。

每一种蛋白质均有其独特的、唯一的氨基酸序列。蛋白质一级结构的测定包括蛋白质分子中氨基酸的组成和排列顺序的分析。蛋白质一级结构的确认是研究蛋白质空间结构、作用机制以及生理功能的必要基础，具有重要的理论和实践意义。

1. 氨基酸的组成分析

（1）蛋白质样品的纯化　测定蛋白质的一级结构，要求样品尽可能具有高度均质性，即样品纯度要高。

（2）多肽链数目的测定　根据末端分析测定所得蛋白质末端氨基酸残基数（即 N 端或 C 端数）和蛋白质的分子量，可确定蛋白质分子中多肽链的数目。

（3）氨基酸组成的分析　用氨基酸自动分析仪对完全水解的蛋白质样品进行氨基酸组成分析。若蛋白质分子含多条不同肽链，则应首先将这些多肽链拆开并分离纯化，再分别对每条多肽链的氨基酸组成和排列顺序进行测定。

2. 多肽链的 N 端氨基酸与 C 端氨基酸的分析

末端分析不仅可用于蛋白质分子中多肽链数目的确定，而且还可用于氨基酸排列顺序的测定。

（1）N 端氨基酸分析　N 端氨基酸分析常用的方法有二硝基氟苯（DNFB）法和二甲氨基萘磺酰氯（DNS-Cl）法，DNFB 法反应示意图见图 1-38。

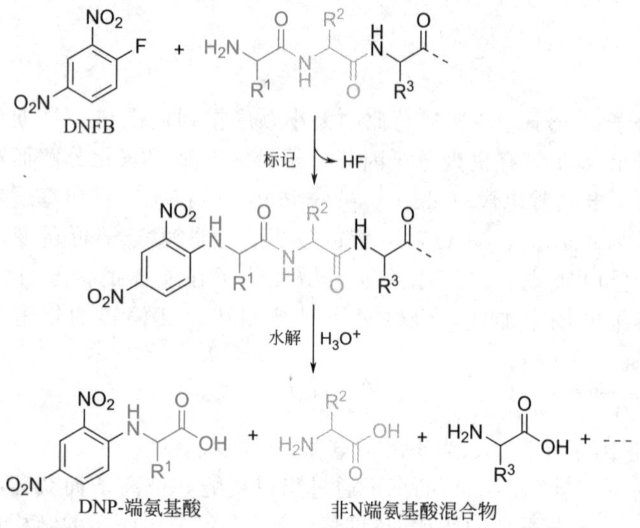

图 1-38　DNFB 法反应示意图

DNFB 法和 DNS 法是测定 N 端氨基酸的常用有效方法，其不足之处是上述两法不能在同一个肽链上重复应用，这是因为肽链在酸水解反应中已完全降解为氨基酸。因此，这两种方法在氨基酸顺序测定中的应用受限。而 Edman 降解法可标记并仅水解释放多肽链的 N 端氨基酸残基，留下所有其他氨基酸残基的完整肽链。即该法不仅可用于测定 N 端残基，还可以从 N 端开始逐一把氨基酸残基切割下来，从而构成了蛋白质序列分析的基础。Edman 降解法测序主要包括偶联、水解、萃取、鉴定等步骤。首先，用标记 N 端残基的试剂异硫氰酸苯酯（PITC），在 pH 9.0～9.5 碱性条件下，与肽链 N 端自由的 α-氨基偶联，生成苯氨基硫甲酰基衍生物 PTC-肽；然后，PTC-肽在酸性中经裂解、环化生成苯乙内酰硫脲氨基酸（即 PTH-氨基酸）和剩余多肽（即 N 端少一个氨基酸的多肽），PTH-氨基酸可用乙酸乙酯抽提后进行鉴定。其反应如图 1-39 所示。

Edman 降解法用于蛋白质 N 端氨基酸分析的最大优点是在水解除去末端标记的氨基酸残基时，不会破坏其他的多肽链。留在溶液中的减少了一个氨基酸残基的多肽可再重复进行上述反应过程，整个测序过程现在都是通过测序仪自动进行。每一次循环都获得一个 PTH-氨基酸，经 HPLC 鉴定确认。应用此法一次可连续测定含 60 个以上氨基酸的多肽或蛋白质顺序。目前使用的氨基酸序列分析仪（sequenator）快速、灵敏，微量的蛋白质样品就足够测定其完整的氨基酸序列。

（2）C 端氨基酸的分析　一般说来，C 端分析误差比 N 端的大。羧肽酶法（carboxypeptidase）是 C 端氨基酸分析常用的方法。羧肽酶作为一类肽链外切酶，能特异地从 C 端依次将氨基酸水解下来，已发现的羧肽酶有 A、B、C 和 Y 四种，它们各自的专一性不同。羧肽酶 A 可水解脂肪族或芳香族氨基酸（Pro 除外）构成的 C 端肽键；羧肽酶 B 则水解由碱性氨基酸构成的 C 端肽键；羧肽酶 C 水解 C 端的 Pro；近来发现的羧肽酶 Y 能切断各种氨基酸在 C 端的肽键，是一种最适用的羧肽酶。

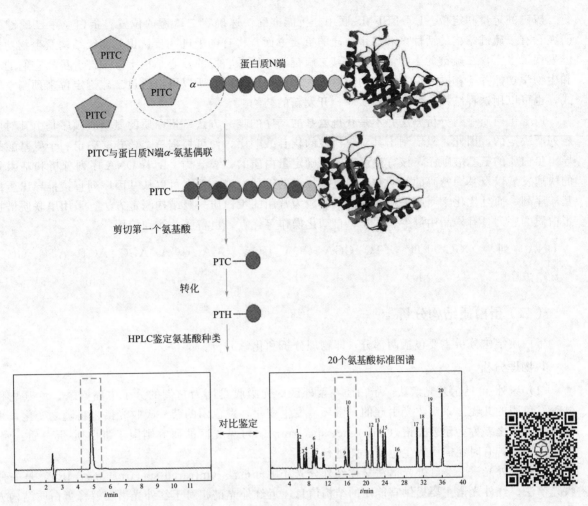

图 1-39 Edman 降解法反应示意图

3. 多肽链的氨基酸序列分析和二硫键的确定

（1）多肽链的氨基酸序列分析   Edman 降解法理论上适用于长度在 30～40 个氨基酸残基及更短的多肽。而大分子多肽氨基酸顺序测定方法通常是先将大分子多肽裂解为小的肽片段，经分离纯化后，分别测定各肽片段的顺序。肽链裂解的方法要求选择性强，裂解点少和反应产率高。一般常用两种以上的方法对肽链进行有控制的部分裂解，由于不同的方法裂解各异，可从已测出氨基酸顺序的小肽片段中找到关键性的"重叠顺序"，确定各肽片段在整个大分子肽链中的位置，从而推导出该大分子肽链的氨基酸顺序。

例如：有一条肽链，分别用 A 法和 B 法限制性地裂解，得不同的小肽片段并测定其顺序分别为

A 法：Pro-Phe   Gly-Thr   Val-Lys-Tyr-Ala

B 法：Tyr-Ala-Pro-Phe   Gly-Thr-Val-Lys

若仅用 A 法或 B 法的裂解结果是很难确定其顺序的。若综合这两种方法的结果，找出其关键的"重叠顺序"，便可推导出此多肽的氨基酸排列顺序。

重叠顺序：Val-Lys-Tyr-Ala

多肽顺序：Gly-Thr-Val-Lys-Tyr-Ala-Pro-Phe

此方法适用于无二硫键的单链多肽组成的蛋白质。若蛋白质由几条不同的多肽链通过非共价键结合，则首先需用脲、盐酸胍等蛋白质变性剂将其拆开，分离纯化后再进行测定；若蛋白质中含有二硫键，则需先用过甲酸氧化或巯基乙醇将二硫键还原打开后再进行测定。

（2）二硫键的确定   采用快原子轰击（fast atom bombardment，FAB）、等离子体解吸（plasma desorption，PD）、电喷雾电离（ESI）和基质辅助激光解吸电离（MALDI）等生物质谱及电泳技术开展蛋白质二硫键定位研究。现代生物质谱具有样品用量少、快速、能耐受较高浓度缓冲液和盐等杂质的优点。ESI-MS 可方便地与液相色谱（liquid chromatography，LC）或毛细管电泳等现代化的分离手段联用来进

行二硫键的定量和定位。LC/ESI-MS联用分析能准确快速确定二硫键的位置。蛋白质中二硫键的定位是研究含有二硫键结构的活性多肽与蛋白质的重要方面，将有助于进一步认识其高级结构及生物功能。目前已发现很多富含二硫键的生物活性肽，其二硫键对于维系它们的核心结构十分关键。虽然它们的一级结构和生物学功能并不相同，但二硫键的配对方式却近似或相同，所以可以通过二硫键定位来预测空间结构模式，也可以用这种结构特性来构建肽库，开发新的药物。

以上蛋白质序列分析方法并不是获得氨基酸顺序的唯一方法。蛋白质的氨基酸顺序是由其对应的核酸序列所决定的，因此，只要测出其对应核酸的核苷酸顺序，便可根据三个核苷酸确定一个氨基酸的密码推导出蛋白质的氨基酸顺序，该方法可有效地确定蛋白质的一级结构。随着DNA序列分析和基因分离技术的快速发展以及基因密码的阐明和基因克隆技术的迅猛发展，现在可以从基因序列直接推导出蛋白质的氨基酸序列，而且比化学测序法快速简便，已成为常用的蛋白质一级结构测定方法。采用串联质谱技术测定蛋白质的序列具有样品用量少、快速、自动化操作等优点，也备受关注和使用。

DNA序列	GGG	TTC	TTC	GGA	GCA	GCA	GCA	GGA	AGC	ACT	ATG	GGC	GCA
氨基酸序列	Gly	Phe	Phe	Gly	Ala	Ala	Ala	Gly	Ser	Thr	Met	Gly	Ala

（二）蛋白质结构分析

蛋白质结构分析主要包括两部分，即物理分析和化学分析。

1. 物理分析

（1）紫外-可见示差光谱法　蛋白质在紫外区的光吸收是因为它们的分子中酪氨酰、色氨酰和苯丙氨酰等发色团的共轭体系吸收光引起的，微环境发生变化，发色团的紫外吸收光谱也将随之变化，将变化前后两个光谱之差称为**示差光谱**（difference spectrum）。可见光区的研究则限于蛋白质-蛋白质、酶-辅酶的相互作用等，有时还需引入生色团才能进行。

（2）红外光谱法　红外光谱法又称红外分光光度分析法（infrared spectroscopy，IR），是一种分子吸收光谱法。红外光谱主要提供官能团的结构信息，近红外光谱相对于红外光谱在解释蛋白质结构方面更具优势。首先，酰胺基团和水分子谱带的倍频与合频对于水合或氢键作用的变化非常敏感，而近红外光谱又主要反映含氢基团的信息，因此可以用来研究蛋白质水溶液的水合和氢键作用。其次，近红外光谱是一种无损表征手段，不会对蛋白质样品产生破坏，而且采样时间短，方便快捷。目前，各种不同的红外光谱技术在分析蛋白质和多肽方面的应用越来越广泛，FT-IR/ATR、时间分辨红外光谱、同位素标记红外光谱、偏振红外光谱等技术，已用于蛋白质聚合、蛋白质吸附、蛋白质分子水平反应机理、蛋白质-蛋白质相互作用、分子取向等方面的研究，并且在蛋白质结构与功能研究方面逐渐成为其他方法不可替代的一种手段。

（3）荧光光谱法（fluorescence spectrum，FS）　分子荧光光谱法是研究蛋白质分子构象的一种有效方法，它能提供激发光谱、发射光谱及荧光强度、量子产率等物理参数，这些参数从各个角度反映了分子的成键和结构的情况。

（4）质谱法（mass spectrometry，MS）　它是用电场和磁场将运动的离子（带电荷的原子、分子或分子碎片）按它们的质荷比分离后进行检测的方法（图1-40）。该法被认为是测定小分子分子量最精确、最灵敏的方法。随着相关各项技术发展，质谱所能测定的分子量范围大大提高。基质辅助激光解吸电离飞行时间质谱已成为测定生物大分子尤其是蛋白质、多肽分子量和一级结构的有效工具。目前质谱主要用来测定蛋白质的一级结构，包括分子量、肽链氨基酸排序及多肽或二硫键数目和位置。近些年来，新发展的质谱技术具有高通量、高灵敏度和高精度等特点，可实现对蛋白质准确和大规模的鉴定。

（5）**核磁共振法**（nuclear magnetic resonance，NMR）　随着核磁共振技术的不断发展，其解析分子结构的能力也越来越强。目前已发展出了依靠核磁共振信息确定蛋白质分子三级结构的技术，这使得溶液相蛋白质分子结构的精确测定成为可能。多维核磁共振波谱技术成为确定蛋白质和核酸等生物分子溶液中三维空间结构的唯一有效手段。近几年来，异核核磁共振方法迅速发展，已可用于确定分子质量为15～25kDa的蛋白质分子溶液中的三维空间结构。核磁共振波谱技术用来研究生物大分子有如下特点：①不破坏生物大分子结构（包括空间结构）；②在溶液中测定符合生物体的常态，也可测定固体样品，比较晶态和溶液态的构象异同；③不仅可用来研究构象而且可用来研究构象变化，即动力学过程；④可以提供分子中个别基团的信息，对于比较小的多肽和蛋白质已可通过二维 NMR 获得全部三维结构信息；⑤可用来研究活细胞和活组织。

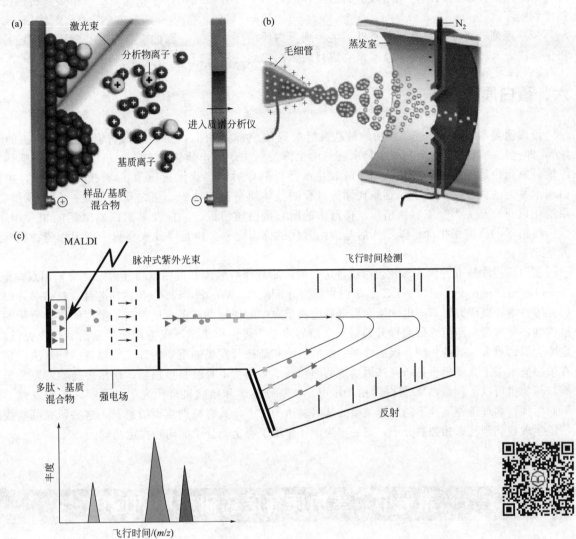

图 1-40　生物质谱原理示意图

（6）**圆二色谱法**（circular dichroism，CD）　不对称分子对 R 和 L 两种圆偏振光吸收程度不同，这种吸收程度的不同与波长的关系称为圆二色谱，它是一种测定分子不对称结构的光谱法。在分子生物学领域中主要用于测定蛋白质的立体结构，也可用来测定核酸和多糖的立体结构。

在蛋白质分子中，肽链的不同部分可分别形成 α 螺旋、β 折叠、β 转角等特定的立体结构。这些立体结构都是不对称的。蛋白质的肽键在 185～240nm 处有紫外光吸收，因此它在这一波长范围内有圆二色性。几种不同的蛋白质立体结构所表现的椭圆值波长的变化曲线——圆二色谱，是不同的。α 螺旋的谱是双负峰形的，β 折叠是单负峰形的，无规卷曲在波长很短的地方出单峰。蛋白质的圆二色谱是它们所含各种立体结构组分的圆二色谱的代数加和曲线，因此用这一波长范围的圆二色谱可研究蛋白质中各种立体结构的含量。此外，蛋白质分子中含酪氨酰、色氨酰和苯丙氨酰残基，它们在 240～350nm 处有光吸收，当它们处于分子不对称环境中时也表现出圆二色性。这一范围的圆二色性反映出在蛋白质分子中上述氨基酸残基环境的性质。

（7）**激光拉曼光谱法**（laser Raman spectrometry，LRS）　它是一种基于拉曼散射和瑞利散射的光谱。激光拉曼光谱与傅里叶变换红外光谱相配合，已成为生物大分子结构研究的主要手段。

2.化学分析

蛋白质结构的化学分析主要包括氨基酸分析和序列分析。

（1）氨基酸分析 将纯化的蛋白质样品完全水解，用氨基酸自动分析仪测定其组成。如蛋白质分子是由几条不同的多肽链构成，则应设法将这些多肽链拆开并分离纯化，再分别测定每条多肽链的氨基酸组成和排列顺序。

（2）序列分析 用氨基酸分析并不能得到蛋白质的序列信息，因此，需用氨基酸序列测定技术（酶法和化学法）和核苷酸序列测定技术来完成目的蛋白序列的测定。

六、蛋白质组学研究

蛋白质组学（proteomics）指的是基因组编码的全部蛋白质，意指"一种基因组所表达的全套蛋白质"，即包括一种细胞乃至一种生物所表达的全部蛋白质。蛋白质组学本质上指的是在机体整体水平上系统地研究蛋白质的特征，包括蛋白质的表达水平、翻译后修饰、蛋白质-蛋白质相互作用等，由此获得蛋白质水平上的关于疾病发生、细胞代谢等过程的整体而全面的认识。蛋白质组学是一门大规模、高通量、系统化地研究某一类型细胞、组织、体液中的所有蛋白质组成、功能及其蛋白质之间的相互作用的学科。蛋白质组学的研究是生命科学步入后基因组时代的标志之一，也是寻找疾病分子标记和药物靶标最有效的方法之一。

蛋白质组学研究的内容涉及蛋白质鉴定、蛋白质翻译后修饰、蛋白质功能确定，常采用**双向电泳**（two-dimensional electrophoresis，2-DE）、蛋白质质谱分析技术、Western Blot、蛋白质芯片、抗体芯片以及免疫共沉淀等技术开展研究。双向电泳结合质谱和生物信息学的快速发展极大地提高了蛋白质组学分析的分辨率和准确性，并将蛋白质组学研究提升到了一个新的水平。蛋白质组学不仅为阐明生命活动规律提供物质基础，也能为探讨重大疾病的机理、疾病诊断、疾病防治和新药开发提供重要的理论依据与实际解决途径，解决了在蛋白质水平上大规模直接研究基因功能的问题。很多药物本身就是蛋白质，而很多药物的靶分子也是蛋白质，药物也可以干预蛋白质-蛋白质相互作用。在基础医学和疾病机理研究中，了解人不同发育、生长期和不同生理、病理条件下及不同细胞类型的基因表达的特点，具有特别重要的意义。这些研究可能找到直接与特定生理或病理状态相关的分子，进一步为设计作用于特定靶分子的药物奠定基础。

第七节 蛋白质在医药研究中的应用

蛋白质是生物的重要结构和功能分子，也是治疗疾病的重要药物。早在 20 世纪初，科学家就开始利用蛋白质治疗人体疾病。例如，1922 年科学家从猪或牛的胰腺提取胰岛素救治患有 1 型糖尿病的病人。蛋白质药物是指多肽和基因工程药物、单克隆抗体和基因工程抗体、重组疫苗。自 1982 年第一个基因工程技术生产的蛋白质药物 Humulin（重组胰岛素）上市以来，现代生物技术的发展使得蛋白质药物的大规模生产成为现实，这类药物应用于临床的数量也越来越多。蛋白质药物活性高、特异性强、毒性低、生物功能明确，而且还因其成本低、成功率高、安全可靠，已成为医药产品中的重要组成部分。已上市的蛋白质药物包括造血生长因子和凝血因子、干扰素和细胞因子、激素类蛋白分子、酶分子、抗体以及抗体药物偶联分子、疫苗等，应用于癌症、类风湿性关节炎、自身免疫系统疾病、肝炎、激素代替治疗、代谢紊乱等领域。随着蛋白质化学和分子生物学的发展，用于治疗各种疾病的蛋白质药物的研制和应用已成为生物医药产业发展的热点。本节以抗体类蛋白质药物为代表，简要介绍蛋白质药物的研究与应用。

一、蛋白质药物

抗体是一类能与抗原特异性结合的免疫球蛋白，在疾病的预防、诊断和治疗方面都有一定的作用。例如临床上用丙种球蛋白预防病毒性肝炎、麻疹、风疹等；用抗 DNA 抗体诊断系统性红斑狼疮；用毒素中毒进行抗毒治疗以及免疫缺陷性疾病的治疗等。随着人源化单克隆抗体的发展，抗体药物在肿瘤治疗领域具有重要的应用，已成为制药行业中"重磅炸弹"级的药物。随着抗体技术的不断发展，人源化、多功能抗体和抗体药物偶联成为抗体药物的发展趋势。已经在中国上市的部分抗体药物见表 1-13。

表 1-13　已经在中国上市的部分抗体药物

抗体名称	靶点	适应证	批准时间
Avelumab	PD-L1	默克细胞癌	2017 年
Durvalumab	PD-L1	晚期转移性尿路上皮癌	2017 年
Inotuzumab ozogamicin	CD22	急性淋巴细胞白血病	2017 年
Guselkumab	IL-29 p19	斑块型银屑病	2017 年
Mogamulizumab	人源化 IgG1	覃样霉菌病或塞扎里综合征	2018 年
Lanadelumab	IgG1	血管性水肿发作	2018 年
Burosumab	IgG1	X 连锁低磷血症	2018 年
Galcanezumab	IgG4	偏头痛预防	2018 年
Erenumab	IgG2	偏头痛预防	2018 年
Romosozumab	Sclerostin	骨质疏松症	2019 年
Risankizumab	IL-23	中度至重度斑块型银屑病	2019 年
Polatuzumab vedotin	CD79b	弥漫性大 B 细胞淋巴瘤	2019 年
Brolucizumab	VEGF-A	湿性年龄相关性黄斑变性	2019 年
Crizanlizumab	SELP	镰状细胞病	2019 年

蛋白质是基因功能的执行体，蛋白质-蛋白质相互作用是机体生命活动的基础。当体内行使特定功能的任何蛋白质发生突变或异常时，或当机体某种蛋白质浓度过高或过低时，都会导致相应疾病的发生。这意味着利用蛋白质治疗或缓解疾病具有巨大的机会和潜力。从理论上，蛋白质药物几乎可胜任所有发病机制清楚、病理学靶点明确的疾病的治疗。故除上述抗体药物外，还有细胞因子类蛋白质药物。

细胞因子是一类多肽，通过自分泌或旁分泌的方式，与细胞表面特殊的受体结合，调节细胞的代谢、分裂和基因表达，各种细胞因子往往协同作用。重要的细胞因子包括干扰素、造血生长因子、白介素、肿瘤坏死因子等。目前已经开发出干扰素、造血生长因子等众多的细胞因子类蛋白质药物（见表 1-14）。此外，还有激素类蛋白质药物，目前采用重组 DNA 技术可以获得大量高纯度的激素类蛋白质药物，并且药物的种类也不断丰富（见表 1-15）。

表 1-14　已上市的细胞因子类蛋白质药物（部分）

细胞因子	适应证	上市时间
抗血管内皮生长因子	年龄相关性黄斑变性	2004 年
干扰素 α	乙型肝炎	2005 年
聚乙二醇化抗肿瘤坏死因子	重度类风湿关节炎	2009 年
神经生长因子	神经营养性角膜炎	2018 年
聚乙二醇化重组人粒细胞集落刺激因子	发热性中性粒细胞减少症	2019 年

表 1-15　已上市的激素类蛋白质药物（部分）

激素	适应证	上市时间
重组胰岛素	糖尿病	1982 年
胰高血糖素	急性低血糖症	1982 年
鲑鱼降钙素	停经后骨质疏松症	1984 年
促黄体生成素	无排卵型不育症	1993 年

激素	适应证	上市时间
重组生长激素	内源性生长激素分泌不足导致的疾病	1997 年
人卵泡刺激激素	非卵巢原因的不育	1997 年
甲状旁腺素	绝经妇女的骨质疏松症	2002 年
生长激素受体拮抗剂	肢端肥大症	2003 年
促肾上腺激素	幼儿痉挛	2010 年

2019 年全球销售额前十的药品共创造了 972 亿美元的市场价值，其中就有 7 个蛋白质药物，市值共计 661 亿美元（表 1-16）。进一步分析 2011～2019 年全球销售额前十的药品种类和销售额（图 1-41），从中可以看出 2012 年开始在全球销售额前十的药品中，蛋白质药物在药物品种和销售额上都超过了非蛋白质药物，显示了蛋白质药物巨大的市场前景。

表 1-16 2019 年全球销量前十的药品

序号	药名	适应证	2019 年销售额/亿美元
1	Humira	自身免疫病	191.7
2	Eliquis	深静脉血栓形成、肺栓塞等	121.5
3	Keytruda	黑素瘤、非小细胞肺癌等	110.8
4	Revlimid	多发性骨髓瘤等	108.2
5	Imbruvica	CLL、巨球蛋白血症等	80.8
6	Avastin	肺癌、结直肠癌等	74.9
7	Eylea	湿性黄斑变性	74.1
8	Opdivo	各类肿瘤	72
9	Enbrel	类风湿性关节炎、银屑病等	69.3
10	Rituxan	CLL、NHL、RA	68.6

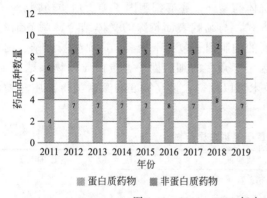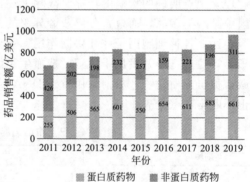

图 1-41 2011～2019 年全球销售额前十的药品分析

二、蛋白质作为药物靶点

药物靶点是能够与药物分子结合并产生药理效应的生物大分子。作为药物靶点的受体、酶、激酶、离子通道等其化学成分主要是蛋白质。例如 G 蛋白偶联受体（GPCR）是人体中最大的膜受体家族（目前发现 826 个 GPCR），它们参与了几乎所有的生命过程和众多疾病的发生发展，是目前已知的最重要的药物研究靶点，据统计，大约 33% 的药物作用于 GPCR 靶点而发挥药效。

综上所述，蛋白质分子不仅是生命的重要物质组成，也是极为重要的药物和作用靶点。

本书编者已收集整理了一系列与蛋白质相关的经典科研文献、参考书等拓展性学习资料，请扫描左侧二维码进行阅读学习。

思考题

1.简述蛋白质结构和功能之间的关系。用蛋白质一级结构与功能的关系解释镰刀型红细胞贫血的发病机制。

2.什么是蛋白质的等电点？稳定蛋白质胶体系统的因素是什么？

3.用什么方法可将蛋白质多肽链进行专一性断裂？

4.分析肽段 N 端和 C 端氨基酸的方法有哪些？各有什么特点？

5.蛋白质的分离纯化是依据蛋白质的哪些性质？针对各性质各有哪些方法？

6.蛋白质的变构、变性、沉淀和凝固有什么本质区别？

7.请你列举 3 种已上市的属于不同功能类型的蛋白质类药物。

参考文献

[1] 王镜岩，等.生物化学.4 版.北京：高等教育出版社，2017.

[2] Reginald H Garrett, Charles M Grsham. Biochemistry. 2 版（影印版）.北京：高等教育出版社，2005.

[3] 郑集，陈钧辉.普通生物化学.北京：高等教育出版社，2007.

[4] 姚文兵，等.生物化学.8 版.北京：人民卫生出版社，2016.

[5] Horton H R，等.生物化学原理（影印版）.北京：科学出版社，2012.

[6] 王林嵩，张丽霞.普通生物化学.2 版.北京：科学出版社，2016.

[7] Wang Y, Zhang S, Li F, et al. Therapeutic target database 2020：enriched resource for facilitating research and early development of targeted therapeutics. Nucleic Acids Res，2020，48（D1）：D1031-D1041.

（余蓉）

第二章

核　酸

学习目标

　　1.掌握：核酸的化学组成，DNA 与 RNA 的结构和功能，核酸的理化性质及其应用，核酸含量测定方法。

　　2.熟悉：核酸的分离、核酸测序的基本原理。

　　3.了解：核酸在生命活动中的重要意义、在医药研究中的应用。

　　核酸（nucleic acid）是含有磷酸基团的重要生物大分子，因最初从细胞核分离获得，又具有酸性，故称为核酸。生物都含有核酸，即使比细菌还小的病毒也含有核酸。核酸是构成基因的物质基础，是合成蛋白质、组成细胞的重要生理活性物质，它支配着生命从诞生到死亡的全过程。

　　核酸不仅与正常生命活动如生长繁殖、遗传变异、细胞分化等有着密切关系，而且与生命的异常活动如肿瘤发生、辐射损伤、遗传病、代谢病、病毒感染等也息息相关。因此，核酸研究是现代生物化学、分子生物学与医药学发展的重要领域。

第一节　概　述

一、核酸的种类及分布

　　核酸是以核苷酸为基本组成单位的重要的含磷生物大分子，具有复杂的结构和重要的功能。它决定生物体的遗传特征，担负生命信息的储存和传递。天然的核酸依据化学组成不同分为两类，一类为**脱氧核糖核酸**（deoxyribonucleic acid，DNA），另一类为**核糖核酸**（ribonucleic acid，RNA）。DNA 主要存在于细胞核的染色质（chromatin）中，线粒体和叶绿体中也有，主要携带遗传信息，决定细胞和个体的基因型（genotype）。RNA 约 90% 存在于细胞质中，10% 存于细胞核，参与细胞内 DNA 遗传信息的表达与调控。RNA 也可作为病毒的遗传信息的载体。细胞内参与蛋白质生物合成的 RNA 主要有三种：①**转运 RNA**（transfer RNA，tRNA），其主要是在蛋白质合成中起着携带活化的氨基酸的作用；②**信使 RNA**（messenger RNA，mRNA），它在蛋白质合成中起着决定氨基酸顺序的模板作用；③**核糖体 RNA**（ribosomal RNA，rRNA），它与蛋白质结合而构成的核糖体是合成蛋白质的细胞器，催化氨基酸之间形成肽键、产生肽链。除了上述三种主要的 RNA 之外，在细胞核和细胞质内还含有其他的 RNA。如核内不均一 RNA （heterogeneous nuclear RNA，hnRNA），它是真核生物 mRNA 的前体；核小 RNA（small nuclear RNA，snRNA），它在 RNA 成熟过程中起作用；另外还有线粒体 RNA（mitochondrial RNA，mtRNA）、叶绿体 RNA（chloroplast RNA，ctRNA）和病毒 RNA。此外，还有参与基因表达调控的小分子 RNA，如小干扰 RNA（small interfering RNA，siRNA）和微小 RNA（microRNA，miRNA）等。

二、核酸的生物学功能

DNA 是生物遗传与变异的物质基础；而 RNA 主要发挥遗传信息的表达、调控作用，在部分生物中也可作为遗传物质。

（一）核酸是传递生物遗传信息的载体

生物体的遗传信息主要储存在 DNA 分子上，但生物的性状不由 DNA 直接表现，而是通过各种蛋白质的生物功能展现出来。蛋白质的氨基酸序列是由 DNA 决定的，也就是说遗传信息是由 DNA 传向蛋白质的。该传递过程不是直接从 DNA 到蛋白质，而是通过中间信使 RNA（mRNA）来传递的，即 DNA 把信息先转录成 mRNA，然后再由 mRNA 翻译成蛋白质。所以，蛋白质的生物合成与生物性状的表现（如新陈代谢、生长发育、组织分化等）都直接与核酸紧密相关。

（二）核酸是遗传变异的物质基础

遗传与变异是最本质、最重要的生命现象。遗传是相对的，有遗传才保持物种的相对稳定性；变异是绝对的，有变异才有物种的演化和生物发展的可能。生物遗传特征的延续是由基因所决定的，基因信息是由 DNA 或 RNA 分子中的特定核苷酸种类、数目和排列顺序所决定的。基因是在染色体上占有一定空间的特定 DNA 片段，是能够合成一个功能性生物分子（蛋白质或 RNA）所需信息的一个特定 DNA 片段，因此，核酸是遗传与变异的物质基础。利用 DNA 人工重组技术，可以使一种生物的 DNA 片段（基因）引入另一种生物体内，而后者则能表现前者的生物性状，从而实现了超越生物种间的基因转移，并表现出被转移基因的生物学功能。

（三）核酸可以进行信号调控

随着对核酸研究的不断深入，人们发现核酸不仅是生物信息的载体，也是重要的信号调控分子，其中 miRNA 具有沉默 RNA 和调节基因表达的功能，在细胞的繁殖、发育、死亡、造血以及肿瘤的发生与发展等过程中发挥重要作用。研究 miRNA 的功能是肿瘤领域的重要内容，miRNA 与多种肿瘤的发生与发展密切相关，miRNA 通过对癌基因或抑癌基因的表达实施转录后调控，发挥类似于癌基因或抑癌基因的功能。例如在肺癌、胰腺癌、乳腺癌等多种恶性肿瘤组织细胞中，miRNA-21 的表达水平明显增强，miRNA-21 通过抑制肿瘤细胞的凋亡而发挥作用。

（四）核酸具有催化功能

核酶（ribozyme）是一类分子结构简单、分子量小、具有酶催化活性的 RNA 分子，可通过碱基配对特异性地与相应的 RNA 底物结合，通过对磷酸酯水解或磷酸基酯化来切割或剪接 RNA 主链。根据分子大小，可将核酶分成大型核酶（包括 I 型内含子、II 型内含子以及 RNase P 的 RNA 亚基）和小型核酶（HDV 核酶和 VS 核酶等）。随着人们对核酶的结构和催化机制的深入了解，核酶的应用不断取得进展。在生物医药领域，科学家利用核酶定点切割 RNA 分子的特性，研究并设计抗病毒、抗肿瘤等药物。

脱氧核酶（deoxyribozyme，DRz）是具有催化功能的 DNA 分子，一般通过体外筛选获得。近年对脱氧核酶进行大量研究，发现了许多新的底物和化学反应类型，如具有 DNA 和 RNA 水解活性、DNA 连接活性、激酶活性、糖基化活性等的脱氧核酶。按照国际酶学委员会的分类方法，可将脱氧核酶分为合成酶、水解酶、氧化酶等。

三、核酸的研究简史

（一）核酸的发现

1868 年，瑞士青年外科医生 F. Miescher 从脓细胞中分离得到细胞核，并从中提取出一种含磷量很高的酸性物质，命名为核素（nuclein）；他被认为是细胞核化学的创始人和 DNA 的发现者。R. Altmann 于 1889 年最先提出了核酸（nucleic acid）的概念，他建立了从酵母和动物组织中制备不含蛋白质的核酸的方法。在核酸化学成分研究方面，1894 年 O. Hammarsten 证明酵母核酸中的糖是戊糖，1909 年由 P. A. Levene 和 W. A. Jacobs 鉴定出核酸中的糖为 D-核糖，1930 年由 P. A. Levene 确定胸腺核酸中的糖是 2-脱氧-D-核糖。

（二）核酸的早期研究

核酸的发现曾给生物学家带来巨大希望。1885 年细胞学家 O. Hertwig 提出，核素可能负责受精和传递遗传性状。1895 年遗传学家 E. B. Wilson 推测，染色质与核素是同一种物质，可作为遗传的物质基础。A. Kossel 及其同事鉴定了不同生物中碱基种类，并于 1910 年凭借其在核酸化学研究中的成就而获得诺贝尔生理学或医学奖。P. A. Levene 在鉴定核酸中的糖以及阐明核苷酸的化学键中作出了重要贡献，但他认为核酸是以四核苷酸为单位的简单聚合物，从而使生物学家失去对它的关注，他的"四核苷酸假说"曾严重阻碍核酸研究达 30 年之久。直到 20 世纪 40 年代微量生化分析技术如 T. Caspersson 的显微紫外分光光度测定法、J. Brachet 的组织化学法、A. L. Dounce 的亚细胞分级分离实验以及 J. N. Davidson 的生化分析实验取得很大的发展，这些都有力证明细胞含有两类核酸：脱氧核糖核酸（DNA）存在于细胞核，核糖核酸（RNA）存在于细胞质，它们都是动物、植物和细菌细胞共同具有的重要组成成分。碱基成分的精确测定推翻了"四核苷酸假说"，并证明了核酸的高度特异性。1944 年 O. T. Avery 利用致病肺炎双球菌中提取的 DNA 将另一种非致病性肺炎双球菌的遗传性状改变成致病菌，从而证明了 DNA 是遗传物质。1952 年 A. Hershey 和 M. Chase 用 ^{32}P 标记噬菌体的 DNA，^{35}S 标记噬菌体的蛋白质，然后感染大肠杆菌。结果只有 ^{32}P-DNA 进入细菌细胞内，^{35}S-蛋白质仍留在细胞外，并且在子代病毒中只检测到 ^{32}P-DNA，从而有力证明了 DNA 是噬菌体的遗传物质。

（三）DNA 结构的研究

生物分子的结构与功能间具有重要关系。随着科学家对核酸化学成分的了解，核酸的结构成为当时的研究热点。1953 年 J. D. Watson 和 F. Crick 提出 DNA 双螺旋结构模型，该模型的提出被认为是 20 世纪自然科学中最伟大的成就之一，它给生命科学带来深远的影响，并为分子生物的发展奠定了基础。Watson 和 Crick 提出 DNA 双螺旋结构模型的主要依据包括：已知的核酸化学结构知识，核苷酸键长与键角数据；E. Chargaff 发现的 DNA 碱基组成规律，同一种生物中 A 与 T 的数量相等，C 与 G 的数量相等；M. Wilkins 和 R. Franklin 得到的 DNA 纤维 X 射线衍射图谱。DNA 双螺旋结构模型的建立说明了基因的结构、信息和功能三者之间的关系，被视为分子生物学诞生的标志，推动了分子生物学的迅猛发展。

1956 年 A. Kornberg 发现可用于在体外复制 DNA 的 DNA 聚合酶。1958 年 Crick 总结了当时分子生物学的成果，提出了"中心法则"（central dogma），即遗传信息从 DNA 传到 RNA、再传到蛋白质，一旦传给蛋白质就不再转移。此后 RNA 的研究也取得重大进展。1961 年 F. Jacob 和 J. Monod 提出操纵子学说并假设了 mRNA 的功能。1965 年 R. W. Holley 等最早测定了酵母丙氨酸 tRNA 核苷酸序列。1966 年由 M. W. Nirenberg 等多个实验室共同破译了遗传密码。

（四）DNA 重组技术和 RNA 研究的重大突破

W. Arber 最早发现细菌中存在 DNA 限制性内切酶；1970 年 H. O. Smith 分离纯化出特异的限制酶；1971 年 D. Nathans 用限制酶切割猿猴空泡病毒 40（SV40）的 DNA，绘制出酶切位点的图谱，即限制图谱。DNA 的特异切割使得分离基因或其片段成为可能。许多 DNA 修饰酶，包括 DNA 连接酶、DNA 聚合酶、逆转录酶等，可用于基因操作，这些酶统称为工具酶。1972 年 P. Berg 将外源 DNA 片段插入 SV40 病毒环状 DNA 分子内，获得第一个 DNA 体外重组体。1973 年 S. Cohen 等用细菌的质粒重组体进行克隆。1975 年 F. Sanger 等建立了 DNA 的酶法测序技术；1976 年 A. M. Maxam 和 W. Gilbert 建立了 DNA 的化学测序技术。基于 DNA 限制性酶切、DNA 扩增与连接和快速测序技术，建立了 **DNA 重组技术**（DNA recombinant technology），被认为是分子生物学的第二次革命。随着 DNA 重组技术的发展，基因工程或遗传工程（genetic engineering）相继建立。

DNA 重组技术的出现极大地推动了 DNA 和 RNA 的研究。1981 年 T. Cech 发现四膜虫 rRNA 前体能够通过自我剪接切除内含子，表明 RNA 也具有催化功能，称为核酶（ribozyme），对"酶一定是蛋白质"的传统观点构成大的冲击。1983 年 R. Simons 等以及 T. Mizuno 等分别发现反义 RNA（antisense RNA），表明 RNA 还具有调节功能。1986 年 R. Benne 等发现锥虫线粒体 mRNA 的序列可以发生改变，称为编辑（editing），于是基因与其产物蛋白质的共线性关系被打破。1986 年 W. Gilbert 提出"RNA 世界"的假说。1987 年 R. Weiss 论述了核糖体移码，说明遗传信息的解码是可以改变的。随着 RNA 研究的不断深入，多种传统学说被打破，人类对于核酸的研究不断扩展与深化。

（五）人类基因组计划推动组学研究法兴起

1986 年美国微生物学和分子生物学家、诺贝尔奖获得者 H. Dulbecco 在 *Science* 上首先提出"人类基因组计划"，已完成的人体细胞 23 对染色体 DNA 全序列测定意义重大。人类基因组计划是生物学有史以来最巨大和意义深远的一项科学工程，美国、英国、日本、法国、德国和中国的科学家先后加入该国际合作计划，于 2003 年完成了全部基因组序列的测定。在人类基因组计划的带动下，许多生物基因组 DNA 全序列也陆续被测定。生命科学进入了**后基因组时代**（post-genome era）。

> **知识链接**　　　　　　　　　　　　　　　　水稻基因组研究
>
> 继"人类基因组计划""拟南芥基因组计划"提出之后，各国科学家为抢夺下一个生物学科研前沿，将水稻基因组计划提上日程。我国于 1990 年开始研讨水稻基因组测序，并于 1992 年正式宣布开展水稻基因组测序，同时在上海成立了中国科学院国家基因研究中心。历时 4 年，中国在国际上率先完成了水稻（籼稻）基因组物理图的构建，为水稻基因组测序提供了材料基础。1997 年 9 月，中国和日本作为主要参与国牵头发起"国际水稻基因组测序计划"（International Rice Genome Sequencing Project，IRGSP）。1998 年 2 月，IRGSP 正式启动，主要内容是开展水稻遗传图和物理图的绘制，完成基因组序列的测定及基因序列的注释分析等工作。

在后基因组时代，科学家们对基因组的研究开启了**结构基因组学**（structural genomics）和**功能基因组学**（functional genomics）。在功能基因组学的基础上产生了蛋白质组学（proteomics）、RNA 组学（Rnomics）或核糖核酸组学（ribonomics）、代谢组学（metabonomics/metabolomics）等多种组学研究，为人类更加系统地认知生命提供了重要工具。

（六）基因编辑技术的发展

随着科学家对基因序列与结构的理解，如何有效地对基因进行编辑，成为研究的热点方向。至今已发展的基因编辑技术主要有：锌指核酸酶（zinc finger nuclease，ZFN）技术、转录激活样效应因子核酸酶（transcription activator-like effector nuclease，TALEN）技术与成簇规律间隔短回文重复（clustered regulatoryinterspaced short palindromic repeat，CRISPR）技术。基因编辑技术为建立遗传病、肿瘤、免疫疾病等难治性疾病的基因治疗方案提供更为有力的方法。在此，简要介绍三种基因编辑技术。

1. 锌指核酸酶

锌指核酸酶（ZFN）又称为锌指蛋白核酸酶（ZFPN），是一类人工合成的限制性内切酶，由负责特异性识别靶标基因序列的锌指 DNA 结合域（zinc finger DNA-binding domain）与限制性内切酶的 DNA 切割域（DNA cleavage domain）融合而成。锌指 DNA 结合域部分一般包含 3 个独立的锌指（zinc finger，

ZF）重复结构，每个锌指结构能够识别 3 个碱基，因而一个锌指 DNA 结合域可以识别 9bp 长度的特异性序列。目前识别不同三联碱基的 64 种锌指组合中已有大部分被发现，从而为组合不同的锌指 DNA 结合域识别特异性的靶标基因序列提供重要基础。

锌指核酸酶的切割域通过连接区（linker）与 DNA 结合域结合。在 ZFN 中应用最广泛的 DNA 切割域来自ⅡS 型限制性内切酶 FokⅠ。切割域与 DNA 链的结合能力较弱，因此 DNA 切割域必须以二聚体的形式发挥作用。

锌指核酸酶的 DNA 结合域与靶标基因结合后，DNA 切割域剪切靶标基因形成 DNA 双链断裂区（double-stranded break，DSB）；通过破坏非同源末端链接（non-homologous end joining，NHEJ）使目的基因失活，或借助同源重组（homologous recombination，HR）等方式完成 DNA 的修复连接，可以使断裂的 DNA 双链重新黏合。利用该技术既可进行基因的敲除，也可导入目标基因，使基因激活或阻断，或者编辑基因序列，例如，用于研究 HIV 和 21 三体综合征等疾病的治疗。同时，由于锌指核酸酶对DNA 的剪切需要同源二聚化的内切酶，如果出现异源二聚化很可能造成脱靶效应；另外，锌指核酸酶在体内使用，可能引发免疫反应。这些因素限制了锌指核酸酶的推广应用。锌指蛋白结构和作用原理见图 2-1。

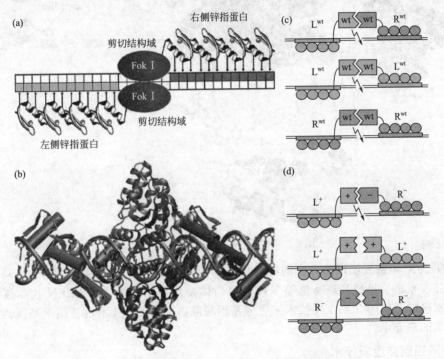

图 2-1 锌指蛋白结构和作用原理
wt—野生型；L—左侧元件；R—右侧元件

2. 转录激活样效应因子核酸酶技术

转录激活样效应因子核酸酶（TALEN）是由具有序列特异结合能力的 TAL 效应因子（TAL effector，TALE）片段与限制性内切酶 FokⅠ核酸酶融合表达而成。典型的 TALEN 由三个结构域组成：一个包含**核定位信号**（nuclear localization signal，NLS）的 N 端结构域、一个包含可识别特定 DNA 序列的典型串联 TALE 重复序列的中央结构域，以及一个具有 FokⅠ核酸内切酶功能的 C 端结构域。不同类型的 TALEN 元件识别的特异性 DNA 序列长度有很大区别。一般来说，天然的 TALEN 元件识别的特异性 DNA 序列长度一般为 17～18bp；而人工 TALEN 元件识别的特异性 DNA 序列长度则一般为 14～20bp。TALEN 发挥作用的过程由核定位区域引导进入细胞核，由串联 TALEN 重复序列识别特异的靶标基因序列，由 FokⅠ核酸内切酶进行剪切，并借助细胞内固有的同源定向修复（HDR）或非同源末端连接途径修复（NHEJ）过程完成特定序列的插入（或倒置）、删失及基因融合。TALEN 结构和原理见图 2-2。

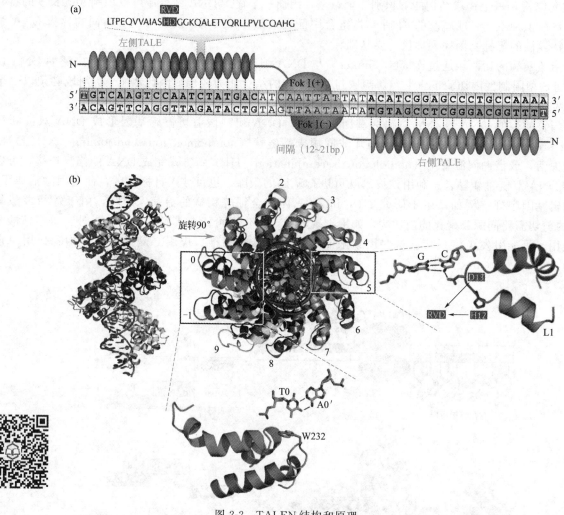

图 2-2 TALEN 结构和原理

TALEN 技术自 2010 年被发明以来，它的特异性切割活性被全球范围内多个研究小组利用体外培养细胞、酵母、拟南芥、水稻、果蝇及斑马鱼等多种动植物体系所证实。随着 TALEN 技术逐渐成熟，全球范围内很多实验室已广泛使用 TALEN 技术来完成基因敲除。TALEN 技术也被用于基因治疗以及慢病毒感染、肿瘤等疾病的研究中。

3. 成簇规律间隔短回文重复技术

成簇规律间隔短回文重复（CRISPR）技术作为一种新的基因组编辑工具，实现由 RNA 靶向的 DNA 识别及编辑，免去 ZFN 和 TALEN 技术翻译出 DNA 结合蛋白的繁琐费时的过程。CRISPR/Cas 技术使用一段序列特异性向导 RNA（sequence-specific guide RNA）分子引导核酸内切酶到靶点处，从而完成基因组的编辑。该技术于 2020 年获得诺贝尔化学奖。

CRISPR/Cas 系统首次发现于细菌的天然免疫系统内，其主要功能是对抗入侵的病毒及外源 DNA。CRISPR/Cas 系统由 CRISPR 序列元件与 Cas 基因家族组成。其中 CRISPR 由一系列高度保守的重复序列（repetitire sequence）与同样高度保守的间隔序列（spacer sequence）相间排列组成。而在 CRISPR 附近区域还存在着一部分高度保守的 CRISPR 相关基因（CRISPR-associated gene，Cas gene），这些基因编码的蛋白质具有核酸酶活性的功能域，可以对 DNA 序列进行特异性的切割。

CRISPR/Cas 系统剪切靶标基因的过程分两步进行——crRNA 的合成及在 crRNA 引导下的 RNA 结合与剪切。CRISPR 区域第一个重复序列上游有一段 CRISPR 的前导序列（leader sequence），该序列作为启动子来启动后续 CRISPR 序列的转录，转录生成的 RNA 被命名为 CRISPR RNA（简称 crRNA）。crRNA 与 tracrRNA（反式激活的 crRNA）形成嵌合 RNA 分子，即单向导 RNA（single guide RNA，sgRNA）。sgRNA 可以介导 Cas9 蛋白在特定序列处进行切割，形成 DNA 双链断裂区（double-stranded break，DSB），完成基因定向编辑等各类操作。CRISPR 技术原理与应用见图 2-3。

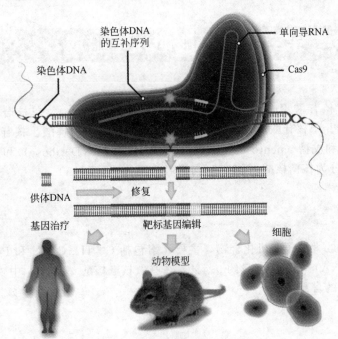

染色体DNA的互补序列　单向导RNA　Cas9　染色体DNA

供体DNA　修复

基因治疗　靶标基因编辑　细胞

动物模型

图 2-3　CRISPR 技术原理与应用

CRISPR/Cas 系统的开发为构建更高效的基因定点修饰技术提供了全新的平台。近年来，由于基因工程技术的突飞猛进，CRISPR/Cas 已经成为科学界最热门的研究内容，被广泛应用于各类体内和体外体系的遗传学改造、转基因模式动物的构建，甚至基因治疗领域。

2015 年 3 月 12 日，美国 Salk 研究所的 T. Menon 等首次将来自 X-连锁 SCID 患者的细胞转化为干细胞样状态，修复基因突变，并在实验室中促使修复的细胞成功产生 NK 细胞，从而为这种罕见病的治疗带来了希望。2015 年 4 月 9 日，Yongchang Chen 等利用 CRISPR/Cas9 系统，功能性地破坏猕猴中的肌营养不良蛋白基因，结果表明，CRISPR/Cas9 可以有效地制备人类疾病的猴模型。

从分子生物学角度看来，TALEN、ZFN 和 CRISPR/Cas 三种基因编辑技术的基因定点修饰操作都包括敲入（knock in）、敲除（knock out）、删失（deletion）及基因融合（gene integration）这几种类型，它们在各类应用中的基本模式是相似的。但这三种技术在技术细节上各具特点，适用范围也有所不同，见表 2-1。

表 2-1　TALEN、ZFN 和 CRISPR/Cas9 三种基因定点修饰技术特点的比较

项目	TALEN	ZFN	CRISPR/Cas9
靶点 DNA 序列的识别区域	重复可变双残基(RVD)的重复	锌指(ZF)结构域	CRISPR RNA（crRNA）或单向导 RNA(sgRNA)
DNA 的剪切	FokⅠ核酶结构域	FokⅠ核酶结构域	Cas9 蛋白
典型核酸的构建	8～31 个重复可变双残基的拼接	通过搜索各类 ZF 组合数据库，拼接 3～4 个 ZF 结构	sgRNA 的寡核苷酸合成和分子克隆（或 RNA 合成）
所识别的靶点的长度	(8～31bp)×2	(9bp 或 12bp)×2	20 bp+NGG
最小模块识别碱基数量	1	3	1
优点	设计较 ZFN 简单,特异性高	技术平台成熟,效率高于被动同源重组	靶向精确、脱靶率低、细胞毒性低、廉价简便
不足	细胞毒性，模块组装过程繁琐，需要大量测序工作，一般大型公司才有能力开展，成本高	设计依赖上下游序列,脱靶率高,具有细胞毒性	靶区无 PAM 则不能切割，特异性不高，NHEJ 依然会产生随机毒性

第二节 核酸的化学组成

核酸是由许多分子的单核苷酸聚合而成的**多核苷酸**（polynucleotide），**单核苷酸**（mononucleotide）是组成核酸的基本结构单位。单核苷酸可以分解成**核苷**（nucleoside）和磷酸。核苷再进一步分解成**碱基**（base）（嘌呤碱与嘧啶碱）和戊糖（pentose）。戊糖有两种：D-核糖（D-ribose）和 D-2-脱氧核糖（D-2-deoxyribose），据此将核酸分为核糖核酸（RNA）与脱氧核糖核酸（DNA）。

一、核酸的元素组成

核酸是一类含磷、含氮的大分子有机化合物，主要元素包括 C、H、O、N 和 P，其中 P 的平均含量相对稳定，在核糖核酸（RNA）中磷的含量约 9.4%，在脱氧核糖核酸（DNA）中磷的含量约 9.9%，可以根据磷的含量来测定核酸的含量。

二、核酸的结构单元

核酸的基本结构单元是单核苷酸，单核苷酸由碱基、戊糖和磷酸组成。

（一）碱基

碱基：构成核苷的碱基属于**嘧啶**（pyrimidine）和**嘌呤**（purine）两类杂环化合物。

1. 嘧啶碱

核苷中常见的嘧啶碱有三类：胞嘧啶、尿嘧啶和胸腺嘧啶（图 2-4）。DNA 和 RNA 中都含有胞嘧啶，DNA 还含有胸腺嘧啶，RNA 还含有尿嘧啶。

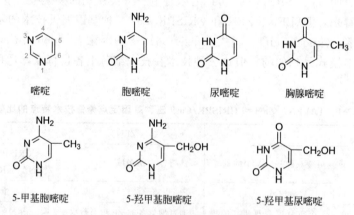

嘧啶　　　　胞嘧啶　　　　尿嘧啶　　　　胸腺嘧啶

5-甲基胞嘧啶　　　　5-羟甲基胞嘧啶　　　　5-羟甲基尿嘧啶

图 2-4　核酸中常见的嘧啶及其衍生物

2. 嘌呤碱

核苷中常见的组成核酸的嘌呤碱主要有腺嘌呤和鸟嘌呤（图 2-5）。DNA 和 RNA 中都含有这两种嘌呤。

3. 稀有碱基

除上述五种基本的碱基外，核酸中还有一些含量甚少的碱基，称为稀有碱基（图 2-6）。很多稀有碱基是甲基化碱基，如 1-甲基腺嘌呤、1-甲基鸟嘌呤、1-甲基次黄嘌呤等，另外还有次黄嘌呤、二氢尿嘧啶此外，小麦胚 DNA 含有 5-甲基胸腺嘧啶，某些噬菌体中含有 5-羟甲基胞嘧啶和 5-羟甲基尿嘧啶等。

嘌呤　　　　　　　　　　腺嘌呤　　　　　　　　　　鸟嘌呤

图 2-5　嘌呤的结构

1-甲基腺嘌呤　　　1-甲基鸟嘌呤　　　次黄嘌呤　　　1-甲基次黄嘌呤　　　二氢尿嘧啶

图 2-6　部分稀有碱基的结构

4. 非天然碱基

地球上的生物均以 A、T、C、G、U 五种碱基及其衍生物作为遗传信息传递、表达和调控的物质基础。研究人员通过合成其他碱基，并通过筛选获得了可以被 DNA 复制酶类处理的非天然碱基对。科学家于 1989 年利用鸟嘌呤和胞嘧啶的同分异构体合成非天然的碱基对，并在体外对含有所合成的非天然碱基对的 DNA 进行了复制、转录和翻译；Malyshev 等研究人员于 2014 年阐述了合成的疏水性碱基对 d5SICS：dNaM（图 2-7），可以在人工构建的大肠杆菌中复制与转录，从而扩展了古老的"遗传字母表"。

d5SICS　　　　dNaM

图 2-7　非天然碱基对

知识链接　　　　　　　　　　　　　　　非天然碱基的应用

　　在生命体中引入非天然核苷三磷酸 d5SICS：dNaM 碱基对（蓝点），可以赋予有机体多种生物可能性：将成倍地扩展遗传密码子（例如 XAA 和 YUU 分别是 tRNA 和 mRNA 的反密码子和密码子；X 和 Y 代表非天然碱基，A 和 U 是天然碱基；将由 64 种密码子扩展为 125 种）；使用非天然碱基对进行复制遗传的有机体有可能产生基因组的进化发展；可能扩展非编码 RNA（如核糖开关，核酶以及核糖核蛋白内的 RNA）的功能。

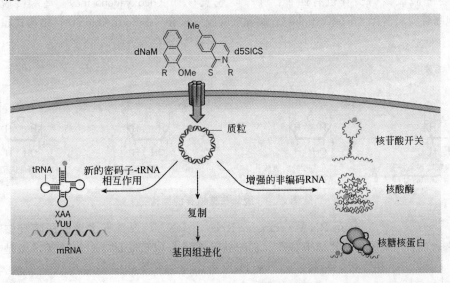

Me—甲基；R—核苷三磷酸内的糖及磷酸基团

β-D-核糖　　　　　β-D-2-脱氧核糖　　　　　β-D-2-O-甲基核糖

图 2-8　核酸中戊糖的结构

（二）戊糖

核苷中的戊糖分为脱氧核糖与核糖两种。DNA 和 RNA 两类核酸是因所含戊糖不同而分类的。核酸分子中的戊糖都是 β-D-型。DNA 含 β-D-2-脱氧核糖，RNA 含 β-D-核糖，某些 RNA 中含有少量 β-D-2-O-甲基核糖，见图 2-8。

（三）核苷

戊糖和碱基缩合而成的糖苷称为**核苷**（nucleoside）。戊糖和碱基通过戊糖的第一位碳原子（C1）与嘧啶碱的第一位氮原子（N1）或嘌呤碱的第九位氮原子（N9）相连接。戊糖和碱基之间的连接键是 N—C 键，一般称为 N-糖苷键。

核苷中的 D-核糖和 D-2-脱氧核糖都是呋喃型环状结构。糖环中的 C1 是不对称碳原子，所以有 α 和 β 两种构型。核酸分子中的糖苷键均为 β-糖苷键。应用 X 射线衍射法证明，核苷中的碱基与糖环平面互相垂直。

根据核苷中所含戊糖不同，核苷可分为核糖核苷和脱氧核糖核苷两类。

在核苷的编号中，糖的编号数字上加一撇，以便与碱基编号区别。对核苷进行命名时，先冠以碱基的名称，如腺嘌呤核苷、腺嘌呤脱氧核苷等。

RNA 中主要的核糖核苷有四种：腺嘌呤核苷（adenosine）、鸟嘌呤核苷（guanosine）、胞嘧啶核苷（cytidine）和尿嘧啶核苷（uridine），结构式如图 2-9 所示。

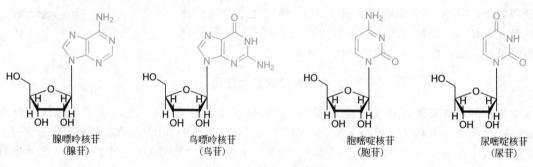

腺嘌呤核苷　　　　　鸟嘌呤核苷　　　　　胞嘧啶核苷　　　　　尿嘧啶核苷
（腺苷）　　　　　　（鸟苷）　　　　　　（胞苷）　　　　　　（尿苷）

图 2-9　核糖核苷的结构

DNA 中主要的脱氧核糖核苷也有四种：腺嘌呤脱氧核苷（deoxyadenosine）、鸟嘌呤脱氧核苷（deoxyguanosine）、胞嘧啶脱氧核苷（deoxycytidine）、胸腺嘧啶脱氧核苷（deoxythymidine），结构式如图 2-10 所示。

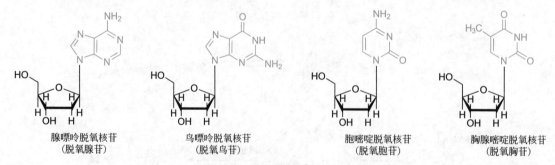

腺嘌呤脱氧核苷　　　　鸟嘌呤脱氧核苷　　　　胞嘧啶脱氧核苷　　　　胸腺嘧啶脱氧核苷
（脱氧腺苷）　　　　　（脱氧鸟苷）　　　　　（脱氧胞苷）　　　　　（脱氧胸苷）

图 2-10　脱氧核糖核苷的结构

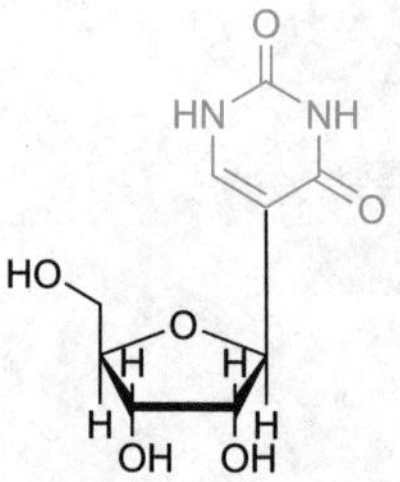

转运 RNA（transfer RNA，tRNA）中含有少量**假尿嘧啶核苷**（pseudouridine），其结构特殊，它的核糖不是与尿嘧啶的 N1 相连接，而是与嘧啶环的 C5 相连接，结构式如图 2-11 所示。

（四）磷酸

磷酸通过磷酯键与戊糖结合在核苷上。尽管核糖环上所有的游离羟基都可

图 2-11　假尿嘧啶核苷

以与磷酸发生酯化反应，但生物体内多数核苷酸都是 5′-核苷酸，即磷酸基团位于戊糖的第五位碳原子（C5′）上。

（五）核苷酸

核苷与磷酸通过磷酸酯键结合，形成**核苷酸**（nucleotide）。根据核苷酸中的戊糖不同，核苷酸可分为两大类：核糖核苷酸和脱氧核糖核苷酸。由于核糖中有三个游离的羟基（2′、3′和 5′），因此核糖核苷酸有 2′-核苷酸、3′-核苷酸和 5′-核苷酸三种。而脱氧核糖只有 3′ 和 5′ 两个游离羟基可被酯化，因此只有 3′-脱氧核苷酸和 5′-脱氧核苷酸两种。自然界存在的游离核苷酸为 5′-核苷酸，一般其编号可略去 5′。

含有一个磷酸基团的核苷酸称为核苷一磷酸（nucleoside monophosphate，NMP），含有两个磷酸基团的核苷酸称为核苷二磷酸（nucleoside diphosphate，NDP），含有三个磷酸基团的核苷酸称为核苷三磷酸（nucleoside triphosphate，NTP），再加上碱基名称就构成了各种核酸的命名，如 AMP 称为腺嘌呤核苷一磷酸，简称腺苷酸。DNA 和 RNA 中的核苷酸组成见表 2-2，表中核苷和核苷酸名称均采用缩写，如腺苷代表腺嘌呤核苷、鸟苷代表鸟嘌呤核苷等。

表 2-2　DNA 和 RNA 中的核苷酸组成

DNA 的基本结构单位	RNA 的基本结构单位
腺嘌呤脱氧核苷酸 dAMP	腺嘌呤核苷酸 AMP
鸟嘌呤脱氧核苷酸 dGMP	鸟嘌呤核苷酸 GMP
胞嘧啶脱氧核苷酸 dCMP	胞嘧啶核苷酸 CMP
胸腺嘧啶脱氧核苷酸 dTMP	尿嘧啶核苷酸 UMP

核苷酸在体内除了构成核酸外，还参加各种物质代谢过程的调控和多种蛋白质功能的调节。多磷酸核苷酸的磷酸基团之间以酸酐键连接，此酸酐键在热力学上不稳定，易水解释放出大量自由能。最常见的核苷三磷酸是腺苷三磷酸（5′-adenosine triphosphate，ATP），它含有两个酸酐键，可以水解下末端的磷酸基团和焦磷酸基团，是生物体通用的能量载体。CTP（胞苷三磷酸）、GTP（鸟苷三磷酸）和 UTP（尿苷三磷酸）具有类似的酸酐键，具有类似的能量；NTP 和 dNTP 分别是合成 RNA 和 DNA 的前体。此外，腺苷酸还是多种辅酶的组成部分，例如，烟酰胺腺嘌呤二核苷酸（NAD）、磷酸烟酰胺腺嘌呤二核苷酸（NADP）和黄素腺嘌呤二核苷酸（FAD）等。

（六）环化核苷酸

环化核苷酸（如环腺苷酸和环鸟苷酸）普遍存在于动植物和微生物细胞中。3′,5′-环腺苷酸（3′,5′-cyclic adenosine monophosphate）或称环磷腺苷（cAMP），参与调节细胞的生理生化过程，控制生物的生长、分化和细胞对激素的效应，还参与大肠杆菌中 DNA 转录的调控。外源 cAMP 不易通过细胞膜，cAMP 的衍生物双丁酰 cAMP 可通过细胞膜，已应用

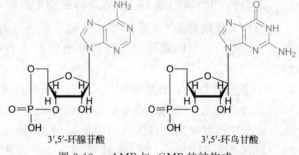

图 2-12　cAMP 与 cGMP 的结构式

于临床，对心绞痛、心肌梗死等有一定疗效。3′,5′-环鸟苷酸（3′,5′-cyclic guanosine monophosphate）或称环磷鸟苷（cGMP）。cAMP 和 cGMP（图 2-12）分别具有放大激素作用信号和缩小激素作用信号的功能，因此称为激素的第二信使。

第三节　核酸的分子结构与功能

核酸是由单核苷酸聚合而成的长链生物大分子，具有一级、二级和三级等不同层级的结构。本节分别介绍 DNA 的结构与功能、RNA 的结构与功能。

一、 DNA 的结构

（一）DNA 一级结构

1. DNA 一级结构的概念

DNA 的基本组成单位是单脱氧核糖核酸，DNA 的一级结构是指构成 DNA 的各个单核苷酸之间连接键的性质以及单核苷酸的组成、数目和排列顺序（主要体现为碱基排列顺序）。

实验研究表明，DNA 分子的连接方式是：一个核苷酸的脱氧核糖第 3′位碳原子（C3′）上的羟基与相邻的核苷酸的脱氧核糖第 5′位碳原子（C5′）上的磷酸基结合。后者分子中的 C3′上的羟基又可与另一个核苷酸分子（C5′）上的磷酸基结合。如此通过 3′,5′-磷酸二酯键将许多核苷酸连接在一起，形成在 5′端保留磷酸基团、3′端保留羟基的多核苷酸链。DNA 是由数量众多的四种脱氧核糖核苷酸，通过 3′,5′-磷酸二酯键彼此连接起来的直线形或环形分子，DNA 没有侧链。图 2-13 表示 DNA 多核苷酸链的一个小片段。

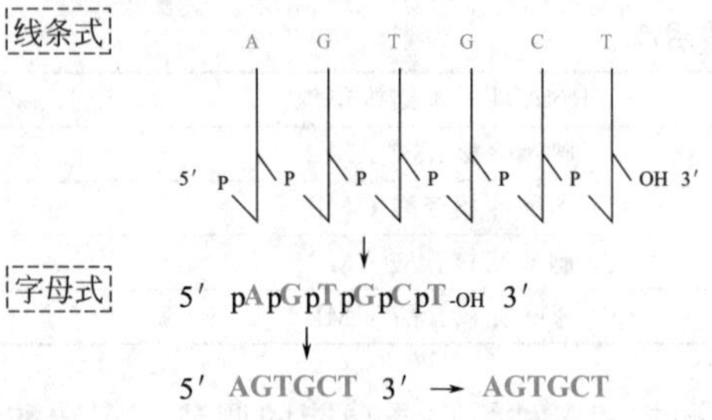

图 2-13　DNA 分子中多核苷酸链的一个小片段及缩写符号

在线条式缩写中，竖线表示核糖的碳链，A、C、T、G 表示不同的碱基，P 和斜线代表 3′,5′-磷酸二酯键。在字母式缩写中，其中 p 表示磷酸基团，当 p 写在碱基符号左边时，表示 p 在 C5′上，而 p 写在碱基符号右边时，则表示 p 与 C3′相连。有时多核苷酸中的磷酸二酯键的 p 也被省略，如写成…pA-C-T-G…或 pACTG。各种简化式的读向是从左到右，所表示的碱基序列是从 5′到 3′。

不同的 DNA 的单核苷酸数目和排列顺序不同，生物的遗传信息就储存记录于 DNA 的核苷酸序列中。测定 DNA 的核苷酸序列，即测定 DNA 的一级结构，已成为分子生物学和生物医学研究中的常规技术。多种生物的（如大肠杆菌 DNA、果蝇 DNA、小鼠 DNA 和人类 DNA 等）一级结构测序工作均已完成。

2. 真核细胞染色质 DNA 与原核生物 DNA 一级结构的特点

（1）真核细胞 DNA 特点　真核细胞染色质由 DNA、组蛋白和非组蛋白组成。其中 DNA 分子量很大，它是遗传信息的载体。与原核细胞染色质 DNA 比较，在一级结构上真核细胞 DNA 具有以下显著特点：

① 重复序列：真核细胞染色质 DNA 具有许多重复排列的核苷酸序列，称为重复序列。按重复程序不同可分为高度重复序列、中度重复序列和单一序列三种。

a. 高度重复序列：许多真核细胞染色质 DNA 都含有高度重复序列。这种重复序列结构的"基础序列"短，含 5～100bp，重复次数可高达几百万次（$10^6 \sim 10^7$）。高度重复序列结构中 GC 含量高。进行 CsCl 梯度离心时常在 DNA 主峰旁显示一个或多个小峰，这些小峰称为卫星峰，这部分 DNA 又称为卫星 DNA。这种 DNA 的 GC 含量一般少于主带中的 DNA，浮力密度也低。

b. 中度重复序列：这种结构的"基础序列"长，可达 300bp 或更长，重复次数从几百到几千不等。组蛋白基因、rRNA 基因（rDNA）及 tRNA 基因（tDNA）大多数为中度重复序列。

c. 单一序列：又称单拷贝序列。真核细胞中，除组蛋白外，其他蛋白质都是由 DNA 中单一序列决定的。每一序列为一个蛋白质的结构基因。

② 间隔序列与插入序列：在真核细胞 DNA 分子中，除了编码蛋白质和 RNA 的基因序列片段外，还有一些片段不编码任何蛋白质和 RNA，它们可以存在于基因与基因之间，也可以存在于基因之内。前者称为间隔序列，后者称为插入序列。在许多 DNA 分子中，常常含有长短不一的间隔序列，也常常出现一些插入序列将一个基因分成几段，如鸡卵清蛋白基因、珠蛋白基因都含有插入序列。通常把基因的插入序列称为内含子（intron），把编码蛋白质的基因序列称为外显子（exon）。

③ 回文结构：在真核细胞 DNA 分子中，还存在许多特殊的序列。这种结构中脱氧核苷酸的排列在 DNA 两条链中的顺读与倒读序列是一样的（即脱氧核苷酸排列顺序相同），脱氧核苷酸以一个假想的轴成为 180° 旋转对称（即使轴旋转 180° 两部分结构完全重合），这种结构称为**回文结构**（palindrome structure）。如下所示：

```
G G A T C C
C C T A G G
```

（2）原核生物 DNA 序列组织特点

① 原核生物在 DNA 序列组织上的最大特点是基因重叠，如病毒 DNA 分子一般都不大，但又必须装入相当多的基因，因此可能在这种压力下导致病毒 DNA 在进化过程中重叠起来。即在同一 DNA 序列中，包括不同的基因区，这些重叠在一起的基因使用的编码顺序不同，因此同样的 DNA 序列区段可翻译出不同的蛋白质。如在噬菌体 ΦX174 中（图 2-14），基因 B 和基因 K 重叠在基因 A 之内。由图 2-14 可见在同一部分核苷酸顺序片段中，GAT 三个碱基在三个编码组之中，含义各不相同。由于基因重叠，在重叠部位一个碱基突变将影响两个或三个蛋白质的表达。

基因A的Asp密码子

T G A T G

基因B的终止密码子　基因K的起始密码子

图 2-14　噬菌体 ΦX174 中基因重叠现象

② 在原核生物的 DNA 序列组织中，每个转录的 mRNA 常包含多个顺反子，且功能上有关的顺反子通常串联在一个 mRNA 分子上。这些编码在同一个 mRNA 分子中的多种功能蛋白质在生理功能上都是密切相关的。这种 DNA 序列组织可能是原核基因协同表达的一种调控方式。如噬菌体 ΦX174 的 DNA 序列，从启动子 P0 开始转录的 mRNA 包含了基因 D-(E)-J-F-G-H。其中基因 J、F、G、H 都是编码噬菌体的外壳蛋白。因此原核生物 DNA 序列的另一个特点是功能上相关的结构基因转录在同一个 mRNA 分子上。

③ 原核生物 DNA 序列所含有的结构基因是连续的，一般不含有插入或间隔序列，而且在转录调控区的 DNA 顺序的组织形式是多种多样的，调控区的不同组织形式与不同的生物功能有明显关系。

（二）DNA 的二级结构

长链 DNA 分子通过碱基的氢键作用、碱基堆积力的作用等，可以形成双螺旋结构、三螺旋结构以及四螺旋结构等二级结构。

1. 双螺旋结构模型

（1）DNA 二级结构的 Watson-Crick 模型　随着对核酸的深入研究，科学家获得了核酸化学结构知识，核苷酸键长与键角数据（图 2-15）；E. Chargaff 发现了 DNA 碱基组成规律，同一种生物中 A 与 T 的数量相等，C 与 G 的数量相等（表 2-3）；R. Franklin 和 M. Wilkins 得到了 DNA 纤维 X 射线衍射图谱（图 2-16）。

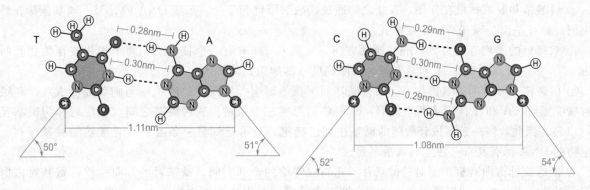

图 2-15　DNA 分子中的 AT、GC 配对

表 2-3 E. Chargaff 的 1952 年数据的代表性样本

生物体	A/%	G/%	C/%	T/%	A/T	G/C	GC/%	AT/%
噬菌体 ΦX174	24.0	23.3	21.5	31.2	0.77	1.08	44.8	55.2
玉米	26.8	22.8	23.2	27.2	0.99	0.98	46.0	54.0
章鱼	33.2	17.6	17.6	31.6	1.05	1.00	35.2	64.8
鸡	28.0	22.0	21.6	28.4	0.99	1.02	43.6	56.4
大鼠	28.6	21.4	20.5	28.4	1.01	1.00	42.9	57.0
人	29.3	20.7	20.0	30.0	0.98	1.04	40.7	59.3
蚱蜢	29.3	20.5	20.7	29.3	1.00	0.99	41.2	58.6
海胆	32.8	17.7	17.3	32.1	1.02	1.02	35.0	64.9
小麦	27.3	22.7	22.8	27.1	1.01	1.00	45.5	54.4
酵母	31.3	18.7	17.1	32.9	0.95	1.09	35.8	64.2
大肠杆菌	24.7	26.0	25.7	23.6	1.05	1.01	51.7	48.3

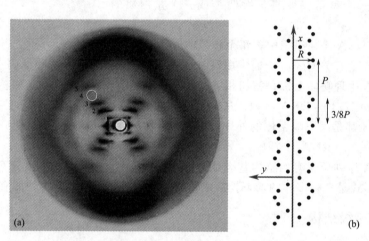

图 2-16 R. Franklin 和 M. Wilkins 获得的 DNA 纤维 X 射线衍射图谱

在此基础上，Watson 和 Crick 于 1953 年提出了 DNA 分子的双螺旋结构模型（图 2-17）。根据此模型，B 型 DNA 钠盐是由两条反向平行的多核苷酸链围绕同一个中心轴构成的双螺旋结构。

DNA 分子双螺旋结构模型的要点：

① DNA 分子由两条脱氧多核苷酸链构成，两条链都是右手螺旋，这两条链反向平行（即一条为 $5'{\rightarrow}3'$，另一条为 $3'{\rightarrow}5'$，围绕同一个中心轴构成双螺旋结构）。链之间的螺旋形成一条大沟和一条小沟。多核苷酸链的方向取决于核苷酸间的磷酸二酯键的走向（图 2-17）。

② 磷酸基和脱氧核糖在外侧，彼此之间通过磷酸二酯键相连接，形成 DNA 的骨架。碱基连接在糖环的内侧。糖环平面与碱基平面相互垂直。

③ 双螺旋的平均直径为 2.0nm。顺轴方向，每隔 0.34nm 有一个核苷酸，两个相邻核苷酸之间的夹角为 36°。每一圈双螺旋有 10 对核苷酸，每圈高度（即螺距）为 3.40nm。

④ 两条链由碱基间的氢键相连，而且碱基间形成氢键有一定规律：腺嘌呤与胸腺嘧啶成对，鸟嘌呤与胞嘧啶成对；A 和 T 间形成两个氢键，G 和 C 间形成三个氢键。这种碱基之间互相配对称为碱基互补（图 2-15）。因此，当一条多核苷酸链的碱基序列已确定，就可推知另一条互补核苷酸链的碱基序列。每种生物的 DNA 都有其自己特异的碱基序列。

⑤ 沿螺旋轴方向观察，配对的碱基并不充满双螺旋的全部空间。碱基对的方向性使得碱基对占据的空间不对称，因此在双螺旋的表面形成两个凹下去的槽，分别称为大沟和小沟。双螺旋表面的沟对 DNA 和蛋白质相互识别是很重要的。

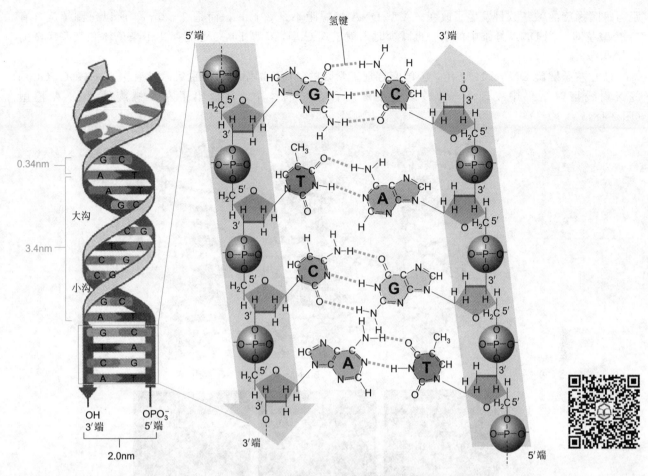

图 2-17 DNA 分子双螺旋结构模型及其图解

　　DNA 分子双螺旋结构是很稳定的。主要有三种作用力使 DNA 双螺旋结构维持稳定。第一种作用力是由 DNA 分子中碱基缔合形成的**碱基堆积力**（base stacking force），它是使 DNA 双螺旋结构稳定的主要作用力。碱基堆积力是由于杂环碱基的 π 电子之间相互作用所引起的。DNA 分子中碱基层层堆积，在 DNA 分子内部形成一个疏水核心。疏水核心内几乎没有游离的水分子，这有利于互补碱基间形成氢键。第二种作用力是互补碱基之间的氢键，但氢键并不是 DNA 双螺旋结构稳定的主要作用力，因为氢键的能量很小。第三种作用力是磷酸基的负电荷与介质中的阳离子正电荷之间形成的离子键。它可以减少 DNA 分子双链间的静电斥力，因而对 DNA 双螺旋结构也有一定的稳定作用。在细胞中有很多与 DNA 结合的阳离子，如 Na^+、K^+、Mg^{2+}、Mn^{2+}。此外，在原核细胞中 DNA 常与精胺或亚精胺结合，真核细胞中的 DNA 一般与组蛋白结合。

　　天然 DNA 在不同湿度、不同盐溶液中结晶，DNA 能以多种不同的构象存在，包括 A 型、B 型、C 型、D 型、E 型和 Z 型。其中，A 型和 B 型是 DNA 的两种基本构象（表 2-4），C 型、D 型和 E 型与 B 型接近；Z 型 DNA 构象比较特殊，是左手螺旋结构（图 2-18）。Watson 和 Crick 提出的结构为 B 型，溶液和细胞中天然状态的 DNA 大多为 B 型。

表 2-4　DNA 的结构类型

类型	结晶状态	螺旋方向	螺距/nm	碱基轴升/nm	每圈螺旋碱基对数	碱基夹角/(°)
A-DNA	75%相对湿度,钠盐	右旋	2.53	0.23	11	32.7
B-DNA	92%相对湿度,钠盐	右旋	3.40	0.34	10	36

　　因 DNA 纤维的含水量不同，而形成三种不同的 DNA 构象。A 型 DNA 是相对湿度为 75% 时制成的 DNA 钠盐纤维，也是右手螺旋。它与 B 型 DNA 不同之处是碱基不与纵轴相垂直，而呈 19°倾角，所以螺

距与每圈螺旋的碱基数目发生了改变。A 型 DNA 的螺距不是 3.4nm，而是 2.53nm，所以每圈螺旋含有 11 个碱基对。当 DNA 纤维中的水分再减少时，就出现 C 型，C 型 DNA 可能存在于染色体和某些病毒的 DNA 中。

（2）左手螺旋 DNA　1979 年，美国麻省理工学院的 A. Rich 等从一个脱氧六核苷酸［d(GGGCGC)］的 X 射线衍射结果中发现，该片段以左手螺旋存在于晶体中，并提出了左手螺旋的 Z-DNA 模型（图 2-18）。

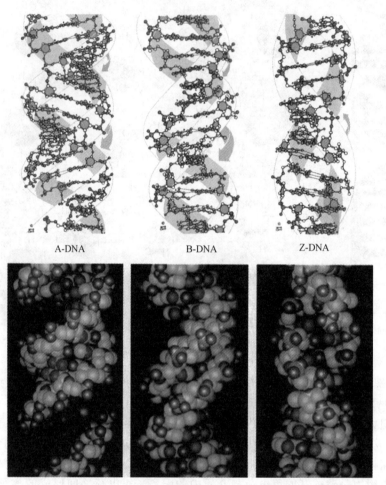

A-DNA　　　　B-DNA　　　　Z-DNA

图 2-18　A 型、B 型和 Z 型 DNA 的结构

与 Watson 和 Crick 右手螺旋 DNA 模型是平滑旋转的梯形螺旋结构不同，左手螺旋 DNA 虽然也是双股螺旋，但旋转方向为左手螺旋，主链中磷原子连接线呈锯齿形（zigzag），好似 Z 字形扭曲，因此称为 Z-DNA。Z-DNA 直径约 1.8nm，螺距 4.56nm，每一圈螺旋含 12 个碱基对，整个分子比较细长而伸展。Z-DNA 的碱基对偏离中心轴并靠近螺旋外侧，螺旋的表面只有小沟没有大沟。此外，许多数据均与 B-DNA 不同（表 2-5）。左旋 DNA 也是天然 DNA 的一种构象，而且在一定条件下右旋 DNA 可转变为左旋，并提出 DNA 的左旋化可能与致癌、突变及基因表达的调控等重要生物功能有关。

表 2-5　B-DNA 与 Z-DNA 的比较

类　型	螺旋方向	每圈螺旋碱基对数	直径/nm	碱基轴升/nm	螺距/nm	碱基夹度(°)
B-DNA	右旋	10	2.0	0.34	3.40	36
Z-DNA	左旋	12	1.8	0.38	4.56	−60

2. 其他二级结构形式

另外，在实验中还发现三股螺旋 DNA 结构，可能在 DNA 重组复制和转录中以及 DNA 修复过程中出现。**三链 DNA**（triplex DNA）是由三条脱氧核苷酸链按一定的规律绕成的螺旋状结构。其结构是在 Watson-Crick 双螺旋基础上形成的，其中大沟中容纳第三条链形成三股螺旋。在三链 DNA 中**三个碱基配对**〔即胡斯坦碱基配对（Hoogsteen base pairing）〕形成三碱基体：T-A-T、C-G-C（图 2-19）。在三链 DNA 中，原来两股链的走向是反平行的，其碱基通过 Watson-Crick 方式配对，位于大沟中的多聚嘧啶链则与双链 DNA 中的多聚嘌呤链成平行走向，碱基则按 Hoogsteen 方式配对并形成 TAT、CGC 三联体，在 Hoogsteen 配对方式中，多聚嘧啶链中的胞嘧啶残基必须先与 H^+ 结合（质子化）才能与鸟嘌呤配对，因此三股螺旋 DNA 又称为 H-DNA（图 2-19）。H-DNA 存在于基因调控区和其他重要区域，故显示出重要的生物学意义。如当合成多聚 A 和多聚脱氧 U 的多核苷酸链时就会形成 DNA 三股螺旋结构，其中一条由嘧啶碱基（T、C）构成的链与另一条由嘌呤碱基（A、G）构成的链结合，在此双链结构中再加入多聚嘧啶链。目前已经在基因的调节区和染色体重组热点分离到能在离体条件下形成三链 DNA 的序列，这表明它们可能在基因表达中起作用。

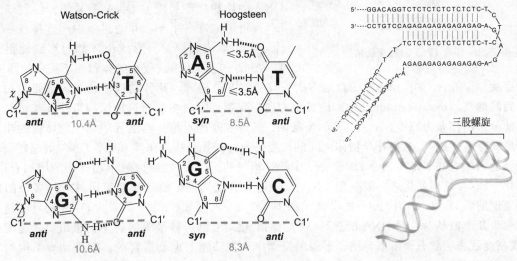

图 2-19　H-DNA 结构（1Å＝10^{-10} m）

DNA 还能形成四股螺旋，但只见于富鸟嘌呤区。四股 DNA 链通过鸟嘌呤之间氢键配对形成稳定的 G-四链体（guanine quartet）（图 2-20）。四股螺旋 DNA 的走向，可以是全部相同方向，也可以是两两相反方向。染色体 DNA 某些富含鸟嘌呤的区域，通过回折形成四股螺旋，如在着丝粒和端粒区域可出现此类结构。

图 2-20　G-四链体结构

（三）DNA 的三级结构

DNA 的三级结构是在二级结构的基础上，通过扭曲和折叠所形成的特定构象，其中包括单链与双链、双螺旋与双螺旋的相互作用。

超螺旋是 DNA 三级结构的一种形式。超螺旋的形成与分子能量状态有关。

在 DNA 双螺旋中，每 10 个核苷酸旋转一圈，这时双螺旋处于最低的能量状态。如果使正常的双螺旋 DNA 分子额外地多转几圈或少转几圈，这就会使双螺旋内的原子偏离正常位置，造成双螺旋分子中存在额外张力。如果双螺旋末端是开放的，这种张力可以通过链的转动而释放出来，DNA 将恢复到正常的双螺旋状态。如果 DNA 两端是以某种方式固定的，或是成环状 DNA 分子，这些额外的张力不能释放到分子之外，而只能在 DNA 内部使原子的位置重排，这样 DNA 本身就会扭曲，这种扭曲就称为**超螺旋**（supercoil）（图 2-21）。环状 DNA 大多处于超螺旋结构。如果将这种超螺旋用 DNA 内切酶使其切断一条链，螺旋反转形成的张力释放，超螺旋则能恢复到低能的松弛状态。超螺旋 DNA 的体积比环状松弛 DNA 更紧缩。已发现大肠杆菌 DNA 可形成许多小环，并通过蛋白质连接在一起。每一个小环又形成超螺旋。形成小环和超螺旋使很大的环状 DNA 分子能够压缩成很小的体积而不需要包膜来帮助。

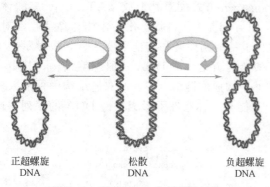

正超螺旋　　　松散　　　负超螺旋
DNA　　　　　DNA　　　　DNA

图 2-21　环状 DNA 的超螺旋结构

正超螺旋（positive supercoil）的盘绕方向与双螺旋方向相同，此种结构使分子内部张力加大，旋得更紧。而**负超螺旋**（negative supercoil）的盘绕方向与双螺旋方向相反，这种结构可使其二级结构处于松缠状态，使分子内部张力减小，有利于 DNA 复制、转录和基因重组。自然界中，生物体内的超螺旋都呈负超螺旋形式存在，DNA 的拓扑异构体之间的转变是通过拓扑异构酶来实现的。DNA 的超螺旋水平在活体中是重要的，但它并不是在整个 DNA 分子中都是均匀的。DNA 特定区域中超螺旋的增加有助于 DNA 的结构转化。DNA 结构变化之一就是使 DNA 双股链分开或局部熔解。超螺旋所具有的多余的能量被用于碱基间氢键的断裂。DNA 中 10bp 的分离大约需 50241～209340J/mol，因此，DNA 所具有超螺旋水平仅能分离很少几个碱基对，但 DNA 的这种结构上的变化对复制、转录等的启动仍很重要。超螺旋不仅使 DNA 形成高度致密的状态而得以容纳于有限的空间中，在功能上也是重要的，它推动着结构的转化以满足功能上的需要。

（四）染色质与染色体

具有三级结构的 DNA 和组蛋白紧密结合组成染色质。构成真核细胞的染色体物质称为**染色质**（chromatin），它们是不定形的，几乎是随机地分散于整个细胞核中，当细胞准备有丝分裂时，染色质凝集，并组装成因物种不同而数目和形状特异的**染色体**（chromosome），此时当细胞被染色后，用光学显微镜可以观察到细胞核中有一种密度很高的着色实体。因此真核染色体只限于定义体细胞有丝分裂期间这种特定形状的实体，"染色体"是细胞有丝分裂期间"染色质"的凝集物。

真核细胞染色质中，双链 DNA 是线状长链，以**核小体**（nucleosome）的形式串联存在。核小体是由组蛋白 H2A、H2B、H3 和 H4 各两分子组成的八聚体，外绕 DNA，长约 145bp，形成所谓的核心颗粒（stripped particle），实际上需再由组蛋白 H1 与 DNA 两端连接（图 2-22），使 DNA 围成两圈左手超螺旋，共约 166bp。组蛋白皆以离子键相连，形成珠状核小体，这是染色质的结构单位。核小体长链进一步卷曲，每 6 个核小体为 1 圈，组蛋白 H1 在内侧相互接触，形成直径为 30nm 的螺旋筒（solenoid）结构，组成染色质纤维（图 2-22）。在形成染色单体时，螺旋筒再进一步卷曲、折叠。人体每个细胞中长约 1.7m 的 DNA 双螺旋链，最终压缩了 8400 多倍，分布于各染色单体中；46 个染色单体总长仅 200μm 左右，储于细胞核中。

在 30nm 的核小体纤维中，DNA 获得上百倍的包装比，而且染色体 DNA 的某一部分和"核骨架"（nuclear scaffold）相连接。这些骨架相连接的部分把染色体 DNA 分隔成许多长度不同的 DNA 环（20000～100000bp），每个环（loop）有相对独立性。当一个环被打断或被核酸酶所松弛时，其他环仍可保持超螺旋状态。实验还证实真核染色体还有更多层次的组织形式，每个层次都使染色体的包装变得更致密。因此真核染色体 DNA 包装是一个缠绕再接一次更高级的缠绕和包装，这种高层次包装的模式如图 2-23 所示。染色质中还存在一些非组蛋白（nonhistone protein），这些非组蛋白参与了调节特殊基因的表达，以控制同种生物的基因组可以在不同组织与器官中表达出不同生物功能的活性蛋白。

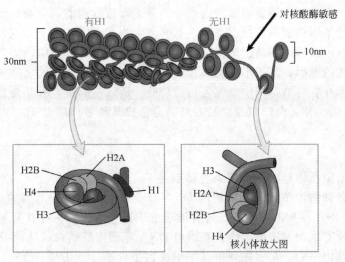

图 2-22　核小体的组成与结构

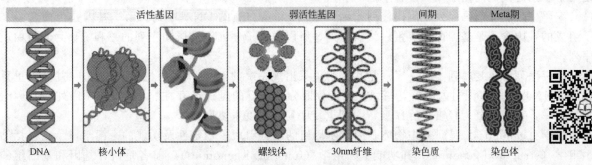

图 2-23　真核染色体不同层次的结构包装模式

（五）基因与基因组

1. 基因

　　基因位于染色体上，在一条染色体上有很多基因，代表特定性状的特定基因与某一条特定染色体上的特定位置相联系，因此，**基因**（gene）是在染色体上占有一定空间的特定 DNA 片段。真核生物的体细胞里每条染色体都有其另一条同源染色体，即一个染色体是由两条染色单体配对存在的，所以体细胞是二倍体（diploid）细胞；而生殖细胞里每条染色体都只有一条，所以是单倍体（haploid）细胞。二倍体细胞每一个基因也是成对存在的，每一对基因分别位于来自双亲的染色体的同一位置上，此位置称为**基因座**（locus）。一对同源染色体在同一基因座上的一对基因称为一对**等位基因**（allele）。每一个体的每一基因座上只有两个等位基因，在一个群体中，每个基因座上可以有两个以上等位基因，这就是**复等位基因**（multiple allele）。

　　当一个生物体带有一对完全相同的等位基因时，则该生物体就该基因而言是纯合的（homozygous）或可称为纯种（pure bred）；反之，如果一对等位基因不相同，则该生物体是杂合的（heterozygous）或可称为杂种（hybrid）。

　　等位基因各自编码蛋白质产物决定某一性状，并可因突变而失去功能；且等位基因之间存在相互作用，当一个等位基因决定生物性状的作用强于另一等位基因并使生物只表现出其自身的性状时，就出现显、隐性关系。作用强的是显性，作用被掩盖而不能表现的为隐性，显性完全掩盖隐性的是完全显性（complete dominance），两者相互作用而出现介于两者的中间性状的是不完全显性（incomplete dominance）。

　　基因不仅是传递遗传信息的载体，同时又具有调控其他基因表达活性的功能。**操纵子**（operon）由操纵基因与它操纵的几个结构基因连锁在一起，这几个结构基因由一个启动子转录成为一个 mRNA，然后翻译成几种功能蛋白质。操纵基因还受调节基因产生的阻遏物进行调节，进而控制结构基因的功能。这些基因互相制约构成了一套基因功能调节控制系统，从而使生物在不同环境下表现出不同的遗传特性。由此可见，基因是可分的，这不仅体现在基因结构上，而且在功能上也可分为编码产生某种蛋白质的基因，以及负责调节其他基因功能的基因；基因不仅能单独起作用，而且在每个基因之间还有一个相互制约、反馈调节的网络，每个基因都在各自的系统中发挥各自的功能。所以基因可以有其自身的产物，基因也可以没有产物。这样，"一个基因一种蛋白"以及"基因是决定合成某种蛋白质分子的功能单位"的概念也就需要进一步拓展其内涵了。

2. 基因组

生物体基因组由整套染色体组成，一条染色体就是一个双链 DNA 分子，DNA 分子中的全部核苷酸序列分别构成了基因和各种结构单元。基因组的 DNA 分子，也可划分为基因的编码序列和非编码序列。分析解剖基因组内多种 DNA 序列的结构特征，有助于解读这些 DNA 序列中包含的遗传信息，认识其生物学功能，以最终认识所有生物的遗传本性。基因组 DNA 序列按其结构和功能可分成以下几类。

(1) 基因序列和非基因序列 基因序列指基因组决定蛋白质（或 RNA 产物）的 DNA 序列，一端为 ATG 起始密码子，另一端则是终止密码子。非基因序列则是基因组中除基因序列以外的所有 DNA 序列，主要是两个基因之间的间插序列（内含子）。

(2) 编码序列和非编码序列 编码序列指编码 RNA 和蛋白质的 DNA 序列。由于基因是由内含子和外显子组成的，内含子是基因内的非蛋白编码序列，所以内含子序列以及居间序列的总和统称为非蛋白质编码序列。

(3) 单一序列和重复序列 单一序列是基因组里只出现一次的 DNA 序列。重复序列指在基因组里重复出现的 DNA 序列。基因组内的重复序列有的是分散分布，有的是成簇存在。根据 DNA 序列在基因组中的重复频率，可将其分为轻度重复序列、中度重复序列和高度重复序列。

基因组学（genomics）是研究生物体基因和基因组的结构组成、稳定性及功能的一门学科。它包括结构基因组学（structural genomics）和功能基因组学（functional genomics）。前者是研究基因和基因组的结构，各种遗传元件的序列特征，基因组作图的基因定位等；后者是研究不同的序列具有的不同功能，基因表达的调控，基因和环境之间（包括基因与基因，基因与其他 DNA 序列，基因与蛋白质）的相互作用等。

二、 DNA 的功能

在真核生物中，DNA 是染色体的主要成分。每个细胞中 DNA 的含量与生物机体的复杂程度有关。在生物演化发展过程中，借助基因扩增和重组，基因组 DNA 增大，遗传信息增加；同时，在演变过程中，随机突变经中性漂移而固定，从而增加了生物的多样性，也增加了生物适应环境的能力。

在细菌中，DNA 是细菌拟核中遗传信息的载体，也是细菌的转化因子。许多细菌的遗传性状可以通过 DNA 转化而获得。在自然界中，细菌的转化现象十分普遍，细菌介质转化过程获得新的基因，例如由于抗生素的过度使用筛选出了部分对抗菌药物具有抗性的细菌，这种抗性功能由 R 质粒表达，R 质粒的横向扩展是耐药菌种类增加的原因之一。

在病毒中，DNA 是部分病毒的遗传信息载体。根据病毒基因组核酸不同，病毒可分为 DNA 病毒与 RNA 病毒。病毒不能独立复制增殖，它感染宿主细胞后，病毒的核酸可以在细胞内借助细胞的组分单独复制，或是整合到宿主细胞的染色体 DNA 中与宿主基因一起复制。病毒通过宿主细胞的组分，进行遗传信息的复制、转录、翻译，实现子代病毒的繁殖。

经过众多的实验证明，在真核生物、细菌和病毒中，DNA 是遗传物质。

三、 RNA 的结构

核糖核酸（RNA）是由几十至几千个核糖核苷酸聚合而成的，在生物体内通常都以单链的形式存在。

RNA 的化学组成和单链结构使其稳定性不如 DNA，其研究难度更大。因此，RNA 的研究滞后于 DNA 的研究，随着技术的发展 RNA 的研究也取得巨大的进步。

（一）RNA 的种类

根据结构、功能不同，动物、植物和微生物细胞的 RNA 主要有三类（图 2-24）：信使 RNA（messenger RNA，mRNA）、转运 RNA（transfer RNA，tRNA）、核糖体 RNA（ribosomal RNA，rRNA）。此外，研究发现小分子 RNA 操纵着许多细胞功能，通过互补序列的结合作用于 DNA，从而关闭或调节基因的表达。

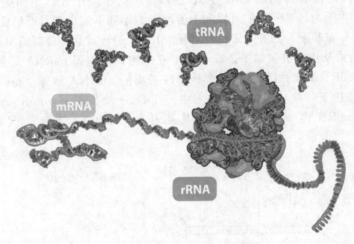

图 2-24　细胞中的主要三种 RNA

1. 信使 RNA（mRNA）

mRNA 在细胞中含量很少，占 RNA 总量的 3%～5%。mRNA 在代谢上很不稳定，它是合成蛋白质的模板，每种多肽链都由一种特定的 mRNA 负责编码。因此，细胞内 mRNA 的种类很多。mRNA 的分子量极不均一，其沉降系数在 4～25S（$1S=10^{-13}s$），mRNA 的平均分子质量约 500000Da。大肠杆菌的 mRNA 平均含有 900～1500 个核苷酸。真核 mRNA 中最大的是丝心蛋白 mRNA，它由 19000 个核苷酸组成。

2. 转运 RNA（tRNA）

tRNA 一般由 73～93 个核苷酸构成，分子质量 23000～28000Da。在已测定核苷酸序列的 tRNA 中，链最短的为 63 个核苷酸，如牛心线粒体丝氨酸 tRNA，链最长的有 93 个核苷酸，如大肠杆菌丝氨酸 tRNA。tRNA 的沉降系数为 4S。tRNA 约占细胞中 RNA 总量的 15%。在蛋白质生物合成中 tRNA 起携带氨基酸的作用。细胞内 tRNA 的种类很多，每一种氨基酸都有与其相对应的一种或几种 tRNA。

3. 核糖体 RNA（rRNA）

核糖体 RNA 是细胞中主要的一类 RNA，rRNA 占细胞中全部 RNA 的 80% 左右，是一类代谢稳定、分子量最大的 RNA，存在于核糖体内。

核糖体（ribosome）又称为核蛋白体或核糖核蛋白体。它是细胞内蛋白质生物合成的场所。在迅速生长着的大肠杆菌中，核糖体约占细胞干物质的 60%。每个细菌细胞约含 $16×10^3$ 个核糖体，每个真核细胞约有 $1×10^6$ 个核糖体。原核生物核糖体中蛋白质约占 1/3，rRNA 约占 2/3；真核生物核糖体中蛋白质和 rRNA 各占一半。核糖体由两个亚基组成，一个称为大亚基，另一个称为小亚基，两个亚基都含有 rRNA 和蛋白质，但其种类和数量却不相同。

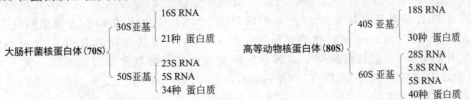

大肠杆菌核糖体的沉降系数为 $70 \times 10^{-13}\,\mathrm{s}$，用 S 单位表示则为 70S。

除上述三类 RNA 以外，细胞内还有一些其他类型的 RNA，如细胞核内的核内不均一 RNA（hnR-NA）、核小 RNA（snRNA）和染色体 RNA（chromosomal RNA，chRNA）等。

4. microRNA 与小干扰 RNA

（1）**微 RNA**（microRNA，miRNA）　miRNA 是一类含 19～25 个单核苷酸的单链 RNA，在 3′端有 1～2 个碱基长度变化，广泛存在于真核生物中，如脊椎动物、软体动物、环节动物、节肢动物等，不编码任何蛋白，本身不具有**开放阅读框架**（open reading frame，ORF）；具有保守性、时序性和组织特异性，即在生物发育的不同阶段有不同的 miRNA 表达，在不同组织中表达不同类型的 miRNA。成熟的 miRNA 5′端为磷酸基，3′端为羟基，它们可以和上游或下游序列不完全配对而形成基环结构。miRNA 是通过与靶 mRNA 3′-UTR 碱基配对的方式来执行对靶 mRNA 的转录翻译抑制的功能。

细胞内 miRNA 的合成及作用机制如图 2-25 所示。在细胞核内编码 miRNA 的基因转录成 pri-miRNA，在 Drosha 作用下，pri-miRNA 被剪切成约 70 个核苷酸长度的 miRNA 前体（pre-miRNA）。pre-miRNA 在转运蛋白 Exportin5 作用下，从核内转到胞质中。在 Dicer 酶作用下，miRNA 前体被剪切成 21～25 个核苷酸长度的双链 miRNA。成熟 miRNA 与其互补的 miRNA* 结合形成双螺旋结构（miRNA miRNA*）。

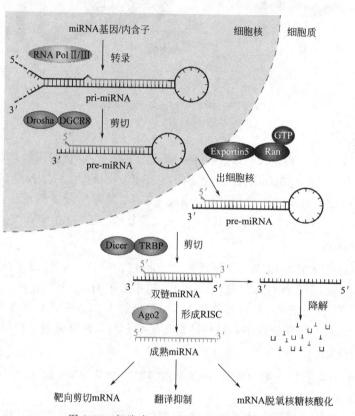

图 2-25　细胞内 miRNA 的合成及作用机制

随后，双螺旋解旋，其中一条结合到 RNA 诱导的基因沉默复合物（RISC）中，形成 RISC 复合物。此复合物结合到靶 mRNA 上，平链 miRNA 与靶 mRNA 的 3′-UTR 不完全互补配对，从而阻断该基因的翻译过程。

（2）**小干扰 RNA**（small interfering RNA，siRNA）　siRNA 是含有 21～22 个单核苷酸长度的双链 RNA，通常人工合成的 siRNA 是碱基对数量为 22 个左右的双链 RNA。细胞内的 siRNA 系由双链 RNA（dsRNA）经特异 RNA 酶Ⅲ家族的 Dicer 核酸酶切割形成的约 19～21 个碱基的双链 RNA。这种小分子 dsRNA 可以促使与其互补的 mRNA 被核酸酶切割降解，从而有效地定向抑制靶基因的表达。将由 dsR-NA 诱导的这种基因沉默效应定义为 RNA 干扰（RNA interference，RNAi）。RNAi 涉及的步骤与因素较多，属于基因转录后调控，其过程需要 ATP 参与。一般分为两个阶段：①dsRNA 进入细胞后，由依赖

ATP 的 Dicer 核酸酶切割，将其分解成具有约 19~21 个碱基的双链 siRNA；②RISC（RNA 诱导的基因沉默复合物）识别并降解 mRNA。RISC 是一种蛋白核酸酶复合物（Argonaute 是目前唯一已知参与复合物形成的一种蛋白），RISC 能够与 siRNA 互补的 mRNA 结合，一方面使 mRNA 被 RNA 酶裂解，另一方面以 siRNA 作为引物、mRNA 为模板，在 RDRP（依赖于 RNA 的 RNA 聚合酶）作用下合成 mRNA 的互补链，结果 mRNA 形成 dsRNA。此 dsRNA 在 Dicer 核酸酶作用下也裂解成 siRNA，这些新生成的 siRNA 也具有诱发 RNAi 的作用，通过这种聚合酶链反应，细胞内的 siRNA 大大扩增，显著增加了对基因表达的抑制，从而使目的基因沉默，产生 RNA 干扰作用。RNAi 的作用机制如图 2-26 所示。

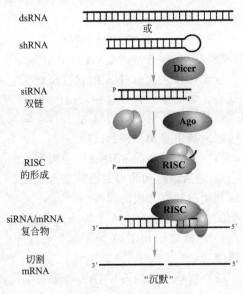

图 2-26　RNAi 的作用机制

美国科学家安德鲁·法尔和克雷格·梅洛因发现了 RNA（核糖核酸）干扰机制而获得 2006 年诺贝尔生理学或医学奖。鉴于 RNAi 具有的序列特异性转录后基因沉默的特点，RNAi 技术不仅被广泛地应用于基因功能研究，而且在基因药物设计中也发挥着极其重要的作用。RNAi 技术通过 siRNA 引起互补 mRNA 降解，特异性抑制靶基因表达，其特点是特异性高和作用强，目前该技术已用于肿瘤、病毒感染和显性致病基因引起的遗传性疾病等多种疾病的基因药物研究。例如很多肿瘤致病基因的形成是由于染色体置换后基因点突变，mRNA 编码异常蛋白，导致肿瘤的发生、发展。RNA 干扰技术有着序列特异性高的特点，可针对变异设计干扰片段，从而特异性地抑制变异 mRNA 的表达，达到有效的治疗目的。随着 RNA 干扰机制的深入研究与广泛应用，RNA 干扰也已应用在药物研究中的各个领域，尤其在药靶鉴定、优化药靶、基因治疗药物设计等方面显示了巨大的作用，为药物研究提供了强大的工具。

知识链接

RNA 干扰的发现

早在 20 世纪初就有植物学家报道了基因的翻译后修饰，但直到 1995 年科学家才首次发现 RNA 具有抑制基因表达的现象。1998 年，Andrew Z. Fire 等在秀丽隐杆线虫（*C. elegans*）中进行反义 RNA 抑制实验时发现，双链 RNA 的抑制效果比正义或反义 RNA 强 10 倍以上。从与靶 mRNA 的分子量比考虑，加入的双链 RNA 的抑制效果要强于理论上 1∶1 配对时的抑制效果，因此推测在双链 RNA 引起的抑制过程中存在某种扩增效应并且有某种酶活性参与，在 1999 年发表的文章中将这种由双链 RNA 引发的特定基因表达抑制现象命名为 RNA 干扰（RNA interference，RNAi）。

（二）RNA 的结构特征

1. RNA 的一级结构

与 DNA 相比，RNA 种类繁多分子量相对较小，一般以单股链存在，但可以有局部二级结构。它与 DNA 的差别是：①组成它的核苷酸的糖成分不是脱氧核糖而是核糖；②RNA 中的嘧啶成分为胞嘧啶和尿嘧啶而极少含有胸腺嘧啶（tRNA 中含有少量），所以构成 RNA 的四种基本核苷酸是 AMP、GMP、CMP 和 UMP，其中 UMP 代替了 DNA 中的 dTMP。组成 RNA 的单核苷酸也是通过 3′,5′-磷酸二酯键连接。RNA 碱基组成之间无一定的比例关系，且稀有碱基较多。

2. 信使 RNA 的结构

信使 RNA（mRNA）为传递 DNA 的遗传信息并指导蛋白质合成的一类 RNA 分子。mRNA 是异源性很高的 RNA，每一个 mRNA 分子携带一个 DNA 序列的拷贝，在细胞中被翻译成一条或多条多肽链。其代谢活跃，更新迅速，半衰期一般较短。

mRNA 的分子量大小不一，由几百至几千个核苷酸组成。mRNA 分子中有编码区和非编码区。编码区是所有 mRNA 分子的主要结构，该区域编码特定蛋白质分子的一级结构，非编码区与蛋白质合成的调控有关。每分子 mRNA 可与几个至几十个核糖体结合成串珠样的多核糖体（polysome）。

mRNA 是核糖体中将记录在 DNA 分子中的遗传信息转化成蛋白质氨基酸顺序时的模板。mRNA 的核苷酸排列顺序与基因 DNA 核苷酸顺序互补。每个细胞约有 10^4 个 mRNA 分子。mRNA 是单链 RNA，其长度变化很大。mRNA 的长度反映了它所指导合成的蛋白质长度。例如，如果一个蛋白质含有 100 个氨基酸，那么编码合成这种蛋白质的 mRNA 至少需要 300 个核苷酸长度，因为三个核苷酸编码一个氨基酸。但是，实际上，mRNA 的长度一般都比指导蛋白质合成所需要的核苷酸链长度长。这是因为分子中有些区段是不参加翻译的区段。

（1）原核细胞的 mRNA　原核细胞的 mRNA 具有下列结构特点：

① 包括细胞和病毒的原核细胞 mRNA 一般都为多顺反子结构，即一个单链 mRNA 分子可作为多种多肽和蛋白肽链合成的模板。

② 原核细胞 mRNA 的转录与翻译是耦合的，即 mRNA 分子一边进行转录，同时一边进行翻译。

③ 原核细胞 mRNA 分子包含有先导区、翻译区和非翻译区，即在两个顺反子之间有不参加翻译的插入顺序。

（2）真核细胞的 mRNA　与原核细胞相比较，真核细胞 mRNA 的结构具有以下明显不同特点：

① 大多数真核细胞 mRNA 的 3′端有一段多聚腺苷酸（poly A），其长度约 200 个腺苷酸。原核细胞 mRNA 3′端一般不含 poly A 顺序。而 poly A 的结构与 mRNA 从细胞核移至细胞质过程有关，也与 mRNA 的半衰期有关。新合成的 mRNA poly A 较长，衰老 mRNA 的 poly A 较短；另外，真核细胞 mRNA 的 5′端有一个特殊结构——7-甲基鸟嘌呤核苷三磷酸（通常有三种类型 $m^7G^5PPP^5NP$，$m^7G^5PPP^5N'mPNP$ 和 $m^7G^5PPP^5N'mPNmP$），这种结构简称帽子结构（图 2-27），原核生物 mRNA 无帽子结构。

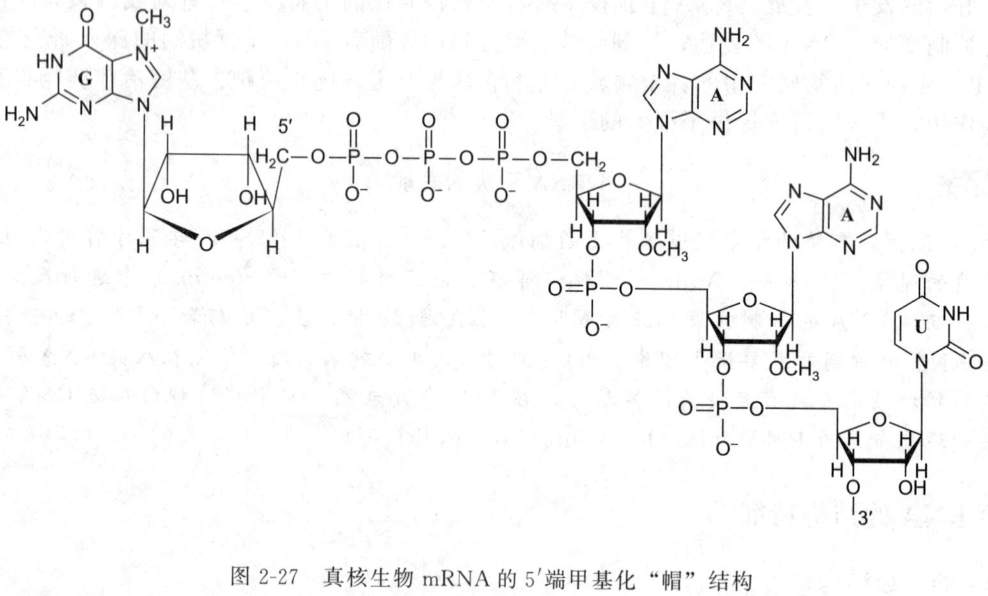

图 2-27　真核生物 mRNA 的 5′端甲基化"帽"结构

② 真核细胞 mRNA 一般为单顺反子（即一个 mRNA 分子只为一种多肽编码）。

③ 真核细胞 mRNA 的转录与翻译是分开进行的，先在核内转录产生前体 mRNA（核内不均一 mRNA，即 hnRNA），转运到胞质内后，再在核外加工为成熟 mRNA，然后起翻译作用。

3. 转运 RNA 的结构

转运 RNA（tRNA）参与蛋白质生物合成，发挥转运氨基酸和识别密码子的作用。自然界中合成蛋白质的常见氨基酸有 20 种，每一种氨基酸对应一种或几种 tRNA，在书写对应各种不同氨基酸的 tRNA 时，在右上角注以氨基酸缩写符号，如 tRNA^{Ala} 代表转运丙氨酸的 tRNA。

（1）一级结构　tRNA 皆由 70～90 个核苷酸组成，有较多的稀有碱基核苷酸，3′端为-C-C-AOH，沉降系数都在 4S 左右。

（2）二级结构　根据碱基排列模式，呈三叶草式（clover）。双链互补区构成三叶草的叶柄，突环（loop）好像三片小叶。大致分为氨基酸臂、二氢尿嘧啶环、反密码环、额外环和TΨC环5部分（图2-28）。

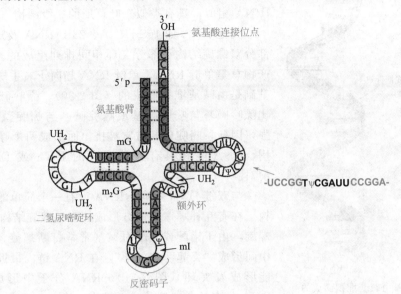

图 2-28　酵母 tRNA^{Ala} 的核苷酸序列

UH$_2$—二氢尿苷酸；I—次黄苷酸；mG—1-甲基鸟苷酸；mI—1-甲基次黄苷酸；
m$_2$G—N^2,$N^{2'}$—二甲基鸟苷酸；Ψ—假尿苷酸

氨基酸臂由 7 对碱基组成，富含鸟嘌呤，末端为-CCA，蛋白质生物合成时，用于连接活化的相应氨基酸；二氢尿嘧啶环（DHU loop）由 8～12 个核苷酸组成，含有二氢尿嘧啶，故称为二氢尿嘧啶环；反密码环由 7 个核苷酸组成，环的中间是反密码子（anticodon），由 3 个碱基组成，次黄嘌呤核苷酸常出现于反密码子中；额外环（extra loop）由 3～18 个核苷酸组成，不同的 tRNA 其环大小不一，是 tRNA 分类的指标；TΨC 环：由 7 个核苷酸组成，因环中含有 T-Ψ-C 碱基序列而得名。

（3）三级结构　酵母 tRNA^{Phe} 呈倒 L 形的三级结构，其他 tRNA 也类似。氨基酸臂与 TΨC 臂形成一个连续的双螺旋区（图 2-29），构成字母 L 下面的一横，二氢尿嘧啶臂与反密码臂及反密码环共同构成 L 的一竖。二氢尿嘧啶环中的某些碱基与 TΨC 环及额外环中的某些碱基之间可形成一些额外的碱基对，维持了 tRNA 的三级结构。大肠杆菌的起始 tRNA^{Met}、tRNA^{Arg} 及酵母 tRNA^{Asp} 都与此类似，但 L 两臂夹角有些差别。

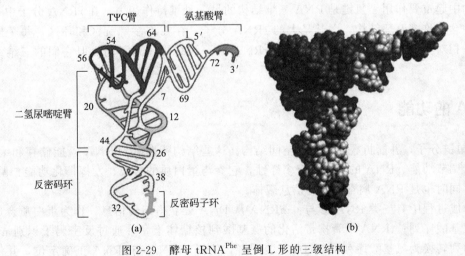

图 2-29　酵母 tRNA^{Phe} 呈倒 L 形的三级结构

4. 核糖体 RNA 的结构

核糖体 RNA（rRNA）是蛋白质合成机器。rRNA 分子大小不均一。真核细胞的 rRNA 有 4 种，其沉

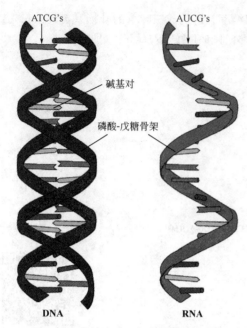

图 2-30 单链 RNA 由碱基堆积而成的
右手螺旋结构

降系数分别为 28S、5.8S、5S 和 18S，大约与 70 种蛋白质结合而存在于细胞质中核糖体的大小两个亚基中。5S rRNA 与 tRNA 相似，具有类似三叶草形的二级结构。

其他 RNA 如 16S rRNA、23S rRNA 及病毒 RNA 也是由部分双螺旋结构和部分突环相间排列组成的。由 DNA 转录的产物总是单链 RNA，单链 RNA 趋向于右手螺旋构象，其构象基础是由碱基堆积而成的（图 2-30）。嘌呤碱基之间的堆积力比嘌呤碱基与嘧啶碱基或嘧啶碱基与嘧啶碱基之间的堆积力强，因此，嘧啶碱基常常被挤出而形成两个嘌呤碱基的相互作用。RNA 能和具有互补顺序的 RNA 或 DNA 链进行碱基配对。

与双链 DNA 不同，RNA 没有一个简单的有规律的二级结构。在有互补顺序的地方形成的双链螺旋结构主要是 A 型右手螺旋。由于错配或无配对碱基常常打断螺旋，而在 RNA 分子中间形成"突起"和"环"，在 RNA 链内最近的自身互补顺序能形成发夹环（图 2-31）。RNA 分子中形成的发夹结构是 RNA 具有的最普遍的二级结构形式。

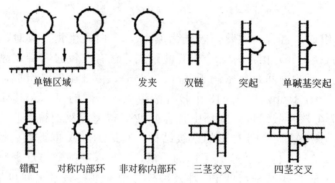

图 2-31　RNA 分子中的二级结构类型

有些短序列如 UUGG 序列，常常存在于 RNA 发夹结构的末端，形成结实稳定的环，在形成 RNA 分子的三维结构中起重要作用。氢键是 RNA 三维结构的另一种维持作用力。在 rRNA 分子中存在大量氢键配对，分子中含有许多基环结构，尤其是大的 rRNA 分子，存在许多螺旋区和环区，每个区域在结构上和功能上都是相对独立的单位，因此尽管有些 rRNA 的一级结构序列不同，但它们的三维结构却十分类似（图 2-32）。

四、 RNA 的功能

RNA 是单链分子，并能折叠成特殊的空间结构。这些结构特性赋予 RNA 既能储存和编码遗传信息，又具有催化和调节功能。RNA 的功能具有多样性，它参与蛋白质的合成、发挥催化功能、调节基因表达、组装染色体，同时也是 RNA 病毒的遗传信息载体。

蛋白质合成过程中有三类 RNA 参与：mRNA 从 DNA 处获得遗传信息，作为蛋白质合成的模板，决定蛋白质的氨基酸序列；tRNA 负责携带活化的氨基酸到核糖体上，并通过反密码子识别 mRNA 上的信息，将碱基序列转换为氨基酸序列；rRNA 是装配者，使得 mRNA 与 tRNA 正确定位，并催化肽键的生成，把氨基酸链接成多肽。

部分 RNA 在生命过程中也发挥催化作用。具有催化作用的 RNA 称为核酶。核酶可以催化多种化学反应，包括：RNA 底物中磷酸二酯键的转移、水解和链接，DNA 的水解，肽键和酰胺键的水解与转移等。

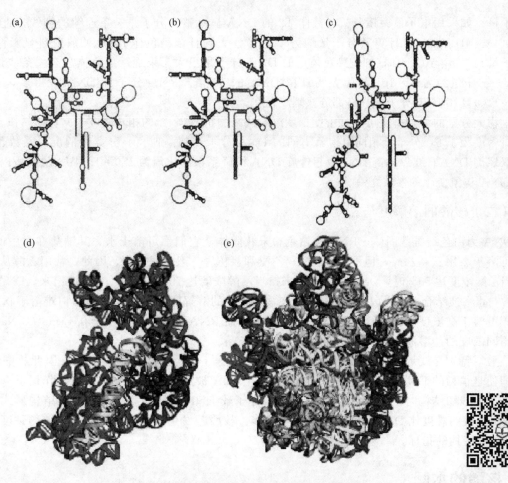

图 2-32　大肠杆菌与酿酒酵母 16S rRNA 的三维结构
(a) *E. coli* 16S rRNA；(b) 古菌 16S rRNA；(c) 酵母 16S rRNA；
(d) 原核 16S rRNA 的三维结构；(e) 原核 5S rRNA＋23S rRNA 的三维结构

　　RNA 具有对基因表达的调控作用，在细胞内 siRNA 和 miRNA 能够调控基因的表达，发挥 RNA 干扰作用，提供生物体应对外来基因入侵的能力。

第四节　核酸的理化性质

　　为了更好地研究核酸的功能，既要研究核酸的分子结构，也要关注它的理化性质。核酸的化学组成与大分子结构决定其理化性质，这些性质为核酸的研究方法提供依据。由于 DNA 与 RNA 在结构上存在差异，二者的性质有所不同，本节将介绍核酸的物理性质、水解、两性解离性质、紫外吸收性质、变性和复性与分子杂交等性质。

一、核酸的物理性质

（一）核酸的分子大小

　　DNA 分子大小的测定方法有很多，如采用电子显微镜成像技术、放射自显影技术、超高速离心法、琼脂糖凝胶色谱等方法，不同测定方法适用于不同的精确范围，利用这些方法已经测定了许多完整 DNA

的分子量。如采用电子显微镜分析噬菌体 T2 的 DNA 显示整个分子是一条连续的细线，直径为 2nm，长度为 $(49\pm4)\mu m$，由此计算其分子量约为 1×10^8。大肠杆菌染色体 DNA 的放射自显影像为环状结构，其分子量约为 2×10^9。真核细胞染色体中的 DNA 分子量更大。果蝇巨染色体只有一条线形 DNA，长达 4.0cm，分子量约为 8×10^{10}，为大肠杆菌 DNA 的 40 倍。RNA 分子比 DNA 短得多，其分子量只有 $(2.3\sim110)\times10^4$，其分子中只有部分双螺旋存在。

生物大分子的浮力密度可通过密度梯度离心法来测得。DNA 的相对密度通常在 1.7 以上，RNA 分子的相对密度为 1.6，分子量相同但构象不同的 DNA 分子在超高速离心分离中的沉降系数也会有所不同，线形双螺旋 DNA、线形单链 DNA、超螺旋 DNA 沉降系数的比值为 1.0：1.14：1.4。所以，沉降系数是判定 DNA 构象变化的参数之一。

（二）核酸的溶解度与黏度

DNA 为白色纤维状固体，RNA 为白色粉末状固体，它们都可溶于水，其钠盐在水中的溶解度较大。它们可溶于 2-甲氧基乙醇，但不溶于乙醇、乙醚和氯仿等一般有机溶剂，因此，常用乙醇从溶液中沉淀核酸，当乙醇浓度达 50％时，DNA 就沉淀出来，当乙醇浓度达 75％时 RNA 也沉淀出来。DNA 和 RNA 在细胞内常与蛋白质结合成核蛋白，两种核蛋白在盐溶液中的溶解度不同，DNA 核蛋白难溶于 0.14mol/L NaCl 溶液，可溶于高浓度（1～2mol/L）的 NaCl 溶液，而 RNA 核蛋白则易溶于 0.14mol/L NaCl 溶液，因此常用不同浓度的盐溶液分离两种核蛋白。

核酸（特别是线形 DNA）分子极为细长，其直径与长度之比可达 $1:10^7$，因此核酸溶液的黏度很大，即使是很稀的 DNA 溶液也有很大的黏度，当 DNA 被加热或在某些其他因素作用下，由伸展的螺旋结构转变为线团结构时，黏度明显下降。RNA 分子较 DNA 分子而言要小得多，结构形式也多样化，所以 RNA 溶液的黏度比 DNA 溶液的黏度要小得多。核酸若发生变性或降解，其溶液的黏度降低。黏度下降是 DNA 变性的指标。

二、核酸的水解

在核酸分子中，碱基与戊糖形成 N-糖苷键，磷酸与戊糖形成磷酸酯键，这两种化学键都能被酸水解、碱水解和酶水解。

（一）酸作用下水解

糖苷键和磷酸酯键都能被酸水解，但糖苷键比磷酸酯键更易被酸水解。嘌呤碱的糖苷键比嘧啶碱的糖苷键对酸更不稳定。对酸最不稳定的是嘌呤与脱氧核糖之间的糖苷键。因此 DNA 在 pH1.6 于 37℃对水透析即可完全除去嘌呤碱而成为无嘌呤酸（apurinic acid）；如在 pH2.8 于 100℃加热 1h，也可完全除去嘌呤碱。

为了水解嘧啶糖苷键，常需要较高的温度。用甲酸（98％～100％）密封加热至 175℃持续 2h，无论 RNA 或 DNA 都可以完全水解，产生嘌呤和嘧啶碱，缺点是尿嘧啶的回收率较低。改用三氟乙酸在 155℃加热 60min（水解 DNA）或 80min（水解 RNA），嘧啶碱的回收率显著提高。

（二）碱作用下水解

RNA 的磷酸酯键易被碱水解，产生核苷酸；DNA 的磷酸酯键则不易被碱水解。这是因为 RNA 的核糖上有 2′-OH 基，在碱作用下形成磷酸三酯，磷酸三酯极不稳定，随即水解产生核苷 2′,3′-环磷酸。该环磷酸酯继续水解产生 2′-磷酸核苷酸和 3′-磷酸核苷酸（过程见图 2-33）。DNA 的脱氧核糖无 2′-OH 基，不能形成碱水解的中间产物，故对碱有一定抗性。

（三）酶催化下水解

水解核酸的酶种类很多。非特异性水解磷酸二酯键的酶为磷酸二酯酶（phosphodiesterase），例如蛇毒磷酸二酯酶和牛脾磷酸二酯酶。专一性水解核酸的磷酸二酯酶称为**核酸酶**（nuclease）。核酸酶又可分

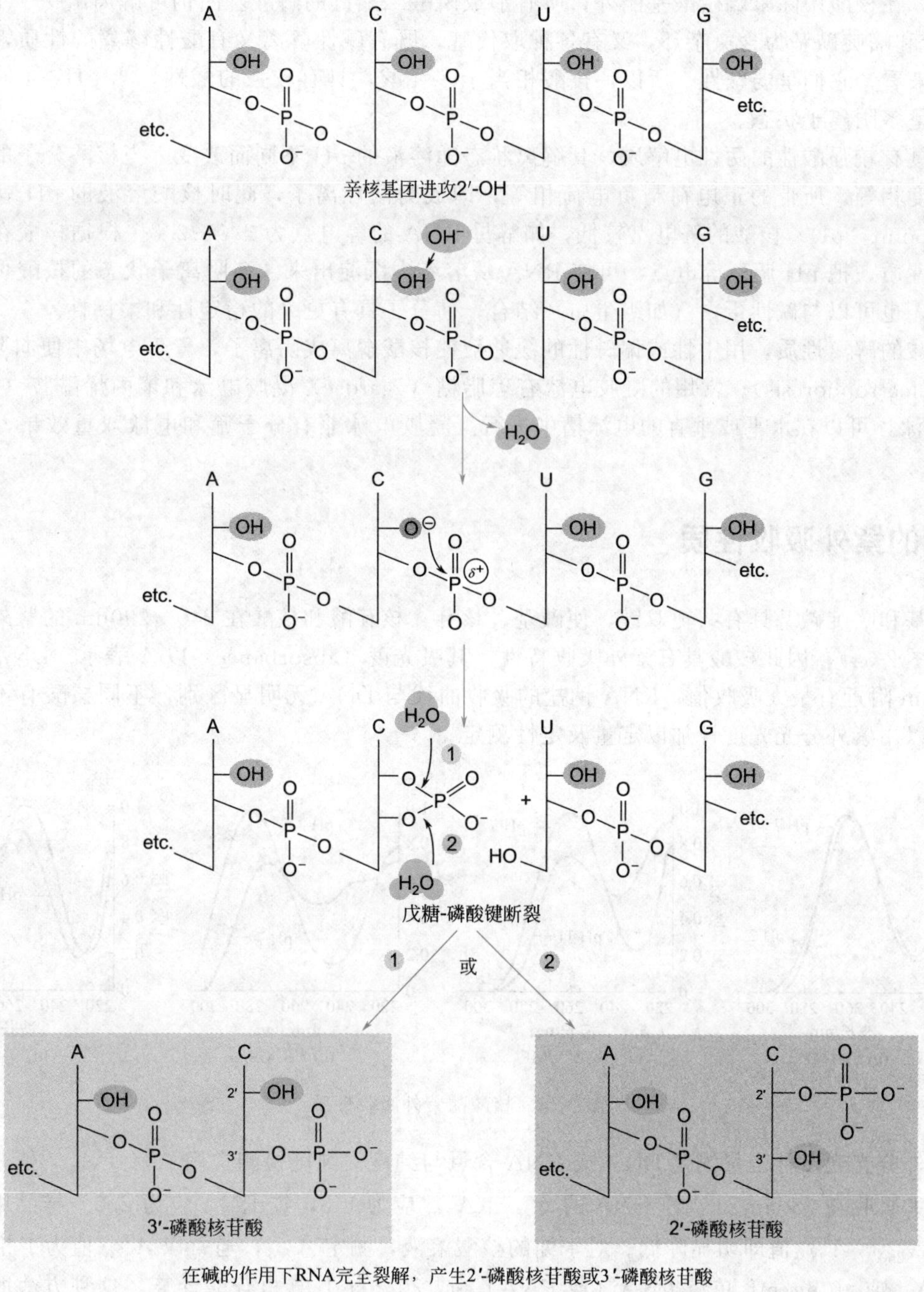

亲核基团进攻2′-OH

戊糖-磷酸键断裂

3′-磷酸核苷酸

2′-磷酸核苷酸

在碱的作用下RNA完全裂解，产生2′-磷酸核苷酸或3′-磷酸核苷酸

图 2-33　RNA 在碱性溶液中水解

核糖核酸酶（ribonuclease，RNase），脱氧核糖核酸酶（deoxyribonuclease，DNase）；核酸内切酶（endonclease），核酸外切酶（exonuclease）；3′端核酸外切酶，5′端核酸外切酶等。有些核酸酶的特异性很高，例如，限制性内切核酸酶能识别和切割 DNA 的特异序列，是 DNA 重组技术的重要工具酶。核糖核酸酶通常不能识别 RNA 的序列；特异的 RNase 可以识别 RNA 的空间结构，在 RNA 的特定位点进行切割，并且常需要小 RNA（small RNA，sRNA）的指导。

核酸的 N-糖苷键可以被各种非特异 N-糖苷酶水解，有些 N-糖苷酶对碱基有特异性。

三、核酸的两性解离性质

核酸既含有呈酸性的磷酸基团，又含有呈弱碱性的碱基，故为两性电解质，可发生两性解离。但磷酸的酸性较强，在核酸中除末端磷酸基团外，所有形成磷酸二酯键的磷酸基团仍可解离出一个 H，其 pK 为 1.5；而嘌呤和嘧啶碱基为含氮杂环，又有各种取代基，既有碱性解离又有酸性解离的性质，解离情况复杂，但总的来看，它们呈弱碱性。所以，核酸相当于多元酸，具有较强的酸性，当 pH＞4 时，磷酸基团全部解离，呈多阴离子状态。

核酸是具有较强酸性的两性电解质，其解离状态随溶液的 pH 不同而改变。当核酸分子的酸性解离和碱性解离程度相等，所带的正电荷与负电荷相等，即成为两性离子，此时核酸溶液的 pH 就称为**等电点**（isoelectric point，pI）。核酸的等电点较低，如酵母 RNA 的等电点为 2.0～2.8。根据核酸在等电点时溶解度最小的性质，把 pH 调至等电点，可使 RNA 从溶液中沉淀出来。多阴离子状态的核酸可以与金属离子结合成盐，也可以与碱性蛋白（如组蛋白）结合，使分子具有更大的稳定性和柔韧性。

利用核酸的解离性质，用中性或偏碱性的缓冲液使核酸解离成阴离子，置于电场中便向阳极移动，这就是**电泳**（electrophoresis）。常用的凝胶电泳有琼脂糖（agarose）凝胶电泳和聚丙烯酰胺（polyacrylamide）凝胶电泳，可以在水平或垂直的电泳槽中进行。凝胶电泳兼有分子筛和电泳双重效果，所以分离效率很高。

四、核酸的紫外吸收性质

嘌呤碱基和嘧啶碱基具有共轭双键，使碱基、核苷、核苷酸和核酸在 240～290nm 的紫外波段有强烈的吸收峰（图 2-34），因此核酸具有紫外吸收特性，其吸光度（absorbance）以 A 表示。DNA 钠盐的紫外吸收在 260nm 附近有最大吸收值；RNA 钠盐的吸收曲线与 DNA 无明显区别，不同核酸有不同的吸收特性，所以可以用紫外分光光度计加以定量及定性测定。

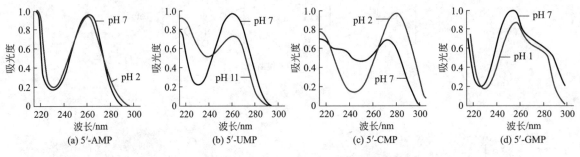

图 2-34　核酸的紫外吸收性质

常用紫外分光光度计定量测定 DNA 或 RNA 含量与纯度。纯度检测常用 $A_{260} : A_{280}$ 值来反映，由于蛋白质的最大吸收在 280nm 处，纯 DNA 的 $A_{260} : A_{280}$ 应为 1.8，纯 RNA 应为 2.0。样品中如含有杂蛋白及苯酚，$A_{260} : A_{280}$ 值即明显降低。对于纯的核酸溶液，测定 A_{260}，通常以 A_{260} 值为 1 相当 $50\mu g/mL$ 双螺旋 DNA、或 $40\ \mu g/mL$ 单链 DNA（或 RNA）、或 $20\mu g/mL$ 寡核苷酸计算。这种方法既快速，又相当准确，而且不会浪费样品。对于不纯的核酸可以用琼脂电分离出区带后，经啡啶溴红或溴乙锭染色而粗略地估计其含量。

由于核酸制品的纯度不一、分子大小不同，所以很难以核酸的质量来表示它的摩尔消光系数，因核酸分子中碱基和磷原子的含量相等，故可以通过测定磷的含量测定核酸溶液的吸收值。以每升核酸溶液中 1g 磷原子为标准来计算核酸的消光系数，叫**摩尔磷消光系数 ξ（P）**。$\xi(P) = A/(CL)$，式中，A 为吸收值；C 为每升溶液中磷的物质的量；L 为比色杯内径的厚度。一般 DNA 的 $\xi(P)$ 值均较其所含核苷酸单体的 $\xi(P)$ 值的总和要低 20%～60%，降低程度与核酸分子中双链结构多少有关。核酸在变性时，$\xi(P)$ 值显著升高，此现象称为**增色效应**（hyperchromic effect）。在一定条件下，变性核酸可以复性，此时 $\xi(P)$ 值又恢复至原来水平，这现象叫**减色效应**（hypochromic effect）。减色效应是由于在 DNA 螺旋结构中堆积的碱基之间的电子相互作用，而降低了对紫外线的吸收。所以，$\xi(P)$ 值可作为核酸复性的指标。

五、核酸的变性和复性

（一）核酸的变性

核酸的**变性**（denaturation）是指核酸双螺旋碱基对的氢键断裂，双链转变为单链，从而使核酸的天然构象和性质发生变化。在某些理化因素作用下，DNA 分子互补碱基对之间的氢键断裂，DNA 双螺旋结构松散，变成单链无规则线团，使核酸的某些光学性质和流体力学性质发生改变，如黏度降低、浮力密度升高。有时可以失去部分或全部生物活性。DNA 变性是 DNA 三级结构的破坏、双螺旋解聚的过程，不伴随多核苷酸骨架上共价键（$3',5'$-磷酸二酯键）的断裂，这有别于引起 DNA 一级结构破坏的 DNA 降解过程。

可以引起核酸变性的因素很多，如加热、极端 pH、有机溶剂、酸、尿素等。DNA 变性后，由于双螺旋解体，碱基堆积力不存在，藏于螺旋内部的碱基暴露出来，这样就使得变性后的 DNA 对 260nm 紫外线的吸光度比变性前明显升高（增加）而产生增色效应。常用增色效应跟踪 DNA 的变性过程，了解 DNA 的变性程度。

DNA 变性过程不是"渐变"而是"跃变"。当病毒或细菌 DNA 分子的溶液被缓慢加热进行 DNA 变性时，溶液的紫外吸收值在到达某温度时会突然迅速增加，并在一个很窄的温度范围内达到最高值，其紫外吸收可增加 25%～40%，此时 DNA 完成 DNA 热变性。在变性过程中，DNA 的紫外吸收值的增量到达总增加值一半时的温度，称为 DNA 的**变性温度**。由于 DNA 变性过程犹如金属在熔点的熔解，亦可称为熔点或**熔解温度**（melting temperature），用 T_m 表示。DNA 的 T_m 值一般在 70～85℃之间（图 2-35），常在 0.15mol/L NaCl、0.015mol/L 柠檬酸三钠溶液中进行测定。DNA 分子的 T_m 值的大小与其所含碱基中的 G+C 比例相关，G+C 比例越高，T_m 值越大；T_m 值还与 DNA 分子的长度有关，DNA 分子越长，T_m 值越大。此外，溶液离子强度高也可使 T_m 值增大。另外，变性温度的范围也与 DNA 样品的均一性有关，分子种类越纯、长度越一致，其变性温度范围越窄。

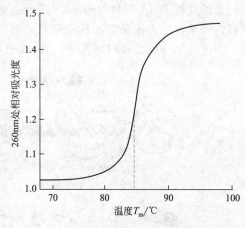

图 2-35　DNA 分子的熔解温度

（二）核酸的复性

变性 DNA 在适当条件下，两条互补链可重新恢复天然的双螺旋构象，这一现象称为**复性**（renaturation）。核酸分子的变性和复性的过程如图 2-36 所示。热变性的 DNA 经缓慢冷却后即可复性，这一过程也称为**退火**（annealing）。将热变性 DNA 骤然冷却至低温时，DNA 不可能复性，而在缓慢冷却时才可以复性，退火温度以低于变性温度 T_m 20～25℃为宜。复性过程可以在溶液中进行，也可在硝酸纤维素滤膜或尼龙膜上进行。

复性时，互补链之间的碱基互相配对，这个过程分为两个阶段。首先，溶液中的单链 DNA 不断彼此随机碰撞；如果它们之间的序列有互补关系，两条链经一系列 AT、CG 配对，产生较短的双螺旋区，然后碱基配对区沿着 DNA 分子延伸形成双链 DNA 分子。DNA 复性后，变性引起的性质改变也得以恢复。复性反应的进行与许多因素有关，一般而言，DNA 的片段越大，复性越慢；DNA 的浓度越大，复性越快；重复序列较多，复性速度加快。因此，可用复性动力学方法测定基因组的大小和重复序列的拷贝数。

（三）分子杂交

将不同来源的 DNA 经热变性，冷却，使其复性，在复性时，如这些异源 DNA 之间在某些区域有相同的序列，则会形成杂交 DNA 分子。DNA 与互补的 RNA 之间也会发生杂交。核酸**杂交**（hybridization）可以在液相或固相载体上进行。

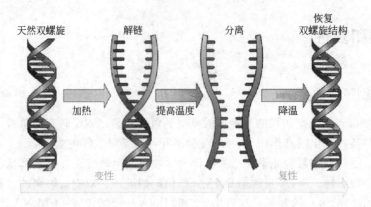

图 2-36　DNA 变性与复性过程

　　最常用的是以硝酸纤维素膜作为载体进行杂交。英国分子生物学家 E. M. Southern 创立的 **Southern 印迹法**（Southern blotting）就是将凝胶电泳分离的 DNA 片段转移至硝酸纤维素膜上后，再进行杂交。其操作是将 DNA 样品经限制性内切酶降解后，用琼脂糖凝胶电泳分离 DNA 片段，将凝胶浸泡在 NaOH 中进行 DNA 变性，然后将变性 DNA 片段转移到硝酸纤维素膜上在 80℃烤 4~6h，使 DNA 固定在膜上，再与标记的变性 DNA **探针**（probe）进行杂交，杂交反应在较高盐浓度和适当温度（68℃）下进行 10 多个小时，经洗涤除去未杂交的标记探针，将纤维素膜烘干后进行放射自显影，即可鉴定待分析的 DNA 片段，如图 2-37 所示。除 DNA 外，RNA 也可用作探针。可用 ^{32}P 标记探针，也可用生物素标记探针。

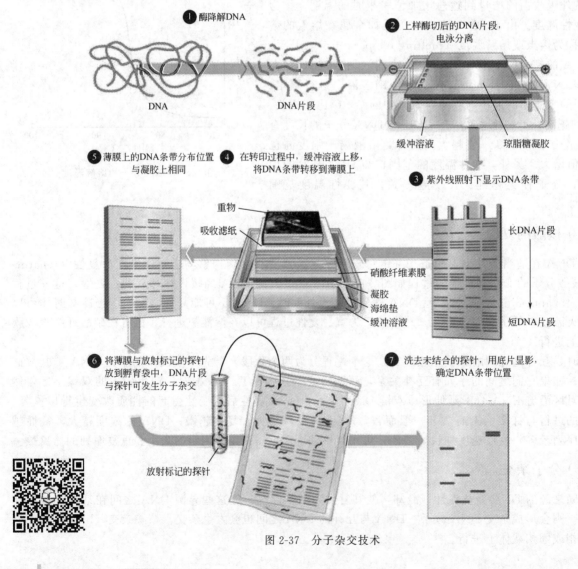

图 2-37　分子杂交技术

将 RNA 经电泳变性后转移至纤维素膜上再进行杂交的方法称为 **Northern 印迹法**（Northern blotting）。根据抗体与抗原可以结合的原理，用类似方法也可以分析蛋白质，这种方法称为 **Western 印迹法**（Western blotting）。应用核酸杂交技术，可以分析含量极少的目的基因，是研究核酸结构与功能的一个极其有用的工具。

（四）基因芯片

基因芯片又称 DNA 芯片（DNA chip），它是在固相载体上按照特定的顺序高密度地排列特定的已知序列的核酸，形成核酸微阵列，检测待测供试品中的互补序列。早期的基因芯片是基于 Southern 印迹，其中片段 DNA 附着到固体基材如尼龙或硝酸纤维素膜上，从一个已知的基因或 DNA 片段在严格条件下制备化学发光的或放射性标记的探针，然后杂交。随着基因芯片技术的不断发展，通过提取供试品中的 mRNA，逆转录形成荧光标记的 cDNA，将荧光标记的 cDNA 与基因芯片上的已知序列进行杂交，通过激光共聚焦系统或电荷耦合器（CCD）检测形成的荧光信号，然后利用计算机软件对数据进行处理，即可得到供试品中大量的基因序列特征或基因表达特征信息。具体地讲，就是将许多特定的寡核苷酸片段或 cDNA 基因片段作为靶基因，有规律地排列固定于支持物上；样品 DNA/RNA 通过 PCR 扩增、体外转录等技术掺入荧光标记分子或放射性同位素作为探针；然后按碱基配对原理将两者进行杂交；再通过荧光或同位素检测系统对芯片进行扫描，由计算机系统对每一探针上的信号做出比较和检测，从而得出所需要的信息。

第五节　核酸的分离纯化和分析

一、核酸的提取和分离

核酸的制备是研究核酸结构与功能的首要步骤，核酸分离和纯化过程首先要防止核酸的降解和变性，应尽可能保持其在生物体内的天然状态。因此，需采用温和的条件，防止过酸、过碱、高温、剧烈搅拌，尤其要防止核酸酶的作用。最常用于分离纯化核酸的方法有：柱层析、凝胶电泳、溶剂抽提与选择性沉淀、超高速离心等。

（一）核酸提取分离常用技术

1. 柱层析法

根据核酸的物理化学性质，可用凝胶过滤、离子交换、吸附层析、分配层析、亲和层析等技术来分离和制备核酸样品。羟基磷灰石柱常用于核酸分子杂交中单链和双链的分离，寡聚脱氧胸苷酸亲和柱常用来分离真核生物带 polyA 结构的 mRNA。这里简要介绍这两种技术。

（1）羟基磷灰石柱层析　**羟基磷灰石**（hydroxyapatite，HA）为碱性磷酸钙的晶体，它通常保存在 pH 6.8 的磷酸钾（或钠）缓冲溶液里。HA 柱已广泛用于蛋白质和核酸的层析分离。由于核酸的磷酸基可与羟基磷灰石的钙离子作用，从而被吸附其上，这种吸附力决定于核酸的性质，受分子大小的影响较小。双链核酸分子刚性较强，呈伸展状态，其磷酸基有效分布在表面；而变性或单链核酸分子较柔软，呈无规线团结构，有些磷酸基折叠在分子内。因此，双链核酸的吸附力比单链强，双 DNA 的吸附力比双链 RNA 强，而 DNA-RNA 杂交分子的吸附力则介于两者之间。用它分离天然 DNA 和变性 DNA、单链核酸和杂交核酸，常可得到满意的结果。

双链和单链核酸可借不同浓度磷酸盐缓冲液洗脱而分开。0.12mol/L 磷酸盐缓冲液可洗脱单链 DNA，而双链 DNA 则需 0.4mol/L 磷酸盐缓冲液洗脱。羟基磷灰石具有承载量大、重复性好、回收率高、操作简便等优点，它是目前常用的核酸层析介质之一。

（2）寡聚脱氧胸苷酸亲和层析　真核生物细胞的 mRNA 在 3′端通常都带有多聚腺苷酸（poly A）尾巴，长度可达 150～200nt，利用与固体支持物相偶联的寡聚脱氧胸苷酸（oligo dT）与 poly A 结合，即可将 mRNA 从总 RNA 中分离出来，oligo dT 常与纤维素相偶联。在含高浓度盐（0.3～0.5mol/L NaCl）的 TES（三羟甲基甲氨基乙磺酸）缓冲液中将 RNA 样品上柱使 poly A 与 oligo dT 结合，洗掉柱上非特异吸附的 RNA，然后用不含盐的 TES 缓冲液将 mRNA 洗脱，可得到较理想的结果。

2. 凝胶电泳法

凝胶电泳将分子筛技术与电泳技术相结合，可以分离不同大小的核酸片段，具有简单、快速、灵敏等优点，并且对仪器要求低、成本低廉，是核酸分析常用的方法。根据凝胶电泳的支持介质可以分为琼脂糖凝胶电泳和聚丙烯酰胺凝胶电泳。

（1）琼脂糖凝胶电泳　琼脂糖是从海产藻类中提取到的琼脂的主要成分，将琼脂反复洗涤除去其中琼脂胶后即得到琼脂糖。它由 D-吡喃半乳糖和 3,6-脱水-L-吡喃半乳糖交替链接而成。琼脂糖与缓冲液一起加热使其溶解，冷却后则成凝胶。凝胶的孔径与琼脂糖的浓度成反比，琼脂糖的浓度越大，孔径越小；反之，浓度越小，孔径越大；同时，琼脂糖的浓度太高，孔径太小，核酸样品无法进入胶内；琼脂糖的浓度太低，机械强度差，无法保持固定形状；通常琼脂糖凝胶浓度在 0.3%～2.0% 之间，分离 DNA 分子大小从数百碱基对到数千碱基对。琼脂糖凝胶电泳较少用于 RNA 的分离，它只能分离某些大分子的 RNA，如 rRNA 和病毒 RNA。

核酸凝胶电泳常用的缓冲液为含有 EDTA 的 Tris-乙酸（TAE）、Tris-硼酸（TBE）或 Tris-磷酸（TPE），浓度约为 50mmol/L（pH 7.5～7.8），电压 1～8V/cm。此时核酸带负电荷，向正极方向移动。在一定范围内，线形双链 DNA 在电场中的迁移率与其碱基对数目的对数成反比。这是因为较大的分子穿过凝胶介质所受拖曳阻力较大以及蠕动通过凝胶孔径的效率较小。借助与已知分子大小的 DNA 标准物迁移距离相比较，就可算出 DNA 样品的分子大小。RNA 在变性凝胶中电泳时，分子量的对数与迁移率成反比，故常在制备凝胶时加入氢氧化甲基汞或甲醛。

核酸在凝胶电泳后可用碱性染料或银染显色，洗去背景颜色后得到清晰的核酸条带。最简便的方法是利用嵌合荧光染料**溴乙锭**（ethidium bromide，EB）。EB 是一种扁平分子，可插入核酸双链相邻碱基对之间，在紫外线激发下发射出红橙色（590nm）荧光。它本身能吸收波长为 302nm 和 360nm 的紫外线能量；核酸吸收的 254nm 紫外线能量也能转给 EB，而且 EB 结合在核酸碱基对之间的疏水环境大大增加了荧光产率。与游离的 EB 相比，EB-DNA 复合物发射的荧光强度可增大 100 倍。因此，无需洗去凝胶中游离的 EB，即可检测出 DNA 条带，最低可检测 10ng 或更少的 DNA 含量。单链 DNA 或 RNA 对 EB 的结合能力较小，荧光产率也相对较低。凝胶电泳后核酸样品可用多种方法自胶上回收获得。

（2）聚丙烯酰胺凝胶电泳　聚丙烯酰胺凝胶是丙烯酰胺在自由基存在时发生的聚合反应，产生交联形成胶，孔径决定于链长和交联程度，即丙烯酰胺和亚甲基双丙烯酰胺的浓度。聚丙烯酰胺凝胶电泳主要用于分离 RNA 样品以及分子小于 2kbp 的 DNA 片段，因其高分辨率，曾被常用于 DNA 和 RNA 的测序。在变性条件（如 8mol/L 尿素）下进行凝胶电泳，此时 DNA 和 RNA 的二级结构已被破坏，其电泳迁移率与单链的分子量的对数呈理想的反比关系。分离片段在 50 个核苷酸之内，采用较高浓度的聚丙烯酰胺凝胶（12%～20%）；分离片段在 100～400 个核苷酸时，可用 8% 聚丙烯酰胺凝胶。

（二）DNA 的分离与纯化

真核细胞中 DNA 以核蛋白形式存在。DNA 蛋白（DNP）在不同浓度的氯化钠溶液中溶解度显著不同。DNP 溶于水，在 0.14mol/L 氯化钠溶液中溶解度最小，仅为水中溶解度的 1/100。当氯化钠浓度再增加时，其溶解度又增加，例如在 0.5mol/L 时溶解度与水中相似，而当氯化钠增至 1mol/L 时，DNP 溶解度较在水中大两倍以上。利用这一性质可将 DNP 从破碎后的细胞匀浆中分离出来，也可以使 DNP 和 RNA 蛋白（RNP）分离，因为 DNP 不溶于 0.14mol/L 氯化钠溶液，而 RNP 溶于 0.14mol/L 氯化钠溶液。DNP 的蛋白质部分可用下列方法除去。

（1）用苯酚提取　水饱和的新蒸馏苯酚与 DNP 振荡后，冷冻离心。DNA 溶于上层水相中，中间残留物也杂有部分 DNA，变性蛋白质在酚层内。这种操作需要反复多次。将含 DNA 的水相合并后，加入相当于 2.5 倍体积的冷无水乙醇，可将 DNA 沉淀出来。此时 DNA 是十分黏稠的物质，可用玻璃棒绕成一团，取出。由于苯酚能使蛋白质迅速变性，当然也抑制了核酸酶的降解作用。整个操作条件比较缓和，可用此法得到天然状态的 DNA。

（2）用三氯甲烷-戊醇提取　将 DNP 溶液和等体积的三氯甲烷-戊醇（3∶1）剧烈振荡，离心，上层水液含 DNA、蛋白质，下层为三氯甲烷和戊醇，两层之间为蛋白质凝胶。上层水相再用三氯甲烷-戊醇的混合液处理，并反复数次，至两层之间无蛋白质胶状物为止。

（3）去污剂法　用十二烷基硫酸钠（SDS）等去污剂可使蛋白质变性。用这种方法可以获得一种很少降解，而又可以复制的 DNA 制品。

（4）酶法　用广谱蛋白酶使蛋白质水解。DNA 制品中有少量 RNA 杂质，可用核糖核酸酶除去。

枸橼酸钠有抑制脱氧核糖核酸酶（DNase）的作用。制备 DNA 时，常用它来防止 DNase 引起的降解。由于 DNase 作用时需要 Mg^{2+}，而枸橼酸钠作为一种螯合剂，可以除去 Mg^{2+}，所以具有抑制 DNase 的作用。

天然的 DNA 分子有的呈线形，有的呈环形。不同构象的核酸（线形、开环、超螺旋结构）、蛋白质及其他杂质，在超高速离心机的强大引力场中，沉降速率有很大差异，所以可以用超高速离心法纯化核酸或将不同构象的核酸进行分离，也可以测定核酸的沉降系数与分子量。

用不同介质组成密度梯度进行超高速离心分离核酸时，效果较好。RNA 分离常用蔗糖梯度。也可采用蔗糖梯度区带超高速离心按 DNA 分子的大小和形状进行分离。分离 DNA 时用得最多的是氯化铯梯度。氯化铯在水中有很大的溶解度，可以制成浓度很高（80mol/L）的溶液。氯化铯密度梯度平衡超高速离心，可按 DNA 的浮力密度不同进行分离。双链 DNA 中如插入溴乙锭等染料后，可以降低其浮力密度。但由于超螺旋状态的环状 DNA 中插入溴乙锭的量比线状或开环 DNA 分子少，所以前者的浮力密度降低较小。因此，应用氯化铯密度梯度平衡超高速离心，很容易将不同构象的 DNA、RNA 及蛋白质分开。

此外，羟甲基磷灰石和甲基清蛋白硅藻土柱层析也是常用的纯化 DNA 的方法。

RNA 和 DNA 杂交已广泛地应用于基因分离。在应用分子杂交纯化基因的工作中最初是用硝酸纤维素方法。硝酸纤维素可以吸附变性 DNA，但天然 DNA 和 RNA 不被吸附。RNA-DNA 杂交体仍有游离的变性 DNA 区，所以也能被吸附。洗脱不吸附的 DNA、RNA 等杂质，再分别将变性 DNA 和杂交 RNA-DNA 洗脱下来，如此则可得到纯化的 DNA。

（三）RNA 的分离与纯化

目前在实验室先将细胞匀浆进行差速离心，制得细胞核、核糖体和线粒体等细胞器和细胞质，然后再从这些细胞器分离某一类 RNA。从核糖体分离 rRNA，从多聚核糖体分离 mRNA，从线粒体分离线粒体 DNA 和 RNA，从细胞核可以分离核内 RNA，从细胞质可以分离各种 tRNA。

RNA 在细胞内也常和蛋白质结合，所以必须除去蛋白质。从 RNA 提取液中除去蛋白质的方法有以下几种：

① 在 10% 氯化钠溶液中加热至 90℃，离心除去不溶物，加乙醇使 RNA 沉淀，或者调节 pH 至等电点使 RNA 沉淀。

② 用盐酸胍（最终浓度 2mol/L）可溶解大部分蛋白质，冷却，RNA 即沉淀析出。粗制品再用三氯甲烷除去少量残余蛋白质。

③ 去污剂法：常用的去污剂为十二烷基硫酸钠（SDS），使蛋白质变性。

④ 苯酚法：RNA 的分离方法因材料及所要分离的 RNA 种类而异。目前最普遍使用的是酚提取法。将组织匀浆用 90% 苯酚处理并离心，RNA 即溶解于上层被苯酚饱和的水层中，而 DNA 和已被凝固的蛋白质分布在下层被水饱和的苯酚中。将上清液吸出，加入乙醇，RNA 即呈白色絮状沉淀析出，然后进一步分离。

制备 RNA 时，常用的 RNA 酶抑制剂是皂土，皂土有吸附 RNA 酶的能力。

RNA 制品中往往混有链长不等的多核苷酸。这些多核苷酸或者是不同类型的 RNA，或者是 RNA 的降解产物。可以采用下列方法加以进一步纯化，得到均一的 RNA 制品：

① 蔗糖梯度区带超高速离心，可将 18S、28S、4S RNA 分开。

② 聚丙烯酰胺凝胶电泳，可将不同类型的 RNA 分开。

甲基清蛋白硅藻土柱、羟基磷灰石柱及各种纤维素柱，都常用来分级分离各种类型的 RNA。寡聚 dT-纤维素柱用于分离 mRNA，效果很好。凝胶过滤法也是分离 RNA 的有用方法。分离 mRNA 还可用亲和层析法和免疫法。

目前实验室常用 Trizol 法来提取总 RNA。Trizol 是一种新型总 RNA 抽提试剂，内含异硫氰酸胍等物质，能迅速破碎细胞，抑制细胞释放出的核酸酶。该法适用于人类、动物、植物、微生物的组织或细胞中快速分离 RNA，样品量从几十毫克至几克。

Trizol 试剂有多组分分离作用，与其他方法如硫氰酸胍/酚法、酚/SDS 法、盐酸胍法、硫氰酸胍法等相比，最大特点是可同时分离一个样品的 RNA、DNA、蛋白质。Trizol 使样品匀浆化，细胞裂解，溶解细胞内含物，同时因含有 RNase 抑制剂可保持 RNA 的完整性。在加入氯仿离心后，溶液分为水相和有机相，其中 RNA 在水相中。取出水相用异丙醇沉淀可回收 RNA，用乙醇沉淀中间层可回收 DNA，用异丙醇沉淀有机相可回收蛋白质。

二、核酸纯度的测定

由于核酸在波长 260nm 处有最大吸收峰，该值是核酸的一个重要性质，其不仅可以作为核酸及其组分定性和定量测定的依据，同时可鉴定核酸样品的纯度。先测定核酸样品溶液的 A_{260} 和 A_{280} 值，然后计算 A_{260}/A_{280} 的比值。纯的 DNA 样品的 A_{260}/A_{280} 为 1.8、纯的 RNA 样品的 A_{260}/A_{280} 为 2.0。核酸样品中如含有蛋白质或苯酚等杂质，比值显著降低。

采用定量核酸电泳的方法能够更加直观准确地分析核酸样品的纯度。用已知分子量的 Marker 与待检测的组分，同时进行电泳来检测核酸样品的纯度。该方法较紫外分光光度法准确。

三、核酸含量的测定

1. 紫外吸收法

利用核酸组分嘌呤环、嘧啶环具有紫外吸收的特性可以测定核酸的含量。通过 260nm 处测得样品 DNA 或 RNA 溶液的 A_{260} 值，即可计算出样品中核酸的含量。通常以 A_{260} 值为 1 相当 $50\mu g/mL$ 双螺旋 DNA，或 $40\mu g/mL$ 单螺旋 DNA（或 RNA），或 $20\mu g/mL$ 寡核苷酸计算。这个方法既快速，又相当准确，而且不会浪费样品。

2. 定磷法

RNA 和 DNA 中都含有磷酸，根据元素分析获知 RNA 的平均含磷量为 9.4%，DNA 的平均含磷量为 9.9%。因此，可从样品中测得的含磷量来计算 RNA 或 DNA 的含量。

用强酸（如 10mol/L 硫酸）将核酸样品消化，使核酸分子中的有机磷转变为无机磷，无机磷与钼酸反应生成磷钼酸，磷钼酸在还原剂（如维生素 C、氯化亚锡等）作用下还原成钼蓝。可用比色法测定 RNA 样品中的含磷量。

3. 定糖法

RNA 含有核糖，DNA 含有脱氧核糖，根据这两种糖的颜色反应可对 RNA 和 DNA 进行定量测定。

（1）核糖的测定　RNA 分子中的核糖和浓盐酸或浓硫酸作用脱水生成糠醛。糠醛与某些酚类化合物缩合而生成有色化合物。如糠醛与地衣酚（3,5-二羟甲苯）反应产生深绿色化合物，当有高价铁离子存在时，则反应更灵敏。反应产物在 660nm 有最大吸收，并且与 RNA 的浓度成正比。

（2）脱氧核糖的测定　DNA 分子中的脱氧核糖和浓硫酸作用，脱水生成 ω-羟基-γ-酮基戊醛，与二苯胺反应生成蓝色化合物。反应产物在 595nm 处有最大吸收，并且与 DNA 浓度成正比。

四、核酸序列的测定

测定核酸序列是了解核酸所蕴藏信息的关键步骤。核酸测序也曾使用过类似于蛋白质多肽测序的降解法，但这种策略工作量非常大，难以测定基因组中的大量信息。1975 年 Sanger 提出了一种全新的策略，他并不逐个测定 DNA 的核苷酸序列，而是设法获得一系列多核苷酸片段，使其末端固定为一种核苷酸，然后通过测定片段长度来推测核苷酸的序列。其后发展起来的各种 DNA 和 RNA 快速测序法，均以此原理为基础，因此这一原理的提出有划时代的意义。Sanger 的快速测序法使完成人类基因组测序成为可能。以 Sanger 所建立和在其基础上加以改进的测序技术称为第一代测序技术。依赖于第一代测序技术，"人类基因组计划"用了 13 年时间提前完成。在"人类基因组计划"实施期间发展出了第二代测序技术，该技术引入 PCR 和高通量（high throughput）微阵列（microarray）技术，大大提高了测序速度，在数周内即可完成 Gb（10^9 bp）级的测序工作。但是第二代测序技术的测序长度较短，误差较大，适合于已知序列的重测序，它在"人类基因组计划"后期的复查中起了重要作用。在 21 世纪第一个十年的中期和后期，即后基因组时代的初期，又发展出了第三代测序技术，其主要特点是单分子测序，不仅提高了测序速度，也提高了测序长度和精确度，同时还降低了成本。新一代测序技术可以在一天内，甚或数小时内，完成 Gb 级的测序工作。下面分别简要介绍有关的测序技术。

（一）第一代测序技术

1. 化学降解法

化学法测序由 A. M. Maxam 和 F. Gilbert 于 1977 年所提出。该方法是用化学试剂特异作用于 DNA 分子中不同的碱基，然后切断反应碱基的多核苷酸链。化学法测序前后有过一些修改，其基本过程是先将 DNA 末端标记，并分成四个组，分别用不同的化学反应作用于各碱基。四组特异反应如下：

（1）C 反应　在 1.5mol/L NaCl 存在下，只有胞嘧啶可与肼反应。

（2）C＋T 反应　用肼将嘧啶环打开，形成新的开环，C 和 T 都被除去。

（3）G 反应　在 pH 8.0 用硫酸二甲酯（dimethyl sulfate，DMS）使鸟嘌呤上 N7 原子甲基化，结果导致 C8—C9 键和糖苷键易被水解。

（4）A＋G 反应　用甲酸使嘌呤碱质子化，从而发生脱嘌呤效应。

四组碱基反应后，用 1mol/L 哌啶加热（90℃）使 DNA 碱基破坏处的戊糖-磷酸酯键断裂。经变性凝胶电泳和放射自显影得到测序图谱。化学降解法核酸测序见图 2-38。

2. 双脱氧链终止法

1977 年 Sanger 对 DNA 的法测序技术又作了重要改进，提出了双脱氧链终止法。其反应体系包含待测的 DNA 链作为模板、引物、dNTP（其中一种标记放射性元素）和 DNA 聚合酶。将测序反应体系分为 4 组，每一组按照一定比例加入一种 $2',3'$-双脱氧核糖核苷酸，它能随机插入合成 DNA 链，一旦掺入 DNA 链后，由于 $3'$ 位缺少羟基，该 DNA 链无法延伸，因此每组反应得到的 DNA 链产物的末端必定为特定的一种碱基，而产物片段的长度也对应了该碱基所在的位置。通过变性聚丙烯酰胺凝胶电泳可以分析出核酸的序列。

3. 荧光自动测序法

荧光自动测序法（图 2-39）基于 DNA 链末端合成终止法原理，所不同的是用荧光标记代替同位素标记，采用成像系统进行自动检测，使得 DNA 测序速度更快、准确性更高。荧光自动测序法采用不同的荧光分子标记 4 种双脱氧核苷酸，然后进行 Sanger 测序反应，反应产物经毛细管电泳后分离，通过 4 种激光激发不同大小 DNA 片段上的荧光分子使之发射出 4 种不同波长的荧光，检测器采集荧光信号，并依此确定 DNA 碱基的排列顺序。

4. 杂交测序法

杂交测序法是将一系列已知序列的单链寡核苷酸片段固定在基片上，把待测的 DNA 样品片段变性后与其杂交，根据杂交结果排列出样品的序列信息。杂交测序法具备第二代基因测序技术测定速度快、成本低的特点，但其误差较大，不能重复测定，技术仍有待改进。

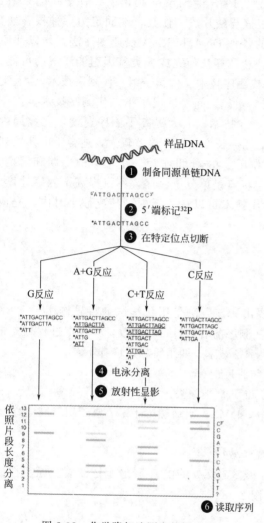

图 2-38　化学降解法测定核酸序列

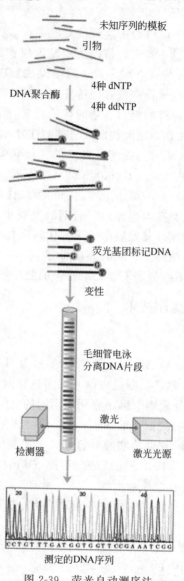

图 2-39　荧光自动测序法

（二）第二代测序技术

以 Sanger 终止法为基础的自动化测序技术，即第一代测序技术，为完成人类基因组计划提供了技术平台；而在此期间以高通量为特征的第二代测序技术也先后得到了发展。第二代测序技术因其能提供大量基因组信息并进行深层次分析，故又称为深度测序（deep sequencing）技术。

2005 年，454 Life Science 公司（次年为 Roche 公司所收购）推出基于焦磷酸测序技术（pyrophosphate sequencing）的新一代测序仪。2006 年 Solexa 公司成功研制利用可逆终止物（reversible terminator）的测序仪，随后 Illumina 公司收购了 Solexa 的核心技术并使其商品化。Roche 454 测序仪和 Illumina Solexa 测序仪的问世动摇了 ABI 测序仪的垄断地位，2007 年 ABI 公司也推出了新型 ARI SOLID 测序仪，采用连接法测序（sequencing by ligation）。这三种仪器所依据的测序技术虽然不同，但也存在一些共同点：①用聚合酶链反应（PCR）取代分子克隆技术；②边合成边测序（sequencing by synthesis，SBS），故而无需用凝胶电泳分开相同末端核苷酸的核酸片段；③循环阵列测序的所有操作都在芯片上进行。

（三）第三代测序技术

第三代测序技术，也即单分子测序技术，广泛运用了纳米技术的原理和方法。纳米技术的兴起使得直接分子测序成为可能，而无需借助 PCR 来扩增 DNA 链。进入 21 世纪第二个 10 年，第三代测序仪已经或即将上市，主要有 Helieas Biosciences 公司的 Helistop 单分子测序（SMS）仪，Pacifie Biosciences 公司的 SMRT 测序技术和 Oxford Nanopore Technologies 公司的纳米孔测序技术。前两者依靠荧光信号测序，后者依靠电信号测序。

五、核酸序列的化学合成

早在 20 世纪 50 年代，Khorana 就开始了核酸的化学合成研究，1956 年他首次成功合成了二核苷酸，其基本指导思想是将核苷酸所有活性基团都用保护剂加以封闭，只留下需要反应的基团；活化剂使反应基团激活；用缩合剂使一个核苷酸的羟基与另一核苷酸的磷酸基之间形成磷酸二酯键，从而定向发生聚合。他的工作为核酸的化学合成奠定了基础，因而与第一个测定 tRNA 序列的 Holley 以及从事遗传密码破译的 Nirenburg 共获 1968 年诺贝尔生理学或医学奖。

Khorana 用于合成 DNA 的是磷酸二酯法。Letsinger 等于 1960 年发明了磷酸三酯法。由于磷酸中有三个羟基（P—OH），将其中之一保护起来，剩下两个可以分别与脱氧核糖形成磷酸二酯，这样将减少副反应，简化分离纯化步骤，提高产率。之后他们又发明了亚磷酸三酯法，使反应速度大大加快。在此基础上实现了 DNA 化学合成的固相化，也即将第一个核苷酸 3′-羟基固定在可控孔径玻璃微球（controllable pored glass bead，CPG）上，因此冲洗十分方便，也适合于自动化操作。

DNA 自动化合成均采用固相亚磷酸三酯法。底物的活性基分别被保护，例如腺嘌呤和胞嘧啶碱基上的氨基用苯甲酰基（Bz）保护，鸟嘌呤碱基的氨基用异丁酰基（Ib）保护，5′-羟基用二甲氧三苯甲基（DMT）保护。自 3′→5′方向逐个加入核苷酸，每一循环周期分为四步反应：

第一步，脱保护基（deprotection）。用二氯乙酸（dichloroacetic acid，DCA）或三氯乙酸（trichloroacetic acid，TCA）处理，水解脱去核苷 5′-羟基上的保护基 DMT。

第二步，偶联反应（coupling reaction）。用二异丙基亚磷酰胺（diisopropyl phosphoramidite）衍生物作为活化剂和缩合剂，在弱碱性化合物四唑催化下，偶联形成亚磷酸三酯。

第三步，终止反应（stop reaction）。加入乙酸酐使未参与偶联反应的 5′-羟基均被乙酰化，以免与以后加入的核苷酸反应，出现错误序列。换句话说，合成的 DNA 链允许中途终止，但不能有序列错误。

第四步，氧化作用（oxidation）。合成的亚磷酸三酯用碘溶液氧化，使之成为较稳定的磷酸三酯。按照事先设计的程序合成 DNA 链，待合成结束后用硫酚和三乙胺脱掉保护基，并用氨水将合成的全长寡核苷酸水解下来，然后用高效液相色谱（HPLC）和凝胶电泳纯化并鉴定。每个核苷酸合成循环需 7～10min，十分方便。RNA 也能自动化合成，只是所用底物不同，基本操作与 DNA 合成一样。

第六节　核酸在医药研究中的应用

核酸是生物体的遗传信息物质，所有的蛋白质分子都是由 DNA 转录、翻译得到。通过调整病理过程中不正常的酶和受体的合成途径，可以将疾病阻断在早期阶段，因此核酸是药物设计的重要靶点。另外，通过修复或替换病变细胞的异常基因或向细胞导入正常基因以表达功能蛋白，也是治疗疾病的方式。以下简要介绍核酸不仅是重要的药物活性成分，也是重要的药物靶点。此外，核酸技术的发展也为疾病的诊断带来巨大发展，本节也将简要介绍 DNA 阵列、测序技术等在医药领域的应用。

一、核酸药物

（一）概述

核酸也可以作为药物分子用于预防或治疗疾病，目前在临床上使用的核酸药物包括核苷类药物、小核酸药物、**核酸疫苗**（nucleic acid vaccine）和基因治疗药物等。

（二）核苷类药物

核苷类药物被广泛应用于抗病毒和抗肿瘤的治疗（表 2-6）。核苷类抗病毒药是治疗艾滋病、疱疹及肝炎等病毒性疾病的首选药物，其作用靶点多为 RNA 病毒的逆转录酶或 DNA 病毒的聚合酶。核苷类药物一般与天然核苷结构相似，病毒对这些假底物的识别能力差，该类药物一方面竞争性地作用于酶活性中心，另一方面嵌入到正在合成的 DNA 链中，终止 DNA 链的延长，从而抑制病毒复制。用作抗肿瘤药的核苷类药物多为抗代谢化疗剂，其可通过干扰肿瘤细胞的 DNA 合成以及 DNA 合成中所需嘌呤、嘧啶、嘌呤核苷酸和嘧啶核苷酸的合成来抑制肿瘤细胞的存活和增殖。

表 2-6　部分核苷类药物

药物名称	英文名称	核苷类似物	上市时间
伐昔洛韦	Valaciclovir	鸟嘌呤类似物	1992
拉米夫定	Lamivudine	胞嘧啶类似物	1992
阿德福韦	Adefovir	腺嘌呤类似物	1994
阿昔洛韦	Aciclovir	鸟嘌呤类似物	2001
齐多夫定	Zidovudine	胸腺嘧啶类似物	2002
司坦夫定	Stavudine	胸腺嘧啶类似物	2003
索非布韦	Sofosbuvir	尿嘧啶类似物	2013
富马酸丙酚替诺福韦	Tenofovir alafenamide fumarate	腺嘌呤类似物	2015

（三）小核酸药物

小核酸是指分子量相对小的核酸分子，目前还没有严格的碱基数量界定，通常认为是小于 50bp 的核酸片段。小核酸药物专指靶向作用于 RNA 或蛋白质的一类寡核苷酸分子，包括反义核苷酸、CpG 寡核苷酸、Aptamer、Decoy、核酶、siRNA、miRNA 等。小核酸药物可以抑制或替代某些基因的功能，有些内源性寡核苷酸具有疾病诊断和预后评估价值，是生物制药领域的重要内容。

小干扰 RNA（small interfering RNA，siRNA）是长 21～23bp 的双链 RNA，它与内源性 mRNA 互补，经过启动、剪切、倍增三个阶段降解内源性 mRNA，抑制靶基因的表达。利用 siRNA 技术针对内源性的癌基因、疾病基因、外源性的基因（如病毒基因）进行特异性的抑制，从而发挥疗效。表 2-7 列举了部分正在进行临床试验的 siRNA 药物。截至 2022 年 9 月，已经有 5 种 siRNA 药物上市。

表 2-7　部分正在进行临床试验的 siRNA 药物

候选药物	适应证	临床试验阶段	临床试验状况
Onpattro（Patisiran，ALN-TTR02）	TTR 介导的淀粉样变性症	Ⅲ，批准上市	已经商业化
Revusiran（ALN-TTRSC）	淀粉样变性	Ⅲ	完成
ARB-001467	乙型肝炎	Ⅱ	完成
ARC-520	乙型肝炎	Ⅰ	完成
PF-04523655	脉络膜血管增生，糖尿病视网膜病变，糖尿病黄斑水肿	Ⅱ	完成
SYL040012	眼压过高、开角型青光眼	Ⅱ	完成
TKM-080301	肝细胞癌、神经内分泌肿瘤、有肝转移的癌症	Ⅰ/Ⅱ	完成

（四）核酸疫苗

核酸疫苗（nucleic acid vaccine）是指用能表达抗原的核酸制备成的疫苗，其重要特征是疫苗制剂的主要成分是表达抗原的核酸。世界卫生组织于 1994 年将由 DNA 或 RNA 诱导产生抗体的疫苗统称为核酸疫苗。2010 年人类 DNA 疫苗 IMOJEV 被批准上市，用于日本脑炎的预防。2019 年底开始，新型冠状病毒 2019-nCov 开始流行，世界各国开展疫苗研究，德国 BioNTech 和美国辉瑞共同合作研发的新冠病毒候选疫苗 BNT162b2 于 2020 年 12 月在英国获得紧急使用授权成为第一款获批的新冠病毒疫苗，2023 年 3 月 22 日，中国石药集团自主研发的新型冠状病毒 mRNA 疫苗（SYS6006）获批在中国紧急使用。

（五）基因治疗药物

基因治疗（gene therapy）以核酸（DNA 或者 RNA）为治疗物质，通过特定的基因转移技术将治疗性核酸输送到患者细胞中发挥治疗作用。治疗性核酸可以通过表达正常功能蛋白或者抑制异常功能蛋白的表达、纠正或替换异常基因等方式发挥治疗作用。基因治疗可分为生殖细胞基因治疗和体细胞基因治疗，二者的区别在于：体细胞基因治疗改变的是某些特定细胞的基因，这种改变不会遗传给后代；生殖细胞基因治疗中改造后的基因将遗传给后代。目前在伦理上只允许开展体细胞基因治疗的研究与实践。

1990 年 9 月 14 日，美国食品药品管理局（FDA）批准了第一例基因治疗临床试验，治疗两个患有腺苷脱氨酶缺乏症（adenosine deaminase deficiency，ADA-SCID）的儿童。随着研究不断深入，基因治疗取得了可喜的进展。2012 年欧洲药品监督管理局批准了欧洲地区第一个基因治疗药物 Glybera，用于治疗脂蛋白脂肪酶缺乏遗传病（lipoprotein lipase deficiency，LPLD），该药物的上市极大地推动基因治疗的发展。

2013 年，意大利 San Raffaele 基因治疗技术研究所（HSR-TIGET）在 *Science* 上发表了他们利用慢病毒载体治疗六名具有严重遗传病儿童的研究成果。该研究利用慢病毒载体将正常的基因导入到从患儿骨髓中分离出来的多功能造血干细胞内，再将被转导基因的细胞回输到患儿体内进行繁殖、分化，表达出正常功能的蛋白，从而发挥治疗作用（图 2-40），经 7～24 个月的观察显示，该治疗取得良好的结果。基因治疗不断整合新的技术，特别是整合了基因编辑技术和干细胞的研究成果，为治疗肿瘤、遗传病等提供更加光明的前景。

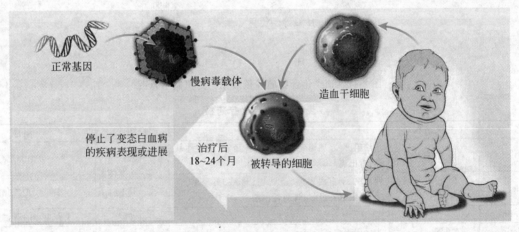

正常基因　慢病毒载体　造血干细胞

停止了变态白血病的疾病表现或进展　治疗后 18~24个月　被转导的细胞

图 2-40　罕见病患儿接受基因治疗示意图

二、核酸作为药物靶点

（一）概述

核酸指导蛋白质合成、推动生命过程，通过干扰或阻断细菌、病毒和肿瘤细胞中核酸的合成，能有效地抑制或杀灭细菌、病毒和肿瘤细胞。以 DNA 为靶点的药物，通过干扰或阻断 DNA 合成，直接破坏 DNA 结构和功能等方式发挥治疗作用；以 RNA 为靶点的药物，通过抑制 RNA 的合成等方式发挥治疗作用。以下介绍核酸作为断裂剂作用靶点的研究。

核酸断裂剂通过形成活性氧物种（ROS）或者活泼的金属离子与核酸共价结合，使 DNA 或 RNA 链断裂，而核酸链的断裂是非常严重的损伤，当这种损伤无法修复或者修复出错时就会引起染色体结构异常乃至细胞死亡。核酸断裂剂根据来源不同，可分为天然的核酸断裂剂与合成的核酸断裂剂，其代表性化合物分别是博来霉素类化合物和铂类化合物。

（二）博来霉素

博来霉素（bleomycin，BLM）是从轮枝链霉菌（*Streptomyces verticillus*）的发酵液中分离出来的一类氨基糖苷类抗生素，是天然的核酸断裂剂。博来霉素可以断裂 DNA、RNA 和染色体。BLM 与体内微量的 Fe(Ⅱ) 达成配合平衡，并生成具有氧活性的 Fe(Ⅱ)·BLM 配合物，后者与氧分子结合而引起 DNA 断裂。博来霉素类化合物被广泛用于鳞状细胞癌（头颈部鳞癌、宫颈癌等）、淋巴瘤（霍奇金病、非霍奇金淋巴瘤等）、睾丸癌（绒毛膜癌、畸胎癌等）的治疗。

（三）铂类抗肿瘤药物

铂类抗肿瘤药物是人工合成的核酸断裂剂，是一类重要的抗肿瘤药物。铂类化合物通过引起 DNA 的交联，抑制 DNA 的合成与修复，来抑制肿瘤细胞的生长（图 2-41）。通过多年的研究，科学家发展出多个铂类化疗药物（表 2-8）。

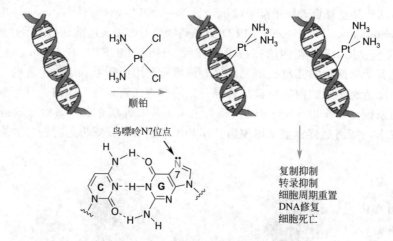

图 2-41 铂类化合物破坏核酸结构的机制示意图

表 2-8 铂类化疗药物

名称	中文名称	适应证	批准时间	备注
Cisplatin	顺铂	小细胞肺癌、卵巢癌、膀胱癌、宫颈癌、生殖细胞癌、淋巴癌	1978	第一个铂类化疗药物
Carboplatin	卡铂	卵巢癌、子宫内膜癌、膀胱癌、肺癌、头颈癌、食道癌、中枢神经瘤、骨源性肉瘤等	1989	第二代铂类化疗药
Nedaplatin	奈达铂	—	1995	更小的肾毒性
Oxaliplatin	奥沙利铂	主要用于结直肠癌	2002	—
Satraplatin	赛特铂	—	还未批准	第一个可以口服的铂类化疗药
Picoplatin	吡铂	转移性结直肠癌	临床试验	—

三、核酸技术在检测、诊断中的应用

（一）基因芯片技术在疾病研究与药物研发中的应用

基因芯片是在基因组水平上发现并研究基因功能的有力工具。现已广泛用于疾病机制的研究、疾病的分类和诊断、疾病的预测和治疗。

1. 基因的检测

从正常人的基因组中分离出的 DNA 与 DNA 芯片杂交可得出标准图谱，从患者的基因组中分离出的 DNA 与 DNA 芯片杂交可得出病变图谱。通过比较、分析这两种图谱，就可以得出病变的 DNA 信息，这种基因芯片诊断技术以其快速高效、敏感、经济、平行化、自动化等特点，将成为一项现代化诊断新技术。现在，肝炎病毒耐药基因突变检测分析芯片、结核杆菌药性检测芯片、多种恶性肿瘤相关标志物基因芯片、地中海血突变点筛选芯片等系列诊断芯片开始进入市场。

2. 新药的研究

基因芯片的发展应用已逐渐渗入到药物研发过程中的各个步骤。药物靶点发现与药物作用机制研究是基因芯片技术在药物研发中应用最广泛的一个领域。在基因芯片的表面，以微阵列的方式固定有寡核苷酸或 cDNA，使用基因芯片可以对研究者感兴趣的基因或生物体整个基因组的基因表达进行测定。发现和选择合适的药物靶点是药物开发的第一步，是药物筛选及药物定向合成的关键因素之一。人体是一个复杂的网络系统，疾病的发生和发展必然牵涉到网络中的诸多环节。当今严重威胁人类健康的心脑血管疾病、恶性肿瘤、退行性神经系统疾病和代谢性疾病都是多因素作用的结果，应用基因芯片可以从疾病及药物两个角度对生物体的多个参量同时进行研究以发掘药物靶点并同时获取大量的其他相关信息。

（二）聚合酶链反应技术在疾病诊断中的应用

聚合酶链反应（polymerase chain reaction，PCR）技术自 1983 年发明至今，在生命科学中的作用弥足重要。如果没有 PCR 技术，人类基因组计划不可能在那么短的时间内完成，各国也无法在短时间内完成针对 2019 新型冠状病毒的大规模的核酸检测。

PCR 的基本原理是依赖寡脱氧核糖核酸引物与目标序列两端特异性互补结合，在 DNA 聚合酶的作用下，复制目标序列；其具体过程包括变性-退火-延伸三个环节。

① 模板 DNA 变性：模板 DNA 加热到 94℃左右，DNA 双链之间的氢键断裂，双螺旋解链形成单链 DNA，以便与引物结合。

② 模板与引物之间的退火：DNA 加热变性后，当温度降低到 55℃左右，引物可通过碱基互补配对特异性地与模板 DNA 单链结合。

③ 引物的延伸：结合到模板上的引物，在 Taq DNA 酶或者 Pfu DNA 酶的作用下，引物以反应体系中的 dNTP 为原料，按照碱基互补配对、半保留复制原则，向 3′方向延伸，产生一条与模板 DNA 互补的产物 DNA 链。经过多次的变性-退火-延伸循环，可以扩增出目标 DNA 序列。为了更好地检测目标 DNA 扩增的产物含量，研究人员开发了实时荧光定量 PCR，其核心是采用荧光探针标记原理，采用荧光信号检测设备，实时分析在每一轮变性-退火-延伸后目标 DNA 的产物含量。具体而言，实时荧光 PCR 技术可以用于基因的检测、病原微生物的检测等。

1. 与疾病相关的关键基因检测

通过分析个体基因型和表达谱的差异，可以实现个体化诊疗。例如表皮生长因子受体（epidermal growth factor receptor，EGFR）广泛分布于哺乳动物上皮细胞、胶质细胞等细胞表面，EGFR 的基因扩增、基因突变在乳腺癌、胰腺癌、神经胶质瘤等多种肿瘤中频发，是开展肿瘤个性化治疗的重要靶点之一。临床上已经批准使用针对 EGFR 突变的靶向性药物。因此，对 EGFR 基因突变状态的检测和监测对于临床用药和疾病治疗具有重要价值。采用实时荧光 PCR 技术可以有效地测得患者体内 EGFR 的突变情况，为 EGFR 靶向药物的选用提供重要依据。

2. 病原微生物检测

病原微生物，尤其是传染性疾病的病原微生物的及时准确检测，是保障公共卫生安全的重要技术手段。例如采用实时荧光 PCR 法检测中东呼吸综合征冠状病毒、2019 新型冠状病毒，为疾病的检测、治疗和防控提供重要技术手段。

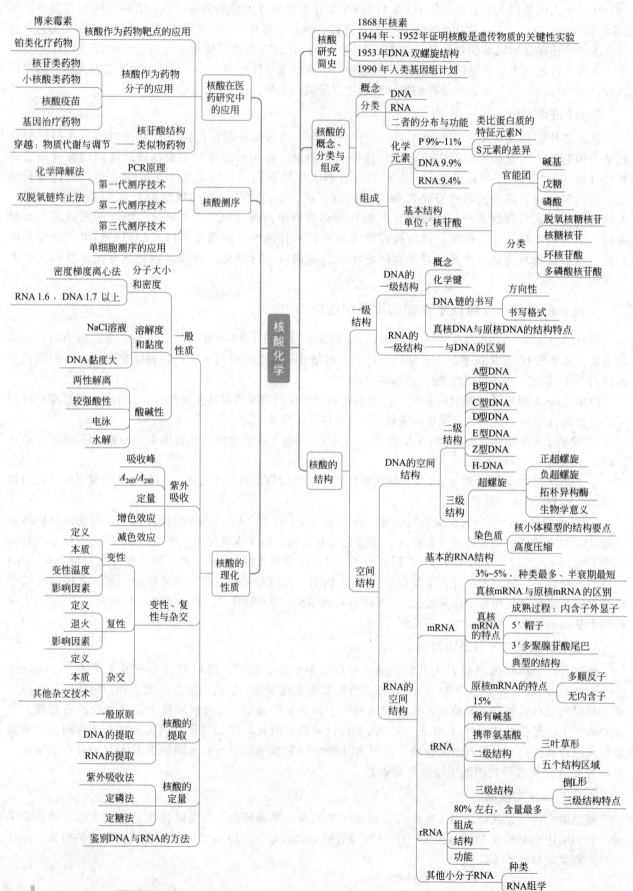

博来霉素
铂类化疗药物
核酸作为药物靶点的应用

核苷类药物
小核酸类药物
核酸疫苗
基因治疗药物
核酸作为药物分子的应用

穿越：物质代谢与调节——类似物药物
核苷酸结构——类似物药物

核酸在医药研究中的应用

化学降解法
双脱氧链终止法
PCR原理
第一代测序技术
第二代测序技术
第三代测序技术
单细胞测序的应用
核酸测序

密度梯度离心法
RNA 1.6，DNA 1.7 以上
分子大小和密度

NaCl溶液
DNA黏度大
溶解度和黏度
一般性质

两性解离
较强酸性
电泳
水解
酸碱性

吸收峰
A_{260}/A_{280}
定量
增色效应
减色效应
紫外吸收

定义
本质
变性温度
影响因素
变性

定义
退火
影响因素
复性

定义
本质
其他杂交技术
杂交
变性、复性与杂交

核酸的理化性质

一般原则
DNA的提取
RNA的提取
核酸的提取

紫外吸收法
定磷法
定糖法
鉴别DNA与RNA的方法
核酸的定量

核酸化学

核酸研究简史
1868年核素
1944年、1952年证明核酸是遗传物质的关键性实验
1953年DNA双螺旋结构
1990年人类基因组计划

核酸的概念、分类与组成
概念
分类
DNA
RNA
二者的分布与功能
化学元素
类比蛋白质的特征元素N
S元素的差异
P 9%~11%
DNA 9.9%
RNA 9.4%
组成
基本结构单位：核苷酸

碱基
戊糖
磷酸
官能团
脱氧核糖核苷
核糖核苷
环核苷酸
多磷酸核苷酸
分类

核酸的结构

一级结构
DNA的一级结构
概念
化学键
DNA链的书写
方向性
书写格式
真核DNA与原核DNA的结构特点
RNA的一级结构——与DNA的区别

空间结构
DNA的空间结构

二级结构
A型DNA
B型DNA
C型DNA
D型DNA
E型DNA
Z型DNA
H-DNA

三级结构
超螺旋
正超螺旋
负超螺旋
拓扑异构酶
生物学意义
染色质
核小体模型的结构要点
高度压缩

RNA的空间结构
基本的RNA结构
mRNA
3%~5%，种类最多、半衰期最短
真核mRNA与原核mRNA的区别
真核mRNA的特点
成熟过程：内含子外显子
5′帽子
3′多聚腺苷酸尾巴
典型的结构
原核mRNA的特点
多顺反子
无内含子

tRNA
15%
稀有碱基
携带氨基酸
二级结构
三叶草形
五个结构区域
三级结构
倒L形
三级结构特点

rRNA
80%左右，含量最多
组成
结构
功能

其他小分子RNA
种类
RNA组学

本书编者已收集整理了一系列与核酸相关的经典科研文献、参考书等拓展性学习资料，请扫描右侧二维码进行阅读学习。

思考题

1. 区分下列各对术语：RNA/DNA、双螺旋/超螺旋、核苷酸/核苷、染色体/染色质、增色效应/减色效应。

2. 试说明 DNA 双螺结构模型的要点。

3. 简述真核 mRNA 和原核 mRNA 结构上各有什么特点和不同。

4. 提出 B 型 DNA 双螺旋结构的背景和依据是什么？

5. 请分析 DNA 芯片的技术应用有哪些？可以用于解决哪些医学问题？

6. 请分析在 DNA 加热变性的过程中，其紫外吸收 A_{260} 的曲线为什么会有两个拐点？

7. 请简述核酸疫苗在 2019 新冠病毒预防领域的一项新研究。

参考文献

［1］王镜岩，等.生物化学.4 版.北京：高等教育出版社，2017.

［2］Reginald H Garrett，Charles M Grsham. Biochemistry. 2 版（影印版）.北京：高等教育出版社，2005.

［3］马文丽.基因芯片技术及应用.北京：化学工业出版社，2017.

［4］马文丽.基因测序实验技术.北京：化学工业出版社，1999.

［5］Jeffrey C Miller，Michael C Holmes，Jianbin Wang，et al. An improved zinc-finger nuclease architecture for highly specific genome editing. Nature Biotechnology，2007，25：778-785.

［6］Hyongbum Kim，Jin-Soo Kim. A guide to genome engineering with programmable nucleases. Nature Reviews Genetics，2014，15：321-334.

［7］Hongmei Lisa Li，Takao Nakano，Akitsu Hotta. Genetic correction using engineered nucleases for gene therapy applications. Development Growth Differentiation，2014，56（1）：63-77.

（郑永祥）

第三章

酶

1. 掌握：酶的命名及分类方法；B 族维生素的辅酶形式及其作用；酶专一性及高效性机制；米氏方程、米氏常数的意义及求解方程；不可逆抑制和可逆抑制的分类及特点；别构酶、共价修饰调节酶、同工酶及酶原激活活性调节方式及特点；酶活力单位概念及测定。
2. 熟悉：酶的分子组成；酶的结构与功能的关系；酶分离纯化方法；酶比活力的意义。
3. 了解：酶的作用特点；酶的抑制作用在药物设计中的应用；酶类药物。

第一节 概 述

一、酶的概述

（一）酶的生物学意义

酶（enzyme）是由活细胞产生，能在细胞内外发挥催化作用的一类具有活性中心和特殊构象的生物大分子（包括蛋白质和核酸）。简而言之，酶是具有催化功能的生物大分子。生命活动是由各种化学反应的正常运转来维持的，而各种化学反应都依赖于酶的参与。在酶的作用下，生物体内的化学反应在温和的条件下高效地、有条不紊地进行，为各种生命活动提供保障。酶推动生物体的物质和能量转换、运动、生长发育、遗传等各种生命过程。缺少酶，生物体内的新陈代谢将停止，生命活动则不能进行。研究酶的作用机理、活性调控等有助于揭示生命活动的本质和规律。生物体中代谢过程具有整体性，若因某种原因造成某一种酶的活性减弱或者升高，导致该酶催化的反应异常，物质代谢发生紊乱，生物体会发生疾病；若因遗传缺陷造成某种酶缺失，生物体也会发生疾病。因此，酶学研究与医药的关系也十分密切。

（二）酶的研究历史

几千年前，人们已经开始在生产和生活中利用酶。例如在我国春秋战国时期，漆已被广为利用。人们从漆树割取天然汁液，制成可作涂料的熟漆。这个过程就是利用了天然汁液中的漆酶催化其中的漆酚发生聚合反应。中国古人发明了用酒曲酿酒，就是利用酒曲中微生物的酶将淀粉水解、氧化，最终转化成乙醇。酱油、食醋的生产也是利用了微生物中的酶。2700多年前，我国就开始用麦芽中的酶制造麦芽糖，这种方法至今仍在沿用。

19世纪，科学家发现了酶的存在和作用。1833年，法国化学家Payen和Persoz从麦芽的水提取物中用乙醇沉淀得到了一种对热不稳定的活性物质，这种活性物质可以促进淀粉水解成可溶性糖，他们把这种物质称为diastase（"分离"之意），即淀粉酶制剂，这是世界上发现的第一种酶。1835年，瑞典化学家Berzelius首次提出"催化"的概念。这一概念的提出使得对酶的研究一开始就与催化作用联系到一起。1836年，德国博物学家Schwann从胃液里沉淀出一种消化能力非常强的粉末，称为"胃蛋白酶"。

1878年，德国的Kuhne把酵母细胞中进行发酵的物质称为enzyme（"在酵母中"之意）。1897年，德国化学家Buchner兄弟把酵母细胞研碎，利用酵母抽提液完成了酵母细胞的发酵工作，即将葡萄糖转化成乙醇和二氧化碳，证明发酵是由细胞中的酶完成的，与细胞的活动无关。这个研究结果促进了对各种生物中酶的分离和其理化性质的探讨，进而促进了酶学研究与生物化学的发展。基于无细胞发酵的发现，Buchner获得了1907年诺贝尔化学奖。

1894年，德国化学家Fisher建立了"锁钥"理论，用来解释酶与底物作用的专一性。1913年，美国化学家Michaelis和Menton根据中间产物学说推导出米氏方程，描述了酶催化反应的速度与底物浓度的关系。米氏方程的建立对酶的作用探讨由定性发展到定量，是酶学发展的一个重要里程碑。

自发现酶的存在，人们就一直探索酶的化学本质，即酶是一种什么物质。1926年，美国化学家Sumner从刀豆中得到脲酶结晶（这是第一个酶结晶），并证实它具有蛋白质的性质，提出酶的化学本质是蛋白质。后来，美国化学家Northrop、美国生物化学Stanley陆续得到了胃蛋白酶、胰蛋白酶和胰凝乳蛋白酶等多种酶的结晶以及烟草花叶病病毒结晶。这三人共享了1946年诺贝尔化学奖。Sumner奠定了现代酶学、蛋白质化学的基础。

与此同时，酶反应机理的研究取得了进一步的进展，揭示了更复杂的酶催化现象。1958年，美国生物化学家Koshland提出了"诱导契合"理论，以解释酶的催化理论和专一性，这一理论与Fisher提出的经典的"锁钥"理论相冲突，但最终证明它能更合理地解释酶的专一性。1961年，法国生物学家Monod首次提出了"别构酶"概念，以解释代谢过程的反馈抑制现象，提供了认识酶活性调控作用的基础。

人们对酶的化学本质的认识在20世纪80年代发生巨大改变。1982年，美国Cech小组发现四膜虫细胞的26S rRNA前体能进行自我剪接，即RNA具有分子内催化活性。1983年，美国Altman等研究大肠杆菌核糖核酸酶P时发现其RNA部分具有与全酶相同的催化活性，而全酶的蛋白部分却没有催化活性。RNA也具有生物催化功能，打破了以往只有蛋白质才具有催化功能的传统观念，这类酶被命名为核酶（ribozyme）。Cech和Altman共同获得1989年诺贝尔化学奖。核酶的发现表明RNA分子既是信息分子，又是功能分子，对RNA的这种全新认识为生命起源的研究开辟了新的思路。这一发现被认为是最近几十年来生物科学领域最大的发现之一。

我国科学家在酶学研究领域也做出了卓越贡献。王应睐先生是中国近代生物化学的主要奠基人，对维生素及琥珀酸脱氢酶进行了深入研究，并且在世界上第一个证明琥珀酸脱氢酶的酶蛋白与辅因子（FAD）是共价结合。邹承鲁先生是中国近代生物化学的奠基人之一，在生物化学领域作出了具有重大意义的开创性贡献。他在国际上最早发现纯化的细胞色素c与结合在线粒体上的细胞色素c性质发生明显变化；最早系统地提出了酶的可逆与不可逆抑制统一的动力学理论，并提出了不可逆抑制反应速率常数的测定方法；首次提出并证实"酶活性部位处于分子局部区域并柔性较高"，这是继Koshland"诱导契合"理论之后酶作用机制研究的又一重大进展。

酶学研究仍在不断发展，很多酶的作用机制相继被揭示。酶学研究的发展又促进了酶的应用。酶学的研究成果广泛用于疾病的诊断、治疗和药物的设计，另外，在食品、纺织、化工、环保等很多领域的应用也越来越多。酶正在成为人类美好生活的重要助力。

二、酶的作用特点

酶是生物催化剂，除了具有一般催化剂的特点外，还具有催化效率高、专一性（底物特异性）强、反应条件温和、活性可以调节和控制、易失活等显著特点。

（一）催化效率高

酶催化反应的速度比非催化反应高 $10^8 \sim 10^{20}$ 倍，比化学催化剂高 $10^7 \sim 10^{13}$ 倍。酶催化效率高的原因是酶催化作用降低了化学反应的**活化能**（activation energy），并且与其他催化剂相比，降低活化能的效果更显著，这是酶多种高效催化机制综合作用的结果。例如 H_2O_2 的分解反应，在没有催化剂存在时反应速度很缓慢，铁粉或者 $FeCl_3$ 能使分解速度提高 1000 倍，而生物体中专一水解 H_2O_2 的过氧化氢酶则使分解速度提高 10^9 倍。

$$2H_2O_2 \longrightarrow 2H_2O + O_2 \qquad 反应速度 \quad 1$$
$$2H_2O_2 \xrightarrow{FeCl_3} 2H_2O + O_2 \qquad 反应速度 \quad 1000$$
$$2H_2O_2 \xrightarrow{过氧化氢酶} 2H_2O + O_2 \qquad 反应速度 \quad 1000000000$$

酶的催化效率可用酶的**转换数** K_{cat}（turnover number，也称为**催化常数**）表示。酶的转换数 K_{cat} 是指每个（或者每摩尔）酶分子（或者每个酶活性中心）单位时间内催化底物转化为产物的分子数 [物质的量（mol）]。在酶浓度 [E] 一定、底物浓度大大高于酶浓度的情况下，也就是酶被底物完全饱和时，酶对特定底物的最大反应速率（V_{max}）也是一个常数。此时 $V_{max} = k[E]$。k 表示酶被底物完全饱和时，单位时间内、每个酶分子所能转化底物的分子数，即催化常数 K_{cat}。它相当于一旦底物-酶中间物形成后，酶将底物转化为产物的效率，K_{cat} 愈大表示酶的催化效率愈高。

（二）专一性强

被酶催化的物质称为**底物**（substrate）。酶的**专一性**（**底物特异性**，substrate specificity）是指一种酶只能催化一种或一类结构相似的底物进行反应。酶的专一性是酶最重要的特性，分为绝对专一性和相对专一性。

1. 相对专一性（relative specificity）

相对专一性指一种酶能催化一类结构相似的底物进行反应，分为键专一性、基团专一性。键专一性的酶可以作用于具有相同化学键的很多底物，如酯酶催化酯类物质中酯键的水解，它对于酯键两侧的基团没有严格的要求。基团专一性的酶，不仅作用于特定化学键，还要求化学键的一侧或者两侧是特定的基团，如 α-葡萄糖苷酶水解 α-1,4-糖苷键且要求糖苷键的一侧是 α-葡萄糖残基；而 β-葡萄糖苷酶水解糖苷键且要求一侧是 β-葡萄糖残基。

2. 绝对专一性（absolute specificity）

绝对专一性指酶只能催化一种底物进行反应。例如脲酶只能催化尿素水解生成氨和二氧化碳，它对尿素的任何衍生物都不起作用。

当酶催化的底物或者产物存在异构体时，酶只能催化或者产生一种异构体，这种绝对专一性称为**立体异构专一性**（steroe specificity），分为几何异构专一性和旋光异构专一性两种。例如琥珀酸脱氢酶催化琥珀酸脱氢生成延胡索酸（反丁烯二酸），而不产生顺丁烯二酸。琥珀酸脱氢酶还催化其逆反应，只作用于延胡索酸（反丁烯二酸），而对顺丁烯二酸不作用。这种立体异构专一性称为**几何异构专一性**（geometrical specificity）。

$$\begin{array}{ccc}
COO^- & & COO^- \\
| & FAD \quad FADH_2 & | \\
CH_2 & & CH \\
| & \xrightarrow{\quad 琥珀酸脱氢酶 \quad} & \| \\
CH_2 & & HC \\
| & & | \\
COO^- & & COO^- \\
琥珀酸 & & 延胡索酸
\end{array}$$

延胡索酸酶催化延胡索酸仅生成 L-苹果酸，而不产生 D-苹果酸。相反，延胡索酸酶催化其逆反应，仅作用于 L-苹果酸，而对 D-苹果酸不起作用。这种立体异构专一性称为**旋光异构专一性**（optical specificity）。

生物体中的酶普遍存在立体异构专一性，如人体中存在的 L-氨基酸氧化酶只能催化 L-氨基酸氧化脱氨基，D-氨基酸氧化酶只能催化 D-氨基酸氧化脱氨基。酶的立体异构专一性在手性药物的合成、外消旋体拆分方面有着广泛的用途。酶的专一性是酶在制药领域应用的重要基础。

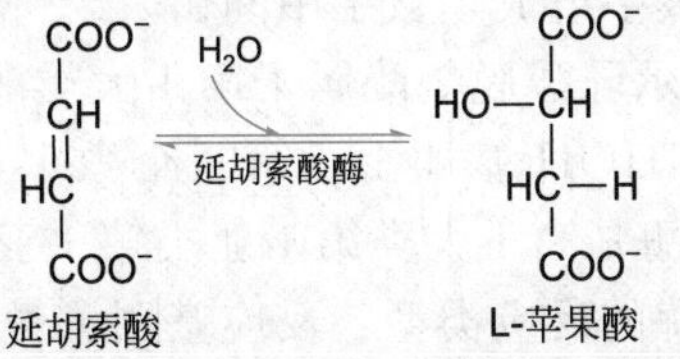

延胡索酸   L-苹果酸

（三）反应条件温和

如果无酶催化，许多反应需在高温、高压、极端 pH 值条件下才能进行，而酶促反应可在常温、常压及中性 pH 值条件下进行。以 NH_3 的合成为例，工业上由氮和氢合成 NH_3 需在温度 500℃、压力 20～50 MPa 下，还要有铁触媒做催化剂才能反应。而在植物中，在固氮酶的催化作用下，NH_3 的合成是在常温、常压和中性 pH 下完成，反应只需消耗一些 ATP 分子。

（四）活性可以调节和控制

酶的催化活性可以调节和控制，这一特性使得体内依赖酶催化的各个代谢过程能够根据细胞内外条件的改变随时加以调节，从而使各代谢过程有秩序地协调进行，避免了代谢异常导致生命活动紊乱。酶活性的调节主要通过以下几种方式实现：酶浓度的调节、激素调节、反馈抑制调节、共价修饰调节、酶原激活、同工酶、金属离子和其他化合物对酶激活或者抑制。

（五）易失活

酶是具有一定空间结构的生物大分子，不稳定，易受到酸、碱、热等影响而失去活性。所以，酶一般在温和的条件下催化反应。

三、酶的命名及分类

（一）蛋白类酶的命名及分类

酶的名称最初是由发现者或者其他研究者自行命名，习惯沿用下来，称为习惯名。有些酶是根据作用的底物来命名，如淀粉酶、蛋白酶。有些酶根据其催化反应的性质来命名，如转氨酶。有些酶结合作用的底物和反应性质来命名，如乳酸脱氢酶。有些酶的命名再加上酶的其他特点，如木瓜蛋白酶、中性蛋白酶、碱性磷酸酯酶。这种命名方法没有一个普遍遵行的准则，自然界的酶有几千种，容易发生混乱和误解。1961 年国际酶学委员会（Enzyme Commission，EC）提出了酶的分类与命名方案。

1. 国际系统命名法

国际系统命名法要求标明酶的底物和酶催化的性质。当有两个以上底物时，底物之间用 ":" 隔开。若底物之一是水时，可将水省略不写。如乳酸脱氢酶，按照系统命名法，其系统名称为乳酸：NAD^+ 氧化还原酶。

2. 国际系统分类法

国际系统分类法的分类原则如下：

① 按酶催化反应的性质，将酶分成七大类，即氧化还原酶、转移酶、水解酶、裂合酶、异构酶、合成酶、易位酶，分别用 1、2、3、4、5、6、7 的编号来表示。

② 每一大类中，根据被催化的基团或键的不同又分成若干个亚类，按顺序分别用 1、2、3、4、5、6、…的编号来表示。

③ 每个亚类再分为若干个亚-亚类，更加精确地表明底物或反应物的性质，也分别用 1、2、3、4、5、6、…的编号来表示。

④ 每个亚-亚类中包含若干个具体的酶，每个酶分别对应 1、2、3、4、5、6、…的特定序号。

所以，每个酶的分类编号由 4 个数字组成，数字中间由"."隔开，编号之前冠以 EC。例如乳酸脱氢酶 EC 1.1.1.27，第一个数字"1"表示乳酸脱氢酶属于第 1 大类酶，氧化还原酶；第二个数字"1"表示它属于第 1 亚类，氧化反应发生在—CHOH 基团上；第三个数字"1"表示它属于第 1 亚-亚类，氢受体为 NAD^+；第四个数字"27"表示该酶是第 1 大类第 1 亚类第 1 亚-亚类中序号第 27 的酶。根据酶编号中的前三个数字，可以清楚地了解这个酶的反应类型、反应基团、键的类型等。按照系统分类法，每个酶只有一个特定的编号，这个编号是酶的"身份证号"。

七大类酶分别简单介绍如下。

(1) 氧化还原酶类　**氧化还原酶**（oxidoreductase）催化氧化-还原反应，主要包括脱氢酶和氧化酶。氧化酶类催化底物脱氢，氢与 O_2 结合生成 H_2O 或 H_2O_2。脱氢酶类催化底物脱氢，这类酶的辅因子是 NAD^+、$NADP^+$ 或 FAD。氧化还原酶是非常重要的一类酶，占生物体内酶的 27% 左右，与生物体内物质合成与转化、能量生成、外源性物质如药物等的代谢都密切相关。

$$RH + R'(O_2) \rightleftharpoons R + R'H(H_2O)$$

例如：葡萄糖氧化酶催化葡萄糖氧化生成 H_2O_2；乳酸脱氢酶催化乳酸脱氢，其辅因子 NAD^+ 作为氢受体。

$$D\text{-葡萄糖} + O_2 + H_2O \xrightarrow{\text{葡萄糖氧化酶}} \text{葡萄糖酸} + H_2O_2$$

$$\text{乳酸} + NAD^+ \xrightarrow{\text{乳酸脱氢酶}} \text{丙酮酸} + NADH + H^+$$

(2) 转移酶类　**转移酶**（transferase）催化基团的转移反应，即将一个底物分子的基团或原子转移到另一个底物的分子上。包括酮醛基转移酶、酰基转移酶、糖苷基转移酶、氨基转移酶、磷酸基转移酶等。转移酶也是非常重要的一类酶，占生物体内酶的 24% 左右，与生物体内物质合成及转化密切相关。

$$RG + R' \rightleftharpoons R + R'G$$

例如谷草转氨酶，以磷酸吡哆醛为辅基，将谷氨酸上的氨基转移到草酰乙酸上生成天冬氨酸，谷氨酸脱去氨基后成为 α-酮戊二酸。

谷氨酸　　　　草酰乙酸　　　　天冬氨酸　　　　α-酮戊二酸

(3) 水解酶类　**水解酶**（hydrolase）催化底物的水解反应。主要包括淀粉酶、蛋白酶、核酸酶及脂（肪）酶等。水解反应往往是生物体从外界获取营养物质或者体内大分子分解代谢的第一步，所以水解酶与生物体的生存息息相关，在生物体内的数量也很多，占总酶量的 26% 左右。这类酶在生产实践中的应用最多，世界上销量最多的酶制剂中前三位都是水解酶，分别是淀粉酶、蛋白酶、脂（肪）酶。

$$RR' + H_2O \rightleftharpoons RH + R'OH$$

如脂肪酶催化脂肪的水解反应：

$$R-COOCH_2CH_3 + H_2O \xrightarrow{\text{脂肪酶}} R-COOH + CH_3CH_2OH$$

(4) 裂合酶类　**裂合酶**（lyase）催化一种化合物裂解为两种化合物或其逆反应，例如醛缩酶、脱氨酶、延胡索酸酶、柠檬酸合酶等。

$$RR' \rightleftharpoons R + R'$$

例如，延胡索酸酶催化 L-苹果酸分解为延胡索酸和水，也可以催化逆反应。

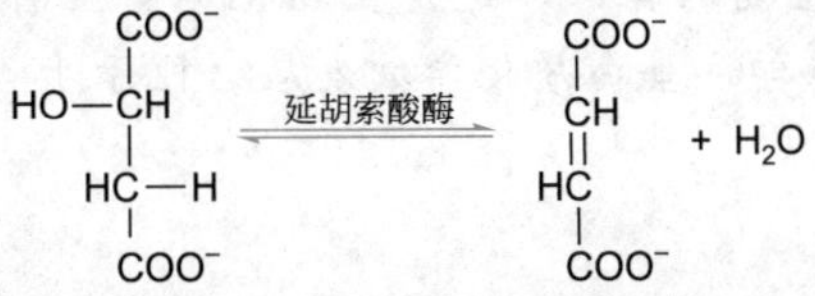

$$\begin{array}{ccc}
\text{COO}^- & & \text{COO}^- \\
| & & | \\
\text{HO—CH} & \xrightarrow{\quad\text{延胡索酸酶}\quad} & \text{CH} & + \text{H}_2\text{O} \\
| & \rightleftharpoons & \| \\
\text{HC—H} & & \text{HC—H} \\
| & & | \\
\text{COO}^- & & \text{COO}^- \\
\text{L-苹果酸} & & \text{延胡索酸}
\end{array}$$

（5）异构酶类　**异构酶**（isomerase）催化各种同分异构体的相互转变，即底物分子内基团或原子的重排过程，包括醛酮异构酶、消旋酶、分子内转移酶等。这类酶在生物体内酶中所占比例较低，约为 5%。

$$R \rightleftharpoons R'$$

例如磷酸葡萄糖异构酶就是醛酮异构酶。

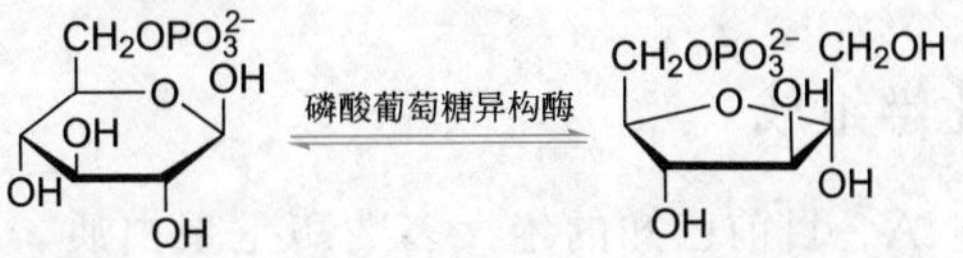

$$\xrightarrow{\quad\text{磷酸葡萄糖异构酶}\quad}$$

葡萄糖-6-磷酸　　　　　果糖-6-磷酸

（6）合成酶类　**合成酶**又称连接酶（ligase），催化两种物质合成一种新物质的反应，这类反应必须与 ATP 分解反应相互偶联。这类酶催化 C—C、C—O、C—N 以及 C—S 等新的共价键的形成，是不可逆反应。这类酶在生物体内酶中所占比例也较低，大概 6%。

$$A + B + \text{ATP} \longrightarrow AB + \text{ADP} + \text{Pi}$$

例如，谷氨酰胺合成酶催化铵和 L-谷氨酸合成 L-谷氨酰胺，同时伴随着一分子 ATP 的分解。

$$\text{NH}_4^+ + \text{L-谷氨酸} + \text{ATP} \xrightarrow{\quad\text{谷氨酰胺合成酶}\quad} \text{L-谷氨酰胺} + \text{ADP} + \text{Pi}$$

（7）易位酶类　**易位酶**（translocase）又称转位酶，是催化离子或分子跨膜转运或在细胞膜内易位反应的酶。易位指从膜的一侧"面1"到另一侧"面2"的反应。目前，易位酶共有 76 种，6 个亚类。

例如泛醇氧化酶（EC 7.1.1.3）催化泛醇氧化，同时伴随着 H^+ 的跨膜转运。

$$2\text{泛醇} + \text{O}_2 + n\text{H}^+ \,[\text{面 1}] \longrightarrow 2\text{泛醌} + 2\text{H}_2\text{O} + n\text{H}^+$$

（二）核酶的分类

核酶（ribozyme）是具有生物催化功能的 RNA，其化学本质是核糖核酸。它是一类特殊的 RNA，能催化 RNA 分子中磷酸酯键的水解或其逆反应，参与细胞内 RNA 及其前体的加工和成熟过程。1994 年，Breaker 等利用体外选择技术发现了切割 RNA 的 DNA 分子，将其命名为脱氧核酶。但目前还没有发现天然脱氧核酶。

对于核酶的分类和命名还没有统一的原则和规定，一般依据以下方法对核酶进行分类和命名：

① 根据核酶催化的底物分子是其本身还是其他分子，核酶可以分为分子内催化酶和分子间催化酶。

② 根据核酶结构特点不同，核酶可以分为锤头型核酶、发夹型核酶等。

③ 根据核酶催化反应的类型，核酶可以分为剪接酶、剪切酶。剪接酶的作用是通过既剪又接的方式去除 RNA 前体中的内含子。它具有磷酸二酯键的水解活力和转酯活力，催化 RNA 分子水解切割并形成新的磷酸二酯键。剪接酶根据所含内含子的不同分为两种：含 I 型内含子的核酶和含 II 型内含子的核酶。含 I 型内含子的核酶需要鸟苷和 Mg^{2+} 参与反应，含 II 型内含子的核酶不需要鸟苷的参与。剪切型核酶的作用是只剪不接，催化自身或者其他 RNA 分子的特异核苷酸序列切下。催化切除自身核苷酸序列的称为自身催化剪切型核酶，催化切除其他 RNA 的核苷酸序列的酶称为异体催化剪切型核酶。

（知识链接）　　　　　　　　　　　　　　　**结晶的脲酶**

James Batcheller Sumner（1887.11.19—1955.8.12）美国化学家。他 17 岁在打猎时由于意外失去左手，却凭借坚强的意志成了赫赫有名的诺贝尔奖获得者。他从 1917 年开始用刀豆为原料，分离纯化其中的脲酶。1926年他终于成功地获得结晶的脲酶，这是生物化学史上首次得到的结晶酶，并首次直接证明酶是蛋白质。他的工作推动了现代酶学和蛋白质化学的发展。他于1946年获得诺贝尔化学奖。

第二节　酶的化学本质与结构

一、酶的化学本质与分子组成

（一）酶的化学本质与化学组成

酶的化学本质是蛋白质或RNA。目前已知的绝大多数酶是蛋白质，按其分子组成的不同，酶可分为单纯酶和结合酶。仅含有蛋白质的酶称为单纯酶。结合酶是由蛋白质和非蛋白质部分组成。非蛋白质部分称为**辅因子**（cofactor）；蛋白质部分称为**脱辅酶**（apoenzyme），即酶蛋白。脱辅酶与辅因子结合后所形成的复合物称为**全酶**（holoenzyme），即全酶＝脱辅酶＋辅因子。脱辅酶和辅因子单独存在均无催化活性，只有二者结合为全酶才有催化活性。脱辅酶与底物结合，决定酶促反应的底物专一性和高效性。辅因子对电子、原子或某些化学基团起传递作用，决定酶反应的类型。

辅因子分为有机小分子化合物和无机金属离子两种。有机小分子化合物一般为水溶性维生素的衍生物。根据其与酶蛋白的结合方式，辅因子可分为**辅基**（prosthetic group）和**辅酶**（coenzyme）两种。辅基与脱辅酶以共价键牢固结合，辅酶与脱辅酶以非共价键松散连接。辅基和辅酶仅在结合的牢固程度上有差异，没有本质区别。

（二）酶的分子组成

根据酶蛋白分子的组成特点，酶可分成单体酶、寡聚酶和多酶复合体三种。

（1）**单体酶**（monomeric enzyme）　仅由一条具有活性部位的多肽链构成，如淀粉酶、脂肪酶等。

（2）**寡聚酶**（oligomeric enzyme）　由几个或多个亚基组成，亚基之间以非共价键结合，如己糖激酶由4个亚基构成。很多寡聚酶是别构酶，活性受别构调控，在很多代谢途径中是关键酶。

（3）**多酶复合体**（multi-enzyme complex）　由几种不同功能的酶彼此嵌合形成，催化一系列反应的连续进行。如丙酮酸脱氢酶复合体由丙酮酸脱氢酶、硫辛酰转乙酰酶和二氢硫辛酰脱氢酶组成，脂肪酸合成酶由7种酶围绕着酰基载体蛋白（ACP）形成球状，若复合体解体或者其中1种酶失活则合成脂肪酸的活性丧失。

二、酶的结构与功能

（一）酶的结构

大多数酶是具有生物催化功能的蛋白质。酶分子具有一级、二级、三级结构，有些酶分子还具有四级结构。酶的催化作用依赖于酶分子的一级结构及空间结构的完整。若酶分子变性或亚基解聚，均可导致酶活性改变甚至丧失。

酶执行催化功能的能力是由它的三维结构决定的，而酶分子的三维结构取决于其一级结构。所以，酶的一级结构是其催化功能的基础。肽链折叠形成三级结构后，在肽链中原本相距很远的氨基酸残基才能聚集在一起形成显示酶催化活性的特殊区域，称为活性中心。所以，酶蛋白形成三级结构后，才具有催化活性。

寡聚酶由两个或多个亚基组成，每个亚基一般就是一条多肽链，具有三级结构。亚基之间通过氢键、静电力、范德华力和疏水相互作用等非共价键维系在一起。亚基通过非共价键缔合形成聚集体的方式构成酶分子的四级结构。有些寡聚酶分子中包含两个中心，一个是与底物结合、催化底物反应的活性中心，另一个是与调节物结合、调节反应速度的调节中心（或称为别构中心），这种酶称为别构酶。有些寡聚酶，每个亚基上都含有一个活性中心，但无调节中心，这类酶称为多催化部位寡聚酶。

（二）酶的结构与功能的关系

酶分子一级结构是酶催化功能的基础。一级结构的改变，酶的催化功能会发生相应的变化，主要有三种情况的变化。①催化功能丧失，原因是一级结构的改变引起酶活性中心的破坏。②催化功能保持不变或损失不多，例如木瓜蛋白酶由 212 个氨基酸残基构成，用亮氨酸氨肽酶从 N 端切除其肽链的 2/3，剩下的 1/3 肽链仍能表达原酶 99% 的活力，原因是该酶的活性中心是由集中在 C 端的几个氨基酸构成，切除 N 端 2/3 肽链后，酶活性中心的空间构象没有发生改变，所以酶活性基本保持不变。③酶分子显示其催化功能或酶活力提高，原因是肽链的断裂有利于酶活性中心的形成。例如胰蛋白酶原的激活过程，胰蛋白酶原从胰脏合成出来是无活性的，从 N 端切除 6 个氨基酸后，肽链空间结构重排，形成活性中心，胰蛋白酶才显示出活性。

若酶分子二级结构、三级结构破坏，则酶的空间结构破坏，酶的活性中心构象发生改变，会导致催化活性丧失。例如，牛胰核糖核酸酶是一个单体酶，由 124 个氨基酸残基组成，含有 4 个二硫键。美国科学家 Anfinsen 使用高浓度的 β-巯基乙醇将二硫键还原成巯基，再加入尿素，进一步破坏核糖核酸酶分子内部的次级键，则该酶的二级结构和三级结构都被破坏，肽链转变成了无规卷曲，酶的活性完全丧失。

酶的四级结构破坏，酶的催化功能会发生相应改变。①若别构酶的四级结构破坏，则催化亚基与调节亚基分离，催化亚基保持酶的催化活性，但失去调节功能。如天冬氨酸转氨甲酰酶经加热或汞化物处理后，四级结构破坏，天冬氨酸转氨甲酰酶解离成两种亚基，催化亚基仍具有催化功能，但 ATP、CTP 不能调节其活性。②若多催化部位寡聚酶的四级结构破坏，则亚基分离，一般情况下酶活性会全部丧失。

第三节　维生素与酶的辅助因子

一、维生素概述

维生素（vitamin）是生物体内一类化学结构各异，具有特殊功能的小分子有机化合物。少数维生素由生物体自身合成。大多数维生素在体内不能合成，生物体从食物获取。机体每天对维生素的需求量一般是毫克级或者微克级。维生素不能用来供能，也不是构成生物体的组成部分。绝大多数维生素是通过辅酶或辅基的形式参与体内酶促反应体系，在代谢中起调节作用，少数维生素具有一些特殊的生理功能。人体内维生素缺乏时，会发生"维生素缺乏症"。人体每日需要量是一定的，过量摄入也会导致疾病。

维生素可分为脂溶性和水溶性两大类。脂溶性维生素包括维生素 A、维生素 D、维生素 E、维生素 K 等，水溶性维生素包括维生素 C、硫辛酸和 B 族维生素。B 族维生素主要包括维生素 B_1、维生素 B_2、维生素 B_6、维生素 B_{12}、维生素 PP、泛酸、叶酸、生物素等。

二、脂溶性维生素

脂溶性维生素不溶于水，而溶于脂肪及非极性有机溶剂中，所以在自然界中一般与脂质共存，在人体中的吸收也依赖于脂质的吸收，可以在机体中储存，尤其是肝脏中，因此不需要每天都摄入。摄入量过多可能会引起中毒现象，过少则会缓慢出现缺乏症状。

1. 维生素 A

维生素 A 又称视黄醇、抗干眼病维生素，是一种异戊二烯类分子，包括 A_1 和 A_2 两种结构。维生素 A_1 有多种顺、反立体异构体。食物中的维生素 A_1 主要是全反式结构，生理活性最高；维生素 A_2 的生理活性只有维生素 A_1 的 40% 左右。食物中的维生素 A 在小肠黏膜细胞内结合成酯，最终被转运至肝脏储存。脂类物质含量高的动物肝脏、蛋黄等含有丰富的维生素 A。植物中不含维生素 A，但它们含有的 β-胡萝卜素进入人体后可被酶转化为维生素 A，被称为维生素 A 原。维生素 A 原在胡萝卜、玉米、绿叶蔬菜及黄色或橘色的水果中含量较高。β-胡萝卜素转化效率最高，在肝脏及小肠黏膜内经过酶的转化，其中 50% 变成维生素 A。

维生素A_1 维生素A_2

β-胡萝卜素

在体内，维生素 A 在视黄醇脱氢酶和视黄醛异构酶的作用下转化成 11-顺视黄醛。11-顺视黄醛与视蛋白结合生成视紫红质。视紫红质是一种感光蛋白，在强光中分解，在弱光中合成，与暗视觉有关。当缺乏维生素 A 时，视紫红质合成减少，对弱光敏感性降低，在弱光下视物模糊，称为夜盲症。补充维生素 A，可以治疗夜盲症。另外，维生素 A 的衍生物可以作为糖的携带者，参与糖蛋白的合成；维生素 A 还可以增强机体免疫力，缺乏时免疫力降低。

2. 维生素 D

维生素 D 又称为抗佝偻病维生素、钙化醇，是一类含有环戊烷多氢菲结构的类甾醇衍生物。它是一个家族，目前已知的成员包括维生素 D_2、维生素 D_3、维生素 D_4、维生素 D_5、维生素 D_6 和维生素 D_7，其中最为重要的是维生素 D_2（麦角钙化醇）和维生素 D_3（胆钙化醇）。维生素 D_2 是由太阳中的紫外线作用于麦角甾醇而转变产生的。紫外线作用于动物皮肤中的 7-脱氢胆甾醇产生维生素 D_3。维生素 D_3 被转运到肝脏中，在混合功能氧化酶的作用下生成 25-羟维生素 D_3。然后在肾脏中进一步被一种线粒体混合功能氧化酶羟化形成活性更高的 1,25-二羟维生素 D_3。高活性的 1,25-二羟维生素 D_3 被转运到各组织中参与钙、磷代谢。

维生素 D 能促进钙、磷在小肠及肾小管的吸收；在甲状旁腺素和降钙素的协同下，调节钙和磷的平衡；促使新骨形成与钙化。缺乏维生素 D 时，钙、磷吸收减少，引起血钙、血磷浓度降低，出现手足抽搐和惊厥等；成骨过程受阻，儿童引起佝偻病，成年人引起软骨病。维生素 D 能促进钙的吸收，所以一般在补钙的同时需要补充维生素 D。维生素 D 主要存在于动物肝脏、奶及蛋黄中，鱼肝油中含量很高。

7-脱氢胆甾醇   维生素D_3 维生素D_2

3. 维生素 E

维生素 E 又称为生育酚、抗不育维生素，与动物生育有关。天然维生素 E 共有 8 种结构，按化学结构分生育酚和生育三烯酚两类。

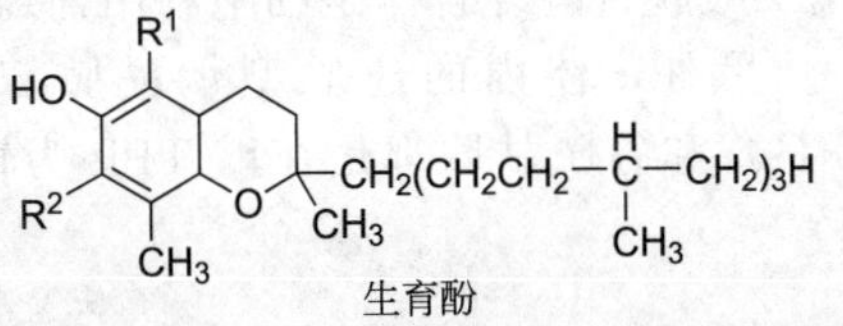

生育酚 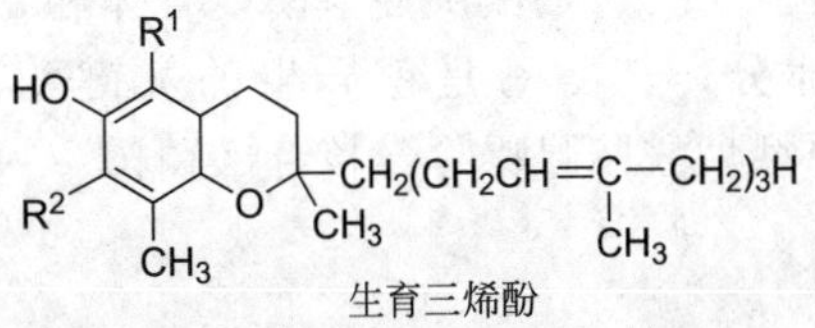　　　　　　　　　　　　生育三烯酚

8 种维生素 E 的差异在于环状结构上甲基的数目和位置，分为 α-、β-、γ-、δ-生育酚和生育三烯酚。当 R^1、R^2 均为 CH_3 时，称为 α-生育酚或 α-生育三烯酚；当 R^1 为 CH_3、R^2 为 H 时，称为 β-生育酚或 β-生育三烯酚；当 R^1 为 H、R^2 为 CH_3 时，称为 γ-生育酚或 γ-生育三烯酚；当 R^1、R^2 均为 H 时，称为 δ-生育酚或 δ-生育三烯酚。其中 α-生育酚的生理活性最高，γ-生育酚的抗氧化性最强。

维生素 E 具有抗氧化作用，其自身被氧化从而减少生物膜中不饱和脂肪酸的氧化，减少机体生物膜的损害，因此缺乏维生素 E 时红细胞受到氧化损伤、寿命缩短、数量减少。维生素 E 与动物生殖有关，它维持和促进生殖功能，促进精子生成和运动，增加卵泡生长和孕酮的分泌。另外，它还具有维持毛细血管的正常通透性，维持骨骼肌、心肌和平滑肌的正常结构等功能。

维生素 E 在大豆油、玉米油、葵花籽油等植物油中含量丰富，在豆类、蔬菜中也有，一般不容易缺乏。

4. 维生素 K

维生素 K 又称凝血维生素，具有促进凝血的功能。维生素 K 是一系列 2-甲基-1,4-萘醌衍生物的统称。天然的维生素 K 有维生素 K_1（叶绿基甲萘醌）和维生素 K_2（聚异戊烯基甲萘醌）。维生素 K_1 在绿叶植物及动物肝脏中含量丰富。维生素 K_2 是人体肠道细菌代谢产生的。维生素 K_3 和维生素 K_4 是根据天然维生素 K 的结构人工合成用于临床的药物。

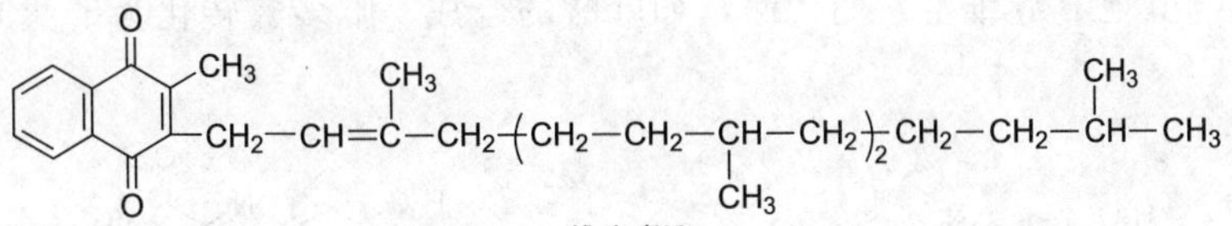

维生素 K_1

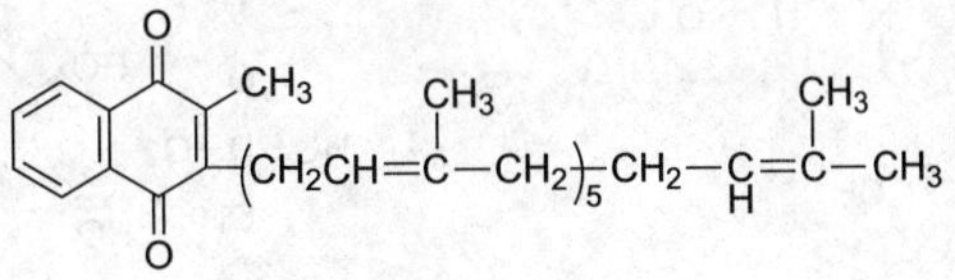

维生素 K_2

维生素 K 可以促进肝脏合成凝血因子 Ⅱ、Ⅶ、Ⅸ、Ⅹ，而且在凝血过程中促进纤维蛋白原转变成纤维蛋白。当维生素 K 缺乏时，机体不能形成正常的凝血因子，发生凝血障碍。人体肠道细菌能代谢产生维生素 K，所以人体一般不会缺乏。偶尔新生婴儿或胆管阻塞患者会因缺乏维生素 K，发生凝血时间延长或血块回缩不良。

三、水溶性维生素与辅酶

水溶性维生素可溶于水而不溶于非极性有机溶剂，包括维生素 C、硫辛酸和 B 族维生素。B 族维生素包括维生素 B_1、维生素 B_2、维生素 PP、维生素 B_6、泛酸、生物素、叶酸、维生素 B_{12} 等。水溶性维生素在人体内极少储存，多余的水溶性维生素大多从尿中排出，所以需每日补充摄入。若摄入量过少则出现缺乏症状。

1. 维生素 B_1

维生素 B_1 又称抗神经炎维生素或者抗脚气病维生素，也称为硫胺素，因为它是由含硫的噻唑环和含氨基的嘧啶环组成。它在生物体内的辅酶形式是硫胺素焦磷酸（TPP）。TPP 在动物糖代谢中起着重要作用，是醛和酮合成与裂解反应的辅酶。丙酮酸脱氢酶复合体、α-酮戊二酸脱氢酶复合体和磷酸戊糖途径的转酮酶等都依赖于 TPP。丙酮酸脱氢酶复合体和 α-酮戊二酸脱氢酶复合体是细胞利用葡萄糖产生 ATP 途径的重要组成部分；转酮酶是糖异生的关键酶之一。另外，体内的还原型烟酰胺腺嘌呤二核苷酸（NADH）、还原型烟酰胺腺嘌呤二核苷酸磷酸（NADPH）和谷胱甘肽都是在以 TPP 为辅酶的代谢过程中产生的。

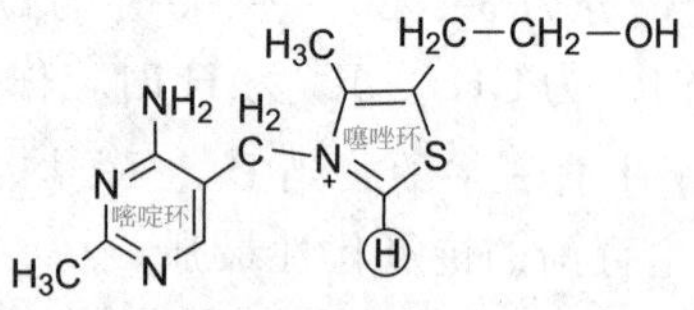

硫胺素 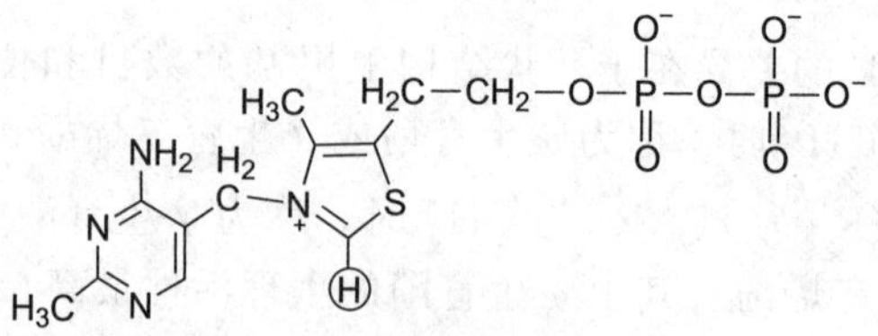   硫胺素焦磷酸(TPP)

在维生素 B_1 缺少的情况下，糖代谢中间物丙酮酸不能顺利脱羧，会积聚于血液和组织中而出现神经炎、皮肤麻木、下肢浮肿、四肢无力、心力衰竭等症状，称为脚气病。

自然界中真菌、微生物和植物可以合成维生素 B_1，动物和人类则只能从食物中获取。维生素 B_1 主要存在于种子的外皮和胚芽中，米糠和麸皮中含量很丰富。另外，在动物的肝、肾等内脏及瘦肉和蛋黄中也含有丰富的维生素 B_1，酵母、某些蔬菜如芹菜和紫菜等也有一定含量的维生素 B_1。

2. 维生素 B_2

维生素 B_2 又称为核黄素，它的活性形式有两种，分别是黄素单核苷酸（FMN）和黄素腺嘌呤二核苷酸（FAD）。FMN 和 FAD 是机体中一些重要的氧化还原酶的辅酶或辅基，如琥珀酸脱氢酶、细胞色素 c 还原酶、黄嘌呤氧化酶及 NADH 脱氢酶等，参与氧化还原反应，起到递氢的作用。主要参与呼吸链能量产生，氨基酸代谢，脂类氧化反应，嘌呤代谢，芳香族化合物的羟化，蛋白质及某些激素的合成，铁的转运、储存及动员，参与其他 B 族维生素的代谢，如叶酸的合成、吡多醛转化为磷酸吡哆醛、色氨酸转化为尼克酸等。

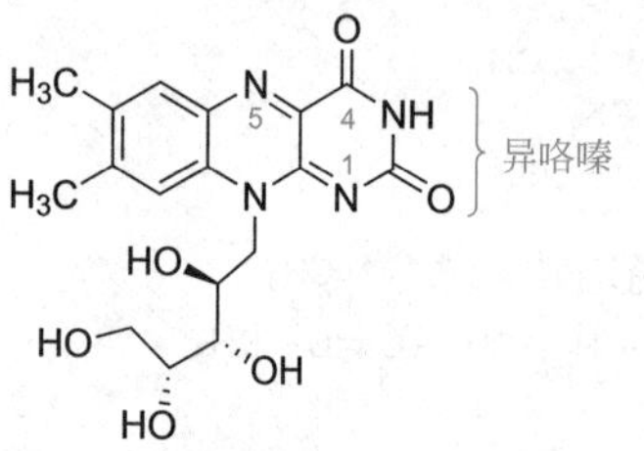

维生素B_2 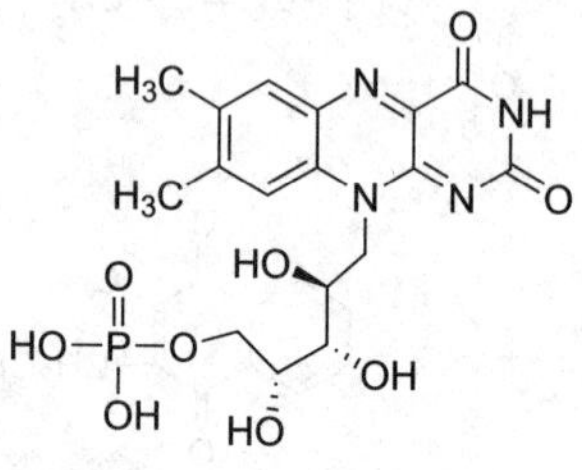   FMN

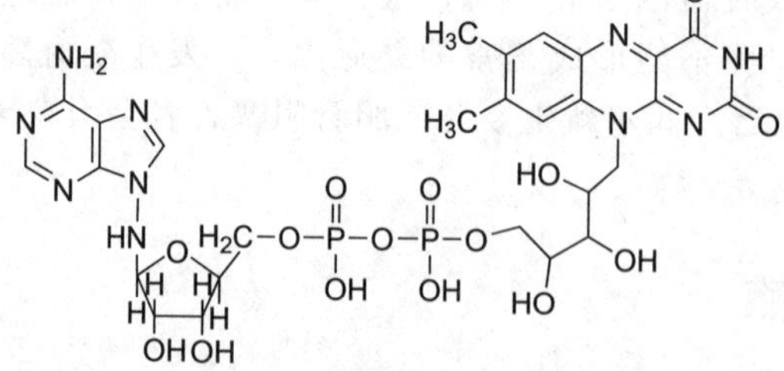

FAD

核黄素分子中异咯嗪的 1 位和 5 位 N 原子上有两个活泼的双键，容易发生氧化还原反应。FMN 或 FAD 能以 3 种不同氧化还原状态的形式存在（图 3-1），可以参加 1 个电子或 2 个电子的转移反应。

当维生素 B_2 缺乏时，机体的生物氧化会受到影响，使代谢发生障碍，多表现为口、眼和外生殖器部位的炎症，如口角炎、唇炎、舌炎、眼结膜炎和阴囊炎等。

维生素 B_2 在各类食品中广泛存在，通常动物性食品中的含量比较高，如各种动物的肝脏、心脏、蛋黄以及奶类等。许多绿叶蔬菜和豆类中含量也较高。因此，为了充分满足机体对 B 族维生素的需求，除了食用动物肝脏、蛋、奶等动物性食品外，应该多吃新鲜绿叶蔬菜、各种豆类和粗米、粗面。

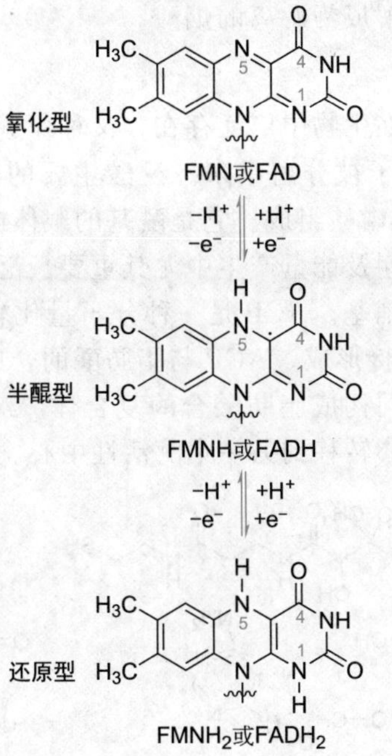

图 3-1　FMN 或 FAD 的氧化还原态

3. 维生素 PP

维生素 PP 又称为抗癞皮病因子，是具有生物活性的全部吡啶-3-羧酸及其衍生物的总称，自然界中有烟酸（尼克酸）和 烟酰胺（尼克酰胺）两种。植物性食物中存在的主要是烟酸，动物性食物中主要是烟酰胺。

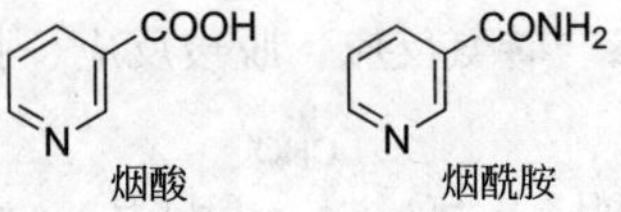

烟酰胺是维生素 PP 在动物体内的主要存在形式，是辅酶Ⅰ（烟酰胺腺嘌呤二核苷酸简称 NAD^+）和辅酶Ⅱ（烟酰胺腺嘌呤二核苷酸磷酸，简称 $NADP^+$）的前体。以 NAD^+ 和 $NADP^+$ 为辅酶的酶是脱氢酶类，这些酶催化细胞内的氧化还原反应。一般来说，以 NAD^+ 为辅酶的脱氢酶类通常与呼吸链有关，而以 $NADP^+$ 为辅酶的脱氢酶类则与生物合成反应有关。

NAD^+、$NADP^+$ 接受从底物上转移来的氢负离子（H：$^-$）变成还原形式 NADH、NADPH（图 3-2），氢负离子含 2 个电子，所以 NADH、NADPH 起 2 个电子载体的作用。

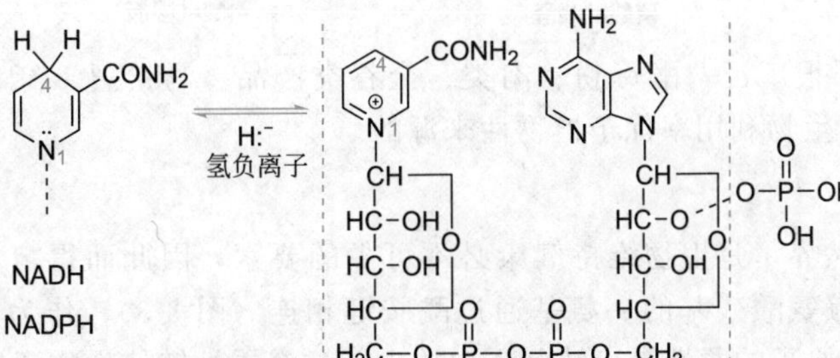

图 3-2　烟酰胺的两种辅酶结构和氧化还原状态

维生素 PP 缺乏可引起癞皮病，主要表现是机体裸露部位和易受摩擦部位出现皮炎。烟酸和烟酰胺在动物肝脏、瘦肉、鱼以及坚果中含量丰富；乳、蛋中的含量虽然不高，但色氨酸较多，在体内可以被转化为烟酸。谷物类中的烟酸 80%～90% 存在于种皮中。玉米中的烟酸含量并不低，但以结合型存在，不能被人体吸收利用，而且玉米中色氨酸含量低，所以以玉米为主食的人群容易发生癞皮病。用碱（如碳酸氢钠）处理玉米，可将结合型的烟酸水解成为游离的烟酸。

4. 泛酸

泛酸意指无所不在的酸类物质，在生物中广泛存在，又称作遍多酸。由于泛酸无所不在，所以人体很少缺乏。泛酸最初作为酵母的生长因子被分离出来。泛酸主要的辅酶形式是辅酶 A（CoA 或 HSCoA），由泛酸、巯基乙胺、腺苷-3′-磷酸及焦磷酸组成。它是酰基的载体或供体，是各种酰化酶的辅酶，参与糖、脂、蛋白质代谢，在糖、脂肪酸的代谢及能量产生中尤其重要。泛酸的另一种辅因子形式是磷酸泛酰巯基乙胺，它是酰基载体蛋白（ACP）的辅基。ACP 是一种分子量比较低的蛋白质，由磷酸泛酰巯基乙胺与 ACP 分子上丝氨酸残基的羟基共价连接形成。ACP 与脂肪酸的合成关系密切。在真核生物中，ACP 与另一个含有 7 种酶活性的多功能多肽共同构成脂肪酸合酶复合体。ACP 通过其辅基的巯基与脂酰基形成硫酯键，把脂酰基依次从一个酶活性中心转移到另一个酶活性中心。

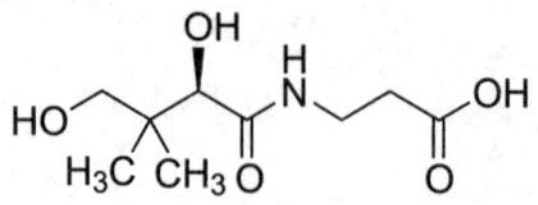

泛酸

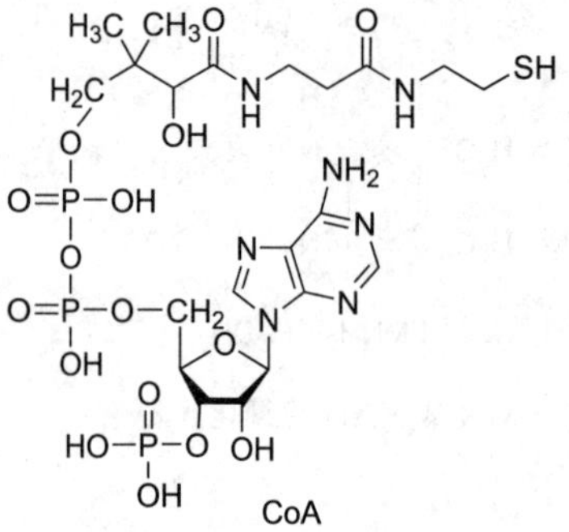

CoA

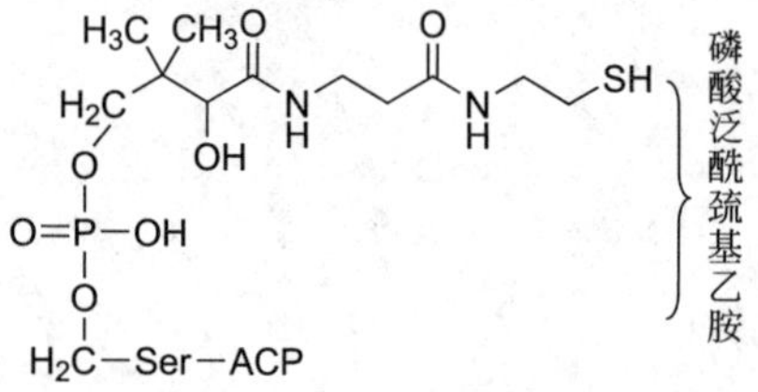

辅基磷酸泛酰巯基乙胺与ACP连接形成的复合体

磷酸泛酰巯基乙胺

5. 维生素 B_6

吡哆醛、吡哆胺和吡哆醇总称为维生素 B_6。维生素 B_6 参与形成磷酸吡哆醛（PLP）和磷酸吡哆胺两种辅酶，它们在氨基酸代谢中特别重要，参与转氨反应、脱羧反应、脱水反应、转硫化反应以及消旋反应等。

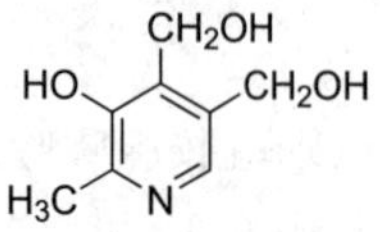

吡哆醇 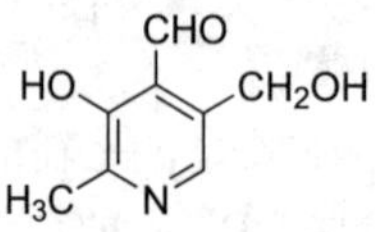　　吡哆醛 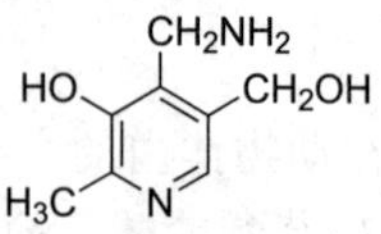　　吡哆胺

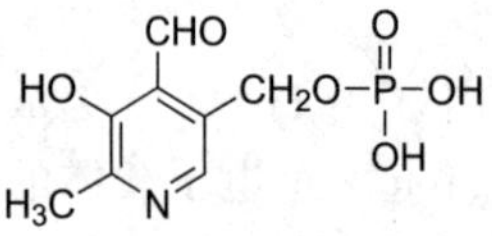

磷酸吡哆醛 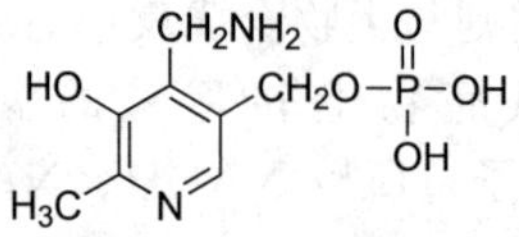　　磷酸吡哆胺

维生素 B_6 的食物来源很广泛，酵母粉、肉类、全谷类产品、马铃薯、红薯、蔬菜和坚果中含量较高。动物来源的维生素 B_6 生物利用率优于植物性来源的。

6. 生物素

生物素广泛存在于自然界，是生物维持健康必不可少的要素，因此而得名，也称为维生素 H。生物素与酶蛋白中某个特定的赖氨酸残基的 ε-氨基通过酰胺键相连（图 3-3），作为羧基载体，参与体内各种羧化反应。生物素被 10 个原子的柔性链束缚到蛋白质上，这个柔性链使生物素成为一个活动的羧基载体，它接受羧基并能运送羧基到另一个位置的底物受体上。

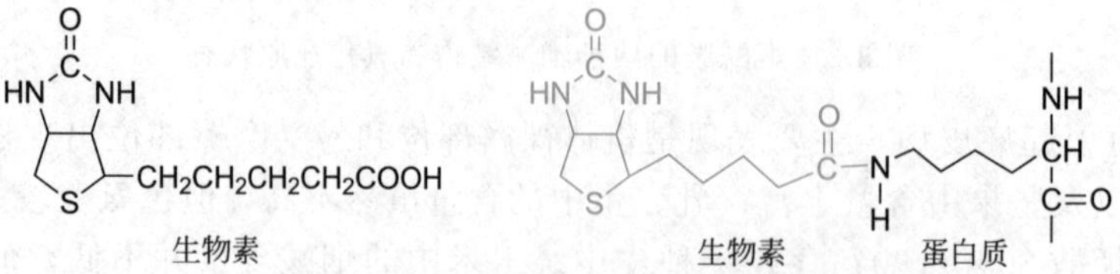

生物素　　　　　生物素　　蛋白质

图 3-3　生物素通过赖氨酸残基共价结合到蛋白质分子上

生物素与体内糖及脂肪代谢中的主要生化反应有关，如丙酮酸羧化转变成草酰乙酸，乙酰辅酶 A 羧化成为丙二酸单酰辅酶 A 等。此外，生物素在蛋白质生物合成中以及转氨基作用中也起着重要作用。生物素在食物中的分布很广，人体一般不缺乏这种维生素。

7. 叶酸

叶酸在绿叶中含量丰富，因此被称作叶酸。叶酸的辅酶形式是四氢叶酸（THF，也称为 CoF）。在二氢叶酸还原酶的催化作用下、由还原型辅酶Ⅱ（NADPH）提供还原力，叶酸被还原成四氢叶酸（图 3-4）。THF 是一碳基团（如甲基、亚甲基、甲酰基等）的载体，在嘌呤类、丝氨酸、甘氨酸和甲基基团的生物合成中起重要作用。此外，叶酸在核蛋白的生物合成上也是不可缺少的。

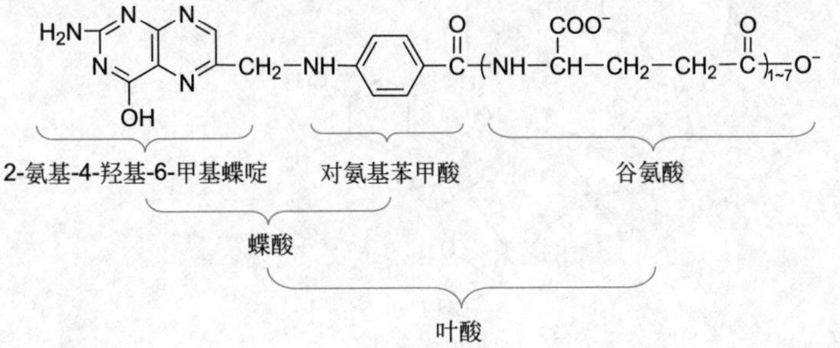

2-氨基-4-羟基-6-甲基蝶啶　对氨基苯甲酸　谷氨酸

蝶酸

叶酸

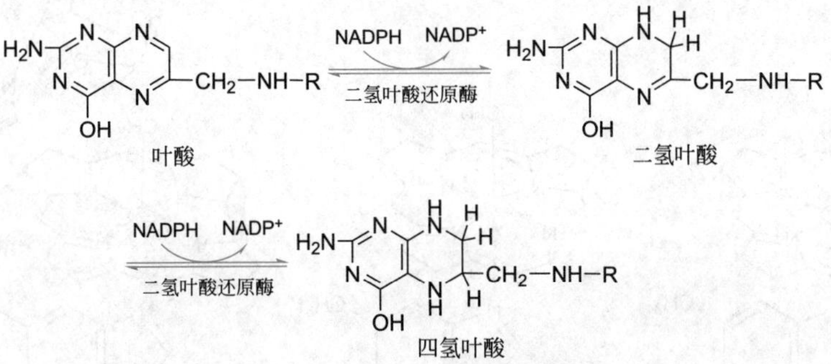

NADPH　NADP⁺　二氢叶酸还原酶

叶酸　　二氢叶酸

NADPH　NADP⁺　二氢叶酸还原酶

四氢叶酸

图 3-4　叶酸在二氢叶酸还原酶催化下生成四氢叶酸

THF 作为一碳单位载体参与合成嘌呤和胸腺嘧啶，所以叶酸与核酸合成有关。若叶酸缺乏，则 DNA 合成受到抑制，缺少 DNA，骨髓巨红细胞分裂速度降低，核内染色质疏松，细胞体积变大，骨髓内这种特殊的巨幼红细胞增多。大部分巨幼红细胞在骨髓内就被破坏，从而造成贫血，称为巨幼红细胞贫血。叶酸广泛存在于食物中，人类肠道细菌也可以合成，因此一般不会发生叶酸缺乏。但是，婴幼儿、孕妇对叶酸的需求量比较大，胃肠道消化、吸收不良的病人，可能会出现叶酸摄入不足而导致巨红细胞贫血，都需要补充叶酸。

细胞生长需要 THF，而 THF 是由二氢叶酸还原酶催化叶酸还原生成的，因此，抑制二氢叶酸还原酶的活力可以抑制细胞的生长，这是氨基蝶呤等抗癌药物、磺胺类药物抑菌的机理。

8. 维生素 B_{12}

维生素 B_{12} 又称氰钴胺素，其结构中有一个咕啉环，且含有钴离子及氰基（—CN），是唯一含金属元素的维生素。维生素 B_{12} 的辅酶形式有两种，主要的一种形式是 5′-脱氧腺苷钴胺素，少数的一种形式是甲基钴胺素。维生素 B_{12} 中的 CN 被 5′-脱氧腺苷基团所代替，也就是 5′-脱氧腺苷钴胺素。5′-脱氧腺苷钴胺素是由黄素蛋白还原酶催化维生素 B_{12} 和 ATP 反应生成的。这个化合物不稳定，当有氰化物存在或在光照下即转变为维生素 B_{12}。

5′-脱氧腺苷钴胺素参与两种类型的反应：①分子内重排；②核苷酸还原成脱氧核苷酸（某些细菌中）。甲基钴胺素参与一种类型的反应：甲基转移。5′-脱氧腺苷钴胺素作为几种变位酶的辅酶，参与分子内重排，如谷氨酸变位酶催化谷氨酸转变为甲基天冬氨酸、甲基丙二酸单酰 CoA 变位酶催化甲基丙二酸单酰 CoA 转变为琥珀酰 CoA。甲基钴胺素作为甲基转移酶的辅因子，参与蛋氨酸、胸腺嘧啶核苷酸等的合成。因此，维生素 B_{12} 与蛋白质、DNA 的生物合成有关，对红细胞的成熟很重要。当身体严重缺乏维

生素 B_{12} 时，巨幼红细胞的 DNA 合成受抑制，不能分化成成熟的红细胞，将引起恶性贫血。

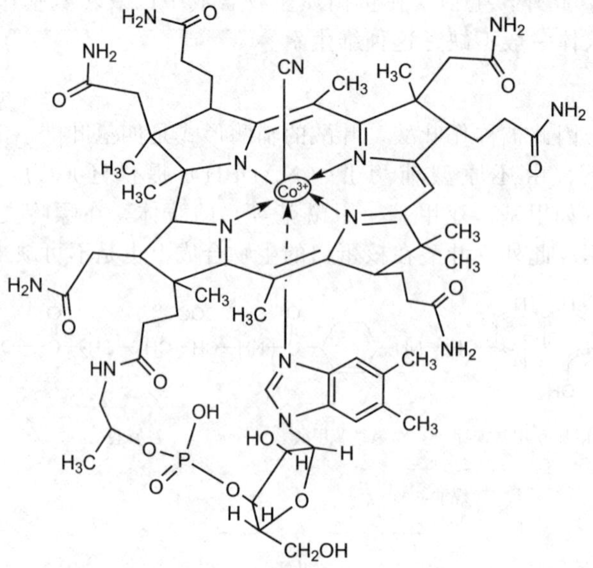

维生素B_{12}

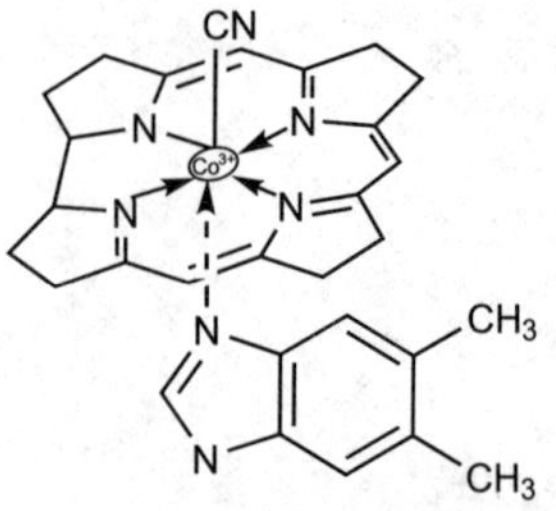

维生素B_{12}简化形式 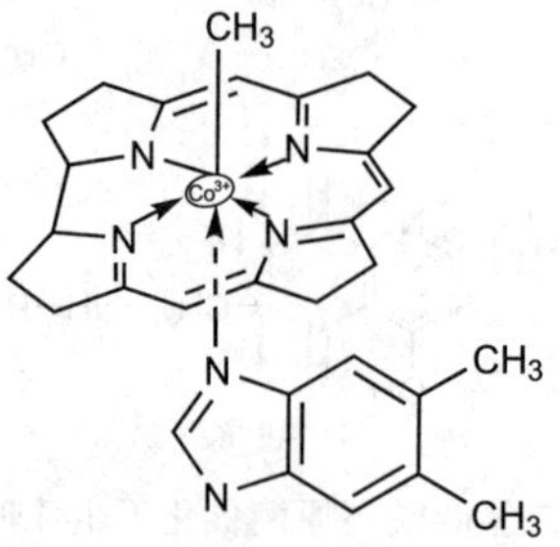　　　甲基钴胺素 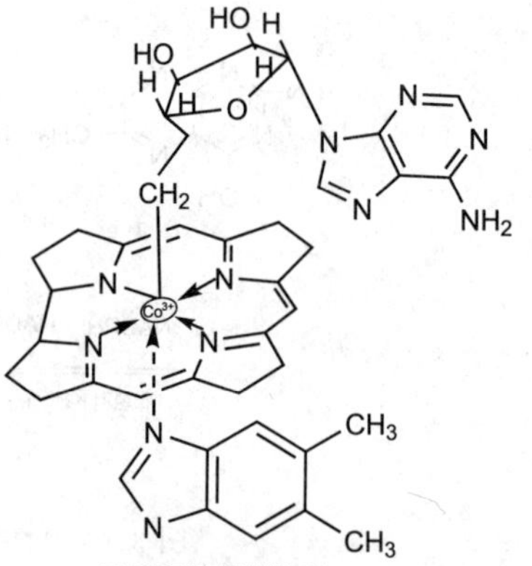　　　5'-脱氧腺苷钴胺素

　　人体对维生素 B_{12} 的需要量极少，而且肠道细菌可以合成，一般情况下不缺乏。它还能贮藏在肝脏中，用尽贮藏后，经过半年以上才会出现缺乏症状。维生素 B_{12} 是消化道疾病患者容易缺乏的维生素。自然界中的维生素 B_{12} 都是微生物合成的。维生素 B_{12} 主要存在于肉类食品中。维生素 B_{12} 是唯一的一种需要内源因子帮助才能被吸收的维生素。内源因子是胃黏膜分泌的一种糖蛋白，它与维生素 B_{12} 结合保护其不被肠道细菌破坏，并使维生素 B_{12} 通过肠壁被吸收。缺乏内源因子会导致维生素 B_{12} 缺乏症。

9. 硫辛酸

　　硫辛酸以氧化型和还原型两种形式混合存在，这两种形式可以相互转换。硫辛酸与酶蛋白中赖氨酸残基的 ε-氨基通过酰胺键共价结合，作为酰基载体。硫辛酸存在于两个复合体（丙酮酸脱氢酶复合体和 α-酮戊二酸脱氢酶复合体）中，在两个关键性的氧化脱羧反应中起作用，催化酰基的产生和转移。硫辛酸可以接受乙酰基或琥珀酰基，形成一个硫酯键，然后将乙酰基或琥珀酰基转移到 CoA 的硫原子上产生乙酰-CoA 或琥珀酰-CoA。

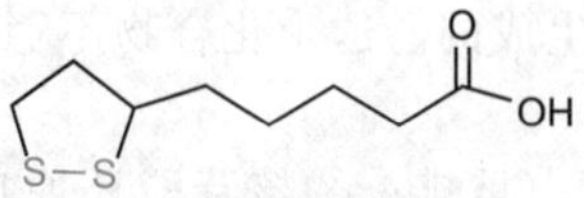

硫辛酸(氧化型) 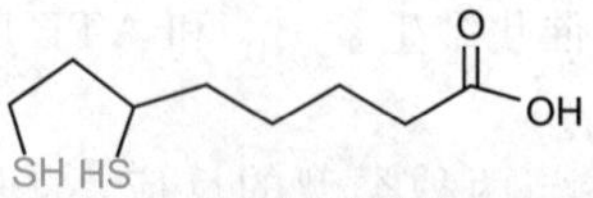　　　　　硫辛酸(还原型)

　　硫辛酸在自然界分布广泛，肝和酵母细胞中含量最丰富，一般常和维生素 B_1 同时存在。人体也可以合成，尚未发现有硫辛酸的缺乏症。

10. 维生素 C

维生素 C 是一种多羟基化合物，具有防治坏血病（维生素 C 缺乏病）的作用。其分子中 C2 和 C3 上两个相邻的烯醇式羟基极易解离释放出 H^+，具有酸性，所以又称抗坏血酸。抗坏血酸分子中的 C4、C5 是两个不对称碳原子，存在 D-型、L-型两种光学异构体。D-抗坏血酸没有生理功能，自然界存在的是有生理活性的 L-抗坏血酸。

维生素C

维生素 C 具有很强的还原性，其生理功能是基于其还原性质产生的。维生素 C 容易被氧化成脱氢维生素 C，此反应可逆。

L-抗坏血酸　　　　　　　脱氢抗坏血酸

维生素 C 在体内具有多种生理功能，包括参与体内的氧化还原反应、多种羟化反应等。

（1）参与体内的氧化还原反应　在体内，L-抗坏血酸（还原型）与脱氢抗坏血酸（氧化型）可以相互转换，所以它既可以作为供氢体，又可以作为受氢体，在体内氧化还原过程中发挥重要作用。

维生素 C 维持巯基酶的活性和谷胱甘肽的还原状态。这保证了代谢的正常进行和生物膜的完整性，对生命活动至关重要。许多酶的活性中心含有巯基，只有自由的巯基才能让酶发挥催化功能。维生素 C 能保护巯基不被氧化，从而维持巯基酶的活性。谷胱甘肽是由谷氨酸、胱氨酸和甘氨酸组成的短肽，在体内有氧化型和还原型两种存在形式，其中还原型谷胱甘肽具有抗氧化及解毒作用。维生素 C 能使氧化型谷胱甘肽还原成还原型谷胱甘肽。还原型谷胱甘肽能还原过氧化物及自由基，保护生物膜免受氧化损伤。重金属离子（Pb^{2+}、Hg^{2+} 等）可以与巯基酶中的—SH 结合，导致酶失活。还原型谷胱甘肽可以与重金属离子（Pb^{2+}、Hg^{2+} 等）结合，并将重金属离子排出体外，恢复巯基酶活性中心的自由—SH，具有解毒作用。总之，维生素 C 充足，则维生素 C、谷胱甘肽、巯基酶形成一个强有力的抗氧化组合，清除过氧化物及自由基，保护细胞的正常功能及肝脏的解毒能力。

维生素 C 促进铁的吸收。维生素 C 能使难以吸收的 Fe^{3+} 还原为易于吸收的 Fe^{2+}，从而促进铁的吸收。而且与 Fe^{2+} 吸收有关的亚铁络合酶等也是巯基酶，依赖于维生素 C 的还原保护作用。所以，维生素 C 是治疗缺铁性贫血的重要辅助药物。

维生素 C 能促进叶酸还原为四氢叶酸，对治疗巨幼红细胞性贫血有一定疗效。维生素 C 还能保护维生素 A、维生素 E 及 B 族维生素免遭氧化。

（2）参与体内的羟化反应　羟化反应是体内许多重要物质合成或分解的必要步骤，如胶原蛋白的合成、胆固醇的代谢。维生素 C 是羟化过程中必不可少的辅助因子。

维生素 C 促进胶原蛋白合成。胶原蛋白占人体蛋白质的 1/3 左右，骨骼、筋腱、皮肤、血管都含有大量胶原蛋白。胶原蛋白中含有羟脯氨酸和羟赖氨酸两种带羟基的氨基酸，它们是胶原蛋白的"特色"氨基酸。羟脯氨酸和羟赖氨酸是在胶原赖氨酸羟化酶和胶原脯氨酸羟化酶催化下，分别以赖氨酸和脯氨酸为底物羟基化生成。维生素 C 是羟化过程中必不可少的辅助因子。维生素 C 缺乏时，胶原蛋白合成障碍，导致毛细血管脆性增加，发生皮下出血、黏膜出血等，从而发生坏血病。

维生素 C 促进胆固醇的代谢。在肝脏中胆固醇转化为胆汁酸是其在体内代谢的主要去路。此转化过程中，胆固醇 7α-羟化酶是限速酶，它将胆固醇侧链羟化。维生素 C 可以提高胆固醇 7α-羟化酶的活力，维生素 C 缺乏则胆固醇转变为胆汁酸的速度缓慢。高胆固醇患者，应补给足量的维生素 C，促进胆固醇的转化。

维生素 C 促进神经递质合成。5-羟色胺、多巴胺及去甲肾上腺素等神经递质的生成都依赖于维生素 C，所以维生素 C 在脑及中枢神经系统中起着重要作用。

（3）其他功能　维生素 C 促进有机物或毒物氧化解毒。维生素 C 能提升混合功能氧化酶的活性，增强药物或毒物的氧化，促进解毒。

维生素 C 改善变态反应。维生素 C 有助于组胺等的降解和清除，防止组胺积累，从而减轻机体的过敏反应。维生素 C 刺激免疫系统。白细胞含有丰富的维生素 C，保护其免受氧化损伤。维生素 C 可以增强中性粒细胞的趋化性和变形能力，提高杀菌能力。它还能促进淋巴母细胞的生成，提高机体对外来和恶变细胞的识别及杀灭。

维生素 C 在大多数生物体内可以合成，但是人类只能从食物中获取，而且人体无法储存维生素 C，长期缺乏维生素 C 会造成坏血病。维生素 C 在新鲜水果、蔬菜中广泛存在，柑橘、番茄、鲜枣中含量比较高。

各种维生素的主要生理功能、来源及缺乏症见表 3-1。

表 3-1　各种维生素的主要生理功能（包括活性形式）、来源及缺乏症

分类	名称	主要生理功能	来源	缺乏症
脂溶性	维生素 A（视黄醇、抗干眼病维生素）	1. 构成视紫红质 2. 参与糖蛋白的合成 3. 增强机体免疫力	动物肝脏、蛋黄，胡萝卜、玉米、绿叶蔬菜及黄色或橘色的水果（维生素 A 原）	夜盲症 干眼症
	维生素 D（抗佝偻病维生素、钙化醇）	1. 促进钙、磷吸收 2. 调节钙和磷的平衡 3. 促使新骨形成与钙化	动物肝脏、奶及蛋黄，日光照射皮肤	儿童：佝偻病 成年人：软骨病
	维生素 E（生育酚、抗不育维生素）	1. 抗氧化作用，减少机体生物膜的损害 2. 维持和促进生殖功能 3. 维持毛细血管的正常通透性等功能	大豆油、玉米油、葵花籽油、豆类、蔬菜	未发现缺乏症
	维生素 K（凝血维生素）	具有促进凝血的功能	绿叶植物、动物肝脏，肠道细菌可以合成	凝血时间延长或血块回缩不良
水溶性	维生素 B₁（抗神经炎维生素，抗脚气病维生素，硫胺素）	1. 辅酶形式是硫胺素焦磷酸（TPP） 2. 醛和酮合成与裂解反应的辅酶	种子的外皮和胚芽，动物内脏、瘦肉和蛋黄	神经炎 脚气病
	维生素 B₂（核黄素）	1. 活性形式有两种：FMN 和 FAD 2. 参与生物氧化体系	肝脏、蛋、奶等动物性食品，新鲜绿叶蔬菜、豆类等	口角炎、唇炎、舌炎、眼结膜炎和阴囊炎等
	维生素 PP（抗癞皮病因子）	1. 活性形式有两种：辅酶Ⅰ（NAD⁺）和辅酶Ⅱ（NADP⁺） 2. 参与生物氧化体系	动物肝脏、瘦肉、鱼以及坚果	癞皮病
	泛酸（遍多酸）	1. 辅酶 A（CoA 或 HSCoA），酰基载体蛋白（ACP） 2. 各种酰化酶的辅酶，参与糖、脂、蛋白质代谢	广泛存在	未发现缺乏症
	维生素 B₆（吡哆醛、吡哆胺和吡哆醇）	1. 磷酸吡哆醛（PLP）和磷酸吡哆胺 2. 参与转氨反应、脱羧反应、脱水反应、转硫化反应以及消旋反应	酵母粉、肉类、全谷类产品、马铃薯、甜薯等	未发现缺乏症

分类	名称	主要生理功能	来源	缺乏症
水溶性	维生素 B_{12}(氰钴胺素)	1. 辅酶形式有两种：5′-脱氧腺苷钴胺素(主要)，甲基钴胺素 2. 分子内重排；核苷酸还原成脱氧核苷酸	肠道细菌可以合成，一般情况下不缺乏	恶性贫血
	生物素(维生素 H)	羧基载体，构成羧化酶辅酶	分布很广	未发现缺乏症
	叶酸	1. 四氢叶酸(THF,CoF) 2. 一碳基团载体	广泛存在于食物中，肠道细菌也可以合成	巨红细胞贫血
	硫辛酸	酰基载体	肝和酵母细胞	未发现缺乏症
	维生素 C(抗坏血酸)	1. 参与体内的氧化还原反应 2. 参与羟化反应 3. 促进铁的吸收 4. 促进有机物或毒物氧化解毒 5. 改善变态反应	新鲜水果、蔬菜	坏血病

四、其他辅因子

金属离子是酶分子很重要的一种辅因子。作为辅因子的金属离子多数是过渡金属离子，如 Fe^{2+}、Mn^{2+}、Cu^{2+} 等；少数是碱金属离子及碱土金属离子，如 Na^+、K^+、Mg^{2+}、Ca^{2+} 等。

金属离子作为辅因子在酶催化过程中所起的作用主要是：

① 金属离子带正电荷，是亲电基团，容易结合小分子底物，并且在活性中心为反应定向。

② 与底物过渡态的功能基团配位，稳定过渡态的几何结构和电荷。

③ 金属离子与底物结合，造成底物极化，促进反应发生。

④ 有些金属离子有两种或两种以上价态，可以可逆地改变氧化态调节氧化还原反应。如 Fe^{2+} 可以可逆地氧化成 Fe^{3+}，是细胞色素 P450 的辅酶，在细胞色素 P450 催化氧化还原反应时传递电子。

知识链接

维生素 B_1 与脚气病

维生素 B_1 是第一个被发现的维生素。18～19 世纪，在中国、日本，尤其在东南亚一带每年约有几十万人死于维生素 B_1 缺乏所致的脚气病。19 世纪末，荷兰医生艾克曼在研究脚气病时，提出了脚气病的营养学假说。在以后的研究中，人们发现糙米可以防治人类的脚气病。波兰化学家冯克于 1912 年宣称提纯了这种物质，因为这种物质含有氨基，所以被命名为维他命，这是拉丁文的生命（vita）和氨（-amin）缩写而创造的词。真正的抗脚气病因子由两名荷兰的化学家简森和多纳斯于 1926 年从糠中提取，并命名为硫胺素。

第四节　酶的作用机制

一、酶活性中心的特点

1. 活性中心

在酶蛋白分子的众多氨基酸残基中，只有少数特定的氨基酸残基参与底物结合及催化作用。这些氨基酸残基在肽链中原本相距很远，甚至处在不同的肽链中，通过肽链盘绕、折叠形成酶蛋白的空间结构后，这些氨基酸残基集中在一起形成显示酶的催化活性的特殊区域。这个与底物结合并将底物转化为产物的空间结构区域，称为酶的活性部位，也称为酶的**活性中心**（active site）。酶的活性中心一旦被破坏，酶将失去其催化活性。一般活性中心由**结合部位**（binding group）和**催化部位**（catalytic group）构成。结合部位与底物结合形成复合物，决定酶的专一性。催化部位影响底物某些化学键的稳定性，催化底物转变成产物，决定酶的催化效率和催化反应的性质。对于需要辅酶的酶来说，辅酶或辅酶的某一部分结构也是活性部位的组成部分。

酶的活性中心是多肽链折叠后，在酶分子表面形成的一个具有三维空间结构的孔穴或裂隙，容纳底物与之结合并催化底物转变为产物。酶的活性中心一般具有以下特点：

① 活性部位只占酶分子很小的一部分（1%～2%），一般只由几个氨基酸组成，而且多为极性氨基酸。在活性中心7种氨基酸出现的频率最高：Lys，Asp，Glu，Cys，His，Tyr，Ser。

② 活性部位是一个三维空间结构。这个三维空间结构是由酶蛋白的一级结构决定的。形成活性部位的氨基酸残基在肽链中原本相距很远，甚至处在不同的肽链中，通过肽链盘绕、折叠在空间上相互靠近，形成活性部位。一旦酶的高级结构被破坏，酶的活性部位也破坏，酶活性丧失。

③ 活性中心位于酶分子表面的孔穴或裂隙。裂隙内部含非极性基团较多，是一个疏水的区域，疏水的微环境有利于酶的催化作用。但是活性中心也含有极性氨基酸，参与底物结合及催化反应。

④ 酶活性部位的空间结构与底物构象不是严密互补的。在底物与酶结合的过程中，酶活性部位与底物构象相互诱导，两者构象发生变化后变得互补。

⑤ 酶与底物通过离子键、氢键、范德华力和疏水作用等次级键结合。

⑥ 酶的活性中心具有柔性和可运动性。酶的活性部位相对于整个酶分子更有柔性，这可能是酶具有催化功能的一个必要因素。

2. 必需基团

在酶分子中有一些基团对维持酶活性中心的空间构象及发挥正常的催化活性是必需的，称为**必需基团**（essential group）。若将这些基团改变会导致酶的催化活性减弱甚至丧失。必需基团可以存在于活性中心内外。活性中心内的必需基团执行结合和催化功能。活性中心外的必需基团形成并维持酶分子的空间构象，对于酶分子的催化功能也是必需的。赖氨酸的氨基、天冬氨酸和谷氨酸的羧基、半胱氨酸的巯基、组氨酸的咪唑基、酪氨酸和丝氨酸的羟基常常是酶的必需基团。

二、酶作用专一性的机制

为了解释酶作用的专一性，先后提出过"锁与钥匙"学说、"诱导契合"学说。

1. "锁与钥匙"学说

1894年，德国化学家Fisher提出**"锁与钥匙"学说**（lock-and-key model）。该学说认为，酶是具有一定空间结构的蛋白质，酶分子的天然构象具有刚性，底物和酶的活性中心的空间结构必须相互吻合，也就是说底物分子进行化学反应的部位与酶分子上有催化功能的必需基团间具有紧密互补关系，只有具有这样特征的物质才能和酶结合并被酶催化，酶和底物的专一性关系类似于"一把钥匙开一把锁"（图3-5）。这个学说的局限性是不能解释酶的可逆反应，酶活性中心的结构不能既适合底物又适合产物。

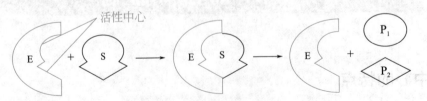

图3-5 "锁与钥匙"模型

E—酶；S—底物；P_1，P_2—酶催化底物产生的产物1和产物2

2. "诱导契合"学说

1958 年，Koshland 首先认识到底物的存在可能会诱导酶活性中心发生一定程度的构象变化，提出了著名的**"诱导契合"学说**（induced-fit hypothesis）。该学说认为，酶表面并没有一种与底物互补的固定形状，酶的活性中心和底物在结构上并不是严密互补的，而当底物分子出现后，酶分子受到底物分子的诱导，构象发生有利于和底物结合的变化，最终导致在构象上的互补关系（图 3-6）。

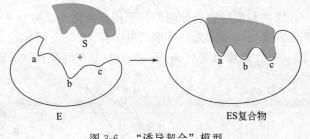

图 3-6 "诱导契合"模型

三、酶作用高效性的机制

酶催化效率高是多种因素综合作用的结果，主要包括以下因素。

1. 邻近效应与定向效应

酶催化反应时，首先是底物与酶活性中心结合，这使得分子间反应变为分子内反应。这一过程中包括邻近效应和定向效应（图 3-7）。

邻近效应（proximity effect）是指在酶促反应中底物结合到酶的活性中心后，底物分子之间及底物和酶的催化基团之间结合于同一分子，使底物分子中参与反应的基团相互接近，底物有效浓度大大增加，使反应速率大大提高。

定向效应（orientation effect）是指由于酶活性中心的立体结构和相关基团的诱导及定向作用，底物的反应基团之间以及酶的催化基团与底物的反应基团之间严格定向定位，使酶促反应具有高效性。

以酯水解反应的实验为例说明邻近效应和定向效应对反应的影响（图 3-8）。乙酸分子中的羧基催化乙酸苯酯水解是两个分子之间的反应，反应速率比较慢（如图 3-8 反应 A 所示）。戊二羧酸单苯酯水解反应的速率是反应 A 的 10^3 倍（如图 3-8 反应 B 所示），原因是分子间的催化反应变成了分子内羧基催化酯水解反应，羧基邻近酯键，底物有效浓度增加，亲核进攻的机会增加。顺丁烯二羧酸单苯酯水解反应更快，其速率是反应 A 的 10^7 倍（如图 3-8 反应 C 所示），从分子结构上看，双键的存在，固定了分子内羧基和酯键的相对位置，使羧基与酯键之间更好地定向，反应速率进一步提高。

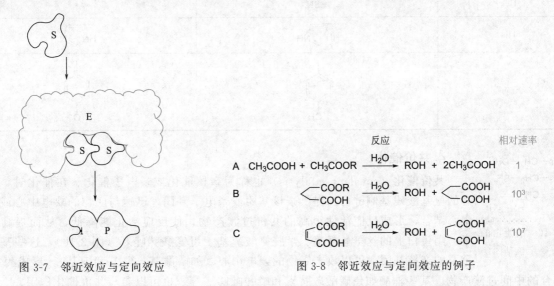

图 3-7 邻近效应与定向效应

图 3-8 邻近效应与定向效应的例子

在游离的反应体系中，很难实现分子间邻近和分子定向。但在酶催化反应中，酶活性中心的特殊结构，使底物与酶活性中心以特定方向和位置结合，解决了分子邻近和定向问题。

2. 底物形变和诱导契合

底物与酶结合诱导酶的分子构象变化，而酶分子中的功能基团也会使底物分子敏感键中某些基团的电子云密度增高或降低，产生"电子张力"，使敏感键更加敏感，产生"分子形变"，促使底物进入过渡态（图 3-9）。**底物形变**（strain effect）和**诱导契合**（induced-fit）降低了反应活化能，使反应易于发生。

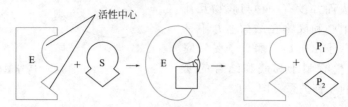

图 3-9　底物形变与诱导契合

例如，溶菌酶的底物是细胞壁多糖，N-乙酰氨基葡萄糖与 N-乙酰氨基葡萄糖乳酸通过 β-1,4 糖苷键交替排列形成细胞壁多糖。X 射线晶体结构分析证实，当溶菌酶与细胞壁多糖结合时，活性中心能容纳 6 个单糖，其中第四个单糖残基受活性部位的影响发生形变，由正常的椅式变形为能量更高的半椅式构象，5-6 单糖间的糖苷键稳定性降低，容易发生断裂。

3. 酸碱催化

酸碱催化（acid-base catalysis）是酶分子活性中心的广义酸、碱基团通过瞬时向底物提供质子或接受质子，稳定过渡态，降低反应活化能，从而加速反应的机制。酶分子的活性部位存在多种功能基团（如表 3-2 所示），在近中性 pH 范围内，可以作为广义酸、碱基团向底物提供质子或接受质子。酸碱催化可以使反应速率提高 $10^2 \sim 10^5$ 倍。His 是酶的酸碱催化作用中最活泼的一个催化功能团，这是因为 His 中咪唑基的解离常数约 6.0，在生物体液 pH 条件下，一半以酸的形式存在，一半以碱的形式存在，它既可以作为质子供体又可以作为质子受体，而且它给出质子和接受质子的速度很快。

表 3-2　酶分子中可以作为质子供体或受体的功能基团

氨基酸残基	广义酸基团(质子供体)	广义碱基团(质子受体)
Glu, Asp	—COOH	—COO$^-$
Lys, Arg	—NH$_3^+$	—NH$_2$
Cys	—SH	—S$^-$
His	 HN⎓NH$^+$	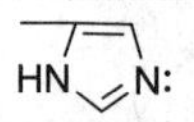 HN⎓N:
Tyr	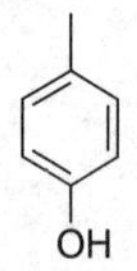 ⟨⟩—OH	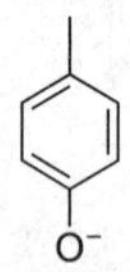 ⟨⟩—O$^-$

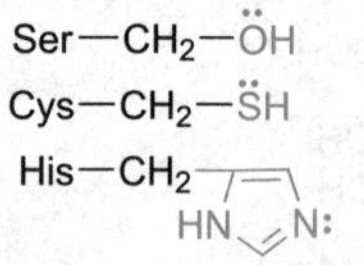

Ser—CH$_2$—ÖH
Cys—CH$_2$—S̈H
His—CH$_2$⟨HN⎓N:⟩

图 3-10　酶蛋白的重要亲核基团

4. 共价催化

共价催化（covalent catalysis）也称为亲核催化或亲电子催化。在催化时，活性中心的氨基酸残基侧链可以提供亲核基团或亲电子基团，迅速与底物的缺电中心或者负电中心结合，形成反应活性很高的共价过渡产物，使反应活化能降低，从而提高反应速率。酶蛋白上的丝氨酸羟基、半胱氨酸巯基、组氨酸咪唑基（图 3-10），这些基团都是重要的亲核基团，可以攻击底物的亲电中心（如磷酰基、酰基和糖基），形成酶-底物共价结合的中间过渡产物。某些辅酶如焦磷酸硫胺素和磷酸吡哆醛等，也可以参与共价催化作用。

5. 微环境效应

活性中心位于酶分子表面的裂隙中，裂隙内部是一个相当疏水的区域，在疏水环境中，两个带电基团之间的静电作用比在极性环境中显著增加。当底物分子进入活性中心，底物分子与催化基团之间的作用力将比在极性环境中的作用力强得多。活性中心的微环境效应有利于酶的催化作用。

6. 金属离子催化

金属离子是很多酶的辅因子，主要通过 3 种途径参与酶催化反应。①结合底物并为反应定向；②电荷屏蔽作用，通过电荷屏蔽作用，可以屏蔽底物的负电荷，减少底物对带有负电荷的催化部位的排斥，促进反应发生；③电子传递中间体，许多氧化还原酶中都含有铜或铁离子，它们作为酶的辅因子起着传递电子的功能。

电子传递链中复合体Ⅰ、复合体Ⅱ、复合体Ⅲ、细胞色素 c 都含有铁离子，复合体Ⅳ含有铁离子和铜离子，这些离子都参与电子传递，最终将电子传递给分子氧并生成 ATP。

己糖激酶催化 ATP 的 γ-磷酸基团转移到葡萄糖分子上，这个反应需要 Mg^{2+} 的参与。Mg^{2+} 与 ATP 络合（图 3-11），可以屏蔽磷酸基的负电荷，否则这些负电荷将排斥葡萄糖第 6 位碳原子上羟基（C6-OH）氧原子的孤电子对向 ATP 的 γ-磷原子的亲核进攻。

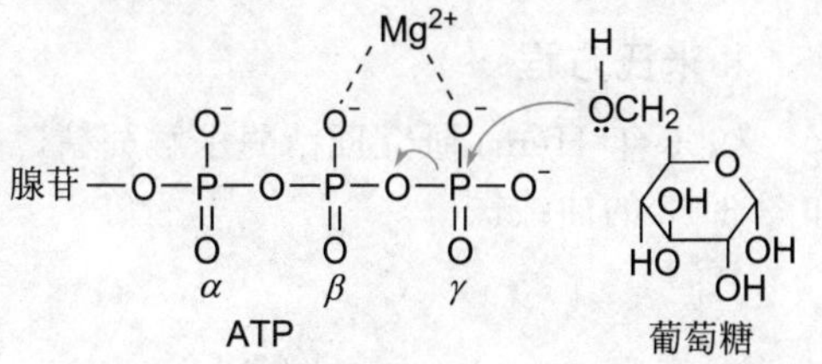

图 3-11　Mg^{2+} 络合 ATP 屏蔽负电荷

7. 多元催化和协同效应

在酶催化反应中，通常是几种机制协同起作用。例如胰凝乳蛋白酶催化蛋白质底物水解时通过邻近与定向效应、亲核催化和酸碱催化共同作用。溶菌酶催化细胞壁多糖水解通过使底物分子形变、酸碱催化共同作用。

第五节　酶促反应动力学

酶促反应动力学（enzyme kinetics）研究酶促反应速率以及各种因素对酶促反应速率的影响。酶促反应受多种因素的影响，如底物浓度、酶浓度、pH 值、温度、激活剂、抑制剂等。研究酶促反应动力学可以为优化反应条件发挥酶催化反应的高效率提供指导；为研究酶活性中心的结构及酶的催化机制提供方法和实验依据；为药物设计或者研究药物的作用机制提供理论指导。

一、酶促反应速率

1. 酶促反应速率

酶活力的大小可以用一定条件下所催化的某一化学反应的反应速率来表示。而**酶促反应速率**（enzymatic reaction rate）可用单位时间内底物的减少量或产物的增加量来表示，计算公式表示如下：

$$v = \frac{\Delta P}{\Delta t} = -\frac{\Delta S}{\Delta t}$$

式中，v 代表反应速率；ΔS 代表底物的减少量；ΔP 代表产物的增加量；Δt 代表反应时间。

2. 反应级数

在化学反应的速率方程中，各反应物浓度项的指数的代数和称为该反应的反应级数。反应级数越大，表明反应物的浓度对反应速率的影响越大。

若反应速率与反应物质浓度无关，则此反应为零级反应。零级反应的速率方程式表示为：$v = k$。其中，k 代表反应速率常数。

若反应速率与反应物质浓度的一次方成正比，则称为一级反应。一级反应的速率方程式表示为：$v = kc$。其中，c 代表反应物质的浓度。

若反应速率和反应物质浓度的二次方（或两种反应物质浓度的乘积）成正比，则称为二级反应。二级反应的速率方程式表示为：$v = kc^2$ 或 $v = kc_1c_2$。

二、影响酶促反应速率的因素

（一）底物浓度的影响

1. 米氏方程

1903 年 Henri 研究蔗糖酶水解蔗糖，保持酶浓度不变，研究底物浓度与酶促反应速率的关系，得到如图 3-12 的曲线图。

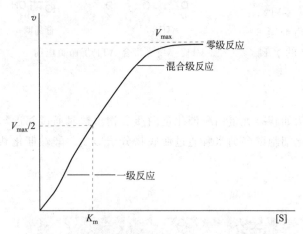

图 3-12　底物浓度与酶促反应速率的关系曲线

从曲线图 3-12 可以看出，当底物浓度 [S] 较低时，表现为一级反应，反应速率与底物浓度呈正比。当底物浓度较高时，反应表现为混合级反应。当底物浓度足够高时，底物浓度对反应速率的影响变小，最后达到恒定值，即最大反应速率 V_{max}，不再随着浓度增大而增大，表现为零级反应。根据实验结果 Henri 等提出了中间复合物学说，认为酶（E）首先与底物（S）结合生成中间复合物（ES），然后生成产物（P），并释放出酶。反应式表示为：

$$E + S \underset{}{\overset{K_s}{\rightleftharpoons}} ES \overset{k}{\longrightarrow} E + P$$

1913 年 Michaelis 和 Menten 根据中间复合物学说，在快速平衡法基础上，推导出**米氏方程**（Michaelis-Menten equation）：

$$v = \frac{V_{max}[S]}{K_s + [S]}$$

式中，v 表示反应速率；V_{max} 表示酶完全被底物饱和时的最大反应速率；[S] 表示底物浓度；K_s 表示 ES 的解离常数。

所谓快速平衡法是假定 $E + S \rightleftharpoons ES$ 快速建立平衡，且底物浓度远大于酶浓度时，ES 分解成产物的逆反应忽略不计。

1925 年 Briggs 和 Haldane 在中间复合物学说基础上，提出稳态理论，对米氏方程做了修正。

酶促反应分两步进行：

① 酶与底物作用，形成酶-底物复合物 ES。

$$E + S \underset{k_2}{\overset{k_1}{\rightleftharpoons}} ES$$

② ES 分解成产物，释放出游离酶。

$$ES \underset{k_4}{\overset{k_3}{\rightleftharpoons}} E + P$$

式中，k_1 表示生成 ES 的速率常数；k_2 表示 ES 解离的速率常数；k_3 表示 P 从 ES 分子上解离下来的速率常数；k_4 表示 E 和 P 结合成 ES 的速率常数。

酶反应速率 v 与复合物浓度 [ES] 成正比，即 $v = k_3[ES]$。

所谓稳态是指反应进行一段时间后，系统中 [ES] 由零增加到一定值后，虽然在一定时间内 [S] 在减少、[P] 在增加，ES 复合物也在不断地生成和分解，但是当 ES 的生成速率和分解速率相等时，复合物 ES 浓度保持不变，这种状态称为稳态，可以表示为：

$$\frac{d[ES]}{dt} = 0$$

在稳态下，ES 的生成速率$\dfrac{d[ES]}{dt}$和 $E+S \xrightarrow{k_1} ES$ 及 $E+P \xrightarrow{k_4} ES$ 有关，但是在反应的初始阶段，产物生成量很少，$E+P \xrightarrow{k_4} ES$ 可以忽略不计。因此 ES 的生成只与 $E+S \xrightarrow{k_1} ES$ 有关。因此，

$$\frac{d[ES]}{dt}=k_1([E]-[ES])([S]-[ES])$$

式中，[E] 表示酶的总浓度；[ES] 表示中间复合物的浓度；[E]−[ES] 表示未与底物结合的游离状态的酶浓度；[S] 表示底物总浓度；[S]−[ES] 表示未与酶结合的游离状态的底物浓度。一般，[S] 远远大于 [E]，因此 [ES] 与 [S] 相比可以忽略。所以上式可以表示为：

$$\frac{d[ES]}{dt}=k_1([E]-[ES])[S]$$

ES 的分解速率$-\dfrac{d[ES]}{dt}$是 $ES \xrightarrow{k_2} E+S$ 和 $ES \xrightarrow{k_3} E+P$ 的速率之和，即

$$-\frac{d[ES]}{dt}=(k_2+k_3)[ES]$$

在稳态下，ES 的生成速率和分解速率相等，即：

$$k_1[E]-[ES][S]=(k_2+k_3)[ES]$$

移项得：

$$\frac{([E]-[ES])[S]}{[ES]}=\frac{k_2+k_3}{k_1}$$

令

$$K_m=\frac{k_2+k_3}{k_1}$$

则

$$\frac{([E]-[ES])[S]}{[ES]}=K_m$$

得

$$[ES]=\frac{[E][S]}{K_m+[S]}$$

将此式代入 $v=k_3[ES]$ 可得：

$$v=k_3[ES]=k_3\frac{[E][S]}{K_m+[S]}$$

酶促反应中，[S]≫[E]，所有的酶都被底物饱和形成 [ES]，此时 [E]=[ES]，酶促反应速率达到最大速率 $V_{max}=k_3[ES]=k_3[E]$。

所以，

$$v=\frac{V_{max}[S]}{K_m+[S]}$$

Michaelis-Menten 和 Briggs-Haldane 推导出的速率方程形式上是一样的，但两者不同，其中的 K_m 比 K_s 更具有普遍性。为了纪念 Michaelis 和 Menten 两人，上述两种方程都称为米氏方程。米氏方程描述的是非变构酶、单底物酶促反应的规律，如异构反应、水解反应及裂合反应中的裂解方向。

根据米氏方程可知，当 [S]≪K_m 时，米氏方程变为 $v=\dfrac{V_{max}}{K_m}[S]$，反应相对于底物是一级反应；当 [S]≫$K_m$ 时，米氏方程变为 $v=V_{max}$，反应速率与底物浓度无关，是零级反应；当底物浓度处于中间范围时，反应相对于底物是混合级反应，底物浓度增加时，反应由一级反应向零级反应过渡。

2. 动力学参数的意义

(1) 米氏常数的意义　当反应速率达到最大速率一半，即 $v=\dfrac{V_{max}}{2}$ 时，可以得到：

$$\frac{V_{max}}{2}=\frac{V_{max}[S]}{K_m+[S]}$$

则推出：
$$[S] = K_m$$

所以，**米氏常数**（Michaelis constant）K_m 的物理意义是反应速率达到最大反应速率一半时的底物浓度。

① K_m 是酶的特征性常数。K_m 的大小只与酶的性质有关，而与酶浓度无关，可以据此鉴别酶。需要注意的是，K_m 值只是在固定的反应条件下是常数，即在一定的温度、pH 值及一定的缓冲体系中催化固定的底物，若反应条件改变则 K_m 值改变。

② K_m 值可以判断酶的天然底物。同一种酶对于不同底物有不同的 K_m 值，其中 K_m 值最小的底物称为该酶的最适底物或称天然底物。

③ K_m 可反映酶对底物的亲和力大小。当 $k_3 \ll k_2$ 时，

$$K_m = \frac{k_2 + k_3}{k_1} \approx \frac{k_2}{k_1} = K_s$$

此时，K_m 可以衡量底物和酶亲和力大小。K_m 越大，亲和力越小；K_m 越小，亲和力越大。

④ K_m 值可以推断某一代谢途径的限速步骤、反应的方向等。

一般催化可逆反应的酶，对正逆两方向底物的 K_m 值不同。比较两种底物的浓度与 K_m 值，可以推测此酶催化反应的方向。

若一种底物可以被不同的酶催化进入不同的代谢途径，通过比较不同酶对这种底物的 K_m 值，可以判断代谢方向。例如葡萄糖可以被己糖激酶催化生成葡萄糖-6-磷酸进而进入糖酵解途径，其 K_m 值约 0.1mmol/L；也可以被葡萄糖激酶催化生成葡萄糖-6-磷酸进而进入糖原合成途径，其 K_m 值约 $5\sim$ 10mmol/L。若血液中葡萄糖浓度比较低，则葡萄糖被己糖激酶催化发生酵解的反应占优势，而不会进入糖原合成途径。

若催化代谢途径 $A \xrightarrow{E_1} B \xrightarrow{E_2} C \xrightarrow{E_3} D$ 的三种酶 E_1、E_2、E_3 的 K_m 值分别为 10^{-2} mol/L、10^{-3} mol/L、10^{-4} mol/L，而底物 A、B、C 的浓度都接近 10^{-4} mol/L，则反应的限速步骤为 $A \xrightarrow{E_1} B$。

⑤ K_m 值可用来确定达到所要求的反应速率时所需的底物浓度或者在某一底物浓度时的反应速率。

当 $[S] = 10K_m$，代入米氏方程可以计算出反应速率 $v = \frac{10}{11} V_{max} = 0.91 V_{max}$。

若已知 $v = 0.75 V_{max}$，则代入米氏方程可以计算出此时底物浓度 $[S] = 3K_m$。

（2）V_{max} 和 k_3 的意义　在一定酶浓度时，**最大反应速率**（maximum velocity）V_{max} 也是一个常数。V_{max} 的大小会受底物、反应条件的影响。

当 $[S] \gg [E]$，所有的酶都被底物饱和形成 ES，此时酶促反应速率达到最大速率，$V_{max} = k_3[E]$。说明 V_{max} 与 $[E]$ 符合线性关系，k_3 为反应速率常数，它表示当酶被底物饱和时单位时间内每个酶分子所能转化底物的分子数，这就是催化常数 K_{cat}。K_{cat} 愈大表示酶的催化效率愈高。

（3）酶的二级常数（K_{cat}/K_m）　将 $V_{max} = k_3[E]$，即 $V_{max} = K_{cat}[E]$ 代入米氏方程得：

$$v = \frac{K_{cat}[E][S]}{K_m + [S]}$$

当 $[S] \ll K_m$ 时，得：$v = \frac{K_{cat}}{K_m}[E][S]$。

由此可以看出，K_{cat}/K_m 是 E 和 S 反应生成产物的表观二级速率常数。K_{cat}/K_m 可以作为表征酶催化效率的参数，比较不同酶或同一种酶催化不同底物的催化效率。

3. 动力学参数 K_m 和 V_{max} 的测定

动力学参数 K_m 和 V_{max} 可以通过绘制实验数据图求出。首先固定酶浓度，测定不同底物浓度时的酶促反应初速率，然后 v-[S] 作图，即可获得 K_m 和 V_{max} 值。但直接从 v-[S] 图中确定的 K_m 和 V_{max} 值不准确，因为曲线接近 V_{max} 是个渐进过程。为了准确地测定出动力学参数，可以将米氏方程变化成相当于 $y = ax + b$ 的直线方程，再用作图法求出 K_m 和 V_{max}。米氏方程变化成直线方程的方法有多种，这里介绍两种方法。

（1）双倒数作图法　又称为林-贝氏作图法（Lineweaver-Burk plot）。

将米氏方程两侧取双倒数，得方程式：

$$\frac{1}{v} = \frac{K_m}{V_{max}} \cdot \frac{1}{[S]} + \frac{1}{V_{max}}$$

将 $1/v$ 对 $1/[S]$ 作图，即可得到一条直线，该直线在 Y 轴的截距即为 $1/V_{max}$，斜率为 K_m/V_{max}，直线反向延长在 X 轴上的截距即为 $1/K_m$ 的绝对值，如图 3-13 所示。

双倒数作图法的缺点是：[S] 取倒数后，实验点分布不均匀，1/[S] 在直线左下方比较集中，在右上方稀疏，影响 K_m 和 V_{max} 的准确测定。

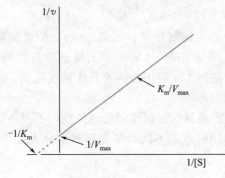

图 3-13　双倒数作图法

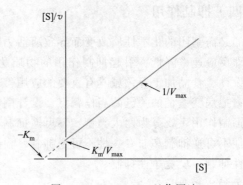

图 3-14　Hanes-Woolf 作图法

（2）Hanes-Woolf 作图法　在林-贝氏方程两边同乘 [S] 得方程式：

$$\frac{[S]}{v} = \frac{K_m}{V_{max}} + \frac{[S]}{V_{max}}$$

将 $[S]/v$ 对 $[S]$ 作图，可得到一条直线，该直线在 Y 轴的截距即为 K_m/V_{max}，斜率为 $1/V_{max}$，直线反向延长在 X 轴上的截距即为 K_m 的绝对值，如图 3-14 所示。

这种方法避免了 [S] 取倒数后实验点分布不均匀造成的准确率降低问题。

（二）温度的影响

每个酶都有**最适温度**（optimum temperature），在此温度下催化反应的速率达到最高值。反应速率对温度的关系图形是钟形曲线，即较低温度时反应速率随温度升高而升高，反应速率达到最高值后，温度升高反应速率反而下降（图 3-15）。一方面温度升高，底物分子有足够的能量进入过渡态，因此酶促反应速率加快；另一方面，温度升高，酶的高级结构将发生变化或变性，导致酶活性降低甚至丧失。因此，大多数酶都有一个最适温度。在最适温度条件下，反应速率最大。最适温度不是一个固定的常数，它受底物的种类、浓度、溶液的离子强度、pH、反应时间等的影响。

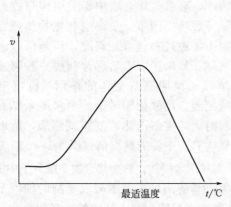

图 3-15　温度对酶促反应速率的影响

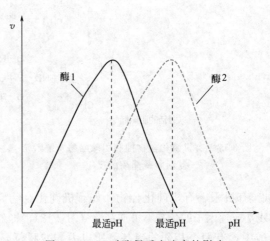

图 3-16　pH 对酶促反应速率的影响

（三） pH 的影响

最适 pH（optimum pH）指催化反应的速率达到最高值时的 pH。pH 高于或低于最适 pH 时，酶活力都降低（图 3-16）。pH 对酶促反应可能有几个方面的影响：过高、过低的 pH 会导致酶蛋白变性；pH 影响某些基团的解离状态，进而影响活性中心的构象和活性；溶液的 pH 值影响酶分子、底物分子和 ES 复合物的解离状态，使酶与底物不能结合或者结合后不能发生催化反应。酶的最适 pH 也不是一个固定的常数，它受到底物的种类和浓度、缓冲液的种类和浓度、酶的浓度、反应的温度和时间等影响。

（四）抑制作用

酶的必需基团的化学性质改变而导致酶活力降低或丧失称为**抑制作用**（inhibition）。酶受抑制后活力降低，即反应速率降低。引起抑制作用的物质称为**抑制剂**（inhibitor）。研究酶的抑制效应在药物设计、杀虫剂设计、食品加工等领域具有重要的应用价值。例如食品加工中利用酶的抑制作用抗褐变，改善食品的品质；把病变途径的关键酶当作靶点，设计酶的抑制剂作为药物。

酶抑制作用主要分为两大类型：不可逆抑制和可逆抑制。根据抑制剂作用的选择性，不可逆抑制又分为专一性不可逆抑制和非专一性不可逆抑制。根据抑制剂作用特点的不同，可逆抑制又分为竞争性抑制、非竞争性抑制、反竞争性抑制。

1. 不可逆抑制

抑制剂与酶的必需基团共价结合使酶活力丧失，不能通过透析等物理方法除去抑制剂而使酶恢复活性，称为**不可逆抑制**（irreversible inhibition）。

非专一性不可逆抑制剂与酶的一类或几类基团共价结合，这些基团包含必需基团，从而造成酶的抑制；专一性不可逆抑制剂与酶活性部位的一类必需基团共价结合，从而造成酶的抑制。

（1）非专一性不可逆抑制剂　非专一性不可逆抑制剂实际上是氨基酸侧链基团的修饰剂，这类修饰剂主要与一类或几类特定的侧链基团反应，如氨基、羟基、胍基、巯基、酚基等，抑制剂不区分其结合的基团是否是必需基团。

非专一性不可逆抑制剂主要包括 6 类：有机磷化合物，有机汞、有机砷化合物，重金属盐，烷化试剂，氰化物、叠氮化物、硫化物和 CO，青霉素等。

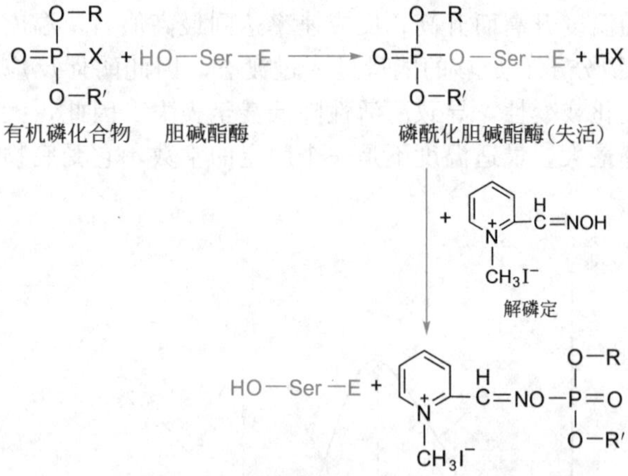

① 有机磷化合物：包括二异丙基氟磷酸、敌敌畏、敌百虫、对硫磷、沙林等。

有机磷化合物可以与酶蛋白 Ser 残基的—OH 共价结合（图 3-17），而 Ser 残基是某些蛋白酶及酯酶的必需基团。有机磷化合物能强烈抑制胆碱酯酶活力，使乙酰胆碱水解反应停止，乙酰胆碱在突触和神经肌肉接头堆积，神经系统过度兴奋最终转为抑制。因此，有机磷化合物中毒后肌肉只收缩而无法扩张，导致呼吸困难，最终引起生物体死亡。不可逆抑制不能通过物理方法解除，但是可以通过化学方法解除。如果在中毒后迅速利用一些阿托品等药物来解除乙酰胆碱与受体的作用，可以避免死亡。解磷定能与磷酰化胆碱酯酶的磷酰基结合，使胆碱酯酶游离，重新活化乙酰胆碱酯酶，所以解磷定是有机磷农药中毒的解毒剂（图 3-17）。

图 3-17　有机磷化合物抑制胆碱酯酶及解磷定
复活胆碱酯酶的反应

② 有机汞、有机砷化合物：如有机砷化合物路易斯毒气、对氯汞苯甲酸。这类化合物与酶分子中的半胱氨酸残基或辅因子的巯基不可逆结合（图 3-18），抑制必需基团含巯基的酶，如丙酮酸脱氢酶的辅因子二氢硫辛酸中含有两个相邻的巯基，所以丙酮酸脱氢酶对这类化合物特别敏感。加入其他的巯基化合物，如还原型谷胱甘肽、二巯基丙醇等，可以解除抑制作用。

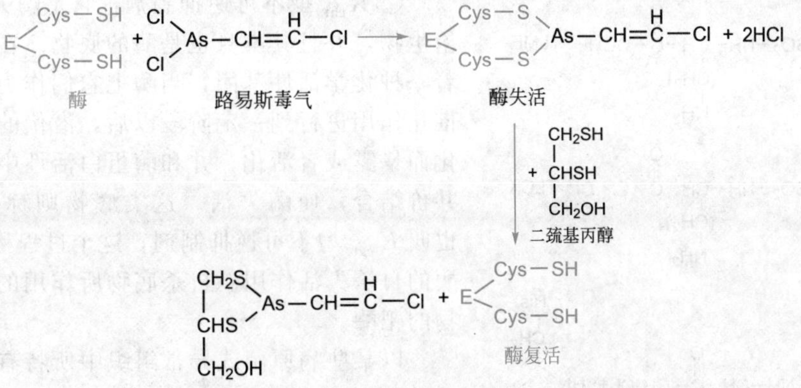

图 3-18　有机砷抑制酶及二巯基丙醇复活酶的反应

③ 重金属盐：低浓度 Ag^{+}、Hg^{2+}、Pb^{2+} 等重金属盐离子是某些酶的抑制剂。重金属盐也是与酶分子中半胱氨酸残基的巯基反应，金属螯合剂如 EDTA 可以恢复酶的活力。二巯基丙醇等含巯基的化合物，也可以置换结合于酶分子上的重金属离子而使酶恢复活性，因此临床上作为抢救重金属中毒的药物。

④ 烷化试剂：如碘乙酸、碘乙酰胺和 2,4-二硝基氟苯等，这一类试剂都含一个活泼的卤素原子，可以作用于酶蛋白的多种基团，如巯基、氨基、羧基、咪唑基和巯醚基等，发生烷化反应。

$$\underset{\text{酶}}{\text{E-Cys-SH}} + \underset{\text{碘乙酰胺}}{ICH_2CONH_2} \longrightarrow \underset{\text{酶失活}}{\text{E-Cys-S-}CH_2CONH_2} + HI$$

⑤ 氰化物、叠氮化物、硫化物和 CO：这类物质抑制活性中心含金属离子的酶，可以与金属离子形成稳定的络合物，使酶的活性受到抑制。电子传递链中的细胞色素氧化酶含铁卟啉，氰化物、叠氮化物可以与铁卟啉的高价铁形式作用，CO 则可以与其铁卟啉的亚铁形式作用，使酶失活而阻断电子传递，从而抑制 ATP 生成。

⑥ 青霉素：青霉素可以与糖肽转肽酶活性部位丝氨酸羟基共价结合（图 3-19），抑制酶的活性。糖肽转肽酶的作用是在细菌细胞壁合成中交联肽聚糖，该酶被抑制后，细菌细胞壁缺损，细菌死亡。因此青霉素是一种抗菌药。

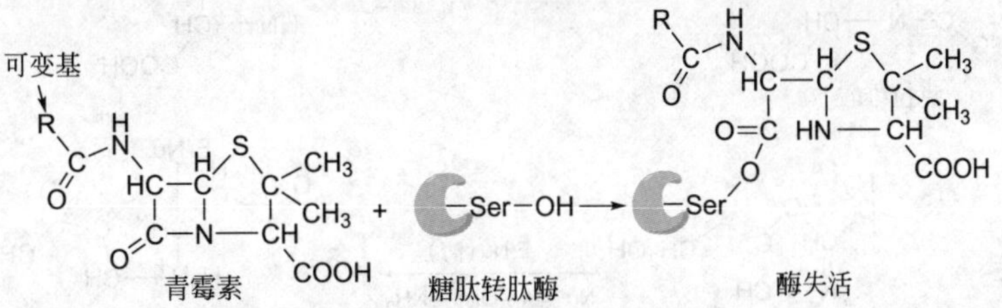

图 3-19　青霉素抑制糖肽转肽酶

(2) 专一性不可逆抑制剂　专一性不可逆抑制剂只对活性部位的某一类氨基酸残基作用，包括 K_s 型不可逆抑制剂和 K_{cat} 型不可逆抑制剂两大类。

① **K_s 型不可逆抑制剂**：具有和底物类似的结构，能够和酶亲和结合，其结构中还带有一个活泼的化学基团，可以与酶分子中的必需基团起反应使酶活力受到抑制，又称亲和标记试剂。如对甲苯磺酰-L-赖氨酰氯甲酮（TLCK）是胰蛋白酶的 K_s 型不可逆抑制剂（图 3-20），它与胰蛋白酶的底物对甲苯磺酰-L-赖氨酰甲酯（TLME）有相似的结构，可以与胰蛋白酶活性中心结合，但是它含有一个活泼的化学基团，可以与活性中心的必需基团 His_{57} 共价结合，使胰蛋白酶不可逆地失活。

K_s 型不可逆抑制剂只对底物结构与其相似的酶有抑制作用。例如：TLCK 是胰蛋白酶的 K_s 型不可逆抑制剂，对胰凝乳蛋白酶没有抑制作用；对甲苯磺酰-L-苯丙氨酰氯甲酮（TPCK）与胰凝乳蛋白酶的底物对甲苯磺酰-L-苯丙氨酰甲酯（TPME）结构相似，是胰凝乳蛋白酶的 K_s 型不可逆抑制剂，对胰蛋白酶没有抑制作用。

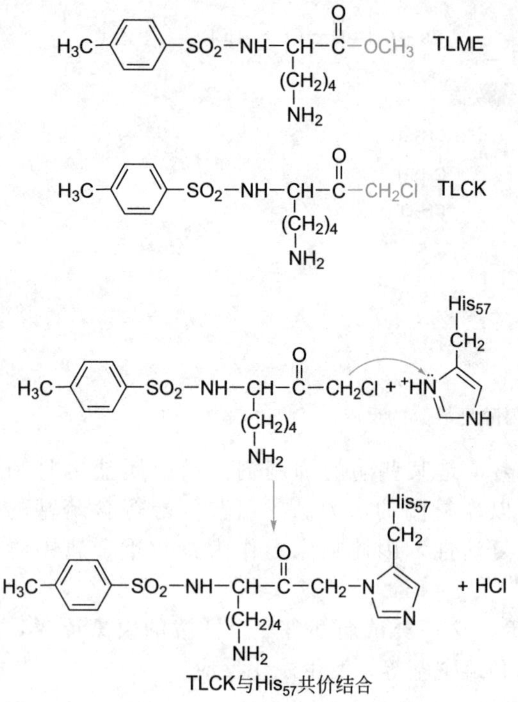

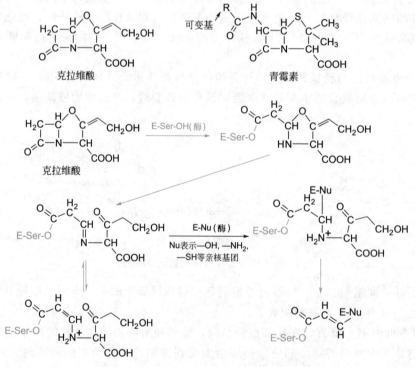

② **K_{cat} 型不可逆抑制剂**：它是酶天然底物的类似物或衍生物，并且其本身也是酶的底物。在它们的结构中潜伏着一种化学活性基团，当酶把它们作为底物来结合并被酶催化作用进行到一定阶段以后，潜伏的化学基团因被酶催化而暴露或者活化，并和酶蛋白活性中心的必需基团发生共价结合，使酶失活。这类底物则称为"自杀性底物"，也叫 K_{cat} 型不可逆抑制剂，这个过程称为酶的"自杀"或酶的自杀失活作用。自杀底物所作用的酶，称为自杀性底物的靶酶。

以某些病原菌或异常组织中所特有的酶作为靶酶，可设计其自杀性底物，对于杀死病原菌或抑制组织的异常生长是非常有效的，而且副作用非常小。例如由于广泛使用青霉素，很多病原菌对青霉素类抗生素产生了耐药性，原因之一是细菌体内被诱导产生出一种能分解青霉素母核 β-内酰胺环的酶——β-内酰胺酶。以 β-内酰胺酶为靶酶合成了多种这个酶的自杀性底物，如克拉维酸钾（又称棒酸），临床上将克拉维酸钾配合青霉素类抗生素合在一起使用，它可抑制 β-内酰胺酶的活力，使青霉素类抗生素免遭 β-内酰胺酶的破坏，从而发挥青霉素类抗生素的抗菌作用（图 3-21）。

图 3-20　TLCK 抑制胰蛋白酶

图 3-21　克拉维酸抑制 β-内酰胺酶

2. 可逆抑制

抑制剂与酶非共价结合使酶活力降低或丧失，能通过透析等物理方法除去抑制剂而使酶恢复活性，这种抑制作用称为**可逆抑制**（reversible inhibition）。根据抑制剂与底物的关系，可逆抑制分为竞争性抑制、非竞争性抑制、反竞争性抑制三种。

（1）竞争性抑制剂　竞争性抑制剂（I）与酶（E）的正常底物（S）有近似的结构，抑制剂也能结合到酶的活性部位。酶既可以可逆地结合底物分子，也可以可逆地结合抑制剂分子，但抑制剂和底物对游离酶的结合有竞争作用，互相排斥，不能两者同时结合，这种抑制作用称为**竞争性抑制**（competitive inhibition）。已结合 S 的 ES 复合体不能再结合 I；已结合 I 的 EI 复合体也不能再结合 S，即不存在 IES 三联复合体。EI 复合体不产生产物（P），所以 I 的存在使酶促反应速率下降。可用下列反应式表示：

$$E + S \rightleftharpoons ES \longrightarrow E + P$$

竞争性抑制

例如琥珀酸脱氢酶的底物是琥珀酸（丁二酸），而它的竞争性抑制剂是丙二酸，二者在结构上是同系物。

琥珀酸　　　丙二酸　　　琥珀酸 ——琥珀酸脱氢酶(FAD→FADH₂)→ 延胡索酸

竞争性抑制的强弱与竞争性抑制剂的浓度、底物浓度以及抑制剂和底物与酶的亲和力有关。竞争性抑制剂的效应可通过增加底物浓度的方法来减弱或解除。因此，竞争性抑制的动力学特点是酶催化反应的最大反应速率 V_{max} 不变，$V_{max} = V'_{max}$（表观最大反应速率），米氏常数 K_m 因竞争作用增大，$K_m < K'_m$（表观米氏常数），而且 K'_m 因 [I] 增大而增大。竞争性抑制的双倒数曲线如图 3-22 所示。

竞争性抑制的动力学方程可以表达为：

$$v = \frac{V_{max}[S]}{K_m\left(1 + \dfrac{[I]}{K_i}\right) + [S]} = \frac{V_{max}[S]}{K'_m + [S]}$$

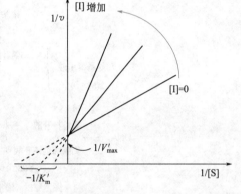

图 3-22　竞争性抑制双倒数曲线

许多药物模拟靶酶的底物结构，作为酶的竞争性抑制剂而起作用，如抗菌药磺胺类药物、抗病毒药阿糖腺苷、抗癌药氨基蝶呤、5-氟尿嘧啶等。

某些细菌不能直接利用外源的叶酸，只能利用对氨基苯甲酸、蝶呤和谷氨酸为原料，在二氢叶酸合成酶的作用下合成二氢叶酸，而二氢叶酸在二氢叶酸还原酶的作用下生成四氢叶酸。四氢叶酸是传递一碳单位的重要辅酶，参与嘌呤核苷酸、胸腺嘧啶核苷酸等的合成。如果缺少四氢叶酸，DNA 合成受抑制，细菌生长繁殖便会被抑制。磺胺类药物，以对氨基苯磺酰胺为例，是对氨基苯甲酸的结构类似物，可竞争性抑制细菌的二氢叶酸合成酶活性，从而抑制二氢叶酸和四氢叶酸的合成，最终达到抑菌效果（图 3-23）。人体能直接利用食物中的叶酸，经二氢叶酸还原酶催化生成四氢叶酸，所以磺胺类药物对人体无影响。

抗癌药物氨基蝶呤、氨甲蝶呤、羟甲蝶呤等是二氢叶酸还原酶的竞争性抑制剂，阻止肿瘤细胞中 DNA 的合成，从而阻断肿瘤细胞的生长（图 3-23）。由于这些抗癌药物也会阻断人体正常细胞四氢叶酸的合成，所以对正常细胞有毒性。

阿糖腺苷在体内受激酶作用生成三磷酸阿糖腺苷，它是 dATP 的结构类似物，竞争性抑制以 dATP 为底物的病毒 DNA 聚合酶的活力，抑制病毒 DNA 复制，从而起到抗病毒作用。5-氟尿嘧啶在体内转化为 5-氟脱氧尿嘧啶核苷酸，竞争性抑制胸腺嘧啶核苷酸合成酶而抑制肿瘤 DNA 的合成，起到抗癌的作用。

（2）非竞争性抑制剂　非竞争性抑制剂与底物结构不相似，抑制剂与底物分别与酶分子上的不同位点结合，抑制剂可逆地结合到活性部位外的其他位点上，引起酶活性降低的抑制作用称为**非竞争性抑制**（noncompetitive inhibition）。

底物与游离酶结合后，不影响抑制剂同游离酶的结合；同样，抑制剂与游离酶结合后，也不影响底物与酶的结合。但三联复合体也不再分解生成产物。可用下列反应式表示：

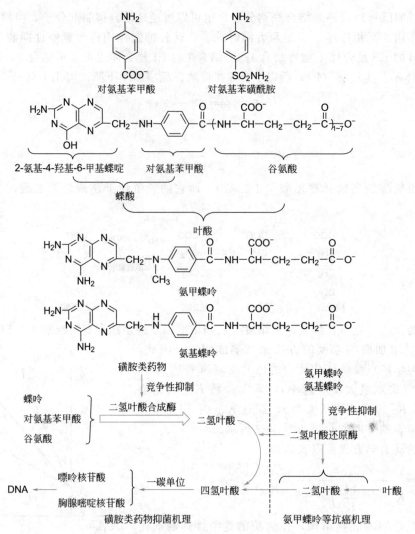

图 3-23 磺胺类药物抑菌机理及氨甲蝶呤抗癌机理

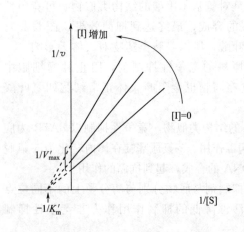

图 3-24 非竞争性抑制双倒数曲线

因为抑制剂及底物与酶分子的结合部位不同，所以酶既可以结合抑制剂，又可以结合底物，也可以与抑制剂和底物二者一起结合。底物和抑制剂与游离酶的结合完全互不相关，既不排斥也不促进。非竞争性抑制的效应不能由增高底物浓度而克服。因此，非竞争性抑制的动力学特点是酶催化反应的最大反应速度 V_{max} 变小，$V'_{max} < V_{max}$；米氏常数 K_m 不变，$K_m = K'_m$，V'_{max} 随 [I] 增大而变小。非竞争性抑制的双倒数曲线如图 3-24 所示。

非竞争性抑制的动力学方程：

$$v = \frac{\dfrac{V_{max}}{1+\dfrac{[I]}{K_i}}[S]}{K_s+[S]} = \frac{V'_{max}[S]}{K_s+[S]}$$

乌苯苷、地高辛等强心剂是细胞膜上钠钾泵（钠-钾 ATP 酶）的非竞争性抑制剂，抑制心肌细胞钠钾泵的活性使细胞内 Na^+ 增高，从而提高钠钙交换器效率，使内流钙离子增多，加强心肌收缩，因而具有强心作用。

（3）反竞争性抑制剂　在底物与酶分子结合生成中间复合物后，抑制剂才能与中间复合物结合而引起的抑制作用称为**反竞争性抑制**（uncompetitive inhibition）。抑制剂不与游离酶 E 结合，只能与 ES 复合体结合而形成三联复合体，三联复合体不能再分解生成产物。可用下列反应式表示：

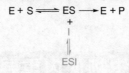

反竞争性抑制

当反应体系中加入抑制剂 I 时，可使 $E+S \rightleftharpoons ES$ 的平衡向 ES 生成的方向移动。因此 I 的存在反而增加 E 和 S 的亲和力。这种情况和竞争性抑制作用正相反，因此称为反竞争性抑制作用。

反竞争性抑制剂不能与未结合底物的酶分子结合，只有当底物与酶分子结合以后，引起酶分子结构的某些变化，使抑制剂的结合部位展现出来，抑制剂才能结合并产生抑制作用。所以也不能通过增加底物浓度消除反竞争抑制作用。反竞争性抑制的动力学特点是最大反应速率 V_{max} 和米氏常数 K_m 都减小，$V'_{max} < V_{max}$，$K'_m < K_m$，K'_m、V'_{max} 都随 [I] 增大而变小。双倒数曲线如图 3-25 所示。

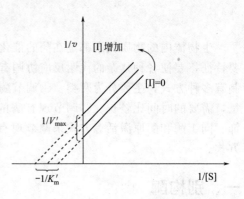

图 3-25　反竞争性抑制双倒数曲线

反竞争性抑制动力学方程：

$$v = \frac{\dfrac{V_{max}}{1+\dfrac{[I]}{K_i}}[S]}{\dfrac{K_m}{1+\dfrac{[I]}{K_i}}+[S]} = \frac{V'_{max}[S]}{K'_m+[S]}$$

L-苯丙氨酸等一些氨基酸对碱性磷酸酶的作用是反竞争性抑制。临床上托瑞司他用于治疗和预防糖尿病并发症，它是醛糖还原酶的反竞争性抑制剂。

（五）激活作用

在某些物质的作用下，酶获得或增强活力的现象称为酶的激活作用。使酶活力提高或获得活力的物质都称为酶的**激活剂**（activator）。激活剂主要是一些无机离子和有机小分子：金属离子，如 Na^+、K^+、Mg^{2+}、Ca^{2+}、Cu^{2+}、Zn^{2+}、Fe^{2+} 等；无机阴离子，如 Cl^-、Br^-、I^-、CN^- 等；有机分子，如还原剂抗坏血酸、半胱氨酸、谷胱甘肽等；金属螯合剂，EDTA 等。

激活剂对酶的激活作用具有选择性。如 Ca^{2+} 对脱羧酶有抑制作用，对肌球蛋白腺苷三磷酸酶却有激活作用。激活剂的浓度不同，所起的作用可能也不同。如 Mn^{2+} 在浓度为 10^{-3} mol/L 时对 $NADP^+$ 合成酶有激活作用，高于此浓度，酶活性反而下降。

酶原可以被某些蛋白酶水解除掉部分肽链而被激活，这些蛋白酶也是激活剂。

知识链接　　　　　　　　　　　　　　　　**磺胺药的发现**

20 世纪 30 年代，德国化学家格哈德·杜马克开始了寻找细菌"克星"的工作，他找到了有杀菌作用的红色染料——"百浪多息"。杜马克在小白鼠上做了对比试验，证实了百浪多息的杀菌效果。但要让这种药在临床上得到应用，还有许多的路程要走。首先，要从百浪多息中提炼出有效的成分。杜马克从百浪多息中提炼出一种白色的粉末，即磺胺。接着，他在狗、兔子身上做实验，结果取得了预期的效果。磺胺的杀菌作用不容置疑。可是，无论对任何药物来说，只有临床效果是最有说服力的。

某一天杜马克的女儿爱莉莎割破手指发高烧，虽然打了针、吃了药，可是，病情还是逐渐恶化。他想到了刚研制出的磺胺药，虽然临床上还没有用过，但这时候别无选择了。他为爱莉莎注射了磺胺药。爱莉莎成为医学史上第一个用磺胺药治好病的病人。磺胺药的抑菌机理见图 3-23。

由于杜马克发明了磺胺药，于 1939 年被授予诺贝尔生理学或医学奖。

第六节　生物体内重要的调节酶

生物体内的物质代谢都是在酶的催化作用下进行的，酶活性受到调节和控制是区别于一般催化剂的重要特征，要使各种复杂的代谢反应协调有序地进行，酶活性必须根据情况改变。细胞内酶活力的调节和控制有多种方式，主要分为两类：①调节酶的含量，通过诱导或抑制酶的合成、调节酶的降解来调节酶的含量，需要的时间比较长。②调节现有酶的活力，这种方法不改变酶的含量，通过别构调控、可逆共价修饰、同工酶和酶原激活等方式来调节现有酶的活力，调节速度比较快。本节主要介绍第二类酶活力调节方式。

一、别构酶

利用别构效应调节酶活性是各种酶活性调节方式中最迅速的一种，大多数代谢物的反馈抑制就属于**别构调节**（allosteric regulation）。

（一）别构酶

酶分子与某些化合物非共价结合后发生构象改变，从而引起酶活性的变化，这种调节称别构调节。受别构调节的酶称**别构酶**（allosteric enzyme）（或变构酶），引起酶的活性受到别构调节的化合物称**效应物**（allosteric effector，或称别构剂）。若效应物是底物分子本身，则底物分子对别构酶的调节作用称为同促效应；若效应物为非底物分子，这种调节作用称为异促效应。若别构剂结合使酶与底物亲和力或催化效率增高，称为**别构激活剂**（allosteric activator，或称为正效应物）；反之使酶与底物的亲和力或催化效率降低，称为**别构抑制剂**（allosteric inhibitor，或称为负效应物）。能与酶结合的底物、激活剂和抑制剂统称为配体。

（二）别构酶性质

① 别构酶一般是具有四级结构的多亚基的寡聚酶。

② 别构酶具有活性中心和别构中心，它们往往位于不同的亚基或同一亚基的不同部位上。别构中心是结合别构剂的位点，有的别构酶不止一个别构中心，可以接受不同化合物的调节。别构酶的催化位点与别构位点可共处一个亚基的不同部位，但更多的是分别处于不同亚基上。这种情况下具有催化位点的亚基称为催化亚基，而具有别构位点的亚基称为调节亚基。当酶与别构剂结合时，酶分子构象就会发生轻微变化，影响催化位点对底物的亲和力和催化效率。

③ 多数别构酶不止一个活性中心，活性中心间有协同效应。所谓协同效应是指酶和一个效应物结合后可以影响酶和另一个效应物的结合能力。若促进另一个效应物的结合，称为正协同效应，反之则称为负协同效应。

④ 加热或化学试剂等处理，可引起别构酶解离，失去调节活性，称为脱敏作用。脱敏后的酶表现为米氏酶的动力学双曲线。例如大肠杆菌天冬氨酸转氨甲酰酶（ATCase）由 12 个亚基组成，其中 6 个大的

亚基为催化亚基（C 亚基），6 个小的亚基为调节亚基（R 亚基），每 3 个 C 亚基构成 1 个催化三聚体，每 2 个 R 亚基构成 1 个调节二聚体，所以天冬氨酸转氨甲酰酶由 2 个催化三聚体和 3 个调节二聚体构成。完整的天冬氨酸转氨甲酰酶是别构酶，底物天冬氨酸和 ATP 是其别构激活剂，产物 CTP 是其别构抑制剂（图 3-26）。在汞盐的作用下，调节亚基与活性亚基分离，形成 2 个催化三聚体和 3 个调节二聚体（图 3-27），催化三聚体保持催化活性，但是不再受效应物的调节，表现出米氏酶的动力学特征。

图 3-26　天冬氨酸转氨甲酰酶催化的反应及其别构调节　　　　图 3-27　天冬氨酸转氨甲酰酶的脱敏作用

⑤ 不遵循米氏方程，动力学曲线为 S 形（正协同效应）或表观双曲线（负协同效应）（图 3-28）。

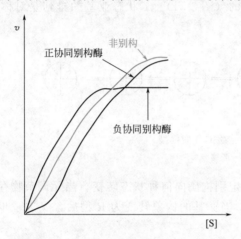

图 3-28　正、负协同别构酶与非别构酶的
动力学曲线比较

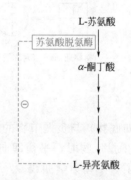

图 3-29　苏氨酸合成异亮氨酸
途径中的别构调节

（三）别构调节在代谢中的作用

多数别构酶处于代谢途径的开端，而别构酶的别构剂往往是该酶作用的底物或该代谢途径的中间产物或终产物及一些生理性小分子。故别构酶的催化活性受细胞内底物、代谢中间物或终产物浓度的调节。终产物抑制代谢途径中催化此物质生成的第一步反应的酶，称为**反馈抑制**（feedback inhibition）。也就是说，一旦细胞内终产物增多，它作为别构抑制剂抑制处于代谢途径开端的酶，及时降低该代谢途径的速度，以适应细胞生理机能的需要。别构酶在细胞物质代谢调节中发挥重要作用。例如由 L-苏氨酸生物合成 L-异亮氨酸，要经过五步，催化第一步反应的苏氨酸脱氨酶是别构酶（图 3-29）。当终产物 L-异亮氨酸浓度达到足够水平时，该酶就被反馈抑制。L-异亮氨酸结合到酶的一个调节部位上，对酶产生抑制。当 L-异亮氨酸的浓度下降到一定程度，苏氨酸脱氨酶又重新表现活性。再如人体中重要的通过糖代谢产生能量的代谢途径——糖酵解途径，从葡萄糖开始经过 10 步反应最终生成丙酮酸。整个代谢途径中有三个别构酶，分别是己糖激酶、磷酸果糖激酶和丙酮酸激酶，这三个酶催化的反应是整个途径的三个调节点（图 3-30）。己糖激酶活性受到

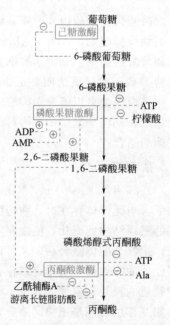

图 3-30　糖酵解途径中的别构调节

自身反应产物 6-磷酸葡萄糖的抑制。磷酸果糖激酶是糖酵解途径中最重要的一个调节点，由 4 个亚基组成，有很多激活剂和抑制剂。高浓度 ATP、柠檬酸（糖酵解下游代谢途径三羧酸循环的中间代谢物）是此酶的别构抑制剂。ADP、AMP、2,6-二磷酸果糖是此酶的别构激活剂。丙酮酸激酶受 1,6-二磷酸果糖的别构激活，而 ATP、Ala 是该酶的别构抑制剂，其中 ATP 能降低该酶对其底物磷酸烯醇式丙酮酸的亲和力；乙酰辅酶 A 及游离长链脂肪酸也是该酶抑制剂。

（四）别构模型

为了解释别构酶活性调节机制，科学家们提出了多种模型，其中最重要的两种模型是齐变模型（MWC 模型）和序变模型（KNF 模型）。

1. 齐变模型

1965 年，Monod、Wyman 和 Changeux 提出**齐变模型**（MWC 模型，也称为对称模型或协同模型，concerted model or symmetry model）解释变构调节机制。该模型提出：别构酶的所有亚基有 T 型（tensed state，紧张型构象）和 R 型（relaxed state，松弛型构象）两种构象状态存在，两种构象处于 R↔T 的平衡状态。T 型是紧密的、不利于结合底物的构象，R 型是松散的、有利于结合底物的构象。这两种状态间的转变对于每个亚基都是同时的、齐步发生的（图 3-31）。T 状态亚基的排列是对称的，变为 R 状态后，蛋白亚基的排列仍然是对称的。

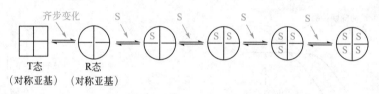

图 3-31　别构酶的齐变模型
S—底物

正调节物（如底物）与负调节物的浓度比例决定别构酶向何种状态转变。当无调节物存在时，平衡趋向于 T 型；当有少量底物时，平衡即向 R 型移动，当亚基的构象转变为 R 型后，又进一步增加了对底物的亲和性，给出了 S 形动力学曲线。

例如磷酸果糖激酶的别构调节表现出齐变模型的特征。磷酸果糖激酶是糖酵解途径中最重要的一个调节点，催化下列反应：

$$果糖\text{-}6\text{-}磷酸 + ATP \longrightarrow 果糖\text{-}1,6\text{-}二磷酸 + ADP$$

磷酸果糖激酶由 4 个亚基组成，每个亚基含有一个活性中心和别构中心。高浓度 ATP、柠檬酸是此酶的别构抑制剂。ADP、AMP、2,6-二磷酸果糖是此酶的别构激活剂。别构调节剂根据细胞对能量的需求调节酵解速率。动力学数据显示磷酸果糖激酶存在两种构象：T 型和 R 型。当磷酸果糖激酶结合底物果糖-6-磷酸时，酶的四个亚基都从 T 型转变成 R 型。

齐变模型可以解释别构酶的同促正协同效应和异促效应，但是它存在一些局限性。齐变模型太简单，无法解释别构酶复杂的变构行为。例如它无法解释负协同效应，即一个亚基与配体结合后抑制其他亚基与配体的结合。

2. 序变模型

1966 年，Koshland、Nemethy 和 Filmer 提出**序变模型**（sequential model，也称 KNF 模型），其要点如下：当无配体存在时，别构酶的所有亚基仅以 T 型状态存在。配体与一个亚基结合后，可以诱导该亚基的三级结构的变化，使之向 R 型状态转变（图 3-32）。这个亚基-配体复合体又能够改变相邻亚基的构象。第二个配体结合后，又可以改变第三个亚基构象的改变。与齐变模型不同的是，在一个部分亚基结合了配体的寡聚酶分子中允许存在着高亲和力和低亲和力的亚基，即别构酶存在着各种 TR 型杂合态，结合配基后的亚基构象变为 R 态，而未被配体结合的亚基构象并没有发生显著的变化，仍处于 T 态。亚基间的相互作用可能是正协同效应，也可能是负协同效应，一个亚基中配体结合引起的构象变化会使同一酶分子中另一亚基对配体的亲和力增加或减少。这个模型适用于大多数别构酶。

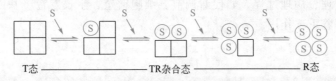

图 3-32 别构酶的序变模型

齐变模型与序变模型是两种理论模型，别构酶更复杂的别构调节现象仍无法用这两种模型解释，为此有人提出了其他一些模型。这些模型从不同的角度解释了别构酶的调节机制。

二、可逆共价修饰

1. 共价调节酶

有些酶需要在其他酶的作用下，对其酶分子上某些基团进行可逆的共价修饰，使其发生低活性状态与高活性状态互变，这类酶称为共价调节酶。这种调节方式伴有共价键的变化，如酶蛋白的丝氨酸、苏氨酸残基的—OH 被磷酸化或者修饰后产生的磷酸酯键去磷酸化，故称**共价修饰**（covalent modification）。这种共价修饰导致酶活力的改变称为酶的共价修饰调节。共价修饰反应迅速，具有级联放大效应，也是体内调节物质代谢的重要方式。

酶的可逆共价修饰调节具有以下特点：①由另一种酶催化修饰，酶的活性形式与其非活性形式相互转变，正、逆两个方向是由不同的酶分别催化的；②修饰过程出现酶分子上共价键的变化；③酶分子出现组成的变化。化学修饰常见形式为磷酸化与去磷酸化，此外还有乙酰化与去乙酰化、尿苷酸化与去尿苷酸化、甲基化与去甲基化。这些化学修饰都可引起酶分子组成的变化。

2. 磷酸化修饰

磷酸化（phosphorylation）修饰是最常见的一种修饰形式。酶蛋白中带羟基的氨基酸残基 Thr、Ser 与 Tyr 是磷酸化修饰位点，另外 His 也可以被磷酸化修饰。磷酸化是由 ATP 提供磷酸基，并在蛋白激酶的催化下完成。脱磷酸反应则是在磷酸酶的催化下完成。有的酶在磷酸化修饰后活性升高，而另一些酶则在磷酸化修饰后活性受抑制。

催化糖原分解第一步反应的糖原磷酸化酶，是一种共价修饰酶。它存在有活性和无活性两种形式，磷酸化修饰的糖原磷酸化酶有活性称为磷酸化酶 a，去磷酸化的糖原磷酸化酶无活性称为磷酸化酶 b，磷酸化修饰由磷酸化酶激酶催化，去磷酸化由磷酸化酶磷酸酶催化（图 3-33）。

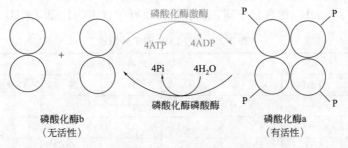

图 3-33 磷酸化酶 a 和磷酸化酶 b 互变的过程

糖原合成过程中的关键酶糖原合酶，也是一种共价调节酶。蛋白激酶 a 等酶催化糖原合酶磷酸化修饰变成无活性形式，即糖原合酶 b；蛋白磷酸酶催化去磷酸化反应变成有活性形式，即糖原合酶 a。

值得注意的是，很多共价调节酶都含有多个修饰位点。1 个或多个位点被修饰，使得酶活性发生不同程度的改变。如糖原合酶共含有 9 个酪氨酸残基，1 个或多个磷酸化修饰后，酶发生不同程度的活性降低，9 个酪氨酸残基全部被修饰则是无活性形式。这意味着共价修饰调节可以适应机体复杂的代谢情况实现精细的酶活性调节。

事实上，磷酸化修饰普遍存在于蛋白质分子中，真核细胞中约 1/3~1/2 的蛋白质可以磷酸化。这种调节方式几乎涉及所有生理、病理过程，如代谢调节、细胞增殖、生长发育、基因表达、癌症等，尤其在细胞信号传递过程中发挥着重要作用。

三、同工酶

1. 同工酶概念

同工酶（isozyme）是一类催化相同的化学反应，但酶蛋白的分子结构、理化性质和免疫原性各不相同的一类酶。它们存在于生物的同一种属或同一个体的不同组织或同一细胞的不同亚细胞结构中。在生长发育的不同时期和不同条件下，都有不同的同工酶分布。

同工酶是由不同基因或等位基因编码的不同多肽链所组成，或由同一基因转录生成的不同 mRNA 翻译的不同多肽链组成。

同工酶可能是机体对环境变化或代谢变化的一种调节方式。当一种同工酶受到抑制或破坏时，其他同工酶仍起作用，从而保证代谢的正常进行。

2. 乳酸脱氢酶

至今已知的同工酶有数百种，其中以乳酸脱氢酶（LDH）研究得最多。乳酸脱氢酶有 5 种分子形式，它们催化下列相同的化学反应：

$$乳酸 + NAD^+ \xrightarrow{\quad 乳酸脱氢酶 \quad} 丙酮酸 + NADH + H^+$$

5 种同工酶均由 4 个亚基组成。LDH 的亚基有骨骼肌型（M 型）和心肌型（H 型）两种，两种亚基的氨基酸组成不同，两种亚基以不同比例组成四聚体即形成 5 种 LDH 形式，即 H_4（LDH_1）、H_3M（LDH_2）、H_2M_2（LDH_3）、HM_3（LDH_4）和 M_4（LDH_5）（图 3-34）。

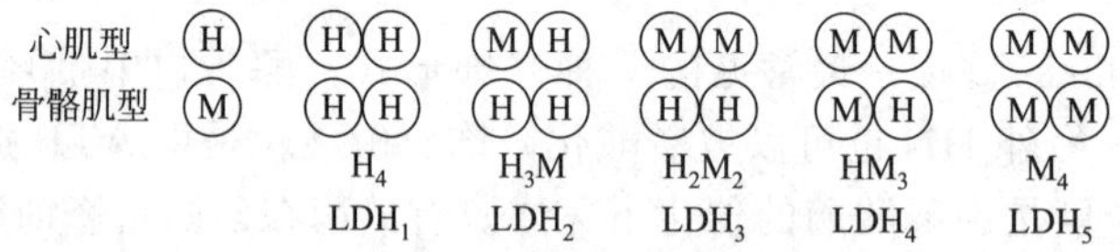

图 3-34　乳酸脱氢酶的 5 种形式

5 种 LDH 中的 M、H 亚基比例各异，决定了它们理化性质的差别。通常用电冰法可把 5 种 LDH 分开，LDH_1 向正极泳动速度最快，而 LDH_5 泳动最慢，其他几种介于两者之间，依次为 LDH_2、LDH_3 和 LDH_4。不同器官及组织中所含的 LDH 同工酶酶谱不同（表 3-3），即 LDH 同工酶的分布具有组织特异性，如心肌中以 LDH_1 及 LDH_2 的含量较高，而骨骼肌及肝中以 LDH_5 和 LDH_4 为主。

表 3-3　人的 LDH 同工酶酶谱

LDH 同工酶	LDH 活性的百分数/%								
	心肌	骨骼肌	肝	肾	肺	脾	红细胞	白细胞	血清
LDH_1	73	0	2	43	14	10	43	12	27
LDH_2	24	0	4	44	34	25	44	49	35
LDH_3	3	5	11	12	35	40	12	33	21
LDH_4	0	16	27	1	5	20	1	6	11
LDH_5	0	79	56	0	12	5	0	0	6

不同组织中 LDH 同工酶酶谱的差异与组织利用乳酸的生理过程有关。LDH_1 及 LDH_2 对乳酸的亲和力大，催化乳酸脱氢氧化成丙酮酸，有利于心肌从乳酸氧化中取得能量。LDH_5 和 LDH_4 对丙酮酸的亲和力大，可以催化丙酮酸还原为乳酸，这与肌肉在无氧酵解中取得能量的生理过程相适应。

当组织病变时，其中的 LDH 同工酶释放进入血液，血清中该同工酶活力升高。因此，血清同工酶酶谱能敏感地反映人体器官及组织的功能变化，临床上常用血清 LDH 同工酶酶谱来诊断疾病。如血清中

LDH_1 及 LDH_2 的活力升高预示着心脏疾病的发生；血清中 LDH_5 的活性升高预示着肝脏细胞损伤。

四、酶原激活

　　酶原（zymogen）是无活性的酶的前体。酶原激活是从无活性的酶原转变为有活性的酶的过程。酶原激活也是一种酶活性调控机制。这种调控作用的特点是无活性状态转变成有活性状态的过程伴随着共价键的断裂，而且转变是不可逆的。酶原激活实质上是酶活性部位形成或暴露的过程。酶原可以看作是酶的储存形式，如凝血酶和纤维蛋白溶解酶等以酶原的形式在血液循环中运行，一旦需要便转化为有活性的酶。酶原也是机体自我保护的措施，如消化系统中的蛋白酶以酶原形式分泌，避免蛋白酶对器官进行自身消化，酶原激活使酶在特定部位和环境中才发挥作用。

1. 消化系统酶原激活

　　胰蛋白酶、胰凝乳蛋白酶、弹性蛋白酶、羧肽酶都是由胰脏产生的水解蛋白质的酶，在胰脏中是以无活性的酶原形式产生。若它们在胰脏中被提前激活，则胰脏会被水解破坏，导致胰腺出血、肿胀，即胰腺炎。胰凝乳蛋白酶原、弹性蛋白酶原、羧肽酶原的激活都依赖于胰蛋白酶，因此胰蛋白酶是其中的关键酶。为防止酶原提前激活，胰脏中存在着胰蛋白酶的抑制剂，抑制胰蛋白酶的活性。胰蛋白酶原在胰脏中合成，存在于胰液里。胰蛋白酶原与有活性的胰蛋白酶相比，N 端多一个六肽，其肽链折叠后不能形成活性中心，所以酶原无活性。当胰蛋白酶原进入小肠后，在 Ca^{2+} 的存在下，被肠激酶作用而激活。肠激酶水解断裂胰蛋白酶原 N 端 Lys_6-Ile_7 之间的肽键。胰蛋白酶原失去 N 端的一个六肽，肽链重排，构象发生变化。这时肽链中的 His_{57}、Asp_{102} 和 Ser_{195} 在空间上接近起来，形成了活性中心，酶具有了催化活性（图 3-35）。

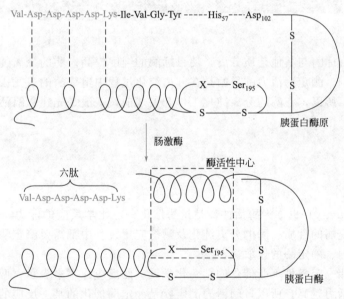

图 3-35　胰蛋白酶原的激活

　　胰蛋白酶是肽链内切酶，它能水解多肽链中赖氨酸或精氨酸残基的羧基侧肽键。胰脏分泌的胰凝乳蛋白酶原、羧肽酶原、弹性蛋白酶原等，可以在胰蛋白酶的作用下断开特定位点的肽键，构象发生变化，活性中心形成而被激活。

　　胃蛋白酶由胃壁细胞分泌到胃液中时也是酶原的形式。在胃酸（H^+）作用下，胃蛋白酶原构象重排，暴露出的催化部位对自身肽键进行水解，除去 N 端 44 个氨基酸残基，酶原被激活。激活的胃蛋白酶进一步激活其他的酶原分子。

2. 血液系统酶原激活

　　机体存在着凝血、抗凝血和纤维蛋白溶解系统，它们处于动态平衡状态。因此正常机体的血液呈液体流动状态，不发生凝血。但是，当血管内膜发生损伤（细菌、病毒、高热等导致或动脉粥样硬化及脉管炎

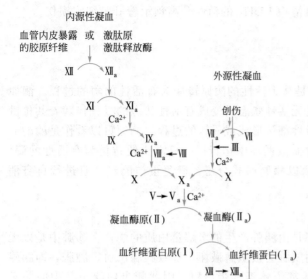

图 3-36　血液凝固的级联放大过程

等疾病发生）或者生物体组织受到创伤时，血液将在受伤部位凝固以减少出血。

凝血过程大致分为三个阶段，首先是一系列凝血因子被相继激活，然后激活的凝血因子催化凝血酶原（也称为因子Ⅱ）生成有活性的凝血酶（也称为因子Ⅱₐ），最后凝血酶催化血浆中可溶性的纤维蛋白原（因子Ⅰ）转变为不溶性的纤维蛋白（因子Ⅰₐ），交联形成血纤维蛋白凝块使血液凝集（图 3-36）。

参与凝血的因子共有 12 个，用罗马数字从Ⅰ～ⅩⅢ编号，其中因子Ⅵ不存在，因子Ⅲ（也称为组织因子）在受伤后产生，因子Ⅳ是 Ca^{2+}，其余因子在正常情况下都以无活性的蛋白质形式存在于血浆中。凝血因子Ⅱ、Ⅸ、Ⅹ、Ⅺ、Ⅻ是未活化的酶原，Ⅱₐ、Ⅸₐ、Ⅹₐ、Ⅺₐ、Ⅻₐ是活化的酶，可以水解肽键。一个酶催化激活另一个酶，经过一系列反应不断放大，另外还有活化的调节蛋白Ⅴₐ和Ⅷₐ的调节作用，最后使血液凝集。

第七节　酶活力测定与酶的分离纯化

酶的分离纯化是把目标酶与其他杂质分离，使目标酶的纯度提高。酶的分离纯化是开展酶学性质、结构、动力学等研究的基础。测定酶活力的目的是在分离纯化过程中追踪酶的来龙去脉，为优化酶的分离纯化方法和条件提供依据。所以，在酶的分离纯化工作开展之前，一般是先建立酶活力测定方法。

一、酶活力测定

1. 酶活力

酶活力（enzyme activity）也称为酶活性，是指酶催化一定化学反应的能力。酶活力的测定实际上就是酶的定量测定。在研究酶的性质、酶的分离纯化及酶的应用过程中都需要测定酶活力，以比较酶催化能力的大小、追踪酶的去向、确定酶的投放量。

酶活力的大小可以用一定条件下所催化的某一化学反应的反应速率来表示，两者呈线性关系。酶催化的反应速率越大，酶的活力越高。所以，酶活力测定就是测定酶催化的某一反应的反应速率，酶催化反应速率可用单位时间内底物的减少量或产物的增加量来表示。通常，测定酶活力时，底物是过量的，其减少量不容易准确测定，而产物是从无到有，变化明显，容易准确测定。所以，酶反应速率大多是以单位时间内产物的增加量表示。

酶催化反应不是一个恒速反应，随着反应时间的延长、底物浓度降低、产物对酶的抑制或酶分子部分活力的丧失等因素，使酶催化反应速率降低。所以，酶催化反应速率只在最初一段时间保持恒定（产物-时间曲线是直线），这时测得的反应速率反映酶真实的催化能力。因此，测定酶活力时应以酶促反应的初速率为准。酶反应的**初速率**（initial velocity）是指反应开始后很短的一段时间内的速率，一般指底物消耗量不超过 5% 时的反应速率。

2. 酶活力单位

酶活力的大小及酶含量的多少，用**酶活力单位**（active unit）表示，即酶单位（U）。酶单位是指在一定条件下、一定时间内将一定量的底物转化为产物所需要的酶量。

1961 年国际酶学委员会规定用"国际单位"（IU）表示酶活力，在特定条件下，1min 内转化 $1\mu mol$ 底物（或底物中 $1\mu mol$ 有关基团）所需的酶量为 1 个国际单位（1IU）。

1972 年国际酶学委员会又推荐一种新的酶活力单位——Katal（简称 Kat）单位。一个 Kat 单位是指在最适反应条件下每秒钟催化 1mol 底物转化为产物所需要的酶量。IU 与 Kat 之间的换算关系为：$1Kat = 6\times 10^7 IU$，$1IU = 16.7nKat$。

虽然有国际单位，但是为了使用方便，人们根据各种酶的特点及酶活力测定方法等自行对酶活力进行了各种规定。例如，多酚氧化酶的活力以每分钟内 525nm 波长吸光值变化 0.01 为 1 个酶活力单位；SOD 活性单位以抑制氮蓝四唑（NBT）光化还原的 50% 为 1 个酶活性单位。对同一种酶，不同生产者、不同活力测定方法下对酶活力单位的规定也可以是不同的，所以不能仅依据数值大小比较酶活力大小。

3. 比活力

酶的**比活力**（specific activity）代表酶的纯度，对同一种酶比活力愈大，表示纯度愈高。国际酶学委员会规定比活力用每毫克蛋白质所含有的酶活力单位数表示（比活力单位为 U/mg 蛋白质）。计算公式：比活力＝活力/蛋白质量（U/mg）。

4. 酶活力测定方法

酶活力测定的一般过程是：选择适宜的底物，确定酶催化反应的 pH、底物浓度、激活剂浓度等反应条件。配制一定 pH、一定浓度的底物溶液。在一定温度条件下，将一定量的酶液和底物溶液混合均匀，启动反应。反应一定时间后，终止反应。然后，运用分光光度法、滴定法、高效液相色谱法等各种检测技术，测定产物的生成量或底物的减少量。产物或底物的检测方法要根据产物和底物的化学性质加以选择。例如底物或产物在紫外或可见光区有光吸收的，可以用分光光度法；底物或产物在激发光作用下有荧光发射的，可以用荧光法。

二、酶的分离纯化

1. 酶的分离纯化

酶制剂的用途不同，对酶纯度的要求不同，分离纯化工艺不同。酶制剂生产的一般工艺过程是：①选取生物材料并进行预处理；②从生物材料中提取酶；③分离纯化酶；④制备酶制剂。

酶来源于生物材料，而生物材料的组成非常复杂。为了保护酶的生物活性，酶的分离纯化采用温和的逐级分离法，也就是几种不同类型的分离方法联用才能实现酶的纯化。大多数酶是蛋白质，所以蛋白质的分离纯化方法适用于酶的分离纯化。分离纯化方法根据原理的不同主要分为 5 类：

① 根据分子形状和大小不同进行分离，如采用离心、膜分离、凝胶过滤等。

② 根据分子电离性质的差异性进行分离，如离子交换方法等。

③ 根据分子极性大小及溶解度不同进行分离，如盐析法、有机溶剂沉淀法等。

④ 根据物质吸附性质的不同进行分离，如吸附层析法。

⑤ 根据配体特异性进行分离，如亲和层析法。

分离纯化的早期，由于提取液成分复杂、体积大，与目的物理化性质相似的杂质多，所以早期分离纯化一般用盐析法、有机溶剂沉淀法等，这些方法分辨率低，但处理量大、成本低，兼有浓缩的作用。后期分离纯化方法一般用凝胶过滤、离子交换、亲和层析等分辨率高的方法。

酶分离纯化过程应注意防止酶蛋白变性，避免溶液 pH 过高或过低，不可剧烈搅拌，避免酶与重金属离子等变性剂接触，避免高温，酶的分离纯化一般在低温下操作。

2. 活力回收率与纯化倍数

酶分离纯化过程中每一步都应当测定两个指标：比活力和总活力，目的是追踪酶的去向，评价酶分离纯化方法的优劣，进而决定步骤的取舍以及改进分离纯化工艺。酶的纯度用比活力来衡量，通过比活力可以计算**纯化倍数**（purification fold）。酶的多少可以用总活力来衡量，通过总活力可以计算**活力回收率**

（得率，recovery rate）。

$$纯化倍数 = \frac{每次的比活力}{第一次的比活力}$$

$$活力回收率（得率） = \frac{每次的总活力}{第一次的总活力} \times 100\%$$

第八节　酶在医药研究中的应用

人体中的代谢反应有数千种之多，生命活动的正常进行依赖于这数千种代谢反应的平衡和稳定，这些复杂而有序的生化反应都是在酶催化下进行的。一旦机体中缺少某种酶或者酶功能失调，体内物质和能量的平衡就被打破，疾病就会发生。因此，疾病的发生究其根本原因都与酶有直接或间接的关系。例如蚕豆病的发病原因是人体内葡萄糖-6-磷酸脱氢酶缺失，不能产生足够 NADPH 以维持谷胱甘肽的还原性，红细胞的细胞膜不能抵抗氧化损伤而遭受破坏，食用新鲜蚕豆或者接触蚕豆花粉后就会引起急性溶血性贫血。有些疾病是酶的不合时宜的表达造成，如急性胰腺炎是胰脏中分泌的蛋白酶原提前在胰脏中被激活，引起胰腺组织自身消化、水肿、出血甚至坏死。酶与疾病的发生关系非常密切，所以酶被我们用作药物治疗疾病，或作为靶点设计药物，或作为疾病诊断的依据。另外，酶还是很好的催化工具用于药物生产。

一、酶类药物

酶作为药物，补充体内酶活力的不足或调整酶的作用，可以达到治疗疾病的目的。最早用酶来治疗疾病是以淀粉酶、蛋白酶等制成的口服剂型。现在临床上使用的药用酶包括口服、注射等各种给药方式。随着酶的副作用、给药方式及剂型的逐步改进，越来越多的酶类药物会用于临床。

目前，酶作为药物主要分为以下几类。

（1）消化酶　如蛋白酶、淀粉酶、脂肪酶、纤维素酶等。临床上常用的多酶片就是多种酶的复合制剂，可以分解食物中的脂肪、淀粉、蛋白质，促进消化、增进食欲。主要用于肠胃消化酶分泌不足引起的消化不良，或者胆囊、肝脏、胰脏疾病引起的消化不良，以及各种原因导致的消化机能衰退。

（2）抗炎及清疮的酶　如溶菌酶、超氧化物歧化酶、蛋白酶等。溶菌酶可以水解细菌细胞壁从而杀死细菌，是一种天然抑菌物质。临床上溶菌酶肠溶片用于治疗咽喉炎、鼻炎、口腔溃疡等。

（3）溶解血栓的酶　如尿激酶、纳豆激酶等。临床上，尿激酶用于血栓栓塞性疾病的溶栓治疗。它催化裂解纤溶酶原生成纤溶酶，纤溶酶不仅能降解纤维蛋白交联形成的凝块，使形成的血栓溶解，也能降解血液中的纤维蛋白原、凝血因子 V 和凝血因子 Ⅷ 等，抑制血栓的形成。

（4）凝血酶　临床上广泛用于外伤、烧伤、手术等的止血，特别适合结扎止血困难的小血管、毛细血管以及消化道出血、脏器出血等的止血。

（5）治疗肿瘤的酶　如 L-天冬酰胺酶、L-谷氨酰胺酶、L-组氨酸酶、L-精氨酸酶等。L-天冬酰胺酶是第一个用于肿瘤治疗的酶，临床上主要用于治疗急性粒细胞型白血病。它的作用是水解 L-天冬酰胺生成 L-天冬氨酸。人体中，大部分细胞可以利用自身的天冬酰胺合成酶催化 L-谷氨酰胺转化成 L-天冬酰胺，因此不需要从细胞外获取。但是，肿瘤细胞中天冬酰胺合成酶的活力非常低，不能合成 L-天冬酰胺。因此，肿瘤细胞只能依赖于细胞外来源的 L-天冬酰胺，从而合成自身的功能蛋白质。L-天冬酰胺酶将血液中的 L-天冬酰胺分解，使得肿瘤细胞不能获得 L-天冬酰胺，无法合成蛋白质而死亡，起到抗癌的作用。

（6）其他用途的各类酶　如青霉素酶治疗青霉素引起的变态反应，SOD 用于治疗自身免疫性疾病。

二、酶作为药物靶点设计药物

基于靶点的药物设计是目前新药研发的重要方法。以酶作为靶点的药物设计方法在新药研发中发挥了巨大作用，开发了很多药物，如治疗高血压的药物、降糖药物、降脂药物、抗菌药物、抗病毒药物、抗肿瘤药物等。以酶作为靶点的药物设计一般是把病变途径的某种关键酶当作靶点，设计、筛选此关键酶的抑制剂。治疗高血压的普利类药物（卡托普利、依那普利、贝那普利、雷米普利、赖诺普利等）是以血管紧张素转化酶为靶点的降压药。α-葡萄糖苷酶是阿卡波糖抑制作用的靶点，其活性被抑制后，麦芽糖、蔗糖、淀粉等降解生成葡萄糖的速率减缓。所以，阿卡波糖可以作为降糖药物，降低餐后血糖，调整血糖水平，在抑制糖代谢的同时也能减缓脂肪的生成。他汀类药物（辛伐他汀、阿伐他汀等）是胆固醇合成途径的关键酶——3-羟基-3-甲基戊二酰辅酶 A 还原酶抑制剂，这类药物是临床上应用非常普遍的降脂药物。获得性免疫缺陷综合征（艾滋病）是 HIV 病毒感染引起的。HIV 病毒复制过程中有三个关键酶：整合酶、逆转录酶和蛋白酶。任何一个酶的抑制都将阻碍 HIV 病毒的复制。

三、酶作为疾病诊断试剂

酶学诊断方法具有简便、快捷、可靠的特点，在临床诊断中应用广泛。酶学诊断方法包括两个方面：一是通过检测体内酶活力的变化来诊断疾病；另一个是利用酶来测定血液、尿液等含有的某些物质的含量来诊断疾病。

1. 检测体内酶活力的变化诊断疾病

一般健康人体内各种酶的活力应该恒定在各自特定的范围内。当器官、机体受到损伤或者发生病变时，体内的某些酶的活力会发生相应的变化。因此可以测定体内某些酶的活力，根据其变化判断某些疾病是否发生。例如体内常见的谷丙转氨酶和谷草转氨酶是反映肝功能的重要指标。正常情况下，人体血液中谷丙转氨酶的活力是 7～40U/L，谷草转氨酶的活力是 13～35U/L。当肝脏或心脏发生病变时，谷丙转氨酶和谷草转氨酶的活力会异常升高。例如，急性传染性肝炎患者的谷丙转氨酶和谷草转氨酶的活力会急剧升高；肝硬化、阻塞性黄疸型肝炎患者的谷丙转氨酶和谷草转氨酶的活力也会升高。谷草转氨酶在心脏中活力最大，也是心脏病变的诊断依据。如心肌梗死和心肌炎患者的谷草转氨酶的活力会显著升高。临床上作为疾病诊断依据的酶还有很多，如腺苷脱氨酶、碱性磷酸酶、酸性磷酸酶、γ-谷氨酰转肽酶等。

2. 用酶测定体液中某些物质的量诊断疾病

酶可以测定体液中某些物质的含量来诊断某些疾病。例如利用葡萄糖氧化酶和过氧化物酶的联合作用，检测血液或尿液中葡萄糖的含量，从而作为糖尿病临床诊断的依据。这两种酶与显色剂（邻联甲苯胺或 4-氨基安替吡啉）一起用明胶共固定在滤纸条上制成酶试纸，与血液接触后，葡萄糖氧化酶氧化其中的葡萄糖生成葡萄糖醛酸和过氧化氢，过氧化物酶催化过氧化氢生成水和原子氧，原子氧将显色剂氧化变色，颜色的深浅可以判断葡萄糖含量，这是血糖试纸检测血糖的原理。由于酶的高效性，整个检测过程非常迅速，从试纸接触血液到显色只需 10～60s。另外，利用尿素酶检测血液和尿液中尿素含量的试纸也是相似的原理。

在疾病诊断方面，酶联免疫测定是一个很重要的方法。所谓酶联免疫测定，先把某种特异性抗体与固相载体连接，形成固相抗体。加受检样品（如血液），让样品中的抗原与固相载体上的抗体结合，形成固相抗体-抗原复合物。加酶标抗体，使固相抗体-抗原复合物上的抗原与酶标抗体结合，形成固相抗体-抗原-抗体-酶复合物。最后加酶的底物，复合物中的酶催化底物成为有色产物。对有色产物进行定量测定即可对受检样品中的抗原进行定性或定量测定。通过酶联免疫测定，可以检测多种寄生虫、病毒感染、激素水平等多种疾病。酶联免疫常用的标记酶是碱性磷酸酶和过氧化物酶等。

四、酶作为工具生产药物

酶催化具有效率高、专一性强、条件温和等特点，在药物生产方面的应用日益增多。

利用酶的催化作用可以对手性药物或者手性药物原料拆分，生产单一对映体结构的药物。例如化学法合成的氨基酸是 D,L-氨基酸外消旋体，而外消旋氨基酸的两个异构体具有不同的生理作用。人体只能利用 L-氨基酸，因此 L-氨基酸可以作为营养强化剂或临床药物，而某些 D-氨基酸作为手性源可以合成杀虫剂、活性肽、抗菌药等。D-氨基酰化酶或者 L-氨基酰化酶可以拆分 D,L-氨基酸外消旋体及氨基酸类似物的外消旋体，拆分流程如图 3-37 所示。

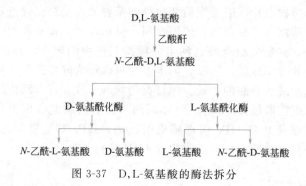

图 3-37　D,L-氨基酸的酶法拆分

　　酶在半合成抗生素的合成方面也具有独特作用。所谓半合成抗生素是以微生物合成的抗生素为基础，对其进行结构改造后得到的新抗生素，主要目的是解决细菌耐药性问题。青霉素、头孢菌素分子由两部分构成，母核及与母核连接的侧链部分。它们具有相似的母核结构，母核是青霉素、头孢菌素抗菌活性的关键部分。保留母核，改变侧链的结构，可以解决细菌的耐药性问题，同时还可以扩大抗菌谱，增加耐酸性等。因此，通过对青霉素、头孢菌素的结构改造，达到提高青霉素药效和治疗作用，具有巨大的临床应用价值。

　　青霉素酰化酶是半合成青霉素、半合成头孢菌素生产中的关键酶。它可以在弱碱性条件下，催化青霉素水解，将青霉素母核上的侧链切下来，生成 6-氨基青霉烷酸（6-APA），从而获得母核。在弱酸性条件下，加入新的侧链基团，青霉素酰化酶又可以催化 6-APA 与新的侧链基团连接，合成新型半合成青霉素。同理，可以获得新型半合成头孢菌素（图 3-38）。

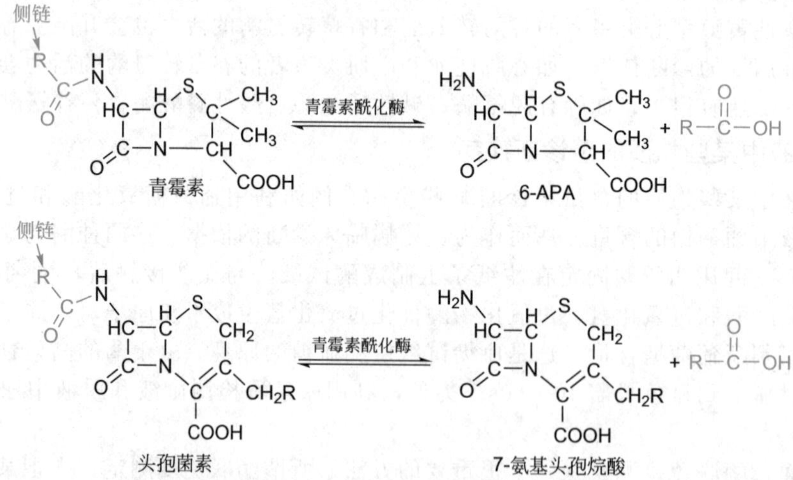

图 3-38　青霉素酰化酶制备半合成青霉素的反应

　　天然酶的本质是生物大分子，稳定性比较差，容易受到酸、碱、热等因素的影响，催化活力降低。天然酶溶于水溶液催化底物反应，反应结束时只能通过热处理等方式使酶失活结束反应，导致昂贵的酶只能使用一次。将酶与水不溶性的载体结合，称为酶的固定化。这样制备的固定化酶，只需通过过滤、离心等方法就能很容易与反应物分开，很容易控制生产过程，能反复和连续使用，同时也省去了使酶失活的步骤。因此，固定化酶在手性拆分及合成等药物生产中被广泛应用。

　　随着对疾病发生的分子机制的深入研究，酶在疾病诊断、治疗、药物设计和生产等各方面的应用将会越来越广泛。

本章小结

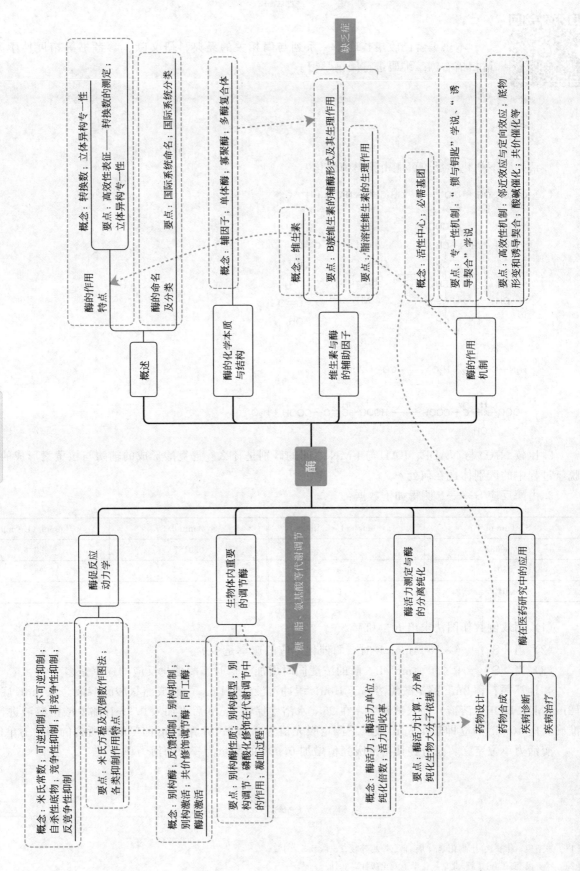

酶

概述
- 酶的作用特点
  - 概念：转换数；立体异构专一性
  - 要点：高效性表征——转换数的测定；立体异构专一性
- 酶的命名及分类
  - 要点：国际系统命名；国际系统分类

酶的化学本质与结构
- 概念：辅因子；单体酶；寡聚酶；多酶复合体

维生素与酶的辅助因子
- 维生素
  - 概念：维生素
  - 要点：B族维生素的辅酶形式及其生理作用
  - 要点：脂溶性维生素的生理作用
- 缺乏症

酶的作用机制
- 概念：活性中心；必需基团
- 要点：专一性机制："锁与钥匙"学说、"诱导契合"学说
- 要点：高效性机制；邻近效应与定向效应；底物形变和诱导契合；酸碱催化；共价催化等

酶促反应动力学
- 概念：米氏常数；可逆抑制；不可逆抑制；自杀性底物；竞争性抑制；非竞争性抑制；反竞争性抑制
- 要点：米氏方程及双倒数作图法；各类抑制剂作用特点

生物体内重要的调节酶
- 概念：别构酶；反馈抑制；别构抑制；别构激活；共价修饰调节酶；同工酶；酶原激活
- 要点：别构酶性质；别构模型；别构调节、磷酸化修饰在代谢调节中的作用；凝血过程

醇、脂、氨基酸等代谢调节

酶活力测定与酶的分离纯化
- 概念：酶活力；酶活力单位；纯化倍数；活力回收率
- 要点：酶活力计算；分离纯化生物大分子依据

酶在医药研究中的应用
- 药物设计
- 药物合成
- 疾病诊断
- 疾病治疗

拓展学习

本书编者已收集整理了一系列与酶相关的经典科研文献、参考书等拓展性学习资料，请扫描右侧二维码进行阅读学习。

拓展学习

思考题

1. 请判断下列化学反应可能由哪类酶催化？

（1） $CH_3CH_2OH + NAD^+ \longrightarrow CH_3CHO + NADH + H^+$

（2）
$$
\begin{array}{c}
\text{O=C} \\
| \\
\text{O=C} \\
| \\
\text{CH}_3
\end{array}
\text{(OH)}
\;+\;
\begin{array}{c}
\text{COOH} \\
| \\
\text{H}_2\text{N—CH} \\
| \\
\text{CH}_2 \\
| \\
\text{CH}_2 \\
| \\
\text{C=O} \\
| \\
\text{OH}
\end{array}
\;\longrightarrow\;
\begin{array}{c}
\text{O=C} \\
| \\
\text{HC—CH}_3 \\
| \\
\text{NH}_2
\end{array}
\text{(OH)}
\;+\;
\begin{array}{c}
\text{COOH} \\
| \\
\text{O=C} \\
| \\
\text{CH}_2 \\
| \\
\text{CH}_2 \\
| \\
\text{C=O} \\
| \\
\text{OH}
\end{array}
$$

（3）
$$
\text{H}_2\text{N—}\overset{\displaystyle O}{\overset{\|}{\text{C}}}\text{—NH}_2 + \text{H}_2\text{O} \longrightarrow \text{CO}_2 + 2\text{NH}_3
$$

（4）
$$
\text{HOOC—}\overset{\text{H}}{\underset{\text{OH}}{\text{C}}}\text{—}\overset{\text{H}_2}{\text{C}}\text{—COOH} \longrightarrow \text{HOOC—C=C—COOH} + \text{H}_2\text{O}
$$

2. 比较 NAD 与 NADP、FAD 与 FMN 之间的区别是什么？尼克酸形成的辅酶与核黄素形成的辅酶在脱氢过程中的区别体现在何处？

3. 由酶反应 S $\longrightarrow$ P 测得如下数据：

[S]/(mmol/L)	v/[nmol/(L·min)]	[S]/(mmol/L)	v/[nmol/(L·min)]
0.00833	13.8	0.0167	23.6
0.01	16.0	0.02	26.7
0.0125	19.0		

（1）用双倒数作图法求出 K_m 和 V_{max}。

（2）当 $[S] = 6 \times 10^{-2}$ mol/L 时，酶催化反应的速率是多少？

（3）当 $[S] = 6 \times 10^{-2}$ mol/L，酶的浓度同时增加 1 倍时，酶催化反应的速率是多少？

4. 计算题：称 2mg 酪氨酸酶溶解于 10mL 缓冲溶液（pH 6）配制成酪氨酸酶溶液。取 3mL 底物溶液（2mmol/L-DOPA 溶液）加入试管中，在 25℃ 水浴中保温 5min 后再加入 0.2mL 酪氨酸酶溶液进行反应。准确反应 10min 后立即于 475nm 波长下测定吸光值为 0.589。计算 1mg 酪氨酸酶所含的酶活力单位数。

酶活力单位定义：每分钟使溶液吸光值增加 0.001 的酶量为一个酶活力单位。

参考文献

［1］ 朱圣庚，徐长法.生物化学.4 版.北京：高等教育出版社，2017.

［2］ 罗贵民.酶工程.3 版.北京：化学工业出版社，2016.

［3］ Young Je Yoo，Yan Feng，Yong Hwan Kin，Camila Flor J Yagonia. Fundamentals of Enzyme Engineering. Dordrecht，Netherlands：

Springer，2017.

[4] Kevin Ahern. Biochemistry and Molecular Biology. The Teaching Company，2019.

[5] Athel Cornish-Bowden. Fundamentals of Enzyme Kinetics. 4th edition. New Jersey：Wiley Blackwell，2012.

[6] Allan Svendsen. Understanding Enzymes-Function：Design，Engineering，and Analysis. Florida：Pan Stanford Publishing，2016.

[7] Thomas M Devlin. Textbook of Biochemistry with Clinical Correlations. 7th edition. Toronto：John Wiley & Sons Inc，2011.

[8] Yang Y，et al. Purification and characterization of a new laccase from *Shiraia* sp. SUPER-H168. Process Biochemistry，2013，48：e351-e357.

[9] Rodríguez-Mendoza J，et al. Purification and biochemical characterization of a novel thermophilic exo-β-1,3-glucanase from the thermophile biomass-degrading fungus *Thielavia terrestris* Co3Bag1. Electronic Journal of Biotechnology，2019，41：e60-e71.

[10] Kwon Y M，et al. L-Asparaginase encapsulated intact erythrocytes for treatment of acute lymphoblastic leukemia（ALL）. Journal of Controlled Release，2009，139：e182-e189.

[11] Narta U K，et al. Pharmacological and clinical evaluation of L-asparaginase in the treatment of leukemia. Critical Reviews in Oncology/Hematology，2007，61：e208-e 221.

[12] You M，et al. Efficacy of transcranial ultrasound thrombolytic therapy combined with urokinase in patients with acute cerebral infarction. Medical Journal of Wuhan University，2016，37：e341-e344.

[13] Diaz-Gomez L，et al. Functionalization of titanium implants with phase-transited lysozyme for gentle immobilization of antimicrobial lysozyme. Applied Surface Science，2018，452：e32-e42.

[14] Liaw S H，et al. Crystal Structure of D-Aminoacylase from *Alcaligenes faecalis* DA1. Journal of Biological Chemistry，2003，278：e4957-e4962.

[15] Volpato G C，et al. Use of Enzymes in the Production of Semi-Synthetic Penicillins and Cephalosporins：Drawbacks and Perspectives. Current Medicinal Chemistry，2010，17：e3855-e3873.

（周建芹）

第四章

生 物 膜

学习目标

1. 掌握：生物膜的化学组成及生物膜的流动镶嵌模型。
2. 熟悉：生物膜的功能及生物膜对药物转运的影响。
3. 了解：脂质类药物及生物膜作为药物靶点的研究进展。

生物膜包括细胞质膜和细胞内膜系统，行使多种功能；真核细胞与原核细胞都具有生物膜系统。

第一节　生物膜的化学组成

明确生物膜是由哪些化学成分构成的，其中哪些是所有生物膜的共同成分，哪些是具有特定功能生物膜的独特成分，是理解生物膜功能的一种研究方法。在化学本质上，生物膜均是由脂质、蛋白质构成的，有些生物膜还含有少量的糖类成分。脂质与蛋白质几乎占了生物膜的所有质量，典型生物膜大约含有60％蛋白质和40％脂质。糖类在生物膜中主要以糖蛋白或糖脂的形式存在，含量极低或几乎不存在。

脂质、蛋白质和糖类的含量在不同类型的生物膜中变化很大（见表4-1），其比例与特定膜必须执行的功能直接相关。例如，线粒体内膜和细菌细胞膜需要行使多种生理功能，其中约75％是蛋白质，而神经纤维细胞的髓鞘主要起电绝缘体的作用，其蛋白质含量则要低很多。

表 4-1　若干生物膜中脂质、蛋白质以及糖类的含量

生物膜	质量分数/％		
	蛋白质	脂质	糖类
髓鞘（myelin）	18	79	3
人红细胞（细胞质膜）	49	43	8
牛视网膜杆状细胞（bovine retinal rod）	51	49	0
线粒体（外膜）	52	48	0
阿米巴（细胞质膜）	54	42	4
肌浆网膜（肌肉细胞）	67	33	0
叶绿体片层（chloroplast lamellae）	70	30	0
革兰氏阳性细菌	75	25	0
线粒体（内膜）	76	24	0

一、膜脂

脂质是所有生物膜的主要成分。形成生物膜的脂质主要有四大类：甘油磷脂（glycerophosphatide）、鞘磷脂（sphingomyelin）、鞘糖脂（glycosphingolipid）和甘油糖脂（glycoglycerolipid）。此外，胆固醇也是生物膜中的一类脂质成分，它自身不能形成双分子层，但可以镶嵌在生物膜双分子层的疏水环境中，调节生物膜的性质和功能。

（一）脂质种类

1. 甘油磷脂（glycerophosphatide）

甘油磷脂（又称磷酸甘油酯）是一类主要的天然磷脂，含有磷酸盐头基。甘油磷脂在细菌界、植物界和动物界的生物膜脂中占相当大的比例。根据 sn（立体特定编号，stereospecific numbering）命名系统，所有的甘油磷脂都可以被认为是 sn-甘油-3-磷酸的衍生物。甘油磷脂的一般结构如图 4-1（a）所示。通常，R^1 和 R^2 基团来源于脂肪酸的酰基侧链；R^1 通常是饱和的，R^2 是不饱和的。R^3 亲水性头基的变化很大，并且赋予甘油磷脂不同的性质变化。R^1 和 R^2 基团形成的尾部是由天然存在的脂肪酸衍生而来，而 R^3 亲水性头基的种类变化较大，因此在生物膜中存在大量的不同种类的甘油磷脂。例如，红细胞膜脂质中含有碳氢链尾部从 16～24 个碳不等，且不饱和双键的分布为 0～6 个。膜脂组成的这种变化允许对不同生物膜的膜特性进行"微调"，以行使不同功能。

最常见的甘油磷脂头基 R^3 如图 4-1（b）所示。常见的甘油磷脂在一些生物膜中的相对丰度如表 4-2 所示。最简单的磷脂酸（phosphatidic acid）在生物膜中的含量较少，它主要作为合成其他甘油磷脂或甘油三酯的中间体。其他典型的甘油磷脂，例如磷脂酰胆碱（phosphatidylcholine）、磷脂酰乙醇胺（phosphatidylethanolamine）、磷脂酰丝氨酸（phosphatidylserine）、磷脂酰肌醇（phosphatidylinositol）、磷脂酰甘油（phosphatidylglycerol）等，在不同生物膜中含量变化较大，这种变化主要与其所在生物膜的功能相关。

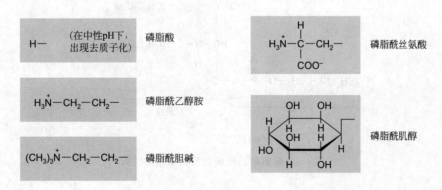

(a) 甘油磷脂的结构通式

(b) R^3 亲水性基团种类

图 4-1　甘油磷脂结构

（a）甘油磷脂的结构通式：一般将 R^1 和 R^2 疏水性基团写在右侧，R^3 亲水性基团置于左侧；

（b）不同甘油磷脂的 R^3 亲水性基团

表 4-2 若干细胞生物膜的脂质组成

脂质	占膜总成分的质量分数/%			
	人红细胞质膜	人髓鞘	牛心线粒体	大肠杆菌细胞膜
磷脂酸	1.5	0.5	0	0
磷脂酰胆碱	19	10	39	0
磷脂酰乙醇胺	18	20	27	65
磷脂酰甘油	0	0	0	18
磷脂酰肌醇	1	1	7	0
磷脂酰丝氨酸	8	8	0.5	0
鞘磷脂	17.5	8.5	0	0
糖脂	10	26	0	0
胆固醇	25	26	3	0
其他脂质	0	0	23.5	17

2. 鞘脂和鞘糖脂（sphingolipid and glycosphingolipid）

第二类主要膜脂成分是以鞘氨醇 [sphingosine，图 4-2(a)] 为核心结构的鞘磷脂类。鞘氨醇是一类具有疏水长链结构的氨基醇，其疏水长链可以作为鞘脂类的一条尾部，因此只需一种脂肪酸通过酰胺键与鞘氨醇 NH_2 基团相连，即可形成一种称为神经酰胺（ceramide）的鞘脂类 [图 4-2(b)]。通过在神经酰胺的鞘氨醇 C1 羟基上添加其他基团，可修饰得到多种衍生鞘脂。例如，在 C1 羟基引入磷酸胆碱基团，形成鞘磷脂 [sphingomyelin，图 4-2(c)]。如果在神经酰胺 C1 羟基引入糖类，就形成了鞘糖脂，这是第三大类膜脂。最典型的鞘糖脂包括脑苷脂 [cerebroside，单糖神经酰胺（monoglycosyl ceramide），如半乳糖基神经酰胺见图 4-3(b)] 和神经节苷脂 [含有一个或多个唾液酸残基的阴离子鞘糖脂，图 4-3(a)] 等分子，它们在大脑和神经细胞膜中常见。此外，鞘糖脂也是 ABO 血型抗原的构成成分。

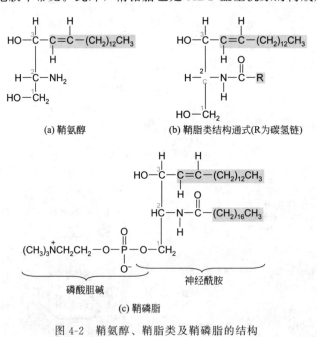

图 4-2 鞘氨醇、鞘脂类及鞘磷脂的结构

3. 甘油糖脂（glycoglycerolipid）

另一类糖脂类是甘油糖脂，它在动物膜中不太常见，但在植物膜和细菌膜中广泛存在。以单半乳糖基二甘油酯为例（图 4-4），这种化合物实际上在叶绿体膜的所有极性脂质中含量最丰富，占 50％ 左右。这种脂类在古生菌中也很丰富，它们是古生菌细胞膜的主要成分。

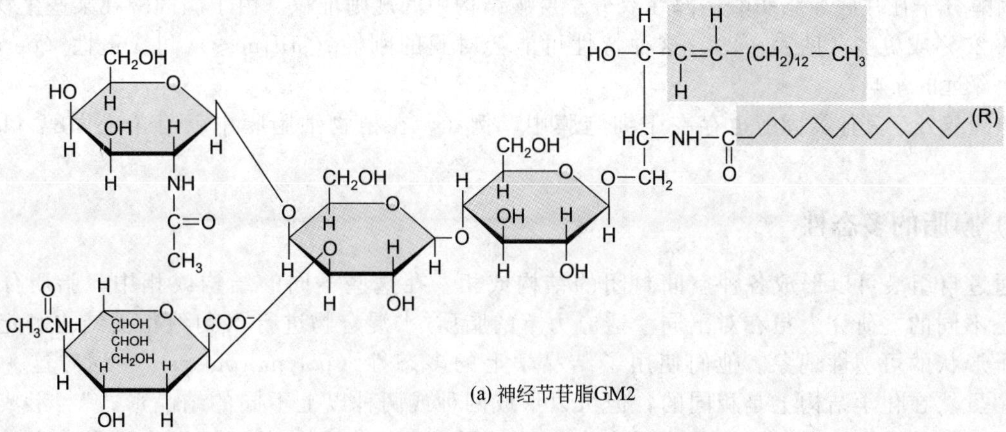

(a) 神经节苷脂GM2

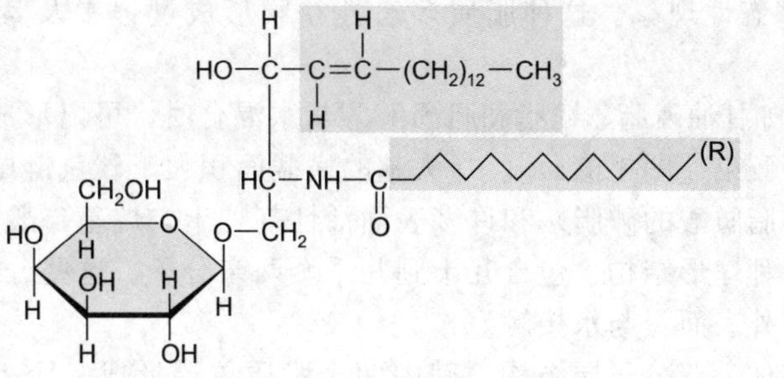

(b) 半乳糖基神经酰胺

图 4-3 典型的鞘糖脂

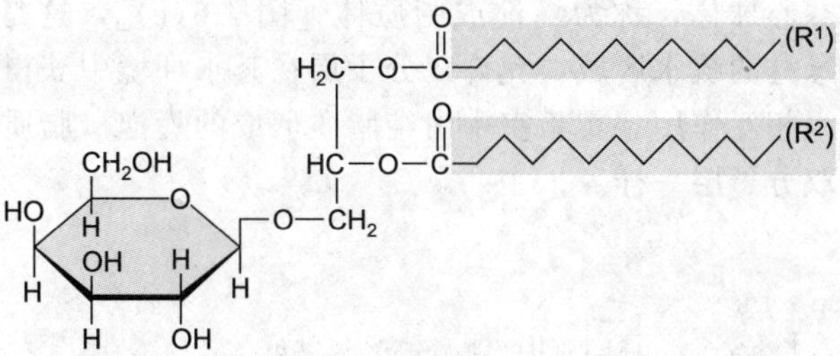

图 4-4 一种典型甘油糖脂的结构——单半乳糖基二甘油酯

4. 胆固醇（cholesterol）

在生物膜的膜脂组成成分中还有一类重要脂质成分——胆固醇，其结构见图 4-5(a)。胆固醇的分子一端有羟基，是一种弱双亲性物质。如图 4-5(b) 中的构象结构所示，胆固醇中的环己烷环均为椅式构象。与其他带有长链脂肪酸尾部的疏水膜成分相比，这种椅式构象使得胆固醇成为一种体积庞大的刚性结构。

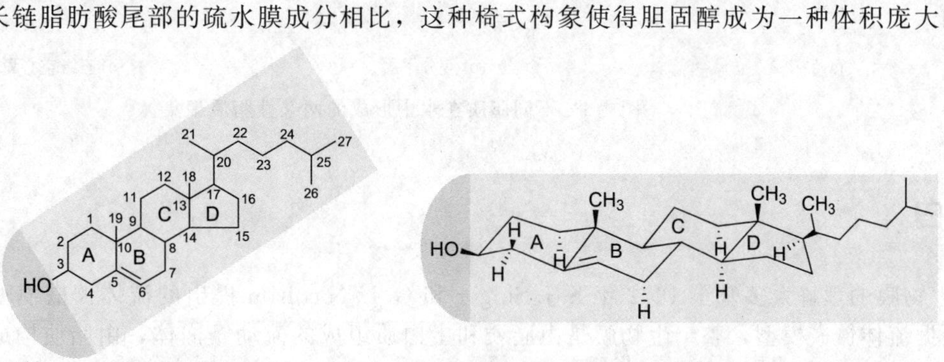

图 4-5 胆固醇
（a）胆固醇的结构式；（b）胆固醇典型构象

因此，胆固醇分子往往破坏脂肪酸尾部在双分子层膜结构中的规则堆积。由于胆固醇在某些生物膜中占总脂质含量的25％或更多（见表4-2），这种特性可能会对膜的刚性（stiffness）和渗透性（permeability）等性能产生深远的影响。

除了胆固醇外，其他类固醇也存在于细胞膜中，例如，在植物细胞膜中就有羊毛固醇（lanosterol）大量存在。

（二）膜脂的多态性

脂质通过自组装可以形成各种空间封闭的结构或相。在这些不同的结构或相中，脂质分子的平均体积形状是不同的。研究人员在对不同渗透应力下的脂质/水混合物进行 X 射线衍射结构测定时，发现了这种分子形状的可塑性现象。他们使用了结晶学上的多态性（polymorphism）一词对这一现象进行描述，即"虽然在化学结构上是相同的，但可以形成两种或两种以上不同的结晶形式"。形成生物膜的脂质也具有显著的多态性现象。这种脂质多态性在膜形成过程中及其在调控细胞膜形态中发挥着重要的作用。

两亲性脂质分子如甘油磷脂、鞘脂和胆固醇等与水混合时，可以形成几种典型的脂类聚集体（图 4-6）。第一类脂类聚集体为胶束［图 4-6(a)］。当头基的横截面积大于碳氢链尾部的横截面积时，如游离脂肪酸、溶血磷脂（缺乏一种脂肪酸的磷脂）和许多表面活性剂如十二烷基硫酸钠（SDS）等脂质，对胶束的形成是有利的。胶束是一种球形结构，包含几十到几千个两亲分子。这些分子的疏水区聚集在内部，水被排除在外，其亲水头基在外表面，与水接触。

第二类脂质聚集体为双分子层结构，其中两个脂质单层形成一个二维的脂质双分子层［图 4-6(b)］。当头基和碳氢链尾部的横截面积相似，如甘油磷脂和鞘脂，有利于这类双分子层的形成。脂质双分子层的疏水部分是由脂肪酰基-CH$_2$—和—CH$_3$组成的碳氢化合物构成，是非极性的，亲水性头基在双分子层膜的两个表面与水相互作用。脂质双分子层［图 4-6(b)］边缘的疏水区域可以与水接触，使得其相对不稳定，并自发地折叠形成一个空心球体，称为囊泡或脂质体［图 4-6(c)］，这是常见的第三类脂质聚集体。囊泡的连续表面消除了潜在暴露的疏水区域，允许双分子层在其水环境中获得最大稳定性。囊泡的内部有一个独立的囊泡腔，可以与水相互作用。实验室中由纯脂质形成的囊泡（脂质体）本质上对极性溶质是不渗透的，就像生物膜的脂质双分子层一样。

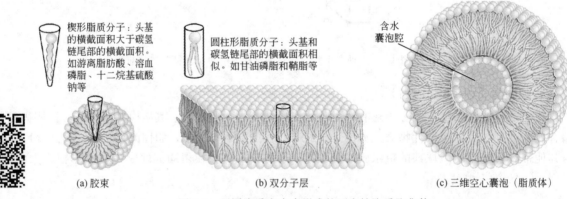

楔形脂质分子：头基的横截面积大于碳氢链尾部的横截面积。如游离脂肪酸、溶血磷脂、十二烷基硫酸钠等

圆柱形脂质分子：头基和碳氢链尾部的横截面积相似。如甘油磷脂和鞘脂等

含水囊泡腔

(a) 胶束　　　　　　　　　(b) 双分子层　　　　　　　　(c) 三维空心囊泡（脂质体）

图 4-6　不同脂质在水中形成的两亲性脂质聚集体

二、膜蛋白

目前对生物膜的理解大多基于 1972 年 S. J. Singer 和 G. L. Nicolson 提出的流体镶嵌模型（见第二节图 4-10）。根据流体镶嵌模型，整个生物膜是由脂质和蛋白质组成的流动镶嵌体，由脂质构成的不对称双分子层中及其表面携带着大量蛋白质。这些分布在双分子层中及其表面携带的蛋白质称为膜蛋白。一般将膜蛋白分为三类：外周膜蛋白（peripheral membrane protein）、内在膜蛋白（integral membrane protein）与兼性蛋白（amphitropic protein）（图 4-7）。

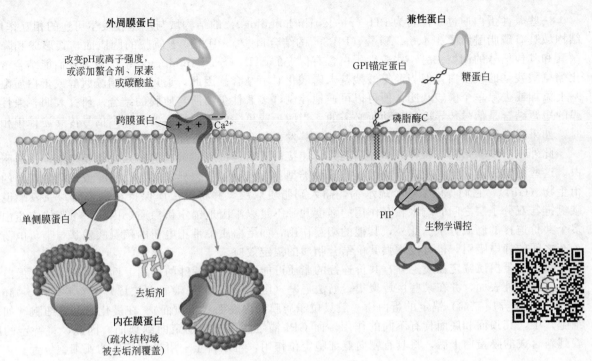

图 4-7　内在膜蛋白、外周膜蛋白和兼性膜蛋白

三者可以其从膜上释放所需的条件来区分。内在膜蛋白包括单侧膜蛋白（monotopic membrane protein，
膜蛋白的一部分插入脂质双分子层的单层中）和跨膜蛋白（polytopic membrane protein）

1. 外周膜蛋白

外周膜蛋白是亲水性的，通过与脂质头基或内在膜蛋白相互作用而固定在脂质双分子层的内外表面，发挥不同的功能。例如，位于线粒体内膜外侧的细胞色素 c 在生物氧化中行使电子传递的功能；红细胞膜内侧的血影蛋白（spectrin）作为细胞膜骨架的主要组分，与细胞膜形态维持有关。外周膜蛋白可以在不破坏双层膜的情况下与膜分离。大多数外周蛋白通过改变 pH 或离子强度，或通过螯合剂去除 Ca^{2+}，或添加尿素或碳酸盐而得到释放。一般情况下，外周膜蛋白占总膜蛋白的 20％～30％左右。

2. 内在膜蛋白

大部分内在膜蛋白都埋在膜内，但通常分子的一部分也会暴露在膜的单侧或两侧，可以通过膜传递特定物质或化学信号。内在膜蛋白更深入地嵌入到双分子层膜中，只有在破坏膜结构的条件下才能提取。内在膜蛋白包括单侧膜蛋白（monotopic membrane protein）和跨膜蛋白（polytopic membrane protein），两者都可以用表面活性剂提取。表面活性剂会破坏脂质双层的疏水作用，并在单个蛋白质分子周围形成胶束状脂质聚集体。

单侧膜蛋白是膜蛋白质的一部分插入或镶嵌在脂质双分子层的单层中，一般不形成穿膜结构，如细胞色素 b5、环氧合酶等。跨膜蛋白与膜双分子层相互作用的方式有两种：一种为单一 α 螺旋跨膜，另一种为多次 α 螺旋跨膜。例如红细胞血型糖蛋白（glycophorin）是一个典型的单次跨膜蛋白，其 N 端的糖链位于细胞膜外表面，含有许多极性和荷电氨基酸残基的 C 端则位于细胞膜内表面，而其中间 75～93 位氨基酸残基则主要含有疏水氨基酸残基，以 α 螺旋形成跨膜区。

细菌视紫红质是目前研究得最彻底的一种多次跨膜蛋白。它是一种光驱动的质子泵，密集地排列在嗜盐菌 *Halobacterium salinarum* 的紫色细胞膜上。X 射线结晶学揭示了其具有 7 个 α 螺旋结构，每个 α 螺旋都穿过脂质双分子层，分别由约 20 个疏水残基构成，它们牢固地固定在膜脂的脂肪碳氢链之间。这 7 个 α 螺旋聚集在一起，其方向不完全垂直于双层平面，这在参与信号识别的膜蛋白中是一种非常常见的模式。

3. 兼性蛋白

兼性蛋白可以与膜可逆结合，因此在膜和细胞溶胶中都有存在。在某种情况下，它们可以通过生物学调控过程，例如磷酸化或与配体结合，迫使其构象改变，进一步通过非共价作用力与膜蛋白或膜脂类相互作用；而在另一些情况下，由于一种或多种脂质可逆共价连接在兼性蛋白上，它们通过脂质疏水碳氢链插入脂质双分子层的膜中，形成脂锚定膜蛋白（见图 4-7）。

一些兼性蛋白通过一种名为PH（pleckstrin homology）的结构域与细胞膜发生可逆的相互作用。PH结构域具有磷脂酰肌醇3,4,5-三磷酸（PIP3）的结合口袋。PIP3位于质膜的胞质面，其形成和降解受到激素和其他信号的调控。另一些兼性蛋白含有保守的SH2（Src homology）结构域，它们能结合含有磷酸化酪氨酸残基的膜蛋白，但当酪氨酸残基未磷酸化时不结合。因此，通过在磷脂酰肌醇或蛋白质酪氨酸残基上添加或去除单个磷酸基团，便可以可逆地控制许多兼性蛋白质与质膜的结合。研究表明，兼性蛋白与膜的短暂结合是信号传导途径启动所必需的。当两个或更多的蛋白质需要在一个信号传导途径中相互作用时，如果将它们限制在膜表面的二维空间后，其发生相互作用的可能性将大大增加。

此外，一些膜蛋白与一种或多种脂类共价连接，然后通过脂质碳氢链插入生物膜之中，形成脂锚定蛋白。这些与蛋白质共价偶联的脂类可能有几种类型：长链脂肪酸、异戊二烯、甾醇或磷脂酰肌醇的糖基化衍生物（GPI）。它们提供了一个疏水锚，插入到脂质双层，并将蛋白质保持在膜表面。一般来说，单一碳氢链与双分子层之间的疏水相互作用的强度几乎不足以牢固地锚定蛋白质，因此一个脂锚定蛋白一般有多个共价连接的脂质分子。此外，其他的相互作用，如蛋白质中带正电荷的赖氨酸残基与带负电荷的脂质头基之间的静电吸引，也可以增强共价结合脂质的锚定效应。

除了将蛋白质锚定在膜上外，共价连接的脂质可能还有更为特殊的作用。例如，GPI锚定蛋白一般仅位于质膜的外表面，并在某些区域聚集，而法尼基（farnesyl，十五碳异戊二烯）或香叶基（geranylgeranyl，二十碳异戊二烯）锚定的蛋白质一般只位于质膜的内表面（胞质面）。在极化的上皮细胞（如肠上皮细胞）中，其顶面和底面具有不同的作用，而GPI锚定蛋白被特别定向到顶面。因此，将特定的脂质附着到新合成的膜蛋白上后，将具有靶向亚细胞定位作用，可以将蛋白引导到正确的亚细胞位置。

三、糖类

在真核细胞质膜表面上，还附着约几纳米厚的糖类化合物层，它们由寡糖链形成，又称为**糖萼**（glycocalyx）。糖萼是由寡糖与蛋白质或脂类共价结合形成的糖复合物层（图4-8），它们在细胞识别和黏附、细胞迁移、凝血、免疫反应、伤口愈合和其他细胞过程中起着重要的作用。分布于细胞膜（包括质膜和内膜）的碳链主要以糖脂和糖蛋白的形式存在，占质膜重量的2%～10%左右。

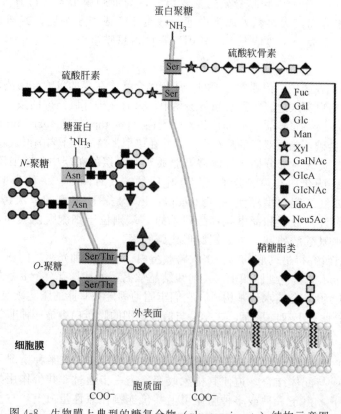

图4-8　生物膜上典型的糖复合物（glycoconjugate）结构示意图

1. 糖脂

鞘糖脂（图 4-3）和甘油糖脂（图 4-4）是两种主要的糖脂类成分。神经节苷脂［ganglioside，图 4-3(a)］是真核细胞的鞘糖脂成分（图 4-8）。有些神经节苷脂的寡糖链与决定人类血型的糖蛋白的寡糖是完全相同的，因此这类糖脂与糖蛋白一样参与人类血型的决定，它们总是位于质膜的外表面。

脂多糖是大肠杆菌、鼠伤寒沙门氏菌等革兰氏阴性菌细胞外膜的主要糖脂类成分。这些分子是脊椎动物免疫系统对细菌产生抗体的主要靶点，因此是细菌血清型的重要决定因素。鼠伤寒沙门氏菌的脂多糖含有六种脂肪酸，结合在两个氨基葡萄糖残基上，其中一个氨基葡萄糖残基上还连接有复合寡糖链（图 4-9）。大肠杆菌具有相似结构的脂多糖成分，其脂多糖的脂质 A 部分称为内毒素，它对人类和其它动物有毒性，是由革兰氏阴性细菌感染引起的中毒性休克综合征并最终造成危险性低血压的原因。

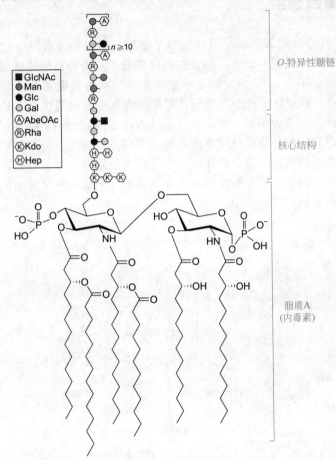

图 4-9　细菌脂多糖示意图（以鼠伤寒沙门氏菌外膜脂多糖为例）

Kdo—3-脱氧-D-甘露-辛酮糖酸（以前称为酮脱氧内酯酸）；Hep—l-甘油-D-甘露-庚糖；
AbeOAc—在其一个羟基上乙酰化的 3,6-二脱氧己糖（abequose）

2. 糖蛋白

一些生物膜蛋白与聚糖链共价连接，形成糖蛋白或蛋白聚糖。膜蛋白上的糖链影响蛋白质的折叠及其稳定性、细胞内分布及其在细胞膜中的定位，并在细胞表面行为、细胞与周围环境的相互作用、细胞识别、配体与糖蛋白受体的特异性结合中发挥重要作用。

糖蛋白是具有一个或多个寡糖链的蛋白质，两者通过共价键连接，它们通常出现在质膜的外表面，作为糖萼的一部分；或存在于特定的细胞器膜上，如高尔基复合体、分泌颗粒和溶酶体等。糖蛋白的寡糖部分是非常不均一的，与糖胺聚糖一样，含有丰富的信息，形成高度特异性的识别位点。例如，红细胞质膜上的血型糖蛋白（glycophorin），共价连接到特定氨基酸残基的复合寡糖占其质量的 60%，决定了人的 ABO 血型。与糖蛋白相似的是蛋白聚糖，它是由一个或多个硫酸化的糖胺聚糖链共价连接到蛋白质上形成的。在生物膜上仅含有少量的蛋白聚糖，大部分糖胺聚糖链共价连接在分泌蛋白上，位于细胞外基质之中。糖胺聚糖链也可以通过蛋白质与蛋白聚糖上带负电荷的糖基之间的静电相互作用与细胞外蛋白质结合，行使更复杂的发育调控等生物学功能。

第二节　生物膜的结构

一、生物膜的流动镶嵌模型

1972 年，美国科学家 Singer 和 Nicolson 首次提出了细胞膜的流动镶嵌模型。随着电子显微镜和化学成分的进一步研究，以及更多有关膜渗透性、膜蛋白和脂质分子运动的科学证据的获得，该模型已经得到证实，并进一步得到了发展（图 4-10）。流动镶嵌模型认为，所有生物膜是由磷脂形成一个双分子层，其厚度为 $5\sim8$nm（$50\sim80$Å），其中脂质分子的非极性尾部面向双分子层的核心，其极性头部朝外，与两侧的水相相互作用。蛋白质嵌入在双分子层膜中，其疏水结构域与膜脂的脂肪碳氢链接触。有些蛋白质只从膜的一侧突出，另一些蛋白质的部分结构域则暴露在膜的两侧。暴露在双分子层膜一侧的蛋白质结构域不同于暴露在另一侧的蛋白质结构域，即蛋白质在双分子层膜中的取向是不对称的，这反映了膜蛋白功能的不对称性。生物膜组成成分之间的大部分相互作用是非共价的，形成一个可流动的镶嵌体，使得单个脂质和蛋白质分子可以在膜平面上自由横向移动。

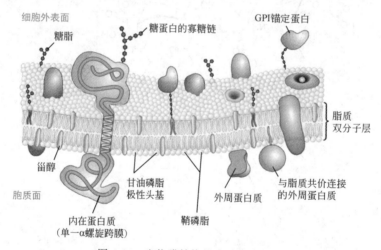

图 4-10　生物膜结构的流动镶嵌模型

二、目前对生物膜结构的认识

1. 脂质双分子层是生物膜的基本结构元件

甘油磷脂、鞘脂和甾醇几乎不溶于水。当它们与水混合时，其疏水部分相互接触聚集，其亲水基团与周围的水相互作用，自发地形成流动的脂质双分子层结构，这种超分子聚集体是构成生物膜的基本结构元件。这种聚集结构减少了暴露在水相的疏水基团数量，使脂-水界面上脂质分子数量减少，从而导致熵增加。所有生物膜是由磷脂形成的一种双分子层结构，其厚度为 $5\sim8$nm（$50\sim80$Å），其中脂质分子的非极性尾部面向双分子层的核心，其极性头部朝外，与两侧的水相相互作用。疏水相互作用为这些脂质聚集体的形成和维持提供了热力学驱动力。

2. 每种生物膜均有特定的脂质和蛋白质

生物膜中的蛋白质和脂质的相对比例随着膜的种类而变化，这些变化反映了生物膜功能的多样性。每个物种、每个组织或细胞类型以及不同细胞器的生物膜中的膜脂和蛋白质都不完全相同（表 4-1 和表 4-2）。以大鼠肝细胞质膜和细胞器膜的脂质组成为例，其细胞质膜富含胆固醇和鞘脂，但几乎检测不到心磷脂；但其线粒体膜则含有磷脂酰甘油和心磷脂，胆固醇和鞘脂含量非常低。

3. 脂质双分子层两侧膜成分的不对称分布

膜脂在分子双层膜的两个单层中分布是不对称的，尽管这种不对称性不像膜蛋白那样绝对。例如，在红细胞的质膜中，含胆碱的脂质（磷脂酰胆碱和鞘磷脂）通常存在于胞外单层中，而磷脂酰丝氨酸、磷脂酰乙醇胺和磷脂酰肌醇更常见于胞质单层中。膜成分是通过高尔基体运输小泡经内质网流向质膜，一般会伴随着脂质成分在双分子层膜上的重新分布。磷脂酰胆碱是高尔基膜内腔单层的主要磷脂，但在运输小泡中一部分磷脂酰胆碱已被鞘脂和胆固醇所取代，在运输小泡与质膜融合时，它们构成了大部分质膜的胞外单层脂质。可以用磷脂酶 C 处理完整的细胞来确定特定磷脂在细胞膜中的分布。磷脂酶 C 不能与胞内单层的脂质接触，但可以直接与胞外单层中的脂质作用，水解其脂质的头部基团。可以通过测定磷脂酶 C 处理细胞后释放的磷脂头基比例来估计胞外单层膜脂中各脂质分子的比例。

4. 三类膜蛋白与生物膜结合的方式不同

内在膜蛋白与脂质双分子层紧密相连，只能通过干扰疏水相互作用的试剂（如表面活性剂、有机溶剂或变性剂）才能去除。有些内在膜蛋白质只从膜的一侧突出，另一些蛋白质的部分结构域则暴露在膜的两侧。暴露在双分子层膜一侧的蛋白质结构域不同于暴露在另一侧的蛋白质结构域，即蛋白质在双分子层膜中的取向是不对称的。外周膜蛋白通过静电相互作用或氢键与膜的亲水结构域或膜脂的极性头基结合。通过干扰静电相互作用或破坏氢键等相对温和的处理（高 pH 的碳酸盐），可以使其从膜中释放出来。兼性蛋白在胞浆和膜中都存在。它们对膜的亲和力在某些情况下是由于蛋白质与膜蛋白或脂类的非共价相互作用，而在另一些情况下则是由于一种或多种脂类共价附着在兼性蛋白上。一般来说，兼性蛋白与膜的可逆结合是受调控的。例如，磷酸化或配体结合可迫使蛋白质的构象改变，暴露出以前隐藏的膜结合位点（图 4-7）。

5. 生物膜是动态的

生物膜具有广泛和复杂的相变。当细胞低于其生理温度时，生物膜中膜脂的运动变慢，单个脂质的运动受到限制，脂双分子层成为半固体的有序液态（liquid-ordered state，L0）或类晶态（paracrystalline state）或凝胶态（gel state）。在生理条件或温度高于其生理温度时，脂质运动加快，脂肪酸碳氢链可以围绕 C—C 键旋转，脂质分子在脂质双分子层内可以侧向扩散等，导致脂质双层处于流动的无序液态（liquid-disordered state，Ld）或半流体的液晶状态（liquid-crystalline state）。生物膜的相转变温度取决于它的脂质组成。具有较长的饱和尾部的脂类倾向于提高转变温度，而具有较多顺式双键和/或较短尾部的脂类则会降低转变温度。生物体通过调节细胞膜的组成使其转变温度低于其体温，以适用不同的生存环境。例如，当细菌的生长温度发生变化时，细菌细胞膜中的饱和与不饱和脂肪酸的比例会发生变化，以适应环境温度的变化；驯鹿的蹄子通常比身体其他部位的温度要低，其周围组织的细胞膜中不饱和脂肪酸相对含量增加。

脂质分子在生物膜中的旋转和侧向运动一般发生在脂质双分子层的同一单层中，运动速度很快。而脂质分子从脂质双分子层的一个单层翻转到另一个单层的跨膜运动（transmembrane movement）或翻转扩散（flip-flop diffusion）的速度则很慢，且需要转位蛋白（translocater）或翻转酶（flippase）参与，是一个耗能的过程。

胆固醇对膜流动性有特殊而复杂的影响。胆固醇对膜结构的影响很大程度上取决于其在膜中的浓度，因此胆固醇含量的变化被用来调节某些细胞膜行为。在中等浓度下，胆固醇可能使脂质双分子层膜变厚；而在较高浓度下，胆固醇在双层膜中形成"孤岛"（图 4-11）。胆固醇可以在脂质双分子层中的较小区域内聚集，形成被称为"脂筏"的功能单元，调节生物膜的功能。

6. 流动镶嵌模型的进一步发展

Singer-Nicolson 流动镶嵌模型自 1972 年被提出以来，其诸多特征已经得到证实。然而，随着成像技术的改进、更多科学证据的积累，人们进一步对该模型进行了解释。最突出的发展包括以下三点：①大多数生物膜上分布着比以前认为的更多的蛋白质。相比于图 4-10，现在认为膜表面存在的蛋白质更为拥挤，膜中蛋白质的分布更为有序。这些蛋白质是行使膜功能的重要结构基础。②脂质双分子层膜的厚度除了受到胆固醇含量的影响外，更多的是受到其中镶嵌的蛋白质的影响。③在脂质双分子层膜中，可以观察到GPI 锚定蛋白经常定位在富含胆固醇和鞘脂的膜区域，形成一种独立的功能区域，即脂筏（lipid raft）或膜筏（membrane raft）。脂筏富含三种膜成分：胆固醇、鞘脂和 GPI 锚定蛋白。在该功能域内，其双分子层膜比其周围膜厚。这些功能区域是一种寿命较短的小型动态结构，在某些刺激下它们可以短暂地相互联系，形成更大的筏平台（raft platform）（图 4-11）。肌动蛋白纤维可以稳定和（或）启动筏的形成。筏平台被认为在细胞信号转导和将细胞内蛋白质分拣到特定细胞器等方面发挥着重要作用。GPI 锚定蛋白经常参与细胞信号转导。在需要信号受体二聚化的情况下，筏平台上 GPI 锚定蛋白的聚集可能加速跨膜信号转导。最近，脂筏被认为有助于某些细菌进入宿主细胞。

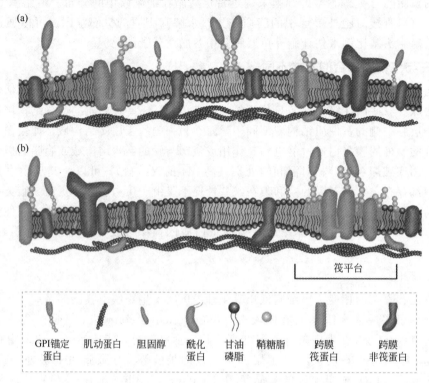

图 4-11　脂筏示意图
（a）胆固醇、鞘脂和 GPI 锚定蛋白结合并形成纳米尺寸的动态脂筏功能区域，可通过与肌动蛋白纤维的
相互作用而稳定；（b）脂筏可以联合起来形成更大的筏平台结构

第三节　生物膜的功能

　　生物膜的结构决定了它具有多种重要的生物学功能。生物膜最直接的功能是为细胞的生命活动提供了相对稳定的内环境；细胞膜还可以选择性地进行物质运输并完成细胞内外信息跨膜传递，以及对细胞或基质进行信息识别。此外，动植物细胞中线粒体内膜、类囊体膜或某些微生物的细胞膜结构对能量的转换也起到了至关重要的作用。

一、物质的跨膜运输

　　细胞膜是最重要的生物膜结构，细胞膜是细胞与环境进行物质交换的通透性屏障。小分子物质进出细胞的方式主要有单纯扩散、协助扩散和主动运输。大分子则采用膜泡运输的方式穿过细胞膜。

（一）单纯扩散

单纯扩散（simple diffusion）是指物质从细胞膜浓度高的一侧向浓度低的一侧进行的跨膜扩散（图4-12）。这是一种物理现象，没有生物和化学机制的参与，无需消耗能量。经此过程的物质都是脂溶性（非极性）物质或少数不带电荷的小分子物质，如 O_2、CO_2、N_2、乙醇、尿素、甘油、水等。根据相似相溶原则，高脂溶性的物质很容易透过脂质双分子层，因此 O_2、CO_2、N_2 等高脂溶性小分子的跨膜扩散速率很快。水是不带电荷的极性小分子，也能以单纯扩散的方式通过细胞膜，但脂质双

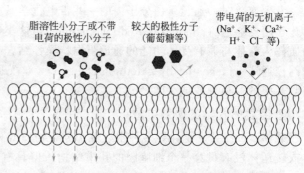

图4-12　物质的跨膜运输——单纯扩散示意图

分子层对水的通透性很低，所以扩散速度很慢。分子较大的非脂溶性物质，如葡萄糖、氨基酸等，则很难通过脂质双分子层，各种带电离子尽管直径很小，却也不能通过。物质经单纯扩散转运的速率主要取决于被转运物在膜两侧的浓度差和膜对物质的通透性。浓度差越大、通透性越高，则单位时间内物质扩散的量就越多。

（二）协助扩散

在膜蛋白的帮助或介导下，非脂溶性小分子或带电离子顺浓度梯度和（或）电位梯度进行的跨膜转运，称为**协助扩散**（facilitated diffusion）。协助扩散虽需要膜蛋白的帮助，但过程中依然不需要消耗能量。根据物质的跨膜方式不同，协助扩散可分为经通道协助扩散和经载体介导的协助扩散两种形式。

1. 经通道协助扩散

各种带电离子在通道蛋白的介导下，顺浓度梯度和（或）电位梯度进行的跨膜转运称为**经通道协助扩散**（facilitated diffusion via channel）。由于经通道转运的溶质几乎都是离子，因此这类通道也称离子通道（ion channel）[图4-13（a）]。离子通道具有以下两个重要特征。

（1）离子选择性　离子选择性（ion selectivity）是指每种通道只对一种或几种离子有较高的通透能力。例如，钾通道对 K^+ 的通透性比 Na^+ 大1000倍；乙酰胆碱受体对小的阳离子如 K^+、Na^+ 高度通透，而 Cl^- 则无法通过。

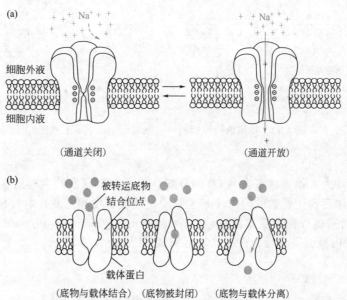

图4-13　物质的跨膜运输——经通道协助扩散（a）和经载体介导的协助扩散（b）示意图

（2）门控特性　在大部分通道蛋白中存在一些特殊的结构或化学基团，在通道内起"闸门"作用。许多因素可引起闸门运动，导致通道的开放和关闭，这一过程称为门控（gating）。我们根据这些因素，可以将离子通道分为：①电压门控通道（voltage-gated ion channel），这类通道受膜电位调控。当膜两侧电位差发生变化时，通道蛋白分子内的一些带电化学基团发生移动，进而引发分子构象的改变和闸门开启。②化学门控通道（chemical-gated ion channel），这类通道受膜外或膜内的某些化学物质调控。当这些化学物质作为配体与兼有受体功能的通道蛋白特异性结合时，可使通道的构象发生改变，引起闸门开放。③机械门控通道（mechanically-gated ion channel），这类通道受机械刺激调控，通常是细胞膜感受牵张刺激后引起其中的通道开放或关闭。

2. 经载体介导的协助扩散

载体（carrier）是介导多种水溶性小分子物质或离子跨膜转运的一类蛋白。与离子通道不同，各种载体或转运体没有贯穿整个细胞膜的孔道结构，但具有与一个或少数几个溶质分子或离子特异性结合的能力。经载体介导的协助扩散（facilitated diffusion via carrier）是指水溶性小分子或离子在载体蛋白介导下顺浓度梯度进行的跨膜转运。当载体上的结合位点与底物结合时，载体蛋白的构象改变，载体蛋白将底物包裹起来，随后释放到膜的另一侧［图 4-13（b）］。体内许多物质如葡萄糖、氨基酸等的跨膜转运是经载体介导的协助扩散实现的，如葡萄糖转运体（glucose transporter，GLUT）就是将葡萄糖由胞外向胞内顺浓度运输的载体蛋白。

（三）主动运输

某些物质在膜蛋白的帮助下，由细胞代谢供能而进行的逆浓度梯度和（或）电位梯度转运的过程，称为**主动运输**（active transport）。根据是否直接消耗能量，主动运输可分为原发性主动运输和继发性主动运输。

1. 原发性主动运输

细胞直接利用代谢产生的能量将物质逆浓度梯度和（或）电位梯度转运的过程称为原发性主动运输（primary active transport）。原发性主动运输的物质通常为带电离子，所以就将介导这一过程的膜蛋白或通道称为离子泵（ion pump）（图 4-14）。离子泵的化学本质是 ATP 酶，可将细胞内 ATP 水解为 ADP 产生能量，而自身又因为磷酸化而发生构象改变，从而完成离子逆浓度梯度和（或）电位梯度的跨膜转运。离子泵主要有钠-钾泵、钙泵、H^+ 泵等。

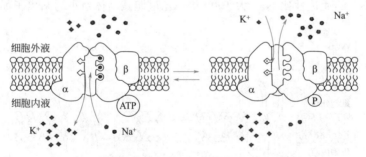

图 4-14　物质的跨膜运输——原发性主动运输示意图

2. 继发性主动运输

有些物质所需的驱动力并不直接来自 ATP 的分解，而是利用原发性主动运输所形成的某些离子的浓度梯度，在这些离子顺浓度梯度扩散的同时使其他物质逆浓度梯度和（或）电位梯度跨膜转运，这种间接利用 ATP 能量的主动转运过程称为继发性主动运输（secondary active transport）。例如葡萄糖在小肠上皮的吸收就是通过 Na^+ 内流引发的继发性主动转运完成的。

（四）膜泡运输

大分子和颗粒物质在运输中并不直接穿过质膜，而是由膜包围形成囊泡，通过膜包囊、膜融合和膜离断等一系列过程完成转运，故称为**膜泡运输**（vesicular transport）。膜泡运输也是一个主动的过程，需要消耗能量。膜泡运输包括胞吐和胞吞两种形式。

1. 胞吐（exocytosis）

胞吐是指胞内大分子物质以分泌囊泡的形式排出细胞的过程。例如分泌腺细胞分泌胞外蛋白的整个运输过程都属于胞吐过程，由于胞吐过程中囊泡膜与质膜融合，因而会使质膜表面积有所增加［图 4-15(a)］。

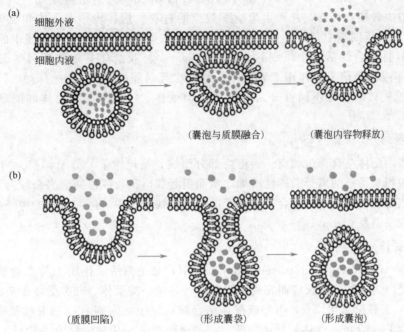

图 4-15　大分子与颗粒的膜泡运输——胞吐作用（a）和胞吞作用（b）示意图

2. 胞吞（endocytosis）

胞吞是指细胞外大分子物质或物质团块如细菌、死亡细胞和细胞碎片等被细胞膜包裹后以囊泡的形式进入细胞的过程，也称内化（internalization）。与胞吐作用相反，胞吞过程会使质膜面积减小。胞吞作用可分为两种形式。

（1）吞噬　被转运物质以固体形式进入细胞的过程称为吞噬（phagocytosis）。吞噬发生时，细胞在接触转运受体和收缩蛋白等帮助下伸出伪足将固体物质包裹起来，经膜融合、膜离断进入胞内。

（2）吞饮　被转运物质以液态形式进入细胞的过程称为吞饮（pinocytosis）。吞饮发生于绝大多数细胞中，是大分子物质进入细胞的主要形式。发生吞饮时，细胞在接触处的膜发生凹陷，并逐渐形成囊袋样结构包裹被转运物，再经膜融合、膜离断进入胞内［图 4-15(b)］。

二、能量转换

除了细胞膜外，其他生物膜也承担着许多重要的生理功能。线粒体作为真核生物细胞的"动力工厂"，为细胞行使正常功能提供了源源不断的动力，而线粒体内膜结构对于线粒体的能量转换至关重要。位于线粒体内膜的呼吸链（respiratory chain），又称电子传递链（electron transfer chain），是由复合体 I（NADH-泛醌还原酶）、复合体 II（琥珀酸-泛醌还原酶）、复合体 III（泛醌-细胞色素 c 还原酶）和复合体 IV（细胞色素 c 氧化酶）以及相应的辅酶按一定顺序排列在线粒体内膜上组合而成的，它是细胞膜行使复杂生物功能的一个典型的例子，是细胞内糖、脂肪、蛋白质等在分解时释放能量的结构基础。研究表明，细胞内代谢物将脱下的成对氢原子（2H）通过电子传递链上酶和辅酶所催化的连锁反应逐步传递，最终与氧结合生成水，这是代谢物的氧化过程。电子经呼吸链传递时，可将质子（H^+）从线粒体内膜的基质侧泵到内膜外侧，产生膜内外质子电化学梯度，以此储存能量。当质子顺浓度梯度回流时，驱动 ADP 与磷酸生成生物体内主要供能的高能化合物 ATP。这是基于线粒体内膜对质子（H^+）的不通透性，将呼吸链上电子传递过程（氧化过程）与 ADP 磷酸化过程偶联，即氧化磷酸化（oxidation phosphorylation），这种能量转换过程是线粒体内膜最重要的生物学功能。

三、信号转导

位于细胞膜上的受体是细胞进行**信号转导**（signal transduction）的结构基础。信号转导是指生物学信号在细胞间或细胞内转换和传递，并产生生物学效应的过程。信号转导中受体和配体是两个重要的概念。受体（receptor）是指细胞中具有接受和转导信号功能的蛋白质，分布于细胞膜中的受体称为膜受体。凡能与受体发生特异性结合的活性物质则称为配体（ligand）。膜受体是细胞信号转导的极其重要的一种方式。水溶性配体或物理信号先作用于膜受体，再依次经跨膜的和细胞内的信号转导机制产生效应。这种转导方式根据膜受体的特性不同可分为离子通道型受体、G 蛋白偶联受体和酶联型受体介导的信号转导。

1. 离子通道型受体

离子通道型受体由配体结合部位和离子通道两部分组成，受化学信号分子调控。当其与配体结合时，离子通道开放，细胞膜对特定的离子通透性增加，从而引起膜电位改变以达到兴奋或抑制的作用。因其表现出的路径简单和速度快的特点，故适合完成神经电信号的快速传递。例如常见的神经递质乙酰胆碱从与受体结合到产生电位只需要 0.5ms。

2. G 蛋白偶联受体

G 蛋白偶联受体（G-protein coupled receptor，GPCR）是指激活后作用于与之偶联的 G 蛋白，然后引发一系列以信号蛋白为主的级联反应而完成跨膜信号转导的一类受体。此类受体由 7 次跨膜的单肽链组成。在位于胞外的 N 端有糖基化位点，可形成配体结合域；位于胞内侧的 C 端有丝氨酸和苏氨酸的磷酸化位点，可形成 G 蛋白结合域。受体被配体激活后，通过改变分子构象而结合并激活 G 蛋白，再通过一系列级联反应将信号传递至效应位点产生效应。G 蛋白偶联受体介导的信号转导涉及多种信号蛋白和第二信使，信号蛋白主要包括 G 蛋白偶联受体、G 蛋白、G 蛋白效应器和蛋白激酶等。

3. 酶联型受体

酶联型受体（enzyme-linked receptor）是指自身就具有酶的活性或能与酶结合的膜受体。这类受体的结构特征是每个受体分子只有一个跨膜区段，其胞外结构含有可结合配体的部位，而胞内结构域则有酶活性或含有能与酶结合的位点。这类受体主要有酪氨酸激酶受体、酪氨酸激酶结合型受体和鸟苷酸环化酶受体等。

（1）酪氨酸激酶受体（tyrosine kinase receptor，TKR）　它的特征是其胞内结构具有酪氨酸激酶活性。激活这类受体的配体主要是各种生长因子，在其细胞外部分与配体结合后，其胞内侧的酪氨酸激酶即被激活，继而磷酸化下游蛋白的酪氨酸残基发挥作用。

（2）酪氨酸激酶结合型受体（tyrosine kinase associate receptor，TKAR）　其本身没有酶的活性，而是在激活后才在胞内侧与胞质中的酪氨酸激酶结合，并使之磷酸化下游蛋白的酪氨酸残基产生效应。

（3）鸟苷酸环化酶（guanylyl cyclase，GC）受体　它是一种胞外为配体结合域而胞内为 GC 活性结构域的单个跨膜 α 螺旋分子。当受体被配体激活后，即可通过 GC 活性催化胞质中的 GTP 生成 cGMP，后者作为第二信使可进一步激活 cGMP 依赖的蛋白激酶 G（protein kinase G，PKG），而 PKG 再将底物蛋白磷酸化实现信号的转导。

四、细胞识别

单个细胞之间的识别与信息传递对其形态、功能、代谢、增殖和分化等起到了重要的作用。多细胞有机体中每个细胞的活动不是孤立的，众多细胞间也存在着一套依赖生物膜进行细胞识别的系统，主要通过细胞膜的直接接触使相邻的细胞间能互相识别、联系沟通，让相邻细胞间连成一个整体，互相配合着完成指定的生理任务。

细胞间的直接接触通信是指细胞之间借助细胞质膜表面分子直接进行细胞间联系，不同细胞间的相互识别都有可能采取直接接触的方式。细胞识别是指邻近细胞之间通过质膜表面特性而相互接受或排斥，相识的细胞可进一步发生黏附。细胞识别可分为：①同种同类细胞之间的识别，如胚胎分化过程中神经细胞对周围细胞的识别，输血和植皮引起的反应可以看作同种同类不同来源之间的细胞识别；②同种异类细胞之间的识别，如精子和卵子之间的识别；③异种异类细胞的识别，如病原体对宿主细胞的识别。

细胞识别与黏附的分子基础是位于细胞膜表面的细胞黏附分子（cell adhesion molecules，CAM）。CAM 是众多介导细胞间或细胞外基质间相互接触和结合分子的统称，黏附分子通过受体-配体结合的方式发挥作用，使细胞和细胞间、细胞和基质间或细胞-基质-细胞间发生黏附，在细胞的识别、细胞活化和信号转导过程中发挥重要作用。CAM 根据其结构特点可分为整合素家族、选择素家族、免疫球蛋白超家族和钙黏蛋白等。这些黏附分子多数需要依赖 Ca^{2+} 或 Mg^{2+} 才能起作用，而这些分子介导的细胞识别和黏附还能在细胞骨架的参与下形成细胞连接，如桥粒、半桥粒、黏着带和黏着斑等结构。

第四节 生物膜在医药研究中的应用

一、脂质类药物

常见的脂质类药物有不饱和脂肪酸类、磷脂类、胆酸类、固醇类、胆色素类、脂质体等，适应证非常广，均具有较好的预防和治疗疾病的效果。脂质类药物可通过生物组织抽提，微生物发酵，酶转化及化学合成等途径制取。目前，随着生物制药工业的发展，人们不断发现新的脂质类药物及其新的用途，有的已进入临床阶段，为人类疾病的预防和治疗做出了巨大的贡献。

（一）不饱和脂肪酸类

不饱和脂肪酸类药物主要包含前列腺素（prostaglandin，PG）、亚油酸（linoleic acid）、亚麻酸（linolenic acid）、花生四烯酸（arachidonic acid）、二十碳五烯酸（EPA）和二十二碳六烯酸（DHA）等。

前列腺素（PG）为二十碳五元环前列腺烷酸的衍生物，是多种同类化合物的总称，生理作用极为广泛，共分 A、B、C、D、E、F、G、H 八类。前列腺素普遍存在于人和动物的组织及体液中，主要存在于生殖系统中，其中 PGE1 和 PGE2 具有广泛的收缩子宫平滑肌、扩张血管、抑制胃酸分泌、保护胃黏膜等生理作用。临床应用的多为比较稳定的、作用较强的天然前列腺素的衍生物，用于催产、早中期引产、消化道溃疡和肾功能的改善。

亚油酸（linoleic acid）由玉米胚及豆油中分离得到。亚油酸是人和动物营养中必需的脂肪酸。亚油酸具有降低血脂、软化血管、降低血压、促进微循环的作用，能防止人体血清胆固醇在血管壁的沉积，有"血管清道夫"的美誉，可预防或减少心血管病的发病。

二十碳五烯酸（EPA）和二十二碳六烯酸（DHA）为鱼油多不饱和脂肪酸的主要组成部分，EPA 和 DHA 双键都始于甲基端第三个碳原子，即 ω-3 系，又称为 ω-3 系多不饱和脂肪酸（PUFA）。EPA 和 DHA 等 ω-3 系多不饱和脂肪酸为黄色透明的油状液体，具鱼腥臭味，与无水乙醇、乙醚、氯仿等能以任意比混溶，几乎不溶于水。EPA 和 DHA 具有多种生理功能和药理功能，如抑制血小板聚集，治疗高血脂、扩张血管、降低血压，提高生物膜液态性能等，为人体必需脂肪酸。

亚麻酸（linolenic acid）自亚麻籽油中分离。亚麻酸是人体必需脂肪酸，人体不能自行合成，只能通过食物摄取，是人体细胞的组成成分，为合成前列腺素的前体。亚麻酸参与脂肪代谢，与视力、脑发育和行为发育有关，具有调整血胆固醇、降血脂、防治动脉粥样硬化的功效。

花生四烯酸（arachidonic acid）自动物肾上腺素中分离，具有降血脂的药理作用，是合成前列腺素 E2 的原料。

（二）磷脂类

磷脂类具有多种药理作用，同时也是一种良好的药物材料，可作为增溶剂、乳化剂和抗氧化剂。磷脂类药物主要包括**卵磷脂**（lecithin）、**脑磷脂**（cephalin）和豆磷脂。

卵磷脂又称为磷脂酰胆碱（图 4-16），自大豆和卵黄中提取。它具有调节血脂，预防和改善心脑血管疾病，促进脂肪代谢，防治脂肪肝、动脉粥样硬化、肝炎、肝硬化及神经衰弱等药理作用。卵磷脂作为脂质体膜的主要成分，还可作为药物的增溶剂。

脑磷脂又称为磷脂酰乙醇胺（图 4-16），自酵母及脑组织中提取。具有止血，防治动脉粥样硬化、肝脏疾病及神经衰弱等药理作用。羊脑磷脂还可作为肝功能诊断试剂。

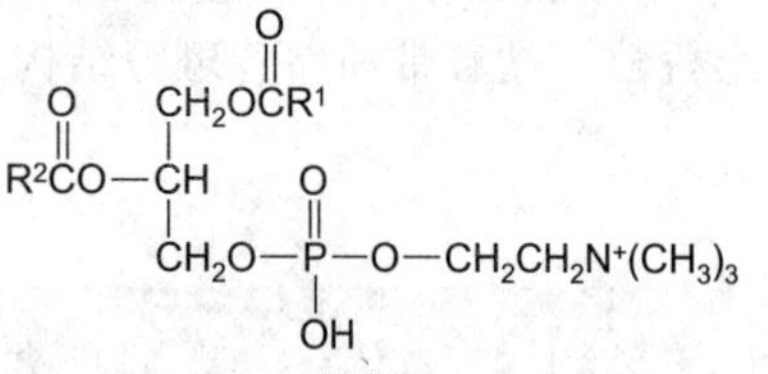

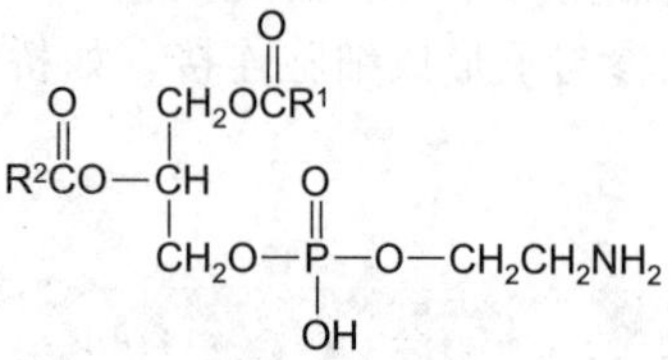

图 4-16　几种典型的磷脂类药物

（三）胆酸类

胆酸类药物是以含有环戊烷多氢菲为核心结构的二十四碳胆烷酸，可乳化肠道脂肪、促进脂肪消化吸收，同时维持肠道正常菌群的平衡，保持肠道正常功能。人及动物体内存在的胆酸类物质是由胆固醇经肝脏代谢产生。胆酸类药物有胆酸钠、去氢胆酸、鹅去氧胆酸、熊去氧胆酸、α-猪去氧胆酸等多种。其中胆酸及鹅去氧胆酸为初级胆酸，在肠道菌群的作用下生成去氧胆酸、猪去氧胆酸及石胆酸等次级胆酸。

胆酸钠是一种较强的乳化剂，自牛羊胆汁中提取的胆汁酸盐为一种混合物。它使疏水的脂类在水中乳化成细小的微团，既增加脂肪在小肠中与脂肪酶的接触面积，有利于消化酶的作用，又可使高度乳化的脂肪微粒直接被肠黏膜吸收，促进脂类的利用。临床上作为利胆药，用于胆汁缺乏、胆囊炎及消化不良等。

去氢胆酸（dehydrocholic acid）由动物胆汁中提取的胆酸脱氢制备而得，是一种半合成胆汁酸。溶于氢氧化钠溶液，略溶于氯仿，微溶于乙醇，在水中几乎不溶。去氢胆酸可促进胆汁分泌，对脂肪的消化、吸收有促进作用。用于治疗胆囊炎，胆囊结石病。

鹅去氧胆酸（chenodeoxycholic acid，CDCA）（图 4-17）由禽类胆汁提取或人工半合成，溶于甲醇、氯仿、丙酮等，不溶于水、石油醚、苯等。鹅去氧胆酸具有溶解胆固醇型胆结石的药理作用，同时具有一定的毒性。临床上用于治疗胆结石症，对胆固醇型胆结石有很好的溶解作用。

熊去氧胆酸（ursodeoxycholic acid，UDCA）易溶于乙醇，微溶于乙醚，难溶于水和氯仿。其与鹅去氧胆酸分子式相同，立体结构不相同，互为同分异构体（图 4-17）。熊去氧胆酸临床应用广泛，可促进内源性胆汁酸的分泌，保护肝细胞膜，同时具有抗凋亡、抗氧化和免疫调节作用，是制备人工牛黄的原料之一。

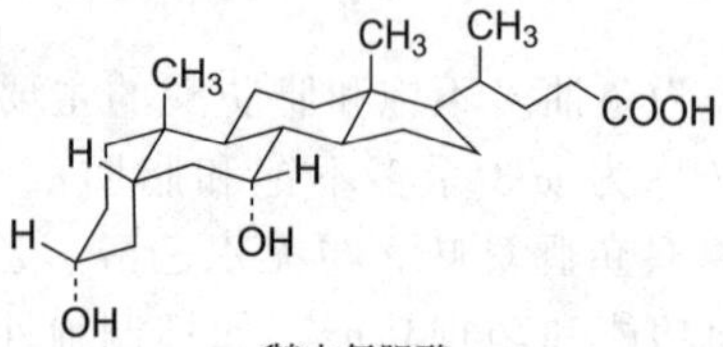

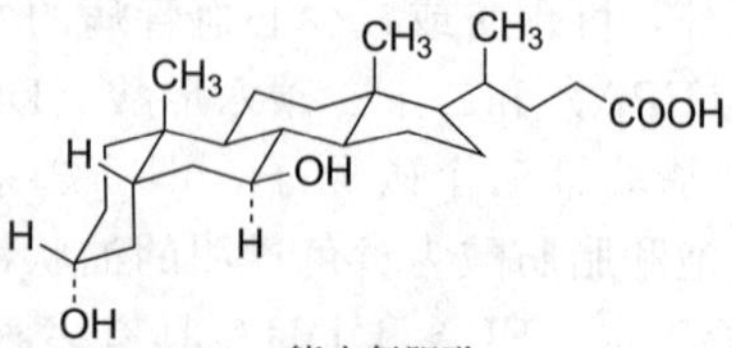

图 4-17　几种典型的胆酸类药物

（四）固醇类

固醇类药物包括胆固醇、β-谷固醇及麦角固醇等，均为甾体化合物，都含有环戊烷多氢菲结构（图 4-18）。胆固醇是人工牛黄、多种甾体激素及胆酸的原料，是机体细胞膜不可缺少的成分；麦角固醇是机体合成维

生素 D_2 的原料；β-谷固醇具有调节血脂、抗炎、解热、抗肿瘤及免疫调节功能。

胆固醇（cholesterol）又称胆甾醇（图 4-18），是一种环戊烷多氢菲的衍生物。胆固醇为细胞膜脂质成分之一，是维生素 D 及胆酸的前体物质，广泛存在于动物体内，尤以脑及神经组织中最为丰富，其次为肾、脾、肝脏和胆汁中。胆固醇是制备人工牛黄的原料之一，也是胆结石的主要成分、药物制剂良好的表面活性剂。

β-谷固醇（β-sitosterol）又称为谷甾醇（图 4-18），属于四环三萜类化合物，是一种常见的植物甾醇，具有较高的营养价值与生物活性，被广泛应用于医药、食品等领域。β-谷固醇在抗氧化、抗高血脂、降低胆固醇等方面有良好的药理作用，常用于治疗 Ⅱ 型高脂血症及预防动脉粥样硬化。此外，它还有抗炎、免疫调节、抗肿瘤等功效。

麦角固醇（ergosterol）又称麦角甾醇（图 4-18），为白色或无色光亮的小叶晶或白色结晶粉末。主要存在于酵母菌、霉菌等真菌和某些植物中，是一种重要的植物甾醇，也是重要的脂溶性维生素 D_2 的合成原料，用于预防小儿软骨病。

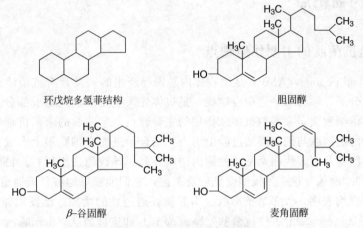

环戊烷多氢菲结构　　　　胆固醇

β-谷固醇　　　　麦角固醇

图 4-18　几种典型固醇类药物

（五）胆色素类

胆色素（bile pigment）作为一种生物色素，是动物胆汁的基本成分之一，是体内铁卟啉类化合物的主要分解代谢产物，包括胆红素（bilirubin）、胆绿素（biliverdin）、血红素（heme）、原卟啉（protoporphyrin Ⅸ）和血卟啉（hematoporphyrin, HP）等。

胆红素是一种不溶于水且具有细胞毒性的线形四吡咯衍生物，主要在肝中生成，其次是肾，存在于人及多种动物的胆汁中，是血红素分解代谢的最终产物。长期以来胆红素一直被认为是人体中一种潜在的高毒性物质，但研究表明胆红素是一种强大的内源性抗氧化剂，可清除过氧化氢和羟基自由基，有抗氧化、抗炎等作用，保护细胞膜脂质免于这些活性氧的氧化作用。胆红素是人工牛黄重要组成部分，是临床上判定黄疸的重要依据，也是肝功能的重要指标。

胆绿素又名去氢胆红素，溶于甲醇、乙醚、氯仿、苯等有机物质，难溶于水。胆绿素是由血红蛋白分解产生的血红素经血红素氧化酶氧化产生，也可由胆红素氧化而得到，其药理效应尚不清楚，但胆南星、胆黄素及胆荚片等消炎类中成药均含有该成分。

原卟啉是一种紫褐色结晶性粉末，溶于甲醇，难溶于稀酸，不溶于水、氯仿和丙酮等有机物质。原卟啉钠产品是从健康牛、猪血液中提取制得的原卟啉的水溶性钠盐，为肝脏机能改善剂，具有促进细胞组织呼吸、改善蛋白质和糖代谢、抗补体结合等药理作用，临床上多用于治疗肝炎，对肝硬化、胆囊炎结石症亦有效。

血卟啉由原卟啉合成，是提取自血液的一种有机光敏物质。血卟啉及其衍生物为光敏化剂，是肿瘤激光疗法辅助剂及诊断试剂，在肿瘤组织内可诱发一系列氧化反应，从而杀伤癌细胞起到治疗作用，临床用于治疗多种癌症。

（六）脂质体

脂质体（liposome）主要由磷脂类脂质制备而得，是一种脂质聚集体［图 4-6(c)］。可以将药物包封于其类脂质双分子层内或微型泡囊的亲水内腔里。脂质体可直接进入细胞，也可吸附于靶细胞外层，具有良好的生物相容性、靶向性和控制药物释放的优点。脂质体作为药物的转运系统，满足了药物制剂临床治疗的许多要求，应用于多种药物类型。脂质体载药系统是当前抗肿瘤药物制剂研发中的一大热点，可通过靶向释放，增加肿瘤内药物积累量，减少对正常组织的不良反应。目前批准上市的脂质体药物有阿霉素、柔红霉素、紫杉醇、米伐木肽和多柔比星等抗肿瘤药物。脂质体载药系统在动脉粥样硬化、高血压等心脑血管疾病等方面以及抗精神疾病药物方面的应用也有卓越的表现。

使用脂质体作为抗菌药物的载体，能显著提高抗菌药物在靶点部位的释放能力，从而增强抗菌效果，降低不良反应。此外，脂质体可以被生物降解，无毒害作用，是常用的抗菌药物载体。目前批准上市的脂质体制剂还有两性霉素 B、阿米卡星等抗菌药物，主要药理作用是增加进入细菌细胞的药物量，提高抗菌能力，与经皮给药系统联合用于皮肤局部抑菌治疗。

二、生物膜作为药物靶点

（一）细胞膜是抗菌肽的主要作用靶点

抗菌肽（antimicrobial peptide，AMP）是生物体内经诱导产生的一类具有抗菌活性的碱性多肽，是进化上保守的天然免疫活性分子，参与第一道免疫防线，是机体先天免疫反应的组成部分。对抗菌肽的作用机理的研究表明，细菌、真菌细胞膜是大多数抗菌肽作用的主要靶点。抗菌肽的杀菌机理主要是抗菌肽能与细胞膜相互作用，带正电荷的抗菌肽与细胞膜通过静电引力相结合，进而在细胞膜上形成穿膜孔洞，抗菌肽进一步渗入细菌内破坏其细胞器及引起代谢紊乱，使胞内物质外漏，导致靶细胞死亡。目前抗菌肽抑菌机制主要有"环形孔""桶板"和"地毯"这 3 种模型受到广泛关注，它们能较好地解释膜通道形成的机制。

对生物膜模型的研究均表明，大多数抗菌肽会引起质膜通透性的增加。已发现如防御素（defensin）、蛙皮素（magainin）、天蚕素（cecropin）、牛抗菌肽（bactenecin）和皮抑菌肽（dermaseptin）等抗菌肽在其抗菌效应和通透能力之间存在直接关系。作用机理的第一步是阳离子肽与病原体细胞膜带负电荷成分之间通过静电相互作用。研究认为，一些抗菌肽正电荷的增加将增强其杀菌活性。对于蛙皮素类似物和天蚕素，已经建立了阳离子特性与活性之间的直接关联，阳离子较少的天蚕素 D 的杀菌活性也最低。相对于隐防御肽或兔防御素，天蚕素 A-蜂毒素杂合肽对细胞膜或阴离子脂寡糖的相互作用也建立了相似的相关性。在其他情况下，电荷与活性之间的相关性不太明显，例如大鼠防御素缺乏一个 Arg 残基，但具有相同的抗菌活性。另外，存在过多的正电荷会导致抗菌肽失去活性。例如，一种高阳离子的蛙皮素类似物活性降低，可能是由于肽单体间斥力的增加造成的孔隙不稳定，也可能是由于多肽与阴离子的强结合作用导致的。

抗菌肽活性还受到膜特性的影响，如磷脂成分、固醇含量、膜电位或聚阴离子（如 LPS，唾液酸残基）等因素。例如，缺少心磷脂的大肠杆菌突变体比其野生型对麻蝇防卫素更具抗性。类似地，沙雷氏菌对天蚕素 A 的抗性与其具有较低水平的酸性磷酸酯相关，更接近于高等真核生物。肿瘤细胞对某些抗菌肽的敏感性增加归因于其磷脂酰丝氨酸残基的暴露增加。对红细胞胆固醇含量进行处理后，导致其固醇水平和抗菌肽敏感性之间呈现反向关系；相似的结果在天蚕素与人工膜的实验体系中也得到了验证。

（二）大多数药物通过细胞膜上的受体、离子通道发挥药理作用

药物与机体生物大分子的结合部位即药物靶点。大多数药物通过与器官、组织、细胞上的靶点作用，影响和改变人体的功能，产生药理效应。药物结构类型的千差万别，因而呈现诸多作用靶点。有些药物只能作用在单一的靶点上，有些药物可以作用在多个靶点上。

现有药物中，以受体为作用靶点的药物超过 50%，是最主要和最重要的作用靶点；以酶为作用靶点的药物占 20%，以离子通道为作用靶点的药物占 6%，以核酸为作用靶点的药物仅占 3%，其余 20% 药物的作用靶点尚待研究发现。

以细胞膜受体为作用靶点的药物习惯上被称为分子激动药或拮抗药。激动药按其活性大小可分为完全激动药和部分激动药，如吗啡为阿片受体 μ 完全激动药，而丁丙诺啡则为阿片受体 μ 部分激动药。拮抗药分为竞争性拮抗药和非竞争性拮抗药。竞争性拮抗药与激动药同时应用时，能与激动药竞争与受体的结

合，降低激动药与受体的结合力，但不降低内在活性。非竞争性拮抗药与激动药同时应用时，既降低激动药与受体的亲和力，又降低内在活性。例如阿托品为竞争性 M 型乙酰胆碱受体拮抗药，而酚苄明则为非竞争性肾上腺素 α 受体拮抗药。

离子通道（ion channel）是细胞膜上的蛋白质小孔，属于跨膜蛋白质分子，在脂质双分子层中构成具有高度选择性的亲水性孔道，具有离子泵的作用，能选择性地允许某种离子出入，其功能是细胞生物电活动的基础。离子经过通道内流或外流跨膜转运，产生和传输信息，成为生命活动的重要过程，以此调节多种生理功能。现有药物主要以 K^+、Na^+、Ca^{2+}、Cl^- 等离子通道作为靶点。以 K^+ 通道为作用靶点的药物主要为 K^+ 通道阻滞药和开放药。常见的 K^+ 通道阻滞药有抗心律失常药胺碘酮、索他洛尔、氯非铵、多非利特、溴苄胺、司美利特等；常见的 K^+ 通道开放药（potassium channel openers，PCO）有抗高血压药中的血管扩张剂尼可地尔、吡那地尔、色满卡林等。以 Na^+ 通道为作用靶点的药物主要为 Ⅰ 类抗心律失常药。根据对 Na^+ 通道阻滞强度和阻滞后通道的复活时间常数的不同，Na^+ 通道阻滞剂分为 ⅠA、ⅠB、ⅠC 三个亚类。ⅠA 类适度阻滞 Na^+ 通道，代表药有奎尼丁、普鲁卡因胺等。ⅠB 类轻度阻滞 Na^+ 通道，代表药有利多卡因、苯妥英钠等。ⅠC 类重度阻滞 Na^+，代表药有氟卡尼、普罗帕酮等。目前应用于临床的以 Ca^{2+} 通道为作用靶点的药物主要为 L 型 Ca^{2+} 通道阻滞剂或钙拮抗药，可分为选择性 Ca^{2+} 通道阻滞剂和非选择性 Ca^{2+} 通道阻滞剂。前者包括苯烷胺类（phenylalkylamines，PAA）、二氢吡啶类（dihydropyridines，DHP）、苯并硫氮䓬类（benzothiazepines，BTZ）等药物；后者包括二苯哌嗪类、普尼拉明类和哌克昔林等药物。以 Cl^- 通道为作用靶点的药物主要包括地西泮、氟西泮、三唑仑、夸西泮、艾司唑仑、氟硝西泮等，它们是 γ-氨基丁酸（GABA）调控的 Cl^- 通道开启剂。

（三）细胞内膜系统是新的药物作用靶点

除细胞质膜上的药物靶点之外，细胞内膜系统也是药物作用的新靶点，以线粒体最为典型。线粒体除了是细胞进行有氧呼吸的主要场所，还与细胞凋亡、脂质代谢等重要生化过程密切相关，许多重要的脂代谢过程发生在线粒体内，线粒体膜上频繁地进行无机离子流动和跨膜代谢。近年来随着对线粒体结构和功能的深入研究，发现多类药物的作用靶点位于线粒体膜或线粒体内酶复合物，它们与相关药物之间存在广泛而复杂的相互作用，其药理作用主要通过调节线粒体呼吸链功能、代谢酶活性、膜通透性等来实现。

线粒体通透性转换孔（mitochondrial permeability transition pore，MPTP）是位于线粒体内、外膜之间的多蛋白复合体，可影响线粒体及细胞的正常生理功能。研究证实，MPTP 在细胞凋亡中起重要作用，推测其可能参与了肿瘤的发生，MPTP 可能成为治疗肿瘤的新靶点。许多抗肿瘤药物的治疗作用是通过激活细胞色素 c/caspase-9，诱导恶性增殖细胞的凋亡，因此可能与 MPTP 开放或线粒体膜损伤有关。其中一些药物如氯尼达明等的作用可被环孢霉素 A 或 B 淋巴细胞瘤-2 基因（bcl-2）抑制，进一步证实这类抗肿瘤药物的作用机制可能与 MPTP 孔的开放有关。

三、生物膜对药物转运的影响

如上所述，生物膜主要由膜脂（磷脂、胆固醇与糖脂）和膜蛋白组成，其中膜脂主要构成细胞膜的骨架，而膜蛋白是膜功能的主要体现者。近年研究发现，药物的理化性质并不是决定其跨膜能力的唯一因素，生物膜上的蛋白质在其跨膜过程中也起到了重要的甚至是决定性的作用。

药物由给药部位进入机体产生药效，然后再由机体排出，其间经历吸收、分布、代谢及排泄 4 个基本过程，总称为药物的体内过程。在药物体内动态过程中，参与药物跨膜转运的最主要的为肠黏膜和肾小管上皮细胞的细胞膜以及血管内皮细胞的细胞膜。药物跨膜转运的方式有多种，按驱动力与转运机制可分为主动转运（active transport）和被动转运（passive transport）两种方式。

（一）药物的主动转运

主动转运指药物借助载体或酶促系统的作用，从低浓度侧向高浓度侧的跨膜转运。主要发生在肾小管、胆道、血脑屏障和胃肠道。主动转运是人体重要的物质转运方式，生物体内一些必需物质如单糖、氨基酸、水溶性维生素、K^+、Na^+、I^- 以及一些有机弱酸、弱碱等弱电解质的离子型都是以主动转运方式通过细胞膜。有的药物通过神经元细胞、脉络丛肾小管上皮细胞和肝细胞时也是以主动转运方式进行的，它们可逆电化学差转运。主动转运需要耗能，能量可直接来源于 ATP 的水解，或是间接来源于其他离子如 Na^+ 的电化学差。

（二）药物的被动转运

被动转运是指存在于细胞膜两侧的药物顺从高浓度向低浓度扩散的过程。被动运输是顺浓度梯度转运，不需要细胞膜上载体的帮助，细胞膜对通过的物质无特殊选择性，不消耗能量。扩散过程与细胞代谢无关，不受共存类似物的影响，即无饱和现象和竞争抑制现象，一般也无部位特异性。药物转运以被动转运为主，包括单纯扩散、协助扩散等多种形式。

单纯扩散（simple diffusion）包括水溶性扩散（aqueous diffusion）和脂溶性扩散（lipid diffusion）。水溶性扩散指水溶性的极性或非极性药物分子借助于流体静压或渗透压随体液通过细胞膜的水性通道由细胞膜的一侧到达另一侧而进行的跨膜转运。体内大多数细胞如结膜、小肠、泌尿道等上皮细胞膜的水性通道很小，只允许分子量小的物质通过，如锂离子（Li^+）、甲醇、尿素等；大多数毛细血管内皮细胞间的孔隙较大，故绝大多数药物均可经毛细血管内皮细胞间的孔隙滤过。虽然大多数无机离子分子量小，足以通过细胞膜的水性通道，但其跨膜转运由跨膜电位差（如 Cl^-）或主动转运机制（如 Na^+、K^+）控制。脂溶性扩散是指脂溶性药物溶解于细胞膜的脂质层，顺浓度差通过细胞膜，绝大多数药物按此种方式通过生物膜。单纯扩散的速度主要取决于药物的脂溶性和膜两侧药物浓度差。脂溶性和浓度差越大，扩散就越快。

协助扩散（facilitated diffusion）指药物在细胞膜载体的帮助下由膜高浓度侧向低浓度侧扩散的过程。其转运方式主要有两种：一是经载体介导的协助扩散，二是经通道介导的协助扩散；它们主要发生在肾小管、胆道、血脑屏障和胃肠道。协助扩散可加快药物的转运速率，不消耗能量，不能逆电化学差转运。在小肠上皮细胞、脂肪细胞、血脑屏障血液侧的细胞膜中，单糖类、氨基酸、季铵盐类药物的转运属于协助扩散。维生素 B_{12} 经胃肠道吸收、葡萄糖进入红细胞内、甲氨蝶呤进入白细胞等，均以协助扩散方式转运。

知识链接　　　　　　　囊泡运输（vesicle trafficking）与细胞的"物流系统"

囊泡是由单层膜所包裹的膜性结构，从几十纳米到数百纳米不等，主要司职细胞内不同膜性细胞器之间或不同细胞之间的物质运输，称为囊泡运输。囊泡运输参与细胞多项重要的生命活动，如神经递质的释放及信息传递、激素分泌、天然免疫等，其运输障碍会导致多种细胞器发生缺陷和细胞功能紊乱，并与许多重大疾病（如神经退行性疾病、精神分裂症、糖尿病等代谢性疾病、感染与免疫缺陷、肿瘤等的发生发展）密切相关。2013 年 10 月 7 日，诺贝尔生理学或医学奖揭晓，该奖授予了发现了细胞囊泡运输调控机制的三位科学家，分别是美国耶鲁大学教授詹姆斯·罗斯曼（James E. Rothman）、美国加州大学伯克利分校教授兰迪·谢克曼（Randy W. Schekman）以及美国斯坦福大学教授托马斯·聚德霍夫（Thomas C. Südhof）。在囊泡运输这个研究领域，已经收获了 4 次诺贝尔生理奖或医学奖（1974 年、1985 年、1999 年和 2013 年，每隔 10 来年就获奖一次）。然而，目前人们对细胞内复杂而精细的"物流系统"的认识，仍然是初步的和框架性的，关于囊泡运输的更精细的调控机制，尚有待于进一步阐明。

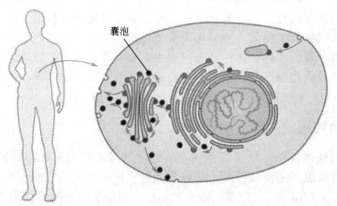

囊泡

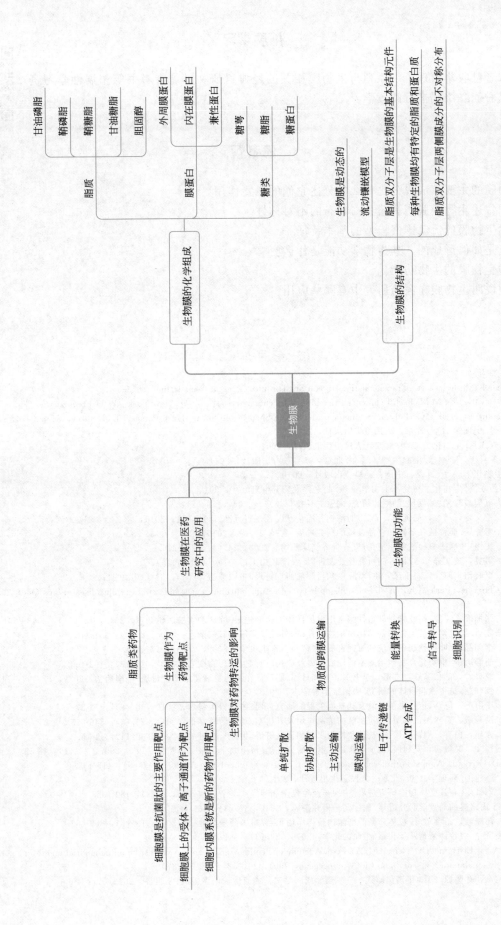

拓展学习

本书编者已收集整理了一系列与生物膜相关的经典科研文献、参考书等拓展性学习资料，请扫描右侧二维码进行阅读学习。

思考题

1.生物膜的主要组成成分是什么？分述它们的主要作用。
2.举例叙述生物膜膜脂和膜蛋白分布的不对称性。
3.试述生物膜的流动镶嵌模型的基本特征。
4.脂筏是如何形成的，其生物学功能是什么？
5.试述生物膜的生物功能。
6.举例说明生物膜在医药研究中有哪些应用？

参考文献

[1] Christopher K Mathews，et al. Biochemistry. 4th edition. Toronto：Pearson Canada Inc，2013.
[2] Nelson L David，Cox M Michael. Lehninger Principles of Biochemistry. 7th edition. New York：W H Freeman and Company，2017.
[3] Frolov Vadim A，et al. Lipid Polymorphisms and Membrane Shape. Cold Spring Harb Perspect Biol，2011，3：a004747
[4] 朱大年，等.生理学.8版.北京：人民卫生出版社，2013.
[5] 周爱儒，查锡良.生物化学.5版.北京：人民卫生出版社，2002.
[6] 翟中和，王喜忠，丁明孝.细胞生物学.4版.北京：高等教育出版社，2011.
[7] 吴梧桐.生物化学.2版.北京：中国医药科技出版社，2010.
[8] 查锡良，药立波.生物化学与分子生物学.9版.北京：人民卫生出版社，2018.
[9] 郑兴.熊去氧胆酸与鹅去氧胆酸的对比研究.内蒙古科技与经济，2008，156（2）：28-32.
[10] 郭江红，王文晞，马妮，胡远华，姜红.胆酸钠片质量状况及现行标准.医药导报，2019，38（2）：244-247.
[11] 吴同浩，王仲妮.胆汁酸在药物和食品领域的研究进展.食品与药品，2010，12（1）：65-68.
[12] 刘娓娓，沈锡中.熊去氧胆酸临床应用进展.世界临床药物，2003，24（4）：213-216.
[13] 刘威良，姬昱，黄艾祥.β-谷甾醇的研究及开发进展.农产品加工，2019，471（1）：77-79.
[14] 曹龙辉，李晓珺，赵文红，朱豪，洪泽淳.麦角甾醇的研究进展.中国酿造，2014，33（4）：9-12.
[15] Suh S，Cho Y R，Park M K，et al. Relationship between serum bilirubin levels and cardiovascular disease. Plos One，2018，13（2）：155-161.
[16] 孙卫东，张拥波，赵媛.胆红素对缺血性脑卒中保护作用的研究进展.临床和实验医学杂志，2019，18（21）：2348-2351.
[17] 柳军，张陆勇.胆红素及其类似物的结构与生物活性研究进展.实用肝脏病杂志，2005，8（5）：307-310.
[18] 许金鹏，李朝品.原卟啉钠制备方法的研究进展.热带病与寄生虫学，2009，7（3）：177-179.
[19] 李德平，胡静.血卟啉类化合物诊治肿瘤的研究进展及应用.中国生化药物杂志，2003，24（3）：162-163.
[20] 王建娜，成日青，萨仁高娃，塔娜，李书迪，齐和日玛.脂质体作为药物载体的研究进展.中南药学，2019，17（9）：1492-1498.
[21] 鲁珊珊，魏晓慧.抗生素脂质体的研究.中国抗生素杂志，2018，43（8）：979-989.
[22] 赵建乐，李引乾，陈琛，等.牛抗菌肽及其基因工程的研究进展.中国兽医科学，2010，40（8）：873-879.
[23] 黎观红，洪智敏，贾永杰，瞿明仁.抗菌肽的抗菌作用及其机制.动物营养学报，2011，23（4）：546-555.
[24] 张晓巩，方超，白卉，周颖，侯征.抗菌肽作用机制的研究进展.生理科学进展，2011，42（1）：11-15.
[25] 王辉，杨桂文，吴敬涛，安利国.抗菌肽作用机制的研究进展.济南大学学报（自然科学版），2007，21（1）：48-52.
[26] Andreu D，Rivas L. Animal antimicrobial peptides：an overview. Biopolymers，1998，47（6）：415-433.
[27] 杨宝峰，陈建国.药理学.9版.北京：人民卫生出版社，2018.
[28] 孟爱民，刘景生.阿片受体功能研究进展.中国神经免疫学和神经病学杂志，2002，9（3）：180-182.
[29] 张开镐.丁丙诺啡的药理学研究进展.国际药学研究杂志，2010，37（3）：161-164.
[30] 龙建纲，汪振诚，王学敏.线粒体：新的细胞内药物作用靶点.中国药理学通报，2003，19（8）：859-863.
[31] 周源，凌贤龙.线粒体通透转运孔道.生命的化学，2016，29（3）：381-385.
[32] Belzacq A S，El Hamel C，Vieira H L A，et al. Adenine nucleotide translocator mediates the mitochondrial membrane permeabilization induced by lonidamine，arsenite and CD437. Oncogene，2001，20（52）：7579-7587.
[33] 李巍，鲍岚，孙坚原.2013年诺奖解读——生理学或医学奖：囊泡运输的调控.科学世界，2013，11：4-6.

（王永中）

第五章

代谢导论

学习目标

1. 掌握：新陈代谢的基本概念及特点；物质代谢的特点和研究方法；能量代谢和高能化合物。
2. 熟悉：中间代谢；同化作用和异化作用；合成代谢和分解代谢。
3. 了解：基础代谢及意义；代谢组学；药物代谢组学。

代谢是活细胞中进行的所有生物化学反应的总称。物质代谢、能量代谢与代谢调节是生命存在的三大要素。生物体是一个开放体系，与外界环境不断进行着物质和能量的交换，外界物质进入生物体后会与体内原有的物质混合，经过生化反应，在体内的物质体系发生变化，生物体得以实现各种生命活动，同时产生的废物排出体外。机体之所以能够适应体内外千变万化的环境变化，除了需要物质的合成和分解、能量的转化和传递等代谢过程，还存在着复杂完整的代谢调节网络。糖、脂类、氨基酸与蛋白质、核酸代谢不仅具有各自特定的功能代谢途径，而且相互联系、相互协调、相互制约，共同实现高度统一、高度协调的代谢过程，以适应机体生命活动的需要。

第一节　新陈代谢概述

一、新陈代谢的基本概念及特点

新陈代谢（metabolism）是机体与外界环境不断进行物质交换的过程，它是通过消化、吸收、中间代谢和排泄四个阶段来完成的。所谓**中间代谢**（intermediary metabolism），就是经过消化、吸收的外界营养物质和体内原有的物质，在全身一切组织和细胞中进行的多种多样化学变化的过程。物质在机体内进行化学变化的过程，必然伴随有能量转移的过程。前者称为**物质代谢**（material metabolism），后者称为**能量代谢**（energy metabolism）。

二、物质代谢

生物体在生命活动过程中，除进行 O_2 和 CO_2 的交换外，还要不断摄取食物和排出废物。食物中的糖、脂肪及蛋白质经消化吸收进入体内，在细胞内进行中间代谢，一方面氧化分解释放能量满足机体生命需求；另一方面进行合成代谢，转变成机体自身的蛋白质、脂肪和糖类。这种生命体和环境之间不断进行的物质交换，即物质代谢。

1. 物质代谢的含义

（1）物质代谢的概念　从有生命的单细胞到复杂的人体都要与外界环境不断进行物质交换。也就是，经过消化、吸收的外界营养物质和体内原有的物质，在全身一切组织和细胞中进行的多种多样化学变化的过程，这种物质交换就是物质代谢。在机体进行物质代谢的过程中，同时伴有能量的交换和转移，称为能量代谢。体内的物质代谢与能量代谢相偶联，当机体从外界环境摄取营养物质，相当于从外界输入能量。而当这些物质在机体内进行分解代谢时又将化学能释放出来，以供生命活动的需要。

（2）同化作用和异化作用　物质代谢包括同化作用和异化作用两个不同方向的代谢变化。一方面机体由外界环境摄取营养物质，通过消化、吸收在体内进行一系列复杂而有规律的化学变化，转化为机体的组织成分，这就是代谢过程中的**同化作用**（assimilation）。同化作用是吸能过程，一方面，它保证了机体的生长、发育和组成物质的不断更新；另一方面，机体自身原有的物质也不断地转化为废物而排出体外，这就是代谢过程中的**异化作用**（dissimilation），异化作用是放能过程，释放的能量一部分用于同化作用，一部分维持生命活动的需要。

同化和异化是对立统一的两个方面，它们既互相对立、互相制约，又互相联系、互相依赖，共同推动了整个代谢过程的不断运动和发展。同化作用可为异化作用提供物质基础，异化作用可为同化作用提供能量。

（3）合成代谢和分解代谢　从化学变化角度来看，同化作用与异化作用都是由一系列化学反应完成的，包含一系列相互联系的合成与分解的化学反应（如图 5-1）。**合成代谢**（anabolism）是由简单的构件分子（如氨基酸和核苷酸）合成复杂的大分子物质（如蛋白质和核酸）的过程，在产生分子更大、结构更复杂物质的生物合成过程中是需要消耗能量的。**分解代谢**（catabolism）是机体将复杂的大分子（如糖类、脂类、蛋白质等）分解为较小的、简单的小分子物质（如二氧化碳、水、氨等）的过程，如蛋白质分解为氨基酸，氨基酸可再进一步分解为二氧化碳、水和氨的过程。同化过程总的结果是合成生物体自身物质，所以它是以合成代谢为主，但在过程中也包含有分解代谢。同样，异化过程总的结果是将生物体内的物质分解掉，所以它是以分解代谢为主，但过程中也包含有合成代谢。例如氨基酸分解产物氨，可以再合成尿素，由尿排出。

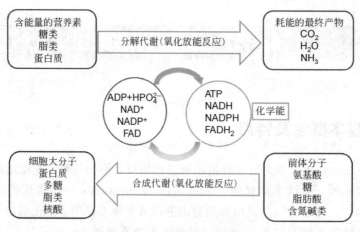

图 5-1　合成代谢与分解代谢

另外，同化和异化或合成与分解在机体内也不是截然分开和孤立的，当物质进入体内，即和体内原有的物质一起不分彼此地被生物体所利用或分解。由外界来的称为外源性物质。体内原有的称为内源性物质，例如由外界摄入蛋白质，经体内消化水解而被吸收的氨基酸（外源性氨基酸），吸收后与体内蛋白质水解所产生的氨基酸（内源性氨基酸）混合，共同构成所谓氨基酸代谢库。这些氨基酸可以合成体内蛋白质，也可以进一步分解为代谢废物而被排泄。

（4）中间代谢　物质代谢通过消化、吸收、中间代谢和排泄四个阶段来完成的，其中，**中间代谢**（intermediary metabolism）是指经过消化、吸收的外界营养物质和体内原有的物质，在全身一切组织和细胞中进行的多种多样的化学变化过程。在生物体内进行的同化作用和异化作用，合成代谢和分解代谢，都是酶所催化的一连串的中间代谢过程。反应过程有直链的、分支的，也有环状的，无论是哪一种形式，前一步反应产物就是后一步反应的底物，成为多酶体系的连锁反应。

中间代谢的分解途径与合成途径，其起始代谢物和最终代谢产物往往是相同的，而方向正好相反。但它们之间并非都是逆反应的关系，其中间步骤和所催化酶不尽相同，例如糖酵解由糖分解为丙酮酸和乳酸与糖异生由乳酸、丙酮酸生成糖，蛋白质分解为氨基酸与氨基酸合成蛋白质，以及脂肪酸 β-氧化分解为乙酰 CoA 与乙酰 CoA 合成脂肪酸等，而且许多分解途径与合成途径是在细胞不同部位进行的，例如脂肪酸分解为乙酰 CoA 是在线粒体进行的以氧化为主的过程，而由乙酰 CoA 合成脂肪酸则是在细胞质进行的以还原为主的过程。

2. 物质代谢的特点

（1）整体性　生物体内的物质代谢是一个完整，而又统一的过程。代谢途径是相互沟通的。各个代谢途径之间，可通过共同的中间代谢物而相互交叉，也可通过过渡步骤相互衔接。这样各种代谢途径就联系起来，构成复杂的代谢网络。通过网络，各种物质的代谢可以协调进行，某些物质还可相互转化。人体从外界摄取的糖、脂肪、蛋白质、核酸、水、无机盐、维生素等在体内不是彼此孤立存在的，而是在细胞内同时进行代谢，彼此相互联系、或相互转变、或相互依存，构成统一的整体以确保细胞乃至机体的正常功能。例如糖、脂肪在体内氧化释出的能量保证了生物大分子蛋白质、核酸、多糖等合成时的能量需要，而各种酶蛋白的合成又可作为催化剂以促进体内糖、脂肪、蛋白质等各种物质代谢得以在体内迅速进行。体内代谢经一系列的调节使各个代谢反应成为完整而统一的过程，对机体的正常生理活动起着重要的保护作用。

（2）代谢调节的连续性　正常情况下，机体中各种代谢能适应内、外环境的不断变化，有条不紊地进行，进而保持机体内环境的相对恒定及动态平衡。这是由于机体存在着精细、完善而又复杂的调节机制，从而确保了体内的各种成分代谢能根据机体的代谢状况和执行功能的需要有条不紊地进行。通过不断调节各种物质代谢的强度、方向和速度，使机体中各种代谢能适应内、外环境的不断变化。机体在不同的情况下需要不同的代谢速度，以提供适量的能量或代谢物。这是通过控制物质代谢的流量来实现的。因为代谢是酶促过程，所以可通过控制酶的活力与数量来实现。每个代谢途径的流量，都受反应速率最慢的步骤的限制，这个步骤称为限速步骤或关键步骤，这个酶称为限速酶或关键酶。一旦机体最终维持体内外相对恒定和动态平衡的调节机制发生紊乱，不能适应机体内、外环境改变的需要，就会使细胞和机体的功能失常。

（3）各组织、器官物质代谢各具特色　由于各组织、器官的结构不同，其中酶系的种类和含量也各不相同，因而各组织、器官代谢途径及功能各异、各具特色。例如肝在糖、脂、蛋白质代谢上具有特殊重要的作用，是人体物质代谢的枢纽。脂肪组织的功能是储存和代谢脂肪，含有脂蛋白脂肪酶及特有的激素敏感甘油三酯脂肪酶。脑组织及红细胞则以葡萄糖为唯一能源，因为它们不储存糖原。酮体在肝内生成，在肝外组织利用；红细胞无线粒体，以糖酵解作为其主要供能方式。

（4）各种代谢物均具有各自共同的代谢库　无论是体外摄入的营养物或体内各组织细胞的代谢物，只要是同一化学结构的物质，在进行中间代谢时，不分彼此，而是通过血液循环在各组织之间转运参与代谢，形成共同的代谢池。根据机体的营养状况和需要进入各种代谢途径进行代谢。以血糖为例，无论是由消化吸收的糖或肝糖原分解的葡萄糖或氨基酸转变的糖，还是非糖物质通过糖异生转化生成的，都形成共同的血糖池，均可在血糖代谢库中混为一体参与各种组织的代谢。

（5）ATP 是能量代谢的通用形式　代谢途径之间有能量关联。通常合成代谢消耗能量，分解代谢释放能量，二者通过 ATP 等高能化合物作为能量载体而连接起来。糖、脂及蛋白质在体内分解氧化释出的能量，不能直接用于各种生命活动，而是大部分通过氧化磷酸化和底物水平磷酸化生成 ATP，使能量储存在 ATP 的高能磷酸键中。ATP 作为机体可直接利用的能量载体，需要时，ATP 水解释放出能量，供各种生命活动需要，如生长、发育、繁殖、运动等所涉及的蛋白质、核酸、多糖等生物大分子的合成，物质的主动转运、肌肉收缩、神经冲动的传导、体温的维持，以及细胞渗透压等。ATP 作为机体能量储存和利用的通用形式，将产能的营养物质分解代谢和耗能的物质合成代谢密切联系在一起完成生命活动。

（6）NADPH 是合成代谢所需的还原当量　许多参与氧化分解代谢的脱氢酶常以 NAD 为辅酶，生成的 NADH+H$^+$ 是体内多种代谢和氧化磷酸化的供氢体；而参与还原合成代谢的还原酶则多以 NADPH+H$^+$ 为辅酶，提供还原当量。如糖经戊糖磷酸途径生成的 NADPH+H$^+$，既可为乙酰 CoA 合成脂肪酸，又可为乙酰 CoA 合成胆固醇提供还原当量。

三、新陈代谢的研究方法

研究生物体的新陈代谢需要一些特殊实验方法，用于检测发生在细胞、组织和机体内的化学变化。新陈代谢可以在不同的水平上进行研究。用生物整体、器官、微生物细胞群体进行研究，称为体内研究。用组织切片、匀浆提取液或者是分离细胞器以及酶和代谢物进行研究，称为体外研究。机体内任何物质的中间代谢过程错综复杂，用单一方法研究常难以确定某物质的代谢变化过程和中间产物，由于实验方法和仪器的改进和发明，例如超离心、同位素示踪、放射免疫测定及气相-质谱-电子计算机等技术的应用，都有力地促进了代谢的研究。现将几种常用的物质代谢的研究方法简要介绍如下。

1. 生物化学方法

（1）利用正常机体的方法　用喂饲或注射使机体内进入大量某种代谢物，然后分析血液、组织或排泄物中的中间产物或终产物。此外，也有利用与代谢物相似的异常物质作为标记进入体内，研究其代谢过程。例如利用性质稳定并易鉴定的异常物质如苯基脂肪酸代替脂肪酸喂饲动物，然后分析尿中带有苯环的物质，从而发现了乙酸是脂肪酸代谢的中间产物。此方法由于使用异常代谢物，可能得不到正常中间代谢物，使研究结论不正确，目前很少使用。

（2）使用病变动物法　用人工法使动物发生某一过程的代谢障碍，然后导入一定量的受试物质，观察其中间代谢过程。例如注射根皮苷至犬体内，形成实验性糖尿病，然后用氨基酸喂饲此动物，发现其尿中葡萄糖含量明显增多，表明氨基酸有成糖作用。又如研究维生素缺乏症，可给予缺乏某种维生素的饲料，若干天后观察病变情况，再加入该种维生素，观察症状有否改善，以确定这种维生素的功能。

（3）切除器官法　切除动物某种器官后，给予某种物质，观察代谢改变，可推知该器官的代谢功能。例如用切除肝脏来研究含氮化合物的代谢，切除胰脏来研究糖尿病等。

（4）脏器灌注法　剥离动物的器官，使其具有独立的循环体系，或摘出整个器官做离体实验，将器官浸在血液或符合生理条件的其他溶液中，将被试物质与血液混合，通过血管灌入器官中，然后分析从器官流出的血液，以确定其所含的代谢产物。此法只能了解代谢物在脏器中的终产物，不能阐明中间代谢过程。

（5）组织切片或匀浆法　将新鲜组织制成切片或匀浆，然后与代谢物混合保温，数小时后分析代谢产物，以探知代谢物在此组织内的代谢变化。如肝切片与铵盐混合保温数小时后，可发现铵盐减少而尿素增多，证明了铵盐可在肝中合成尿素。

（6）纯酶法及酶抑制剂法　研究某一特殊的代谢反应，可用提取的纯酶制剂。例如用结晶磷酸化酶在体外研究糖原的磷酸解作用。酶的抑制剂可使代谢途径受到阻断，结果造成某一代谢中间物的积累，从而揭示该中间代谢物在代谢途径中可能的关系。若反应体系中有两种以上的酶存在，可加入特异抑制剂使一种酶的活性受到抑制，从而确定反应由何种酶所催化。例如，酵解过程中，碘乙酸专一性抑制磷酸丙糖脱氢酶的活性，使磷酸丙糖在肌肉中堆积；氟化物由于抑制了烯醇化酶，造成 3-磷酸甘油酸和 2-磷酸甘油酸的累积。在研究氧化呼吸链过程当中，用电子传递的抑制剂选择性地阻断呼吸链中某个特定的电子传递的步骤，再测定呼吸链中各个组分的氧化还原情况，成为研究电子传递顺序的一种重要手段。

（7）同位素示踪法　当化合物分子中的原子，被相同元素的同位素所取代，而取代后的分子性质没有改变时，称为"同位素标记"。将同位素标记的化合物（称为标记物）引进代谢体系，用物理方法追踪和观察其在体内的去向，并探讨其所转化的代谢产物。如用含有 ^{14}C 的甘氨酸饲养大鼠，数日后杀死，探知其肝糖原具有放射性，可见甘氨酸可以在鼠肝变成糖原。David Shemin 和 David Rittenberg 首先成功地用 ^{14}C 和 ^{15}N 标记的乙酸和甘氨酸证明了血红素分子中的全部碳原子和氮原子都来源于乙酸和甘氨酸。同位素示踪法在代谢途径、反应机制和调节控制方面都是一种重要的必不可少的手段。

（8）使用亚细胞成分的方法　应用超高速离心技术，采用不同离心力场、离心速度、离心时间及分散溶剂的密度梯度，可将细胞内的细胞核、线粒体、核糖体、微粒体等亚细胞成分分开，再配合其他方法来研究亚细胞成分的代谢特点及各种代谢过程在细胞内进行的部位。如用 ^{14}C 标记的氨基酸注射进入大鼠体内，在注射后不同时间内杀死动物，取肝分离各亚细胞成分，并测定各成分中蛋白质的放射性，结果核糖体的放射性远高于其他成分，由此推测氨基酸可在肝中掺入蛋白质，而且核糖体是肝中合成蛋白质的主要部位。

2. 分子生物学方法

（1）致突变法　可以使用微生物的基因突变型研究代谢途径。利用加入诱变剂或 X 射线辐射的方法处理，引起微生物的基因发生突变，这种突变型的微生物可能造成酶或者代谢途径的缺陷，这种方式已经成为研究代谢机制的重要工具，也成为研究生物大分子功能的重要方法。通过这种方法可获得某种酶缺陷型变种，而使某种代谢产物累积。如通过基因突变得到某些酶缺乏，导致酶的底物堆积，催化产物缺失。与在氨基酸代谢中提及过的遗传代谢病类似，如酪氨酸酶的缺陷不能生成黑色素导致白化病，对羟苯丙酮酸氧化酶缺乏导致底物羟苯丙酮酸在尿液中过量，尿黑酸氧化酶缺乏导致尿黑酸累积。又如，对能够生长在乳糖培养基的大肠杆菌进行突变诱导后，形成一种不能在乳糖培养基上生长的突变型，这种突变型经研究发现缺失后能够将乳糖分解为半乳糖和葡萄糖的 β-半乳糖苷酶，从而阐明了乳糖的分解代谢机制。

（2）转基因法和基因敲除　利用转基因法制备转基因动物或利用 DNA 同源重组的原理制备基因敲除动物模型，可为研究特定基因在代谢途径中的作用提供重要而有效的方法。

3. 代谢组学方法

在基因组学和蛋白质组学的带动下，20 世纪末发展出了**代谢组学**（metabonomics），1999 年 *Jeremy Nicholson* 最早提出研究代谢组分总体的"代谢组学"。代谢组学主要研究不同生理、病理条件下各种代谢途径底物和产物（即代谢物）的变化。研究生物机体对内、外环境条件扰动后应答的不同，以及不同个体间表现的差异，以揭示机体的代谢状况。气相色谱-质谱联用、高效液相色谱-质谱联用和核磁共振波谱是代谢组学研究的三项最重要的技术。

随着代谢组学在药学研究中的应用和发展，2006 年，*Clayton* 在代谢组学的基础上提出了**药物代谢组学**（pharmacometabonomics）的概念，它是代谢组学与药学紧密交叉、有机结合促生的一门新兴学科，是代谢组学的进一步拓展和延伸。

药物代谢组学的特点是从系统生物学的角度，通过研究药物引起的内源性代谢物的动态变化，直接反映体内生物化学过程和代谢状况，从整体水平上探讨药物作用及其与内源性物质变化的关联，阐明药物的药效作用及机制，并预测其毒性。目前，药物代谢组学主要应用于个体化药物治疗、中医药现代化以及新药创制与作用机制研究等领域，具有广泛的研究前景和临床应用价值。

第二节　代谢中的生物能学

任何系统的物质变化，总伴有能量变化，而物质变化和能量变化又总表现出其组织结构相对无序和有序的变更。系统的这种无序和有序的变化，可以通过熵进行度量。系统越混乱，熵越大；反之，系统的有组织程度越高，熵越小。生物机体不断地与环境交换物质摄取能量、输入负熵，从而得以构建和维持其复杂的组织结构，一旦这种关系破坏，生物就解体了。

生物体所需的能量主要来自于糖、脂肪、蛋白质等有机物的氧化。虽然其分解氧化的代谢途径各不相同，但有共同规律。乙酰 CoA 是三大营养物质共同的中间代谢物，三羧酸循环是它们最后分解的共同代谢途径。生物氧化释放的能量在生物体中主要以 ATP 的形式储存起来，当机体代谢需要 ATP 提供能量时，ATP 便以多种形式将能量转移并释放出来。氧化磷酸化是产生 ATP 的主要方式。

一、代谢反应中自由能的变化

1. 代谢过程中能量的变化

前已述及，机体与外界环境进行物质交换的过程称为物质代谢。在物质代谢过程中同时伴有能量的交换称为能量代谢。当机体从外界环境摄取营养物也就是等于从外界输入能量（营养物质所含的化学能）。当这些物质在机体内进行分解代谢时又将化学能释放出来，以供生命活动的需要，亦即机体一切生命活动所需的能量，都是从物质所含的化学能转变而来的。在机体的代谢过程中，合成代谢所吸收的自由能，可由分解代谢所释放的自由能供给，所以机体内能量代谢与物质代谢是密切联系的。机体内各种物质分解代谢所释放的自由能一般不能直接被利用而是以高能磷酸化合物的形式储存于 ATP 等物质中，当利用时 ATP 等物质中的高能磷酸键再断裂，并释放自由能以供生理活动的需要。

生物体要利用糖、脂肪及蛋白质等物质氧化分解释放能量以维持一切生命活动。从能量供应角度看，三大营养物质可以相互代替并相互制约。一般情况下，供能以糖和脂肪的氧化分解为主，尽量节约蛋白质的消耗。糖类化合物是生物体重要的能源和碳源，人体所需能量 50%～70% 由糖提供，糖是体内的"燃烧材料"。糖的分解代谢包括一系列复杂的化学反应，它可释放大量的能量，以 ATP 的形式储存起来供机体生理活动所需，各种糖类物质进入体内后被分别转化为葡萄糖，氧气充足时，葡萄糖进行有氧氧化，彻底氧化成二氧化碳和水，1mol 葡萄糖经过有氧氧化，可生成 30（或 32）mol ATP。而脂肪和蛋白质等营养物质经代谢后产生的乙酰 CoA 也会进入到三羧酸循环氧化供能，所以有氧氧化是机体获得能量的主要方式。缺氧时葡萄糖经糖酵解途径释放的能量，虽不多，却可以提供机体急需的能量，它也是红细胞、视网膜、皮肤、睾丸、肿瘤细胞等的主要供能途径。脂肪占能量供应的 10%～40%，也是生物体储存能量的主要物质，是体内的"储能材料"，也是空腹和禁食时，体内能量的主要来源。当机体需要能量时，脂肪在体内可被消化，并产生脂肪酸和甘油等。长链脂肪酸的氧化是动物和人体获得能量的主要途径，在脂肪酸氧化过程当中，电子通过线粒体呼吸链转移，推动 ATP 合成，并产生乙酰 CoA，乙酰 CoA 经过三羧酸循环产生二氧化碳和水，并进一步推动 ATP 的合成。但在某些情况下（如饥饿、糖尿病），草酰乙酸离开三羧酸循环去参与葡萄糖合成，这时只有很少的一部分乙酰 CoA 进入三羧酸循环被氧化，大量的乙酰 CoA 会进入酮体合成途径。各组织以酮体为主要能源，同时蛋白质分解降低。蛋白质的分解氧化提供的能量可占总能量的 18%，但机体尽可能省蛋白质的消耗，因为蛋白质是机体的"建筑材料"，其主要功能是维护维持组织细胞的生长、更新及维护和执行各种生命活动，而蛋白质的氧化供能可由糖、脂肪所代替。

糖、脂肪、蛋白质均通过三羧酸循环彻底氧化分解供能，任一供能物质的分解代谢旺盛，ATP 生成增多，均可抑制其他供能物质的氧化分解。例如：脂肪分解增强，生成的 ATP 增多，ATP/ADP 比值升高，可变构抑制葡萄糖分解代谢关键酶——磷酸果糖激酶，从而抑制糖原分解代谢。相反，脂肪供能不足时体内 ATP 减少，ADP 相对增加，可变构激活磷酸果糖激酶，促进糖原分解供能。生物体内的 ATP、ADP 及 AMP 是一个动态平衡体系，它们之间相互转换，以适应细胞对能量的需求。能荷比的大小可影响细胞内 ATP 的生成和利用。低能荷值促进 ATP 的生成、抑制 ATP 的使用；高能荷值抑制 ATP 的生成、促进 ATP 的使用。

2. 食物的卡价与呼吸商

食物所含的糖、脂肪和蛋白质经过消化吸收，在体内只有一部分被氧化释放能量，其余则被同化替换体内各组成成分，被替换的部分也可被氧化释放能量。食物所释放的能量是蕴藏在其分子中的化学能。食物在体内被氧化分解至最终产物（如二氧化碳、水和尿素）所释放的总能量过去以千卡（kcal）计算，称为食物的卡价（或称热价）。每克糖、脂肪和蛋白质的卡价分别为 4kcal、9kcal、4kcal。目前物质氧化所释放的总能量统一以焦耳（J）计算，所以每克糖、脂肪和蛋白质的热价分别为 17kJ、38kJ 和 17kJ。机体与外界环境在呼吸过程中所交换的二氧化碳与氧的摩尔比称为呼吸商（RQ），所以 $RQ = n(CO_2)/n(O_2)$。糖、脂肪和蛋白质的呼吸商分别为 1.0、0.7 和 0.8。正常人混合膳食的呼吸商在 0.7～1.0 之间，约为 0.85。多食糖时呼吸商升高，多食脂肪和蛋白质则呼吸商降低。

3. 基础代谢

所谓**基础代谢**（basal metabolism），即人体在清醒而安静的状态中，同时又没有食物的消化与吸收作用的情况，并处于适宜温度下，所消耗的能量称为基础代谢。在这种状态下所需要的能量主要是用以维持体温及支持各种器官的基本运行，如呼吸、循环、分泌及排泄等。正常人的基础代谢每 24h 约为 5900～7500kJ（1400～1800kcal）。人体排泄的能量除用于维持基础代谢外，还要满足肌肉与脑力活动所消耗的能量，尤其是肌肉活动，例如重体力劳动者每小时消耗能量常超过 200kJ（500kcal）。

二、高能化合物

在机体组织细胞中进行着多种合成代谢和分解代谢过程，而有机物氧化分解过程所释放的能量可用于合成代谢和其它需要消耗能量的生理过程，这就是能量代谢的概念。能量代谢中的重要物质主要有 ATP 或 GTP 等核苷三磷酸、还原型辅酶（如 NADH，NADPH 或 $FMNH_2$，$FADH_2$）、CoA-SH。机体内捕获和储存自由能的主要分子是 ATP 和还原型辅酶（图 5-2）。

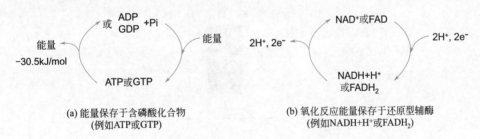

(a) 能量保存于含磷酸化合物　　　　　　　(b) 氧化反应能量保存于还原型辅酶
（例如 ATP 或 GTP）　　　　　　　　　　　（例如 NADH+H+或 FADH₂）

图 5-2　分解代谢中释放的能量被保存于核苷三磷酸和还原型辅酶

在能量代谢中起着很关键作用的是 ATP-ADP 系统。ADP 能够接受代谢中形成的一些高能化合物的一个磷酸基团和其所携带的能量转变成 ATP，也可以在线粒体呼吸链氧化过程中通过还原型辅酶经过氧化磷酸化直接截取能量合成 ATP。ATP 在水解时，又可通过释放磷酸基团同时释放能量，用来推动合成代谢和其它需要能量的生理活动，如肌肉收缩、物质运输、信息传递和生物大分子合成等。

体内的 ATP 等有机化合物在水解时能释放出大量的自由能，这些化合物通常称为高能化合物。换言之，所谓高能化合物是指化合物进行水解反应时伴随的标准自由能变化（$\Delta G^{0'}$）等于或大于（指负的数值）ATP 水解生成 ADP 的标准自由能变化的化合物。ATP 在 pH 7 条件下水解为 ADP 和磷酸时，其 $\Delta G^{0'}$ 为 −30.5kJ/mol。

高能化合物对酸、碱、热都不稳定，大多数高能化合物都含有可水解的磷酸基团，故又称高能磷酸化合物。但并不是所有的磷酸化合物都是高能化合物，如 6-磷酸葡萄糖水解时，每摩尔只释放能量 13.8kJ。机体内高能磷酸化合物有 ATP、GTP、ADP、GDP、1,3-二磷酸甘油酸、磷酸烯醇式丙酮酸、磷酸肌酸等。除高能磷酸化合物外，生物体还有一类高能化合物是由酰基和硫醇基构成，称为高能硫酯化合物，如乙酰 CoA、脂酰 CoA 和琥珀酰 CoA 等。

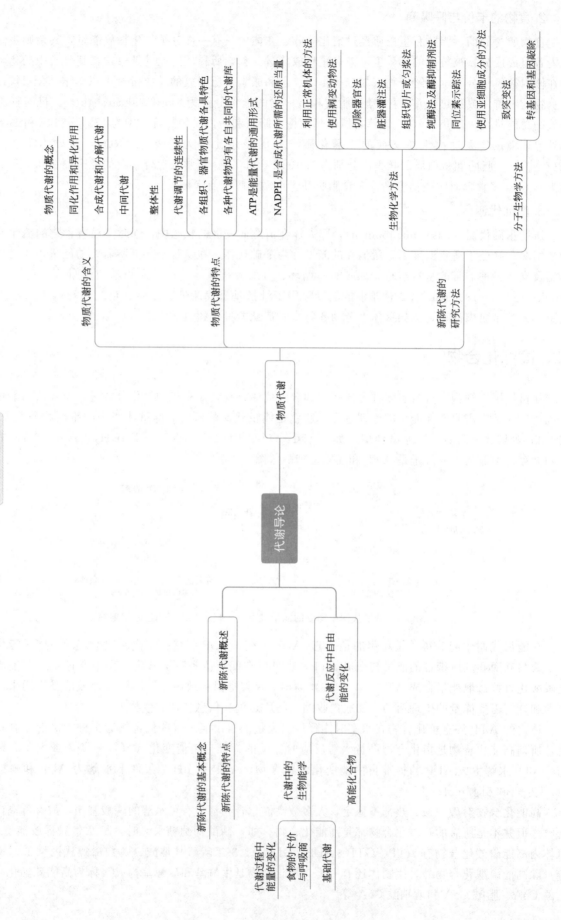

物质代谢

物质代谢的含义
物质代谢的特点
新陈代谢的研究方法

代谢导论

新陈代谢概述
代谢反应中自由能的变化

物质代谢的含义
- 物质代谢的概念
- 同化作用和异化作用
- 合成代谢和分解代谢
- 中间代谢

物质代谢的特点
- 整体性
- 代谢调节的连续性
- 各组织、器官物质代谢各具特色
- 各种代谢物均有各自共同的代谢库
- ATP是能量代谢的通用形式
- NADPH是合成代谢所需的还原当量

新陈代谢的研究方法
- 生物化学方法
  - 利用正常机体动物法
  - 使用病变动物法
  - 切除器官法
  - 脏器灌注法
  - 组织切片或匀浆法
  - 纯酶法及酶抑制剂法
  - 同位素示踪法
  - 使用亚细胞成分的方法
- 分子生物学方法
  - 致突变法
  - 转基因和基因敲除

新陈代谢概述
- 新陈代谢的基本概念
- 新陈代谢的特点
- 代谢中的生物能学

代谢反应中自由能的变化
- 高能化合物

代谢过程中能量的变化
- 食物的卡价与呼吸商
- 基础代谢

━━━━ 拓展学习 ━━━━

　　本书编者已收集整理了一系列与新陈代谢相关的经典科研文献、参考书等拓展性学习资料，请扫描右侧二维码进行阅读学习。

━━━━ 思考题 ━━━━

1. 如何理解物质代谢和能量代谢之间的关系，哪些物质在传递和储存能量中起重要作用？
2. 是否所有代谢途径都可以用基因突变的方法进行研究，为什么？
3. 什么是新陈代谢？研究新陈代谢有何理论意义和实践意义？

━━━━ 参考文献 ━━━━

[1] 朱圣庚. 生物化学. 4 版. 北京：高等教育出版社，2016.
[2] 张洪渊. 生物化学原理. 北京：科学出版社，2006.
[3] David L Nelson，Michael M Cox. Lehninger Principles of Biochemistry. 7th Edition. New York：W H Freeman，2017.

（宋永波）

第六章

生物氧化

学习目标

　　1. 掌握：线粒体氧化体系的基本组成；电子传递链的基本组成和电子传递过程；氧化磷酸化的概念、偶联机制、ATP 合成机制、抑制剂和解偶联剂。
　　2. 熟悉：生物氧化的概念以及非线粒体氧化体系组成。
　　3. 了解：生物氧化在医药研究中的应用。

　　细胞的各种生命活动都需要消耗能量，如大分子物质的生物合成、细胞的增殖分化、各种营养物质以及代谢产物的跨膜运输、生物机体活动及肌肉收缩等。生命活动所需的能量有两个来源：一方面植物体和某些藻类吸收太阳光，将光能转化为生物能，供机体利用；另一方面动物和微生物则通过对糖、脂肪、蛋白质等有机物的氧化，将化学能转化为生物能。

第一节　概　述

一、生物氧化的概念

　　糖、脂肪、蛋白质等有机物在细胞内氧化分解为二氧化碳和水并释放能量形成 ATP 的过程，笼统地称为**生物氧化**（biological oxidation）。本质上，生物氧化是在生物体组织细胞中进行的一系列氧化还原反应，不断地产生能量，以满足细胞各种生命活动的需要，具有极其重要的作用，所以它又称为组织呼吸作用或细胞呼吸作用。在原核细胞内，生物氧化是在细胞质膜上进行。在真核生物细胞内，生物氧化主要是在线粒体内膜上进行。线粒体内膜具有嵴结构，很大程度上扩大了线粒体内膜的表面积，为生物氧化提供了反应场所，故称为线粒体氧化体系；此外，生物体的细胞内还存在一些与 ATP 合成无关的生物氧化过程，称为非线粒体氧化体系。

二、生物氧化的方式与酶类

（一）生物氧化的方式

　　生物氧化的本质是有机物在各种酶的作用下发生氧化反应失去电子，其表现形式有脱电子、脱氢、加氧、加水脱氢等方式，其中脱氢和加水脱氢最为常见。由于在生物体内不能存在游离的电子或氢原子，故氧化反应中脱下的电子或氢原子必须由另一物质接受，这种接受电子或氢原子的物质被称为受电子体或受氢体，而供给电子或氢原子的物质称为供电子体或供氢体。

生物氧化过程的脱电子反应一般直接以电子的形式转移。例如，铁硫蛋白（铁硫聚簇）通过$Fe^{3+} \rightleftharpoons Fe^{2+}$变化，起到传递电子的作用，每次传递一个电子。从这个角度看，铁硫蛋白既是受电子体又是供电子体。

$$\text{Cys—S} \underset{\text{Cys—S}}{\overset{}{}} Fe^{3+} \underset{S}{\overset{S}{}} Fe^{3+} \underset{S—Cys}{\overset{S—Cys}{}} \xrightarrow{e^-} \text{Cys—S} \underset{\text{Cys—S}}{\overset{}{}} Fe^{3+} \underset{S}{\overset{S}{}} Fe^{2+} \underset{S—Cys}{\overset{S—Cys}{}}$$

1. 脱氢反应

供氢体通过氢原子的形式，将电子转移给受氢体，达到传递电子的目的。众所周知，氢原子是由一个质子（H^+）和一个电子（e^-）组成，在这种情况下脱氢过程可以写为：

$$AH_2 \rightleftharpoons A + 2e^- + 2H^+$$

其中 AH_2 是氢/电子供体（不要把上述反应误认为是酸分解，酸分解涉及一个质子，没有电子参与）。AH_2 和 A 共同构成一个共轭氧化还原对（A/AH_2），它可以通过氢原子的转移将电子转移到另一个化合物 B（或氧化还原对，B/BH_2）。例如，琥珀酸在琥珀酸脱氢酶的催化下氧化合成延胡索酸，氢受体是酶的辅基黄素腺嘌呤二核苷酸（FAD），FAD 得到两个氢生成黄素腺嘌呤二核苷酸递氢体（$FADH_2$）。

$$\begin{array}{c} CH_2COOH \\ | \\ CH_2COOH \end{array} + FAD \xrightarrow[\text{琥珀酸脱氢酶}]{} \begin{array}{c} CHCOOH \\ || \\ CHCOOH \end{array} + FADH_2$$

琥珀酸　　　　　　　　　　　　　　　　　延胡索酸

2. 加氧反应（P450 酶系）

有机物直接与氧气结合，在这种情况下，氧与还原物结合，并共价结合在产物中。催化生物体内加氧反应的酶系主要为混合功能氧化酶（mixed functional oxidase，MFO），其中以细胞色素 P450 酶系最为重要。例如，细胞色素 P450 酶系转移氧分子中的一个氧原子至有机底物，另一个氧原子则被 NADPH＋H^+ 提供的氢还原成水。

反应通式如下所示：

$$R + NAD(P)H + O_2 + H^+ \longrightarrow RO + NAD(P)^+ + H_2O$$

以苯酚的加氧反应为例，反应式如下所示：

$$\text{OH} \xrightarrow[]{NAD(P)H + O_2 + H^+ \quad NAD(P)^+ + H_2O} \text{OH, OH}$$

3. 加水脱氢反应

加水脱氢（hydration dehydrogenation）反应是在底物分子上先加 1 分子水，再脱氢，达到转移电子的目的，这种氧化方式在能量代谢中具有重大意义。如顺乌头酸氧化为草酰琥珀酸的过程，首先顺乌头酸在顺乌头酸合酶的催化下结合一分子水合成异柠檬酸，然后在异柠檬酸脱氢酶的催化下脱去两个氢原子，合成草酰琥珀酸，NAD^+ 是氢受体，结果是顺乌头酸加上了一个水分子提供的氧原子，总反应仍表现为失去电子。

如果单纯从代谢物上脱氢，数量有限，产能不高。体内生物氧化广泛存在的加水脱氢方式为代谢物提供了更多的脱氢机会，使生物能获取更多能量。

$$\begin{array}{c} CHCOOH \\ || \\ CCOOH \\ | \\ CH_2COOH \end{array} \xrightarrow[\text{顺乌头酸合酶}]{H_2O} \begin{array}{c} HO—CHCOOH \\ | \\ CHCOOH \\ | \\ CH_2COOH \end{array} \xrightarrow[\text{异柠檬酸脱氢酶}]{NAD^+ \quad NADH+H^+} \begin{array}{c} O=CHCOOH \\ | \\ CHCOOH \\ | \\ CH_2COOH \end{array}$$

顺乌头酸　　　　　　　　　　　异柠檬酸　　　　　　　　　　　草酰琥珀酸

（二）参与生物氧化的酶类

细胞如同一个小型工厂，想要高效率地运转自然少不了"催化剂"的参与，而酶就是生物体内的催化剂。生物体内催化氧化反应的酶有很多种，按照其催化氧化反应方式的不同可分为脱氢氧化酶类、加氧酶类、过氧化氢酶和过氧化物酶类三大类。

1. 脱氢氧化酶类

脱氢氧化酶类分为氧化酶类（oxidases）、需氧脱氢酶类（aerobic dehydrogenases）和不需氧脱氢酶类（anaerobic dehydrogenases）。氧化酶类为含铜或铁的蛋白质，能激活分子氧，促进氧对代谢物的直接氧化，只能以氧为受氢体，生成水，如细胞色素氧化酶。需氧脱氢酶类，如 D-氨基酸氧化酶（辅基 FAD）、L-氨基酸氧化酶（辅基 FMN）等，以 FAD 或者 FMN 为辅基，以氧为直接受氢体，产物为 H_2O_2 或者超氧离子（O_2^-），超氧离子进一步在超氧化物歧化酶催化下生成 H_2O_2 和 O_2。不需氧脱氢酶类是人体内主要的脱氢酶类，其直接受氢体是某些辅酶（NAD^+、$NADP^+$）或辅基（FAD、FMN），最后将电子传递给氧生成水。此过程释放的能量驱使 ADP 磷酸化生成 ATP，如琥珀酸脱氢酶。

2. 加氧酶类

加氧酶类催化加氧反应。根据向底物分子中加入的氧原子数目，可分为单加氧酶（monooxygenase）和双加氧酶（dioxygenase）。

单加氧酶又称羟化酶（hydroxylase），它催化一个氧原子生成产物，另一个氧原子被还原生成水。单加氧酶催化反应需要还原型辅因子，如 FAD、NADP、抗坏血酸及细胞色素 c 等参与，所需辅因子随各种单加氧酶而异。单加氧酶系参与体内不少重要物质的形成，与药物和毒物的代谢关系密切。具体而言，单加氧酶系的生理意义是参与药物和毒物的转化。药物或毒物经羟化作用后可加强其水溶性有利于排泄。例如，甲苯在肝脏中经加氧羟化生成对甲酸，极性增强，易于排出体外；维生素 D_3 羟化为具有生物活性的 1,25-二羟基维生素 D_3，通过与胞核 1,25-二羟基维生素 D_3 受体的结合，调节生物体对钙的吸收。单加氧酶系可通过诱导方式生成，如苯巴妥类药物可诱导单加氧酶的合成，长期服用此类药物的病人，对异戊巴比妥、氨基比林等多种药物的转化及耐受能力亦同时增强。

双加氧酶催化 O_2 分子中两个氧原子分别加到底物分子中构成双键的两个碳原子上，如色氨酸-2,3-双加氧酶。

3. 过氧化氢酶和过氧化物酶类

过氧化氢是一种代谢过程中产生的废物，它能够对机体造成损害，损伤生物膜结构，影响生物膜的功能。人体某些组织如肝、肾、小肠黏膜上皮细胞中的过氧化物酶体含有过氧化氢酶（catalase）和过氧化物酶（peroxidase），可快速地将过氧化氢和过氧化物转化为其他无害或毒性较小的物质。前者催化 H_2O_2 生成 H_2O 并释放 O_2，后者催化 H_2O_2 或者过氧化物直接生成氧化酚类或胺类物质。

三、生物氧化的特点

从化学本质上来看，生物体内的氧化反应和外界的燃烧是一样的，都是一种物质失去电子被氧化，另一种物质得到电子被还原，并且符合能量守恒定律，释放相同的自由能。无论我们谈论的是木材中纤维素在燃烧中的氧化、葡萄糖在量热计中的燃烧，还是葡萄糖的代谢氧化，都可以用下面方程式表示：

$$C_6H_{12}O_6 + 6O_2（氧气）\longrightarrow 6CO_2 + 6H_2O + 能量$$

这个方程揭示了葡萄糖燃烧的守恒化学计量，或简单反应化学计量。然而，生物氧化比燃烧更为复杂。从反应过程上来看，生物氧化和非生物氧化有明显不同，主要表现在以下方面。

1. 能量小增量释放

当木材燃烧时，除了用作蒸汽机等装置工作的能量，其余所有的能量都以热能的形式释放出来，并伴随着火焰、光亮和剧烈的温度上升，将能量一次性释放。相反，在生物氧化中，氧化反应发生时不伴随剧烈的温度升高并且将一些自由能转化为化学能。这种能量转化过程主要是通过和氧化磷酸化偶联生成高能磷酸化合物（如 ATP）来实现的。生物氧化不会因为氧化过程中能量的骤然释放而对机体产生损伤，同时逐步地释放能量可以被生物体充分有效地利用。在葡萄糖的生物氧化中，40％的能量用以驱动 ADP 合成 ATP。ATP 的水解可以与许多耗能过程偶合，为生物体的生命活动提供能量。

2. 电子转移是在一系列载体的参与下进行的

与上述方程所示的氧气氧化葡萄糖不同，大多数生物氧化不涉及电子从还原底物直接转移到氧。相反，一系列的偶合氧化还原反应发生时，电子通过中间电子载体传递，如 FAD、NAD 等，并最终转移到氧。因此，葡萄糖的生物氧化可以更精确地表示为以下偶联反应：

$$C_6H_{12}O_6 + 10NAD^+ + 2FAD + 6H_2O \longrightarrow 6CO_2 + 10NADH + 10H^+ + 2FADH_2$$

$$10NADH + 10H^+ + 2FADH_2 + 6O_2 \longrightarrow 10NAD^+ + 2FAD + 12H_2O$$

净反应：$C_6H_{12}O_6 + 6O_2 \longrightarrow 6CO_2 + 6H_2O$

许多微生物可以或必须在厌氧（在缺氧的情况下）条件下生存，氧以外的物质也可以作为终端电子受体。例如，脱硫弧菌利用硫酸盐作为末端电子受体进行厌氧呼吸：

$$SO_4^{2-} + 8e^- + 8H^+ \longrightarrow S^{2-} + 4H_2O$$

3. 生物氧化是一个分步进行的过程，反应速度由细胞控制

不同于外界燃烧的反应迅速进行，能量瞬间释放，生物氧化（糖类、脂类、氨基酸的代谢）是分步进行的，每一步都有特定的酶催化，每一步反应的产物都可以分离出来，反应速度由细胞控制。当生物体需要能量时，生物氧化反应物增多，反应速度加快，释放能量增多，以满足机体需要。这种逐步反应的模式有利于在温和的条件下释放能量，提高了能量利用率。

4. H_2O 直接参与生物氧化反应，并且反应过程还生成水

不同于水对体外燃烧的抑制作用，生物体内水不仅为生物氧化提供反应条件，还直接参与氧化过程，通过加水脱氢完成电子的转移，并且增加了氧化反应脱下氢原子的数量，增加了生物氧化释放的能量，对生物体具有重要作用。氧化反应生成的 H^+ 与电子传递链中的最终电子受体氧结合，最终生成水。

5. CO_2 由有机酸脱羧产生

体外燃烧产生的 CO_2，是由物质中的 C 与 O 直接结合生成的，而生物氧化中的 CO_2 是由有机酸进行脱羧反应产生的，并且有一系列的辅酶参与。脱羧反应分为直接脱羧反应和氧化脱羧反应两类。例如，丙酮酸在丙酮酸脱羧酶的作用下直接脱去羧基生成乙醛和 CO_2，不涉及电子得失，是直接脱羧反应；而丙酮酸在氧化脱羧酶系的作用下，在脱羧的同时，也发生氧化（脱氢）作用，生成乙酰 CoA 和 CO_2，则是氧化脱羧反应。反应如下：

$$丙酮酸 + NAD^+ + CoA \longrightarrow 乙酰\ CoA + CO_2 + NADH + H^+$$

第二节　线粒体氧化体系

一、呼吸链

（一）呼吸链的概念

呼吸链是 20 世纪生命科学的重要发现之一，整个发现和揭示过程历经一个多世纪。许多科学家因此荣获了诺贝尔化学奖、诺贝尔生理学或医学奖。由于生命的新陈代谢过程极其复杂，呼吸链的研究过程可以说是迷雾重重。自从 20 世纪初至 60 年代末，科学家虽然基本弄清其中的脉络，但对呼吸链相关复合物的内部机制至今仍然在解读之中。

呼吸链是指在电子传递过程中电子从还原型辅基通过一系列按照电子亲和力递增顺序的电子载体传递，最终传递给氧生成水，其中的一系列电子载体被形象地称为**电子传递链**（electron transfer chain），又称为**呼吸链**（respiratory chain）。位于线粒体内膜上的电子传递链组成及电子传递的过程如图6-1所示。按照代谢物上脱下氢的受体不同，电子传递链可以分为两条，分别是**NADH 氧化呼吸链**（NADH oxidized respiratory chain）和**琥珀酸氧化呼吸链**（succinate oxidized respiratory chain），而辅酶Q是这两条呼吸链共同的节点。NADH 氧化呼吸链将转运自细胞质的 NADH 或在线粒体基质中经不同代谢途径产生的 NADH 上的电子经复合体Ⅰ进入电子传递链，然后经由辅酶Q、复合体Ⅲ、细胞色素c和复合体Ⅳ，最终将电子传递至 O_2，生成水。琥珀酸氧化呼吸链将在线粒体基质中经三羧酸循环（柠檬酸循环）产生的 $FADH_2$ 上的电子经复合体Ⅱ进入电子传递链，然后电子经由与 NADH 氧化呼吸链从辅酶Q到复合体Ⅳ相同的电子传递过程，最终将电子传递至 O_2，生成水。

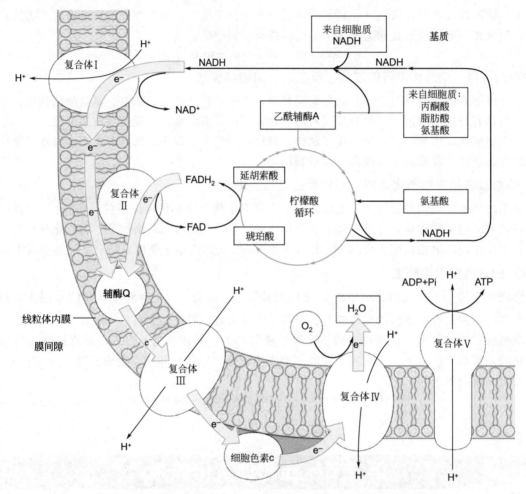

图 6-1 位于线粒体内膜上的电子传递链组成及电子传递过程示意图

（二）呼吸链的组成及排列顺序

呼吸链存在于原核细胞的质膜上或真核细胞的线粒体内膜上。在电子的传递过程中，电子只能在相邻的两个电子载体之间传递，并且不可逆转，传递的方向取决于每种电子载体的还原势的大小，即电子的传递方向只能是由电负性强的氧化还原电对流向具有更强电正性的氧化还原电对。电子传递链主要由蛋白质复合体组成，大致可以分为4部分，分别称为复合体Ⅰ、Ⅱ、Ⅲ、Ⅳ（图6-1）。

1. 复合体Ⅰ（complex Ⅰ）

复合体Ⅰ又称为 NADH-Q 还原酶（NADH-Q reductase）或 NADH 脱氢酶（NADH dehydrogenase），由大约46个不同的亚基组成，结构呈L形，含1个黄素蛋白（辅基为FMN）和至少6个铁硫蛋白，分子量大约为 880000，以二聚体形式存在。主要催化 NADH 的 2 个电子传递至辅酶 Q，同时将 4 个质子由线粒体基质转移至膜间隙。在电子传递链中总共有 3 个质子泵（proton pump），这是第 1 个质子泵。

该酶复合体催化的第一步反应是将 NADH 上的两个高势能电子转移到 FMN 辅基上，使 NADH 氧化、FMN 还原，具体反应式为：

$$NADH + H^+ + FMN \longrightarrow NAD^+ + FMNH_2$$

FMN 既可以接受两个电子形成 $FMNH_2$，又可以接受一个电子，或由 $FMNH_2$ 给出一个电子形成一个稳定的半醌中间产物。在 NADH-Q 还原酶复合体上，辅基 $FMNH_2$ 上的电子转移到铁硫中心（简写为 Fe-S）上。

2. 辅酶 Q（coenzyme-Q）

辅酶 Q 又称为泛醌（ubiquinone），简写为 Q，属于疏水的醌（quinone）类化合物，可以在线粒体内膜内部迅速扩散。辅酶 Q 含有一个以异戊二烯（isoprene）为单位构成的碳氢长链，称为类异戊二烯（isoprenoid）链，其在不同的生物中其长度不同。人和高等哺乳动物中最常见的是 10 个异戊二烯单位的长链，简写为 Q10，简写时往往省略"10"。在非哺乳类动物中可能只有 6～8 个异戊二烯单位。辅酶 Q 的类异戊二烯链可以使其在线粒体内膜的脂双层中迅速局部扩散，使其有机会与位于脂双层膜电子传递复合体发生碰撞。辅酶 Q 可以和膜蛋白结合，一般与蛋白质结合不紧密，也可以游离态的形式存在，这种特性可以使它在黄素蛋白和细胞色素之间作为一种特殊灵活的电子载体而起到重要的作用。

辅酶 Q 和 FMN 都是 NADH-Q 还原酶的辅酶，都能够接受或给出一个或者两个电子，因为它们都能以稳定的半醌形式存在，如图 6-2。在真核生物细胞中，辅酶 Q 不仅仅接受 NADH-Q 还原酶催化脱下的电子和氢原子，还可以接受线粒体其他黄素酶类脱下的电子和氢原子，包括琥珀酸-Q 还原酶，脂酰 CoA 脱氢酶（acyl-CoA dehydrogenase）等。辅酶 Q 在电子传递链中处于关键位置，是两条呼吸链共同的节点，同时也是呼吸链中必不可少的重要组成部分。辅酶 Q 在电子传递链中的作用是将电子从 NADH-Q 还原酶（复合体Ⅰ）和琥珀酸-Q 还原酶（复合体Ⅱ）转移到细胞色素还原酶（复合

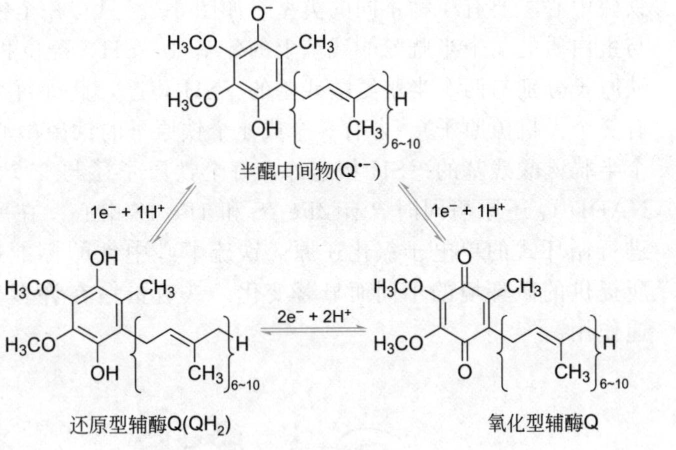

图 6-2　辅酶 Q 在电子传递链中的氧化还原变化

体Ⅲ），然后在膜间隙的蛋白细胞色素 c 再将电子从复合体Ⅲ传递给复合体Ⅳ（图 6-1）。

3. 黄素蛋白（flavoprotein）

黄素单核苷酸（flavin mononucleotide，FMN）与**黄素腺嘌呤二核苷酸**（flavin adenine dinucleotide，FAD）是两种衍生自核黄素的辅酶。FMN 又称为**核黄素磷酸酯**（riboflavin phosphate）。这两种辅酶均包含异咯嗪环系统，该系统可用作双电子受体。一般把含有这种异咯嗪环系统的化合物称为**黄素**（flavin）。使用黄素作为辅酶的蛋白质称为**黄素蛋白**（flavoprotein）或黄素脱氢酶（flavin dehydrogenase）。

在黄素蛋白中，FMN 或 FAD 能够作为电子载体是由于它具有氧化型和还原型两种不同的存在形式，如图 6-3。电子的传递过程可以分为两步进行，也可以一步进行。若是分为两步，则是首先转化为半醌中间体，传递一个电子，然后半醌中间体再传递一个电子转化为 $FMNH_2$ 或 $FADH_2$；若是一步反应，则是直接传递两个电子转化为 $FMNH_2$ 或 $FADH_2$。

4. 铁硫蛋白（iron-sulfur protein）

铁硫蛋白含有非血红素铁（non-heme iron）与硫以配位键络合而形成的铁硫中心，负责电子传递。

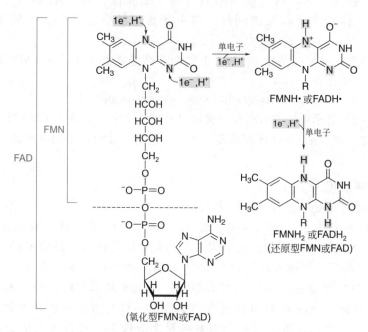

图 6-3　氧化型和还原型 FMN 或 FAD

铁硫中心主要有 4 种不同的类型，如图 6-4。只有一个铁原子的铁硫中心（Fe-S）其铁原子以四面体形式与蛋白质的 4 个半胱氨酸残基上的巯基（—SH）配位相连。含有两个铁原子的铁硫中心（2Fe-2S），每个铁原子分别与两个半胱氨酸残基的—SH 相连，此外每个铁原子还同时与一个无机硫原子相连（该中心共有 2 个无机硫原子）。含有 3 个或 4 个铁原子的铁硫中心分别写作 3Fe-4S、4Fe-4S，除每个铁原子各与一个半胱氨酸残基的—SH 相连外，每个铁原子还与 3 个无机硫原子相连（该中心共有 4 个无机硫原子）。NADH-Q 还原酶同时含有 2Fe-2S 和 4Fe-4S 中心。在所有这些中心中，铁可以在 Fe^{3+} 和 Fe^{2+} 状态之间进行循环式的单电子氧化还原。铁硫中心中铁的标准还原电位因铁硫中心的类型及其所附着的蛋白质所提供的微环境的不同而显著变化。铁硫蛋白在许多生物系统的氧化还原反应中起着关键性的电子传递作用。

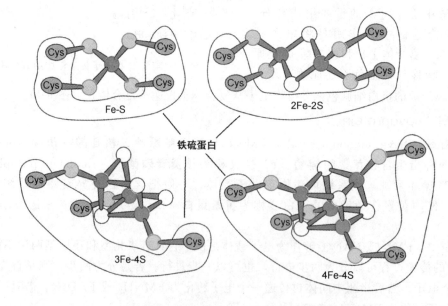

图 6-4　铁硫中心的 4 种不同类型
它们分别含有 1~4 个 Fe 原子，每一个 Fe 原子以四面体形式与 4 个硫（分别来自半胱氨酸的硫或者无机硫）形成配位键

5. 复合体Ⅱ（complex Ⅱ）

复合体Ⅱ又称为琥珀酸-Q还原酶（succinate-Q reductase）或琥珀酸脱氢酶（succinate dehydrogenase），是三羧酸循环中唯一一种结合在内膜上的蛋白复合体（图6-1）。最新研究表明复合体Ⅱ至少由4条肽链组成，含有1个黄素蛋白（辅基为FAD）、2个铁硫蛋白。FAD作为该酶的辅基在参与电子传递时并不与该酶分离，只是将电子传递给琥珀酸脱氢酶分子的铁硫中心。电子经过铁硫中心又传递给辅酶Q，从而使电子在呼吸链中开始传递。琥珀酸-Q还原酶和NADH-Q还原酶中的辅酶Q辅基现在已经证明具有完全相同的结构和性质。

琥珀酸-Q还原酶以及其他黄素酶将电子从$FADH_2$转移到辅酶Q上的标准氧化还原电势变化，不能够产生足够的自由能用以驱动质子跨膜运输，所以由琥珀酸-Q还原酶介导的电子传递过程并不转移质子（图6-1）。但是，它们可以使得$FADH_2$上具有相对较高的转移势能的电子进入电子传递链。

6. 复合体Ⅲ（complex Ⅲ）

复合体Ⅲ又称为**细胞色素还原酶**（cytochrome reductase），或**Q-细胞色素c还原酶**（coenzyme Q-cytochrome c reductase），或**细胞色素bc_1复合体**（cytochrome bc_1 complex）。研究表明，该复合体有至少11条不同肽链，以二聚体形式存在，每个单体包含1个细胞色素b（cytochrome b，Cyt b）、1个铁硫蛋白和1个细胞色素c_1（cytochrome c_1，Cyt c_1）。

细胞色素b含有两个血红素b分子，其中一种在562nm处有最大吸收峰，记作b_{562}或b_H；另一种最大吸收峰在566nm，记作b_{566}或b_L，这两种血红素b对电子的亲和力不同。Cyt b是由线粒体基因编码，作用是催化电子从辅酶Q传递给细胞色素c（cytochrome c，Cyt c）。每转移2个电子的同时，将4个质子由线粒体基质泵至膜间隙，这是电子传递链中的第2个质子泵。

7. 细胞色素c（cytochrome c）

细胞色素是一组具有独特可见光光谱的红色或棕色血红素蛋白质。1925年由David Keilin最先发现，并证明了它们在细胞呼吸中的作用。Keilin使用分光光度计观察到了在昆虫的肌肉活动期间，这些色素的光谱发生了明显的变化。这一观察结果使Keilin推测这些物质可能在电子从生物燃料转移到氧气过程中发挥作用。根据吸收光谱的不同将细胞色素分为a、b、c三类。研究发现，细胞色素几乎存在于所有的生物体内。只有极少数的专性厌氧微生物（obligate anaerobes）缺乏这类蛋白质。

根据目前的研究，细胞色素大致可以分为两类：一类是还原型细胞色素，另一类是氧化型细胞色素。还原型细胞色素可以在分光光度计下明显地观察到α、β和γ三条光谱吸收带，又称为α、β和γ吸收峰，如图6-5所示。其中，α峰的吸收波长是区别细胞色素不同种类的重要指标。氧化型细胞色素看不到α吸收峰的存在。

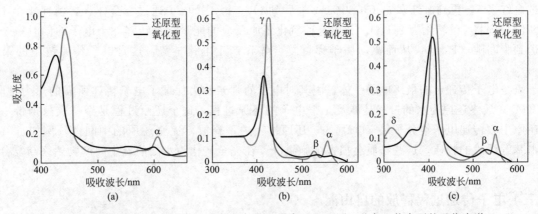

图6-5　细胞色素a、b和c在它们的氧化（黑色）和还原（蓝色）状态下的吸收光谱
（a）牛心细胞色素氧化酶（其含有细胞色素a和a_3）；（b）来自脉孢霉（*Neurospora*）的细胞色素b；（c）来自马心脏的细胞色素c

细胞色素c是一种可溶性的电子载体，其分子量约为13000，直径约为3.4nm；现已确定其由104个氨基酸残基构成，为一条单一多肽链，是目前研究最为清楚的细胞色素蛋白质，其氨基酸序列和三维结构已经被科学家测定。细胞色素c的氨基酸序列在进化过程中高度保守，在酵母和人类等多种生物中，细胞

色素 c 相应位置的残基之间有近 50％ 同源性。

在电子传递链中，细胞色素 c 交互地与细胞色素还原酶（复合体Ⅲ）中的细胞色素 c_1 和细胞色素氧化酶（复合体Ⅳ）接触，在复合体Ⅲ、Ⅳ之间起传递电子的作用。复合体Ⅲ中的 QH_2 将电子传递给细胞色素 c 大致分为两个阶段进行。共有两个 QH_2 参与电子传递，使两个细胞色素 c 还原，该过程中同时产生了一个新的 QH_2 分子。

第一阶段，QH_2 含有的两个高势能电子中的一个被转移到细胞色素还原酶的铁硫中心，再经过细胞色素 c_1 传递到细胞色素 c，QH_2 失去了一个电子转变为半醌阴离子，即 Q^-。半醌阴离子中间体上的电子迅速地通过细胞色素还原酶靠近细胞溶胶侧的血红素 b_L（b_{566}）转移到对电子具有较高亲和力的靠近线粒体基质侧的血红素 b_H（b_{562}）。半醌阴离子 Q^- 失去电子后形成 Q。Q 在线粒体膜内处于自由流动状态。血红素 b_H 上的电子转移到接近细胞溶胶一侧的一个 Q 分子上，又形成了一个半醌阴离子 Q^-。

在第二个阶段，另一分子 QH_2 通过上述相同的途径，将一个电子转移到细胞色素还原酶的 Fe-S 中心，再经过细胞色素 c_1 传递到细胞色素 c。而这个 QH_2 分子上剩余的一个电子又使它形成了一个新的半醌阴离子 Q^-，这个半醌阴离子上的电子又传递给血红素 b_L 和 b_H。这次血红素 b_H 上的电子传递给第一阶段形成的那个半醌阴离子，从而就使这个半醌阴离子转变成了 QH_2。

上述方式得以使电子由携带两个电子的载体（QH_2）转移至携带一个电子的载体（细胞色素 c），同时还将 4 个质子从线粒体基质转运到了膜间隙中。

8. 复合体Ⅳ（complex Ⅳ）

复合体Ⅳ又称为**细胞色素氧化酶**（cytochrome oxidase）或细胞色素 c 氧化酶（cytochrome c oxidase）。哺乳动物细胞色素氧化酶的分子质量大约为 200kDa，哺乳动物细胞色素氧化酶由 13 个亚基构成，分别称为Ⅰ、Ⅱ、Ⅲ……，其中最大的和疏水性最强的三个亚基都由线粒体基因编码。亚基Ⅱ包含两个铜离子，与双核中心（Cu_A）中两个 Cys 残基的—SH 基团结合，类似于铁硫蛋白的 2Fe-2S 中心。亚基Ⅰ包含两个血红素基团，分别命名为 a 和 a_3，以及另一个铜离子（Cu_B）。血红素 a_3 和 Cu_B 形成第二个双核中心，接受来自血红素 a 的电子并将其转移到与血红素 a_3 结合的 O_2。

a 型血红素和其他血红素的不同点在于：①由一个甲酰基（fromyl group）取代一个甲基；②由一个 15 个碳原子组成的碳氢链取代乙烯基（vinyl group）。血红素和蛋白质以非共价键结合。两个血红素 a 分子虽然在化学结构上完全相同，但因处于细胞色素氧化酶的不同部位，它们具有不同的电子亲和力。三个 Cu 原子中两个为 Cu_A，另一个为 Cu_B，由于它们所结合的蛋白质部位不同，其性质也有差异。Cu_A 的势能较低（约 0.2V），Cu_B 的势能较高（约 0.34V）。

细胞色素氧化酶的主要作用是将从细胞色素 c 接受的电子传给氧，电子转移是从细胞色素 c 到 Cu_A 中心，经过血红素 a，再到血红素 a_3-Cu_B 中心，最后到 O_2。每 4 个电子通过复合体Ⅳ，消耗 4 个 H^+，从基质（N 侧）中将 O_2 转化为 $2H_2O$。利用这种氧化还原反应的能量，每转移一个电子的同时一个质子向外泵出送到膜间隙（P 侧），从而驱动质子穿过复合体Ⅳ产生电化学势，这是电子传递链中的第 3 个质子泵。

分子氧是电子传递链的最终电子受体，因其对电子的强亲和力保证了电子传递所需的热力学驱动力。分子氧（O_2）最终还原为水的过程是涉及 4 个电子的还原过程，这个还原过程是经一次只携带一个电子的氧化还原中心传递电子给分子氧（O_2）的，还原过程中不释放不完全还原的中间体，例如过氧化氢或羟基自由基等活泼的物质，这些物质会损害细胞组分。在完全转化为水之前，中间产物始终与复合体紧密结合。

（三）电子传递过程释放的自由能

（1）电子从 NADH-Q 还原酶（复合体Ⅰ）转移到细胞色素还原酶（复合体Ⅲ），反应如下：

$$NADH + H^+ + Q(氧化型) \longrightarrow NAD^+ + QH_2(还原型)$$

$$\Delta E^{\ominus\prime}=0.360V \qquad \Delta G^{\ominus\prime}=-69.5kJ/mol$$

（2）细胞色素还原酶（复合体Ⅲ）借助于细胞色素 c（cytochrome c），使还原型 QH_2 再氧化，反应如下：

$$QH_2(还原型) + Cyt\ c(氧化型) \longrightarrow Q(氧化型) + Cyt\ c(还原型)$$
$$\Delta E^{\ominus}{'}=0.190V \qquad \Delta G^{\ominus}{'}=-36.7kJ/mol$$

（3）细胞色素氧化酶（复合体Ⅳ）催化氧使还原型细胞色素 c 氧化的反应如下：

$$还原型细胞色素\ c + \frac{1}{2}O_2 \longrightarrow 氧化型细胞色素\ c + H_2O$$
$$\Delta E^{\ominus}{'}=0.580V \qquad \Delta G^{\ominus}{'}=-112kJ/mol$$

当电子对陆续通过复合体Ⅰ、Ⅲ、Ⅳ时，都可以释放出足够的自由能，使若干质子发生跨膜转运。

（4）电子从琥珀酸-Q 还原酶（复合体Ⅱ）转移到细胞色素还原酶（复合体Ⅲ）：

$$FADH_2 + Q(氧化型) \longrightarrow FAD + QH_2(还原型)$$
$$\Delta E^{\ominus}{'}=0.015V \qquad \Delta G^{\ominus}{'}=-2.9kJ/mol$$

琥珀酸-Q 还原酶作用是借助辅酶 Q 催化 $FADH_2$ 的氧化。除第一步脱氢的受体不同外，其余步骤与电子从 NADH-Q 还原酶转移到细胞色素还原酶相同。

通过电子传递，还原型辅基借助氧分子得以氧化并释放自由能的过程总反应，可用下式表示：

$$NADH + H^+ + \frac{1}{2}O_2 \longrightarrow NAD^+ + H_2O \qquad \Delta G^{\ominus}{'}=-220.07kJ/mol(-52.6kcal/mol)$$

$$FADH_2 + \frac{1}{2}O_2 \longrightarrow FAD + H_2O \qquad \Delta G^{\ominus}{'}=-181.58kJ/mol(-43.4kcal/mol)$$

上述反应式既表明还原型辅基的氧化、氧的消耗，又表明在此反应中有水的生成。细胞对其燃料物质的彻底氧化最终形成 CO_2 和 H_2O。CO_2 是三羧酸循环形成的，水则是在电子传递过程的最后阶段生成的。

> **知识链接**　　　　　　　　　　　　细胞能量代谢与氧气感知和利用

氧气（O_2）约占地球大气层的 1/5。氧气对动物生命至关重要，为了将食物转化为有用的能量，几乎所有动物细胞中的线粒体都会利用氧气。那么，细胞如何利用氧气产生大量能量？细胞如何感知氧气并适应氧气水平的？这决定着生物体的命运。

1931 年诺贝尔生理学或医学奖得主 Otto Warburg，揭示了这种转换是一种酶催化的过程。1938 年诺贝尔生理学或医学奖得主 Corneille Heymans 发现颈动脉体（靠近颈部两侧的大血管）含有专门的细胞来感应血液中的氧气含量，通过直接与大脑交流来控制呼吸频率，从而确保对组织和细胞的充分供氧。1955 年瑞典生物化学家 Hugo Theorell 由于在"黄素氧化酶本质和作用方式方面的发现"而获诺贝尔生理学或医学奖，他揭示了机体在有氧条件下利用营养素以产生机体可利用能量的方式。英国生物化学家 Peter Mitchell 在 1961 年提出的化学渗透偶联学说，揭示了细胞有氧呼吸——氧化磷酸化的机制获得了 1978 年诺贝尔化学奖。2004 年诺贝尔化学奖得主以色列科学家 Aaron Ciechanover、Avram Hershko 和美国科学家 Irwin Rose 发现了泛素调节的蛋白质降解机制与细胞氧代谢的调节相关。进一步，美国科学家 William Kaelin、Gregg Semenza 和英国科学家 Peter Ratcliffe 因发现了细胞感知和适应氧气变化机制而获得了 2019 年诺贝尔生理学或医学奖。他们的研究为我们了解氧水平如何影响细胞代谢和生理功能奠定了基础，也为抗击贫血、癌症和许多其他疾病的新策略铺平了道路。研究人员正在以抑制或激活氧气调节机制为靶点研发新的药物。

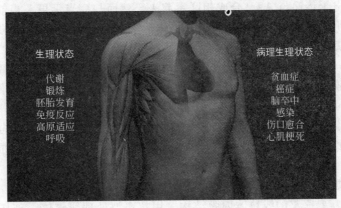

二、氧化磷酸化

（一）氧化磷酸化的概念

前面讨论了糖、脂肪、氨基酸等有机化合物在细胞内通过各自的分解代谢途径，产生还原型辅酶如NADH、FADH$_2$。还原型辅酶脱氢后，其电子沿着呼吸链向下传递给氧，最终形成水，该过程中伴随大量自由能的释放。ADP与无机磷酸利用这些生物氧化过程中释放的自由能，生成高能磷酸化合物ATP的过程称为**氧化磷酸化**（oxidative phosphorylation）。氧化磷酸化是需氧细胞一切生命活动的主要能量来源，95％的ATP来源于该途径。真核生物的氧化磷酸化是在线粒体内膜上进行，而原核生物是在细胞质中进行。

1948年，Eugene Kennedy和Albert Lehninger发现，线粒体是真核生物氧化磷酸化的场所，这标志着生物能转向酶学研究的开始。线粒体和革兰氏阴性细菌一样，有两层膜（图6-6）。外层的线粒体膜很容易被小分子化合物（$M_w < 5000$）和一些离子渗透，这些小分子化合物和离子可以自由通过由一系列称为孔蛋白的膜蛋白组成的跨膜通道。内层的线粒体膜对包括质子（H^+）在内的大多数离子和小分子化合物是不能渗透的，唯一能穿过这层膜的方式是通过特定的转运蛋白。内膜上有许多向内折叠的突起，称为嵴（cristae），嵴的形成增大了内膜的表面积，有助于酶的附着及生化反应的进行。一般来说，细胞线粒体内膜嵴的密度会随着呼吸频率的提高而增大。一些脱氢酶、电子传递体系、偶联氧化磷酸化的酶类以及一些物质的转运载体位于内膜和嵴上。从酶的分布来看，线粒体内膜在生物氧化和能量转换中起着主要作用。

线粒体的基质内包含丙酮酸脱氢酶复合体、参与催化糖有氧分解的三羧酸循环、脂肪酸β-氧化、氨基酸分解以及蛋白质合成等相关的酶，是除糖酵解途径之外几乎所有的生物氧化的发生场所（图6-1）。线粒体内膜将在细胞质中进行的代谢反应和酶系与线粒体基质中进行的代谢过程分开。然而，内膜上特定的转运蛋白可以转运丙酮酸、脂肪酸、氨基酸等物质进入线粒体基质内的三羧酸循环途径。当新合成的ATP被运输出去时，ADP和Pi被特异地运输到基质中。目前在哺乳动物线粒体中发现的蛋白质大约有1100种，其中至少有300种功能还未知。

如图6-6所示，在电子显微镜下观察的细胞薄片中，线粒体呈豆状。通过连续切片重建和共聚焦显微镜获得的三维图像，显示了线粒体大小和形状呈现多种不同的变化。研究表明，在线粒体特异性荧光染料染色的活细胞中，大量形状各异的线粒体聚集在细胞核周围。肌细胞和肝脏细胞线粒体的大小相当于细菌大小，长度为1～10μm。无脊椎动物、植物和真核微生物的线粒体在大小、形状和内膜的嵴面积上有很大差异。有氧代谢需求高的组织中，如大脑、骨骼、心肌和眼睛，每个细胞含有成百上千个线粒体。

（二）氧化磷酸化的偶联机制

电子在呼吸链中传递释放大量自由能驱动ATP合成的机制是什么？多年来，研究人员一直在寻找一种高能中间产物可以将电子传递与ATP合成相联系起来，然而却一直无果。当前，有化学偶联学说、结构偶联学说等被认可，但最被广为接受的是英国生物化学家Peter Mitchell在1961年提出的化学渗透偶联学说，Mitchell也因此获得了1978年诺贝尔化学奖。

化学渗透偶联学说（chemiosmotic hypothesis）指出：电子在呼吸链中传递释放的自由能促使质子通过主动运输从线粒体内膜基质到达膜间隙，导致线粒体基质的H^+浓度低于间隙，这种作用产生了一个H^+电化学梯度（electrochemical gradient for protons），形成一个带负电的电场。线粒体膜间隙的质子向内流动，从而降低电化学梯度的电化学趋势，这为ATP合成提供了驱动力。即自由能被消耗用来维持质子梯度，当质子流回基质时，能量就会被利用，其中一些被用来驱动ATP的合成。图6-7为化学渗透偶联学说的示意图。

越来越多的实验证据支持化学渗透偶联学说，举例如下：

① 氧化磷酸化作用需要完整的线粒体内膜结构。用超声波处理线粒体，破坏线粒体膜结构，电子仍

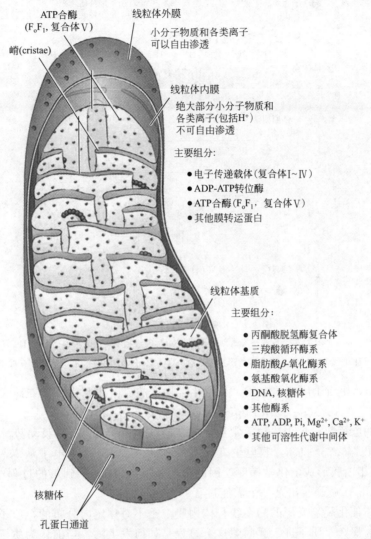

图 6-6　线粒体的结构

单个肝脏细胞的线粒体内膜可能有超过 10000 套电子传递系统（呼吸链复合体Ⅰ～Ⅳ）和 ATP 合酶分子（复合体Ⅴ）

然可在电子传递链传递，但不能进行 ATP 合成。需要一个完整的膜结构来维持膜电位，这与质子梯度是氧化磷酸化作用所必需的观点是一致的。

②　线粒体内膜具有选择透过性，H^+、OH^-、K^+、Cl^- 等离子不能透过。

③　弱酸性亲脂试剂 2,4-二硝基苯酚（2,4-dinitrophenol，DNP）、酸性芳香族化合物三氟甲氧基苯腙羰基氰化物（trifluorocarbonylcyanide phenylhydrazone，FCCP）等解偶联试剂作用于线粒体，破坏 H^+ 浓度梯度形成，ATP 合成受到抑制。

④　即使没有相应能量的输入，质子梯度形成也足以驱动 ATP 的合成。

虽然化学渗透学说得到了越来越多的学者认可，但是还有一些氧化磷酸化的机制不能得到完全的解释，还有待继续研究。

（三）质子进入膜间隙的机制

通过测定线粒体膜间隙 pH 的变化和电势的变化，可以确定线粒体内膜能将质子从基质泵入膜间隙。事实上，呼吸活跃的线粒体膜间隙的 pH 比基质内低 0.75～1.0 个单位。由于带正电荷的质子透过内膜向外的运动，产生的 pH 梯度在线粒体基质形成负电势，膜间隙形成正电势，在内膜上产生 150～200mV 的电势。pH 梯度和膜电位都有助于形成电化学梯度，或称为**质子动力势**（proton motive force，PMF）。150mV 可能看起来并不多，然而正如英国生物化学家 Nick Lane 指出，考虑生物膜的厚度（约 5nm），这

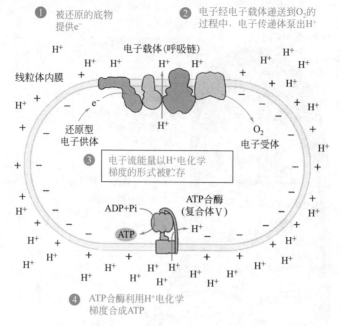

图 6-7　化学渗透偶联学说示意图

①被还原的底物提供电子；②电子经电子传递链传递到分子氧（O_2）的过程中，电子传递体泵出 H^+；③流经电子传递链的

电子流的能量以 H^+ 电化学梯度的形式被贮存；④ATP 合酶利用 H^+ 电化学梯度合成 ATP

相当于 3000×10^4 V/m，相当于闪电的电压，其电化学梯度的自由能变化计算方程式如下：

$$\Delta G = 2.3RT[\text{pH（膜内）} - \text{pH（膜外）}] + ZF\Delta\psi$$

式中，Z 为质子的电荷数；F 为法拉第常量，96.5kJ/(mol·V)；ψ 为膜动势。在呼吸活跃的线粒体中，观察到的跨膜 pH 是 0.75～1.0，膜电位变化为 0.15～0.20V。2 个电子从 NADH 转移到氧的过程中，约有 10 个质子泵出内膜形成电化学梯度。因此电子从 NADH 转移到氧的过程中 10 个质子跨膜转移需要的自由能约为 200kJ，质子泵出是一个需能过程。

在电子传递链中，催化脱氢反应的酶在线粒体内膜上是不对称定向分布的，质子总是从基质内部被吸收并释放到膜间空间。那么，质子进入膜间隙这个过程是如何发生的？当前认为质子进入膜间隙可能存在两种机制：一种是氧化-还原回路机制，另一种是质子泵机制。

1. 氧化-还原回路机制

该机制由 Mitchell 提出，线粒体内膜上呼吸链的各个氧化-还原中心，包括 FMN、CoQ、细胞色素以及铁-硫中心的排列，可能既能执行电子转移功能，又能转移基质质子的作用，前一个被还原的氧化-还原中心被后一个氧化-还原中心再氧化，同时相伴质子的转移。氧化-还原回路机制要求第一个氧化-还原载体处在还原态时比其氧化态时具有更多的氢原子，其第二个氧化-还原载体在氧化态和还原态时所含氢原子数无差异。事实上 FMN 和 CoQ 在还原态时确实含有较多的氢原子，可以起到质子载体和电子载体双重作用。

2. 质子泵机制

质子泵机制指出：电子传递导致复合体构象变化，质子转移是氨基酸侧链 pK 值变化产生的影响。构象变化造成氨基酸侧链的 pK 值变化，结果发挥质子泵作用的侧链交替地暴露在线粒体膜的内外侧，从而使质子发生移位。

（四）　ATP 合酶的结构与功能

ATP 是由 ADP 与 Pi 利用电子在电子传递链传递给氧过程中释放的自由能合成的。在电子传递链中，有三处可释放自由能，该三处也是合成 ATP 的部位，分别为复合体Ⅰ、Ⅲ、Ⅳ。但 ATP 是由另外的多酶复合体合成，该复合体称为 ATP 合酶（ATP synthase），也称为复合体Ⅴ（complex Ⅴ）。ATP 合酶位于线粒体内膜上，主要由 F_o 和 F_1 两单元组成，F_o 单元起质子通道作用，F_1 单元催化 ATP 的合成，因此 ATP 合酶又可称为 F_oF_1-ATP 酶。

用磷钨酸对线粒体进行负性染色，电子显微镜中显示在基质侧的嵴上覆盖着球状突起结构，为 F_1 单元球状体，每个球状体通过一短茎结构与内膜相连接。1960 年，Efraim Racker 将线粒体超声分解产生内膜碎片，内膜碎片可以封闭囊泡的形式重新封闭起来，重新封闭过程中使原先位于线粒体内侧的内膜翻转向外，这些重新形成的结构称为**亚线粒体颗粒**（submitochondrial particles）。在这些亚线粒体颗粒外侧可观察到 F_1 单元球状体，且与完整线粒体一样可进行呼吸作用和 ATP 的合成。

在实验室中，由线粒体内膜形成的亚线粒体颗粒可以进行与电子转移相偶联的 ATP 的合成。当轻轻分离 F_1 单元部分，剩下的部分仍含有完整的呼吸链和 ATP 合酶的 F_o 单元部分，这些囊泡可以催化电子从 NADH 转移到 O_2，但不能产生质子梯度。F_o 单元有一个质子孔，质子通过的速度与电子转移泵送质子的速度一样快，没有了质子梯度，无 F_1 单元的囊泡则不能产生 ATP。当重新添加纯化后的 F_1 单元到这些囊泡中时，其与 F_o 单元重新结合，堵塞其质子孔，恢复了偶合电子转移和 ATP 合成的能力。

1. ATP 合酶的结构

ATP 合酶位于线粒体内膜上，由 F_o 单元（基部）和 F_1 单元（头部）及连接两者的柄组成（图 6-8）。F_1 单元为球状结构，在线粒体内膜上朝向基质侧，由 5 种多肽链组成，包括 3 个 αβ 二聚体和 γ、δ、ε 亚基。α、β 亚基是同源蛋白，每组 αβ 亚基结合 1 分子 ATP，形成 αβ 功能单元。γ、δ、ε 亚基形成"中心柄"（central stalk），六聚体的 αβ 功能单元围绕在中心柄周围。每个 β 亚基上有一个合成 ATP 的催化位点，但其必须与 α 亚基结合才能具有活性。中心柄与 F_o 基部的 c 环共同形成 ATP 合酶的马达。

F_o 基部镶嵌在线粒体内膜上并横跨内膜，是由两种多肽链组成的 $ac_{8\sim15}$ 复合体，其中 c 亚基的数目根据物种的不同而不同。c 亚基是一个非常小的疏水多肽（$M_w=8000$），由短环连接的两个反向跨膜 α 螺旋组成，8～15 个 c 亚基组成一个环形结构，称为 c 环。F_o 单元具有质子通道，可使质子由线粒体膜间隙流回线粒体基质。

F_o 单元和 F_1 单元之间的"外周柄"（peripheral stalk）由寡霉素敏感相关蛋白（oligomycin sensitivity conferral protein，OSCP）、偶合因子 6（coupling factor 6，F_6）及 b、d 等亚基构成。OSCP 亚基是 ATP 合成抑制剂寡霉素的结合位点，寡霉素可与 OSCP 亚基结合，阻断质子通道中的质子流动，抑制 ADP 的磷酸化。

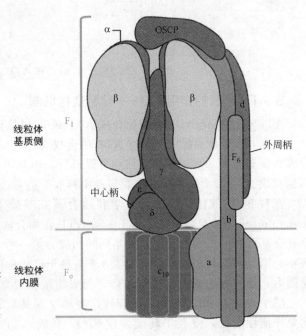

图 6-8　ATP 合酶的结构

该酶包含一个 F_1 单元、一个 F_o 单元以及连接两者的中心柄和外周柄。球状体 F_1 是由六聚体 $\alpha_3\beta_3$ 和 γδε 形成的中心柄组成的复合体。F_o 由 8～15 个 c 亚基（形成的 c 环）和 1 个 a 亚基组成。γδε 形成的中心柄与 F_o 单元的 c 环共同构成 ATP 合酶的马达。连接 F_1F_o 之间的外周柄由 b、d、F_6 和 OSCP 亚基组成

2. 质子梯度驱动 ATP 从 ATP 合酶表面释放

在 [18]O 交换试验中，将从线粒体内膜分离的 F_1 单元与 ATP 在含有 [18]O 标记的水中孵育。每隔一段时间，从溶液中提取一个样品，分析 [18]O 与 ATP 水解产生的 Pi 的结合情况。在几分钟内，Pi 就包含了 3～4 个 [18]O 原子。这表明在孵育过程中，ATP 水解和 ATP 合成都发生了不止一次。这个试验结果说明，在没有质子梯度存在下，ATP 合酶可以利用 ADP 和 Pi 来合成 ATP。但是，在没有质子梯度的情况下，新合成的 ATP 不能离开酶的表面，正是质子梯度使酶释放在其表面形成的 ATP。

ATP 合酶的机理与许多其他催化吸能反应的酶不同。在典型的酶催化反应中 [图 6-9(a)]，底物与产物之间达到过渡态（‡）是需要克服的主要能垒。在 ATP 合酶催化的反应中 [图 6-9(b)]，主要的能垒不

是合成 ATP，而是从酶中释放 ATP。ADP 与 Pi 在水溶液中合成 ATP 的自由能变化很大，且为正值。但是，在 ATP 合酶表面上，ATP 的紧密结合提供了足够的结合能，使与酶结合的 ATP 的自由能与 ADP＋Pi 的自由能非常接近，导致 ADP＋Pi 合成 ATP 反应可逆，其平衡常数接近 1。为了不断合成 ATP，ATP 合酶必须在紧密结合 ATP 的形式和释放 ATP 的形式之间进行循环，质子梯度提供了从 ATP 合酶表面释放 ATP 所需的自由能。对 ATP 合酶的化学和结晶学研究已经揭示了这种功能变化的结构基础。

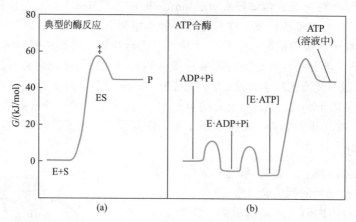

图 6-9　典型酶反应（a）和 ATP 合酶（b）合成 ATP 的自由能变化

3. ATP 合酶的作用机制——结合变构机制

ATP 合酶催化 ADP 磷酸化合成 ATP 的机制是什么？同位素交换实验中将 ADP 和无机磷酸与含有 $H_2{}^{18}O$ 的 ATP 合酶反应，经过 ATP 的合成与水解，^{18}O 最终出现在无机磷酸上。实验结果表明 ATP 的合成在没有质子梯度的情况下依然可以进行，但是不能从 ATP 合酶上脱落下来。这表明质子梯度的作用不是合成 ATP，而是质子在跨膜运动中释放的能量改变 ATP 合酶的构象，使合成的 ATP 易于解离下来。

在对 F_oF_1 催化反应的动力学和结合研究基础上，Paul Boyer 提出的"结合变构机制"（binding change mechanism），阐述了质子驱动 ATP 合酶合成 ATP 的机制（图 6-10）。该机制提出 ATP 合酶的三个 β 亚基可在同一时刻呈现三种不同的构象：第一种为开放型构象（O），与底物亲和力极低，无法结合底物；第二种为疏松型构象（L），β 亚基处于该构象时，与底物结合较松弛，处于失活状态，对底物无催化能力；第三种为紧密型构象（T），与底物亲和力高，具有催化活性。

质子通过 F_o 时，引起 c 环旋转，带动 γ 亚基旋转，γ 亚基端部高度不对称，其旋转引起三个 β 亚基构象周期性变化。位点 T 转变为位点 O，释放 ATP 分子，位点 L 转变为位点 T，促进 ADP 与 Pi 合成 ATP，位点 O 转变为位点 L，结合底物 ADP 与 Pi，如图 6-10 所示。

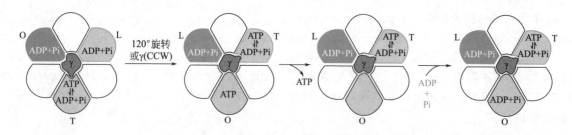

图 6-10　ATP 合酶的结合变构机制
γ 亚基旋转带动三个 β 亚基构象相互转换。构象变化促使 ATP 合酶释放 ATP

（五）　P/O 比

在化学渗透偶联学说被普遍接受之前，人们假设氧化磷酸化的整个反应方程式如下：

$$x\text{ADP} + x\text{Pi} + \frac{1}{2}O_2 \longrightarrow x\text{ATP} + H_2O + \text{NAD}^+$$

x 的值有时被称为 P/O 比，且总是整数。当 O_2 存在时，完整的线粒体悬浮液与可氧化的底物（如琥珀酸或 NADH）在溶液中合成 ATP 的量与 O_2 减少量易于检测。原则上，这两种测量可得到每消耗 $\frac{1}{2}$ O_2 合成 ATP 的数量，即 P/O 比。大多数实验得出，当供体为 NADH 时，P/O 比在 2～3 之间；当供体为琥珀酸时，P/O 比在 1～2 之间。考虑到 P/O 比应该是整数值的假设，大多数实验人员都认为 NADH 的 P/O 比是 3，琥珀酸的 P/O 比是 2，多年来这些值都出现在研究论文和教科书中。

随着偶联 ATP 合成与电子传递链的化学渗透偶联学说被认可，在理论上并不要求 P/O 比必须是整数值。有关化学计量学的相关问题变成了另一个问题，即从一个 NADH 到 O_2 的电子转移向外泵出了多少质子，又有多少质子必须通过 F_oF_1 复合物向内流动才能驱动一个 ATP 的合成？质子通量的测量在技术上比较复杂，研究者必须考虑线粒体的缓冲能力，内膜上有无质子泄漏，以及利用质子梯度来进行 ATP 合成以外的功能，如驱动底物通过线粒体内膜的运输。对于每对电子泵出的质子数，公认的实验值是 NADH 为 10、琥珀酸为 6（琥珀酸在辅酶 Q 水平上将电子送入呼吸链）。对于驱动 ATP 分子合成所需的质子数，最广为接受的实验值是 4，其中 1 个用于运送 ATP、ADP 和 Pi 通过线粒体膜。如果每个 NADH 排出 10 个质子，其中 4 个必须流入以产生 1 个 ATP，则 NADH 氧化的 P/O 比为 2.5、琥珀酸的 P/O 比为 1.5。

（六）氧化磷酸化的解偶联剂和抑制剂

在完整的线粒体结构中，电子传递与氧化磷酸化作用是相偶联的。当破坏线粒体的完整结构时，产生的膜碎片仍然可以催化电子从琥珀酸脱氢酶或者 NADH 转移到 O_2，但此时并没有 ATP 的合成，因而破坏线粒体结构可使电子传递与氧化磷酸化作用解偶联。

某些化合物可以在不破坏线粒体结构的情况下将电子传递与氧化磷酸化作用解偶联，根据这些试剂对氧化磷酸化作用影响因素不同，主要可分为三大类，分别为解偶联剂、氧化磷酸化抑制剂、离子载体抑制剂。

1. 解偶联剂（uncoupler）

解偶联剂消除离子梯度，使电子传递产生的自由能全部转化为热能，抑制氧化磷酸化 ATP 的合成，而不影响电子传递过程和底物水平磷酸化作用。比如 2,4-二硝基苯酚（2,4-dinitrophenol，DNP）和三氟甲氧基苯腙氰化物（carbonylcyanide-p-trifluoromethoxyphenylhydrazone，FCCP）为典型的解偶联剂（图 6-11）。DNP 是具有弱酸性的亲脂试剂，在酸性条件下以质子化形式很容易地穿过线粒体内膜进入基质，在基质中解离，释

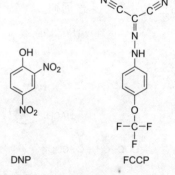

图 6-11 氧化磷酸化的两个
化学解偶联剂

放一个质子，使质子梯度消除；共振稳定化使负离子形式的电荷离域，使它们充分疏水，扩散回膜上，重新结合一个质子，重复该过程。FCCP 也是同样的作用。

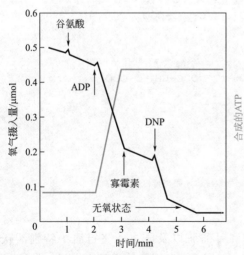

图 6-12 抑制剂和解偶联剂对氧气摄入量
和对 ATP 合成的影响

2. 氧化磷酸化抑制剂

另一类化合物作为氧化磷酸化的抑制剂，如抗生素寡霉素、二环己基碳二亚胺等，直接干扰电子传递释放自由能合成 ATP 的过程，结果也影响了电子传递过程，这一点与解偶联剂不同。实验表明，当在线粒体悬浮液中加入寡霉素，氧气摄入量减少，呼吸作用减慢，ATP 合成受阻。而加入解偶联剂 DNP 之后，氧化磷酸化与电子传递解偶联，氧气摄入量增加，呼吸作用立即加快，但 ATP 合成仍然受阻（图 6-12）。

3. 离子载体抑制剂

离子载体抑制剂是一类脂溶性物质，通过增加线粒体内膜对一价阳离子（不包括 H^+）的通透性而破坏氧化磷酸化过程。如离子载体缬氨霉素（valinomycin）能选择性与 K^+ 结合形成脂溶性复合物，使 K^+ 容易通过膜脂双层，增加线粒体内膜对 K^+ 的通透性，耗散线粒体膜电化学梯度，导致

氧化磷酸化的抑制作用。

（七）线粒体穿梭系统

线粒体外膜对分子的通透性高达5000Da，而线粒体内膜的通透性则受到严重限制。所以糖、脂质、蛋白质等有机物不能透过线粒体内膜，需要在细胞质中进行部分氧化，方能进入线粒体内的呼吸链进行彻底氧化。比如糖酵解途径在细胞质进行，产生的NADH不能通过线粒体内膜，要使糖酵解所产生的NADH进入呼吸链彻底氧化生成ATP，需要通过较为复杂的过程，即NADH上的氢与电子可以通过穿梭系统的间接途径进入电子传递链。能完成这种穿梭任务的化合物有甘油-3-磷酸和苹果酸，所以在生物体内存在苹果酸-天冬氨酸穿梭系统、甘油-3-磷酸穿梭系统两种穿梭途径。

1. 苹果酸-天冬氨酸穿梭系统

动物细胞线粒体内膜上的NADH脱氢酶只能从线粒体基质中接受NADH携带的电子。考虑到内膜对细胞质中的NADH不具有通透性，细胞质中糖酵解途径产生的NADH是如何通过呼吸链被O_2再氧化为NAD^+的呢？在生物体内，通过特殊的穿梭系统可以将来自细胞质的NADH当量转运到线粒体中。在肝脏、肾脏和心脏中，线粒体中最活跃的NADH穿梭途径是苹果酸-天冬氨酸穿梭系统（图6-13）。细胞质中的NADH首先将电子转移给草酰乙酸，后者在细胞质中苹果酸脱氢酶的催化下还原为苹果酸。苹果酸通过苹果酸-α-酮戊二酸载体穿过线粒体内膜进入线粒体基质。在基质中，还原当量通过苹果酸脱氢酶的作用传递到NAD^+，形成NADH，这个NADH可以将电子直接传递到呼吸链。当这对电子传递到O_2时，大约产生2.5个ATP分子。细胞质中的草酰乙酸必须通过转氨反应和膜转运体的活性再生，从而开始进入另一个穿梭周期。

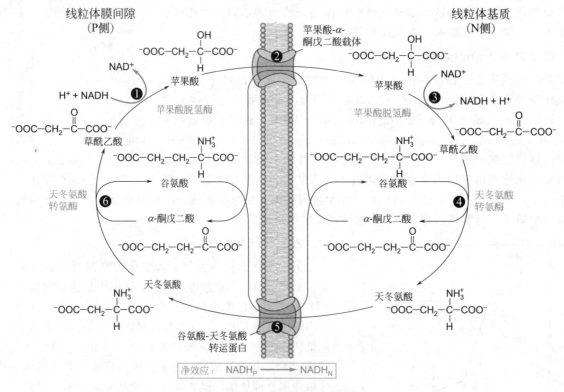

图6-13　苹果酸-天冬氨酸穿梭系统

在肝脏、肾脏、心脏中，还原性NADH通过苹果酸-天冬氨酸穿梭系统将还原当量传递到基质内

2. 甘油-3-磷酸穿梭系统

甘油-3-磷酸穿梭系统是另外一种穿梭系统。该系统在大脑和骨骼肌以及昆虫的飞行肌中特别活跃。如图6-14所示，磷酸二羟基丙酮（dihydroxyacetone phosphate，DHAP）在细胞质中被NADH还原生成甘油-3-磷酸。后者被结合在线粒体内膜外表面的黄素依赖性甘油-3-磷酸脱氢酶重新氧化，这一过程将甘

油-3-磷酸脱氢酶辅基 FAD 还原为 FADH$_2$。随后电子对从 FADH$_2$ 转移到辅酶 Q，电子进入电子传递链进行传递。净效应是将两个还原当量从胞质 NADH 转移到线粒体 FADH$_2$ 中，并从线粒体 FADH$_2$ 进入呼吸链。

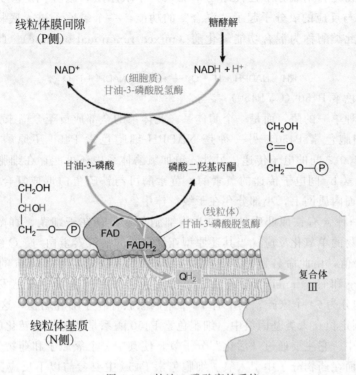

图 6-14　甘油-3-磷酸穿梭系统
这是在骨骼和大脑中将细胞质中的还原当量传递到呼吸链的方式，这个穿梭方式不涉及膜运输系统

　　甘油-3-磷酸穿梭系统与苹果酸-天冬氨酸穿梭系统的不同之处在于，它通过甘油-3-磷酸脱氢酶中的 FAD 将还原当量传递到辅酶 Q，通过复合物Ⅲ进入呼吸链，而不是复合物Ⅰ，每对电子只提供足够的能量来合成 1.5 个 ATP 分子。因此，在利用苹果酸-天冬氨酸穿梭系统的组织中，每摩尔的细胞质 NADH 大约产生 2.5mol ATP。在利用甘油-3-磷酸穿梭系统的组织中，由于这些细胞质还原当量通过复合物Ⅲ而不是通过复合物Ⅰ进入呼吸链，所以每摩尔 NADH 仅产生约 1.5mol ATP。

第三节　非线粒体氧化体系

　　在高等动植物体内，线粒体氧化体系是能量代谢最主要的生物氧化体系。此外，还有一些非线粒体氧化体系，这类氧化体系主要存在于微粒体、过氧化物酶体和细胞质中。非线粒体氧化体系与线粒体氧化体系的作用不同，两者都是不可或缺的。其特点是不伴有磷酸化，不生成 ATP，主要与体内代谢物、药物和毒性物质的生物转化有关。

一、微粒体的加氧酶体系

　　微粒体（microsome）中存在一类加氧酶（oxygenase），这类加氧酶参与物质的氧化作用。但这类氧化作用不是使底物脱氢或失电子，而是加氧到底物分子上。加氧酶类可分为单加氧酶和双加氧酶两类。微粒体中的加氧反应虽然不能产生 ATP，但在体内多种物质的代谢中都是必不可少的。例如：类固醇激素的合成，维生素 D 的活化（25 位的羟化由单加氧酶催化），胆汁酸、胆色素代谢，某些毒物和药物的转化等，都需要加氧酶的催化作用。

1. 单加氧酶（monoxygenase）

单加氧酶类催化底物，利用氧分子在代谢物中加入一个氧原子，跟羟化反应类似，因此又称羟化酶（hydroxylase）。由于参与反应的氧分子起了"混合"的功能：一个氧原子进入底物分子中，另一个氧原子被还原为水。故又将此类酶称为混合功能氧化酶（mixed functional oxidase）。此类酶所催化的化学反应如下：

$$RH + NADPH + H^+ + O_2 \longrightarrow ROH + NADP^+ + H_2O$$

上述反应需要细胞色素 P450（CYP450）参与。

单加氧酶并不是一种单一的酶，而是一个酶体系。此体系的全部成员至今尚未完全弄清楚，但至少包括两种分子，一种是细胞色素 P450，另一种是 NADPH-细胞色素 P450 还原酶，辅基是 FAD，催化 NADPH 和细胞色素 P450 之间的电子传递。另外，单加氧酶体系中还可能存在细胞色素 b_5，以及另一种催化 NADPH 与细胞色素 b_5 间电子传递的黄素酶。黄素酶可与铁硫蛋白形成复合体。在完整的细胞中，这些酶大部分存在于滑面内质网上，小部分存在于线粒体中。

细胞色素 P450 是一种含有铁原卟啉辅基的 b 族细胞色素，存在于细菌、真菌、植物、哺乳动物等中，能催化不同种化合物的单氧化反应。当其还原型亚铁形式的血红素蛋白与 CO 结合时，产生的吸收光谱在 450nm 左右达到峰值，由此命名为 P450。因此，P450 代表吸光度为 450nm 的色素。这是在 20 世纪 50 年代末由 Klingenberg 和 Garfinnel 最先发现的。真核生物和原核生物中现已发现近 500 个细胞色素 P450 的基因，按其结构分为 74 个家族，其中有 14 个基因家族存在于哺乳动物，这些家族又分为 26 个亚家族，已有 20 个亚家族定位在人类基因组中。细胞色素 P450 酶系是药物生物转化的主要酶类，存在于肝脏和其他组织的内质网中。它主要通过"活化"分子氧，使其中一个氧原子和药物分子结合，同时将另一个氧原子还原成水，从而在药物分子中引入氧。细胞色素 P450 主要参与以下反应：①类固醇类激素的生成；②脂肪酸产物、前列腺素、白三烯和维生素 A 类的代谢；③治疗性药物的灭活或活化；④将外源化学物质转化为具有高度活性的分子，可引起细胞损伤。

单加氧酶催化反应机制需 NADPH（还原型辅酶Ⅱ）提供电子，NADH（还原型辅酶Ⅰ）、黄素蛋白（辅基 FAD）、铁氧化还原蛋白（辅基 Fe-S）和细胞色素 P450 传递电子。首先，各种单加氧酶的底物（RH）在滑面内质网上与氧化型细胞色素 P450（P450-Fe^{3+}）结合，形成酶与底物的复合物（RH-P450-Fe^{3+}）；接着 NADPH 在细胞色素 P450 还原酶的催化下，由 NADPH 提供电子（H^+ 留于介质中），经 FAD 传递，使氧化型复合物被还原成还原型复合物（RH-P450-Fe^{2+}），此复合物与氧分子作用，产生含氧复合物；同时，氧分子中另一个氧原子被电子还原，并和介质中的 H^+ 结合成水；最后，复合物释放出氧化产物而完成整个氧化过程。用于还原的两个电子各来自二分之一个 NADPH 分子，总和相当于消耗一分子 NADPH。其中第二个电子供体也可以是 NADH。反应机制如图 6-15 所示。

2. 双加氧酶（dioxygenase）

双加氧酶类利用氧分子在代谢物中加入 2 个氧原子。此酶催化氧分子中的 2 个氧原子加到底物中带双键的 2 个碳原子上。在双加氧酶中，部分酶以铁为辅基，如肝中尿黑酸双加氧酶可把尿黑酸氧化生成丁烯二酰乙酰乙酸。在双加氧酶的作用下，3-羟基邻氨基苯甲酸被氧化，转变成尼克酸。也有部分酶的辅基为血红素，如肝中色氨酸吡咯酶（色氨酸双加氧酶），它可把色氨酸氧化成甲酰犬尿酸原，如图 6-16 所示。

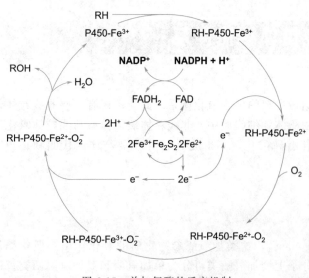

图 6-15　单加氧酶的反应机制

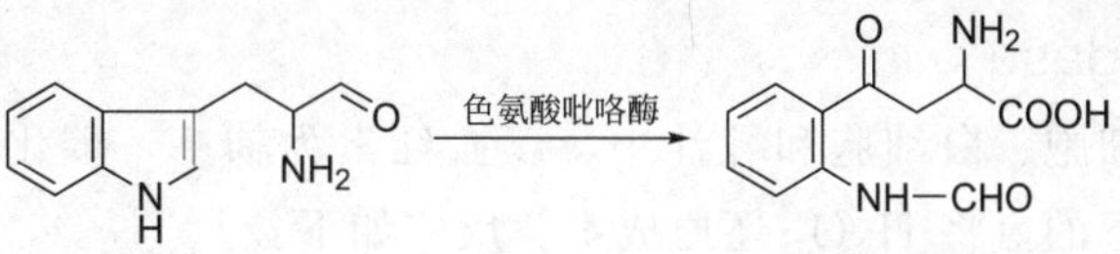

图 6-16 色氨酸双加氧酶（色氨酸吡咯酶）催化色氨酸的双加氧反应

二、过氧化物酶体氧化体系

过氧化物酶体（peroxisome）又称微体（microbody），它也是细胞内进行生物氧化还原的细胞器之一，主要含过氧化氢酶（catalase）和过氧化物酶（peroxidase）两类。这些酶能催化氧化还原反应。

（一）过氧化氢的生成

过氧化物酶体中含有许多需氧脱氢酶，可催化 L-氨基酸、D-氨基酸、黄嘌呤等化合物脱氢氧化，过氧化氢（H_2O_2）是其中的产物之一。

此外，在人体及动物的中性粒细胞中还存在 NADH 氧化酶，分别将糖代谢产生的 NADH 及 NADPH 与氧结合生成 H_2O_2。

$$NADH + H^+ + O_2 \xrightarrow{\text{NADH 氧化酶}} NAD^+ + H_2O_2$$

$$NADPH + H^+ + O_2 \xrightarrow{\text{NADH 氧化酶}} NADP^+ + H_2O_2$$

在呼吸链末端氧化酶或加氧酶反应中，每分子氧需接受 4 个电子才能被还原成氧离子，并进一步生成水分子。如果接受的电子不足，则形成超氧化基团（O_2^-）或过氧化物基团（O_2^{2-}）。超氧化基团在线粒体或细胞质基质中，被超氧化物歧化酶（superoxide dismutase，SOD）催化与 H^+ 作用，一个 O_2^- 被氧化成 O_2，另一个 O_2^- 被还原成 H_2O_2。过氧化物基团在接受 H^+ 后即形成 H_2O_2。这两种反应可能是体内 H_2O_2 的重要来源。

$$O_2 + 4e^- \longrightarrow 2O_2^- \xrightarrow{4H^+} 2H_2O$$

$$O_2 + 2e^- \longrightarrow O_2^{2-} \xrightarrow{2H^+} H_2O_2$$

$$O_2 + e^- \longrightarrow O_2^-$$

$$2H^+ + 2O_2^- \xrightarrow{\text{超氧化物歧化酶}} H_2O_2 + O_2$$

（二）过氧化氢的处理和利用

某些组织中产生的 H_2O_2 是具有一定生理意义的，可作为某些反应的反应物进行反应。例如，在粒细胞和巨噬细胞中，H_2O_2 可以杀死吞噬的细菌；在甲状腺中，H_2O_2 可以参与酪氨酸的碘化反应等。但对大多数组织来说，在大多数情况下组织产生的 H_2O_2 是一种有毒物质。它可以氧化某些具有生理作用的含巯基的酶和蛋白质，使其丧失活性，还可以将细胞膜磷脂分子高度不饱和脂肪酸氧化成脂质过氧化物，使磷脂功能受阻，造成生物膜严重损伤。红细胞膜受到损伤后，极易发生溶血；线粒体膜受到损伤后，则造成能量代谢受阻；脂质过氧化物与蛋白质结合形成的复合物进入溶酶体（lysosome）后，不能被酶轻易降解或排出，会形成一种褐色的称为脂褐质（lipofuscin）的色素颗粒，与组织的老化有关。因此，在多数情况下，H_2O_2 作为一种有害物质，需要被清除。而过氧化物酶体中所含的过氧化氢酶和过氧化物酶可将 H_2O_2 加以处理和利用。

1. 过氧化氢酶（catalase）

过氧化氢酶又称触酶，主要存在于细胞过氧化物酶体中，由 4 个亚基组成，各含一个血红素辅基，可催化两分子 H_2O_2 反应生成水，并放出 O_2。就化学本质而言，这是一种氧化还原反应，即一分子 H_2O_2 被氧化成 O_2，而另一分子 H_2O_2 被还原成 H_2O。催化反应如下：

$$2H_2O_2 \xrightarrow{\text{过氧化氢酶}} 2H_2O + O_2$$

2. 过氧化物酶（peroxidase）

它存在于动物组织的红细胞、白细胞和乳汁中，以血红素为辅基，催化 H_2O_2 直接氧化酚类或胺类化合物，催化底物脱氢，脱下的氢将 H_2O_2 还原成水。反应如下：

$$R + H_2O_2 \xrightarrow{\text{过氧化物酶}} RO + H_2O$$

$$RH_2 + H_2O_2 \xrightarrow{\text{过氧化物酶}} R + 2H_2O$$

谷胱甘肽过氧化物酶（glutathione peroxidase，GPX）可存在于某些组织中，共价结合其活性所必需的硒（Se）原子。酶分子中，硒可以取代关键半胱氨酸-SH 中的硫形成含—SeH 的半胱氨酸残基。GPX 可去除细胞产生的 H_2O_2 和过氧化物（R—O—OH），是体内防止 ROS 损伤的主要的酶，可保护生物膜及血红蛋白免遭损伤。它催化的反应如下：

$$H_2O_2 + 2GSH \longrightarrow 2H_2O + GS\text{-}SG$$

$$2\,GSH + R\text{—}O\text{—}OH \longrightarrow GS\text{-}SG + H_2O + R\text{—}OH$$

反应生成的氧化型 GS-SG 可被谷胱甘肽还原酶催化，结合 $NADPH+H^+$ 提供的两个氢原子，转变成还原型谷胱甘肽 GSH。反应过程如下：

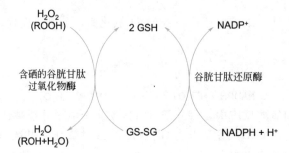

三、活性氧的产生与清除

活性氧（reactive oxygen species，ROS）主要指 O_2 的单电子还原产物，是一类强氧化剂，包括超氧阴离子（$O_2^{-}\cdot$）、羟自由基（$\cdot OH$）和过氧化氢（H_2O_2）及其衍生的 $HO_2\cdot$ 和单线态氧（$^1O_2$）。O_2 得到单个电子可以产生超氧阴离子（$O_2^{-}\cdot$），超氧阴离子接受 H^+，部分被还原成 H_2O_2，H_2O_2 再接受 H^+ 被还原成羟自由基（$\cdot OH$）。

$$O_2 \xrightarrow{e^-} O_2^{-}\cdot \xrightarrow{e^- + 2H^+} H_2O_2 \xrightarrow[H_2O]{e^- + H^+} \cdot OH \xrightarrow{e^- + H^+} H_2O$$

（一）线粒体呼吸链是体内 ROS 最主要的来源

ROS 受外界光照、辐射作用及体内代谢作用生成。其中，线粒体是 ROS 产生的主要部位，又是自由基的主要靶点。线粒体呼吸酶系产生的 ROS 远超过其他所有酶系所产生的总和。细胞内 95% 以上的活性氧来自线粒体。线粒体富含"嵴"结构，内膜面积巨大，并且富含呼吸链蛋白复合体，呼吸链的"电子漏出"可提供生成自由基的单电子。线粒体 $O_2^{-}\cdot$ 主要在呼吸链酶复合体 I（约 20%）和复合体 III（约占 80%）中生成。现已明确，复合体 III 的 Q 循环中半醌自由基（$QH\cdot$）是 $O_2^{-}\cdot$ 的单电子来源，还原 Cyt c 作为双电子供体生成 H_2O_2。复合体 I 到 QH_2 的电子传递和复合体 III Qo 位点（线粒体膜间隙侧的 QH_2 结合位点）上的 QH_2 到 Cyt b_L 的电子传递中均有可能生成超氧自由基。其中间物 $QH\cdot$ 也有可能将单电子传递给 O_2 生成 $O_2^{-}\cdot$。线粒体复合体 I 和 III 产生的 $O_2^{-}\cdot$ 大部分流向基质（约占 70%~80%），小部分扩散至线粒体内膜和细胞质基质。生成的 $O_2^{-}\cdot$ 和 H^+ 可能通过反应生成 $HO_2\cdot$，$HO_2\cdot$ 可作为 $O_2^{-}\cdot$ 的载体，再经过跨膜转移生成 $O_2^{-}\cdot$ 和其他 ROS。线粒体除内膜呼吸链外，能生成 ROS 的还有膜间隙的氧化还原蛋白 p66，外膜中的 Cyt b_5 还原酶、单胺氧化酶、二氢乳清酸脱氢酶等。

线粒体外的酶类也可产生 ROS。例如：胞质中微粒体单加氧酶系中，细胞色素 P450 还原酶可产生

$O_2^{-\cdot}$；细胞过氧化物酶体中，FAD 可从脂肪酸等底物获得电子传递给 O_2，从而生成 H_2O_2 和羟自由基（$\cdot OH$）；质膜上的 NADPH 氧化酶、胞质中需氧脱氢酶（如黄嘌呤氧化酶等）也可催化生成 $O_2^{-\cdot}$ 与 H_2O_2；巨噬细胞、中性粒细胞等受炎症刺激后也可生成 $O_2^{-\cdot}$ 与 H_2O_2。细菌感染、组织缺氧等病理过程，环境因子、药物等外源因素的作用下，也可导致细胞产生反应活性氧类。

如果 ROS 含量正常，则具有重要的生理作用，它在多种细胞过程中是具有重要调控意义的氧化还原信号；如果 ROS 过量，由于它具有强氧化性，极易诱发氧化应激，从而引起蛋白质、脂质、DNA 等各种生物大分子的损伤，甚至破坏细胞的正常结构，造成细胞功能失调，导致疾病发生。

（二）机体抗氧化酶和抗氧化体系清除活性氧类

正常细胞内 $O_2^{-\cdot}$ 水平维持在 $10^{-11} \sim 10^{-10}$ mol/L，而 H_2O_2 水平维持在 10^{-9} mol/L 左右的生理安全浓度。正常细胞线粒体内外都存在清除 $O_2^{-\cdot}$ 等 ROS 的各种氧化还原体系，共同参与氧化还原调控，使 ROS 的产生和清除处于动态平衡中。可分为酶催化清除和非酶催化清除两类。

1. 酶催化清除

超氧化物歧化酶（superoxide dismutase，SOD）可催化一分子 $O_2^{-\cdot}$ 氧化生成 O_2，另一分子 $O_2^{-\cdot}$ 还原生成 H_2O_2。催化反应如下：

$$2O_2^{-\cdot} + 2H^+ \xrightarrow{\text{SOD}} H_2O_2 + O_2$$

其作用为去除超氧阴离子，防止活性氧的生成。SOD 的酶活性很强，是人体防御内外环境中超氧离子损伤的重要酶，在正常细胞内可使 $O_2^{-\cdot}$ 的浓度迅速降低 4～5 个数量级。哺乳动物细胞中有 3 种 SOD 同工酶，在细胞外与细胞质中存在活性中心含 Cu^{2+}/Zn^{2+} 的 Cu/Zn-SOD；线粒体 SOD 活性中心含 Mn^{2+}，称为 Mn-SOD。如果 Cu/Zn-SOD 基因缺陷，造成 $O_2^{-\cdot}$ 积累，从而损伤神经元，引起肌萎缩性侧索硬化症。

此外，过氧化氢酶、过氧化物酶、谷胱甘肽过氧化物酶也能起类似的作用，能清除体内 H_2O_2 的危害。

2. 非酶催化清除

辅酶 Q 是一种良好的抗氧化剂和膜稳定剂，具有清除脂质过氧化产生的自由基，防止缺血期线粒体损伤及维持心肌钙离子通道完整等作用。谷胱甘肽（glutathione，GSH）是所有真核细胞内的主要还原剂，细胞内 ROS 的清除常伴随着 GSH 的减少。抗坏血酸（维生素 C）具有强还原性，能和自由基 $\cdot OH$ 反应，生成脱氢坏血酸，再经 GSH 供氢，转变成还原型。维生素 E 能捕捉清除生物膜内自由基及单线态氧，产生的维生素 E 可被维生素 C 作用再生为维生素 E。两者的偶联作用可清除自由基对膜内脂质、蛋白质的损伤。另外，β-胡萝卜素、血浆铜蓝蛋白和不饱和脂肪酸等，在体内也以不同的作用方式直接或间接地参与活性氧的清除。

第四节 生物氧化在医药研究中的应用

线粒体在细胞的生命周期中扮演着重要角色，除通过氧化磷酸化产生 ATP 为机体直接提供能量外，还具有调节细胞凋亡与细胞内钙离子水平、维持细胞物质代谢及离子转运等重要功能。在生物氧化过程中，有很多反应部位都可以作为潜在的药物靶点，为新型药物研发提供了机遇。

一、相关辅酶类药物

（一）辅酶 Q10

辅酶 Q10 主要存在于人体的心、肝、肾和肾上腺中，是真核细胞线粒体电子传递链的组成成分，参与氧化磷酸化。根据其自身的功能特点，它具有清除自由基及抗氧化作用，发挥抗氧化剂的功能阻止外界刺激以及机体自身代谢障碍对组织产生的氧化损害；还可以作为一种代谢激活剂，促进细胞生成能量。

临床上主要以口服形式用于治疗各种心血管疾病，包括心绞痛、高血压和充血性心力衰竭等。口服辅酶Q10后，经淋巴管吸收，进入细胞线粒体后，直接作用于缺血心脏，可改善氧的利用率。用辅酶Q10预先治疗可以改善缺血后心肌的恢复。心脏手术前使用辅酶Q10可以得到较好的心室保护效果。辅酶Q10对缺血性心脏病及风湿性充血性心力衰竭所引起的症状（浮肿、肺充血、肝肿胀和心绞痛等）有一定效用。除此之外，辅酶Q10还对预防和治疗充血性心衰竭、心肌病、冠状动脉疾病、急性心肌梗死以及药物引起的心功能紊乱有一定效用；在常规抗心肌缺血药物治疗基础上加用辅酶Q10，可显著减少心绞痛发作次数、减少硝酸酯类药物的用量、提高运动耐量。辅酶Q10可降低脂蛋白a和血浆胰岛素，抑制胆固醇氧化而防止动脉粥样硬化。

研究发现，人体肝癌、胃癌、肠癌细胞线粒体中显著缺乏辅酶Q10，晚期癌症患者的血淋巴细胞中的辅酶Q10也缺乏50%左右。给晚期转移性癌症患者服用辅酶Q10可使患者病情趋于稳定；辅酶Q10可防止阿霉素化疗所导致的心脏毒性，为阿霉素能在临床上较大剂量长期使用创造了条件。

除了心血管疾病和肿瘤外，辅酶Q10可以作为辅助药物用于大脑衰老、微循环障碍、帕金森病的治疗；还可以消除抗精神病药和β受体阻滞剂等药物引起的副作用等。此外，辅酶Q10在保护在肺炎、乙肝、肾疾病上也有应用。

（二）辅酶Ⅰ

辅酶Ⅰ是人体内必不可少的物质，它参与了体内各种细胞功能的新陈代谢。人体细胞可利用色氨酸、烟酸、烟酰胺等作为前体，通过多步生化反应可以生成辅酶Ⅰ。在细胞内，细胞溶质与线粒体富含辅酶Ⅰ，但其含量因不同细胞而异。在心肌细胞中，大部分辅酶Ⅰ稳定储存于线粒体中（超过70%的辅酶Ⅰ存储于线粒体中），在细胞溶质内的含量较少。在肝细胞内，辅酶Ⅰ在线粒体内的含量只占总量的30%～40%，大部分位于细胞溶质中。而在无线粒体的红细胞中，细胞溶质内则含有丰富的辅酶Ⅰ。

辅酶Ⅰ是许多细胞内脱氢酶介导反应中的辅酶，在生物氧化过程中起着传递氢和电子的作用。线粒体电子传递链和能量代谢过程与辅酶Ⅰ紧密相关。它能活化多种酶系统，促进核酸、蛋白质、多糖的合成及代谢，增加物质转运和调节控制，改善代谢功能。临床可用于治疗冠心病，对改善冠心病的胸闷、心绞痛等症状有效。

近年的研究发现，辅酶Ⅰ作为NAD^+依赖型ADP核糖基转移酶的唯一底物，将其分解成ADP核糖和烟酰胺（Nam），参与信号分子的生成，在不同细胞中发挥不同生理功能。例如，位于细胞核内的ADP核糖基转移酶（ADP-ribose transferases，ARTs）或称为聚ADP核糖基聚合酶[poly（ADP-ribose）polymerases，PARPs]以辅酶Ⅰ为底物，转移ADP核糖基到目标蛋白上。这些目标蛋白参与DNA修复、表观遗传修饰，基因转录与表达、细胞周期、细胞存活与程序性死亡、染色体重建与分离等生理病理过程。由于PARPs在细胞死亡中的重要作用，有许多以PARPs为靶点的治疗心脏、炎症和神经退行性疾病的药物正在临床前研发阶段。此外，细胞外的环ADP核糖合酶（cADP-ribose synthase），又称为淋巴细胞抗原CD38和CD157，以辅酶Ⅰ为底物生成的环ADP核糖（cADP-ribose），是一种重要的钙信号信使，在钙稳态维持和免疫应答方面具有重要生理意义。另外，一种以辅酶Ⅰ为底物的Ⅲ型蛋白赖氨酸脱乙酰化酶（type-Ⅲ protein lysine deacetylases，Sirtuins）参与代谢平衡的调节，直接影响与代谢相关的各种疾病。在辅酶Ⅰ的参与下，Sirtuins调节组蛋白的乙酰化状态，对增强心脏耐受氧化应激反应、调节心肌能量代谢等也起着重要作用。因此，环ADP核糖合成酶与Sirtuins均是与辅酶Ⅰ相关的药物研发的潜在靶点。

（三）辅酶A

辅酶A（coenzyme A，写为CoA或HSCoA）在动植物和微生物细胞中广泛存在。它在动物肝脏中的含量最高，心脏、肾上腺次之。辅酶A作为一种通用多功能的辅因子，涉及多种代谢反应，如糖类分解、脂肪酸氧化、氨基酸分解、丙酮酸降解等，参与提供生命所需约90%的能量。另外，辅酶A参与体内大量必需物质的合成，为机体提供活性物质。此外，辅酶A还可以协助免疫系统对有害物质进行解毒；促进结缔组织形成与修复，对软骨的形成、保护和修复起重要作用。辅酶A还是重要的乙酰基和酰基传递体，参与激活脂肪酸代谢。最近研究发现，辅酶A可以通过对翻译后蛋白质进行乙酰化修饰，进一步扩充了辅酶A参与生命过程的多样性（图6-17）。

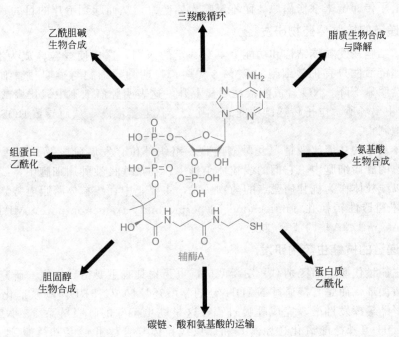

图 6-17　依赖辅酶 A 的代谢过程的多样性：辅酶 A 在与分解和合成代谢相关过程中扮演着重要的角色

生物体内的辅酶 A 是由泛酸、半胱氨酸和 ATP 在 Mg^{2+} 参与下经过一系列酶催化反应合成的，其在体内的降解过程与合成过程基本相反，它的降解产物泛酰巯基乙胺和泛酸又可进入其合成通路转化为辅酶 A，维持体内辅酶 A 的恒定浓度。泛酰巯基乙胺不稳定，所以临床上常用泛酸（pantothenic acid）和泛硫乙胺（pantethine）作为辅酶 A 的前体物质进行治疗。泛硫乙胺为泛酰巯基乙胺的氧化形式，两个泛酰巯基乙胺通过二硫键结合形成泛硫乙胺。泛硫乙胺在体内被还原成泛酰巯基乙胺后进入辅酶 A 的合成通路从而转化为辅酶 A，提高体内细胞辅酶 A 的浓度，从而发挥辅酶 A 的作用。

在临床上，口服辅酶 A 的前体物质如泛酸和泛硫乙胺，二者进入体内后转化为辅酶 A 来发挥效用，在治疗脂肪肝、高血脂、心律失常、缺血性心脏病、肥胖、白细胞血小板减少等症状时具有较好的疗效。注射用辅酶 A 在治疗代谢失衡类疾病时，所用治疗时间较长且十分不便。根据临床数据，直接口服辅酶 A 的研发是可行的，且仅口服泛硫乙胺剂量（600~900mg/d）的千分之几（0.5~1mg/d）即可达到泛硫乙胺的治疗效果，且微生物发酵生产辅酶 A 的工艺也已经较为成熟，故高效且方便的口服型辅酶 A 药品具有一定的研发应用价值。

此外，辅酶 A 的生物合成途径也已经成为药物研发的潜在靶点。研究发现，除少数细胞内寄生虫外，所有微生物都无法从细胞外的环境中摄取辅酶 A，需要从头合成辅酶 A，且原核生物和真核生物在涉及辅酶 A 生物合成的某些关键酶方面存在很大的差异。因此，微生物合成辅酶 A（CoA）的生化途径已成为开发抗菌化合物的潜在靶点。成功抑制辅酶 A 的合成可能成为一种新的抗感染治疗方式。

二、生物氧化过程作为药物靶点

（一）电子传递链作为药物靶点

线粒体是细胞呼吸的主要场所，也是细胞凋亡、离子稳态、疾病发生等多种生理过程的参与者。线粒体通过位于其内膜的电子传递链发挥细胞呼吸功能，呼吸链中只有四个成分（NADH，泛醌，细胞色素 c 和氧气）可自由扩散，其余组分为四个分子量很大的跨膜蛋白复合体，复合体Ⅰ~Ⅳ嵌在线粒体内膜上。近年来，线粒体已成为药物研发的重要靶点，其中电子传递链上的复合体也是一类重要的潜在药物靶点。一方面，可以人体细胞的电子传递链作为靶点，直接对其进行药物干预；另一方面，可寻找病原体细胞内不同于人体的电子传递过程作为靶点，如蠕虫、无乳链球菌的电子传递链（与人体能量代谢过程不同），通过干预病原体的电子传递链来杀伤病原体而不影响人体健康，从而起到治疗的目的。

1. 靶向电子传递链的抗肿瘤药物研发

正常细胞与肿瘤细胞在线粒体结构和功能上具有一定的区别，这也使线粒体成为潜在的抗肿瘤靶点。肿瘤细胞的电子传递链活性只有正常细胞的 $70\%\sim80\%$；晚期肿瘤细胞与早期肿瘤细胞相比，其中的超氧化物歧化酶 I 活性明显下降，NO 合成酶活性明显上升。这表明肿瘤细胞中氧化磷酸化功能的紊乱。线粒体是 ROS 合成的主要场所，电子传递链功能的紊乱会导致电子渗漏，从而导致 ROS 浓度增高，最终造成线粒体损伤与细胞凋亡。

肿瘤细胞线粒体具体的功能改变情况受肿瘤类型、组织部位、发展阶段及肿瘤所处微环境等因素影响。在一些生长迅速的肿瘤细胞中，它们的线粒体小且少；在某些良性肿瘤细胞中，线粒体和氧化酶类的数量却很多。目前以线粒体作为抗肿瘤靶点的药物研发，主要集中在线粒体跨膜电势累积、电子传递链复合物的抑制、线粒体通透性转换孔（mitochondrial permeability transition pore，MPTP）、线粒体 DNA（mitochondrial DNA，mtDNA）调节等领域。

2. 靶向电子传递链的抗蠕虫药物研发

利用蠕虫与宿主能量代谢上的区别对开发新型抗蠕虫药物具有重要指导价值。研究表明，蠕虫的呼吸系统可不通过三羧酸循环，而是直接通过 NADH-延胡索酸还原酶（NFRD）酶系催化延胡索酸生成琥珀酸，最终形成戊酸甲酯等挥发性酸，完成呼吸过程，这是蠕虫特殊的呼吸链系统。NFRD 酶系由蠕虫线粒体复合体 I（NADH-氨基泛醌氧化还原酶）和蠕虫线粒体复合体 II（氨基泛醌-延胡索酸还原酶）组成。在蛔虫、线虫和包虫等多种蠕虫中都存在有 NFRD 等酶系，而哺乳动物正常代谢过程中则不存在，所以蠕虫特有的电子传递链是开发新型药物的理想靶点，通过寻找复合体 I 与复合体 II 抑制剂，如 nafuredin、ukulactone、paecilaminol 和 verticipyrone 作用于蠕虫电子传递链复合体 I，2-吡啶酮或吡啶酚类化合物如 harzianopyridone 和 atpenin A4、A5 作用于蠕虫电子传递链复合体 II，可以起到很好的抗蠕虫作用，同时避免对人体产生不必要的损伤及严重的耐药性。

3. 靶向电子传递链的抗无乳链球菌药物研发

无乳链球菌（*Streptococcus agalactiae*）是一种常见的条件致病性病原链球菌，通常生活在健康个体的肠道和泌尿生殖道中，是造成孕妇产褥期脓毒血症和新生儿脑膜炎的一个重要原因。它寄生在产妇生殖道，可致婴儿感染的发生，也可引起产后感染、菌血症、心内膜炎、皮肤和软组织感染及骨髓炎。其基因组编码一种细胞色素 bd 氧化还原酶，一种 II 型 NADH 脱氢酶（NDH-2），以及一种 1,4-二羟基-2-萘甲酸异戊二烯基转移酶。NDH-2 是一种同型二聚体黄素蛋白，可催化 NADH 的氧化并伴随醌的还原；Cyt bd 是一种跨膜结构蛋白，含血红素的两个亚基酶，具有催化甲萘醌氧化还原酶活性，另外它还可催化形成质子动力。NDH-2 在病原菌的存活和毒力方面发挥重要作用，已被认为是结核分枝杆菌、刚地弓形虫和恶性疟原虫的潜在药物靶点，由于 NDH-2 和 Cyt bd 在哺乳动物的线粒体中均不存在，故它们可成为重要的潜在药物靶点，通过对该靶点的抑制，可对病原菌起到好的杀灭作用而不影响人类健康。

（二）靶向氧化磷酸化的药物研发

1. 氧化磷酸化过程作为抗癌药物靶点

肿瘤的代谢适应使其细胞保持高度增殖状态。近一个世纪前，奥托·沃伯格（Otto Warburg）和他的同事们发现，与正常的组织细胞相比，肿瘤对葡萄糖的摄取量增加。沃伯格进一步证明，即使有足够的氧气，肿瘤也可以利用糖酵解作用将葡萄糖代谢为乳酸。也就是说，氧合良好的癌细胞也具有高葡萄糖消耗和高乳酸生成，这表明对于肿瘤细胞而言，其代谢途径中的糖酵解途径被上调，与之对应的，氧化磷酸化过程在肿瘤细胞中普遍下调。

在有氧条件下，肿瘤细胞的葡萄糖代谢类似于厌氧条件下发生的代谢。由于葡萄糖在有氧的条件下被代谢成乳酸，沃伯格提出了"有氧糖酵解（aerobic glycolysis）"一词准确描述了肿瘤细胞中的这一代谢过程。虽然通过氧化磷酸化分解葡萄糖可产生最大数量的 ATP，但将新陈代谢主要集中于糖酵解途径，可提供维持肿瘤高速增殖所需的蛋白质、核苷酸和脂质合成的生物前体。对于癌细胞来说，有氧糖酵解是其重要的代谢适应过程。

近年来研究表明，对有氧糖酵解的适应并不意味着肿瘤细胞中氧化磷酸化的完全关闭，主动电子传递通常发生在触发肿瘤复发的肿瘤细胞和肿瘤干细胞中，氧化磷酸化的最大影响可能在于肿瘤干细胞的存活和增殖。当在不含葡萄糖但补充有谷氨酰胺和脂肪酸的培养基中培养时，肿瘤细胞具有更好的存活能力，它们对糖酵解的依赖性较小，并且通过谷氨酰胺进入三羧酸循环，能够产生足够的 NADH 和 $FADH_2$。较高的线粒体水平有助于其产生足够水平的 ATP，从而驱动其增殖。因此，在肿瘤细胞中，抑制氧化磷酸化过程，可能成为潜在的抗癌药物作用靶点。

2. 小分子药物作为氧化磷酸化抑制剂

二甲双胍（metformin）和氯胍（proguanil）是具有复合体 I（NADH-Q 还原酶）抑制活性的双胍类药物。它们通过抑制线粒体电子传递链中的特定步骤来限制肿瘤的生长，采用干扰氧化磷酸化的策略来治疗肿瘤。

二甲双胍通常是一种安全的药物，毒性最小，经常使用二甲双胍可降低卵巢癌的风险，且在体内具有良好的耐受性，其浓度须达到毫摩尔级。二甲双胍抑制复合体 I，从而降低 ATP 的产生。由于 ATP 含量降低，腺苷酸活化蛋白激酶（AMPK）在肿瘤细胞中被激活，同时抑制了 mTORC1（雷帕霉素靶蛋白）。

氯胍可抑制疟原虫中的复合体 I 的活性，故可与复合体 III 抑制剂阿托伐醌（atovaquone）联合给药。氯胍是疟疾和其他寄生虫中氧化磷酸化途径的有效抑制剂，其作为氧化磷酸化抑制剂的比活性在人体细胞中较低，对人体细胞复合体 I 的抑制作用有限。研究表明，氯胍不适合用于肿瘤治疗。此外，另一种苯乙双胍（phenformin）类药物，可导致乳酸中毒，因此具有重大的临床毒性，故也不适合用于临床治疗。

3. 使用氧化磷酸化抑制剂对肿瘤进行治疗的障碍

氧化磷酸化抑制剂具有一定的潜在毒性，抑制电子传递会导致有害氧自由基迅速增加，从而导致严重的细胞损伤。氧化磷酸化是产生能量的主要机制，因此该途径的抑制剂可能会损害其他健康组织，其潜在毒性会限制其在肿瘤治疗中的应用。鉴于肿瘤细胞对氧化应激具有更高的敏感性，未来需要设计更有效的抑制剂，可在较低药物浓度下使用，在肿瘤细胞中发挥出最佳活性，同时降低对健康组织的毒性。

另外，肿瘤、肿瘤干细胞、肿瘤微环境中的基质细胞和免疫细胞中的氧化磷酸化途径也可能是开发新型抗癌疗法的潜在靶点。氧化磷酸化抑制剂可以与免疫疗法和其他疗法搭配使用。目前开发新的氧化磷酸化抑制剂是必要的，但重要的是，这些药物最好靶向肿瘤或肿瘤微环境，以减少对健康组织的毒害。

（三）药物代谢酶与个体化用药

在 20 世纪 50 年代，人们发现不同个体的遗传背景会使药物反应出现差异，尤其是药物代谢酶基因的差异可引起药物的不良反应。对药物代谢酶和药物靶点基因进行检测可指导临床针对特定的患者选择合适的药物和给药剂量，实现个体化用药，从而提高药物治疗的有效性和安全性，防止严重药物不良反应的发生。

现在发现药物代谢酶、转运蛋白、受体和其他药物靶点的基因多态性是引起药物效应及毒性个体差异的重要原因。药物代谢过程由一系列酶促反应完成，主要参与者为微粒体酶与非微粒体酶。这些酶主要催化药物等外源性物质代谢，故又称药物代谢酶。微粒体药物代谢酶是主要的混合功能氧化酶或单加氧酶，其中细胞色素 P450 是最重要的一类药物代谢酶，临床上 90% 以上的药物相互作用都是通过细胞色素 P450（CYP450）酶的活性改变引起的。

1. 细胞色素 P450

细胞色素 P450 酶系是十分重要且具有代表性的药物代谢酶，其超家族依次可分为家族、亚家族和亚型。同一家族（氨基酸同源性 > 40%）在 CYP 后加 1 位数字表示，如 CYP1 家族。同一亚家族（氨基酸同源性 > 55%）在家族式后加 1 个大写字母，如 CYP1A 亚家族。亚家族中的亚型再在亚家族式后添加 1 位数字，如 CYP1A1 亚型。

大量等位基因的存在，是造成细胞色素 P450 引起药物代谢个体差异的生化基础。细胞色素 P450 系统广泛分布于身体各个组织器官处，细胞的内质网、线粒体和核膜上均有其表达。细胞色素 P450 最主要的作用器官在肝脏，催化体内多种反应，如氧化还原、环氧化、N-脱羟基、O-脱羟基、S-氧化和羟基化作用，它可以代谢约 25 万种外源性物质，包括药物、环境中的化合物与污染物、植物产物、杀虫剂、除草剂、卤代烃、多环芳香烃、芳香胺等。在代谢方面，细胞色素 P450 酶系不仅主要负责催化外源性药物代谢，也是介导众多内源性物质代谢的关键蛋白。细胞色素 P450 可被底物诱导/抑制，并加速/减缓底物和其他物质代谢，这构成了药物体内过程与交互作用的基础。细胞色素 P450 与药物在体内的许多代谢动力学特征有关，如药物半衰期、肝脏首过效应、药物相互作用、清除率和生物利用度等。

2. 细胞色素 P450 与药物的相互作用

药物相互作用是指 2 种或 2 种以上的药物同时或前后顺序用药，药物干扰了 P450 酶系代谢环节，对 P450 酶系产生了诱导或抑制，使药物疗效增强或减弱的现象。在这一过程中，酶抑制引起的药物相互作用约占 70%，酶诱导引起的相互作用约占 23%，其他约占 7%。

对酶的诱导可使其亚型活性增高，导致由该亚型催化的药物代谢增强，从而药物浓度降低，难以达到有效的血药浓度，使得药效不理想，如利福霉素或利福平是一类强效、广泛、特异的细胞色素 P450 诱导药，可诱导包括 CYP3A4 在内的多种细胞色素 P450 亚型。三唑仑主要通过 CYP3A 进行药物代谢，因此对于刚服用利福平的患者，再服用三唑仑，可导致三唑仑血药浓度明显降低，使得药效降低甚至消失。

而对酶的抑制则使该亚型催化的药物代谢降低，导致血药浓度增加，延长药物作用时间，加重药物的不良反应，如氨茶碱主要通过 CYP1A2 代谢，依诺沙星为 CYP1A2 抑制药，和胺苯碱联合用药时，胺苯碱的血药浓度明显增高，会出现严重的恶心、呕吐等消化道症状和心律失常、昏厥等中枢神经系统症状。因此，细胞色素 P450 系统在药物相互作用中发挥重要的作用，对细胞色素 P450 的诱导或抑制可改变药物的代谢和血药浓度，并影响药物的药效。在临床实践中，联合用药不可避免，因此细胞色素 P450 导致的药物相互作用是一个重要且必须面对的问题，以防发生严重不良反应事件。

3. 细胞色素 P450 遗传多态性与药物代谢

药物代谢酶在人群中广泛存在着遗传多态性现象。遗传多态性是指一个或多个等位基因发生突变而产生的遗传变异，在人群中呈不连续多峰分布。根据代谢药物能力的不同，可分为快代谢型（extensive metabolism，EM）和慢代谢型（poor metabolism，PM）。因为外来环境化合物种类很多，人类在进化过程中为适应环境，通过突变改造药物代谢酶基因，产生相应的酶蛋白以应对复杂的环境，基因上的变化可以遗传给后代，逐渐形成了人类药物代谢酶的多态性，并且多态性种族差别比较明显。

根据目前研究，涉及药物代谢的细胞色素 P450 主要为 CYP1、CYP2、CYP3 家族中 7 种重要的亚型：CYP1A2（占 P450 代谢药物的 4%）、CYP2A6（2%）、CYP2C9（10%）、CYP2C19（2%）、CYP2D6（30%）、CYP2E1（2%）和 CYP3A4（50%），它们存在着不同的基因型和表型，目前研究较为深入的是 CYP2D6。细胞色素 P450 亚型的多态性和药物不良反应有直接的关系，PM 患者药物代谢缓慢，标准剂量给药即可产生极高药物浓度，表现出药理作用增强的不良反应。例如苯乙双胍需通过 CYP2D6 代谢，它促进糖的无氧酵解产生乳酸，由于 PM 患者无法快速代谢苯乙双胍，导致其血药浓度过高，产生乳酸中毒。另外，如果药物的治疗作用取决于该药物的代谢产物，而该代谢产物的形成需通过某 P450 多态性亚型催化，则 PM 患者很难通过该药物获得治疗效果。例如，可待因是通过 CYP2D6 催化生成吗啡，故可待因对 CYP2D6 PM 者基本无效。与 PM 患者相反，EM 患者由于代谢活跃，一般剂量不能达到治疗效果，需要进行高剂量给药，但会造成毒性代谢产物增加，导致更多的不良反应。

4. 个体化用药与精准医疗

基因多态性具体表现为药物代谢酶、药物受体及药物靶标的多态性。这些多态性的存在可能导致药物反应的个体性差异，这种差异在临床上是普遍现象。通常情况下，药物代谢受到个体遗传因素的影响很大。长期以来，个体化用药与给药剂量调整多以基因多态性为核心的药物基因组学研究为依据，但基因多态性研究有一定的局限性，它无法很好地体现遗传以外的其他因素对个体差异造成的影响，单纯考虑药物遗传学因素——药物代谢酶的基因多态性不能满足迅速发展的临床需求。

个体化用药就是要充分考虑每个病人的个体特征，如性别、年龄、体质、生理病理特征、遗传等综合情况，去制定针对个人的安全、经济、有效的治疗方案，个体化用药更强调精确寻找疾病原因和治疗靶点，对疾病的不同状态与过程进行精确分类，最终实现个体化精准医疗的目的。药物代谢组学通过检测个体基础状态来预测接下来临床给药所呈现的药效或不良反应，每个个体具有特异性的代谢模式，可以以此来分析患者的病情发展程度、用药敏感程度，进而进行较为准确的预测并制定相对合适的治疗方案。

药物代谢组学的研究理念和内容与个体化用药具有很好的契合，具有重要的临床意义和广泛的应用前景。遗传、生理、病理和外环境等多因素的综合作用是造成药物反应个体差异的根本原因，基因-蛋白-代谢物是个体化用药所需要考虑的核心要素。所以基因多态性、药物基因组学与药物代谢组学都是实现个体化用药精准治疗的强大理论基础，二者与其他理论基础如生物信息学、蛋白组学等共同结合，为个体化用药提供了新的途径与策略，也必将有力支持精准医疗的稳步推进。

本章小结

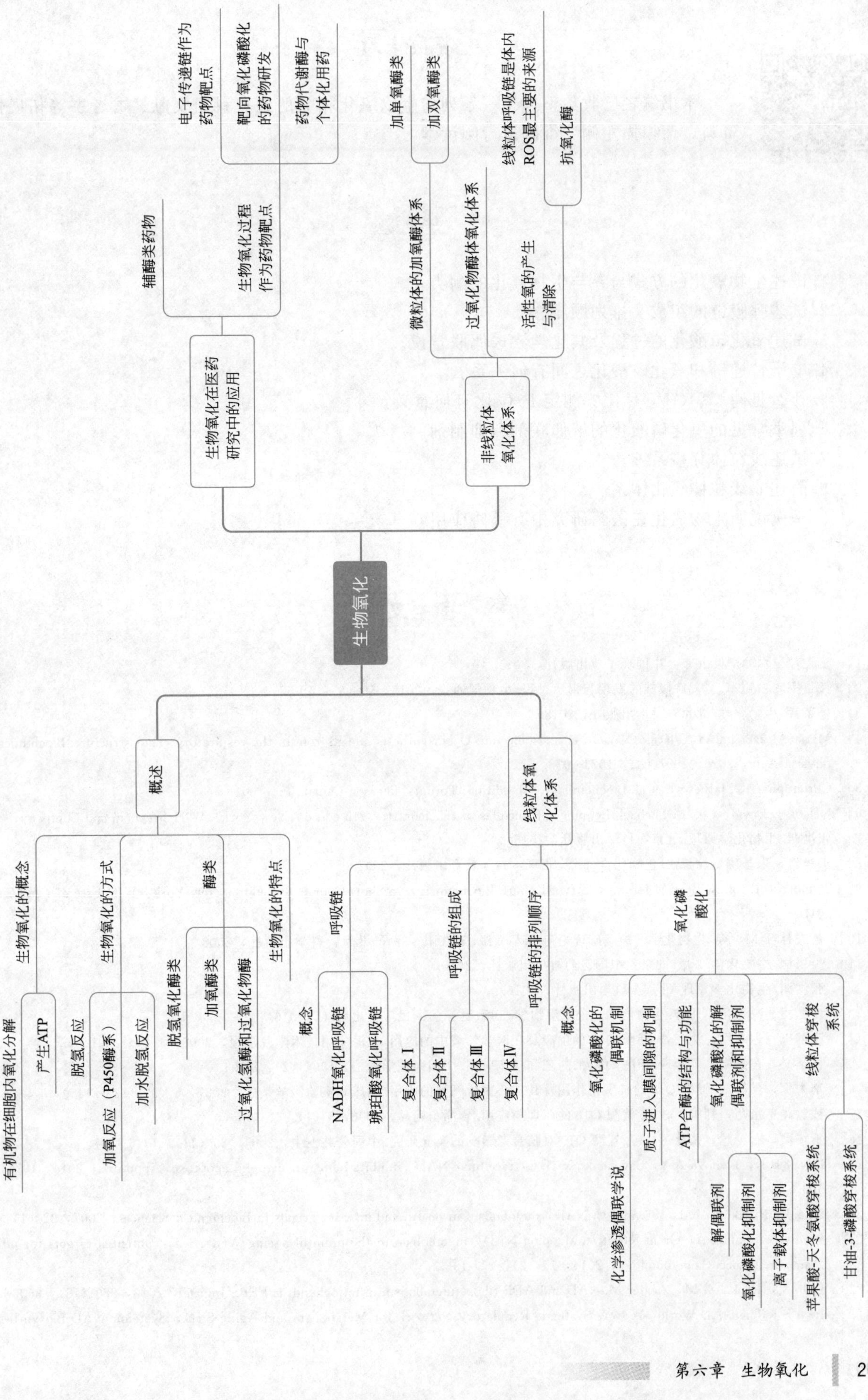

生物氧化

- 概述
  - 生物氧化的概念
    - 有机物在细胞内氧化分解
    - 产生ATP
  - 生物氧化的方式
    - 脱氢反应
    - 加氧反应（P450酶系）
      - 加水脱氢反应
  - 酶类
    - 脱氢酶类
    - 加氧酶类
    - 过氧化氢酶和过氧化物酶
  - 生物氧化的特点

- 线粒体氧化体系
  - 呼吸链
    - 概念
    - NADH氧化呼吸链
    - 琥珀酸氧化呼吸链
  - 呼吸链的组成
    - 复合体Ⅰ
    - 复合体Ⅱ
    - 复合体Ⅲ
    - 复合体Ⅳ
  - 呼吸链的排列顺序
  - 氧化磷酸化
    - 概念
    - 氧化磷酸化的偶联机制
      - 化学渗透偶联学说
    - 质子进入膜间隙的机制
    - ATP合酶的结构与功能
    - 氧化磷酸化的解偶联剂和抑制剂
      - 解偶联剂
      - 氧化磷酸化抑制剂
      - 离子载体抑制剂
    - 线粒体穿梭系统
      - 苹果酸天冬氨酸穿梭系统
      - 甘油-3-磷酸穿梭系统

- 生物氧化在医药研究中的应用
  - 辅酶类药物
  - 生物氧化过程作为药物靶点
    - 电子传递链作为药物靶点
    - 靶向氧化磷酸化的药物研发
    - 药物代谢酶与个体化用药

- 非线粒体氧化体系
  - 微粒体的加氧酶体系
    - 加单氧酶类
    - 加双氧酶类
  - 过氧化物酶体氧化体系
  - 活性氧的产生与清除
    - 线粒体呼吸链是体内ROS最主要的来源
    - 抗氧化酶

拓展学习

　　本书编者已收集整理了一系列与生物氧化相关的经典科研文献、参考书等拓展性学习资料，请扫描左侧二维码进行阅读学习。

思考题

1. 试述生物氧化的方式与参与生物氧化的酶类。
2. 试述呼吸链的组成及排列顺序。
3. 试述氧化磷酸化的过程及其化学渗透偶联学说。
4. 电子传递链和氧化磷酸化之间有何关系？
5. 什么是磷/氧（P/O）比？测定 P/O 比有何意义？
6. 列举常见的氧化磷酸化的解偶联剂和抑制剂。
7. 试述线粒体穿梭系统。
8. 简述非线粒体氧化体系。
9. 举例说明生物氧化在医药研究中有哪些应用？

参考文献

[1] 王艳萍.生物化学.北京：中国轻工业出版社，2015.

[2] 任衍钢，白冠军，等.呼吸链的发现与揭示过程.生物学通报，2015，50（8）：59-62.

[3] 杨荣武.生物化学.北京：科学出版社，2018.

[4] María Alcázar-Fabra，Plácido Navas，et al. Coenzyme Q biosynthesis and its role in the respiratory chain structure. Biochimica et Biophysica Acta，2016，1857（8）：1073-1078.

[5] Christopher K Mathews，et al. Biochemistry. 4th edition. Toront：Pearson Canada Inc，2013.

[6] Nelson L David，Cox M Michael. Lehninger Principles of Biochemistry. 7th edition. New York：W H Freeman and Company，2017.

[7] 张洪渊.生物化学原理.北京：科学出版社，2016.

[8] 王镜岩，朱圣庚，徐长法.生物化学.3版.北京：高等教育出版社，2007.

[9] Tymoczko L John，Berg M Jeremy，Stryer Lubert. Biochemistry：a Short Course. 3rd editon. New York：W H Freeman and Company，2015.

[10] 德夫林 T M，等.生物化学——基础理论与临床.6版.王红阳，等译.北京：科学出版社，2008.

[11] 吴梧桐.生物化学.2版.北京：中国医药科技出版社，2010.

[12] 张洪渊.生物化学原理.北京：科学出版社，2016.

[13] 贾弘禔，冯作化，屈伸.生物化学与分子生物学.2版.北京：人民卫生出版社，2010.

[14] 张继忠，迟莉丽，沈亚领.辅酶 Q10 的生产及在医学领域中的应用.上海应用技术学院学报，2005，4（4）：301-305.

[15] 杨学义，宿燕岗，陈灏珠.辅酶 Q10 的药理和临床应用.中国药理学通报，1994（2）：88-91.

[16] 李秀真，吴海江.辅酶 Q10 的抗氧化作用及其在心血管领域的应用.临床和实验医学杂志，2007，6（1）：133-133.

[17] 钱雪，王祖巧，韩国平，等.辅酶 Q10 的药理与应用.食品与药品，2006，8（1）：16-19.

[18] 王怀颖，石少慧，张秋燕，等.辅酶 Q10 对脑衰老影响的实验研究.中国公共卫生，2004，20（11）：1346-1347.

[19] Pliyev B K，Ivanova A V，Savchenko V G. Extracellular NAD$^+$ inhibits human neutrophil apoptosis. Apoptosis，2014，19（4）：581-593.

[20] Belenky P，Bogan K L，Brenner C. NAD$^+$ metabolism in health and disease. Trends in Biochemical Sciences，2007，32（1）：12-19.

[21] Braidy N，Poljak A，Grant R，et al. Mapping NAD$^+$ metabolism in the brain of ageing Wistar rats：potential targets for influencing brain senescence. Biogerontology，2014，15（2）：177-198.

[22] Dolle C，Rack J G M，Ziegler M. NAD and ADP-ribose metabolism in mitochondria. FEBS Journal，2013，280（15）：3530-3541.

[23] Imai S I. The NAD World：A New Systemic Regulatory Network for Metabolism and Aging-Sirt1，Systemic NAD Biosynthesis，and

Their Importance. Cell Biochemistry and Biophysics, 2009, 53 (2): 65-74.

[24] John M, Midgley A W, Steve D, et al. The Effect of Antioxidant Supplementation on Fatigue during Exercise: Potential Role for NAD$^+$ (H). Nutrients, 2010, 2 (3): 319-329.

[25] Pillai J B, Isbatan A, Imai S, et al. Poly (ADP-ribose) polymerase-1-dependent cardiac myocyte cell death during heart failure is mediated by NAD$^+$ depletion and reduced Sir2alpha deacetylase activity. Journal of Biological Chemistry, 2005, 280 (52): 43121-43130.

[26] Zhuo L, Fu B, Bai X, et al. NAD Blocks High Glucose Induced Mesangial Hypertrophy via Activation of the Sirtuins-AMPK-mTOR Pathway. Cellular Physiology and Biochemistry, 2011, 27 (6): 681-690.

[27] Hasegawa K, Wakino S, Yoshioka K, et al. Kidney-specific Overexpression of Sirt1 Protects against Acute Kidney Injury by Retaining Peroxisome Function. Journal of Biological Chemistry, 2010, 285 (17): 13045-13056.

[28] Haag F, Adriouch S, Braß A, et al. Extracellular NAD and ATP: Partners in immune cell modulation. Purinergic Signalling, 2007, 3 (1-2): 71-81.

[29] Hubert S, Rissiek B, Klages K, et al. Extracellular NAD$^+$ shapes the Foxp^{3+} regulatory T cell compartment through the ART2-P2X7 pathway. Journal of Experimental Medicine, 2010, 207 (12): 2561-2568.

[30] Goosen Rene. A comparative analysis of CoA biosynthesis in selected organisms: a metabolite study [D]. Stellenbosch: Stellenbosch University, 2016.

[31] 栾贻宏, 路宁, 等. 辅酶A的生化功能和应用. 中国生化药物杂志, 2003 (3): 54-56.

[32] 潘凌立, 潘达, 廖卫兵等. 线粒体靶向药物的研究进展. 医学综述, 2015 (1): 37-39.

[33] Lencina A M, Franza A T, Sullivan B M J, et al. Type 2 NADH Dehydrogenase is the Only Point of Entry for Electrons into the Streptococcus agalactiae Respiratory Chain and is a Potential Drug Target. mBio, 2018, 9 (4): e01034-18

[34] 董悦生, 路新华, 郑智慧, 等. 以电子传递链为作用靶点的微生物来源抗蠕虫药物研究进展 [C]. 抗感染药物与耐药菌防控专题研讨会, 2011: 377-381.

[35] 孙竞, 高静. 靶向线粒体抗神经退行性疾病新型药物研究进展. 国际药学研究杂志, 2016 (1): 79-86.

[36] 蒙萍, 马慧萍, 景临林, 等. 线粒体靶向抗氧化剂MitoQ的研究进展. 解放军医药杂志, 2014, 26 (12): 108-111.

[37] 樊鹏程, 葛越, 蒋炜, 等. 线粒体靶向抗氧化剂研究进展. 药学实践杂志, 2015 (1): 1-4.

[38] 陈剑鸿, 王碧江, 刘松青. 线粒体靶向药物载运的研究进展. 中国药房, 2001, 12 (11): 693-694.

[39] 杨滢霖, 李伟瀚, 王月华, 等. 线粒体表观遗传修饰及药物靶点研究进展. 中国新药杂志, 2018, 27 (1): 57-61.

[40] 张兰月, 曹明乐. 线粒体作为新抗真菌药物的药物靶点. 国外医药 (抗生素分册), 2018, 39 (5): 34-38.

[41] 林碧云, 黎旭, 张海涛. 肿瘤细胞能量代谢中潜在的治疗靶点. 生命的化学, 2015 (1): 49-54.

[42] Nayak A, Kapur A, Barroilhet L, et al. Oxidative Phosphorylation: a Target for Novel Therapeutic Strategies Against Ovarian Cancer. Cancers, 2018, 10 (9): 337.

[43] Ashton T M, Mckenna W G, Kunz-Schughart L A, et al. Oxidative phosphorylation as an emerging target in cancer therapy. Clinical Cancer Research, 2018, 24 (11): 2482-2490.

[44] 王广基. 药物代谢组学与个体化用药的精准医疗. 药学进展, 2017 (4): 5-8.

[45] 许力, 王升启. 药物基因组学的发展及其在个体化用药中的应用. 国际药学研究杂志, 2006, 33 (6): 441-444.

[46] 朱大岭, 韩维娜, 张荣. 细胞色素P450酶系在药物代谢中的作用. 医药导报, 2004, 23 (7): 440-443.

[47] 成碟, 徐为人, 刘昌孝, 等. 细胞色素P450 (CYP450) 遗传多态性研究进展. 中国药理学通报, 2006, 22 (12): 1409-1414.

[48] 李金恒. 临床个体化用药中的药物基因组学考虑. 中国临床药理学与治疗学, 2007, 12 (4): 361-365.

[49] 何明燕, 夏景林, 王向东. 精准医学研究进展. 世界临床药物, 2015 (6): 66-70.

[50] 周宏灏. 基因导向性个体化用药新模式. 中南药学, 2003, 1 (1): 5-10.

(王永中)

第七章

糖类及糖代谢

学习目标

1. 掌握：典型单糖的结构和性质，分析比较寡糖、多糖的结构和性质。糖类主要代谢途径，即糖酵解、三羧酸循环、磷酸戊糖途径、糖异生、糖原代谢等。
2. 熟悉：理解糖代谢途径的特点、生物学意义及调节机制。
3. 了解：糖类在医药研究领域的应用，体会人与高等动物糖代谢异常时的主要情况。

糖类是地球上最丰富的有机化合物，广泛分布于生物体中。植物体约 $85\%\sim90\%$ 的组分为糖类，谷物薯类含丰富的淀粉，甘蔗和甜菜含大量的蔗糖，水果含果糖及果胶，棉花、竹子等几乎均由纤维素组成。人和动物的器官组织中含糖量约占组织干重的 2%，如血液中的葡萄糖，肝、肌肉中的糖原，乳汁中的乳糖。微生物体内也含有糖类，约占菌体干重的 $10\%\sim30\%$。糖在生命活动中最主要的作用是提供碳源和能量，人体每天所需能量 $50\%\sim60\%$ 来自于糖类。

第一节　糖类的概念、分类与功能

一、糖类的概念

糖类（carbohydrate 或 saccharide）由碳、氢、氧元素组成，是多羟基醛或多羟基酮及其聚合物和衍生物的总称。绝大多数糖类的分子式可用 $C_n(H_2O)_n$ 来表示，旧称碳水化合物。实际上有些糖的分子式并不符合 $C_n(H_2O)_n$，如岩藻糖（fucose，6-脱氧半乳糖）、鼠李糖（rhamnose，6-脱氧甘露糖）的分子式均为 $C_6H_{12}O_5$，脱氧核糖（deoxyribose）的分子式为 $C_5H_{10}O_4$ 等；而符合 $C_n(H_2O)_n$ 的化合物不一定是糖，如甲醛、乙酸、乳酸等。

二、糖类的分类

按照能否水解和水解后产物，糖类分为单糖、寡糖、多糖和复合糖。

1. 单糖

单糖（monosaccharide）是糖类物质中最简单的一种，不能再被水解为更小分子的糖类物质。根据所含碳原子数目，单糖分为丙糖、丁糖、戊糖、己糖、庚糖，其中戊糖、己糖分布广、作用大，如核糖、脱氧核糖、木糖、阿拉伯糖、葡萄糖、果糖、半乳糖、甘露糖等。

2. 寡糖

寡糖（oligosaccharide）由2～10个单糖分子缩合而成，水解后产生单糖，包括二糖、三糖、四糖、五糖和六糖等，其中最重要的是二糖，如蔗糖、麦芽糖、乳糖等。

3. 多糖

多糖（polysaccharide）由10个以上单糖分子或单糖衍生物缩合失水而成，加水降解后生成原来的单糖或其衍生物。它分为**同多糖**（homopolysaccharide）和**杂多糖**（heteropolysaccharide），前者为相同单糖所组成，后者为一种以上的单糖或其衍生物所组成，如淀粉、糖原、纤维素、琼脂、果胶、糖胺聚糖（黏多糖）等。

4. 复合糖

复合糖（compound saccharide）由糖类与非糖物质结合而成，也称结合糖，如糖脂、肽聚糖、蛋白聚糖、糖蛋白等。

三、糖类的功能

糖类不仅广泛分布于自然界，而且与人类的关系极为密切，其主要生物学功能如下。

① 糖类是生物体的结构物质，如细胞结构中的细胞壁、细胞膜中的糖蛋白和糖脂、细胞基质中的糖胺聚糖。

② 糖类是生物体的主要能源物质，如糖类通过氧化而放出大量能量，保证机体的生命活动。

③ 糖类是生物体许多物质的前体，如氨基酸、核苷酸、脂质、辅酶等。

④ 糖类是细胞之间相互识别的信息分子，如细胞黏附、细胞免疫、细胞形态发生等细胞识别的功能都与糖蛋白的糖链有关。

随着对糖类研究的不断深入，其生物学功能不断被发现，如细胞信号传递、代谢调控、细胞衰老、肿瘤发生与转移等，都与糖类密切相关。

第二节　糖类的化学结构

一、单糖

（一）单糖的结构

1. 链状结构

单糖是多羟醛或多羟酮，葡萄糖可被钠汞齐和HI还原生成正己烷，可被浓HNO_3氧化生成糖二酸，而正己烷、糖二酸都是开链化合物，所以单糖应该也是链状结构，可用下列通式表示醛糖或酮糖。

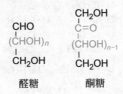

醛糖　　　　酮糖

根据上述通式，最简单的糖是三碳糖。三碳醛糖称为甘油醛，三碳酮糖称为二羟丙酮。其它所有单糖都可以看作是这两个单糖的碳链的加长。

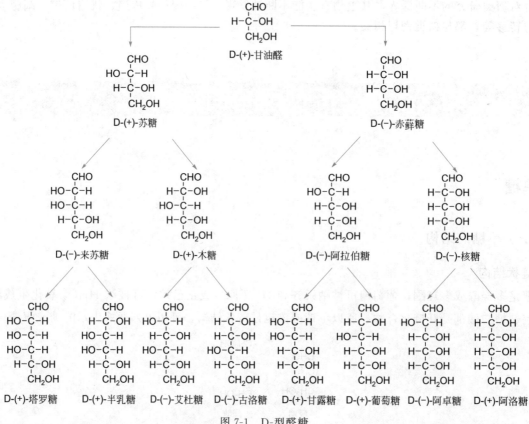

甘油醛   二羟丙酮

D-(+)-葡萄糖(醛糖)   D-(-)-果糖(酮糖)

开链醛糖和开链酮糖含有**不对称碳原子**（asymmetric carbon atom），也称**手性碳原子**（chiral carbon atom），常用 C^* 表示。单糖分子中存在数量不等的不对称（手性）碳原子，可形成数量不等的旋光异构体，各异构体的旋光性不同。

单糖有 D-型和 L-型两种异构体，是以甘油醛作为标准人为规定的，即—OH 在甘油醛不对称碳原子右边者为 D-型，在左边者为 L-型。

L-(-)-甘油醛   D-(+)-甘油醛

判断单糖的构型是 D-型还是 L-型，是将其分子中离羰基最远的 C^* 上—OH 的空间排布与甘油醛比较，—OH 在右边的为 D-型，在左边的为 L-型。根据这种方法，由 D-甘油醛和 D-酮糖可能衍生的单糖分别如图 7-1、图 7-2 所示。同样，L-构型的 $C_4 \sim C_6$ 醛糖和酮糖也可如此衍生。

D-(+)-甘油醛

D-(+)-苏糖   D-(-)-赤藓糖

D-(-)-来苏糖   D-(+)-木糖   D-(-)-阿拉伯糖   D-(-)-核糖

D-(+)-塔罗糖   D-(+)-半乳糖   D-(-)-艾杜糖   D-(-)-古洛糖   D-(+)-甘露糖   D-(+)-葡萄糖   D-(-)-阿卓糖   D-(+)-阿洛糖

图 7-1　D-型醛糖

D-型及L-型仅表示各有关单糖在构型上与D-甘油醛或L-甘油醛的构型关系，而与异构体的旋光性无对应关系，包括旋光方向、旋光度。如果要表示旋光性，则在D-后加（＋）号，表示右旋，加（－）号表示左旋。例如：D-（－）-果糖表示果糖的构型与D-甘油醛相同，旋光性是左旋。

D-型与L-型单糖互为异构体，自然界中D-型单糖占优势。仅一个手性C原子构型不同的糖互为**差向异构体**（epimer），如：D-葡萄糖和D-半乳糖就是C4构型不同的差向异构体。

D-葡萄糖、D-果糖与人类关系较密切，人体的血糖几乎全是D-葡萄糖，医疗上注射用的糖也是葡萄糖；D-果糖存在于水果中，比葡萄糖甜。

2. 环状结构

实验证明：葡萄糖的性质与一般醛类有不同，不能用开链结构来合理解释。例如：新配制的葡萄糖水溶液比旋光度随时间而改变；葡萄糖醛基不如一般醛类的醛基活泼，不能与$NaHSO_3$和Schiff试剂发生加合作用；1分子葡萄糖只能与1分子甲醇结合成甲基葡萄糖，而一般醛类分子能与2分子甲醇作用生成缩醛。

醛或酮与醇进行亲核加成而形成半缩醛或半缩酮，若羟基和羰基处于同一分子内则可发生分子内亲核加成，形成环状半缩醛（半缩酮）。因此，葡萄糖醛基在环状式中变成了半缩醛基，不如自由醛基活泼，环状式中第一碳原子的—H与—OH基团可以左右调换位置，故有一个以上的比旋光度。

据此，单糖不仅有链状结构，同样还有环状结构。

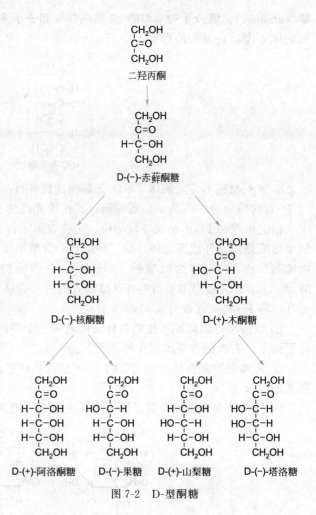

图7-2　D-型酮糖

D-葡萄糖和D-果糖的结构式又可如下式：

α-D-葡萄糖　　　　α-D-果糖

单糖的链状结构和环状结构，实际上是同分异构体。环状结构很重要，以葡萄糖为例，在晶体状态或在水溶液中，绝大部分是环状结构，在水溶液中链状结构和环状结构是可以互变的，糖的水溶液中含有少量的自由醛基（指链状糖），故呈醛的性质。

单糖由直链结构变成环状结构后，羰基碳原子成为新的手性中心，转变为不对称碳原子，称为**异头碳**（anomeric carbon），与其相连的—OH位置可在碳原子的左边或右边，由此又产生一对异构体，称为**异头**

物（anomer）。糖分子的半缩醛/半缩酮羟基和分子末端—CH_2OH 邻近不对称碳原子的—OH 基在碳链同侧的称 α-型，在异侧的称 β-型。

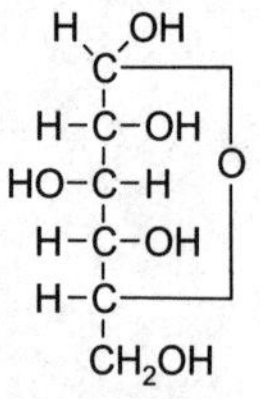

α-D-葡萄糖

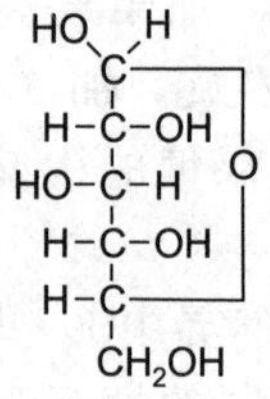

β-D-葡萄糖

α-和 β-型糖不是对映体，α-D-葡萄糖比旋光度（$[\alpha]_D^{20}$）为＋112.2°；β-D-葡萄糖比旋光度为＋18.7°（α-D-葡萄糖的对映体是 α-L-葡萄糖，其比旋光度为－112.2°）。

以上单糖的 Fischer 式环状结构，正确表示了各个不对称碳原子构型的差异并解释了单糖的性质。环式半缩醛是六元环或五元环结构，环结构中含氧原子，来自半缩醛的羟基，是个杂环结构，这种结构类似吡喃和呋喃，相应称为吡喃糖（pyranose）、呋喃糖（furanose）。为了准确地反映糖分子的立体构型，W. N. Haworth 提出书写糖类环状结构式的另一方法，即建议将吡喃糖式写成六元环，将呋喃糖式写成五元环，将 Fischer 式改写成 Haworth 式：

① 氧桥所连的碳原子按顺时针方向画在一个平面上，Fischer 式中碳链左边的各基团写在 Haworth 式环平面上，右边的各基团写在环平面下。

② 末端羟甲基在环平面上方的为 D-型，在环平面下方的为 L-型，异头碳羟基与其呈反式的为 α-型，顺式的为 β-型。

③ 酮糖的第 1 位碳及其基团写在环平面上方的为 α-型，环平面下方的为 β-型。

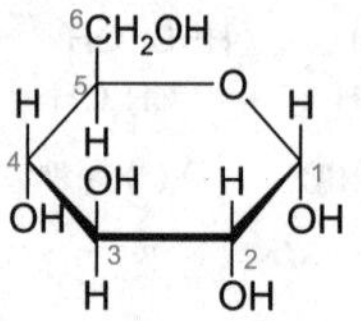

α-D-吡喃葡萄糖

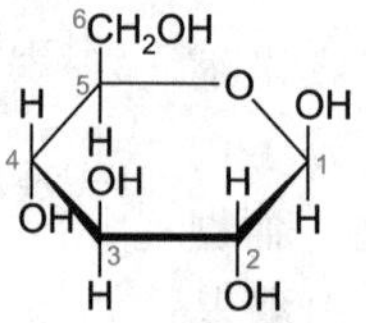

β-D-吡喃葡萄糖

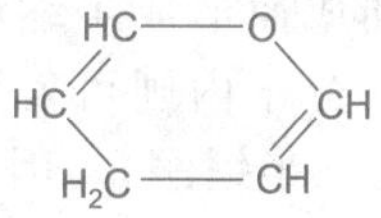

吡喃

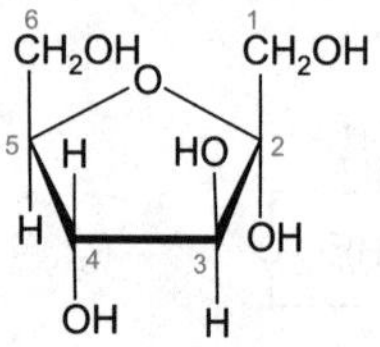

α-D-呋喃果糖

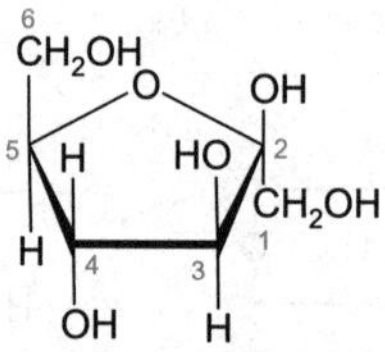

β-D-呋喃果糖

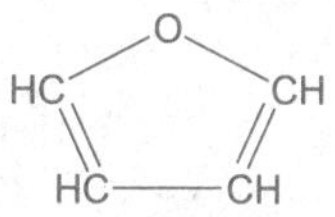

呋喃

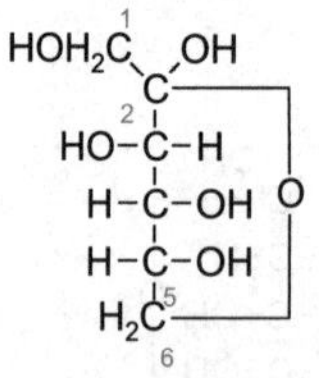

α-D-吡喃果糖
(Fischer式)

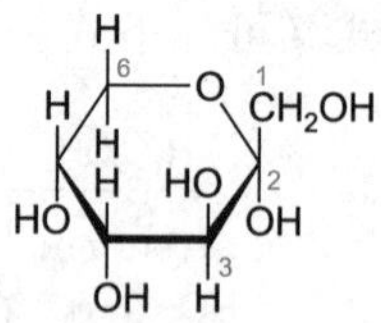

α-D-吡喃果糖(六元环)
(Haworth式)

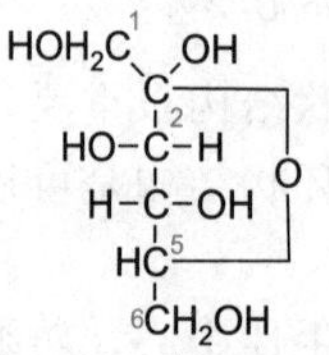

α-D-呋喃果糖
(Fischer式)

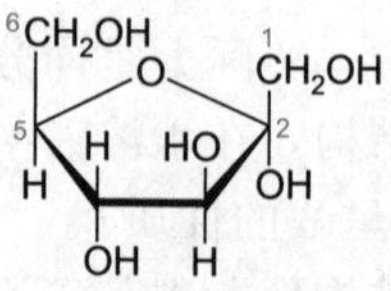

α-D-呋喃果糖(五元环)
(Haworth式)

3. 构象

糖分子中各碳原子之间都是以单键相连，可以自由旋转，这就产生了构象问题。**构象**（conformation）是用来表示一个有机化合物结构中一切原子沿共价键转动而产生的不同空间结构，构象的改变不涉及共价键的断裂和形成。

直链的单糖分子可有各种构象，但单糖成环后各原子的旋转受到一定牵制，构象体减少。根据 X 射线衍射、旋光性和红外光谱等方法研究己糖及其衍生物的构象，己糖的 C—C 键都保持正常四面体价键的方向，不是在一个平面上，而是折叠成椅式和船式两种构象。

己糖及其衍生物主要以椅式存在，船式仅占极小比例。在水溶液中椅式和船式可以互变，在室温下船式结构很少，但随温度增高，船式比例相应升高，最终达到两种形式的平衡。

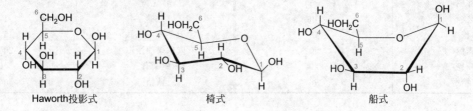

Haworth投影式　　　　　椅式　　　　　船式

（二）单糖的性质

1. 物理性质

单糖的重要物理性质有旋光性、变旋性、溶解性及甜度。

（1）**旋光性**（optical rotation）几乎所有的单糖（二羟丙酮例外）及其衍生物都含有不对称碳原子，都有旋光性，能使偏振光的平面旋转。

糖的旋光性可用比旋光度$[\alpha]_D^{20}$（又称旋光率）来表示，它是指单位浓度的物质在 1dm 长的旋光管内，20℃ 钠光下的旋光读数，是物质的一种物理常数，与糖的性质、实验温度、光源的波长和溶剂的性质都有关（表 7-1）。故一种糖的比旋光度可按下式求得：

$$[\alpha]_D^{20}=\frac{\alpha\times100}{lc}$$

式中，α 为旋光仪测定的读数；l 为旋光管的长度，dm；c 为旋光物质水溶液的浓度，g/100mL；20 为 20℃；D 为钠光，λ 为 5890～5896Å（$1Å=10^{-10}$ m）。

表 7-1　一些重要单糖的比旋光度（水溶液）

名称	$[\alpha]_D^{20}/(°)$	名称	$[\alpha]_D^{20}/(°)$
D-甘油醛	+9.4	β-D-吡喃葡萄糖	+18.7→+52.5
D-赤藓糖	−9.3	α-D-吡喃甘露糖	+29.3→+14.5
D-赤藓酮糖	−11.0	β-D-吡喃甘露糖	−17.0→+14.5
D-核糖	−19.7	α-D-吡喃半乳糖	+150.0→+80.2
D-脱氧核糖	−59.0	β-D-吡喃半乳糖	+52.8→+80.2
D-核酮糖	−16.3	D-果糖	−92.0
D-木糖	+18.8	L-山梨糖	−43.1
D-木酮糖	−26.0	L-岩藻糖	−75.0
L-阿拉伯糖	+104.5	L-鼠李糖	+8.2
α-D-吡喃葡萄糖	+112.2→+52.5	D-景天庚酮糖	+2.5

（2）**变旋性**（mutarotation）即一个旋光体溶液放置后其比旋光度改变的现象，这是分子立体结构发生变化的结果。变旋作用是可逆的。

α-D-葡萄糖⇌平衡混合物⇌β-D-葡萄糖

　+112.2°　　　　+52.5°　　　　+18.7°

α-D-果糖⇌平衡混合物⇌β-D-果糖

　−21.0°　　　　−92.0°　　　　−133.5°

许多单糖及其衍生物在水溶液中会发生变旋现象，是由于吡喃糖、呋喃糖随着 α-和 β-异构体达到平衡而比旋光度发生变化。

（3）溶解性　单糖易溶于水，微溶于乙醇，不溶于乙醚、丙酮等非极性有机溶剂。

（4）甜度　单糖有甜味，但甜度大小不同，若用蔗糖作参考物，其他糖类和甜味剂的相对甜度如表 7-2。

表 7-2　某些糖类与甜味剂的相对甜度

名称	相对甜度	名称	相对甜度
乳糖	16	蔗糖	100
半乳糖	30	木糖醇	125
麦芽糖	35	转化糖	150
山梨糖	40	果糖	175
木糖	45	天冬苯丙二肽	15000
甘露糖	50	应乐果甜蛋白	20000
葡萄糖	70	蛇菊苷	30000
麦芽糖醇	90	糖精	50000

糖的甜度与其化学结构有关，是糖分子中的某些原子基团对舌尖味觉神经细胞刺激而引起的。多糖无甜味，因其分子太大，不能透入舌尖的味觉乳头细胞。

2. 化学性质

单糖为多羟基醛或多羟基酮，故醛基、酮基和醇基所能产生的化学反应，醛糖或酮糖一般也能产生。

（1）单糖的异构化　弱碱或稀强碱可引起单糖的分子重排，通过烯醇化中间体相互转变，产生混合物。生物体内通过异构酶催化转变。强碱作用会使单糖断裂产生多种产物。

（2）单糖的氧化（单糖的还原性）　在碱性溶液中，醛基、酮基变成烯二醇，具还原性，能还原金属离子，如 Cu^{2+}、Ag^+、Hg^{2+}、Bi^{3+} 等，糖本身被氧化成**糖酸**（saccharic acid）及其他产物。反应式如下：

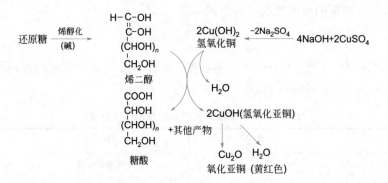

在此反应中 $Cu(OH)_2$ 首先按下列反应释放出氧。

$$2Cu(OH)_2 \xrightarrow[\text{还原糖}]{\text{加热}} 2CuOH + H_2O + \frac{1}{2}O_2$$

糖类在碱性溶液中的还原作用常被利用来作为还原糖的定性及定量依据。常用的试剂为含 Cu^{2+} 的碱性溶液，例如 Fehling 试剂是硫酸铜溶液与氢氧化钠（或氢氧化钾）和酒石酸钾钠（或柠檬酸钠）配成的试剂，Benedict 试剂则用无水碳酸钠代替氢氧化钠或氢氧化钾。酒石酸钾钠或柠檬酸钠的作用是防止反应产生的氢氧化铜或碳酸铜沉淀，使之变成可溶性的而又略能解离的复合物，从而保证供给 Cu^{2+} 以氧化糖。碱的作用是使糖发生烯醇化变为强还原剂，同时使硫酸铜变为 $Cu(OH)_2$。

酮糖在碱性溶液中经烯醇化作用变成烯二醇而具有还原性。

醛糖可以被无机氧化剂氧化，不仅醛基被氧化，其末端的伯醇基也可被氧化，氧化产物随不同氧化剂而异。如果用溴水，醛糖只有醛基被氧化成羧基而生成糖酸；如用强氧化性的浓硝酸，则醛基和末端的伯醇基同时被氧化而得糖二酸。生物体内还可能只氧化伯醇基而保留其醛基，生成糖醛酸。现以醛糖为例表示如下：

$$\underset{\text{糖酸}}{\begin{array}{c}\text{COOH}\\|\\\text{CHOH}\\|\\(\text{CHOH})_n\\|\\\text{CH}_2\text{OH}\end{array}}\quad\xleftarrow{\text{溴水}}\quad\underset{\text{醛糖}}{\begin{array}{c}\text{CHO}\\|\\\text{CHOH}\\|\\(\text{CHOH})_n\\|\\\text{CH}_2\text{OH}\end{array}}\quad\xrightarrow{\text{HNO}_3}\quad\underset{\text{糖二酸}}{\begin{array}{c}\text{COOH}\\|\\\text{CHOH}\\|\\(\text{CHOH})_n\\|\\\text{COOH}\end{array}}$$

$$\xdownarrow{\text{(生物体内)}}$$

$$\underset{\text{糖醛酸}}{\begin{array}{c}\text{CHO}\\|\\\text{CHOH}\\|\\(\text{CHOH})_n\\|\\\text{COOH}\end{array}}$$

D-葡萄糖醛酸能与苯甲酸和酚类等结合，由尿排出，对机体有解毒作用。葡萄糖酸能与钙结合而成葡萄糖酸钙，是钙补充剂。

酮糖较不稳定，与较强氧化剂作用立即发生分解，产生两个低分子酸类。

$$\underset{\text{果糖}}{\begin{array}{c}\text{CH}_2\text{OH}\\|\\\text{C=O}\\|\\(\text{CHOH})_3\\|\\\text{CH}_2\text{OH}\end{array}}\quad\xrightarrow{[O]}\quad\underset{\text{乙醇酸}}{\begin{array}{c}\text{CH}_2\text{OH}\\|\\\text{COOH}\end{array}}\quad+\quad\underset{\text{三羟基丁酸}}{\begin{array}{c}\text{COOH}\\|\\\text{CHOH}\\|\\\text{CHOH}\\|\\\text{CH}_2\text{OH}\end{array}}$$

生物体内单糖经糖代谢途径，可将整个分子彻底氧化成 H_2O 和 CO_2，同时释放能量。

（3）单糖的还原　在一定的条件下，单糖的醛基或酮基可被氢还原成醇基，生成多羟基醇，称为**糖醇**（sugar-alcohol）。

$$\underset{\substack{\text{D-葡萄糖醇}\\(\text{D-山梨糖醇})}}{\begin{array}{c}\text{CH}_2\text{OH}\\|\\\text{H-C-OH}\\|\\\text{HO-C-H}\\|\\\text{H-C-OH}\\|\\\text{H-C-OH}\\|\\\text{CH}_2\text{OH}\end{array}}\qquad\underset{\text{D-甘露糖醇}}{\begin{array}{c}\text{CH}_2\text{OH}\\|\\\text{HO-C-H}\\|\\\text{HO-C-H}\\|\\\text{H-C-OH}\\|\\\text{H-C-OH}\\|\\\text{CH}_2\text{OH}\end{array}}\qquad\underset{\text{D-半乳糖醇(卫矛醇)}}{\begin{array}{c}\text{CH}_2\text{OH}\\|\\\text{H-C-OH}\\|\\\text{HO-C-H}\\|\\\text{HO-C-H}\\|\\\text{H-C-OH}\\|\\\text{CH}_2\text{OH}\end{array}}$$

糖醇对酸、热有较高的稳定性，不容易发生美拉德（Maillard）反应，不被口腔微生物利用，是防龋齿的好材料。糖醇对人体血糖值上升无影响，且能为糖尿病人提供一定热量，所以可作为糖尿病人的营养性甜味剂。糖醇现在已成为国际食品和卫生组织批准的无须限量使用的安全性食品之一，目前开发的糖醇有山梨糖醇、甘露糖醇、赤藓糖醇、麦芽糖醇、乳糖醇、木糖醇等。

（4）单糖的成脎作用　单糖的醛基或酮基可与苯肼、氢氰酸、羟氨等起加合作用。

$$\underset{\text{D-葡萄糖}}{\begin{array}{c}\text{H}\\|\\\text{C=O}\\|\\\text{H-C-OH}\\|\\\text{HO-C-H}\\|\\\text{H-C-OH}\\|\\\text{H-C-OH}\\|\\\text{CH}_2\text{OH}\end{array}}\quad+\quad\underset{\text{苯肼}}{\text{H}_2\text{N-NHC}_6\text{H}_5}\quad\xrightarrow{-\text{H}_2\text{O}}\quad\underset{\text{葡萄糖苯腙}}{\begin{array}{c}\text{H}\\|\\\text{C=N-NHC}_6\text{H}_5\\|\\\text{H-C-OH}\\|\\(\text{CHOH})_3\\|\\\text{CH}_2\text{OH}\end{array}}$$

$$\xrightarrow[\substack{-\text{C}_6\text{H}_5\text{NH}_2\\-\text{NH}_3}]{+\text{H}_2\text{NNHC}_6\text{H}_5}\quad\underset{\text{酮苯腙}}{\begin{array}{c}\text{H-C=N-NHC}_6\text{H}_5\\|\\\text{C=O}\\|\\(\text{CHOH})_3\\|\\\text{CH}_2\text{OH}\end{array}}\quad+\quad\text{H}_2\underset{}{\overset{\text{NNHC}_6\text{H}_5}{}}\quad\xrightarrow{-\text{H}_2\text{O}}\quad\underset{}{\begin{array}{c}\text{H}\\|\\\text{C=N-NHC}_6\text{H}_5\\|\\\text{C=N-NHC}_6\text{H}_5\\|\\(\text{CHOH})_3\\|\\\text{CH}_2\text{OH}\end{array}}$$

葡萄糖脎(或果糖脎，或甘露糖脎)

酮糖与苯肼加合的反应是先由第 2 碳原子的酮基与苯肼加合，然后第 1 碳原子的醇基被苯肼氧化成醛基，再与另一分子苯肼加合成**糖脎**（osazone）。

单糖的醛基或酮基与苯肼反应，只发生在 C1 和 C2 上，不再继续下去，主要是因为糖脎分子借分子内氢键形成了稳定的螯环结构（chelate ring structure）。

糖脎相当稳定，黄色晶体，不溶于水。D-葡萄糖、D-甘露糖、D-果糖生成同一种糖脎。从糖脎的晶型、熔点可鉴别糖的种类。

（5）单糖的成酯作用　单糖的一切羟基包括异头碳羟基都可与酸结合形成酯。

生物体内以三磷酸腺苷供给磷酸根，可与单糖生成各种磷酸酯，如葡萄糖-6-磷酸、葡萄糖-1-磷酸、果糖-1-磷酸、果糖-1,6-二磷酸、3-磷酸甘油醛、磷酸二羟丙酮等，都是糖代谢的重要中间产物。

（6）单糖的成苷作用　环状单糖的半缩醛（半缩酮）羟基与另一化合物（醇、糖、碱基等）的羟基、氨基或巯基发生缩合形成的含糖衍生物称为**糖苷**（glycoside）。

式中，R 称配基或配糖体，如所用单糖为 D-葡萄糖，则得 D-葡萄糖苷，如 R 为甲基则为 D-甲基葡萄糖苷。两分子单糖结合成的二糖，也可视为糖苷。

自然界的糖苷，有一些是对人类有用的，例如毛地黄苷（digitalin）的强心作用，苦杏仁苷（amygdalin）的止咳作用，黄芩苷（baicalin）的抗菌作用，根皮苷（phlorizin）有治疗糖尿病的疗效，人参皂苷（ginsenoside）有抗肿瘤的作用。许多高等植物的花朵和果实呈现的红、紫、蓝色等大多数是由某些深色的植物色素花色苷（anthocyanin）所引起的。许多糖苷经过糖苷酶的水解，能产生毒性物质（如氢氰酸）和消毒剂（如苯酚），植物体遭受破坏时，能据此保护受伤部分，避免微生物的侵入。

（7）单糖的脱水作用　单糖与浓硫酸、浓盐酸作用即脱水生成**糠醛**（furfural，呋喃醛）或糠醛衍生物。

己糖被强酸脱水产生羟甲基糠醛。

糠醛和甲基糠醛裂解后产生乙酰丙酸，它是塑料、合成纤维和医药等的原料。

糠醛或糠醛衍生物都能与酚类生成各种有色物质，可作为鉴别糖类的基础。与 α-萘酚生成紫红色缩合物，是鉴定糖的常用方法（Molisch 试验）；5-羟甲基糠醛与间苯二酚作用生成一种红色缩合物（Seli-wanoff 试验），为快速鉴定酮糖的方法；戊糖脱水产生的糠醛与间苯三酚作用生成朱红色物质（Tollen 试验），或与甲基间苯二酚作用生成蓝绿色物质（Bial 试验），都是戊糖的鉴定方法，而己糖反应慢，且分别呈现黄色或樱桃红色。

（8）单糖的氨基化　单糖分子中的羟基（主要是 C2，C3）可被—NH_2 基取代而生成氨基糖，称为**糖胺**（glycosamine）。

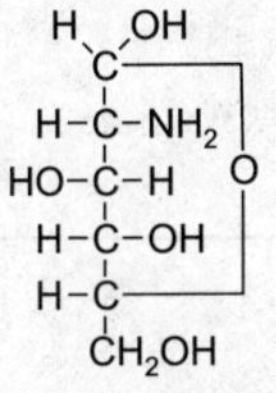

2-氨基-D-葡萄糖 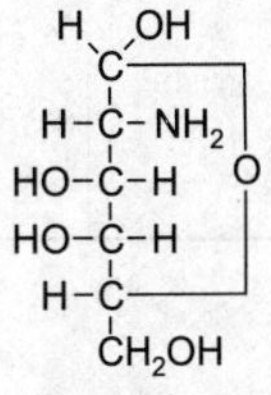　　　　2-氨基-D-半乳糖

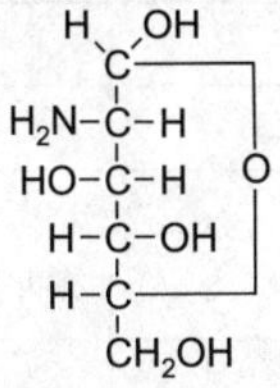

2-氨基-D-甘露糖 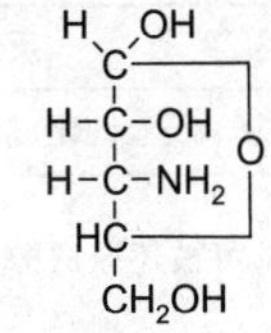　　　　3-氨基-D-核糖

氨基糖多以乙酰氨基糖形式存在，如 N-乙酰葡糖胺（N-acetyl-glucosamine，NAG）、N-乙酰胞壁酸（N-acetyl-muramic acid，NAM）、N-乙酰神经氨酸 [N-acetyl-neuraminic acid，NAN，又称唾液酸（sialic acid）]，是多种糖肽或糖蛋白的组分。

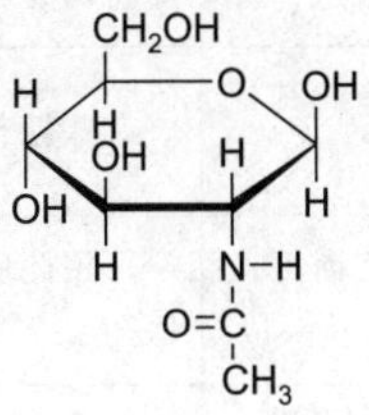

NAG 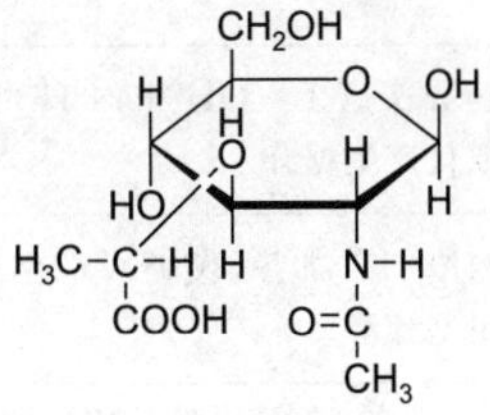　　　　　　　NAM

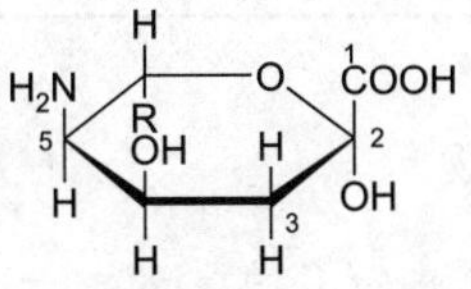

神经氨酸 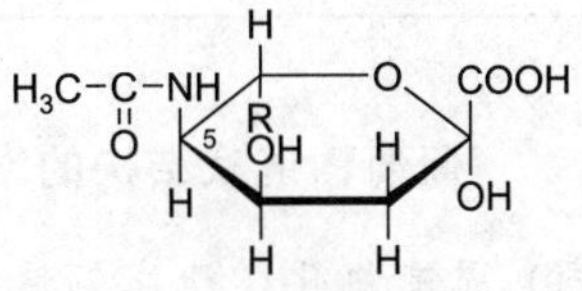　　　　　NAN　　　　　R=

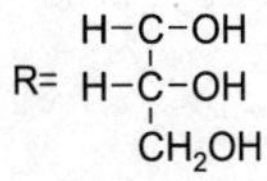

近年发现，不少生物物质，如苦霉素（picromycin）、红霉素（erythromycin）、碳霉素（carbomycin）、糖胺聚糖（glycosaminoglycan）、软骨蛋白（chondroprotein）分子中都含有氨基糖。

（9）单糖的脱氧　单糖的羟基失去氧生成脱氧糖。常见的有 D-2-脱氧核糖（D-2-deoxyribose），脱氧甘露糖如 L-鼠李糖（L-rhamnose），脱氧半乳糖如 L-岩藻糖（L-fucose）。D-脱氧核糖是脱氧核糖核酸的成分，L-岩藻糖是藻类糖蛋白的成分，L-鼠李糖为植物细胞壁的成分。

单糖反应中提到的糖醛酸、磷酸糖酯、糖苷、糖醇、氨基糖和脱氧糖等都是生物体内存在的重要的单糖衍生物。某些常见单糖及衍生物的缩写见表 7-3。

表 7-3　常见单糖及衍生物的缩写

单　糖		单糖衍生物	
阿拉伯糖	Ara	葡萄糖酸	GlcA
果糖	Fru	葡萄糖醛酸	GlcUA
岩藻糖	Fuc	半乳糖胺	GalN
半乳糖	Gal	葡糖胺	GlcN
葡萄糖	Glc	N-乙酰半乳糖胺	GalNAc
来苏糖	Lyx	N-乙酰葡糖胺	GlcNAc(NAG)
甘露糖	Man	胞壁酸	Mur
鼠李糖	Rha	N-乙酰胞壁酸	MurNAc(NAM)
核糖	Rib	N-乙酰神经氨酸(唾液酸)	NeuNAc(NAN)或(Sia)
木糖	Xyl		

单糖重要的化学性质见表 7-4。

表 7-4　单糖重要的化学性质

化学性质		反应	重要性
醛、酮基化学性质	氧化(还原性)	还原金属离子,氧化成糖酸	为鉴别还原糖的基础
	还原成醇	醛、酮基可被还原成醇	某些植物成分中所含的醇,如山梨醇、甘露糖醇都可能由此反应而生成的
	成脎	与苯肼作用成脎	为鉴别单糖的基础
	异构化(在弱碱液中)	在弱碱液中单糖的醛、酮基通过烯醇化作用起分子重排	为单糖转化的基础
	发酵	酵母使糖发酵产生乙醇	为酿酒的依据,亦可用来鉴别单糖及制造化学品
羟基化学性质	成酯	形成磷酸糖酯及乙酰糖酯	磷酸糖酯是糖代谢的中间产物,细胞膜吸收糖也要将糖先转化为磷酸糖酯
	成苷	单糖异头碳上—OH 中的 H 可被烷基或其他基团取代产生糖苷	有些糖苷是药物
	脱水	经与浓 HCl 加热,戊糖可产生糠醛,己糖可产生羟甲基糠醛	可用此反应鉴别醛糖和酮糖,产物可用于工业和医药
	氨基化	C2、C3 上的—OH 可被—NH$_2$ 取代形成氨基糖	氨基糖是糖蛋白的组分
	脱氧	经脱氧酶作用产生脱氧糖	脱氧糖是核酸的成分

知识链接　　　　　　　　　　　**葡萄糖链状结构的发现**

Emil Fischer（1852—1919，德国）是有机化学研究领域中最知名的学者之一。他发现了苯肼,对糖类、嘌呤类有机化合物的研究取得了突出的成就,荣获 1902 年诺贝尔化学奖。通过一系列实验,Fischer 推测出葡萄糖的链状结构,指出在六碳糖的开链醛式结构中,含有 4 个手性碳原子,应有 $2^4 = 16$ 个光学活性异构体,成为 8 对对映体。从 1884 年起,Fischer 用了 10 年时间,系统地研究了各种糖类化合物,阐明了许多糖分子的立体化学结构。1891 年,在提出糖分子不对称的概念后,Fischer 提出用投影式表示糖分子的立体结构（D-葡萄糖）。

二、寡糖

寡糖是由 2～10 个单糖通过糖苷键连接而成的,主要存在于植物中。

（一）常见的二糖

二糖（disaccharide）又称双糖，水解后产生2分子单糖。

1. 蔗糖（sucrose）

蔗糖俗称食糖，主要来源于甘蔗、甜菜、糖枫等。经水解（稀酸或蔗糖酶/转化酶）后得到等量的D-葡萄糖和D-果糖混合物。蔗糖为白色结晶，易溶于水，有甜味，有旋光性，比旋光度为+66.5°，无变旋作用，无还原性，不能成脎。

在水解过程中，旋光性逐渐由右旋变为左旋，这一作用被称为蔗糖的转化作用，生成的葡萄糖和果糖混合物称为转化糖，比蔗糖甜，比旋光度为−19.8°。蔗糖可被酵母发酵，加热到200℃得棕黑色焦糖，常被用作酱油的增色剂。

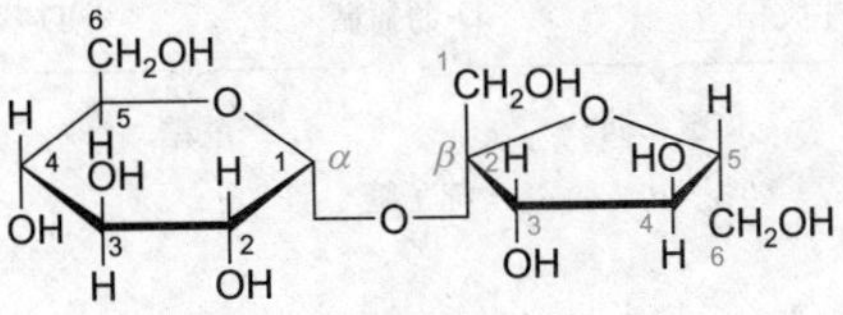

蔗糖

[葡萄糖基-α,β-(1→2)-果糖]

2. 麦芽糖（maltose）

麦芽糖俗称饴糖，是淀粉的水解产物。它经水解后可产生2分子葡萄糖。麦芽糖为白色晶体，易溶于水，有旋光性和变旋作用，比旋光度为+136°，有还原性，能与苯肼作用生成糖脎，可被酵母发酵，晶体麦芽糖为β-型。

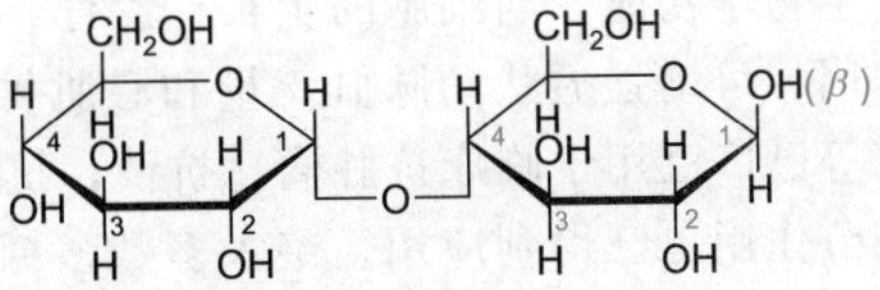

β-麦芽糖

[葡萄糖基-α-(1→4)-葡萄糖]

3. 乳糖（lactose）

乳糖是乳汁的成分，水解后产生1分子D-葡萄糖和1分子D-半乳糖。乳糖为白色晶体，溶于水，微甜，有旋光性和变旋现象，比旋光度为+55.3°，具有还原性，能成脎，不被酵母发酵，晶体乳糖为α-型。

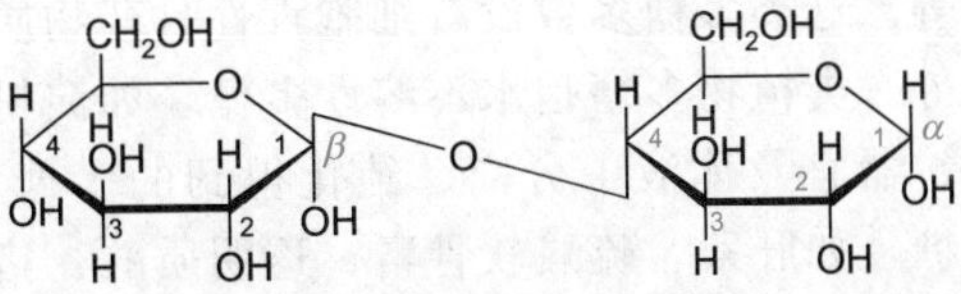

α-乳糖

[半乳糖基-β-(1→4)-葡萄糖]

4. 纤维二糖（cellobiose）

纤维二糖是纤维素水解产物，是1分子β-D-葡萄糖以β-(1→4)糖苷键与1分子α-D-葡萄糖相连。纤维二糖为白色结晶，有还原性，有旋光性和变旋现象，比旋光度为+36.4°。

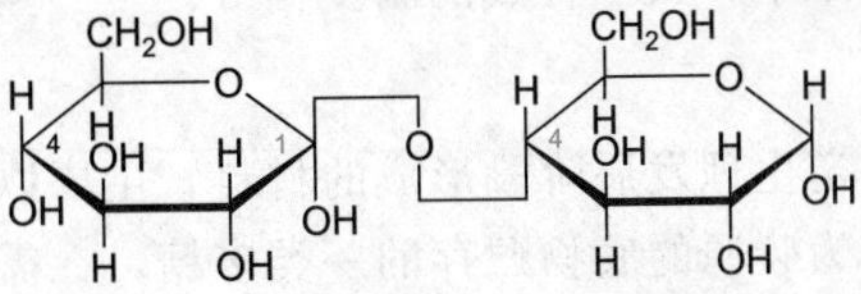

纤维二糖

[葡萄糖基-β-(1→4)-葡萄糖]

（二）其他简单寡糖

其他简单寡糖主要有三糖、四糖、五糖和六糖。三糖中棉子糖（raffinose）与人类关系较大，主要存在于棉子和甜菜中，是非还原糖，完全水解产生葡萄糖、果糖和半乳糖，在蔗糖酶作用下生成蜜二糖和果糖，在 α-半乳糖苷酶（蜜二糖酶）作用下生成半乳糖和蔗糖。

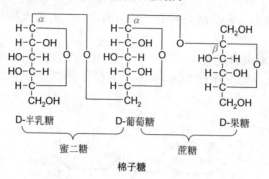

棉子糖

三、多糖

多糖（polysaccharide）也称聚糖（glycan），是由多个单糖单位构成的糖类物质，为高分子化合物，分子量从 $3 \times 10^4 \sim 4 \times 10^8$。多糖是非还原糖，有旋光性但不呈现变旋现象，无甜味，大多不溶于水，一般不能结晶。

自然界中糖类主要以多糖形式存在，与人类生活联系紧密，如淀粉、纤维素、糖原、几丁质等。不但如此，新近发现多糖还具有复杂的生物学功能，与细胞的生长、发育、免疫、形态发生、癌变、衰老等有关。多糖具有降血脂、降血糖的作用，可增强冠状动脉血流量和心肌供氧、预防动脉粥样硬化斑的形成。香菇多糖、硫酸软骨素、猪苓多糖等已广泛用于临床抗肿瘤、抗菌、抗炎、抗病毒等治疗，许多免疫调节因子如白介素、干扰素等的免疫调节作用也已得到应用。绝大多数多糖药物属非特异性治疗，几乎无毒，使用安全。

（一）多糖的分类

1. 按其来源分类

（1）植物多糖　从植物，尤其是从中药材中提取的水溶性多糖，如当归多糖、枸杞多糖、大黄多糖、艾叶多糖、紫根多糖、柴胡多糖等。这类多糖多数没有细胞毒性且药物质量通过化学手段容易控制，已成为当今新药的发展方向之一。另外一类植物多糖是水不溶性多糖，如淀粉、纤维素等。

（2）动物多糖　从动物组织、器官及体液中分离、纯化得到的多糖。这类多糖多数为水溶性的黏多糖，并且也是最早作为药物的多糖，如肝素、硫酸软骨素、透明质酸、猪胎盘脂多糖等。

（3）微生物多糖　如香菇多糖、茯苓多糖、银耳多糖、猪苓多糖、云芝多糖等，这类多糖主要对肿瘤治疗及调节机体免疫效果显著。

（4）海洋生物多糖　从海洋、湖沼生物体内分离、纯化得到的多糖。这类多糖具有较为广泛的生物学效应，包括调节免疫功能，具有抗肿瘤、抗病毒、抗衰老、降血糖、抗凝血、降血脂作用等。如透明质酸、壳多糖、鲨鱼软骨素、螺旋藻多糖等。

（5）人工合成多糖　如人造纤维素，人工合成的脂多糖等。

2. 按其生理功能分类

（1）贮存多糖　它是细胞在一定生理发展阶段形成的材料，主要以固定形式存在，较少是溶解的或高度水化的胶体状态。贮存多糖是作为碳源的底物贮存的一类多糖，在需要时可通过生物体内酶系统的作用分解而释放能量，故又称为贮能多糖。淀粉和糖原分别是植物和动物的最主要贮存多糖。

（2）结构多糖　也称为水不溶性多糖，具有硬性和韧性。结构多糖在生长组织里进行合成，是构造细菌细胞壁或动植物的支撑组织所必需的物质，如几丁质、纤维素。

3.按其组成特点（成分）分类

（1）**均一多糖**（同多糖）（homopolysaccharide）　由一种单糖缩合而成，如淀粉、糖原、纤维素、戊糖胶、木糖胶、几丁质等。

（2）**不均一多糖**（杂多糖）（heteropolysaccharide）　由不同类型的单糖缩合而成，如肝素、透明质酸和许多来源于植物中的多糖，如波叶大黄多糖、当归多糖、茶叶多糖等。

（3）**黏多糖**（mucopolysaccharide）　是一类含氮的不均一多糖，其化学组成通常为糖醛酸及氨基多糖或其衍生物，有的还含有硫酸，如透明质酸、肝素、硫酸软骨素等，黏多糖也称为糖胺聚糖（glycosaminoglycan）。

（4）**糖复合物**（glycoconjugate）　也称结合糖或复合糖，是指糖和蛋白质、脂质等非糖物质结合的复合分子，如肽聚糖、糖蛋白、蛋白聚糖、糖脂。

（二）重要多糖的化学结构

1.淀粉

淀粉（starch）是高等植物和真菌中贮存最多的葡萄糖同多糖，在植物种子、谷类、块根与果实中含量最多，是供给人体能量的主要营养物质，也是制造麦芽糖、葡萄糖、酒的原料。

天然淀粉是颗粒状，外层是支链淀粉，约占80%～90%；内层为直链淀粉，约占10%～20%。a-淀粉酶可将淀粉水解为麦芽糖，淀粉的组成单位是麦芽糖。

（1）**直链淀粉**（amylose）　由600～12000个D-葡萄糖残基通过 α-1,4-糖苷键连接而成的一条长链，分子量约为100000～2000000。具有方向性，右边是还原端（1′端），左边是非还原端（4′端）。空间构象卷曲呈螺旋状（图7-3），每一圈有6个葡萄糖残基，遇碘显紫蓝色。

直链淀粉部分结构

图7-3　直链淀粉的螺旋结构示意图

（2）**支链淀粉**（amylopectin）　一般平均由 6000～37000 个 D-葡萄糖残基组成，分子量约为 1000000～6000000。通过 α-1,4-糖苷键连接成一条主链，在此主链上通过 α-1,6-糖苷键形成分支。侧链一般含有 25 个 D-葡萄糖残基，侧链上每隔 6～7 个 D-葡萄糖残基又能再度形成另一支链结构，使支链淀粉分子呈现复杂的树状分支结构（图 7-4）。只有一个还原端，所有分支（n 个）均具非还原端（$n+1$ 个），遇碘显紫红色。

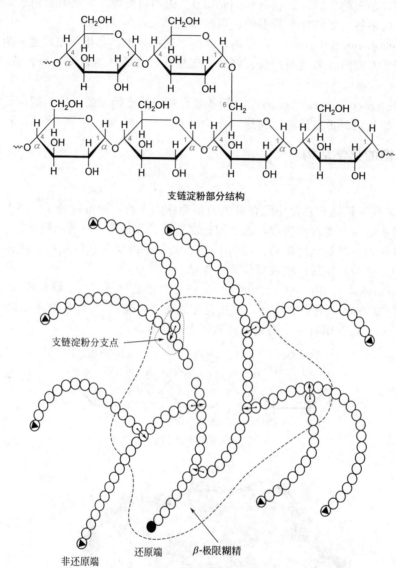

图 7-4　支链淀粉的部分结构示意图

淀粉经水解后生成分子大小不一的中间物，统称糊精。依分子量递减，与碘作用呈蓝紫色、紫色、红色、无色。

2. 糖原

糖原（glycogen）又称动物淀粉，是动物和细菌的贮存多糖，高等动物的肝脏和肌肉组织中含有较多的糖原。由 D-葡萄糖组成的带有分支的聚合物，主链以 α-1,4-糖苷键相连，支链连接键为 α-1,6-糖苷键（图 7-5），分支更多，分子量为 3000000～15000000。分子为球形，无还原性，完全水解后产生 D-葡萄糖，遇碘呈红色。

肌糖原为肌肉收缩提供能量；肝糖原可分解为葡萄糖，维持血糖平衡，运输到各组织利用。

3. 纤维素

纤维素（cellulose）是自然界中分布最广、含量最多的一种多糖，植物体内约有 50％的碳以纤维素的

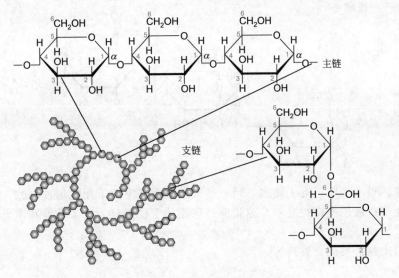

图 7-5 糖原的部分结构示意图

形式存在，少数动物、细菌和霉菌中亦含有少量纤维素。

纤维素是由 β-D-葡萄糖以 β-1,4-糖苷键连接而成的直链，不含支链，分子量约为 570000，二糖单位是纤维二糖。分子空间构象呈带状，糖链之间通过分子间氢键堆积成紧密的片层结构（图 7-6）。

纤维二糖基

纤维素分子中的 β-D-吡喃葡萄糖，n:聚合度

天然纤维素为无臭、无味的白色丝状物，不溶于水、稀酸、稀碱和有机溶剂，与碘无颜色反应。

纤维素能与浓硝酸作用生成硝化纤维素，是炸药的原料。纤维素一硝酸酯和纤维素二硝酸酯混合物的醇醚溶液为火棉胶，其在医药、化学工业上应用很广。纤维素与醋酸结合生成的醋酸纤维素是多种塑料的原料，还可制成离子交换纤维素，如羧甲基纤维素（CM-纤维素）、二乙基氨基乙基纤维素（DEAE-纤维素）等都是常用的生物化学分离介质。

食物中的纤维素虽然不被人体吸收，但可以在人体胃肠道中吸附有机和无机物供肠道正常菌群利用，维持正常菌群的平衡，还具有促进排便等功能。某些微生物和昆虫能消化纤维素，反刍动物的消化道中因含有能消化纤维素的微生物而能利用纤维素做养料。

4. 葡聚糖

葡聚糖（dextran）又称右旋糖酐，是葡萄糖缩合而成的同聚多糖，为酵母菌及某些细菌中的贮存多糖。葡萄糖之间几乎均为 α-1,6-糖苷键，少有通过 α-1,2、α-1,3 或 α-1,4 连接而形成分支状。右旋糖酐作为代血浆已用于临床。

5. 琼胶

琼胶（agar）又称琼脂，是海藻所含的胶体，其化学成分为 D-及 L-半乳糖。琼胶的结构是 D-吡喃半乳糖单位用 1,3-糖苷键连接成链，在链的末端用 1,4-糖苷键同 L-吡喃半乳糖分子相连。琼脂糖的 L-吡喃

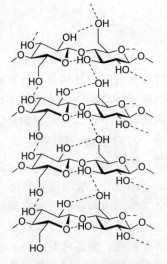

图 7-6 纤维素的片层结构示意图（虚线表示氢键）

半乳糖单位的 C6 上有一硫酸基。

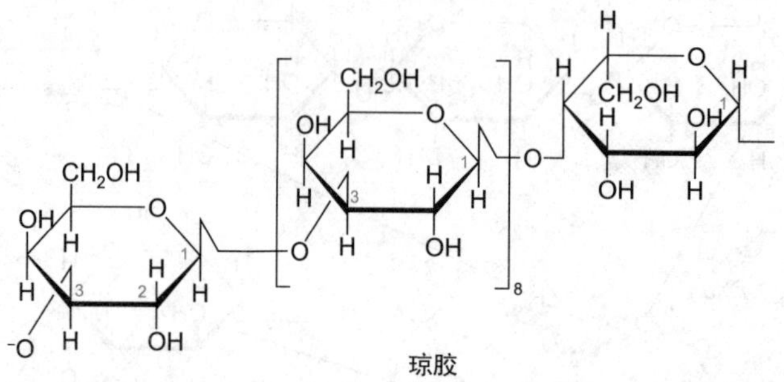

琼胶

琼脂无色、无味，吸水膨胀，溶于热水，1%～2%的浓度在室温下便能形成凝胶，可做微生物培养基组分，也是电泳、免疫扩散的支持物之一。琼脂糖是琼脂的主要组分，由半乳糖和半乳糖衍生物交替组成的线型分子。

食品工业中常用来制造果冻、果酱等。

6. 几丁质

几丁质（chitin）又称壳多糖，在天然聚合物中贮存量仅次于纤维素，大量存在于昆虫和甲壳类动物的甲壳中，虾、蟹壳中富含的甲壳质是一种白色、无定形的半透明物质。

几丁质分子是 2-乙酰氨基-β-D-吡喃葡萄糖的同聚物，各个残基通过 β-1,4-糖苷键的形式连接成不分支的长链结构，也称为聚乙酰氨基葡萄糖。几丁质难得单独存在于自然界，一般都与蛋白质络合或呈现共价的结合。

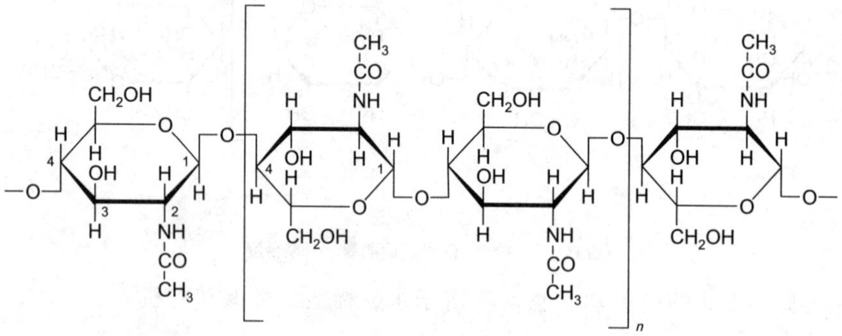

几丁质二糖基（n：聚合度）

几丁质在医药、化工及食品行业具有较为广泛的用途，如作为药用辅料、贵重金属回收吸附剂、高能射线辐射防护材料等。研究表明：壳多糖具有极显著的抗疲劳活性，能显著延长小白鼠负重游泳时间，有效减轻运动机体中乳酸的堆积并能迅速消除堆积的乳酸，增强有氧代谢耐力，提高小白鼠机体运动能力，从而延缓小鼠机体疲劳的发生并加速疲劳的恢复。

7. 黏多糖

黏多糖（mucopolysaccharide）又称糖胺聚糖（glycosaminoglycan，GAG）、氨基多糖（amino polysaccharide）、酸性糖胺聚糖（acidic glycosaminoglycan）等，是一类含己糖胺和己糖醛酸的杂多糖，由多个二糖单位形成的长链多聚物。一般与蛋白质结合，形成蛋白聚糖。

黏多糖是一类重要的动物杂多糖，存在于软骨、体腔等结缔组织中，构成组织间质。各种腺体分泌的润滑黏液，多富有黏多糖。它在组织成长和再生过程中，在受精过程中以及机体与许多传染病原（细菌、病毒）的相互作用上都起着重要作用。

黏多糖的种类甚多，具有代表性的有以下几类。

（1）**透明质酸**（hyaluronic acid，HA） 由 D-葡萄糖醛酸（GlcUA）与 N-乙酰葡糖胺（GlcNAc）以 β-1,3-糖苷键连接成二糖单位，后者以 β-1,4-糖苷键同另一个二糖单位连接，可高达 2.5 万个单位，分子量为 10^7。分子为链形，无分支，生理条件下是多糖阴离子。

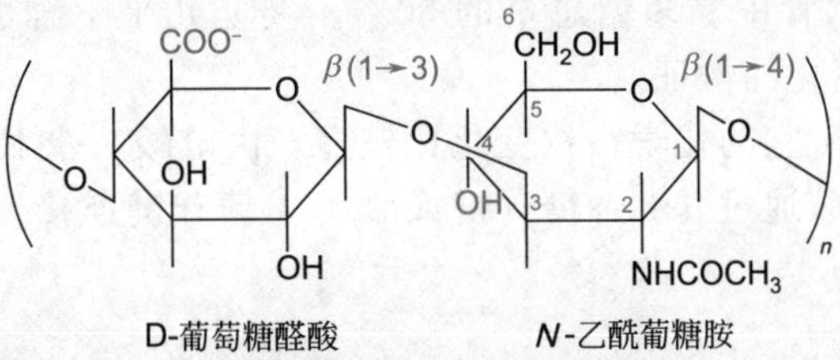

D-葡萄糖醛酸　　　　N-乙酰葡糖胺

透明质酸部分结构 (n: 聚合度)

透明质酸广泛分布于哺乳动物体内，特别是滑液、玻璃样体液中，也存在于关节液、疏松结缔组织、脐带、皮肤、动脉管壁、心脏瓣膜、角膜、恶性肿瘤组织和某些细菌的细胞壁中。主要功能是在组织中吸着水，是细胞间的黏稠物质，具有润滑作用和保护作用。在某些毒蛇和细菌中含有透明质酸酶，使组织中的透明质酸水解，使毒液或病原体容易侵入。

（2）**硫酸软骨素**（chondroitin sulfate，CS）　由 D-葡萄糖醛酸（GlcUA）与 N-乙酰半乳糖胺（Gal-NAc）以 β-1,3-糖苷键连接成二糖单位，重复单位之间通过 β-1,4-糖苷键连接，一般有 250 个二糖单位，分子量为 10^5。常形成硫酸酯，有软骨素-4-硫酸与软骨素-6-硫酸两类。

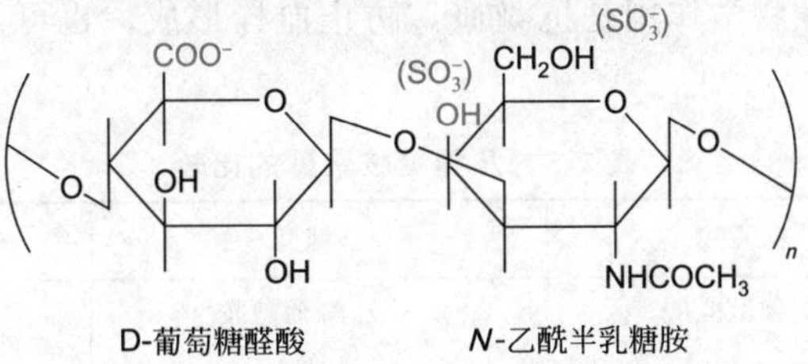

D-葡萄糖醛酸　　　　N-乙酰半乳糖胺

硫酸软骨素部分结构 (n: 聚合度)

硫酸软骨素是体内最多的黏多糖，存在于软骨组织、皮肤、角膜、巩膜、白细胞、血小板和软骨瘤基质中。具有降血脂和抗凝血作用，临床上用来治疗肾炎、急慢性肝炎、偏头痛、动脉硬化及冠心病等。

（3）**硫酸皮肤素**（dermatan sulfate，DS）　其结构与性质都与硫酸软骨素相似，D-葡萄糖醛酸（GlcUA）异构为 L-艾杜糖醛酸（IdoUA），并以 α-1,3 糖苷键与 N-乙酰半乳糖胺（GalNAc）连接。

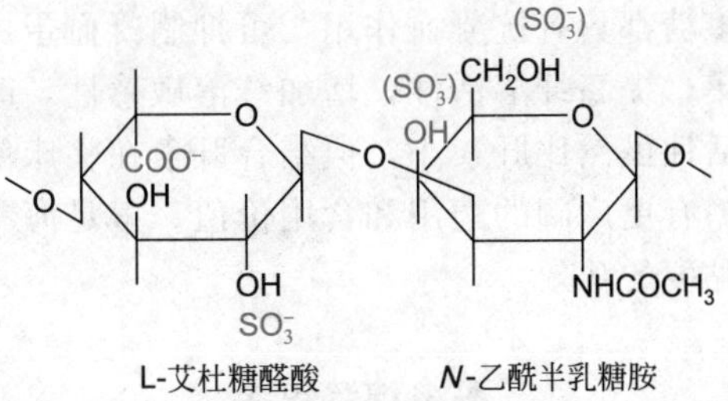

L-艾杜糖醛酸　　　　N-乙酰半乳糖胺

硫酸皮肤素部分结构

硫酸皮肤素最初是从猪皮中分离出来的，后发现它存在于许多动物组织，如猪胃黏膜、脐带、肌腱、脾、脑、心瓣膜、巩膜、肠黏膜、关节囊、纤维性软骨等中。

（4）**硫酸角质素**（keratan sulfate，KS）　重复二糖单位为半乳糖（Gal）和 N-乙酰葡糖胺（Glc-NAc），分子之间以 β-1,4-糖苷键相连，单位之间以 β-1,3-糖苷键连接，GlcNAc 的 C6 是硫酸化位点。

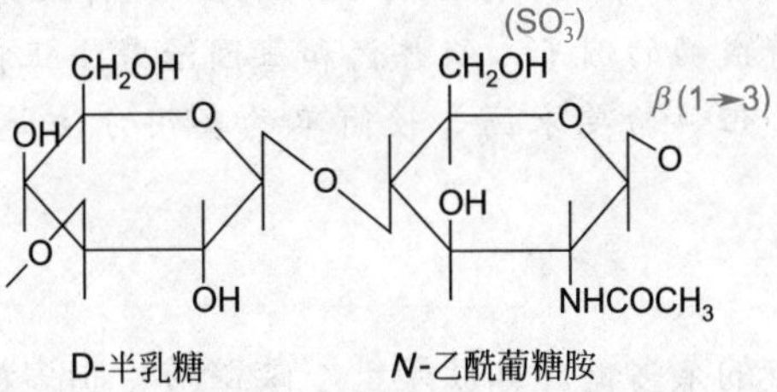

D-半乳糖　　　　N-乙酰葡糖胺

硫酸角质素部分结构

硫酸角质素与蛋白质形成结合体存在于哺乳类的角膜、椎间板、软骨和动脉中，最初从角膜的蛋白水解液中分离出来，含量约占肋软骨中黏多糖总量的 50％。婴儿几乎不合成，随着年龄的增大逐渐增加，是动物结缔组织伴随年龄发生变化的例证。

（5）**肝素**（heparin，Hep） 它的化学结构变化比较多，由硫酸 L-艾杜糖醛酸（IdoUA）或 D-葡萄糖醛酸（GlcUA）和 N-磺酰葡糖胺通过 α-1,4-糖苷键或 β-1,4-糖苷键连接，重复单位之间通过 α-1,4-糖苷键连接。

D-葡萄糖醛酸或L-艾杜糖醛酸　　N-乙酰葡糖胺或N-磺酰葡糖胺

肝素部分结构

肝中肝素含量最为丰富，此外分布于哺乳动物组织和体液中，肠黏膜、肺、脾、肌肉和动脉壁肥大细胞中肝素含量也很高。肝素的生物学作用是抗凝血，防止血栓形成，也可加速血液中三酯酰甘油的清除。几种糖胺聚糖的比较见表 7-5。

表 7-5　几种糖胺聚糖的比较

糖胺聚糖	糖醛酸	己糖胺	SO_4^{2-}	存在
透明质酸（HA）	D-葡糖醛酸	N-乙酰葡糖胺	—	结缔组织,角膜
软骨素-4-硫酸（CS）	D-葡糖醛酸	N-乙酰半乳糖胺	＋	软骨、骨、角膜
软骨素-6-硫酸（CS）	D-葡糖醛酸	N-乙酰半乳糖胺	＋	软骨、腱
硫酸皮肤素（DS）	L-艾杜糖醛酸	N-乙酰半乳糖胺	＋	皮肤、心瓣膜、腱
硫酸角质素（KS）	D-半乳糖	N-乙酰葡糖胺	＋	角膜
肝素（Hep）	D-葡糖醛酸	葡糖胺	＋	血,动物组织

事实上，许多动物性酸性黏多糖都具有抗凝血作用，可抑制凝血蛋白酶原转变成凝血酶。刺参酸性黏多糖能够抑制纤维蛋白单体的聚集，提高纤溶活性，增加纤溶敏感性，改变凝胶结构以促进纤溶和直接降解纤维蛋白。林蛙多糖的抗凝血活性虽然比肝素小，但结合肝素在临床使用上有出血的倾向以及动物多糖类物质的多种生物活性，林蛙多糖有更广阔的药用和食用价值。玉足海参中提取的酸性黏多糖已研制成玉足海参胶囊，具有抗凝和降低血黏度的功效。

> **知识链接**
>
> **黏多糖沉积症**
>
> 黏多糖沉积症（mucopo-lysaccharidoses，MPS）是一组少见的先天性遗传疾病，大多为常染色体隐性遗传，约占出生婴儿的 1/100000，患者中男性多于女性，多见于近亲结婚者的后代。主要是降解黏多糖（糖氨聚糖）所需的溶酶体酸性水解酶缺陷，致使组织内有大量黏多糖蓄积，造成骨骼发育障碍、肝脾肿大、智力迟钝和尿中黏多糖类排出增多。由于酶缺陷的类型不同、预后不一，一般情况下，患儿多于出生 1 年后发病，10 岁左右死亡，但有的病人可存活到 50 多岁。无特效治疗，只有对症和支持疗法。据文献统计，国外已有靠骨髓移植治疗成功的例子，酶替代和基因治疗法正在研究中。产前诊断以测定培养羊水细胞内特异的酶活力最为可靠，但实验要求高，较简单的实用方法是甲苯胺蓝定性及糖醛酸法半定量测定。

8. 细菌多糖

细菌多糖包括作为细菌细胞壁的杂多糖，如肽聚糖、磷壁酸、脂多糖和抗原性多糖（如肺炎菌多糖）。现只扼要介绍肽聚糖及脂多糖。

（1）**肽聚糖**（peptidoglycan） 又称胞壁质（murein）、黏肽（mucopeptide）、氨基糖肽（glycoaminopeptide)、胞壁肽、黏质，是由 N-乙酰葡糖胺（GlcNAc 或 NAG）和 N-乙酰胞壁酸（MurNAc 或 NAM）通过 β-1,4-糖苷键交替组成的多糖链为骨干，并与不同组成的四肽交叉连接所成的大分子（图 7-7）。

肽聚糖是细菌细胞壁的主要成分，革兰氏阳性细菌细胞壁所含的肽聚糖占其干重的 50%～80%，革兰氏阴性细菌细胞壁的肽聚糖含量占其干重的 1%～10%。细胞壁具有维持细菌形状和保护质膜以避免渗透压波动带来的影响的作用。溶酶菌可破坏肽聚糖分子中的 NAG-NAM 间的 1,4-糖苷键。抗生素能抑制肽聚糖的生物合成。

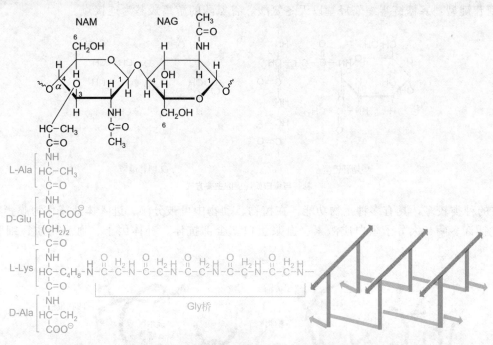

图 7-7　金黄色葡萄球菌的肽聚糖结构示意图

（2）**脂多糖**（lipopolysaccharide）　革兰氏阴性细菌细胞壁除含有低于 10% 的肽聚糖外，还含有十分复杂的脂多糖，其分子结构一般由三部分组成，外层专一性低聚糖链、核心多糖链及脂质。

外层低聚糖链由甘露糖-鼠李糖-半乳糖三糖为重复单位，中心多糖由葡萄糖、半乳糖、乙酰葡糖胺等所组成，脂质是葡糖胺的 1,6-二聚糖，它的氨基被 β-羟十四酸所取代，三个羟基上连接长链脂肪酸，尚有一个羟基与核心多糖链相连。

细菌脂多糖的外层低聚糖是使人致病的部分，其单糖组分随菌株而不相同，带电荷的磷酸基团能与其他离子结合，对维持细菌胞壁的必需离子环境有一定作用。各种细菌的核心多糖链均相似。

9. 复合糖

糖与非糖物质如脂质或蛋白质共价结合，分别形成脂多糖、糖脂、糖蛋白和蛋白聚糖，总称为复合糖，也称结合糖。它们普遍存在于生物界，是体内具有多种重要生物功能的一类物质。此处只简单介绍糖蛋白和蛋白聚糖。

（1）**糖蛋白**（glycoprotein）　它是多糖以共价键形式与蛋白质连接形成的生物大分子，是自然界分布最广的一类复合糖，在动物、植物、真菌、细菌乃至病毒都有发现，人体 1/3 以上蛋白质属于糖蛋白。

一般糖蛋白中以蛋白质为主，含糖量一般为 2%～50%，如胶原蛋白含糖量不足 1%，而可溶性血型物质的含糖量高达 85%。多糖中多为糖的衍生物，如 N-乙酰半乳糖胺、N-乙酰葡糖胺、半乳糖、岩藻糖、甘露糖等。寡糖链多是分支的，一般仅含有 15 个以下的单糖，分子量在 540～3200，但糖链数目变化很大，见图 7-8。

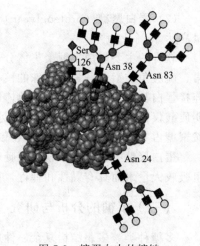

图 7-8　糖蛋白中的糖链

糖蛋白中寡糖链与多肽链以多种形式共价连接，构成糖蛋白的糖肽连接键，简称糖肽键。糖肽键的主要类型有：

① N-糖苷键型：寡糖链的半缩醛羟基与天冬酰胺的酰氨基、N-末端氨基酸的氨基以及赖氨酸或精氨酸的氨基相连。

② O-糖苷键型：寡糖链半缩醛羟基与丝氨酸、苏氨酸和羟赖氨酸、羟脯氨酸的羟基相连。

③ S-糖苷键型：寡糖链半缩醛羟基以半胱氨酸的巯基为连接点。

④ 酯糖苷键型：寡糖链半缩醛羟基以天冬氨酸、谷氨酸的游离羧基为连接点。

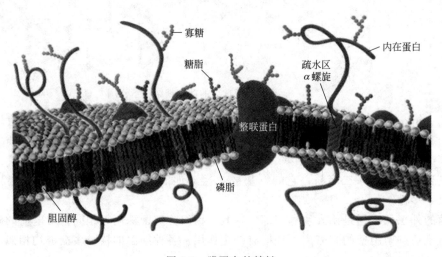

N-糖苷键型   O-糖苷键型

糖基与蛋白质连接的主要方式

糖蛋白的种类较多，具有多种生物功能，在植物、动物中可被分泌、进入体液或作为膜蛋白（糖链见图 7-9），包括许多酶、大分子蛋白质激素、血浆蛋白、全部抗体、补体因子、血型物质、细胞因子和黏液组分等。

寡糖

糖脂

内在蛋白

疏水区 α 螺旋

整联蛋白

磷脂

胆固醇

图 7-9　膜蛋白的糖链

（2）**蛋白聚糖**（proteoglycan）　它是由蛋白质和糖胺聚糖通过共价键连接而成的大分子复合物，含糖量高达 50%~90%。

软骨的主要蛋白聚糖聚集体分子量非常大，大约为 2×10^8，是由透明质酸、硫酸软骨素、硫酸皮肤素、硫酸角质素、肝素、特殊的核心蛋白、连接蛋白和大量的寡糖链组成。透明质酸形成一条主链，通过连接蛋白与约 200 条蛋白聚糖单体以非共价结合，透明质酸与单体极易聚合与解离。在这个聚集体中，透明质酸仅占 1%，连接蛋白具有疏水表面，占蛋白质总量的 25%，核心蛋白在单体中仅占 5%~10%，糖胺聚糖占 90%~95%。蛋白聚糖聚合物和聚集蛋白结构示意图见图 7-10。

蛋白聚糖主要存在于软骨、腱等结缔组织中，构成细胞间质，由于糖胺聚糖密集的负电荷，在组织中可吸收大量水而具有黏性和弹性，可稳定、支持、保护细胞，并维持水盐平衡。

（三）多糖的分析与研究

多糖种类繁多、结构复杂、性质各异，其提取、纯化和分析比较困难，但各种多糖的结构和性质有相同之处，利用这些共性，生物化学工作者仍提出了一些分析和研究不同多糖的方法。

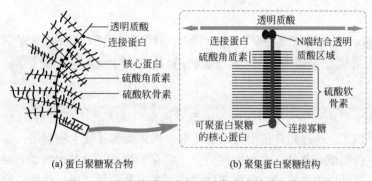

(a) 蛋白聚糖聚合物　　　　　(b) 聚集蛋白聚糖结构

图 7-10　蛋白聚糖聚合物和聚集蛋白结构示意图

1. 多糖的提取

多糖按溶解性不同可分为水溶性多糖、水不溶性多糖、酸性多糖和碱性多糖等，较常用的提取方法是水提法和碱提法。水溶性多糖可采用水提法，即用水加热浸提，将水提液过滤，滤液浓缩，然后边搅拌边加入乙醇，待沉淀完全后过滤，沉淀经乙醇、丙酮、乙醚洗涤，或经流水透析再冷冻干燥便可得到多糖粗制品。水不溶性多糖一般用酸或碱法提取，常用试剂有三氯乙酸、稀盐酸、草酸铵、氢氧化钠等。影响多糖得率的因素很多，如提取时间、浸提比、提取次数、温度、pH、溶剂和搅拌等都能影响得率。多糖总量测定常采用苯酚-硫酸法和蒽酮-硫酸法。

2. 多糖的纯化及纯度鉴定

多糖的纯化是将多糖混合物分离为单一的多糖。常用的纯化方法有：①分级沉淀法，用不同浓度的沉淀剂如甲醇、乙醇、丙酮等来分步沉淀纯化多糖；②季铵盐沉淀法，常用的季铵盐是十六烷基三甲基溴化铵及其碱和十六烷基吡啶；③盐析法，常用的盐析剂有硫酸铵、氯化钠、氯化钾、醋酸钾等；④金属络合物法，常用的络合剂有费林溶液、氯化铜、氢氧化钡和醋酸铅等；⑤层析法，如纤维素柱层析、凝胶柱层析、高压液相柱层析；⑥超滤法；⑦制备型区带电泳等。

多糖进行纯度鉴定常用的方法有：①凝胶柱色谱法，根据多糖分子量范围，选择所用凝胶型，通过检测洗脱液是否存在单一对称峰来判断多糖纯度，若柱色谱后发现只有一个对称的洗脱峰，可以认为其为单一的多糖组分；②高压电泳法，多糖纯度鉴定较为直观，纯多糖为单一带；③高压液相色谱法；④超离心法；⑤旋光测定法。

3. 多糖的结构分析

先测定多糖的分子大小，再用物理方法分别测定旋光度，用化学方法分析其组成成分，例如用甲基化、酶水解、酸水解、碘降解等，测定其糖量、糖性质及其他非糖成分。

> **知识链接**　　　　　　**血型（blood group）与血型物质（blood-group substance）**
>
> 血型在人类学、遗传学、法医学、临床医学等学科具有重要的理论和实践意义。狭义地讲，血型专指红细胞抗原在个体间的差异；但除红细胞外，在白细胞、血小板乃至某些血浆蛋白，个体之间也存在着抗原差异，广义的血型应包括血液各成分的抗原在个体间出现的差异。红细胞抗原有些突出在细胞表面，如 ABH 抗原；有些镶嵌在细胞膜内，如 Rh 抗原。抗原与抗体发生特异反应的部分，叫作抗原决定簇。有些血型在体液中存在可溶性抗原，叫作血型物质。从人体分离出来的 ABH 及 Lewis 血型物质是糖蛋白，即在肽链的骨架上连接着一些糖的侧链，这些糖链便是特异性决定簇。ABH 及 Lewis 血型物质的特异性决定簇很相似，只是在糖链上个别糖的种类或同一种糖由于存在位置不同，就显出不同的特异性。比如 A 与 B 的抗原特异性，只是在糖链上有一个糖不相同，便显示出不同的特异性。A 抗原决定簇在糖链的终末端是一个 N-乙酰半乳糖胺，而 B 抗原决定簇在糖链的终末端是一个 D-半乳糖。

第三节　糖的消化吸收

糖在生命活动中的主要功能是为生物体提供碳源和能量，成人每天所需约 $50\%\sim60\%$ 的能量来自糖类。地球上每年有 10^{11} t CO_2 通过光合作用被固定下来，供人类和其他生物利用。

葡萄糖在糖代谢中占据中心地位，食物中的淀粉、贮存的糖原以及其他糖类，甚至一些非糖物质如甘油、乳酸、氨基酸等，都可以通过消化、降解或代谢转变形成葡萄糖以供应机体生理活动所需的能量。本章将围绕葡萄糖的主要代谢途径进行介绍。

一、糖的消化

糖的消化主要是对外源性糖进行酶水解，即将多糖和二糖等水解成单糖才能被生物体利用。人类食物中的糖主要有淀粉、糖原、纤维素以及麦芽糖、蔗糖、乳糖、葡萄糖等，水解糖类的酶主要有多糖酶和糖苷酶。

1. 淀粉和糖原的水解

食物中一半糖类是淀粉，水解淀粉和糖原的酶称为**淀粉酶**（amylase），包括 α-淀粉酶、β-淀粉酶和 γ-淀粉酶。α-淀粉酶又称为液化酶，主要存在于动物体中（如唾液、胰腺）。它是一种内切酶，水解 α-1,4-糖苷键，将淀粉随机切断成分子量较小的糊精。β-淀粉酶是外切酶，只能从链的非还原性末端开始，水解 α-1,4-糖苷键，每次切下两个葡萄糖单位，生成 β-麦芽糖，胰腺可分泌。水解 α-1,6-葡萄糖苷键的酶为寡糖-α-1,6-葡萄糖苷键（存在于小肠液中）。淀粉酶水解淀粉的产物为糊精和麦芽糖的混合物。γ-淀粉酶也称为糖化酶，主要来自小肠液，从链的非还原性末端开始，水解 α-1,4-糖苷键和 α-1,6-糖苷键，将淀粉完全水解成葡萄糖。

2. 纤维素的水解

反刍动物的肠道细菌可产生**纤维素酶**（cellulase），作用于 β-1,4-糖苷键，将纤维素水解成葡萄糖。人体内无 β-葡萄糖苷酶，食物中含有大量的纤维素却不能对其分解利用，但可刺激肠蠕动。

3. 二糖的水解

寡糖的进一步消化在小肠黏膜刷状缘上进行，小肠液含有丰富的二糖酶，都属于糖苷酶。例如：**蔗糖酶**（saccharase）将蔗糖水解成 D-葡萄糖和 D-果糖，**麦芽糖酶**（maltase）将麦芽糖水解成 D-葡萄糖，**乳糖酶**（lactase）将乳糖水解为 D-葡萄糖和 D-半乳糖。有些成人乳糖酶不足，在食用牛奶后发生乳糖消化吸收障碍，引起腹胀、腹泻等症状。

此外，细胞内贮存的糖原主要由细胞内酶消化，即**糖原磷酸化酶**（glycogen phosphorylase）从非还原末端降解 α-1,4-糖苷键，生成 1-磷酸葡萄糖后再进行糖的分解代谢。具体内容可参阅糖原的代谢。

二、糖的吸收

糖被消化成单糖后在小肠被吸收，经门静脉入肝。小肠黏膜表面细胞对单糖的吸收不仅仅是简单扩散，还是一个依赖于特定载体转运的、主动耗能的过程，在吸收过程中同时伴有 Na^+ 的转运，这类葡萄糖转运体被称为 Na^+ 依赖型葡萄糖转运体（Na^+-dependent glucose transporter，SGLT）。由于 Na^+ 与转运蛋白结合使转运蛋白的构象改变，从而适宜于葡萄糖结合而使其易于通过小肠黏膜细胞膜进入毛细血管。各种单糖的吸收率依次为：D-半乳糖＞D-葡萄糖＞D-果糖＞D-甘露糖＞D-木糖

>阿拉伯糖。

糖被消化、吸收后，在人体和动物体内，主要以葡萄糖形式进行运输，称为**血糖**（blood sugar）。动物机体维持血糖浓度的稳定，对正常的生命活动非常重要，如人体的血糖浓度为 3.9～6.1mmol/L。植物体内主要以蔗糖的形式进行运输。

第四节　葡萄糖的分解代谢

葡萄糖进入细胞后，在一系列酶的催化下，发生分解代谢过程。大多数为需氧生物，在氧供应充足时，葡萄糖进行有氧氧化，彻底氧化成二氧化碳和水，获得生物体所需的能量。在供氧不足的缺氧情况下，葡萄糖可进行无氧氧化而生成乳酸。此外，还存在其他代谢途径，如磷酸己糖支路、乙醛酸循环等。

一、单糖的代谢概况

糖的中间代谢主要是指葡萄糖在体内的一系列复杂的化学反应过程，包括糖的分解与合成。如葡萄糖吸收入血，被不同类型的细胞利用，完成不同的代谢转变，以维持血糖的动态平衡。以下将介绍糖的主要代谢途径（图 7-11）、生理意义及其调控机制。

图 7-11　糖的主要代谢途径

二、葡萄糖的无氧分解

在缺氧或氧气供应不足的条件下，葡萄糖进行分解生成丙酮酸并放出少量能量的过程，称之为**糖酵解**（glycolysis），又称为 EMP 途径（Embden-Meyerhof -Parnas pathway），一般在无氧情况下进行，故又称为无氧分解。事实上，糖酵解在有氧情况下也能进行。糖酵解过程被认为是生物获取能量的一种最原始方式，在进化过程中成为生物体共同经历的葡萄糖分解代谢的前期途径。

（一）糖酵解途径

1. 葡萄糖转变为丙酮酸

糖酵解是体内利用葡萄糖的主要代谢途径，可发生在所有细胞中。通过酵解，1 分子葡萄糖转变为 2 分子丙酮酸。在缺氧状态下，丙酮酸还原为乳酸；在有氧状态下，丙酮酸氧化为乙酰辅酶 A，进入三羧酸循环而氧化为二氧化碳和水。

糖酵解途径包含 10 步反应，全部反应在细胞质中进行。按照能量的转变情况可分为两个阶段：

第一阶段：葡萄糖——→磷酸甘油醛，消耗 ATP；

第二阶段：磷酸甘油醛——→丙酮酸，生成 ATP。

这两个阶段的有关反应可概括如图 7-12。

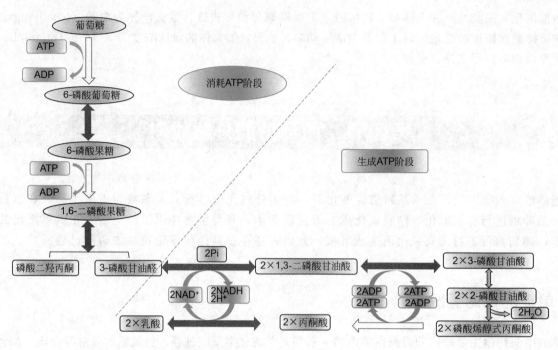

图 7-12 糖的无氧分解

反应 1：葡萄糖的磷酸化

$$
\begin{array}{c}
\text{CHO} \\
\text{H—C—OH} \\
\text{HO—C—H} \\
\text{H—C—OH} \\
\text{H—C—OH} \\
\text{CH}_2\text{OH}
\end{array}
+ \text{ATP}
\xrightarrow[\text{Mg}^{2+}]{\substack{\text{己糖激酶} \\ \text{葡萄糖激酶(肝)}}}
\begin{array}{c}
\text{CHO} \\
\text{H—C—OH} \\
\text{HO—C—H} \\
\text{H—C—OH} \\
\text{H—C—OH} \\
\text{CH}_2\text{O—}\text{Ⓟ}
\end{array}
+ \text{ADP}
$$

葡萄糖　　　　　　　　　　　　　　　　　　　　6-磷酸葡萄糖

葡萄糖第 6 位碳磷酸化，磷酸由 ATP 的 γ-磷酸根供给。此反应为关键反应，由**己糖激酶**（hexokinase）催化，K_m 为 0.1mmol/L，在细胞内是不可逆的。可催化果糖、半乳糖等其他己糖磷酸化，在动物组织中普遍存在。肝内含有的**葡萄糖激酶**（glucokinase）是催化葡萄糖磷酸化的同工酶，K_m 为 10.0mmol/L，对葡萄糖的亲和力很低。这种极其明显的差别反映肝细胞和其他细胞在葡萄糖代谢上的不同：肝要负担供应其他细胞葡萄糖而维持血液葡萄糖恒定的任务，肝外组织则主要为本细胞的需求而代谢葡萄糖。

葡萄糖进入细胞后，首先要磷酸化，转变成葡萄糖-6-磷酸，一方面葡萄糖磷酸化后，成为很活泼的物质，容易进行代谢转变；另一方面磷酸化后，成为带负电荷的物质，不容易通过细胞膜，这是细胞保留糖的一种措施。

反应 2：6-磷酸葡萄糖的异构

$$
\begin{array}{c}
\text{CHO} \\
\text{H—C—OH} \\
\text{HO—C—H} \\
\text{H—C—OH} \\
\text{H—C—OH} \\
\text{CH}_2\text{O—}\text{Ⓟ}
\end{array}
\xrightleftharpoons[]{\text{磷酸己糖异构酶}}
\begin{array}{c}
\text{CH}_2\text{OH} \\
\text{C}=\text{O} \\
\text{HO—C—H} \\
\text{H—C—OH} \\
\text{CH}_2\text{O—}\text{Ⓟ}
\end{array}
$$

6-磷酸葡萄糖　　　　　　　　　　　　　6-磷酸果糖

磷酸己糖异构酶（phosphohexose isomerase）催化 6-磷酸葡萄糖与 6-磷酸果糖通过烯二醇中间体发生异构反应，反应可逆。Mg^{2+} 也是必需的离子。

反应3：6-磷酸果糖的磷酸化

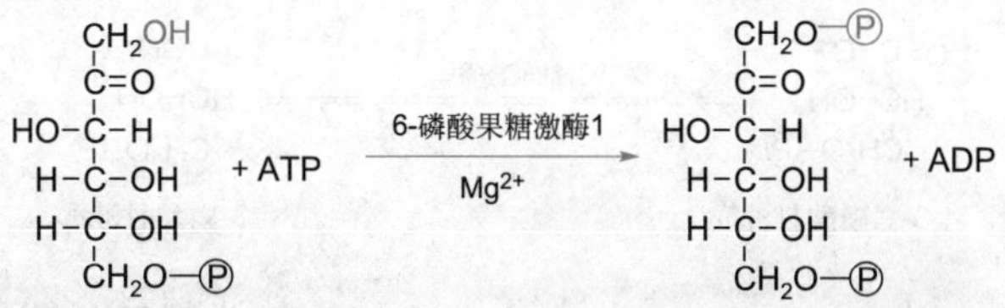

6-磷酸果糖　　　　　　　　　　　　　　1,6-二磷酸果糖

与反应1类似，由 **6-磷酸果糖激酶1**（6-phosphofructokinase 1，PFK1）催化6-磷酸果糖C1磷酸化成为1,6-二磷酸果糖，在细胞中是个不可逆反应，也是整个糖酵解中的限速反应。磷酸果糖激酶是一个别构酶，是整个糖酵解中最关键的调节酶，受到许多别构剂的调节。

体内另有6-磷酸果糖激酶2（6-phosphofructokinase 2，PFK2），催化6-磷酸果糖C2磷酸化生成2,6-二磷酸果糖，它不是酵解途径的中间产物，但在酵解的调控上有重要作用，参见糖异生。

反应4：1,6-二磷酸果糖的分解

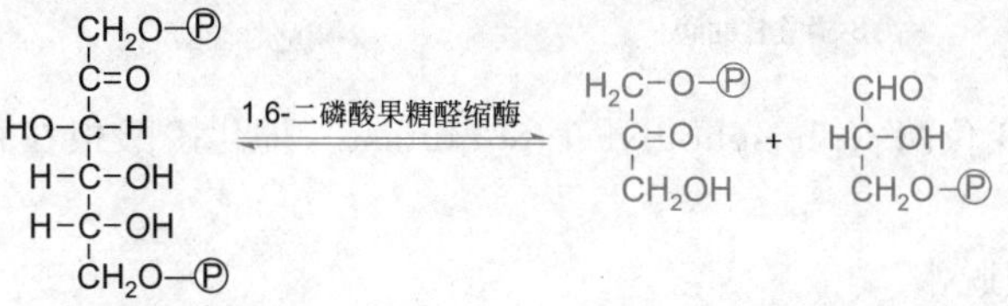

1,6-二磷酸果糖　　　　　　　　　　　磷酸二羟丙酮　　3-磷酸甘油醛

1,6-二磷酸果糖经1,6-二磷酸果糖醛缩酶（fructose 1,6-bisphosphate aldolase）催化分裂成为两个磷酸丙糖，即磷酸二羟丙酮和3-磷酸甘油醛，但在细胞内的条件下，这个反应逆向进行，醛缩酶催化磷酸二羟丙酮的醇基与3-磷酸甘油醛的醛基缩合。

反应5：磷酸二羟丙酮的异构作用

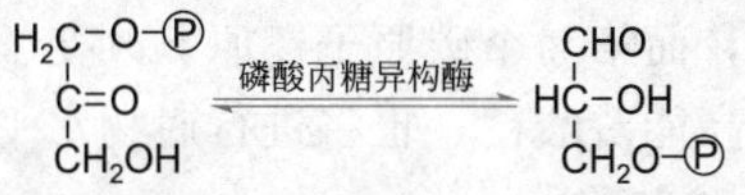

磷酸二羟丙酮　　　　　　　　　　3-磷酸甘油醛

这个反应由磷酸丙糖异构酶（triose phosphate isomerase）催化，互变机制是通过烯醇式中间物。值得注意的是，在离体情况下，这种异构反应的平衡点偏向磷酸二羟丙酮（96%），但在细胞内3-磷酸甘油醛不断转变为1,3-二磷酸甘油酸，所以反应趋向生成醛糖。到这一步反应，来自葡萄糖C6、C5、C4和C1、C2、C3分别成为3-磷酸甘油醛上的C3、C2、C1。果糖、半乳糖和甘露糖等己糖也可转变成3-磷酸甘油醛。

在第一阶段中，反应1及反应3为吸能反应，由ATP供给能量，反应1正反应的酶为己糖激酶，逆反应的酶为葡萄糖-6-磷酸酶。反应3正反应由果糖磷酸激酶催化，逆反应由果糖-1,6-二磷酸酶催化。

反应6：3-磷酸甘油醛的氧化

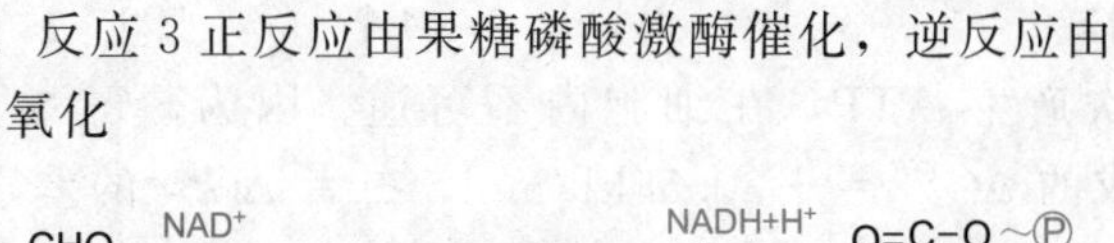

3-磷酸甘油醛　　　　　　　　　　　　　1,3-二磷酸甘油酸

以 NAD^+ 为辅酶接受氢和电子，与无机磷酸作用，由3-磷酸甘油醛脱氢酶（glyceraldehyde 3-phosphate dehydrogenase）催化3-磷酸甘油醛的脱氢和磷酸化（先脱氢再磷酸化）。这是糖酵解中唯一的脱氢反应。当3-磷酸甘油醛的醛基氧化成羧基后立即与磷酸形成混合酸酐1,3-二磷酸甘油酸，它是一种高能化合物，能量可转移至ADP。

在有氧情况下，NADH可通过生物氧化还原体系（即电子传递体系）被 O_2 氧化成 NAD^+ 和 H_2O，产生ATP。

反应7：1,3-二磷酸甘油酸的磷酸转移

磷酸甘油酸激酶（phosphoglycerate kinase）将 1,3-二磷酸甘油酸的高能磷酸键转移到 ADP 分子上，生成 ATP，这是糖酵解中第一次产生 ATP 的反应。

1,3-二磷酸甘油酸这类代谢物中含高能磷酸键，可转移其磷酸生成 ATP，这被称为**底物水平磷酸化**（substrate-level phosphorylation）。

反应8：3-磷酸甘油酸的异构

这步反应由磷酸甘油酸变位酶（phosphoglycerate mutase）催化磷酸根在甘油酸 C2 和 C3 上的可逆转移，Mg^{2+} 是必需离子。

反应9：2-磷酸甘油酸的脱水

烯醇化酶（enolase）催化脱水产生磷酸烯醇式丙酮酸，需要 Mg^{2+} 或 Mn^{2+}。该反应可看作是分子内的氧化还原反应，第 2 个碳原子氧化，而第 3 个碳原子还原，改变了分子能量的分布状态，产生了一个高能磷酸键，这是糖酵解中第二次产生高能磷酸键，也将进行底物水平磷酸化。

反应10：磷酸烯醇式丙酮酸的磷酸转移

这是糖酵解途径的最后一步反应，由**丙酮酸激酶**（pyruvate kinase）催化，把磷酸根从磷酸烯醇式丙酮酸上转移给 ADP 而生成 ATP 和丙酮酸，反应需要 K^+ 和 Mg^{2+}。这个反应最初生成的是烯醇式丙酮酸，可自发由烯醇式转变为酮式。

该反应是糖酵解中第二次产生 ATP，在细胞内不可逆。因为磷酸烯醇式丙酮酸水解的 $\Delta G^{\ominus\prime} = -61.92kJ/mol$，而 ATP 生成的 $\Delta G^{\ominus\prime} = +30.54kJ/mol$，二者 $\Delta G^{\ominus\prime}$ 的差别表明反应是一个放能反应，$\Delta G^{\ominus\prime} = -31.38kJ/mol$。

在第二阶段中，反应 7 及反应 10 为放能反应，各产生 1 个 ATP，因此 1 分子葡萄糖经糖酵解生成 2 分子丙酮酸，净生成 2 个 ATP，可储 61.0kJ/mol（14.6kcal/mol），效率为 31%。标准状态下高能磷酸键水解时 $\Delta G^{\ominus\prime} = -30.5kJ/mol$（-7.29kcal/mol），在生理条件下反应物和产物浓度以及 H^+ 浓度等都与标准状态不同，ΔG 约为 51.6kJ/mol（12.3kcal/mol）。因而糖酵解时以 ATP 形式储存能量 103.2kJ/mol（24.7kcal/mol），效率大于 50%。

2. 丙酮酸转变为乳酸

在缺氧情况下，由**乳酸脱氢酶**（lactate dehydrogenase）催化，丙酮酸还原成乳酸，所需的氢原子由 NADH＋H^+ 提供，它来自 3-磷酸甘油醛的脱氢反应，这样糖酵解才能继续进行。

$$\underset{\text{丙酮酸}}{\begin{matrix}\text{COOH}\\|\\\text{C=O}\\|\\\text{CH}_3\end{matrix}} + \text{NADH+H}^+ \underset{}{\overset{\text{乳酸脱氢酶}}{\rightleftharpoons}} \underset{\text{乳酸}}{\begin{matrix}\text{COOH}\\|\\\text{CHOH}\\|\\\text{CH}_3\end{matrix}} + \text{NAD}^+$$

除葡萄糖外，其他己糖也可转变成磷酸己糖而进入糖酵解途径中，例如，果糖在己糖激酶的催化下可转变成6-磷酸果糖；甘露糖经己糖激酶的催化生成6-磷酸甘露糖（甘露糖-6-P），后者在异构酶的作用下转变成6-磷酸果糖，见图7-13。

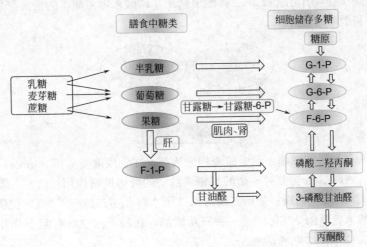

图 7-13　糖原及其他单糖进入酵解途径
G—葡萄糖；F—果糖；P—PO$_3$H$_2$

（二）糖酵解的生物学意义

从单细胞生物到高等动、植物细胞中都要进行糖酵解，其生理意义主要有以下几方面：

① 糖酵解能迅速提供能量。当机体缺氧或剧烈运动肌肉局部血流相对不足时，能量主要通过糖酵解来获得。肌肉内 ATP 含量很低，每克新鲜组织仅 5～7μmol，肌肉收缩几秒钟即可耗尽，即使氧不缺乏，但葡萄糖进行有氧氧化的反应过程比糖酵解长，来不及满足需要，通过糖酵解可迅速补充 ATP。

② 成熟的红细胞完全依赖糖酵解供能，神经元、骨髓、白细胞等代谢活跃，即使不缺氧也常由糖酵解供应能量。

③ 糖酵解是糖分解代谢的共同途径，可提供生物合成所需的物质，作为合成脂肪、蛋白质等物质的碳骨架。

（三）糖酵解的调节

在糖酵解途径中，己糖激酶（葡萄糖激酶）、6-磷酸果糖激酶 1 和丙酮酸激酶分别催化的反应是不可逆的，是糖酵解途径流量的 3 个调节点，可受到多种变构剂的调节。

1. 己糖激酶或葡萄糖激酶

己糖激酶受其反应产物 6-磷酸葡萄糖的反馈抑制，葡萄糖激酶是调节肝脏葡萄糖吸收的关键酶，长链脂酰 CoA 和乙酰 CoA 对其有变构抑制作用，这在饥饿时对减少肝摄取葡萄糖有一定意义。

2. 6-磷酸果糖激酶1

目前认为，6-磷酸果糖激酶1的活性是调节糖酵解途径最主要的因素，其受多种变构效应剂的影响。6-磷酸果糖激酶1是四聚体，ATP和柠檬酸是其变构抑制剂。6-磷酸果糖激酶1有两个结合ATP的位点，其中一个是活性中心内的催化部位，ATP作为底物结合；另一个是活性中心以外的与变构效应物结合的部位，与ATP的亲和力较低，因而相对需要较高浓度的ATP才能与之结合使酶丧失活性。6-磷酸果糖激酶1的变构激活剂有AMP、ADP、1,6-二磷酸果糖和2,6-二磷酸果糖（fructose-2,6-biphosphate）。AMP与ATP竞争变构结合部位，抵消ATP的抑制作用。1,6-二磷酸果糖是6-磷酸果糖激酶1的反应产物，这种产物正反馈作用是比较少见的，它有利于糖的分解。

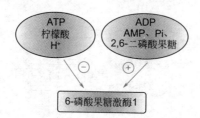

2,6-二磷酸果糖是6-磷酸果糖激酶1最强的变构激活剂，在生理浓度范围（μmol）内即可发挥效应。其作用是与AMP一起取消ATP、柠檬酸对6-磷酸果糖激酶1的变构抑制作用。2,6-二磷酸果糖由6-磷酸果糖激酶2催化6-磷酸果糖C2磷酸化而成；果糖二磷酸酶-2则水解2,6-二磷酸果糖C2位磷酸，使其转变成6-磷酸果糖。事实上，6-磷酸果糖激酶2实际上是一种双功能酶，在酶蛋白中具有两个分开的催化中心，具有6-磷酸果糖激酶2和果糖二磷酸酶2两种活性。

3. 丙酮酸激酶

丙酮酸激酶控制糖酵解途径代谢产物的输出。1,6-二磷酸果糖是丙酮酸激酶的变构激活剂，而ATP有抑制作用。此外，在肝内，丙氨酸也有变构抑制作用。丙酮酸激酶还受共价修饰方式调节，依赖cAMP的蛋白激酶和依赖Ca^{2+}/钙调蛋白的蛋白激酶均可使其磷酸化而失活。

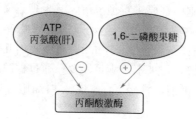

（四）Warburg效应

正常哺乳动物细胞在有氧条件下，糖酵解会被抑制（Pasteur效应），增殖的正常组织不会利用葡萄糖产生乳酸，只有少数不会增殖的组织如肌肉从糖原产生乳酸，但产生速率远低于迅速生长的恶性肿瘤细胞。1922年，德国生物化学家Otto Heinrich Warburg（1883—1970）通过体外实验和体内实验研究癌细胞的代谢，发现癌细胞对氧的需要量低于一般细胞，无论是有氧还是缺氧情况下，癌细胞都会利用葡萄糖产生大量乳酸。肝癌细胞的糖酵解过程比正常肝细胞活跃，即在氧气充足的情况下，恶性肿瘤细胞表现为葡萄糖摄取率高，不断进行糖酵解，代谢产物乳酸含量高，这种有氧糖酵解的代谢被称为**瓦博格**（Warburg）效应。

为什么肿瘤细胞大量消耗葡萄糖却不能高效产能？实验证明，p53是细胞中最为重要的肿瘤抑制因子之一，人类50%以上的肿瘤细胞中都发现有p53的缺失或突变。在细胞正常情况下，p53可以与磷酸戊糖途径（见后续教材内容）中的关键酶葡萄糖-6-磷酸脱氢酶相结合，抑制该酶活性，使葡萄糖主要用于糖酵解和三羧酸循环，以产生细胞生长所需的大量能量。但在p53发生突变或缺失的肿瘤细胞中，失去p53与葡萄糖-6-磷酸脱氢酶结合的能力和对该酶的抑制，大量的葡萄糖通过磷酸戊糖途径被消耗，产生大量还原剂NADPH，用于生物合成，从而满足肿瘤细胞的快速、无限生长。该研究为选择肿瘤治疗药物靶点提供了实验依据。

磷酸丙糖异构酶

磷酸丙糖异构酶（triose phosphate isomerase，简称 TPI 或 TIM）是由两个相同亚基形成的二聚体，每个亚基的三维结构中都包含位于外部的 8 个 α 螺旋和位于内部的 8 个平行 β 链，这样的一种结构被称为 αβ 桶或 TIM 桶，是目前观察到的最为普遍的一种蛋白质折叠方式。该酶的活性位点位于"桶"的中心，其中一个谷氨酸和一个组氨酸参与了催化反应进程。活性位点附近的残基序列在所有已知的磷酸丙糖异构酶中都很保守。该酶缺乏会使红细胞的糖酵解途径在 3-磷酸甘油醛和磷酸二羟丙酮互变处中断，大大降低可供能量产生的分裂产物，导致细胞内磷酸二羟丙酮的积贮。大多数患者为严重贫血的婴儿，大于一岁的婴儿出现强直、肌肉萎缩和无力等神经肌肉的体征。呼吸系统和其他的反复性感染常见，病症为猝死和意外死亡。

三、葡萄糖的有氧氧化

葡萄糖通过糖酵解产生的丙酮酸，在有氧状态下彻底氧化成二氧化碳和水并释放大量能量的过程称为**有氧氧化**（aerobic oxidation），是糖氧化的主要方式。绝大多数细胞都通过它获得能量。糖的有氧氧化可概括如图 7-14。

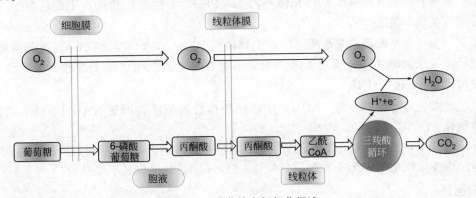

图 7-14　葡萄糖有氧氧化概述

（一）糖有氧氧化的反应过程

糖的有氧氧化大致可分为三个阶段。第一阶段：葡萄糖以糖酵解途径分解成丙酮酸；第二阶段：丙酮酸进入线粒体，氧化脱羧生成乙酰 CoA；第三阶段：三羧酸循环及氧化磷酸化。在此主要介绍丙酮酸的氧化脱羧和三羧酸循环的反应过程。

1. 丙酮酸的氧化脱羧

丙酮酸进入线粒体后，氧化脱羧生成乙酰 CoA（acetyl CoA）。总反应式为：

$$H_3C-\overset{\overset{O}{\|}}{C}-\overset{\overset{O}{\|}}{C}-OH \xrightarrow[\underset{HSCoA}{NAD^+}]{\underset{丙酮酸脱氢酶复合体}{TPP、硫辛酸、FAD}} H_3C-\overset{\overset{O}{\|}}{C}\sim SCoA + CO_2$$

丙酮酸脱氢酶复合体（pyruvate dehydrogenase complex）又称丙酮酸脱氢酶系、丙酮酸氧化脱羧酶系，催化此反应。在真核细胞中，该复合体存在于线粒体内膜，是由丙酮酸脱氢酶（E₁）、二氢硫辛酰胺转乙酰基酶（E₂）和二氢硫辛酰胺脱氢酶（E₃）三种酶按一定比例组合成多酶复合体，其组合比例随生物体不同而异。在哺乳类动物细胞中，酶复合体由 60 个二氢硫辛酰胺转乙酰基酶（dihydrolipoyl transacetylase）组成核心，周围排列着 12 个丙酮酸脱氢酶（pyruvate dehydrogenase）和 6 个二氢硫辛酰胺脱氢酶（dihydrolipoyl dehydrogenase）。参与反应的辅酶有硫胺素焦磷酸（TPP）、硫辛酸、FAD、NAD⁺ 及 HSCoA。其中硫辛酸是带有二硫键的八碳羧酸，通过与转乙酰酶的赖氨酸 ε-氨基相连，形成与酶结合的部位。丙酮酸脱氢酶的辅酶是 TPP，二氢硫辛酰胺脱氢酶的辅酶是 FAD、NAD⁺。

丙酮酸脱氢酶复合体催化的反应可分为五步描述，如图7-15所示。

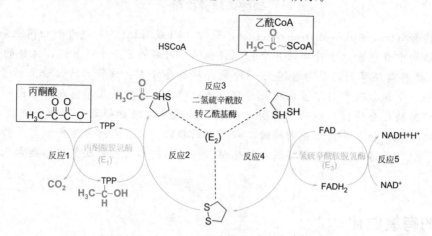

图 7-15 丙酮酸脱氢酶复合体作用机制

①丙酮酸脱氢酶（E_1）上 TPP 噻唑环上活泼碳原子与丙酮酸的酮基反应，产生 CO_2、与噻唑环结合成羟乙基。

②二氢硫辛酰胺转乙酰基酶（E_2）催化使羟乙基-TPP-E_1 上的羟乙基被氧化成乙酰基，同时转移给硫辛酰胺，形成乙酰硫辛酰胺-E_2。

③乙酰基从二氢硫辛酰胺转乙酰基酶（E_2）上转移给 HSCoA，形成乙酰 CoA，离开酶复合体。

④二氢硫辛酰胺脱氢酶（E_3）使还原的二氢硫辛酰胺脱氢重新生成硫辛酰胺，以进行下一轮反应，同时将氢传递给 FAD 生成 $FADH_2$。

⑤二氢硫辛酰胺脱氢酶（E_3）将 $FADH_2$ 上的 H 转移给 NAD^+，形成 $NADH+H^+$，通过电子传递链进行氧化磷酸化。

在整个反应过程中，中间产物并不离开酶复合体，各步反应迅速完成，而且没有游离的中间产物，不会发生副反应。丙酮酸氧化脱羧反应的 $\Delta G^{\ominus\prime}=-39.5kJ/mol$，故反应是不可逆的。

2. 三羧酸循环

三羧酸循环（tricarboxylic acid cycle，TCA cycle）是乙酰 CoA 与草酰乙酸结合后经一系列反应再循环回到草酰乙酸的过程。由于第一个中间产物为含三个羧基的柠檬酸，也称**柠檬酸循环**（citric acid cycle）。Krebs 正式提出了三羧酸循环学说，故此循环又称 Krebs 循环。在这个过程中乙酰 CoA 被氧化成 H_2O 和 CO_2 并产生大量能量。

反应 1：柠檬酸的缩合

$$H_3C-C(=O)\sim SCoA + \underset{H_2C-COOH}{\overset{O=C-COOH}{}} \xrightarrow[\text{柠檬酸合酶}]{+H_2O} \underset{H_2C-COOH}{\overset{H_2C-COOH}{HO-C-COOH}} + HSCoA$$

乙酰CoA　　　草酰乙酸　　　　　　　　　　柠檬酸

这步反应由**柠檬酸合酶**（citrate synthase）催化。在此反应中乙酰辅酶 A 上的甲基碳与草酰乙酸的酰基碳结合为柠檬酰辅酶 A，后者迅即水解释放出柠檬酸与 CoA。这样大的负值自由能改变对循环的进行十分重要，因为正常情况下，草酰乙酸的浓度虽然极低，但是柠檬酰辅酶 A 的不可逆的水解推动柠檬酸的合成。

反应 2：异柠檬酸的形成

$$\underset{H_2C-COOH}{\overset{H_2C-COOH}{HO-C-COOH}} \underset{+H_2O}{\overset{-H_2O}{\rightleftharpoons}} \underset{HC-COOH}{\overset{H_2C-COOH}{C-COOH}} \underset{-H_2O}{\overset{+H_2O}{\rightleftharpoons}} \underset{HO-C-COOH}{\overset{H_2C-COOH}{HC-COOH}}$$

柠檬酸　　　　　　　顺乌头酶　　顺乌头酸　　　　顺乌头酶　　　　异柠檬酸

顺乌头酸酶（aconitase）催化柠檬酸与异柠檬酸的可逆互变，但要通过顺乌头酸这个中间物，不过它是结合在酶上面的。

反应3：异柠檬酸的氧化脱羧

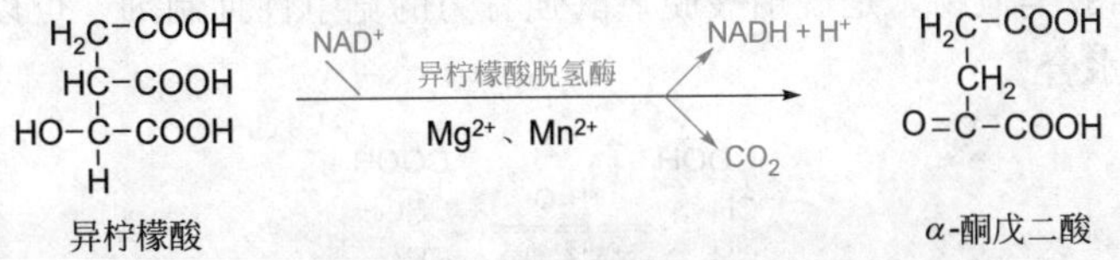

异柠檬酸脱氢酶（isocitrate dehydrogenase）催化异柠檬酸第一次氧化脱羧，生成 α-酮戊二酸。异柠檬酸脱氢酶有两种，一种以 NAD^+ 为电子受体，生成 $NADH+H^+$，只存在于线粒体基质，可进入电子传递链；另一种以 $NADP^+$ 为电子受体，生成 $NADPH+H^+$，存在于线粒体基质和胞质中，$NADPH$ 可能是供应参与合成代谢中的还原反应。

反应4：α-酮戊二酸的氧化脱羧

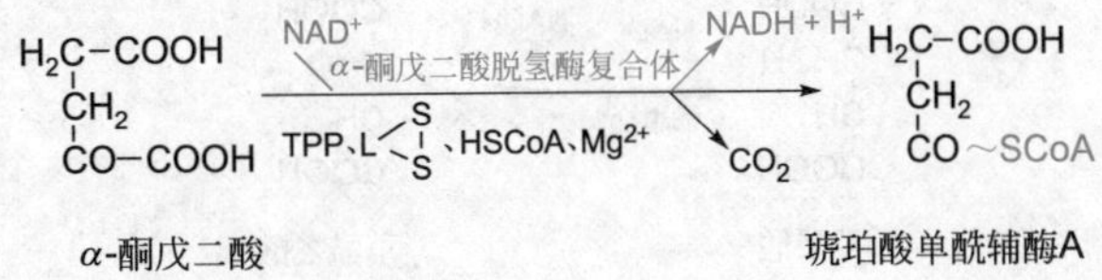

α-酮戊二酸氧化脱羧生成琥珀酸单酰辅酶 A，同时产生 $NADH+H^+$，释放 CO_2，催化的酶是 **α-酮戊二酸脱氢酶复合体**（α-ketoglutarate dehydrogenase complex）。该复合体与丙酮酸脱氢酶复合体相似（见表7-6），也是由3种酶组成，即 α-酮戊二酸脱氢酶（α-ketoglutarate dehydrogenase）、二氢硫辛酰胺转琥珀酰酶（lipoate succinyl transferase）、二氢硫辛酰胺脱氢酶，还有与蛋白结合的辅助因子 TPP、硫辛酸、FAD、NAD^+、辅酶 A 和 Mg^{2+}。

表 7-6　丙酮酸脱氢酶复合体与 α-酮戊二酸脱氢酶复合体的比较

反应	丙酮酸脱氢酶复合体	α-酮戊二酸脱氢酶复合体
脱羧	丙酮酸脱氢酶	α-酮戊二酸脱氢酶
硫辛酸结合及转酰基	二氢硫辛酰胺转乙酰基酶	二氢硫辛酰胺转琥珀酰酶
再生硫辛酸	专一性二氢硫辛酰胺脱氢酶	专一性二氢硫辛酰胺脱氢酶

反应5：琥珀酰 CoA 的底物水平磷酸化

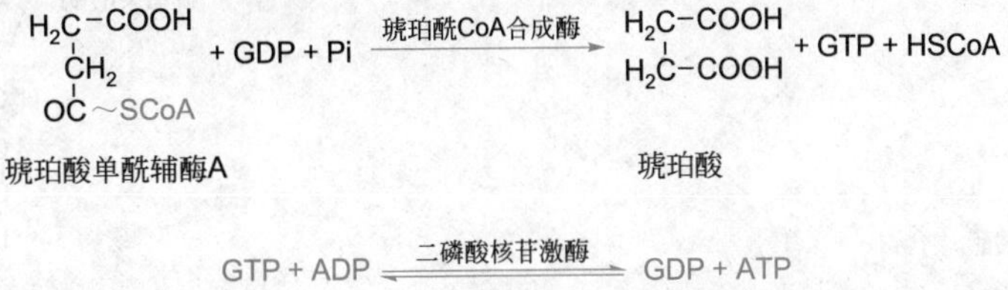

琥珀酰 CoA 合成酶（succinyl-CoA synthetase）催化琥珀酸单酰辅酶 A 的硫酯键断开，释放的能量用以合成 GTP 的磷酸酐键，需要 Mg^{2+} 参加。生成的 GTP 可在二磷酸核苷激酶催化下，将磷酸根转移给 ADP 而生成 ATP 与 GDP。

这是三羧酸循环中唯一直接产生 ATP 的反应，也是一个底物水平磷酸化反应。在代谢过程中由于底物分子内部能量重新分布产生高能键而使 ADP 或 GDP 磷酸化为 ATP 或 GTP 的反应，称为底物水平磷酸化。高能键的形成可通过脱氢、脱水、氧化脱羧等方式。

反应6：琥珀酸的脱氢

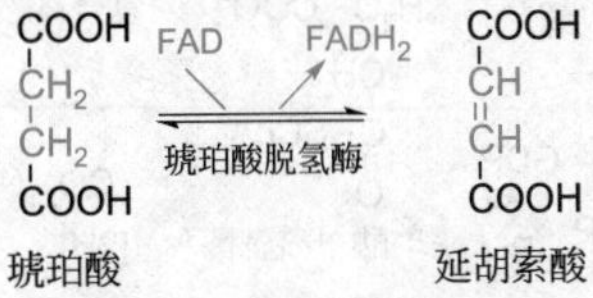

琥珀酸脱氢酶（succinate dehydrogenase）催化琥珀酸脱氢成为延胡索酸，该酶是唯一结合在线粒体内膜

上的，其他三羧酸循环的酶则存在于线粒体基质中。来自琥珀酸的电子通过 FAD 和铁硫中心进入电子传递链传给 O_2。丙二酸是琥珀酸类似物，是琥珀酸脱氢酶强有力的竞争性抑制剂，可以阻断三羧酸循环。

反应 7：延胡索酸的水合

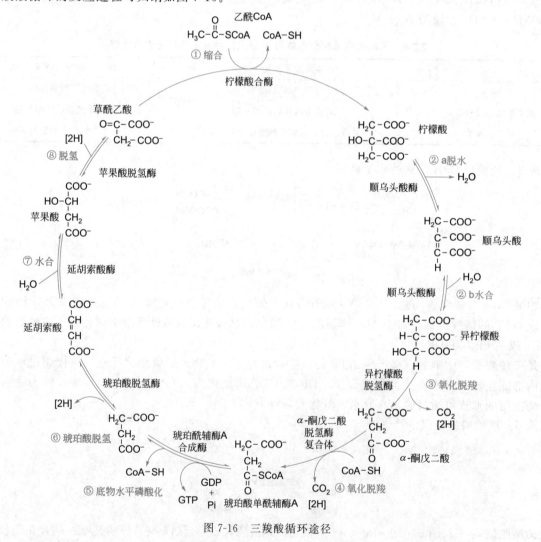

该反应由延胡索酸酶（fumarase）可逆催化。该酶具有高度立体异构特异性，只能催化延胡索酸反式双键，对于顺丁烯二酸（马来酸）顺式双键无催化作用。

反应 8：苹果酸的脱氢

三羧酸循环的最后反应由苹果酸脱氢酶（malate dehydrogenase）催化，以 NAD^+ 为电子受体，脱氢重新生成草酰乙酸。在标准条件下，反应平衡点偏向左侧，但在完整细胞中，草酰乙酸不断被柠檬酸合成反应所消耗，故这一可逆反应朝生成草酰乙酸的方向进行。

三羧酸循环的反应过程可归纳如图 7-16。

图 7-16 三羧酸循环途径

这些反应从 2 个碳原子的乙酰 CoA 与 4 个碳原子的草酰乙酸缩合成 6 个碳原子的柠檬酸开始，反应主要是脱水、加水、脱羧及脱氢。二碳单位进入三羧酸循环后，通过脱羧方式生成两分子 CO_2，这是体内 CO_2 的来源。脱氢反应共有 4 次，其中 3 次脱氢由 NAD^+ 接受，1 次由 FAD 接受，脱下的氢经电子传递链将电子传给氧时生成 ATP。三羧酸循环本身每循环一次以底物水平磷酸化生成 1 个高能磷酸键。三羧酸循环的总反应为：

$$CH_3CO{\sim}SCoA + 3NAD^+ + FAD + GDP + Pi + 2H_2O \longrightarrow 2CO_2 + 3NADH + 3H^+ + FADH_2 + HSCoA + GTP$$

（二）糖有氧氧化的生物学意义

三羧酸循环是完全的糖代谢途径，是有机碳在有氧条件下的彻底氧化，对生物体的生理意义如下。

（1）产生大量能量供机体生命活动所需 三羧酸循环本身并不是释放能量、生成 ATP 的主要环节，只有一个底物水平磷酸化反应生成高能磷酸键。循环中通过 4 次脱氢，为氧化磷酸化反应生成 ATP 提供还原当量。除三羧酸循环外，其他代谢途径生成的 $NADH+H^+$ 或 $FADH_2$ 也可经电子传递链生成 ATP。例如，糖酵解途径中 3-磷酸甘油醛脱氢生成 3-磷酸甘油酸时生成的 $NADH+H^+$，在氧供应充足时就进入电子传递链而不再将丙酮酸还原成乳酸。$NADH+H^+$ 的氢传递给氧时，可生成 2.5 个 ATP；$FADH_2$ 的氢被氧化时只能生成 1.5 个 ATP（参见生物氧化）。加上底物水平磷酸化生成的 1 个高能磷酸键，三羧酸循环一次共生成 10 个 ATP。1mol 的葡萄糖彻底氧化生成 CO_2 和 H_2O，可净生成 30mol 或 32mol ATP（表 7-7）。

表 7-7　葡萄糖有氧氧化时 ATP 的生成与消耗

反应	ATP 消耗	ATP 生成	
		底物水平磷酸化	氧化磷酸化
细胞液内反应阶段			
葡萄糖→6-磷酸葡萄糖	1		
6-磷酸葡萄糖→1,6-二磷酸果糖	1		
3-磷酸甘油醛→1,3-二磷酸甘油酸			2.5×2 或 1.5×2
1,3-二磷酸甘油酸→3-磷酸甘油酸		1×2	
磷酸烯醇式丙酮酸→丙酮酸		1×2	
线粒体内反应			
丙酮酸→乙酰辅酶 A			2.5×2
异柠檬酸→α-酮戊二酸			2.5×2
α-酮戊二酸→琥珀酸单酰辅酶 A			2.5×2
琥珀酸单酰辅酶 A→琥珀酸		1×2	
琥珀酸→延胡索酸			1.5×2
苹果酸→草酰乙酸			2.5×2
合计	2	6	28(26)
葡萄糖有氧氧化净生成 ATP	28+6-2=32 或 26+6-2=30		

总反应为：葡萄糖＋32ADP＋32Pi＋$6O_2$ $\longrightarrow$ 32ATP＋$6CO_2$＋$38H_2O$

葡萄糖氧化成 CO_2 及 H_2O 时，$\Delta G^{\ominus\prime}$ 为 -2840kJ/mol（-679kcal/mol），生成 32mol ATP，共储能 976kJ/mol（-233.49kcal/mol），效率为 35% 左右，远超过一般机械效率。

需要指出的是，胞液中生成的 NADH 不能自由透过线粒体内膜，故线粒体外 NADH 所携带的氢必须通过苹果酸-天冬氨酸穿梭或 α-磷酸甘油穿梭作用进入线粒体（见"第六章生物氧化"），然后再经过呼吸链进行氧化磷酸化过程。

（2）中间产物是生物合成的前体 例如，苹果酸可合成葡萄糖；琥珀酰 CoA 可用于与甘氨酸合成血红素；乙酰 CoA 是合成胆固醇的原料，也可转变为脂肪酸。

（3）三大营养物质分解代谢的最后共同途径　糖、脂肪、氨基酸在体内进行生物氧化都将产生乙酰CoA，然后进入三羧酸循环进行降解。

（4）三大营养物质的代谢联系枢纽（图7-17）　进入三羧酸循环的乙酰CoA，可以从脂肪和氨基酸分解而来，草酰乙酸可从天冬氨酸来，许多氨基酸的碳骨架是三羧酸循环的中间产物，通过草酰乙酸等可转变为葡萄糖（参见本章第五节"糖异生"），反之，由葡萄糖提供的丙酮酸可转变成草酰乙酸及其他二羧酸，可用于合成一些非必需氨基酸如天冬氨酸、谷氨酸等。

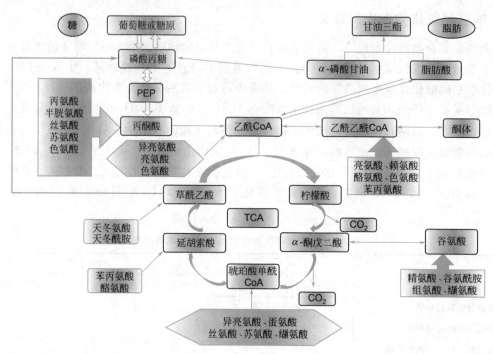

图7-17　三大营养物质的代谢联系

（三）糖有氧氧化的调节

糖的有氧氧化是机体获得能量的主要方式，有氧氧化的调节是为了适应机体或不同器官对能量的需要。机体对能量的需求变动很大，因此有氧氧化的速率必须加以调节。

1. 丙酮酸脱氢酶复合体的调节

通过变构效应和共价修饰两种方式进行快速调节。丙酮酸脱氢酶复合体的反应产物乙酰CoA及$NADH+H^+$对酶有反馈抑制作用，当乙酰CoA/CoA比例升高时，酶活性被抑制。$NADH/NAD^+$比例升高可能也有同样作用。这两种情况见于饥饿、大量脂酸被动员利用时，这时糖的有氧氧化被抑制，大多数组织器官如脑利用脂肪酸作为能量来源以确保对葡萄糖的需要。ATP对丙酮酸脱氢酶复合体有抑制作用，AMP则能激活之。丙酮酸脱氢酶复合体可被丙酮酸脱氢酶激酶磷酸化。当其丝氨酸被磷酸化后，酶蛋白变构而失去活性。丙酮酸脱氢酶磷酸酶则使其去磷酸而恢复活性。乙酰CoA和$NADH+H^+$除对酶有直接抑制作用外，还可间接通过增强丙酮酸脱氢酶激酶的活性而使其失活（图7-18）。

2. 三羧酸循环的调节

三羧酸循环中柠檬酸合酶、异柠檬酸脱氢酶、α-酮戊二酸脱氢酶复合体分别催化三个不可逆反应，目前一般认为异柠檬酸脱氢酶和α-酮戊二酸脱氢酶复合体才是三羧酸循环的调节点。异柠檬酸脱氢酶和α-酮戊二酸脱氢酶复合体在$NADH/NAD^+$，ATP/ADP比率高时被反馈抑制，ADP还是异柠檬酸脱氢酶的变构激活剂。另外，当线粒体内Ca^{2+}浓度升高时，Ca^{2+}不仅可直接与异柠檬酸脱氢酶和α-酮戊二酸脱氢酶复合体结合，降低其对底物的K_m而使酶激活，也可激活丙酮酸脱氢酶复合体，从而推动三羧酸循环和有氧氧化的进行。三羧酸循环的调节如图7-19。

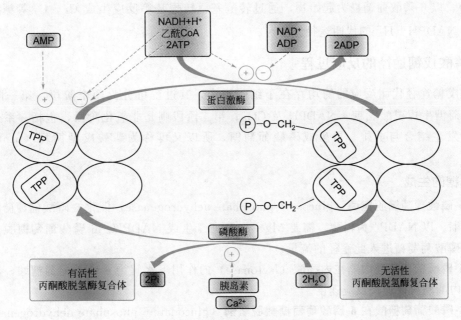

图 7-18 丙酮酸脱氢酶复合体的调节

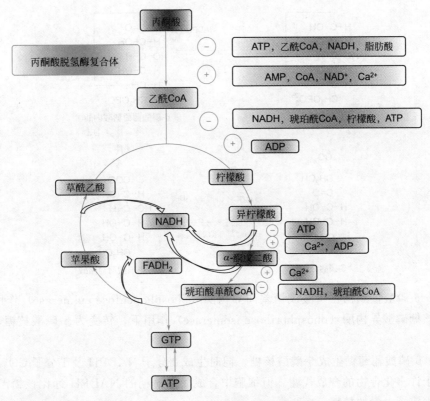

图 7-19 三羧酸循环的调节

四、葡萄糖的磷酸戊糖途径

糖酵解途径和三羧酸循环是细胞内葡萄糖氧化分解代谢的重要途径。研究表明：当抑制糖酵解时，生物体内葡萄糖的代谢仍在进行，这说明还存在其他糖代谢途径，其中磷酸戊糖途径就是另一条重要途径，约有 30％的葡萄糖可能由此途径进行氧化，在动物、植物和微生物体内普遍存在。

磷酸戊糖途径（pentose phosphate pathway，PPP）又称为**磷酸己糖支路**（hexose-monophosphate shunt，HMS），以 6-磷酸葡萄糖为起始物，通过转醛基、转酮基等反应生成 $C_3 \sim C_7$ 等糖衍生物，是体内产生核糖和 $NADPH + H^+$ 的代谢途径。

（一）磷酸戊糖途径的反应过程

参加磷酸戊糖途径代谢反应的酶均存在于细胞质中，其过程可分为两个阶段。第一阶段是氧化阶段，6-磷酸葡萄糖生成磷酸戊糖、NADPH 及 CO_2；第二阶段则是非氧化阶段，包括一系列基团转移反应，戊糖分子发生结合与重排，再生成磷酸葡萄糖，所以又可称为磷酸戊糖循环（pentose phosphate cycle）。

1. 磷酸戊糖的生成

反应 1：**6-磷酸葡萄糖脱氢酶**（glucose-6-phosphate dehydrogenase）催化 6-磷酸葡萄糖脱氢生成 6-磷酸葡萄糖酸内酯，以 $NADP^+$ 为辅酶，需要 Mg^{2+}，趋向于生成 NADPH。6-磷酸葡萄糖脱氢酶活性是限速酶，决定 6-磷酸葡萄糖进入此途径的流量。

反应 2：6-磷酸葡萄糖酸内酯在内酯酶（lactonase）的作用下水解为 6-磷酸葡萄糖酸，反应无酶参加也可进行，但内酯酶可以加快反应速度。

反应 3：6-磷酸葡萄糖酸在 **6-磷酸葡萄糖酸脱氢酶**（gluconate-6-phosphate dehydrogenase）作用下再次脱氢并自发脱羧而产生 5-磷酸核酮糖，同时生成 NADPH 及 CO_2。

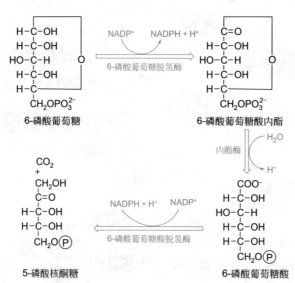

反应 4 和 4'：5-磷酸核酮糖在磷酸戊糖差向异构酶（phosphopentose epimerase）作用下，转变为 5-磷酸木酮糖；在核糖磷酸异构酶（phosphoribose isomerase）作用下，转变为 5-磷酸核糖，这些反应均为可逆反应。

在第一阶段，6-磷酸葡萄糖生成 5-磷酸核糖，同时生成 2 分子 NADPH 及 1 分子 CO_2。前者用以合成核苷酸，后者用于许多化合物的合成代谢。但细胞中合成代谢消耗的 NADPH 远比核糖需要量大，因此，葡萄糖经此途径生成了大量的核糖。

2. $C_3 \sim C_7$ 糖磷酸酯的生成

3 分子磷酸戊糖转变成 2 分子磷酸己糖和 1 分子磷酸丙糖，是通过基团转移反应实现的。这个过程有两类关键酶催化：一类是**转酮醇酶**（transketolase），又称转酮酶或转羟乙醛酶，转移二碳单位；另一类是**转醛醇酶**（transaldolase），又称转醛酶或转二羟丙酮激酶，转移三碳单位。二碳单位或三碳单位的供体为酮糖，受体为醛糖。具体化学过程如下。

反应 5：转酮醇酶从 5-磷酸木酮糖带出一个 C_2 单位（羟乙醛）转移给 5-磷酸核糖，产生 7-磷酸景天庚酮糖和 3-磷酸甘油醛，反应需 TPP 作为辅酶且 Mg^{2+} 参与。

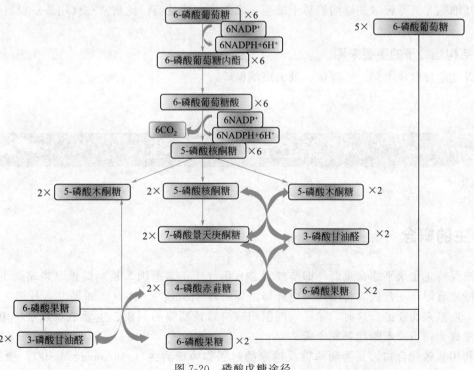

反应 6：转醛醇酶从 7-磷酸景天庚酮糖转移 C_3 的二羟丙酮基给 3-磷酸甘油醛生成 4-磷酸赤藓糖和 6-磷酸果糖。

7-磷酸景天庚酮糖　3-磷酸甘油醛　　　　4-磷酸赤藓糖　　　6-磷酸果糖

反应 7：4-磷酸赤藓糖在转酮醇酶催化下可接受来自 5-磷酸木酮糖的羟乙醛基，生成 6-磷酸果糖和 3-磷酸甘油醛。

5-磷酸木酮糖　　4-磷酸赤藓糖　　　　3-磷酸甘油醛　　　6-磷酸果糖

第二阶段反应的意义就在于通过一系列基团转移反应，将核糖转变成 6-磷酸果糖和 3-磷酸甘油醛而进入糖酵解途径，因此磷酸戊糖途径也称磷酸戊糖旁路，其反应可归纳于图 7-20。

图 7-20　磷酸戊糖途径

整个戊糖磷酸途径的总反应可表示如下式：

$$G\text{-}6\text{-}P + 12NADP^+ + 7H_2O \longrightarrow 6CO_2 + 12NADPH + 12H^+ + H_3PO_4$$

（二）磷酸戊糖途径的生物学意义

磷酸戊糖途径的主要意义在于为机体提供磷酸核糖和 NADPH。

1. 为核酸的生物合成提供核糖

核糖是核酸、游离核苷酸的组成成分，是合成辅酶的原料。体内的核糖并不依赖食物摄入，可以从葡萄糖通过磷酸戊糖途径生成。葡萄糖可经过 6-磷酸葡萄糖脱氢、脱羧的氧化反应产生磷酸戊糖，也可通过糖酵解途径的中间产物 3-磷酸甘油醛和 6-磷酸果糖经过前述的基团转移反应而生成磷酸核糖。

2. 提供 NADPH 作为供氢体参与多种代谢反应

NADPH 与 NADH 不同，它携带的氢不是通过电子传递链氧化以释出能量，而是参与许多代谢反应，发挥不同的功能。

（1）NADPH 是体内许多合成代谢的供氢体　如从乙酰 CoA 合成脂酸、胆固醇；机体合成非必需氨基酸时，先由 α-酮戊二酸与 NADPH 及 NH_3 生成谷氨酸，谷氨酸可与其他 α-酮酸进行转氨基反应而生成相应的氨基酸。

（2）NADPH 参与体内羟化反应　有些羟化反应与生物合成有关。例如：从鲨烯合成胆固醇，从胆固醇合成胆汁酸、类固醇激素等。有些羟化反应则与生物转化（biotransformation）有关。

（3）NADPH 用于维持谷胱甘肽（glutathione）的还原状态　谷胱甘肽是一个三肽，以 GSH 表示。两分子 GSH 可以脱氢氧化成为 GS-SG，而后者可在谷胱甘肽还原酶作用下，被 NADPH 重新还原成为还原型谷胱甘肽。

还原型谷胱甘肽是体内重要的抗氧化剂，可以保护一些含—SH 的蛋白质或酶免受氧化剂尤其是过氧化物的损害。在红细胞中还原型谷胱甘肽更具有重要作用，它可以保护红细胞膜蛋白的完整性。某些人的红细胞内缺乏 6-磷酸葡萄糖脱氢酶，不能经磷酸戊糖途径得到充分的 NADPH 和使谷胱甘肽保持于还原状态，导致红细胞尤其是较老的红细胞易于破裂，发生溶血性黄疸。此病常在食用蚕豆以后诱发，故称为蚕豆病。

3. 不同结构糖分子的重要来源。

机体内以此途径合成戊糖、赤藓糖、景天庚酮糖等。

第五节　糖异生

一、糖异生的概念

人体血糖保持正常水平非常重要，即使禁食 24h 仍处于正常范围，长期饥饿时也略微下降。事实上，体内储存的糖原有限，正常成人每小时可由肝释出葡萄糖 210mg/kg 体重，如果没有补充，12h 左右肝糖原就被耗尽，血糖来源断绝。这时，除了周围组织减少对葡萄糖的利用，主要依赖肝脏将丙酮酸、乳酸、有机酸等转变成葡萄糖，不断地补充血糖。

生物体利用非糖化合物转变为葡萄糖或糖原的过程称为**糖异生**（gluconeogenesis）。糖异生的主要原料为乳酸、甘油、有机酸、生糖氨基酸等。机体内进行糖异生补充血糖的主要器官是肝脏，肾脏在正常情况下糖异生能力只有肝脏的 10%，长期饥饿时肾脏糖异生能力则大大增强。

二、糖异生途径

糖异生具体反应过程是由丙酮酸生成葡萄糖，葡萄糖经酵解途径分解生成丙酮酸时，$\Delta G^{\ominus\prime}$ 为 -520kJ/mol（-124.4kcal/mol），从热力学分析，不可能全部按糖酵解途径逆行。糖酵解途径与糖异生途径比较，多数反应是可逆的，但糖酵解途径中有 3 个不可逆反应，在糖异生途径中必须通过其他酶催化。

反应 1： 丙酮酸转变成磷酸烯醇式丙酮酸

丙酮酸　　　　　　　　　草酰乙酸　　　　　　　　　　磷酸烯醇式丙酮酸

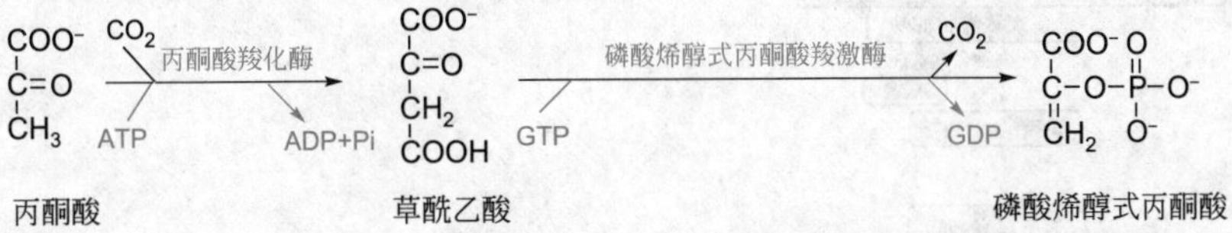

丙酮酸羧化酶（pyruvate carboxylase）催化第一个反应，生物素是其辅酶。CO_2 先与生物素结合，需消耗 ATP，活化的 CO_2 再转移给丙酮酸生成草酰乙酸。第二个反应由**磷酸烯醇式丙酮酸羧激酶**（phosphoenolpyruvate carboxykinase）催化草酰乙酸转变成磷酸烯醇式丙酮酸，反应中 GTP 消耗一个高能磷酸键，同时脱羧。上述两步反应共消耗 2 个 ATP，又称为丙酮酸羧化支路。糖酵解途经中丙酮酸激酶催化磷酸烯醇式丙酮酸生成丙酮酸。

丙酮酸羧化酶是线粒体酶，细胞液中的丙酮酸必须进入线粒体后才能羧化生成草酰乙酸，而磷酸烯醇式丙酮酸羧激酶在线粒体和胞液中都存在，因此草酰乙酸可在线粒体中直接转变为磷酸烯醇式丙酮酸再进入胞液，也可在胞液中被转变为磷酸烯醇式丙酮酸。但是，草酰乙酸不能直接透过线粒体内膜，需借助转运机制进入胞液：一种是经苹果酸脱氢酶作用，草酰乙酸还原成苹果酸，然后通过线粒体内膜进入胞液，再由胞液中苹果酸脱氢酶将苹果酸脱氢氧化为草酰乙酸后进入糖异生反应途径。另一种方式是经谷草转氨酶作用，生成天冬氨酸后出线粒体，进入胞液的天冬氨酸再经胞液中谷草转氨酶催化而重新生成草酰乙酸。有实验表明，以丙酮酸或能转变为丙酮酸的某些生糖氨基酸如丙氨酸、甘氨酸、丝氨酸等作为原料异生成葡萄糖时，以苹果酸通过线粒体后进行异生；乳酸进行糖异生反应时，常在线粒体生成草酰乙酸后，再变成天冬氨酸出线粒体内膜进入胞质。

反应 2： 1,6-二磷酸果糖转变为 6-磷酸果糖
C1 位的磷酸酯进行水解是放能反应，由**果糖-1,6-二磷酸酶**（fructose-1,6-bisphosphatase）催化。

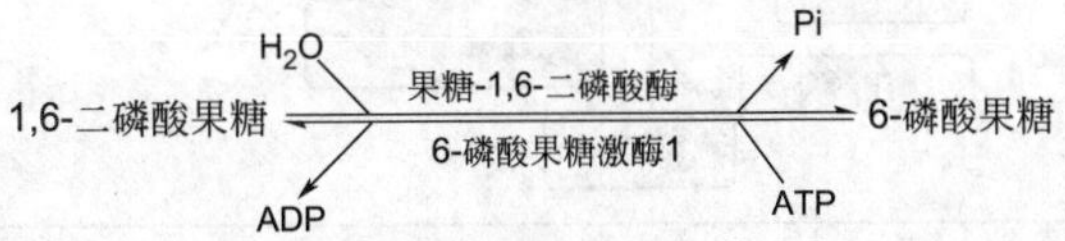

反应 3： 6-磷酸葡萄糖水解为葡萄糖
该反应由**葡萄糖-6-磷酸酶**（glucose-6-phosphatase）催化，不是葡萄糖激酶的逆反应，热力学上是可行的。该酶不存在于脑和肌肉组织中，所以脑和肌肉组织不能生成自由葡萄糖。

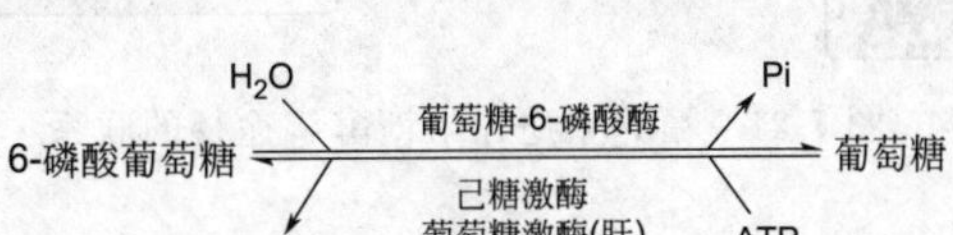

上述三个反应中，作用物的互变反应分别由不同的酶催化其单向反应，这种互变循环称为底物循环（substrate cycle）。当两种酶活性相等时，则不能将代谢向前推进，结果仅是 ATP 分解释放出能量，因而又称为无效循环（futile cycle）。在细胞内两种酶活性不完全相等，使代谢反应仅向一个方向进行。糖异生途径可归纳如图 7-21。

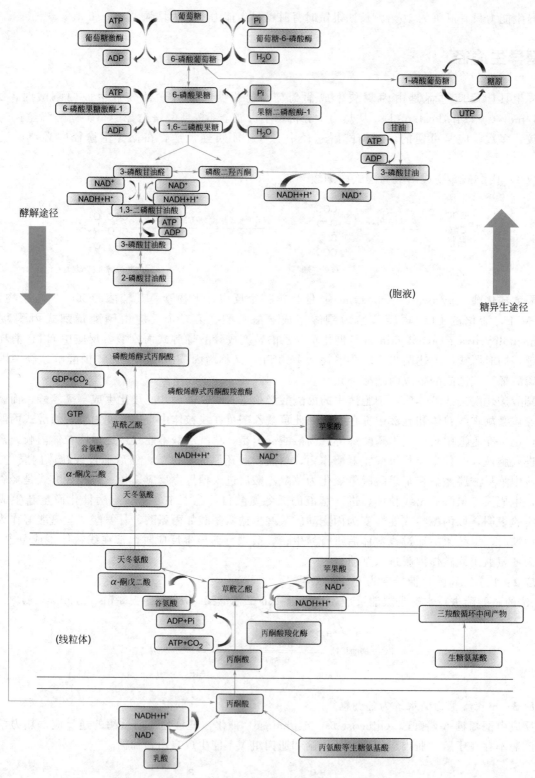

图 7-21　糖异生途径与糖酵解途径的联系

三、糖异生的调节与生物学意义

（一）糖异生的调节

糖异生途径和糖酵解途径是方向相反的两条代谢途径，是相互协调的。从丙酮酸进行有效的糖异生，就必须抑制糖酵解途径，防止葡萄糖重新分解成丙酮酸；反之亦然。这种协调主要依赖于对这两条途径中的 2 个底物循环进行调节。

葡萄糖-6-磷酸酶、果糖-1,6-二磷酸酶、丙酮酸羧化酶和磷酸烯醇式丙酮酸羧激酶是糖异生作用的关键酶，通过对这 4 种酶所催化的反应来完成调节，主要控制如下：

① 果糖-1,6-二磷酸酶是糖异生作用中最关键的调控酶，6-磷酸果糖激酶 1 是糖酵解最关键的调控酶，ATP、柠檬酸激活前者，抑制后者。2,6-二磷酸果糖和 AMP 激活后者，同时抑制前者，从而减弱糖异生而加速糖酵解。

② 丙酮酸羧化酶的活性受乙酰 CoA 和 ATP 激活，受 ADP 抑制。饥饿时大量脂酰 CoA 在线粒体内发生 β-氧化，生成大量的乙酰 CoA，一方面抑制丙酮酸脱氢酶复合体，阻止丙酮酸继续氧化，另一方面又激活丙酮酸羧化酶，使其转变为草酰乙酸，从而加速糖异生。

③ 高浓度的 6-磷酸葡萄糖可抑制己糖激酶，活化葡萄糖-6-磷酸酶，从而抑制糖酵解，促进糖异生。

④ GTP 促进磷酸烯醇式丙酮酸羧激酶的活性，促进糖异生。

⑤ 代谢性酸中毒可促进磷酸烯醇式丙酮酸羧激酶的合成，从而增进糖异生作用。

⑥ 胰高血糖素、肾上腺素、肾上腺糖皮质激素等通过活化肝细胞膜上的腺苷酸环化酶，升高 cAMP 浓度，提高丙酮酸羧化酶的活性或快速诱导磷酸烯醇式丙酮酸羧激酶基因的表达而增加酶的合成，增进糖异生作用。此外，还通过磷酸化作用，改变酶活性，如 6-磷酸果糖激酶 1、丙酮酸激酶磷酸化后活力降低，抑制糖酵解，而果糖-1,6-二磷酸酶磷酸化后活力升高，促进糖异生。这些激素还可促进脂肪分解产生乙酰 CoA 和甘油，从而促进糖的异生作用。胰岛素的作用与肾上腺素和胰高血糖素相反，可使糖异生作用降低。

⑦ 2,6-二磷酸果糖的水平是肝内调节果糖的分解或糖异生反应方向的主要信号。胰高血糖素通过 cAMP 和依赖 cAMP 的蛋白激酶，使 6-磷酸果糖激酶 2 磷酸化而失活，降低肝细胞内 2,6-二磷酸果糖水平，从而促进糖异生而抑制糖的分解。进食后胰高血糖素/胰岛素比例降低，2,6-二磷酸果糖水平升高，糖异生被抑制，糖的分解加强，为合成脂肪酸提供乙酰 CoA。饥饿时胰高血糖素分泌增加，2,6-二磷酸果糖水平降低，从糖的分解转向糖异生。

总而言之，糖酵解和糖异生是协调调控的，它们主要通过 ATP 系统的能荷和呼吸燃料（如乙酰 CoA、柠檬酸等）的含量来调节。当细胞内 ATP 水平较高，即能荷较高，呼吸燃料如乙酰 CoA、柠檬酸等较多时，抑制糖酵解而促进糖异生。反之，当能荷低、呼吸燃料少时，加速糖酵解，抑制糖异生。

糖异生作用的调节可归纳为图 7-22。

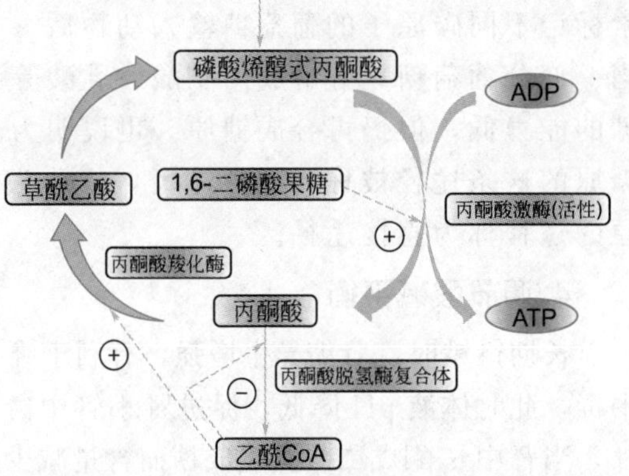

图 7-22　糖异生作用的调节

（二）糖异生的生物学意义

1. 维持血糖水平恒定

空腹、饥饿、剧烈运动时，机体依赖甘油、生糖氨基酸等生成葡萄糖而维持血糖浓度正常水平。脑组织不能利用脂肪酸，主要依赖葡萄糖供给能量；红细胞没有线粒体，完全通过糖酵解获得能量；骨髓、神经等组织代谢活跃，利用糖酵解快速供应能量。因此在饥饿状况下，机体维持生命活动所需消耗的糖要全部依赖糖异生而生成。

2. 乳酸的再利用

乳酸来自肌糖原分解，当肌肉收缩时（尤其是氧供应不足）通过糖酵解生成。肌肉内糖异生弱，乳酸通过细胞膜弥散进入血液后，再入肝，在肝内异生为葡萄糖。葡萄糖进入血液后又可被肌肉摄取，这就构成了一个循环，称为**乳酸循环**（lactic acid cycle），即 Cori 循环（图 7-23）。

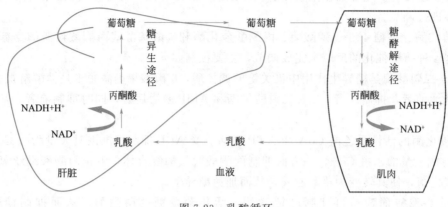

图 7-23 乳酸循环

乳酸循环的生理意义在于不但补充了肌肉消耗的糖，而且回收了乳酸分子中的能量，防止因乳酸堆积引起的酸中毒。乳酸循环的形成是由肝脏和肌肉中酶的特点所致，肝脏内糖异生活跃，又有葡萄糖-6-磷酸酶可水解 6-磷酸葡萄糖，释出葡萄糖；肌肉除糖异生活性低外，又无葡萄糖-6-磷酸酶。因此，肌肉内生成的乳酸既不能异生成糖，更不能释放出葡萄糖。

3. 补充肝糖原

糖异生是肝补充或恢复糖原储备的重要途径，这在饥饿后进食更为重要。近年来发现，进食后肝糖原储备丰富的现象并不是肝脏直接利用葡萄糖合成糖原的结果。肝灌注和肝细胞培养实验表明：只有当葡萄糖浓度高达 12mmol/L 以上时，才观察到肝细胞摄取葡萄糖。如此高的浓度在体内是很难达到的，即使在消化吸收期，门静脉内葡萄糖浓度也仅达到 8mmol/L。主要原因是由于葡萄糖激酶活性是决定肝细胞摄取、利用葡萄糖的主要因素，其 K_m 太高，肝脏摄取葡萄糖能力低。另外，当在灌注液中加入甘油、谷氨酸、丙酮酸、乳酸等可糖异生的原料时，则肝糖原迅速增加。以同位素标记不同碳原子的葡萄糖输入动物后，分析其肝糖原中葡萄糖标记的情况，结果表明：摄入的相当一部分葡萄糖先分解成丙酮酸、乳酸等三碳化合物，后者再异生成糖原。这解释了肝脏摄取葡萄糖的能力低，但仍可合成糖原，也说明为什么进食 24h 内，肝脏仍要保持较高的糖异生活性。合成糖原的这条途径被称为三碳途径，或称为间接途径，葡萄糖经尿苷二磷酸葡萄糖（UDPG）合成糖原的过程称为直接途径。

4. 调节酸碱平衡

长期饥饿时，肾糖异生增强，有利于维持酸碱平衡。发生这一变化的原因可能是饥饿造成的代谢性酸中毒，此时体液 pH 降低，促进肾小管中磷酸烯醇式丙酮酸羧激酶的合成，从而使糖异生作用增强。另外，当肾中 α-酮戊二酸异生成糖而含量减少时，可促进谷氨酰胺脱氨生成谷氨酸以及谷氨酸的脱氨反应，肾小管细胞将 NH_3 分泌入管腔中，与原尿中 H^+ 结合，升高原尿 pH，有利于排氢保钠作用的进行，对于防止酸中毒有重要作用。

> **知识链接**　　　　**无效循环（futile cycle）与恶性发烧（malignant hyperpyrexia）**
>
> 恶性发烧是一种罕见的遗传缺陷性疾病，其发病率占儿童的 1/15000，成人的 1/100000～1/50000。病人常因某种药物（如吸入氟烷，一种全身麻醉药）而在几分钟内突然发病，表现为体温的骤然升高、代谢性和呼吸性酸中毒、高血钾症和肌肉强直。简单用糖酵解加强和肌肉收缩不能圆满解释恶性发烧，有观点认为，氟烷可以促进肌肉中 6-磷酸果糖激酶 1 和果糖-1,6-二磷酸酶催化的耗能无效循环。由于酶的遗传性缺陷，此无效循环得不到控制，造成 ATP 大量分解产热。有证据表明，患者肌浆网有缺陷，氟烷可诱发肌浆网不适当地释放 Ca^{2+}，从而引起产热过程中的失控，如肌球蛋白 ATP 酶、糖原分解、糖酵解等过程的失控，以及线粒体和肌浆网对 Ca^{2+} 的循环提取和释放的异常。

一、糖原的分类

糖原（glycogen）是一种无还原性的多糖，是动物细胞葡萄糖的储存形式。通过食物摄入的糖类大部分转变成脂肪后储存于脂肪组织内，只有少部分合成糖原，主要在肝脏和肌肉里储存。人体中肝糖原总量约 70～100g，是血糖的重要来源；肌糖原总量约 180～300g，主要是肌肉收缩的应急能源。

糖原作为葡萄糖储备的生物学意义在于可以有效地储存和动员能量，调节血糖浓度。当机体需要葡萄糖时，糖原可以迅速被动用以供急需，而脂肪则不能，这对于一些依赖葡萄糖作为能量来源的组织，如脑、红细胞等尤为重要。

二、糖原的合成

葡萄糖是合成糖原的唯一原料，半乳糖和果糖都要通过磷酸葡萄糖才能变为糖原。体内由葡萄糖合成糖原的过程称为**糖原合成作用**（glycogenesis）。糖原的生物合成包括下列几步反应：

反应 1：葡萄糖的磷酸化

该过程由己糖激酶催化，消耗 ATP。

$$葡萄糖 + ATP \xrightarrow{\text{己糖激酶}} 6\text{-磷酸葡萄糖} + ADP$$

反应 2：6-磷酸葡萄糖的异构

这步反应由磷酸葡萄糖变位酶催化。

$$6\text{-磷酸葡萄糖} \xrightleftharpoons{\text{磷酸葡萄糖变位酶}} 1\text{-磷酸葡萄糖}$$

反应 3：1-磷酸葡萄糖的活化

该过程由尿苷二磷酸葡萄糖焦磷酸化酶（UDP-Glc pyrophosphorylase）催化，生成尿苷二磷酸葡萄糖（uridine diphosphate glucose，UDPG），是活化的葡萄糖。

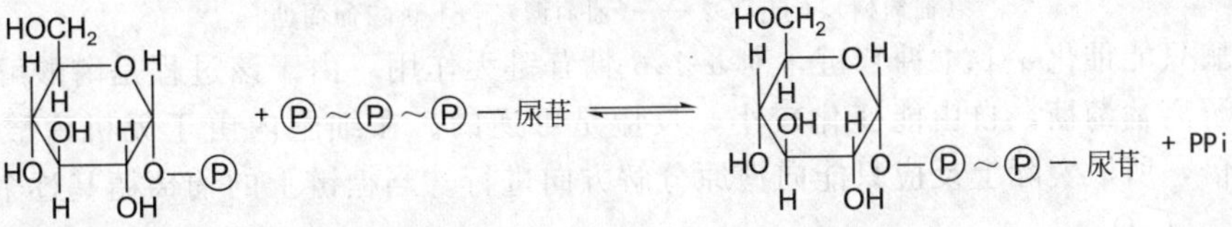

这个反应是可逆的，但是焦磷酸随即被焦磷酸酶水解，推动反应合成 UDPG。

反应 4：UDPG 与糖原的缩合

该过程由**糖原合酶**（glycogen synthase）催化，以 UDPG 为葡萄糖供体，糖原引物为葡萄糖基的接受体，葡萄糖 C1 与糖原引物非还原末端葡萄糖残基上 C4 羟基形成 $\alpha\text{-}1,4$-糖苷键，不断延长糖链，但不能形成分支。

$$UDPG + (葡萄糖)_n \xrightarrow{\text{糖原合酶}} UDP + (葡萄糖)_{n+1}$$

近年来，人们在细胞液中发现一种名为生糖原蛋白（glycogenin）的蛋白质，它能对自身进行共价修饰，将 UDPG 的葡萄糖基 C1 结合到特定的酪氨酸（Tyr_{194}）残基上，这个结合上去的葡萄糖分子成为糖原合成的第一个糖原引物分子。当然，糖原引物也可来源于细胞中降解的糖原颗粒。

反应 5：分支链的形成

当糖原合酶催化直链长度达 12 个葡萄糖基以上时，在**分支酶**（branching enzyme）的催化下，将距末端约 6～7 个葡萄糖残基转移至邻近糖链上，以 $\alpha\text{-}1,6$-糖苷键连接，使糖原出现分支（图 7-24）。

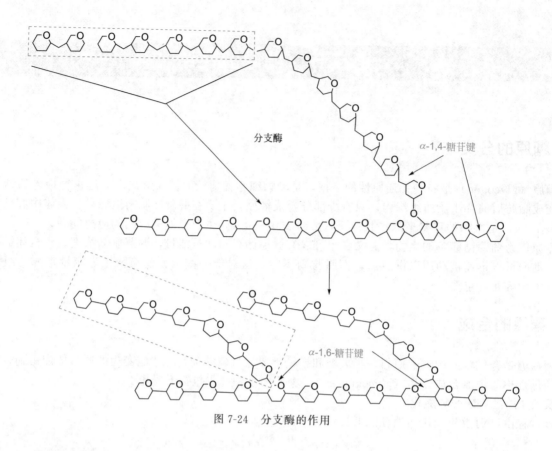

图 7-24 分支酶的作用

三、糖原的分解

糖原分解（glycogenolysis）是指肝糖原降解成为葡萄糖，要经过 4 步酶促反应。

反应 1：糖原的磷酸解反应

这个反应是由**糖原磷酸化酶**（glycogen phosphorylase）所催化，从糖原的非还原端开始，产物是 1-磷酸葡萄糖和少了 1 分子葡萄糖的糖原。

$$（葡萄糖）_n + H_3PO_4 \longrightarrow （葡萄糖）_{n-1} + 1\text{-磷酸葡萄糖}$$

糖原磷酸化酶只能催化 α-1,4-糖苷键，对 α-1,6-糖苷键无作用。由于该过程是磷酸解生成 1-磷酸葡萄糖而不是水解成游离葡萄糖，自由能变化较小，反应是可逆的。在细胞内由于无机磷酸盐浓度约为 1-磷酸葡萄糖的 100 倍，所以实际上反应只能向糖原分解方向进行。当糖链上的葡萄糖基逐个磷酸解至离分支点约 4 个葡萄糖基时，由于位阻，磷酸化酶不能再发挥作用，这时需要**脱支酶**（debranching enzyme）的参与才能将糖原完全分解。

反应 2：脱支酶的催化反应

脱支酶是一种双功能酶，它催化糖原脱支的两个反应。第一种功能是 4-α-葡萄糖基转移酶（4-α-D-glucanotransferase）活性，即将糖链上的 3 个葡萄糖基转移到邻近糖链末端，仍以 α-1,4-糖苷键连接，结果直链延长 3 个葡萄糖基（图 7-25），而 α-1,6 分支处只留下 1 个葡萄糖残基。脱支酶的另一功能是 α-1,6-葡萄糖苷酶的活性，水解 α-1,6-糖苷键，生成一分子游离的葡萄糖。在磷酸化

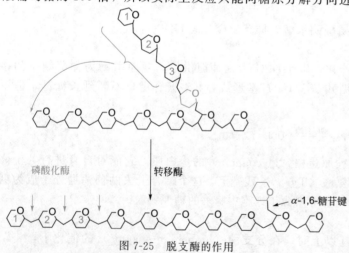

图 7-25 脱支酶的作用

酶与脱支酶的协同和反复作用下，糖原可以完全磷酸解和水解。一般情况，每当水解脱下 1 个游离的葡萄糖约可磷酸解产生 12 个 1-磷酸葡萄糖。

反应 3：1-磷酸葡萄糖的异构

这个反应由磷酸葡萄糖变位酶（phosphoglucomutase）催化。

$$1\text{-磷酸葡萄糖} \xrightleftharpoons[\quad]{\text{磷酸葡萄糖变位酶}} 6\text{-磷酸葡萄糖}$$

反应 4：6-磷酸葡萄糖的水解

该反应由葡萄糖-6-磷酸酶（glucose-6-phosphatase）催化，生成自由葡萄糖，葡萄糖-6-磷酸酶只存在于肝及肾中，而不存在于肌肉中。只有肝和肾可补充血糖，而肌糖原不能分解成葡萄糖，只能进行糖酵解或有氧氧化。

$$6\text{-磷酸葡萄糖} + H_2O \xrightarrow{\text{葡萄糖-6-磷酸酶}} \text{葡萄糖} + Pi$$

四、糖原代谢的调节

糖原的合成与分解不是简单的可逆反应，是分别通过两条途径进行的（图 7-26）。

生物体内合成与分解按两条途径进行的现象是很普遍的，这样有利于精细调节。当糖原合成途径旺盛时，分解途径会被抑制，才能有效地合成糖原；反之亦然。

（一）酶对糖原代谢的影响

糖原生物合成中的糖原合酶与糖原分解途径中的磷酸化酶分别是两条代谢途径的关键酶，其活性决定不同途径的代谢速率，从而影响糖原代谢的方向。糖原合酶和磷酸化酶都有共价修饰和变构调节两种快速调节方式。

1. 糖原磷酸化酶的调节

肝糖原磷酸化酶有磷酸化和去磷酸化两种形式，当该酶 Ser_{14} 被磷酸化时，活性很低的磷酸化酶（称为磷酸化酶 b）就转变为活性强的磷酸型磷酸化酶（称为磷酸化酶 a），这种磷酸化过程由磷酸化酶

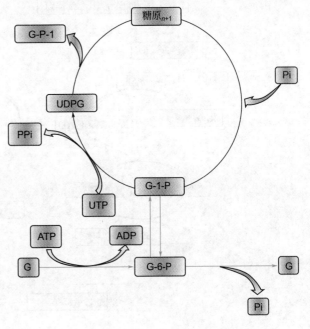

图 7-26 糖原的合成与分解

b 激酶催化。磷酸化酶 b 激酶也有两种形式，去磷酸的磷酸化 b 激酶没有活性，而磷酸型的是活性磷酸化酶 b 激酶。磷酸化是由依赖 cAMP 的蛋白激酶（cAMP-dependent protein kinase，蛋白激酶 A）作用，去磷酸化则由磷蛋白磷酸酶-1 催化。

磷酸化酶还受变构调节，葡萄糖是其变构调节剂。当血糖升高时，葡萄糖进入肝细胞，与磷酸化酶 a 的变构调节部位结合，引起构象改变，暴露出磷酸化的第 14 位丝氨酸，然后在磷蛋白磷酸酶-1 催化下去磷酸化而失活。因此，当血糖浓度升高时，可降低肝糖原的分解。这种调节方式速度很快，仅需几毫秒。

2. 糖原合酶的调节

糖原合酶分为活性和无活性两种形式，糖原合酶 a 有活性，磷酸化成糖原合酶 b 后失去活性。催化其磷酸化的也是蛋白激酶 A，可磷酸化其多个丝氨酸残基。磷酸化酶 b 激酶也可磷酸化其中 1 个丝氨酸残基，使糖原合酶失活。

综上所述，磷酸化酶和糖原合酶的活性受磷酸化和去磷酸化的共价修饰。两种酶磷酸化和去磷酸化的方式相似，但效果不同，磷酸化酶磷酸化后活性升高，而糖原合酶的磷酸化形式则是无活性的。这种精细

调控，避免了由于分解、合成两个途径同时进行所造成的 ATP 的浪费。

（二）激素对糖原代谢的影响

糖原合成与分解的生理性调节主要靠胰岛素、肾上腺素和胰高血糖素等。胰高血糖素可诱导生成 cAMP，促进糖原分解。肾上腺素在应激状态发挥作用，也通过 cAMP 促进糖原分解。胰岛素抑制糖原分解，促进糖原合成，可能通过激活磷酸二酯酶加速 cAMP 的分解而起作用。

依赖 cAMP 的蛋白激酶 A 是别构酶，也有活性及无活性两种形式。ATP 在腺苷酸环化酶作用下生成 cAMP，而腺苷酸环化酶的活性受激素调节。cAMP 在体内很快被磷酸二酯酶水解成 AMP，蛋白激酶随即转变为无活性型。这种通过一系列酶促反应将激素信号放大的连锁反应称为**级联放大系统**（cascade system），与酶含量的调节相比（一般以几小时或天计），反应快，效率高。

此外，使磷酸化酶 a、糖原合酶和磷酸化酶 b 激酶去磷酸化的磷蛋白磷酸酶-1 的活性也受到精细调节，磷蛋白磷酸酶抑制物是胞内一种蛋白质，和此酶结合后可抑制其活性。此抑制物本身具活性的磷酸化形式，也是由依赖 cAMP 的蛋白激酶调控的。糖原合成与分解的共价修饰调节见图 7-27。

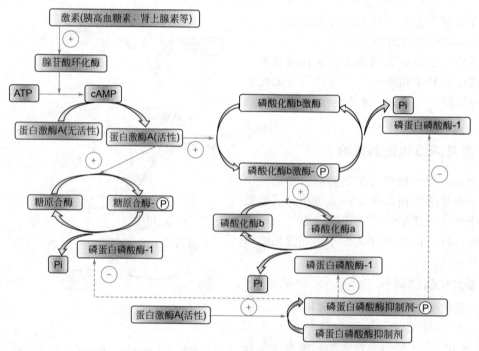

图 7-27　糖原合成与分解的共价修饰调节

肌肉内调节糖原代谢的两个关键酶与肝糖原不同，肌糖原不能补充血糖，而是为肌肉活动提供能量。因此，在糖原分解代谢时，肝脏主要受胰高糖素的调节，而肌肉主要受肾上腺素调节。肌肉内糖原合酶及磷酸化酶的变构效应剂主要为 AMP、ATP 及 6-磷酸葡萄糖。AMP 可激活磷酸化酶 b，而 ATP、6-磷酸葡萄糖可抑制磷酸化酶 a，激活糖原合酶，这样肌糖原的合成与分解受细胞内能量状态的控制。当肌肉收缩、ATP 被消耗时，AMP 浓度升高，而 6-磷酸葡萄糖水平降低，这就使得肌糖原分解加快，合成被抑制；当肌肉静息时，ATP 及 6-磷酸葡萄糖水平较高，有利于糖原合成。

Ca^{2+} 的升高可引起肌糖原分解增加。当神经冲动引起胞液内 Ca^{2+} 升高时，因为磷酸化酶 b 激酶的 δ 亚基也就是**钙调蛋白**（calmodulin），与 Ca^{2+} 结合，即可激活磷酸化酶 b 激酶，促进磷酸化酶 b 磷酸化成磷酸化酶 a，加速糖原分解。这样，在神经冲动引起肌肉收缩的同时，即加速糖原分解，以获得肌收缩所需能量。

糖原累积症（glycogen storage disease）是一组糖原代谢异常疾病，是较常见的常染色体隐性遗传代谢病。其病因是因为患者先天缺乏与糖原代谢有关的酶类，不同酶的缺陷引起不同的病理反应，糖原在组织中大量沉积。糖原累积症分型见表 7-8。

表 7-8　糖原累积症的类型

类型及病名	受累器官	缺失的酶	受害器官中的糖原	临床特征
Ⅰ型 Glerke's 病	肝脏、肾脏	葡萄糖-6-磷酸酶	含量增加,结构正常	肝脏肿大,肾脏增大,生长发育停滞,严重低血糖,酮症,高尿酸血症,高脂血症
Ⅱ型 Pompe's 病	各种器官	α-1,4-葡萄糖苷酶(溶酶体)	含量极度增加,结构正常	通常两岁前因心脏、呼吸衰竭而死亡
Ⅲ型 Cori's 病	肌肉、肝脏	淀粉-1,6-葡萄糖苷酶(脱支酶)	含量增加,分子外周分支较短	与Ⅰ型相似,但较轻
Ⅳ型 Anderson's 病	肝脏、脾脏	分支酶(α-1,4→α-1,6)	含量正常,分子外周分支变长	进行性肝硬化,通常两岁前因肝衰竭而死
Ⅴ型 MeArdle 病	肌肉	糖原磷酸化酶	含量中等程度增加,结构正常	由于疼痛性肌病痉挛而使强力运动受限,另一些患者无此现象,且发育正常
Ⅵ型 Hers' 病	肝脏	肝糖原磷酸化酶	含量增加,结构正常	与Ⅰ型相似,但较轻
Ⅶ型	肌肉	磷酸果糖激酶	含量增加,结构正常	与Ⅴ型相同
Ⅷ型 Tarui's	肝脏	磷酸化酶激酶	含量增加,结构正常	中等程度肝肿大,中等程度低血糖
Ⅸ型	肝脏	糖原合酶	含量下降,结构正常	糖原含量不足

第七节　血糖水平的调节

一、血糖的来源与去路

血糖是指血液中游离的葡萄糖,通过进入和移出血液的葡萄糖来维持血糖水平恒定,一般在 3.89～6.11mmol/L 之间。

血糖的主要来源如下:
① 食物经消化吸收入血的葡萄糖和其他单糖,这是血糖的主要来源;
② 肝糖原分解释放的葡萄糖,这是空腹时血糖的主要来源;
③ 由非糖物质转变而来,禁食超过 12h 的情况下,血糖主要由某些非糖物质转变而来。

血糖的主要去路如下:
① 氧化供能,通过氧化分解为各组织提供能量,这是血糖的主要去路;
② 合成肝糖原和肌糖原;
③ 转变成其他糖及糖衍生物,如核糖、脱氧核糖、氨基糖等;
④ 转变为非糖物质,如脂肪、非必需氨基酸等;
⑤ 当血糖浓度超过肾糖阈值(8.89～10.00mmol/L)时由尿排出血糖。

不同组织中摄取葡萄糖的利用、代谢各异,如某些组织中的用于氧化供能,肝、肌肉中的可用于合成糖原,脂肪组织和肝中的用于转变为甘油三酯等。

二、血糖水平的调节

(一)血糖水平的整体调节

血糖水平保持恒定是糖、脂肪、氨基酸代谢共同协调的结果,也是肝脏、肌肉、脂肪组织等各器官组织代谢协调的结果。因此，糖代谢的调节不是孤立的，而是在不同生理条件下，根据机体代谢情况不断进行的。

食物消化吸收期间，通过小肠吸收大量葡萄糖，此时肝内糖原合成加强（包括直接途径和间接途径）而糖原分解减弱；肌糖原合成和糖的氧化亦增强；肝、脂肪组织加速将糖转变为脂肪；肌肉蛋白质降解的氨基酸的糖异生作用减弱。因而血糖暂时上升并且很快恢复正常。

饥饿时，血糖主要来自肌肉蛋白降解的氨基酸，其次是甘油，主要保证脑的需要，而其他组织摄取葡萄糖被抑制，其能量来源则是脂肪酸及酮体。在饥饿早期，随着脂肪组织中脂肪的分解加速，运送至肝的甘油增多，每天约可生成 $10\sim15g$ 葡萄糖。但糖异生的主要原料为氨基酸，肌肉的蛋白质分解成氨基酸后以丙氨酸和谷氨酰胺的形式运送至肝，每天约生成 $90\sim120g$ 葡萄糖，约需分解 $180\sim200g$ 蛋白质。长期饥饿时，每天消耗大量蛋白质是无法维持生命的，经过适应，脑每天消耗的葡萄糖可减少，其余依赖酮体供能。这时甘油仍可异生提供约 $20g$ 葡萄糖，所以每天消耗的蛋白质可减少至少 $35g$ 左右。肌肉内糖异生活性低，生成的乳酸不能在肌肉内重新合成糖，经血液转运至肝后异生成糖，这部分糖异生主要与运动强度有关。这样虽然血糖较低，但仍保持在 $3.6\sim3.8mmol/L$。

（二）血糖水平的激素调节

机体各器官之间以及细胞的各种代谢能够精确协调，以适应能量、代谢物供求的变化，主要依靠酶的调节和激素的调节。调节血糖水平的几种激素作用机制如下。

1. 胰岛素

胰岛素是体内唯一降低血糖的激素，也是唯一同时促进糖原、脂肪、蛋白质合成的激素。胰岛素的分泌受血糖控制，血糖升高立即引起胰岛素分泌；血糖降低，分泌即减少。胰岛素降血糖的机制如下：

① 促进肌肉、脂肪组织等细胞膜葡萄糖载体将葡萄糖转运入细胞；

② 通过增强磷酸二酯酶活性，降低 cAMP 水平，加强糖原合酶活性、降低磷酸化酶活性，促进糖原合成、抑制糖原分解；

③ 通过激活丙酮酸脱氢酶磷酸酶而使丙酮酸脱氢酶激活，加速丙酮酸氧化为乙酰 CoA，加快糖的有氧氧化；

④ 抑制肝内糖异生，通过抑制磷酸烯醇式丙酮酸羧激酶的合成以及促进氨基酸进入肌肉组织并合成蛋白质，减少肝糖异生的原料；

⑤ 抑制脂肪组织内激素敏感性脂肪酶，减缓脂肪动员的速度，进而促进肝脏、肌肉、心肌利用和氧化葡萄糖。

2. 胰高血糖素

胰高血糖素是体内主要升高血糖的激素，血糖降低或血内氨基酸升高都会促进胰高血糖素的分泌。其升高血糖的机制包括：

① 经肝细胞膜受体激活依赖 cAMP 的蛋白激酶，进而抑制糖原合酶和激活磷酸化酶，迅速使肝糖原分解，血糖升高；

② 通过抑制 6-磷酸果糖激酶 2，激活果糖二磷酸酶 2，从而减少 2,6-二磷酸果糖的合成，后者是 6-磷酸果糖激酶 1 最强的变构激活剂，也是果糖二磷酸酶 1 的抑制剂，糖酵解被抑制，糖异生则加速；

③ 加速肝脏摄取血中的氨基酸，促进磷酸烯醇式丙酮酸羧激酶的合成，抑制丙酮酸激酶，增强糖异生；

④ 通过激活脂肪组织内激素敏感性脂肪酶加速脂肪动员，使脂肪酸运至肝脏、肌肉、心肌而抑制摄取葡萄糖，间接提升血糖水平。

机体内糖、脂肪、氨基酸代谢的变化主要取决于胰岛素和胰高血糖素的比例，不同情况下这两种激素的分泌是相反的。引起胰岛素分泌的信号（如血糖升高）可抑制胰高血糖素分泌；反之，使胰岛素分泌减少的信号可促进胰高血糖素分泌。

3. 糖皮质激素

糖皮质激素可引起血糖升高，肝糖原增加。其作用机制有两方面：

① 促进肌肉蛋白质分解，分解产生的氨基酸转移到肝进行糖异生，此时磷酸烯醇式丙酮酸羧激酶的合成增加；

② 抑制肝外组织摄取和利用葡萄糖，抑制点为丙酮酸的氧化脱羧。

此外，在糖皮质激素存在时，其他促进脂肪动员的激素才能发挥最大的效果。这种协助促进脂肪动员的作用，可使得血中游离的脂肪酸升高，也可间接抑制周围组织摄取葡萄糖。

4. 肾上腺素

肾上腺素是强有力的升高血糖的激素，主要在应急状态下发挥调节作用。对经常性，尤其是进食情况引起的血糖波动没有生理意义。给动物注射肾上腺素后，血糖水平迅速升高，可持续几小时，同时血中乳酸水平也升高。肾上腺素的作用机制通过肝和肌肉细胞膜受体、cAMP、蛋白激酶级联激活磷酸化酶，加速糖原分解，肝糖原分解为葡萄糖、肌糖原经糖酵解生成乳酸，并通过乳酸循环间接升高血糖水平。

三、血糖水平异常与治疗

（一）低血糖与低糖昏迷

血糖浓度低于 3.89mmol/L 时，可出现低血糖症，其表现为饥饿感和四肢无力，以及因低血糖刺激而引起的交感神经兴奋和肾上腺素分泌增加的症状，如脸色苍白、心慌、多汗、头晕、手颤等。

产生低血糖的原因主要有：①饥饿或不能进食者；②胰岛 α 细胞功能降低或 β 细胞功能亢进；③某些肿瘤，如肝癌、胃癌等；④一些内分泌疾病，如脑垂体功能低下等。低血糖症多见于胰岛 β 细胞增多或癌症胰岛素分泌增加，或治疗时应用胰岛素过量，或某些对抗胰岛素的激素分泌减少以及长期不能进食或严重肝疾病患者。

脑组织对低血糖比较敏感，因为脑组织功能活动所需的能量主要来自糖的氧化，但脑组织含糖原极少，需要不断从血液中提取葡萄糖氧化供能。当血糖浓度过低时，脑组织因缺乏能量导致功能障碍，出现头昏、心悸、饥饿感及出冷汗等。若血糖浓度继续下降低于 2.52mmol/L 时，就会严重影响脑的功能，出现惊厥或昏迷，一般称为"低血糖昏迷"或"低血糖休克"。临床上遇到这种情况时，需要及时给病人静脉注入葡萄糖溶液，症状就会得到缓解。

（二）高血糖与糖尿病

空腹时血糖浓度高于 7.00mmol/L 称为高血糖。如果血糖值超过肾糖阈值（8.89～10.00mmol/L）时，尿中还可能出现糖。持续性高血糖和糖尿，特别是空腹血糖和糖耐量曲线高于正常范围，就属于**糖尿病**（diabetes）。糖尿病诊断参考标准见表 7-9。

表 7-9　糖尿病诊断参考标准

项目	空腹血糖/(mmol/L)	餐后（口服葡萄糖 75g）2h 血糖/(mmol/L)
正常	3.89～6.11	<7.80
糖尿病	≥7.00	≥11.10(或随机血糖)
糖耐量减退	<7.00	7.80～11.10
空腹血糖调节受损	6.11～7.00	<7.80

糖尿病是病理性的，其主要症状是高血糖，常伴有糖尿和多尿症。糖尿病的病因至今尚未完全阐明，临床上常见的有 1 型糖尿病和 2 型糖尿病。1 型糖尿病称为胰岛素依赖性糖尿病，被认为是由于自身免疫破坏了胰岛 β 细胞，引起胰岛素分泌不足所致，与遗传有较大关系。2 型糖尿病又称为非胰岛素依赖性糖尿病，往往 40 岁以后才发病，故也称为成年发作性糖尿病，也与遗传有关。2 型糖尿病患者血液中的胰岛素水平并不低，甚至高于正常水平，主要是胰岛素受体缺乏或者说产生胰岛素抵抗。

在病理学上糖尿病是表现为不同类型和不同程度的一类复杂的疾病。从实验糖尿动物研究认为：体内糖代谢紊乱首先是葡萄糖转运受阻，同时糖异生作用加强，以及由乙酰辅酶 A 合成脂肪下降。糖尿病动物除脑组织外，较少利用葡萄糖的氧化作为能源，这样造成细胞内能量供应不足，患者常有饥饿感而多食；多食又进一步使血糖来源增多，血糖含量超过肾糖阈值时，葡萄糖通过肾从尿中大量排出而出现糖尿。随着糖的大量排出，必然带走大量水分，引起多尿；体内因失水过多，血液浓缩，渗透压增高，引起口渴，因而多饮；由于糖氧化供能发生障碍，导致体内脂肪及蛋白质分解加强，使身体逐渐消瘦、体重减轻，因此有糖尿病的所谓"三多一少"（多饮、多食、多尿及体重减少）的症状，严重的糖尿病患者还出现酮血症及酸中毒。

除上述糖尿病所引起的高血糖和糖尿外，有些慢性肾炎、肾综合征等引起肾小管多糖重吸收功能降低的人，肾糖阈值比正常人低，即使血糖含量在正常范围，也可出现糖尿，称为肾性糖尿。生理性高血糖或者糖尿可因情绪激动、交感神经兴奋及肾上腺素分泌增加，导致肝糖原大量分解所致。因此，临床上遇到高血糖或糖尿现象时，须全面检查、综合分析，才能得出正确的诊断结论。临床上常需要做一系列生化检查以辅助诊断，常选用葡萄糖耐量实验。

人体对摄入的葡萄糖具有很大耐受能力的现象，被称为葡萄糖耐量（glucose tolerance）或耐糖现象。葡萄糖耐量实验是先测被检查者早晨空腹时的血糖含量，然后一次进食葡萄糖100g，每隔30min测定一次血糖含量，以时间为横坐标、血糖含量为纵坐标，绘成曲线，称为糖耐量曲线。医学上对病人作糖耐量实验可以帮助诊断某些与糖代谢障碍相关的疾病。

知识链接 运动耐力（exercise tolerance）与糖负荷法（Glucose load method）

肌糖原是最有效的运动能源，能加强耐力，从事持久运动的人可以通过糖负荷法来增强耐力。运动员先作4～5d强力锻炼却只用低糖饮食，有意消耗体内肌糖原，然后转入2～3d轻微活动与高糖饮食以引发更多的胰岛素与生长激素的分泌（生长激素有增强肌肉效应），可使肌肉储存糖原的数量高达正常储量的2倍以上。曾有实验证明：进食高蛋白和高脂肪的人，每百克肌肉只能储糖原1.6g以下，只可供60min标准工作量。3d进食高糖食物可使每百克肌肉储糖原增至到4g以上，可坚持同样强度的工作达4h之久。

第八节 糖类及糖代谢在医药领域中的应用

近年来，随着糖的定性定量分析、分离纯化、结构解析、糖生物学、糖组学等发展，糖类在生物体内的多种生理和病理过程中的重要作用被重新理解，如抗肿瘤、抗病毒、抗细菌、抗辐射、抗氧化、降血糖、降血脂等，更多具有优良药理活性的糖类进入了糖化学家和药学家们的视野，糖科学和糖类药物已成为生命科学研究以及新药研发的重要组成部分。

一、糖类药物

（一）糖类药物的概念

糖类药物（carbohydrate-based drug）是指药物分子中含糖分子骨架或源于糖类化合物及其衍生物的一类药物。狭义的糖类药物是指不含糖类以外的其他组分的药物，主要包括不同来源的多糖、寡糖和一些单糖及其衍生物等。广义的糖类药物是指含有糖结构的药物，除了包括狭义的糖类药物外，还包括结合有糖基或糖链的药物，如糖蛋白、蛋白多糖、糖脂、脂多糖、糖苷类等药物。糖类药物的作用与其理化性质、生物学功能、生物体内组织定位等有关。

（二）糖类药物的分类

糖类药物来源广泛，可按照不同标准进行分类。

1. 根据来源分类

（1）植物来源 植物中糖类含量很高，来源于植物的糖类药物是研究最多、临床应用最早的药物之一。许多具有营养、强壮作用的中药，如黄芪、人参、枸杞、当归等，多种树木、谷物、豆类等高等植物及红藻、褐藻等海洋藻类都含有大量有药效的糖类。植物来源的糖类药物有大分子的多糖类药物，有小分子的寡糖、单糖类药物，其中相当一部分用作药用辅料，也有很多是有特定治疗功能的糖类原料药。

（2）动物来源　从动物器官或组织中提取的多糖、糖复合物及其降解产物。最具代表性的多糖类药物，如各种分子量的肝素类抗凝血药、透明质酸、硫酸软骨素、壳聚糖等，都具有独特生物学活性。

（3）微生物来源　来源于微生物的糖类药物主要是菌体发酵产生的，包括：氨基糖苷类抗生素、传统药用真菌多糖、一些新型多糖类药用辅料，如卡拉霉素、林可霉素、阿霉素、阿卡波糖、右旋糖酐等。

（4）人工合成　目前化学合成的糖类药物，包括通过对已有的天然多糖结构进行改造或修饰，如羟乙基淀粉、羧甲基纤维素钠、羟丙甲基纤维素等，或通过全化学合成，或者以一定结构的不具药用价值的天然产物为起始原料经多步化学反应半合成的糖类药物。

2. 按组成成分分类

（1）简单糖类药物　不含糖类以外的其他组分。这一类主要包括不同来源的多糖、寡糖、单糖及其衍生物，如 6-磷酸甘露糖、1,6-二磷酸果糖等。

（2）糖苷类药物　它是很多药用植物的主要活性成分，有些糖苷类药物的有效成分是苷元（配糖体）而非糖基部分；有些糖苷类药物的生物学效应是糖和苷元共同作用的结果；对于有些非糖类药物，糖基的引入可增强其原有活性或降低其毒性。如强心苷、皂苷、黄酮苷、氰苷、氨基糖苷类抗生素等。

（3）复合糖类药物　主要包括糖蛋白类和糖脂类药物。糖蛋白类药物中有相当数量发挥主要作用的成分是蛋白质，糖可以稳定蛋白质构象、延长糖蛋白类药物在体内的半衰期、影响蛋白质在体内的吸收和代谢等。糖脂类药物，如人胎盘脂多糖，可增强非特异性人体免疫。

3. 按治疗作用分类

糖类药物的药理活性多种多样，其疗效、作用机制等相对复杂，一种药物常常具有多种作用，对不同细胞也有不同的作用机制。目前临床应用、在研的糖类药物主要有：抗菌抗病毒糖类药物、抗肿瘤糖类药物、抗炎糖类药物、作用于血液及造血系统的糖类药物、治疗糖尿病的糖类药物、治疗心脑血管疾病的糖类药物、治疗肾病的糖类药物、糖疫苗、具有药物转运和药物寻靶作用的糖类药物等。

（三）糖类药物的应用

糖结构的多样性与其生物活性的多样性是一致的，糖类药物研究将作为药物化学的一部分日益受到重视，寻找糖类药物的药用价值必将有利于了解生命过程。加强多糖的开发应用，例如寻找某些已知或未知多糖的新的生物活性、通过改造多糖的结构从而产生或提高多糖的活性、寻找低毒高效的多糖类新药物；研发小分子病毒抑制剂（如传染性流感、HIV 病毒等）；糖疫苗；抗肿瘤转移药物等。糖类药物将可能成为人类战胜疾病，包括肿瘤、心脑血管疾病、艾滋病在内的重要药物。

二、糖代谢作为药物靶点

糖代谢是能量代谢的核心部分，在生命过程中承担着重要作用，糖代谢异常与许多疾病有密切的关联。

近年来，通过对各种糖代谢通路进行有针对性的药理干预，并以糖代谢干预为基础的新药研究已经取得了一些重要的进展。例如，在抗 2 型糖尿病方面，糖代谢干预药物包括糖原磷酸化酶抑制剂、胰高血糖素受体拮抗剂、果糖-1,6-二磷酸酶抑制剂等；在抗缺血性损伤方面，丙酮酸脱氢酶激酶抑制剂二氯乙酸二异丙胺（商品名：肝乐）已在临床上用于改善肝功能障碍时肝细胞的能量代谢，并可改善脑组织的能量代谢；在抗肿瘤方面，己糖激酶抑制剂氯尼达明作为广谱抗肿瘤药，可用于治疗各种肿瘤，如乳腺癌、前列腺癌、肺癌、脑瘤等；在抗缺血性心肌损伤方面，心脏糖原磷酸化酶对心肌缺血、缺氧敏感，可作为早期急性心肌梗死的辅助诊断指标，对非典型的急性心肌梗死诊断尤为重要，此外，糖原磷酸化酶抑制剂在降血糖的同时，还具有抗缺血性心肌损伤的作用。

迄今为止，有关脑的糖代谢机制尚不完全清楚，临床上对于脑中风患者仍然缺乏有效的治疗和预防手段。有证据表明，乳酸中毒是各种缺血病灶的共同特征，并且是缺血性脑损伤的一个关键病理因素，可将抑制乳酸中毒作为抗缺血性损伤的预防和治疗手段，即通过部分抑制过度的无氧糖酵解以降低乳酸生成，减轻乳酸中毒，从而抑制由酸敏感离子通道介导的缺血性损伤。有研究报道，在猴子脑缺血模型实验中，使用二氯乙酸钠盐可显著减少缺血所导致的脑梗死面积，其作用机制是通过抑制丙酮酸脱氢酶激酶以激活线粒体丙酮酸脱氢酶复合物，促进糖的有氧代谢并间接抑制无氧糖酵解，缓解乳酸中毒症状而达到抗缺血性损伤功效。

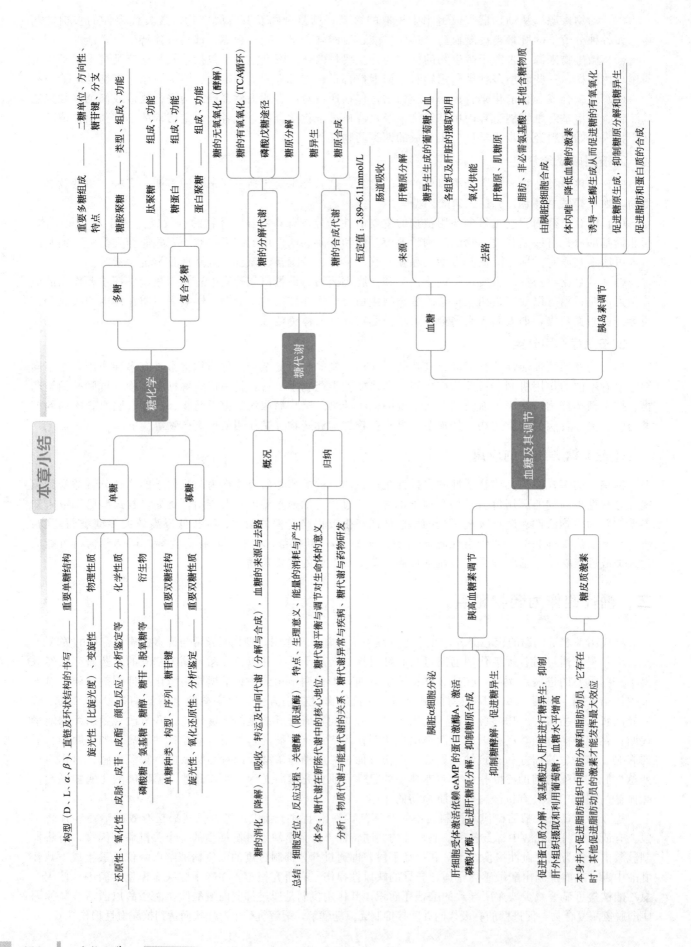

本章小结

糖化学

单糖
- 构型（D、L、α、β）、直链及环状结构的书写 —— 重要单糖结构
- 旋光性（比旋光度）、变旋性 —— 物理性质
- 还原性、氧化性、成脎、成酯、颜色反应、分析鉴定等 —— 化学性质
- 磷酸糖、氨基糖、糖醇、糖苷、脱氧糖等 —— 衍生物

双糖
- 单糖种类、构型、序列、糖苷键 —— 重要双糖结构
- 旋光性、氧化还原性、分析鉴定 —— 重要双糖性质

多糖
- 重要多糖组成 —— 二糖单位、方向性、分支
- 特点 —— 糖苷键
- 糖胺聚糖 —— 类型、组成、功能

复合糖
- 肽聚糖 —— 组成、功能
- 糖蛋白 —— 组成、功能
- 蛋白聚糖 —— 组成、功能

糖代谢

糖的分解代谢
- 糖的无氧氧化（酵解）
- 糖的有氧氧化（TCA循环）
- 磷酸戊糖途径
- 糖原分解

糖的合成代谢
- 糖异生
- 糖原合成

概况
- 糖的消化（降解）、吸收、转运及中间代谢（分解与合成）、血糖的来源与去路
- 总结：糖的消化、反应过程、关键酶（限速酶）、特点、生理意义、能量的消耗与产生

归纳
- 体会：糖代谢在新陈代谢中的核心地位、糖代谢对生命体的意义
- 分析：物质代谢与能量代谢的关系、糖代谢异常与疾病、糖代谢与药物研发

血糖及其调节

血糖 恒定值：3.89～6.11mmol/L
- 来源
  - 肠道吸收
  - 肝糖原分解
  - 糖异生生成的葡萄糖入血
- 去路
  - 各组织及肝脏的摄取利用
  - 氧化供能
  - 肝糖原、肌糖原
  - 脂肪、非必需氨基酸、其他含糖物质

胰岛素调节
- 由胰腺β细胞分泌的激素
- 体内唯一降低血糖的激素
- 诱导一些酶生成从而促进糖的有氧氧化
- 促进糖原生成、抑制糖原分解和糖异生
- 促进脂肪和蛋白质的合成

胰高血糖素调节
- 胰脏α细胞分泌
- 糖代谢在新陈代谢cAMP的蛋白激酶A，激活肝细胞受体激活腺磷酸化酶，促进肝糖原分解，抑制糖原合成
- 抑制糖酵解、促进糖异生

糖皮质激素
- 促进蛋白质分解、氨基酸进入肝脏进行糖异生；抑制肝外组织摄取和利用葡萄糖，血糖水平增高
- 本身并不促进脂肪组织中脂肪分解和脂肪动员，它存在时，其他促进脂肪动员的激素才能发挥最大效应

====== 拓展学习 ======

本书编者已收集整理了一系列与糖类相关的经典科研文献、参考书等拓展性学习资料，请扫描右侧二维码进行阅读学习。

====== 思考题 ======

1.结合生活生产实际，举例说明常见糖类、糖类药物及其主要功能。

2.复习归纳异构现象及相关基础知识：立体异构、构型/构象、手性、旋光性、对映体等。

3.联系有机化学中醛、酮、醇的化学结构和性质，结合醛糖或酮糖的化学结构，解释单糖的重要理化性质。

4.试比较纤维素、几丁质、肽聚糖结构特点和功能。

5.试举例说明糖链作为生物信息分子的结构基础及其在多细胞生物生命活动中的功能。

6.列表归纳葡萄糖在体内主要分解代谢途径的特点，包括重要中间产物、能量变化、关键酶、定位、意义等。

7.用 ^{14}C 标记葡萄糖第三碳原子，将这种 ^{14}C 标记的葡萄糖在无氧条件下与肝匀浆保温，所产生的乳酸分子中哪个碳原子将是 ^{14}C 标记的？如果将此肝匀浆通以氧气，则乳酸将继续被氧化，在哪步反应中脱下的 CO_2 含 ^{14}C？1mol 乳酸完全氧化可生成多少摩尔 ATP？

8.比较底物水平磷酸化、氧化磷酸化的异同。

9.结合日常生活中常见的代谢疾病，举例说明糖代谢途径中酶的遗传缺陷所造成的影响及临床的诊断、药物治疗方法。

10.结合激素作用机制，解释肾上腺素是如何通过调节相关关键酶的活性实现对血糖浓度的调控。

====== 参考文献 ======

[1] 吴梧桐.生物化学.6版.北京：人民卫生出版社，2008.

[2] 陈钧辉.普通生物化学.5版.北京：高等教育出版社，2015.

[3] 余蓉.生物化学.2版.北京：中国医药科技出版社，2015.

[4] 王凤山.糖类药物研究与应用.北京：人民卫生出版社，2017.

[5] Jeremy M Berg，John L Tymoczko，Lubert Stryer. Biochemistry. 7th ed. New York：W H Freeman and Company，2012.

[6] 杜晓光，耿美玉.糖类药物.生命科学，2011，23（7）：671-677.

[7] 蔡超，于广利.海洋糖类创新药物研究进展.生物产业技术，2018（6）：55-61.

[8] 杨丽娜，刘双萍.基于糖酵解的抗肿瘤药物研究进展.沈阳药科大学学报，2021，38（4）：448-453.

[9] 白宇超，支德福，张树彪.基于糖类化合物靶向药物载体的研究进展.化学世界，2018，59（7）：393-399.

（李遂焰）

第八章

脂质及脂质代谢

学习目标

1. 掌握：脂质的生理功能、分类及化学结构；脂肪及磷脂的分解代谢和合成代谢、胆固醇代谢、血浆脂蛋白的代谢。
2. 熟悉：脂质的化学结构及脂肪酸的命名；脂质代谢调节。
3. 了解：脂质的消化、吸收、储存，脂质代谢紊乱。

脂质在生物体内起着非常重要的作用，如脂肪（fat）可储存能量、提供能量，类脂除了参与生物膜的组成、细胞识别及信息传导外，还可转变成胆汁酸、类固醇激素、维生素 D_3 等活性物质。

第一节 脂质的概念、分类与功能

一、脂质的概念

脂质（lipid）是指甘油三酯（又称三脂酰甘油或脂肪）、**类脂**（lipoid）（包括磷脂、糖脂、胆固醇及胆固醇酯）及其衍生物的总称。脂质一般不溶于水，易溶于有机溶剂，是动植物体的重要组成部分，在生物体内起着非常重要的作用。脂肪是动物体内的主要储能和供能物质；类脂可参与生物膜的结构组成、细胞识别及信息传递，还能转变成某些活性固醇、激素，调节机体代谢。

二、脂质的分类

脂质根据其化学组成可分为单纯脂质、复合脂质及衍生脂质。

（一）单纯脂质

单纯脂质（simple lipid）是由脂肪酸和醇所形成的酯。它又可分为甘油三酯和蜡。

1. 甘油三酯

甘油三酯（triglyceride，TG）由 3 分子脂肪酸和 1 分子甘油组成。

2. 蜡

蜡（wax）主要由长链脂肪酸和甘油以外的醇（长链醇或固醇）组成。

单纯脂质均为非极性的中性脂质，是动植物体内的主要供能物质。

（二）复合脂质

复合脂质（compound lipid）是指除脂肪酸和醇外，尚含有其他非脂质成分（如胆碱、乙醇胺、糖等）的脂质。按照非脂质成分，复合脂质可以分为磷脂和糖脂。

1. 磷脂

含有磷酸基团的复合脂质称为**磷脂**（phospholipid）。磷脂又分为**甘油磷脂**（glycerophosphatide）（如脑磷脂、卵磷脂等）和**鞘氨醇磷脂（简称鞘磷脂）**（sphingomyelin）。

2. 糖脂

含有糖基（单糖或寡聚糖）的复合脂质称为**糖脂**（glycolipid）。糖脂又分为**鞘糖脂**（glycosphingolip-id）和**甘油糖脂**（glyceroglycolipid）。人体中的糖脂主要为鞘糖脂，包括**脑苷脂**（cerebroside）、**硫苷脂**（sulphatide）、**红细胞糖苷脂**（globoside）和**神经节苷脂**（ganglioside）四种。

鞘氨醇磷脂和鞘糖脂合称为**鞘脂类**（sphingolipid）。

（三）衍生脂质

衍生脂质（derived lipid）包括脂肪酸及其衍生物、类固醇及其酯、醌、酮体、脂蛋白、萜（聚异戊二烯）类化合物等。

三、脂质的功能

脂质具有重要的生物学功能，这里仅介绍甘油三酯和类脂的生理功能。

（一）甘油三酯的生理功能

甘油三酯是人体内最简单而且含量最多的脂质，在体内有以下 3 个方面的生理功能。

1. 提供能量和储存能量

提供能量和储存能量是甘油三酯在人体内最主要的生理功能。1g 甘油三酯在体内彻底氧化分解可释放 38.94kJ 的能量，比 1g 糖和 1g 蛋白质约多 1 倍。同时，1g 甘油三酯储藏的能量相当于 6g 糖原储藏的能量。正常情况下，人体每日所需能量的 17%～25% 由甘油三酯提供；空腹时，脂肪动员加速，所需能量的 50% 以上由甘油三酯提供；禁食 1～3 天时机体所需能量的 85% 可由甘油三酯提供，所以甘油三酯是空腹或饥饿时机体所需能量的主要来源，人体脂肪组织储存的甘油三酯可为机体提供数周的能量。

2. 提供必需脂肪酸

食物甘油三酯的水解可为机体提供自身不能合成或合成量不能满足自身需要的某些多不饱和脂肪酸，如亚油酸、亚麻酸、花生四烯酸。这三种脂肪酸被称为营养**必需脂肪酸**（essential fatty acid，EFA）。必需脂肪酸的重要性体现在以下几个方面：多不饱和脂肪酸是生物膜的重要组成成分；花生四烯酸可在体内合成前列腺素、血栓素及白三烯等生物活性物质；多不饱和脂肪酸可促进胆固醇的酯化和排泄，降低血液中胆固醇的含量；亚麻酸可增强视觉功能；多不饱和脂肪酸是脂类组织的重要组成成分。必需脂肪酸缺乏会引起生长停滞，生殖衰退和肝肾功能紊乱等疾病。人体所需的三种必需脂肪酸主要来自植物油、海洋动物、肉类、乳汁等。

3. 固定脏器、缓冲机械冲力、维持体温等

脂肪对人体内脏器官具有支撑、固定和保护作用，它像软垫一样可缓解脏器所受的机械冲力、减少脏器之间的摩擦和震荡。如果脏器周围的脂肪太少，就容易引起内脏下垂，如胃下垂。脂肪的绝热性可以防

止体内热能散失过快，从而起到保温作用，所以胖人怕热不怕冷。

（二）类脂的生理功能

类脂主要有如下 5 个方面的生理功能。

1. 参与生物膜和神经组织的形成

磷脂、糖脂和胆固醇都是生物膜的重要组成成分。其中，甘油磷脂是最丰富的膜脂，占大多数生物膜总脂的一半以上（55%～70%）。鞘磷脂是神经髓鞘的重要组成部分，在细胞间的相互作用、生长和发育中也起着重要的作用。糖脂也是神经组织的重要组成成分，如硫酸盐形式的半乳糖脑苷脂是髓磷脂的重要成分，脑灰质中富含神经节苷脂和半乳糖脑苷脂。

2. 促进脂溶性维生素的吸收

类脂中的胆固醇在肝脏中可转变成胆汁酸，胆汁酸可对肠道中的脂类物质包括脂溶性维生素进行乳化作用，从而使脂溶性维生素 A、D、E、K 与脂肪、胆固醇及其酯、磷脂等一起形成乳糜微粒，乳糜微粒通过简单扩散被小肠壁细胞吸收后进入到淋巴组织。

3. 参与脂类的运输

磷脂、胆固醇及其酯是**血浆脂蛋白**（plasma lipoprotein）的重要组成成分，血浆脂蛋白是脂类的主要运输形式。

4. 合成重要的生理活性物质

类脂中的胆固醇在体内可转变为**胆汁酸**（bile acid）、**类固醇激素**（steroid hormone）、维生素 D_3 等生理活性物质。

5. 其他作用

类脂中的二软脂酰基磷脂酰胆碱是肺泡的表面活性物质，磷脂酰肌醇二磷酸可生成细胞内的第二信使。糖脂中的神经节苷脂是毒性物质和某些病原体如霍乱弧菌、流感病毒和破伤风毒素的受体。

第二节　脂质的化学结构

一、单纯脂质的化学结构

（一）甘油三酯的化学结构

甘油三酯是由 1 分子甘油和 3 分子脂肪酸通过酯键连接而成的，故名**甘油三酯**（triglyceride，TG），又称**三脂酰甘油**（triacylglycerol，TAG）。

甘油三酯

其中，R^1、R^2、R^3 代表脂肪酸的烃基，它们可以相同也可以部分相同或完全不同。三者均相同时，称为**单纯甘油三酯**（simple triglyceride）；三者中如有两个不相同或三个均不相同时，称为**混合甘油三酯**（mixed triglyceride）。通常 R^1 为饱和烃基，R^2 和 R^3 为不饱和烃基。

（二）脂肪酸

生物体内的**脂肪酸**（fatty acid，FA）大都以结合形式存在，游离的脂肪酸较少。脂肪酸的烃链多数是线形的。

1. 脂肪酸的命名

脂肪酸的系统命名法主要是基于碳链的长度、双键的有无和位置。若碳链中无双键，根据主链上的碳原子数目称为某碳烷酸；若碳链中有双键，则根据主链碳原子的数目称为某碳烯酸，并将双键位置和数目写在其前边。如9-十八碳一烯酸，9,12-十八碳二烯酸。脂肪酸的习惯命名法常根据碳原子数目、来源或性质命名，如丁酸、油酸、棕榈酸、硬脂酸等。

常用简写法表示脂肪酸，即先写出碳原子的数目，再写出双键的数目，两个数目之间用"："隔开。如：十六（碳）烷酸（软脂酸）的简写符号是16：0，十八（碳）二烯酸（亚油酸）的简写符号是18：2。对主链碳原子编号可采用Δ编码体系或$\omega(n)$编码体系，Δ编码体系是从脂肪酸的羧基碳起计算碳原子（即羧基碳为1号碳原子）的顺序，而$\omega(n)$编码体系是从脂肪酸中离羧基最远的甲基碳（ω碳原子）起计算碳原子的顺序。双键位置可用Δ^n或ω^n表示，数字n是指双键结合的两个碳原子的编码中的较低者。如9,12-顺,顺-十八（碳）二烯酸（亚油酸）简写为$\Delta^{9c,12c}C_{18:2}$或$18：2\Delta^{9c,12c}$或$18：2\omega^{6c,9c}$。

2. 脂肪酸的分类

按照脂肪酸是否含有碳碳双键以及碳碳双键的数量，将脂肪酸分为饱和脂肪酸和不饱和脂肪酸。

（1）饱和脂肪酸　不含有碳碳双键的脂肪酸为饱和脂肪酸。动植物脂肪中的饱和脂肪酸以软脂酸和硬脂酸分布最广且比较重要。常见的天然饱和脂肪酸见表8-1。

（2）不饱和脂肪酸　含有碳碳双键的脂肪酸为不饱和脂肪酸。含一个双键的脂肪酸为单不饱和脂肪酸，如油酸；含两个或两个以上双键的脂肪酸为多不饱和脂肪酸，如亚油酸、亚麻酸、花生四烯酸等。天然脂肪酸的双键多为顺式构型。常见的天然不饱和脂肪酸见表8-1。

表 8-1　动植物组织中常见的脂肪酸

碳原子数	习惯名称	系统名称	简写式	族	熔点/℃	所占比例/%
16	软脂酸	n-十六烷酸	$C_{16:0}$	—	63.1	23
18	硬脂酸	n-十八烷酸	$C_{18:0}$	—	69.6	6
18	油酸	9-顺-十八碳一烯酸	cis-$18：1\Delta^9$	ω-9	13.4	50
18	亚油酸	9,12-顺,顺-十八碳二烯酸	cis,cis-$18：2\Delta^{9,12}$	ω-6	−5	10
18	α-亚麻酸	9,12,15-全顺-十八碳三烯酸	all-cis-$18：3\Delta^{9,12,15}$	ω-3	−11	<1
18	γ-亚麻酸	6,9,12-全顺-十八碳三烯酸	all-cis-$18：3\Delta^{6,9,12}$	ω-6	−14.4	<1
20	花生四烯酸	5,8,11,14-全顺-二十碳四烯酸	all-cis-$20：4\Delta^{5,8,11,14}$	ω-6	−49.5	<1
20	EPA	5,8,11,14,17-全顺-二十碳五烯酸	$20：5\Delta^{5,8,11,14,17}$	ω-3	−54～−53	<1
22	DPA	7,10,13,16,19-全顺-二十二碳五烯酸	$22：5\Delta^{7,10,13,16,19}$	ω-3	—	<1
22	DHA	4,7,10,13,16,19-全顺-二十二碳六烯酸	$22：6\Delta^{4,7,10,13,16,19}$	ω-3	−44	<1

根据双键的位置不同，不饱和脂肪酸又可分为不同的族，第一个双键离甲级末端有n个碳原子的不饱和脂肪酸称为ω-n族脂肪酸。所以生物体内的不饱和脂肪酸可分为ω-3、ω-6、ω-7和ω-9族不饱和脂肪酸，其母体脂肪酸见表8-2。

表 8-2　不饱和脂肪酸的族及其母体脂肪酸

族	母体脂肪酸	族	母体脂肪酸
$\omega\text{-}3(n=3)$	α-亚麻酸($18:3,\omega\text{-}3,6,9$)	$\omega\text{-}9(n=9)$	油酸($18:1,\omega\text{-}9$)
$\omega\text{-}6(n=6)$	亚油酸($18:2,\omega\text{-}6,9$)	$\omega\text{-}7(n=7)$	软油酸($16:1,\omega\text{-}7$)

相同族的不饱和脂肪酸可由其母体代谢产生，但 ω-3、ω-6 和 ω-9 族多不饱和脂肪酸在体内彼此不能相互转变。哺乳动物和人体不能向脂肪酸中引入 ω-3 和 ω-6 双键，因此人体不能合成亚油酸、亚麻酸及花生四烯酸。

3. 多不饱和脂肪酸的重要衍生物——类花生酸

当细胞膜中的磷脂酶 A_2 受刺激被激活时，使磷脂被水解释放出花生四烯酸，后者在一系列酶的作用下可转变为**前列腺素**（prostaglandin，PG）、**血栓烷**（thromboxane，TX）和**白三烯**（leukotriene，LT）等类二十烷酸化合物，统称为前列腺素类或类花生酸。

（1）前列腺素　最早发现前列腺素存在于人的精液中，当时以为是由前列腺释放的，因而定名为前列腺素。前列腺素类由一个环戊烷环和两条侧链构成，按其结构分为 A、B、C、D、E、F、G、H、I 共 9 种类型。如图 8-1 所示。

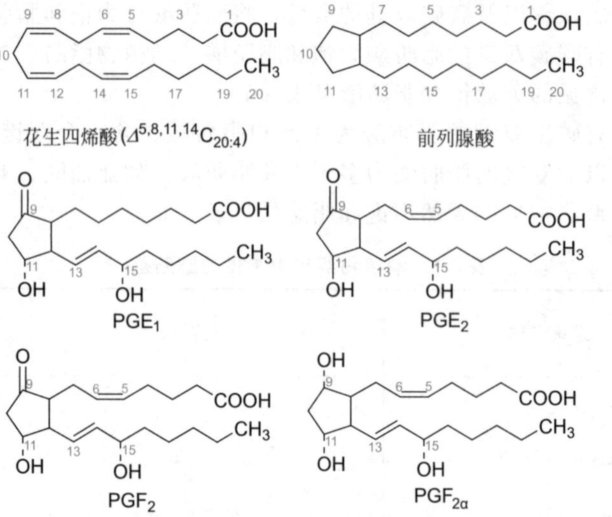

图 8-1　常见前列腺素的结构

前列腺素（PG）的主要生理功能：①控制血压，血管内皮产生的 PGE 和 PGI 是有效的血管舒张剂，通过降低外周阻力来降低血压；②炎症介质，PGE_2 和 PGE_1 作为炎症的局部介质（主要通过增加毛细血管通透性产生炎症）与细胞因子、组胺和缓激肽一起介导炎症的主要信号；③血小板聚集和血栓形成，PGI 抑制血小板聚集、阻碍血栓生成，PGE_2 促进血小板聚集、促进血栓形成；④生殖，PGE_2 和 PGF_2 可诱导子宫收缩；⑤调节胃液分泌，PGE_2 系列前列腺素可抑制胃液分泌，对胃酸引起的消化系统疾病有治疗作用；⑥缓解哮喘，前列腺素是支气管扩张剂，因此可能具有支气管哮喘的药理作用；⑦影响肾功能，前列腺素可增加肾小管对水和钠的重吸收；⑧影响代谢，前列腺素可抑制脂肪组织的脂解；⑨PGE_2 可诱发发烧。

（2）血栓烷　主要在血小板中合成，与前列腺素不同的是五碳环被一个环醚结构所取代。血栓噁烷 A_2（TXA_2）是其主要活性形式，主要作用是促进血管收缩和血小板聚集。

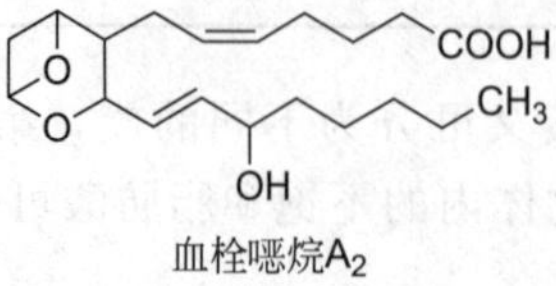

血栓噁烷A_2

（3）白三烯 白三烯主要在白细胞内合成，有 4 个双键，所以在 LT 字母的右下角标以 4。白三烯是支气管和肠道平滑肌的强效收缩剂，主要参与过敏反应和血管扩张。

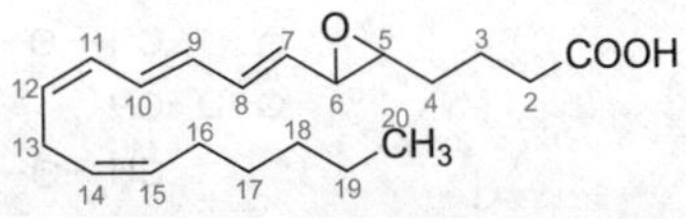

白三烯A$_4$ (LTA$_4$)

二、复合脂质的化学结构

（一）磷脂

磷脂是分子中含有磷酸的复合脂质，包括甘油磷脂和鞘磷脂两类。

1. 甘油磷脂

甘油磷脂即含有甘油的磷脂，其中甘油的 1 位羟基被饱和脂肪酸酯化，2 位羟基常被 C$_{16}$～C$_{20}$ 的不饱和脂酸如花生四烯酸酯化，3 位羟基被磷酸酯化，磷酸再与含氮部分结合，如与**胆碱**（choline）、**乙醇胺**（ethanolamine）、丝氨酸或**肌醇**（inositol）结合。其结构如下：

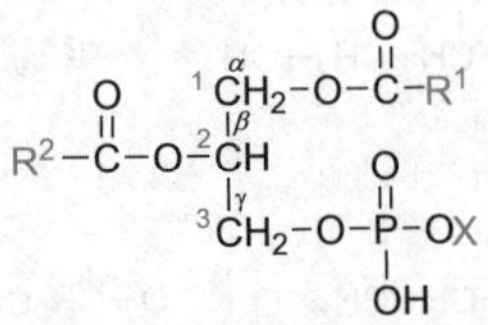

甘油磷脂 (X=H、胆碱、乙醇胺、丝氨酸、肌醇)

（1）**磷脂酰胆碱**（phosphatidylcholine，PC） 又称**卵磷脂**（lecithin），其含氮部分是胆碱。磷脂酰胆碱是组成细胞膜最丰富的磷脂之一，占总磷脂含量的 40%～50%。磷脂酰胆碱储存着体内大部分胆碱，具有抗脂肪肝的作用。

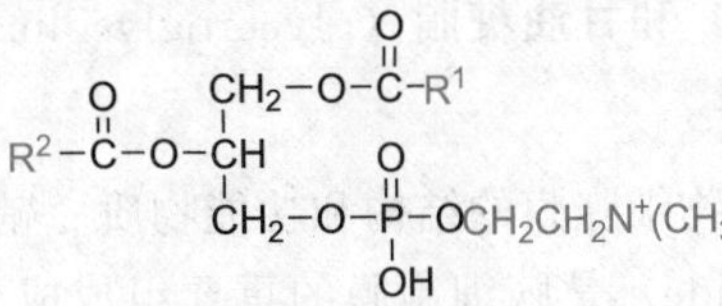

磷脂酰胆碱 (卵磷脂)

（2）**磷脂酰乙醇胺**（phosphatidyl ethanolamine，PE） 又称**脑磷脂**（cephalin），含氮部分是乙醇胺（胆胺）。磷脂酰乙醇胺与血液凝固和记忆力好坏密切相关，也可用来治疗神经衰弱。

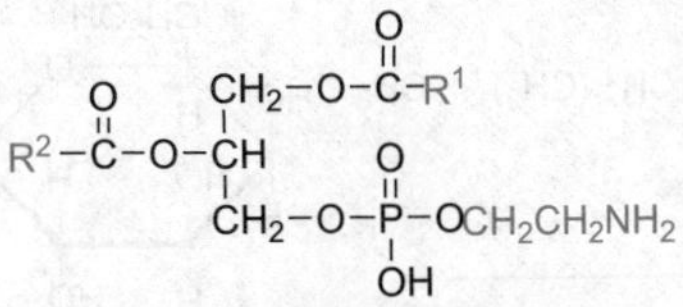

磷脂酰乙醇胺（脑磷脂）

（3）**磷脂酰丝氨酸**（phosphatidylserine） 又称丝氨酸磷脂，是细胞膜的活性物质。脑组织中丝氨酸磷脂的含量比脑磷脂还多，在体内丝氨酸磷脂可能脱羧基而转变成脑磷脂。

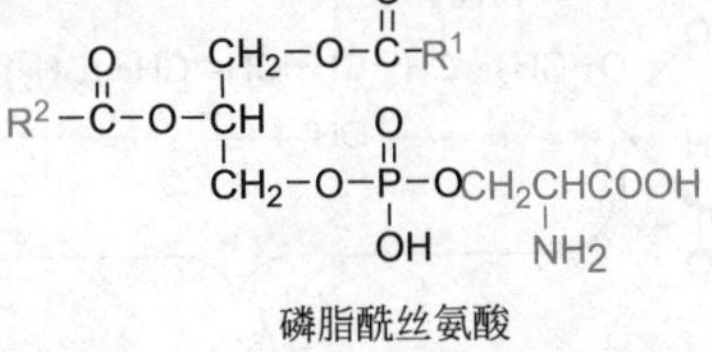

磷脂酰丝氨酸

（4）**磷脂酰肌醇**（phosphatidylinositol） 磷脂酰肌醇存在于哺乳动物的细胞膜中。磷脂酰肌醇二磷酸在细胞外信号的作用下可水解为胞内信号物质甘油二酯和三磷酸肌醇（1,4,5-三磷酸肌醇）。

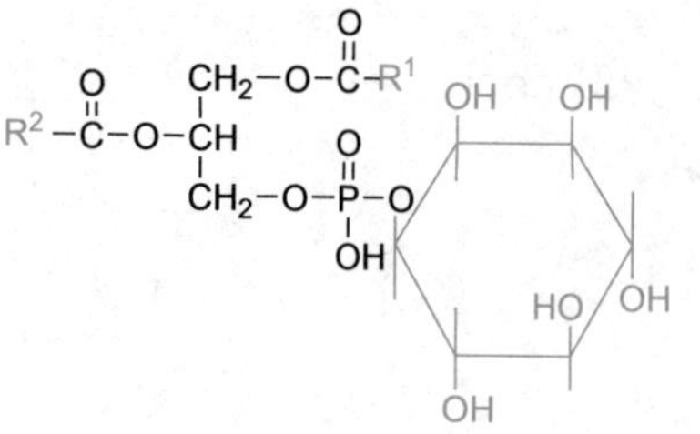

磷脂酰肌醇 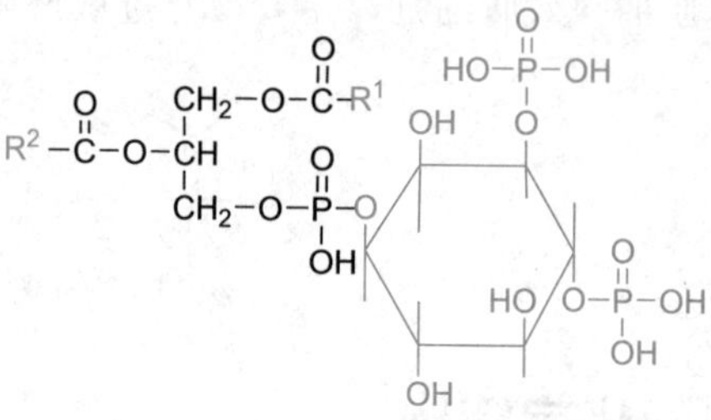　　　　　　　　磷脂酰肌醇二磷酸

2. 鞘磷脂

鞘磷脂（sphingomyelin）是含有鞘氨醇的磷脂。在鞘磷脂中，鞘氨醇的氨基上连有一个脂肪酰基，C1 上的羟基与磷酸胆碱等连接。神经组织，特别是神经的髓鞘和红细胞膜富含鞘磷脂，脾、肺及血液中也含有少量鞘磷脂。鞘磷脂是高等动物组织中含量最丰富的鞘脂类。

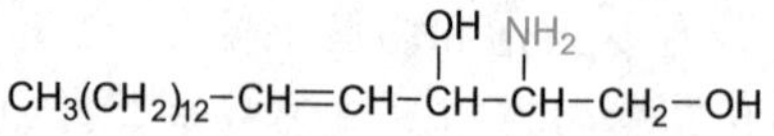

（二）糖脂

糖脂（glycolipid）是指含一个或多个糖基的复合脂质。糖脂是生物膜和神经组织的重要组成成分。糖脂可分为**鞘糖脂**（glycosphingolipid）和**甘油糖脂**（glyceroglycolipid）两类。

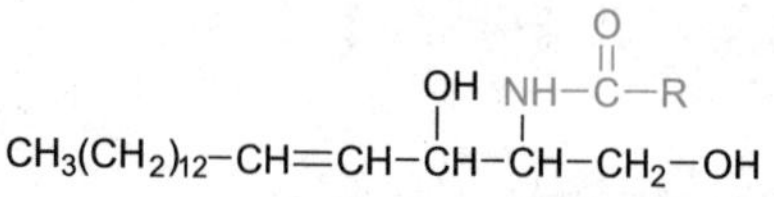

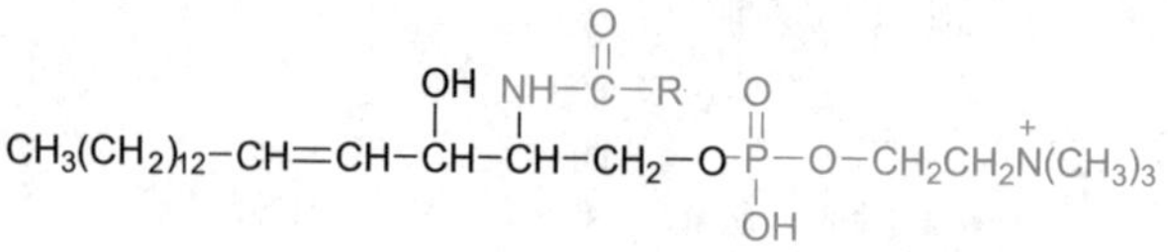

1. 鞘糖脂

含有鞘氨醇的糖脂叫鞘糖脂，是动物细胞膜的结构和功能物质。鞘糖脂包括脑苷脂类和神经节苷脂类。

（1）脑苷脂类　　**脑苷脂**（cerebroside）是脑细胞膜的重要组成成分。主要包括葡萄糖脑苷脂、半乳糖脑苷脂和硫酸脑苷脂（简称脑硫脂）。半乳糖脑苷脂是膜中最常见的脑苷脂，而葡萄糖脑苷脂作为合成和降解更复杂的鞘糖脂的中间体。

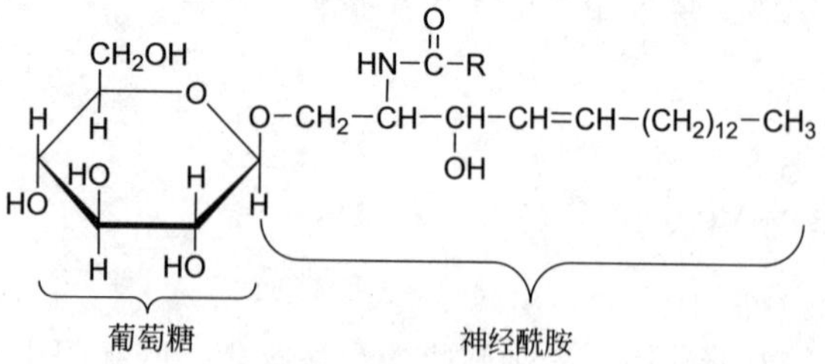

葡萄糖　　　　　　神经酰胺　　　　　　　　半乳糖　　　　　　神经酰胺

葡萄糖脑苷脂 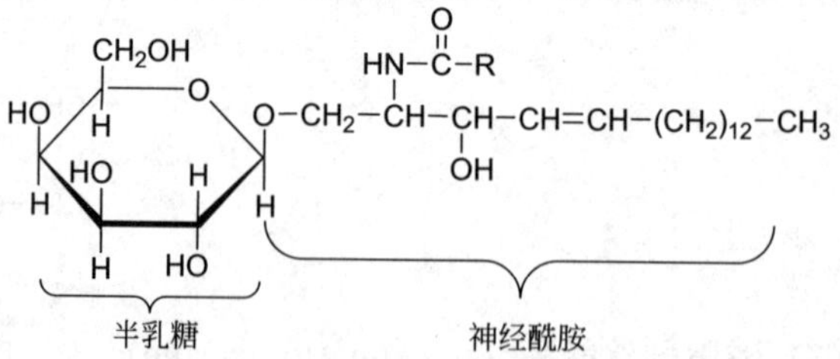　　　　　　　　　　　　　　**半乳糖脑苷脂**

神经酰胺

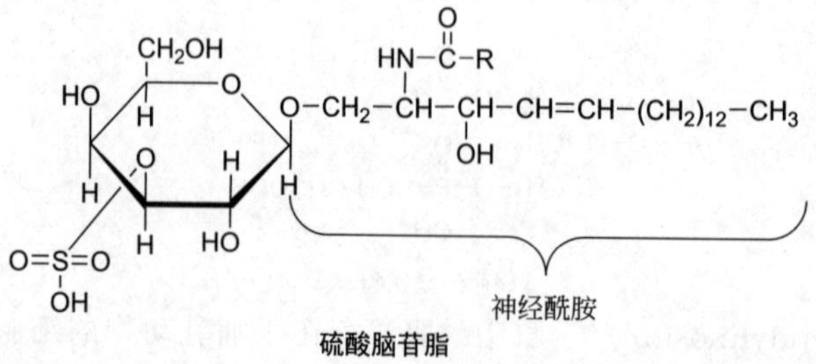

硫酸脑苷脂

（2）神经节苷脂类　**神经节苷脂类**（ganglioside）呈酸性，是最复杂的鞘糖脂。它的神经酰胺上连接有寡糖链，后者为神经节苷脂的极性头部。神经节苷脂主要存在于中枢神经系统的神经节细胞，特别是神经末梢。非神经组织如红细胞、脾、肝和肾等中也含有少量的神经节苷脂类。不同的神经节苷脂所含的己糖和唾液酸的数目与位置不同。

神经节苷脂

2. 甘油糖脂

甘油糖脂（glyceroglycolipid）主要存在于绿色植物中，所以又称植物糖脂。

单半乳糖基甘油二酯　　　　　二半乳糖基甘油二酯

（三）固醇及其衍生物

固醇（sterol）即甾醇，含三个六元环（A、B、C环）和一个五元环（D环）组成的类固醇核（环戊烷多氢菲）。自然界中各种环戊烷多氢菲的衍生物不但基本碳架相同，而且所含侧链的位置往往也相同。

环戊烷多氢菲

1. 胆固醇

胆固醇（cholesterol）含 27 个碳原子，有一个极性头基团，即 C3 上的羟基，其余部分是非极性的，为弱的两亲性分子。血清中胆固醇大多以胆固醇酯的形式存在。胆固醇主要存在于动物细胞。

胆固醇　　　　　　　　　　胆固醇酯

2. 胆汁酸

胆汁酸（bile acid）是胆固醇的代谢产物，人体每天合成约 0.4～0.6g 胆汁酸。不同胆汁酸所含羟基的数目、位置与构型不同。常见胆汁酸的结构如下：

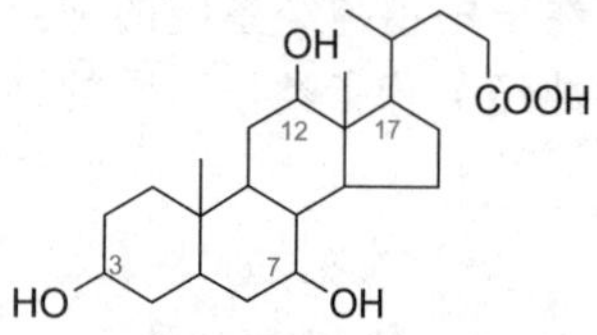

胆酸(3,7,12-三羟基胆酸)

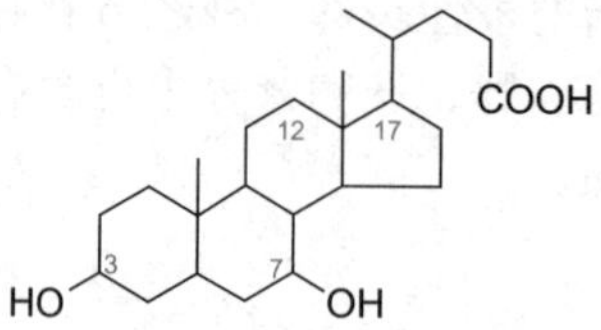

鹅脱氧胆酸(3,7-二羟基胆酸)

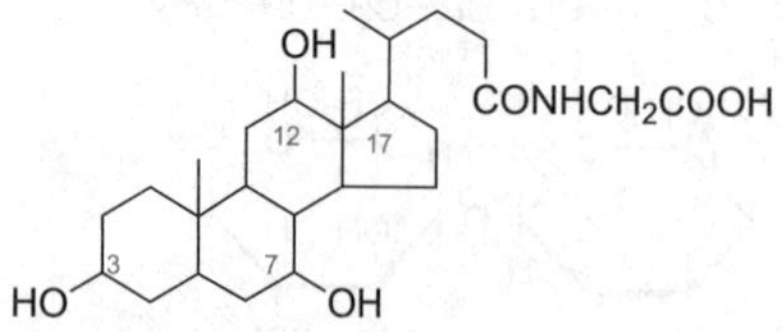

甘氨胆酸

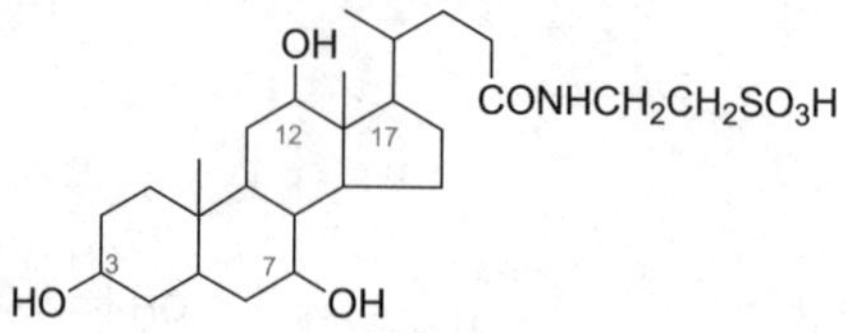

牛磺胆酸

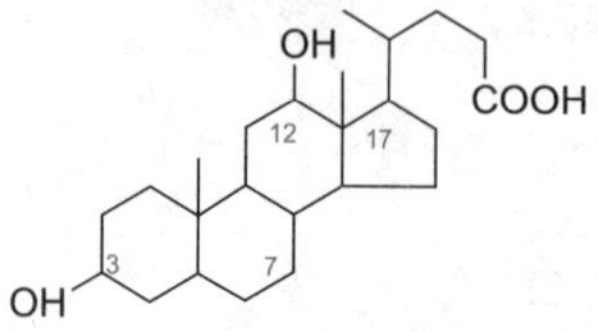

脱氧胆酸(3,12-二羟基胆酸)

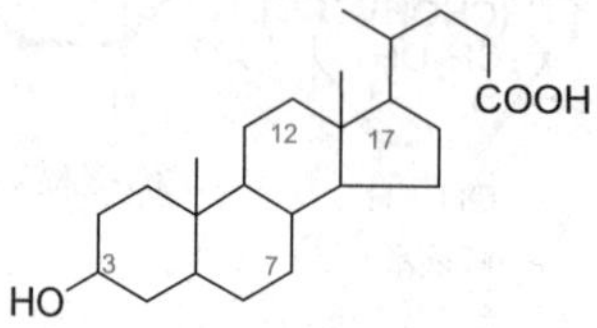

石胆酸(3-羟基胆酸)

胆汁酸的 C3、C7、C12 上的羟基均为 α 取向，C10、C13 位上的甲基均为 β 取向，羧基和羟基位于同侧，因此胆汁酸分子的一个面是亲水的，另一个面是疏水的，为两亲性分子。

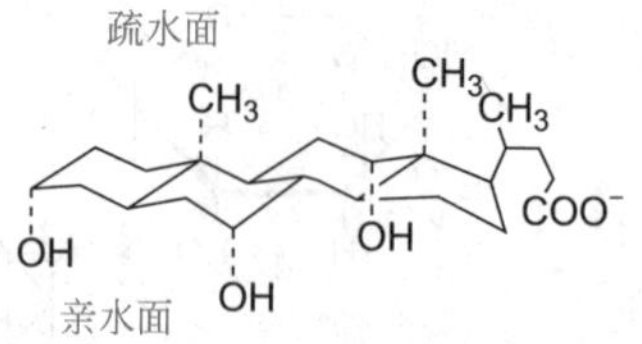

疏水面

亲水面

胆汁酸的两亲性结构

3. 固醇类激素

动物体内的**固醇类激素**（steroid hormone）由胆固醇转变而来，主要包括雄性激素（如睾酮）、雌性激素（如雌三醇、雌酮）和肾上腺皮质激素等。

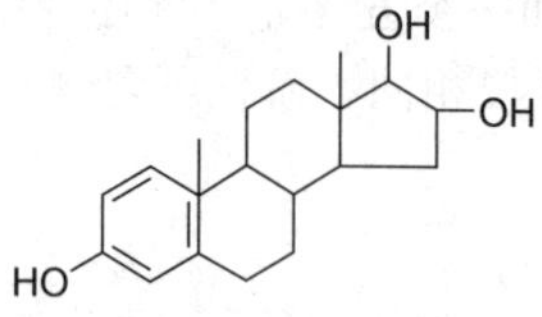

雌三醇

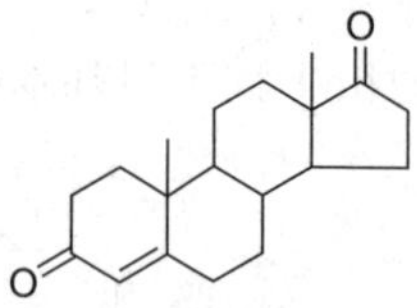

雌酮

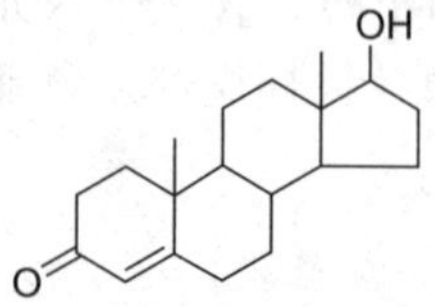

睾酮

第三节 脂质的消化、吸收及转运

一、脂质的消化

脂质的消化是在舌下腺体分泌的舌脂肪酶的作用下从口腔开始的，但由于舌脂肪酶的最适 pH 为 4.0，所以脂肪在口腔的消化微乎其微。舌脂肪酶和食物一起进入到胃里继续发挥作用，同时胃脂肪酶也在胃里起着消化脂肪的作用，负责消化饮食中 $10\%\sim30\%$ 的中性脂肪。

脂质的消化场所主要是十二指肠。当食物糜由胃排至十二指肠时，其中的脂质和氨基酸（主要是脂质）刺激十二指肠黏膜细胞分泌肠促胰酶素和胆囊收缩素，前者促使胰腺分泌胰脂肪酶原、辅脂酶原等水解酶原，后者促使胆囊收缩，引起胆汁分泌。胰脂肪酶原、辅脂酶原和胆汁一同由十二指肠进入肠道。在小肠上段，由于肠道的蠕动，两亲性的胆汁酸盐与其他两亲性分子（如磷脂和胆固醇）不断地将脂质乳化为水包油的细小**微粒**（micelles），这既增大了脂质的溶解度，也增大了脂肪与水解脂肪的酶（脂肪酶、磷脂酶和胆固醇酯酶）的接触面积。

在十二指肠中，胰脂肪酶是脂肪消化的主要酶，起主要的消化作用。这种酶以一种无活性的前体形式分泌，即胰脂肪酶原。在小肠中，胰脂肪酶原在胆汁酸盐、钙盐、脂肪酸盐等非专一性激活剂的作用下激活成**胰脂肪酶**（pancreatic lipase），而辅脂酶原在**胰蛋白酶**（trypsase）的作用下切去氮端的一个五肽而被激活。胰脂肪酶、辅脂酶的共同作用将甘油三酯水解为 1 分子的 2-甘油一酯和 2 分子的脂肪酸。其中胰脂肪酶必须吸附在乳化的脂肪微粒的水-油界面上才能水解微粒内的甘油三酯。辅脂酶本身不具有脂肪酶活性，但它具有与脂肪和胰脂肪酶结合的结构域，一方面通过氢键与胰脂肪酶结合，另一方面通过疏水键与脂肪结合，结果使胰脂肪酶锚定在脂肪微粒的水-油界面上，增加其活性，促进脂肪的水解，同时也可防止胰脂肪酶在水-油界面上变性。

胰脂肪酶催化甘油三酯生成的 2-甘油一酯还可被另外的脂肪酶水解为甘油和脂肪酸。所以，脂肪消化的最终产物是游离脂肪酸、2-甘油一酯和少量甘油。

在十二指肠中，食物中的磷脂在和胆汁酸盐形成微粒以后可被**磷脂酶 A_2**（phospholipase A_2）水解掉甘油第 2 位碳原子上的酯键生成溶血磷脂和游离脂肪酸。其他的酯酶和磷酸酶完成溶血磷脂的降解。胆固醇酯可被来自胰液的**胆固醇酯酶**（cholesterol esterase）水解为胆固醇和游离脂肪酸。

二、脂质的吸收

脂肪及类脂的消化产物主要在十二指肠下段及空肠上段被吸收。动物及人体的小肠既能吸收脂类完全水解的产物，也能吸收其部分水解的产物及部分没有水解的脂类。胆盐在脂解产物的吸收中起重要作用，当它们达到一个临界浓度时会形成直径 3~10nm 的微粒。脂类消化产生的终产物以及食物中原有的胆固醇、脂溶性维生素均包含在这些微粒中，微粒的形成使它们能够很容易地通过覆盖在小肠黏膜上皮细胞刷状缘边界的水层扩散进入肠黏膜细胞。

消化所得的少量游离甘油、10 个碳以下的脂肪酸及其构成的甘油三酯不参与微粒的形成，它们被肠黏膜上皮细胞直接吸收。通过门静脉系统的膜和毛细血管被动扩散进入血液循环系统。

三、脂质的转运

在脂质的吸收过程中，当微粒复合体处于肠上皮细胞刷状缘处的相对酸性环境时，其包裹在内部的单酰基甘油、脂肪酸、胆固醇和其他非极性物质释放出来。这些物质在管腔细胞膜上部分通过被动扩散进入细胞，部分脂肪酸如油酸和亚油酸通过促进扩散穿过管腔细胞膜进入细胞。在肠黏膜上皮细胞中，部分脂质消化产物被用来合成甘油三酯、磷脂和胆固醇酯。如图 8-2 所示。

新合成的长链甘油三酯和胆固醇酯，连同少量剩余的游离胆固醇、少量的磷脂和载脂蛋白 B-48 一起构成**乳糜微粒**（chylomicron）。乳糜微粒穿过肠上皮细胞的细胞膜（浆膜面）进入淋巴管，然后通过淋巴系统进入血液循环系统。具有短链脂肪酸的甘油三酯直接进入门脉循环。一些链长为 6~10 个碳原子的短链脂肪

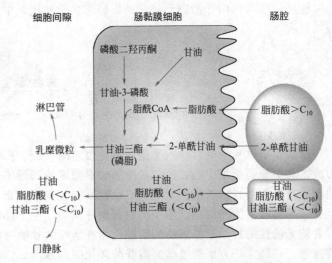

图 8-2　肠道中甘油三酯消化产物的吸收和转运

酸在肠黏膜细胞内甚至不需要酯化，也直接进入门脉循环。

四、脂质的储存

脂质中的脂肪主要储存于人体的脂肪组织，如皮下、大网膜、肠系膜和脏器周围，成年男性体内脂肪约占体重的 10％～20％，女性稍高。人体内的脂肪含量随年龄、营养状况和运动量等的变化而变化，因此脂肪也被称为储存脂或可变脂。脂肪的储存对人及动物的供能（特别是在不能进食时）具有重要意义。类脂主要分布于生物膜和神经组织中，其含量不大于体重的 5％，一般不受营养状况和能量消耗的影响，又被称为固定脂。

食物脂肪并不能直接在动物体内储存，其必须先消化为甘油和脂肪酸，得到的脂肪酸必须在肝脏、脂肪组织及肠壁进行碳链长短的改造后才能用来参与人体内脂肪的合成，即食物脂肪与人体内脂肪的性质不同。人体脂肪组织储存的脂肪，会有一部分通过脂肪动员释放出脂肪酸与甘油，其中的脂肪酸与血浆中的清蛋白结合，以脂肪酸-清蛋白复合物的形式运至各组织细胞中，然后被氧化利用，或者先运至肝脏，经过肝脏改造后再运至各组织被利用。进入肝脏的脂肪酸也可用于合成脂蛋白。

由于脂肪动员过程中的限速酶甘油三酯脂肪酶是激素敏感脂肪酶，即体内一些激素的水平会影响脂肪动员，如胰岛素可抑制脂肪动员，胰高血糖素、肾上腺素、促肾上腺皮质激素和促甲状腺素均可促进脂肪动员。正常人血液中胰岛素和胰高血糖素等激素水平保持平衡，故脂肪的储存和动员也处于动态平衡。如果平衡被破坏，不但可引起肥胖或消瘦，血浆脂类浓度也会发生改变，进而诱发心脑血管疾病。

当长期高脂高糖膳食或运动减少时，体内脂肪来源供过于求，脂肪储存速度大于动员速度，最终导致脂肪储存过多而形成肥胖。也有部分肥胖者的肥胖是由于内分泌失调引起的体内脂代谢紊乱所致，此时就不能通过控制饮食和增加运动来减肥，而应针对内分泌疾病进行治疗。

第四节　甘油三酯的分解代谢

甘油三酯的代谢分为分解代谢和合成代谢，其分解代谢是机体能量来源的重要手段。但脂肪只有在有足够氧的情况下才能氧化分解，这与糖的无氧分解不同。

一、脂肪的水解

脂肪的水解也叫作脂肪动员，是指储存在脂肪组织中的脂肪在脂肪酶的作用下逐步水解为甘油和脂肪酸的过程。

脂肪水解过程中的甘油三酯脂肪酶是限速酶，1 分子甘油三酯水解后可得 1 分子甘油和 3 分子游离脂肪酸。其中脂肪组织中的甘油三酯脂肪酶对激素特别敏感，又称激素敏感脂肪酶。甘油三酯脂肪酶在脂肪细胞中有两种形式：磷酸化形式（有活性）和脱磷酸化形式（无活性）。胰高血糖素、肾上腺素、去甲肾上腺素等可激活脂肪组织细胞中的腺苷酸环化酶，使 cAMP 含量增加，从而激活依赖 cAMP 的蛋白激酶，后者使无活性的甘油三酯脂肪酶磷酸化为有活性的甘油三酯脂肪酶，从而促进脂肪动员，这类激素称为脂解激素。胰岛素一方面通过抑制腺苷酸环化酶和激活 cAMP 磷酸二酯酶来减少脂肪细胞中 cAMP 的含量，从而抑制甘油三酯脂肪酶的活化；另一方面，胰岛素通过增加磷蛋白磷酸酶的活性使有活性的甘油三酯脂肪酶脱磷酸化而失活，最终达到胰岛素阻碍脂肪动员的结果，胰岛素为抗脂解激素。如图 8-3 所示。

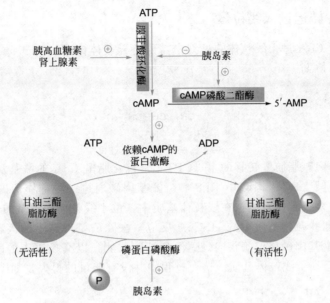

图 8-3　激素对甘油三酯脂肪酶的调节

脂肪动员后得到的甘油和游离脂肪酸被释放到血液中，由血液运送到其他组织细胞。

二、甘油的代谢

在肝、肾、肠和泌乳乳腺组织中，甘油可被甘油磷酸激酶催化生成甘油-3-磷酸，后者经甘油-3-磷酸脱氢酶的作用生成磷酸二羟丙酮，然后进入糖代谢。甘油-3-磷酸也可以用来合成甘油三酯和甘油磷脂。

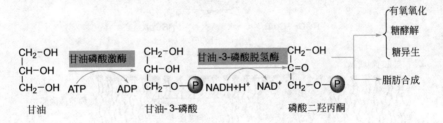

三、脂肪酸的分解

除成熟的红细胞和成年动物的脑组织外，机体大多数组织细胞，特别是肝脏、肌肉、心肌、肾脏和脂肪组织均可以氧化脂肪酸，但以肝脏和肌肉组织最为活跃。

（一）脂肪酸的活化

在细胞质中，在 ATP 和 Mg^{2+} 的存在下，1 分子脂肪酸与 1 分子辅酶 A 由脂酰辅酶 A 合成酶（脂肪酸硫激酶）催化生成高能化合物脂酰辅酶 A（脂酰 CoA）。

$$RCOOH + HSCoA \xrightarrow[\substack{ATP \quad Mg^{2+} \\ AMP + PPi}]{脂酰CoA合成酶} RCO\sim SCoA$$

脂肪酸　　　　　　　　　　　　　　　　脂酰 CoA

反应中 ATP 在其第二个磷酯键处水解，生成 AMP 和焦磷酸（PPi）。反应中生成的焦磷酸立即被细胞中的焦磷酸酶水解，从而阻止逆反应的进行。

脂酰 CoA 分子中既有高能硫酯键，又溶于水，其代谢活性远高于脂肪酸，所以脂酰 CoA 是脂肪酸的活化形式。由于脂酰 CoA 是在细胞质中生成的，而氧化脂肪酰基的酶在线粒体基质中，因此需要一种运输机制将脂酰 CoA 转移进线粒体基质。

（二）脂酰辅酶 A 转运进入线粒体

细胞质中生成的脂酰 CoA 进入线粒体的过程中需要特异载体**肉碱**（carnitine）（一种由赖氨酸在肝脏和肾脏合成的化合物）的协助。

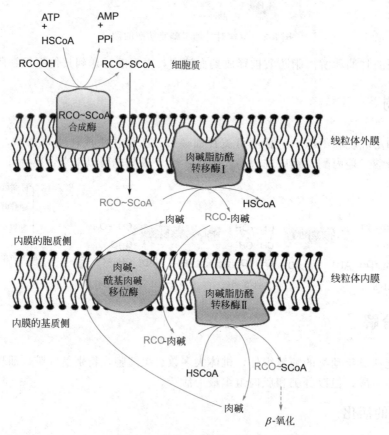

β-羟基-γ-三甲基丁酸铵（肉碱）

存在于线粒体外膜的肉碱脂肪酰转移酶Ⅰ（CPTⅠ）催化脂酰 CoA 的酰基从辅酶 A 的硫原子转移至肉碱的羟基，形成酰基肉碱（RCO-肉碱）（图 8-4）。酰基肉碱通过一种称作肉碱-酰基肉碱移位酶的特殊膜蛋白穿过线粒体内膜进入线粒体基质。在线粒体基质中，位于线粒体内膜基质侧的肉碱脂肪酰转移酶Ⅱ（CPTⅡ）催化酰基肉碱和线粒体基质中的 HSCoA 反应，去除酰基肉碱上的肉碱分子，并重新生成脂酰 CoA 分子。最后，肉碱-酰基肉碱移位酶将肉碱返回到细胞质侧，以交换进入的酰基肉碱。这样相当于把细胞质中的脂酰 CoA 转运到了线粒体基质。这一过程中并没有能量的得失，如图 8-4 所示。

图 8-4　脂酰 CoA 进入线粒体

在脂酰 CoA 进入线粒体基质的过程中 CPTⅠ催化的反应为限速反应。高浓度的丙二酸单酰辅酶 A 可通过抑制 CPTⅠ阻止脂肪酸进入线粒体。

（三）脂肪酸的氧化

1. 脂肪酸的 β-氧化

1904 年 F.Knoop 通过实验发现脂肪酸的氧化反应主要发生在脂肪酰基的 β-碳原子上，所以将这种氧化反应称作脂肪酸的 **β-氧化**（β-oxidation）。β-氧化是脂肪酸最主要的氧化分解方式，其具体反应过程如下：

① 脱氢　在脂酰 CoA 脱氢酶的作用下脂酰 CoA 的 α-碳原子和 β-碳原子上各脱掉 1 个 H 原子，生成 Δ^2-反-烯脂酰 CoA。脱下的 2H 被辅基 FAD 接受，生成 $FADH_2$，进入琥珀酸氧化呼吸链氧化，生成 1.5ATP。

② 加水　在 Δ^2-烯脂酰 CoA 水合酶的作用下，Δ^2-反-烯脂酰 CoA 加水生成 L-(＋)-β-羟脂酰 CoA。

③ 再脱氢　在 L-(＋)-β-羟脂酰 CoA 脱氢酶的作用下，L-(＋)-β-羟脂酰 CoA 脱下 2H 生成 β-酮脂酰 CoA，脱下的 2H 被辅酶 NAD^+ 接受，生成 $NADH＋H^+$，进入 NADH 氧化呼吸链氧化，生成 2.5ATP。

④ 硫解　在 β-酮脂酰 CoA 硫解酶的作用下，β-酮脂酰 CoA 的碳链在 α- 和 β-碳原子之间断裂，生成 1 分子乙酰 CoA 和 1 分子少了 2 个碳原子的脂酰 CoA。

新生成的脂肪酰 CoA 进行第二次 β-氧化，又生成 1 分子乙酰 CoA 和 1 分子比它还少 2 个碳原子的脂酰 CoA，经过多次 β-氧化循环，原来的饱和偶数碳原子脂酰 CoA 全部转变为乙酰 CoA，如图 8-5 所示。

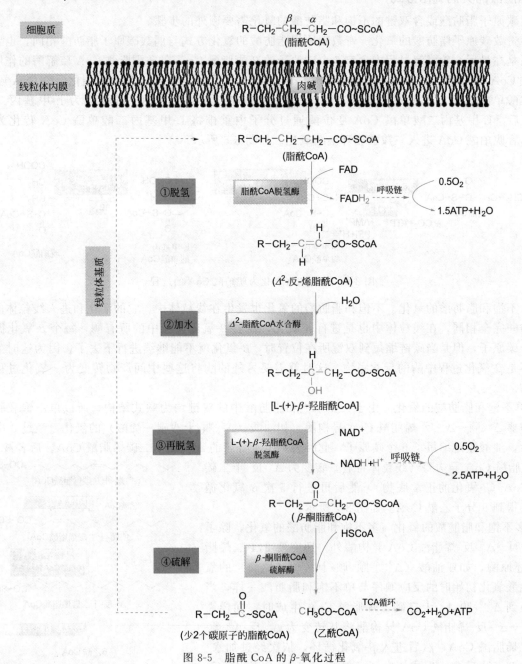

图 8-5　脂酰 CoA 的 β-氧化过程

脂肪酸经过多次 β-氧化循环后的终产物乙酰 CoA 可进入三羧酸循环彻底氧化分解为 CO_2、H_2O，并产生大量的 ATP。如 1 分子含 16 个碳原子的软脂酰 CoA 可经过 7 次 β-氧化，最终生成 8 分子乙酰 CoA，然后进入三羧酸循环彻底氧化分解为 CO_2、H_2O 和 ATP。

1 分子软脂酸在体内彻底氧化分解产生 ATP 数目的计算：

活化：	−2ATP
RCO～SCoA 进入线粒体：	0ATP
7 次 β-氧化：（1.5ATP + 2.5ATP)×7=	28ATP
+ 8 次三羧酸循环： 8×10ATP=	80ATP
	106ATP

从上面的计算我们看到：1 分子软脂酸在体内彻底氧化分解可产生 106ATP。这远远多于 1 分子葡萄糖在体内彻底氧化分解所产生的 32（30）ATP。

2. 脂肪酸的其他氧化方式

奇数碳原子脂肪酸或含双键的不饱和脂肪酸的氧化需要额外的步骤。

（1）奇数碳原子脂肪酸的氧化　奇数碳原子脂肪酸的氧化方式与偶数碳原子脂肪酸相同，也要经过 β-氧化，只是在最后一轮降解过程中含有 5 个碳原子的 β-酮脂酰 CoA 在 β-酮脂酰 CoA 硫解酶的作用下产生的是丙酰 CoA 和乙酰 CoA，而不是两个乙酰 CoA 分子。然后，丙酰 CoA 羧化酶催化丙酰 CoA 羧化为 D-甲基丙二酸单酰 CoA，后者在甲基丙二酸单酰 CoA 差向异构酶的作用下异构化为 L-甲基丙二酸单酰 CoA。最后，L-甲基丙二酸单酰 CoA 变位酶通过分子内重排将 L-甲基丙二酸单酰 CoA 转化为琥珀酰 CoA，然后琥珀酰 CoA 进入三羧酸循环继续氧化。如图 8-6 所示。

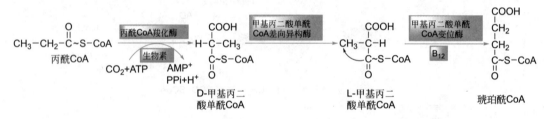

图 8-6　丙酰 CoA 转化为琥珀酰 CoA 的过程

（2）不饱和脂肪酸的氧化　不饱和脂肪酸的氧化也发生在线粒体中，它的活化和进入线粒体的过程与饱和脂肪酸完全相同。在线粒体中也是进行 β-氧化，需要 β-氧化途径中的所有酶，每个 β-氧化循环还是缩短 2 个碳原子，但是当碳链缩短到双键所在位置时，β-氧化就不能继续进行下去了，因为这时生成的中间产物不是 β-氧化过程中酶的天然底物，这时就需要另外的酶将这些中间产物转变为 β-氧化过程中酶的天然底物。

① 单不饱和脂肪酸的氧化　由于天然不饱和脂肪酸中的双键均为顺式结构，所以单不饱和脂肪酸的氧化还需要 Δ^3-顺→Δ^2-反-烯脂酰 CoA 异构酶。如油酸（Δ^9-顺-十八碳一烯酸）的氧化，经过 3 次 β-氧化循环以后，油酸碳链缩短了 6 个碳原子，此时得到了 1 分子的 Δ^3-顺-十二碳烯脂酰 CoA。后者被 Δ^3-顺→Δ^2-反-烯脂酰 CoA 异构酶（线粒体特有）转变为 Δ^2-反-十二碳烯脂酰 CoA（β-氧化的正常底物），然后再进行 5 次 β-氧化循环，总共得到 9 分子乙酰 CoA。如图 8-7 所示。

② 多不饱和脂肪酸的氧化　多不饱和脂肪酸的氧化，除了需要 Δ^3-顺→Δ^2-反-烯脂酰 CoA 异构酶外，还需要 2,4-二烯脂酰 CoA 还原酶，如亚油酸（$\Delta^{9,12}$-顺,顺-十八碳二烯酸）的氧化。亚油酸氧化初始时的反应顺序与单不饱和脂肪酸一样，当碳链缩短到 $\Delta^{3,6}$-顺,顺-十二碳二烯脂酰 CoA 生成时，同样需要 Δ^3-顺→Δ^2-反-烯脂酰 CoA 异构酶将其转变为 Δ^2-反-Δ^6-顺-十二碳二烯脂酰 CoA，然后进入 β-氧化循环，依次经过加水、脱氢、硫解三步反应，生成 1 分子乙酰 CoA 和 1 分子 Δ^2-反-Δ^4-顺-十碳二烯脂酰 CoA。后者在 2,4-二烯脂酰 CoA 还原酶

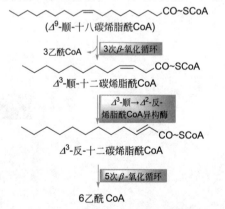

图 8-7　单不饱和脂肪酸在线粒体的氧化过程

的作用下由 NADPH＋H$^+$ 提供氢还原为 β-氧化的酶底物 Δ^3-反-十碳一烯脂酰 CoA，再进入 β-氧化循环，最终完全降解为乙酰 CoA。如图 8-8 所示。

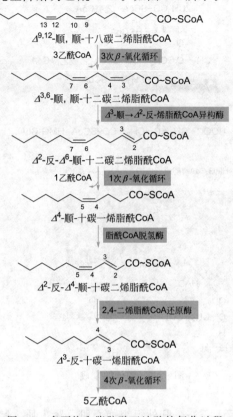

图 8-8　多不饱和脂肪酸亚油酸的氧化过程

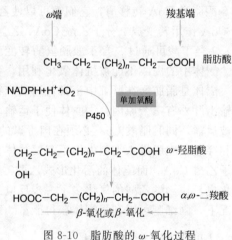

图 8-9　植烷酸的 α-氧化过程

（3）脂肪酸的 α-氧化（α-oxidation）　哺乳动物体内的脂肪酸主要以 β-氧化方式氧化，其次还存在少量的 α-氧化。α-氧化存在于内质网和线粒体内，它是由 α-碳（C2）的羟化引发的，然后将羧基碳（C1）以 CO_2 的形式释放出去，从而一次将脂肪酸的碳链缩短一个碳原子。然后，缩短的脂肪酸经历一轮 β-氧化，生成丙酰 CoA，而不是乙酰 CoA，如植烷酸的氧化（图 8-9）。

（4）脂肪酸的 $\boldsymbol{\omega}$-氧化（ω-oxidation）　脂肪酸的 ω-氧化是指在动物细胞的微粒体内，长链和中长链脂肪酸在单加氧酶的作用下，ω-碳原子先被羟化，再被氧化为羧基，形成 α,ω-二羧酸的过程（图 8-10）。生成的二羧酸进入线粒体，从分子的任何一端进行 β-氧化，最后生成琥珀酰 CoA，后者可进入 TCA 循环彻底氧化分解。ω-氧化可加速脂肪酸的降解速率。

图 8-10　脂肪酸的 ω-氧化过程

四、酮体的代谢

（一）酮体的概念

　　脂肪酸在肝脏中经过 β-氧化产生的乙酰 CoA，仅有少部分直接进入 TCA 循环，大部分乙酰 CoA 在肝脏中转变成三种生物合成相关的化合物，即**酮体**（ketone bodies），包括**乙酰乙酸**（acetoacetate）、**β-羟丁酸**（β-hydroxybutyric acid）和**丙酮**（acetone）。其中 β-羟丁酸约占 70%，乙酰乙酸约占 30%，丙酮量极微。

（二）酮体的生成

只有肝细胞的线粒体中有活性较高的生成酮体的酶系，因此酮体只能在肝细胞的线粒体中合成，其合成的底物为乙酰 CoA 或乙酰乙酰 CoA。酮体的生成过程分为以下四个阶段，如图 8-11 所示。

① 2 分子乙酰 CoA 在硫解酶的作用下缩合为 1 分子的乙酰乙酰 CoA，并释放出 1 分子的 HSCoA。

② 乙酰乙酰 CoA 再结合 1 分子乙酰 CoA 生成 1 分子的 HMG-CoA（β-羟基-β-甲基戊二酸单酰 CoA），释放出 1 分子的 HSCoA。该反应是酮体合成过程的限速反应，起催化作用的酶为 HMG-CoA 合酶。

③ 在 HMG-CoA 裂解酶的作用下，HMG-CoA 裂解生成 1 分子乙酰乙酸和 1 分子乙酰 CoA。

④ 乙酰乙酸在 β-羟丁酸脱氢酶的作用下，由 NADH＋H$^+$ 提供氢加氢还原生成 β-羟丁酸，少部分乙酰乙酸在脱羧酶的作用下脱掉羧基生成丙酮。乙酰 CoA 可再用于酮体的合成。

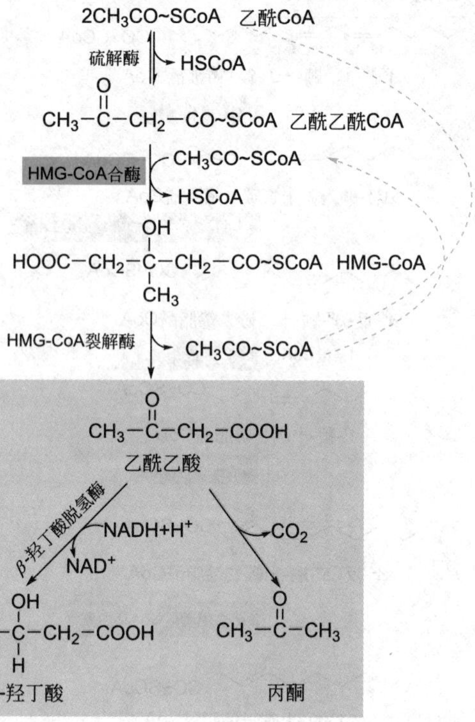

图 8-11　酮体的生成

（三）酮体的利用

肝脏一边生成酮体，一边把水溶性的酮体释放到血液中运往肝外。肝外组织如心肌、肾皮质、脑等组织的线粒体中有活性较强的乙酰乙酸硫激酶，在心肌、肾皮质、脑及骨骼肌等组织的线粒体中有活性较强的 β-酮脂酰 CoA 转移酶，它们都可以使乙酰乙酸活化为乙酰乙酰 CoA，后者在硫解酶的作用下与 1 分子 HSCoA 作用转变成 2 分子乙酰 CoA，乙酰 CoA 进入 TCA 循环彻底氧化分解为 CO_2 和 H_2O，并产生能量。β-羟丁酸可通过 β-羟丁酸脱氢酶转变为乙酰乙酸，然后按照乙酰乙酸的方式进行氧化，如图 8-12 所示。酮体中的丙酮不能被机体氧化利用，可随呼吸或尿液排出体外。

酮体是脂肪酸在肝脏中正常代谢的产物，是肝脏输出能源的一种重要形式。肝脏将脂肪酸转变成酮体才输出肝外有三个原因：①酮体便于运输。脂肪酸在血液中要与清蛋白结合成清蛋白-脂肪酸复合物才可以被运输，同时脂酰 CoA 必须在肉毒碱的协助下才能进入线粒体被氧化；而酮体溶于水，在血液中的运输和穿透细胞膜进入细胞内均不需要载体。②酮体便于氧化。1 分子脂酰 CoA 需经过四步反应才能生成 1 分子乙酰 CoA，而酮体的活化形式乙酰乙酰 CoA 只需 1 步反应就可以生成 2 分子乙酰 CoA，β-羟丁酸的氧化也只比乙酰乙酸的氧化多了一步反应。③酮体是大脑及肌肉组织的重要能源。在饥饿或糖供应不足的情况下，脑细胞可以利用酮体获得能量，肌肉组织利用酮体也可减少对肌肉蛋白质的消耗。

（四）酮体代谢失调

正常情况下，酮体合成和氧化的速率是平衡的，因此它们的血清浓度维持在 0.03～0.5mmol/L 的范围内，而尿排出量几乎可以忽略不计。然而，当生酮速率超过它们的利用率时，它们在血液中的浓度就会升高。由于酮体中的乙酰乙酸和 β-羟丁酸显酸性，此时会引起代谢性酸中毒，这种情况被称为酮血症。当血中酮体经肾小球的滤过量超过肾小管的重吸收量时，过量的酮体会在尿液中排出，这被称为酮尿症。丙酮（有烂苹果气味）既可以通过尿液排出，也可以通过呼吸道排出，所以酮症患者的尿液和呼出的气体中都有烂苹果气味。在饥饿或糖尿病时糖氧化分解提供能量受阻，导致脂肪动员加速，释放到血液中的游离脂肪酸随之增多，此时肝脏中 β-氧化的底物增多，其终产物乙酰辅酶 A 的生成增多，于是产生的酮体的量随之增多，从而导致酮血症和酮尿症。

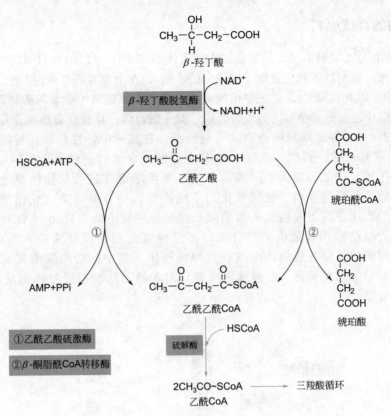

图 8-12　肝外组织使用酮体为燃料

第五节　甘油三酯的合成代谢

体内脂肪的合成途径有两条：利用食物脂肪转变为人体脂肪和利用糖转变为人体脂肪，其中糖转变成脂肪是脂肪在体内的主要来源。合成脂肪的原料是甘油-3-磷酸和脂肪酸。

一、甘油-3-磷酸的生物合成

机体产生甘油-3-磷酸的途径有两条：其一是经脂肪动员产生的甘油形成，其二是经糖代谢产生的磷酸二羟丙酮形成，但后者是主要途径。

在包括脂肪组织在内的大多数组织中，甘油-3-磷酸由糖酵解中间代谢物磷酸二羟丙酮（DHAP）还原而产生；在肝脏和肾脏中，甘油-3-磷酸主要通过甘油磷酸激酶直接使甘油磷酸化而形成（图 8-13）。

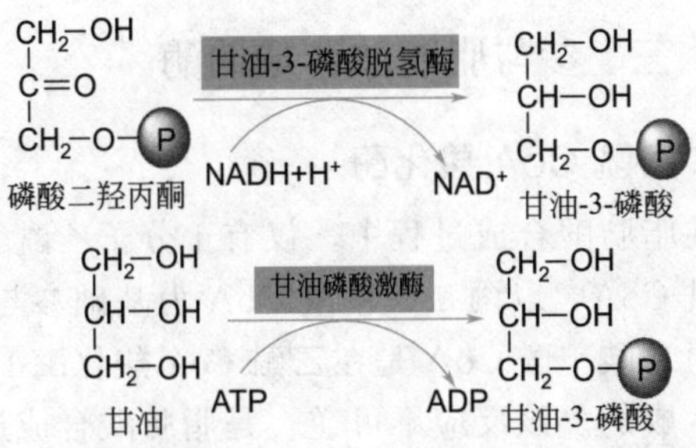

图 8-13　甘油-3-磷酸合成的两条途径

二、脂肪酸的生物合成

（一）脂肪酸的合成部位

脂肪酸主要在肝脏和脂肪组织的细胞液中合成。

（二）脂肪酸的合成原料

脂肪酸合成的原料是乙酰辅酶 A。其次还需要供氢体 NADPH＋H$^+$、ATP 和脂肪酸合酶复合体。其中，乙酰 CoA 主要来自葡萄糖的氧化分解，细胞内的乙酰 CoA 全部在线粒体内产生，而脂肪酸合成所需的酶存在于细胞液中，因此乙酰 CoA 必须穿出线粒体内膜进入细胞液才能参与脂肪酸的合成。乙酰 CoA 通过图 8-14 所示的循环进入胞液参与脂肪酸的合成，即在线粒体内柠檬酸合酶的作用下，乙酰 CoA 与草酰乙酸缩合成柠檬酸，后者穿过线粒体内膜进入细胞液。在胞液中，柠檬酸在柠檬酸裂解酶的作用下释放出乙酰 CoA 和草酰乙酸。其中，乙酰 CoA 作为脂肪酸合成的原料参与脂肪酸的合成，草酰乙酸在苹果酸脱氢酶的作用下加氢还原为苹果酸。一部分苹果酸可穿过线粒体内膜进入线粒体基质，在线粒体基质内苹果酸脱氢酶的作用下脱氢氧化为草酰乙酸，后者参与第二轮循环。另一部分苹果酸在胞液中苹果酸酶的作用下脱氢脱羧生成丙酮酸，此反应中脱下的 2 H 由 NADP$^+$ 接受，生成 NAD-PH＋H$^+$，后者可为脂肪酸的合成提供部分氢，不足的氢由磷酸戊糖途径产生的 NADPH＋H$^+$ 提供。胞液中生成的丙酮酸可穿过线粒体内膜进入到线粒体基质中，在丙酮酸羧化酶的作用下可羧化为草酰乙酸，后者参与第二轮循环。经过这两个循环可源源不断地把线粒体内的乙酰 CoA 转运到胞液中用于脂肪酸的合成。

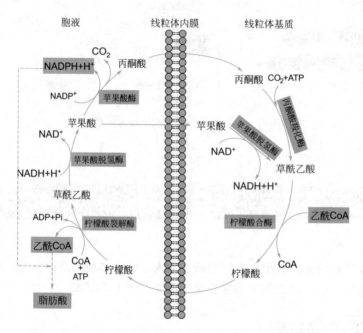

图 8-14　乙酰 CoA 穿过线粒体膜的转运

（三）参与脂肪酸合成的酶

1. 乙酰 CoA 羧化酶

在脂肪酸合成过程中，仅有 1 分子乙酰 CoA 直接参与合成反应，大部分乙酰 CoA 必须先活化为丙二酸单酰 CoA，以丙二酸单酰 CoA 为基础参与脂肪酸的合成。

丙二酸单酰 CoA 是在**乙酰 CoA 羧化酶 1**（acetyl CoA carboxylase 1，ACC1）的作用下由乙酰 CoA 羧化后生成的。该反应不可逆，是脂肪酸合成过程的限速步骤，乙酰 CoA 羧化酶 1 作为脂肪酸合成过程中的限速酶，其辅酶为生物素。

$$CH_3-\overset{O}{\overset{\|}{C}}{\sim}SCoA + HCO_3^- \xrightarrow[\underset{ATP \qquad ADP+Pi}{\text{生物素, } Mn^{2+}}]{\text{乙酰CoA羧化酶1}} HO-\overset{O}{\overset{\|}{C}}-CH_2-\overset{O}{\overset{\|}{C}}{\sim}SCoA$$

乙酰CoA　　　　　　　　　　　　　　　　　　　　丙二酸单酰CoA

限速酶 ACC1 的活性可通过磷酸化/去磷酸化的共价修饰来调节,去磷酸化的 ACC1 有活性,磷酸化的 ACC1 无活性。**AMP 依赖的蛋白激酶**(AMPK)催化 ACC1 的磷酸化反应。激素也可以调节 ACC1 的活性,如胰高血糖素、肾上腺素可以通过增强 AMPK 的活性促使 ACC1 磷酸化而失活,从而抑制脂肪酸的合成。胰岛素则可通过抑制 AMPK 的活性抑制 ACC1 的磷酸化而保持 ACC1 的活性,从而促进脂肪酸的合成;胰岛素也可以通过激活蛋白磷酸酶的活性促进 ACC1 的去磷酸化来保持 ACC1 的活性,从而促进脂肪酸的合成(图 8-15)。

代谢物可通过变构调节调节脂肪酸合成过程中的限速酶乙酰 CoA 羧化酶 1 的活性,如柠檬酸盐(正调节)和棕榈酰 CoA(负调节)。

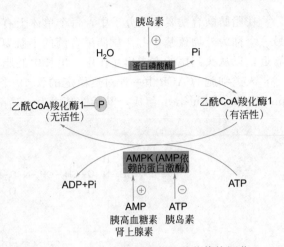

图 8-15　乙酰 CoA 羧化酶的共价修饰调节

知识链接

乙酰 CoA 羧化酶与疾病

近年来,研究发现乙酰 CoA 羧化酶(ACC)不但与肥胖的发生、预防和治疗有关,还与糖尿病和肿瘤的发生和治疗有关。研究表明,长期、中等强度的有氧运动可通过降低 ACC 表达和活性,达到减弱脂肪合成、增加脂肪氧化、降脂减控体重的目的。但是,每天进行运动的肥胖大鼠突然停止运动,可引起肝脏 ACC 活性增强,从而使肝脏脂肪合成增强。这提示进行长期、持续的运动锻炼有利于减脂。ACC 在乳腺癌等一些恶性肿瘤中呈高表达,抑制 ACC 的活性可对恶性肿瘤的增殖起到抑制和杀伤作用。激活 ACC1 或抑制 ACC2 均能显示出改善胰岛素敏感性及治疗糖尿病的作用。

2. 脂肪酸合酶复合体

脂肪酸的合成由**脂肪酸合酶复合体**(fatty acid synthase complex)催化,人类细胞的脂肪酸合酶由两个相同的亚基(单体)组成二聚体,共含 2511 氨基酸,分子量为 273427。每一单体的多肽链的邻近区域折叠形成 7 个具有酶活性的结构域(具有 7 种酶活性)和一个**酰基载体蛋白**(acyl carrier protein,ACP)结构域。7 种酶依次为:E1(乙酰基转移酶)、E2(丙二酰转移酶)、E3(β-酮脂酰合酶)、E4(β-酮脂酰还原酶)、E5(β-羟脂酰脱水酶)、E6(β-烯脂酰还原酶)和 E7(软脂酰硫酯酶)。这些结构域以催化脂肪酸合成循环中的连续步骤的方式排列于同一个单体上。尽管每个单体包含所有 7 种酶活性,但实际的功能单元是由一个单体的一半与另一个单体的另一半相互作用构成的(图 8-16)。人类细胞中脂肪酸合酶复合体催化合成的脂肪酸为软脂酸。

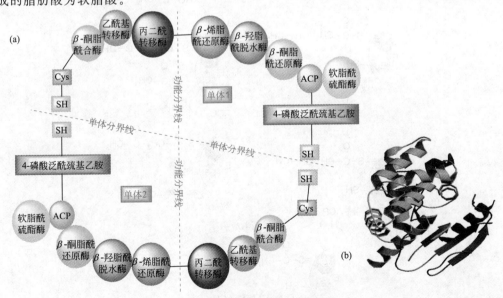

图 8-16　人类的脂肪酸合酶结构

(a) 脂肪酸合酶复合体的结构示意图;(b) 脂肪酸合酶复合体的 3D 图

在脂肪酸合酶复合体分子中，每个单体上有两个重要的巯基，其中一个称为中心巯基，由 ACP 提供。另一个称为外周巯基，由 β-酮脂酰合酶的半胱氨酸（Cys）残基提供。这两种类型的巯基在二聚体中非常靠近，以从头到尾的方式相互作用。生长中的脂肪酸链以共价键的方式与这两种巯基结合。

人类细胞的 ACP 由一种对热稳定的含 79 个氨基酸残基的单链多肽和辅基 4-磷酸泛酰巯基乙胺（4-phosphopantetheine）组成，其活性基团为 4-磷酸泛酰巯基乙胺上的 -SH（图 8-17）。

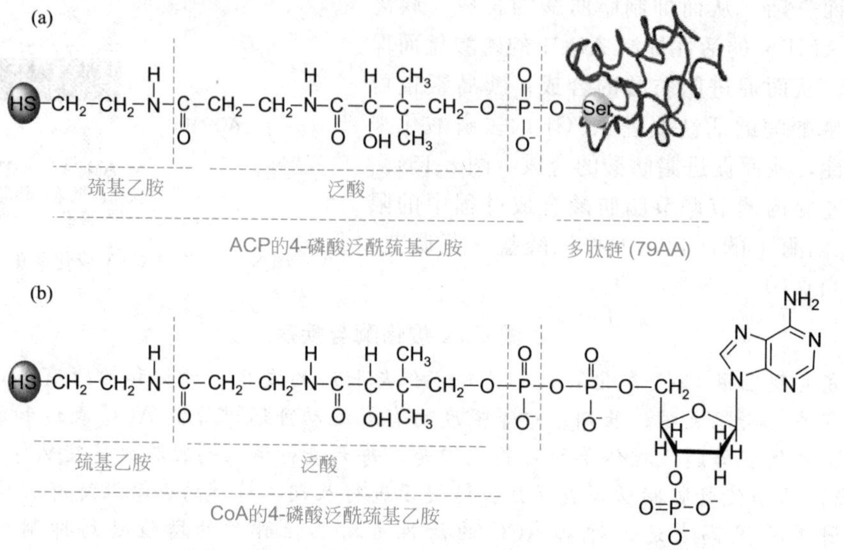

(a)

（图）

ACP的4-磷酸泛酰巯基乙胺　　　　多肽链 (79AA)

(b)

（图）

CoA的4-磷酸泛酰巯基乙胺

图 8-17　脂肪酸通过 4-磷酸泛酰巯基乙胺的巯基与 ACP 和 CoA 结合
（a）酰基载体蛋白（ACP）的结构；（b）HSCoA 的结构

（四）脂肪酸的合成过程

脂肪酸合酶的 7 个酶催化的反应分为两种类型。第一种类型的反应称为启动反应，以确保两个巯基都"负载"了正确的酰基；第二种类型的反应称为延伸步骤，参与了脂肪酸链的实际构建。脂肪酸合成过程涉及的反应顺序如图 8-18 所示。

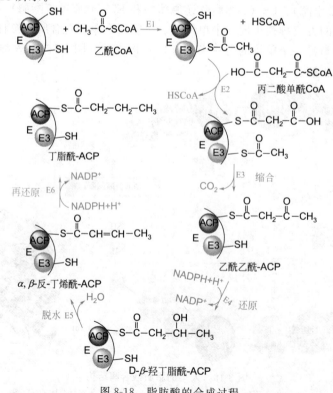

图 8-18　脂肪酸的合成过程

1. 启动反应

（1）第一步反应　对于哺乳动物细胞来说，由乙酰基转移酶催化乙酰基从乙酰 CoA 转移到 β-酮脂酰合酶的半胱氨酸-SH（外周巯基）上，生成乙酰合酶。

$$CH_3-\overset{O}{\overset{\|}{C}}-S\sim CoA + HS-合酶 \xrightarrow{\text{乙酰基转移酶}} CH_3-\overset{O}{\overset{\|}{C}}-S\sim 合酶 + HS-CoA$$

乙酰CoA　　　　　　　　　　　　　　　　　　　乙酰合酶

（2）第二步反应　由丙二酰转移酶催化丙二酰基团从丙二酰 CoA 上转移到 ACP 提供的中心巯基上，生成丙二酰-ACP。

$$HO-\overset{O}{\overset{\|}{C}}-CH_2-\overset{O}{\overset{\|}{C}}-S\sim CoA + ACP \xrightarrow{\text{丙二酰转移酶}} HO-\overset{O}{\overset{\|}{C}}-CH_2-\overset{O}{\overset{\|}{C}}-S-ACP + HS-CoA$$

丙二酸单酰CoA　　　　　　　　　　　　　　　　　　　丙二酸单酰-ACP

2. 延伸步骤

延伸步骤依次分为缩合、还原、脱水和再还原四步反应及这四步反应的循环。

（1）缩合　在 β-酮脂酰合酶的催化下，先前生成的乙酰合酶上的乙酰基和丙二酰-ACP 上的丙二酰基缩合，即乙酰基转移到丙二酰基的 C2 原子上，丙二酰基脱去羧基，生成乙酰乙酰-ACP 和 CO_2。在缩合过程中释放了被乙酰 CoA 占据的 β-酮脂酰合酶上的外周巯基，同时丙二酰-ACP 的脱羧活化了它的次甲基。

$$CH_3-\overset{O}{\overset{\|}{C}}-S\sim 合酶 + HO-\overset{O}{\overset{\|}{C}}-CH_2-\overset{O}{\overset{\|}{C}}-S-ACP \xrightarrow[CO_2\quad HS-合酶]{\text{β-酮脂酰合酶}} CH_3-\overset{O}{\overset{\|}{C}}-CH_2-\overset{O}{\overset{\|}{C}}-S\sim ACP$$

乙酰合酶　　　　　　丙二酸单酰-ACP　　　　　　　　　　　　乙酰乙酰-ACP

（2）还原　经 β-酮脂酰还原酶催化，由 $NADPH+H^+$ 提供氢，乙酰乙酰-ACP 的乙酰乙酰基被还原为 β-羟丁脂酰基，生成 D-β-羟丁脂酰-ACP。

$$CH_3-\overset{O}{\overset{\|}{C}}-CH_2-\overset{O}{\overset{\|}{C}}-S-ACP \xrightarrow[NADPH+H^+\quad NADP^+]{\text{β-酮脂酰还原酶}} CH_3-\overset{OH}{\overset{\|}{\underset{H}{C}}}-CH_2-\overset{O}{\overset{\|}{C}}-S\sim ACP$$

乙酰乙酰-ACP　　　　　　　　　　　　　　　　　　　D-β-羟丁脂酰-ACP

（3）脱水　由 β-羟脂酰脱水酶催化 D-β-羟丁脂酰-ACP 脱水，生成 α,β-反-丁烯酰-ACP。

$$CH_3-\overset{OH}{\overset{\|}{\underset{H}{C}}}-CH_2-\overset{O}{\overset{\|}{C}}-S\sim ACP \xrightarrow[H_2O]{\text{β-羟脂酰脱水酶}} CH_3-\overset{H}{\underset{\beta}{C}}=\overset{\alpha}{\underset{H}{C}}-\overset{O}{\overset{\|}{C}}-S-ACP$$

D-β-羟丁脂酰-ACP　　　　　　　　　　　　　　　　α,β-反-丁烯酰-ACP

（4）再还原　由 β-烯脂酰还原酶催化、$NADPH+H^+$ 提供氢，使 α,β-反-丁烯酰-ACP 加氢还原为饱和的丁脂酰-ACP。

$$CH_3-\overset{H}{\underset{\beta}{C}}=\overset{\alpha}{\underset{H}{C}}-\overset{O}{\overset{\|}{C}}-S\sim ACP \xrightarrow[NADPH+H^+\quad NADP^+]{\text{β-烯脂酰还原酶}} CH_3-CH_2-CH_2-\overset{O}{\overset{\|}{C}}-S-ACP$$

α,β-反-丁烯酰-ACP　　　　　　　　　　　　　　　　丁脂酰-ACP

生成的丁脂酰-ACP 比先前的乙酰 CoA 多了 2 个碳原子。

上述反应中，ACP 上的 4-磷酸泛酰巯基乙胺可移动臂将酰基从一个活性位点移动到下一个活性位点。当它到达序列的最后一部分时，新的酰基（这里是丁脂酰基）被传递到另一个单体上的外周巯基上，释放 ACP 的中心巯基。随后，ACP 的中心巯基重新加载上丙二酰基，以同样的方式进入第二个延伸周期，但外周巯基上的酰基现在延长了两个碳原子。

值得注意的是，来自丙二酰基的二碳单位是被添加在生长链的羧基（C1）端而不是甲基端。这样每重复 1 次循环，脂肪酰基的碳链上就会增加 2 个碳原子。

（5）释放　经过 7 次循环以后形成 1 分子的软脂酰-ACP。软脂酰-ACP 不是 β-酮脂酰合酶（E3）的底物，而是软脂酰硫酯酶（软脂酰-ACP 硫酯酶，E7）的底物，后者催化软脂酰-ACP 水解。结果，脂肪酸合酶释放出软脂酸，HS-ACP 再生，这就完成了软脂酸的合成。

合成1分子软脂酸消耗的乙酰CoA和丙二酸单酰CoA的总结果如下式：

$$乙酰CoA + 7丙二酸单酰CoA + 14NADPH + 20H^+ \xrightarrow{\text{脂肪酸合酶}} 软脂酸 + 7CO_2 + 14NADP^+ + 8HS—CoA + 6H_2O$$

3. 脂肪酸碳链的延长

脂肪酸碳链的延长可经过内质网或线粒体的酶体系通过2条途径完成。

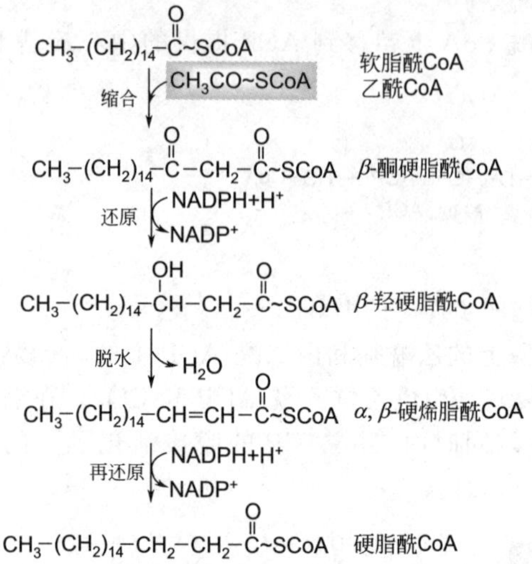

$CH_3-(CH_2)_{14}-C\sim SCoA$ 　软脂酰CoA
　　　　　$CH_3CO\sim SCoA$　乙酰CoA
缩合 ↓
$CH_3-(CH_2)_{14}-C-CH_2-C\sim SCoA$　β-酮硬脂酰CoA
还原 ↓ $NADPH+H^+$ / $NADP^+$
$CH_3-(CH_2)_{14}-CH-CH_2-C\sim SCoA$　β-羟硬脂酰CoA
脱水 ↓ H_2O
$CH_3-(CH_2)_{14}-CH=C-C\sim SCoA$　α,β-硬烯脂酰CoA
再还原 ↓ $NADPH+H^+$ / $NADP^+$
$CH_3-(CH_2)_{14}-CH_2-C-C\sim SCoA$　硬脂酰CoA

图 8-19　线粒体脂肪酸碳链的延长方式

（1）内质网（微粒体）脂肪酸碳链的延长　延长过程由碳链延长酶体系催化，以丙二酸单酰CoA为二碳单位的供给体，由$NADPH+H^+$供氢，从羧基末端延长碳链。碳链延长过程与软脂酸的合成过程基本相同，也需经过缩合、还原、脱水、再还原等反应，区别是酰基载体是CoA，而不是ACP。在肝细胞内质网中，一般以合成硬脂酸（C_{18}）为主，在脑组织中，脂肪酸碳链可延长至C_{24}。

（2）线粒体脂肪酸碳链的延长　在线粒体基质中，软脂酰CoA先与乙酰CoA缩合生成β-酮硬脂酰CoA，然后由$NADPH+H^+$提供氢，使其还原为β-羟硬脂酰CoA，继而脱水生成a,β-硬烯脂酰CoA，再由$NADPH+H^+$提供氢，使其还原为硬脂酰CoA（图 8-19）。脂肪酸碳链可延长至24个或26个碳原子，但以18个碳的硬脂酸为最多。

4. 不饱和脂肪酸的合成

单不饱和脂肪酸可以在肝脏和其它器官的内质网中通过去饱和酶系统在相应的饱和脂肪酸中引入双键得到，这种双键常位于软脂酸或硬脂酸的Δ^9位，分别产生软脂酸或油酸。

大多数不饱和脂肪酸可由软脂酸酯通过去饱和酶和延长酶合成。去饱和酶在脂肪酸的第一个双键和羧基端之间引入额外的双键，但人类的去饱和酶引入双键的位置不能超过Δ^9。如果含亚油酸的膳食供给足够，花生四烯酸就可以在体内合成（图 8-20）。即先在亚油酸的C6位由去饱和酶系统引入双键，将亚油酸转化为γ-亚麻酸（$C_{18:3}\Delta^{6,9,12}$），再通过延长酶系统和去饱和酶系统的联合作用将γ-亚麻酸转化为花生四烯酸（$C_{20:4}\Delta^{5,8,11,14}$）。

　亚油酸（$C_{18:2}\Delta^{9,12}$）
去饱和酶系 ↓
　γ-亚麻酸（$C_{18:3}\Delta^{6,9,12}$）
+2C 延长酶系统 ↓
　二十碳三烯酸（$C_{20:3}\Delta^{8,11,14}$）
去饱和酶系统 ↓
　花生四烯酸（$C_{20:4}\Delta^{5,8,11,14}$）

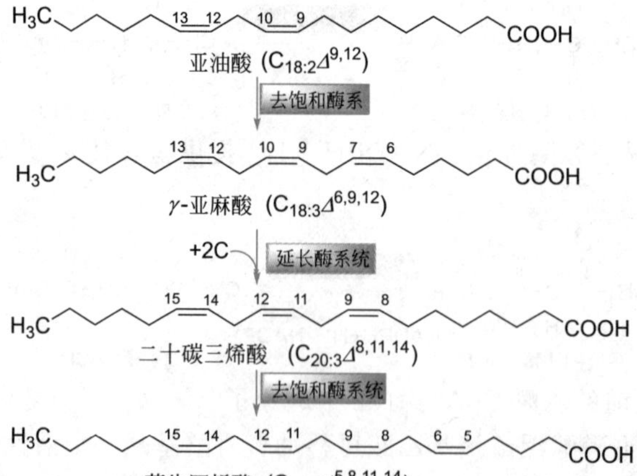

图 8-20　人体内花生四烯酸可由亚油酸经延长酶系统和去饱和酶系统催化合成

三、甘油三酯的生物合成

（一）合成场所

甘油三酯的生物合成主要在肝脏、脂肪组织和小肠细胞的内质网中进行。

（二）合成原料

甘油三酯合成的主要原料为甘油-3-磷酸和脂肪酰CoA，少量的2-甘油一酯也参与了脂肪的合成。

（三）合成过程

甘油三酯在人体内的合成过程有两条：一条是甘油二酯途径，另一条是甘油一酯途径。

1. 甘油二酯途径（磷脂酸途径）

该途径是体内脂肪合成的主要途径，发生在肝脏、脂肪组织、乳腺中，主要分为两个阶段：第一阶段是以甘油-3-磷酸和脂酰CoA为原料合成磷脂酸，第二阶段是磷脂酸转变为甘油三酯。

（1）磷脂酸的合成   2分子脂酰CoA依次将其所含的长链脂肪酰基转移到甘油-3-磷酸的C1和C2的羟基上，生成磷脂酸（图8-21）。两种不同的酶即甘油磷酸酰基转移酶和单酰基甘油磷酸酰基转移酶催化这两个酰化步骤。

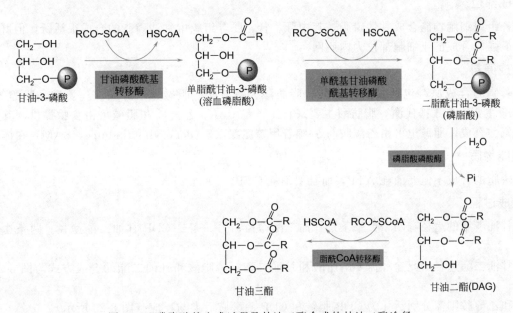

图 8-21   磷脂酸的生成过程及甘油三酯合成的甘油二酯途径

（2）由磷脂酸合成甘油三酯   磷脂酸首先在胞质的磷脂酸磷酸酶的作用下水解掉磷酸基，转化为**甘油二酯**（DAG）。通过脂酰CoA转移酶将酰基从脂酰CoA转移到DAG，最终生成甘油三酯（图8-21）。

2. 甘油一酯途径（肠道途径）

该途径发生在小肠黏膜上皮细胞，是利用食物脂肪合成人体脂肪的途径。在该途径中食物脂肪的不完全消化产物2-甘油一酯在单脂酰甘油酰基转移酶的催化下生成甘油二酯（DAG），然后由二脂酰甘油酰基转移酶催化DAG剩余游离羟基的酰化反应生成甘油三酯（图8-22）。这条途径更简单、更直接，但这条途径不是合成甘油三酯的主要途径。

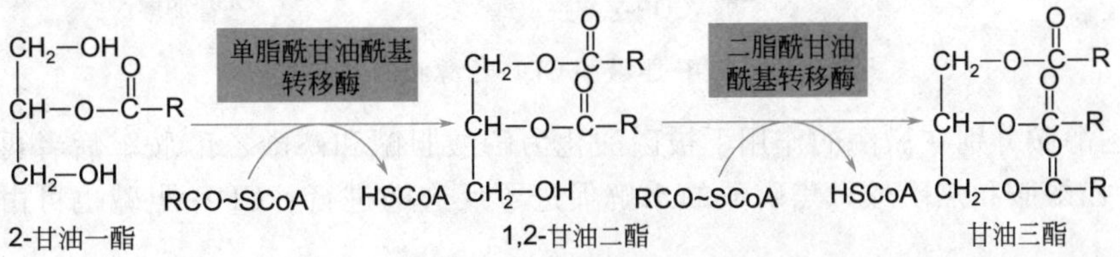

图 8-22   甘油三酯合成的甘油一酯途径

第六节 其他脂质的代谢

类脂包括有磷脂、糖脂、胆固醇及其酯等，本节仅介绍甘油磷脂和胆固醇的代谢。

一、甘油磷脂的代谢

（一）甘油磷脂的合成代谢

1. 合成部位

全身各组织细胞均能合成甘油磷脂，其中肝、肾、肠等组织中甘油磷脂的合成很活跃，但肝脏合成磷脂的能力最强。合成的亚细胞部位为内质网。

2. 合成原料

甘油磷脂的合成原料包括甘油-3-磷酸、脂肪酸、磷酸盐、胆碱、乙醇胺、丝氨酸、肌醇等。其中，甘油-3-磷酸主要来自于糖代谢，脂肪酸主要来自于乙酰 CoA。乙醇胺和胆碱可由食物提供，其中乙醇胺还可由丝氨酸合成，胆碱也可由乙醇胺与 **S-腺苷甲硫氨酸**（S-adenosylmethionine，SAM）在体内合成。

3. 供能物质

甘油磷脂的合成不但要消耗 ATP，而且要消耗 CTP。

4. 合成过程

合成甘油磷脂的途径有两条：一条是甘油二酯途径；另一条是 CDP-甘油二酯途径。两条途径都需要磷脂酸。

（1）甘油二酯途径　此途径需要磷脂酸和甘油二酯，磷脂酸和甘油二酯的合成方式与图 8-21 的合成方式相同。

胆碱和乙醇胺则需分别活化为 CDP-胆碱和 CDP-乙醇胺后参与反应（图 8-23 所示）。

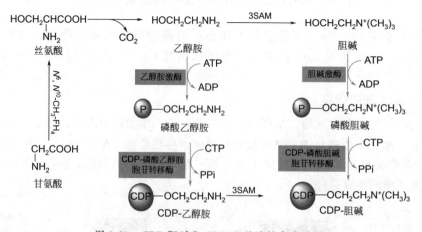

图 8-23　CDP-胆碱和 CDP-乙醇胺的合成过程

首先胆碱和乙醇胺分别在激酶的作用下被磷酸化为磷酸胆碱和磷酸乙醇胺，后者再和 CTP 反应生成 CDP-胆碱、CDP-乙醇胺和焦磷酸，焦磷酸的水解促进了反应的进行。CDP-胆碱也可由 CDP-乙醇胺甲基化后得到。

CDP-胆碱或 CDP-乙醇胺分别在磷酸乙醇胺转移酶或磷酸胆碱转移酶的作用下将其磷酸胆碱或磷酸乙

醇胺转移到甘油二酯上就生成了磷脂酰胆碱或磷脂酰乙醇胺。同时，磷脂酰乙醇胺接受 3 分子 SAM 提供的甲基也可以转变为磷脂酰胆碱。见图 8-24。

（2）CDP-甘油二酯途径　磷脂酰肌醇、磷脂酰丝氨酸和甘油二酯由此途径合成。此途径同样需要磷脂酸参与，磷脂酸和甘油二酯的合成方式与图 8-21 的合成方式相同。在此途径中，磷脂酸与 CTP 在磷脂酸胞苷酰转移酶的作用下，生成 CDP-甘油二酯，后者再分别与肌醇、丝氨酸反应，生成相应的甘油磷脂。如图 8-25 所示。

哺乳动物机体缺乏磷脂酰丝氨酸合酶，故哺乳动物体内的磷脂酰丝氨酸只能由磷脂酰乙醇胺分子中的乙醇胺被丝氨酸置换生成，如图 8-24 所示。

（二）甘油磷脂的分解代谢

许多**磷脂酶**（phospholipase，PL）参与甘油磷脂的降解，这些酶几乎存在于所有组织中，每一种酶作用于磷脂结构中的特定酯键，生成不同的产物。各种磷脂酶在磷脂酰胆碱上的作用位点如图 8-26 所示。

（1）**磷脂酶 A_1**（PLA_1）　催化甘油磷脂第 1 位酯键断裂，产物为脂肪酸和溶血卵磷脂 2。磷脂酶 A_1 主要存在于动物细胞的溶酶体中，蛇毒和某些微生物中也有。

（2）**磷脂酶 A_2**（PLA_2）　催化甘油磷脂第 2 位酯键断裂，产物为脂肪酸（主要为不饱和脂肪酸，如花生四烯酸）和溶血卵磷脂 1。PLA_2 普遍存在于动物组织的细胞膜和线粒体膜中，同时还以酶原的形式存在于动物的胰腺中。急性胰腺炎时，大量的 PLA_2 原在胰腺内激活，就会致胰腺细胞坏死。PLA_2 也大量存在于蛇毒、蜂毒、蝎毒中。

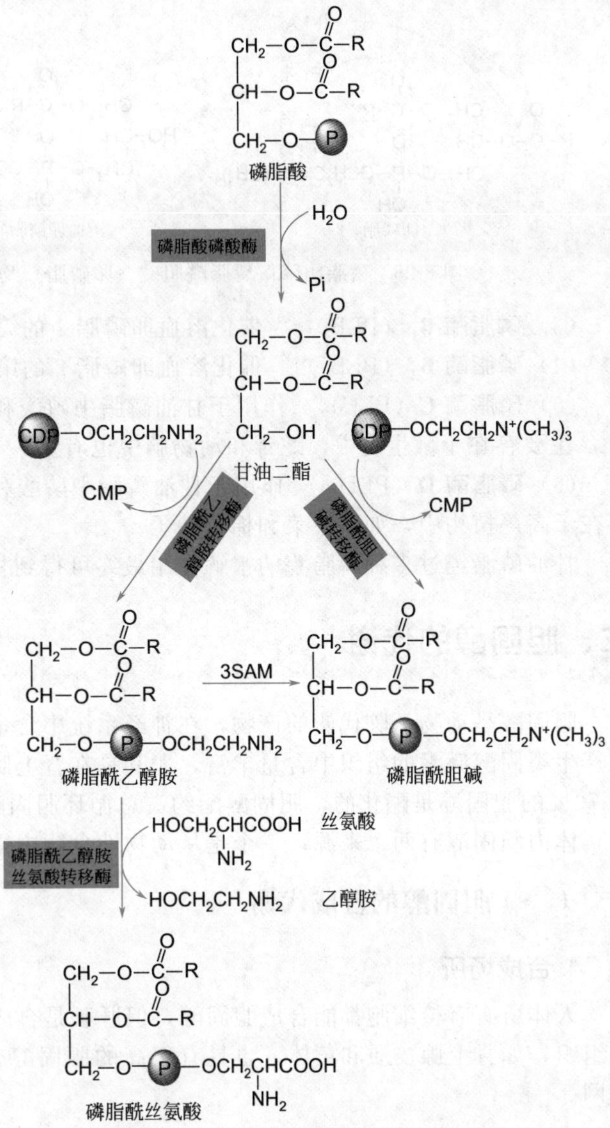

图 8-24　合成甘油磷脂的甘油二酯途径

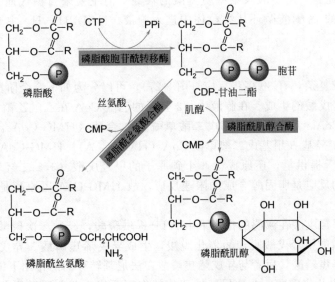

图 8-25　合成甘油磷脂的 CDP-甘油二酯途径

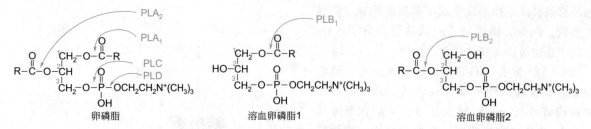

图 8-26　磷脂酶降解磷脂酰胆碱（卵磷脂）及溶血磷脂酰胆碱（溶血卵磷脂）的作用位点

(3) **磷脂酶 B₁**（PLB₁）　催化溶血卵磷脂 1 的第 1 位酯键水解。其在白色念珠菌中较多。

(4) **磷脂酶 B₂**（PLB₂）　催化溶血卵磷脂 2 的第 2 位酯键水解。其在白色念珠菌中较多。

(5) **磷脂酶 C**（PLC）　作用于甘油磷脂中磷酸和甘油之间的酯键，生成磷酸胆碱和甘油二酯分子。PLC 主要存在于微生物中，蛇毒和动物脑中也有。

(6) **磷脂酶 D**（PLD）　作用于甘油磷脂中磷酸和胆碱之间的酯键，生成极性碱和磷脂酸。该酶主要存在于高等植物中，如卷心菜和棉花种子。

甘油磷脂经过多种磷脂酶的水解作用最终可得到甘油、脂肪酸、磷酸、胆碱等含氮化合物。

二、胆固醇的代谢

胆固醇是动物新陈代谢的产物，在神经系统中含量最丰富，大脑大约含有 30g 胆固醇。胆固醇酯在某些产生类固醇激素的组织中含量丰富，尤其是在肾上腺皮质中。胆固醇酯在血浆脂蛋白中也很突出，其中约 70% 的胆固醇是酯化的，胆固醇酯约占总循环胆固醇的 2/3。

体内胆固醇有两个来源，一个是从动物性食物中摄取，另一个是自身合成。

（一）胆固醇的合成代谢

1. 合成场所

人体所有有核细胞都能合成胆固醇，但肝脏是合成胆固醇最主要的器官。一些产生类固醇激素的内分泌组织，如肾上腺皮质和黄体，也具有很高的胆固醇合成率。胆固醇合成的亚细胞部位是胞液及滑面内质网。

2. 合成原料

乙酰 CoA 是胆固醇合成的直接原料。同时还需要由 ATP 分子提供能量、NADPH＋H⁺ 提供氢。

乙酰 CoA 可来自葡萄糖、脂肪酸及某些氨基酸的代谢，但主要来自糖代谢。和脂肪酸的合成一样，乙酰 CoA 需要经过柠檬酸-丙酮酸循环从线粒体中进入胞液。NADPH＋H⁺ 主要由磷酸戊糖途径提供，ATP 主要由糖代谢提供。

3. 合成过程

胆固醇合成过程比较复杂，有 30 多步反应（图 8-27），可以分为如下三个阶段。

(1) 六碳化合物甲羟戊酸的生成　在胞液中，2 分子的乙酰 CoA 在乙酰乙酰 CoA 硫解酶的作用下缩合成 1 分子的乙酰乙酰 CoA，后者在**羟甲基戊二酸单酰 CoA 合酶**（HMG-CoA 合酶）的作用下再结合 1 分子的乙酰 CoA，生成 β-羟基-β-甲基戊二酸单酰 CoA（HMG-CoA）。HMG-CoA 在 HMG-CoA 还原酶的作用下，由 NADPH＋H⁺ 提供氢，还原成含 6 个碳原子的甲羟戊酸（3,5-二羟基-3-甲基戊酸，MVA）。HMG-CoA 还原酶催化的反应是胆固醇合成的限速反应，故 HMG-CoA 还原酶是胆固醇合成过程中的限速酶。

(2) 鲨烯的生成　甲羟戊酸在激酶的作用下由 ATP 提供磷酸，经过 2 次磷酸化作用生成 5-焦磷酸甲羟戊酸，后者经过 5-焦磷酸甲羟戊酸脱羧酶催化脱羧，生成异戊烯焦磷酸。异戊烯焦磷酸在异构酶的作用下转变为二甲基丙烯基焦磷酸，后者与异戊烯焦磷酸在法尼基转移酶的作用下缩合脱掉焦磷酸，生成含 10 个碳原子的中间物牻牛儿焦磷酸，在法尼基转移酶的作用下牻牛儿焦磷酸再与含 5 个碳原子的异戊烯

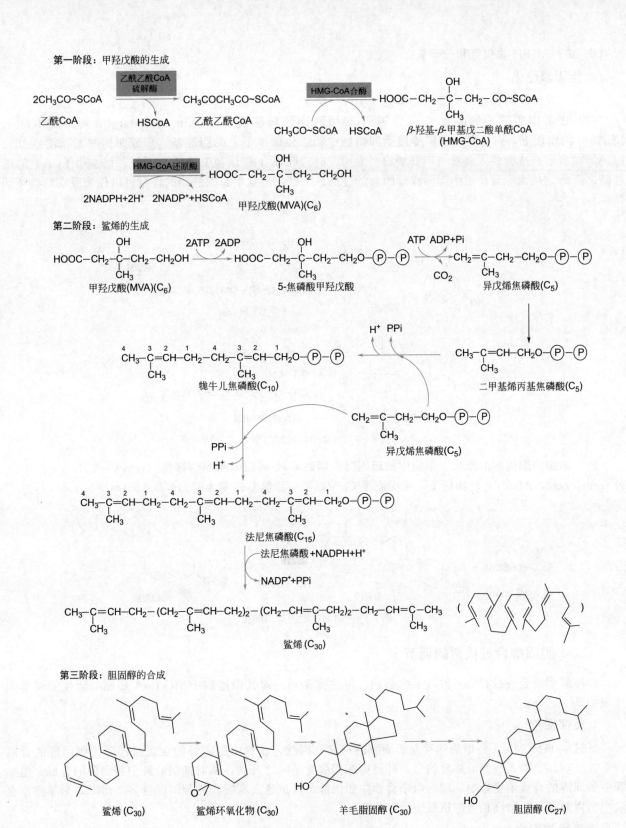

第一阶段：甲羟戊酸的生成

$2CH_3CO\sim SCoA$ 乙酰乙酰CoA硫解酶 $CH_3COCH_3CO\sim SCoA$ HMG-CoA合酶 $HOOC-CH_2-\overset{OH}{\underset{CH_3}{C}}-CH_2-CO\sim SCoA$

乙酰CoA   HSCoA   乙酰乙酰CoA $CH_3CO\sim SCoA$ HSCoA   β-羟基-β-甲基戊二酸单酰CoA（HMG-CoA）

HMG-CoA还原酶 $HOOC-CH_2-\overset{OH}{\underset{CH_3}{C}}-CH_2-CH_2OH$

$2NADPH+2H^+$ $2NADP^++HSCoA$ 甲羟戊酸(MVA)(C_6)

第二阶段：鲨烯的生成

$HOOC-CH_2-\overset{OH}{\underset{CH_3}{C}}-CH_2-CH_2OH$ 2ATP 2ADP $HOOC-CH_2-\overset{OH}{\underset{CH_3}{C}}-CH_2-CH_2O-\textcircled{P}-\textcircled{P}$ ATP ADP+Pi $CH_2=\overset{}{\underset{CH_3}{C}}-CH_2-CH_2O-\textcircled{P}-\textcircled{P}$

甲羟戊酸(MVA)(C_6)   5-焦磷酸甲羟戊酸 CO_2 异戊烯焦磷酸(C_5)

$CH_3-\overset{4}{C}=\overset{3}{CH}-\overset{1}{CH_2}-\overset{}{CH_2}-\overset{3}{C}=\overset{2}{CH}-\overset{1}{CH_2}O-\textcircled{P}-\textcircled{P}$ H^+ PPi $CH_3-\overset{}{\underset{CH_3}{C}}=CH-CH_2O-\textcircled{P}-\textcircled{P}$

牻牛儿焦磷酸(C_{10})   二甲基烯丙基焦磷酸(C_5)

$CH_2=\overset{}{\underset{CH_3}{C}}-CH_2-CH_2O-\textcircled{P}-\textcircled{P}$

异戊烯焦磷酸(C_5)

PPi H^+

$CH_3-\overset{4}{C}=\overset{3}{CH}-\overset{2}{CH_2}-\overset{1}{CH_2}-\overset{4}{C}=\overset{3}{CH}-\overset{2}{CH_2}-\overset{1}{CH_2}-\overset{4}{C}=\overset{3}{CH}-\overset{1}{CH_2}O-\textcircled{P}-\textcircled{P}$

法尼焦磷酸(C_{15})

法尼焦磷酸 +NADPH+H^+

$NADP^++PPi$

$CH_3-\overset{}{\underset{CH_3}{C}}=CH-CH_2-(CH_2-\overset{}{\underset{CH_3}{C}}=CH-CH_2)_2-(CH_2-\overset{}{\underset{CH_3}{C}}=CH-CH_2)_2-CH_2-\overset{}{\underset{CH_3}{C}}=CH-CH_3$

鲨烯(C_{30})

第三阶段：胆固醇的合成

鲨烯 (C_{30})   鲨烯环氧化物 (C_{30})   羊毛脂固醇 (C_{30})   胆固醇 (C_{27})

图 8-27 胆固醇的生物合成过程

焦磷酸缩合成含 15 个碳原子的法尼焦磷酸（FPP）。然后，2 分子的法尼焦磷酸在鲨烯合酶的作用下再缩合成含 30 个碳原子的多烯烃化合物，即鲨烯。

（3）胆固醇的生成 鲨烯结合在胞液中的**固醇载体蛋白**（sterol carrier protein，SCP）上，经内质网鲨烯单加氧酶催化、NADPH＋H^+ 提供氢氧化为鲨烯环氧化物，后者在鲨烯环化酶的催化下生成羊毛脂固醇，羊毛脂固醇再经氧化、还原、脱甲基等 20 步反应合成含 27 个碳原子的胆固醇，这些反应大多需要

NADH 或 NADPH 提供氢和分子氧。

4. 胆固醇酯化

血浆中及细胞内的胆固醇都可以酯化为胆固醇酯。

（1）血浆中胆固醇的酯化　在**卵磷脂-胆固醇脂酰转移酶**（lecithin cholesterol acyl transferase，LCAT）的作用下，血浆中的胆固醇接受卵磷脂中第二位碳原子上的脂酰基，形成胆固醇酯（图 8-28）。LCAT 由肝脏合成分泌入血液，当肝细胞严重病变时，肝脏合成 LCAT 的能力下降，血浆中 LCAT 的活性随之降低，从而导致血浆中胆固醇酯的含量过低。所以，血浆中胆固醇酯的含量可以作为肝功能判断的指标。

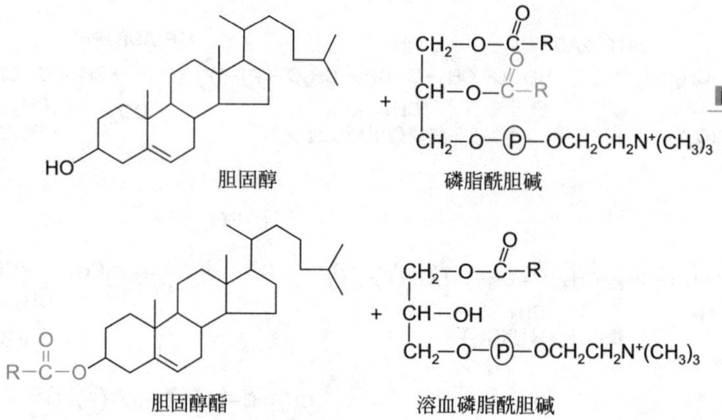

图 8-28　血浆中胆固醇的酯化

（2）细胞中胆固醇的酯化　细胞中的胆固醇在**脂酰 CoA-胆固醇脂酰转移酶**（acyl-CoA-cholesterol ac-yl transferase，ACAT）的作用下，接受脂酰 CoA 提供的脂酰基转变为胆固醇酯（图 8-29）。

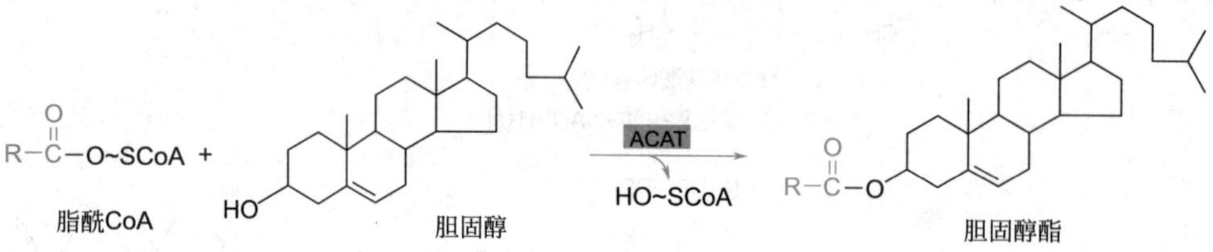

图 8-29　细胞中胆固醇的酯化

（二）胆固醇合成代谢的调节

胆固醇生物合成过程受多种因素的影响，但主要是通过对其限速酶 HMG-CoA 还原酶活性的调节来实现的。

1. 反馈抑制

肝脏中 HMG-CoA 还原酶活性受胆固醇的抑制。因此，饮食中胆固醇的含量对内源性胆固醇的合成有重要影响，当摄入高胆固醇食物后，肝脏中胆固醇含量随之升高，从而抑制肝脏中胆固醇的合成，但小肠中胆固醇的合成不受影响。同时由于食物中胆固醇的含量越高则吸收的胆固醇越多，所以，为了防止血液中胆固醇含量的增高仍然应该低胆固醇膳食。

2. 饥饿与饱食

饥饿时机体合成胆固醇的速率会降低，这是因为一方面此时 HMG-CoA 还原酶的合成减少导致其酶活性降低，另一方面此时合成胆固醇所需的乙酰 CoA、NADPH＋H$^+$、ATP 等原材料均减少。饱食时胆固醇的合成则会加速，因为此时合成胆固醇所需的 HMG-CoA 还原酶、乙酰 CoA、NADPH＋H$^+$、ATP 等物质都比较充足。

动物实验发现，大鼠肝脏合成胆固醇具有昼夜节律性。午夜时合成最高，中午时合成最低。胆固醇合成的周期节律是 HMG-CoA 还原酶活性周期性改变的结果，胆固醇合成速率在昼夜之间可相差 4～5 倍。

3. 激素的调节

HMG-CoA 还原酶可被胞质中依赖 cAMP 的蛋白激酶磷酸化而失活，无活性的 HMG-CoA 还原酶可被胞质中的磷酸化蛋白磷酸二酯酶催化脱掉磷酸基而恢复酶活性。胰高血糖素及糖皮质激素能增加细胞内 cAMP 水平，激活 HMG-CoA 还原酶激酶，从而抑制 HMG-CoA 还原酶的活性，所以胰高血糖素及糖皮质激素能抑制胆固醇的合成。相反，胰岛素可促进 HMG-CoA 还原酶的去磷酸化，从而促进活性（去磷酸化）酶的形成，导致胆固醇生物合成速率的增加。甲状腺素能诱导 HMG-CoA 还原酶的合成，从而促进胆固醇的合成；此外，甲状腺素同时促进胆固醇转变为胆汁酸，而且此作用强于前者，故甲状腺素总的作用是降低血液中胆固醇的含量，当甲状腺功能亢进时，患者血清胆固醇含量反而下降。

（三）胆固醇在体内的转化和排泄

胆固醇在体内不能被彻底氧化分解为 CO_2 和 H_2O，并释放能量。但胆固醇可以转变为多种具有重要生理作用的活性物质（图 8-30）。

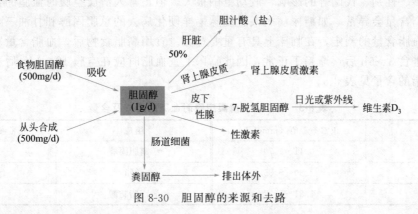

图 8-30　胆固醇的来源和去路

1. 转变为胆汁酸

胆固醇可在肝脏中 7α-羟化酶的作用下羟化为 7α-羟胆固醇，后者经多步反应转变为胆汁酸。这是胆固醇的主要去路，胆汁酸随胆汁进入肠道，协助脂类物质的消化吸收。7α-羟化酶是胆汁酸合成过程的限速酶，胆汁酸可反馈抑制该酶的活性。

2. 转变为类固醇激素

胆固醇在肾上腺皮质可以转变成肾上腺皮质激素；在性腺可以转变为性激素，如在睾丸可转变为雄性激素睾酮、在卵巢可转变为雌性激素雌二醇、在黄体可转变为孕激素孕酮。

3. 转变为 7-脱氢胆固醇

胆固醇在皮下可转变为 7-脱氢胆固醇，后者经日光或紫外线照射可转变为维生素 D_3。维生素 D_3 可促进机体对钙、磷的吸收及重吸收，有利于骨骼及牙齿的生成。

还有一部分胆固醇也可直接随胆汁进入肠道，在肠道经过肠道细菌还原为粪固醇后排出体外。

> **知识链接**

Konrad Emil Bloch（1912—2000）是德国生物化学家，1936 年加入美国国籍，1964 年诺贝尔生理学或医学奖得主。1942 年，他通过同位素碳 14 示踪实验证明胆固醇由乙酸的乙酰基合成，同时发现胆固醇是人体所有细胞的重要组成部分，并且在体内可以转变为部分激素。1953 年，他发现从乙酸转变为胆固醇需要 36 个独立反应，其中一个反应涉及鲨烯（大量存在于鲨鱼的肝脏中）的生成。于是，他给鲨鱼和大鼠的肝脏大量注射放射性乙酸，结果发现鲨烯含 30 个碳原子，是胆固醇合成的中间体，并进一步弄清楚了胆固醇合成的所有步骤。正是因为这一发现，Konrad Emil Bloch 和 Feodor Lynen 共同获得了 1964 年诺贝尔生理学或医学奖。

第七节　血浆脂蛋白的代谢

一、血脂

（一）血脂的成分及含量

血浆中的脂类统称为血脂，包括甘油三酯、磷脂、胆固醇、胆固醇酯和游离脂肪酸等。血脂的含量受膳食、运动、年龄、性别、代谢等的影响，波动范围很大，但正常人清晨空腹时血脂的含量相对恒定。某些疾病状态时血脂含量会异常，如糖尿病病人、动脉粥样硬化病人的总胆固醇和甘油三酯的浓度一般都明显升高。因此，血脂含量的测定，在临床上具有重要意义。食用高脂食物后，血脂含量短时间内会大幅度上升，但通常在进食3～6h后逐渐趋于正常，因此临床上查血脂时应在空腹12～14h后进行采血。正常成人清晨空腹时血脂的含量见表8-3。

表8-3　正常成人清晨空腹时血脂的组成及含量

组成	正常参考值/（mmol/L）	组成	正常参考值/（mmol/L）
甘油三酯	0.11～1.79	游离胆固醇	1.03～1.81
总胆固醇	2.80～5.85	磷脂	48.44～80.73
胆固醇酯	1.81～5.17	游离脂肪酸	0.50～0.70

血脂的含量和机体所含脂类的总量相比，只占其中的小部分，但由于血脂可以随血液运往全身各组织细胞，所以血脂的含量可以反映体内脂代谢的情况。

（二）血脂的来源和去路

血脂含量的相对稳定主要是由于血脂的来源和去路处于动态平衡之中。其中，血脂的来源主要是食物中脂类的消化吸收，储脂动员和糖、蛋白质等的转变也可以提供血脂；血脂的主要去路是氧化分解提供能量，其次血脂还可以储存于脂肪组织、参与生物膜的构成及转化为生物活性物质等。

二、血浆脂蛋白的组成

（一）概述

血脂大部分不溶于水，其在血液中以辅基的形式与蛋白质结合成溶于水的脂蛋白。其中，游离脂肪酸在血液中与清蛋白结合，以8～9个游离脂肪酸分子与1分子清蛋白结合的比例运输。甘油三酯、胆固醇及其酯、磷脂在血液中以不同比例与特定的**载脂蛋白**（apolipoprotein，Apo）结合成**血浆脂蛋白**（plasma lipoprotein），以血浆脂蛋白的形式存在和运输。

（二）载脂蛋白

每种血浆脂蛋白都含有一种或多种载脂蛋白，但多以某一种为主。现已从血浆中分离出20多种载脂蛋白，主要有A、B、C、D、E五类，其中某些类载脂蛋白由于氨基酸组成的差异，又可分为很多亚类。比如Apo A可分为Apo A I、Apo A II 和 Apo A IV；Apo B可分为Apo B48 和 Apo B100；Apo C可分为Apo C I、Apo C II、Apo C III等。载脂蛋白主要由肝脏产生。临床上最重要的载脂蛋白是 Apo AI、Apo

B48、Apo B100、Apo C II、Apo E 和 Apo a。部分载脂蛋白的生理功能见表 8-4。

表 8-4　部分载脂蛋白的生理功能

载脂蛋白	生理功能
Apo A I	高密度脂蛋白（HDL）的主要蛋白质，激活 LCAT，识别 HDL 受体
Apo A II	主要存在于 HDL 中，增强肝脂肪酶活性
Apo A IV	辅助激活脂蛋白脂肪酶（LPL）
Apo B100	极低密度脂蛋白（VLDL）和中密度脂蛋白（IDL）的结构蛋白；低密度脂蛋白（LDL）唯一的载脂蛋白；识别 LDL 受体，调节组织对 LDL 颗粒的吸收；人类最长的蛋白质之一
Apo B48	乳糜微粒的结构蛋白；来源于肠上皮 Apo B100 基因的 RNA 编辑；缺乏 Apo B100 的 LDL 受体结合域
Apo C I	激活 LCAT；容易在不同的 Apo C II 类之间转移激活脂蛋白脂肪酶
Apo C II	激活 LPL
Apo C III	抑制 LPL，抑制肝 Apo E 受体
Apo D	促进胆固醇和胆固醇酯的转移
Apo E	识别 LDL 受体和 Apo E 受体；介导肝脏对乳糜微粒残体和 IDL 的摄取；富含精氨酸残基

三、血浆脂蛋白的结构

各类血浆脂蛋白的结构大致相似，呈球形，以小泡或微粒形式存在于血浆中。这些脂蛋白由外部亲水区域和内部疏水核心组成。外周层由两亲分子（载脂蛋白、磷脂和游离胆固醇）组成。血浆脂蛋白内部是疏水性的，含有甘油三酯和胆固醇酯。载脂蛋白、磷脂及胆固醇的疏水端通过非共价键和内核的甘油三酯、胆固醇酯相连。所以，血浆脂蛋白属于水溶性的，其结构如图 8-31 所示。

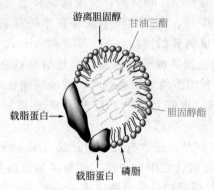

图 8-31　血浆脂蛋白结构示意图

四、血浆脂蛋白的分类及其分离方法

存在几种不同种类的血浆脂蛋白，每一种都由其特有的脂质和蛋白质组成。常用的分类或分离方法有两种：电泳法和超高速离心法。不管是电泳法还是超高速离心法，都将血浆脂蛋白分为四种类型。

（一）电泳法

不同血浆脂蛋白含有不同种类的载脂蛋白，并且所含载脂蛋白的比例也不同，因此不同血浆脂蛋白表面电荷的种类和数量不同，并且颗粒半径大小也有差异，故在电场中的迁移行为不同，可以利用电泳的方法对血浆脂蛋白进行分离、分类。经电泳分离后，用脂类染色剂染色血浆脂蛋白，出现四个染色区带，即电泳法将血浆脂蛋白分为四种类型，从正极到负极依次为 **α-脂蛋白**（α-LP）、**前 β-脂蛋白**（pre β-LP）、**β-脂蛋白**（β-LP）、**乳糜微粒**（chylomicron，CM）（图 8-32）。

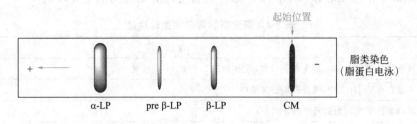

图 8-32　血浆脂蛋白电泳简图

（二）超高速离心法

随着脂蛋白中性脂质含量的增加，其直径增大、密度降低，故可以利用超高速离心法对血浆脂蛋白进行分离或分类。超高速离心法是将血浆脂蛋白染色后置于一定浓度梯度的盐溶液中超高速离心，其会根据密度的不同悬浮在离心管中的不同高度，密度大的下沉，密度小的上浮，这样，血浆脂蛋白又被分成四种类型。按密度由高到低依次为**高密度脂蛋白**（high density lipoprotein，HDL）、**低密度脂蛋白**（low density lipoprotein，LDL）、**极低密度脂蛋白**（very low density lipoprotein，VLDL）、**乳糜微粒**（chylomicron，CM）。

五、血浆脂蛋白的来源及功能

（一）乳糜微粒（CM）

食物中的脂肪在小肠消化得到的甘油和脂肪酸，被小肠黏膜上皮细胞吸收后重新酯化为甘油三酯，后者连同消化或吸收来的胆固醇、磷脂、脂溶性维生素等在小肠黏膜上皮细胞滑面型内质网和高尔基体中组装，并与来自粗面内质网合成的载脂蛋白（Apo B48 和 Apo A）合并，这样形成的微粒称为初生乳糜微粒，这些初生乳糜微粒被胞吐到肠绒毛的乳糜管，然后从这些淋巴管（即乳糜管）通过胸导管进入血液循环。当乳糜微粒通过各种组织的毛细血管时，甘油三酯在内皮细胞上的**脂蛋白脂肪酶**（lipoprotein lipase，LPL）的作用下水解。水解释放的脂肪酸和单酰基甘油直接扩散到组织中进行代谢或储存。

CM 由小肠黏膜上皮细胞合成，其特点是含有大量的甘油三酯（约占 80%～95%），蛋白质含量很少（仅占 0.8%～2.5%）。其主要功能是将饮食中的甘油三酯输送到骨骼肌和脂肪组织，将饮食中的胆固醇输送到肝脏。正常人 CM 在血浆中代谢迅速，半衰期仅为 5～15min，一般情况下，空腹 12～14h 后血浆中不含乳糜微粒。进食大量脂肪后血浆中 CM 含量增高，血浆呈混浊状，这只是暂时的，数小时后便会澄清，所以临床查血脂要求被检查者清晨空腹。

（二）极低密度脂蛋白（VLDL）

VLDL 的主要成分也是甘油三酯（约占 50%～70%），但磷脂和胆固醇的含量比 CM 多，是转运内源性甘油三酯的主要形式。VLDL 由肝细胞合成，其合成过程与新生乳糜微粒的合成过程类似。肝细胞主要利用糖或者利用脂肪动员产生的甘油和脂肪酸等先合成甘油三酯，再与磷脂、胆固醇及其酯和载脂蛋白 Apo B100 和 Apo E 等合成 VLDL，然后把 VLDL 释放入血液。VLDL 在血浆中代谢可形成**中密度脂蛋白**（IDL），50% IDL 继续代谢转变成 LDL 颗粒，50% IDL 被肝细胞摄取。

当 CM 和 VLDL 随血液经过脂肪组织、肝、肌肉等毛细血管时，经管壁的脂蛋白脂肪酶作用，使其中的甘油三酯水解为脂肪酸和甘油，这些水解产物大部分进入细胞，被氧化或重新合成甘油三酯而储存。这种作用进行得很快，所以正常人空腹时血浆中几乎检不出 CM，VLDL 的含量也较低。VLDL 在血液中停留 15～60min。血清中 VLDL 的半衰期为 1～3h。

（三）低密度脂蛋白（LDL）

大部分低密度脂蛋白来源于 VLDL 和 IDL，但少量直接从肠道释放。在从 VLDL 形成的过程中，Apo B100 是 LDL 中唯一保留的载脂蛋白。大部分的甘油三酯在转化过程中也会丢失，因此 LDL 颗粒含有相对高浓度的胆固醇和胆固醇酯。Apo B100 是 LDL 受体的配体。

LDL 是正常人空腹时血浆中的主要脂蛋白，占血浆脂蛋白总量的 2/3 左右。在 LDL 中，由于甘油三酯已被水解掉一部分、含量较少，导致胆固醇和磷脂的含量相对较高（胆固醇约占 40%～50%，磷脂约占 20%～35%），因此 LDL 的主要功能是转运胆固醇。在肝脏、动脉壁细胞及全身各组织细胞表面均存在 LDL 受体，LDL 经 LDL 受体介导进入细胞内代谢产生游离胆固醇。血浆中有 1/3 的 LDL 可直接被吞噬细胞吞噬。被吞噬的 LDL 在溶酶体酶的作用下将胆固醇酯水解为胆固醇和脂肪酸，然后将胆固醇和脂肪酸释放出来。其中，游离胆固醇可以直接用作细胞膜的组成部分，脂肪酸可以参与前面讨论过的任何分解代谢或合成代谢。LDL 在血浆中的半衰期为 2～4d。

胆固醇含量高的 LDL 颗粒（约 75% 的血清胆固醇包含在低密度脂蛋白中）负责将胆固醇从肝脏运输到周围组织，血清 LDL 浓度升高与心血管疾病呈正相关。因此，低密度脂蛋白胆固醇有致命的危险，通常被称为"坏胆固醇"。

（四）高密度脂蛋白（HDL）

HDL 主要由肝细胞合成，其次为小肠黏膜上皮细胞，含蛋白质最多（约占 40%～55%），脂类中主要为胆固醇及其酯（约占 15%～18%）和磷脂（约占 20%～35%）。正常成人血浆中 HDL 含量约占脂蛋白总量的 1/3。HDL 颗粒被称为"清道夫"，因为它们的主要作用是将肝外组织的游离胆固醇转运进肝脏，进而将其转变为胆汁酸而排出，起到清除胆固醇的作用。由于组织中胆固醇的积累与动脉粥样硬化的发展密切相关，血清中 HDL 的水平与心肌梗死的发生率呈负相关。因此，HDL 在本质上具有心脏保护或抗动脉粥样硬化的作用，被称为"好胆固醇"。HDL 在血浆中的半衰期为 5d。

以上四种血浆脂蛋白都或多或少含有磷脂，故磷脂是血浆脂蛋白必不可少的组成部分。血浆脂蛋白的分类、性质、组成及生理功能见表 8-5。

表 8-5　血浆脂蛋白的分类、性质、组成及生理功能

分类	超高速离心法	乳糜微粒	VLDL	LDL	HDL
	电泳法	乳糜微粒	前 β-脂蛋白	β-脂蛋白	α-脂蛋白
性质	质量/kDa	400000	10000～80000	2300	175～360
	密度/(g/cm³)	<0.95	0.95～1.006	1.018～1.063	1.063～1.210
	颗粒直径/Å	1000～10000	300～700	150～250	75～100
	载脂蛋白	A,B,C,E	B,C,E	B	A,C,D,E
组成（干重）/%	载脂蛋白	1.5～2.5	5～10	20～25	40～55
	脂类总量	97.5～98.5	90～95	75～80	45～60
	磷脂	5～7	15	20～35	20～35
	甘油三酯	80～95	50～70	7～10	3～5
	胆固醇	1～4	15	40～50	15～18
合成部位		小肠黏膜细胞	肝细胞	血浆	肝、小肠黏膜
血浆含量/%		难以检出	很少	61～70	30～40
主要生理功能		转运外源性甘油三酯到全身	转运内源性甘油三酯到全身	将胆固醇由肝内转运到肝外	将胆固醇由肝外转运到肝内代谢

六、脂质代谢紊乱

（一）高脂血症

血浆中的脂类含量超过正常值的上限称作**高脂血症**（hyperlipidemia），即高脂蛋白血症。高脂血症是由血浆中血浆脂蛋白的合成与清除平衡紊乱所致。1970 年世界卫生组织（WHO）建议，将高脂血症分为六型（表 8-6），其基于禁食 14h 后血浆中乳糜微粒、VLDL、LDL、HDL、胆固醇和甘油三酯的水平进行分类。这些类型不是疾病，而是在各种情况下出现的表型，如载脂蛋白、受体或酶缺陷。除Ⅰ型外，其余均与动脉粥样硬化性血管疾病相关。

表 8-6　高脂蛋白血症各表型及病因

类型	名称	异常脂蛋白	血脂		发病率	病因
			甘油三酯	胆固醇		
Ⅰ	高乳糜微粒血症	CM	↑↑	↑	少见	遗传性 LPL 或 Apo CⅡ 缺乏症，全身性红斑狼疮，或不明
Ⅱa	a 型高胆固醇血症	LDL、VLDL（Ⅱa）	正常	↑↑	常见	遗传性高胆固醇血症
Ⅱb	b 型高胆固醇血症	LDL、VLDL（Ⅱb）	↑↑	↑↑	常见	肥胖，不良的饮食习惯，甲状腺功能低下，糖尿病，肾病综合征
Ⅲ	异常 β-脂蛋白血症	CM 及 VLDL 残留	↑	↑	少见	Apo E2 异常（不与肝载脂蛋白 E 受体结合），结合不良饮食习惯
Ⅳ	高甘油三酯血症	VLDL	↑↑		常见	糖尿病，肥胖，酗酒，不良的饮食习惯
Ⅴ	家族性 V 型高脂蛋白血症	CM、VLDL	↑↑	↑	少见	肥胖，糖尿病，酗酒，口服避孕药

引起高脂血症的原因很多，如高甘油三酯膳食、高糖膳食、高胆固醇膳食、少运动等都可引起高脂血症。控制饮食、多运动和用降脂药都可降低血浆中甘油三酯和胆固醇的含量。

除上述原因外，高脂蛋白血症的其他原因如下：

（1）家族性合并高脂蛋白血症　在这种情况下，一个主要的遗传基因增加了 Apo B100 的合成。

（2）家族性 LCAT 酶缺陷　LCAT 酶缺陷导致血浆胆固醇不能被酯化，因此游离胆固醇与胆固醇酯的比例在所有种类的脂蛋白中都大大增加。

（3）胆固醇酯转移蛋白（CETP）缺陷　CETP 缺陷者初期胆固醇的逆向转运降低，导致其高密度脂蛋白胆固醇含量升高约 4 倍。血液循环中的高密度脂蛋白颗粒过大，含有大量的胆固醇酯，但只有少量的甘油三酯。

（4）溶酶体中的肝脂肪酶或胆固醇酯水解酶缺陷　溶酶体中的肝脂肪酶或胆固醇酯水解酶缺陷导致血液中 VLDL 水平升高。

（5）过多的 LP(a)　常引起早发性冠心病（CHD）。

（二）脂肪肝

肝脏是脂类合成的主要场所，肝脏合成的脂类必须以脂蛋白的形式被转运出肝脏。正常肝脏含脂类约 4%，其中 1/4 为脂肪。当肝脏脂肪含量超过 10% 时，称为**脂肪肝**（fatty liver）。引起脂肪肝的原因很多，其中与脂代谢有关的有以下几点：①肝内甘油三酯的合成过多，如长期高脂肪高糖膳食；②甘油三酯如

VLDL 的输出受损，导致肝内脂肪不能正常运出；③合成磷脂的原料不足，特别是胆碱或胆碱合成的原料（如甲硫氨酸）缺乏或缺乏必需脂肪酸时，导致合成 VLDL 所需的磷脂不足，从而影响肝内脂肪的运出；④载脂蛋白的合成受阻，导致 VLDL 的合成受阻，使肝脏中的甘油三酯不能运出去。所以，临床上经常用磷脂及其合成原料（丝氨酸、胆碱、甲硫氨酸、肌醇、乙醇胺等）以及有关辅助因子（叶酸、维生素 B_{12}、ATP、CTP 等）治疗脂肪肝。

第八节　脂质代谢在医药研究中的应用

一、脂质药物

（一）脂质药物概述

脂质是脂肪、类脂及其衍生物的总称。其中具有特定生理、药理效应的脂质称为脂质药物。脂质药物一般具有脂溶性，微溶或不溶于水，易溶于有机溶剂。脂质药物具有广阔的应用前景。

1. 脂质药物的分类

按照化学结构的不同将脂质药物分为以下六种类型：①脂肪酸类，如亚油酸、亚麻酸、DHA（二十二碳六烯酸）、EPA（二十碳五烯酸）等；②磷脂类，如卵磷脂、脑磷脂等；③糖苷脂类，如神经节苷脂等；④萜式脂类，如鲨烯等；⑤固醇及类固醇类，如胆固醇、麦角固醇等；⑥其他，如胆红素、人工牛黄、人工熊胆等。

2. 脂质药物的临床应用

脂质药物的临床应用表现在以下几个方面。

（1）磷脂类药物的临床应用　该类药物主要有卵磷脂和脑磷脂，二者都有增强神经组织及调节高级神经活动的作用，又是血浆脂肪良好的乳化剂，有促进胆固醇及脂肪运输作用，临床上用于治疗神经衰弱及防止动脉粥样硬化等。

（2）色素类药物的临床应用　色素类药物有胆红素、胆绿素、血红素、原卟啉、血卟啉及其衍生物。如胆红素是人工牛黄的重要成分。

（3）不饱和脂肪酸的临床应用　该类药物包括前列腺素、亚油酸、亚麻酸、花生四烯酸及二十碳五烯酸等，常被用来治疗或预防冠状动脉心脏病、高血压和炎症（如风湿性关节炎）等疾病。

（4）胆酸类药物的临床应用　不同的胆酸有不同药理效应及临床应用。如胆酸钠用于治疗胆囊炎、胆汁缺乏症及消化不良等；鹅脱氧胆酸及熊脱氧胆酸均具有溶解胆石的作用，用于治疗胆石症；熊脱氧胆酸还可用于治疗高血压，急性及慢性肝炎、肝硬化及肝中毒等。

（5）固醇类药物的临床应用　该类药物包括胆固醇、麦角固醇以及谷固醇等。如胆固醇是合成人工牛黄、多种固醇类激素及胆酸的原料，麦角固醇是机体维生素 D_2 的原料，谷固醇具有调节血脂、抗炎、解热、抗肿瘤及免疫调节功能。

（二）脂质药物的制备

脂质药物的制备过程也包含获取、分离及精制等阶段，但其具体过程不同于蛋白类药物和糖类药物。

1. 脂质药物的获取

脂质药物可通过以下几种方法获得。

（1）直接抽提法 以游离形式存在的脂质药物，如卵磷脂、脑磷脂、亚油酸、花生四烯酸及前列腺素等，可根据其溶解性的不同采用相应溶剂系统直接抽提出粗品，然后经分离纯化得到精品。

（2）水解法 在体内有些脂质药物与其他成分构成复合物，含这些成分的组织需经水解或适当处理后再水解，然后分离纯化。

（3）化学合成或半合成法 来源于生物的某些脂质药物可以用相应有机化合物或来源于生物体的某些成分为原料，采用化学合成或半合成法制备。

（4）生物转化法 微生物发酵、动植物细胞培养及酶工程技术可统称为生物转化法，来源于生物体的多种脂质药物亦可采用生物转化法生产。如可利用微生物发酵法或烟草细胞培养法生产辅酶 Q_{10}。

2. 脂质药物的分离

通常用溶解度法及吸附法分离脂质药物。

（1）溶解度法 它是依据脂质药物在不同溶剂中溶解度的差异进行分离的方法。如游离胆红素在酸性条件下可溶于氯仿及二氯甲烷，卵磷脂溶于乙醇而不溶于丙酮，脑磷脂溶于乙醚而不溶于丙酮和乙醇。

（2）吸附法 吸附法是根据吸附剂对各种成分吸附力的差异进行分离。

3. 脂质药物的精制

经分离后的脂质药物中常有微量杂质，常用结晶法、重结晶法及有机溶剂沉淀法精制脂质药物。如用层析法分离的前列腺素 E_2（PGE_2）需经醋酸-己烷结晶。

二、脂质代谢作为药物靶点

临床应用的多种降血脂药物和抗炎药物都是作用于脂质代谢途径的，如降血脂药物大多是以脂质合成代谢的酶为靶点的。

（一）脂质合成代谢的酶可作为药物靶点

1. HMG-CoA 还原酶可作为降脂药物靶点

HMG-CoA 还原酶的竞争性抑制剂是治疗原发性高胆固醇血症最常见的药物。它们通过抑制 HMG-CoA 还原酶的活性减少内源性胆固醇的合成，从而引起血液中 LDL 胆固醇含量降低，同时也会导致 LDL 受体合成的增加，从而进一步降低血液中胆固醇的水平。这类药物中比较老牌的是**洛伐他汀**（lovastatin）和**美伐他汀**（mevastatin）；较新的药物有**普伐他汀**（pravastatin）、**辛伐他汀**（simvastatin）、**氟伐他汀**（fluvastatin）等。

2. 鲨烯合酶可作为降脂药物靶点

鲨烯合酶在体内胆固醇生物合成过程中可以催化两分子法尼焦磷酸还原并聚合为鲨烯。因此，抑制鲨烯合酶的活性，可有效阻止胆固醇的合成，从而降低血胆固醇水平。如**拉帕司他**（lapaquistat，TAK-475）就是通过抑制鲨烯合酶的活性来抑制胆固醇的合成，目前已经处于Ⅲ期临床试验阶段，有望不久上市。

3. 鲨烯单加氧酶可作为降脂药物靶点

在胆固醇生物合成过程中，鲨烯单加氧酶可将鲨烯末端的双键环氧化，生成鲨烯环氧化物。因此抑制鲨烯单加氧酶的活性，可抑制胆固醇的生物合成。而且鲨烯单加氧酶与鲨烯合酶相似，处于胆固醇合成途径的后半部分，抑制该酶不会产生明显的不良反应。因此，鲨烯单加氧酶是降胆固醇药物的良好靶点。如 FR-194738 就是一种鲨烯单加氧酶抑制剂。

4. 鲨烯环化酶可作为降脂药物靶点

鲨烯环化酶又称羊毛脂固醇合成酶，在胆固醇生物合成过程中，它催化鲨烯环氧化物转化为羊毛脂固醇。近年来，以鲨烯环化酶为靶标设计新型抗胆固醇药物已受到人们的青睐，因为这可避免使用其他种类酶抑制剂所带来的不良反应。如 Ro 48-8071 可抑制人类鲨烯环化酶的活性。

（二）脂质分解代谢的酶可作为药物靶点

脂质的分解代谢过程也可作为药物的靶点，如胆汁酸螯合剂、纤维酸类、烟酸等均以脂质的分解代谢为靶点。

1. 胆汁酸螯合剂

这类药物在肠腔内可结合胆汁酸形成稳定的不可吸收的络合物，阻碍胆汁酸的重吸收和肠肝循环，使胆汁盐通过粪便排出体外。此时，胆汁酸盐对 7α-羟化酶的反馈抑制作用也被释放出来，使胆固醇转化为胆汁酸盐的速度加快，导致胆固醇库的耗竭，从而使肝脏 LDL 受体上调和血浆中 LDL 水平的降低。临床常用药物有降胆宁（考来替泊）、消胆胺（考来烯胺）、降胆葡胺等。

2. 纤维酸类

这类药物是治疗原发性高甘油三酯血症或合并高脂血症最常用的药物，常见的有**氯贝丁酯**（clofibrate）、**非诺贝特**（fenofibrate）和**吉非贝齐**（gemfibrozil）。它们通过激活脂蛋白脂肪酶来降低血清甘油三酯、总胆固醇和低密度脂蛋白胆固醇，在某些情况下还会增加高密度脂蛋白胆固醇。

3. 烟酸

烟酸通过抑制腺苷酸环化酶的活性降低细胞内环化腺苷酸（cAMP）的含量，cAMP 的缺乏又导致催化激素敏感脂肪酶激活的蛋白激酶 A 的活性不足，从而阻碍了脂肪动员，减少了游离脂肪酸的释放，因此大剂量的烟酸可降低血清甘油三酯、胆固醇和 LDL 的水平。

（三）脂质代谢的相关受体可作为药物靶点

1. 核受体肝 X 受体

核受体肝 X 受体（nuclear receptor liver X receptor，LXR）作为一种胆固醇传感器，通过上调与胆固醇反向运输、胆固醇转化为胆汁酸和肠道胆固醇相关的靶基因［如磷脂转运蛋白、载脂蛋白（Apo）E/CⅠ/CⅡ/CⅣ等］来降低胆固醇水平。其可被 LXR 和 RXR 激动剂（如 22-羟基胆固醇、9-顺式视黄酸）激活。已有研究表明，高密度脂蛋白基因 T39 促进了 LXR 的泛素化和降解；T39 缺乏可稳定 LXR，从而减少动脉粥样硬化和脂肪肝。因此 LXR 有望作为预防和治疗高胆固醇血症和动脉粥样硬化的靶点。

2. LDL 受体

LDL 受体可介导血液中 LDL 进入细胞内，从而降低血液中胆固醇的水平。所以 LDL 受体可作为降胆固醇药物的靶点。如他汀类药物通过抑制 HMG-CoA 还原酶的活性减少了内源性胆固醇的合成，引起血液中 LDL 胆固醇含量降低，导致 LDL 受体合成的增加，从而进一步降低血液中胆固醇的水平。

（四）胆固醇酯转运蛋白（CETP）可作为潜在药物靶点

在 HDL 运输胆固醇和胆固醇酯的过程中，CETP 可影响成熟 HDL 疏水核心的胆固醇酯与 VLDL 中的甘油三酯之间的交换，即促进胆固醇酯从 HDL 转运至 VLDL，同时将 VLDL 中的甘油三酯转运至 HDL。因此，胆固醇酯转运蛋白（CETP）理论上可作为药物靶点。目前，共 Torcetrapib、Dalcetrapib、Evacetrapib 和 Anacetrapib 这 4 种 CETP 抑制剂完成了Ⅲ期临床试验，但最终都没能上市。

拓展学习

本书编者已收集整理了一系列与脂质相关的经典科研文献、参考书等拓展性学习资料，请扫描右侧二维码进行阅读学习。

思考题

1. 描述含 16 个碳原子的饱和脂肪酸的 β-氧化过程及其产生的 ATP 个数。

2. 描述酮体的合成及氧化过程，并讨论酮体生成过程的调控。

3. 描述脂肪酸进入线粒体和乙酰辅酶 A 进入细胞质的穿梭系统。

4. 描述磷脂的功能和代谢。

5. 详细描述脂肪酸从头合成的途径及其调控。

6. 甘油三酯和甘油磷脂是如何合成的？

7. 描述胆固醇的合成及其调节。解释血浆胆固醇水平评估的重要性。

8. 为什么血清胆固醇水平取决于 LDL 受体的活性？讨论胆固醇在动脉粥样硬化中的作用，并描述降胆固醇药物的作用机制。

9. 比较激素敏感脂肪酶与脂蛋白脂肪酶。

参考文献

[1] Dinesh Puri. Textbook of medical biochemistry. Third Edition. India：Elsevier，a division of Reed Elsevier India Private Limited，2011.

[2] Antonio Blanco，Gustavo Blanco. Medical biochemistry. London：Academic Press is an imprint of Elsevier，2017.

[3] Jeremy M Berg，John L Tymoczko，Gregory J Gatto，Jr Lubert Stryer. Biochemistry. New York：W H Freeman and Company，2015.

[4] Neale D Ridgway，Roger S McLeod. Biochemistry of Lipids，Lipoproteins and Membranes. Sixth Edition. Amsterdam：Elsevier，2016.

[5] 王镜岩. 生物化学. 3 版. 北京：高等教育出版社，2007.

[6] Wierzbicki A S，Hardman T C，Viljoen A. New lipid-lowering drugs：an update. Int J Clin Pract，2012，66（3）：270-280.

[7] Anthony S Wierzbicki，Timothy M Reynolds，Adie Viljoen. An update on trials of novel lipid-lowering drugs. Curr Opin Cardiol，2018，33（4）：416-422.

[8] Guo Shuyuan，Li Luxiao，Yin Huiyong. Cholesterol Homeostasis and Liver X Receptor（LXR）in Atherosclerosis. Cardiovascular & Haematological Disorders-Drug Targets，2018，18：27-33.

（刘冰花）

第九章

氨基酸代谢

学习目标

1.掌握：蛋白质在胞内降解的不同方式与特征，氨基酸的联合脱氨反应过程，氨的代谢及尿素循环反应途径与重要特点，一碳单位的定义及其重要生理意义。氨同化的不同方式，天然蛋白氨基酸的生物合成途径（家族）与调节机制。

2.熟悉：食物蛋白质的消化吸收方式，氨基酸分解代谢的一般过程，氨基酸脱氨后碳骨架的代谢去路，氨基酸脱羧与生物活性物质的生成。氮循环和固氮反应对生物界的重要意义，由氨基酸衍生的重要生物活性分子及其具体生理功能，氨基酸类药物在医学领域的应用。

3.了解：食物蛋白质在体内的腐败过程，固氮酶的结构及催化机制，氨基酸生物合成反应过程。

氨基酸的重要生理功能之一是作为肽（包括寡肽、多肽和蛋白质）的基本组成单位，此外还可作为多种生物活性物质的合成前体，氨基酸代谢生成的碳骨架还可作为细胞的能源物质，在人体内氨基酸可作为糖异生或酮体生成的原料。机体组织蛋白首先分解成为氨基酸，然后再进一步分解，最终转变成简单产物排出体外；生物体也可利用一些简单分子合成氨基酸，或直接从食物中获取氨基酸，并根据需要组装成具有各种功能的蛋白质，以实现体内蛋白质处于不断更新的动态平衡过程。

第一节　蛋白质的降解

细胞不断地将氨基酸合成蛋白质，又把蛋白质降解为氨基酸，这一过程具有重要的生理功能。蛋白质降解可以帮助机体排除那些不正常的蛋白质，避免对细胞造成伤害；此外，通过蛋白质降解还可排除累积过多的酶和调节蛋白，以维持井然有序的细胞代谢过程。在细胞"经济学"中，控制蛋白质的降解与控制其合成速度同样重要。

一、蛋白质的消化与分解

（一）蛋白质的营养作用

蛋白质是细胞的主要成分，食物中的蛋白质主要作为营养物质，为人体提供氨基酸，用于维持组织生长、发育和更新。儿童必须摄入足量的蛋白质，才能保证身体正常生长发育，成人也必须摄入足量的蛋白质，才能维持组织蛋白的更新，特别是组织损伤时，需要从食物蛋白质获得修补的原料。体内酶、抗体、核酸、神经递质和多肽类激素等重要含氮化合物的不断更新，也是以食物蛋白质降解的氨基酸为合成原料。蛋白质的这些重要功能不能被糖和脂肪等其他物质所替代，必须通过食物来补充，人体每日需要摄入蛋白质的量，可以用氮平衡的方法确定。

氮平衡（nitrogen balance）是指摄入蛋白质的含氮量与排泄物（主要为粪便和尿液）中含氮量之间的关系，是对体内蛋白质合成与分解代谢的整体反映。因此测定含氮量可以大概了解蛋白质在体内的代谢概况，氮素在体内的代谢有总平衡、正平衡和负平衡三种关系。当机体摄入氮量等于氮排泄量时称为氮总平衡，表示体内蛋白质合成与分解相当，营养正常的成年人表现氮总平衡状态。氮正平衡是指机体摄入氮量大于排泄氮量，表示体内蛋白质合成量大于分解量，儿童、孕妇及恢复期患者属于氮正平衡状态，对此类人群宜尽量多摄入蛋白质含量丰富的食物。若机体摄入氮量小于排泄氮量则为氮负平衡，表示体内蛋白质合成量小于分解量，饥饿、营养不良及消耗性疾病患者表现为氮负平衡状态，此种情况会导致机体消瘦及抵抗力下降，表现出体弱多病、伤口难以愈合、头昏目眩、代谢功能衰退等症状。一个正常成年人食用不含蛋白质的膳食，大约8d之后，每天排出的氮量逐渐趋于恒定，此时，每千克体重每日排出的氮量约为53mg，一位体重60kg的成年人每日蛋白质的最低分解量约为20g。由于食物蛋白质与人体蛋白质组成的差异，经消化、吸收的氨基酸不可能全部被利用，为了维持人体氮的总平衡，成人每日蛋白质的最低生理需要量为30～50g，青少年每天的需求量大约每千克体重1g蛋白质，对1～10岁的儿童每天每千克体重约需要补充1.2g蛋白质，而快速生长的婴幼儿（1岁以下）每千克体重每天需要补充约2g蛋白质。对不同年龄段人群，在一些特殊时期还需要额外增加蛋白质的供应量，如败血病、创伤、外科手术期间。若要长期保持氮总平衡，我国营养学会推荐成人每日蛋白质需要量为80g。

蛋白质在体内可以降解成氨基酸，氨基酸一般不能够随尿液直接排出体外，然而体内也不能储存过多的氨基酸，因此当氨基酸过多的时候，就会氧化分解产生能量。机体每天产生的能量约有18%来自氨基酸的氧化分解，蛋白质氧化供能的作用可以由糖或脂肪分解产能替代，因而氧化供能并不是蛋白质的主要营养作用，只是机体维持氮平衡的一种机制。但在一些特殊情况下，如机体处于饥饿状态的时候，会降解蛋白质释放氨基酸用于提供能量，每克蛋白质在体内氧化分解可释放17kJ（约4.1kcal）能量。这些氨基酸并不直接氧化供能，而是转变为葡萄糖或酮体，满足饥饿时对葡萄糖的需要或者由酮体进入能量代谢。

根据氮平衡实验结果，在不摄入蛋白质时，成人每天最少分解约20g蛋白质，然而摄入20g蛋白质却不能够补充体内分解的蛋白质。这是因为食物蛋白质与人体蛋白质在氨基酸组成上存在差异，人体需要摄入更多的食物蛋白质，才能够获得足够的营养必需氨基酸。人体所需要的氨基酸有20种，从营养上可分为**必需氨基酸**（essential amino acid）和**非必需氨基酸**（nonessential amino acid）两类。必需氨基酸是指机体需要，但机体不能合成或合成量很少，不能满足需求，必须由食物供给的氨基酸。机体自身合成能够满足需要，不是必须由食物供给的氨基酸称为非必需氨基酸。不论必需氨基酸还是非必需氨基酸，都是生命活动必不可少的。不同动物的必需氨基酸的种类不同，人体必需氨基酸有赖氨酸、色氨酸、缬氨酸、苯丙氨酸、亮氨酸、异亮氨酸、苏氨酸、甲硫氨酸和组氨酸9种。其余11种氨基酸体内可以合成，不必由食物供给，属于非必需氨基酸。在非必需氨基酸中，精氨酸虽然能够在体内合成，但合成量不多，若长期供应不足或需要量增加也可造成氮负平衡，因此也可将精氨酸归为营养必需氨基酸。

食物蛋白质在体内的利用率称为**蛋白质的营养价值**（nutrition value）。食物蛋白质营养价值的高低，主要取决于其必需氨基酸的种类和数量。不同食物蛋白质因其所含的必需氨基酸的种类和数量不同，其营养价值也高低各异。一般来说，动物蛋白质比植物蛋白质所含的必需氨基酸的种类和数量更接近人体蛋白质的组成，因此，动物蛋白质的营养价值比植物蛋白质高。

日常生活中，人们并不是只食用单一的蛋白质，而是摄入混合蛋白质，这样不同来源的蛋白质可以相互补充氨基酸的种类和数量，从而提高蛋白质在体内的利用率，称为**蛋白质互补作用**（protein complementarity）。如谷类含赖氨酸较少，含色氨酸相对较多，而豆类含赖氨酸较多，相对含色氨酸较少。这两类食物如果单独食用，蛋白质的营养价值都不太高，如果混合食用就可以相互补充必需氨基酸，提高营养价值。食物蛋白质中某种必需氨基酸含量不足时，会影响机体氨基酸的吸收和体内蛋白质的合成；若体内氨基酸含量过多时，则会加速氨基酸的分解代谢过程，严重时会引起氨中毒症状。因此要满足人体对氨基酸的需求量，必须兼顾各种氨基酸之间的比例，特别是必需氨基酸，这就需要根据蛋白质互补作用原则，对膳食中多种食物的摄食比例进行合理设计。

（二）蛋白质的消化

膳食中的蛋白质，一般不能被肠道直接吸收，必须先被水解成氨基酸、二肽或三肽，然后才能被吸收。在肠道内有大量与膜结合的各种蛋白酶，可以帮助实现蛋白质的消化吸收过程。肠道不能直接吸收一个完整的蛋白质是因为正常的肠细胞质膜上没有专门运输蛋白质的转运蛋白，蛋白质作为大分子无法直接跨膜进入胞内，此外肠壁细胞之间的紧密连接也不利于蛋白质分子进入细胞间隙。因此，食物蛋白质在胃肠道被消化具有两个重要意义：首先可使大分子蛋白质转变成小分子，有利于吸收利用；其次大分子蛋白质降解成小分子可消除食物蛋白质的免疫原性，避免食物蛋白质引起过敏反应或毒性。

食物蛋白质的消化过程也就是消化道中各种蛋白酶和肽酶作用于食物蛋白质，将其水解成寡肽和氨基酸的过程。口腔中没有水解蛋白质的酶类，食物蛋白质的消化从胃开始，主要消化过程发生在小肠中，食物蛋白质的消化基本过程如下。

$$食物蛋白质 \xrightarrow[\text{胃}]{\text{水解酶}} 胨及多肽 \xrightarrow[\text{肠}]{\text{水解酶}} 寡肽和氨基酸$$

1. 胃中的消化

食物蛋白质进入胃后经**胃蛋白酶**（pepsin）作用水解成多肽及少量氨基酸。胃蛋白酶由胃黏膜主细胞合成并分泌，胃黏膜首先分泌**胃蛋白酶原**（pepsinogen），在胃酸的作用下水解掉 N 端 42 个氨基酸残基，转变成有活性的胃蛋白酶。活性胃蛋白酶可以转化更多的胃蛋白酶原由无活性变为有活性的胃蛋白酶，这种现象被称为**自身激活作用**（autocatalysis）。胃蛋白酶的最适 pH 为 1.5～2.5，在强酸性胃液环境中，食物蛋白质被变性进而暴露出肽键，更有利于水解过程。胃蛋白酶对肽键的特异性较低，主要水解由芳香族氨基酸、甲硫氨酸或亮氨酸等残基所形成的肽键。胃蛋白酶对乳汁中的酪蛋白具有凝乳作用，可使乳汁中的酪蛋白（casein）与 Ca^{2+} 形成乳凝块，使乳汁在胃中的停留时间延长，有利于乳汁中蛋白质在婴幼儿胃中充分消化。

2. 小肠中的消化

食物蛋白质在胃中停留的时间较短，消化很不完全，降解产物为胨和多肽，它们的消化主要在小肠进行。食物蛋白质在胃中经初步消化后进入小肠，在胰腺及肠黏膜细胞分泌的多种蛋白酶和肽酶的共同作用下，进一步水解成寡肽和氨基酸。胰腺是分泌食物蛋白质消化酶的主要器官，其分泌的蛋白酶可分为**内肽酶**（endopeptidase）和**外肽酶**（exopeptidase）两大类，这些酶的最适 pH 为 7.0 左右。内肽酶包括**胰蛋白酶**（trypsin）、**糜蛋白酶**（chymotrypsin）和**弹性蛋白酶**（elastase），可特异地水解蛋白质内部的一些肽键。外肽酶主要包括**羧基肽酶 A**（carboxyl peptidase A）和**羧基肽酶 B**（carboxyl peptidase B），它们自肽链的羧基末端的氨基酸开始，每次水解脱去一个氨基酸。

胰腺最初分泌的各种蛋白水解酶，无论是内肽酶还是外肽酶，都是以酶原的形式进入十二指肠，之后胰蛋白酶原由十二指肠黏膜细胞分泌的**肠激酶**（enterokinase）激活。肠激酶也是一种蛋白水解酶，特异地作用于胰蛋白酶原，水解去掉胰蛋白酶原氨基末端的 6 个氨基酸残基，生成有活性的胰蛋白酶。人体内胰蛋白酶的自身激活作用很弱，但能迅速激活糜蛋白酶原、弹性蛋白酶原和羧基肽酶原。胰液中各种蛋白酶最初均以酶原的形式存在，同时胰液中还存在胰蛋白酶抑制剂，这样能保护胰腺组织避免受到蛋白酶的自身消化。

蛋白质经胃液和胰液中各种蛋白酶的消化，所得产物中仅有 1/3 为氨基酸，其余为寡肽，寡肽的水解主要在小肠黏膜细胞内进行。小肠黏膜细胞的刷状缘和胞液中存在两种**寡肽酶**（oligopeptidase）：**氨基肽酶**（aminopeptidase）和**二肽酶**（dipeptidase）。氨基肽酶从肽链的氨基末端逐个水解出氨基酸，最后生成二肽。二肽再经二肽酶水解，最终生成氨基酸。

3. 蛋白质水解酶作用的特异性

蛋白质水解酶对不同氨基酸组成的肽链有一定的专一性，如胃蛋白酶只能水解肽链中由芳香族氨基酸

（苯丙氨酸、酪氨酸）的氨基和酸性氨基酸（谷氨酸、天冬氨酸）的羧基所形成的肽键。胰蛋白酶水解由赖氨酸和精氨酸等碱性氨基酸残基的羧基组成的肽键，糜蛋白酶水解由芳香族氨基酸残基的羧基组成的肽键，而弹性蛋白酶主要水解由脂肪族氨基酸残基的羧基组成的肽键。羧基肽酶 A 主要水解脯氨酸、精氨酸、赖氨酸以外的多种氨基酸组成的羧基末端肽键，而羧基肽酶 B 主要水解由碱性氨基酸组成的羧基末端肽键（表 9-1）。

表 9-1　各种蛋白水解酶作用特异性

酶	来源	水解肽键特异性
胃蛋白酶	胃	-酸性-CO—NH-芳香族-
胰蛋白酶	胰腺	-碱性-CO—NH-R-
糜蛋白酶	胰腺	-芳香族-CO—NH-R-
弹性蛋白酶	胰腺	-脂肪族-CO—NH-R-
羧基肽酶 A	胰腺	中性氨基酸羧基末端
羧基肽酶 B	胰腺	碱性氨基酸羧基末端
氨基肽酶	小肠	寡肽的氨基末端
二肽酶	小肠	二肽的肽键

食物中蛋白质在胃肠道经多种蛋白水解酶的共同作用，最终可完全水解为氨基酸，降解产物中的氨基酸和一些寡肽可被机体直接吸收利用。食物蛋白质的消化分解过程小结如图 9-1 所示。

并不是所有蛋白质都必须在胃肠道消化后才能被机体利用，有一些蛋白质可以不经降解而被吸收，如新生儿在出生后的一段时间内能够吸收完整的蛋白质，这一点对新生儿非常重要，因为这可以让免疫系统还很脆弱的新生儿能从母乳中获得抗体；另一个例外就是朊病毒能逃脱消化道内蛋白酶的水解并最终感染到大脑。

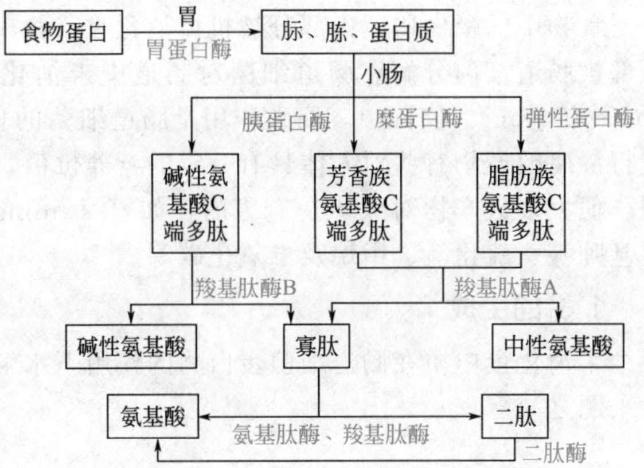

图 9-1　食物蛋白质的消化分解过程

（三）氨基酸的吸收

食物中蛋白质在胃肠道中经酶的催化作用，水解成氨基酸和寡肽。寡肽和氨基酸都可以被吸收，吸收机制尚未完全阐明。

1. 氨基酸转运载体的转运吸收

氨基酸被小肠细胞吸收的机制与单糖的吸收机制极为相似，需要消耗 ATP 并伴随钠离子的转运。肠黏膜细胞膜上具有转运氨基酸的载体，它们与氨基酸和钠离子形成复合体，转入细胞膜内，钠离子则由钠泵排出细胞外（图 9-2）。不同侧链结构的氨基酸通过不同的载体转运吸收，小肠黏膜刷状缘转运蛋白包括中性氨基酸转运蛋白（分为极性氨基酸和疏水性氨基酸）、碱性氨基酸转运蛋白、酸性氨基酸转运蛋白、亚氨基酸转运蛋白、β-氨基酸转运蛋白等。此外，还发现了不依赖于 Na^+ 的专门转运中性氨基酸和疏水氨基酸或碱性氨基酸的转运蛋白。结构相似的氨基酸由同一载体转运，因此在吸收过程中相

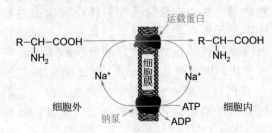

图 9-2　钠离子协助的氨基酸主动运输

互竞争结合载体，含量多的氨基酸，转运的量就相对大一些。氨基酸的主动转运不仅存在于小肠黏膜细胞，类似的作用也存在于肾小管细胞、肌细胞等细胞膜上，这对于细胞富集氨基酸具有重要的作用。

2. 寡肽的吸收

肽的吸收机制与氨基酸完全不同，在动物体内寡肽（二肽和三肽）可能存在三种转运机制。第一种转运机制是依赖氢离子或钙离子浓度的主动运输，在兔、小鼠、猪和人的空肠刷状缘膜囊上皮细胞中存在肽的主动加速转运，Ca^{2+}对这种逆H^+梯度转运有一定的作用，可能与Ca^{2+}能激活ATP酶有关。这种方式需消耗ATP，在缺氧和添加代谢抑制剂的情况下被抑制。第二种是依赖pH的氢离子或钠离子交换转运，小肽转运的动力来源于质子的电化学梯度，不需消耗ATP。位于小肠膜刷状缘顶端细胞钠离子/氢离子互运通道的活动引起质子活动。当小肽以易化扩散方式进入细胞，导致细胞内pH下降，从而使钠离子/氢离子互运通道活化而释放出氢离子，使细胞内pH恢复到原来的水平。当缺少氢离子时，小肽的吸收依靠膜外的底物进行；当细胞外氢离子浓度高于细胞内时，则通过产电共转运系统逆底物浓度转运。细胞去极化的发生和静息电位的恢复主要由Na^+/H^+交换系统完成。第三种转运方式需谷胱甘肽参与，谷胱甘肽在细胞内有抗氧化作用，因而这一转运系统可能具备独特的生理意义，但其机制目前并不十分清楚。目前认为谷胱甘肽转运系统与钠、钾、钙、锰离子的浓度梯度有关，而与氢离子的浓度无关。

3. 多肽的吸收

对于较大肽的吸收机制提出了两种假设：对亲水性肽，利用细胞间隙或进行孔隙扩散；对疏水性肽，利用细胞膜的脂质进行扩散、上皮细胞的胞饮或内吞作用进行吸收。

（四）蛋白质的腐败

食物中的蛋白质，大部分被机体消化吸收，未被消化的蛋白质及未被吸收的氨基酸进入大肠，在大肠下部被肠道细菌分解。肠道细菌对肠道中未消化的蛋白质及未吸收的氨基酸的分解作用称为**腐败作用**（putrefaction）。实际上，腐败作用是肠道细菌的代谢过程，主要以无氧分解形式的脱羧基和脱氨基作用进行。腐败产物有些对人体具有一定的营养价值，如脂肪酸、维生素K和维生素PP等，可被机体吸收利用。但大多数产物对人体是有害的，如氨（ammonia）、胺类（amine）、酚类（phenol）、吲哚（indole）、甲基吲哚、硫化氢、甲烷及二氧化碳等。

1. 氨的生成

未消化蛋白质在肠道细菌蛋白酶的作用下水解生成氨基酸，再经脱氨基作用生成氨，这是肠道氨的重要来源之一。

$$蛋白质 \xrightarrow{肠菌} \underset{NH_2}{R-\overset{\ \ }{C}H}-COOH \xrightarrow[-NH_3]{\substack{肠菌 \\ +2H}} R-CH_2-COOH$$

2. 胺类的生成

肠道细菌脱羧酶可催化氨基酸脱去羧基生成有毒的胺类物质，如组氨酸脱羧基生成组胺、赖氨酸脱羧基生成尸胺、色氨酸脱羧基生成色胺、酪氨酸脱羧基生成酪胺、苯丙氨酸脱羧基生成苯乙胺。这些产物大多具有毒性，如尸胺和组胺可降低血压，而色胺具有升高血压的作用，这些有毒物质在机体内可以通过肝脏代谢后转化为无毒产物排出体外。如不能及时经肝脏代谢排出便会对机体造成损害，如酪胺和苯乙胺若不能在肝内转化，则易进入脑组织，在β-羟化酶作用下转化为β-多巴胺（羟酪胺）和苯乙醇胺。由于它们的化学结构类似于脑内的儿茶酚胺类神经递质，故称假神经递质（图9-3）。

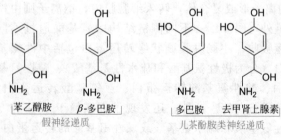

图9-3　假神经递质与儿茶酚胺类神经递质的分子结构

3. 其他有害物质的生成

蛋白质腐败除了生成氨和胺类以外，还可产生其他有害物质，如酪氨酸可产生苯酚；色氨酸可产生吲哚及甲基吲哚，这是导致粪便臭味的主要原因；半胱氨酸可分解生成硫化氢，硫化氢会引起消化不良、腹胀等症状。腐败作用产生的有害物质在通常情况下大部分都可随粪便排出，只会有小部分被吸收进入血液循环，再经肝脏代谢转变而解毒，故不会发生中毒现象。但习惯性便秘、肠梗阻、摄入过量蛋白质或消化吸收障碍时，机体对腐败产物的吸收也会增加，严重时即可产生中毒现象。

二、细胞内蛋白质的降解

在生命活动过程中，机体内蛋白质会不断被降解，同时合成新的蛋白质来补充，维持一个不断更新并保持平衡的过程，机体内蛋白质的不断降解与合成的动态平衡过程被称为**蛋白质转换**（protein turnover，也称蛋白质更新或蛋白质周转）。人体内每日更新的蛋白质占体内蛋白质总量的 $1\% \sim 2\%$，主要为肌肉蛋白质，这些蛋白质降解后生成的氨基酸有 $70\% \sim 80\%$ 可被重新用于合成新的蛋白质，剩下的 $20\% \sim 25\%$ 被彻底分解。体内的任何一种蛋白质都不会长期存在而不被降解。换言之，体内的任何蛋白质都会被降解，只是不同蛋白质的降解速率不同，因而在细胞内有长寿蛋白质和短寿蛋白质。蛋白质降解速率可用**半寿期**（half-life，$t_{1/2}$）来表示，半寿期是指将浓度减少到开始值的 50% 所需要的时间。不同蛋白质的半寿期不同。例如，人肝中蛋白质的半寿期短的小于 $30\,\mathrm{min}$，长的大于 $150\,\mathrm{h}$，肝中大部分蛋白质的半寿期为 $1 \sim 8\,\mathrm{d}$；血红蛋白、结缔组织中的一些蛋白质的半寿期可达 $180\,\mathrm{d}$ 以上。

细胞内蛋白质的降解与再生是在胞内各种酶的参与下完成的。尽管细胞内具有与消化道内相似的各种蛋白水解酶类，如内肽酶、氨基肽酶和羧基肽酶，然而这些酶并不能随意水解胞内蛋白，否则细胞将被迅速破坏。细胞内蛋白质降解主要通过两条途径来实现，即不依赖 ATP 的溶酶体降解途径和依赖 ATP 的泛素-蛋白酶体途径。

（一）不依赖 ATP 的溶酶体降解途径

外在蛋白和长寿蛋白质在溶酶体通过不依赖 ATP 的降解途径降解，细胞内**溶酶体**（lysosome）的主要功能是进行胞内消化，可降解不同来源的各种蛋白质、核酸、脂类等不同类型的分子。溶酶体含有多种

蛋白酶，这些蛋白酶多属于组织蛋白酶（cathepsin）类，可在溶酶体的低 pH 环境中被激活。根据溶酶体完成生理功能的不同阶段可将其分为**初级溶酶体**（primary lysosome）、**次级溶酶体**（secondary lysosome）和**残体**（residual body）三种形态（图 9-4）。初级溶酶体可由高尔基体分泌产生，含有多种水解酶原，初级溶酶体内的水解酶包括蛋白酶、核酸酶、脂酶、磷酸酶、硫酸酯酶、磷脂酶等 60 余种，这些酶均属于酸性水解酶，反应的最适 pH 为 5 左右。初级溶酶体膜有质子泵，将 H^+ 泵入溶酶体，使溶酶体内 pH 降低，利于催化反应的进行。次级溶酶体是正在进行或完成消化作用的消化泡，内含水解酶和相应底物。残体又称后溶酶体，是已经失去酶活性，仅留未消化残渣的消化泡。残体可通过外排作用排出细胞，也可留在细胞内逐年增多。

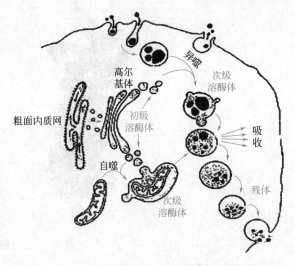

图 9-4 溶酶体参与的胞内降解过程

次级溶酶体所消化的对象可以是外源组分也可是内源组分。具有摄入胞外物质能力的细胞，可通过内吞作用摄入胞外大分子（如蛋白质），由溶酶体的消化酶将其降解，这种溶酶体也称异噬溶酶体。对细胞自身无用的生物大分子、衰老的细胞器等亦可被溶酶体清除，这种溶酶体被称为自噬溶酶体，属于自体吞噬过程。自噬溶酶体降解的蛋白质主要包括膜蛋白和长寿蛋白。除溶酶体外胞内其他液泡体系也可参与蛋

白质的降解过程，如植物细胞的圆球体、中央液泡等。

细胞自噬

细胞自噬早在 20 世纪 60 年代被提出，当时观察到细胞的胞内组分被包裹在膜中形成囊状体，随后与溶酶体融合，利用溶酶体内各种酶类降解这些组分。但对这一现象的深入研究一直进展缓慢，直到 20 世纪 90 年代早期，大隅良典（Yoshinori Ohsumi）通过一系列精妙的实验定位了面包酵母细胞内与自噬有关的基因，并进一步阐明了酵母细胞自噬的机制，同时证明了人类细胞也遵循类似的机制。因为大隅良典的发现，现在已经清楚自噬作用调控了各种重要的生理学功能。通过自噬作用，细胞能快速为活动提供"燃料"，或是更新内部的组件。在感染后，细胞可以通过自噬来消灭入侵的细菌或是病毒。自噬作用也有助于胚胎发育和细胞分化。同时，自噬也用于消除受损的蛋白质和细胞器，这是细胞的一种质量控制机制，对于对抗老化的消极影响至关重要。自噬作用的不正常中断已被发现和帕金森病、2 型糖尿病等老年疾病有关，自噬基因变异可导致遗传疾病，自噬机制被干扰也有可能导致癌症。大隅良典因其在细胞自噬研究中的重要贡献被授予 2016 年度的诺贝尔生理学或医学奖。

（二）依赖 ATP 的泛素-蛋白酶体途径

蛋白酶体（proteasome）是存在于细胞核和细胞质内的 26S 蛋白质复合物，降解蛋白质时需要 ATP 提供能量，属 ATP-依赖型蛋白酶，由 20S 核心颗粒（core particle，CP）和 2 个 19S 调节颗粒（regulatory particle，RP）组成（图 9-5）。核心颗粒（CP）是由 2 个 α 环和 2 个 β 环组成的圆柱体，中心形成一个空腔。β 环中有 3 个亚基具有蛋白酶活性，活性位点需要肽链上的苏氨酸残基参与，可催化不同的蛋白质降解。两个调节颗粒分别位于圆柱形核心颗粒的两端，形成空心圆柱的盖子，调节颗粒中的一些亚基可识别、结合被泛素标记的待降解蛋白质，另一些亚基具有 ATP 酶活性，与蛋白质的去折叠、使蛋白质定位在核心颗粒有关。蛋白酶体途径主要降解细胞内的异常蛋白和短寿蛋白。降解过程包括两个阶段：首先是待降解蛋白质的标记，即在被降解蛋白质上共价连接**泛素**（ubiquitin）分子；然后是蛋白酶体识别被泛素标记的蛋白质并将其降解。

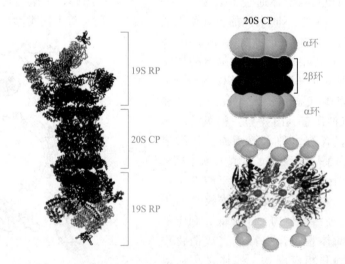

图 9-5　蛋白酶体结构及其活性位点

泛素是一种由 76 个氨基酸残基组成的小分子蛋白质，分子质量 8.6kDa，广泛存在于真核细胞并因此得名，在真核生物的进化过程中高度保守，如人类和酵母的泛素蛋白同源性高达 96%，其活性位点包括 C 末端和肽链上的 7 个赖氨酸残基（图 9-6）。泛素与靶蛋白的连接是非特异性的，共价连接后使靶蛋白带上泛素分子的标记，这一过程被称为**泛素化**（ubiquitination）。泛素化通过 3 个酶促反应完成，第一个反应是泛素 C 末端的羧基与泛素激活酶（ubiquitin-activating enzyme，E1）的半胱氨酸通过硫酯键结合，这是一个需要 ATP 的反应，此反应将泛素分子激活。在第二个反应中，泛素分子被转移至泛素结合酶

（ubiquitin-conjugating enzyme，E2）半胱氨酸残基的巯基上。第三个反应由泛素连接酶（ubiquitin ligase，E3）识别待降解蛋白质，并将共价结合在泛素结合酶上的泛素分子转移至靶蛋白赖氨酸残基的 ε-氨基上，形成异肽键。随后共价结合在靶蛋白上的这个泛素分子中赖氨酸残基（主要是 48 位和 63 位赖氨酸残基）的 ε-氨基又可共价连接下一个泛素分子，如此重复反应，可连接多个泛素分子，形成泛素链，最终使靶蛋白可以被蛋白酶体识别并降解。

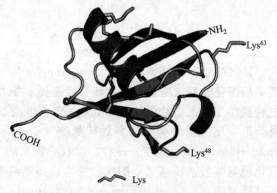

图 9-6　泛素分子三维结构

当泛素化的蛋白质与调节颗粒的泛素识别位点结合后，可释放泛素分子，从而使泛素可重复使用；同时调节颗粒底部的 ATP 酶水解 ATP 获取能量，使蛋白质去折叠，去折叠的蛋白质被转移至核心颗粒中心腔，β-亚基内表面的活性部位水解蛋白链生成寡肽产物释出，寡肽被进一步水解生成氨基酸。

知识链接

蛋白质降解与泛素的发现

在蛋白质降解的研究过程中，最早的发现认为蛋白质的降解不需要能量，这如同一幢大楼自然倒塌一样，并不需要炸药来爆破。但在 20 世纪 50 年代观察到同样的蛋白质在细胞外降解不需要能量，而在细胞内降解却需要能量。这一现象使科学家们困惑了很长一段时间，直到阿龙·切哈诺沃、阿夫拉姆·赫什科和欧文·罗斯三位科学家进行了一系列研究后才最终揭开了这一谜底。三位科学家发现在蛋白质的耗能降解过程中有一种被称为泛素的多肽扮演着重要角色，它最初是从小牛的胰脏中分离出来的，像标签一样被贴在需降解的蛋白质上。这些被贴上标签的蛋白质随后被送至细胞内的"垃圾处理厂"——蛋白酶体，在这里这些蛋白质被降解。因为这一重大发现，三位科学家被授予 2004 年诺贝尔化学奖。

第二节　氨基酸的分解和转化

分布在体内参与代谢的所有氨基酸称为**氨基酸代谢库**（amino acid metabolic pool），这些氨基酸可以来自食物的消化吸收，也可以是体内蛋白质降解产生的氨基酸和机体自身合成的氨基酸。氨基酸在体内可用于合成机体组织蛋白，转变为嘌呤、嘧啶、多肽类激素、神经递质等含氮化合物，氧化分解产生能量，或者转化为糖和脂肪等产物。组成蛋白质的 20 种基本氨基酸在化学结构上都含有 α-氨基（脯氨酸除外）和 α-羧基，因此它们有共同的分解代谢规律。氨基酸分解代谢的主要途径是先脱掉氨基，生成 α-酮酸，脱下的氨基合成尿素排出体外，或参与体内碱基等重要含氮化合物合成。氨基酸脱氨基后生成的 α-酮酸可以再合成氨基酸或转变成糖、乙酰 CoA 和酮体等，也可氧化成 CO_2 和 H_2O，并释放能量。

一、脱氨基作用

（一）转氨作用

氨基酸的 α-氨基转移到 α-酮酸的羰基上，生成新的氨基酸和酮酸的过程称为氨基酸的**转氨作用**（transamination）或氨基移换作用。转氨作用在**转氨酶**（transaminase）的催化下完成，反应通式如下：

转氨酶也称**氨基转移酶**（aminotransferase），除甘氨酸、赖氨酸和组氨酸外不同的氨基酸各有特异的转氨酶催化转氨反应。大多数转氨酶需要 α-酮戊二酸作为氨基受体，新生成的氨基酸是谷氨酸，这样通过转氨作用，大多数氨基酸的氨基被转移生成谷氨酸，谷氨酸作为氨基的供体用于生物合成途径或排出体外。最常见的转氨酶有**丙氨酸转氨酶**（alanine aminotransferase，ALT）和**天冬氨酸转氨酶**（aspartate aminotransferase，AST）两种。丙氨酸转氨酶又称谷丙转氨酶（glutamic-pyruvic transaminase，GPT），催化丙氨酸氨基转移至 α-酮戊二酸生成谷氨酸和丙酮酸，也可催化逆反应的进行。天冬氨酸转氨酶也称谷草转氨酶（glutamic-oxalacetic transaminase，GOT），催化谷氨酸的氨基转移给草酰乙酸生成天冬氨酸及其逆反应。谷丙转氨酶和谷草转氨酶催化的反应分别为：

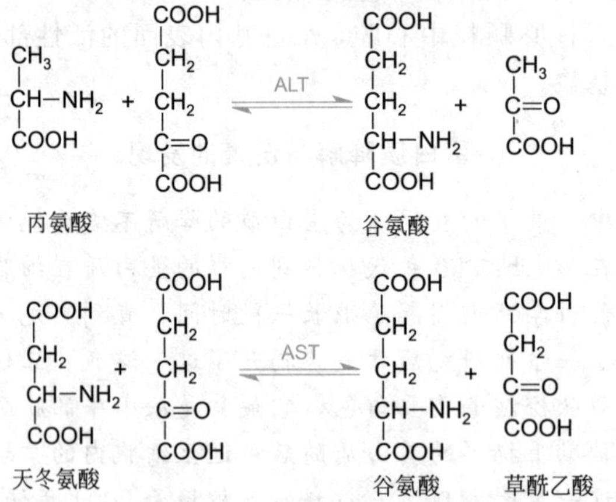

转氨酶为结合蛋白酶，所有转氨酶的辅酶都是维生素 B_6 的磷酸酯，即磷酸吡哆醛（pyridoxal phosphate，PLP），辅酶结合于转氨酶活性中心赖氨酸残基的 ε-氨基上，在氨基转移过程中分别作为氨基受体和供体。转氨酶催化的转氨反应属于"乒乓 BiBi 机制（Ping Pong BiBi mechanism）"（双底物的酶反应机制），转氨过程中磷酸吡哆醛（P-B_6-CHO）先从氨基酸接受氨基转变成磷酸吡哆胺（P-B_6-CH_2-NH_2），氨基酸则转变成 α-酮酸，磷酸吡哆胺进一步将氨基转移给另一种 α-酮酸生成一种新的氨基酸，磷酸吡哆胺重新转变为磷酸吡哆醛，在磷酸吡哆醛和磷酸吡哆胺的互变过程中完成氨基转移反应（图 9-7）。

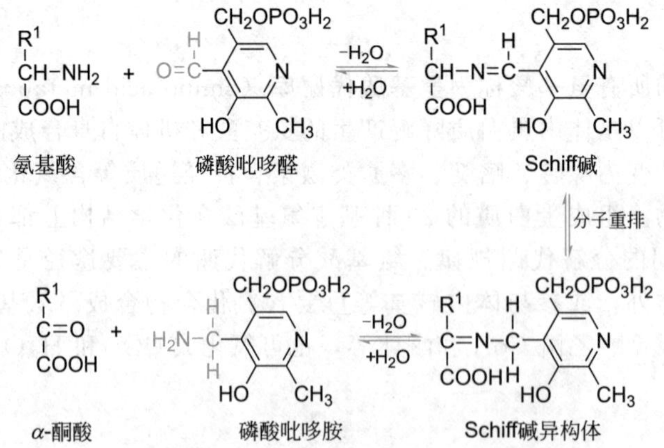

图 9-7　转氨酶催化氨基转移反应的机制

转氨反应为可逆反应，反应方向取决于反应物和产物的浓度，因此转氨作用既是氨基酸的分解代谢过程，也是体内非必需氨基酸合成的重要途径。

转氨酶在临床上也作为一些疾病诊断和治疗的参考指标，如 ALT 和 AST 在体内不同组织器官细胞中的活性差异很大（表 9-2），在正常状态下，两种转氨酶主要分布在细胞内，特别是肝脏和心脏细胞，血清中活性较低。若因疾病、药物或机械损伤导致细胞膜通透性增加、组织坏死或细胞破裂等，大量酶从细胞内释放进入血液，结果使血清酶活性明显升高。如心肌梗死患者，血清 AST 活性异常增高；肝病患者，尤其是急性传染性肝炎，血清 ALT 和 AST 活性都异常增高。新药研发时，有关治疗肝脏疾病的药物，或涉及肝脏解毒的药物，在实验过程中也常以转氨酶的活性作为重要的观察指标。

表 9-2 正常人不同组织（以湿组织计）中 ALT 和 AST 的活性   单位：U/g

组织	心脏	肝脏	骨骼肌	肾脏	胰腺	脾	肺	血液
AST	156000	142000	99000	91000	28000	14000	10000	20
ALT	7000	44000	4800	19000	2000	1200	700	16

（二）氧化脱氨作用

氨基酸在酶的催化下脱氢生成酮酸时伴随着氧化反应，这种脱氨反应称为**氧化脱氨作用**（oxidative deamination），主要由**氨基酸氧化酶**（amino acid oxidase，AAO）和 **L-谷氨酸脱氢酶**（L-glutamate dehydrogenase）催化进行。氨基酸氧化脱氨反应通式为：

$$\underset{\text{氨基酸}}{\underset{\text{COOH}}{\overset{R}{\underset{|}{\overset{|}{CH-NH_2}}}}} \xrightarrow[\text{酶}]{-2H} \underset{\text{亚氨基酸}}{\underset{\text{COOH}}{\overset{R}{\underset{|}{\overset{|}{C=NH}}}}} \xrightarrow[\text{酶}]{+H_2O} \underset{\alpha\text{-酮酸}}{\underset{\text{COOH}}{\overset{R}{\underset{|}{\overset{|}{C=O}}}}} + NH_3$$

（1）氨基酸氧化酶 属黄酶类，辅酶为 FAD，有 L-氨基酸氧化酶和 D-氨基酸氧化酶两种，分别催化 L 型和 D 型氨基酸的氧化脱氨反应。其中 L-氨基酸氧化酶在体内分布不广、活性不高，对脱氨反应并不重要，而 D-氨基酸在体内含量甚少，因此其催化的氧化脱氨反应意义亦不大。这两种酶催化脱氨反应时需有氧存在，氨基酸脱氨后生成 α-酮酸、NH_3 和 H_2O_2，反应如下：

$$\underset{\text{COOH}}{\overset{R}{\underset{|}{\overset{|}{CH-NH_2}}}} + H_2O \xrightarrow[O_2]{\text{氨基酸氧化酶}} \underset{\text{COOH}}{\overset{R}{\underset{|}{\overset{|}{C=O}}}} + NH_3 + H_2O_2$$

（2）L-谷氨酸脱氢酶 是动物体内最重要的脱氢酶，广泛存在于肝、脑、肾等组织中。它是一种不需氧的脱氢酶，其辅酶是 NAD^+ 或 $NADP^+$，属变构酶。ATP 和 NADH 是其变构抑制剂，ADP 是其激活剂。该酶有较强的活性，最适 pH 为 7.6～8.0，可在生理条件下发挥较大作用。L-谷氨酸脱氢酶催化 L-谷氨酸氧化脱氨生成 α-酮戊二酸：

$$\underset{\text{COOH}}{\overset{\text{COOH}}{\underset{|}{\overset{|}{\underset{CH-NH_2}{\underset{|}{\overset{|}{\underset{CH_2}{\overset{CH_2}{}}}}}}}}} + H_2O + NAD^+ \underset{}{\overset{\text{L-谷氨酸脱氢酶}}{\rightleftharpoons}} \underset{\text{COOH}}{\overset{\text{COOH}}{\underset{|}{\overset{|}{\underset{C=O}{\underset{|}{\overset{|}{\underset{CH_2}{\overset{CH_2}{}}}}}}}}} + NH_3 + NADH$$

此反应可逆，反应平衡点偏向合成谷氨酸，是发酵工业中生产味精的基本原理。L-谷氨酸脱氢酶特异性很强，仅催化 L-谷氨酸氧化脱氨。

（三）联合脱氨作用

通过转氨作用只有氨基的转移，没有氨的释放，所以只是一种新的氨基酸代替原来的氨基酸，机体内氨基酸的总量并没变化。氨基酸完全分解代谢主要通过**联合脱氨作用**（transdeamination）脱去氨基，生成游离氨和酮酸。联合脱氨作用又称转氨脱氨作用，是转氨反应和脱氨反应偶联发生实现消除氨基的过程。联合脱氨作用有两种方式：转氨偶联氧化脱氨和转氨偶联 AMP 循环脱氨。

（1）转氨偶联氧化脱氨 氨基酸的 α-氨基在转氨酶的作用下被转移至 α-酮戊二酸的羰基上生成谷氨酸，谷氨酸在 L-谷氨酸脱氢酶的作用下氧化脱氨，重新生成 α-酮戊二酸。在此过程中，α-酮戊二酸起氨基传递体的作用，作用的结果是氨基酸脱去氨基变成相应的 α-酮酸和氨。这个过程是可逆的，因此也是非必需氨基酸合成的重要途径（图 9-8）。

L-谷氨酸脱氢酶是体内重要的催化氨基酸氧化脱氨的酶类，其分布广、活性强，因此转氨偶联氧化脱氨反应途径中氨基转移受体为 α-酮戊二酸，只有这样才可生成可被 L-谷氨酸脱氢酶催化脱氨的 L-谷氨酸。

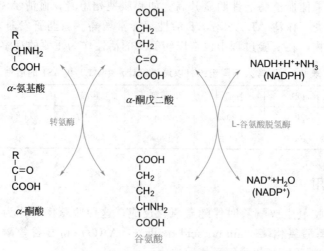

图 9-8 转氨偶联氧化脱氨反应

L-谷氨酸脱氢酶主要分布在动物体的肝、脑、肾等组织，因此联合脱氨作用在这些组织中较为活跃。

(2) 转氨偶联 AMP 循环脱氨 脱氨反应过程需要嘌呤核苷酸的参与，氨基酸的氨基通过两次转氨作用被转移至草酰乙酸，即氨基酸先将氨基转给 α-酮戊二酸生成谷氨酸，谷氨酸氨基再被转至草酰乙酸生成天冬氨酸。天冬氨酸与次黄嘌呤核苷酸（IMP）作用生成中间产物腺苷酸代琥珀酸（adenylosuccinate），此反应由腺苷酸代琥珀酸合成酶催化。随后裂解酶催化腺苷酸代琥珀酸裂解成腺苷酸（AMP）和延胡索酸，腺苷酸脱氢酶催化腺苷酸脱去氨基重新生成 IMP。在这个循环过程中，次黄嘌呤核苷酸起传递氨基的作用（图 9-9）。

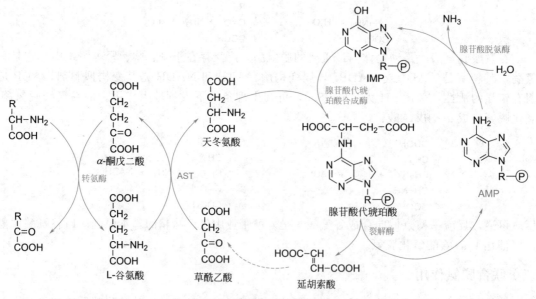

图 9-9 转氨偶联 AMP 循环

L-谷氨酸脱氢酶虽然在机体中广泛存在，但转氨偶联谷氨酸氧化脱氨并不是所有组织细胞的主要脱氨方式。骨骼肌、心肌、肝脏及脑的脱氨方式可能都是以转氨偶联 AMP 循环为主。实验证明，脑组织中的氨有 50% 是通过转氨偶联 AMP 循环产生的。

（四）非氧化脱氨作用

在微生物细胞中，一些氨基酸可进行非氧化脱氨，释放游离氨并生成酮酸，在动物细胞中这种脱氨方式不多，非氧化脱氨包括脱水脱氨、脱硫化氢脱氨和直接脱氨三种主要方式。

(1) 脱水脱氨 丝氨酸脱水酶催化丝氨酸脱水生成氨和丙酮酸，苏氨酸脱水酶催化苏氨酸脱水生成氨

和 α-酮丁酸。

$$CH_2OH \atop CH-NH_2 \atop COOH \xrightarrow[\text{丝氨酸脱水酶}]{-H_2O} \ CH_3 \atop C=NH \atop COOH \xrightarrow{+H_2O} \ CH_3 \atop C=O \atop COOH \ + \ NH_3$$

$$CH_3 \atop CHOH \atop CH-NH_2 \atop COOH \xrightarrow[\text{苏氨酸脱水酶}]{-H_2O} \ CH_3 \atop CH_2 \atop C=NH \atop COOH \xrightarrow{+H_2O} \ CH_3 \atop CH_2 \atop C=O \atop COOH \ + \ NH_3$$

（2）脱硫化氢脱氨　脱硫化氢酶催化半胱氨酸脱去硫化氢同时生成丙酮酸和氨。

$$CH_2-SH \atop CH-NH_2 \atop COOH \xrightarrow[\text{脱硫化氢酶}]{-H_2S} \ CH_3 \atop C=NH \atop COOH \xrightarrow{+H_2O} \ CH_3 \atop C=O \atop COOH \ + \ NH_3$$

（3）直接脱氨　天冬氨酸可在天冬氨酸酶作用下直接脱氨生成延胡索酸和氨。

$$COOH \atop CH_2 \atop CH-NH_2 \atop COOH \xrightarrow{\text{天冬氨酸酶}} \ HOOC-CH \atop CH-COOH \ + \ NH_3$$

二、氨的代谢

机体内氨基酸分解等代谢过程会产生游离的氨，而氨是一种强烈的神经毒剂，正常情况下血氨浓度约为 $47\sim65\mu mol/L$，某些原因引起血氨浓度升高，可导致神经组织，特别是脑组织功能障碍，称为氨中毒。正常情况下，机体不会因氨的聚集而中毒，人体内的氨可经血液运输到肝合成尿素或者转运至肾以铵盐的形式排出体外。氨的代谢，实际上是对氨的解毒过程。

（一）氨的来源

体内氨的主要来源是氨基酸脱氨基作用产生的氨，此外组织胺的分解、肠道吸收及肾小管上皮细胞分泌的氨也是体内氨的来源。

肠道产生氨的量较多，每天约 4g。肠道氨主要有两个来源：一是食物中未被消化的蛋白质和氨基酸在肠道细菌的作用下产生氨，这是肠道中氨的重要来源；二是肠道尿素经细菌尿素酶（urease）水解产生氨。此外，在服用胺类药物的时候，也会在肠道中分解产生氨。肠道内产生的氨主要在结肠吸收入血，经血液运输到肝脏合成尿素。肠道氨的吸收与 pH 有关，低 pH 时氨形成 NH_4^+ 不易穿过细胞膜吸收而以铵盐的形式排出体外，因此肠道 pH 偏碱时，氨的吸收增强。

肾小管上皮细胞中的谷氨酰胺在谷氨酰胺酶的催化下水解成谷氨酸和氨，这部分氨分泌至肾小管管腔中，与尿中的 H^+ 结合成 NH_4^+，以铵盐的形式由尿排出体外，这对调节机体的酸碱平衡起重要作用。酸性尿液有利于肾小管细胞中氨扩散至尿液，而碱性尿液则妨碍肾小管细胞中 NH_3 的分泌，这些氨被吸收入血，成为血氨的另一个来源。

（二）氨的转运

机体组织为降低氨的毒性，通常以无毒形式转运至肝脏以便合成尿素，或运输到肾再以铵盐的形式排出体外。氨在血液中主要是以谷氨酰胺及丙氨酸两种形式运输。

（1）谷氨酰胺　组织中游离的氨与谷氨酸结合产生无毒的谷氨酰胺，催化这个反应的酶是**谷氨酰胺合成酶**（glutamine synthetase），此酶在所有的组织中都广泛存在，在脑、心和肌肉等组织细胞中含量丰富，催化反应需要 ATP 提供能量，受产物的反馈抑制，可被 α-酮戊二酸激活。生成的谷氨酰胺通过血液循环运往肝和肾，再经谷氨酰胺酶（glutaminase）水解生成谷氨酸和氨，氨可从肾随尿排出。谷氨酰胺的生成不仅是解氨毒的重要方式，也是氨的运输和储存形式，还可以作为生物合成反应中氨基的供体。

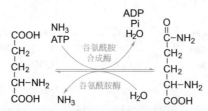

（2）丙氨酸-葡萄糖循环　氨基酸也可以在丙氨酸氨基转移酶的作用下，把氨基转移给肌肉中糖的分解产物丙酮酸生成丙氨酸，丙氨酸随血液运往肝。在肝细胞的胞质中，丙氨酸氨基转移酶将氨基从丙氨酸转移给 α-酮戊二酸，形成丙酮酸和谷氨酸。丙酮酸在肝脏异生成糖经血液运至肌肉，谷氨酸脱氨后再生成 α-酮戊二酸，释放的游离氨在肝脏转变成尿素排出体外。这种利用丙氨酸和葡萄糖的循环转变，经血液将氨从肌肉中转运至肝脏的过程被称为**丙氨酸-葡萄糖循环**（alanine-glucose cycle）。

骨骼肌剧烈收缩，无氧分解产生的丙酮酸和乳酸，以及蛋白质分解产生氨，这些产物必须运往肝脏，丙酮酸和乳酸需要转变成葡萄糖运回肌肉，氨转变成尿素排出体外。丙氨酸-葡萄糖循环完成这种转运，这样糖异生的能量压力从骨骼肌转至肝脏，肌肉中 ATP 就可以全部用于肌肉收缩（图 9-10）。

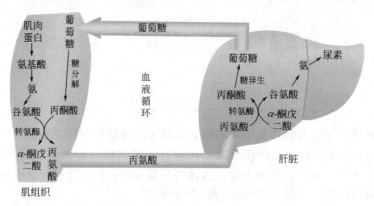

图 9-10　丙氨酸-葡萄糖循环

（三）氨的排泄

生物体内氨的消除与其生存环境有密切关系，不同动物可以不同形式排出氨。许多陆生动物，包括人类，可以将体内的氨转化为无毒的高水溶性尿素排出体外。在人体内尿素主要在肝脏细胞中通过尿素循环合成，然后经血液循环至肾脏分泌入尿液排出体外。水生环境中的鱼类多以直接排氨的方式将氨排出体外，因为鱼类可以利用大量水稀释游离氨排泄时对机体的毒性。而鸟类为了维持较轻的体重不能保有大量水分以用于消除氨的毒性，在处理体内游离氨时将其转变为尿酸后以半固态的鸟粪排泄到体外。机体内的氨除了可以通过不同方式排出外，还可参与合成一些重要的含氮化合物而被消除，如生成嘌呤、嘧啶和非必需氨基酸等。

（四）尿素循环

氨在肝细胞内一系列酶的催化下转变为尿素，尿素的合成过程可循环进行，因此称为**尿素循环**（urea cycle）。尿素循环由生物化学家 H. A. Krebs 于 1932 年提出，它是在人体内第一个被发现的代谢循环。循环过程是氨和 CO_2 先与 ATP 反应生成氨（基）甲酰磷酸（carbamoyl phosphate），而后鸟氨酸（ornithine）接受氨甲酰磷酸中的氨甲酰基形成瓜氨酸（citrulline），瓜氨酸再与天冬氨酸结合生成精氨酸代琥珀酸（argininosuccinate，也称精氨琥珀酸），精氨酸代琥珀酸裂解为精氨酸和延胡索酸，最后精氨酸水解为尿素和鸟氨酸（图 9-11）。这一循环过程中鸟氨酸可循环利用，也称**鸟氨酸循环**（ornithine cycle），每循环一次，生成 1 分子尿素，用去 2 分子的氨（1 分子氨是游离的，1 分子氨来自天冬氨酸），消耗 3 分子 ATP。由于反应过程中的酶分布在不同的亚细胞结构中，所以循环的中间步骤分别在线粒体和胞质两个部位进行。

尿素合成只在肝脏中进行，体内绝大多数氨都集中于此。尿素进入血液，运往肾脏，随尿液排出体

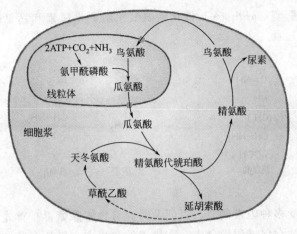

图 9-11　尿素循环过程

外。部分尿素经血液渗入肠道后，受肠道细菌作用分解生成氨，氨又重吸收入血，通过血液转运回肝脏、合成尿素、再经血液排入肠道，形成尿素的肠肝循环。

知识链接　　　　　　　　　　　　　　**尿素循环的发现**

　　Hans Adolf Krebs 原籍德国，后移民英国，尿素循环是 Krebs 在 1932 年与同事共同发现的。尿素循环最早只是 Krebs 对氨在动物体内代谢的一个假设，他与 Henseleit 一起利用同位素示踪通过多次反复的实验使这一假设被证明是正确的。该理论阐明了人体内尿素生成的过程，也称鸟氨酸循环或 Krebs-Henseleit 循环，是生物化学领域第一个关于中间代谢的描述，先后被不同实验证明是可重复的和正确的。在 1937 年 Krebs 又发现了柠檬酸循环，并因此获得了 1953 年的诺贝尔生理学或医学奖。

1. 尿素合成过程

（1）氨甲酰磷酸的生成　　线粒体中的**氨甲酰磷酸合成酶Ⅰ**（carbamoyl phosphate synthetase Ⅰ，CPS-Ⅰ）可催化氨和 CO_2 先与 ATP 反应生成氨甲酰磷酸，此反应不可逆，为尿素循环的第一个限速步骤，N-乙酰谷氨酸是此酶的变构激活剂。

$$NH_3 + CO_2 + 2ATP \xrightarrow[\text{Mg}^{2+}]{\text{氨甲酰磷酸合成酶Ⅰ}} \underset{\text{氨甲酰磷酸}}{H_2N-\overset{\overset{\displaystyle O}{\|}}{C}-O-PO_3H_2} + 2ADP + Pi$$

（2）瓜氨酸的生成　　鸟氨酸转氨甲酰酶催化氨甲酰磷酸转移氨甲酰基至鸟氨酸生成瓜氨酸，反应在肝细胞线粒体中进行。

$$\underset{\text{鸟氨酸}}{\begin{matrix}NH_2\\|\\(CH_2)_3\\|\\CH-NH_2\\|\\COOH\end{matrix}} + \underset{\text{氨甲酰磷酸}}{\begin{matrix}NH_2\\|\\C=O\\|\\O-PO_3H_2\end{matrix}} \xrightarrow{\text{鸟氨酸转氨甲酰酶}} \underset{\text{瓜氨酸}}{\begin{matrix}O\\\|\\NH-C-NH_2\\|\\(CH_2)_3\\|\\CH-NH_2\\|\\COOH\end{matrix}} + Pi$$

（3）精氨酸的生成　　线粒体中合成的瓜氨酸经膜载体转运到细胞质中，在 ATP 和 Mg^{2+} 存在下，由精氨酸代琥珀酸合成酶催化与天冬氨酸缩合成精氨酸代琥珀酸，同时产生 AMP 和焦磷酸，天冬氨酸在此反应中作为氨基的供体，精氨酸代琥珀酸进一步裂解成精氨酸和延胡索酸。

$$\underset{\text{瓜氨酸}}{\begin{matrix}O=C-NH_2\\|\\NH\\|\\(CH_2)_3\\|\\CH-NH_2\\|\\COOH\end{matrix}} + \underset{\text{天冬氨酸}}{\begin{matrix}COOH\\|\\CH_2\\|\\CH-NH_2\\|\\COOH\end{matrix}} \xrightarrow[\text{ATP} \quad \text{AMP+PPi}]{\text{精氨酸代琥珀酸合成酶}} \underset{\text{精氨酸代琥珀酸}}{\begin{matrix}NH_2 \quad COOH\\|\qquad\ |\\C=N-CH\\|\qquad\ |\\NH\quad\ CH_2\\|\qquad\ |\\(CH_2)_3\ COOH\\|\\CH-NH_2\\|\\COOH\end{matrix}} \xrightarrow{\text{裂解酶}} \underset{\text{精氨酸}}{\begin{matrix}NH_2\\|\\C=NH\\|\\NH\\|\\(CH_2)_3\\|\\CH-NH_2\\|\\COOH\end{matrix}} + \underset{\text{延胡索酸}}{\begin{matrix}HOOC-CH\\\|\\CH-COOH\end{matrix}}$$

（4）尿素的生成　精氨酸酶（arginase）催化精氨酸水解产生尿素和鸟氨酸，鸟氨酸经膜载体转运到线粒体，循环参与尿素合成过程。

精氨酸　　　　　　　　　　　　　　尿素　　　　鸟氨酸

2. 尿素合成的调节

机体内尿素合成的速度受多种因素调节，以便及时充分地解除氨毒。首先膳食中蛋白质摄入量明显影响尿素的合成过程，高蛋白饮食促进尿素合成，在排出的非蛋白含氮化合物中，尿素可占排出氮的90%；反之，低蛋白质膳食时，尿素合成速度减慢，尿素约占排出氮的60%。其次 N-乙酰谷氨酸可变构激活关键酶氨甲酰磷酸合成酶 I，此酶是鸟氨酸循环启动的关键酶，氨甲酰磷酸的合成是尿素合成的重要步骤。N-乙酰谷氨酸由乙酰CoA与谷氨酸通过 N-乙酰谷氨酸合成酶催化而生成，当氨基酸降解速度增加时，转氨作用使谷氨酸浓度增加，随之促进 N-乙酰谷氨酸合成；精氨酸也可激活 N-乙酰谷氨酸合成酶，促进 N-乙酰谷氨酸合成。当氨甲酰磷酸合成酶 I 活性增强时，尿素合成增加，促进机体排氨。最后精氨酸代琥珀酸合成酶的活性在尿素合成的酶系中最低，使精氨酸代琥珀酸的合成反应成为尿素合成启动后的限速步骤，该酶活性的改变也可调节尿素的合成速度。

正常生理情况下，血氨的来源与去路保持动态平衡，血氨的浓度处于较低水平，而肝脏合成尿素是维持这种平衡的关键。当肝功能严重损伤或尿素循环中相关酶有遗传性缺陷时，都可导致尿素合成发生障碍，血氨浓度升高，称为**高血氨症**（hyperammonemia）。高血氨症引起的脑功能障碍称为肝性脑病或肝昏迷。临床上常见的症状包括呕吐、厌食、间歇性共济失调、嗜睡甚至昏迷。

三、氨基酸碳骨架的代谢

氨基酸在体内脱氨后生成的氨可转变为尿素排出，也可用于其他含氮化合物的合成过程，而生成的 α-酮酸（α-keto acid）也有多条代谢途径。α-酮酸可再次接受氨基重新生成氨基酸，也可转变成乙酰CoA、α-酮戊二酸、延胡索酸、草酰乙酸、丙酮酸等产物，进入柠檬酸循环彻底分解释放能量，或进入糖异生或酮体合成途径，生成糖或酮体满足机体的通量需求（图 9-12）。

1. 生成葡萄糖或酮体

有些氨基酸，如亮氨酸和赖氨酸，在分解过程中转变为乙酰乙酰 CoA，而乙酰乙酰 CoA 在肝脏中可以转变为乙酰乙酸和 β-羟丁酸，因此被称为**生酮氨基酸**（ketogenic amino acid）。糖尿病患者的肝脏中所产生的大量酮体，除来源于脂肪酸外，还来源于生酮氨基酸。很多氨基酸能够转变成丙酮酸、α-酮戊二

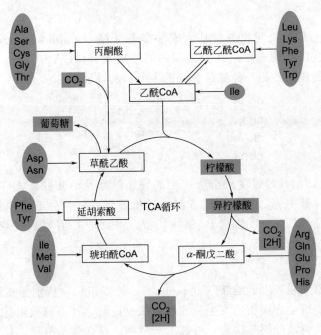

图 9-12　氨基酸碳骨架的代谢途径

酸、琥珀酸和草酰乙酸，这些中间产物可转变成葡萄糖和糖原，其中可转变生成糖的氨基酸被称为**生糖氨基酸**（glucogenic amino acid），如丙氨酸、甘氨酸、天冬氨酸、谷氨酸等。还有些氨基酸不仅可转变成糖，还可转变成酮体，这些氨基酸被称为**生糖兼生酮氨基酸**（glucogenic and ketogenic amino acid），如苯丙氨酸、酪氨酸、苏氨酸、异亮氨酸、色氨酸（表 9-3）。

表 9-3　生糖、生酮及生糖兼生酮氨基酸举例

类别	氨基酸
生糖氨基酸	丙氨酸、精氨酸、天冬氨酸、半胱氨酸、谷氨酸、甘氨酸、脯氨酸、甲硫氨酸、丝氨酸、缬氨酸、组氨酸、天冬酰胺、谷氨酰胺
生酮氨基酸	亮氨酸、赖氨酸
生糖兼生酮氨基酸	异亮氨酸、苯丙氨酸、色氨酸、酪氨酸、苏氨酸

2. 氧化供能

作为能源物质也是氨基酸重要的生理功能，氨基酸脱氨基后生成的 α-酮酸在体内可通过三羧酸循环及生物氧化体系彻底氧化生成 H_2O 和 CO_2，同时释放能量以供机体生理活动需要。但一般情况下，氨基酸不作为能源物质供能，机体主要以糖和脂类作为能源。

3. 合成非必需氨基酸

氨基酸代谢过程中产生的酮酸可以接受氨基，重新生成非必需氨基酸，如丙酮酸、草酰乙酸、α-酮戊二酸等，经过氨基化可转变成丙氨酸、天冬氨酸和谷氨酸。这是机体合成非必需氨基酸的重要途径。

四、脱羧基作用

氨基酸分解代谢的主要途径是脱氨基作用，然而有些氨基酸也可以进行**脱羧基作用**（decarboxylation）生成 CO_2 和胺。肾上腺素、γ-氨基丁酸及组胺等生理活性胺的生物合成，都涉及相应前体氨基酸的脱羧反应。催化氨基酸脱羧反应的酶是**氨基酸脱羧酶**（decarboxylase），氨基酸脱羧酶的专一性很高，一般是一种氨基酸对应一种脱羧酶，而且只对 L-氨基酸起作用。脱羧酶的辅酶是含维生素 B_6 的磷酸吡哆醛，只有组氨酸脱羧酶不需要辅酶。氨基酸脱羧产生的胺在相应的胺氧化酶（amine oxidase）的作用下氧化成醛，醛继续氧化产生酸，酸再氧化成 CO_2 和水。

1. γ-氨基丁酸

L-谷氨酸脱羧酶可催化 L-谷氨酸脱去羧基生成 **γ-氨基丁酸**（γ-aminobutyric acid，GABA），此酶在脑、肾组织中活性很高，所以 γ-氨基丁酸在脑组织中的浓度较高。GABA 是一种抑制性神经递质，对中枢神经系统具有普遍的抑制作用，是一种神经系统的主要抑制性递质。

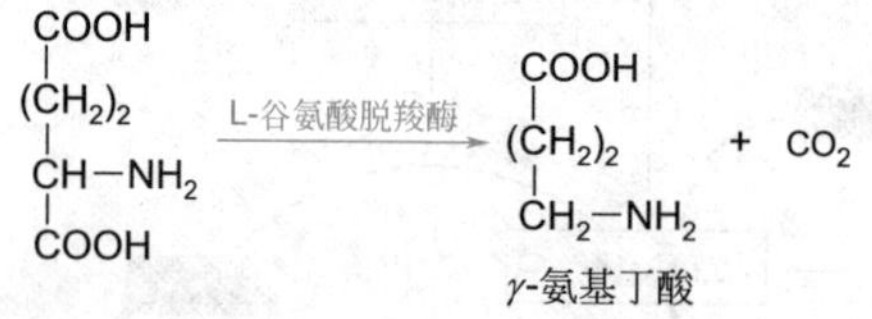

$$\begin{array}{c}COOH \\ (CH_2)_2 \\ CH-NH_2 \\ COOH \end{array} \xrightarrow{\text{L-谷氨酸脱羧酶}} \begin{array}{c}COOH \\ (CH_2)_2 \\ CH_2-NH_2 \end{array} + CO_2$$
γ-氨基丁酸

临床上可用维生素 B_6 防治神经过度兴奋所产生的妊娠呕吐及小儿抽搐，可能是因为维生素 B_6 促进 GABA 的生成而抑制神经系统兴奋。结核病患者服用过量异烟肼后，会产生中枢兴奋、失眠、烦躁不安等不良反应，其机制可能是异烟肼与维生素 B_6 结构相似，可竞争 L-谷氨酸脱羧酶或与维生素 B_6 结合成腙由尿排泄，抑制脑内 GABA 的生成。

2. 组胺

组氨酸脱羧酶催化组氨酸脱羧生成**组胺**（histamine），许多组织，特别是皮肤、肺和肠黏膜的肥大细胞中含有大量的组胺，当组织受到损伤或发生炎症和过敏反应时，都可释放组胺。组胺具有扩张血管、降低血压、促进平滑肌收缩及胃液分泌等功能，可能参与睡眠、荷尔蒙的分泌、体温调节、食欲与记忆形成等诸多功能。

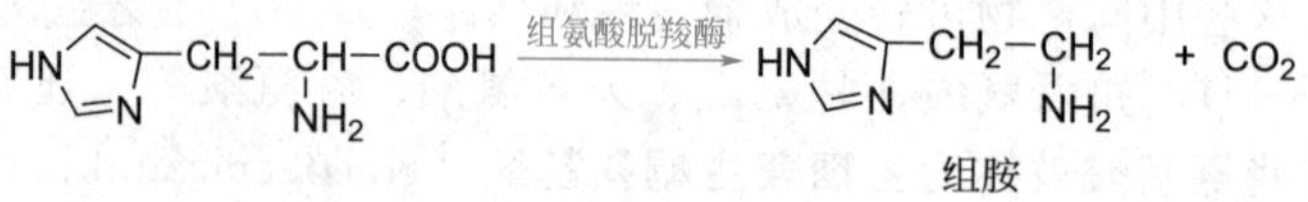

$$\begin{array}{c}HN \diagdown N \end{array}\!-CH_2-CH-COOH \\ \quad\quad\quad NH_2 \xrightarrow{\text{组氨酸脱羧酶}} \begin{array}{c}HN \diagdown N\end{array}\!-CH_2-CH_2 \\ \quad\quad\quad NH_2 + CO_2$$
组胺

3. 牛磺酸

牛磺酸（taurine）是在许多哺乳动物组织中发现的一种游离的氨基磺酸，主要存在于骨骼肌、心脏及神经系统中。牛磺酸可与疏水性物质结合形成酸性产物增加水溶性以利于排出体外，也与胆汁酸结合后促进胆汁酸的吸收。脑组织中牛磺酸含量较高，特别在婴幼儿脑中牛磺酸可促进婴幼儿脑组织细胞和功能的发育、提高神经传导和视觉功能等。在体内牛磺酸由 L-半胱氨酸转变产生，半胱氨酸首先氧化成磺基丙氨酸，再经磺基丙氨酸脱羧酶催化脱去羧基生成牛磺酸。新生儿体内牛磺酸合成明显不足，但母乳中含有高浓度的牛磺酸，可保证婴幼儿的需求。

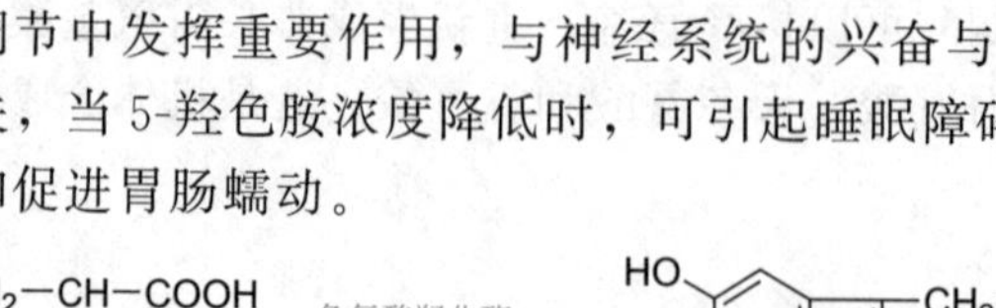

$$\begin{array}{c}CH_2SH \\ CHNH_2 \\ COOH \end{array} \xrightarrow{3[O]} \begin{array}{c}CH_2SO_3H \\ CHNH_2 \\ COOH \end{array} \xrightarrow[\text{磺基丙氨酸脱羧酶}]{CO_2} \begin{array}{c}CH_2SO_3H \\ CH_2NH_2 \end{array}$$
L-半胱氨酸　　　磺基丙氨酸　　　　牛磺酸

4. 5-羟色胺

色氨酸经色氨酸羟化酶作用生成 5-羟色氨酸（5-hydroxytryptophan），再由 5-羟色氨酸脱羧酶催化脱羧生成 **5-羟色胺**（5-hydroxytryptamine，5-HT）（图 9-13）。5-羟色胺主要在脑和肠细胞中合成与储存，作为一种神经递质在神经系统调节中发挥重要作用，与神经系统的兴奋与抑制密切相关。脑中 5-羟色胺与睡眠、镇痛和体温调节等有关，当 5-羟色胺浓度降低时，可引起睡眠障碍、痛阈降低。此外，5-羟色胺可促进微血管收缩、血压升高和促进胃肠蠕动。

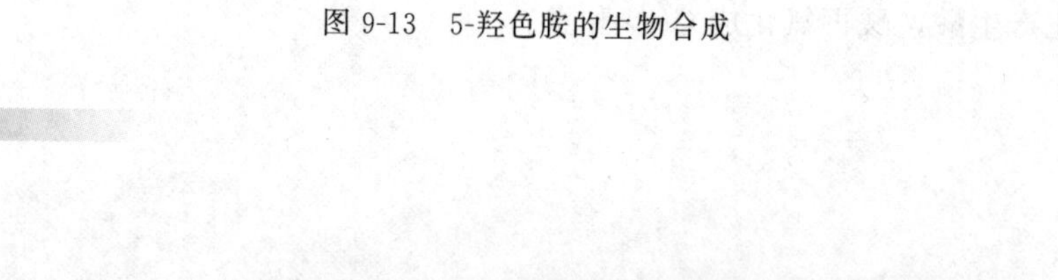

图 9-13　5-羟色胺的生物合成

5. 儿茶酚胺

儿茶酚胺（catecholamine）类包括肾上腺素（epinephrine）、去甲肾上腺素（norepinephrine）和多巴胺（dopamine）及它们的衍生物，属于生物胺家族，因分子中都含有邻苯二酚而得名，可在肾上腺髓质合成，是典型的肾上腺素受体激动剂，作为神经递质对机体适应急性或慢性应急反应具有重要作用，帕金森病（Parkinson disease）患者因多巴胺生成减少导致神经系统功能障碍。儿茶酚胺的主要生理作用是兴奋血管的 α 受体，使血管收缩，主要是小动脉和小静脉收缩，其次是肾脏的血管收缩，此外脑、肝、肠系膜、骨骼肌血管都有收缩作用，对心脏冠状血管有舒张作用。儿茶酚胺释放增多时，心肌收缩力加强，心率加快，心搏出量增加，血压的收缩压增高，出现脉压变小的改变。体内儿茶酚胺类物质可由酪氨酸在酶催化下转变而成（图 9-14），酪氨酸羟化酶催化酪氨酸加氧生成多巴（dopa），多巴脱羧酶催化多巴脱羧后生成多巴胺，多巴胺羧化酶催化多巴胺再加氧生成去甲肾上腺素，最后由转甲基酶催化去甲肾上腺素甲基化生成肾上腺素。

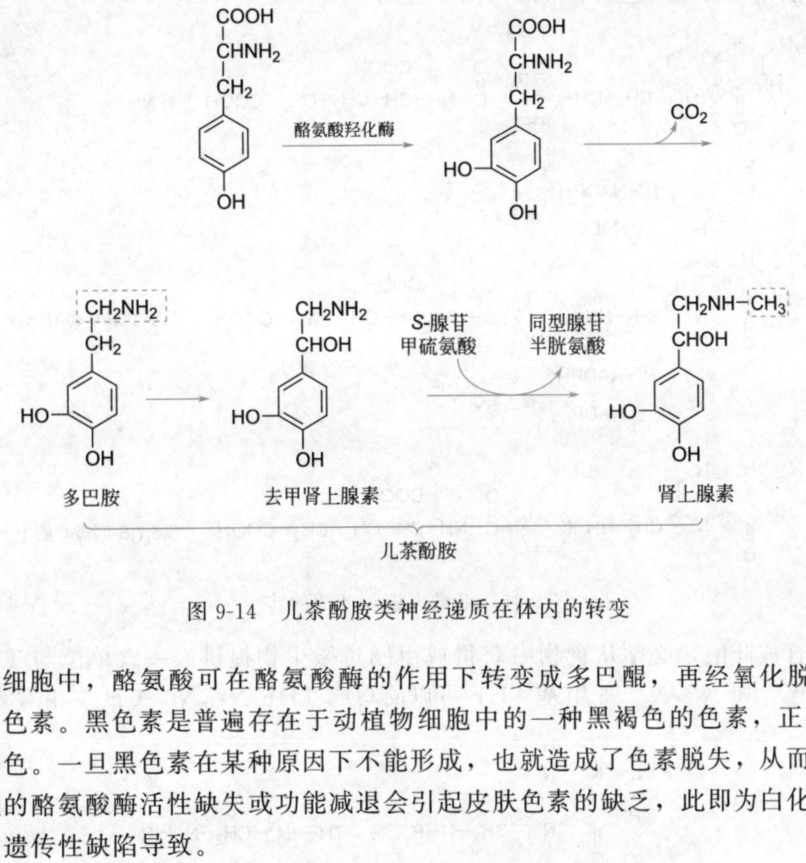

图 9-14　儿茶酚胺类神经递质在体内的转变

在皮肤黑色素细胞中，酪氨酸可在酪氨酸酶的作用下转变成多巴醌，再经氧化脱羧生成吲哚-5，6-醌，最后转变成黑色素。黑色素是普遍存在于动植物细胞中的一种黑褐色的色素，正是由于黑色素的存在，皮肤才有了颜色。一旦黑色素在某种原因下不能形成，也就造成了色素脱失，从而形成了白斑。体内与黑色素形成有关的酪氨酸酶活性缺失或功能减退会引起皮肤色素的缺乏，此即为白化病，此病通常是由于酪氨酸酶基因的遗传性缺陷导致。

五、一碳单位

（一）一碳单位概述

某些氨基酸在分解代谢过程中所产生的含有一个碳原子的基团，称为**一碳单位**（one carbon unit）或**一碳基团**（one carbon group）。生物体内一碳单位有许多结构形式（表 9-4），这些一碳单位不能游离存在，常以**四氢叶酸**（tetrahydrofolic acid，THF/FH$_4$）和 S-腺苷甲硫氨酸为载体进行转运和参与代谢。许多氨基酸都可以作为一碳单位的来源，如甘氨酸、色氨酸、苏氨酸、丝氨酸和组氨酸等。体内凡属"一碳单位"的转移和代谢过程统称为"一碳单位"的代谢。

结构类型	名　称	结构类型	名　称
—CH$_3$	甲基（methyl-）	—CH$_2$OH	羟甲基（hydroxymethyl-）
—CH$_2$—，=CH$_2$	亚甲基（methylene-，也称甲叉基或甲撑基）	—CHO	甲酰基（formyl-）
—CH ，≡CH	次甲基（methenyl-，也称甲川基）	—CH =NH	亚氨甲基（formimino-）

一碳单位具有重要的生理功能，如参与体内嘌呤碱和嘧啶碱的生物合成，嘌呤和嘧啶是合成核酸的基本成分，所以一碳单位的代谢与机体的生长、发育、繁殖和遗传等许多重要的生物学功能密切相关。体内有 50 多种化合物的合成需要 S-腺苷甲硫氨酸（SAM）提供甲基，如肾上腺素、胆碱、肌酸、核酸中的稀有碱基等。因一碳单位与生命体许多重要功能相关，若能干扰其代谢过程，便可影响正常的生命活动，目前据此发展了一类抗叶酸代谢的药物，如磺胺类药物抗菌作用机制就是利用这一生化原理。

体内一碳单位多以 THF 为载体，THF 是甲基蝶呤依次与对氨基苯甲酸和谷氨酸残基相连的衍生物，由二氢叶酸还原酶催化叶酸两次还原后形成（图 9-15）。

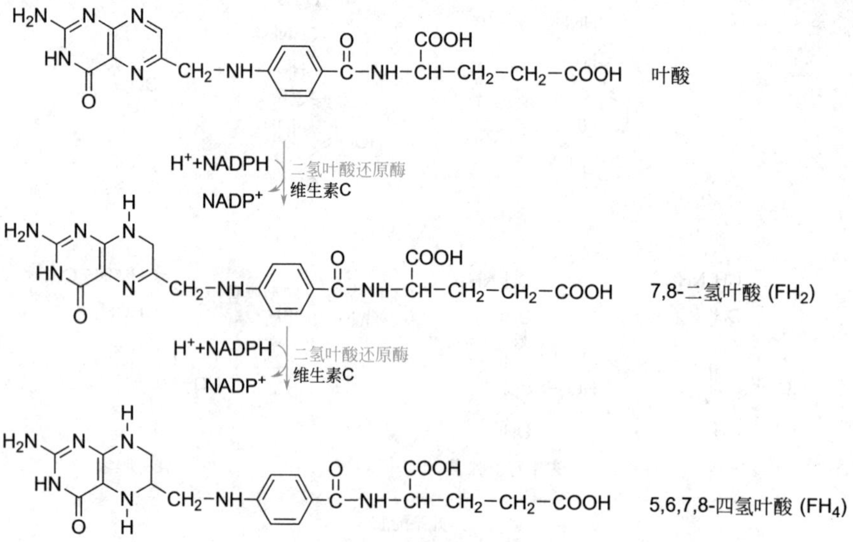

图 9-15　叶酸向四氢叶酸的转变

哺乳动物不能合成叶酸，必须从食物中获得或由肠道微生物提供。一碳单位与 THF 在 N5 位或/和 N10 位以共价键相连，如 N^5,N^{10}-亚甲基 THF 可以简写成 THF-N^5,N^{10}-CH$_2$，化学结构和简式如下：

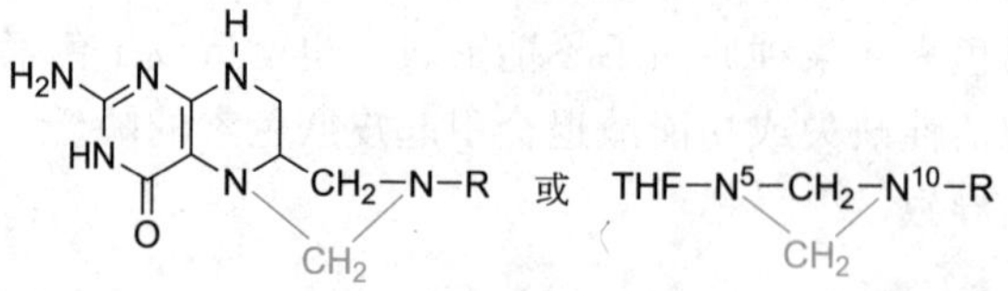

（二）一碳单位的生成

（1）甘氨酸与一碳单位的生成　甘氨酸氧化脱氨生成乙醛酸，再氧化成甲酸，乙醛酸和甲酸可分别与 THF 反应生成 N^5,N^{10}-次甲基 THF 和 N^{10}-甲酰 THF（图 9-16）。

凡是在代谢过程中产生甲酸的都可以通过这种方式产生一碳单位，如色氨酸等；苏氨酸可以分解为甘氨酸和乙醛，所以苏氨酸可通过甘氨酸生成一碳单位（图 9-17）。

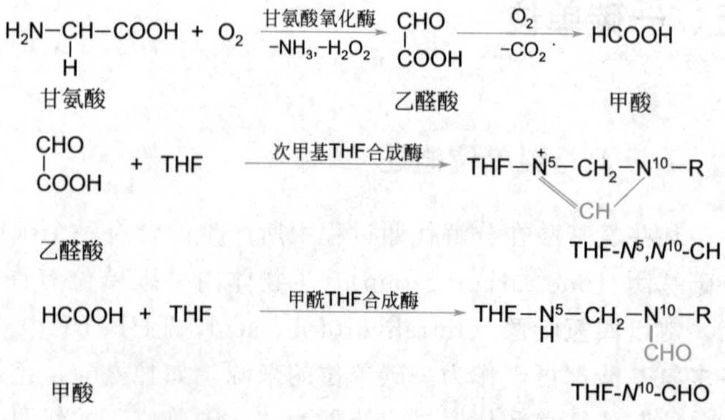

图 9-16　甘氨酸生成一碳单位的反应过程

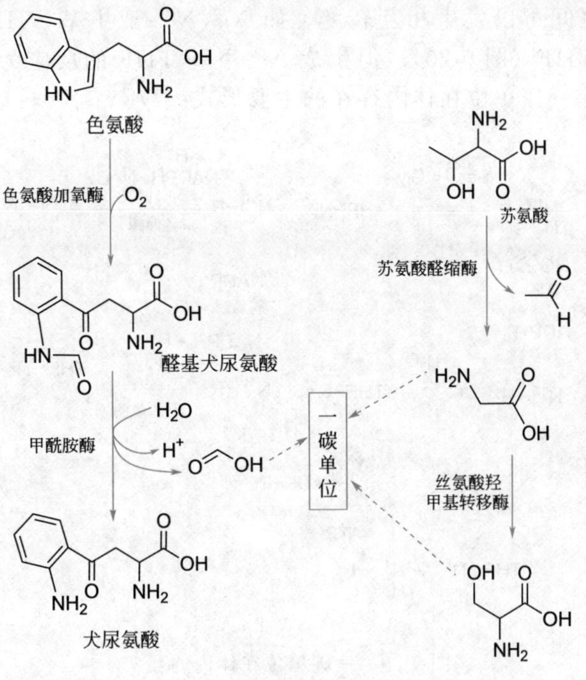

图 9-17　色氨酸和苏氨酸与一碳单位的生成途径

（2）丝氨酸与一碳单位的生成　丝氨酸分子上的 β-碳原子可以转移到 THF 上，同时脱去一分子水，生成 N^5,N^{10}-亚甲基 THF，同时生成甘氨酸。因此丝氨酸既可以直接与 THF 作用生成一碳单位，也可以通过甘氨酸形成 N^5,N^{10}-次甲基 THF（图 9-18）。

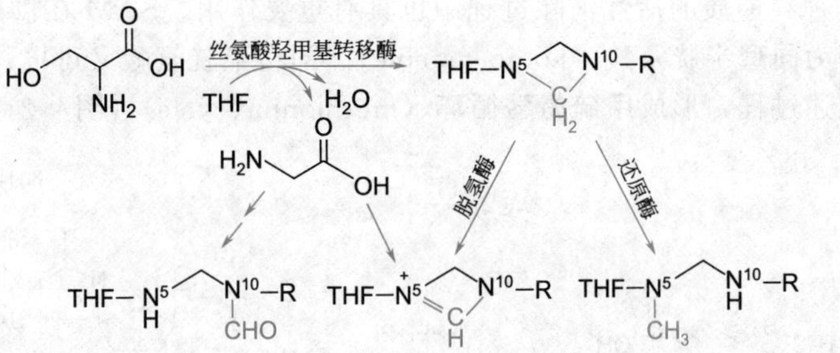

图 9-18　丝氨酸与一碳单位的生成途径

（3）组氨酸与一碳单位的生成　组氨酸在分解过程中产生亚氨甲基谷氨酸和甲酰谷氨酸，它们可以分别与 THF 作用，生成亚氨甲基 THF 和 N^5-甲酰 THF（图 9-19）。

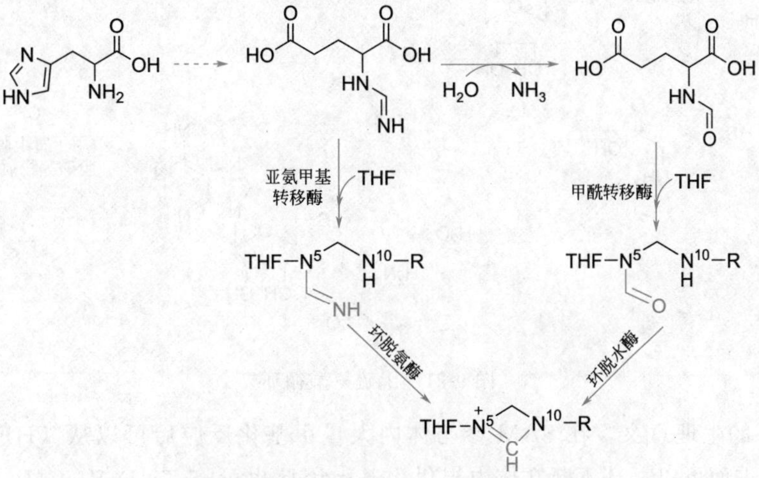

图 9-19　组氨酸生成一碳单位的生成途径

一碳单位的几种形式之间可以发生相互转变，如 N^5, N^{10}-亚甲基 THF 脱氢生成 N^5, N^{10}-次甲基 THF，加氢生成 N^5-甲基 THF（图 9-20）。但生成 N^5-甲基 THF 的反应为不可逆反应。因此 N^5-甲基 THF 在细胞内含量较高，是一碳单位在体内存在的主要形式。

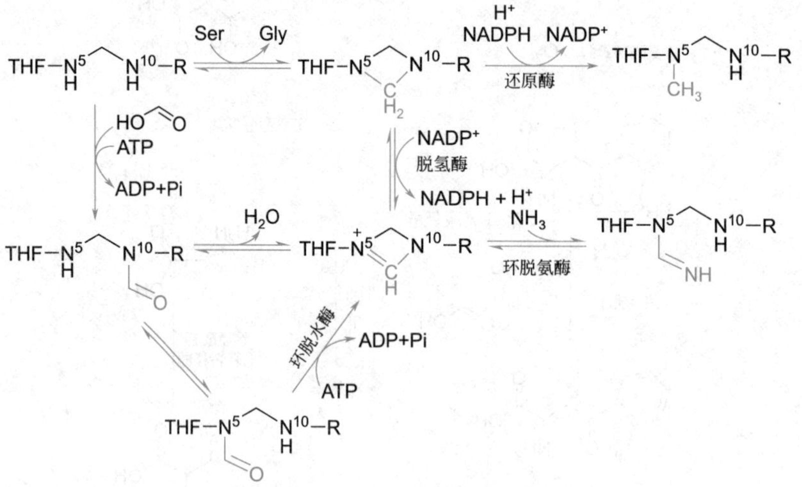

图 9-20 一碳单位在体内的互变

（三）S-腺苷甲硫氨酸

甲硫氨酸活化为 **S-腺苷甲硫氨酸**（S-adenosylmethionine，SAM）后可直接作为甲基供体，在甲基转移酶作用下 SAM 可提供甲基参与胆碱、肌酸、肾上腺素、褪黑素、甲基核苷酸等化合物的合成过程，在儿茶酚胺和 5-羟色胺类神经递质的活性消除过程中也具有重要作用。SAM 在供出甲基后转变为 S-腺苷同型半胱氨酸，随后水解为同型半胱氨酸（homocysteine）。同型半胱氨酸又可以从 THF 中接受甲基形成甲硫氨酸，并重复参与上述过程，形成**甲硫氨酸循环**（methionine cycle）（图 9-21）。

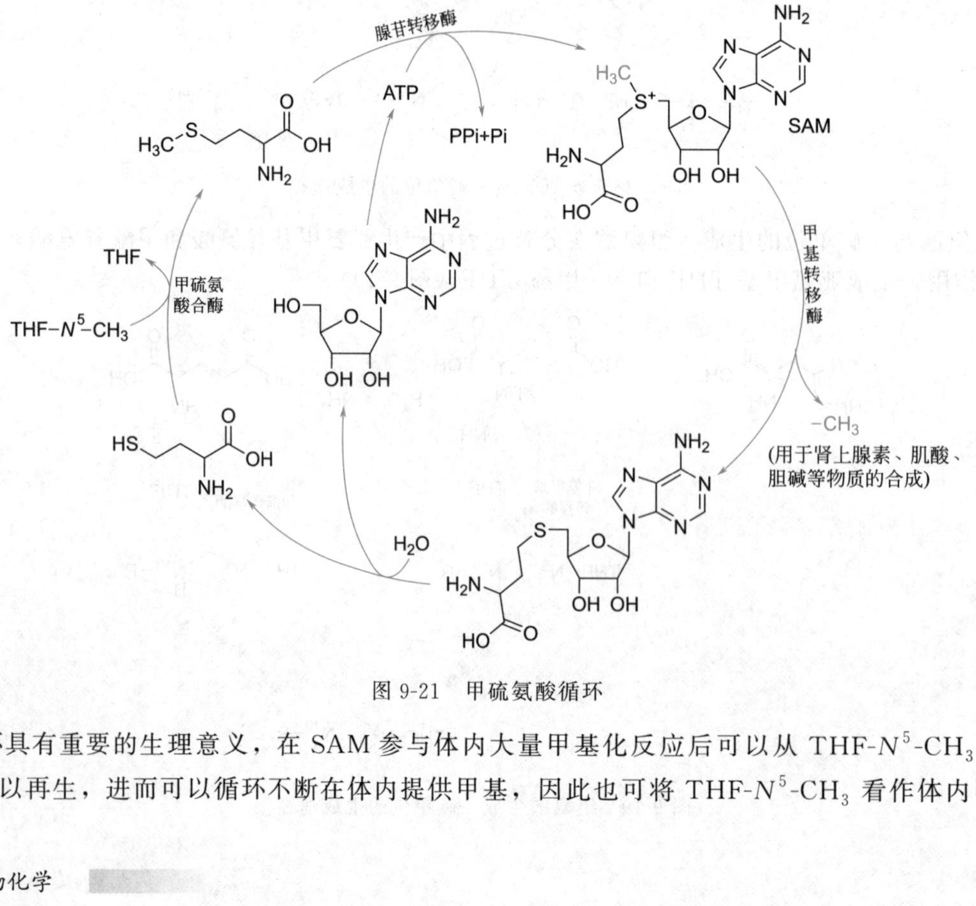

图 9-21 甲硫氨酸循环

此循环具有重要的生理意义，在 SAM 参与体内大量甲基化反应后可以从 THF-N^5-CH$_3$ 获得甲基，使 SAM 得以再生，进而可以循环不断在体内提供甲基，因此也可将 THF-N^5-CH$_3$ 看作体内甲基的间接供体。**甲硫氨酸合酶**（methionine synthase）催化甲基从 THF-N^5-CH$_3$ 转移至同型半胱氨酸生成甲硫氨酸，此酶以维生素 B$_{12}$ 为辅酶。当维生素 B$_{12}$ 缺乏时，THF-N^5-CH$_3$ 中的甲基不能转移给同型半胱氨酸，这不仅影响甲硫氨酸的合成，也影响 THF 的再生，使组织中游离的 THF 减少，导致核酸合成障碍，影响细胞分裂。

（四）一碳单位生理功能

一碳单位的主要功能是参与嘌呤及嘧啶的合成，如 THF-N^{10}-CHO 提供嘌呤环合成时 C2 与 C8 的来源，THF-N^5,N^{10}-CH$_2$ 为胸腺嘧啶核苷酸合成提供甲基，是蛋白质代谢和核酸代谢相互联系的重要途径。嘌呤和嘧啶是合成核酸的重要原料，所以一碳单位的代谢与机体的生长、发育、繁殖和遗传等许多重要的生物学功能密切相关。当一碳单位代谢障碍或 THF 不足时，可引起巨幼红细胞性贫血等疾病。

SAM 是体内甲基化反应的主要甲基来源，体内约有 50 多种化合物的合成需要由 SAM 提供甲基，其中许多化合物具有重要的生理功能，如肾上腺素、肌酸、胆碱、核酸中的稀有碱基等。

一碳单位的代谢机制可用于指导药物设计，如磺胺类药物及其他一些抗叶酸代谢的药物，这些药物影响叶酸合成，从而干扰核酸的生物合成过程，达到抗菌治病的目的。人体内 THF 是以食物中的叶酸为原料在二氢叶酸还原酶的催化下合成的，而细菌细胞中的 THF 是利用对氨基苯甲酸（*para*-aminobenzoic acid，PABA）在二氢叶酸合成酶催化下先合成二氢叶酸，再经还原后生成 THF。磺胺类药物的分子结构与官能团性质与 PABA 相似，可作为拮抗剂抑制二氢叶酸合成酶活性，并阻止细菌细胞内二氢叶酸的合成，最终抑制细菌细胞的分裂增殖。甲氧苄啶（trimethoprim，TMP）是细菌二氢叶酸还原酶的强烈抑制剂，对人体二氢叶酸还原酶抑制作用很弱，故可与磺胺类药物合用增强药效，同时减少用药量，因此常把 TMP 称为磺胺类药物增效剂（图 9-22）。其它抗叶酸代谢药物如甲氨蝶呤，结构与叶酸相似，能竞争性抑制二氢叶酸还原酶的活性，阻止 THF 的合成，可用于抑制细菌和癌细胞的分裂增殖，通常用作癌症治疗药物。但这类药剂不仅对癌细胞有影响，对正常细胞也有影响，因而具有较大毒性。

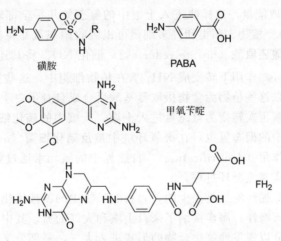

图 9-22　磺胺类及甲氧苄啶的分子结构

第三节　氨基酸的生物合成

不同生物合成氨基酸的能力各不相同，高等植物能合成全部所需氨基酸，而且既可利用氨态氮也可利用硝态氮作为合成氨基酸的氮源；微生物合成氨基酸的能力差异很大，如大肠杆菌可合成全部所需氨基酸，而乳酸菌却需从外界获取某些氨基酸；而人类和其他动物则不能合成机体所需的全部氨基酸，需要从食物中进行补充，如人和大白鼠不能合成苯丙氨酸、赖氨酸、异亮氨酸、亮氨酸、甲硫氨酸、苏氨酸、色氨酸、缬氨酸等氨基酸。

一、氨的来源

（一）氮循环

在生命体系中氮的作用仅次于碳、氢和氧，自然界中氮元素以分子态氮（氮气）、无机结合氮和有机结合氮三种形式存在。大气中含有大量的分子态氮。但是绝大多数生物都不能够利用分子态的氮，只有像

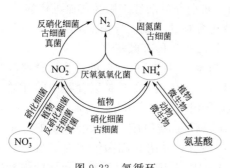

图 9-23　氮循环

豆科植物的根瘤菌一类的细菌和某些蓝绿藻能够将大气中的氮气转变为硝态氮（NO_3^-）加以利用。在生物界，氮素通过广域的**氮循环**（nitrogen cycle）（图 9-23）过程在不同物种间流动，以被循环使用。在氮循环中气态氮首先被转化为化合态氮，这一过程称为**固氮作用**（nitrogen fixation）。固氮作用包括**生物固氮**（biological nitrogen fixation）、**天然固氮**（natural nitrogen fixation）和**人工固氮**（artificial nitrogen fixation）三种方式，其中生物固氮最为重要。生物固氮是利用固氮生物，包括固氮细菌和一些藻类，将氮气还原成氨的过程。固氮生物都属于个体微小的原核生物，所以固氮生物又叫作固氮微生物。

自然界中固氮作用主要由**固氮细菌**（nitrogen-fixing bacteria）进行，固氮细菌可将气态氮转变为氨态氮（NH_3 或 NH_4^+），生成的氨态氮可以被大多数生物利用。在土壤中有许多细菌通过氧化氨态氮生成硝态氮（NO_2^- 和 NO_3^-）以获取能量，这样使进入土壤中的氨态氮几乎全部转变为硝态氮，这一转变过程称为**硝化作用**（nitrification）。植物、藻类和许多细菌可以吸收硝态氮并将其还原为氨态氮，转化需要两步酶催化反应完成，首先**硝酸还原酶**（nitrate reductase）催化 NO_3^- 将其还原成 NO_2^-，随后 NO_2^- 在**亚硝酸还原酶**（nitrite reductase）作用下转变成 NH_4^+。在植物细胞中，这些氨态氮可掺入氨基酸的合成过程，转变成氨基酸，动物再以这些植物为食物摄取氨基酸后合成自身蛋白质。当生物死亡后，微生物降解尸体中的蛋白质，使这些氮素再次转变为氨态氮进入土壤，土壤中的**硝化细菌**（nitrifying bacteria）再将氨态氮转变为硝态氮。土壤中的硝态氮也可在厌氧环境中被**反硝化细菌**（denitrifying bacteria）还原成气态氮，这一过程也称**反硝化作用**（denitrification）。自然界中的氮元素通过氨态氮、硝态氮和气态氮之间的不断转变维持动态平衡，实现氮循环过程。

总的来说，大气中参与氮循环的氮是很少的，岩石和矿物中的氮被风化后进入土壤，一部分被生物体吸收，一部分被地表径流带入海洋。海洋接纳了来自土壤和大气的氮，其中的一部分被生物体吸收。生物体死后，生物体内的氮一部分以挥发性氮化合物的形式进入大气，一部分又返回土壤，还有一部分以沉积物的形式沉积在大洋深处。植物只能从土壤中吸收无机态的氨态氮（铵盐）和硝态氮（硝酸盐），用来合成氨基酸，再进一步合成各种蛋白质。动物则只能直接或间接利用植物合成的有机氮（蛋白质），经分解为氨基酸后再合成自身的蛋白质。在动物的代谢过程中，一部分蛋白质被分解为氨、尿酸或尿素等排出体外，最终进入土壤。动植物残体中的有机氮则被微生物转化为无机氮（氨态氮和硝态氮），从而完成生态系统的氮循环。可见生态系统氮循环包括生物体内有机氮的合成、氨化作用、硝化作用、反硝化作用和固氮作用多个重要环节。

（二）固氮酶

固氮酶（nitrogenase）是生物固氮过程中将空气中的氮气（N_2）还原成氨（NH_3）的催化酶，这类酶是迄今为止被发现的唯一一种能完成该过程的酶，在一些共生生物如根瘤菌（*Rhizobium*）、螺菌（*Spirillum*）、弗兰克氏菌（*Frankia*）及一些非共生生物如蓝绿藻类（*Cyanobacteria*）、绿色硫黄菌

（green sulfur bacteria）、固氮菌（*Azotobacter*）中可合成此类酶。氮一般以含有键能较高的氮-氮三键的气态氮形式存在于自然界中，固氮酶可以使固氮反应过程的活化能降低，从而使反应更容易进行。

固氮酶由固二氮酶和固二氮酶还原酶两种相互分离的蛋白质构成（图 9-24）。固二氮酶又称组分Ⅰ（P1）、钼铁蛋白（MF）或钼铁氧还蛋白（MoFd），是一种含铁和钼的蛋白。钼铁蛋白为异源四聚体（$\alpha_2\beta_2$），分子质量约 $220\sim240$kDa 之间（因不同来源而异），其中 α 亚基分子质量约 55kDa，具有高度保守性；β 亚基分子质量约 60kDa，氨基酸序列与 α 亚基相似。α 亚基和 β 亚基之间存在广泛的相互作用，它们构成一个近似轴对称的 αβ 二聚体，两个 αβ 二聚体以近似轴对称的方式交联起来，形成了 $\alpha_2\beta_2$ 四聚体。在钼铁蛋白中含有 M-簇和 P-簇两种金属原子簇。P-簇是一类独特的 [8Fe-7S] 原子簇，位于 α 和 β 亚基二聚体的界面上，它能够进行多种氧化还原态的变化，是固氮酶反应中电子传递的中间体。M-簇位于钼铁蛋白的 α 亚基内，由一个 [4Fe-3S] 簇和一个 [1Mo-3Fe-3S] 簇通过 3 个 S 原子与二者中的 Fe 连接而成的 [1Mo-7Fe-9S] 原子簇，也称 "FeMo 辅因子"。钼铁蛋白在固氮反应中起催化、络合作用，它是 N_2 还原的活性中心。固二氮酶还原酶又称组分Ⅱ（P2）、铁蛋白（Fe protein）或固氮铁氧还蛋白（AzoFd），它是一种只含铁的蛋白质。铁蛋白是两个相同亚基组成同源二聚体，分子质量约为 $59\sim73$kDa（因菌种不同而差异），每个亚基的分子质量约 30kDa。两个亚基通过一个 [4Fe-4S] 金属簇桥连，每个亚基的核心是一个由 8 个 β 折叠片形成的平面，侧面与 9 条 α 螺旋相连。在二聚体两个亚基的界面之间还存在大量的氢键和静电作用。在铁蛋白上有 3 种功能位点：[4Fe-4S] 簇、MgATP 结合-水解位点、ADP-R 位点，前二者密切结合，与电子传递相关。在固氮反应中，[4Fe-4S] 簇改变氧化还原电势作为分子间电子传递的驱动力，反应首先由 $Na_2S_2O_4$、铁氧还蛋白、黄素氧还蛋白等电子供体提供电子将 $[4Fe-4S]^{2+}$ 还原为 $[4Fe-4S]^{+}$，$[4Fe-4S]^{+}$ 再将电子传递给钼铁蛋白的 P-簇，重新转变为 $[4Fe-4S]^{2+}$，每传递一个电子要水解 2 个 MgATP。钼铁蛋白的 P-簇获得电子后被还原，钼铁蛋白的 M-簇可以从 P-簇获得电子，并将结合在此处的 N_2 还原，产生 2 分子 NH_3 和 1 分子 H_2。

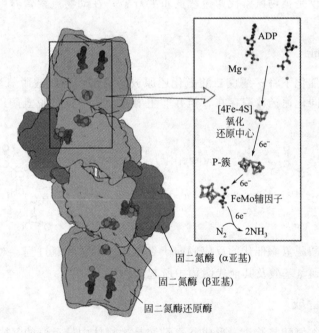

图 9-24　固氮酶结构及电子传递途径

某些固氮菌处于不同生长条件下时还可合成其他不含钼的固氮酶，称作"替补固氮酶"，如钒铁固氮酶和铁铁固氮酶，这两种固氮酶在生物遗传上与钼铁固氮酶是同源的，且它们活性中心的结构也非常相似，可以适应在极度缺钼环境下正常进行生物固氮的功能。

固氮酶对氧非常敏感，其催化反应需在厌氧条件下进行。除了专性厌氧的生物外，氧对其他固氮生物的固氮酶均有损伤作用，但这些生物通过呼吸作用产生固氮必需的 ATP 又需要氧，所以高效率的固氮作用一般是在微氧下进行的，不同固氮生物可以通过不同的机制避免氧对固氮酶的伤害。

（三）人工固氮

每年生物固氮的总量占地球上固氮总量的90%左右，可见生物固氮在地球的氮循环中具有十分重要的作用。天然固氮是利用自然条件将空气中氮气转变为化合态氮，如闪电能使空气里的氮与氧结合转化为氮氧化物，一次闪电能生成80～1500kg的一氧化氮，因而也将天然固氮称为高能固氮。氮氧化物与水反应生成亚硝酸（盐），渗入土壤后转变成硝酸（盐），这种固氮方式远远满足不了农业生产的需求。

为应对农业生产的需求，人类尝试通过化学方法（如高温、高压结合化学催化），使游离态氮转变为化合态氮，这一过程称为人工固氮，也称化学固氮。最早的人工固氮实验是利用碱金属氧化物和碳在高温下与氮所发生反应，但直到19世纪60年代人工固氮技术才从实验室进入商业生产阶段，此后人工固氮技术也不断得到改良和发展。目前工业上最常用的是哈伯-博世（Haber-Bosch）法，此方法将氮气与氢气在高温高压及催化剂（铁或钌）作用下发生化合反应生成氨，然后再经一系列的反应转化为其他形式化合物，如硝酸、氮肥、含氮炸药等。这种固氮方法在优化催化条件后，可以每分钟生产1～10t氨，但哈伯-博世法需要高温高压这种非常严苛的反应条件，而且需要消耗大量能源。

二、氨同化

无机态的氨参与有机氮化物形成的过程称为**氨同化**（ammonia assimilation），氨同化主要在植物体内进行。生物体可利用谷氨酸脱氢酶（glutamate dehydrogenase，GDH）、谷氨酰胺合成酶（glutamine synthetase，GS）及氨甲酰磷酸合成酶Ⅰ（carbamoyl phosphate synthetase Ⅰ，CPS-Ⅰ）的催化将游离氨转化为有机氮化物。氨同化产物再经由其他生化反应可以形成多种氨基酸，进而合成蛋白质和其他高分子含氮化合物。氨同化作用不仅是植物氮素代谢过程的重要环节，在动物氮素营养以及在自然界氮素循环中也占有重要地位。

（一）谷氨酸的合成

氨在谷氨酸脱氢酶的催化下将α-酮戊二酸氨化还原成谷氨酸，谷氨酸脱氢酶广泛分布在动物、植物、微生物体内，因而这一氨同化途径普遍存在，但并非主要途径。谷氨酸脱氢酶以NADH或NADPH为辅酶，其催化的反应为：

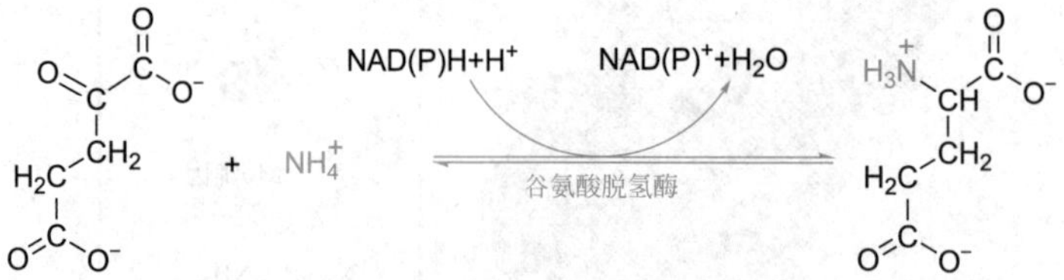

在真核细胞中，谷氨酸脱氢酶催化的反应倾向于谷氨酸的氧化脱氨过程，对NH_4^+的K_m值较高，因而这个反应将NH_4^+引入到氨基酸及其他代谢物中所起的作用不大。

（二）谷氨酰胺的合成

谷氨酰胺合成酶催化谷氨酸与游离氨形成谷氨酰胺是生物体中最重要的氨同化途径。该反应分两步进行，第一步先形成γ-谷氨酰磷酸，然后由NH_4^+取代磷酸基团生成谷氨酰胺。

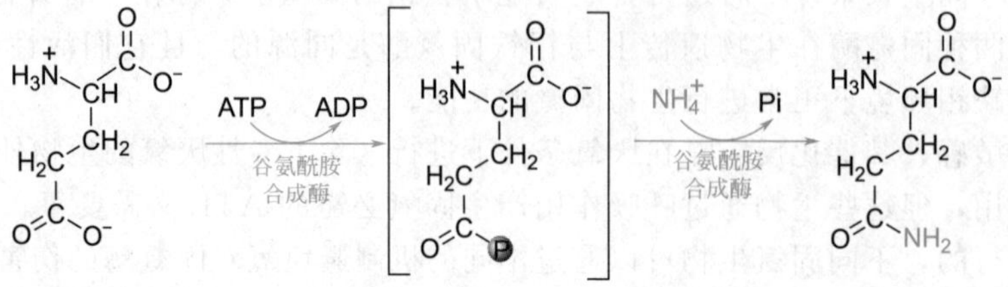

在植物和细菌细胞中，谷氨酰胺在谷氨酸合酶（glutamate synthase）催化下提供氨基给 α-酮戊二酸，生成两分子谷氨酸。

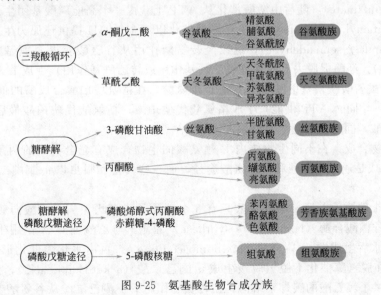

当环境中的氨浓度降低时，谷氨酰胺合成酶和谷氨酸合酶联合作用可继续维持氨同化作用产生谷氨酸，净反应式为：

$$\alpha\text{-酮戊二酸} + NH_4^+ \xrightarrow[\quad ATP \qquad ADP+Pi\quad]{\quad NAD(P)H+H^+ \qquad NAD(P)^+ \quad} \text{谷氨酸}$$

（三）氨甲酰磷酸的合成

氨甲酰磷酸的合成需要以氨、二氧化碳及 ATP 在氨甲酰磷酸合成酶 I 催化下生成，反应需要消耗两分子的 ATP。氨甲酰磷酸是一种重要的代谢物，不仅具有氨同化作用，其重要性还体现在参与尿素循环和嘧啶的生物合成过程。氨甲酰磷酸的合成反应如下：

$$NH_3 + CO_2 + 2ATP \xrightarrow[Mg^{2+}]{\text{氨甲酰磷酸}\atop\text{合成酶 I}} H_2N-\overset{O}{\overset{\|}{C}}-O\sim PO_3H_2 + 2ADP + Pi$$

三、氨基酸的生物合成

氨基酸的生物合成需要利用体内多条代谢途径，包括柠檬酸循环、糖酵解途径以及磷酸戊糖途径等，这些代谢途径产生的一些关键中间产物作为碳骨架与氨结合最终生成氨基酸。根据合成起始物——代谢中间体的不同，可将氨基酸的生物合成途径归纳为谷氨酸族、天冬氨酸族、丝氨酸族、丙氨酸族、芳香族氨基酸族及组氨酸六大合成家族（图 9-25）。

```
三羧酸循环 ┬→ α-酮戊二酸 → 谷氨酸 ┬→ 精氨酸
           │                         ├→ 脯氨酸     谷氨酸族
           │                         └→ 谷氨酰胺
           │
           └→ 草酰乙酸 → 天冬氨酸 ┬→ 天冬酰胺
                                   ├→ 甲硫氨酸
                                   ├→ 苏氨酸      天冬氨酸族
                                   └→ 异亮氨酸

糖酵解 ┬→ 3-磷酸甘油酸 → 丝氨酸 ┬→ 半胱氨酸
        │                        └→ 甘氨酸        丝氨酸族
        │
        └→ 丙酮酸 ┬→ 丙氨酸
                  ├→ 缬氨酸                        丙氨酸族
                  └→ 亮氨酸

糖酵解/磷酸戊糖途径 → 磷酸烯醇式丙酮酸 ┬→ 苯丙氨酸
                      赤藓糖-4-磷酸      ├→ 酪氨酸    芳香族氨基酸族
                                        └→ 色氨酸

磷酸戊糖途径 → 5-磷酸核糖 → 组氨酸                  组氨酸族
```

图 9-25　氨基酸生物合成分族

（一）α-酮戊二酸途径

谷氨酸、谷氨酰胺、精氨酸、脯氨酸的生物合成都是以 α-酮戊二酸为前体，在某些真菌和眼虫细胞内，α-酮戊二酸还可作为赖氨酸生物合成的前体。

（1）谷氨酸的生物合成　谷氨酸在生物体内可以由转氨酶催化氨基酸脱氨并将氨基转移至 α-酮戊二酸的羧基上生成，也可以在谷氨酸脱氢酶的催化下利用游离氨氨化还原 α-酮戊二酸后生成。虽然谷氨酸脱氢酶普遍存在，但在植物、真菌类以及细菌细胞中只有当环境中的 NH_4^+ 浓度很高时才由此途径形成谷氨酸。由游离氨向谷氨酸的转变主要是利用谷氨酰胺合成酶和谷氨酸合酶联合作用，在低 NH_4^+ 浓度下也可向谷氨酸转化。

（2）谷氨酰胺的生物合成　由 α-酮戊二酸向谷氨酰胺的转变需要先经转氨作用将 α-酮戊二酸转变成谷氨酸，再由谷氨酰胺合成酶催化谷氨酸与氨作用形成谷氨酰胺，这一过程需要 ATP 供能。谷氨酰胺合成酶是催化氨转变为有机氮化物的主要酶，该酶活性受到机体对含氮物需要情况的灵活控制。

（3）脯氨酸的生物合成　α-酮戊二酸转变成谷氨酸后，再由谷氨酸激酶催化从 ATP 获得磷酸基团形成 5-谷氨酰磷酸，随后在 γ-半醛谷氨酸脱氢酶作用下将谷氨酸的 γ-羧基还原成 γ-半醛谷氨酸（glutamic-γ-semialdehyde），然后自发环化形成五元环化合物 5-羧酸-Δ'-二氢吡咯（Δ'-pyrroline-5-carboxylate），最后由二氢吡咯还原酶催化还原形成脯氨酸（图 9-26）。

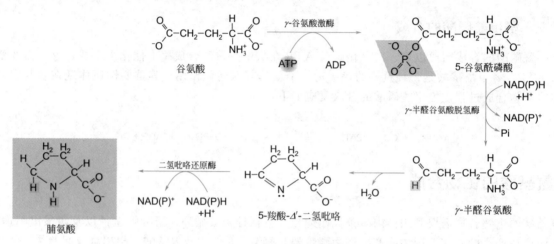

图 9-26　脯氨酸的合成过程

（4）精氨酸的生物合成　精氨酸的合成过程较复杂，先由谷氨酸在转乙酰基酶的催化下转化为 N-乙酰谷氨酸（N-acetylglutamate），随后由激酶催化从 ATP 上获得一个高能磷酸基团生成 N-乙酰-γ-谷氨酰磷酸（N-acetyl-γ-glutamyl phosphate），再由还原酶催化以 NAD(P)H 提供还原力生成 N-乙酰谷氨酸-γ-半醛（N-acetyl glutamic-γ-semialdehyde），继续经转氨酶作用从谷氨酸获得 α-氨基生成 N-乙酰鸟氨酸（α-N-acetyl ornithine），经酶促脱去乙酰基（脱乙酰基作用或转乙酰基作用）生成 L-鸟氨酸，转氨甲酰酶催化 L-鸟氨酸从氨甲酰磷酸获得氨甲酰基团生成 L-瓜氨酸，在精氨琥珀酸合成酶的催化下 L-瓜氨酸与天冬氨酸结合（需 Mg^{2+}，同时 ATP 供能）生成精氨酸代琥珀酸，精氨酸代琥珀酸最后在精氨琥珀酸裂解酶的作用下释出精氨酸，同时产生延胡索酸（图 9-27）。

（5）赖氨酸的生物合成　在不同生物体内 L-赖氨酸的生物合成有完全不同的两条途径，如细菌和绿色植物 L-赖氨酸的合成是通过丙酮酸和天冬氨酸途径，而一些真菌和眼虫以 α-酮戊二酸（α-KG）为起始物合成 L-赖氨酸。

赖氨酸碳架有 6 个碳原子，而 α-酮戊二酸只有 5 个碳原子，因此 α-酮戊二酸向赖氨酸转变需延长碳链。α-酮戊二酸在高柠檬酸合酶（homocitrate synthase）催化下与乙酰辅酶 A 作用生成高柠檬酸，高柠檬酸经脱水酶催化脱水后生成顺-高乌头酸（cis-homoaconitate），再由水化酶催化形成高异柠檬酸（homoisocitrate），然后在脱氢酶催化下脱氢脱羧生成 α-酮己二酸（α-ketoadipic acid），至此碳链得以延伸。α-酮己二酸的生成提供了赖氨酸的碳骨架结构，在转氨酶作用下 α-酮己二酸从谷氨酸获得氨基生成 α-氨基己二酸，再由合酶催化从 ATP 获得 AMP 基团使 δ-羧基活化，经还原后生成 α-氨基己二酸-δ-半醛（α-aminoadipic-δ-semialdehyde），己醛基团继续由 NADPH 提供还原力在还原酶作用下与谷氨酸在氨基部位缩合生成 ε-N-(2-戊二酸)-赖氨酸（也称酵母氨酸，saccharopine），酵母氨酸在脱氢酶催化下氧化裂解生成 L-赖氨酸和 α-酮戊二酸（图 9-28）。上述反应实际是一种氨基转移反应，它和以磷酸吡哆醛为辅酶的氨

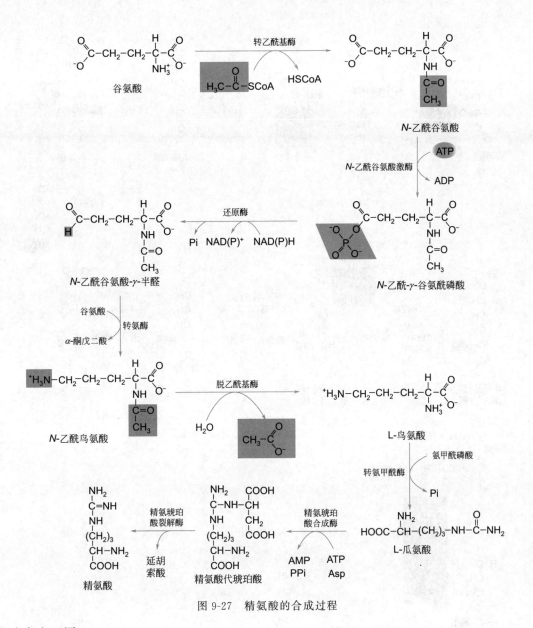

图 9-27　精氨酸的合成过程

基转移方式完全不同。

（二）草酰乙酸途径

天冬氨酸族的氨基酸在生物合成时以草酰乙酸为前体，包括天冬氨酸、天冬酰胺、赖氨酸、甲硫氨酸、苏氨酸及异亮氨酸等。

（1）天冬氨酸的生物合成　谷草转氨酶可以催化谷氨酸的 α-氨基转移至草酰乙酸生成天冬氨酸，其合成反应如下：

（2）天冬酰胺的生物合成　在细菌细胞中，天冬酰胺的合成可由 NH_4^+ 提供酰氨基，催化酶也称天冬酰胺合成酶（asparagine synthetase），该酶对游离氨具有很高的亲和力，这一反应途径也伴有 ATP 降解

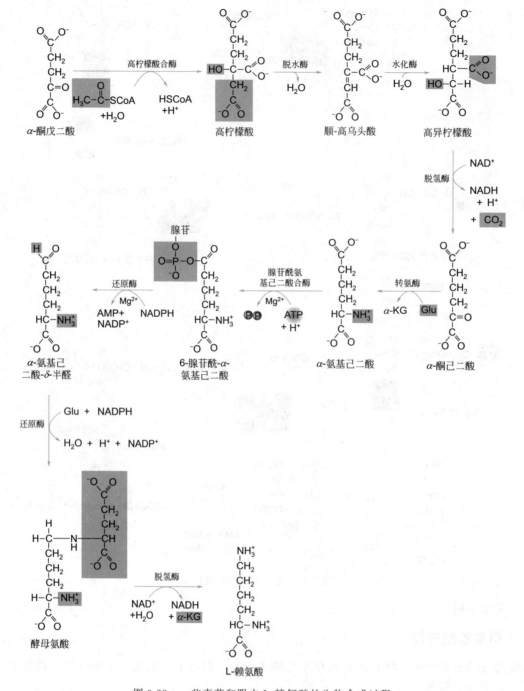

图 9-28　一些真菌和眼虫 L-赖氨酸的生物合成过程

为 AMP 和 PPi 的过程。在其他生物体内，天冬酰胺由天冬酰胺合成酶催化天冬氨酸的羧基从谷氨酰胺的酰氨基获得氨基后生成，该反应过程需 ATP 供能（图 9-29）。

　　天冬酰胺和谷氨酰胺合成的机制有许多相似之处，主要的不同是在谷氨酰胺合成反应中 ATP 转变成 ADP 和 Pi，天冬酰胺合成反应中 ATP 则形成 AMP 和 PPi。在机体内催化 PPi 水解为 2Pi 的酶是焦磷酸酶，可以释放更多的能量，因此天冬酰胺的合成反应比谷氨酰胺的合成反应更易于进行。

　　（3）苏氨酸、甲硫氨酸和赖氨酸的生物合成　　苏氨酸、甲硫氨酸和赖氨酸都以天冬氨酸为合成起始物，在细菌细胞中天冬氨酸首先在天冬氨酸激酶（aspartokinase）催化下由 ATP 提供磷酸基团转化为天冬氨酰-β-磷酸。在大肠杆菌细胞中，有三种天冬氨酸激酶同工酶，分别命名为天冬氨酸激酶 I、II 和 III，分别由三种氨基酸终产物反馈调节，其中激酶 I 被苏氨酸反馈抑制，激酶 III 由赖氨酸反馈抑制，激酶 II 活性虽不受甲硫氨酸的反馈抑制，但甲硫氨酸可抑制该酶基因的表达。天冬氨酰-β-磷酸随后在 β-天冬氨酸

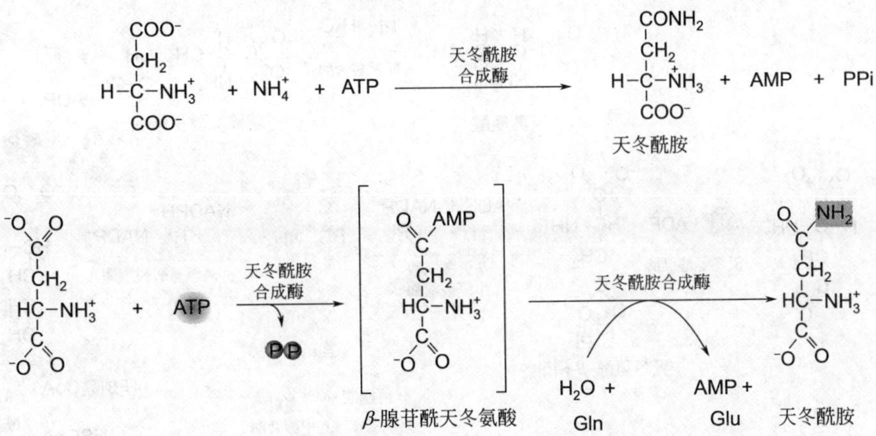

图 9-29　天冬酰胺的生物合成

半醛脱氢酶（β-aspartyl-semialdehyde dehydrogenase）催化下转化为 β-天冬氨酸半醛，反应由 NADPH 提供还原力。至此合成过程出现分支，二氢吡啶甲酸合酶（dihydropicolinate synthase）催化 β-天冬氨酸半醛与丙酮酸缩合生成二氢吡啶甲酸，因有丙酮酸的参与所以赖氨酸的合成也可归于丙氨酸家族。赖氨酸可以反馈抑制分支反应的酶活性，从而对赖氨酸的合成进行调节。此后二氢吡啶甲酸经水解开环、琥珀酰化、转氨基及脱琥珀酰反应后生成 L,L-α,ε-二氨基庚二酸（L,L-α,ε-diaminopimelate），L,L-α,ε-二氨基庚二酸经异构酶催化后转变成内消旋产物内消旋-α,ε-二氨基庚二酸（meso-α,ε-diaminopimelate），最后经脱羧反应生成终产物赖氨酸（图 9-30）。

　　β-天冬氨酸半醛向苏氨酸和甲硫氨酸转变时需先还原成高丝氨酸（homoserine），此还原反应由高丝氨酸脱氢酶（homoserine dehydrogenase）催化，以 NADPH 提供还原力。高丝氨酸经高丝氨酸酰基转移酶（homoserine acyltransferase）催化转变成 O-琥珀酰高丝氨酸（O-succinylhomoserine），甲硫氨酸可以反馈抑制这步反应的催化酶。琥珀酰基团随后由半胱氨酸取代生成胱硫醚（cystathionine），半胱氨酸为甲硫氨酸的合成提供硫原子。胱硫醚裂解生成丙酮酸、NH_3 和高半胱氨酸（homocysteine），高半胱氨酸甲基化后生成甲硫氨酸，甲基由 N-甲基四氢叶酸（THF-N^5-CH_3）提供（图 9-30）。

　　苏氨酸与高丝氨酸结构相似，只是—OH 结合位置不同，从高丝氨酸向苏氨酸的转变需要将 C4 位的—OH 转移至 C3 位，这过程由依赖 ATP 的高丝氨酸激酶（homoserine kinase）和苏氨酸合酶共同催化完成（图 9-30）。

　　（4）异亮氨酸的生物合成　异亮氨酸进行生物合成时，其 6 个碳原子中有 4 个来自天冬氨酸（通过苏氨酸），只有 2 个来自丙酮酸，因而将其归入天冬氨酸合成家族成员。然而，异亮氨酸合成所需的 5 种酶中有 4 种与缬氨酸的生物合成途径相同，因此将异亮氨酸合成与缬氨酸的合成放在一起介绍。

（三）丙酮酸途径

　　丙氨酸族的氨基酸包括丙氨酸、缬氨酸和亮氨酸，这些氨基酸的合成都以丙酮酸为前体，丙酮酸还为异亮氨酸的合成提供 2 个碳原子，为赖氨酸的合成提供 2 个或 3 个碳原子。

　　（1）丙氨酸的生物合成　丙氨酸由谷丙转氨酶催化丙酮酸与谷氨酸发生氨基转移后生成，因转氨酶的作用是可逆反应，丙酮酸和丙氨酸可根据机体的需要而相互转换。丙酮酸向丙氨酸转化的反应式为：

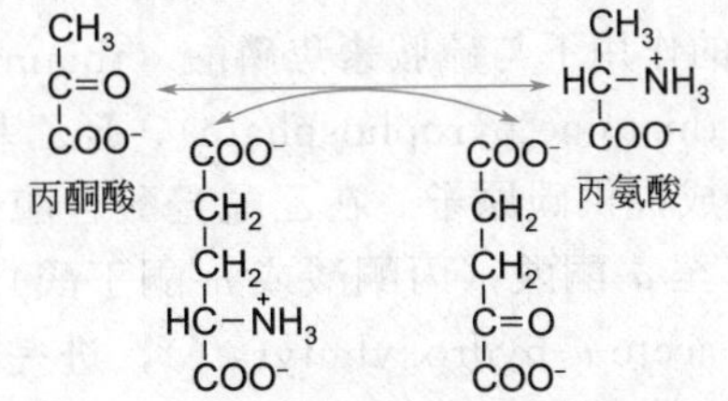

　　（2）缬氨酸和异亮氨酸的生物合成　这两种氨基酸的合成都起源于 α-酮酸，异亮氨酸的合成除了需要丙酮酸外还需要 α-酮丁酸（α-ketobutyrate）作原料，α-酮丁酸由苏氨酸在苏氨酸脱水酶（threonine de-

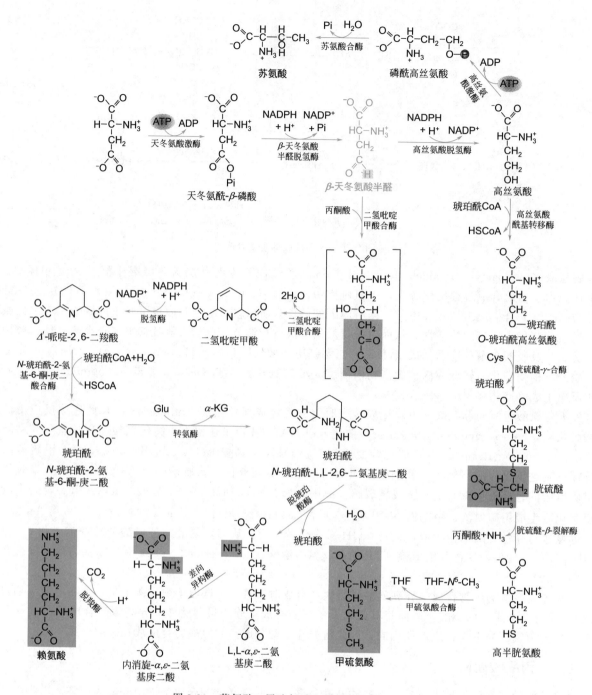

图 9-30　苏氨酸、甲硫氨酸和赖氨酸的生物合成

hydratase）催化下生成，此酶受终产物异亮氨酸的反馈抑制。由此可见，异亮氨酸的合成前体 α-酮丁酸由天冬氨酸经苏氨酸转变而来，且为异亮氨酸的合成提供 4 个碳原子，因此将其合成归入天冬氨酸家族。异亮氨酸合成的另 2 个碳原子来源于丙酮酸，丙酮酸在转酮酶（transketolase）和丙酮酸脱氢酶复合体（pyruvate dehydrogenase complex）的作用下与硫胺素焦磷酸（thiamine pyrophosphate，TPP）作用生成羟乙基硫胺素焦磷酸（hydroxyethyl-thiamine pyrophosphate），羟乙基硫胺素焦磷酸不仅为异亮氨酸合成提供 2 个碳原子，也可为缬氨酸的合成提供碳原子。在乙酰羟酸合酶（acetohydroxy acid synthase）催化下羟乙基硫胺素焦磷酸将羟乙基转移至 α-酮酸（丙酮酸或 α-酮丁酸）的羧基碳上，生成 α-乙酰乳酸（α-acetolactate）或 α-乙酰-α-羟丁酸（α-aceto-α-hydroxybutyrate），进一步还原后生成二羟酸，再由二羟酸脱水酶（dihydroxy acid dehydratase）催化生成 α-酮酸，最后由支链氨基酸氨基转移酶（branched-chain amino acid aminotransferase）催化从谷氨酸获得氨基后生成缬氨酸和异亮氨酸（图 9-31）。

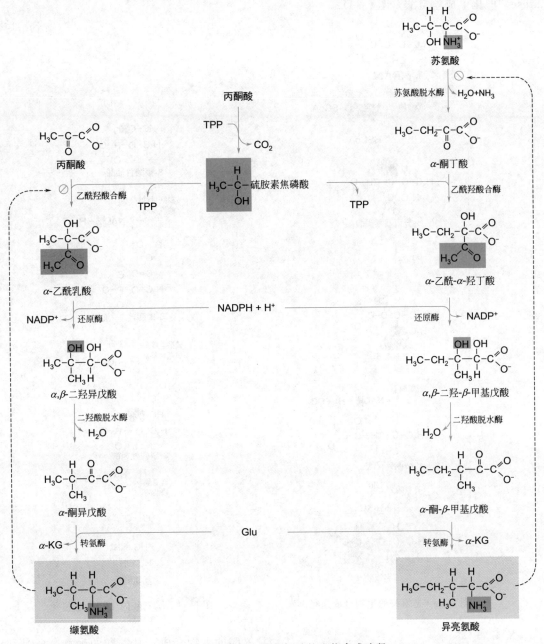

图 9-31　缬氨酸和异亮氨酸的生物合成途径

（3）亮氨酸的生物合成　亮氨酸的合成途径中从丙酮酸开始至形成 α-酮异戊酸（α-ketoisovalerate）的过程与缬氨酸的合成途径完全相同，α-酮异戊酸在 α-异丙基苹果酸合酶（α-isopropyl malate synthase）作用下，由乙酰 CoA 获得酰基生成 α-异丙基苹果酸，再由异构酶催化生成 β-异丙基苹果酸。β-异丙基苹果酸在脱氢酶催化下脱羧脱氢后生成 α-酮异己酸，最后由亮氨酸转氨酶催化从谷氨酸获取氨基后生成亮氨酸（图 9-32）。

（四）3-磷酸甘油酸途径

丝氨酸族包括丝氨酸、甘氨酸和半胱氨酸，它们的生物合成前体都是糖酵解中间体 3-磷酸甘油酸，合成时先转变成丝氨酸，再以丝氨酸为前体生成甘氨酸和半胱氨酸。

（1）丝氨酸的生物合成　3-磷酸甘油酸首先在磷酸甘油酸脱氢酶（phosphoglycerate dehydrogenase）的催化下转变成 3-磷酸羟基丙酮酸（3-phosphohydroxypyruvate），该脱氢酶受终产物丝氨酸的反馈抑制。3-磷酸羟基丙酮酸可以作为氨基受体，生成 3-磷酸丝氨酸（3-phosphoserine），再由丝氨酸磷酸酶（serine phosphatase）催化生成丝氨酸（图 9-33）。

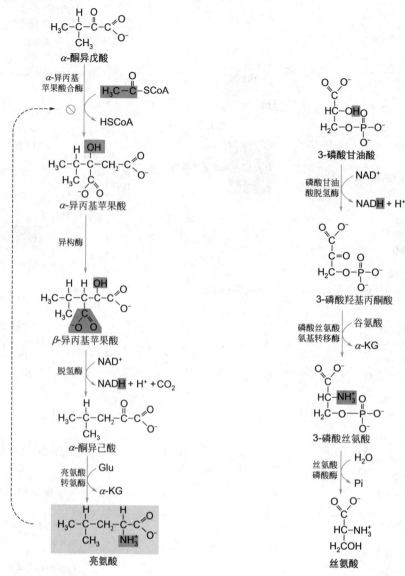

图 9-32　亮氨酸的生物合成途径

图 9-33　丝氨酸的生物合成途径

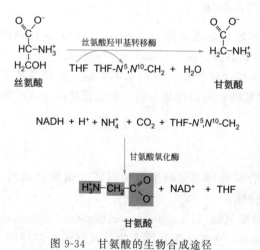

图 9-34　甘氨酸的生物合成途径

（2）甘氨酸的生物合成　甘氨酸的生物合成是利用丝氨酸通过两个相关酶促反应过程实现的（图 9-34），第一个酶是丝氨酸羟甲基转移酶（serine hydroxymethyltransferase），该酶以 PLP 为辅酶，催化丝氨酸 β-碳转移到四氢叶酸（THF），生成甘氨酸和 THF-N^5,N^{10}-CH_2。第二种酶为甘氨酸氧化酶（glycine oxidase），此酶催化 NH_4^+、CO_2 与 THF-N^5,N^{10}-CH_2 发生反应生成甘氨酸，反应由 NADH 提供还原力，丝氨酸羟甲基转移酶催化丝氨酸生成的 THF-N^5,N^{10}-CH_2 可以作为此反应的底物。丝氨酸脱甲基生成 THF-N^5,N^{10}-CH_2 是一碳单位的重要生成方式，此一碳产物为嘌呤和胸腺嘧啶的合成提供碳原子，也为甲硫氨酸的合成提供甲基。

（3）半胱氨酸的生物合成　半胱氨酸的合成需以丝氨酸

为前体，经巯基转移反应生成。在某些细菌中，H_2S 利用一种依赖 PLP 的酶催化后与丝氨酸直接结合生成半胱氨酸，但是在大多数微生物和绿色植物中，巯基化反应需要先将丝氨酸激活成 O-乙酰丝氨酸（O-acetylserine）后再与 H_2S 结合。O-乙酰丝氨酸由丝氨酸乙酰转移酶（serine acetyltransferase）催化生成，其中乙酰基团来自乙酰 CoA，该酶可被半胱氨酸反馈抑制。O-乙酰丝氨酸最后在 O-乙酰丝氨酸硫化氢解酶（O-acetylserine sulfhydrylase）的作用下与 H_2S 结合，生成半胱氨酸和乙酸（图 9-35）。

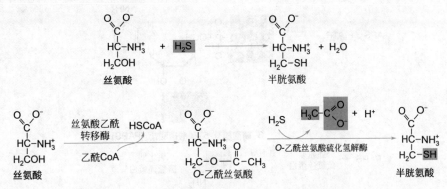

图 9-35　微生物和植物体内半胱氨酸的生物合成

在动物体内半胱氨酸的直接前体为丝氨酸和高半胱氨酸，高半胱氨酸也是甲硫氨酸生物合成的中间产物，在胱硫醚合酶（cystathionine-β-synthase）的作用下丝氨酸和高半胱氨酸生成 L-胱硫醚，再由胱硫醚酶（γ-cystathionase）催化水解生成 α-酮丁酸、NH_4^+ 和 L-半胱氨酸（图 9-36）。

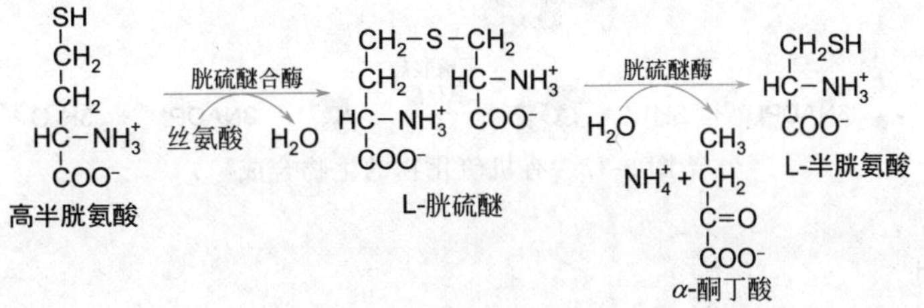

图 9-36　动物体内半胱氨酸的生物合成

（4）**硫同化**（sulfur assimilation）与有机硫化物的合成　自然界氧化态硫元素可向还原态硫化物转变，硫化物是微生物和植物细胞中硫酸盐的同化产物。硫酸盐是硫元素最为常见的无机态形式，其同化作用需要 ATP 的参与，在 ATP 硫酰酶（ATP sulfurylase）的催化下硫酸盐与 ATP 结合生成 5′-磷酸腺苷硫酸盐（adenosine-5′-phosphosulfate，APS），随后 5′-磷酸腺苷硫酸盐-3′-磷酸激酶（adenosine-5′-phosphosulfate-3′-phosphokinase）催化 APS 磷酸化生成 3′-磷酸腺苷-5′-磷酸硫酸盐（3′-phosphoadenosine-5′-phosphosulfate，PAPS），PAPS 再被硫氧还蛋白还原成亚硫酸盐（SO_3^{2-}），亚硫酸盐最后由亚硫酸盐氧化酶（sulfite oxidase）催化从 NADPH 获得电子进一步被还原成硫化物（S^{2-}）（图 9-37）。

（五）分支酸途径

在植物和微生物体内可以合成芳香族氨基酸族的苯丙氨酸、酪氨酸和色氨酸，这 3 种氨基酸的合成途径有 7 步是相同的。

（1）**分支酸**（chorismate）的合成　芳香族氨基酸生物合成的起始物是磷酸戊糖途径的中间产物 4-磷酸赤藓糖（erythrose-4-phosphate）和糖酵解过程的中间产物磷酸烯醇式丙酮酸（phosphoenolpyruvate，PEP），二者缩合生成七碳酮糖开链磷酸化合物，称为 7-磷酸-3-脱氧-D-阿拉伯庚酮糖酸（3-deoxy-D-arabinoheptulosonate-7-phosphate，DAHP），再经脱磷酸环化，形成苯环后又脱水、加氢生成莽草酸（shikimate）。莽草酸经磷酸化后与 PEP 缩合生成 5-烯醇丙酮酰莽草酸-3-磷酸（5-enolpyruvylshikimate-3-phosphate），在分支酸合酶（chorismate synthase）催化下脱去磷酸转变成分支酸（图 9-38）。分支酸是芳香族氨基酸合成途径的分支点，在分支酸以后即分为两条途径，其中一条是形成苯丙氨酸和酪氨酸，另一条是形成色氨酸。

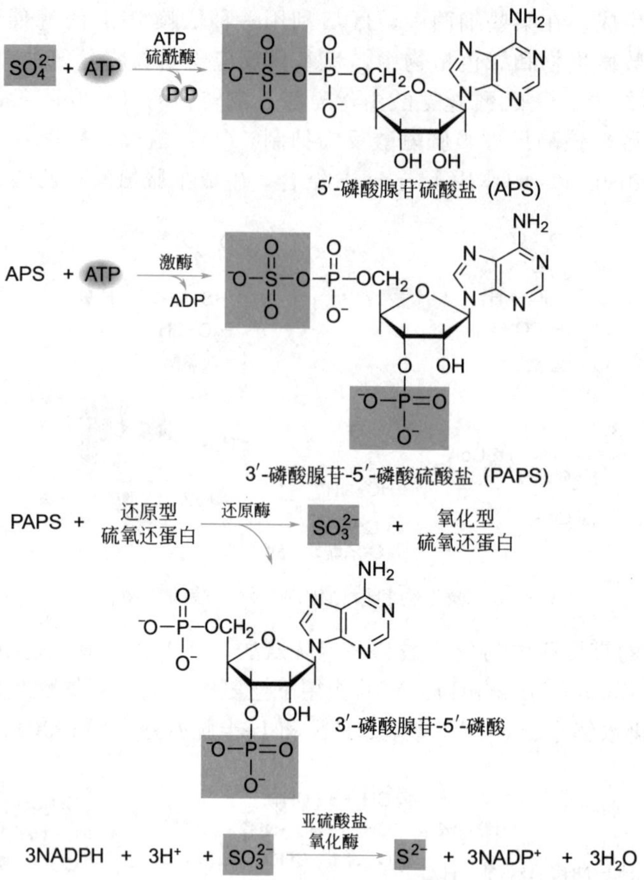

图 9-37　有机硫化物的生物合成

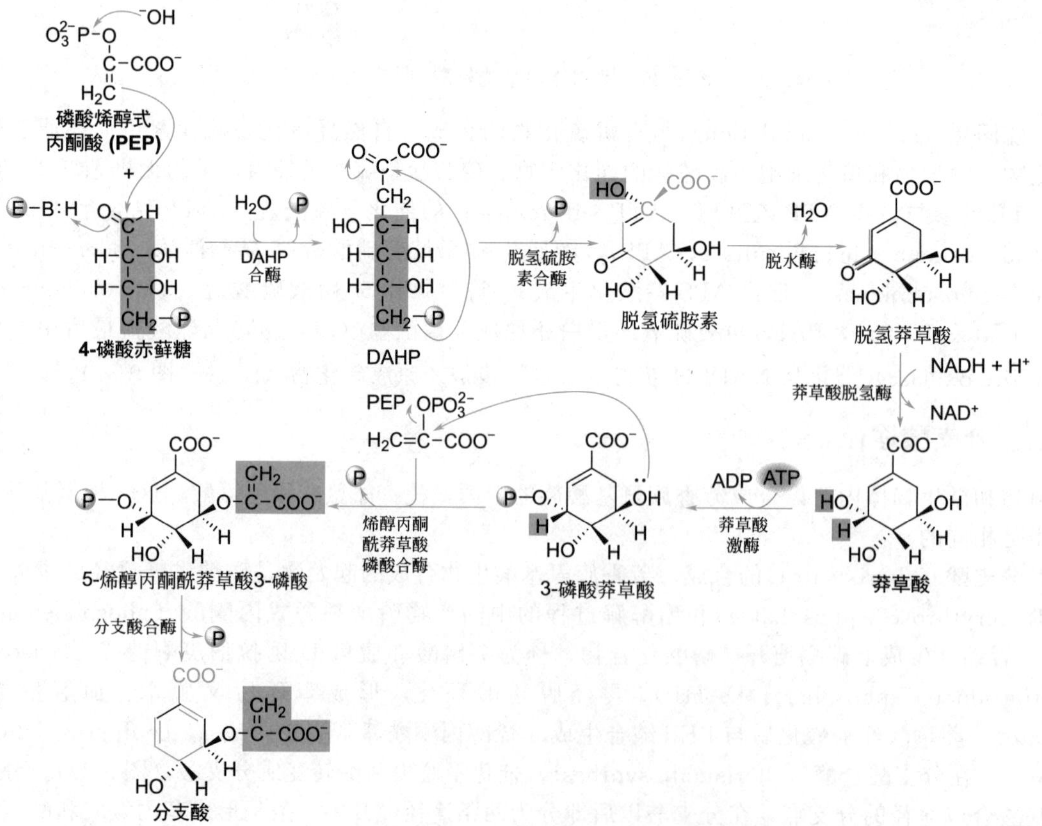

图 9-38　莽草酸途径（分支酸的生物合成过程）

（2）苯丙氨酸和酪氨酸的合成　分支酸在分支酸变位酶（chorismate mutase）催化下转变成预苯酸（prephenate），再经脱水、脱羧后生成苯丙酮酸（phenylpyruvate），后者在转氨酶作用下从谷氨酸获得氨基生成苯丙氨酸。预苯酸也可经氧化脱羧作用转变成对羟基苯丙酮酸（4-hydoxyphenylpyruvate），再经转氨反应生成酪氨酸（图 9-39）。预苯酸无论转变为苯丙酮酸或对-羟基苯丙酮酸都需脱去羧基同时脱水或脱氢，这一步骤也可视为"成环"，即形成芳香环的最后步骤。

酪氨酸的生物合成除上述途径外，还可由苯丙氨酸羟基化形成（图 9-40）。催化此反应的酶称为**苯丙氨酸羟化酶**（phenylalanine hydroxylase），也称苯丙氨酸-4-单加氧酶（phenylalanine-4-monooxygenase），有些人基因组中该酶基因存在先天性遗传缺陷，从而引起苯丙酮酸尿症。

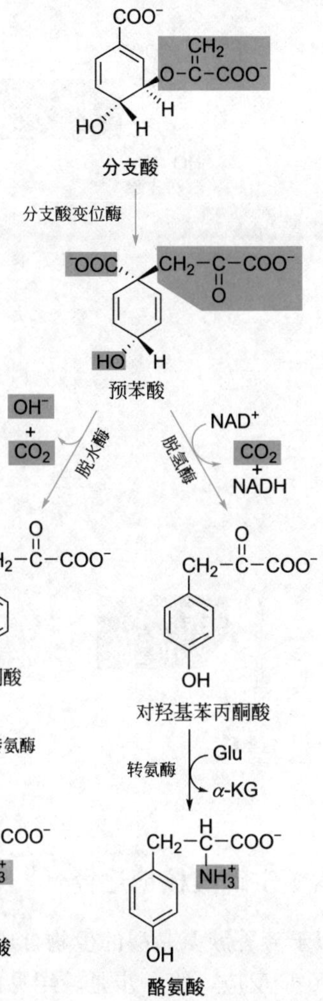

（3）色氨酸的合成　分支酸在氨基苯甲酸合酶（anthranilate synthase）催化下转变为邻氨基苯甲酸（anthranilate），此反应由谷氨酰胺的酰胺基团提供氨基，同时脱去丙酮酸。邻氨基苯甲酸在氨基苯甲酸磷酸核糖转移酶（phosphoribosyl-anthranilate transferase）催化下，将磷酸核糖焦磷酸（PRPP）的磷酸核糖基团转移到邻氨基苯甲酸的氨基上生成 N-5'-磷酸核糖-氨基苯甲酸 [N-(5'-phosphoribosyl)-anthranilate]，核糖的 1 位和 2 位碳为吲哚环的形成提供两个碳原子。异构酶进一步催化 N-5'-磷酸核糖-氨基苯甲酸，使核糖的呋喃环打开转变为烯醇式-1-(邻羧基苯氨基)-1-脱氧-5'-磷酸核酮糖 [enol-1-(o-carboxyphenylamino)-1-deoxyribulose-5-phosphate]，再经脱水脱羧等反应后生成吲哚（indole），最后在色氨酸合酶（tryptophan synthase）催化下与丝氨酸结合，脱水后即生成色氨酸（图 9-41）。

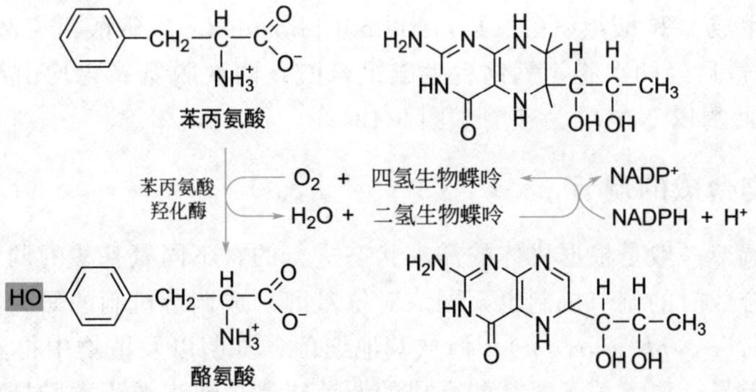

图 9-39　苯丙氨酸和酪氨酸的生物合成

图 9-40　苯丙氨酸向酪氨酸转变的过程

从以上合成途径可以看出，色氨酸的合成比较复杂，吲哚环上苯环的 C1 和 C6 来源于磷酸烯醇式丙酮酸，C2、C3、C4、C5 来源于 4-磷酸赤藓糖，吲哚环的氮原子来源于谷氨酰胺的酰胺氮，吲哚环的 C7 和 C8 来源于 PRPP，色氨酸的侧链部分则来源于丝氨酸。

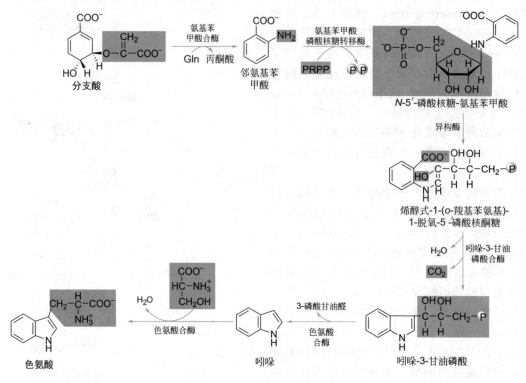

图 9-41 色氨酸的合成过程

（六）5-磷酸核糖途径

类似于芳香族氨基酸的生物合成，组氨酸生物合成与嘌呤核苷酸合成途径有共同的中间代谢物。该途径涉及 10 步反应，第一步是较罕见的 ATP 与 PRPP 的缩合反应，生成 N^1-(5'-磷酸核糖)-ATP（N^1-5'-phosphoribosyl-ATP），PRPP 的 5 碳糖为组氨酸的合成提供 5 个碳原子，而组氨酸的另一个碳原子来自 ATP。N^1-(5'-磷酸核糖)-ATP 在酶催化下经水解、开环及异构化反应后生成 N^1-5'-磷酸核酮糖亚氨甲基-5-氨基咪唑-4-氨甲酰核苷酸（N^1-5'-phosphoribulosylformimino-5-aminoimidazole-4-carboxamide ribonucleotide），此产物由咪唑甘油磷酸合酶（imidazole glycerol phosphate synthase）催化从谷氨酰胺获得氨基并裂解脱去 5-氨基咪唑-4-氨甲酰核苷酸（5-aminoimidazole-4-carboxamide ribonucleotide，此为嘌呤核苷酸从头合成的中间体），同时生成咪唑甘油磷酸（imidazole glycerol phosphate）。咪唑甘油磷酸脱水后再从谷氨酸获得氨基生成 L-磷酸组氨醇（L-histidinol phosphate），磷酸组氨醇脱去磷酸基团转变成 L-组氨醇（L-histidinol），最后经两次脱氢氧化后生成组氨酸，两次脱氢氧化均由组氨醇脱氢酶（histidinol dehydrogenase）催化，此酶以 NAD^+ 为辅酶（图 9-42）。

（七）氨基酸生物合成的调节

氨基酸生物合成的调节一般是根据机体的需求状态进行的，不同氨基酸的调节机制不同，甚至同一种氨基酸在不同机体进行合成时的调节机制也不同。对氨基酸合成调节机制的研究主要集中在大肠杆菌、鼠伤寒沙门氏菌（Salmonella typhimurium），但从其他细菌、真菌以及植物中得到的结果，与上述两种机体的调节机制存在较大差异，以下关于氨基酸合成的调节机制主要来源于大肠杆菌。

氨基酸合成既可通过调节酶活性或代谢过程中的代谢物，也可通过调节酶基因的表达量实现调节。最有效的调节是通过合成过程的终产物抑制其反应途径的关键酶活性实现，而这些受调控的关键酶往往是反应途径中的第一步或分支处的催化酶，这些酶通常都是变构酶，通过别构效应对酶活性实现快速调节。

（1）通过终产物对氨基酸生物合成的抑制 通过反应途径终产物的抑制包括**简单抑制**（simple inhibi-

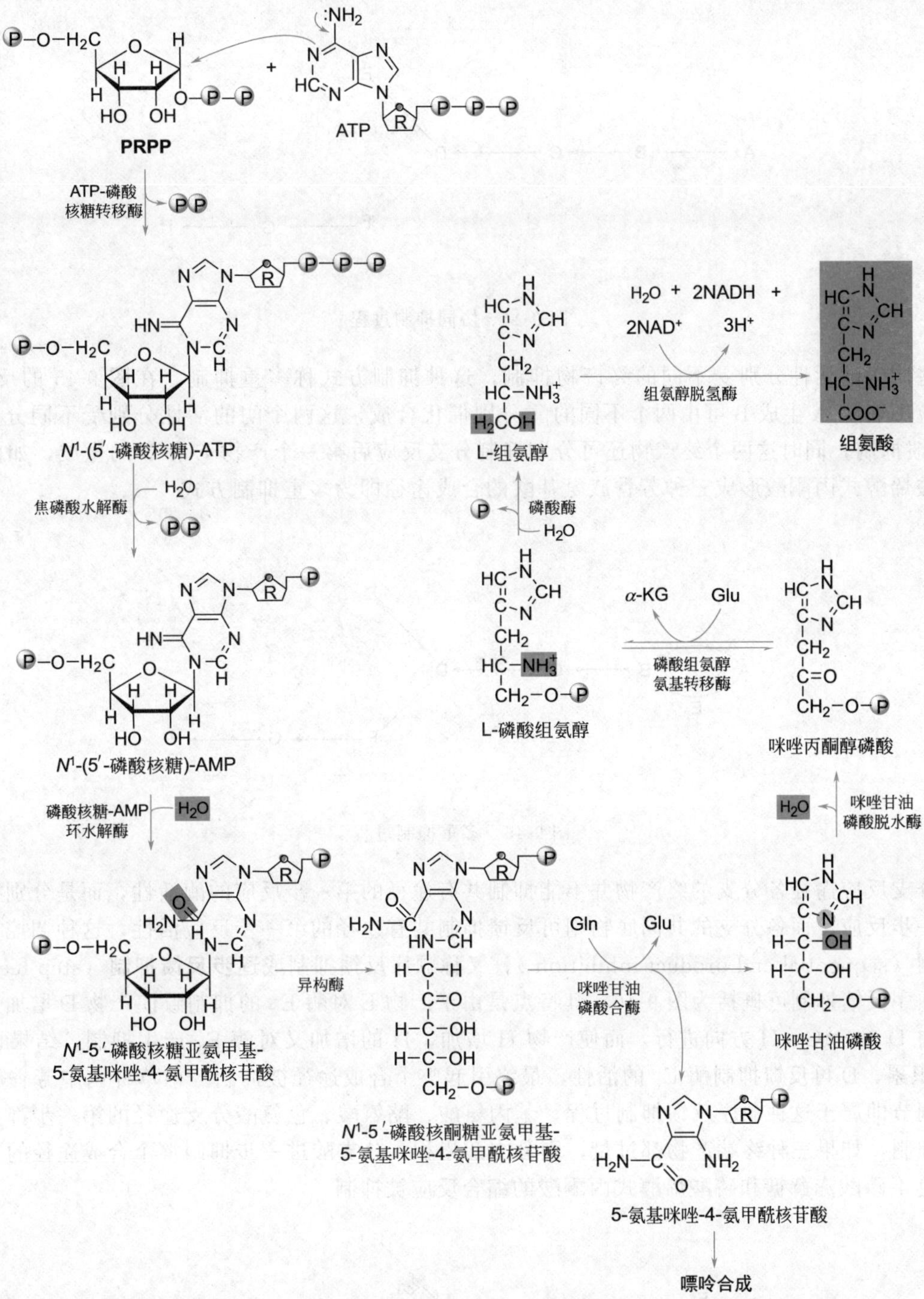

图 9-42　组氨酸的生物合成过程

tion)、**协同抑制**（synergistic inhibition）、**多重抑制**（multiple inhibition）和**顺序反馈抑制**（sequential feedback inhibition）四种方式。简单抑制过程主要利用合成途径的终产物反馈抑制第一个酶的活性（图 9-43），如由苏氨酸合成异亮氨酸时，产物异亮氨酸即是苏氨酸脱氨酶的反馈抑制剂。

　　不同氨基酸的合成途径如果有共同反应时，可以通过终产物协同抑制的方式调节各氨基酸合成，在这种调控方式（图 9-44）中终产物 E 和 H 既能抑制在合成途径中共同反应的第一个酶，也可抑制反应途径分支处第一个产物的催化酶，如催化谷氨酸形成谷氨酰胺的谷氨酰胺合酶可以受到 8 种产物的反馈抑制。

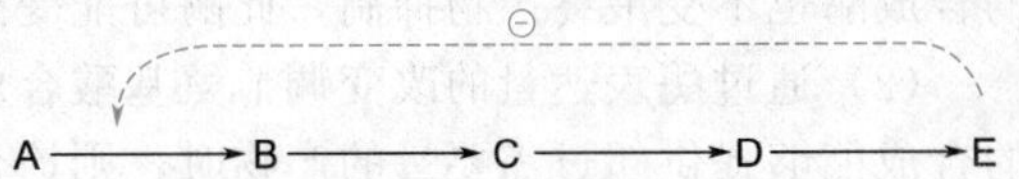

　　有些不同的氨基酸在合成时虽然有共同的反应途径，但在共有反应途径的第一步反应可以由不同的同工酶催化

图 9-43　简单抑制过程

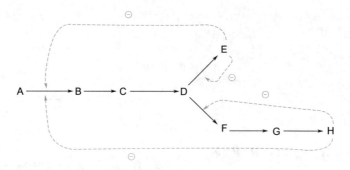

图 9-44　协同抑制过程

完成，这些同工酶活性分别受不同的终产物抑制，这种抑制方式称多重抑制。在图 9-45 的反应途径中，第一步反应中底物 A 生成 B 可由两个不同的酶分别催化合成，这两个酶的活性分别受不同分支终产物 E 和 H 的反馈抑制，同时这两个终产物还可分别抑制分支反应后第一个产物 E 和 F 的生成，如由 4-磷酸赤藓糖和磷酸烯醇式丙酮酸形成三种芳香族氨基酸的合成途径即为多重抑制方式。

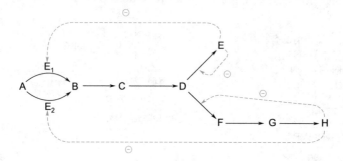

图 9-45　多重抑制过程

　　有些分支反应途径各分支的终产物并不能抑制共有途径的第一步反应的酶活性，而是分别抑制各分支途径的第一步反应，而各分支的共同底物则可反馈抑制共有途径的第一步反应活性，这种调控方式称为**顺序产物抑制**（sequential end product inhibition），又称顺序反馈抑制或**逐步反馈抑制**（step feedback inhibition）。顺序反馈抑制可概括为图 9-46，其特点是由于产物 E 对酶 E_2 的抑制致使产物 D 增加，D 的增加促使反应向 D→F→G→H 方向进行，而使产物 H 增加，H 的增加又对酶 E_3 产生抑制，结果也造成中间产物 D 的积累，D 再反馈抑制酶 E_1 的活性，最终引起整个合成途径被抑制。枯草杆菌中芳香族氨基酸生物合成的调节即属于这种顺序反馈抑制过程，苯丙氨酸、酪氨酸、色氨酸分支途径的第一步都分别受各自终产物的抑制，如果三种终端产物都过量，则分支酸累积，分支酸进一步抑制整个合成途径的第一步反应酶活性，使 4-磷酸赤藓糖和磷酸烯醇式丙酮酸的缩合反应被抑制。

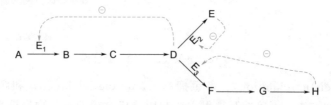

图 9-46　顺序反馈抑制过程

　　并不是所有氨基酸的生物合成都受终产物的反馈抑制，如丙氨酸、天冬氨酸、谷氨酸就是例外，这三种氨基酸靠与其相对应酮酸的可逆反应维持平衡，这三种氨基酸是中心代谢环节的关键中间产物。甘氨酸的合成酶也不受最终产物抑制，此酶可能受到一碳单位和四氢叶酸的调节。

　　（2）通过酶表达量的改变调节氨基酸合成代谢　　基因活性的调节可直接控制酶活性，当某种氨基酸的合成能够提供超过需要量的产物时，则该合成途径相关酶的编码基因受到抑制；而当合成产物浓度下降时，有关编码基因则解除抑制。如大肠杆菌细胞中由天冬氨酸可衍生合成赖氨酸、甲硫氨酸、苏氨酸和异亮氨酸四种氨基酸，在这些衍生氨基酸的合成途径中天冬氨酸激酶、高丝氨酸脱氢酶、苏氨酸脱氢酶都不属于变构酶，这些酶活性的调节依靠细胞对其基因表达速度的控制，这种调控方式对氨基酸合成的影响一般比别构调控的效应缓慢。

天然蛋白合成所需要的 20 种氨基酸在生物体内都需要以准确的比例提供，因此生物机体不仅有个别氨基酸合成的调控机制，而且有使各种氨基酸在合成中相互协调的调控机制，在生长迅速的细菌中，这种机制比电子计算机还要完善。

四、氨基酸衍生的重要生物分子

氨基酸除了作为蛋白质的组成部分外，还是许多特殊生物分子的前体，包括卟啉、肌酸、谷胱甘肽、一氧化氮、生物胺、活性肽等。

（一）一氧化氮

一氧化氮（nitric oxide，NO）是 20 世纪 80 年代中期在脊椎动物体内发现的一种重要的信使分子，尽管其极高的反应活性将其扩散范围限制在距合成部位约 1mm 的半径范围内，但这种简单的气态物质却极易通过膜扩散。在人体内，NO 在一系列生理过程中起作用，包括神经传递、血液凝结和血压控制，其非常活跃，且存在时间极短，甚至少于几秒钟，通常作为细胞内以及细胞间瞬间信号分子发挥作用。

一氧化氮是由精氨酸在**一氧化氮合酶**（nitric oxide synthase，NOS）的催化下生成的（图 9-47），一氧化氮合酶以 NADPH 为辅酶的二聚体酶，催化反应时还原型 NADPH 和 O_2 都需要，这表明一氧化氮合酶可能类似于细胞色素 P450 还原酶（cytochrome P450 reductase），此酶在催化羟基化反应中有活化分子氧的功能。一氧化氮合酶的 cDNA 序列自羧基端有一半与 P450 加氧酶（oxygenase）的序列相似，特别是在结合部位，二者都有黄素（flavin）和 NADPH 的结合部位。

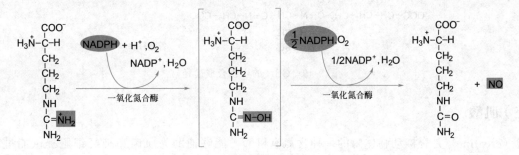

图 9-47　NO 的生物合成

（二）谷胱甘肽

谷胱甘肽（glutathione，GSH）普遍存在于动物、植物和某些细菌细胞内，GSH 含有巯基，通常以还原型谷胱甘肽（GSH）和氧化型谷胱甘肽（GSSG）两种形态存在，其中 GSH 往往占绝对优势，GSH 和 GSSG 可以相互转变（图 9-48）。

因 GSH 具有很强还原力，因而可以保护血液中的红细胞不受氧化损伤，维持血红素中半胱氨酸处于还原态并将血红素铁保持在亚铁（Fe^{2+}）状态，在脱氧核糖核苷酸生物合成中作为谷氧还蛋白的还原剂，还可用于清除有氧条件下正常生长和代谢过程中形成的有毒过氧化物。

GSH 生物合成的第一步反应是谷氨酸的 γ-羧基和半胱氨酸的氨基之间形成肽键，此反应由 γ-谷氨酰半胱氨酸合成酶（γ-glutamyl cysteine synthetase）催化，合成时先由 ATP 将 γ-羧基活化生成 γ-谷氨酰磷酸，然后半胱氨酸的氨基亲核攻击羧基碳形成肽键并脱去磷酸，该反应受 GSH 的反馈抑制。第二步反应是 γ-谷氨酰半胱氨酸分子中半胱氨酸部分的羧基与甘氨酸的氨基之间形成肽键，反应由 GSH 合成酶

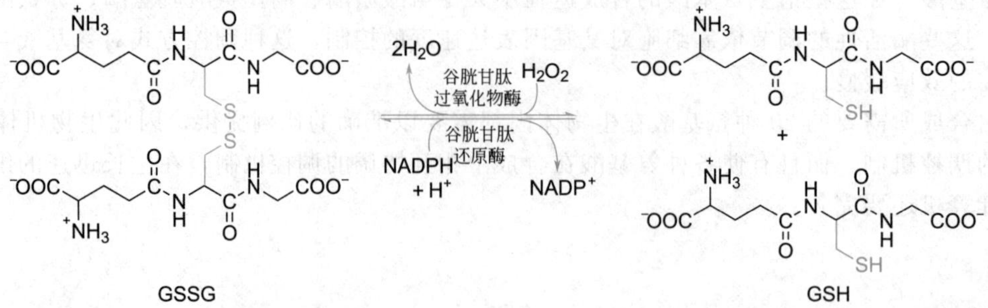

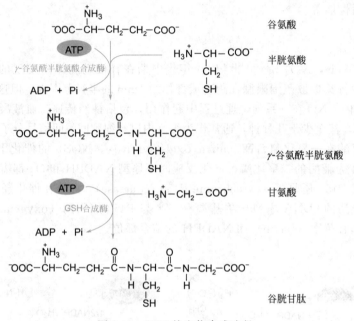

图 9-48 谷胱甘肽的氧化型与还原型的转变反应

（glutathione synthetase）催化完成，反应的机制和上述肽键的形成基本上相同（图 9-49）。

图 9-49 GSH 的生物合成途径

（三）肌酸

肌酸（creatine）是脊椎动物体内的一种含氮有机酸，能够辅助为肌肉和神经细胞提供能量，最早在骨骼肌中发现，可与磷酸肌酸（phosphocreatine）相互转化，人体内的肌酸和磷酸肌酸主要分布于骨骼肌（95%），其余分布于血液、大脑、睾丸等组织。磷酸肌酸可用于 ATP 的再生过程，肌酸和磷酸肌酸可作为能量缓冲池使 ATP 与 ADP 的比例保持在一个很高的水平，这样就既保证了 ATP 中的自由能在一个很高的水平，同时也使得腺苷的流失最小化，避免引起细胞功能紊乱。

肌酸的生物合成需要以甘氨酸、精氨酸和甲硫氨酸为原料，精氨酸提供脒基，甲硫氨酸提供甲基。首先在脒基转移酶（amidinotransferase）催化下甘氨酸从精氨酸获得脒基生成胍基乙酸（guanidinoace-tate），甲基转移酶（methyltransferase）再从甲硫氨酸转移甲基至胍基乙酸的氮原子上生成肌酸，此处甲硫氨酸需先转化成 SAM 才可作为甲基供体。肌酸向磷酸肌酸的转变则是由肌酸激酶（creatine kinase）催化，磷酸基团由 ATP 提供（图 9-50）。在肝脏中肌酸激酶的活性很低，因此肝中合成的肌酸释入血液，其他组织可从血液获取肌酸并将其转变成磷酸肌酸。肌酸和磷酸肌酸均可自发环化成肌酐，肌酐可随尿液排出体外。

（四）卟啉与血红素

卟啉（porphyrin）是一类由四个吡咯环的 α-碳原子通过次甲基桥（═CH—）互连而形成的大分子杂

环化合物，其母体化合物为卟吩（porphin），有取代基的卟吩即称为卟啉。卟吩的结构式为：

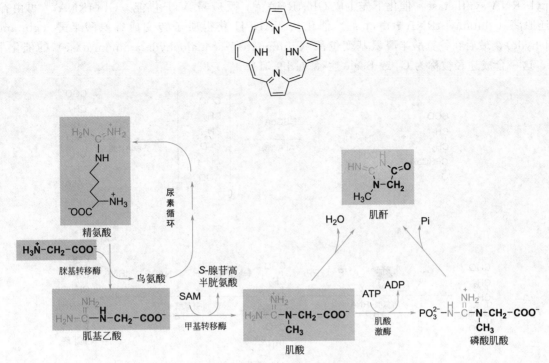

图 9-50　肌酸和磷酸肌酸的生物合成

卟啉环是一个高度共轭的体系，并因此显深色，porphyrin 源于希腊语单词，意为紫色，所以卟啉也被称作紫质。卟啉环多以与金属离子形成配合物的形式存在于自然界，如与镁配位的叶绿素、与铁配位的血红素等。

血红素（heme）是铁离子与卟啉形成的配位化合物，也称亚铁原卟啉，在用作金属蛋白辅基的众多金属卟啉中血红素是最为普遍的一种，最典型的例子就是作为血液红色颜料的血红蛋白（hemoglobin）。除了血红蛋白外，还有许多蛋白质以血红素为辅基，如肌红蛋白（myoglobin）、细胞色素类（cyto-chromes）、过氧化氢酶类（catalases）、血红素过氧化物酶（heme peroxidase）及内皮型一氧化氮合酶（endothelial nitric oxide synthase），这些含有血红素的蛋白质被称为**血红素蛋白**（hemoprotein）。

血红素蛋白具有多种生物学功能，包括双原子气体运输、化学催化，双原子气体检测和电子转移，血红素铁在电子转移或氧化还原化学过程中用作电子的源或池。如血红蛋白中血红素铁可与双原子气态氧结合实现血液循环输送氧的功能：

血红素蛋白功能的多样性主要是通过修饰血红素大环与蛋白质结合处周围的微环境来实现的，例如血红蛋白能够有效地将氧气输送到组织是由位于血红素分子附近的特定氨基酸残基所致。当 pH 高而 CO_2 浓度低时，血红蛋白可逆结合肺中的氧气，当情况逆转时（即低 pH 值和高 CO_2 浓度），血红蛋白会将氧气释放到组织中，这表明血红蛋白的氧结合亲和力与酸度和 CO_2 浓度成反比，这种现象也被称为玻尔效应。

卟啉生物合成时的关键中间代谢物是 δ-氨基乙酰丙酸（δ-aminolevulinic acid，δ-ALA，5-ALA 或 dALA），在无法进行光合作用的真核生物（如动物、昆虫、真菌、原生动物）以及 α-变形菌类细胞内 δ-ALA 由甘氨酸与琥珀酰 CoA 在 δ-ALA 合酶（δ-aminolevulinic acid synthase）的催化下生成。在植物、藻类、细菌（除 α-变形菌外）和古细菌中，δ-ALA 由谷氨酸转变而成，谷氨酸在谷氨酰-tRNA 合成酶（glutamyl-tRNA synthetase）催化下先生成 Glu-tRNA^{Glu}，反应需 ATP 供能。Glu-tRNA^{Glu} 再由谷氨酰-tRNA 还原酶（glutamyl-tRNA reductase）催化从 NADPH 获得质子转变成谷氨酸半醛（glutamate 1-semialdehyde），最后在谷氨酸半醛氨基变位酶（glutamate 1-semialdehyde aminomutase）的催化下生成 δ-ALA，这一合成途径被称为 C$_5$ 或 Beale 途径（图 9-51）。

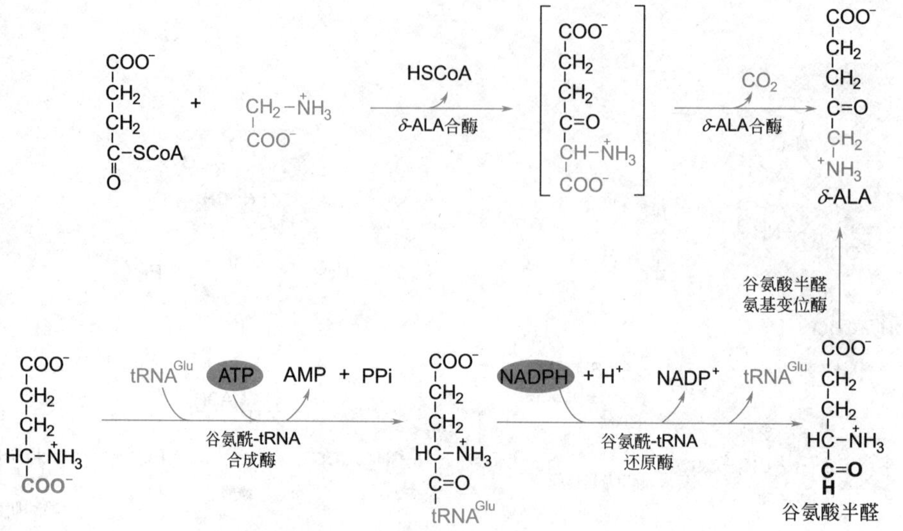

图 9-51   δ-ALA 的生物合成

两分子 δ-ALA 在胆色素原合酶（porphobilinogen synthase）催化下缩合，生成含有吡咯环的胆色素原（porphobilinogen，PBG）。尿卟啉原合酶（uroporphyrinogen synthase）再催化四分子 PBG 脱氨缩合生成前尿卟啉原（pre-uroporphyrinogen），前尿卟啉原脱水环化转变成尿卟啉原Ⅲ（uroporphyrinogen Ⅲ），此环化过程由尿卟啉原Ⅲ同合酶（uroporphyrinogen Ⅲ cosynthase）催化。尿卟啉原Ⅲ经脱羧反应先将环上的四个羧乙基侧链基团转变成四个甲基生成粪卟啉原Ⅲ（coproporphyrinogen Ⅲ），粪卟啉原Ⅲ在生物合成中的地位十分重要，除血红素外，它还是生成叶绿素、维生素 B$_{12}$ 及 siro-血红素的中间体。粪卟啉原Ⅲ经氧化再次脱羧，将两个羧丙基转变成乙烯基后生成原卟啉原（protoporphyrinogen），原卟啉原再经氧化生成原卟啉，最后在亚铁螯合酶（ferrochelatase）催化下与 Fe^{2+} 结合生成血红素（图 9-52）。

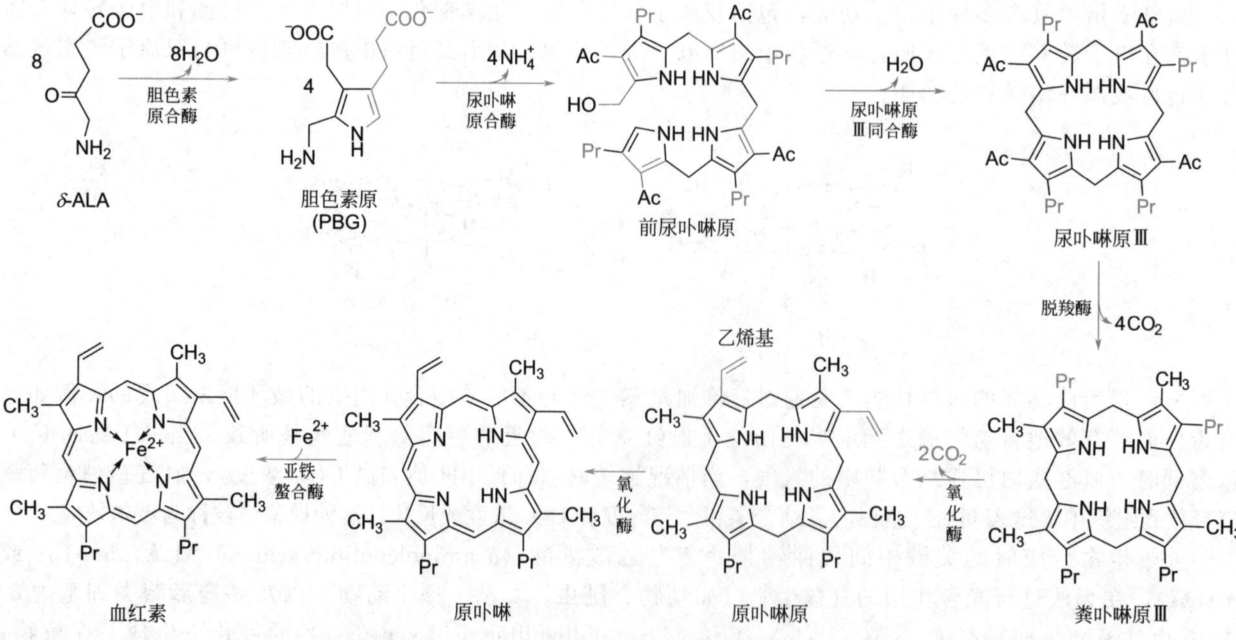

图 9-52   利用 δ-ALA 合成血红素的过程

临床上由于血红素合成途径中某种酶缺失将导致卟啉化合物或前体物在体内累积，对皮肤及神经系统造成损伤，称为**卟啉症**（porphyria），也称紫质症。影响神经系统时，症状发作十分迅速，持续时间较短，因此又称为急性卟啉症，发作时常伴有胸腹痛、呕吐、认知混乱、便秘、发烧、高血压及心跳过速等，症状通常会持续数天至数周。若疾病损害皮肤，阳光直晒可能会引起水泡或瘙痒。这种疾病属于遗传病，皆是由于负责合成血红素的基因存在缺陷造成。

正常人的红细胞寿命大约为 120d，衰老的红细胞随血流进入脾降解，血红蛋白脱辅基后被水解为氨基酸，血红素则转变为胆红素。胆红素与血清蛋白结合形成复合体被转移至肝脏，形成胆红素二葡萄糖苷酸（bilirubin diglucuronide）被分泌到胆汁中，而铁原子则可被再利用。胆红素对机体是非常有效的抗氧化剂，它可消除过氧化氢自由基（hydroperoxy radical，$HO_2·$），若按浓度计算，胆红素与血清蛋白结合后对过氧化物的消除效率是抗坏血酸（维生素 C）的 10 倍。

黄疸（jaundice）表现为血液中胆红素浓度升高，并且皮肤和眼球变黄。黄疸的产生有几种可能，红细胞的过分破裂，肝功能的损坏或机械性胆道梗阻都可导致黄疸。

> **知识链接**
>
> **血红素与诺贝尔化学奖**
>
> Hans Fischer 是德国生物化学家，1881 年 7 月 27 日出生于德国法兰克福，先后在瑞士洛桑大学和德国马尔堡大学同时修读化学和医学两个专业，毕业后成为柏林大学 Hermann Emil Fischer 的助手。Hans Fischer 的科研工作主要集中于研究血液和胆汁中的色素、绿色植物中的叶绿素以及衍生出这些色素的吡咯，其中最重要的工作是胆红素与血红素的合成。他总共合成了超过 130 种卟啉，包括在 1929 年合成的血红素。此外在叶绿素方面的研究发表了 100 多篇论文，阐明了叶绿素的结构，论证叶绿素分子中含有二氢卟吩环系，且中心有 1 个与二氢卟吩环形成配位的镁原子，这些研究成果为后来 Robert Burns Woodward 合成叶绿素奠定了基础。Hans Fischer 的研究受到广泛认可，获得多项荣誉。其中对血红素和叶绿素结构的研究以及血红素合成的重大成就，使他获得 1930 年诺贝尔化学奖。

（五）D-氨基酸

D-氨基酸（D-amino acid）一般不作为天然蛋白质的组分，但参与细菌细胞壁以及许多肽类的抗生素的构成并发挥特殊的功能。

D-氨基酸大多是由 L-氨基酸通过**消旋酶**（racemase）的催化产生，消旋酶需以磷酸吡哆醛为辅酶，需要消耗能量，D-氨基酸一旦形成便立即掺入到肽链中。细菌细胞壁的 D-丙氨酸就是由 L-丙氨酸经消旋酶催化生成，D-丙氨酸生成后立即形成 D-丙氨酰-D-丙氨酸二肽，二肽随后将其 D-氨基酸掺入到细菌细胞壁的肽聚糖（peptidoglycan）分子中。

（六）生物胺

许多重要的神经递质都是氨基酸衍生而成的伯胺或仲胺，此外一些可与 DNA 结合的多胺也是由尿素循环中的鸟氨酸转变生成。从氨基酸向这些胺类活性物质的转变多是经过脱氨反应完成的，反应过程以磷酸吡哆醛作为辅酶。如从酪氨酸衍生的儿茶酚胺类，谷氨酸脱羧生成的 γ-氨基丁酸，色氨酸衍生的 5-羟色胺，由组氨酸转变的组胺等，关于这些生物胺（biogenic amine）类活性物质可参考氨基酸的脱羧反应。

以甲硫氨酸（Met）和鸟氨酸为前体还可生成**亚精胺**（spermidine）和**精胺**（spermine），亚精胺和精胺因发现于人的精液中而得名，广泛存在于各种组织，这两种物质一直用于法律上对犯罪事实的鉴定。亚精胺和精胺总是与核酸并存，与 DNA 的组装有关，能在转录和细胞分裂的调节中起作用。鸟氨酸脱羧先生成**腐胺**（putrescine），腐胺名称的起源是因为它发现于腐败的肉中；腐胺从脱羧-SAM 获得氨丙基后生成亚精胺，亚精胺再次获得氨丙基后生成精胺，两步反应均由氨丙基转移酶催化（propylaminotransferase）（图 9-53）。亚精胺和精胺的分子中，含有多个氨基，因此又统称**多胺**（polyamine）。

（七）活性肽

生物活性肽（bioactive peptides，BP）是由氨基酸通过酰胺键或肽键共价连接形成的有机物质，这些

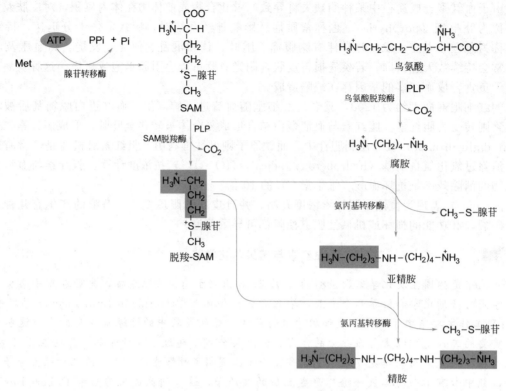

图 9-53 亚精胺和精胺的生物合成途径

肽类物质可以影响消化系统、内分泌系统、心血管系统、免疫系统和神经系统，在人类健康中发挥重要作用。活性肽的分子结构复杂程度不一，许多活性肽的氨基酸残基数介于 2～20，肽链上除了赖氨酸和精氨酸外也含有疏水氨基酸，而且生物活性肽还表现出对蛋白水解酶的抗性。根据作用方式可将生物活性肽分为抗菌、抗凝血、抗高血压、抗氧化、阿片类、免疫调节及矿物质结合等多种类型。

虽然一些活性肽是天然游离存在的，但绝大多数已知生物活性肽都是存在于亲本蛋白质的结构中，这些活性肽主要通过酶促过程释放，此外化学合成的方法也可合成活性肽，还有些短链活性肽可以直接由酶催化合成，并不需要 mRNA 和核糖体的参与，如短杆菌肽 S（gramicidin S）。

> **知识链接**
>
> 短杆菌肽 S
>
> 短杆菌肽 S 是一种离子载体型抗生素，是氧化磷酸化的一种氧偶联剂，由两条五肽经首尾相连后形成的环状十肽，其结构为：

短杆菌肽 S 的生物合成需要短杆菌肽 S 合成酶Ⅰ（gramicidin S synthetase Ⅰ，GrsA）和短杆菌肽 S 合成酶Ⅱ（gramicidin S synthetase Ⅱ，Grs A）两种酶的协同催化，这两种酶都属于非核糖体肽合成酶（nonribosomal peptide synthetases，NRPSs）。在合成途径中共有五个可以特异性识别、激活和缩合氨基酸到短杆菌肽 S 的模块，起始模块位于 Grs A，此模块包含腺苷酰化域（adenylation domain，A 域）、硫醇化域（thiolation domain，T 域）和差向异构化域（epimerization domain，E 域）三个结构域。A 域可结合氨基酸并通过腺苷酰化使氨基酸激活；T 域（也称肽酰基载体蛋白，peptidyl carrier protein，PCP）上共价结合有 4'-磷酸泛酰巯基乙胺，在 A 域中被活化的氨基酸可以转移并共价结合到 4'-磷酸泛酰巯基乙胺的巯基上；E 域可以将 L-氨基酸转变成 D-氨基酸，短杆菌肽 S 中的 D-氨基酸皆由 E 域引入。酶 Grs B 包含四个反应模块，每个模块都含有缩合反应域（condensation domain，C 域）、腺苷酸化域（adenylation domain，A 域）和硫醇化域（thiolation domain，T 域），在模块最后还有硫酯酶域（thioesterase domain，TE 域），这四个模块的 C 域可依次催化 D-Phe 和 L-Pro、Phe-Pro 和 L-Val、Phe-Pro-Val 和 L-Orn 及 Phe-Pro-Val-Orn 和 L-Leu 之间形成肽键。经五个模块催化一轮反应可以生成一条五肽，再经五个模块重复反应一次后获得第二个五肽，最后在 TE 域环化并释放短杆菌肽 S。

生物活性肽被认为是新一代的生物活性调节剂，它们可以防止食品的氧化和微生物污染，提高食品的质量。活性肽还有助于改善对各种疾病和代谢紊乱的治疗，从而提高机体的健康水平。对生物活性肽的深入研究与应用，对于蛋白质的有效利用、蛋白质资源的保存以及动植物生产性能的改善是有益的，这将是未来肽类研究的重要方向。

第四节　蛋白质降解与氨基酸代谢在医药研究中的应用

　　蛋白质在生物体内具有重要的生理功能，氨基酸是构成蛋白质的基本组成单位，蛋白质的生物功能与构成蛋白质的氨基酸种类、数量、排列顺序及由其形成的空间构象有密切的关系，氨基酸在体内的种类和数量对维持机体蛋白质的动态平衡具有极其重要的意义。因此，在药物研发领域蛋白质和氨基酸受到普遍的重视，一直以来药物作用靶标多以酶和受体为主要方向，但近年药物靶标开始慢慢向更具挑战性的"不可成药"靶标发展，如无酶功能的蛋白质。氨基酸在医药上主要用来制备复方氨基酸输液，也用作治疗药物和用于合成多肽药物。由多种氨基酸组成的复方制剂在现代静脉营养输液以及"要素饮食"疗法中占有非常重要的地位，对维持危重病人的营养、抢救患者生命起积极作用，成为现代医疗中不可缺少的医药品种之一。不同氨基酸还可直接用于疾病的治疗过程，如谷氨酸、精氨酸、天冬氨酸、胱氨酸等可用于治疗肝脏疾病、消化道疾病、脑病、心血管病、呼吸道疾病，还可用于提高肌肉活力、儿科营养和解毒等。

一、蛋白降解靶向嵌合体

蛋白降解靶向嵌合体（proteolysis targeting chimeria，PROTAC）源于细胞内泛素标记的蛋白质降解过程，PROTAC技术利用双功能融合化合物，一边用于结合目标蛋白，另一边可结合泛素连接酶（E3），使目标蛋白与E3结合，并在泛素结合酶（E2）的作用下使目标蛋白泛素化，最终被送入蛋白酶体降解。PROTAC技术通常被归类在所谓的"不可成药"靶标，如转录因子、骨架蛋白等。自2001年PROTAC首次作为化学生物学方法和新的治疗方法被提出来，经过约20年的发展，PROTAC技术已渐趋成熟。自从发现用于治疗血液恶性肿瘤的小分子沙利度胺类药物可与泛素连接酶CRBN作用，从而使一些目标蛋白被蛋白酶体降解，导致畸形发育之后，许多PROTAC制剂被开发报道，降解的靶蛋白从最早的甲硫氨酰氨肽酶2、雄激素受体、细胞视黄酸结合蛋白等，到最近的雌激素受体、Tau微管相关蛋白、激酶类等，涉及的疾病包括癌症、类风湿、神经退行性疾病等。在PROTAC药物研发最靠前的是Arvinas公司的两个口服制剂ARV-110和ARV-471，分别用于治疗耐雄激素限制疗法的转移性前列腺癌和乳腺癌，其中ARV-110是全球首个进入临床试验的蛋白降解剂，靶蛋白是雄激素受体（androgen receptor，AR），临床试验结果将成为验证PROTAC制剂成药性的依据。

二、氨基酸类药物

1. 治疗消化道疾病的氨基酸类药物

用于消化道疾病的氨基酸及其衍生物类药物主要有谷氨酸及其盐酸盐、谷氨酰胺、乙酰谷酰胺铝、甘氨酸及其银盐、硫酸甘氨酸铁、维生素U及组氨酸盐酸盐等。其中谷氨酸、谷氨酰胺、乙酰谷酰胺铝、维生素U及组氨酸盐酸盐主要通过保护消化道黏膜或促进黏膜增生而达到防治胃及十二指肠溃疡的作用。甘氨酸及其铝盐以及谷氨酸盐酸盐主要是通过调节胃液酸碱度实现治疗效果。谷氨酸盐酸盐可提供盐酸及促进胃液分泌，用于治疗胃液缺乏症、消化不良及食欲不振；甘氨酸及其铝盐可中和过多胃酸，保护黏膜，用于治疗胃酸过多症及胃溃疡。

2. 治疗脑及神经系统疾病的氨基酸类药物

该类药物有谷氨酸钙盐及镁盐、氢溴酸谷氨酸钠、γ-酪氨酸、色氨酸、5-羟色氨酸、酪氨酸亚硫酸盐及左旋多巴等。L-谷氨酸的钙盐及镁盐均有维持神经肌肉正常兴奋的作用，临床上用于治疗神经衰弱及其官能症、脑外伤、脑机能衰竭以及癫痫小发作。γ-酪氨酸是中枢神经突触的抑制性递质，能激活脑内葡萄糖代谢，促进乙酰胆碱合成，恢复脑细胞功能并有中枢性降血压作用，用于治疗记忆障碍、语言障碍、脑外伤后遗症、癫痫、肝昏迷抽搐及躁动等。L-色氨酸及5-羟色氨酸在体内可转变为5-羟色胺，前者还可转变为烟酸、黑色素、紧张素、松果体激素及黄尿酸等生理活性物质。临床上L-色氨酸用于治疗神经分裂症和酒精中毒，改善抑郁症，防治糙皮病；5-羟色氨酸及5-羟色胺用于治疗内因性抑郁症、失眠及偏头痛。左旋多巴在体内可转变为多巴胺，目前用于治疗帕金森病及控制锰中毒的神经症状。酪氨酸亚硫酸盐用于治疗脊髓灰质炎、结核性脑膜炎的急性期、神经分裂症、无力综合征及早老性精神病等中枢神经系统疾病。

3. 治疗肝病的氨基酸类药物

治疗肝病的氨基酸类药物主要有精氨酸盐酸盐、磷葡精氨酸、鸟天氨酸、谷氨酸钠、蛋氨酸、乙酰蛋氨酸、瓜氨酸、赖氨酸盐酸盐及天冬氨酸等。其中L-精氨酸、L-鸟氨酸及L-瓜氨酸是机体尿素循环中间体的重要成分，可加速肝脏解氨毒作用，用于治疗外科、灼伤及肝功能不全所引起的高血氨症，精氨酸还作为肝性昏迷忌钠病人的急救用药。L-谷氨酸可激活三羧酸循环，促进血氨下降，在 ATP 参与下，氨与谷氨酸结合为谷氨酰胺，是脑组织解氨毒的重要途径，临床上用于治疗肝性昏迷及肝性脑病等高血氨症。蛋氨酸和乙酰蛋氨酸是体内胆碱合成的甲基供体，促进磷脂酰胆碱的合成，临床上用于治疗慢性肝炎、肝硬化、脂肪肝、由药物及其他原因引起的肝障碍。L-天冬氨酸有助于鸟氨酸循环，促进氨和 CO_2 形成尿素、降低血氨和 CO_2、增强肝功能、消除疲劳，临床上用于治疗慢性肝炎、肝硬化及高血氨症。

4. 治疗肿瘤的氨基酸类药物

用于肿瘤治疗的有偶氮丝氨酸、氯苯丙氨酸、磷乙天冬氨酸及重氮氧代正亮氨酸等。其中偶氮丝氨酸是谷氨酰胺的抗代谢物，用于治疗急性白血病及霍奇金病。氯苯丙氨酸为 5-羟色胺的生物合成抑制剂，有止泻及降温作用，用于治疗肿瘤综合征，减轻症状。磷乙天冬氨酸是天冬氨酸转化为氨甲酰天冬氨酸的过渡态化合物的类似物，抑制嘧啶合成，用于治疗 B_{16} 黑色素瘤及 Lewis 肺癌。重氮氧代正亮氨酸亦为谷氨酰胺抗代谢物，用于治疗急性白血病。

5. 其他氨基酸类药物

除上述氨基酸的临床应用外，其他许多氨基酸在临床上亦有重要应用。如胱氨酸及半胱氨酸均有抗辐射损伤作用，并能促进造血功能、增加白细胞和促进皮肤损伤的修复，临床上用于治疗辐射损伤、重金属中毒、肝炎及牛皮癣等。高半胱氨酸硫内酯能促进核酸代谢及肝细胞再生，预防药物中毒，有保肝作用，用于治疗急性及慢性肝炎、肝性昏迷及脂肪肝等。乙酰半胱氨酸为呼吸道黏液溶解剂，适用于黏痰阻塞引起的呼吸困难及多种呼吸道疾病引起的咳痰困难，促进排痰。乙酰羟脯氨酸参与关节和腱的某些功能，用于治疗皮肤病，促进伤口愈合，治疗风湿性关节炎和结缔组织疾患。赖乳清酸对四氯化碳引起的肝损害有解毒作用，也有防止氯化铵引起的氨中毒的作用，适用于各种肝炎、肝硬化及高血氨症。

三、氨基酸代谢作为药物靶点

氨基酸对机体的健康起着直接或间接的调控作用，目前已知有超过 400 多种疾病是由于体内氨基酸失衡所引起的，这些疾病涉及糖尿病、免疫、心血管、神经系统、感染性疾病、肾病、老年病、肿瘤等。如糖尿病机制与支链氨基酸代谢相关，色氨酸及其衍生物代谢过程被用作肿瘤等疾病的靶点以开发新型药物，含硫氨基酸及其衍生物的代谢也日益受到关注。

代谢重编程对维持癌症细胞的异常增殖非常重要，特别是在营养物质有限的情况下，癌症细胞必须调整它们代谢的方式以维持生物量和 ATP 生成，并维持氧化还原状态，而通过干扰这些过程会改变癌症细胞增殖与生长过程。支链氨基酸（branched-chain amino acids，BCAA）是一类与特定癌症表型相关的氨基酸，BCAA 代谢可影响细胞的不同生物学过程，从蛋白质合成到表观遗传调节，其代谢失调可能通过影响这些过程从而促进疾病进展。BCAA 代谢变化既可影响癌症细胞内在癌症特性，也可反映与某些癌症相关的代谢通路的系统性变化，确定特定癌症类型中 BCAA 代谢特征可以更好地指导我们以这些氨基酸以及相关代谢途径为靶点进行干预治疗，或作为疾病状态的标志物进行诊断分型。BCAA 还是心血管代谢疾病的生物标志物，越来越多的证据表明它们参与了这些疾病的发病过程，主要与肥胖有关。在饮食诱导的肥胖中，含糖饮食刺激糖类化合物反应元件结合蛋白（ChREBP）增加 BDK/PPM1K 比值，同时抑制 BCAA 分解代谢，并激活脂肪合成相关酶，抑制脂肪的氧化分解。对 BCAA 及其相关代谢产物影响心血管代谢发病的机制研究，将有助于对这些疾病的治疗。

对肺肿瘤起始细胞的研究还发现在肿瘤起始细胞中具有高度增加的蛋氨酸循环活性和转甲基化率，高蛋氨酸循环活性导致蛋氨酸消耗远远超过其再生，形成对外源性蛋氨酸的依赖。短暂地对甲硫氨酸循环进行药物抑制足以削弱这些细胞的肿瘤起始能力，足以导致致瘤潜力的长期丧失，这在很大程度上归因于细胞甲基化的改变，这种改变是由 S-腺苷甲硫氨酸（SAM）的缺失引起的，而 SAM 是转甲基反应的底物。

许多肿瘤的发生还与丝氨酸合成途径相关酶基因的表达上调有关，如黑色素瘤和乳腺癌与丝氨酸合成途径中第一个酶（磷酸甘油酸脱氢酶，PHGDH）的基因拷贝数增加有明显相关性，通过 PHGDH 表达增强或饮食补充丝氨酸的可用量会为黑色素瘤和乳腺癌提供增殖优势。但小鼠胰管腺癌却较少受丝氨酸可用量的影响，缺乏丝氨酸饮食也不会抑制小鼠胰管腺癌生长，并且 PHGDH 表达不影响植入胰腺的乳腺细胞的肿瘤生长，这表明不同组织环境中肿瘤生长受到不同营养素可用性的限制。丝氨酸的可用性虽然不是限制肿瘤生长的唯一代谢参数，但深入研究其与肿瘤的关系可以更好地解释癌症发生的机制，并有利于指导我们采取何种饮食干预措施以抑制癌症的发生发展。

色氨酸（Trp）是机体必须从饮食中摄取的氨基酸，体内游离 Trp 的水平由食物摄入量和几种 Trp 代谢途径的活性决定。95％的游离 Trp 通过犬尿氨酸代谢途径（kynurenine pathway，KP）进行分解代谢，参与免疫、神经元功能和肠内稳态的调节。KP 通路产生的 Trp 代谢物具有明显的刺激神经活性的作用，炎性损伤诱导的小胶质细胞将 Trp 通过吲哚胺-2,3-双加氧酶 1（indoleamine-2,3-dioxygenase 1，IDO1）转化为犬尿素（kynurenine），犬尿素可通过星形胶质细胞中的犬尿氨酸氨基转移酶（kynurenine amino transferase，KAT）转化为犬尿烯酸（kynurenic acid，KA）。KA 作为三种离子型谷氨酸受体的拮抗剂可通过拮抗 α7-烟碱受体（α7-nicotinic receptor，α7nAChR）来调节认知、情绪和行为；也可通过阻断 N-甲基-D-天冬氨酸受体（N-methyl-D-aspartate receptor，NMDAR）和 α-氨基-3-羟基-5-甲基-4-异噁唑丙酸受体（α-amino-3-hydroxy-5-methyl-4-isoxazolepropionic acid receptor，AMPAR）而具有神经保护作用。Trp 代谢与多种神经退行性疾病有关，包括亨廷顿病（HD）、阿尔茨海默病（AD）、肌萎缩侧索硬化症（ALS）和帕金森病（PD），KP 通路失衡导致具有特定神经活性的代谢物过剩，被认为是多种神经精神疾病的原因之一，可以用作相关神经退行性疾病药物作用的靶点。

Trp 代谢作为宿主病原体和宿主微生物群中免疫反应的调节因子也发挥着至关重要的作用，特定的 Trp 代谢酶在细菌、病毒、真菌和寄生虫感染部位增加。在传染病中，IDO1 会消耗 Trp 使营养缺陷型入侵者饥饿并重编程，同时对急性感染期间未清除的微生物产生犬尿素依赖的免疫抑制。肠道微生物群从膳食 Trp 中产生的芳烃受体（aryl hydrocarbon receptor，AHR）活化吲哚类化合物可以调节致病菌的毒力，IDO1 活性也被报道在体外抑制特定病毒的复制，如人类巨细胞病毒、单纯疱疹病毒 2 型和牛痘病毒等；在体内病毒感染可能会诱导 IDO1 和 KP 逃避宿主的免疫反应。HIV-1 病毒利用 IDO1 的免疫抑制活性建立 HIV 慢性感染；在丙型肝炎病毒感染患者中，KP 活性的增加也与进行性肝硬化有关；在真菌感染下，IDO1 可作为一种逃避机制，建立共栖或慢性感染。

自身免疫性疾病也与 Trp 代谢具有密切关系，色氨酸-2,3-双加氧酶（tryptophan-2,3-dioxygenase，TDO）的激活与 IDO1 催化相同的反应，通过抑制 T 细胞增殖、抑制肿瘤免疫浸润和抑制抗肿瘤免疫反应来影响免疫。Trp 代谢的免疫调节特性主要是 KP 代谢物的结果而不是 Trp 本身的消耗，Kyn 在 T 细胞耐受的相互作用中作为传出和传入介质。

在许多癌症中 Trp 代谢相关酶的表达活性都有增强，通过抑制抗肿瘤免疫反应和增加癌细胞的恶性增殖来促进肿瘤进展，如黑色素瘤、妇科癌症、结肠癌和血液学恶性肿瘤中，IDO1 的表达与临床预后不良密切相关；在胶质瘤、黑色素瘤、卵巢癌、肝癌、乳腺癌、非小细胞肺癌、肾细胞癌和膀胱癌中 TDO 均有表达，并已被证明可促进肿瘤进展。Trp 降解在调节癌症中的调节性 T 细胞（regulatory cell，Treg 细胞）和免疫细胞浸润方面具有作用，而且 Trp 代谢物能有效促进癌细胞的运动和转移。

Trp 代谢与一系列疾病相关，治疗上针对 KP 的调节，特别是 IDO1、TDO 等关键酶抑制剂的开发。对于中枢神经系统疾病越来越关注通过靶向特定的 KP 酶来实现净神经保护作用；在肿瘤领域对 IDO1 抑制剂在癌症免疫治疗方面进行了深入研究，临床试验中有多种化合物，通常与免疫检查点抑制剂等其他药物联合使用。未来通过借助先进的分析工具和方法可以对 Trp 代谢进行组织特异性评估，必将进一步阐明 KP 的成药性。

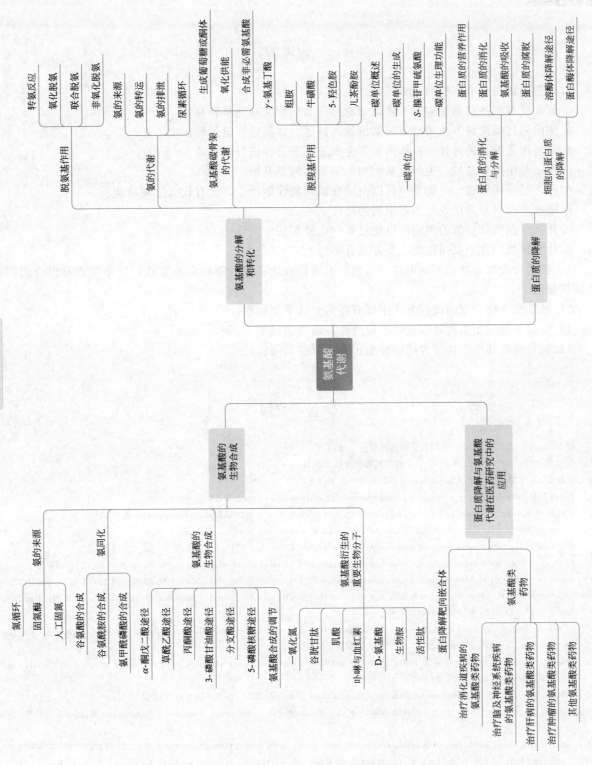

拓展学习

本章编者已收集整理了一系列与氨基酸代谢相关的经典科研文献、参考书等拓展性学习资料，请扫描左侧二维码进行阅读学习。

思考题

1. 细胞内蛋白质有哪些降解方式？

2. 氨基酸有哪些脱氨基方式？转氨酶通过什么机制实现氨基转移？

3. 体内通过哪两种方式实现不同部位氨的转运？试简述转运过程。

4. 简述尿素循环的过程，机体内尿素合成过程是怎样进行调节的？

5. 什么是生酮氨基酸、生糖氨基酸和生酮兼生糖氨基酸？

6. 什么是一碳单位？一碳单位可以由哪些氨基酸代谢产生，具有什么生理功能？

7. 磺胺类药物及其增效剂的作用机制是什么？

8. 什么是氮循环？氮的固定可以通过哪些途径实现？

9. 什么是氨同化？氨同化的主要方式有哪些？

10. 根据合成起始物的不同可将氨基酸的生物合成途径分为哪些合成家族？每个家族可以合成哪些天然氨基酸？

11. 氨基酸生物合成的调控方式主要有哪些？试举例说明。

12. 很多氨基酸衍生物具有重要生理活性，请举例说明。

13. 氨基酸及其衍生物作为药物在临床上有哪些应用？

参考文献

[1] 余蓉. 生物化学. 2 版. 北京：中国医药科技出版社，2015.

[2] 朱圣庚. 生物化学（下册）. 4 版. 北京：高等教育出版社，2016.

[3] 吴梧桐. 生物制药工艺学. 4 版. 北京：中国医药科技出版社，2015.

[4] David L Nelson. Lehninger principles of biochemistry. 7th edition. New York：W H Freeman，2017.

[5] Victor W Rodwell. Harper's illustrated biochemistry. 31st edition. New York：McGraw-Hill Education，2018.

[6] Roger L Miesfeld. Biochemistry. New York：W W Norton & Company，2017.

[7] Reginald H Garrett. Biochemistry. 6th edition. Boston：Cengage Learning，2017.

[8] Sharanya S，et al. Emerging roles for branched-chainamino acid metabolism in cancer. Cancer Cell，2020，37（2）：147-156.

[9] Zhenxun Wang，et al. Methionine is a metabolic dependency of tumor-initiating cells. Nature Medicine，2019，25（5）：825-837.

[10] Platten M，et al. Tryptophan metabolism as a common therapeutic target in cancer，neurodegeneration and beyond. Nat Rev Drug Discov，2019，18（5）：379-401.

[11] Ericksen R E，et al. Loss of BCAA catabolism during carcinogenesis enhances mTORC1 activity and promotes tumor development and progression. Cell Metabolism，2019，29（5）：1151-1165.

[12] Mark R Sullivan，et al. Increased serine synthesis provides an advantage for tumors arising in tissues where serine levels are limiting. Cell Metabolism，2019，29（6）：1410-1421.

[13] Phillip J White，et al. Branched-chain amino acids in disease. Science，2019，363（6427）：582-583.

[14] Giada Mondanelli，et al. Amino acid metabolism as drug target in autoimmune diseases. Autoimmunity Reviews，2019，18（4）：334-348.

[15] Michael J Lukey，et al. Targeting amino acid metabolism for cancer therapy. Drug Discovery Today，2017，22（5）：796-804.

[16] Nefertiti Muhammad，et al. Oncology therapeutics targeting the metabolism of amino acids. Cells，2020，9（8）：1904.

（赵文锋）

第十章

核苷酸代谢

学习目标

1.掌握：核苷酸的生物学功能；核苷酸从头合成的概念。

2.熟悉：两类核苷酸从头合成的特点；核苷酸补救合成的概念及生理意义；脱氧核糖核苷酸的合成过程；嘌呤核苷酸的分解代谢产物；尿酸与痛风的关系及别嘌呤醇治疗痛风的作用机理。

3.了解：核酸的消化吸收；核苷酸合成代谢的反应过程；核苷酸分解代谢的反应过程；核苷酸合成代谢的主要调节酶；抗核苷酸代谢药物的生化机制。

核苷酸是核酸的基本结构单元。核苷酸在体内分布广泛，具有多种重要生物学功能。人体内的核苷酸主要由人体细胞自身合成，故不属于必需营养物质。本章主要介绍人体内核苷酸（包括嘌呤核苷酸和嘧啶核苷酸）的合成代谢和分解代谢，核苷酸代谢异常与疾病发生，以及核苷酸代谢在医药研究中的应用。

第一节　核苷酸代谢概述

一、核苷酸的生物学功能

核苷酸在人体内分布广泛，具有重要的生物学功能，为多种生命活动所必需。①作为合成核酸的主要原料，参与细胞内核酸的生物合成。这是核苷酸最主要和最为基本的功能。其中，四种 NTP 即 ATP、GTP、CTP 和 UTP 是合成 RNA 的原料，四种 dNTP 即 dATP、dGTP、dCTP 和 dTTP 是合成 DNA 的原料。②充当能量货币，参与细胞内各种需能反应。如 ATP 在细胞的能量代谢过程中起着非常重要的作用。它作为细胞内的通用能量货币，是机体能量生成和利用的中心，为机体的活动及各种化学反应提供能量。除 ATP 外，其他形式的核苷酸也可以供能，如蛋白质合成过程中需要 GTP 供能。③作为辅酶或辅基的成分。如 NAD^+（烟酰胺腺嘌呤二核苷酸）、$NADP^+$（烟酰胺腺嘌呤二核苷酸磷酸）、FAD（黄素腺嘌呤二核苷酸）、CoA（辅酶 A）等的分子结构中都含有腺苷酸，这些分子作为一些酶的辅酶或辅基，在生物氧化体系及物质代谢过程中都起着极为重要的作用。④参与酶活性的调节。例如：AMP、ADP、ATP 等是多种代谢途径的关键酶的别构效应剂；ATP 还可以为大量关键酶的磷酸化共价修饰提供磷酸基团。⑤参与细胞内信号转导。例如：cAMP 和 cGMP 作为多种肽类激素和儿茶酚胺类激素的第二信使，通过激活相应的下游蛋白激酶，调节多种代谢过程；GTP/GDP 则能够调节 G 蛋白的活性，从而参与 G 蛋白偶联受体介导的信号转导过程。⑥转变为一些特殊的活化中间物，参与体内某些物质的合成。例如：糖原合成时，葡萄糖需要先与 UTP 反应转变为其活性形式 UDP-葡萄糖；磷脂合成时，磷脂酸或乙醇胺被转变为活化中间物 CDP-二脂酰甘油或 CDP-乙醇胺。

二、核苷酸的消化吸收

膳食来源的核酸和核苷酸绝大多数都在消化吸收过程中被降解。机体内的核苷酸主要靠自身细胞合成，不依赖食物供给，所以核酸和核苷酸不是必需营养物质。

膳食来源的核酸大部分以核酸-蛋白质复合物形式存在，在消化道被消化分解为蛋白质和核酸。进入小肠后，核酸被核酸酶（nuclease）水解为寡核苷酸和部分单核苷酸。寡核苷酸再经磷酸二酯酶作用水解为单核苷酸。单核苷酸进一步经**核苷酸酶**（nucleotidase）水解为核苷和磷酸。核苷可进一步分解为碱基和戊糖。分解核苷的酶有两类：一类是**核苷酶**（nucleosidase），主要存在于微生物和植物，将核糖核苷分解为碱基与核糖，但对脱氧核糖核苷不起作用；另一类是**核苷磷酸化酶**（nucleoside phosphorylase），存在比较广泛，催化核苷发生磷酸解反应，产物是碱基和 1-磷酸戊糖。核苷和游离碱基在小肠经被动扩散吸收。小肠黏膜上皮细胞含有完善的嘌呤降解酶系，可将膳食中的嘌呤碱基直接转变为终产物尿酸，然后经血到肾，由尿排出。与之相反，嘧啶碱基在小肠黏膜上皮细胞内则不被降解，而是经补救合成途径被重新利用，因此膳食添加尿苷可用于治疗嘧啶核苷酸合成缺陷。部分膳食核苷酸也会被胃肠道细菌降解为 CO_2。

三、核苷酸的代谢

核苷酸代谢是指核苷酸在体内合成、分解以及相互转变的代谢过程。人体内的核苷酸主要是嘌呤核苷酸和嘧啶核苷酸，因此可分为嘌呤核苷酸代谢和嘧啶核苷酸代谢，又分别包括合成代谢和分解代谢。

体内核苷酸的主要来源是细胞自身的内源性合成。在细胞增殖活跃、更新快的组织中，核苷酸合成尤其旺盛。无论是嘌呤核苷酸还是嘧啶核苷酸，都有两种不同的合成代谢途径：**从头合成途径**（*de novo* synthesis pathway）与**补救合成途径**（salvage synthesis pathway）。从头合成途径是指利用简单前体分子（如核糖磷酸、氨基酸、一碳单位及 CO_2 等）为原料，经过一系列酶促反应来合成核苷酸的过程。合成过程复杂，反应步骤多，需要消耗大量的原料和能量。从头合成途径主要存在于肝，其次是小肠黏膜及胸腺。补救合成途径则无需从头合成碱基，而是主要利用体内核苷酸降解产生的游离碱基或核苷，经过简单的反应过程来生成核苷酸。与从头合成途径相比，补救合成过程较为简单，消耗 ATP 少，且可节省一些氨基酸的消耗。在正常情况下，从头合成途径占优势，补救合成途径又可反馈抑制从头合成途径。补救合成途径具有重要的生理意义：①可以节省能量及减少氨基酸的消耗；②对某些缺乏从头合成途径的组织细胞如脑、骨髓、红细胞和多形核白细胞而言，补救合成更为重要，如果这些组织一旦因遗传缺陷导致缺乏补救合成的酶，则会导致遗传性代谢疾病的发生。

体内核苷酸的分解代谢类似于食物中核酸在体内的分解过程。在高等动物中，核酸经核酸酶分解为核苷酸。核苷酸再经核苷酸酶及核苷磷酸化酶的作用，逐级水解成磷酸、戊糖、1-磷酸戊糖和碱基。碱基可通过补救合成途径，被再利用合成核苷酸，也可以继续进行分解代谢。在人体内，嘌呤核苷酸分解代谢的终产物是尿酸，嘧啶核苷酸分解代谢的终产物是 β-氨基酸、CO_2 及 NH_3。

核苷酸代谢在体内受到严格的调节。核苷酸代谢紊乱可导致疾病。

第二节 嘌呤核苷酸的代谢

嘌呤核苷酸的代谢包括嘌呤核苷酸的合成与嘌呤核苷酸的分解。

一、嘌呤核苷酸的合成

（一）嘌呤核苷酸的从头合成

1. 合成原料

嘌呤核苷酸的从头合成原料包括甘氨酸、天冬氨酸、谷氨酰胺、CO_2、一碳单位和5-磷酸核糖等。放射性同位素示踪实验表明，合成嘌呤环的前体分子如图10-1所示。

2. 合成过程

嘌呤核苷酸的从头合成是以甘氨酸等简单前体分子为原料，在5-磷酸核糖基础上，经一系列酶促反应逐步合成嘌呤环的代谢过程。合成过程分为两个阶段：第一阶段是合成嘌呤核苷酸的共同前体IMP，第二阶段是IMP分别转变为AMP和GMP。所有反应在细胞质中完成。

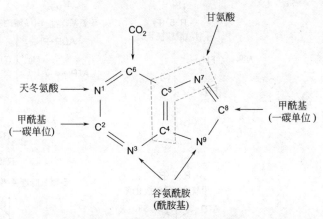

图 10-1　嘌呤环中各原子的来源

（1）第一阶段　包括 11 步反应。首先，来自于磷酸戊糖途径的 5-磷酸核糖，在**磷酸核糖焦磷酸合成酶**（PRPP synthetase）或称 **PRPP 激酶**的催化下，由 ATP 提供磷酸，反应生成 **5-磷酸核糖-1-焦磷酸**（5-phosphoribosyl-1-pyrophosphate，PRPP）（图 10-2）。PRPP 是核苷酸合成代谢过程中的一种重要分子，它是嘌呤核苷酸、嘧啶核苷酸的从头合成以及补救合成过程中 5-磷酸核糖的供体。

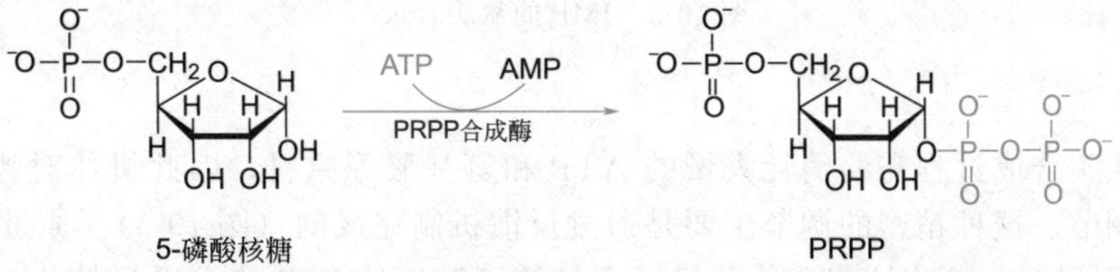

图 10-2　PRPP 的合成

然后，以 PRPP 为基础，经过 10 步反应，合成 IMP（图 10-3）。参与的酶分别是 PRPP 谷氨酰氨基转移酶、甘氨酰胺核苷酸合成酶、甘氨酰胺核苷酸甲酰转移酶、甲酰甘氨脒核苷酸合成酶、氨基咪唑核苷酸合成酶、氨基咪唑核苷酸羧化酶、氨基咪唑琥珀酰胺核苷酸合成酶、腺苷酸代琥珀酸裂解酶、甲酰转移酶和 IMP 环水解酶。在原核生物，每一步反应均由一个独立的酶蛋白催化。在真核生物，有三个不同的具有多种酶活性的多功能酶参与：①甘氨酰胺核苷酸合成酶、甘氨酰胺核苷酸甲酰转移酶和氨基咪唑核苷酸合成酶；②氨基咪唑核苷酸羧化酶和氨基咪唑琥珀酰胺核苷酸合成酶；③甲酰转移酶和 IMP 环水解酶。

（2）第二阶段　包括 4 步反应（图 10-4）。IMP 转变为 AMP 需要两步反应，由腺苷酸代琥珀酸合成酶和腺苷酸代琥珀酸裂解酶催化完成。IMP 转变为 GMP 也需要两步反应，由 IMP 脱氢酶和 GMP 合成酶催化完成。

AMP 和 GMP 再经磷酸化可转变为 ADP 和 GDP，后两者再经磷酸化则可转变为 ATP 和 GTP。

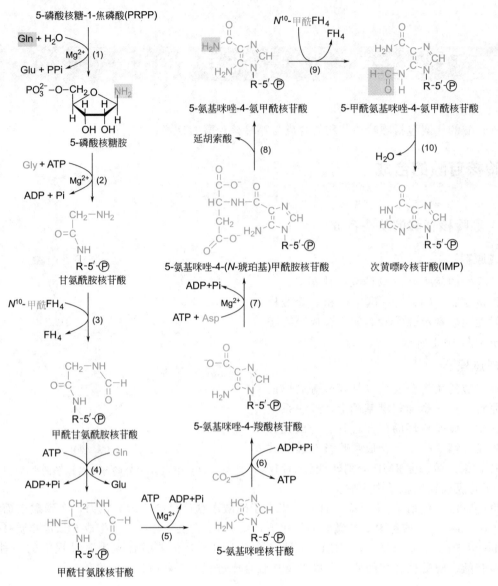

图 10-3　IMP 的从头合成

3. 调节

嘌呤核苷酸的从头合成过程需要消耗大量的 ATP 和氨基酸等原料，因此机体对嘌呤核苷酸的从头合成有着严格精密的调节。这种精密的调节主要是通过反馈机制完成的（图 10-5）。通过调节 IMP、ATP 和 GTP 对酶的抑制，不仅调节嘌呤核苷酸的总量，而且使 ATP 和 GTP 的水平保持相对平衡，从而既满足了机体对核苷酸的需要，也避免了物质和能量的多余消耗。

在第一阶段中，主要调控催化前两步反应的 PRPP 合成酶和 PRPP 谷氨酰氨基转移酶。PRPP 合成酶受 ADP 和 GDP 的反馈抑制。PRPP 谷氨酰氨基转移酶受到 ATP、ADP、AMP 及 GTP、GDP、GMP 的反馈抑制，即通过 ATP、ADP 和 AMP 结合酶的一个抑制位点和 GTP、GDP 和 GMP 结合酶的另一个抑制位点。因此，IMP 的生成速率受腺嘌呤和鸟嘌呤核苷酸的独立且协同的调节。此外，PRPP 可别构激活 PRPP 谷氨酰氨基转移酶。

在第二阶段中，从 IMP 向 AMP 和 GMP 的转变也受到反馈抑制调节。GMP 反馈抑制 IMP 向 XMP 转变的环节，这样可以避免生成过多的 GMP；而 AMP 反馈抑制 IMP 转变为腺苷酸代琥珀酸的环节，从而防止生成过多的 AMP。此外，AMP 和 GMP 的合成也要保持平衡，因为二者都由 IMP 转变而来。因此二者有交叉促进作用，即 GTP 可以加速 IMP 向 AMP 转变，而 ATP 则可促进 IMP 向 GMP 的转变。

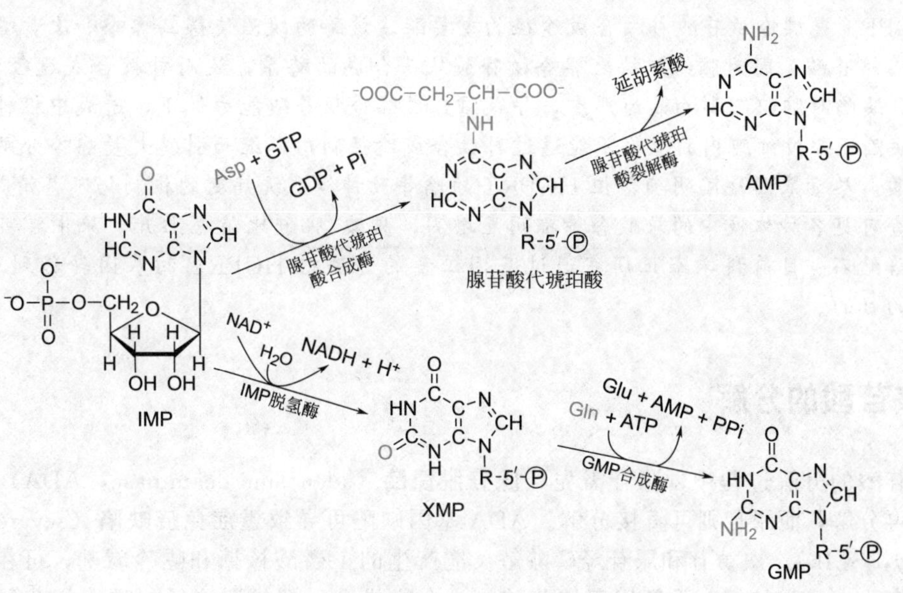

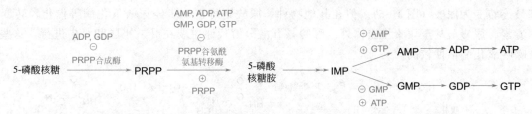

图 10-4 IMP 转变为 AMP 和 GMP

图 10-5 嘌呤核苷酸从头合成的调节

（二）嘌呤核苷酸的补救合成途径

嘌呤核苷酸的补救合成是指组织细胞利用游离的嘌呤碱基或核苷重新合成嘌呤核苷酸的过程。嘌呤核苷酸的补救合成主要是回收利用游离的碱基。用于补救合成的嘌呤碱基包括腺嘌呤、鸟嘌呤及次黄嘌呤。在磷酸核糖供体 PRPP 的参与下，经**腺嘌呤磷酸核糖转移酶**（adenine phosphoribosyl transferase，AP-RT）催化，腺嘌呤接受磷酸核糖，转变为 AMP；而经**次黄嘌呤-鸟嘌呤磷酸核糖转移酶**（hypoxanthine-guanine phosphoribosyl transferase，HGPRT）催化，鸟嘌呤或次黄嘌呤则分别转变为 GMP 和 IMP。此外，腺苷和脱氧鸟苷可以分别在腺苷激酶和脱氧鸟苷激酶的催化下，磷酸化转变为 AMP 和 dGMP。

$$腺嘌呤 + PRPP \xrightarrow{APRT} AMP + PPi$$

$$\begin{matrix}次黄嘌呤\\鸟嘌呤\end{matrix} + PRPP \xrightarrow{HGPRT} \begin{matrix}IMP\\GMP\end{matrix}$$

$$腺苷 + ATP \xrightarrow{腺苷激酶} AMP + ADP$$

细胞内代谢产生的游离嘌呤碱基，约 70%~90% 经补救途径被重新利用，而不是被降解或排出体外。因此，对于 HGPRT 缺陷的 Lesch-Nyhan 综合征患者，因嘌呤碱基不能有效回收利用，从而转向分解途径，故可观察到尿中氧化嘌呤如尿酸、次黄嘌呤和黄嘌呤排出量大增。

知识链接

Lesch-Nyhan 综合征

Lesch-Nyhan 综合征（Lesch-Nyhan syndrome），又称莱施-奈恩综合征，是由于 HGPRT 基因缺陷所引起的遗传性代谢病。1964 年由 M. Lesch 和 W. L. Nyhan 报道。患者表现为脑发育不全、智力低下和严重痛风症状。重症病例中还常表现出攻击和破坏行为，如患者常常咬伤自己的嘴唇、手和足趾，故又称"自毁容貌症"。患者寿命一般不超过 20 岁。

该病病因为 HGPRT 基因缺陷。HGPRT 基因位于染色体 Xq26.1，故该病属于伴 X 染色体连锁隐性遗传疾病。HGPRT是嘌呤核苷酸补救合成途径的重要酶，该酶的缺陷使得鸟嘌呤和次黄嘌呤不能通过补救合成途径合成核苷酸。因为脑组织缺乏嘌呤核苷酸从头合成的酶系，故而补救合成途径对其至关重要。因此，HGPRT缺陷对脑组织影响最为严重，导致脑合成嘌呤核苷酸能力低下，造成中枢神经系统发育不良。HGPRT缺陷还导致细胞内的嘌呤不能通过补救合成途径利用，继而引发大量嘌呤分解，产生大量的代谢产物即尿酸。尽管基因缺陷明确，但HGPRT缺陷导致神经系统病变的机制仍不甚清楚。

实验室检查可见各种体液中的尿酸含量都明显增高，尿酸/肌酐比值也上升，尿中常可发现橘红色的尿酸结晶或尿路结石。目前科学家正研究通过基因工程的方法把HGPRT的基因转移到患者的细胞中，达到治疗该病的目的。

二、嘌呤核苷酸的分解

在嘌呤核苷酸的分解过程中，腺苷需先经**腺苷脱氨酶**（adenosine deaminase，ADA）脱氨基转变为次黄嘌呤核苷再分解，而尿苷则可直接分解。ADA基因缺陷可导致**重症免疫缺陷**（severe combined immunodeficiency，SCID）。次黄苷和鸟苷经磷酸解反应产生的1-磷酸核糖和嘌呤碱基，可在磷酸核糖变位酶的催化下转变为5-磷酸核糖，重新用于核苷酸从头合成或进入糖代谢途径。嘌呤核苷酸分解产生的嘌呤碱基，既可以经嘌呤核苷酸补救合成途径被重新利用，也可进一步氧化分解。在人等灵长类动物体内，嘌呤碱基最终转变为尿酸（图10-6）。但在其他物种，尿酸则可进一步经尿酸氧化酶等催化，转变为水溶性好的尿囊素、尿囊酸甚至尿素排出体外。嘌呤核苷酸分解代谢主要在肝、小肠和肾中进行，这些组织器官中的黄嘌呤氧化酶活性较高。

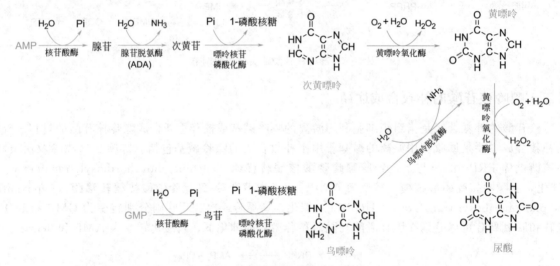

图10-6 嘌呤核苷酸的分解代谢

> **知识链接**　　　　　　　　　　　**腺苷脱氨酶缺乏症**

腺苷脱氨酶缺乏症是因腺苷脱氨酶（ADA）基因缺陷引起的常染色体隐性遗传代谢病。患者表现为严重联合免疫功能低下，是重症联合免疫缺陷（SCID）疾病的一个亚型，故又特称为腺苷脱氨酶缺乏引起的重症联合免疫缺陷（severe combined immunodeficiency due to adenosine deaminase deficiency，ADA-SCID）。

ADA基因位于染色体20q12～q13.11，该酶在体内催化腺嘌呤核苷和脱氧腺嘌呤核苷转化为次黄嘌呤核苷和脱氧次黄嘌呤核苷。ADA基因缺陷造成该酶活性下降或消失，导致腺嘌呤核苷酸尤其dATP的蓄积。dATP是脱氧核苷酸生成的关键酶——核糖核苷酸还原酶的别构抑制剂，导致脱氧核苷酸合成锐减，从而阻碍DNA合成。ADA主要在淋巴细胞表达，其缺陷可导致免疫细胞分化增殖障碍，胸腺萎缩，T细胞和B细胞功能不足，细胞免疫和体液免疫反应均下降，甚至死亡，即严重联合免疫缺陷。实验室检查可见红细胞dATP升高、血和尿脱氧腺苷升高、红细胞腺苷脱氨酶活性极低。红细胞dATP水平检测可用于评估疾病严重程度和治疗效果。目前的治疗方法包括骨髓移植和基因治疗等。

尿酸（uric acid）是弱二元酸。在强碱条件下，可形成完全解离的尿酸盐离子。在生理 pH 条件下，则形成单次解离的尿酸盐（urate）。尿酸及尿酸盐在水中的溶解度极低，约 0.6mg/100mL（20℃）。正常人体内尿酸总量约为 1200mg，每天产生约 750mg，排出约 500~1000mg。人体内尿酸 80% 来源于内源性嘌呤代谢，20% 来源于富含嘌呤或核酸蛋白食物。在人体正常情况下，尿酸约 70% 经肾脏排泄，其余由粪便和汗液排出。正常人体内血清尿酸浓度在一个较窄的范围内波动。血清尿酸水平的高低受种族、饮食习惯、区域和年龄等多重因素影响。正常男性为 150~380mmol/L（2.5~6.4mg/dL），正常女性为 100~300mmol/L（1.6~5.0mg/dL）。

体内尿酸主要以单钠盐的形式存在，在体液内的溶解度极低，仅约 6~7mg/100mL。当其在血液或滑囊液中的浓度达到饱和状态或超过某临界值时，极易形成结晶，并沉积在关节、肾脏和皮下等部位，引发急、慢性炎症和组织损伤，称为**痛风**（gout）。运动时这些组织容易发生缺氧，出现糖酵解加速和乳酸产生增多，引起 pH 降低。因此，运动、饮酒、应激、局部损伤等都可诱发这些部位的尿酸钠结晶沉积并引起急性炎症发作。微小的尿酸钠结晶表面可吸附 IgG，并在补体参与下诱发多形核白细胞的吞噬作用。结晶被吞噬后可促使白细胞膜破裂，释放多种炎症介质，如白三烯 B_4（LTB_4）和糖蛋白等化学趋化因子、溶酶体和胞质中的各种酶，导致组织发生炎症反应。

痛风与嘌呤代谢紊乱及（或）尿酸排泄减少所致的血清尿酸浓度超过参考值上限的**高尿酸血症**（hyperuricemia）直接相关，两者都属于代谢性风湿病范畴，是同一疾病的不同阶段。高尿酸血症是痛风的前期，临床上仅 5%~15% 的高尿酸血症患者最终发展为痛风。

别嘌呤醇（allopurinol）是临床上用于痛风和高尿酸血症治疗的药物。它是黄嘌呤氧化酶的抑制剂。别嘌呤醇口服进入体内后，2h 之内几乎全部主要被乙醛脱氢酶催化转变为其活性形式即别黄嘌呤（alloxanthine）或称羟嘌呤醇（oxypurinol）（图 10-7），18~30h 后被肾脏分泌除去。别黄嘌呤也是黄嘌呤氧化酶的抑制剂，它能与酶的活性中心紧密结合，强烈抑制其活性，有效地抑制尿酸产生。此外，抑制黄嘌呤氧化酶还可导致次黄嘌呤水平升高，后者与 PRPP 经补救途径生成 IMP，IMP 及进一步转变生成的 AMP 和 GMP 可反馈抑制限速酶 PRPP 谷氨酰氨基转移酶，从而又抑制嘌呤合成。

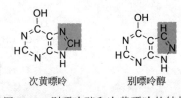

图 10-7　别嘌呤醇和次黄嘌呤的结构

第三节　嘧啶核苷酸的代谢

与嘌呤核苷酸代谢一样，嘧啶核苷酸代谢也包括其合成与分解。

一、嘧啶核苷酸的合成

（一）嘧啶核苷酸的从头合成途径

1. 合成原料

嘧啶核苷酸的从头合成途径包括天冬氨酸、CO_2、谷氨酰胺和 5-磷酸核糖等。同位素示踪实验表明，构成嘧啶环的分子来源如图 10-8 所示。

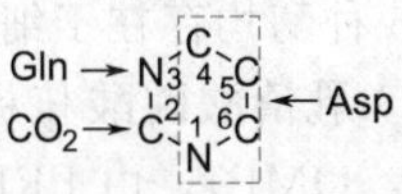

2. 合成过程

与嘌呤核苷酸相比，嘧啶核苷酸的从头合成比较简单。但与嘌呤核苷

图 10-8　嘧啶环中的原子来源

酸在 PRPP 的基础上合成嘌呤环不同，嘧啶核苷酸的从头合成是先合成嘧啶环，然后再与 PRPP 的磷酸核糖基结合生成嘧啶核苷酸，即首先合成的是 UMP，再通过一系列反应生成 CTP。反应在细胞质和线粒体中进行。

UMP 的合成包括 6 步反应（图 10-9）。

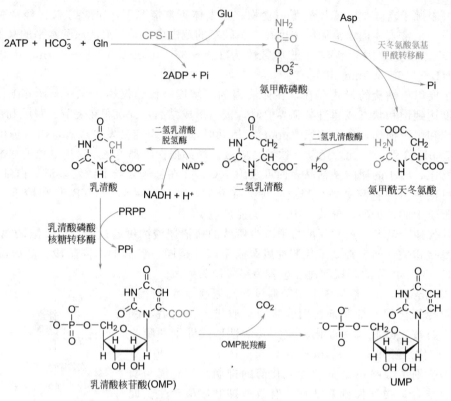

图 10-9　UMP 的从头合成

① CO_2 与谷氨酰胺在**氨甲酰磷酸合成酶Ⅱ**（carbamoyl phosphate synthetase Ⅱ，CPS-Ⅱ）的催化下生成氨甲酰磷酸（carbamoyl phosphate），氨甲酰磷酸也是尿素合成的原料。CPS-Ⅱ酶与尿素合成中位于线粒体的氨甲酰磷酸合成酶Ⅰ（carbamoyl phosphate synthetase Ⅰ，CPS-Ⅰ）有所不同，见表 10-1。

表 10-1　两种氨甲酰磷酸合成酶的比较

项目	氨甲酰磷酸合成酶Ⅰ	氨甲酰磷酸合成酶Ⅱ
部位	肝线粒体	细胞质（所有细胞）
氮源	NH_3	谷氨酰胺
功能	合成尿素	合成嘧啶
激活剂	N-乙酰谷氨酸	PRPP

② 氨甲酰磷酸与天冬氨酸反应，由天冬氨酸氨基甲酰转移酶（aspartate transcarbamoylase，AT-Case）催化，生成氨甲酰天冬氨酸（carbamoyl aspartate），此反应为嘧啶核苷酸合成的限速步骤，AT-Case 是限速酶，受产物的反馈抑制，该反应不消耗 ATP，由氨甲酰磷酸水解供能。

③ 氨甲酰天冬氨酸脱水、分子内重排形成具有嘧啶环的二氢乳清酸（dihydroorotate），由二氢乳清酸酶（dihydroorotase）催化完成。

④ 二氢乳清酸脱氢酶（dihydroorotate dehydrogenase）催化二氢乳清酸氧化生成乳清酸（orotate），此酶需 FMN 和非血红素 Fe^{2+}，位于线粒体内膜的外侧面，由醌类提供氧化能力，嘧啶核苷酸合成中的其余 5 种酶均存在于细胞质中。

⑤ 乳清酸磷酸核糖转移酶催化乳清酸与 PRPP 反应，生成乳清酸核苷酸（orotidine-5′-monophosphate，OMP），由 PRPP 水解供能。

⑥ 由 OMP 脱羧酶（OMP decarboxylase）催化 OMP 脱羧生成 UMP。

哺乳动物的嘧啶核苷酸从头合成酶系是多功能酶的典型范例。前3步反应由一个多功能酶催化完成，含有CPS-Ⅱ、天冬氨酸氨基甲酰转移酶和二氢乳清酸酶3种酶活性，位于分子质量约为210kDa的同一多肽链上。后两步反应由另一个多功能酶催化完成，含有乳清酸磷酸核糖转移酶和OMP脱羧酶活性，也位于同一条多肽链上，该双功能酶又称为**UMP合成酶**（UMP synthetase，UMPS）。这些多功能酶作用的中间产物并不释放到介质中，而在连续的酶间移动，这保证了嘧啶核苷酸的高效、均衡合成，而且可防止细胞中其他酶的干扰。

UMP合成之后，在UMP激酶的作用下，磷酸化生成UDP。UDP在UDP激酶的作用下，生成UTP。最后，UTP在CTP合成酶（CTP synthetase）的催化下加氨生成CTP（图10-10）。在动物体内，氨基由谷氨酰胺提供，在细菌则直接由NH_3提供。此反应消耗1分子ATP。

UMP可进一步转变为dTMP。UMP磷酸化生成UDP，UDP进一步被还原为dUDP，dUDP去磷酸化转变为dUMP。dUMP在**胸苷酸合酶**（thymidylate synthase）的作用下，N^5,N^{10}-甲烯四氢叶酸作为甲基供体，甲基化生成dTMP（图10-11）。

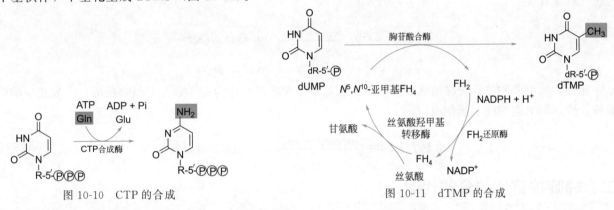

图10-10　CTP的合成

图10-11　dTMP的合成

3. 调节

嘧啶核苷酸从头合成的调节主要也是通过反馈抑制的方式。在动物细胞中，嘧啶核苷酸的合成主要由CPS-Ⅱ调控。产物UMP、UDP和UTP可以抑制其活性，从而减少嘧啶核苷酸的生成。而ATP和PRPP为其激活剂，加强嘧啶核苷酸的生成。在细菌中，天冬氨酸氨基甲酰转移酶（ATCase）是嘧啶核苷酸从头合成的主要调节酶。ATCase受ATP的别构激活，而CTP为其别构抑制剂（图10-12）。

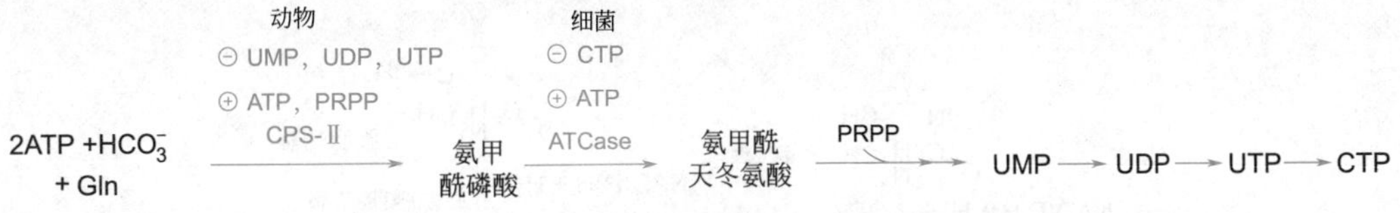

图10-12　嘧啶核苷酸从头合成的调节

知识链接

乳清酸尿症

乳清酸尿症（orotic aciduria）是以尿中乳清酸排泄过量为特征的一种病症。主要包括Ⅰ型乳清酸尿症和Ⅱ型乳清酸尿症。

Ⅰ型乳清酸尿症是一种常染色体隐性遗传病，是由于嘧啶核苷酸合成代谢中的UMP合成酶（UMPS）基因缺陷引起，该基因位于染色体3q13。UMP合成酶缺陷会影响嘧啶核苷酸合成，导致血中嘧啶合成中间产物乳清酸堆积，UMP合成减少，CTP和dTMP的合成也随之减少，核酸合成原料不足。患者主要表现为尿中排出大量乳清酸、生长迟缓和巨幼细胞贫血。Ⅱ型乳清酸尿症是由于尿素循环中的酶缺陷导致的尿素循环障碍引起，以鸟氨酸氨基甲酰转移酶（OTC）缺陷最为多见，为伴性显性遗传。临床特征为高氨血症并发乳清酸尿症。患者摄食高蛋白质食物可诱发症状。此外，伴随瑞氏综合征的乳清酸血症，则可能是因为线粒体严重受损，不能利用氨甲酰磷酸，后者转而在细胞质中经嘧啶合成途径生成大量乳清酸所致。

先天性或遗传性乳清酸尿症的主要特征是尿中乳清酸水平很高。而尿素循环障碍引起的乳清酸尿症，患者除了尿中乳清酸水平高以外，还出现尿素障碍导致的血氨水平很高，即高血氨症以及血尿素氮水平降低。Ⅰ型乳清酸尿症，临床上可应用CMP和UMP治疗，以降低尿乳清酸和贫血；也可用尿苷治疗，即通过补救合成途径，经自身核苷酸激酶催化尿苷来合成UMP，而合成的UMP又可反馈抑制CPS-Ⅱ活性，从而抑制嘧啶核苷酸的从头合成，减少乳清酸等中间产物的蓄积，取得良好疗效。2015年9月，美国FDA批准尿苷三乙酸酯（uridine triacetate）用于遗传性乳清酸尿症的治疗。

（二）嘧啶核苷酸的补救合成

与嘌呤核苷酸补救合成不同，嘧啶核苷酸的补救合成主要是回收利用核苷。

在ATP参与下，尿苷和胞苷经尿苷-胞苷激酶（uridine-cytidine kinase）催化，磷酸化分别转变为UMP和CMP；胸苷激酶（thymidine kinase）则催化脱氧胸苷转变为dTMP。其中胸苷激酶的活性与细胞增殖状态密切相关，其在正常肝中活性低，再生肝中活性升高，而恶性肿瘤中也有明显升高，并与肿瘤的恶性程度有关。

$$尿苷/胞苷 + ATP \xrightarrow{\text{尿苷-胞苷激酶}} UMP/CMP + ADP$$

$$脱氧胸苷 + ATP \xrightarrow{\text{胸苷激酶}} dTMP + ADP$$

此外，嘧啶磷酸核糖转移酶能以尿嘧啶、胸腺嘧啶和乳清酸作为底物，与PRPP反应，生成相应的嘧啶核苷酸，但对胞嘧啶不起作用。

$$嘧啶 + PRPP \xrightarrow{\text{嘧啶磷酸核糖转移酶}} 嘧啶核苷酸 + PPi$$

二、嘧啶核苷酸的分解代谢

与嘌呤核苷酸分解代谢终产物尿酸的低水溶性不同，嘧啶核苷酸分解代谢的终产物是高水溶性的 β-丙氨酸、β-氨基异丁酸、CO_2 及 NH_3（图10-13）。

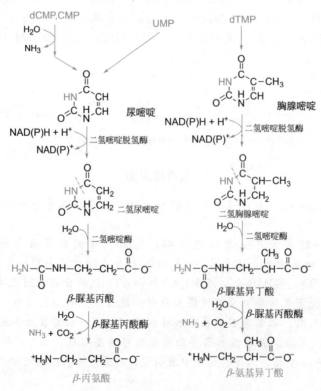

图 10-13　嘧啶核苷酸的分解代谢

嘧啶核苷酸同样经核苷酸酶和核苷磷酸化酶作用分解释放出嘧啶碱基。其中，胞嘧啶需脱氨基转变为尿嘧啶，然后经尿嘧啶分解途径进行代谢。尿嘧啶和胸腺嘧啶进一步的分解产物是β-丙氨酸和β-氨基异丁酸，后两者可进一步转变为三羧酸循环的中间物琥珀酰CoA，亦可随尿排出体外。摄入含DNA丰富的食物、经放疗或化疗的患者，以及白血病患者，尿中β-氨基异丁酸排出量增多。

嘧啶核苷酸的分解代谢主要在肝中进行。

第四节 脱氧核糖核苷酸与核苷三磷酸的合成

一、脱氧核糖核苷酸的合成

核糖核苷酸与脱氧核糖核苷酸在分子结构上的差别主要是体现在戊糖环上的第二位碳原子，脱氧核糖核苷酸比核糖核苷酸少了一个氧原子。因此，通过从头合成途径与补救合成途径生成的核糖核苷酸，脱去氧原子就可以生成相应的脱氧核糖核苷酸。

除了dTMP是由dUMP转变而来以外，其他脱氧核糖核苷酸都是在核苷二磷酸（NDP）水平上由**核糖核苷酸还原酶**（ribonucleotide reductase，RRM）催化生成。

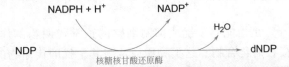

该反应机制比较复杂，核糖核苷酸还原酶在催化反应的过程中需要用到**硫氧还蛋白**（thioredoxin）。该蛋白质是一种生理性还原剂，由108个氨基酸残基组成，分子质量约为12kDa，含有一对相邻的半胱氨酸残基。具体反应过程为：在核糖核苷酸还原酶的催化下，NDP被还原为dNDP，同时硫氧还蛋白中半胱氨酸残基的巯基被氧化为二硫键；然后在硫氧还蛋白还原酶（thioredoxin reductase）催化下，由NADPH供氢，二硫键又被还原为巯基（图10-14）。因此，在该反应中，NADPH是NDP还原为dNDP的最终还原剂。

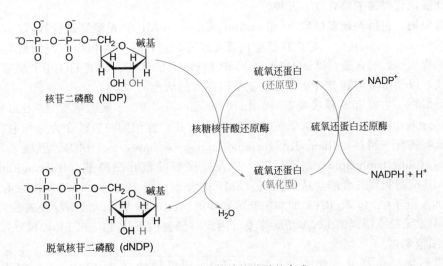

图10-14 脱氧核糖核苷酸的合成

dNDP可进一步磷酸化生成dNTP，dNTP是DNA合成的原料。因此，在DNA合成旺盛、分裂速度较快的细胞中，核糖核苷酸还原酶体系活性较强。

二、核苷三磷酸的合成

在从头合成或补救合成生成的所有核苷酸中，除了 CTP 是核苷三磷酸的形式之外，其余的都是核苷一磷酸的形式。但是作为合成核酸的原料，无论是 DNA 还是 RNA，核苷酸都必须是三磷酸的形式。因此这些刚合成的核苷一磷酸都必须转变成核苷三磷酸。核苷一磷酸在碱基特异的核苷一磷酸激酶的作用下磷酸化生成核苷二磷酸。核苷二磷酸在核苷二磷酸激酶的作用下磷酸化生成核苷三磷酸。尽管该反应可逆，但由于细胞内［ATP］/［ADP］比值相对较高，驱动反应向右，净生成 NTP/dNTP。

$$(d)NMP + ATP \xrightleftharpoons[\text{核苷一磷酸激酶}]{} (d)NDP + ADP$$

$$(d)NDP + ATP \xrightleftharpoons[\text{核苷二磷酸激酶}]{} (d)NTP + ADP$$

第五节　核苷酸代谢在医药研究中的应用

一、核苷酸类似物药物

1. 抗代谢物的概念

抗代谢物（antimetabolite）是指能够干扰或抑制细胞内正常代谢物的作用，进而影响生物体内正常代谢的一类人工合成或天然存在的化合物。这类物质通常与其干扰的代谢物的结构类似。核苷酸抗代谢物通常是一些参与核苷酸合成代谢的嘌呤、嘧啶、氨基酸和叶酸等的类似物，能够干扰或抑制细胞内正常核苷酸代谢物的作用，进而抑制核苷酸和核酸合成。

肿瘤细胞的生长和分裂十分迅速，对核苷酸的需求高于正常细胞。因此，核苷酸抗代谢物通过阻断肿瘤细胞中核苷酸的合成，进而阻断肿瘤细胞核苷酸与蛋白质的合成，最终抑制肿瘤细胞的生长和分裂，起到抗肿瘤的作用。除了用于癌症治疗外，一些核苷酸抗代谢物还是有效的抗菌药物和抗病毒药物。

2. 常见的核苷酸抗代谢物

常见的核苷酸抗代谢物主要有以下五种。

（1）嘌呤类似物　包括 **6-巯基嘌呤**（6-mercaptopurine，6-MP）、**6-巯基鸟嘌呤**（6-mercaptoguanine）和 8-氮鸟嘌呤（8-azaguanine）等。它们在细胞内首先经补救途径转变为相应的核苷酸类似物，然后通过三种方式抑制嘌呤核苷酸的合成：抑制 IMP 向 AMP 和 GMP 的转变、抑制 HGPRT 酶活性而阻断嘌呤核苷酸的补救合成，以及反馈抑制 PRPP 谷氨酰氨基转移酶的活性。

（2）嘧啶类似物　主要有 **5-氟尿嘧啶**（5-fluorouracil，5-FU）、5-氟胞嘧啶（5-fluorocytocine）和 5-氟乳清酸（5-fluoroorotate），但以 5-氟尿嘧啶最为常用。5-FU 在细胞内被转变为三种主要的活性代谢物，即：氟脱氧尿嘧啶核苷一磷酸（fluorodeoxyuridine monophosphate，FdUMP）、氟脱氧尿嘧啶核苷三磷酸（fluorodeoxyuridine triphosphate，FdUTP）以及氟尿嘧啶核苷三磷酸（fluorouridine triphosphate，FUTP）。FdUMP 抑制胸苷酸合酶，从而抑制 dTMP 的合成（图 10-11）。FUTP 作为 RNA 合成的"原料"，掺入到 RNA 分子中，破坏 RNA 的加工修饰和功能。FdUTP 则作为 DNA 合成的"原料"，掺入到 DNA 分子中，引发无效或错误的 DNA 切除修复（因此时细胞内 FdUTP/dTTP 浓度比过高），最终导致 DNA 链断裂和细胞死亡。

（3）叶酸类似物　包括氨基蝶呤（aminopterin）、**甲氨蝶呤**（methotrexate，MTX）和**甲氧苄啶**（trimethoprim）等。在嘌呤核苷酸从头合成途径中，嘌呤环中的 C8 和 C2 分别由 N^{10}-甲酰四氢叶酸和 N^5,N^{10}-次甲基四氢叶酸提供，后两者在提供一碳单位后转变为四氢叶酸。在 dUMP 转变为 dTMP 的反应中，胸腺嘧啶环上的甲基由 N^5,N^{10}-亚甲基四氢叶酸提供，后者转变为二氢叶酸。此处生成的二氢叶酸则需要在二氢叶酸还原酶的作用下重新被还原生成四氢叶酸,从而再次运载一碳单位参与上述反应(图10-11)。人体自身不能从头合成叶酸,必须从食物等外源途径摄取,但抑制二氢叶酸还原酶会造成四氢叶酸缺乏,导致核苷酸合成抑制,进而抑制细胞的核酸合成及快速增殖。氨基蝶呤和甲氨蝶呤是哺乳动物二氢叶酸还原酶的抑制剂,可抑制肿瘤细胞的快速恶性增殖,临床上用于多种癌症的化疗。细菌自身能够利用外源小分子从头合成二氢叶酸,再转变为四氢叶酸。甲氧苄啶是细菌二氢叶酸还原酶的抑制剂,能抑制细菌的叶酸合成,进而抑制细菌的核酸合成及分裂增殖,是一种抑菌药。

(4)核苷类似物 主要有**叠氮胸苷**(azidothymidine,AZT)、**阿糖胞苷**(cytarabine 或 cytosine arabinoside,ara-C)和双脱氧肌苷(didanosine,ddI)。作为核苷类似物,它们在机体内可通过补救途径分别转变为相应的核苷酸,然后掺入到正在合成的 DNA 链中,抑制链的延伸。其中 AZT 和 ddI 能够有效地阻断 HIV 病毒的逆转录,已成为治疗艾滋病的一种药物,而 araC 主要用于急性白血病的治疗。

(5)谷氨酰胺类似物 包括**氮杂丝氨酸**(azaserine)、6-重氮-5-氧正亮氨酸(6-diazo-5-oxo-L-norleucine,ODN)等,含有重氮基团,属于重氮化合物。它们的结构与谷氨酰胺类似。核苷酸合成代谢有多个酶以谷氨酰胺为底物,包括 PRPP 谷氨酰氨基转移酶、FGAM 合成酶、鸟苷酸合成酶、氨甲酰磷酸合成酶Ⅱ(CPS-Ⅱ)和 CTP 合成酶。上述谷氨酰胺类似物可以进入这些酶的活性中心并与之共价结合,从而抑制酶活性,并由此抑制核苷酸的合成,发挥抗肿瘤和抗菌作用。

常见的核苷酸抗代谢物结构式见图 10-15。

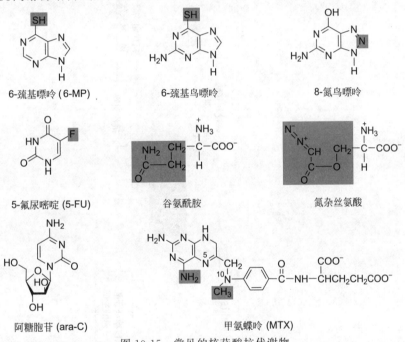

图 10-15 常见的核苷酸抗代谢物

二、基于核苷酸代谢的药物靶标

核苷酸代谢是从细菌到人类等的各种生物的一条重要代谢途径。细菌和人体细胞的生长增殖均依赖核苷酸的合成,因此前述的用于恶性肿瘤治疗、抗菌和抗病毒药物都是靶向核苷酸合成代谢的抗代谢物。

以核苷酸分解代谢为靶点的药物目前主要是临床上用于痛风和高尿酸血症治疗的药物——别嘌呤醇,是嘌呤分解代谢途径的黄嘌呤氧化酶的抑制剂。

此外,核苷酸代谢过程中相关酶基因缺陷可引起酶异常,酶的异常导致核苷酸代谢中间物或产物量的异常,进而累及相应的组织器官,由此引发各种疾病,称为核苷酸代谢疾病。核苷酸代谢疾病基本上都属于遗传代谢病。核苷酸代谢酶异常通常是酶基因缺陷即基因突变导致酶活性降低或完全丧失。迄今为止已经报道有 30 多种嘌呤和嘧啶核苷酸代谢酶的异常,已知至少有 10 种酶异常导致 10 种嘧啶核苷酸代谢疾病,19 种酶异常导致 26 种嘌呤核苷酸代谢疾病。针对这类遗传性代谢病,其缺陷的酶则是基因治疗的靶点,通过基因修复或基因添加等方式进行基因治疗。

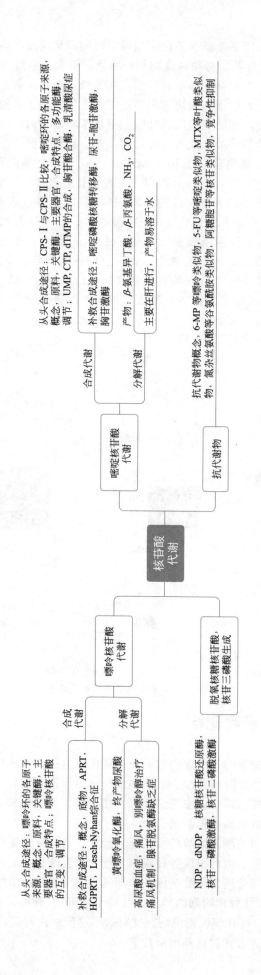

拓展学习

本书编者已收集整理了一系列与核苷酸代谢相关的经典科研文献、参考书等拓展性学习资料，请扫描右侧二维码进行阅读学习。

思考题

1.核苷酸的生物学作用主要有哪些？

2.试述别嘌呤醇治疗痛风的机制。

3.简述 PRPP 在核苷酸代谢中的重要性。

4.不同物种嘌呤核苷酸分解代谢终产物有何差异？尿酸作为人类嘌呤核苷酸分解代谢终产物有何生物学意义？

参考文献

[1] 卜友泉. 生物化学与分子生物学. 2 版. 北京：科学出版社，2020.

[2] Victor W Rodwell，David A Bender，Kathleen M Botham，et al. Harper's illustrated biochemistry. 30th ed. New York：McGraw-Hill Companies，2015.

[3] David L Nelson，Michael M Cox. Lehninger Principles of Biochemistry. 7th ed. New York：W H Freeman and Company，2017.

[4] 顾学范. 临床遗传代谢病. 北京：人民卫生出版社，2015.

[5] Balasubramaniam S，Duley J A，Christodoulou J. 2014. Inborn errors of pyrimidine metabolism：clinical update and therapy. J Inherit Metab Dis. 37（5）：687-698.

[6] Balasubramaniam S，Duley J A，Christodoulou J. 2014. Inborn errors of purine metabolism：clinical update and therapies. J Inherit Metab Dis. 37（5）：669-686.

[7] Longley D B，Harkin D P，Johnston P G. 5-Fluorouracil：mechanisms of action and clinical strategies. Nat Rev Cancer，2003，3（5）：330-338.

（卜友泉）

第十一章

核酸的生物合成

学习目标

1. 掌握：DNA 复制的一般特征、复制过程主要的酶和蛋白质、半保留复制的特点及其意义；DNA 复制的基本规律，DNA 聚合酶的类型及功能特点；DNA 损伤和修复的主要类型；转录的一般特征，转录酶结构、真核生物转录酶分类和功能，转录后加工、逆转录。

2. 熟悉：真核细胞 DNA 复制、端粒和端粒酶；DNA 修复过程，真核生物转录过程。

3. 了解：非染色体 DNA 复制的其他形式、RNA 复制、与核酸合成相关的药物。

DNA 是遗传信息的载体，在细胞分裂前 DNA 通过**复制**（replication），将亲代的遗传信息传给子代。1944 年，Avery 通过肺炎双球菌转化实验，第一次证明遗传基因存在于 DNA 上。遗传基因自 DNA **转录**（transcription）给 RNA，然后在细胞内**翻译**（translation）成特异的蛋白质，执行各类生命功能，使后代表现出与亲代相似的遗传性状。1953 年，Watson 和 Crick 提出了 DNA 双螺旋分子结构。1958 年 Click 将遗传信息的传递归纳为生物学的**中心法则**（the central dogma）。1965 年科学家在 RNA 病毒里发现了一种 RNA 复制酶，可以像 DNA 复制酶那样，对 RNA 进行直接复制。1970 年 H. Temin 和 Baltimore 分别在致癌性 RNA 病毒中发现了**逆转录酶**（reverse transcriptase），它能催化 RNA 模板指导 DNA 的合成。RNA 复制酶和逆转录酶的发现补充了生物学中心法则。中心法则描述了大多数生物遗传信息储存和表达的规律，并奠定了在分子水平上研究遗传、繁殖、进化、代谢、发育、疾病等生命科学上的关键问题的理论基础。1982 年，美国生物化学家斯坦利·普鲁辛纳（Stanley Prusiner）发现了一种新型的生物——朊病毒（prion），该发现获得了 1997 年诺贝尔生理学或医学奖。朊病毒就是蛋白质病毒，它的发现也对经典的中心法则做出了补充（图 11-1）。

图 11-1　遗传信息传递的中心法则

本章的内容主要涉及核酸生物合成的三个方面，即 DNA 的生物合成、DNA 的损伤与修复和 RNA 的生物合成。

第一节　DNA 的生物合成

一、DNA 复制

复制（replication）是指遗传物质的克隆，以 DNA 作为模板、dNTP 为原料，根据碱基配对原则，合成序列互补的 DNA 新链的过程。DNA 复制可以发生在细菌的细胞质，也可以发生在真核生物细胞核、线粒体或叶绿体，还可以在体外进行，例如 PCR 反应。在 DNA 复制机制揭示之前，科学家提出了三种 DNA 复制的可能方式，即全保留式、半保留式和混合式（图 11-2）。

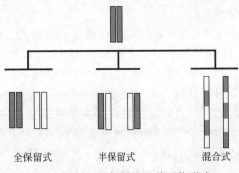

全保留式　半保留式　混合式

图 11-2　DNA 复制的三种可能形式

（一）DNA 复制的基本特征

无论何种形式复制，DNA 复制都有以下特征：

（1）都需要以亲代 DNA 的两条母链为**模板**（template），以 4 种 dNTP（dATP、dCTP、dGTP 和 dTTP）为原料。DNA 复制过程还需要 Mg^{2+}，一方面 Mg^{2+} 与 dNTP 结合，屏蔽磷酸基团的负电荷，利于引物 $3'$-OH 对 α-P 的亲核进攻；另一方面 Mg^{2+} 在 DNA 聚合酶活性中心参与催化反应。

（2）作为模板，DNA 必须要解链，暴露出隐藏于双螺旋内部的碱基序列，为建立新的互补碱基对创造条件。

（3）DNA 复制最重要的特征是**半保留复制**（semi-conservative replication）。Watson 和 Crick 在 DNA 双螺旋结构的论文中就提出了一种"自我复制"的机制。他们认为双螺旋的两条链通过碱基之间的氢键连接在一起，这些氢键作用力很弱，容易断裂，复制是通过逐渐分离 DNA 双螺旋链来进行的，就像拉链的两半分离一样。因为这两条链是相互补充的，所以每条链都包含构建另一条链所需的信息。双链分离后，每条链都可以作为模板来指导互补链的合成，并最终形成双链。

知识链接　　　　　　　　　　　**Watson 和 Crick 的发现**

1953 年，Watson 和 Crick 在 *Nature* 上发表了题为 "Molecular Structure of nucleic acids" 的论文，这篇论文最后一段写道："It has not escaped our notice that the specific pairing we have postulated immediately suggests a possible copying mechanism for the genetic material. The structure itself suggested that each strand could separate and act as a template for a new strand，therefore doubling the amount of DNA，yet keeping the genetic information，in the form of the original sequence，intact." 其意思是："DNA 特定的配对让我们注意到遗传物质的可能复制机制。双螺旋结构本身就表明每一条链都可以分离开来，并作为新链合成的模板，于是 DNA 的量加倍了，并且以原来的序列原封不动地保留了遗传信息。"

DNA 的半保留复制中，每个新 DNA 链都保留了亲本的一条完整链，并新生成了一条与之互补的链，这样可以保障复制的忠实性和遗传的稳定性。

DNA 半保留复制模型有多个实验证明，代表性实验如下所述。

① Meselson 和 Stahl 的实验。1958 年，哈佛大学的 Meselson 和 Stahl 用同位素 ^{15}N 标记大肠杆菌 DNA，首先证明了 DNA 的半保留复制。首先，他们将大肠杆菌放在 $^{15}NH_4Cl$ 为唯一氮源的培养基里，连续培养十多代，将细胞内 DNA 所有 N 原子都更换为 ^{15}N。然后，将上述细菌分为两部分，一部分大肠杆菌转移到 $^{14}NH_4Cl$ 培养基中继续培养，另一部分用来提取 DNA。将不同培养代数的大肠杆菌收集和提取

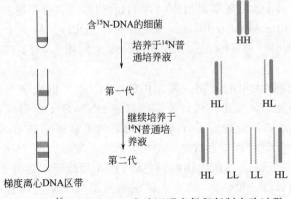

含¹⁵N-DNA的细菌

培养于¹⁴N普通培养液

第一代

继续培养于¹⁴N普通培养液

第二代

梯度离心DNA区带

HH

HL　　HL

HL　LL　LL　HL

图 11-3　^{15}N 标记 DNA 实验证明半保留复制实验过程

DNA 后，用氯化铯（CsCl）盐密度梯度离心来分离各代 DNA，并与一直在 ^{15}N 或 ^{14}N 培养基中培养的大肠杆菌 DNA 区带位置进行比较。在离心过程中，试管内的 DNA 片段在密度等于其自身密度的位置，这取决于其核苷酸中存在的 $^{15}N/^{14}N$ 的比率。^{14}N 含量越大，在管中 DNA 片段在平衡时位置越高。结果表明：DNA 分子在 0 代显示为 1 条高密度带（2 条链都是 ^{15}N，写为 HH），1 代为 1 条中等密度条带（HL），而第 2 代为中密度（HL）与轻密度（LL）两条带。这样的结果（图 11-3）与大肠杆菌 DNA 半保留复制的预期结果完全一致，因此 DNA 复制为半

保留性质。

②1963年，Cairus 用放射自显影的方法第一次观察到完整的正在复制的大肠杆菌染色体 DNA。他用³H-脱氧胸苷标记大肠杆菌 DNA，大肠杆菌分裂两代后，用溶菌酶消化细胞壁，然后将 DNA 转至膜上，并用感光胶片曝光。因³H 能放出 β 粒子，还原胶片中的银实现感光，在光学显微镜下观察。未复制部分银密度低，由一条放射链和一条非放射链组成；已复制部分有一条双链是放射的，一条双链有一半是放射的。用这种方法证明了大肠杆菌染色体 DNA 是一个环状分子，并以半保留的形式进行复制。

③1960年，哥伦比亚大学的 Herbert Taylor 用³H 标记的 dTTP 处理蚕豆根尖细胞 8h，然后移入到含秋水仙素的普通培养液中。第一次分裂中期的染色体周围均显示放射性，每条染色体中一条染色单体被标记，另一条制染色单体未被标记，说明真核 DNA 复制也符合半保留模型。

④姐妹染色单体差别染色方法（sister-chromatid differential staining）。在复制过程中，胸腺嘧啶的类似物 5-尿嘧啶（5-bromodeoxy uridine，BrdU）可掺入到新合成的 DNA 中。在两个细胞周期之后，一条染色单体中 DNA 分子的双链都被 BrdU 取代，而另一条染色单体只有一条 DNA 单链中含有 BrdU。用吉姆萨染色，因为该染料主要染富含 A-T 的区域，T 被 BrdU 取代则不染色。两个细胞周期后，其中一条吉姆萨染色为深色（仅单条 DNA 含 BrdU），一条染色较浅（双条 DNA 都掺入 BrdU）。详见图 11-4，其中箭头所指为同源重组区。

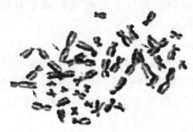

图 11-4　染色体吉姆萨染色

（4）通常都需要引物。DNA 复制不能从头合成，只能在事先合成好的引物上进行链的延伸。细胞内作为引物的一般是短 RNA 分子，长度 6～15nt。体外进行 PCR 反应，一般用单链 DNA 分子，长度一般在 20nt 左右。

（5）无论是细胞内还是体外 PCR，复制的方向始终是 5′→3′。这是由 DNA 聚合酶的活性决定。

（6）具有固定的起点。体内 DNA 复制时从固定的区域启动，称为复制起始区（replication origin，简称 ori）。一般复制的起始区具有 3 个特征：①由多个短串联重复序列组成，例如 E. coli 复制点为 oriC，跨度为 245 bp。这段序列包括 3 组串联重复序列和 2 对反向重复序列（如图 11-5）。②能够被复制区结合蛋白识别。例如，细菌的复制区结合蛋白为 DnaA 蛋白。③通常富含 AT 碱基对。

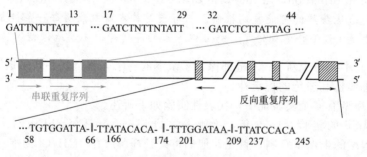

图 11-5　细菌 DNA 的 ori 位点

真核生物往往含有多个复制起始位点，如图 11-6，解链后形成空泡样的结构，称为**复制泡**（replication bulb）。真核生物单个 ori 比原核生物的短，例如酵母 DNA 复制起始位点含 11bp 的富 AT 核心区：A (T)TTTATA(G)TTTA(T)，称为自主复制序列（autonomous replication sequence，ARS）。每一个复制起始区构成一个最小的复制单位——**复制子**（replicon）（图 11-6）。复制子间长度差别很大，约 13～900kb 之间。

（7）双向复制。多数 DNA 复制为双向同时进行，少数为单向复制。复制中的模板 DNA 形成 2 个延伸方向相反的开链区，称为**复制叉**（replication fork）。复制叉指正在进行复制的双链 DNA 分子所形成的 Y 形区域，其中已解链的两条模板单链以及正在进行合成的新链构成了 Y 形的头部，尚未解链的 DNA 模板双链为 Y 的尾部（图 11-7）。细菌为环状双链 DNA，复制过程中形成 θ 形结构，称为 θ 复制（图 11-8）。细菌复制叉移动速度约 50000bp/min，完成复制需要约 40min。真核生物的染色体 DNA 是线形双链分子，含有许多复制起点，因此是多复制子，每个复制子平均长度 100～200kb。人体细胞平均每个染色体含有 1000 个复制子。

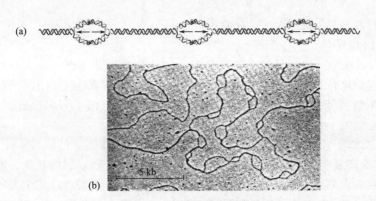

图 11-6　真核生物多复制子

（a）复制子示意图；（b）电镜下真核生物 DNA 的多个复制子结构

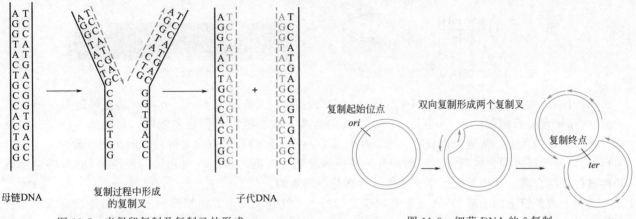

图 11-7　半保留复制及复制叉的形成

图 11-8　细菌 DNA 的 θ 复制

某些病毒及噬菌体 DNA 复制时，可以观察到单向滚环型复制（rolling circle replication）。质粒、F 因子在接合（conjugation）转移时其 DNA 的复制都采用这种方式。以 M13 噬菌体为例，M13 遗传物质为单一正链 DNA。进入大肠杆菌后，以 θ 复制合成负链，形成双链 DNA（dsDNA）。正链 DNA 复制起点处被起始蛋白——A 蛋白切开，其 5′端游离出来。DNA 聚合酶Ⅲ以线形正链 3′-OH 为引物开始子链合成。原正链 DNA 被取代，并与单链结合蛋白结合。当复制向前进行时，因为 5′端从环上向下解链的同时伴有新环状双链 DNA（dsDNA）环绕其轴的不断旋转，因而称为滚环复制（图 11-9）。新的正链与原有的正链以共价键相连，当新的正链回到复制起始位点，A 蛋白可以切开新旧正链，使原有的正链释放出

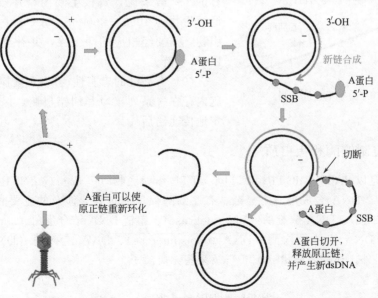

图 11-9　噬菌体 DNA 滚环复制

来，新的正链和负链形成新的 dsDNA。原有的正链也可以在 A 蛋白作用下，连接成环形成正链 DNA，并与衣壳蛋白形成 M13 噬菌体。

线粒体及叶绿体 DNA 为独立的复制系统，它们通常以 D 环方式（displacement-loop）进行复制。这是因为两条链的复制起始区位置不同，DNA 聚合酶 γ 先启动一条链的复制，新的链一边复制，一边取代原来的亲本链，形成类似字母 D 的形状，这就是 D 环复制的由来（图 11-10）。直到另一条链的复制启动区暴露被激活后，启动新的子链合成，此时为双向复制。

总结起来，DNA 有以下几种复制方式：①直线双向复制，如真核染色体 DNA；②θ 复制，如大肠杆菌环状双链 DNA；③滚环复制，如环状单链 DNA 病毒；④D 环复制，如线粒体、叶绿体 DNA；⑤多复制叉复制，第一轮复制尚未完成，复制起点就开始第二轮的复制（图 11-11）。在大肠杆菌富营养状态时，采取多复制叉复制方式。其 DNA 的复制最快可达 50kb/min，完全复制需 40min，富营养时，20min 细胞即可分裂，而真核染色体要 6～8h。

图 11-10　线粒体 DNA 的 D 环复制

图 11-11　多复制叉复制（电镜图）

（8）DNA 的半不连续复制。DNA 双链是反向平行的，一条链为 $5' \rightarrow 3'$ 方向，其互补链是 $3' \rightarrow 5'$ 走向。DNA 聚合酶只能催化 DNA 链从 $5' \rightarrow 3'$ 方向的合成，故子链沿着模板复制时，只能从 $5' \rightarrow 3'$ 方向延伸。在一个复制叉上，解链方向只有一个，此时其中一条子链的合成方向与解链方向相同（皆为 $5' \rightarrow 3'$ 方向），可以沿解链方向合成新链。然而，另一条链的复制方向则与解链方向相反，若等待 DNA 链全部解开再进行新链合成，这样复制效率非常低，显然是不现实的。

实际上两条链上的子链 DNA 复制是同步进行的，与复制叉前进方向相反的子链是不连续合成，其特点是先合成一些小的不连续片段，然后将这些小片段连接成一条整链。

首先提出半不连续复制的是日本科学家冈崎（Reiji Okazaki）。1968 年，Okazaki 以大肠杆菌 DNA 复制为研究对象，用电子显微镜结合放射自显影技术观察到，复制过程会产生一些较短的 DNA 片段，后人证实这些片段只出现于同一复制叉的一股链上。由此提出，子代 DNA 以半不连续的方式完成复制。为了纪念冈崎的杰出贡献，人们将不连续合成 DNA 片段称为冈崎片段（Okazaki fragment）。将连续合成的 DNA 子链称为**前导链**（leading strand），不连续合成的子链称为**后随链**（lagging strand），如图 11-12 所示。两条链的合成是不对称的。一般来说，真核生物冈崎片段长度为 100～200nt，原核生物为 1000～2000nt。每一段冈崎片段 $5'$ 端为 RNA 引物，需要经相应的酶去除，并补充缺口，连接成完整的 DNA 长链。

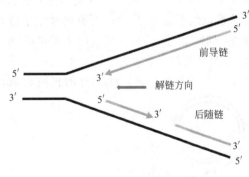

图 11-12　DNA 的半不连续复制

（9）有高度的忠实性。DNA 复制出错的概率很小，细胞内存在一系列校对和纠错机制，保证亲代的遗传信息稳定地传递给后代。

（二）DNA 复制的酶和蛋白质

DNA 复制过程是以 dATP、dGTP、dCTP、dTTP 作为底物（一般写成 dNTP），以双链 DNA 作为模板合成子链的过程。DNA 合成是一个复杂、有序的酶促反应过程，涉及的主要酶和蛋白质有 DNA 聚合酶（DNA polymerase）、DNA 解旋酶（DNA helicase）、单链 DNA 结合蛋白（single-strand DNA binding protein，SSB）、DNA 拓扑异构酶（DNA topoisomerase）、DNA 连接酶（DNA ligase）和端粒酶（telomerase）等。另外，还需要能量（ATP）及某些无机离子。

化学反应可简写为：

$$(dNMP)_n + dNTP \longrightarrow (dNMP)_{n+1} + PPi$$

1. DNA 聚合酶

DNA 聚合酶是指以 dNTP 作为底物催化 DNA 合成的一类酶，因需要 DNA 作为模板，称为依赖 DNA 的 DNA 聚合酶（DNA-dependent DNA polymerase，DDDP），缩写为 DNA pol。这类酶主要行使两个基本功能：①基因组复制时新 DNA 的合成；②DNA 损伤或随从链上引物切除后的 DNA 短片段合成。

DNA 聚合酶的共同性质是：①需要 DNA 模板。②需要 RNA 或 DNA 作为引物（primer），即 DNA 聚合酶不能从头催化 DNA 的起始。③催化 dNTP 加到引物的 3′-OH 末端，因而 DNA 合成的方向是 5′→3′。④除聚合 DNA 外还有校对功能，属于多功能酶，它们在 DNA 复制和修复过程的不同阶段发挥作用。

（1）DNA 聚合酶 I   1958 年华盛顿大学的阿瑟·康伯格（Arthur Kornberg）首先从大肠杆菌中发现并分离了 DNA 聚合酶 I（DNA polymerase I，DNA pol I）。以后又相续发现了 DNA pol II 和 DNA pol III。

DNA pol I 分子质量约为 109kDa，是单一肽链的大分子，有三个酶活性结构域，从 N 端到 C 端依次为 5′→3′核酸外切酶、3′→5′核酸外切酶、DNA 聚合酶活性结构域。但 DNA pol I 并不是细胞中主要的 DNA 复制酶。

研究发现，DNA pol I 催化的聚合反应速度并不快，约每秒钟加入 10nt，而大肠杆菌染色体 DNA 复制叉的移动速度是它的 20 倍以上。其次，DNA pol I 的复制连续性相当低，它聚合核苷酸长度不超过 50nt，就会与模板脱离。而在 DNA pol I 的突变菌株中，细菌 DNA 复制却正常，但对紫外线、烷化剂等突变因素更加敏感。这表明该酶与 DNA 复制关系不大，而在 DNA 修复中起着重要的作用。实际上，DNA pol I 主要功能是对复制中的错误进行校读，对复制和修复中出现的空隙进行填补。

(Klenow片段)

Hans Klenow 用枯草杆菌蛋白酶，将 DNA pol I 水解为 2 个片段：小片段由 323 个氨基酸构成，具有 5′→3′核酸外切酶的活性；大片段含 604 个氨基酸，被称为 Klenow 片段，它含有大小两个结构域，其中小结构域具有 3′→5′核酸外切酶的活性，大结构域具有 DNA 聚合酶活性。

3′→5′核酸外切酶的活性是指 DNA pol I 可以从 DNA 3′端催化 DNA 链水解反应。如果在 DNA 延伸中，子链的 3′端出现了错配的碱基，DNA pol I 的 3′→5′核酸外切酶的活性可发挥校读功能将其切除，保证其聚合作用的正确性，因此对于 DNA 复制中极高的保真性是至关重要的。5′→3′核酸外切酶的活性是指它可以催化 DNA 链从 5′端进行水解反应。这种酶活性是从 DNA 链的 5′端向 3′端水解已配对的核苷酸，本质是切断磷酸二酯键，主要负责在 DNA 复制过程中切除引物。

原核生物除了 DNA pol I 外，还有 DNA pol II 和 DNA pol III。三种聚合酶特性如表 11-1。

表 11-1　原核生物的 DNA 聚合酶

项目	DNA pol I	DNA pol II	DNA pol III
亚基数	1	≥4	≥10
分子质量/kDa	109	90	130
分子数/细胞	400	100	10
聚合速度/(nt/s)	16～20	2～5	250～1000
3′→5′外切酶活性	+	+	+
5′→3′外切酶活性	+	−	−
功能	即刻校读,引物切成、填补空隙	修复合成	复制
基因突变后的致死性	可能	不可能	可能

（2）DNA 聚合酶 II   DNA pol II 基因发生突变，细菌依然能存活。由此推测它是在另外两种聚合酶缺失情况下暂时起作用的酶。DNA pol II 对模板的特异性不高，即使是在发生损伤的 DNA 模板上，它也

具有聚合活性。因此，它可能参与 DNA 损伤的应急修复。

（3）DNA 聚合酶Ⅲ　DNA 聚合酶Ⅲ结构复杂，是 DNA 复制的主要酶。全酶含有 2 个核心酶，1 个 γ 复合物（有 γ、δ、δ′、ψ、χ、τ 6 种亚基）和 1 对 β 亚基（可滑动的 DNA 夹子）。其中核心酶由 α、ε 和 θ 亚基组成：α 亚基主要功能是合成 DNA；ε 亚基具有 $3'{\rightarrow}5'$ 外切酶活性（复制保真性所必需）；θ 亚基可能起组装作用。核心酶两侧的 β 亚基发挥夹稳 DNA 模板链，并使酶沿模板滑动的作用。τ 亚基具有促使核心酶二聚化的作用，这个柔性连接区可以确保在复制叉上 1 个全酶分子的 2 个核心酶能够相对独立运动，分别负责前导链和后随链的合成。γ 复合物是一种依赖 DNA 的 ATP 酶，有促进全酶组装至模板上及增强核心酶活性的作用。β 亚基在 DNA 上定位和解离都需要 γ 复合物。γ 复合物能结合 ATP 并具有 ATPase 活性，使两个 β 亚基形成的封闭环打开，再将这个"夹子"加载于 DNA。DNA 聚合酶Ⅲ分子结构见图 11-13。

DNA pol Ⅲ 各亚基的功能相互协调，使其具有更高的保真性、协调性，全酶可以持续完成整条染色体 DNA 的合成。

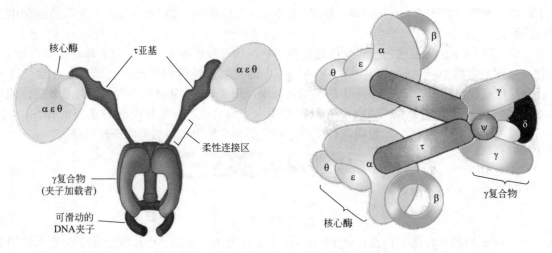

图 11-13　原核生物 DNA 聚合酶Ⅲ的分子结构

知识链接

DNA 聚合酶的发现

阿瑟·康伯格（Arthur Kornberg）是美国生物化学家，他从细菌提取物中提纯了一种酶，这种酶可将放射性标记的 DNA 底物结合到一种酸不溶的聚合物中，这种聚合物被鉴定为 DNA。这种酶被命名为 DNA 聚合酶（后来随着其他聚合酶的发现，它被命名为 DNA 聚合酶Ⅰ），阿瑟·康伯格因此而获得诺贝尔奖。除了这种酶之外，他先后发现了 30 多种酶，因此又被称为"酶的猎人"。DNA 聚合酶Ⅰ主要起损伤修复作用，真正进行 DNA 复制的是 DNA 聚合酶Ⅲ。巧合的是，DNA 聚合酶Ⅲ是他的次子——加州大学的生物化学教授 T. B. Kornberg 发现的，而他的长子——斯坦福大学的 R. D. Kornberg 也由于在真核生物转录酶结构研究中的卓越贡献，获得了 2006 年诺贝尔化学奖。康伯格一家为揭示遗传信息传递的奥秘做出了巨大贡献。

（4）真核生物 DNA 聚合酶　真核生物细胞中也存在多种 DNA 聚合酶，包括 α、β、γ、δ、ε。参与细胞核 DNA 复制的有 α、δ 和 ε，其中 DNA pol α 具有引发酶活性，复制过程中，首先与复制区结合，先合成短 RNA 引物，再合成 20～30nt DNA 片段，然后被 DNA 聚合酶 δ 和 ε 取代。一般认为，DNA pol δ 主要负责后随链复制，DNA pol ε 合成前导链，并参与 DNA 损伤修复。DNA pol β 是 5 种酶当中最小的酶，其保真性低，参与核 DNA 的修复。DNA pol γ 存在于线粒体中，负责线粒体 DNA 复制。真核生物和原核生物 DNA 聚合酶的比较见表 11-2。

分裂细胞核抗原（proliferating cell nuclear antigen，PCNA）为 DNA pol δ 的辅助蛋白，其功能相当于大肠杆菌 DNA 聚合酶Ⅲ的 β-亚基。真核生物核 DNA 复制时，在复制因子帮助下，3 个 PCNA 亚基组成滑动钳，使 DNA pol δ 的进行性大幅度提高。

表 11-2　真核生物和原核生物 DNA 聚合酶的比较

E. coli	真核细胞	3′→5′ 外切酶	功　能
I			填补复制中的 DNA 空隙,DNA 修复和重组
II			复制中的校对,DNA 修复
	β	−	细胞核 DNA 修复
	γ	+	线粒体 DNA 合成
III	ε	+	前导链合成
DnaG	α	−	引物酶
	δ	+	后随链的合成及引物切除后的填补

2. DNA 连接酶

DNA 连接酶（DNA ligase）首次于 1967 年在大肠杆菌中发现，它能催化一个双螺旋 DNA 分子内相邻的核苷酸 3′-OH 末端和 5′-P 形成 3′,5′-磷酸二酯键，从而实现连接（图 11-14）。DNA 连接酶在 DNA 复制中是"缝合"相邻的冈崎片段，使不连续的后随链连接成一条完整的链。该酶也参与 DNA 的修复和重组，其作用是闭合 DNA 链上的切口。

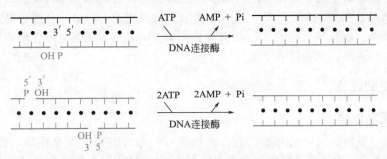

图 11-14　DNA 连接酶的作用

DNA 连接酶催化连接时需要能量，根据能量供体可以分为两类：一类是使用辅助因子 NAD^+，主要是原核生物 DNA 连接酶；另一类使用 ATP 供能，主要是真核细胞 DNA 连接酶。

DNA 连接酶不能将两条游离的 DNA 单链连接起来。而 T4 噬菌体的 DNA 连接酶不仅能在模板链上连接 DNA 链之间的切口，而且能连接两条游离的双链 DNA。

3. 参与 DNA 解链相关的酶

DNA 分子的碱基埋在双螺旋内部，只有把 DNA 解成单链，它才能起模板作用。**解旋酶**（helicase）能利用 ATP 供能，作用于氢键，使 DNA 双链解开成为两条单链。**引物酶**（primase）是复制起始时催化生成 RNA 引物的酶。单链 DNA 结合蛋白（SSB）在复制中维持模板处于单链状态并保护单链的完整。原核生物复制中参与 DNA 解链的相关蛋白质见表 11-3。

表 11-3　原核生物复制中参与 DNA 解链的相关蛋白质

蛋白质(基因)	通用名	功　能	蛋白质(基因)	通用名	功　能
DnaA(dnaA)		辨认复制起点	DnaG(dnaG)	引物酶	合成 RNA 引物
DnaB(dnaB)	解旋酶	解开 DNA 双链	SSB	单链结合蛋白	稳定单链 DNA
DnaC(dnaC)		运送 DnaB 到复制叉	拓扑异构酶	DNA 旋转酶	解开超螺旋

拓扑异构酶（topoisomerase）是一类能催化 DNA 链断裂、旋转和重连，从而改变 DNA 拓扑学性质的酶。它不仅可以消除 DNA 复制、转录、重组和染色质重塑过程中的拓扑学障碍，还能够影响细菌内 DNA 超螺旋程度。

拓扑异构酶分为 I 型和 II 型。拓扑异构酶 I 能切断 DNA 双链中一股链，使 DNA 解链旋转不致打结；适当时候封闭切口，DNA 变为松弛状态，反应不需 ATP，主要集中在活性转录区，与转录有关。拓扑异构酶 II 切断 DNA 分子两股链，断端通过切口旋转，利用 ATP 供能，连接断端，DNA 分子进入负超螺旋状态，消除复制叉前进时带来的扭曲张力（图 11-15）。参与 DNA 复制的主要是拓扑异构酶 II。

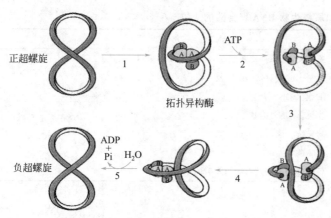

图 11-15　拓扑异构酶消除正超螺旋的过程

DNA 合成需要**引物**（primer），这是因为 DNA 聚合酶必须以一段具有 $3'$ 端自由羟基（$3'$-OH）的 RNA 作为引物，才能开始聚合子代 DNA 链。RNA 引物的大小一般为 10nt 左右。催化 RNA 引物合成的 RNA 聚合酶称引物酶（或引发酶）。该酶只有与相关的蛋白结合为引发体才有明显的活性。引发体是解旋酶、DnaC、引物酶和 DNA 起始复制区组成的复合结构。

为什么 DNA 聚合酶要用引物，而引物酶可以合成多聚核苷酸链？原因在于：①DNA 聚合酶从模板复制最初几个核酸时，其新生成短的 DNA 的碱基堆积力和氢键都较弱，易发生错配；②新复制的最初几个核苷酸，没有与模板形成稳定双链，DNA 聚合酶的 $5' \rightarrow 3'$ 校对功能难发挥作用。

一旦 DNA 双螺旋解开成单链，单链结合蛋白（SSB）便牢固地结合到分开的单链上，防止它们重新形成双螺旋，保证模板链的复制不被核酸内切酶水解。原核生物的 SSB 与 DNA 的结合表现出明显的协同效应，当第一个 SSB 结合后，其后的 SSB 与 DNA 的结合力可提高 10^3 倍，且结合迅速扩展，直到全部单链 DNA 都被 SSB 覆盖。而真核生物的 SSB 没有此协同效应，也不像 DNA 聚合酶那样沿复制方向向前移动，而是不断地结合、脱离，直到复制完成。

（三）DNA 复制过程

1. 原核生物的复制过程

（1）复制的起始　复制有固定的起始位点，起始位点一般含有串联重复序列，富含 AT。DNA 的解链过程需要 DnaA、DnaB、DnaC 三种蛋白质参与完成，形成起始复合物，又称为引发体（primosome）。在拓扑异构酶、解旋酶及 SSB 的共同作用下，DNA 解旋、解链，形成复制叉。依赖于单链模板，由引物酶催化合成一小段 RNA 引物。DnaA 蛋白辨认并结合 oriC 重复序列位点，解旋酶（DnaB 蛋白）在 DnaC 蛋白协助下解开双链；SSB 和引物酶进入，生成引物，这标志复制起始的完成。

引物酶是复制时催化 RNA 引物合成的酶，它与催化转录的 RNA 聚合酶不同。利福平（rifampicin）对 RNA 聚合酶有特异性抑制活性，但对引物酶无作用。在原核细胞内，复制受到多种因素调节。DNA 复制的调节发生在起始阶段，如在复制起始区序列中有许多 GATC 序列，DNA 甲基化酶能使 A 甲基化，甲基化的双链 DNA 再与活性的 DnaA 蛋白结合形成起始复合物，而单链发生甲基化后不能形成起始复合物。DNA 复制完成后该区域的子代链的甲基化需要一定的延滞期，与细胞分裂过程有关。

（2）复制的延伸　DNA 子链的延伸是在 DNA 聚合酶催化下进行的。原核生物中负责延伸的是 DNA pol Ⅲ，子链延伸方向为 $5' \rightarrow 3'$。聚合反应时，$3'$-OH 与 dNTP 的 $5'$-α-磷酸基团反应生成 $3',5'$-磷酸二酯键。前导链与复制叉方向相同，连续延伸；后随链与复制叉的前进相反，是不连续延伸。复制延伸速度相当快，$E.\,coli$ 每秒钟能加入的核苷酸数达 1000 个，如果营养充足，每 20min 可繁殖一代。

同一个复制叉上，前导链的复制先于后随链，但两条链是由同一个 DNA pol Ⅲ 催化延伸的。为使后随链能与前导链被同步合成，后随链在复制过程中绕成一个环状（见图 11-16）。DNA pol Ⅲ 的两个核心酶各负责前导链和后随链的合成，β 亚基起到一个夹子作用，防止 DNA 聚合酶从模板链上脱落下来。后随链上核心酶部分每合成一个冈崎片段后，β 亚基与核心酶脱离。同时 γ 复合物在新暴露的后随链模板上重新"安装"一个 β 亚基（夹子），新的夹子与 DNA pol Ⅲ 核心酶结合，负责下一段冈崎片段合成。

DNA 复制的高保真性：生物体的生存依赖于基因组的精确复制，因此确保 DNA 复制过程中的高保真度非常关键。在 DNA 复制过程中如出现错误会随着复制不断传递下去，从而导致永久性的突变。在大肠杆菌中，错误的核苷酸在复制过程中掺入 DNA 并留在那里的概率小于 10^{-9}。DNA 复制时的保真性主要与下列因素有关：①遵守严格的碱基配对规律；②在复制时对碱基的正确选择；③对复制过程中出现的错误及时进行校正。

（3）复制的终止　复制的终止过程包括切除引物、填补空缺和连接切口。原核生物基因是环状 DNA，

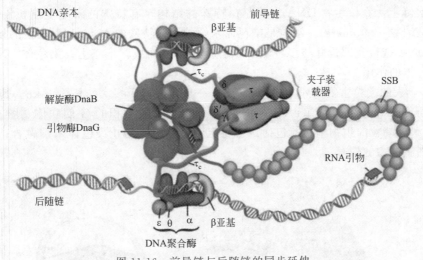

图 11-16　前导链与后随链的同步延伸

双向复制的复制片段在复制的**终止点**（*ter*）处汇合。如细菌环状 DNA 两个复制叉不断前移，各进行 180°，同时在终止点汇合并停止复制。真核生物后随链上有许多冈崎片段，每个冈崎片段上的引物是 RNA，必须要去除，并更换成 DNA。RNA 去除后形成空隙，空隙的填补由 DNA pol Ⅰ 催化，缺口填补后，留下相邻的 3′-OH 和 5′-P 的切口，最终由连接酶连接。

2. 真核生物的复制过程

人类的基因组序列数据庞大，总长度为 30×10^8 bp。在直径约 $10\mu m$ 的细胞核内，DNA 在短时间内可复制完成，这得益于真核生物高效的 DNA 复制机制。

真核生物的 DNA 与组蛋白构成核小体，复制速度慢，复制叉每分钟移动约 1000~3000bp，而细菌约为 50kb。真核生物有许多复制起点，采取多复制起点的方法加速复制。真核生物复制时，核小体打开，组蛋白直接转移到子代前导链上，而后随链则使用新合成的组蛋白组装成核小体。原核生物冈崎片段的大小为 1000~2000nt，真核生物冈崎片段的大小为 100~200nt，相当于一个核小体的长度。另外，原核细胞在第一轮复制还没有结束的时候，就可以在复制起始区启动第二轮复制，但真核细胞的复制受多种因子控制，周期不可重叠。

（1）复制的起始　真核生物复制的起始需要 DNA pol α（引物酶活性）和 pol δ（解螺旋酶活性）参与，还包括拓扑酶和众多复制因子（replicator）如 RFA、RFC 等。复制起始也是打开复制叉，形成引发体和合成 RNA 引物。增殖细胞核抗原（PCNA）在复制起始和延伸中起关键作用。

（2）复制的延伸　在复制叉及 RNA 引物生成后，DNA pol α 随即被具有连续合成能力的 DNA 聚合酶 ε 或 δ 替换，这一过程称为聚合酶转换。DNA pol ε 负责合成前导链，δ 负责合成后随链。这一过程需要 RFC 和 PCNA 的协同作用，其中 RFC 充当滑动钳装载者，将 PCNA 滑动钳装载在 DNA 模板上。真核生物中冈崎片段的长度约 100~200 个核苷酸，当一个冈崎片段合成完毕后，DNA pol δ 脱落，DNA pol α 再次结合，引发下一个冈崎片段的引物。因此，后随链上会出现多次 DNA pol α/δ 的转换。冈崎片段上 RNA 引物水解由 FEN1/RNaseH1 催化，形成的空缺由 DNA 聚合酶 δ 填补。拓扑异构酶 Ⅰ 清除复制叉移动中形成的正超螺旋。

（3）复制的终止和端粒酶　真核生物为线形 DNA，后随链上最后一个冈崎片段的 RNA 引物去除后，留下的末端空缺不能补齐，染色体经多次复制会变得越来越

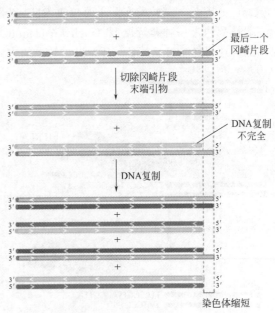

图 11-17　染色体末端随着复制逐渐变短

短（图 11-17）。实际上，真核生物 DNA 末端存在特殊的结构，有特殊的末端复制机制防止 DNA 变短，这种特殊结构就是端粒（telomere）。端粒是染色体末端的一段特殊的 DNA 和蛋白质的复合物，平均长度为 5～15kb，是 DNA 链自身回折并与多种端粒结合蛋白复合而成。形态上，染色体 DNA 末端膨大成粒状，起到稳定染色体的作用。

端粒富含 TG，人的端粒重复序列为 TTAGGG，一般重复两千多次，长约 15kb。其中 G 可以通过氢键形成四分体平面 [图 11-18(a)]，TTAGGG 重复单元可以形成堆积的 G-四联体 [图 11-18(b)]，防止 DNA 末端被酶水解。端粒的生物学功能包括：①稳定染色体；②防止染色体末端融合；③保护染色体结构基因；④作为细胞凋亡的信号。

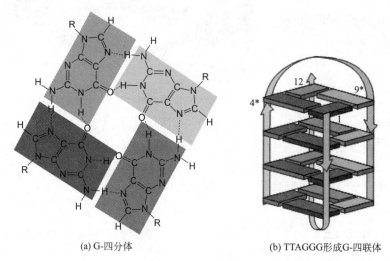

(a) G-四分体　　　　　(b) TTAGGG 形成 G-四联体

图 11-18　端粒末端结构

端粒的长度决定了细胞的寿命，当端粒缩短到一定程度，细胞即进入衰老阶段进而走向死亡。体细胞的端粒有限长度（telomere restriction fragment，TRF）大多数明显短于生殖细胞，青年人的 TRF 又显著长于老年人，提示 TRF 随着细胞分裂或衰老在不断变短。主要原因是由于 DNA 聚合酶不能完成复制线形 DNA 末端所致。

端粒酶（telomerase）是一种特殊的逆转录酶，分子质量在 200～500kDa。1997 年，人端粒酶的基因被克隆，并确定酶包括三部分：约 150nt 的端粒酶 RNA，端粒酶协同蛋白 1 和人端粒酶逆转录酶（human telomerase reverse transcriptase，hTERT）。端粒酶中的 RNA 包括与 TTAGGG 相配对的重复单元 $(A_nC_n)_x$。因此，端粒酶实际上是以该 RNA 为模板合成 DNA，本质上端粒酶是逆转录酶。

端粒酶通过一种爬行模型（inchworm model）的机制合成端粒 DNA。它依靠自身端粒 RNA 重复序列，结合在母链 DNA 3′端，开始以逆转录的方式复制。复制一段后，$(A_nC_n)_x$ 爬行移位到新合成的母链 3′端，再进行逆转录延伸母链 DNA（见图 11-19）。延伸到足够长度后，端粒酶脱离母链，随后 RNA 引物酶以母链为模板合成引物，招募 DNA 聚合酶，补充子链末端，最后引物被去除。

2009 年，诺贝尔生理学或医学奖颁给了伊丽莎白·布莱克本（Elizabeth Blackburn）、卡罗尔·格雷德（Carol Greider）和杰克·绍斯塔克（Jack Szostak）三位科学家，以表彰他们在揭示"染色体是如何被端粒和端粒酶保护"的突出贡献。

端粒和端粒酶的结构及功能维持着正常细胞的生长和分裂，是人类生命有限的依据。端粒酶活化是肿瘤的显著特征，肿瘤组织的端粒酶阳性率高达 84.8%，而肿瘤周围组织或良性病变中阳性率仅为 4.4%。目前已经发现，癌细胞往往会产生额外多

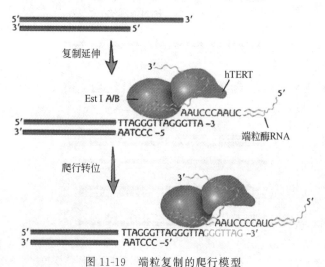

图 11-19　端粒复制的爬行模型

的端粒酶，使癌细胞能不断地分裂繁殖。现已证实，75％的口腔癌、80％的肺癌、84％的前列腺癌、87％的肝癌、93％的乳腺癌、95％的大肠癌和98％的膀胱癌，都存在端粒酶活性的高表达。

1996年7月，世界上第一例通过体细胞克隆产生的哺乳动物——多利羊（Dolly）诞生了，它的DNA来自于一头6岁羊的乳腺细胞的细胞核。据测定，刚出生的多利羊端粒只有正常羊端粒长度的80％。多利羊死于2003年2月14日，寿命还不到7年，跟一般的绵羊相比，寿命几乎缩短了一半。多利在三岁的时候，身体器官就已经开始衰老，患上了很多病症。在2003年被确诊患上了进行性肺病，科学家为了减轻它的痛苦，给它进行了安乐死。

二、逆转录

（一）逆转录酶的发现

1970年Temin和Baltimore首次从致癌RNA病毒中发现RNA指导的DNA聚合酶。这两位科学家因此荣获1975年诺贝尔生理学或医学奖。逆转录酶的发现对"中心法则"进行了重要的补充，是一个里程碑式的重大发现：遗传信息不仅可以从DNA通过转录传递给RNA，还可以逆转录的方式从RNA传递到DNA。此后，随着逆转录病毒HIV的发现，病毒编码的逆转录酶成为了本领域的研究热点。

逆转录酶又称RNA指导的DNA聚合酶，是以RNA为模板合成DNA的酶。含有逆转录酶的病毒叫作逆转录病毒，逆转录酶催化的反应叫**逆转录**（reverse transcription）。几乎所有真核生物mRNA分子的3′端都有一段poly A，当加入寡聚dT作为引物时，mRNA就可作为模板，在逆转录酶催化下在体外合成与其互补的DNA，称为**cDNA**（complementary DNA）。

目前已发现不少动物逆转录病毒，如劳氏肉瘤病毒（RSV）、人类免疫缺陷病毒（HIV，又称为艾滋病病毒）、猫白血病病毒（feline leukemia virus）等。有的逆转录酶已被提纯，用于合成某些特定RNA的cDNA，也可用于DNA的序列分析和克隆重组DNA。当RNA致癌病毒，如劳氏肉瘤病毒进入宿主细胞后，其逆转录酶先催化合成与病毒RNA互补的DNA单链，继而复制出双螺旋DNA（前病毒），并经另一种病毒酶的作用整合到宿主的染色体DNA中，此整合的DNA可能潜伏（不表达）数代，待遇到适合的条件时被激活，利用宿主的酶系统转录成相应的RNA，其中一部分作为病毒的遗传物质，另一部分则作为mRNA翻译成病毒特有的蛋白质。最后，RNA和蛋白质被组装成新的病毒粒子。在一定的条件下，整合的DNA也可使细胞转化成癌细胞，例如HIV患者易发生的肿瘤是卡波西氏肉瘤（Kaposi's sarcoma），表现为皮肤出现深蓝色或紫色斑丘疹或结节。此外，淋巴瘤、肝癌和肾癌也较为常见。

（二）逆转录酶的性质

逆转录酶催化的DNA合成反应要求有模板和引物，以4种脱氧核苷三磷酸为底物，此外还需适当浓度的Mg^{2+}和还原剂，DNA链的延伸方向是$5′→3′$。此酶是一种多功能酶，兼有3种酶的活力：①RNA指导的DNA聚合酶活力，即利用RNA为模板，在其上合成cDNA，形成RNA-DNA杂合分子；②核糖核酸酶H（RNase H）的活力，专门水解RNA-DNA杂合分子的RNA；③DNA指导的DNA聚合酶的活力，在新合成的DNA链上合成另一条互补DNA链，形成双链DNA分子（图11-20）。

三、 DNA的损伤与修复

作为遗传物质的DNA，在化学结构上具有高度稳定性，其稳定性高于蛋白质和RNA。但是，DNA一直受到细胞内外环境的各种因素挑战，DNA受损发生的频率相对较高。在DNA复制中出现的偶然错误会改变基因的核苷酸序列，环境中的一些物理化学因素（如紫外线、化学诱变等）也能破坏DNA的结构和功能。由内外环境因素导致DNA结构和组成的变化通称为DNA损伤（DNA damage）。据估计一个细胞中的DNA分子遭受的损伤可高达上万次。在很多情况下，细胞具有校正或修复这些损伤的能力，这是生物在长期进化过程中获得的一种保护功能。但是有些损伤不能被完全修复，就成为所谓的突变。**突变**（mutation）是指DNA分子上碱基的改变或表型功能的异常变化。对于许多真核生物而言，如果损伤过重，细胞的凋亡机制可能被启动，随后细胞与损伤的DNA"玉石俱焚"，可防止有害遗传信息传递给子代

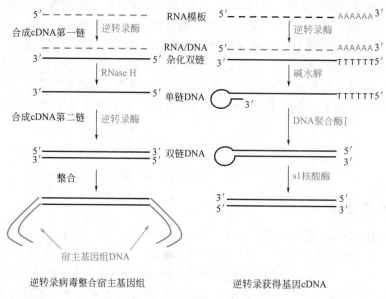

图 11-20 逆转录酶催化的 cDNA 合成

细胞。因此，生命和生物多样性依赖于突变与修复之间的良好平衡。

（一）DNA 损伤

1. 导致 DNA 损伤的因素

导致 DNA 损伤的因素有很多，包括细胞内在因素和环境因素（如物理、化学因素）。

（1）细胞内在因素

① DNA 结构本身的不稳定。这是导致 DNA 自发性损伤的最频繁和最重要的因素。当 DNA 受热或环境 pH 发生变化，容易使碱基与核糖之间的糖苷键断裂，导致碱基丢失，其中以脱嘌呤最为普遍。

② DNA 复制过程中的碱基错配。DNA 复制过程中，碱基的异构互变、4 种 dNTP 间比例不平衡均可以引起碱基错配。例如易错 PCR（error-prone PCR）就是利用 dNTP 的不均衡增加错配概率。尽管大多数错配的碱基会被 DNA 聚合酶的校对功能所纠正，但高等生物基因组庞大，细胞增殖速度快，DNA 复制的错配率可达到 10^{-10}。真核细胞染色体上有很多短片段 DNA 重复序列，导致 DNA 复制过程中可能出现"打滑"现象，使得新的 DNA 上出现重复序列的拷贝数变化，如插入或缺失。DNA 重复片段在长度方面表现出高度多态性，在遗传疾病研究上有重要价值，如亨廷顿舞蹈症、脆性 X 综合征等。

③ 细胞代谢过程产生的活性氧（reactive oxygen species，ROS）。如 ROS 作用于鸟嘌呤可以产生 8-羟基脱氧鸟嘌呤。

（2）环境因素是 DNA 损伤的主要诱因　引起 DNA 损伤的诱因主要有物理、化学和生物因素。

① 物理因素。主要是指电离辐射和紫外线。电离辐射是能使受作用物质发生电离现象的辐射，即波长小于 100nm 的电磁辐射。电离辐射的特点是波长短、频率高、能量高，足以使物质原子或分子中的电子成为自由态，从而使这些原子或分子发生电离现象。电离辐射可以从原子、分子或其他束缚状态中放出一个或几个电子。高速带电粒子有 α 粒子、β 粒子、质子，不带电粒子有中子以及 X 射线、γ 射线。电离辐射对 DNA 的影响是 DNA 断裂、碱基脱落、杂环破裂、氧化等。

紫外线是阳光中波长为 10～400nm 的光线，可以分为 UVA（紫外线 A，320～400nm，长波）、UVB（280～320nm，中波）、UVC（100～280nm，短波）和 EUV（10～100nm，超短波）4 种。其中，UVA 的致癌性最强，晒红及晒伤作用是 UVB 的 1000 倍；UVC 则一般会被臭氧层阻隔。为了对抗紫外线，生物体产生色素来吸收紫外线，从而保护生物体免受紫外线伤害。紫外线照射后，DNA 常形成嘧啶二聚体（图 11-21）。

② 化学因素。引起 DNA 损伤的化学因素种类较多，主要包括自由基、碱基类似物、碱基修饰物和嵌入染料等。许多肿瘤化疗药物通过造成 DNA 损伤，包括碱基改变、DNA 断裂、阻断复制或转录过程，进而抑制肿瘤细胞增殖。

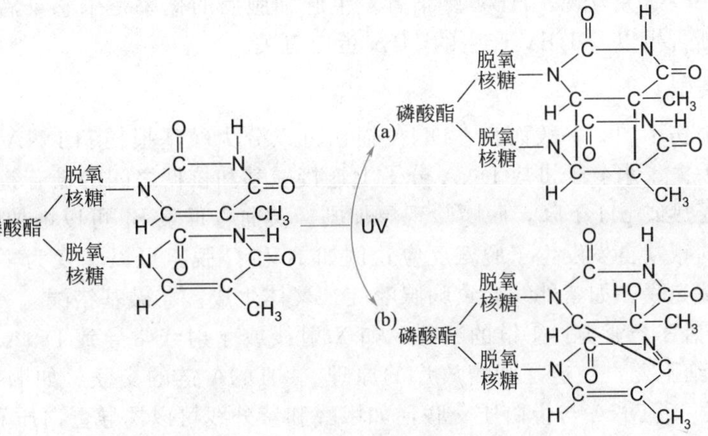

图 11-21　紫外线照射致使胸腺嘧啶二聚体形成

自由基性质活跃，可以引发多种化学反应，影响细胞功能。自由基的生成，可以是外界因素，如电离辐射产生氢自由基（·H），也可以是生物体内代谢产生的，如活性氧自由基。·H 具有极强的还原性，而·OH 具有极强的氧化性。这些自由基可以与 DNA 相互作用，导致碱基、核糖的损伤。

碱基类似物是人工合成的一类与 DNA 正常碱基结构类似的化合物。它们可以在 DNA 复制过程中取代正常碱基掺入到 DNA 中，与互补链发生碱基配对，进而引发碱基对的置换。例如 5′-溴尿嘧啶（BU）是胸腺嘧啶的类似物，有酮式和烯醇式两种，前者与腺嘧啶配对，后者与鸟嘌呤配对，可以导致 AT 与 GC 配对的相互转变。又如，2-氨基嘌呤是 A 的类似物，但是它可与 C 配对，使 AT 突变为 CG。

碱基修饰剂、烷化剂导致 DNA 损伤。烷化剂（alkylating agent）是一类化学性质高度活泼的化合物，属于细胞毒类药物，能与细胞中的生物大分子（如 DNA、RNA）中含有丰富电子的基团（如氨基、巯基、羟基、羧基、磷酸基等）发生共价结合，改变配对性质或使 DNA 分子发生断裂。常用的烷化剂有环磷酰胺、氮芥、噻替哌、环己亚硝脲、马利兰（白消安）、氮烯咪胺、甲基苄肼等，其中环磷酰胺（CTX）是临床中抗肿瘤应用最多的烷化剂。氮芥类和环磷酰胺可使鸟嘌呤的 N7 烷基化后脱落，成为无鸟嘌呤的位点。自1942 年应用氮芥治疗恶性淋巴瘤以来，烷化剂已成为肿瘤化学治疗药物中最主要的一类药物。

亚硝酸盐是一类无机化合物的总称，主要指亚硝酸钠。亚硝酸钠为白色至淡黄色粉末或颗粒，味微咸，易溶于水。由亚硝酸盐引起食物中毒的概率较高，食入 0.3～0.5g 的亚硝酸盐即可引起中毒，3g 导致死亡。亚硝酸盐可使 DNA 碱基脱氨，使 A 变为 I，I 与 C 配对，AT 配对转变为 CG 配对；使 C 脱氨变为 U，与 A 配对，原 GC 配对最终变为 AT 配对，导致错配。

嵌入性染料导致 DNA 损伤。溴乙锭、吖啶橙等染料可以直接插入到 DNA 分子中，导致碱基对之间距离增大，极易造成 DNA 两条链错位，引起核苷酸的缺失、移码或插入。

③ 生物因素。主要包括霉菌和病毒。霉菌污染的食物可产生毒素，如黄曲霉毒素。1993 年，黄曲霉毒素被世界卫生组织（WHO）癌症研究机构划定为一类天然存在的致癌物，是毒性极强的剧毒物质。黄曲霉毒素 B_1 可引起细胞错误地修复 DNA，导致严重的 DNA 诱变，还可抑制 DNA 和 RNA 的合成，从而抑制蛋白质的合成。从我国肝癌流行病学调查研究中发现，某些地区人群膳食中黄曲霉毒素的污染水平与原发性肝癌的发生率呈正相关。

病毒感染也可对动物、人类有致畸和致癌作用。如逆转录病毒，在它们的生活周期中能插入和打断基因，或可能带有基因调控元件来影响宿主基因的表达，从而导致肿瘤。与人类肿瘤发生密切相关的 DNA 病毒主要有以下几种。

人乳头瘤病毒（human papilloma virus，HPV）有多种类型。其中，HPV-6 和 HPV-11 与生殖道和喉等部位的乳头状瘤有关；HPV-16、HPV-18 与宫颈原位癌和浸润癌等有关。HPV 的 E6 和 E7 蛋白能与 Rb 和 p53 蛋白结合，抑制它们的功能。Epstein-Barr 病毒（EBV），与伯基特淋巴瘤和鼻咽癌等肿瘤有关。其主要感染人类口咽部上皮细胞和 B 细胞。EBV 能使 B 细胞发生多克隆性增殖。在此基础上再发生其它突变，如 N-ras 突变，发展为单克隆增殖，形成淋巴瘤。鼻咽癌在我国南方和东南亚多见，肿瘤中有 EBV 基因组。乙型肝炎病毒（hepatitis virus B，HBV）。HBV 本身不含转化基因，病毒 DNA 的整合也无固定模式。但是，一些研究发现，HBV 感染者发生肝细胞癌的概率是未感染者的 200 倍。这可能与慢性肝损伤使肝细胞不断再生以及 HBV 产生的 HBx 蛋白有关。

2. DNA 损伤的类型

不同因素造成的损伤不同，一般而言，DNA 损伤可以分为碱基损伤和 DNA 链损伤。碱基损伤可以细分为 5 类：①碱基丢失。水分子进攻 DNA 分子上连接碱基和核糖之间的糖苷键断裂引起的，以脱嘌呤最为常见。随着细胞受热或 pH 下降，脱嘌呤现象加剧。黄曲霉毒素 B_1 可以增加脱嘌呤反应，导致肿瘤。②碱基转换。含氨基的碱基自发发生了脱氨反应，例如 A 和 C 脱氨可以转变为 I 和 U。③碱基修饰，如烷化剂的修饰。④碱基交联。如紫外线导致胸腺嘧啶二聚体生成。⑤碱基错配。

DNA 链的损伤包括 3 个亚类：①链的断裂，如 X 射线或 γ 射线常导致 DNA 链的断裂（特别是双链裂口），难以修复导致细胞死亡。这是肿瘤放疗的原理。②DNA 链的交联。如顺铂和丝裂霉素 C 可以导致 DNA 发生链间交联。③DNA 与蛋白质交联，如甲醛和紫外线可以诱导蛋白质和 DNA 的共价交联。

（二）DNA 突变类型

DNA 的突变和损伤，主要发生在碱基上，因为碱基顺序决定了 DNA 编码信息的正确性。DNA 碱基序列的可遗传的永久性改变称为突变。根据碱基顺序改变的形式不同，突变分为以下几种类型。

1. 点突变

DNA 分子上单个碱基的改变称为点突变。引起点突变的因素很多，如：自发损伤中的碱基脱氨基或碱基丢失，化学因素引起的碱基在 DNA 链上的置换等。

点突变分为两类：①转换。发生在同型碱基之间，即一种嘌呤（或嘧啶）代替另一种嘌呤（嘧啶）。②颠换。发生在异型碱基之间，即一种嘌呤被一种嘧啶置换，或反之。在自然界，转换多于颠换。点突变发生在基因的编码区，可导致蛋白质一级结构的改变而影响其生物学功能，可引起遗传性疾病或癌基因的激活。如果点突变发生在简并性密码子的第三位，可能不会导致氨基酸的改变。

根据基因突变引起的后果，点突变分为：①**错义突变**（missense mutation），即点突变引起编码的氨基酸突变，例如镰刀状红细胞贫血，就是点突变导致了谷氨酸变为缬氨酸；②**无义突变**（nonsense mutation）是点突变将氨基酸密码变成了终止密码子；③**同义突变**（same sense mutation）是遗传密码的简并性，点突变没有改变氨基酸编码。也有可能引起通读突变，即将终止密码突变为氨基酸密码子，造成通读。

2. 插入、缺失和框移突变

插入是指一个原来没有的碱基或一段原来没有的核苷酸插入到 DNA 大分子中间。缺失是指一个碱基或一段核苷酸从 DNA 分子上消失。框移突变是指三联体密码的阅读方式改变造成蛋白质氨基酸排列顺序发生改变，其后果是翻译出的蛋白质可能完全不同。插入和缺失都可导致框移突变。3 个或 $3n$ 个的核苷酸插入或缺失，不一定能引起框移突变。

3. 重排

DNA 分子内较大片段的交换，称为重排。重排可引起 DNA 的倒位，即使其中一段方向反置，如从 $5' \rightarrow 3'$ 整段倒置为 $3' \rightarrow 5'$。图 11-22 表示由于血红蛋白 β 链和 δ 链两种类型的基因重排引起的地中海贫血。

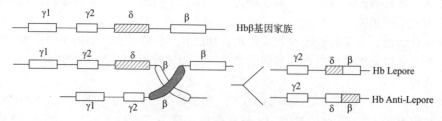

图 11-22 基因重排引起两种地中海贫血的基因型

（三）DNA 损伤的修复

DNA 修复（DNA repair）是指纠正 DNA 两条单链间错配的碱基、清除受损的碱基或糖基，修补

DNA 断裂，恢复正常结构的过程。细胞内具有一系列起修复作用的酶系统，可以恢复 DNA 的正常双螺旋结构。修复的主要类型有：**直接修复**（direct repair）、**切除修复**（excision repair）、**重组修复**（recombination repair）和 **SOS 修复**（SOS repair）。

1. 直接修复

直接修复是最简单的修复方式。细胞内绝大多数修复系统是将受损的核苷酸连同周围正常的核苷酸一起切除，然后以另外一条链为模板，重新合成以取代原来遗传核苷酸。直接修复则是直接将损伤进行逆转，这种修复主要针对嘧啶二聚体、6-烷基鸟嘌呤和某些链断裂等。

（1）光复活修复　1949 年，Kelner 在研究灰色链球菌的紫外诱变中，发现可见光可保护微生物免于致死剂量的紫外线损伤。1958 年 Rupert 等称它为光复活修复（light repair）。光修复过程是通过光复活酶（photolyase）催化而完成的。在波长 300～500nm 可见光激发下，光修复酶可以结合胸腺嘧啶二聚体引起的扭曲双螺旋部位，催化两个胸腺嘧啶碱基解聚，正常的 AT 碱基对重新形成。然后光复活酶从已修复好的 DNA 上脱落，DNA 完全恢复正常（图 11-23）。光复活酶主要存在于低等生物中。

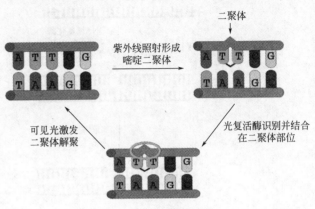

图 11-23　光修复过程

（2）烷基化碱基的直接修复　DNA 烷基转移酶（alkyl transferase）参与烷基化碱基的直接修复，它可以将烷基转导自身肽链上，修复 DNA 的同时自身发生不可逆失活。例如 O^6-甲基鸟嘌呤甲基转移酶，能够将碱基上的烷基和 O^6-甲基转移到自身的 Cys 残基上，使甲基化的鸟嘌呤恢复正常结构。

（3）无嘌呤位点直接修复　DNA 链上嘌呤碱基受损，可被糖基化酶切除，形成无嘌呤位点（AP 位点）。DNA 嘌呤插入酶可以催化游离的嘌呤与 AP 位点重新形成糖苷键，修复缺损的嘌呤。

（4）单链断裂的直接修复　由 DNA 连接酶催化单链裂口重新生成磷酸二酯键。

2. 切除修复

切除修复是在一系列酶的作用下，将 DNA 分子中受损伤部分切除，同时以另一条完整的链为模板，合成出被切除部分的空隙，使 DNA 恢复正常结构的过程。这是细胞内最普遍、最重要的修复机制，包括切除损伤 DNA、填补空隙和连接等反应步骤。

（1）碱基切除修复　碱基切除修复（base excision repair，BER）可将不正确配对或产生变化的碱基切除和替换。在该系统中，糖苷酶能识别 DNA 中的不正确碱基，如 C 或 A 脱氨基而形成不正确的 U 或 I；碱基甲基化或其他方式的变化。DNA 糖苷酶可以切断这种碱基的 N-糖苷键，将其除去，形成的脱嘌呤或脱嘧啶部位通常称为"无碱基"部位或 AP 位点（图 11-24）。然后由 AP 内切核酸酶（AP endonuclease）切去含有 AP 位点的 5-磷酸脱氧核糖，在 DNA 聚合酶作用下重新放置一个正确的核苷酸，最后通过 DNA 连接酶将切口封闭。

（2）核苷酸切除修复　如果 DNA 损伤造成 DNA 螺旋结构较大变形，则需要以核苷酸切除修复（nucleotide excision repair，NER）方式进行修复。*E. coil* 菌内有一种"UvrABC 修复"的机制，属于核苷酸切除。其机理是：首先是 UvrA、UvrB 辨认及结合 DNA 损伤部位，UvrC 在解螺旋酶的协助下从损伤部位的两侧切下一段长约 12 个核苷酸的有损伤的 DNA 链，产生单链缺口；然后由 DNA pol Ⅰ 和连接酶填补空隙和连接。

遗传性着色性干皮病（xeroderma pigmentosum，XP）是 DNA 损伤核苷酸切除修复系统基因缺陷引起的疾病。病人对日光非常敏感，并导致皮肤癌。

3. 重组修复

当 DNA 分子双链断裂，损伤部位因无模板指引，复制出来的新子链会出现缺口，那就需要一种更复杂的重组修复过程来完成修复。**重组修复**是一种类似遗传重组的修复机制，细胞依靠重组酶，将另一亲本

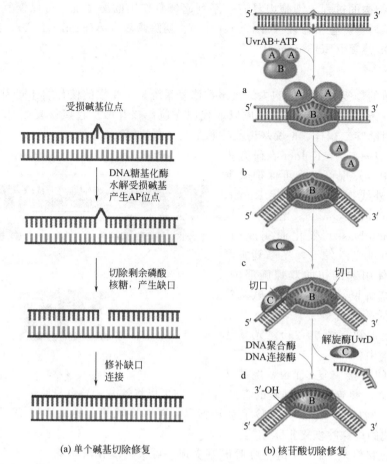

受损碱基位点

DNA糖基化酶
水解受损碱基
产生AP位点

切除剩余磷酸
核糖，产生缺口

修补缺口
连接

(a) 单个碱基切除修复

UvrAB+ATP

a

b

c

切口

切口

DNA聚合酶
DNA连接酶

解旋酶UvrD

d

3'-OH

(b) 核苷酸切除修复

图 11-24　切除修复示意图

该段未受损的 DNA 移到损伤部位来提供模板，指导修复的过程。利用 ATP 供能，重组蛋白 RecA 可结合受损的 DNA 链，使 DNA 伸展，并识别与受损 DNA 序列相同的另一条姐妹链，促使姐妹链并排排列、交叉互补，以正常的 DNA 链为模板合成新链，修复受损部分。

4. SOS 修复

SOS 修复以 SOS 借喻细胞处于危急状态，指 DNA 损伤严重或复制受到限制，细胞处在应急状态下诱导产生的一种修复方式。DNA 分子受到长片段高密度损伤，细胞可诱导产生新的 DNA 聚合酶，替换停留在损伤位点的 DNA 聚合酶Ⅲ，在子链上以随机方式插入正确或错误的核苷酸使复制继续。越过了损伤部位后，新的聚合酶从 DNA 上脱离，由原来的 DNA pol Ⅲ继续复制。这种修复反应特异性低，DNA 保留的错误较多，引起 DNA 较长期的、广泛的突变，但细胞尚可存活。

大肠杆菌中，SOS 修复是由 RecA 蛋白和 LexA 阻遏物相互作用引发的，属于阻遏抑制型操纵子。严重的 DNA 损伤活化 RecA 水解酶活性，激活 LexA 水解酶活性，LexA 自切断，失去阻遏功能。激活所有 SOS 基因的转录，产生 DNA 聚合酶Ⅱ，进行跨越损伤修复（图 11-25）。

（四）DNA 损伤与修复的意义

DNA 损伤具有双重效应，产生两种生物学后果：一是给 DNA 带来永久的改变即突变，促进生物的多样性和生物进化；二是损伤导致 DNA 不能继续作为复制或转录的模板，进而使细胞功能出现障碍或死亡。可以说，没有突变就没有生物的多样性，突变是进化和分化的分子基础。

DNA 突变可能只改变基因型，体现出个体差异，但不影响其基本表型。基因型的多样性可以用于亲子鉴定、个体识别、器官移植配型及疾病易感性分析等。

DNA 损伤和修复缺陷还是导致肿瘤发生的主要原因。许多研究表明，DNA 损伤、DNA 修复异常导致基因突变是贯穿肿瘤发生发展的原始驱动环节。DNA 损伤可以导致原癌基因激活，或抑癌基因失活。

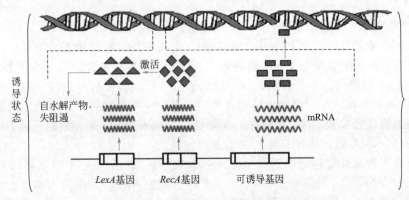

图 11-25　SOS 修复相关基因表达的操作子调控

例如 *BRCA* 基因（breast cancer gene）编码的蛋白参与 DNA 损伤修复的启动，调控细胞周期，BRCA1/2 的失活可以增加细胞对辐射的敏感性。现已发现 70% 的遗传性乳腺癌和卵巢癌病例出现 *BRCA* 基因的突变。

第二节　RNA 的生物合成

根据中心法则，从基因信息转化成蛋白质，首先需要根据碱基互补配对原则，以 DNA 为模板，合成 RNA，再以 RNA 为模板，指导合成蛋白质。这种以 DNA 为模板合成 RNA 的过程，称为**转录**（transcription）。需要指出的是，在 RNA 病毒中，RNA 可以指导 RNA 的生物合成，所以 RNA 的生物合成与转录是有区别的。RNA 生物合成也是酶促反应，是基因遗传信息传递的重要过程。2006 年的诺贝尔化学奖授予了美国科学家罗杰·大卫·科恩伯格（Roger David Kornberg）以表彰他在转录方面做出的贡献。本节我们主要介绍转录这一重要过程。

一、转录

RNA 的转录是基因表达的重要环节。转录是由 RNA 聚合酶催化，以 DNA 的模板链为模板，4 种 NTP（即 ATP、GTP、CTP 及 UTP）为原料，按碱基配对规律合成一条与模板链互补的 RNA 链的过程。反应体系中还有 Mg^{2+}、Mn^{2+}、蛋白因子等物质的参与。

转录生成的 RNA 有多种，主要包括 rRNA、tRNA、mRNA、snRNA 和 hnRNA。真核生物的 RNA 产物通常需要经过一系列加工和修饰才能成为成熟的 RNA 分子。

在转录时，DNA 双链中只有一条链作为模板，指导合成与其互补的 RNA。此 DNA 链称为**模板链**（template strand），也称反义链（无意义链，Watson 链）；DNA 双链中的另一条链，与转录的 RNA 序列一致，称为**编码链**（coding strand），又称有意义链（Crick 链）。转录具有不对称性，不对称转录是指以双链 DNA 中的一条链作为模板进行转录，从而将遗传信息由 DNA 传递给 RNA。编码链与转录生成的 RNA 序列除将 T 变为 U 外，其他序列均一致。

RNA 转录时，以 DNA 作为模板，在 RNA 聚合酶的催化下，连续合成一段 RNA 链，各条 RNA 链之间无需再进行连接。合成的 RNA 中，如只含一个基因的遗传信息，称为单顺反子（monocistron）；如含有几个基因的遗传信息，则称为多顺反子（polycistron）。RNA 转录合成时，只能向一个方向进行聚合，所依赖的模板 DNA 链的方向为 $3' \rightarrow 5'$，而 RNA 链的合成方向为 $5' \rightarrow 3'$。

DNA 复制是整个基因组 DNA 的合成。与此不同，RNA 转录合成时，只以 DNA 分子中的某一段作为模板，存在特定的起始位点和终止位点，该段 DNA 链构成一个转录单位，通常由转录区和有关的调节序列构成。但是，不同的基因的模板链并不是固定于某一条 DNA 链上，可能分布在另一条链上。在任意时间点，基因组上都有一部分 DNA 不被转录，表现为高度时空特异性。

（一）RNA 聚合酶

负责转录的酶称为依赖于 DNA 的 RNA 聚合酶，或简称 RNA 聚合酶（RNA polymerase，RNA pol）。RNA 合成的第一步是聚合酶与 DNA 模板的识别结合。RNA 聚合酶分子在开始转录之前与 DNA 结合的位点称为启动子。细胞 RNA 聚合酶本身不能识别启动子，需要被称为转录因子的其他蛋白质的帮助。除了为聚合酶提供结合位点外，启动子还包含确定两条 DNA 链中的哪一条被转录以及转录开始的位点的信息。RNA 聚合酶沿着模板 DNA 链向它的 5′ 端移动。随着 RNA 聚合酶的进展，DNA 被暂时解开，聚合酶组装一个互补的 RNA 链，从其 5′ 端向 3′ 端方向生长。

RNA 聚合酶具有多种功能，包括以下几个方面：①它可从 DNA 分子中识别转录的起始部位。例如从大肠杆菌 DNA 分子的 4×10^6 碱基对中识别 2000 个转录起始部位。②促使与酶结合的 DNA 双链分子打开 17 bp。③催化适当的 NTP 以 3′,5′-磷酸二酯键相连接，如此连续地进行聚合反应完成一条 RNA 转录本的合成。这种聚合反应是在同一分子的 RNA 聚合酶催化下完成的。④识别 DNA 分子中转录终止信号促使聚合酶促反应的停止。此外，RNA 聚合酶还参与了转录水平的调控。转录作用的聚合反应速率为 30～85nt，比 DNA 复制的聚合反应速率（约 500nt/s）要慢。RNA 聚合酶缺乏 3′→5′ 外切酶活性，所以它没有校对功能。RNA 合成的错误率约为 10^{-6}，较 DNA 合成的错误率（$10^{-9} \sim 10^{-10}$）要高很多。机体能够一定程度容忍 RNA 合成的低忠实度，首先，RNA 通常不是遗传物质，转录错误并不会传递给下一代；其次，遗传密码存在简并性，RNA 序列变化不一定导致氨基酸序列改变；再次，转录的 RNA 分子一般较短，出错机会降低；最后，一个基因的转录物是多拷贝的，转录错误的占少数，细胞中也有专门的质量控制系统，会将错误的转录物水解。

1. 细菌 RNA 聚合酶

目前研究得比较透彻的是大肠杆菌 RNA 聚合酶，它是由 5 种亚基组成的六聚体蛋白，分子质量为 480kDa。6 个亚基中有 2 个 α 亚基，β、β′、ω、σ 亚基各一个。$\alpha_2\beta\beta'\omega$ 5 个亚基组成核心酶（core enzyme），加上 σ 亚基后成为全酶（holoenzyme）$\alpha_2\beta\beta'\omega\sigma$。各主要亚基和功能见表 11-4。

表 11-4　大肠杆菌 RNA 聚合酶组分及功能

亚基	数量	分子质量/kDa	功能
α	2	36.51	决定哪些基因被转录,N 端参与聚合酶组装,C 端与调节蛋白相互作用
β	1	150.62	催化磷酸二酯键生成,聚合反应
β′	1	155.61	结合 DNA 模板,双螺旋解链
ω	1	11.00	酶的装配,功能调节
σ	1	70.26	辨认起始位点

不同的 σ 亚基决定不同基因的转录起始，最常见的是 σ70（分子质量 70kDa）。σ70 是辨认典型转录起始位点的蛋白质，大肠杆菌中的绝大多数启动子可被含有 σ70 因子的全酶所识别并激活。当温度升高，细菌受应激可以上调 17 种蛋白质表达，这些蛋白质称为热休克蛋白（heat shock protein，HSP）。HSP 基因的启动需要 σ32 辨认转录起始位点。σ28 和细菌鞭毛蛋白表达有关，σ54 则与氮饥饿有关。

原核生物 RNA 聚合酶的活性可以被利福霉素（rifamycin）及利福平（rifampicin）所抑制，原因在于它们可以和 RNA 聚合酶的 β 亚基相结合，从而影响整个转录过程。利福平之所以作为抗结核药物，就是利用了真核生物 RNA 聚合酶对它不敏感，而原核生物 RNA 聚合酶对它敏感的原理。

2. 真核生物 RNA 聚合酶

真核生物 RNA 聚合酶比原核生物 RNA 聚合酶要复杂，有 I、Ⅱ、Ⅲ 三种类型。这三种 RNA 聚合酶的功能各不相同，对一种叫鬼笔鹅膏的毒菌类所生成的八肽毒素——鹅膏蕈碱的敏感性也不同，详见表 11-5。

表 11-5　真核生物 RNA 聚合酶

酶类	分布	产物	鹅膏蕈碱的抑制	分子量/kDa	反应条件
I	核仁	rRNA 前体(28S,5.8S,18S)	不抑制	500～700	低离子强度,要求 Mg^{2+} 或 Mn^{2+}
Ⅱ	核质	mRNA,hnRNA piRNA,miRNA	低浓度抑制	约 700	高离子强度
Ⅲ	核质	tRNA,5S rRNA,snRNA	高浓度抑制	—	高 Mn^{2+} 强度

RNA 聚合酶 I 分布在核仁，主要合成 rRNA 前体；II 型分布在核质，合成核不均一 RNA（heteron-ucleus RNA，hnRNA），然后 hnRNA 加工成 mRNA。此外，RNA pol II 还合成一些有调控基因表达作用的 RNA，如长非编码 RNA（lncRNA）和微小 RNA（miRNA）；III 型分布在核质，合成 tRNA、5S rRNA 和 snRNA。线粒体 RNA 聚合酶合成线粒体 RNA。

（二）RNA 转录过程

转录是包括起始→延伸→终止的连续过程。原核生物的转录和真核生物的转录在起始和终止上有较多的不同，我们先介绍原核生物的转录过程。

1. 细菌的转录过程

（1）启动子和起始　原核生物的启动子长度大约是 55bp，其中包含有转录起始位点和两个序列——结合部位及识别部位。起始位点是 DNA 模板链上开始进行转录作用的位点，通常在其互补的编码链对应位点（碱基）标以 +1。**启动子**（promoter）是指 RNA 聚合酶识别、结合并开始转录的一段 DNA 序列。从起始位点转录出的第一个核苷酸常为嘌呤核苷酸，即 A 或 G。DNA 分子从起始位点开始顺转录方向的区域称为下游（downstream）；从起始位点逆转录方向的区域称为上游（upstream）。

原核生物启动子有两个重要的共有序列，一个位于转录起始位点上游 −10 区，另一个位于上游 −35 区，两个区域 AT 配对较为集中，分别存在相似序列，称为共有序列（consensus sequence）。−10 区共有序列是 5′-TATAAT-3′，这一序列首先由 D. Pribnow 在 1975 年提出，所以称为 Pribnow 盒（Pribnow box）或 **TATA box**。该序列富含 AT，缺少 GC 配对，而前者的亲和力只相当于后者的 1/10，所以 T_m 较低，容易解开，利于 RNA 聚合酶的进入而促使转录作用的起始，是 RNA 聚合酶的核心酶结合部位。−35 区序列为 5′-TTGACA-3′，是 RNA 聚合酶 σ 亚基的识别部位。启动子的共有序列详见图 11-26。

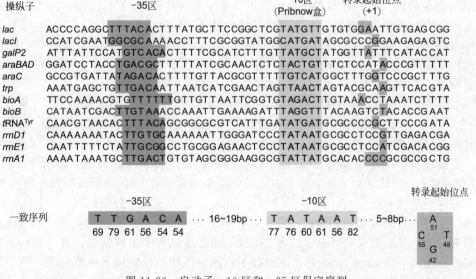

图 11-26　启动子 −10 区和 −35 区保守序列

在起始阶段，σ 因子首先识别启动子的识别部位，RNA 聚合酶核心酶则结合在启动子的结合部位。之后 DNA 双链分子的局部区域发生构象变化，结构变得松散，特别是在与 RNA pol 核心酶结合的 Prib-now 盒附近，双链暂时打开约 17bp，暴露出 DNA 模板链，有利于 RNA 聚合酶进入转录泡，催化 RNA 聚合。转录作用开始时，根据 DNA 模板链上核苷酸的序列，合成原料三磷酸核苷（NTP）按碱基互补原则依次进入反应体系。在 RNA 聚合酶的催化下，起始位点处相邻的前两个 NTP 以 3′,5′-磷酸二酯键相连接。其中第一个核苷酸一般是 GTP 或 ATP，又以 GTP 更常见。5′ 端的 pppG 这一末端结构一旦生成，会一直保持到转录完成。随后，σ 因子从模板及 RNA 聚合酶上脱落下来，剩下核心酶（$\alpha_2\beta\beta'\omega$）沿着模板向下游移动，转录作用进入延伸阶段。脱落下的 σ 因子可以再次与其他核心酶结合而循环使用。

（2）延伸　转录起始后，RNA 聚合酶、DNA 模板以及第一个聚合生成的四磷酸二核苷酸，即起始阶段第一个磷酸二酯键形成，三者形成一个复合体，核心酶沿 DNA 链的 3′→5′ 方向移动（转录方向），而

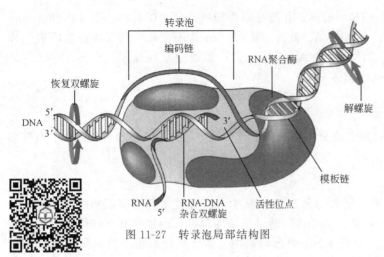

图 11-27　转录泡局部结构图

RNA 链按 5′→3′方向延伸，与 DNA 模板链序列相互补的核苷酸逐一地进入反应体系，合成出的转录本 RNA 从 3′末端处逐步地延长。大约合成 10 个核苷酸后，σ亚基脱落，核心酶通过封闭的钳子握住DNA，实现更快速度沿着 DNA 模板向前移动。由 RNA 聚合酶、DNA 模板和新生 RNA 组成的区域叫作转录泡（transcription bubble）（图 11-27）。新生 RNA 与 DNA 模板链暂时形成短的杂交双链，长度约为 8bp。在延伸阶段 DNA 约有 20bp 被解开，延伸速度约每秒 50 个核苷酸。当 RNA 从 DNA 上脱离，暂时局部解开的 DNA 及时复性生成双链。随着 RNA 聚合酶的移动，转录泡也行进而贯穿于延伸过程的始终。此外还有研究发现，在同一 DNA 模板上，有许多 RNA 聚合酶同时结合其上，同步催化转录作用，从转录起始位点到终止点有一系列长短不一的新生 RNA 链。

（3）终止子和终止　在原核 RNA 延伸进程中，当 RNA 聚合酶行进到 DNA 模板的特定部位——终止信号时，RNA 聚合酶就不再继续前进，聚合作用也在此停止。**终止子**（terminator）是指所转录的 RNA 即将结束时，模板 DNA 分子上出现终止信号序列，它可被 RNA 聚合酶本身或其辅助因子所识别。

原核生物有两类终止子：依赖 ρ 因子的终止子和不依赖 ρ 因子的终止子。ρ 因子是一种六聚体的蛋白质，亚基的分子质量为 46kDa。该蛋白因子能识别终止信号，并能与 RNA 紧密结合，导致 RNA 的释放。

① 不依赖 ρ 因子的终止子，称简单终止子。该终止子有一特殊序列与终止有关，富含 GC 碱基对回文序列。当终止子的序列转录到 RNA 上，这段回文结构使 RNA 分子形成发夹（茎环）结构，该结构可使 RNA 聚合酶减慢移动或暂停 RNA 合成，导致转录终止。此外，模板 DNA 5′端的 AT 区中含有一连串 A，故在转录出的 RNA 链的 3′终止端为一连串的 U（poly U 约有 6 个），在碱基配对中 UA 配对最为不稳定，致使新合成的 DNA 与 RNA 的杂化链解离，转录终止（图 11-28）。

② 依赖 ρ 因子的终止子。某些基因的转录终止需要 ρ 因子参与，它具有辅助 RNA 聚合酶识别某些特殊终止信号的功能。ρ 因子是依赖 ATP 的解旋酶，仅在与单链 RNA 结合时具有水解 ATP 活性。它一方面使 RNA-DNA 的杂化螺旋链解链，另一方面将新合成的 RNA 链从 RNA 聚合酶和 DNA 模板上拖下来，使转录终止。实验证明：在体外 RNA 转录体系中，分别在启动转录开始阶段、转录开始后 30s、转录后 2min 分别加入 ρ 因子，与转录后不加 ρ 因子做比较，结果显示：不加 ρ 因子的反应产物为 23S RNA；转录起始时加入 ρ 因子产生 10S RNA；转录后 30s 与 2min 后加入 ρ 因子分别得到 13S RNA 和 17S RNA。

在原核生物中存在转录和翻译相偶联的现象，在电子显微镜下可看到像羽毛状图形，这是因为多个转录复合体在同时进行 RNA 合成，且新合成的 mRNA 链上结合有多个核糖体，进行蛋白质合成，即多核糖体（polyribosome 或 polysome）。主要的原因在于：原核生物的核区域无核膜包围，致使核区域和细胞质是完全相通、融为一体的，因此转录和翻译是在同一场所进行的，这属于空间的偶联性；其次，翻译需要核糖体，原核生物一条 mRNA 上往往串着很多核糖体，转录完成后经过简单的修饰就立即进入翻译状态，这属于时间的偶联性。

2. 真核生物转录过程

真核生物基因按功能可分为两部分，即调节区和结构基因。结构基因的 DNA 序列指导 RNA 转录；如果该 DNA 序列转录产物为 mRNA，则最终翻译为蛋白质。调节区由两类元件组成，一类元件决定基因的基础表达，又称为启动子；另一类元件决定组织特异性表达或对外环境变化及刺激应答，两者共同调节表达。

（1）真核生物 DNA 特点和序列特征　真核生物 DNA 与组蛋白形成了染色质，染色质的结构是控制真核基因转录的重要因素。结构紧密的异染色质不能转录，只有松散的常染色质可以被转录。真核生物转录首先需将染色质去凝聚，核小体变成开放式疏松结构，利于染色质 DNA 的暴露。转录过程中染色质结构的改变称为**染色质重塑**（chromatin remodeling），组蛋白末端的共价修饰如乙酰化、磷酸化、甲基化等

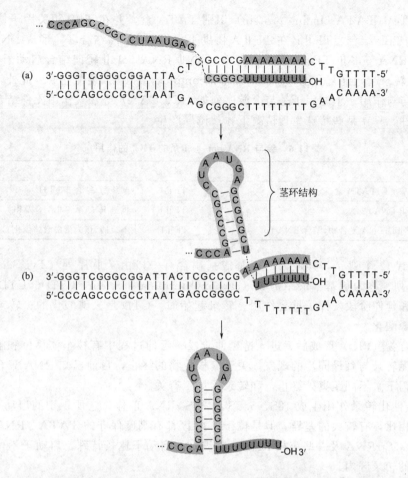

图 11-28　不依赖 ρ 因子的终止模式

可以影响组蛋白与 DNA 双链的亲和性，改变染色质的疏松和凝聚状态，从而调控基因的转录起始。

真核生物启动子也有保守序列，在 −25 区附近存在一段 AT 富集序列，其共有序列是 TATAAA，称为 TATA 盒，又称 Hogness 盒。TATA 盒与原核生物启动子的 Pribnow 盒相似，是转录因子与 DNA 分子的结合部位。在 −70 区附近也存在共有序列 CAAT 区，称为 CAAT 盒。除以上两个区域外，有些启动子上游中含有 GC 盒，此 GC 盒与 CAAT 盒多位于 −40～−110 之间，它们可影响转录起始的频率。启动子决定了被转录基因的启动频率与精确性，同时启动子在 DNA 序列中的位置和方向是严格固定的，是由 5′→3′ 方向排列。第二类元件中一部分 DNA 序列能增强或减弱真核基因转录起始的频率，这些区域称为**增强子**（enhancer）和**沉默子**（silencer）。增强子是长约 100～200 bp 的序列，它们与启动子不同，可以位于转录起始位点的上游，也可位于其下游。有些增强子和沉默子在 DNA 序列中的方向是严格由 5′→3′ 方向排列，而另外一些则是自 3′→5′ 方向排列。

（2）转录因子协同 RNA 聚合酶介导起始　RNA pol Ⅱ 识别的启动子对于 mRNA 的生成起着重要的作用。RNA pol Ⅱ 可以识别数以千种的启动子，而它们的序列又有许多相似之处。不同的物种、不同的细胞或不同的基因可以有不同的上游 DNA 序列，统称为**顺式作用元件**（*cis*-acting element）。启动子与增强子都属于顺式作用元件。还有一些蛋白质因子可以能直接或间接辨认、结合转录上游区段的蛋白质，结合在启动子区，调节 RNA 聚合酶与启动子的结合，称为**转录因子**（transcription factor，TF），是基因表达调控中的反式作用因子（*trans*-acting factor）。

真核生物的转录起始比原核生物复杂，需要各种转录因子与反式作用因子相互结合，同时蛋白质因子之间也要相互识别、结合。相对于 RNA pol Ⅰ、Ⅱ、Ⅲ 的转录因子，分别称为 TFⅠ、TFⅡ、TFⅢ。目前研究较多的是 TFⅡ，它们包括 TFⅡ A、B、D、E、F 等（表 11-6）。真核生物 mRNA 转录起始，首先由 TFⅡD 中的 TBP（TATA-binding protein）识别 TATA 盒，并在 TBP 相关因子协助下结合到启动子。然后 TFⅡB 与 TBP 结合，TFⅡB 在 TFⅡA 协助下，识别 DNA 结合区，形成 DNA-TFⅡB-TBP 复合体。该复合体与 RNA pol Ⅱ-TFⅡF 复合体结合，协助 RNA pol Ⅱ 靶向结合启动子，最终 TFⅡE 和 TFⅡH 加入，形成转录起始前复合物（pre-initiation complex，PIC），装配完成。此外，转录还有上游因子和诱导因子的参与与作用。上游因子是与上游序列如 GC、CAAT 等顺式作用元件结合的蛋白质。诱导因子能结合应答元件，只在某些特殊生理情况下才被诱导产生。

表 11-6　参与 RNA pol Ⅱ 转录的 TFⅡ 的作用

转录因子	功　　能	转录因子	功　　能
TFⅡD	TBP 亚基结合 TATA 盒	TFⅡE	解旋酶,结合 TFⅡH
TFⅡA	辅助 TBP-DNA 结合	TFⅡF	促进 RNA pol Ⅱ 结合及作为其他因子结合的桥梁
TFⅡB	稳定 TFⅡD-DNA 复合物,结合 RNA pol	TFⅡH	解旋酶、作为蛋白激酶催化 CTD 磷酸化

RNA pol Ⅱ 含有 12 个亚基，其最大的亚基羧基端含有一段由 7 肽序列（Tyr-Ser-Pro-Thr-Ser-Pro-Ser）组成的共有序列，称为羧基末端结构域（carboxyl-terminal domain，CTD）。CTD 的可逆磷酸化在真核生物转录起始和延伸阶段发挥了重要作用。转录起始时，CTD 是去磷酸化的；转录延伸过程，CTD 中的 Ser 和 Tyr 被磷酸化。

转录起始前复合物（PIC）形成后，进入链延伸阶段。延伸过程中有核小体移位和解聚现象。与原核生物转录不同的是无转录与翻译同步的现象。关于真核生物的终止，目前已知 RNA 聚合酶Ⅱ不在特定的位点终止，会在基因下游不同距离处终止，和转录后加工有关。

RNA 聚合酶Ⅰ催化转录作用生成 18S、5.8S 及 28S rRNA 前体，它所识别的启动子与 RNA 聚合酶Ⅱ所识别的启动子相比，有较大的差异。但是位于 -30 区都有高度保守的 TATA。RNA 聚合酶Ⅲ催化转录作用生成 tRNA、5S rRNA 及一些小核 RNA。它识别的启动子比较特殊，启动子不位于编码基因的上游，而在编码基因的转录区内。

三种主要的真核 RNA，如 mRNA、rRNA 和 tRNA，都来自于前体 RNA 分子，它们比最终的 RNA 产物要长得多。初始前体 RNA 的长度与转录的 DNA 的长度相等，称为原始转录本或前 RNA。原始转录本转录的相应 DNA 片段称为转录单元。原始转录本并不以裸链 RNA 的形式存在于细胞内，而是与蛋白质结合。原始转录本通常寿命较短，通过一系列剪切-粘贴反应被加工成更小的功能性 RNA。

（三）转录后加工

真核生物转录产生的 mRNA、tRNA 及 rRNA 的初级转录本全是前体 RNA，并不是成熟的 RNA，没有生物学活性，需要在酶的作用下进行加工才能变为成熟的、有活性的 RNA。RNA 的加工过程主要是在细胞核内进行，也有少数反应是在胞质中进行。各种 RNA 的加工过程有自己的特点，但加工的类型有以下几种。①剪切（cleavage）及剪接（splicing）。剪切即剪去部分序列，剪接是指剪切后又将某些片段连接起来。②末端添加（terminal addition）核苷酸。例如 tRNA 的 3'-OH 末端添加-CCA。③修饰（modification）。在碱基及核糖分子上发生化学修饰反应，例如 tRNA 分子中尿苷经化学修饰变为假尿苷。④**RNA 编辑**（RNA editing）。某些 mRNA 转录后进行碱基插入、缺失或替换，改变了遗传信息的现象。

1. mRNA 前体的加工

真核生物的结构基因中包含有具有表达活性的编码蛋白质的序列，称为**外显子**（exon）；还含有无表达活性的序列称为**内含子**（intron）。转录生成的前体 mRNA 包括有外显子和内含子的转录产物，分子量很大，在核内加工时形成大小不等的中间物，称为核内不均一 RNA（hnRNA）。hnRNA 一经发现，就有人提出 hnRNA 是细胞质 mRNA 的前体。主要的疑问在于两个 RNA 的大小差异：hnRNA 的大小是 mRNA 的几倍，为什么细胞会合成大分子作为小分子的前体？对核糖体 RNA 加工的早期研究表明，成熟的 rRNA 是从较大的前体中分离出来的，不同的 rRNA 中间物的 5' 和 3' 侧都切除了大的片段，最终才形成成熟的 rRNA 产物。人们认为，hnRNA 加工过程也可能与此类似。

以鸡的卵清蛋白为例（图 11-29）：卵清蛋白 DNA 全长 7.7kb，含 8 个外显子和 7 个内含子，L 表示前导序列，字母 A～G 表示内含子，黑色框表示外显子片段。科学家将 DNA 片段与成熟的 mRNA 孵育，形成 DNA-RNA 的杂交双链，可以看到多个突出的环。后经证实，这些环是 DNA 中的内含子序列，这些内含子在 mRNA 形成过程中被切除。切除内含子后，成熟的 mRNA 分子仅为 1.2kb，编码 386 个氨基酸。此外还需要添加 5′ 帽子和 3′ poly A 的尾巴连接到 mRNA 的末端。

　　真核细胞 mRNA 的前体分子量大，半衰期很短，其加工过程比较复杂，包括 5′ 端加帽、3′ 端加尾和中间序列的剪接，一般在核内进行。

　　（1）5′ 端帽结构　5′ 端加帽子在转录的早期或转录终止前已经形成。真核生物转录生成的 mRNA 其 5′ 端为 pppNp-，在成熟过程中，经磷酸酶催化水解，释放出 Pi，成为 ppNp-。然后在鸟苷酸转移酶催化下，与另一分子三磷酸鸟苷（Gppp）反应，释放出焦磷酸，末端成为 5′-5′ 连接的 GpppNp-。继而在甲基转移酶催化下，由 S-腺苷蛋氨酸（SAM）供给甲基，首先在鸟嘌呤的 N7 上甲基化，然后在原新生 RNA 的 5′ 端核苷酸的核糖 2′-OH 甲基化，最后成为 m^7GpppNp（图 11-30）。5′-端帽子的生成是在细胞核内进行的，但胞质中也有反应酶体系，动物病毒 mRNA 就是在宿主细胞的细胞质中进行的。5′ 端帽子可以使 mRNA 免遭核酸酶的攻击，也能够与帽结合蛋白结合，参与 mRNA 和核糖体的结合，启动蛋白质生物合成。

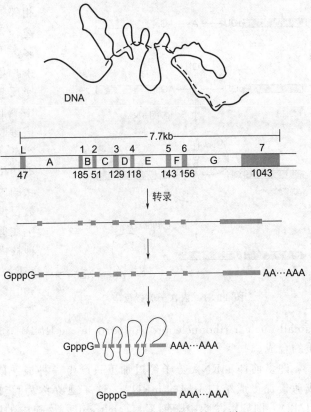

图 11-29　鸡卵清蛋白基因及转录后加工

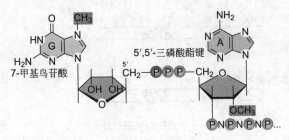

图 11-30　真核 mRNA 的 5′ 端帽子结构

　　（2）3′ 端加尾　除了组蛋白的 mRNA 外，真核生物 mRNA 前体 3′ 端都有 poly A 尾结构，约含 80～250 个腺苷酸。poly A 并非 DNA 模板编码，而是由 poly A 聚合酶催化 ATP 聚合生成的。

　　poly A 尾形成并不是简单地加入 A，而是先要在 mRNA 前体的 3′ 端切除一些多余的附加核苷酸，然后再加入 poly A。在 mRNA 前体 3′ 端 11～30 核苷酸处有一段 AAUAAA 保守序列，在 U7-snRNP 的协助下识别，由一种特异的核酸内切酶催化切除多余的核苷酸。随后，在 poly A 聚合酶催化下，发生聚合反应形成了 3′ 端 poly A 尾。poly A 尾的功能是保护最终的 mRNA 的 3′ 端免受核酸酶的降解而稳定 mRNA。

　　（3）内部甲基化　原核生物 mRNA 分子中不含稀有碱基，但真核生物的 mRNA 中则含有甲基化核苷酸。除了在 hnRNA 的 5′ 端帽子结构中含有 2～3 个甲基化核苷外，在分子内部还有 1～2 个 m6A 存在于非编码区。在序列中，m6A 总是位于胞苷之后，形成了 -NCm6AN- 序列。m6A 的生成是在 hnRNA 的剪接作用之前发生的，可能对前体的加工起识别作用。

　　（4）RNA 剪接　真核生物的结构基因包含外显子和内含子。在转录时，外显子及内含子均转录到 hnRNA。在细胞核中，hnRNA 进行剪接作用，首先在核酸内切酶作用下切掉内含子，然后在连接酶作用下，将外显子各部分连接起来，而变为成熟的 mRNA，此过程称为 RNA 剪接（RNA splicing）。也有少数基因的 hnRNA 不需要进行剪接作用，例如 α-干扰素基因。人类 35% 的遗传紊乱是由于基因突变导致单个基因的可变剪接引起的。

　　剪接在加帽、加尾后进行。由核酸内切酶把内含子和外显子连接的磷酸二酯键水解，去除内含子，把

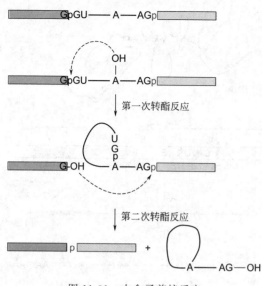

图 11-31　内含子剪接反应

相邻外显子的末端拼接生成功能性 mRNA。不同的剪接途径允许由单个 hnRNA 合成几种不同的成熟 mRNA。大多数内含子 5′剪切位点以 GU 开始，3′剪切位点以 AG 结束，且上游有一个含 A 的分支点和保守的嘧啶序列。剪接反应涉及两步转酯反应并在剪接体装配后进行。分支点中 A 的 2′-OH 攻击 5′剪切位点的 3′,5′-磷酸二酯键，使该键断裂。内含子 5′回折与分支点上的 A 形成不寻常的 2′,5′-键，形成套索状结构。外显子 1 的新 3′-OH 攻击 3′剪切位点的磷酸二酯键，使得两个外显子连接，释放套索状的内含子（图 11-31）。两步转酯反应中，因磷酸酯键的数目没有改变，所以没有 ATP 的消耗。mRNA 的剪接发生在剪接体（splicesome）中，剪接体是多个蛋白质和 5 种核内小 RNA（snRNA）装配而成的复合体。这 5 种 snRNA 分别称为 U1、U2、U4、U5 和 U6，长度约 100～300nt，因为分子中富含 U 而得名。每一种 snRNA 分别与多种蛋白质结合，形成 5 种核小核糖核蛋白颗粒（small nuclear ribonucleoprotein particle，snRNP）。成熟的 mRNA 通过核膜孔转运到细胞质，指导蛋白质的合成。

　　许多前体 mRNA 分子经过加工只产生一种成熟的 mRNA，翻译成相应的一种多肽；有些则可剪切或剪接加工成结构不同的 mRNA，这一现象称为**可变剪接**（alternative splicing），又称选择性剪接（图 11-32）。例如甲状腺中降钙素（calcitonin）及脑中的降钙素基因相关肽（calcitonin gene-related peptide CGRP）就是来自一个相同的初级转录本。在甲状腺中，初级转录本进行剪接作用后，由外显子 1、2、3、4 连接而成的 mRNA，翻译的产物为降钙素。而在脑中，初级转录本进行剪接作用时，由外显子 1、2、3、5、6 连接而成的 mRNA，翻译后的产物为 CGRP（图 11-33）。

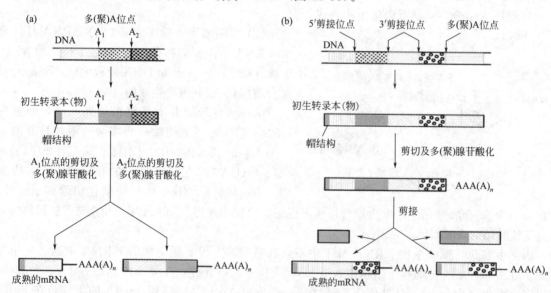

图 11-32　mRNA 选择性剪接

　　（5）RNA 编辑　近年来发现，某些 mRNA 前体的核苷酸序列尚需加以改编，在转录产物中还需插入、删除或取代一些核苷酸残基，方能生成具有正确翻译功能的模板，即 mRNA 的编辑（mRNA editing）作用。例如，哺乳动物基因组只有 1 个载脂蛋白 B（Apo B）基因，但转录可以产生 2 种 Apo B 蛋白。这是因为 Apo B 的 mRNA 发生了 C→U 转换。载脂蛋白 B 有两种存在形式：分子质量为 512kDa 的 Apo B100 和分子质量 240kDa 的 Apo B48。Apo B100 含 4536 个氨基酸残基，是在肝内合成；Apo B48 含有与 Apo B100 完全相同的 N 端 2152 个氨基酸残基，在小肠中合成。Apo B 基因在小肠转录生成的 mR-

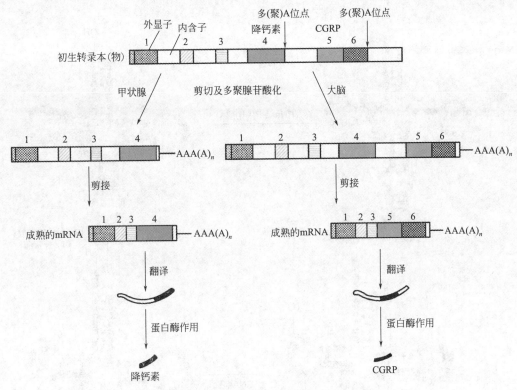

图 11-33　降钙素基因转录本的选择性剪接

NA 核苷酸序列中特异位点的 C 经脱氨基后变成 U，使原来 2153 位上谷氨酰胺的密码子由 CAA 变为终止密码子的 UAA。由脱氨基改变原有 Apo B 模板上的遗传信息，最终生成较短的 Apo B48。催化这一反应的脱氨酶仅存在于小肠，而肝不含此酶。

2. tRNA 前体的加工

真核细胞 tRNA 的基因转录产物为 tRNA 前体，通过加工形成成熟的 tRNA。tRNA 前体的加工包括有：在酶的作用下从 5′端及 3′端处切除多余的核苷酸；去除内含子进行剪接作用；3′端加 CCA 以及碱基的修饰。

以酵母前体 tRNA^{Tyr} 分子为例，加工过程包括：①在核酸内切酶 RNase P 的作用下，从 5′端切除 16 个核苷酸；②核酸外切酶 RNase D 切除 3′端多余的 2 个 U，再由核苷酸转移酶加上特有的 CCA 末端；③茎环结构的一些核苷酸碱基被化学修饰，形成稀有碱基，如嘌呤甲基化形成甲基嘌呤、尿嘧啶还原为二氢尿嘧啶（DHU）、尿嘧啶核苷转变为假尿嘧啶核苷（ψ），某些腺苷酸脱氨形成次黄嘌呤核苷酸（I）等；④通过剪接切除茎环结构中部的 14 个核苷酸内含子。内含子一般位于前体 tRNA 的反密码子环（图 11-34）。

3. rRNA 前体的加工

原核和真核细胞合成蛋白质需要大量的核糖体，要求存在大量的 rRNA 基因拷贝，例如细菌的基因中 rRNA 基因有 5～10 个拷贝；真核生物中 rRNA 基因的拷贝数更多，例如果蝇为 260 个拷贝，HeLa 细胞可达 1100 个拷贝。原核生物 30S rRNA 前体分子可被特异的核糖核酸酶切割产生 23S、16S、5S rRNA 及一个 tRNA。

大部分真核生物有大于 100 个拷贝的 rRNA 基因，这些 rRNA 基因纵向串联而重复排列。在这些重复单位之间，由非转录的间隔区（spacer）将它们隔开。在每一个 rRNA 基因内，包含有 3～4 段 rRNA 的编码区，其间也有间隔区。间隔区中有些是无转录功能的，另外有些间隔区的转录产物是 tRNA。18S、5.8S、28S rRNA 基因特征性地成簇分布并串联重复，RNA 聚合酶 I 转录 rRNA 基因，每转录一次包含 18S、5.8S、28S rRNA 的基因即产生一个 45S rRNA 前体，然后在核仁中进行加工。加工需要核仁小 RNA（snoRNA），还涉及前体中 18S、28S rRNA 区域的大量甲基化。核仁小 RNA 与一

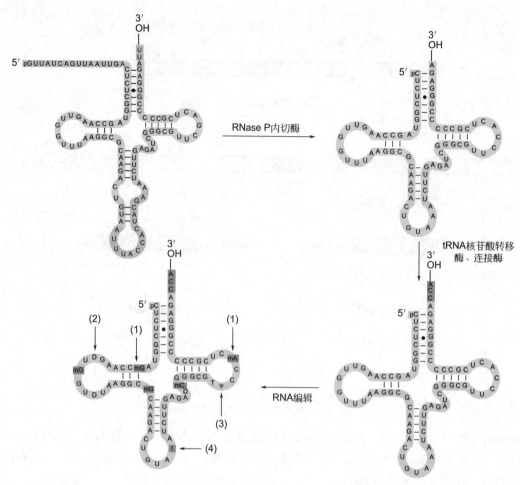

图 11-34　tRNA 前体的加工过程

些特异蛋白质构成核仁小核糖核蛋白（snoRNP），以类似 snRNP 介导的 mRNA 剪接相似的方式进行加工。5S rRNA 基因拷贝存在与以上基因不同的位点，由 RNA 聚合酶Ⅲ转录，转移到核仁中不再加工且装配到核糖体。

一个真核细胞可能包含数百万个核糖体，每个核糖体由几个 rRNA 分子和几十个核糖体蛋白质组成。核糖体数量众多，为了给细胞提供如此大量的转录本，编码 rRNA 的 DNA 序列通常要重复数百次。这种被称为 rDNA 的 DNA 通常聚集在基因组的一个或几个区域。人类基因组有 5 个 rDNA 簇，每个 rDNA 簇位于不同的染色体上。在非分裂（间期）细胞中，rDNA 聚在一起形成一个或多个形状不规则的核结构，称为核仁，其功能是产生核糖体。

二、　RNA 的复制

有些病毒如噬菌体 f2、MS2、R17 和 Qβ 等均具有 RNA 基因组。这些 RNA 病毒的染色体为单链 RNA，在病毒蛋白质的合成中具有 mRNA 的功能。病毒 RNA 进入宿主细胞后，还可进行复制，即在 RNA 指导的 RNA 聚合酶（RNA-directed RNA polymerase）或称 RNA 复制酶（RNA replicase）催化下进行 RNA 合成反应。

RNA 复制酶分子质量约为 210kDa，由 4 个亚基组成。其中只有一个分子质量为 65kDa，是病毒 RNA 复制酶基因的产物，其结构中具有复制酶的活性部位。其他的三个亚基全是宿主细胞中正常合成的蛋白质。RNA 复制酶还需要有宿主细胞中的三种蛋白质因子协助其发挥作用。它们是延伸因子 Tu（分子质量 30kDa）和 Ts（分子质量 45kDa），以及 S1（分子质量 70kDa）。这些因子可以帮助 RNA 复制酶定位并结合于病毒的 RNA 3′端，引发 RNA 的复制。

1. 依赖于 RNA 的 RNA 复制

某些 RNA 病毒侵入寄主细胞后，表达产生 RNA 复制酶，以病毒 RNA 为模板，用 4 种 NTP 为底物合成互补的 RNA 链，合成方向是 $5' \rightarrow 3'$。RNA 复制酶的模板特异性很高，例如噬菌体 Qβ 的复制酶只能用噬菌体 Qβ RNA 作模板，而代用与其类似的噬菌体 MS2、R17 或寄主细胞的 RNA 都不行。

RNA 复制酶催化的合成反应与其他核酸合成反应相似。RNA 复制酶缺乏校对功能的酶活性，因此 RNA 复制的错误率较高。RNA 复制酶只是特异地对病毒的 RNA 起作用，而宿主细胞 RNA 一般并不进行复制。这就可以解释在宿主细胞中虽含有数种类型的 RNA，但病毒 RNA 是优先进行复制的。

2. 以 DNA 为中间物的 RNA 复制

这种方式是病毒 RNA 复制的主要方式。复制为半保留复制（如 T4、SV40）或全保留复制：病毒 dsRNA 中的两条亲本链一直缠绕在一起，仅在复制点处有几个碱基对解链，并且在复制酶的作用下复制出一条子代 RNA 链，然后以该新生链为模板合成出互补链，由此产生子代 dsRNA 基因组。呼肠孤病毒的 dsRNA 基因组是全保留复制。一些＋ssRNA 噬菌体基因组复制产生的复制中间体也能通过全保留复制形成子代＋ssRNA。

RNA 病毒 $5'$ 端的共价结合蛋白作为基因组复制起始引物；ssDNA 病毒基因组两端的末端重复序列形成反转发夹结构，可作为引物起始 DNA 的合成；逆转录病毒以互补于病毒 RNA 基因组的 tRNA 分子为引物起始合成（－）DNA 链。

病毒基因组复制所需要的复制酶，有的是依赖于宿主细胞的复制酶，如 SV40、多瘤病毒；有的是病毒基因组自身编码的复制酶，如痘苗病毒。对于 RNA 病毒来说，复制与转录是同一种酶，即这种酶既是复制酶，又是转录酶。

第三节　与核酸生物合成相关的医药研究

一、抑制核酸合成的药物

1. DNA 复制抑制剂

（1）烷化剂　带有活性烷基，能使 DNA 烷基化。鸟嘌呤烷化后易脱落，双功能烷化剂可造成双链交联，磷酸基烷化可导致 DNA 链断裂。通常有较大毒性，引起突变或致癌。

（2）放线菌素类　可与 DNA 形成非共价复合物，抑制其模板功能。包括一些抗癌抗生素。

（3）嵌入染料　含有扁平芳香族发色团，可插入双链 DNA 相邻碱基对之间。常含吖啶或菲啶环，与碱基大小类似，可在复制时增加一个核苷酸，导致移码突变，如溴乙锭。

目前，在恶性肿瘤临床应用化疗药物中，细胞毒类药物是最重要的一类，加强细胞毒类药物的研究对于肿瘤的治疗具有重要意义，拓扑异构酶抑制剂是一种靶向抗癌药物。拓扑异构酶是近年来发现的多种肿瘤化疗的重要靶点，与肿瘤细胞的发生、增殖和发展密切相关。

拓扑异构酶是一类存在于细胞核中的重要酶类，分为拓扑异构酶Ⅰ和拓扑异构酶Ⅱ两类，对 DNA 的转录、复制以及基因表达过程中 DNA 拓扑结构的改变起着重要作用。拓扑异构酶Ⅰ和拓扑异构酶Ⅱ主要差别在于拓扑异构酶Ⅰ断裂 DNA 双链中一条单链，而拓扑异构酶Ⅱ断裂的是 DNA 双链；另外拓扑异构酶Ⅱ作用时必须 ATP 提供能量。研究发现，抑制拓扑异构酶的活性就能阻止肿瘤细胞快速增殖，进而诱导肿瘤细胞的凋亡及坏死。

拓扑异构酶抑制剂能够稳定 Topo-DNA，形成"药物-Topo-DNA"的三元复合物，从而抑制拓扑酶的作用，阻碍细胞 DNA 的复制，对于细胞来说是有毒的，因此能够起到这种作用的化合物称为毒剂。目前来说拓扑异构酶抑制剂主要分为以下几类：喜树碱类（喜树碱、托泊替康、伊立替康）和非喜树碱类

（吲哚咔唑、苯并异喹啉酮），鬼臼毒素类（依托泊苷、替尼泊苷）和蒽环类（多柔比星、米托蒽醌等）。

拓扑异构酶抑制剂会产生 DNA 损伤，难以修复的 DNA 损伤会通过诱导多种凋亡调控因子的表达促进细胞凋亡。细胞周期阻滞和凋亡同肿瘤细胞对治疗的敏感性关系密切，细胞周期阻滞能启动 DNA 损伤修复，也能启动细胞凋亡。

2. DNA 转录抑制剂

DNA 转录抑制剂可分为两大类。第一类特异性与 DNA 结合，抑制模板功能，使转录不能进行。这类抑制剂同时抑制 DNA 复制，如放线菌素 D、纺锤菌素、远霉素、溴乙锭和黄曲霉毒素等，对原核和真核均有抑制作用。第二类抑制剂作用于 RNA 聚合酶，阻止 RNA 的合成。这类抑制剂只抑制转录，不影响复制，典型抑制剂有利福平、α-鹅膏蕈碱等。利福平仅阻止原核 RNA 的合成，对于结核杆菌有较强抗菌作用。α-鹅膏蕈碱则是真核细胞中 RNA 合成的专一抑制剂，通过 RNA 聚合酶Ⅱ阻止 mRNA 的合成。

二、核酸类似物药物

核酸类似物主要是碱基类似物，有些人工合成的碱基类似物能干扰和抑制核酸的合成。作用方式有以下两类：①作为代谢拮抗物，直接抑制核苷酸生物合成有关酶类。如 6-巯基嘌呤进入体内后可转变为巯基嘌呤核苷酸，抑制嘌呤核苷酸的合成。可作为抗癌药物，治疗急性白血病等。此类物质一般需转变为相应的核苷酸才能表现出抑制作用。②进入核酸分子，形成异常 RNA 或 DNA，影响核酸的功能并导致突变。5-氟尿嘧啶类似尿嘧啶，可进入 RNA，与腺嘌呤配对或异构成烯醇式与鸟嘌呤配对，使 AT 配对转变为 GC 配对。因为正常细胞可将其分解，而癌细胞不能，所以可选择性抑制癌细胞生长。

抗人免疫缺陷病毒（HIV）药物是核苷酸类似物、复制/转录抑制剂的典型代表，表 11-7 是抗 HIV 的常见药物及作用靶点。

表 11-7 抗 HIV 常见药物及作用靶点

核苷类逆转录酶抑制剂（NRTI）	非核苷类逆转录酶抑制剂（NNRTI）	蛋白酶抑制剂（PLI）	CCR5 拮抗剂	整合酶抑制剂（INSTI）
齐多夫定（AZT）	依非韦仑（EFV）	阿扎那韦（ATV）	马拉韦罗（MVC）	雷特格韦（RAL）
阿巴卡韦（ABC）	依曲韦林（ETV）	地瑞那韦（DRV）		埃韦特格韦（EVC）
司他夫定（d4T）	奈韦拉平（NVP）	安普那韦（APV）		多鲁特格韦（DTG）
拉夫米定（3TC）	利匹韦林（RPV）	膦沙那韦（FPV）		
恩曲他滨（FTC）		利托那韦（RTV）		
替诺福韦（TDF）		沙奎那韦（SQV）		
替诺福韦艾拉酚胺		替拉那韦（TPV）		
		茚地那韦（IDV）		
		奈非那韦（NFV）		

当 HIV 的核酸释放入宿主细胞后，在逆转录酶的作用下，以 RNA 为模板合成互补的 DNA（cDNA），继而再以 cDNA 为模板合成第二条 DNA，产生双链 DNA（dsDNA）。靶向该环节的抗病毒治疗药物有两大类：核苷类逆转录酶抑制剂（NRTI）和非核苷类逆转录酶抑制剂（NNRTI）。NRTI 是第一类被批准适用于 HIV 抗病毒治疗的药物，通过与核苷酸竞争结合逆转录酶的结合位点，整合入病毒 cDNA 中，终止 cDNA 链延伸，阻止 cDNA 合成。NNRTI 作用机制略有不同，通过与逆转录酶结合导致酶活性区的构象发生改变，减缓逆转录酶组装核苷酸延长 DNA 链条的速度来发挥抗病毒作用。这两类药物组成的三联方案常常被作为药物选择受限地区的一线治疗方案。

地达诺新（DDI）和齐多夫定（AZT）就是其中的典型代表。其作用机理为 DDI 和 AZT 的结构与核苷酸相似，但其内部核糖的 3′位置缺乏羟基，无法生成磷酸二酯键，与核苷酸竞争结合逆转录酶的结合位点，抑制 cDNA 的生成（图 11-35）。

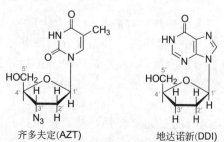

图 11-35 核苷酸类似物抑制逆转录酶

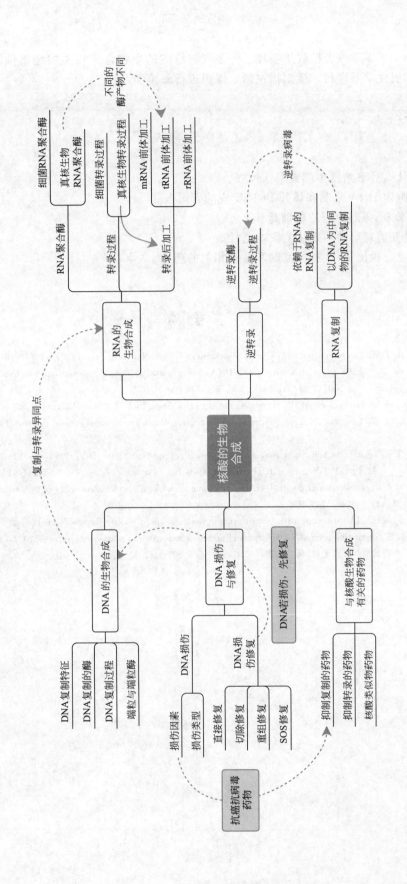

本章编者已收集整理了一系列与核酸的生物合成相关的经典科研文献、参考书等拓展性学习资料，请扫描左侧二维码进行阅读学习。

1.请思考为什么肿瘤细胞中端粒酶活性强？
2.请比较细胞内 DNA 复制和体外 PCR 反应的异同点。
3.黄曲霉毒素 B_1 强烈致癌的机理是什么？
4.RNA 的可变剪切对肿瘤发生的影响是什么？
5.请查阅文献，说出 1～2 种与复制和转录相关的药物。

［1］　Meselson M，Stahl F W. The replication of DNA in *Escherichia coli*. Proc Nat Acad Sci，1958，44（7）：671-682.

［2］　Okazaki R. Okazaki T，Sakabe K，et al. Mechanism of DNA chain growth. Ⅰ. Possible discontinuity and unusual secondary structure of newly synthesized chains. Proc Natl Acad Sci，1968，59（2）：598-605.

［3］　Davey M，O'Donnell M. Mechanisms of DNA replication. Curr Opin Chem Biol，2000，4：581-586.

［4］　Malyshev D A. Dhami K，Lavergne T，et al. A semi-synthetic organism with an expanded genetic alphabet. Nature，2014，509（7500）：385-388.

［5］　Lingner J，Cech T R. Telomerase and chromosome end maintenance. Curr Opin Genet Dev，1998，8：226-322.

［6］　Lahue R S，Au K G，Modrich P. DNA mismatch correction in a defined system. Science，1989，245（4914）：160-164.

［7］　Sancar A，Rupp W D. A novel repair enzyme：UvrABC excision nuclease of *Escherichia coli* cuts a DNA strand on both sides of the damaged region. Cell，1983，33（1）：249-260.

［8］　Bentley D L. Coupling mRNA processing with transcription in time and space. Nature Reviews Genetics，2014，15（3）：163-175.

［9］　Maniatis T，Tasic B. Alternative pre-mRNA splicing and proteome expansion in metazoans. Nature，2002，418（6894）：236-243.

［10］　张兴权.抗 HIV 药物的最新研究进展.药学学报，2015，50（5）：509-515.

（黄春洪）

第十二章

蛋白质的生物合成

学习目标

1. 掌握：遗传密码的概念及特点，参与蛋白质合成的三种 RNA 及其在蛋白质生物合成中的作用，蛋白质的生物合成的概念及过程。
2. 熟悉：蛋白质翻译后加工和修饰，蛋白质类药物的原核细胞、真核细胞及无细胞生物合成。
3. 了解：蛋白质的分选与靶向运输机制，蛋白质合成抑制剂类药物。

蛋白质是有机体生物学功能的执行者，是生命活动的重要物质基础。细胞内蛋白质的生物合成是生命现象的主要内容。细胞的遗传信息储存在 DNA 中，以 DNA 为模板指导核糖核酸（ribonucleic acid，RNA）合成的过程叫作转录（transcription）。再以转录产物 mRNA 为模板指导蛋白质合成的过程叫作翻译（translation），即蛋白质的生物合成。本章主要学习蛋白质生物合成的基础理论以及在医药领域的相关应用。

第一节　蛋白质合成体系的重要组分

细胞内蛋白质的合成过程以氨基酸为原料，mRNA 为模板，tRNA 为氨基酸的运载工具，核糖体为装配场所，此外，还需要氨酰-tRNA 合成酶、翻译辅助因子、金属离子和能量分子等多种物质的参与，这些成分在蛋白质合成中协同作用，共同构成**蛋白质生物合成体系**。上述蛋白质生物合成体系的组分也是通过体外翻译（*in vitro* translation）进行**蛋白质无细胞生物合成**（cell free protein synthesis，CFPS）的重要原材料。

一、 mRNA 及遗传密码

（一）mRNA

mRNA，即**信使 RNA**（messenger RNA），是蛋白质合成体系的重要组分之一，将 DNA 携带的遗传信息（genetic message）在细胞内进行传递，指导蛋白质的合成。细胞内通常有数千种基因被转录，产生大量序列不同的 mRNA 分子。mRNA 分子结构包括 5′ 非翻译区（5′-untranslated region，5′-UTR）、开放阅读框（open reading frame，ORF）和 3′ 非翻译区（3′-untranslated region，3′-UTR）。

原核生物和真核生物 mRNA 在细胞内的分布存在明显差别。由于没有核被膜，原核细胞基因转录和翻译在时间和空间上是连续的，一段 mRNA 的合成还没结束，对它的翻译，即蛋白质的合成就已经开始了；而真核细胞基因转录在细胞核、蛋白质合成在细胞质，二者在时间和空间上是不连续的，mRNA 在细胞核中合成并加工成熟后才能进入细胞质基质，指导蛋白质的合成（图 12-1）。上述差别是原核细胞蛋白表达效率通常高于真核细胞的原因之一。

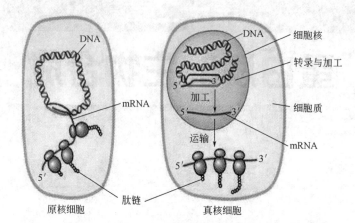

图 12-1　原核细胞与真核细胞基因表达的差别

原核细胞和真核细胞 mRNA 的另一个明显区别是原核细胞 mRNA 主要为**多顺反子**（polycistron），即一分子 mRNA 上有多个 ORF，编码多个功能相关的蛋白质。真核细胞 mRNA 基本上都是**单顺反子**（monocistron），即一分子成熟 mRNA 上只有一个 ORF，编码一种蛋白质（图 12-2）。

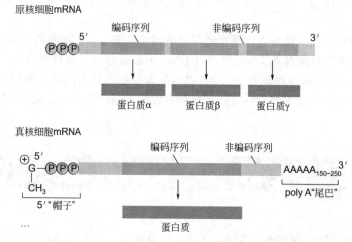

图 12-2　原核细胞与真核细胞 mRNA 结构的差别

1. 原核生物的 mRNA

原核生物 mRNA 的 5′-UTR 和 3′-UTR 有一些与翻译过程调控有关的序列。例如存在于 5′-UTR，距离起始密码子 AUG 约 8 个核苷酸处的一段富含嘌呤碱基核苷酸的序列。这段序列可与核糖体 30S 小亚基中 16S rRNA 的 3′端的一段富含嘧啶核苷酸的序列互补（图 12-3），通过碱基互补配对使 mRNA 与核糖体小亚基结合，被称为**核糖体结合序列**（ribosome binding sequence，RBS）。核糖体结合序列由科学家 John Shine 和 Lynn Dalgarno 等发现，所以也称作 **SD 序列**（Shine-Dalgarno sequence）。SD 序列与起始密码子 AUG 之间的间隔距离影响核糖体与 mRNA 结合的稳定性。据此，在利用原核细胞生产重组多肽或蛋白质类药物时，SD 序列及 SD 序列与 AUG 之间的间隔序列成为可进行优化的因素。

2. 真核生物的 mRNA

真核细胞的绝大部分 DNA 存在于细胞核中而负责蛋白质合成的核糖体则位于细胞质中。细胞核内生

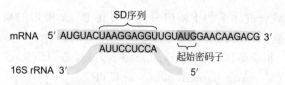

图 12-3　原核生物 mRNA 通过 SD 序列结合 16S rRNA

成的 mRNA 在转录加工后被转运到细胞质才能指导蛋白质的合成过程，因此，真核细胞蛋白质合成效率通常低于原核细胞。除此之外，真核细胞的线粒体和叶绿体含有环状 DNA 分子和独立的基因转录-翻译体系，以类似原核生物的方式合成少数位于线粒体或叶绿体中的蛋白质。

真核细胞 mRNA 在转录后先在细胞核内进行一系列加工，包括外显子的剪接、在 mRNA 分子 5′端加上 m^{7}GpppNp "帽子" 结构和 3′端加上 poly A "尾巴" 等。成熟 mRNA 分子的 "帽子" 结构有利于其从细胞核至细胞质的转移，并增强 mRNA 与核糖体小亚基结合，促进翻译起始。3′端 poly A "尾巴" 则帮助 mRNA 形成环状结构，参与翻译的终止和重新起始，影响翻译的效率（图 12-4）。另外，mRNA 分子稳定性受其结构影响，所以，转录后加工可通过修饰结构调控 mRNA 的生物半衰期，从另一个层次调控蛋白质合成效率。

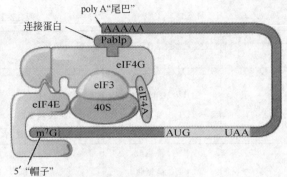

图 12-4　真核生物 mRNA 在翻译过程形成环状结构

（二）遗传密码

在蛋白质生物合成中，mRNA 开放阅读框的核苷酸序列决定肽链中氨基酸残基的出现和排列顺序。在 mRNA 分子的 ORF 区，从起始密码子开始，每三个连续的核苷酸构成一个密码子（codon），即三联密码子，编码一种氨基酸在肽链中的出现和位置。尽管自然界中存在百余种氨基酸，但是细胞中的蛋白质包含的氨基酸只有 20 种，分别对应不同的密码子，这些密码子被称为**遗传密码**（genetic code）（表 12-1）。

遗传密码具有：方向性、连续性、简并性、通用性、摆动性等性质。

1. 方向性（directional）

翻译过程是以 mRNA 为模板，核糖体结合在 mRNA 上 "阅读" 核苷酸序列，而这种 "阅读" 是有方向性的，即核糖体首先结合 mRNA 的 5′端，然后沿着 5′→3′方向滑动，直至遇到起始密码子 AUG 开始按照三联密码子顺序依次完成相应氨基酸的聚合，形成多肽链。所以，mRNA 的起始密码子位于 5′端，终止密码子位于 3′端。而密码子的三个核苷酸也有方向性，第一个核苷酸永远在 5′端，第三个核苷酸永远在 3′端。

2. 连续性（non-punctuated）

蛋白质的翻译过程由 mRNA 的 5′端起始密码子 AUG 开始向 3′方向连续阅读，直到终止密码子。同一个开放阅读框的密码子之间没有间隔，不遗漏也不重叠，起始密码子的位置决定后续所有密码子的位置，即遗传密码的连续性。

由于遗传密码的连续性，如果在基因的编码区缺失或插入一个或多个核苷酸，会导致阅读框改变，称为**移码突变**（frame shift mutation）。移码突变会造成编码蛋白质氨基酸序列的改变并可能因此导致蛋白质功能的异常，是恶性肿瘤等疾病常见的分子机制之一。在利用基因工程生产蛋白类药物，制定蛋白表达质粒构建策略时，要考虑遗传密码的连续性，避免出现移码突变。

3. 简并性（degenerate）

在 mRNA 分子的编码区，由 A、U、C、G 四种核苷酸以不同的形式进行排列组合，形成三联密码子，则有 64（4^3）种排列组合方式，除去 3 种不编码氨基酸的终止密码子 UAA、UAG 和 UGA，还有 61 种密码子。而构成蛋白质的氨基酸只有 20 种，据此推测，至少有一种氨基酸能对应多种密码子，那么，一种密码子是否也能对应多种氨基酸呢？研究已经证明，在生物界一种密码子只能编码一种氨基酸，即遗传密码具有专一性（unambiguous）；而多数氨基酸却可以对应两种以上密码子。这种由一种以上密码子编码同一种氨基酸的现象即遗传密码的简并性。编码同一种氨基酸的密码子互为**同义密码子**（synonymous codon）。

由表 12-1 可知，同义密码子的第一、第二位核苷酸往往是相同的，而第三位的核苷酸不同，说明第三位核苷酸的改变不一定改变所对应的氨基酸，基因突变如果发生在密码子的第三位则不会影响相应蛋白质的氨基酸序列，由此可见密码子的简并性减少了核苷酸变异影响蛋白质功能的概率，在减少突变的有害效应方面具有重要意义。在重组蛋白类药物的生产中，利用密码子的简并性和表达宿主细胞对密码子的偏好性进行优化，可以提高蛋白质产量。

表 12-1　遗传密码表

第一位 （5'端）	第二位				第三位 （3'端）
	U	C	A	G	
U	UUU 苯丙氨酸	UCU 丝氨酸	UAU 酪氨酸	UGU 半胱氨酸	U
	UUC 苯丙氨酸	UCC 丝氨酸	UAC 酪氨酸	UGC 半胱氨酸	C
	UUA 亮氨酸	UCA 丝氨酸	UAA 终止密码子	UGA 终止密码子	A
	UUG 亮氨酸	UCG 丝氨酸	UAG 终止密码子	UGG 色氨酸	G
C	CUU 亮氨酸	CCU 脯氨酸	CAU 组氨酸	CGU 精氨酸	U
	CUC 亮氨酸	CCC 脯氨酸	CAC 组氨酸	CGC 精氨酸	C
	CUA 亮氨酸	CCA 脯氨酸	CAA 谷氨酰胺	CGA 精氨酸	A
	CUG 亮氨酸	CCG 脯氨酸	CAG 谷氨酰胺	CGG 精氨酸	G
A	AUU 异亮氨酸	ACU 苏氨酸	AAU 天冬氨酸	AGU 丝氨酸	U
	AUC 异亮氨酸	ACC 苏氨酸	AAC 天冬氨酸	AGC 丝氨酸	C
	AUA 异亮氨酸	ACA 苏氨酸	AAA 赖氨酸	AGA 精氨酸	A
	* AUG 甲硫氨酸	ACG 苏氨酸	AAG 赖氨酸	AGG 精氨酸	G
G	GUU 缬氨酸	GCU 丙氨酸	GAU 天冬氨酸	GGU 甘氨酸	U
	GUC 缬氨酸	GCC 丙氨酸	GAC 天冬氨酸	GGC 甘氨酸	C
	GUA 缬氨酸	GCA 丙氨酸	GAA 谷氨酸	GGA 甘氨酸	A
	GUG 缬氨酸	GCG 丙氨酸	GAG 谷氨酸	GGG 甘氨酸	G

注：* AUG 为起始密码子。

4. 通用性（universal）

在生物进化过程中，遗传密码是高度保守的，在很长的进化时期中保持不变。整个生物界，从低等的生物，如病毒、细菌，到高等生物，如动物、植物、人类，基本上共用一套遗传密码，即遗传密码在不同物种间的通用性。正是这个性质使我们能跨越物种进行蛋白质药物的异源表达，例如，用大肠杆菌生产人胰岛素，用中国仓鼠卵巢（CHO）细胞生产人源化的单克隆抗体等。

虽然密码子具有通用性，但是在自然界中也存在极少数例外情况，即特殊性（表 12-2）。在支原体中，UGA 不是终止密码子而编码色氨酸；在嗜热四膜虫，UAA 不代表终止密码子而是编码谷氨酰胺。更典型例子来自真核生物的线粒体，在所有线粒体中 UGA 不代表终止密码子而编码色氨酸；在酵母线粒体中，CUA 编码苏氨酸而不是亮氨酸。这种遗传密码的特殊性可能反映了物种的进化距离，也支持线粒体起源于寄生在真核细胞内的古细菌的学说。

表 12-2　特殊的密码子

密码子	通用编码	特殊编码	来源
UGA	终止密码子	色氨酸	人与酵母线粒体、支原体
CUA	亮氨酸	苏氨酸	酵母线粒体
AUA	异亮氨酸	甲硫氨酸	
AGA	精氨酸	终止密码子	人线粒体
AGG			
UAA	终止密码子	谷氨酰胺	草履虫、四膜虫和棘尾虫
UAG	终止密码子	谷氨酰胺	草履虫

5. 摆动性（wobble）

原核生物有 30～45 种 tRNA，真核细胞中大约有 50 种 tRNA。显然 tRNA 的种类少于编码氨基酸的密码子数量（61 种），说明 tRNA 的反密码子和 mRNA 上的密码子之间不是严格的一一对应。

1966 年，Crick 提出**摆动假说**（wobble hypothesis）解释了这个问题，同时也解释了反密码子中某些稀有碱基［如次黄嘌呤(I)］如何配对。按照摆动假说，在密码子和反密码子的互补配对中，前两对碱基严格遵守互补原则，而第三对有一定的自由度，可以"摆动"，即不同的密码子，如果它们的前两个碱基相同而仅第三个碱基不同，那么它们可能结合相同的反密码子（图 12-5）。这部分导致了遗传密码简并性的存在。

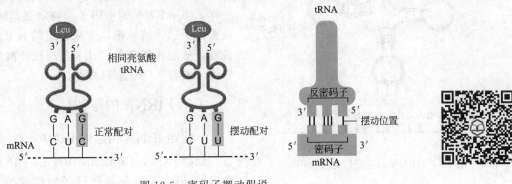

图 12-5　密码子摆动假说

这种摆动现象取决于反密码子的第一位碱基（表 12-3）。如果反密码子的第一位碱基为 A 或 C，则只能识别一种密码子；若为 G 或 U 则能识别两种密码子；若为 I 则能识别三种密码子。因此，tRNA 的种类少于三联密码子的数量。

表 12-3　密码子与反密码子摆动配对规则

密码子第三位碱基(摆动位置)	反密码子第一位碱基	密码子第三位碱基(摆动位置)	反密码子第一位碱基
U	A,G 或 I	A	U 或 I
C	G 或 I	G	C 或 U

知识链接　　　　　　　　　　　　　　　　硒半胱氨酸

你知道吗？UGA 通常用作终止密码子，但如果在 mRNA 中有一个硒半胱氨酸插入序列（selenocysteine insertion sequence, SECIS），UGA 就变成了硒半胱氨酸（Sec）的编码。后者是一种半胱氨酸的类似物，其中的硫原子被硒原子取代。在细菌、古细菌和真核生物蛋白质中都检测出 Sec 残基，导致一些人将 Sec 命名为第 21 个氨基酸！包含硒半胱氨酸残基的蛋白质称为硒蛋白。Sec 含有更容易氧化的硒醇基，因此它在蛋白质分子中具有抗氧化的活性。

$$H-Se-CH_2-\overset{\overset{\displaystyle H}{|}}{\underset{\underset{\displaystyle NH_3^+}{|}}{C}}-COO^-$$

Sec

二、tRNA

翻译通常指在细胞内或细胞外，根据 mRNA 序列来指导不同的氨基酸按特定顺序合成特定多肽链的生物学过程。在这个过程中，氨基酸并不直接识别 mRNA 的序列，而是由**"适配器分子"**（adapter molecule）即转运 RNA（transfer RNA，tRNA）介导。tRNA 占细胞中 RNA 总量的 10%～15%，在蛋白质合成中起运载氨基酸的作用。

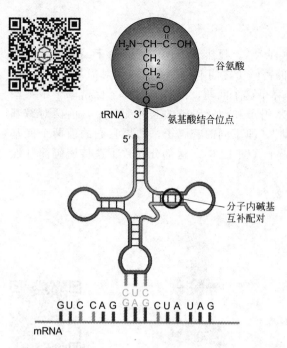

图中标注：
H₂N—CH—C—OH
谷氨酸
氨基酸结合位点
tRNA 3′
5′
分子内碱基互补配对
mRNA
GUC CAG GAG CUA UAG
CUC

图 12-6　tRNA 的适配器分子作用

（一）tRNA 的适配器作用

tRNA 是一种长 73～79nt 的单链 RNA，分子内部小片段序列通过碱基互补配对形成杆状，而不能互补的间隔序列形成套索状，使得整个 tRNA 分子呈特殊的三叶草结构。tRNA 的受体臂也叫氨基酸臂，能结合并转运特定的氨基酸到核糖体大亚基的多肽合成位点，而反密码臂则通过反密码子与核糖体小亚基上结合的 mRNA 的密码子互补配对（图 12-6）。由此，tRNA 在核糖体上像"适配器"一样，将 mRNA 的密码子与特定氨基酸对应起来。tRNA 按密码子顺序给核糖体带来特定的氨基酸，用于多肽链的合成，从而将核酸的"语言"（核苷酸序列）转换成蛋白质的"语言"（氨基酸序列）。

（二）tRNA 的写法

1. 起始 tRNA 和延伸 tRNA

起始 tRNA（initiator-tRNA，tRNAi）是一种能特异性识别 mRNA 上起始密码子的特殊的 tRNA。原核生物的起始 tRNA 携带甲酰甲硫氨酸（fMet），真核生物的起始 tRNA 携带甲硫氨酸（Met）。其余的 tRNA 不能识别起始密码子，统称为延伸 tRNA 或普通 tRNA。

2. 同工 tRNA

tRNA 是氨基酸"搬运工"。无论原核生物还是真核生物，tRNA 种类都多于构成蛋白质的氨基酸种类，因此必然有多种不同 tRNA 携带同种氨基酸的情况。这样反密码子不同而能携带相同氨基酸的 tRNA 称为同工 tRNA（cognate tRNA）。每一种氨基酸可以有 2～6 种同工 tRNA 搬运，但是每一种 tRNA 却只能搬运某一种氨基酸。

3. 氨酰-tRNA

tRNA 的氨基酸臂能够结合相应的氨基酸（amino acid），但是 tRNA 和氨基酸分子之间并没有亲和性，二者需要在氨酰-tRNA 合成酶（aminoacyl-tRNA synthetase）的催化下才能偶联，形成氨酰-tRNA（aminoacyl-tRNA），这个过程被称作 tRNA 活化（charging）。这是一个耗能过程，每个反应消耗一分子 ATP。

氨酰-tRNA 合成酶催化的反应如下：

氨基酸 + tRNA + ATP ⟶ 氨酰-tRNA + AMP + PPi

它实际包括两步反应：

第一步：酶-氨基酸-AMP 中间复合物的形成

在氨酰-tRNA 合成酶作用下，ATP 分解为焦磷酸（PPi）与 AMP，此 AMP 与氨基酸以酸酐键相连，获得一个高能磷酸键，变为活化的氨基酸。

氨基酸 + ATP + E ⟶ E-氨基酸-AMP + PPi

E 代表氨酰-tRNA 合成酶。

第二步：氨酰基转移到 tRNA 的氨基酸臂（即 3′端 CCA—OH）上，形成氨酰-tRNA。

E-氨基酸-AMP + tRNA ⟶ 氨酰-tRNA + AMP + E

细胞内至少有 20 种氨酰-tRNA 合成酶。氨酰-tRNA 合成酶对氨基酸和 tRNA 都具有专一性，既能识别特异的氨基酸，又能识别相应的 tRNA 分子。这种专一性可以保证氨基酸和对应 tRNA 之间的正确连接。另外，氨酰-tRNA 合成酶具有校正功能。当 tRNA 携带了错误的氨基酸时，此酶可以水解氨基酸酯键，换上正确的氨基酸，保证翻译的准确性。

原核生物中，对应起始密码子的第一个甲硫氨酸（Met）在活化后继续在甲酰转移酶催化下发生甲酰化，生成甲酰甲硫氨酰-tRNA（fMet-tRNA^{fMet}，f 是甲酰基英文 formyl 的首字母）。此反应中，甲酰基供体为 N^{10}-甲酰四氢叶酸（N^{10}-CHO-FH$_4$）。

$$N^{10}\text{-CHO-FH}_4 + \text{Met-tRNA}^{fMet} \longrightarrow \text{FH}_4 + \text{fMet-tRNA}^{fMet}$$

真核细胞中没有甲酰甲硫氨酰-tRNA，它的起始 tRNA（initiator-tRNA，tRNAi）与甲硫氨酸结合形成 Met-tRNAi^{Met}，参与翻译起始复合物的形成。

三、核糖体

核糖体（ribosome）是一种几乎所有细胞中都存在的细胞器，由大小两个亚基组成，主要生物学功能是将氨基酸单体聚合成多肽链，所以被称为蛋白质的"装配器"。一个原核细胞中有数以万计的核糖体，这些核糖体往往通过仍在进行转录延伸的 mRNA 固定在基因组 DNA 附近。真核细胞中核糖体的数量则可达 10^6 个，在蛋白质合成旺盛的细胞如蟾蜍卵细胞中可高达 10^{12} 个。真核细胞的核糖体少数游离于细胞质中，称为游离核糖体；多数结合在内质网膜、核膜表面，称为结合核糖体（图 12-7）。

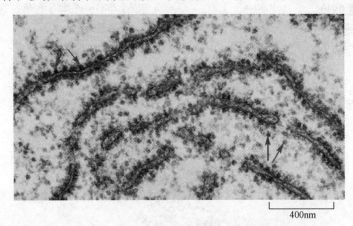

图 12-7　电镜下观察真核细胞的游离核糖体和结合核糖体

（一）核糖体的结构

核糖体是由几十种蛋白质分子和几种核糖体 RNA（ribosomal RNA，rRNA）分子共同组成的核糖核蛋白复合体颗粒，可以解离为大亚基和小亚基两部分。大亚基上有 tRNA 结合位点，而小亚基上有 mRNA 结合位点。核糖体的大小亚基常常游离于细胞质基质中，只有当小亚基与 mRNA 结合后，大亚基才与小亚基结合形成完整的核糖体。肽链合成终止后，大小亚基解离，又游离于细胞质基质中。核糖体的大小通常以核糖体在离心时的**沉降系数**（单位是 Svedberg，简称 S）表示。原核生物核糖体大小为 70S，由 50S 大亚基和 30S 小亚基共同形成；真核生物核糖体大小为 80S，包括 60S 大亚基和 40S 小亚基（图 12-8）。

1. 核糖体蛋白

在核糖体空间结构中，大部分核糖体蛋白位于周边，主要发挥脚手架（scaffold）的作用，参与核糖体上 tRNA 结合位点等活性中心的结构形成（图 12-9）。在核糖体大小亚基结合面，特别是 mRNA 和 tRNA 结合处，无核糖体蛋白分布，催化肽键形成的活性位点由 RNA 组成。

原核生物的核糖体与真核细胞核糖体执行的功能是相同的，结构高度相似但不完全相同。原核生物的核糖体中蛋白质占 1/3，包括形成大亚基的 36 种蛋白质（ribosomal protein L，用 RPL1～RPL36 表示）和形成小亚基的 21 种蛋白质（ribosomal protein S，用 RPS1～RPS21 表示）。真核生物核糖体中蛋白质占 2/5，包括形成大亚基的 49 种蛋白质（RPL1～RPL49）和形成小亚基的 33 种蛋白质（RPS1～RPS33）（参见图 12-8）。以上对比提示真核生物的核糖体比原核生物的核糖体结构复杂。

在电镜下观察发现原核生物核糖体大亚基上有三个 tRNA 结合位点：①氨酰-tRNA 结合位点，称为给位（donor site）或 A 位（aminoacyl site）；②肽酰 tRNA 结合位点，称为受位（acceptor site）或 P 位（peptidyl site）；③以及 E 位（exit site）。核糖体小亚基有 mRNA 结合位点（图 12-10）。

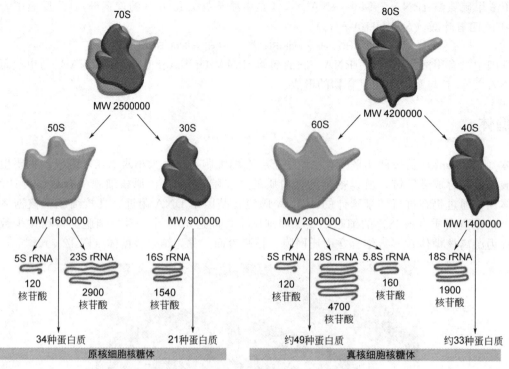

图 12-8 原核细胞和真核细胞的核糖体结构

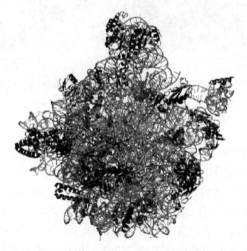

图 12-9 核糖体 50S 大亚基的蛋白质（深黑色）位于外周而 rRNA（浅灰色）位于中心

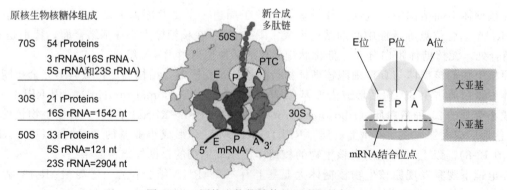

图 12-10 原核生物核糖体的组成与结构

2. 核糖体 RNA

核糖体 RNA（ribosomal RNA，rRNA）是核糖体主要的组成部分，不仅参与核糖体结构形成，还是核糖体功能的重要执行者。原核生物中，rRNA 占核糖体的 2/3；真核细胞中，rRNA 占核糖体的 3/5。

原核细胞中包括几条不同分子大小的 rRNA：5S rRNA、23S rRNA 和 16S rRNA。其中，5S rRNA 和 23S rRNA 位于大亚基，16S rRNA 位于小亚基。位于大亚基的 5S rRNA 识别并结合 tRNA，同时，5S rRNA 部分序列与 23S rRNA 结合，稳定大亚基结构；23S rRNA 是大亚基重要成分，有催化氨基酸之间肽键形成的活性，是一种**核酶**（ribozyme）。位于小亚基上的 16S rRNA 识别 mRNA 上的 SD 序列，使核糖体结合在 mRNA 的 5′-UTR 区域，促进翻译过程的起始。16S rRNA 序列长度约为 1542nt，包括高变区（物种之间有差异）和保守区（物种之间高度相似），呈交替排列。在微生物群落分析中常用 16S rRNA 基因测序来鉴定微生物的种属。

真核细胞中也包括几条不同大小的 rRNA：5S rRNA、5.8S rRNA、18S rRNA 和 28S rRNA。其中，5S rRNA、5.8S rRNA、28S rRNA 与大亚基结合，18S rRNA 则与小亚基结合。由于在细胞内含量高而稳定，真核细胞的 18S rRNA 在检测目的基因表达水平的逆转录-PCR 实验中常被用作内参（endogenous control）。

（二）核糖体的功能

不同生物体的核糖体虽然大小有别但是基本结构相同，执行的功能也完全相同的，即负责蛋白质的生物合成。

在肽链合成过程中，mRNA 与核糖体小亚基结合，按照三联密码子的顺序指导特定的 tRNA 将携带的氨基酸装配到大亚基 A 位，肽链装配到 P 位，再经 rRNA 肽酰基转移酶（peptidyl transferase）作用，将 A 位的氨基酸连到 P 位的肽链 C 端，实现肽链的延伸，所以蛋白质的生物合成方向是从 N 端起始至 C 端结束（图 12-11）。

所有进行蛋白质合成的细胞中都有核糖体，而一些特化的细胞，如哺乳动物的成熟红细胞则没有核糖体。不同细胞核糖体的数目不同，核糖体数目可以反映细胞的蛋白质合成能力。在利用

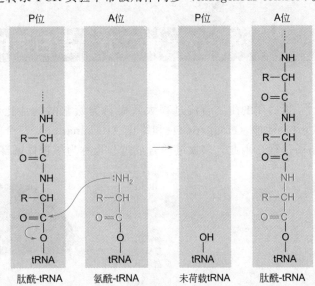

图 12-11　肽酰基转移酶催化的肽链延长反应

宿主细胞生产外源蛋白时，可以通过调整核糖体的数量来控制蛋白质的表达量。

四、重要的酶及辅助因子

蛋白质的生物合成涉及多个化学反应需要酶的催化。除了酶以外还有一些蛋白质参与这个过程发挥调控作用，称为**翻译辅助因子**。

（一）重要的酶

参与蛋白质生物合成的酶主要包括：①氨酰-tRNA 合成酶（aminoacyl-tRNA synthetase），催化氨基酸活化，形成氨酰-tRNA。②**肽酰基转移酶**（peptidyl transferase），是位于核糖体大亚基的 23S rRNA，催化核糖体 P 位上肽酰-tRNA 的肽酰基与 A 位上氨酰-tRNA 的氨酰基之间形成肽键，使肽链延长一个氨基酸；当翻译遇到终止密码子，A 位上没有氨酰-tRNA 而是释放因子（RF）时，此酶发生变构，转变成酯酶（esterase）活性，催化水解反应使新合成的肽链与 tRNA 解离，肽链离开核糖体。③**转位酶**（translocase），翻译辅助因子（EF-G）具有转位酶活性，使核糖体沿着 mRNA 向 3′端方向移动一个密码子，从而使 A 位空出。

（二）翻译辅助因子

在蛋白质生物合成过程中，翻译辅助因子暂时与核糖体结合，在完成其作用后从核糖体解离下来。根

据参与蛋白质生物合成的不同阶段，翻译辅助因子分为**翻译起始因子**（initiation factor，IF）、**延伸因子**（elongation factor，EF）和**终止因子**（termination factor）/**释放因子**（release factor，RF）。总体上，原核生物中辅助因子较少，真核生物细胞中辅助因子较多。

1. 起始因子（IF）

原核生物的 IF 包括 IF-1、IF-2 和 IF-3。真核细胞的 IF（eukaryotic IF，eIF）包括十余种。

2. 延伸因子（EF）

原核生物的 EF 包括 EF-Tu、EF-Ts、EF-G。真核生物细胞的 EF 包括 eEF-1α、eEF-1βγ（分别对应原核生物的 EF-Tu 和 EF-Ts）与 eEF-2（相当于原核生物的 EF-G）。

3. 释放因子（RF）

原核生物的 RF 包括 RF-1、RF-2、RF-3。真核生物细胞的 RF 包括 eRF-1（对应原核生物的 RF-1、RF-2）与 eRF-3（相当于原核生物的 RF-3）。

第二节　蛋白质的生物合成过程

蛋白质的生物合成过程大致概括为氨基酸的活化和多肽链合成。其中多肽链合成包括起始（initiation）、延伸（elongation）和终止（termination）三个阶段。这三个阶段都在核糖体上进行，而且是一个循环过程，因此，多肽链的合成过程也称为**核糖体循环**（ribosome recycling）（图 12-12）。

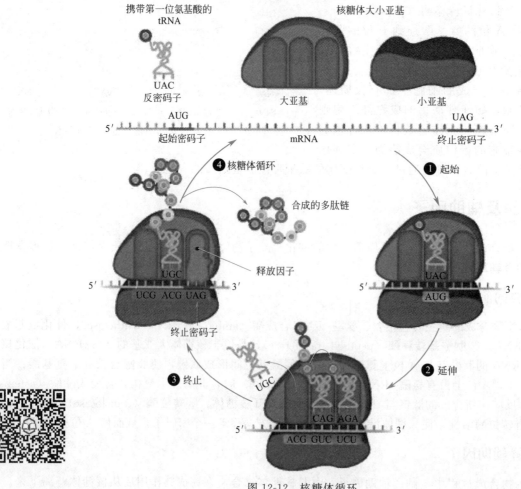

携带第一位氨基酸的 tRNA

核糖体大小亚基

UAC
反密码子

大亚基　　小亚基

AUG
起始密码子　　　mRNA　　　终止密码子　UAG

❹核糖体循环

❶起始

合成的多肽链

释放因子

UGC
UCG ACG UAG
终止密码子

UAC
AUG

❸终止

❷延伸

UGC

CAG AGA
ACG GUC UCU

图 12-12　核糖体循环

一、原核生物蛋白质合成过程

蛋白质生物合成的早期研究是以原核细胞大肠埃希菌作为研究材料进行的，所以人们对原核生物的蛋白质合成过程了解较多。

（一）起始阶段

原核生物蛋白质生物合成的起始，即翻译的起始，是将 fMet-tRNA^{fMet} 与 mRNA 结合到核糖体上形成翻译起始复合物（translational initiation complex）的过程。参与此过程的物质有核糖体的大小亚基、mRNA、fMet-tRNA^{fMet} 与翻译起始因子 IF-1、IF-2、IF-3 以及能量分子 GTP 和 Mg^{2+}。

1. 30S 小亚基与 mRNA 的结合

首先，翻译起始因子 IF-3 结合到核糖体 30S 小亚基上接近 50S 大亚基的部位，而 IF-1 与小亚基的 A 位结合防止 fMet-tRNA^{fMet} 或其他氨酰-tRNA 进入 A 位。然后，30S 小亚基与 mRNA 结合。

原核生物 mRNA 的 5′端有一段富含嘌呤碱基核苷酸的核糖体结合序列（ribosome binding sequence，RBS），也称 SD 序列，这段序列可与 30S 小亚基中 16S rRNA 的 3′端的一段富含嘧啶核苷酸的序列互补。在 mRNA 的 SD 序列和起始密码子之间的一小段核苷酸可以被核糖体小亚基蛋白 RPS1 识别并结合。上述 mRNA-rRNA、mRNA-RPS1 相互作用使核糖体 30S 小亚基精确定位并结合 mRNA，同时使小亚基的 P 位对准起始密码子。

SD 序列广泛存在于原核生物和古核生物的 mRNA 分子上。不同 mRNA 的 SD 序列有所差异，故而与 16S rRNA 配对的核苷酸数目不等（图 12-13）。一般说来，互补的核苷酸越多，翻译起始效率越高。另外，SD 序列与起始密码子之间的距离也不一样，也会影响起始效率。据此，在用原核细胞表达蛋白质类药物时可以通过调整表达载体上的 SD 序列以及 SD 序列与起始密码子的距离提高蛋白表达量。

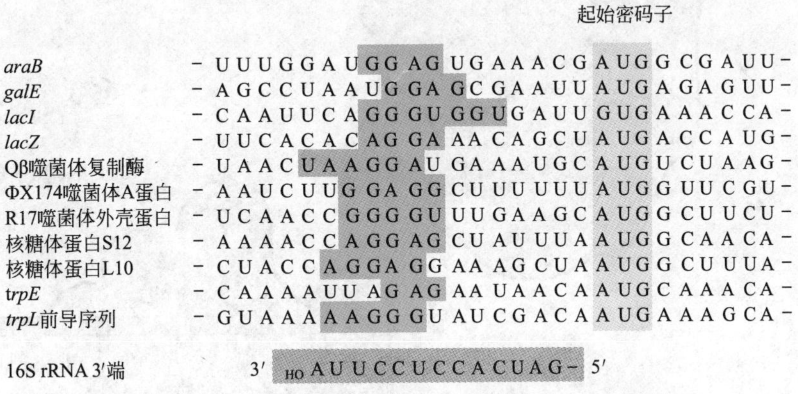

图 12-13　大肠埃希菌不同 mRNA 分子上的 SD 序列

2. 30S 起始前复合物的形成

在翻译起始因子 IF-2 和 GTP 的作用下，fMet-tRNA^{fMet} 进入核糖体小亚基的 P 位，通过反密码子与 mRNA 上的起始密码子配对，使 fMet-tRNA^{fMet} 与 mRNA 结合。此时，30S 小亚基的 A 位被 IF-1 占据，不结合氨酰-tRNA。从而，30S 小亚基与 fMet-tRNA^{fMet}、mRNA 和翻译起始因子 IF-1、IF-2、IF-3 一起形成起始前复合物（图 12-14）。

3. 70S 起始复合物的形成

在此过程中，IF-2 结合的 GTP 水解成 GDP。这可能导致核糖体小亚基构象变化，使核糖体 50S 大亚基能与 30S 复合物结合，释放翻译起始因子。最终形成由 30S 小亚基-mRNA-50S 大亚基-fMet-tRNA^{fMet} 组成的起始复合物。此时，核糖体的 P 位已被对应起始密码子 AUG 的 fMet-tRNA^{fMet} 占据，而 A 位空着，准备接受能与第二个密码子配对的氨酰-tRNA，为多肽链的延伸做好了准备（图 12-14）。IF-2 对于 30S 复合物与 50S 大亚基的结合是必需的，IF-1 在 70S 起始复合物形成后促进 IF-2 的释放，从而完成蛋白质合成的起始过程。

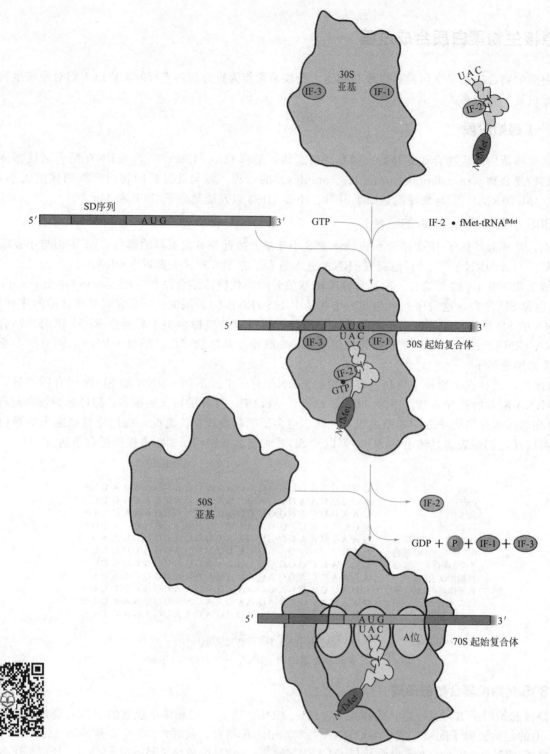

图 12-14　原核生物翻译起始复合物的形成

（二）延伸阶段

肽链的延伸是通过将正在合成中的肽链转移给氨酰-tRNA 的氨酰基团实现肽链的逐步延长。这是一个由 70S 起始复合物、氨酰-tRNA、翻译延伸因子参与的、消耗 GTP 的过程，分为氨酰-tRNA 进位、成肽和转位三步。

1. 进位

在翻译起始后，氨酰-tRNA 与延伸因子 EF-Tu 及 GTP 形成复合物，将与 A 位上密码子对应的氨酰-

tRNA 送入核糖体 A 位，这个过程即氨酰-tRNA 的进位（entrance）。然后 GTP 水解导致 EF-Tu-GTP 转变成 EF-Tu-GDP 并与氨酰-tRNA 分离。在 EF-Ts 的作用下，EF-Tu-GDP 再生成 EF-Tu-GTP 循环利用。

EF-Tu-GTP 只能与 fMet-tRNA^{fMet} 之外的氨酰-tRNA 形成复合物，fMet-tRNA^{fMet} 不会出现在 A 位，所以，mRNA ORF 内部的 AUG 不会被 fMet-tRNA^{fMet} 识别，肽链中间不会出现甲酰甲硫氨酸。

2. 成肽

氨酰-tRNA 进入 A 位后，在核糖体大亚基上的肽基转移酶（peptidyl transferase）催化下，P 位上 fMet-tRNA^{fMet} 携带的甲酰甲硫氨酰与 A 位上氨酰-tRNA 携带的 α-氨基以肽键结合，形成二肽。自二肽形成后，肽基转移酶催化 P 位肽酰基与 A 位的氨基酰基之间形成肽键，肽链延长一个氨基酸残基。肽键形成后，占据 A 位的氨酰-tRNA 变成肽酰-tRNA，而卸载了氨基酰基的去氨酰 tRNA（也称卸载 tRNA）仍在 P 位。

肽基转移酶位于核糖体 P 位和 A 位之间，化学本质是 rRNA。真核生物的肽基转移酶存在于大亚基的 28S rRNA；原核生物的转肽酶位于 23S rRNA。

3. 转位

翻译延伸因子 EF-G 具有转位酶（translocase）活性，与 GTP 结合到核糖体上，通过水解 GTP 供能使核糖体向 mRNA 的 3′ 端方向移动一个密码子的距离，使 A 位空出并对准下一个密码子，原本在 A 位的肽酰-tRNA 转到 P 位，而原本在 P 位的去氨酰-tRNA 转到 E 位。当下一个氨酰-tRNA 进入 A 位时，去氨酰-tRNA 从 E 位脱落下来。

如此进位、成肽、转位三个步骤不断循环，在 mRNA 指导下每经过一个循环肽链增加一个氨基酸残基，直到终止密码子出现（图 12-15）。这是一个耗能过程，每个循环进位和转位各消耗一个 GTP。

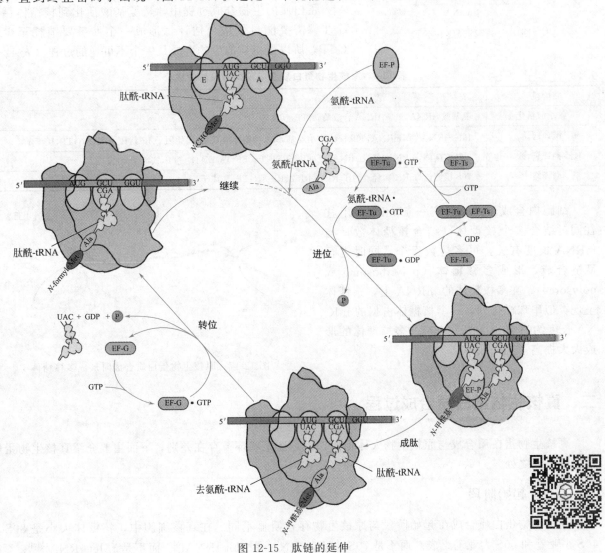

图 12-15　肽链的延伸

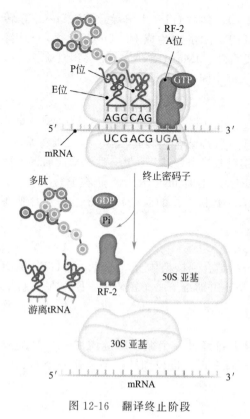

mRNA 上 ORF 的阅读按 5′→3′ 方向，而肽链的合成方向则是从 N 端（氨基端）至 C 端（羧基端）。

（三）终止阶段

绝大部分细胞都有三个终止密码子 UAA、UAG 和 UGA。因为细胞中没有能识别终止密码子的氨酰-tRNA，所以，当肽链延长至终止密码子出现时，A 位不能进入新的氨酰-tRNA。翻译释放因子 RF-1 可识别终止密码子 UAA 和 UAG，而 RF-2 能识别 UAA 和 UGA。由此，RF-1 或 RF-2 进入对应终止密码子的 A 位，使核糖体大亚基的转肽酶转变成酯酶，水解 tRNA 与肽酰基之间的酯键，将多肽链从 tRNA 的 3′端解离下来，肽链合成终止。

翻译释放因子 RF-3 是 GTP 结合蛋白，具有 GTPase 活性。RF-3-GTP 促进 RF-1 或 RF-2 与 A 位的结合，当 RF-3 水解 GTP 产生的能量促进 RF-1 或 RF-2 脱离 A 位。核糖体在翻译起始因子 IF-3 的作用下解离成大小亚基，可进入下一轮蛋白质合成的起始（图 12-16）。

蛋白质的生物合成过程中，从氨基酸活化到核糖体循环多个步骤需要能量供应，估计每形成一个肽键要消耗至少四个 GTP，所以蛋白质的生物合成是一个不可逆的过程（表 12-4）。

图 12-16　翻译终止阶段

表 12-4　原核生物蛋白质合成不同阶段所需成分

阶段	所需成分
氨基酸活化	氨基酸，tRNA，氨酰-tRNA 合成酶，ATP，镁离子
翻译起始	fMet-tRNA^{fMet}，mRNA，30S 核糖体小亚基，50S 核糖体大亚基，起始因子 IF-1、IF-2、IF-3，GTP，镁离子
翻译延伸	70S 核糖体，mRNA，氨酰-tRNA，延伸因子 EF-Tu、EF-Ts、EF-G，GTP，镁离子
翻译终止	70S 核糖体，mRNA，释放因子 RF-1、RF-2、RF-3，GTP，镁离子

细胞内合成蛋白质时，一条 mRNA 上往往同时结合多个核糖体（结合核糖体数量与 mRNA 长度有关，可多达数百个）同时进行肽链合成，形成**多核糖体**（polyribosome 或 polysome）。在多核糖体的 mRNA 上，核糖体呈现类似串珠样排列，一个核糖体占据的 mRNA 长度约为 40nt（图 12-17）。多核糖体的形成大大提高了翻译效率。

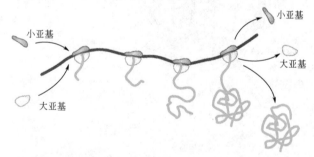

图 12-17　原核生物蛋白质合成时形成多核糖体

二、真核生物蛋白质合成过程

真核生物蛋白质合成与原核生物大体相似，但是在某些环节存在差别，下面主要介绍真核生物蛋白质合成的不同之处。

（一）起始阶段

真核生物蛋白质合成在起始阶段与原核生物存在明显不同。在真核细胞中，核糖体大小是 80S（由 40S 小亚基和 60S 大亚基组成）而不是 70S；起始 tRNA 是 Met-tRNAi^{Met} 而不是 fMet-tRNA^{fMet}；至少 9

种起始因子（eIF）参与真核生物蛋白质合成的起始；参与的能量分子是 ATP 和 GTP。

原核生物 30S 小亚基先与 mRNA 结合，再结合 fMet-tRNA^{fMet}，最后结合 50S 大亚基。而真核生物 40S 小亚基先结合 Met-tRNAi^{Met}，再结合 mRNA，最后结合 60S 大亚基生成起始复合物。真核细胞 mRNA 与原核生物 mRNA 的结构差别大，5′端没有 SD 序列而是有 m^{7}GpppNp "帽子" 结构，3′端有 poly A 结构，这些都影响 mRNA 与核糖体的结合。其中，5′端 "帽子" 结构被起始因子 eIF-4E（称为帽子结合蛋白）识别，并在 eIF-3 辅助下与核糖体 40S 小亚基结合。然后，40S 小亚基沿着 mRNA 移动，当 40S 小亚基 "扫描" 到起始密码子 AUG 时，40S 小亚基上携带的 Met-tRNAi^{Met} 与 AUG 结合导致移动暂停。

60S 大亚基在 eIF-5 辅助下与 mRNA-40S 小亚基-Met-tRNAi^{Met} 复合体结合，形成翻译起始复合体。真核细胞翻译起始因子结合在 mRNA 的 5′帽子结构和 3′ poly A 使 mRNA 形成环状结构（图 12-18）。

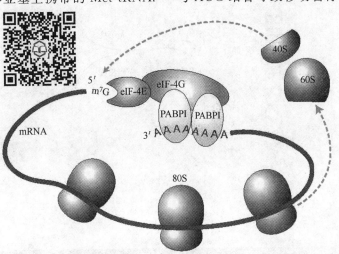

图 12-18　真核生物翻译过程形成 mRNA 环状结构和多核糖体结构

在真核生物 mRNA 的 5′端有一段特殊的、包含起始密码子 AUG 的核苷酸序列 ACCAUGG，这段序列被以其发现者 Marilyn Kozak 的名字命名为 **Kozak 序列**。Kozak 序列促进 40S 小亚基对起始密码子的识别，增强翻译效率。在哺乳动物细胞蛋白表达载体质粒上，如 pCMV-Tag 系列载体，通常会在起始密码子位置设计 Kozak 序列以提高蛋白质表达水平。

（二）延伸阶段

与原核生物相似，肽链延伸（核苷酸循环）的步骤包括进位、成肽和转位。但是，真核生物核糖体没有 E 位，所以，当肽键形成后 P 位的去氨酰-tRNA 直接从核糖体释放出来。

（三）终止阶段

不同于原核生物，多数真核生物识别终止密码子的终止因子/释放因子（eRF）只有一种，即 eRF-1。eRF-1 相当于原核生物的 RF-1 和 RF-2，可识别三种终止密码子 UAA、UAG 或 UGA。当多肽链延伸至出现终止密码子时，eRF 结合到 A 位，引发转肽酶变构成酯酶，水解肽酰-tRNA 释放新合成的肽链，核糖体大小亚基解离并释放 tRNA 和 mRNA。有些真核生物有 eRF-3，其结构和功能与原核生物的 RF-3 相近，可与 eRF-1 合作、帮助多肽从核糖体释放。

真核生物在蛋白质合成过程中除了形成 mRNA 环状结构，也像原核生物一样形成多核糖体，提高蛋白质合成的效率（图 12-18）。原核生物与真核生物的蛋白质合成过程的主要差别见表 12-5。

表 12-5　原核生物与真核生物蛋白质合成过程的比较

项目	真核生物	原核生物	项目	真核生物	原核生物
遗传密码	相同	相同	核糖体	80S	70S
翻译体系	相似	相似	起始 tRNA	Met-tRNAi^{Met}	fMet-tRNA^{fMet}
转录与翻译	不偶联	偶联	起始阶段	9~10 种 eIF, ATP, GTP	3 种 IF, GTP
起始因子	多，起始复杂	少	延伸阶段	eEF-1, eEF-2	EF-Tu, EF-Ts, EF-G
mRNA 结构	帽子、尾巴、单顺反子	SD 序列、多顺反子	终止阶段	eRF-1, eRF-3	RF-1, RF-2, RF-3

知识链接　　　　　　　　　　　　　　同义突变

你知道吗？基因序列中单个碱基替换导致的 Silent mutation（同义突变）并不是真的 silent。美国国家癌症研究所的研究人员正在研究一个称为 MDR1（multiple drug resistance 1）的基因，因其与肿瘤细胞对多种药物的耐药性有关而得名。他们发现这个基因的同义突变影响了病人对某些药物的反应。这是因为并不是所有密码子的翻译动力学都是相同的，同义突变虽然不改变蛋白质的氨基酸序列，但影响 mRNA 剪接和蛋白质空间构象的正确形成，从而产生功能异常的蛋白质。

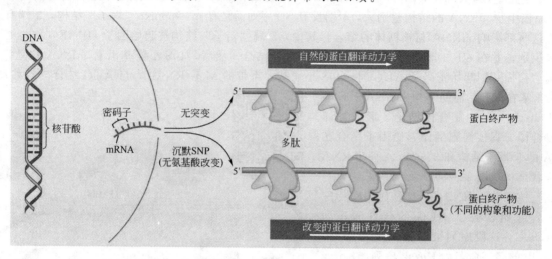

第三节 蛋白质合成后的修饰加工及靶向运输

在细胞中蛋白质并不是简单的氨基酸聚合体，从核糖体上释放出来的新合成的肽链并不具备生理活性，需要进一步修饰加工形成特定的空间结构，才能转变成有生理活性的蛋白质，这个修饰加工的过程称为**蛋白质翻译后修饰**（post-translational modification，PTM）或**翻译后加工**（post-translational processing）。蛋白质的翻译后修饰加工会改变蛋白质的空间构象，进而影响其稳定性、细胞内定位和生物学活性等。

一、蛋白质一级结构的修饰加工

蛋白质一级结构的修饰加工指多肽链氨基酸序列的修饰与加工，如 N 端氨基酸的切除、信号肽的切除、特定氨基酸残基的化学修饰等。不同的蛋白质发生不同的修饰加工，同一种蛋白质的修饰也受到细胞内外环境的影响而变化。

（一）N端氨基酸或信号肽的切除

在肽链合成初期，位于 N 端的第一个氨基酸残基均为起始密码子 AUG 编码的甲酰甲硫氨酸（原核生物）或甲硫氨酸（真核生物），但是实际上大多数天然蛋白质 N 端氨基酸不是甲酰甲硫氨酸或甲硫氨酸。这是因为在肽链合成到一定长度时，细胞内的甲硫氨酸氨基肽酶就可去除 N 端甲硫氨酸。对于一些 N 端有信号肽的蛋白质，氨基肽酶可以切除信号肽序列，从而形成以不同氨基酸为 N 端的肽链。在大肠埃希菌中还发现了脱甲酰酶，它可水解甲酰甲硫氨酸的甲酰基。

（二）水解加工

有些不具备生物学活性的新生肽链在经过特异性水解酶消化后去除部分肽段或氨基酸残基则可表现出生物学活性。水解加工经常发生在高尔基体。很多分泌型蛋白通过水解加工由无活性前体变成有活性的蛋白，再经膜泡运输分泌到细胞外。其生物学意义在于防止蛋白质在分泌到细胞外之前影响细胞自身的功能。例如刚合成的胰岛素是一条肽链的无活性的胰岛素原前体，需要水解切除 N 端信号肽和 A 链序列及 B 链序列中间的 C 肽（也叫连接肽），形成两条肽链的二聚体，再经过正确折叠才具有生物学活性（图 12-19）。各种酶原的激活也是通过类似的方式。

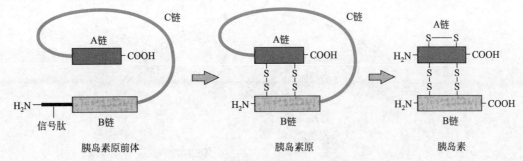

图 12-19　前胰岛素原的翻译后水解加工

一般情况下真核细胞的一个 mRNA 分子指导一条对应多肽链的合成。在少数情况下，一条多肽链可发生不同的水解方式，产生几种不同的蛋白质或多肽。一个典型的例子是阿片促黑皮质素原（pro-opiomelanocortin，POMC）。这是一个包含 256 个氨基酸残基的前体，水解后被切割成促肾上腺皮质激素（adrenocorticotropic hormone，ACTH，39 肽）、促黑激素（α-MSH，13 肽）等至少 9 种不同活性的肽类激素（图 12-20）。通过这种先合成较长的多肽链前体，再水解加工成不同的短肽激素的方式，一方面防止激素在分泌前具有活性影响细胞功能；另一方面，提高了短肽的表达效率。

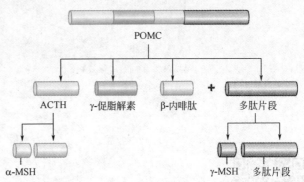

图 12-20　阿片促黑皮质素原的水解加工

（三）二硫键的形成

一条肽链内或两条肽链的特定半胱氨酸残基之间经巯基氧化可以形成肽链内部或肽链间**二硫键**（disulfide bond，—S—S—），此反应由内质网中的蛋白质二硫键异构酶（protein disulfide isomerase，PDI）催化。二硫键的正确形成对于维持蛋白质的功能结构非常重要。链间二硫键可以促进蛋白质分子的亚单位聚合。

（四）化学修饰

蛋白质分子合成后其特定氨基酸残基可以发生化学修饰，例如羟基化、糖基化、磷酸化、甲基化、乙酰化和泛素化等。由于这些共价修饰，蛋白质的所带电荷和空间构象改变，调节了蛋白质细胞内定位、生物半衰期或者生物学活性（图 12-21）。有些化学修饰如羟基化和糖基化主要发生在真核生物的内质网或高尔基体中，是真核细胞蛋白质的特征之一。

1. 羟基化（hydroxylation）

结缔组织中胶原蛋白的脯氨酸和赖氨酸残基在内质网中经羟化酶（hydroxylase）催化发生羟基化修饰，形成羟脯氨酸和羟赖氨酸。**羟基化修饰**有助于胶原蛋白螺旋结构的稳定。此过程障碍会影响胶原纤维的交联，降低胶原纤维抗张力作用。

2. 糖基化（glycosylation）

膜蛋白和分泌型蛋白均由内质网上的结合核糖体合成，继而在内质网和高尔基体中加工修饰。在内质网中，糖基转移酶（glycosyltransferase）催化大多数蛋白质发生 N-糖基化修饰（在肽链的天冬酰胺残基上连接寡糖链）；在高尔基体中进一步发生 O-糖基化修饰（在肽链中带有羟基的氨基酸残基，如丝氨酸、苏氨酸、羟脯氨酸和羟赖氨酸的羟基上形成寡糖链）。经过糖基化修饰的蛋白质称为糖蛋白（glycoprotein）。**糖基化修饰**有多种生物学功能：可以增强蛋白质的稳定性；作为蛋白质的"信号斑"（signal patch）介导溶酶体蛋白的分选和靶向运输；膜蛋白的糖基化参与细胞的免疫识别等。

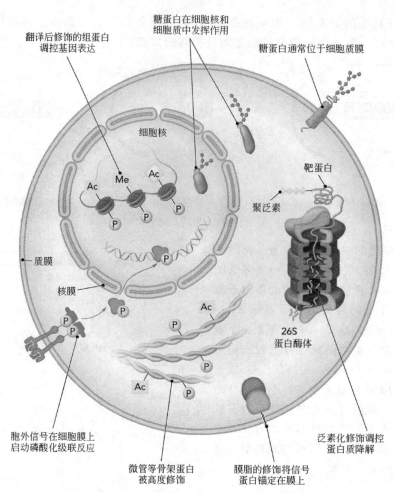

图 12-21　蛋白质翻译后修饰调节其生物学功能

真核细胞表达的蛋白质通常发生糖基化修饰，而原核细胞表达的蛋白质往往糖基化修饰不足，导致一些在原核细胞表达的人源蛋白类药物缺乏生物学活性，功效不佳。

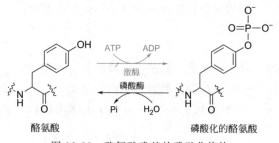

图 12-22　酪氨酸残基的磷酸化修饰

3. 磷酸化（phosphorylation）

蛋白质磷酸化修饰多发生在含有羟基的**丝氨酸、苏氨酸和酪氨酸残基**，由特异性的蛋白激酶（protein kinase）催化。蛋白质磷酸化是可逆反应，去磷酸化过程由磷酸酶（phosphatase）催化（图 12-22）。当细胞受到内部或外部环境刺激，可以在数分钟甚至更短时间内改变蛋白质的磷酸化状态，是细胞信号传递中经常发生的蛋白质修饰形式，对细胞增殖、分化等生命活动的发挥重要调控作用。一些蛋白激酶和磷酸酶是抗肿瘤药物的靶分子。

4. 甲基化（methylation）

蛋白质甲基化修饰通常发生于赖氨酸或精氨酸残基，也可以发生在组氨酸、谷氨酸等残基，由特异性**甲基转移酶**（methyl transferase）催化（图 12-23）。根据赖氨酸残基连接甲基基团的数量，甲基化修饰可以分为单甲基化、二甲基化或三甲基化修饰。近年来关于细胞核中组蛋白的甲基化修饰研究证明，组蛋白多个赖氨酸和精氨酸残基可以被甲基化修饰，此修饰对基因转录、DNA 复制和 DNA 修复等染色质相关生命活动有重要调控作用。组蛋白甲基转移酶抑制剂对某些肿瘤具有抑制作用。

5. 乙酰化（acetylation）

真核细胞中很多蛋白质的赖氨酸残基在不同的**赖氨酸乙酰转移酶**（lysine acetyl transferase，KAT）

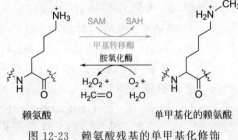

图 12-23 赖氨酸残基的单甲基化修饰

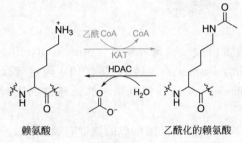

图 12-24 赖氨酸残基的乙酰化修饰

催化下发生乙酰化修饰。真核细胞中有数十种 KAT 催化众多蛋白质乙酰化修饰。早期研究更多关注组蛋白的乙酰化，所以 KAT 也称**组蛋白乙酰转移酶**（histone acetyl transferase，HAT）。蛋白质乙酰化修饰可被**组蛋白去乙酰化酶**（histone deacetylase complex，HDAC）逆转（图 12-24）。某些 HDAC 抑制剂和 KAT 抑制剂被证明有抗肿瘤或抗炎等作用。

蛋白质的不同修饰类型可以同时发生在一个蛋白质分子的不同氨基酸残基，而且不同修饰之间互相影响"交叉对话"（cross-talk）。比如组蛋白 H3 第 9 位赖氨酸残基的乙酰化修饰与第 10 位丝氨酸残基的磷酸化修饰存在密切关系。

6. 泛素化（ubiquitination）

泛素是一种在真核细胞中广泛存在的、由 76 个氨基酸残基组成的蛋白质分子，在泛素激活酶 E1、泛素结合酶 E2 和泛素连接酶 E3 的作用下，可以共价连接到蛋白质的赖氨酸残基，形成单泛素化（monoubiquitination，在某个赖氨酸残基上连接一个泛素分子）或多泛素化（polybiquitination，在赖氨酸残基上连接多个泛素分子）修饰。蛋白质的单泛素化修饰通常影响蛋白质的构象和功能，而多泛素化修饰促进蛋白质降解。

细胞中蛋白质的半衰期长短不一，有的蛋白质半衰期超过 20h，有的只有 2～3min。决定蛋白质半衰期的一个重要因素是成熟蛋白质 N 端的第一个氨基酸。当某个蛋白质 N 端第一个氨基酸为甲硫氨酸、甘氨酸、丙氨酸、丝氨酸、苏氨酸和缬氨酸时，蛋白质稳定，不易被降解；而第一个氨基酸是赖氨酸或精氨酸时，最不稳定，平均 2～3min 就通过**泛素-蛋白酶体途径**（ubiquitin-proteasome pathway）被降解。这种 N 端氨基酸决定蛋白质稳定性的现象被称为 N 端规则（N-end rule）。

二、蛋白质空间构象的形成

蛋白质多肽链合成后并不是以线形形式存在，而是要经过折叠、亚基聚合、辅基连接等修饰，形成有完整天然构象和生物学功能的蛋白质。影响蛋白质空间构象形成的主要因素包括：新生肽的折叠、二硫键形成、亚基的聚合和辅基的连接。

（一）新生肽的折叠

新生肽的正确折叠往往需要其它蛋白质的帮助，协助新生肽折叠的蛋白质主要有两类：分子伴侣（molecular chaperone）和折叠酶（foldase）。

1. 分子伴侣

分子伴侣是细胞内一大类参与蛋白质的折叠、转运、聚合等一系列功能的蛋白质家族。促进蛋白质折叠的分子伴侣可以和部分折叠或错误折叠的蛋白质分子结合，促进正确空间结构的形成（图 12-25）。分子伴侣与新生肽结合，可帮助新生肽按特定的方式正确折叠形成有功能的空间结构。分子伴侣本身不参与折叠产物的组成。

近年来研究最多的两类分子伴侣是热休克蛋白（heat shock protein，HSP）和伴侣蛋白/伴侣素（chaperonin）。早期研究发现热休克蛋白是细胞在较高温度下（如大肠杆菌在 42 ℃；毕赤酵母在 37 ℃）培养时很快在细胞内出现的蛋白质，故称为热休克蛋白。实际上，不只在高温时热休克蛋白水平升高，细胞遇到其他生存压力时热休克蛋白水平也

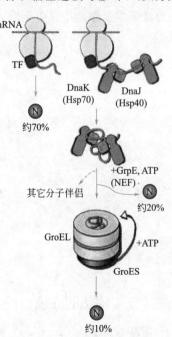

图 12-25 热休克蛋白和伴侣蛋白辅助部分新合成多肽的折叠

将上升。热休克蛋白家族的 Hsp70（在大肠杆菌中称为 DnaK）、Hsp40（在大肠杆菌中称为 DnaJ）和 GrpE 是新生肽折叠的分子伴侣；Hsp70 的 C 端结构域结合多肽底物，N 端 ATP 酶结构域结合 ATP 或 ADP；Hsp40 结合新生肽，同时结合 Hsp70 并激活 Hsp70 的 ATP 酶活性；ATP 水解后形成 DnaJ-DnaK-ADP-新生肽复合物；GrpE 促进正确折叠的肽链的释放。Hsp70（DnaK）、Hsp40（DnaJ）和 GrpE 三者协作，共同完成新生肽的折叠。原核生物中约 20% 蛋白质以此方式进行正确折叠（图 12-25）。

伴侣蛋白包括 Hsp60 和 Hsp10（在原核细胞中的同源物分别是 GroEL 和 GroES）。GroEL 和 GroES 的多聚体形成中空的、一端封闭的桶状（barrel）或者说是口袋状（pocket）结构（图 12-25）。伴侣蛋白为蛋白质正确折叠提供微环境，防止或消除错误折叠。细胞中未折叠或折叠错误的蛋白进入，进行折叠，完成折叠的蛋白释放出来。原核生物中约 10% 蛋白质以此方式进行正确折叠。

2. 折叠酶

折叠酶是一类催化蛋白质形成有功能的空间构象的酶，包括蛋白质二硫键异构酶（protein disulfide isomerase，PDI）和肽-脯氨酰顺反异构酶（peptide prolyl *cis-trans* isomerase，PPI）等。PDI 通过其巯基异构酶（thiol isomerase）、氧化酶（oxidase）和还原酶（reductase）的活性促进新生肽二硫键的正确形成，是内质网中催化蛋白质二硫键形成的主要酶。

由于脯氨酸特殊的环状分子结构，肽链中的脯氨酸残基与其 N 端的肽酰基团形成的肽键有顺式（*cis*）和反式（*trans*）两种。PPI 催化含脯氨酸残基的肽链中肽键在顺式和反式之间转化。在大部分蛋白质中存在的肽-脯氨酰肽键属于反式结构；某些蛋白质，如核糖核酸酶 T1（ribonuclease T1）、β-内酰胺酶（β-lactamase）和一些白细胞介素分子中的肽-脯氨酰肽键属于顺式结构。

（二）亚基的聚合

有些具有四级结构的蛋白质由两条或两条以上肽链组成，肽链之间通过非共价键相互作用形成寡聚体，每一条肽链称为蛋白质的一个亚基或亚单位（subunit）。蛋白质的亚基各自经蛋白质合成途径合成肽链后，需要聚合成有完整四级结构的多聚体才能表现出生物学活性。

这种聚合过程往往有一定顺序，而亚基聚合次序和方式则取决于各个亚基的氨基酸序列。例如，正常成人血红蛋白（hemoglobin）由两条 α 链、两条 β 链及四分子血红素构成（图 12-26）。α 链从核糖体合成后自行释放，并与尚未从多核糖体上释放的 β 链相连，然后一起从核糖体脱落，形成游离的 α,β-二聚体。此二聚体再与线粒体合成的两个血红素分子结合，最后两个结合了血红素的二聚体形成四聚体才是有功能的血红蛋白。细胞中很多蛋白，特别是很多膜蛋白，如通道蛋白、受体蛋白等是寡聚体。

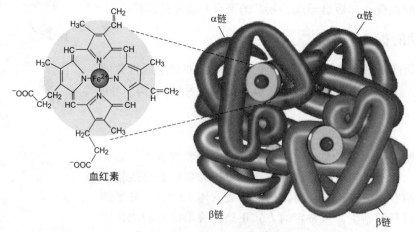

图 12-26　血红蛋白分子的四聚体结构

（三）辅基的连接

辅基（prosthetic group）指与蛋白质共价连接的、影响蛋白质活性的金属离子、有机或无机基团。根据是否结合辅基，细胞中的蛋白质可以分为两大类：单纯蛋白（simple protein）及结合蛋白（conjugated protein）。细胞中很多蛋白质，如糖蛋白、脂蛋白及各种带有辅酶的酶都是重要的结合蛋白。辅基与肽链的结合过程和方式多种多样，比如前面提到的血红蛋白，血红素是它的辅基，在 α,β-二聚体形成之后结合血红素。对于糖蛋白，糖链的结合可以在内质网发生（*N*-糖基化修饰），也可能发生在高尔基体（*O*-糖基化修饰）。而脂蛋白的脂质则在高尔基体中经酰基转移酶催化连接到肽链，形成脂蛋白。

三、蛋白质分选与靶向运输

不论是原核还是真核生物，在核糖体上合成的蛋白质需定向输送到细胞内或细胞外的合适部位才能行使生物学功能。在细菌细胞内，蛋白质一般通过扩散作用分布到它们的目的地。由于真核细胞结构更为精细、有内膜系统，蛋白质分别分布在细胞核、内质网、高尔基体、溶酶体、线粒体、叶绿体等部位，有些蛋白质，如激素、消化酶等要分泌到细胞外。这种蛋白质定向运送至其发挥作用特定细胞部位的现象，称为**蛋白质的分选**（protein sorting）或**靶向运输**（targeted transportation）。这里主要介绍真核细胞的蛋白质分选和运输。

根据蛋白质的分选和运输是否与翻译过程偶联，可分为**翻译同步转运**（co-translational translocation）和**翻译后转运**（post-translational translocation）：前者指蛋白质合成的同时（翻译结束前，肽链没有被核糖体释放）发生分选和运输；后者指蛋白质合成后（翻译结束，肽链离开核糖体）才发生的分选与运输。

真核细胞中，分泌型蛋白、细胞质膜蛋白和位于内质网、高尔基体以及溶酶体内的贮留蛋白质多数通过翻译同步转运机制进行分选和运输；而位于细胞核、线粒体、叶绿体、过氧化物酶体等的蛋白质则通过翻译后转运机制进行分选和运输。

（一）翻译同步转运

1. 信号肽假说

在真核细胞中，所有蛋白质的合成初期都是在游离核糖体中进行的。当肽链延伸到 50～70 个氨基酸残基后，有一部分核糖体会暂停翻译，转移到内质网并附着在内质网表面成为结合核糖体，肽链的 N 端进入内质网腔，肽链继续延伸直至翻译终止（图 12-27）。

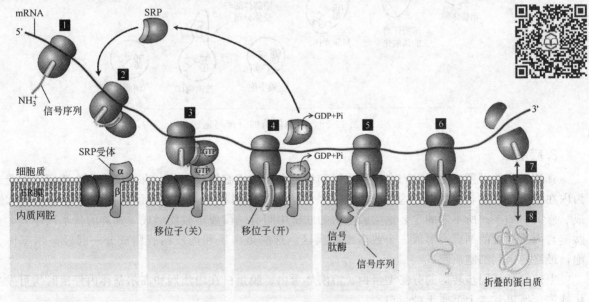

图 12-27　蛋白质分选的信号肽机制

决定游离核糖体是否转移到内质网形成结合核糖体的是新生肽 N 端的氨基酸序列。这段序列一般长 13～36 个氨基酸残基，富含疏水性氨基酸，称为信号肽。信号肽序列有三个特点：①带有 10～15 个疏水性氨基酸，能形成 α 螺旋结构；②在靠近信号肽序列的 N 端常常有一个或多个带正电的氨基酸，如精氨酸或赖氨酸；③在信号肽序列的 C 端有信号肽酶（signal peptidase）切割位点，此位点前面的氨基酸通常为丙氨酸或甘氨酸。

当肽链合成至信号肽序列暴露在细胞质基质中，可与信号识别颗粒（signal recognition particle，SRP）结合并暂停多肽链合成，形成 SRP-核糖体-新生肽复合物，通过结合内质网膜上的 SRP 受体（也称停泊蛋白，docking protein）将新生肽转移至内质网，肽链合成继续进行，N 端信号肽被信号肽酶切掉。切除了信号肽的肽链在内质网进行折叠及糖基化等翻译后修饰，然后被转运到高尔基体进一步加工，并分别装载入相应的分泌泡运输到细胞质膜，通过膜融合把分泌型蛋白释放到细胞外。

在利用基因工程技术生产蛋白质类药物时，在非分泌型蛋白质基因 ORF 的 5′端加一段编码信号肽的核苷酸序列则有可能使该蛋白质从细胞内表达变成分泌型表达，这可以减少重组蛋白对宿主细胞的压力，提高产量，也有利于后期的蛋白质纯化工作。

2. 溶酶体蛋白的信号斑

除了分泌型蛋白，定位在内质网、高尔基体和溶酶体的蛋白质，如内质网中的蛋白质二硫键异构酶、溶酶体中的各种酸性水解酶，也都是通过信号肽的作用，在蛋白质合成的同时被转运到内质网，完成多肽链的合成并进行初步修饰加工，运输到高尔基体进一步修饰加工，最后在高尔基体的反式管网状结构（trans Golgi network，TGN）按照蛋白质的分类包装至不同的膜泡，再经膜泡运输达到不同的亚细胞结构。

以溶酶体蛋白为例，这些蛋白质在内质网和高尔基体加工后形成一个特殊的、称为"信号斑"（signal patch）的结构——甘露糖-6-磷酸（mannose-6-phosphate，M6P）。在高尔基体的 TGN，膜上的 M6P 受体特异性分选携带"信号斑"的蛋白质，以出芽的方式形成膜泡，运送到溶酶体（图 12-28）。

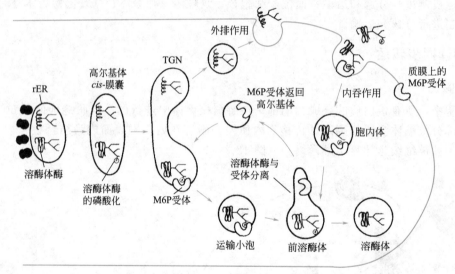

图 12-28　溶酶体酶的分选与运输

3. 膜蛋白

真核细胞的膜蛋白主要分布在细胞质膜和细胞内膜。细胞质膜上的、有一个或多个跨膜区的蛋白质称为内在膜蛋白或整合膜蛋白。这些膜蛋白也是在信号肽的引导下，在内质网及高尔基体中完成肽链的合成、修饰、加工。所不同的是，这类膜蛋白的肽链中间有一段或多段能形成 α 螺旋的疏水区序列，介导多肽链与内质网膜的结合，形成一个或多个跨膜区。这些蛋白质和内质网膜脂成分一起经高尔基体、分泌泡，最终转运到细胞质膜。

上述经翻译同步转运的分泌型蛋白、溶酶体蛋白、膜蛋白在内质网和高尔基体内停留时均可发生糖基化修饰，所以基本上都属于糖蛋白。

（二）翻译后转运

经翻译同步机制转运的蛋白质，它们对应的 mRNA 均含有信号肽的编码序列。但是，细胞内有些 mRNA 分子上没有信号肽编码区，这类 mRNA 的翻译始终在游离核糖体中进行，直至多肽链释放到细胞质基质。根据多肽链氨基酸序列不同，这些蛋白质分别被运送至细胞核、线粒体、叶绿体、过氧化物酶体等亚细胞结构（表 12-6）。下面以核蛋白和线粒体蛋白为例，介绍蛋白质的翻译后转运。

表 12-6　指导蛋白质分选的信号序列

靶细胞器	信号序列在蛋白质上的定位	信号序列是否切除	信号序列性质
内质网	N 端	切除	6～12 个疏水氨基酸核心,前面常有一个或多个碱性氨基酸(Arg、Lys)
线粒体(基质)	N 端	切除	两性螺旋,长度为 20～50 个氨基酸残基,一侧具有 Arg 和 Lys 残基,另一侧是疏水残基
叶绿体(基质)	N 端	切除	没有共同基序,常富含 Ser,Thr 和少数疏水残基,罕见 Glu 和 Asp
过氧化物酶体	大多在 C 端,少数在 N 端	不被切除	PTS1 信号(Ser-Lys-Leu)在 C 端,PTS2 信号在 N 端
细胞核	变化,可以在 N 端、C 端或中间,可以是不连续的	不被切除	多种类型,共同基序含有短的、富含 Lys 和 Arg 残基的序列

注:靶向细胞器的膜或其他亚区间的蛋白质有不同或附加的信号序列。

1. 核蛋白质转运

位于细胞核内的蛋白质,如组蛋白、各种 DNA 聚合酶、RNA 聚合酶以及参与 DNA 复制、转录、修复及重组等活动的蛋白质都是在细胞质基质合成,然后穿过核被膜上的核孔复合体转运至细胞核。这类蛋白质的多肽链内往往含有一段或多段较短的、碱性氨基酸序列,形成**核定位信号**(nuclear localization signal,NLS)。核定位信号在核蛋白三维结构的表面形成环状(loop)或斑状(patch)。

核输入蛋白(nuclear importin)是一种由 αβ 两个亚基组成的异二聚体蛋白,能识别核蛋白的核定位信号,协助核蛋白进入细胞核。这是一个耗能的主动运输过程。不同于信号肽,核定位信号位于肽链内部,可能在肽链的 N 端也可能在 C 端或中间,在蛋白质转运入核后 NLS 不被切除。

2. 线粒体蛋白质转运

线粒体是半自主细胞器,有自己的线粒体 DNA 和转录、翻译系统。但是,大部分线粒体蛋白质由细胞核 DNA 编码,在细胞质基质中合成,再定向转运至线粒体。线粒体蛋白质在进入线粒体之前以未折叠的蛋白质前体形式存在。在其 N 端有一段包含 20～35 个氨基酸残基的信号序列,称为**前导肽**(leader peptide)。

这段前导肽序列富含丝氨酸、苏氨酸和碱性氨基酸,能形成 α 螺旋结构。位于线粒体外膜的特异性受体蛋白能识别线粒体蛋白质前体的 α 螺旋,辅助未折叠的蛋白质经过线粒体外膜和内膜上的转位子(protein translocator)膜通道进入线粒体基质。在线粒体基质中,前导肽被信号肽酶切掉,蛋白质在分子伴侣的帮助下折叠成为成熟的蛋白质。蛋白质的跨膜转运消耗的能量来自 ATP 水解和跨膜电位差。

总之,蛋白质合成、修饰、加工、分选和靶向运输是一个复杂的过程,其中的决定性因素是蛋白质的一级结构,即氨基酸序列。蛋白质的折叠、翻译后修饰等影响蛋白质空间构象的因素也会影响蛋白质的分选。在细胞的信号转导途径中,很多转录调控蛋白在细胞内定位的变化与蛋白质修饰变化有关,如细胞质基质中的 STAT3 被磷酸化后形成二聚体,进入细胞核,调控靶基因的表达。

第四节　与蛋白质生物合成相关的医药研究

原核生物和真核细胞的蛋白质生物合成过程有很多相似之处,但是又存在一些细节上的差别。这种差别使某些蛋白质合成抑制物能选择性地抑制原核细胞或真核细胞的蛋白质合成,因而抑制细胞生长。这在医药研究中对药物的开发有重要意义。临床上常用的抗生素和干扰素都是选择性的蛋白质生物合成抑制剂,某些毒素的毒性作用也和蛋白质生物合成有关。

一、蛋白质生物合成抑制药物

(一)抗生素

抗生素(antibiotics)是由某些真菌、细菌等微生物产生的,可阻断蛋白质合成进而抑制细菌或真核细胞生长的小分子药物。那些选择性抑制细菌蛋白质合成而对真核细胞没有影响的药物，可以用来治疗细菌感染性疾病；而能抑制真核细胞蛋白质合成的则可能具有抗肿瘤作用，抑制肿瘤细胞增殖（表 12-7）。

表 12-7　抑制蛋白质生物合成的抗生素

蛋白质合成抑制剂	特异性效应	应用
只作用于细菌		
四环素（tetracycline）	阻碍氨酰-tRNA 与核糖体 A 位结合	抗菌药
链霉素（streptomycin）	抑制翻译起始，引起读码错误	
氯霉素（chloramphenicol）	抑制转肽酶活性，阻断肽链延伸	
红霉素（erythromycin）	与核糖体 E 位结合，阻断肽链延伸	
作用于细菌和真核细胞		
嘌呤霉素（puromycin）	结合到肽链，引起肽链合成的提前终止	抗肿瘤药
只作用于真核细胞		
放线菌酮（cycloheximide）茴香霉素（anisomycin）	抑制转肽酶，阻断肽链延伸的转位反应	基础研究

1. 氨基糖苷类

氨基糖苷类（aminoglycoside）抗生素主要包括链霉素、庆大霉素、卡那霉素等，可抑制革兰氏阴性菌蛋白质合成。作用机制：高浓度时，使氨酰-tRNA 从起始复合物脱落，抑制起始复合物形成；与核糖体 30S 亚基结合，使氨酰-tRNA 与 mRNA 的密码子结合松弛，影响蛋白质肽链延伸；阻碍终止密码子与核糖体结合，使肽链不能释放。

2. 四环素类

四环素类抗生素（tetracycline antibiotic）是由放线菌产生一类广谱抗生素，包括四环素、金霉素、土霉素等。作用机制：与 30S 小亚基结合，抑制起始复合物形成；抑制氨酰-tRNA 进入核糖体 A 位，阻碍肽链延伸；影响终止密码子与核糖体结合，使已合成的肽链不能释放。

3. 氯霉素类

氯霉素（chloramphenicol）是一种广谱抗生素。作用机制：与核糖体 A 位结合，阻碍氨酰-tRNA 进入 A 位，阻碍肽链延伸；结合核糖体 50S 大亚基，阻碍转肽酶催化的肽键形成，阻碍肽链延伸。氯霉素对人有毒性，可能与氯霉素抑制线粒体中的蛋白质合成有关。

4. 嘌呤类

嘌呤霉素（puromycin）对原核生物和真核生物的蛋白质合成均有抑制作用。作用机制：嘌呤霉素的分子结构与酪氨酰-tRNA 相似，可与核糖体 A 位结合，阻碍氨酰-tRNA 进入 A 位，阻碍肽链延伸。因其不区分原核生物和真核生物，不能用作抗菌剂，可用于抗肿瘤治疗。

5. 放线菌酮类

放线菌酮（cycloheximide）是放线菌产生的一种抗生素，作用于真核细胞的 60S 大亚基转肽酶，抑制真核细胞蛋白质的合成，对原核细胞蛋白质合成无影响。放线菌酮在医药领域主要用于基础研究，如检测真核细胞中特定蛋白质的生物半衰期。

（二）毒素

毒素（toxin）指生物体在生长代谢过程中产生的对人体细胞具有毒性的化学物质。某些毒素可经不同机制干扰真核生物蛋白质合成而呈现毒性作用。细菌产生的毒素为细菌毒素，如白喉毒素（diphtheria toxin）、志贺毒素（Shiga toxin）等；植物产生的毒素为植物毒素，如蓖麻毒素（ricin）、红豆碱（abrine）等。

白喉毒素由白喉杆菌产生，可结合细胞表面受体而被内化，它作为一种酶可催化 eEF-2 发生二磷酸腺苷核糖基化（ADP-ribosylation）修饰而失活，在肽链延伸阶段阻断真核细胞蛋白质合成（图 12-29）。

蓖麻毒素是一种毒性很强的植物糖蛋白，存在于蓖麻籽中，由 A、B 两条肽链经二硫键连接而成。蓖麻蛋白通过 B 链与细胞表面受体的半乳糖基团结合之后二硫键断裂，A 链进入细胞内并与核糖体 60S 大亚基结合使转肽酶失活从而抑制真核细胞蛋白质合成。

二、蛋白质翻译后修饰与医药研发

细胞对外界或内部环境变化产生应答主要是通过两个机制实现的：一个是通过基因表达调控，增加或减少某些蛋白质合成；另一个是通过翻译后修饰，改变既有蛋白质的电荷和空间构象，进而改变蛋白质的稳定性、细胞内定位或生

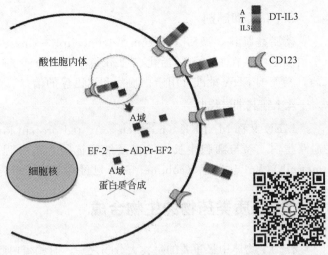

图 12-29　白喉毒素抑制细胞内蛋白质翻译

物学活性。细胞内被修饰的蛋白质包括调控染色质结构的组蛋白，构成细胞骨架的微丝微管蛋白，参与转录、复制、DNA 修复等的调控蛋白和众多参与细胞内信号传递的蛋白质等，所以蛋白质翻译后修饰对细胞的影响是多方面的。不同的翻译后修饰由不同的酶来催化，目前已经在微生物代谢产物和植物中发现天然的蛋白质修饰酶的调节剂，同时，大量化学合成的小分子被用于增强或抑制蛋白质修饰酶的活性，其中一部分经研究证实具有治疗疾病的作用。下面介绍常见的蛋白质翻译后修饰酶的调节剂及其在医药中的应用。

（一）HDAC 抑制剂

组蛋白去乙酰化酶（HDAC）在很多肿瘤细胞中的表达水平高于正常细胞，抑制 HDAC 活性能抑制肿瘤细胞生长、诱导肿瘤细胞凋亡。

曲古菌素 A（trichostatin A，TSA）是一种源于链霉菌属的抗真菌抗生素，抑制真核细胞中的多种 HDAC，是实验室研究常用的广谱 HDAC 抑制剂。肠道益生菌代谢产物丁酸盐具有 HDAC 抑制剂活性，是肠道益生菌抑制肠道炎症及癌变的机制之一。

HDAC 抑制剂具有抗肿瘤作用。美国 FDA 已经批准某些化学合成 HDAC 抑制剂，如帕比司他（panobinostat），罗米地辛（romidepsin）和伏立诺他（vorinostat），用于多发性骨髓瘤的治疗。

（二）HAT 抑制剂

组蛋白乙酰转移酶（histone acetyl transferase，HAT）参与了肿瘤细胞的恶变过程。人细胞中有数十种 HAT，CBP/p300 是其中研究较多的一种。某些植物成分如姜黄素有 p300 抑制剂作用，同时有抗炎、抗肿瘤的功能。另外，一些化学合成的 HAT 抑制剂被发现有抗肿瘤功能。多种 HAT 抑制剂的抗肿瘤研究处于临床前阶段，HAT 抑制剂有希望成为新型抗肿瘤药物。

（三）蛋白激酶抑制剂

1. CDK 抑制剂

细胞周期素依赖性蛋白激酶（cyclin-dependent kinase，CDK）是真核细胞分裂增殖的主要驱动蛋白，其活性增强会促进细胞增殖，与肿瘤发生密切相关。美国 FDA 已经批准某些 CDK 抑制剂用作抗肿瘤药物，如 CDK4/6 抑制剂帕博西尼（palbociclib）、瑞博西尼（ribociclib）以及阿贝西尼（abemaciclib），这三种药物目前获得批准用于乳腺癌治疗。

2. BTK 抑制剂

布鲁顿酪氨酸激酶（Bruton's tyrosine kinase，BTK）是介导细胞内信号传递的蛋白激酶之一。依鲁替尼（ibrutinib）是一种 BTK 抑制剂。依鲁替尼能抑制恶性 B 细胞的增殖，经美国 FDA 批准用于治疗一种罕见的非霍奇金淋巴瘤——套细胞淋巴瘤。

3. PI3K 抑制剂

磷脂酰肌醇-3-激酶（phosphatidylinositol-3-kinase，PI3K）是参与细胞癌变的信号通路蛋白，仅存在于白细胞中，在 B 细胞的活化、增殖和存活中扮演关键角色。艾德拉尼（idelalisib）是一种 PI3Kδ 抑制剂，经美国 FDA 批准可用于白血病和淋巴癌的治疗。

4. MEK 抑制剂

MEK 又称 MAPKK（mitogen-activated protein kinase kinase，丝裂原激活的蛋白激酶激酶）是信号通路蛋白，参与细胞生长、发育及细胞抗凋亡等过程。MEK 抑制剂有抗肿瘤作用。如曲美替尼（trametinib）和卡比替尼（cobimetinib）已经在美国上市，是两种可用于黑色素瘤治疗的 MEK 抑制剂。

三、蛋白质类药物的生物合成

作为生物体中最重要的生物大分子之一，有些蛋白质或多肽具有重要的药用价值，如胰岛素可用于糖尿病的治疗、生长激素可用于侏儒症的治疗、促红细胞生成素可用于贫血的治疗。此外用于疾病诊断、预防或治疗的抗体、亚单位疫苗等也属于蛋白质类生物药物。在现代生物制药中，大部分蛋白质类药物不再是从动物、植物或微生物中提取的天然产物，而是利用基因重组技术在不同的宿主系统合成的重组蛋白质。

（一）原核细胞合成

蛋白质或多肽类药物的原核细胞合成是利用遗传背景清楚、易操作、易培养、安全而又高表达外源蛋白质的原核生物作为宿主，跨物种合成蛋白质。常用的原核表达系统有大肠杆菌表达系统、枯草芽孢杆菌表达系统以及乳酸菌表达系统等。大肠杆菌是目前研究最多、应用最广泛的原核表达系统，用此系统表达的蛋白质类药物有重组人胰岛素、干扰素、表皮生长因子等。原核表达系统的优点是操作简单、生产成本低；缺点是合成的蛋白质缺乏糖基化修饰，可能影响药物作用效果。

（二）真核细胞合成

蛋白质的翻译后修饰会改变蛋白质结构而引起蛋白质活性的变化。例如哺乳动物细胞分泌的蛋白质在内质网和高尔基体分别经过 N-糖基化和 O-糖基化修饰，这对于一些蛋白质的功能有显著影响。为了实现某些蛋白质类药物的翻译后修饰，可以选择真核表达系统，包括酵母表达系统、昆虫细胞表达系统、哺乳动物细胞表达系统等。相对而言，最经济的真核表达系统是酵母表达系统，用此系统生产的蛋白质类产品有人胰岛素、表皮生长因子、HPV 疫苗 Gardasil 等。昆虫细胞系统也常用于疫苗的生产，如另一种 HPV 疫苗 Cervarix。哺乳动物细胞表达系统如非洲绿猴肾（Vero）细胞和中国仓鼠卵巢（Chinese hamster ovary，CHO）细胞主要用来生产疫苗、抗体等需要糖基化修饰才能具备生物学活性的蛋白质或多肽。例如我国在 2020 年最早进入临床试验的灭活新冠疫苗就是利用 Vero 细胞合成的，而 2021 年 3 月在国内获批紧急使用的重组亚单位新冠疫苗是利用 CHO 细胞合成的。蛋白质类药物治疗肿瘤等疾病比传统的化学合成药物有更好的靶向性和更低的毒副作用。这类药物包括单克隆抗体，如曲妥珠单抗、阿达木单抗等，主要在以 CHO 为代表的哺乳动物细胞中表达。

（三）无细胞生物合成

哺乳动物细胞合成的蛋白质更接近人体蛋白质的天然状态、活性更好，但是与原核表达系统相比产量低、生产周期长、生产成本高。**无细胞蛋白质合成**（cell-free protein synthesis，CFPS）技术的建立有望克服这些困难。

CFPS 是指利用原核或真核细胞提取物中的核糖体、酶、底物和能源物质等蛋白质生物合成所需的成分，以外源 mRNA 或 DNA 为模板在体外完成蛋白质合成及翻译后折叠与修饰过程。CFPS 系统体系开放，可以通过添加外源的底物、酶以及转录和翻译辅助因子等控制表达过程。常用来制备提取物细胞，既有原核细胞，如大肠杆菌；也有真核细胞，如酵母细胞、小麦胚芽细胞、昆虫细胞和 CHO 细胞等。

利用 CFPS 系统表达蛋白质打破了真核表达系统转录和翻译过程在时间和空间上的不连续性，可以明显缩短蛋白质表达周期、提高产量、加强翻译后修饰，并且可以表达对细胞有毒性或细胞难表达的蛋白质（图 12-30）。

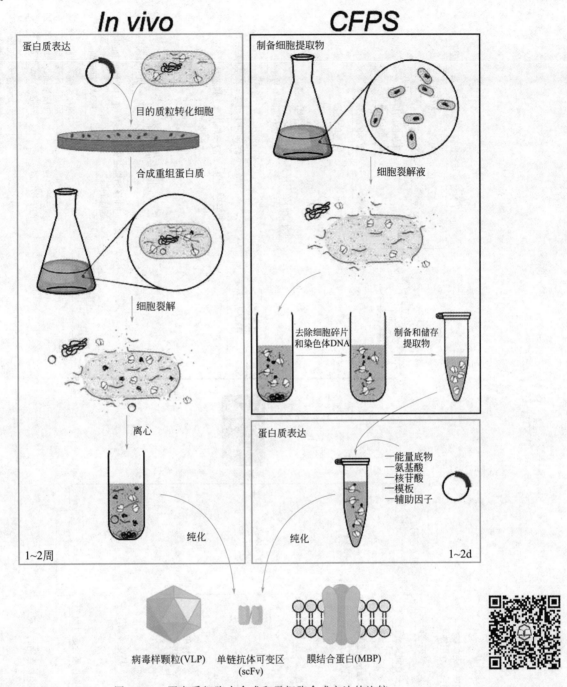

图 12-30　蛋白质细胞内合成和无细胞合成方法的比较

　　在 CFPS 基础上建立的无细胞**非天然蛋白质合成系统**（cell-free unnatural protein synthesis，CFUPS）向反应体系中添加非天然成分，如非天然氨基酸，可以在细胞提取物提供的多种酶的作用下合成非天然蛋白质，进一步拓展了功能蛋白质和蛋白质类药物的种类。

知识链接　　　　　　　　　　　合成生物学技术

　　合成生物学技术现在还可以操纵遗传密码、tRNA 和氨酰-tRNA 合成酶，将以前从未想象过的氨基酸引入感兴趣的蛋白质中。通过这种方法，细菌、酵母和哺乳动物细胞已被改造，使得可以在原核或真核生物蛋白质中的任何位置引入具有所需物理、化学或生物特性的非天然氨基酸。到目前为止，科学家们设计了数以百计这样的非天然氨基酸，每一个都有一个化学上独特的侧链。

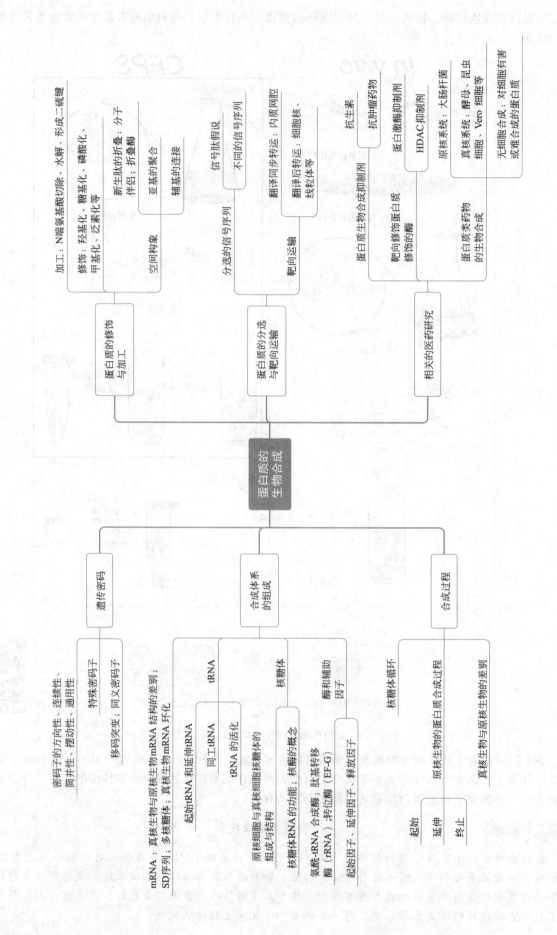

拓展学习

本章编者已收集整理了一系列与蛋白质生物合成相关的经典科研文献、参考书等拓展性学习资料，请扫描右侧二维码进行阅读学习。

思考题

1.蛋白质生物合成体系的主要成分有哪些？

2.试述原核生物蛋白质生物合成过程。

3.比较原核细胞与真核细胞在蛋白质生物合成上的异同点。

4.试述蛋白质的氨基酸序列和糖基化修饰如何影响蛋白质的分选和靶向运输。

5.试述蛋白质生物合成抑制物的原理和应用。

6.试述蛋白质翻译后修饰的生物学意义及其药物研发的启示。

7.基于蛋白质生物合成的不同途径，试述如何利用基因工程技术提高重组蛋白质类药物的产量和活性。

8.无细胞蛋白质生物合成技术有哪些优点？

参考文献

[1] Reginald H Garrett，Charles M Grisham. Biochemistry. 6th edition. Cengage Learning，2017.

[2] Mary K Campbell，Shawn O Farrell. Biochemistry. 8th edition. Cengage Learning，2015.

[3] Charlotte W Pratt，Kathleen Cornely. Essential Biochemistry. 4th edition，New York：John Wiley and Sons Inc，2018.

[4] Bruce Alberts，Alexander Johnson，Julian Lewis，et al. Molecular Biology of the Cell. 4th edition. London：Garland Science，Taylor & Francis Group，2015.

[5] 姚文兵，杨红，张景海.生物化学.8 版.北京：人民卫生出版社，2016.

（何红鹏）

第十三章
物质代谢与代谢调节

学习目标

1.掌握：糖、脂、蛋白质和核酸代谢之间的相互联系；细胞水平、激素水平及整体水平的代谢调节方式和特点；抗代谢物和代谢抑制剂的概念与作用机理。

2.熟悉：饥饿、应激状态下的整体调节特点和作用；药物代谢转化过程和意义。

3.了解：组织器官的物质和能量代谢特点及联系；影响药物代谢转化的因素及意义。

体内的物质代谢是由许多连续的且相关的代谢途径所组成，而每条代谢途径又是由一系列的酶促反应所组成。正常情况下，体内千变万化的物质代谢和错综复杂的代谢途径所构成的代谢网络能有条不紊地进行，并且物质代谢的强度、方向和速度能适应内外环境的不断变化，以保持机体内环境相对恒定和动态的平衡，这归因于体内存在着完善的、精细的、复杂的调节机制。

第一节 物质代谢的相互关系

体内糖、脂肪、蛋白质和核酸等物质在代谢过程中不是彼此孤立的，而是在细胞内同时进行，且存在密切的联系和相互作用。它们通过许多相同的中间代谢物互相联系、互相作用、互相转化、互相制约和互相协调，形成了经济有效、运转良好的代谢网络通路。

物质代谢转变主要是通过它们代谢途径汇合时的中间产物来实现的，如丙酮酸、乙酰 CoA、草酰乙酸及 α-酮戊二酸等（图 13-1）。在合成代谢方面，糖和脂类可以转变为蛋白质中某些非必需氨基酸，反之，蛋白质分解产物 α-酮酸也能转变成糖或脂类。来自食物的糖不仅能合成糖原储存，还可以转变成脂肪储存起来。同样脂类分解产物甘油也可以转变成糖。物质分解代谢也是通过形成共同的中间产物，主要是乙酰 CoA，进入到三羧酸循环中，被氧化成二氧化碳和水。在氧化供能方面主要是以糖和脂肪为主，它们在体内氧化释放的能量保证了生物大分子蛋白质、核酸、多糖等合成时的能量需要，同时合成的各种酶蛋白作为生物催化剂，又可促进体内糖、脂肪、蛋白质等各种物质的代谢得以迅速进行。

正常的生理活动需要各种物质代谢相互配合协调进行，并通过调节机制实现。如果调节能力和调节机制出现故障，代谢过程将出现异常和紊乱，并且一种物质代谢障碍时可引起其他物质代谢紊乱，如糖尿病时，糖代谢障碍可引起脂肪代谢、蛋白质代谢甚至水盐代谢紊乱。

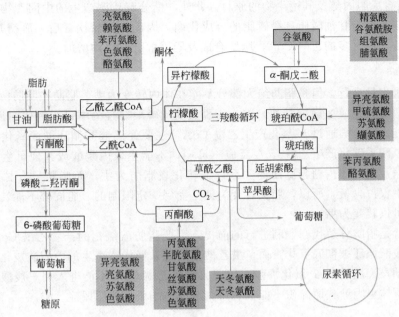

图 13-1　三大营养物质代谢的相互关系示意图

一、糖类代谢与蛋白质代谢的相互关系

1. 糖转变为蛋白质

糖代谢产生的中间产物，特别是 α-酮酸可以作为"碳骨架"，经转氨或氨基化后转变为组成蛋白质的非必需氨基酸。如糖代谢过程中产生的丙酮酸经氨基化生成丙氨酸，α-酮戊二酸生成谷氨酸，草酰乙酸生成天冬氨酸。除酪氨酸与组氨酸外，其他非必需氨基酸虽然生成过程较复杂，但均由糖提供碳骨架。糖在高等动物和人体中不能产生合成必需氨基酸所需的 α-酮酸，故机体无法合成 8 种必需氨基酸。所以仅依赖糖不能维持氮平衡，必须不断摄入足够的优质蛋白质。此外，糖在分解过程中产生的能量，可供氨基酸和蛋白质的合成。

2. 蛋白质转变为糖

在构成蛋白质的 20 种氨基酸中，亮氨酸和赖氨酸两种生酮氨基酸分解代谢的中间产物是乙酰 CoA 或乙酰乙酰 CoA，故它们只能转变为酮体，而不能转变为糖。其他 18 种氨基酸均能不同程度地转变为糖，这些氨基酸就是生糖氨基酸。主要是经脱氨或特殊代谢，都能转变为 α-酮酸或三羧酸循环中的中间产物，在体内转变为糖，如丙氨酸、谷氨酸、天冬氨酸和半胱氨酸等可以沿糖异生作用转化为糖，这也是饥饿或摄入较多蛋白质时糖异生的主要原料来源。

二、糖类代谢与脂质代谢的相互关系

1. 糖转变为脂类

填鸭或肥猪的储存脂肪很丰富，它们的饲料中很少有脂肪，而是以糖为主，这充分说明动物体内能将糖转变成脂肪。糖代谢与脂类代谢的共同重要中间产物主要是乙酰 CoA 和磷酸二羟丙酮。糖分解产生的乙酰 CoA 在乙酰 CoA 羧化酶的催化下生成丙二酸单酰 CoA，再由 NADPH＋H$^+$ 提供还原当量、ATP 提供能量合成脂肪酸，磷酸二羟丙酮可以还原成 3-磷酸甘油，3-磷酸甘油和脂肪酸活化成脂酰 CoA 合成脂肪而贮存于脂肪组织中。因此，摄入低脂高糖膳食同样可使人肥胖及甘油三酯升高。但必需脂肪酸不能在体内合成，仍需食物供给。

糖还可以转变为胆固醇，也能够为磷脂合成提供原料。糖分解产生的乙酰 CoA 及磷酸戊糖途径产生的 NADPH＋H$^+$ 是合成胆固醇及其衍生物的原料。此外，糖分解代谢产生的中间产物还可通过转变生成甘油及脂肪酸，进一步参与甘油磷脂和鞘磷脂的合成代谢。因此，高糖饮食后，血糖升高、糖分解加强，为合成脂肪和胆固醇提供更多的乙酰 CoA，脂肪合成及胆固醇合成也均增加。

2. 脂类转变为糖

糖转变成脂肪可大量进行，但是脂肪绝大部分不能在体内转变为糖。脂肪在脂肪酶催化下水解生成甘油和脂肪酸。甘油磷酸化生成 3-磷酸甘油，进一步脱氢变成磷酸二羟丙酮进入糖代谢途径异生成葡萄糖，也可以氧化分解供能；脂肪酸通过 β-氧化产生乙酰 CoA，主要经三羧酸循环彻底氧化，或在肝脏合成酮体。由于丙酮酸脱氢酶系催化产生乙酰 CoA 反应不可逆，不能生成丙酮酸或其他可生糖成分，无法进入糖异生途径转变为糖。所以体内糖与脂肪的关系以糖转化成脂肪为主，而脂肪只有甘油部分可以转变为糖，但甘油在脂类中仅占少量，所以，脂类转变为糖是受到一定限制的。胆固醇不能转变为糖，磷酸甘油磷脂中的甘油部分可以转变为糖。

糖代谢正常进行是脂肪分解代谢顺利进行的前提，因此脂肪酸氧化的产物乙酰 CoA 需草酰乙酸缩合成柠檬酸后进入三羧酸循环被彻底氧化，而草酰乙酸主要是靠糖代谢产生的丙酮酸羧化生成，糖代谢障碍时，引起脂肪大量动员。脂肪酸 β-氧化加强，生成大量的乙酰 CoA 不能进入到三羧酸循环而在肝细胞转变为酮体，生成的酮体也因糖代谢障碍不能被利用，造成高酮血症或酮尿症。

> 知识链接
>
> **胆固醇的代谢与诺贝尔奖**
>
> 1985 年 10 月 14 日，瑞典斯德哥尔摩的卡洛琳斯卡医学院宣布：1985 年度诺贝尔生理学或医学奖授予在胆固醇代谢规律研究工作中做出卓越贡献的两位美国生物化学家，他们是在美国得克萨斯大学分子遗传系供职的 Michael S. Brown 教授和 Joseph L. Goldstein 教授。他们经过一系列深入研究，从生物学角度基本阐明了胆固醇的代谢规律——胆固醇在体内的代谢过程是靠脂蛋白运输系统协助完成的。此规律的发现使人们对脂类物质与高胆固醇血脂动脉硬化症之间的关系，有了更深入的了解。控制血胆固醇水平，是治疗和防止人类动脉粥样硬化症、减少冠心病发病率的直接途径。

三、脂质代谢与蛋白质代谢的相互关系

1. 脂类转变为蛋白质

脂类转变成氨基酸进而合成蛋白质的数量是很少的，并且还是受到限制的。脂肪水解为甘油和脂肪酸。甘油可转变为丙酮酸，丙酮酸也可以再转变为 α-酮戊二酸或草酰乙酸，此三种酮酸均可以氨基化而成为丙氨酸、谷氨酸及天冬氨酸。或生成磷酸甘油醛，循糖酵解途径逆行反应生成糖，转变为某些非必需氨基酸；脂肪酸经过 β-氧化生成乙酰 CoA 参与三羧酸循环。在三羧酸循环中的有机酸含量比较充足的情况下，可以转变为 α-酮戊二酸或草酰乙酸，进一步氨基化而成为谷氨酸和天冬氨酸。

2. 蛋白质转变为脂类

用只含有蛋白质的饲料喂养动物结果动物体内的脂肪含量增加，这表明蛋白质在生物体内可以转变为脂肪。无论是生糖氨基酸还是生酮氨基酸，其对应的 α-酮酸，在进一步代谢过程中都会产生乙酰 CoA，然后转变为脂或胆固醇。此外，丝氨酸脱羧基可生成胆胺，胆胺接受 S-腺苷甲硫氨酸提供的活性甲基转变为胆碱，丝氨酸、胆胺及胆碱分别是合成丝氨酸磷脂、磷脂酰胆胺（脑磷脂）及磷脂酰胆碱（卵磷脂）的原料。总之，蛋白质是可以转变成各种脂类的。

四、核酸代谢与糖、脂质及蛋白质代谢的相互关系

体内许多游离核苷酸在代谢中起着重要的作用。例如 ATP 是能量和磷酸基团转移的重要物质，GTP 参与蛋白质的生物合成，UTP 参与多糖的生物合成，CTP 参与磷脂的生物合成。体内许多辅酶或辅基含有核苷酸组分，如辅酶 A、辅酶Ⅰ、辅酶Ⅱ、FAD 等。此外，核酸参与了蛋白质生物合成的几乎全过程。

反之，体内核苷酸的嘌呤和嘧啶环是由几种氨基酸作为原料合成的，如嘌呤的合成需要天冬氨酸、甘氨酸、谷氨酰胺及一碳单位；胸腺嘧啶的合成需要天冬氨酸、谷氨酰胺及一碳单位；胞嘧啶和尿嘧啶的合成需要天冬氨酸及谷氨酰胺，并且核酸的生物合成又需要许多蛋白质因子参与作用。此外，葡萄糖经磷酸戊糖途径为核苷酸的合成提供 5-磷酸核糖；脱氧核苷酸的合成还需 $NADPH+H^+$ 提供还原当量（脱氧胸苷酸除外）；核苷酸合成所需的能量又来自糖和脂肪的氧化分解。

总之，糖、脂、蛋白质和核酸的代谢彼此相互影响、相互联系和相互转化，形成纵横交错的网络。而这些代谢又以三羧酸循环为枢纽，其成员又是各种代谢的共同中间产物。通过复杂的代谢调节机制，不断调节各物质代谢的方向和速度，才能保证代谢有条不紊地进行，维持正常的生命活动。现将糖、脂、蛋白质和核酸代谢相互之间的联系总结如图 13-2。

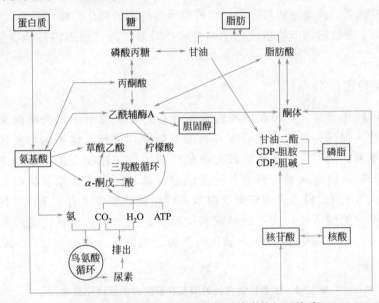

图 13-2　糖、脂、蛋白质和核酸代谢的相互关系

第二节　代谢调节

代谢调节在生物界普遍存在，它是生物在长期进化过程中，为适应环境的变化而形成的一种能力。进化越高的生物，其代谢调节机制就越复杂。机体各种代谢途径是相互联系、相互协调、相互制约和有条不紊进行的，从而维持机体的代谢平衡。但当体内这种自我调节机制发生异常，就会引起代谢紊乱而发生疾病。

根据生物的进化程度不同，代谢调节大体上可分三个水平：细胞水平的代谢调节（酶水平代谢调节）、激素水平的代谢调节和整体水平的代谢调节（神经-体液调节）。最原始的调节方式为细胞水平的代谢调节，它是代谢物通过影响细胞内酶活力和酶合成量的变化，以改变合成或分解代谢过程的速度，称为细胞或酶水平的代谢调节，这类调节为一切其他高级调节的基础。内分泌腺随着生物的进化而出现，它所分泌的激素通过体液输送到一定组织，作用于靶细胞，改变酶活性而调节代谢反应的方向和速度，称为激素水平的代谢调节。高等生物则不仅有完整的内分泌系统，还有功能复杂的神经系统。在中枢神经的控制下，通过神经递质可对效应器发生直接影响，或者改变某些激素的分泌，再通过各种激素的互相协调，从而对整体的代谢进行综合调节，这就是整体水平的代谢调节。

从细胞水平、激素水平、整体水平进行代谢调节称为机体三级水平代谢调节。其中，细胞水平代谢调节是基础，激素及整体水平的调节都是通过细胞水平的调节实现的。

一、细胞水平的代谢调节

酶在细胞内有一定布局和定位，相互有关的酶往往组成一个多酶系统而分布于细胞内特定部位。这些酶互相接近，容易接触，使反应迅速进行；而其他酶系则分布在不同部位，不至于互相干扰，而且能互相协调和制约。例如糖酵解、磷酸戊糖支路和脂肪酸合成的酶系存在于细胞浆中；三羧酸循环、脂肪酸 β-氧化和氧化磷酸化的酶系存在于线粒体中；核酸生物合成的酶系大多在细胞核中，这样的隔离分布为细胞或酶水平代谢调节创造了有利条件。

细胞或酶水平的调节可有两种方式：一种是酶活力的调节，属快调节，它是通过改变酶分子的结构来实现对酶促反应速度的调节，此类方式效应快，主要包括变构调节和化学修饰调节两种；另一种是酶合成量的调节，属慢调节，主要通过调节酶蛋白分子的合成或降解以改变细胞内酶的含量来调节酶促反应速度，反应发生较慢。

（一）代谢途径的定位分布

(1) 代谢酶系的区域化分布　酶系在细胞内隔离分布的意义在于使相关联而又不同的代谢途径间既有联系又不互相干扰，保证各条代谢途径按各自的方向顺利进行。体内的物质代谢几乎都是在细胞内进行，而且是由一系列的酶促反应组成的代谢途径完成。代谢途径有条不紊地进行是因为细胞内部广泛的膜系统将细胞分隔成许多区域，形成各种亚细胞。参与同一代谢途径的酶类常分布于细胞的某一区域或亚细胞结构内（表 13-1）。这为细胞或酶水平代谢调节创造了有利条件，使某些调节因素可以专一地影响某一细胞部位的酶活性，而不致影响其他部位的酶活性，保证代谢顺利进行。如脂肪酸合成的原料之一——乙酰 CoA 正好是脂肪酸 β-氧化的产物，如果两条途径共处于同一个区域，则会造成乙酰 CoA 的无意循环。

表 13-1　主要代谢途径的酶系在细胞内的区域化分布

酶系或酶	分　布	酶系或酶	分　布
糖酵解	细胞质	磷脂合成	内质网
磷酸戊糖途径	细胞质	尿素合成	线粒体、细胞质
糖原合成	细胞质	蛋白质合成	细胞质、内质网
糖异生	线粒体、细胞质	DNA 及 RNA 合成	细胞核
脂肪酸合成	细胞质	呼吸链及氧化磷酸化	线粒体
脂肪酸 β-氧化	线粒体	多种水解酶	溶酶体
三羧酸循环	线粒体	羟化酶系	内质网
酮体生成	肝细胞线粒体	血红素合成	细胞质、线粒体
胆固醇合成	细胞质、内质网	胆红素生成	微粒体、细胞质

(2) 关键酶的活性的调节　某一代谢途径的化学反应速度和方向是由该途径当中的一个或几个具有调节作用的**关键酶**（key enzyme）或**调节酶**（regulatory enzyme）的活性所决定的。关键酶或调节酶的特点为：催化的反应速度最慢，整个代谢途径的总速度由其活性大小决定，故又称为限速酶；这类酶通常处于代谢途径的起始部位或者分支处，催化单向反应或非平衡反应，因此其活性还决定整个代谢途径的方向；此类酶的活性会受到底物、多种代谢物或效应剂调节。因此，对关键酶的活性调节是细胞代谢调节的一种重要的方式。某些代谢途径的关键酶列于表 13-2。代谢调节主要是通过调节关键酶的活性而实现的，分为快速调节和迟缓调节两类。快速调节是通过改变酶的结构，从而改变其活性，此类方式效应快，在数秒及数分钟内即可发生，但不持久。快速调节包括变构调节和化学修饰调节两种。迟缓调节是对酶含量的调节，主要通过调节酶蛋白分子的合成或降解以改变细胞内酶的含量来调节酶促反应速度，反应发生较慢，一般需数小时或几天时间，但作用也持久。

表 13-2　重要代谢途径中的关键酶

代谢途径	关键酶
糖酵解	己糖激酶、葡萄糖激酶(肝)、磷酸果糖激酶 1、丙酮酸激酶
三羧酸循环	柠檬酸合酶、异柠檬酸脱氢酶、α-酮戊二酸脱氢酶系
糖原分解	糖原磷酸化酶
糖原合成	糖原合酶
糖异生	丙酮酸羧化酶、磷酸烯醇式丙酮酸羧基酶、果糖-1,6-二磷酸酶、葡萄糖-6-磷酸酶
脂肪动员	激素敏感性甘油三酯脂肪酶
脂肪酸 β-氧化	肉碱脂酰转移酶 I
脂肪酸合成	乙酰 CoA 羧化酶
酮体生成	HMG-CoA 合酶
胆固醇合成	HMG-CoA 还原酶
胆汁酸的生成	7α-羟化酶
血红素合成	δ-氨基-γ-酮基戊酸(ALA)合酶

（二）酶的结构调节

酶蛋白的结构与功能密切相关，改变酶蛋白的结构可以改变酶的活性。这种调节方式可在瞬间产生调节效应，是快速、短暂的调节。酶蛋白的结构调节包括别构调节和化学修饰调节。

1. 反馈调节

细胞内的物质代谢是由一系列酶所组成的多酶体系依次进行催化而完成的。代谢途径进行的速度和方向是由一个或几个具有调节作用的关键酶（调节酶或限速酶）的活性决定的。例如细胞内胆固醇的生物合成需要数十种酶的参与，其中只有 3-羟基-3-甲基戊二酸单酰辅酶 A 还原酶（3-hydroxy-3-methyl glutaryl coenzyme A reductase，HMG-CoA 还原酶）是限速酶，酶抑制剂洛伐他汀等能有效抑制此酶，因而具有很好的降胆固醇作用。限速酶通常处于多酶体系中的起始反应阶段，通过这些酶的调节可以更经济、更准确地改变整个反应的代谢过程，并能防止过多的中间代谢物的堆积。限速酶的活性常常受到其代谢体系终产物的抑制，这种抑制称为反馈抑制。通过反馈抑制可在最终产物积累时使反应速度减慢或停止。当最终产物被消耗或转移而降低浓度时，这种抑制作用逐渐取消，反应再度开始并且速度渐渐加快，如此不断地调节反应速度，维持终产物的动态平衡。反馈抑制的效果属于负性的，故也称为负反馈。有时最终产物可激活整个代谢反应，这种情况称为反馈激活，也称正反馈。

例如：肝胆固醇生物合成的反馈调控

在此系列反应中，当肝中胆固醇含量升高时，即反馈抑制 HMG-CoA 还原酶，使肝胆固醇的合成降低。

例如：大肠杆菌 CTP 生物合成的反馈调控

上述系列反应中，终产物 CTP 利用率低时，CTP 积累，即出现反馈抑制天冬氨酸转氨甲酰酶（ATC 酶），从而使 CTP 的生成速度减慢或终止。反之，当 CTP 被利用时，浓度下降，反馈抑制解除，ATC 酶活力恢复。在此系列反应中，ATP 能够和 CTP 竞争与 ATC 酶结合，故 ATP 能够解除 CTP 对 ATC 酶的反馈抑制作用。

2. 别构调节

研究发现，上述关键酶结构往往存在着能与反馈调节剂结合的部位，此部位与反馈调节剂特异的非共价结合后，酶分子的构象发生改变，引起该酶活性中心构象改变，从而调节酶活性。这种调节称为酶的变构调节或**别构调节**（allosteric regulation）。与反馈调节剂结合的部位被称为**别构部位**（allosteric site），能通过变构调节改变活性的酶称为变构酶或**别构酶**（allosteric enzyme）。能使酶发生这种变构调节的物质称为**别构效应剂**（allosteric effector），简称变构剂。其中引起酶活性增加的称为变构激活剂，引起酶活性降低的称为变构抑制剂。它们在细胞内通过浓度的改变灵敏地反映代谢途径的强度和能量供需情况，并通过变构调节调节代谢强度、速度、方向以及物质与能量的供需平衡。各代谢途径中的关键酶大多属于变构酶，变构剂可以是酶的底物，也可以是代谢途径的终产物或某些中间产物，也可以是ATP、ADP等小分子（表 13-3）。

表 13-3　一些重要代谢途径中的变构酶及其变构剂

代谢途径	变构酶	变构激活剂	变构抑制剂
糖酵解	己糖激酶	AMP	6-磷酸葡萄糖
	磷酸果糖激酶 1	AMP, ADP, FDP	ATP, 柠檬酸
	丙酮酸激酶	FDP	ATP, 乙酰 CoA
三羧酸循环	柠檬酸合酶	AMP	ATP, 长链脂酰 CoA
	异柠檬酸脱氢酶	AMP, ADP	ATP, NADH
糖异生	丙酮酸羧化酶	乙酰 CoA, ATP	AMP
糖原分解	糖原磷酸化酶 b	AMP(肌)	ATP(肌), 6-磷酸葡萄糖(肌), 葡萄糖(肝)
糖原合成	糖原合酶	6-磷酸葡萄糖	
脂肪酸合成	乙酰 CoA 羧化酶	柠檬酸, 异柠檬酸	长链脂酰 CoA
胆固醇合成	HMG-CoA 还原酶		胆固醇
氨基酸代谢	谷氨酸脱氢酶	ADP	ATP, GTP, NADH
嘌呤合成	谷氨酰胺-PRPP 酰胺转移酶	PRPP	AMP, ADP, GMP, GDP
嘧啶合成	天冬氨酸氨基甲酰转移酶	羟化酶系	CTP, UTP
血红素合成	ALA 合酶		血红素

代谢途径的终产物常可对酶起变构抑制作用，使代谢产物不致过多，也不致过少，维持代谢物的动态平衡。如长链脂酰 CoA 是乙酰 CoA 羧化酶的变构抑制剂，乙酰 CoA 羧化酶是乙酰 CoA 合成软脂酰 CoA 的关键酶，高浓度的软脂酰 CoA 能抑制乙酰 CoA 羧化酶的活性，避免合成更多软脂酰 CoA。

$$乙酰CoA \xrightarrow[乙酰CoA羧化酶]{} 丙二酸单酰CoA \longrightarrow 软脂酰CoA$$

（变构抑制 (-)；浓度高时）

ATP、ADP 和 AMP 对酶所催化的反应速度的调节，实际上是一种变构调节。ATP、ADP 和 AMP 本身对酶来说是一种变构剂，通过对变构酶的抑制或激活而对各个代谢途径起着协调作用。细胞内各个代谢途径的酶有些依赖于 ATP/ADP 或 ATP/AMP 浓度比值，其比例的变化往往反映了某种代谢途径的趋向。以糖代谢的三个代谢途径为例说明其调节作用，在机体内葡萄糖转化为 6-磷酸葡萄糖，通过糖酵解和有氧氧化分解生成 CO_2 和 ATP（途径 1）或通过 1-磷酸葡萄糖合成糖原储存起来（途径 2），当需要糖原时可通过磷酸化酶再进行分解（途径 3）。

$$糖原 \underset{途径2}{\overset{途径3}{\rightleftharpoons}} 葡萄糖 \xrightarrow{途径1} CO_2 + H_2O + ATP$$

当运动需要能量时，ATP/ADP 或 ATP/AMP 降低，途径 1 的磷酸果糖激酶和途径 3 的糖原磷酸化酶被激活，而途径 2 的糖原合成酶呈抑制状态，整个代谢途径趋向于分解，即糖原分解、糖酵解和有氧氧化，生成 CO_2 和 ATP；休息时，能量消耗减少，ATP 浓度升高，途径 1 和 3 的酶呈抑制状态，而途径 2 的糖原合成酶被激活，整个代谢途径趋向合成，维持体内糖代谢相对平衡。

变构调节使代谢物得到合理调配和有效利用。变构剂可以在抑制一种变构酶活性的同时激活另一种变构酶，使代谢物根据机体需求进入不同代谢途径。如正常机体能量供应充足时，6-磷酸葡萄糖变构抑制磷酸化酶，使糖原分解减少，同时又激活糖原合酶，促使 6-磷酸葡萄糖合成糖原储存，降低其浓度。

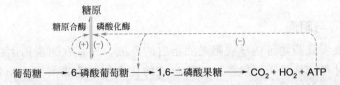

3. 共价修饰调节

酶分子多肽链上的某些氨基酸残基上的功能基团在另一些酶的催化下发生可逆共价修饰，使酶的活性发生变化（激活或抑制）而达到调节作用，这种作用称为酶的共价化学修饰调节。磷酸可以与酶蛋白分子中的丝氨酸、苏氨酸或酪氨酸的羟基反应以酯键结合，这种反应习惯称为磷酸化，而去磷酸化是由磷蛋白磷酸酶催化的水解反应。磷酸化与去磷酸化是最常见的化学修饰调节方式。酶的化学修饰还包括乙酰化与去乙酰化、甲基化与去甲基化、腺苷化与去腺苷化及巯基与二硫键互变等。美国 Fisher 和 Krebs 正因为发现蛋白质的可磷酸化是一种生物调节机制而共同获得 1992 年诺贝尔生理学或医学奖。例如肝和肌肉中的磷酸化酶 a 和 b，其中 b 型为无活性，通过激酶和 ATP，使酶分子多肽链亚基丝氨酸残基的羟基磷酸化，成为有活性的磷酸化酶 a，而使糖原分解。肌磷酸化酶的情况和肝磷酸化酶类似，区别仅仅在于肌磷酸化酶激活时伴随有聚合现象。

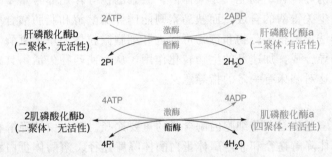

绝大多数受化学修饰调节的酶都具有无活性（或低活性）和有活性（或高活性）两种形式，它们之间的互变由不同的酶催化完成（表 13-4）；酶的共价修饰是连锁进行的，即一个酶发生共价修饰后，被修饰的酶又可催化另一种酶反应修饰，每修饰一次，发生一次放大效应，连锁放大后，即可使极小量的调节因子产生显著的效应，催化特异性强、效率高而且耗能少；催化化学修饰的酶自身也可受变构调节及化学修饰调节双重调节，两者的相辅相成共同维持代谢的顺利进行，而且在人体内往往与激素调节偶联，引发化学修饰反应，通过级联酶促反应使激素信号放大，产生强大的生理效应。如肾上腺素或胰高血糖素对磷酸化酶的作用就是通过酶蛋白的修饰和变构使反应逐渐放大的效应；化学修饰的调节效率比变构调节高，因为化学修饰是酶促反应，具有高度催化效率，也是体内调节酶活性经济而有效的方式。

表 13-4　酶的化学修饰调节对酶活性的影响

化学修饰酶	化学修饰类型	酶活性改变	化学修饰酶	化学修饰类型	酶活性改变
糖原磷酸化酶	磷酸化/去磷酸化	激活/抑制	磷酸果糖激酶 2	磷酸化/去磷酸化	抑制/激活
糖原磷酸化酶 b 激酶	磷酸化/去磷酸化	激活/抑制	激素敏感性脂肪酶	磷酸化/去磷酸化	激活/抑制
糖原合酶	磷酸化/去磷酸化	抑制/激活	HMG-CoA 还原酶	磷酸化/去磷酸化	抑制/激活
丙酮酸脱氢酶	磷酸化/去磷酸化	抑制/激活	乙酰 CoA 羧化酶	磷酸化/去磷酸化	抑制/激活

（三）酶量的调节

酶量的调节是在不同的环境因素和生理状态下，某些酶的合成和降解速度发生适应性的变化，引起细胞内酶量发生相应的增减，借此调节体内的物质代谢。对酶量的调节主要表现在对酶蛋白的合成和降解的调节。许多调节信号能影响有关酶蛋白质的生物合成，这是以基因水平为基础的调节。当机体需要某些酶时，可以开放指导这些酶合成的基因来增加这些酶的合成，提高细胞中的酶含量。例如，糖皮质激素可以通过诱导肝中有关糖异生的几个关键酶而起到增加糖异生、升高血糖的作用。又如苯巴比妥类药物可通过诱导作用使药物代谢酶蛋白生物合成增加，因而有促进药物代谢的作用。下面主要介绍酶蛋白的合成和降解的特点。

1. 酶蛋白合成的诱导与阻遏

酶的底物、产物、激素或药物可诱导或阻遏酶蛋白的合成，通常在酶蛋白生物合成的转录或翻译过程中发挥作用，影响转录过程较常见。一般将加速酶合成的化合物称为**诱导剂**（inducer），通常是底物或底物类似物；减少酶合成的化合物称为**阻遏剂**（repressor），通常是代谢产物。

（1）底物对酶合成的诱导　这普遍存在于生物界，通常是底物或底物类似物作为诱导剂，如食物蛋白质增多时，产氨增加，尿素循环中所有酶的含量都有所增加。鼠饲料中蛋白质含量从 8％增加至 70％，鼠肝精氨酸酶活性可增加 2～3 倍。高等动物体内，因有激素的调节，底物诱导作用不如微生物中的重要。

（2）产物对酶合成的阻遏　代谢反应的产物不仅可变构抑制或反馈抑制关键酶或催化起始反应酶的活性，而且还可阻遏这些酶的合成。例如：δ-氨基-γ-酮戊酸（ALA）合成酶是血红素合成的限速酶，它除受血红素的反馈抑制外，血红素还可阻遏该酶合成，使血红素合成减少。肝中 HMG-CoA 还原酶是胆固醇生物合成途径的限速酶，它可被该酶催化产物胆固醇阻遏。当细胞内胆固醇浓度升高时，可反馈性抑制 HMG-CoA 还原酶的合成，使胆固醇合成减少。但肠黏膜细胞中胆固醇合成不受胆固醇的影响，因此摄取高胆固醇膳食仍有增加血胆固醇水平的危险。

（3）激素对酶合成的诱导　在动物尤其是人体内，激素的诱导作用非常重要。例如糖皮质激素能诱导一些氨基酸分解酶和糖异生关键酶的合成，而胰岛素则能诱导糖酵解和脂肪酸合成途径中关键酶的合成。

（4）药物对酶合成的诱导　很多药物和毒物可促进肝细胞微粒体中单加氧酶（或混合功能氧化酶）或其他一些药物代谢酶的诱导合成，加速肝的生物转化作用，从而使药物失活，具有解毒作用。然而，这也是引起耐药现象的原因，这对临床有一定的指导意义。

2. 酶蛋白降解

改变酶蛋白分子的降解速度是调节细胞内酶含量的重要途径。酶蛋白的降解和许多非酶蛋白的降解一样，主要有溶酶体蛋白酶体降解途径和非溶酶体蛋白酶体降解途径。溶酶体蛋白水解酶可非特异地降解酶蛋白，故凡能改变蛋白水解酶活性或在溶酶体内外分布，以及蛋白酶从溶酶体释出速度的因素，都可间接影响酶蛋白的降解速度。非溶酶体蛋白酶体降解途径与 ATP 依赖的泛素-蛋白酶体途径相关。参与泛素化作用尚需不同的识别蛋白，识别蛋白有多种，各自识别不同种类的待降解蛋白质。当泛素与待降解蛋白质结合时，即泛素化后即可使蛋白迅速降解（具体机制见第九章氨基酸代谢）。

二、激素水平的代谢调节

通过激素对代谢进行调节是高等动物体内调节代谢的重要方式。激素是由内分泌腺及具有分泌功能的一些组织所产生的一些微量的有机化合物。它们被直接分泌到体液中，如动物机体的血液、淋巴液、脑脊液、肠液，通过体液运输到特定的作用部位（称为靶细胞或靶器官），并引起对各种物质代谢或生理功能调节控制作用的特殊效应。这种通过激素进行调节的方式称为激素水平的调节。

极低的激素浓度就可发挥强烈的代谢效应，作用具有较强的组织特异性及效应特异性。不同的激素只特异地作用于一种或几种特定的靶细胞或靶组织。

激素的靶细胞中能识别激素并与之特异性地结合的物质，称为该激素的受体。各种激素都有各自的受体，识别激素的信号，并将该信号转化为一系列细胞内的化学反应，最后表现出该激素所具有的特异性调节作用。

根据激素相应受体在细胞的定位不同，可将激素分两大类：①受体位于细胞膜上的称为膜受体激素，包括蛋白质类、肽类和儿茶酚胺类激素；②受体位于细胞内的称为胞内受体激素，包括类固醇激素、前列腺素、甲状腺素等，可以透过细胞膜进入靶细胞内与特异受体结合。根据受体的不同，激素作用方式至少也有两种类型：有些激素是以第二信使的身份，通过环核苷酸（主要为 cAMP）激活蛋白激酶来实现对靶细胞的调控作用；另一些激素则是作为诱导剂而诱导细胞内代谢酶的合成；有的激素也可能是这两种作用方式兼有。

（一）膜受体激素调节

膜受体是存在于细胞表面质膜上的跨膜糖蛋白，这类激素通过跨膜信号转导调节物质代谢。膜受体激素大多是亲水的，如许多氨基酸及蛋白质多肽类激素，从内分泌腺分泌出来进入血液循环，运送到靶细胞外膜，不能通过脂质双分子层，而是作为第一信使与相应靶细胞膜受体结合再将信号传递到细胞内，由第二信使将信号逐级放大，产生代谢调节效应。在这一过程中，激素（称为"第一信使"）识别受体把信息传递给靶细胞，激活效应器，产生**"第二信使"**（second messenger），把这个信息传递给细胞内某些蛋白质或酶系统，逐级传递放大，从而实现对靶细胞的调节作用。

作为第二信使的物质有很多，包括 cAMP、cGMP、三磷酸肌醇（IP_3）、二酰甘油（DAG）、Ca^{2+} 等。它们在不同的信号转导途径中发挥作用，具有共同特点：①均为小分子化合物；②在细胞内有特定的靶蛋白分子；③通过该分子的浓度或分布的变化在细胞内传递信号；④阻断该分子的变化可阻断细胞对外源信号的反应。第二信使在信号转导过程中的主要变化是浓度的变化。受多种因素控制，如抑制腺苷酸环化酶或激活磷酸二酯酶均会降低 cAMP 浓度；反之，激活腺苷酸环化酶或抑制磷酸二酯酶会使 cAMP 浓度升高。

1. 腺苷酸环化酶途径

腺苷酸环化酶系统是典型的第二信使介导的信号传导途径，此调节模式系统由受体、G 调节蛋白（简称 G 蛋白）以及腺苷酸环化酶（简称 AC）三部分组成。

G 蛋白是细胞质膜细胞内侧上的一种蛋白质，因可以和 GTP 或 GDP 结合，故称为**鸟苷酸结合蛋白**（guanosine nucleotide-binding protein）。G 蛋白是由 $G_α$、$G_β$、$G_γ$ 三个亚基组成的异源三聚体，其中 $G_β$ 与 $G_γ$ 结合牢固形成二聚体（$G_{βγ}$），$G_α$ 与 $G_{βγ}$ 结合松散。G 蛋白有无活性和活性两种结构状态。当 $G_α$ 结合 GDP 时，与 $G_{βγ}$ 形成无活性状态 $G_{αβγ}$-GDP；当膜受体激素与 G 蛋白偶联受体结合时，G 蛋白偶联受体发生变构，会促使 $G_{αβγ}$-GDP 释放 GDP，结合 GTP，$G_α$-GTP 与 $G_{βγ}$ 分离，彻底激活，这是 G 蛋白的活性状态。然后 $G_α$-GTP 活化嵌于膜中的蛋白**腺苷酸环化酶**（adenylate cyclase，AC），其胞内域含活性中心，被激活后催化 ATP 生成第二信使环腺苷酸（cAMP），使细胞内 cAMP 浓度升高（图 13-3）。

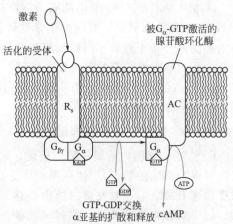

图 13-3　激素通过 G 蛋白激活腺苷酸环化酶

G 蛋白在 cAMP-蛋白激酶途径中有激活型 G 蛋白（stimulatory G protein，G_s）和抑制型 G 蛋白（inhibitory G protein，G_i）。有些激素与受体结合后激活 G_s，再以 $G_{sα}$-GTP 形式激活腺苷酸环化酶（AC）；另有些激素与受体结合后激活 G_i，以 $G_{iα}$-GTP 形式抑制 AC（图 13-4）。

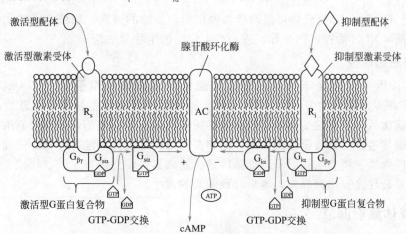

图 13-4　激活型 G 蛋白与抑制型 G 蛋白作用图解

当激素与靶细胞膜受体结合后，通过激活相应的酶而产生能替代第一信使发挥作用的小分子就是第二信使。第二信使 cAMP 的生物学作用主要是通过 **cAMP 依赖性蛋白激酶**（cAMP-dependent protein kinase）也称**蛋白激酶 A**（protein kinase A，PKA）来实现：①使下游酶分子磷酸化而调控其活性；②使下游功能蛋白磷酸化而调控其活性；③参与特定基因的转录调控。cAMP 依赖性蛋白激酶是一个别构酶，由两个催化亚基（C）和两个调节亚基（R）所组成的四聚体，调节亚基抑制催化亚基的活性。cAMP 是它的别构调节剂，当 cAMP 结合到调节亚基上时，调节亚基的构象发生改变，使无活性的催化亚基与调节亚基复合体分离，释放出有活性的催化亚基（图 13-5）。

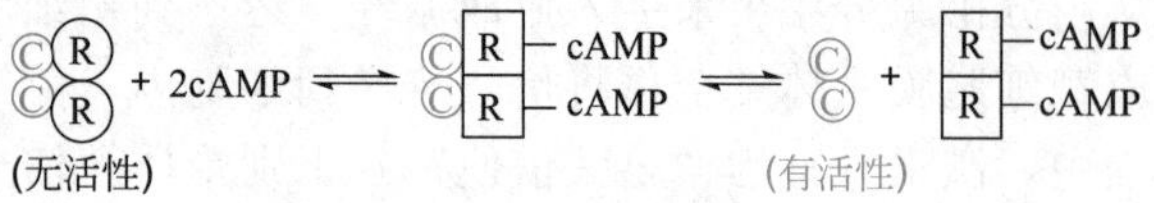

图 13-5　cAMP 依赖性蛋白激酶的活化
C—催化亚基；R—调节亚基

以肾上腺素、胰高血糖素等激素对升高血糖的级联放大作用为例，说明膜受体-环腺苷酸模式的作用机理。当肾上腺素到达肝细胞表面时，迅速与肝细胞表面的肾上腺素受体结合，使之变构活化，经 G_s 蛋白介导，激活膜上 AC，AC 催化胞内产生 cAMP，后者进一步激活 PKA。PKA 能使有活性的糖原合酶 a 磷酸化，转变成无活性的糖原合酶 b，抑制糖原合成；还可激活糖原磷酸化酶 b 激酶，进而激活磷酸化酶，促进糖原降解为 1-磷酸葡萄糖。通过 PKA 的双重调节作用，确保了肌糖原分解。

2. cGMP-蛋白激酶途径

cGMP 是由鸟苷酸环化酶催化 GTP 生成的第二信使。鸟苷酸环化酶有两类：一类可被心钠素（ANF）或鸟苷素激活，对应的激素受体位于膜上；另一类可被 NO 或 CO 激活，激素受体位于细胞内。心钠素受体分布于血管平滑肌细胞和肾细胞的胞膜上，是具有内在酶活性的受体，其胞外侧有 ANF 结合位点，胞内侧具有鸟苷酸环化酶活性区。ANF 与受体结合后激活胞内侧鸟苷酸环化酶，后者催化 GTP 生成 cGMP，cGMP 作为第二信使激活蛋白激酶 G（PKG），PKG 催化关键酶或功能蛋白磷酸化，将信号下传，产生生物学效应。

3. Ca^{2+} 依赖性蛋白激酶途径

Ca^{2+} 也是细胞内重要的第二信使，通过其在细胞质中的浓度变化而传递信息。内质网、线粒体、肌浆网可视为细胞内的 Ca^{2+} 储存库，当受到信号刺激后，钙库释放 Ca^{2+} 进入细胞质中，使细胞质内 Ca^{2+} 浓度快速升高，继而触发蛋白激酶 C 途径和钙调蛋白途径等。通过此途径发挥作用的激素有去甲肾上腺素、促甲状腺素释放激素、抗利尿激素、血管紧张素 II 及 5-羟色胺等。

在蛋白激酶 C 途径中，激素与受体结合后，催化生成两种重要的第二信使：三磷酸肌醇（IP_3）和二酰甘油（DAG），促使细胞质 Ca^{2+} 浓度升高，激活蛋白激酶 C（PKC），活化的 PKC 催化靶蛋白的丝氨酸残基或苏氨酸残基磷酸化，产生下游效应。

在钙调蛋白途径中，**钙调蛋白**（calmodulin，CaM）既是 Ca^{2+} 的受体又是重要的调节蛋白。其有 4 个与 Ca^{2+} 结合的位点，当 Ca^{2+} 浓度≥10μmol/L 时，Ca^{2+} 与 CaM 结合形成 Ca^{2+}-CaM 复合物，CaM 构象发生变化而活化。Ca^{2+}-CaM 复合物可以调节多种靶蛋白或酶的活性，如糖原磷酸化酶激酶、腺苷酸环化酶、钙调蛋白激酶、NOS 活性、钙泵等，进而产生广泛的生物学效应。

4. 酪氨酸蛋白激酶途径

大多数细胞生长因子受体属于横跨细胞膜的**酪氨酸蛋白激酶型受体**（receptor tyrosine kinase，RTK），其内侧均有酪氨酸蛋白激酶。当 RTK 受体于胞外区接受胞外生长因子信息后，引起受体构象改变，发生自磷酸化而激活。活化的受体可结合细胞内相应的效应蛋白或酶，使其酪氨酸羟基发生磷酸化修饰，再经一系列信号传递将信息传至细胞核内，使相关转录因子发生磷酸化修饰，进而调控基因表达。通过此途径传递信息的物质主要有生长因子、细胞因子、胰岛素等，在细胞生长、增殖、分化等过程中起重要作用，一旦该信号转导途径出现异常，容易导致肿瘤的发生。

（二）胞内受体激素调节

胞内受体激素包括糖皮质激素、盐皮质激素、雌激素、甲状腺素、视黄酸等。这类激素通常具有脂溶性，分子量较小，容易通过细胞膜进入细胞与受体结合。多数胞内受体位于细胞核内，如盐皮质激素、甲状腺素等的受体属于核内受体；少数位于细胞质，如糖皮质激素受体属于胞质内受体。

胞内受体激素发挥作用时，与细胞内受体结合形成激素-胞内受体复合物。核受体激素需要进入细胞核后才能与核受体结合，激素-受体复合物作用于 DNA 上特异基因的**激素调节元件**（hormone regulatory element，HRE），改变相应基因表达，促进或阻遏蛋白质或酶的合成，从而调节细胞代谢。在细胞质内，激素与胞内受体结合后使其构象改变，形成的激素-受体复合物穿过核孔进入细胞核内，暴露的 DNA 结合域与靶基因启动子序列内的激素应答元件结合，促进关键酶基因表达，调节对应的代谢途径（图 13-6）。

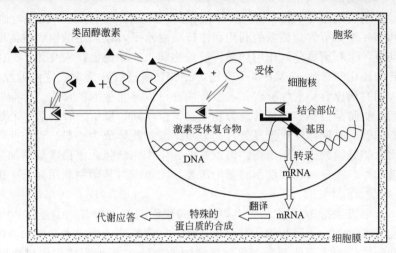

图 13-6　胞内受体激素对代谢的调节作用

胞内受体的共同特点是有四个主要功能区域：①DNA 结合区，富含 Cys，每两个 Cys 配合一个 Zn^{2+} 形成锌指结构，保守性最强；②核定位序列（nuclear localization sequence，NLS），决定甾体类激素受体进入细胞核，此功能区存在于 DNA 结合区中；③激素结合区，该区域与甾体类激素结合而活化受体；④受体调节区，一个非激素依赖的组成性转录激活结构区，决定启动子专一性和细胞专一性。

（三）激素和神经系统对代谢调节的上下级关系

激素和神经系统对代谢调节是严格的上下级关系控制。当大脑皮层接到特异的神经信息后，首先大脑皮层发出信号，使下丘脑正中隆起附近的神经末梢分泌促释放因子或抑制因子（第一级），它们进入下丘脑正中隆起的毛细血管，再经垂体门静脉系统进入垂体，促进或抑制垂体前叶（腺垂体）促激素（第二级）的生成和分泌，这些促激素又作用于内分泌腺分泌各种外周激素（第三级），再作用于靶细胞而起到调节代谢或生理功能的效应。如寒冷的刺激可以通过大脑皮层发出信号，使下丘脑分泌促肾上腺皮质激素释放激素（CRH），CRH 又进一步使垂体前叶分泌促肾上腺皮质激素（ACTH），进而作用靶细胞产生必要的代谢或生理功能。反之，下一级也可以负反馈对上一级进行调控。内分泌腺分泌的激素对靶细胞的代谢或功能有调节作用，而靶细胞代谢活动结果又反过来对内分泌腺分泌激素起着调节作用。例如胰岛素可引起血糖浓度降低，而低血糖又反过来抑制胰岛细胞分泌胰岛素。又如肾上腺皮质分泌的皮质激素如氢化可的松过多时，就可以反过来抑制下丘脑的 CRH 以及垂体前叶 ACTH 的分泌。若血液中 ACTH 含量增加，可以抑制下丘脑 CRH 的分泌。

三、整体水平的代谢调节

人和高等动物除具有细胞和激素水平的调节，还具有神经系统的调节控制。在中枢系统的控制下，中枢神经通过神经递质直接影响效应器或改变某些激素的分泌，对体内代谢进行综合调节。

神经系统传递信息是依靠一定的神经网络以电位变化的形式传递。激素信息的传递依靠体液。神经系统的调节短而快，激素的作用则缓慢而持久；激素的调节往往是局部的，调节部分代谢，神经系统的调节则是整体的，协调全部代谢。激素的分泌是由神经系统控制的，而神经系统对代谢的调控在很大程度上是通过激素发挥作用的，所以激素的调节和神经系统的调节之间以及与细胞水平的调节之间的关系都十分密切。神经系统对代谢的调节分为直接调节（即神经兴奋的快速作用）和间接调节（即神经体液的调节）。神经系统对内分泌系统的调节一种是直接控制，另一种是通过脑下垂体调控。

机体为适应各种内外环境的改变、维持机体正常生理功能，可通过神经-体液途径直接调控所有细胞水平和激素水平的代谢调节，以适应饱食、饥饿、应激等状态，维持整体代谢平衡。现以饥饿和应激状态下物质代谢整体调节为例，说明整体水平的代谢调节。

1.饥饿状态的代谢调节

（1）短期饥饿　短期饥饿指 1～3d 不进食，由于进食 24h 后肝糖原基本耗尽，血糖趋于降低，主要靠肝脏异生葡萄糖和脑外组织节省葡萄糖的利用而维持血糖水平，以满足脑组织的需要。此时体内主要的一些代谢途径开始动员：①肝糖原分解作用加强。肝细胞膜上有胰高血糖素受体，饥饿早期胰高血糖素水平升高，可激活腺苷酸环化酶导致 cAMP 水平升高，cAMP 通过级联放大效应使糖原磷酸化酶活性增强，致肝糖原大量分解，同时糖原合酶活性减弱，在数秒内就可以终止糖原的合成。②脂肪动员加强，酮体生成增多。糖原耗尽后，脂肪是最早被动员的能源物质。饥饿早期，肝脏、骨骼肌、心肌、脂肪组织等都直接利用脂肪酸供能。随着肝脏酮体生成量显著升高，脂肪酸和酮体成为心肌、骨骼肌等的重要燃料，一部分酮体可被大脑利用。③肝糖异生作用增强。饥饿时糖异生作用增强，蛋白质分解加强，释放入血的氨基酸增加，用于加速糖异生，满足脑和红细胞对糖的需要。④组织对葡萄糖利用降低。饥饿初期大脑仍以葡萄糖为主要能源。

（2）长期饥饿　长期饥饿指 3d 以上未进食，体内的代谢调节主要有：①蛋白质分解减少，处于蛋白质保存期，氮负平衡有所改善；②脂肪动员进一步加强，肝内酮体的生成大量增加，体内各组织细胞包括脑组织都以脂肪酸和酮体作为主要能源，占总耗氧量的 60%，并保证酮体优先供应脑组织；③肾糖异生作用明显加强，与短期饥饿相比，肝糖异生作用减小，肾糖异生作用增强，每日约生成葡萄糖 40g，几乎与肝糖相等。甘油、乳酸和丙酮酸取代氨基酸，成为糖异生的主要来源。

2.应激状态的代谢调节

人体受异常刺激所引起的紧张状态为应激状态，此时，一般都是交感神经兴奋、肾上腺髓质和皮质激素分泌增多、胰高血糖素分泌增加、生长激素分泌增加、胰岛素分泌减少。应激时糖、脂肪、蛋白质分解代谢增强，合成代谢减少，血中分解代谢的中间产物如葡萄糖、氨基酸、游离脂肪酸、甘油、乳酸、酮体和尿素等含量增加，使代谢适应环境的变化，维持机体的代谢平衡。具体来讲：①血糖水平升高保证大脑、红细胞的供能，主要是在几种激素的协同作用下完成的。肾上腺素和胰高血糖素分泌增加，引起细胞内 cAMP 含量增加，激活蛋白激酶，进而激活糖原磷酸化酶，促进肝糖原分解，升高血糖。同时，肾上腺皮质激素和胰高血糖素使糖异生作用加强，肾上腺皮质激素和生长激素使外周组织对糖的利用降低，亦使血糖升高。②脂肪动员增强，血中游离脂肪酸升高，为心肌、骨骼肌及肾脏等器官的主要能量来源。应激时交感神经兴奋，肾上腺素、胰高血糖素分泌增多，通过 cAMP 蛋白激酶系统激活甘油三酯脂肪酶，引起脂肪动员增强。③蛋白质分解加强。应激时肾上腺素及皮质醇分泌增加，胰岛素分泌减少，使肌肉蛋白质分解加强，释出大量氨基酸入血，为肝糖异生提供丰富的原料；同时尿素合成及尿素氮排泄增加，机体呈负氮平衡。

第三节　药物在体内的转运与代谢

一、药物代谢转化的类型和酶系

（一）药物体内过程

药物通常经过吸收或直接入血液，运输到各组织器官，在靶位点发挥药效，其中一部分代谢转化后经肾从尿或经胆从粪便中排泄。所以药物在体内的一般过程包括药物的吸收、分布、代谢转化和排泄，这一过程称为**药物转运**（transportation of drug）（图 13-7）。药物的代谢转化又名药物的**生物转化**（biotransformation），药物的代谢和排泄合称**消除**（elimination）。

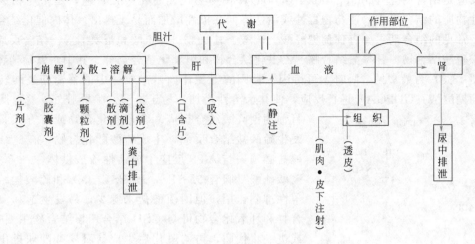

图 13-7　药物在体内的过程

（二）药物代谢转化

药物的代谢转化系指体内正常不应有的外来有机化合物包括药物和毒物在体内进行的代谢转化。多数药物经转化成为毒性或药理活性较小、水溶性较大而易于排泄的物质。药物代谢转化主要在肝脏中进行，也有在肝外、肺、肾和肠黏膜等进行。在体内催化药物代谢转化的酶系称为药物代谢酶，其主要分布在肝细胞微粒体，其次是细胞可溶性部分。

药物代谢的研究方法主要针对药物代谢转化产物的分离和鉴定建立的，主要包括临床观察、整体动物实验和离体实验等。整体动物实验是以不同途径给予一定剂量的药物，在一定时间内，从血、尿、胆汁、组织、粪便等样品中分离和鉴定代谢转化产物。离体实验可用组织切片、匀浆、细胞微粒体，然后分离和鉴定代谢产物。药物在体内代谢产物往往很多，且含量低，这导致分离鉴定需采用多种方法相结合分析。

药物代谢涉及的化学反应一般分为**代谢反应**（metabolic reaction）和**结合反应**（conjugation reaction）两种类型。代谢反应又称为**第Ⅰ相反应**（phase Ⅰ reaction），是指通过氧化、还原和水解反应在药物分子中引入羟基、氨基、羧基等极性基团。药物极性和水溶性增强，有利于排出体外。结合反应又称为**第Ⅱ相反应**（phase Ⅱ reaction），是指药物或代谢反应生成的代谢物的极性基团与内源性物质反应生成结合物。

1. 药物代谢的第Ⅰ相反应

（1）微粒体氧化酶系　存在于内质网，又称为药物氧化酶系，它所催化的反应是在底物分子上加一个氧原子，因此也称为**单加氧酶**（monooxygenase）或**羟化酶**，其作用特点为：①特异性低，对许多药物都有作用；②需要细胞色素 P450（cytochrome P450，CYP450）参与，CYP450 属于 b 族细胞色素，还原型 CYP450 与 CO 结合后在 450nm 有一强吸收峰；③ 含有 NADPH-CYP450 还原酶，属于黄素酶，辅基为 FAD，催化 NADPH 与 CYP450 之间的电子传递；④以氧分子为受氢体；⑤不被 CN^- 所抑制，而能受 SKF-525A 所抑制。单加氧酶参与药物、毒物的转化及体内的代谢（如维生素 C_3 的羟化），能诱导合成。线粒体中还存在其他氧化酶系，如单胺氧化酶（monoamine oxidase，MAO）催化胺类氧化脱氢基，但芳香环上的氨基不被作用，该酶存在于活性胺类生成、储存和释放的部位。此外，胞液中有醇脱氢酶和醛脱氢酶，与辅酶 NAD^+ 催化乙醇生成酸。微粒体乙醇氧化系统消耗 $NADPH+H^+$ 而催化乙醇生成乙醛。

（2）还原反应系统　由醛酮还原酶催化，NADH 或 NADPH 提供氢，催化酮基或醛基还原为醇；肝细胞的偶氮或硝基化合物还原酶（存在微粒体，需要 NADH 或 NADPH 参与）分别使偶氮苯和硝基苯还原成胺。

（3）水解反应系统　含有酯、酰胺和酰肼等基团的药物比较容易发生水解反应生成相应的羧酸、醇和胺，如普鲁卡因、双香豆素乙酸乙酯、琥珀酰胆碱、有机磷农药等水解。催化药物水解的酯酶和酰胺酶通常存在于血浆、肝脏和其他组织的细胞可溶部分。一般情况下，酯类的水解反应较酰胺容易。

2. 药物代谢的第 II 相反应

第 II 相反应是结合反应（conjugation reaction），在药物代谢转化中很普遍，是指药物或其他初步代谢物与内源性物质的结合反应，使药物毒性或活性降低和极性增加而易于排出。体内催化结合反应的酶大多位于肝脏，常见的结合剂主要有葡萄糖醛酸、硫酸、甘氨酸、谷氨酸和蛋氨酸等。结合反应生成葡萄糖醛酸结合物、硫酸结合物、甘氨酸结合物、乙酰化结合物和甲基化结合物等。其中，以葡萄糖醛酸（GA）结合反应（图 13-8）为最常见，吗啡、可待因、类固醇等在体内由微粒体中的葡萄糖醛酸转移酶催化尿苷二磷酸葡萄糖醛酸（UDPGA）进行反应，使其水溶性增加，易于排泄。除肝脏外，肾、肠黏膜也能进行葡萄糖醛酸结合反应。含羟基化合物或芳香族胺类的氨基可发生硫酸盐结合反应，生成硫酸酯化合物，在此结合反应中硫酸盐必须先与 ATP 反应生成活性硫酸供体——3′-磷酸腺苷-5-磷酸硫酸（腺苷-3P-5PS，PAPS）。GA 和硫酸盐结合反应有竞争性抑制作用，但因硫酸盐来源少，易发生饱和。许多卤代化合物和环氧化合物可与 GSH 结合，该结合物主要从胆汁排泄，或进一步代谢，再乙酰化后生成硫醚尿酸随尿排出。乙酰结合反应是多种芳香胺的结合形式，通常磺胺乙酰化即失去抗菌活性，水溶性反而降低，在乙酰化结合反应中结合剂必先活化为乙酰 CoA。许多酚、胺类药物如儿茶酚胺等可在体内进行甲基结合反应，甲基化反应中的甲基来自 S-腺苷甲硫氨酸（SAM），且常发生在 O、S、N 原子上。另外，许多的氨基酸如甘氨酸、半胱氨酸、丝氨酸、赖氨酸等也可作为结合剂。

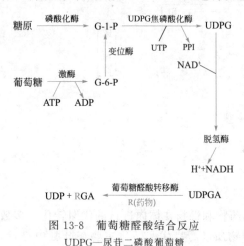

图 13-8　葡萄糖醛酸结合反应
UDPG—尿苷二磷酸葡萄糖

二、影响药物代谢转化的因素

1. 药物相互作用

两种或多种药物同时应用，可出现机体与药物相互作用，有时可使药效加强，但有时合并用药也可使药效减弱或不良反应加重。药物相互作用影响代谢转化主要表现在以下几个方面。

（1）药物代谢的诱导剂　药物代谢的诱导剂即促进药物代谢的化合物。药物代谢的诱导剂多数为脂溶性化合物，且具有专一性。促进药物代谢增强主要是由于刺激诱导酶的生成。药物代谢酶的诱导作用有重要意义，它可加强药物的代谢转化，促进药物的活性或毒性降低。

（2）药物代谢的抑制剂　药物代谢的抑制剂即抑制药物代谢的化合物。药物代谢的抑制剂有竞争性的和非竞争性的。药物代谢的抑制剂可加强药物的药理作用。有的抑制剂本身就是药物，即一种药物可以抑制其他种药物的代谢；有的抑制剂本身无药理作用，而是通过抑制其他种药物的代谢而发挥作用。①药物抑制另外药物的代谢转化，如氯霉素或异烟肼能抑制肝药酶，可使同时合用的巴比妥类、苯妥英钠或双香豆素类药物的作用和毒性增加。②非药用化合物抑制药物的代谢，如肾上腺素的灭活主要是由 O-转甲基酶的催化作用，而没食子酚也竞争与此酶结合，结果使 O-转甲基酶受抑制，肾上腺素的灭活受到影响。

2. 药物代谢的遗传多态性

肝脏药酶系特别是 CYP450 的遗传多态性，可致造成药物代谢的个体差异，这影响了药物的药理作用、不良反应和致癌的易感性等。对某些药物代谢的缺陷者称为弱代谢者（poor metabolizer）或 PM-表型 1，而强代谢者（extensive metabolizer）称为 EM-表型。对于第 I 相反应中的药物代谢多态性，以异喹胍和乙妥英为例，分别为 P450UD6 和 P4502C 变异。对异喹胍的羟化作用有遗传性缺陷的个体，应用 β肾上腺素受体阻断剂、三环类抗抑郁剂、某些膜抑制抗心律失常药、抗高血压药和钙离子阻滞剂等，会出现药物代谢的异常，使药效增强、时间延长，容易发生不良反应。对于第 II 相反应的药物代谢多态性，以异烟肼和磺胺二甲嘧啶为例，可区分为快型和慢型乙酰化两种。慢型乙酰化个体长期服用肼苯达嗪和普鲁卡因胺后可产生红斑狼疮综合征，服异烟肼后易发生周围神经病变（表 13-5）。P4501A1、P4501A2 是芳香碳氢化合物羟化酶的遗传变异，与某些癌的易患性有关。

表 13-5　遗传多态性与药物代谢

代谢途径	药物举例	人群中的频率/%	酶
C-氧化	异喹胍,金雀花碱,右旋甲吗喃,阿片类	白种人 5～10	CYP4502D6
C-氧化	β-肾上腺受体阻断剂,乙妥英,甲苯巴比妥	白种人 4	CYP4502C
乙酰化	环己巴比妥,异烟肼,磺胺二甲嘧啶,咖啡因	日本人 10;白种人 30～70	N-乙酰基转移酶

3. 药酶的诱导和抑制

某些亲脂性药物或外源性物质（如农药、毒物等）可诱导肝内药酶的合成显著增加，从而对其他药物的代谢能力增加，称为酶的诱导，在形态学上有光面内质网增生和肥大。目前，已知至少有 200 多种药物和环境中的化学物质，具有酶诱导的作用。其中，比较熟知的镇痛催眠药（苯巴比妥）、中枢兴奋药（尼可刹米、贝米格）、安定药（甲丙氨酯）、降血糖药（甲苯磺丁脲）、甾体激素（睾酮、糖皮质激素）、抗风湿药（保泰松、安基比林）、致癌剂（3-甲基胆蒽）等。药酶的诱导有时可造成药物性肝损伤或化学致癌。环境中的杀虫剂、烟草燃烧和烧烤牛肉的产物等亦能诱导细胞色素 P450 酶抑制作用。有些药物通过抑制药酶，使另一种药物的代谢延迟，药物的作用加强或延长，此即酶的抑制。微粒体药酶的专一性不高，多种药物可以作为同一酶系的底物，这样可能出现各种药物之间对酶结合部位的竞争。对药酶亲和力低的药物，不仅它本身的代谢速率较慢，而且当存在另一种对药酶有高亲和力药物时，它对前者的竞争能力就较差。因此，一种药物或毒物受一种酶催化时，可以影响对其他药物的作用。已经发现保太松、双香豆素等可抑制甲磺丁脲的代谢，而增强其降血糖作用。长期服用别嘌呤醇或去甲替林，可以造成酶抑制。氯霉素可抑制甲磺丁脲、苯妥英钠、双香豆素的代谢。

影响药物代谢的还有其他因素，如药物代谢也有种族差异，即使同种族也有个体、性别、年龄、营养、给药途径及病理情况的差异。

三、药物代谢转化的意义

1. 清除外来异物

进入体内的外来异物主要由肾排出体外，也有少数由胆汁排出。为使药物易于排出，必须将脂溶性药物代谢转化为易溶于水，使其不易通过肾小管和胆管上皮细胞膜，而易于排出药物。代谢酶是进化过程中发展起来的，专门清除体内不需要的脂溶性外来异物，是机体对外环境的一种防护机制。

2. 改变药物活性或毒性

药物在体内代谢转化，其活性和毒性多数是降低。一般来讲，结合代谢产物活性或毒性都是降低的，而非结合代谢产物多数活性或毒性降低，也有不大改变或反而增高，但可以进一步结合代谢解毒并排出体外。

3. 对体内活性物质的灭活

体内生理活性物质如激素等在体内不断生成，发挥作用后也不断灭活，以维持正常生理功能。这些生理活性物质的灭活、代谢方式及酶系有许多是和药物代谢转化相同。

4. 阐明药物不良反应的原因

药物不良反应一般区分为 A 型和 B 型。A 型不良反应又称剂量相关性不良反应，由药物本身或其代谢物所引起，为固有药理作用增强或持续所致，其特点是可以预测、发生率高、死亡率低。B 型不良反应又称剂量不相关的不良反应，与药物固有的正常药理作用无关，而与药物变性和人体特异体质有关，其发生率低、危险性大、病死率高。与 A 型药物不良反应有关的因素主要包括药物的吸收、分布、消除。

（1）药物吸收　服用药物的剂量对到达循环的药物总量有决定意义，但服用的配伍药物的结合倾向、胃肠道运动、胃肠道黏膜吸收能力、肠壁及肝脏在药物到达循环前失活药物的能力，都对口服给药的吸收有影响。

（2）药物分布　药物在体内循环中的量和范围取决于局部血流量和药物穿透细胞膜的难易。药物-血浆蛋白结合减少，则增加游离药物浓度，使药效增强，以致产生 A 型不良反应。有的药物可与组织成分结合，引起 A 型不良反应。

（3）药物消除　大多数通过肝脏酶系代谢失活的药物，当肝脏代谢能力下降时，药物代谢速度减慢，造成药物蓄积引起 A 型不良反应。药物的代谢速度主要取决于遗传因素，个体之间有很大的差异。细胞色素 P450 酶具有基因的多态性，导致对某些药物明显慢或快的代谢。慢代谢者易发生与浓度相关的药物不良反应，而快代谢者则对药物相互作用易感。其中抑制的相互作用可能会由于血浆浓度的增加而导致毒性。

5. 对某些发病机制的阐明

如许多致癌物本身并无致癌作用，但通过体内的代谢转化成为有致癌活性的物质。或在体内结合代谢转化，然后由胆汁排出，在肠下段水解，再释放游离致癌物，作用于肠黏膜而引起癌变。

6. 对新药研发的意义

（1）低效转化为高效　有些药物药理活性很低，但在体内经过第 I 相代谢转化为高活性物，这样可为设计新药指出方向。

（2）短效转化为长效　改变在体内易代谢灭活的基团，使其不易在体内代谢灭活，而延长其灭活时间。

（3）合成生理活性前体物　有些生物活性物质在体内易代谢破坏，可以人工合成前体物，在未代谢转化之前不易排出，但在体内可以代谢成活性物，使其作用时间延长。

（4）其他　可通过化学合成改变结构，使原活性强而有效的化合物活性降低，当其进入体内，在靶器官再转化为活性强的化合物而发挥作用。也可利用药物代谢酶抑制原理设计合成新药。

7. 为合理用药提供依据

在肝脏易被代谢转化而破坏的药物口服效果差，以注射给药为好。一种药物可为另一种药物代谢酶诱导剂，因此在临床上要注意两种以上药物同时服用时，可能引起药效的降低或毒副作用的增加等问题。药物代谢有种族、个体、年龄、性别、病理、营养及给药途径的差异，这些也都是临床用药应该注意的问题。

第四节　代谢调节剂在医药研究中的应用

一、代谢抑制剂类药物

1. 代谢抑制剂的概念和意义

（1）代谢抑制剂的概念　**代谢抑制剂**（metabolic inhibitor）是指能抑制机体代谢的某一反应或某一过程的物质。由于代谢反应是酶所催化的，因此代谢抑制剂常常就是酶抑制剂，在酶的结构、酶的活性中心研究过程中发挥着很重要的作用。有许多抗生素或者抗肿瘤药物就是酶的抑制剂，酶的抑制剂在新药的寻找和筛选中起着非常重要的作用。

（2）代谢抑制剂的意义　代谢抑制剂在基础理论上已广泛应用为研究工具，有助于研究酶的结构、酶的活性中心、酶催化反应的机制及药物作用的机制。在实际应用方面可作为疾病的诊断和治疗药物。

机体内一切化学反应都是酶所催化和调节的，体内的酶受到抑制，就会影响代谢的正常进行。如通过抑制致病微生物或肿瘤细胞的生长和繁殖的某些关键酶，而达到抗菌和抗癌的目的。许多抗生素和抗肿瘤药物，就是细菌和肿瘤的代谢（或酶）抑制剂。其次，体内由于某些原因而致某种酶活性异常，也可以应用酶抑制剂加以纠正，如胰蛋白酶抑制剂（抑肽酶）可以治疗急性胰腺炎。

治疗用的酶抑制剂不但在阐明药物作用机制而且在寻找新药方面也具有重要意义，可以避免盲目筛选，提高命中率。例如近年来在单胺氧化酶、前列腺素合成酶、花生四烯酸代谢酶、胰蛋白酶、腺苷酸环化酶、乙酰胆碱酯酶、肽酶、碱性磷酸酶、各种酯酶等领域的酶抑制剂的研究开发也是关注的焦点。

2. 代谢抑制剂的种类

代谢抑制剂的种类很多，有化学合成的，也有从生物体中分离得到的。主要包括以下几类。

（1）作用于细胞壁或细胞膜的抑制剂　如 β-内酰胺类抗生素（青霉素、头孢菌素）主要通过干扰细菌细胞壁黏肽（肽聚糖或胞壁肽）的生成起到抗菌作用。强心苷是细胞膜钠-钾 ATP 酶特异性抑制剂，抑制钾离子、氨基酸和葡萄糖进入细胞内。青霉素作用于细菌的细胞壁，真核细胞没有细胞壁，所以对人的毒性很低。

（2）核酸代谢和蛋白质生物合成抑制剂　①干扰核苷酸合成的药物。②能影响核酸合成的药物，如环磷酰胺、塞替派、马利兰（白消安）、氮芥等烷化剂通过使鸟嘌呤第七位氮烷基化而脱落，留下空隙，使 DNA 复制时产生缺陷 DNA 分子。抗生素自力霉素（丝裂霉素 C）、更生霉素（放线菌素 D）和光辉霉素（普卡霉素）等通过与 DNA 结合，破坏 DNA 的结构，影响模板的功能和复制过程。③蛋白质生物合成的干扰和抑制，如吲哚霉素抑制色氨酰-tRNA 合成酶，四环素抑制起始氨酰-tRNA 与原核生物小亚基结合。干扰素对病毒的抑制就是双重作用，一方面通过诱导 eIF-2 磷酸化而使 eIF-2 失活，抑制病毒蛋白质生物合成起始复合物形成，从而抑制病毒蛋白质生物合成，另一方面干扰素诱导病毒 RNA 降解，对病毒的增殖起到抑制作用。

（3）蛋白质水解和氨基酸代谢抑制剂　如羟胺和酰肼类化合物可和氨基酸脱羧酶的辅酶磷酸吡哆醛的醛基（羰基）结合，抑制酶的活性，从而抑制氨基酸的脱羧基作用；又如通过抑肽酶对胰蛋白酶的抑制作用治疗胰腺炎。

（4）糖代谢抑制剂　有机汞、有机砷化合物和碘乙酸等巯基抑制剂可抑制巯基酶的活性，如 3-磷酸甘油醛脱氢酶、琥珀酸脱氢酶等。氟化物抑制烯醇化酶活性。

（5）脂类代谢抑制剂　巴豆酰辅酶 A、苯甲酰辅酶 A、丙酰辅酶 A 都能抑制脂肪酸的氧化；羟基柠檬酸通过抑制柠檬酸裂解酶的活性，抑制柠檬酸-丙酮酸循环；减少胞液中乙酰 CoA 浓度，抑制脂肪酸的合成；洛伐他汀通过抑制 3-羟基-3-甲基戊二酸单酰辅酶 A 还原酶（3-hydroxy-3-methyl glutaryl coenzyme A reductase，HMG-CoA 还原酶）的活性，减少胆固醇的生物合成，使血浆胆固醇降低 $20\%\sim40\%$。

（6）电子传递体与氧化磷酸化抑制剂　抗霉素 A、二巯丙醇、鱼藤酮、粉蝶霉素、异戊巴比妥、CO、CN^-（氰化物）、N_3^-（叠氮化合物）和 H_2S 等是电子传递抑制剂。2,4-二硝基苯酚是氧化磷酸化解偶联剂。

二、代谢激活剂类药物

1. 代谢激活剂的概念和种类

所谓代谢激活是指原本无活性的化合物，在生物体内特定的组织或者器官经酶的代谢作用而形成具有活性的化合物过程。例如：酶原的激活、蛋白前体的活化、药物前体的活化。

药物的代谢激活主要包括两个方面：一是药物在体内经代谢产生了药理活性更强的代谢产物；二是本身无药理活性的前药在体内经过代谢释放出活性分子，并产生药效的过程。经代谢活化生成的活性代谢产物可分为四类：①生成亲电子物质；②生成自由基；③生成亲核物质；④生成氧化还原物质。

2. 代谢激活剂的意义

药物在体内的代谢一般是个失活的过程，但同时也发现有比原药药理活性更强的代谢产物，合成或模拟这些活性代谢物往往会发现治疗作用更强、药代动力学性质更佳的新药，而且以活性代谢产物作为药物服用后，一般只发生第Ⅱ相代谢反应，不会有新的代谢产物生成，因此毒性更小、安全性更佳。

经第Ⅰ相代谢反应生成活性代谢物产物的实例有：非甾体抗炎药保泰松代谢生成抗炎活性与原药相似

但毒副作用较小的羟基保泰松；镇痛催眠药地西泮在体内经去甲基化和羟基化得到半衰期短、副作用小的治疗失眠短效药物奥沙西泮；抗抑郁药丙米嗪经代谢甲基化得到去甲丙米嗪等。

药物在体内的Ⅱ相结合反应有时也会产生有生物活性的代谢产物。例如，阿片受体拮抗剂吗啡在体内与葡萄糖醛酸结合得到吗啡-6-磷酸葡萄糖醛酸。吗啡-6-磷酸葡萄糖醛酸不仅镇痛作用强于吗啡，而且不产生与吗啡有关的恶心与呕吐等副作用。吗啡-6-磷酸葡萄糖醛酸已作为新药成功上市。此外，血管扩张药米诺地尔也是通过硫酸结合物在体内产生治疗作用的。

三、抗代谢物

1. 抗代谢物的概念

抗代谢物（antimetabolite）是指在化学结构上与天然代谢物类似，进入体内可与正常代谢物相拮抗，从而影响正常代谢进行的活性物质。因此抗代谢物又称**代谢拮抗剂**（metabolism antagonist），属于竞争性抑制剂。代谢拮抗原理已经成功应用于抗生素、抗肿瘤和抗病毒药物的研究等领域。由于它的化学结构与正常代谢物相似，两者竞争与酶蛋白结合，使酶失去催化活性，导致正常代谢不能进行，从而影响生物体的生长和繁殖。许多抗菌和抗癌药物属于抗代谢物，还有一些抗代谢物，可作为假底物，整合到生物大分子中，从而破坏生物大分子的功能，进而影响病原体的生长与繁殖。如氟尿嘧啶除可通过抑制胸腺嘧啶合成酶而发挥抗癌作用外，还可直接掺入核酸，形成异常核酸（含氟尿嘧啶的核酸），从而抑制肿瘤细胞的生长。

2. 抗代谢物的种类

抗代谢物在代谢反应中能与正常代谢产物相拮抗，减少正常代谢物参与反应的机会，抑制正常代谢过程。抗代谢物主要包括四类：①维生素类似物。如甲氨蝶呤与叶酸结构相似，为叶酸抗代谢物用于治疗白血病。抗凝血药双香豆素在结构上和维生素 K 相似，起到抗凝血作用。②氨基酸类似物。如氮杂丝氨酸、6-重氮-5-氧正亮氨酸等为谷氨酰胺类似物，抑制嘌呤核苷酸合成过程中谷氨酰胺的利用，从而抑制嘌呤核苷酸的从头合成。β-羟天冬氨酸作为天冬氨酸的类似物与天冬氨酸竞争天冬-α-酮戊二酸转氨酶，干扰了天冬氨酸的转氨反应。环己基丙氨酸是丙氨酸的类似物，通过竞争性与谷丙转氨酶结合，干扰丙氨酸转氨基作用。③嘌呤和嘧啶类似物。如 6-巯基嘌呤、6-巯基鸟嘌呤、8-氮杂鸟嘌呤、5-氟尿嘧啶（5-FU）等是抗核酸代谢。6-巯基嘌呤结构与黄嘌呤相似，在体内转变为 6-硫代次黄嘌呤核苷酸，为次黄嘌呤核苷酸的类似物，抑制次黄嘌呤核苷酸转变为腺嘌呤核苷酸和鸟嘌呤核苷酸，临床作为抗肿瘤药用于治疗急性粒细胞性白血病、急性淋巴细胞性白血病和慢性粒细胞性白血病。④糖代谢类似物。氟柠檬酸抑制顺乌头酸酶活性，是三羧酸循环抑制剂；D-6-磷酸葡萄糖胺竞争性抑制 6-磷酸葡萄糖脱氢酶从而抑制磷酸戊糖旁路。

3. 抗代谢物的重要意义

（1）抗代谢物与药物作用机制的研究　抗代谢物目前已经广泛应用于药物研发领域。抗代谢物一般是嘌呤、嘧啶、叶酸或氨基酸的类似物，它们可作用于 DNA 合成代谢过程中的一个或多个关键步骤，通过抑制关键的生物合成酶或掺入到 DNA 中导致其功能丧失，来干扰和阻断核酸和蛋白质的生物合成。由于肿瘤细胞中核酸和蛋白质的合成非常旺盛，抗代谢物可抑制肿瘤细胞的增殖，产生抗肿瘤活性，但对正常细胞分裂繁殖也有一定抑制作用，也不可避免地带来一定的毒副作用。可利用人和微生物代谢差异开发毒副作用小的抗代谢药物，如磺胺类药物作用机制就是由于磺胺类药物的化学结构与对氨基苯甲酸相似，竞争与二氢叶酸合成酶结合，抑制了酶活性，使二氢叶酸合成受阻，不能进一步生成四氢叶酸，从而影响核酸的生物合成，进而抑制微生物的生长。许多微生物是利用对氨基苯甲酸合成其生长必需的叶酸的，而高等动物不是利用对氨基苯甲酸来合成叶酸，主要是从食物摄取叶酸。因此，磺胺类药物对微生物极为敏感，而对人类毒性较低，有选择性作用，疗效较好。

（2）抗代谢物与新药的设计　过去许多有效的合成药物的发现是靠大量随机筛选而得，因而命中率很低，往往在成千上万的化合物中才能找到个别有效药物，这样造成大量人力与物力的浪费。近年来以抗代谢物的基础理论为依据，已形成有目的的新药设计和研究，尤其是在抗肿瘤和抗病毒方向的抗代谢物药物的研发，大大加快了新药研发的进程。

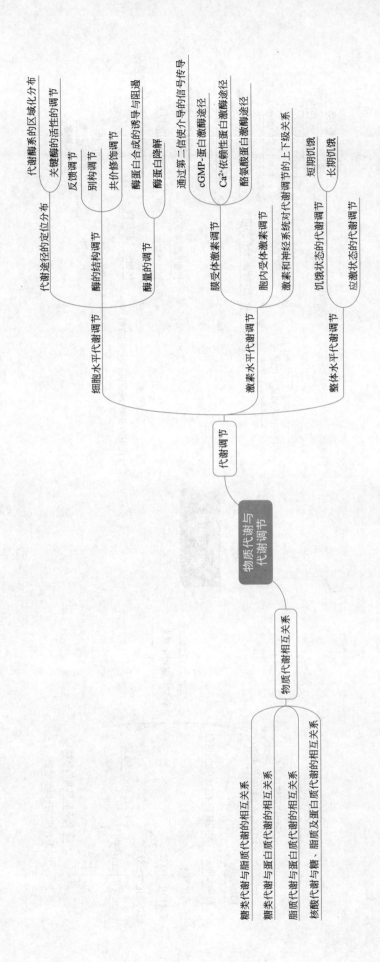

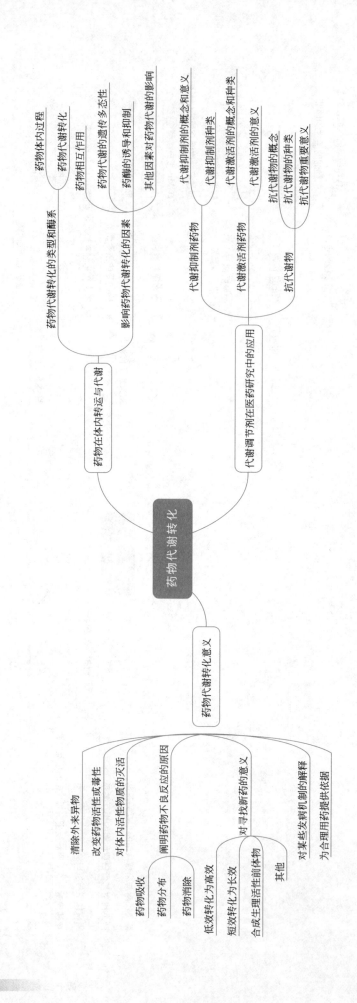

拓展学习

本章编者已收集整理了一系列与代谢调节相关的经典科研文献、参考书等拓展性学习资料，请扫描右侧二维码进行阅读学习。

思考题

1. 为什么说细胞水平的调节是最基本、最原始的调节？主要调节方式有哪些？
2. 指出在糖、脂、蛋白质和核酸代谢相互联系中起到核心作用的物质及联系物质转化的途径。
3. 代谢调节可在哪些水平上进行？其相互关系如何？
4. 举例说明代谢抑制剂和抗代谢物的作用机理。
5. 分别叙述别构调节和化学修饰调节的生理意义。
6. 从生化角度解释胰岛素的缺乏与酮症酸中毒。

参考文献

[1] 朱圣庚.生物化学.4版.北京：高等教育出版社，2016.

[2] 张洪渊.生物化学原理.北京：科学出版社，2006.

[3] David L Nelson，Michael M Cox. Lehninger Principles of Biochemistry. 7th Edition，New York：W H Freeman，2017.

[4] 郑晓珂.生物化学.3版.北京：人民卫生出版社，2016.

[5] 姚文兵.生物化学.8版.北京：人民卫生出版社，2016.

[6] 周克元，罗德生.生物化学（案例版）.2版.北京：科学出版社，2010.

[7] 王镜岩，朱圣庚，徐长法.生物化学.3版.北京：高等教育出版社，2007.

[8] 何凤田，李荷.生物化学与分子生物学（案例版）.北京：科学出版社，2017.

[9] 张景海.药学分子生物学.5版.北京：人民卫生出版社，2016.

[10] 金凤燮.生物化学.北京：中国轻工业出版社，2006.

（宋永波）

第十四章

生物化学与药物研究

学习目标

1. 掌握：生物药物的定义、特性与分类；生物药物制备相关技术。
2. 熟悉：药物研究的生物化学基础；生物制药质量控制。
3. 了解：生物药物的应用、现状及发展趋势。

　　生物化学以研究生命物质的化学组成、结构及生命活动过程中各种化学反应为主要任务，通过对生物分子结构与功能的深入研究，可以揭示生物体物质代谢、能量转换、信息传递等各种生命活动过程的机制。正常生物体内各种生命活动过程可以互相协调，有序进行，呈现一种自稳的健康状态。当机体受致病因素损害后这种协调机制发生紊乱，导致异常生命活动过程，此即为疾病状态，因此用于治疗各种疾病的药物需以各种生化途径为基础。当前，药物研发与生物化学基础理论已经紧密结合，无论是药物靶点的发现，还是新型药物的设计，以及药物递送和药理评价等领域都需要应用生物化学理论，甚至许多生化途径的底物或产物可直接作为药物用于临床。

第一节　药物研究的生化基础

　　药物是能用于疾病防治的物品，是可以暂时或永久改变或查明机体的生理功能及病理状态，具有医疗、诊断、预防疾病和保健作用的物质。在漫长的人类历史进程中，人们一直都在持续不断地探索寻求各种各样的药物，用于与疾病抗争，时至今日人类对药物的需求仍无止境，而对药物的研究也必须科学规范。随着生命科学及相关技术突飞猛进的发展，众多分子水平的药物靶点被发现，各种疾病的生化机制被阐明，为药物的设计、给药的途径及药理评价提供了科学基础，进而一大批新的药物得以开发和应用。

一、药物靶点发现的生化基础

（一）药物靶点的定义

　　药物靶点（drug target）是指能够与特定药物结合并产生药理效应的生物分子，也就是药物在体内的结合位点，主要包括受体、酶、离子通道、激素、生长因子、核酸等生化大分子。这些生物分子存在于机体细胞膜上或细胞质中，具有特殊的生物学功能，当与药物分子发生作用时，其生物功能发生改变而产生药物效应。人体的病理过程往往由多个环节构成，当以其中某个或某些环节为靶点，设计寻找出这些环节的抑制分子，则可达到治疗疾病的目的，因此药物作用的生物靶点的选择和确立是药物研发的重要基础。利用生物化学的基础理论和实验技术可以阐明疾病发生发展的基本机制，这为药物靶点的确立提供了极大的便利。

迄今为止在人类基因组编码的蛋白质中用作药物靶点的蛋白质总数近 700 个，在现有药物中有超过 50％的药物以受体为作用靶点，其中大多数以 G 蛋白偶联受体作为靶点；有超过 20％的药物以酶为作用靶点；以离子通道为作用靶点的药物约占 6％；另外以核酸为作用靶点的也达 3％左右。随着生物化学相关理论与技术的发展，药物靶点数量也在持续稳定地增加，在 FDA 批准的新药中，平均每年约增加 5 个新靶点。

（二）药物靶点的特性

药物靶点需要能够特异性识别相关药物，还需要避免与其他类型的药物发生交叉反应，以降低药物的副作用。一个好的药物靶点一般需要满足三个条件，首先药物靶点确实与疾病相关，并且可以通过调节靶点的活性达到改善疾病症状的目的。其次药物靶点必须可用于制药，即药物分子靶向靶点的可行性，可用于设计合适的候选药物分子与靶点特异结合并调节药靶的生理活性，适于发现和优化**先导化合物**（lead compound）。最后还要考虑药物靶点的副作用，如果药物靶点的生理活性改变会不可避免地产生严重副作用，尽管对相应疾病症状有改善，也不适于作为理想的药物靶点。因而，在药物靶点的选择、鉴定和确认时，需要了解药物靶点分子在正常情况下的表达状况和功能及相关的组织细胞特异性。理想药物靶点应主要在疾病组织中特异表达或发生功能改变，对其活性的调节不会导致严重的毒副作用。分析目前已经确认的药物靶点的分子结构与功能发现这些药物靶点有一些共同的生物学特征，主要表现在以下方面：

① 属于生物学大分子（通常为蛋白质），可以单独存在或形成聚合体存在；

② 具有可以与其他特定结构的物质（外源性或内源性物质，主要为小分子）相结合的部位或位点；

③ 该物质的结构可以发生变化，而且是在与具有特异性结构的物质结合后发生变化，正常情况下，这种变化通常是可逆的；

④ 该大分子可以通过结构的变化，在生理条件下发挥生理调节功能，引起机体某些功能或表现的变化；

⑤ 该物质结构状态变化产生的生理效应在复杂调节过程或作用通路中具有主导作用；

⑥ 病理条件下该物质的表达量、活性、结构或特性可以发生变化，这种变化可以是原发性的量变，也可以是继发性的；

⑦ 在体内可能存在内源性与之结合的小分子（内源性配基），或外源性配基，其配基具有药理作用且已经被认识。

条件分类如下所示：

药物靶点：符合全部上述条件。

候选药物靶点：符合除第⑦条以外的全部条件。

潜在药物靶点：符合部分 3 条以上上述条件。

功能蛋白：符合 3 条以下上述条件。

（三）药物靶点的分类

1. 受体靶点

药物的**受体**（receptor）是指存在于细胞膜上、胞浆或细胞核内，能特异地与药物结合，并引发一系列生理效应的特异性的大分子物质，主要为糖蛋白、脂蛋白或核酸、酶的一部分。与受体结合的生物活性物质统称为**配体**（ligand），受体与配体结合可引起分子构象改变，产生生理效应，如介导细胞黏合、信号转导等过程。受体本身并无生理效应，但可通过高度选择性的立体结构准确识别并特异性结合结构和电性与之互补的外源和内源性配体，将识别和接受的信息准确无误地传递，引起细胞内的

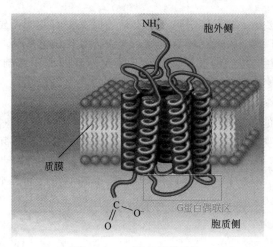

图 14-1　G 蛋白偶联受体

生化反应。

受体类药物靶点主要包括以下几种。

（1）**G 蛋白偶联受体**（G-protein coupled receptor，GPCR）　G 蛋白是鸟苷酸结合蛋白的简称，G 蛋白偶联受体属于膜内在蛋白，每个受体内包含 7 个 α 螺旋组成的跨膜结构域，这些结构域将受体分割为膜外 N 端和膜内 C 端，3 个膜外环和 3 个膜内环。膜外部分经常被糖基化修饰，膜外环上包含有两个高度保守的半胱氨酸残基，它们可以通过形成二硫键稳定受体的空间结构（图 14-1）。G 蛋白偶联受体主要存在于真核生物，参与细胞信号转导过程，是受体类药物靶点的一大类型，许多神经递质和激素受体需要 G 蛋白介导细胞作用，如肾上腺素、多巴胺等。

知识链接　　　　　　　　　　**β 肾上腺素受体的发现**

　　美国杜克大学医学中心医学、生物化学教授 Robert J. Lefkowitz 自 1968 年开始利用放射学来追踪细胞受体，他将碘同位素附着到各种激素上，借助放射学，成功找到数种受体，其中一种便是肾上腺素受体（β 肾上腺素受体），研究小组将这种受体从细胞壁的隐蔽处抽出并对其工作原理取得了初步认识。Brian K. Kobilka 在此基础之上从人类基因组中分离出 β 肾上腺素受体的基因，在分析该基因时发现该受体与眼中捕获光的受体相类似，他们认为存在着一整个家族看起来相似的受体，而且起作用的方式也一样，这些就是 G 蛋白偶联受体。大约一千个基因编码这类受体，适用于光、味道、气味、肾上腺素、组胺、多巴胺以及复合胺等，大约一半的药物可以通过 G 蛋白偶联受体起作用。Lefkowitz 和 Kobilka 的研究对于理解 G 蛋白偶联受体如何起作用至关重要，他们二人因此荣获 2012 年诺贝尔化学奖。

　　（2）**离子通道类受体**（ion channel receptor）　通常是配体门控离子通道型（ligand-gated ion channel），主要存在于快速反应细胞膜上，配体与受体发生作用时导致离子通道开放（图 14-2），细胞膜去极化或超极化，引起兴奋或抑制。离子通过通道内流或外流进行跨膜转运，产生和传输信息，以此调节多种生理功能。现有药物主要以 Na^+、K^+ 和 Ca^{2+} 等离子通道为作用靶点。如 I 类抗心律失常药为 Na^+ 通道阻滞剂，主要药物有奎尼丁、利多卡因、美西律、普罗帕酮等；作用于 Ca^{2+} 通道的药物有 1,4-二氢吡啶类、苯烷胺类和硫氮杂䓬类等。

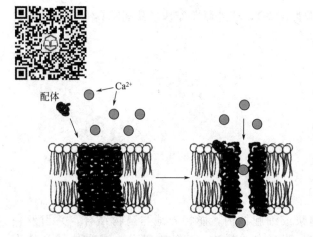

图 14-2　配体门控离子通道

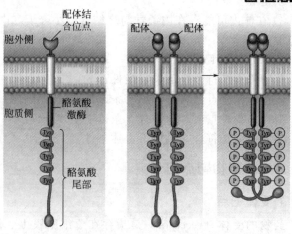

图 14-3　酪氨酸激酶型跨膜受体

　　（3）**酶偶联型跨膜受体**（enzyme-linked transmembrane receptor）　这类受体通常为单次跨膜蛋白，接受配体后发生二聚化而激活，启动其下游信号转导。酶偶联型受体结合配体的结构域位于质膜的外表面，而面向胞质的结构域则具有酶活性，或者能与膜内侧其他酶分子直接结合，调控后者的功能而完成信号转导。用作药物靶点的多数是酪氨酸激酶型跨膜受体，这类受体的膜外部分与配体结合后会引起膜内侧酪氨酸残基的磷酸化反应，进而实现信号传递过程（图 14-3）。其他用作药物靶点的酶偶联型跨膜受体还有丝氨酸/苏氨酸激酶型跨膜受体，个别是鸟苷酸环化酶跨膜受体，如肽类生长因子、血小板生长因子和一些淋巴因子等。

（4）**无酶活性跨膜受体**（non-enzymatic transmembrane receptor）　与酶偶联型跨膜受体类似，常为单次跨膜，膜外部分是配基结合部位，膜内部分没有酶的结合域，配基结合引起受体分子构型变化，从而激活胞浆中的可溶性激酶，导致效应酶的磷酸化。

（5）**核受体**（nuclear receptor）　没有跨膜区域，整个氨基酸链都在胞内，配基通常为脂溶性物质，可穿过细胞膜在胞内与受体结合，并作用于 DNA 链，调节特定基因的表达。

药物与受体的结合能否引起生理效应取决于药物的内在活性和药物与受体的亲和力。药物与受体结合后，通常引起一系列的生化过程，如细胞膜的通透性改变、激活酶活性、促进 mRNA 和蛋白质的合成等。

> **知识链接**
>
>

β 肾上腺素受体阻断药的发现

>
> Black James1924 年 6 月 14 日出生于英国苏格兰拉纳克郡，是苏格兰药理学家，主要研究人体生物系统，并设计出可复制体内自然反应的药物。在心脏病、心绞痛和高血压等疾病的药物治疗方面，取得巨大成就，当中尤以心脏病学为最。他发明的 β 肾上腺素受体阻断药普萘洛尔（propranolol），对治疗心绞痛起到革命性的影响，它通过降低心率、减轻心脏的负荷起到治疗作用，被认为是 20 世纪药理学最大贡献药物之一。美国心脏病协会主席克莱德·杨西说："数百万的病人轻松地就得到了 β 肾上腺素受体阻断疗法的帮助。"迄今还在被许多患有心脏病的病人所服用。因为在 β 肾上腺素受体阻断剂方面的工作，与美国学者 Gertrude Belle Elion 及 George Herbert Hitchings 共同获得 1988 年诺贝尔生理学或医学奖。

2. 酶靶点（enzyme target）

酶是维持生命正常运转的重要催化剂，可催化生成或灭活一些生理反应的介质和调控剂，参与一些疾病的发病过程，因此成为十分重要的药物靶点，目前已有大量以酶作为药物作用靶点的药物进入市场（表 14-1）。

表 14-1　以酶为作用靶点的药物实例（部分）

靶酶	药物名称	适应证
血管紧张素转化酶	卡托普利（captopril）	高血压、心肌缺血、心力衰竭
HMG-CoA 还原酶	美伐他汀（compactin）	高胆固醇血症
环氧化酶-2	塞来昔布（celecoxib）	骨关节炎、类风湿性关节炎
芳香化酶	氨鲁米特（aminoglutethimide）	晚期乳腺癌、皮质醇增多症
二氢叶酸还原酶	甲氧苄啶（trimethoprim）	敏感菌所致感染
β-内酰胺酶	他唑巴坦（tazobactam）	敏感菌引起的败血症、复杂性膀胱炎、肾盂肾炎
碳酸酐酶	醋甲唑胺（methazolamide）	青光眼
H^+/K^+-ATP 酶	奥美拉唑（omeprazole）	胃溃疡、十二指肠溃疡、幽门螺杆菌感染
磷酸二酯酶	二羟丙茶碱（dyphylline）	支气管哮喘、喘息型支气管炎
拓扑异构酶	莫西沙星（moxifloxacin）	急性窦炎、慢性支气管炎等
胆碱酯酶	溴比斯的明（pyridostigmine bromide）	重症肌无力或青光眼
单胺氧化酶	巴吉林（pargyline）	高血压、关节炎、帕金森病
β-1,3-葡聚糖合酶	卡泊芬净（caspofungin）	真菌感染

以酶为靶点的药物多为酶的抑制剂，在全球销量排名前 20 位的药物中有近一半是酶抑制剂。酶抑制剂一般对靶酶具有高度的亲和力和特异性，如胆碱酯酶抑制剂溴比斯的明可使乙酰胆碱水平提高，用于治疗重症肌无力或青光眼；巴吉林（优降宁，pargyline）、氯吉林（chlorgyline）、司来吉兰（selegiline）等是单胺氧化酶（MAO）的抑制剂，MAO 在体内主要催化脂肪胺脱胺转化为醛，使体内生物胺水平得以

控制，这些生化过程与高血压、关节炎、帕金森病等多种疾病相关，而 MAO 抑制剂的作用机制与底物类似，不同之处在于反应结合后，电子从不稳定的碳流向炔基，产生活化的丙二烯结构，进而对酶活性中心进行亲电攻击，使酶不可逆失活。

3. 核酸靶点（nucleic acid target）

核酸是遗传信息的携带者，其主要功能是指导蛋白质合成和控制细胞分裂。以核酸为药物靶点可对肿瘤、病毒等的基因表达环节（包括复制、转录、翻译等过程）进行阻断，或通过抑制肿瘤、病毒等有害蛋白的合成，即调整或关闭导致疾病产生的酶和受体的合成来达到药物设计、治疗疾病的目的。以核酸为药物靶点的药物设计主要集中在反义核酸技术、核酶的设计及小分子与核酸的相互作用等方面。反义核酸技术利用人工合成的或天然存在的寡核苷酸，以碱基互补的方式抑制或封闭靶基因的表达，从而抑制细胞繁殖。核酶具有核酸结构，但可以发挥酶的功效，既能存储和转运遗传信息，又能发挥生物催化功能。

小分子药物与核酸等生物大分子的相互作用包括识别过程和结合过程，这种识别作用不仅包括对靶分子的整体识别，也包括对靶分子某一特定部位特定结构的识别，因此识别双方应尽可能满足空间互补、电性互补和能量互补等必需条件。其中空间互补包括静态的、动态的和诱导契合过程，即构象的重组性；电性互补包括氢键形成、静电作用、π 键堆积、疏水作用以及键合位点上电荷分布的最佳匹配等。小分子药物与 DNA 的结合包括共价结合和非共价结合，共价结合包括与亲核（或亲电）试剂作用，如 DNA 的烷基化、DNA 的链内交联和链间交联等，早期的抗癌药物氮芥类、亚硝基脲类等属于此类。某些具有抗肿瘤作用的天然化合物（抗生素类）先与 DNA 形成非共价键复合物等，然后再与之共价结合。实际上多数小分子化合物与 DNA 的作用是通过非共价键结合，二者作用的特异性和作用强度的大小取决于它们之间的非键合作用，包括外部的静电作用，DNA 螺旋的沟区（大沟区、小沟区）结合、嵌插结合等。如抗病毒药纺锤霉素属于 DNA 小沟结合配基，通过氢键、范德华力等作用实现沟区结合；抗肿瘤药柔红霉素在体内可嵌入 DNA 碱基对之间构成夹层结构，影响基因表达调控，并产生自由基损伤 DNA。

（四）药物靶点的发现与确证

药物作用靶点的探测与验证是新药发现阶段中的重点和难点，药物发现的基础是寻找分子靶点并证明其与疾病的相关性，靶点的确认标准是发现特异作用于该靶点的化学分子或抗体分子，与发现和优化新型靶点抑制剂相比，与疾病相关的药物靶点的确认仍然是十分困难的工作。当前国际上药物研究的竞争，主要集中体现在药物靶点的研究上。药物作用的新靶点一旦被发现，往往会成为一系列新药发现的突破口。

人类基因组计划完成后，功能基因组学、蛋白质组学、生物信息学的进展为药物靶点的研究奠定了基础，尤其是近年来基因干扰技术、高通量的基因和蛋白质分析技术为药物靶点的发现和确证提供了可靠的技术支持。随着生命科学不断发展，生化反应与代谢过程越来越明晰，疾病的分子机制也不断被揭示，这些突破大大加速了新型药物靶点发现与确证。最早的靶点是病原微生物，以此为靶点发现了抗生素。20 世纪 50 年代以后靶点主要是受体和酶，到 80 年代以后随着生化与分子生物学相关技术的应用，引发了新一轮药物靶点发现的高潮。

药物靶点的发现通常先以寻找识别特定疾病的相关基因为目标，利用生物信息学、基因组学、蛋白质组学以及生物芯片技术获取疾病相关的生物分子信息，并进行生物信息学分析以获取线索。相对于疾病而言，需鉴别哪些基因与其有关；相对于基因而言，需鉴别其是否与该疾病有关。前者称为正向鉴别过程，即从表型到基因；后者称为逆向鉴别过程，即从基因到表型。然后对相关的生物分子进行功能研究，以确定候选药物作用靶点，并设计小分子化合物，在分子、细胞和整体动物水平上进行药理学研究，验证靶点的有效性。

候选药物作用靶点确定后还需对这些靶点的生理生化功能进行全面的了解，明确其在疾病的发生和发展过程中的作用，并通过实验证明阻断或激活候选药物靶点分子将产生的生理效应，即治疗效果。多种靶点识别方法得到的药物作用靶点只能作为靶点初步筛选的方法，之后需要对候选靶点进行验证。确认此靶点在细胞实验中是否能调节化合物的生物活性，可以通过 RNA 干扰技术沉默某一疾病的相关基因，形成缺乏特定靶点的小鼠，看它是否具有普通小鼠药物作用后的症状，或者将药物注射到基因敲除的小鼠中，若药物没有引起效应，说明药物是通过这一特定靶点发挥作用，候选靶点的同系物即使其在最初的筛选中并没有被识别也要被纳入考虑范围。此外，一种物质可能具有功能性获得的活性，靶点的缺失会抑制此物质的活性。除了 RNA 干扰技术，也可以用 cDNA 过表达来建立药物与靶点相互作用的关系，靶点的过表达可能会抑制药物的活性。一旦假定的靶点通过功能实验的验证，就需要对小分子物质及靶点的亲和力进行量化，这一过程可以通过表面等离子共振或者等温量热法技术完成。如果假定的靶点是一种酶，则要通过酶动力学实验衡量酶活力。最后，需要通过核磁共振（NMR）或共结晶实验进行更为严格的验证，进而得到药物与靶点复合物的三维结构。这些信息不仅可以验证物理上的关联性，也可以提供后期药物优化中结合模型的鉴定标准。

通过鉴别和功能确认的药物靶点还需在治疗应用方面进行更为深入的了解，以对其进行优化，减少在进一步药物开发中出现不利结果的可能性。如对受体靶点所影响的生物过程进行较为全面的研究，包括靶点的正常功能以及在不同细胞类型或组织中的作用等；在有数个受体靶点都能对某一表型起到决定作用的情况下，可择优选出最佳靶点；结合制药技术的特点，了解靶点与某些生物制药开发技术特点的适合性；在各种疾病动物模型上进行临床前试验，以探索可能的治疗应用等。

（五）新药研究的主要靶点实例

新药靶点常常成为新药开发的限制性因素，靶点药物最终能否成功上市受到许多因素的影响，涉及靶点内在的特点及靶点药物的"可药性"等问题。靶点是药物发挥作用的基础，由于生命科学基础理论和实验技术的快速发展，在原有药物靶点的基础上，一些新的靶点也不断被发现，大大促进了新药的研究。

1. 抗肿瘤药物（antitumor drug）靶点

肿瘤对人类健康造成极大危害，抗肿瘤药物靶点也具有复杂多样的特征，主要有针对原癌基因与抑癌基因、蛋白激酶及信号转导通路、Ras 及法尼基转移酶、端粒及端粒酶、人拓扑异构酶和微管蛋白、细胞程序性死亡等涉及肿瘤发生及发展过程的作用靶点。

（1）生长因子受体靶点 以**生长因子受体**（growth factor receptor，GFR）为作用靶点的研究主要集中在表皮生长因子受体（epidermal growth factor receptor，EGFR）家族、血小板衍生生长因子受体（platelet-derived growth factor receptor，PDGFR）家族、成纤维细胞生长因子受体（fibroblast growth factor receptor，FGFR）家族、血管内皮细胞生长因子受体（vascular endothelial growth factor receptor，VEGFR）、胰岛素样生长因子受体（insulin-like growth factor receptor，IGFR）等。EGFR 活化后可激活多条下游的信号转导通路，介导生长作用，EGFR 的异常表达往往与肿瘤的增殖与分化有关，如吉非替尼、厄洛替尼、埃克替尼、拉帕替尼等小分子靶向药物及尼妥珠单抗、西妥昔单抗、帕尼单抗等单克隆抗体类药物均以 EGFR 为作用靶点，抑制其活性，阻断相关信号转导，抑制肿瘤细胞的分裂增殖，甚至诱导肿瘤细胞的凋亡。PDGFR 信号传导在促进组织修复和伤口愈合，促进肿瘤血管再生等不同的生理、病理过程中起着关键作用，若是受体基因突变、重排或被异常激活，都可能导致肿瘤、心血管疾病或纤维化疾病等的发生。以 PDGFR 为作用靶点也开发了一系列靶向药物，如阿西替尼、达沙替尼、帕唑帕尼、索拉非尼、尼达尼布等可以 PDGFR 为靶点抑制相关信号通路，达到治疗相关疾病的目的。FGFR 可活化 STAT3 信号通路，具有调节细胞增殖、分化和转移的功能，一旦其信号转导失调将导致肿瘤的发生、增殖与转移。VEGFR 介导的信号转导与其他受体酪氨酸激酶非常相似，VEGFR 活化后将信号传递至细胞核内，通过特定基因表达实现血管内皮细胞生长因子的生物效应，如促进内皮细胞增殖、增加微血管通透性、诱导血管生成等。2018 年 8 月，FDA 批准了用于治疗不可切除肝癌患者的一线新药乐伐替尼（lenvatinib），此药可以作用于 FGFR、VEGFR、PDGFR、干细胞因子受体（stem cell growth factors receptor，SCFR）等多个靶点，属于多靶点的抗血管生成抑制剂，对多种肿瘤表现出有效的治疗效果，如用于治疗甲状腺癌和肾细胞癌。

（2）生物大分子抗肿瘤药物靶点 生物大分子抗肿瘤药物主要是**抗体类药物**（antibody drug），包括分子靶向单抗药物、靶向抗体偶联药物、双特异性抗体药物以及靶向免疫检验药物等。抗体类抗肿瘤药物的作用靶点主要为程序性死亡蛋白 1（programmed cell death protein 1，PD-1）/程序性死亡蛋白配体 1（PD ligand 1，PD-L1）、白细胞分化抗原（leukocyte differentiation antigen）、血管内皮生长因子（VEGF）、人表皮生长因子受体（human epidermal growth factor receptor，HER）、癌胚抗原相关细胞黏附分子（carcinoembryonic antigen-related cell adhesion molecule，CEACAM）、前列腺特异性膜抗原（prostate-specific membrane antigen，PSMA）等。在临床上靶向单克隆抗体药物应用较为成功的靶点有

CD20、HER2、VEGF、EGFR 等，其中抗 CD20 抗体是治疗 B 细胞淋巴瘤的重要药物，如利妥昔单抗是非霍奇金淋巴瘤的治疗药物，无论有效性和安全性都得到了长期验证；靶向 HER2 的曲妥珠单抗用于 HER2 阳性可手术乳腺癌的治疗，可联用多种放化疗方案等。抗体偶联药物如由全人源抗 gpNMB IgG2 和 vcMMAE 组成的 glembatumumab vedotin（CDX-011）有可能用于晚期黑色素瘤、乳腺癌和小细胞肺癌患者的治疗；由 CD22 单抗和奥佐米星偶联组成的 moxetumomab pasudotox 对复发性白血病患者表现出疗效等。

（3）肿瘤分子靶向药物靶点　针对具体的法尼基转移酶、具有酪氨酸激酶活性的生长因子及其受体、环氧合酶-2（Cyclooxygenase-2，COX-2）和过氧化物酶体增殖物激活受体 γ（peroxisome proliferator-activated receptor gamma，PPAR-γ 或 PPARG）等的药物靶点也是抗肿瘤药物研究的重要方向。如 PPARG 与细胞周期、凋亡抑制因子 NF-κB 的活性、凋亡抑制基因的表达等有密切关联，已成为有效的靶点。蛋白酪氨酸磷酸酶 *PTP4A3* 基因和细胞凋亡之间存在密切关系，*PTP4A3* 基因在细胞生长中起着重要作用，可能是一个有价值的抗肿瘤治疗靶点。Polo 样激酶 1（Polo-like kinase 1，PLK1）是丝/苏氨酸蛋白激酶，PLK1 下调可抑制神经胶质瘤细胞生长，诱导其细胞周期停滞在 G2/M 期，并促进细胞凋亡，且能提高神经胶质瘤细胞对顺铂和放射线的敏感性，因此 PLK1 可能成为人恶性神经胶质瘤和肺癌放化疗的新靶点。泛素蛋白酶体系统（ubiquitin-proteasome system，UPS）的重要作用除了参与细胞内蛋白质降解之外，还可代谢诸如毒素、脂肪、癌细胞等机体垃圾，同时伴随能量的产生，并可进一步刺激细胞进行自我复制，以实现自我代谢修复功能，也有可能作为新肿瘤药物的研究途径。

2. 心血管疾病（cardiovascular disease）药物靶点

发动蛋白（dynamin，DNM）是一类生物进化上高度保守的鸟苷三磷酸酶（GTPase）分子家族，具有广泛的细胞功能，包括网格蛋白介导的内吞、线粒体融合与分裂、顺式高尔基网状系统运输、胞质分裂以及相关信号转导过程，其中 DNM2 在维持心脏正常收缩-频率反应中起重要作用，可能成为心力衰竭等心脏疾病的药物干预靶点。Ca^{2+}/CaM 依赖的钙调蛋白激酶 II（calmodulin kinase II，CaMK II）在肥厚心肌中的表达和活性上调，可导致 Ryanodine 受体过度磷酸化，促使其功能异常，进而引起胞内钙稳态失衡，这可能是室性心律失常发生的重要机制，因此 CaMK II-Ryanodine 受体信号途径可作为防治该类心律失常药物的全新靶点进行深入研究。

在动脉粥样硬化发生时，载脂蛋白 A5（Apo A5）可减少巨噬细胞炎性因子分泌，抑制泡沫细胞形成，促进脂质由细胞内向细胞外的逆转运，具有潜在的抗动脉粥样硬化作用，可作为临床治疗动脉粥样硬化的药物靶点加以研究。动脉粥样硬化患者的脂蛋白磷脂酶 A2（LP-PLA2）往往过度表达，LP-PLA2 也可作为潜在的抗动脉粥样硬化药物的靶点。尿激酶型纤维蛋白溶酶原激活剂（urokinase-type plasminogen activator，uPA）受体（uPAR）的过表达与动脉粥样硬化斑块的形成有关，uPAR 与 uPA 的相互作用促进了单核细胞的迁移，所以在防止动脉粥样硬化炎症进展中 uPAR 可作为一个潜在的作用靶点。普罗布考能通过诱导血红素加氧酶-1（heme oxygenase 1，HO-1）产生抗炎、抗氧化作用，从而抑制动脉粥样硬化进程，增加斑块的稳定性，因而 HO-1 可能是治疗动脉粥样硬化的一个重要作用靶点。

3. 脑血管疾病（cerebrovascular disease）药物靶点

缺血性脑卒中（cerebral arterial thrombosis）又称**卒中**或**中风**（apoplexy），可由不同原因导致，表现为局部脑组织区域血液供应障碍，诱发脑组织缺血、缺氧性病变坏死，进而产生相应的临床上神经功能缺失现象。高同型半胱氨酸血症（hyperhomocysteinemia，HHcy）损伤血管内皮细胞，刺激血管平滑肌增生，参与动脉粥样硬化发展；促进血小板激活，增强凝血功能并致血栓形成；干扰谷胱甘肽合成，引起氧化应激反应等，与脑卒中及各种心血管疾病具显著相关性，因此同型半胱氨酸拮抗剂有可能成为防治 HHcy 所致的心脑血管疾病的新途径。β₂-糖蛋白 I 与缺血性脑血管疾病有明显的相关性，同时也是载脂蛋白家族成员（Apo H）之一，深入探究 Apo H 参与脂类代谢、凝血机制、血栓形成等脑梗死的相关机制，可能会为缺血性脑血管疾病的预防和治疗提供可靠靶点与科学依据。

4. 感染性疾病（infectious diseases）药物靶点

抗菌药（antibacterial）被广泛用于预防和治疗细菌性感染已经取得了巨大成功，但随着细菌耐药性的出现使得抗菌药的疗效下降，虽然不断有新抗菌药获批上市，但总体临床用药现状仍不容乐观。对经典抗菌药作用靶点进行更深入的研究，可用于改造现有药物或是开发新型药物以提高疗效。如青霉素结合蛋白、谷氨酸消旋酶、甲硫氨酰-tRNA 合成酶、烯酰基 ACP 还原酶和脱水鲨烯脱氢酶等，基于这些靶点对现有药物进行结构改造或研发新型药物，以实现药物与靶点的准确对接、有效地发挥药物的作用。近年一些新的影响细菌生长、繁殖及致病的相关靶点逐渐被发现，如针对严重危害人类身体健康的结核病治疗药物的研究中以酪氨酸磷酸酶、肽脱甲酰基酶、莽草酸脱氢酶、苯丙氨酰-tRNA 合成酶和血管内皮细胞生长因子等作为药物靶点，针对诱发角膜炎的铜绿假单胞菌（*Pseudomonas aeruginosa*）以三结构域蛋白家族 8（TRIM8）作为潜在靶点等都取得了一定的进展。

与细菌性疾病不同，病毒性疾病的情况更加复杂，因而**抗病毒药物**（antiviral drug）品种较少，并且没有一种药物能彻底消灭某个病毒，临床和公共卫生仍需要疗效更好的抗病毒治疗新药不断推出。除了通过制剂技术改造原有抗病毒药物的功效外，更需要开发具有新型药物作用靶点的广谱抗病毒药物。如基于血凝素设计开发的药物阿朵比尔能稳定血凝素过渡态的 pH 值下降，抑制流感病毒脂膜与宿主细胞膜融合；以 RNA 聚合酶为靶点的法匹拉韦（T-705）竞争性抑制 RNA 依赖的 RNA 聚合酶，抑制病毒基因组的复制、转录，但不参与哺乳动物的 RNA 或 DNA 的合成，对多株感冒病毒及耐金刚烷胺和奥司他韦的毒株具有很好的抑制作用。

近年各种侵入性操作、化疗、放疗、免疫抑制剂、广谱抗生素和糖皮质激素类物质的广泛应用使侵袭性真菌感染的发病率不断增加，相对于耐药真菌的种类和数量不断上升，**抗真菌药物**（antifungal drug）的研发却颇为缓慢。目前抗真菌药物主要以信号通路、海藻糖代谢途径、GPI 锚定蛋白、分泌型天冬氨酸蛋白酶、烯醇化酶、N-肉豆蔻酰基转移酶等作为药物靶点。

5. 代谢类疾病（metabolic disease）药物靶点

代谢综合征是临床上常见的慢性代谢性疾病，表现为肥胖、血脂异常、胰岛素抵抗、高血压等，能够引起糖尿病和心血管疾病，是导致死亡的第三大病因。针对代谢类疾病的药物靶点也有大量的报道，其中甘丙肽 1 型受体（GalR1）受到重视，在体内 GalR1 与甘丙肽（Galanin，GAL）作用，进而可促进摄食，抑制胃肠蠕动，具有调制痛觉、促进下丘脑激素释放等生理功能，在肥胖、糖尿病和早老性痴呆等发病机制中发挥重要作用，因而 GalR1 可作为治疗相关代谢类疾病药物的潜在靶点。又如核受体 Nur77 可结合并隔离细胞核中的肝激酶 B1（liver kinase B1，LKB1），从而抑制 AMPK 激活，导致血糖升高，可作为治疗糖尿病的潜在新靶点。

二、药物设计的生化基础

药物设计需要以生命科学研究中所揭示的包括酶、受体、离子通道、核酸等潜在的药物靶点，或其内源性配体以及天然底物的化学结构特征来设计药物分子，以发现特异性作用于药物靶点的新药。一旦通过生命科学相关理论与技术及药理学方法发现和证实了一个有用的药物靶点，接下来的重要环节就是识别先导化合物。一般会有很多潜在化合物可供筛选，大量的紧密结合物可被识别，进而筛选出适于优化的先导化合物，并进入结构优化阶段，包括应用药物化学方法提高先导物对靶点的专一性等。

（一）以内源性物质为基础的药物设计

通过研究生命活动的生化过程，从这些基础过程中发掘先导化合物，研发出许多成功上市的药物，如血管紧张素转化酶抑制剂、吲哚美辛类非甾体抗炎药、内皮素受体拮抗剂等。

血管紧张素转化酶（angiotensin converting enzyme，ACE）是一种外肽酶，可催化血管紧张素 I（十肽）水解为血管紧张素 II（八肽），血管紧张素 II 是一种有效的血管收缩剂；ACE 还可催化缓激肽降解，缓激肽是一种有效的血管扩张剂。这两种作用使 ACE 抑制剂成为治疗高血压、心力衰竭、糖尿病肾病和 2 型糖尿病等疾病的药物。最早应用于临床的 ACE 抑制剂是从蛇毒分离出的九肽替普罗肽（teprotide），依据替普罗肽和 ACE 的结构开发设计出新型 ACE 抑制剂卡托普利（captopril）及伊那普利（enalapril）等，为高血压的治疗和药物研究开辟了新的领域。

吲哚美辛（indomethacin）作为解热镇痛和关节炎的治疗药物对胃肠道有刺激作用，而前列腺素 G 和前列腺素 H 是重要的炎症介质，与花生四烯酸有关，利用计算机图形比对方法比较花生四烯酸与吲哚美辛的构象，发现二者极其相似，均竞争性地与环氧化酶结合，进而反推出环氧化酶活性部位的拓扑模型，并以其作为非甾体抗炎药的模板，设计出非甾体抗炎镇痛药舒林酸。

内皮素（endothelin，ET）是一类具有血管活性的 21 肽，能强烈收缩血管，在高血压、肺动脉高压、心肌缺血、心血管重构等疾病中起着至关重要的病理生理作用。ET 通过内皮素受体发挥生理作用，内皮素拮抗剂是创制心血管药物的重要途径。参照内皮素空间结构，结合数据库搜寻、NMR 研究、分子图形学和药物合成相关理论技术设计出一系列内皮素受体阻滞剂，如波生坦及其衍生物、苯基茚羧酸类药物。

（二）以受体结构为基础的药物设计

基于受体结构的药物设计通常是指利用生物大分子（如核酸、酶和蛋白质）结构信息结合计算机技术进行药物设计的方法，强调药物与受体之间的立体互补性。立体互补性是基于受体结构药物设计的理论基础，受体-配体复合物结构的确定是基于受体结构药物设计的关键环节。若受体的三维结构已经阐明，可根据受体的一些基团与配体相互作用的方式设计药物结构。尽管受体的三维结构尚未确定，但受体蛋白的一级结构却很易获取，依据氨基酸序列在蛋白序列库或晶体数据库中寻找同源蛋白，因同源蛋白有相似的三级结构，如果能搜集到同源蛋白的晶体结构数据，便可用以推断和构建相应受体的三级结构，虽可能有一定误差，但也是药物设计的一种方法。

若已知某一受体的一系列配体结构，也可依据配体的结构寻找其药效结构，因为它们可能都与同一受体的作用部位结合，可能会有共同的结构基础。通过**活性同类物方法**（active analog approach），首先搜索各个化合物的较低能量构象，然后按照一定的规则进行构象重叠，探索这一系列化合物中可以重叠的构象。通过分子图形学在电脑上可图解和模拟分子，识别这些配体与受体位点的作用基团，即为药效基团，从而推知受体上哪些基团与其契合，从这些作用位点可构建与活性部位相匹配的新型药物分子。如组胺是体内的生物活性物质，以组胺的基本结构为先导化合物，在此基础上发展的受体拮抗剂和 H_2 受体拮抗剂，其中包括替丁类抗溃疡药物。

（三）以作用机制为基础的药物设计

一旦机体的一些生理、病理过程被阐明，随之就能给药物设计带来巨大的突破。随着生物化学、分子生物学、分子药理学的快速发展，特别是基因组学和蛋白质组学的发展，为系统地研究生物活性物质提供条件，而内源性活性物质、生物合成的级联反应、代谢中间体和终产物等均可作为药物分子设计的新靶点和先导物。即使在酶和受体的三维结构还不清楚的情况下，也可以通过它们的性质对相关配基结构进行变换、改造或修饰，增强或者减弱、拮抗原生理生化过程，纠正或调节异常的或失衡的机体功能，如质子泵抑制剂奥美拉唑的发现。

（四）以代谢转化为基础的药物设计

生物机体通常对进入体内的药物视为异物，会利用体内的代谢反应将药物转化为易溶于水的化合物，以利排泄。体内药物的代谢过程包括代谢失活与代谢活化，代谢活化是药物经生物转化后产生药理作用更强的产物，这些产物可以作为先导物，有时可直接作为药物。药代动力学研究发现有些药物本身已有活性，但代谢产物的活性更强，且毒副作用更小，因此以药物活性代谢产物为先导物的药物研发途径也是有效途径之一。如抗炎药羟基保泰松（oxyphenbutazone）便是保泰松（phenylbutazone）在体内代谢的活性产物，抗炎镇痛药保泰松在体内氧化后生成了苯环 4-羟基化和 ω-羟基化两种代谢产物，其中 4-羟基化产物便是活性代谢物羟基保泰松，其抗炎活性强于保泰松，无需肝代谢活化即可直接产生药效，且副作用也大大降低，由此开发成临床使用的羟基保泰松作为新药上市。而 ω-羟基化产物具有新的药理活性，可促进尿酸排泄，具有治疗痛风的作用，以其为先导物最终得到新型的抗痛风药物磺吡酮（sulfinpyrazone）。

（五）以药效团为基础的药物设计

药效团（pharmacophore）的特征是具有物理或化学功能的单元，用原子、基团或化学片段来表示，可分为正电中心、负电中心、氢键给予体、氢键接受体、疏水中心和芳环中心 6 种，这 6 种特征可以组合成各种各样特定的药效团。药物分子中的药效团是药物呈现特定活性的微观结构，也是药物呈现特定生物活性所必需的物理化学特征及其在空间的分布。药效团需结合在分子骨架上，形成具体的分子结构，进而影响靶分子的生物活性，干扰相关的生化过程，达到治疗疾病的目的。若已经清楚潜在药物靶标蛋白的三维结构，可进一步分析靶蛋白结合腔或裂隙结构及其与配体结合的原子和基团的特征，依此设计或筛选有效的药效团，再对药效团进行结构修饰，由苗头化合物演化成先导物，进而优化成候选药物。化合物变成安全、有效、稳定、可控的药物的过程就是保持药效团、变换分子骨架、修饰基团和边链的过程。如HMG-CoA还原酶具有柔性构象及杂乱性的结合腔，可容纳不同骨架药效团分子，因此多种他汀类药物均可作用于此酶。这些他汀类药物，都含有二羟基戊酸（或形成内酯）的片段，经两个碳原子与一疏水片段结合，这两个片段既是药效团又形成了分子整体。对天然产物洛伐他汀（lovastatin）进行优化，实际是保持二羟基戊酸的片段不变，只改换骨架的疏水片段，设计出更多的药物分子，如氟伐他汀（fluvastatin）和阿托伐他汀（atorvastatin）等。

（六）计算机辅助药物设计

计算机辅助药物设计（computer-aided drug design，CADD）是实现合理药物设计的有效技术手段（图14-4），计算机辅助药物设计的出现，使药物设计由盲目进入到理性阶段，大大加快了新药研制的步伐，节省了开发新药工作的人力、物力和财力。计算机辅助药物设计的方法很多，包括直接药物设计、间接药物设计和基于组合化学的计算机辅助药物设计三种途径。

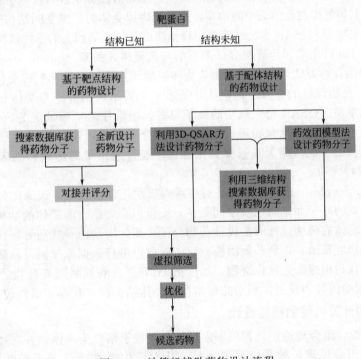

图 14-4　计算机辅助药物设计流程

1. 直接药物设计

计算机辅助直接药物设计是**基于结构的药物设计**（structure-based drug design，SBDD），其基本要求是必须了解药物靶点的三维空间结构，根据靶点结合部位的形状和性质要求，借助计算机自动构造出形状和性质互补的新配体分子的三维结构。该方法的理论基础是靶点（受体）结合部位与配体之间的互补性，结合部位的确定是基于受体蛋白与小分子配体的互补结合及疏水作用、离子键、氢键、电荷转移等作用。常用活性部位分析法（active site analysis，ASA）来分析和配体分子中的原子或基团作用的受体活性部位。确定了受体的结合部位，按照空间互补和静电互补作用相互关系来设计新的药物分子。

直接药物设计最常用的方法是基于靶点结构的**三维结构搜寻法**（three-dimensional structure searching），此方法也称为数据库搜寻法或数据库算法，是利用计算机人工智能的模式识别技术，把三维数据库中的小分子数据逐一地与搜寻标准进行匹配计算，寻找符合特定性质的命中结构，从而发现合适的药物分子或先导化合物。通过三维结构搜寻，可以找到与受体结合位点性质和形状互补的、与已知活性化合物作用类似的配基，也可能找到与已知物完全不同的新的结构类型，所以三维结构搜寻也属于设计先导化合物的一种方法。利用三维结构搜寻方法可以在实验药理筛选之前为数据库中的分子做生物活性预测，相当于进行**计算机辅助药物筛选**（computer-aided screening）。三维结构搜寻法进行直接药物设计已有很多成功的例子，如发现与DNA结合的配体分子、HIV-1蛋白酶抑制剂、乙酰胆碱酯酶抑制剂等。利用三维结构搜寻得到的都是已知化合物，可以不必在实验室合成而直接进入生物活性测试，缩短了药物开发时间，提高了效率。

直接药物设计也可完全从头进行配体的设计，属于真正意义上全新的药物分子设计方法，因此也称**全新药物设计法**（*de novo* drug design）。此法比数据库搜寻所指的先导化合物具有更广泛的含义，数据库所提供的化合物并不是真正意义上的全新化合物，而且某些数据库可能会偏重于收集某些类的化合物，故数据库搜寻的方法在化合物的结构和种类方面会对所设计的结果产生一些限制，全新药物设计法根据受体受点的形状和性质，利用计算机程序计算和分子图形显示构造出形状和性质互补的新的配基分子的三维结构，直接设计其结构互补的激动剂或抑制剂，设计过程中完全没有化合物种类和结果的预先限制，因此设计的结果可能是全新的。

2. 间接药物设计

间接药物设计通常是指**基于配体的药物设计**（ligand-based drug design，LBDD），在三维空间结构未知的情况下，利用计算机技术对同一靶点具有活性的各种类型的生物活性分子进行计算分析，得到三维构效关系模型，通过计算机显示其构象推测受体的空间构型，并以此虚拟受体的三维空间结构进行药物设计。用于间接药物设计的基本方法包括3D-QSAR方法、药效团模型法以及在此基础上的三维结构搜寻方法等。

3D-QSAR方法是计算机化学和计算机分子图形学与**定量构效关系**（quantitative structure-activity relationship，QSAR）相结合的方法，是研究药物与受体间的相互作用、推测模拟受体图像、建立药物结构-活性关系表达式、进行药物设计的有力工具，从分子水平上揭示药物分子与受体相互作用的空间结构特征和在空间结合的理化本质。QSAR研究成功的例子很多，如治疗老年痴呆症的药物E-2020的开发是通过对一系列二氢茚酮和苄基哌啶类化合物进行构象分析、分子形状比较和QSAR研究，获得了一系列对乙酰胆碱酯酶有较高活性的二氢茚酮苄基哌啶类化合物，经过进一步的药理和临床前研究，选定化合物E-2020进入临床研究获得成功。

药效团模拟（pharmacophore modeling）是对一系列活性化合物做3D-QSAR分析，结合构象分析总结出一些对活性至关重要的原子和基团以及空间关系，反推出与之结合的受体的结构和性质，获得虚拟药物受体模型，再依基于受体的药物设计方法设计药物分子。药效团是由一些药效特征元素组成的，包括特定原子或原子团及化学功能基团，得到药效团模型后，就可以进行数据库搜索，从数据库中选择含有该药效团的候选分子，进而找到相应的先导化合物。如依据HIV蛋白酶抑制剂复合物的晶体结构及其作用方式，得到了HIV抑制剂的药效团模型，利用此模型搜寻晶体结构库，获得了活性较高的化合物A-0980。

3. 基于组合化学的计算机辅助药物设计

组合化学将化学合成、组合理论、计算机辅助设计及机械手结合为一体，并在短时间内将不同构建模块通过巧妙构思，根据组合原理，经系统反复连接，从而产生大批的分子多样性群体，形成**化合物库**（compound library），然后，运用组合原理，对化合物库进行筛选优化，得到可能的有目标性能的化合物结构。组合化学最初是为了满足高通量筛选技术对大量的新化合物库的需求而产生的，是一门交叉学科，以有机化学为基础，与生物化学、药物化学密不可分，并涉及数学、物理学、计算机等多门学科，是这些学科的完美结合。组合化学的建立与发展推动了计算机辅助药物设计方法的发展，用分子模拟和计算机技术设计合成组合样品库的构造块，根据分子多样性评价样品库的质量或者建立虚拟组合样品库，结合高通量筛选获得先导化合物。

三、药物递送的生化基础

（一）药物控释

药物在体内的释放时间、部位与药物的治疗效果以及毒副作用密切相关，为达到最佳疗效，必须对药物释放体系进行控制。控制释放就是将附载在基材上的药物按照一定的释药机理以一定的浓度和一定的速率缓慢释放到周围环境中的技术。**药物控制释放体系**（controlled release drug delivery system，CRDDS）需要化学、生物学、药学和临床医学等多学科的融合，以设计适合不同药物的载体材料，达到理想的药物控制释放效果。药物的释放速率取决于基材和药物的性质以及它们的结合方式、环境条件等。高分子药物分子量大，不易被分解，在血液中停留时间较长，通常能提高药物的长效性并能降低药物的副作用。而对于低分子药物可选择合适的高分子载体，并靶向病灶释药及增加渗透作用，以增强药效。

药物控释的载体材料包括非生物降解高分子材料和可生物降解高分子材料两大类型，对于典型的药物控释体系生物降解高分子较非生物降解材料具有更大的优势。许多天然的可降解高分子及其衍生物被广泛用作药物控释载体，如胶原、直链淀粉、环糊精、糖胺多糖、海藻酸盐、壳聚糖、果胶质、纤维蛋白、明胶、琼脂糖等。这些天然高分子不仅可作为药物控释的有效载体，而且有些还可对疾病的治疗起到辅助作用，如胶原作为药物载体，具有很好的生物相容性、较低的免疫原性及可降解性，而且可促进细胞生长和修复创伤，在眼部药物释放、治疗癌症的注射微粒、释放抗生素的海绵和释放蛋白药物的微柱等方面已有成功的应用。除天然高分子外，许多合成可降解高分子材料也广泛应用于药物控释，如聚乳酸及其衍生物、聚酸酐、聚原酸酯、聚 β-氨基酯等。

（二）靶向给药

靶向给药系统（targeting drug delivery system，TDDS）是一种药物控制释放系统，指药物通过局部或全身血液循环而浓集定位于靶组织、靶器官、靶细胞的给药系统，可将药物选择性地传输并释放使靶区药物浓度增加，降低其他非靶部位浓度以减少毒副作用。靶向制剂最初只指向狭义的抗肿瘤制剂，随着研究的深入、研究领域的拓宽，从给药途径、靶向专一性及特效性方面都有突破性进展，靶向制剂发展成为一切具有靶向性的制剂。根据靶向性机制可将靶向给药系统分为生物化学靶向给药、生物免疫靶向给药、生物物理靶向给药和多重靶向给药系统等类别。

生物化学靶向给药是根据药物微粒或者药物载体微粒表面电荷、表面疏水性质和表面吸附大分子的不同，可以到达不同的器官以实现靶向给药。如内皮血窦腔面富含糖残基，用外源凝集素试验证明含有甘露糖、半乳糖、N-乙酰葡萄糖胺、N-乙酰半乳糖胺残基，而内皮外膜无上述糖残基，因此利用糖残基与血红蛋白、免疫球蛋白特异结合的特性实现骨髓的主动靶向给药。

生物免疫靶向给药是利用生物的受体、抗体等免疫机能而设计的靶向给药系统，该系统利用受体介导的内吞作用或者抗体与抗原结合的高度特异性，设计以抗体或配体作为靶向给药载体将药物运送到靶区部位的靶向给药系统。如哺乳动物肝实质细胞膜表面存在去唾液酸糖蛋白受体，该受体可以专一地识别以半乳糖为端基的糖蛋白，以这类糖蛋白为载体或者将此类糖蛋白结合到高分子载体的表面，就可以将药物靶向至肝实质细胞，主动向肝溶酶体细胞转运，而受体重新回到细胞膜，发生受体循环，可以重复利用。在肝非实质细胞中还存在甘露糖受体，甘露糖基化的蛋白作为其配体可以与其结合，利用甘露糖受体可以设计出靶向至肝非实质细胞的给药系统。

生物物理靶向给药是根据机体的组织生理学特性对不同大小微粒的滞留性不同，将药物制成不同大小的纳米粒子，或者将药物包裹于可生物降解的生物相容性高分子纳米粒子中，使药物粒子选择性地聚集于肝、脾、肺、淋巴部位释放药物而发挥疗效，实现对于不同器官组织的生物物理靶向。多重靶向给药指的是利用两个或两个以上靶向机制设计的靶向给药系统，多重靶向给药系统往往具有更加专一的靶向性。

（三）药物吸收

药物吸收（drug absorption）是药物分子通过细胞膜（如胃肠黏膜、皮下组织、肌肉、毛细血管等）进入体液循环的过程，除了血管内给药外，其他给药途径均存在吸收过程。由于不同细胞膜结构和药物本身特性的差异，药物穿过细胞膜可以通过被动扩散、滤过、载体介导转运和胞吞作用四种方式。

被动扩散是药物从高浓度向低浓度的被动转移，膜对转运的药物无选择性和饱和现象，且没有竞争性抑制作用，转移的速度取决于药物分子的大小、浓度梯度、电离度及蛋白结合性。在血浆中，白蛋白和球蛋白均可结合药物分子，结合位点的数量和性质由血浆的 pH 值确定，通常白蛋白结合中性或酸性药物，而球蛋白结合碱性药物。对于与蛋白高度结合的药物，蛋白结合部分的微小改变会导致未结合药物总量的巨大改变。病理条件，如急性感染或炎症过程，或因肝损伤导致合成能力的降低，会引起血浆白蛋白浓度下降，将明显影响未结合药物所占的比例，对药物的吸收、分布及发挥效应造成严重影响。

药物的逆浓度梯度转运则更需要内源性载体蛋白参与，这些依赖载体的药物分子转运具有明显的特异性，很多生物药物具有与机体内源分子质类似的结构，常通过此途径被机体吸收，而转运载体蛋白的活性改变明显影响药物吸收转运过程。如在肾小管存在专司有机酸及有机碱等转运的转运机制；在脉络丛和脑毛细血管内皮细胞上也存在特殊的主动转运机制，如有机酸转运系统、P 糖蛋白转运机制、多肽转运机制、类肽转运载体、氨基酸转运载体和葡萄糖转运载体等。

生物膜上有水通道或蛋白质分子孔道，在毛细血管壁上也存在细胞间隙构成的孔道，一些物质（如水和某些电解质等）可以通过这些孔道转运，这种转运通常与药物的分子结构和大小有关。很多蛋白质分子孔道具有相应的开关调控机制，孔道的状态也会影响药物的转运吸收过程。

（四）药物稳定性

药物稳定性（drug stability）是药物在运输、贮藏、周转直至临床应用前的一系列过程中的质量变化过程，是指某一产品在整个贮藏及使用期间，即它的货架期内，应保持生产时原有的、在规定限度内相同的性质和特征。药物的稳定性是评价药物有效期和安全性的重要指标之一，也是核定药物使用期的主要依据。影响药物稳定性的因素很多，它可以受到药物中每种活性成分、制剂中每种辅料的影响，还可以受到包装材料、贮藏的环境（如温度、湿度、光线、pH 和空气等）等的影响。改善药物稳定性方法很多，通常在制剂处方中加入电解质调节等渗，或加入盐（如一些抗氧剂）防止氧化，或加入缓冲剂调节 pH 值，或加入表面活性剂以防止水解等；也可使药物微囊化，或形成包合物，或生成更稳定的晶型等不同方式提升药物的稳定性。

空气中的氧是引起药物制剂氧化的主要因素，为了防止易氧化药物的自动氧化，在制剂中必须加入**抗氧剂**（antioxidant），如焦亚硫酸钠、亚硫酸氢钠、叔丁基对羟基茴香醚等。氨基酸类抗氧剂在药剂学中越来越受到重视，如半胱氨酸、蛋氨酸等，此类抗氧剂的优点是毒性小、本身不易变色。此外，维生素 E、卵磷脂作为油脂的天然抗氧剂，在增强药物稳定性方面也被广泛使用。不同抗氧剂也可结合使用，以增强抗氧化性能，如使用半胱氨酸配合焦亚硫酸钠使 25% 的维生素 C 注射液贮存期得以延长。

环糊精（cyclodextrin，CD）是直链淀粉经芽孢杆菌产生的环糊精葡萄糖基转移酶催化生成的一系列环状低聚糖的总称，通常含有 6～12 个 D-吡喃葡萄糖单元，其中研究得较多并且具有重要实际意义的是含有 6 个、7 个、8 个葡萄糖单元的分子，分别称为 α-、β-和 γ-环糊精。环糊精分子呈上宽下窄中空的环筒状结构，可将一定大小和形状的药物分子包裹形成一种特殊的包合物，达到改善药物溶解度、溶出速率和生物利用度的效果（图 14-5）。包合物相当于分子胶囊，药物分子被分离而包合在环糊精的空腔中受到保护而免受外部环境中反应性分子的攻击，避免药物分子发生水解、氧化、异构化、聚合及酶降解等。如在维生素 C 结构中连有二烯醇，化学性质不稳定，易发生降解反应，若用 β-环糊精进行包合，可阻断维生素 C 与周围环境的联系，增强药物的光稳定性、热稳定性、湿稳定性，延长了药物的有效期。

将聚合物溶液或分散液均匀涂布在片剂、胶囊剂、颗粒剂或小丸剂等固体制剂表面，形成薄膜层称为**薄膜包衣**（thin film coating）。薄膜包衣的衣膜材料主要采用一些适宜在碱性水溶液中溶解的带有羧酸基团的聚合物，如醋酸纤维素酞酸酯、羟丙基纤维素酞酸酯等。薄膜包衣可有效地控制药物吸湿及挥发问题，溶出度也未发生明显变化，提高了制剂的稳定性。如美扑伪麻素片，在贮存过程中易发生吸湿、变色、晶体析出等现象，致使含量降低，对其进行薄膜衣后可有效提高制剂的稳定性，对溶出度几乎无影响。

对于蛋白质与多肽类药物，因其结构、活性及给药方式的特殊性，对其在体内外的稳定性也有特殊要求。与小分子药物不同，蛋白质与多肽类药物的稳定性除受一级结构影响外，其高级结构也会对稳定性产生影响，通常将一级结构的稳定性称为化学稳定性，而将高级结构稳定性称为物理稳定性。蛋白质与多肽类药物的氨基酸残基易被修饰变化，发生氧化反应、还原反应、水解反应、脱酰胺反应，以及 β 消除、二硫键断裂与交换等一系列反应，高级结构也易受环境 pH、温度、离子强度等的影响而改变，从而对其稳定性产生影响。蛋白质与多肽在体外非自然条件（温度、pH 值、溶剂、盐浓度等不利条件）下抵抗不可

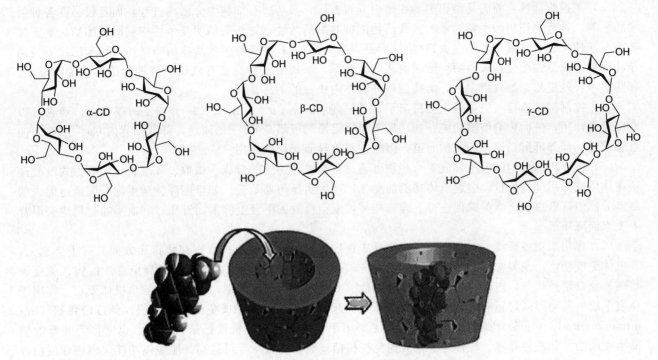

图 14-5 α-、β-和 γ-环糊精分子结构及其包覆化合物图解

逆结构改变的能力称为**动力学稳定性**（kinetic stability，也称长期稳定性），动力学稳定性通常用半衰期（$t_{1/2}$）来表示，可用于衡量蛋白质与多肽抵抗不可逆失活的能力。从动力学稳定性角度而言，蛋白质与多肽展开速度越慢，则代表该蛋白质或多肽越稳定。蛋白质与多肽类药物的稳定性可以借助物理途径和化学修饰进行改善，常用的方法包括选择合适的缓冲液、加入表面活性剂、添加金属离子、进行冷冻干燥、采用新剂型、定点突变、聚乙二醇修饰、糖基化修饰、脂肪酸修饰等。如对胰岛素进行脂肪酸修饰可有效增加稳定性，目前已有地特胰岛素（insulin detemir）、利拉鲁肽（liraglutide）、德谷胰岛素（insulin degludec）等产品成功进入市场；对红细胞生成素进行糖基化修饰后使其在体内外稳定性得到极大的改善，生物半衰期可延长三倍，此类产品在美国已获批上市。

四、药理评价的生化基础

（一）药物作用机制

药物对机体发挥作用是通过干扰或参与机体内在的各种生化过程的结果，因此各类药物的作用机制也是多种多样的。对药物作用机制的认识已从器官水平深入到细胞、亚细胞和分子水平，可以通过理化反应、干扰代谢、调节酶活、控制离子通道、影响免疫机制等多种途径实现药物效应。

（1）理化反应　许多药物可以通过简单的化学反应及物理作用产生相应的药理效应，如抗酸药通过中和胃酸而用于胃溃疡疼痛的治疗；解毒剂（如二巯基丙醇、依地酸钙钠等）通过与重金属阳离子的螯合作用可解救重金属或类金属的中毒；甘露醇在肾小管内通过物理性渗透作用而利尿；挥发性全身麻醉药通过与细胞膜相互作用，抑制细胞兴奋性而起全麻作用等。这些药物都是细胞膜双层脂质的溶质，其效价强度与油水分配系数有非常好的相关性，结构变异通常可与其作用机理相一致。

（2）干扰细胞代谢　药物可以补充生命代谢物质以治疗相应缺乏症，如铁盐补血、胰岛素治糖尿病等。有些药物化学结构与正常代谢物非常相似，掺入代谢过程却往往不能引起正常代谢的生理效果，而是导致抑制或阻断代谢过程，称为伪品掺入，也称**抗代谢药**（antimetabolite）。许多抗肿瘤药物可通过干扰癌细胞 DNA 或 RNA 代谢过程而发挥疗效，大量抗生素类也是作用于细菌核酸代谢而发挥抑菌或杀菌效应的。如核苷酸抗代谢物别嘌呤醇用于治疗痛风，氨甲蝶呤、阿糖胞苷用于抗肿瘤等；氨基酸抗代谢物磺胺是一种有效的抗菌药。

（3）调控酶活性　酶的品种很多，在体内分布极广，参与所有细胞生命活动过程，而且极易受各种因素的影响，是药物作用的主要对象。多数药物能抑制酶的活性，如新斯的明竞争性抑制胆碱酯酶，奥美拉唑不可逆性抑制胃黏膜 H^+/K^+ ATP 酶（抑制胃酸分泌）。有些药物可激活体内酶活性，如苯巴比妥可诱导肝微粒体酶活性增强，尿激酶可激活血浆纤溶酶原，解磷定能使遭受有机磷酸酯抑制的胆碱酯酶复活。有些药本身就是酶，如胃蛋白酶，给药后可补充体内酶量的不足。

（4）控制离子通道　细胞膜上无机离子通道控制 Na^+、Ca^{2+}、K^+、Cl^- 等离子跨膜转运，药物可以直接对其作用，进而影响细胞功能。如钙离子通道阻滞剂可阻滞 Ca^{2+} 的流通，降低细胞内 Ca^{2+} 浓度而使血管扩张；局部麻醉药通过抑制钠通道，阻断神经传导而起局麻作用。

（5）影响内源性神经递质和激素　药物可通过影响神经递质的合成、摄取、释放、灭活等方式改变递质在体内或作用部位的量，引起机体功能的变化，产生明显药理效应。如口服降糖药甲磺丁脲通过促进胰岛素分泌而降低血糖；麻黄碱促进肾上腺素能神经末梢释放去甲肾上腺素而升压；利血平通过耗竭去甲肾上腺素而降压等。

（6）作用于免疫系统　正常的免疫应答反应在抗感染、抗肿瘤及抗器官移植排斥方面具有重要意义，若机体免疫功能出现异常，可出现免疫病理反应，包括变态反应（过敏反应）、自身免疫性疾病、免疫缺陷病和免疫增殖病等，表现为机体的免疫功能低下或免疫功能过度增强，严重时可导致机体死亡。作用于免疫系统的药物可通过影响以上一个或多个环节引起机体的免疫增强或免疫抑制作用。**免疫增强剂**（im-munopotentiator）可以增强机体免疫应答，主要用于免疫缺陷病、慢性感染性疾病，也常作为肿瘤的辅助治疗药物。如左旋咪唑、转移因子及其他免疫核糖核酸、胸腺素等可提高细胞免疫功能，丙种球蛋白等可提高体液免疫功能，卡介苗等可提高巨噬细胞吞噬功能。**免疫抑制剂**（immunosuppression）可抑制机体的免疫功能，在临床上可用于器官移植的抗排斥反应和治疗自身免疫性疾病。如环孢素、他克莫司等可抑制IL-2 生成及活性，糖皮质激素可抑制细胞因子基因的表达，单克隆抗体可阻断 T 细胞表面信号分子。

（二）药物代谢相关酶

药物进入机体后主要以两种方式消除：一种是药物不经任何代谢而直接以原型随粪便和尿液排出体外；另一种是部分药物在体内经代谢后，再随粪便和尿液排出体外。**药物代谢**（drug metabolism）也称为生物转化（biotransformation），是药物从体内消除的主要方式之一，转化需要在酶的催化下进行，这些催化药物代谢的酶统称为**药物代谢酶**（drug metabolizing enzyme），简称**药酶**。药酶催化药物分子发生的反应主要包括氧化、还原、水解和结合四种类型，其中氧化是最为常见的药物代谢反应，结合反应通常将药物分子转化为无活性的代谢物以便排出体外，是药物的重要解毒途径。药酶在体内分布广泛，除肝脏外，在胃、肠、肾、肺、脑等组织和器官均有药酶存在，依据在细胞内的分布部位可分为**微粒体酶系**（microsomal enzymes）和**非微粒体酶系**（non-microsomal enzymes），其中微粒体酶系在药物代谢中更为重要。肝脏作为药物代谢的主要器官，富含各种药物代谢酶，如细胞色素 P450 单加氧酶系（cytochrome P450 monooxygenases 或 CYP450，简称 CYP）、黄素单加氧酶系（flavin-containing monooxygenases，FMO）、环氧化物水解酶系（epoxide hydrolases，EH）、结合酶系（conjugating enzymes）和脱氢酶系（dehydrogenases）等。肝外组织药酶种类更复杂，主要包括 CYP 酶系、转移酶系、结合酶系和脱氢酶系四大类，这些酶在肝外组织中含量少且影响因素多，参与许多内源性和外源性物质的代谢，在多种生理和病理过程中具有重要作用。

CYP 为一类亚铁血红素-硫醇盐蛋白（heme-thiolate proteins）的超家族，参与内源性物质和药物、环境化合物外源性物质的代谢，由血红素蛋白、黄素蛋白及磷脂三部分组成，因其还原态与一氧化碳作用后在 450nm 处有最大光吸收，因此被命名为细胞色素氧化酶 P450。哺乳动物的 CYP 主要存在于微粒体和线粒体中，根据氨基酸序列的同一性分为家族、亚家族和酶个体。在人类中已发现 CYP 共 18 个家族包含 60 多个酶，其中 CYP1、CYP2 和 CYP3 家族介导人体内绝大多数药物的代谢。CYP 是一个多功能的酶系，可作为单加氧酶、脱氢酶、还原酶、过氧化酶、酯酶等催化代谢反应，对同一种底物催化反应后可生成几种不同的代谢产物。此类酶对底物的结构特异性不强，可代谢各种类型化学结构的底物，既能代谢大分子底物，也能代谢小分子底物。CYP 具有明显的种属、性别和年龄的差异，其中以种属差异表现最为明显，不同种属的 P450 同工酶的组成不同，因此药物在不同人体内的代谢途径和代谢产物可能是不同的，因此为获得更好的疗效，需要依据基因差异进行个体化用药。

FMO 是一个包括 6 个超家族的药物代谢酶，可以氧化胺、硫化物、亚磷酸酯等，催化底物反应时需要氧、NADPH 和 FAD 等辅助因子。FMO 家族成员有一些共同特征，如都具有 NADPH 和 FAD 结合位点，在活性位点都有高度保守的精氨酸残基。经 FMO 氧化后很多药物分子失去活性，如烟碱、西咪替丁、雷尼替丁、氯氮平、依托必利等。

EH 可分为存在于细胞质中的可溶性环氧化物水解酶和存在于细胞内质网膜上的微粒体环氧化物水解酶两类，该类酶催化环氧基团解开转化为二元醇结构，一些药物经 CYP 代谢后会生成环氧化产物，经 EH 进一步水解可转变成无毒或毒性很弱的代谢物。

结合酶系主要催化药物结合反应，可迅速终止代谢物毒性。如葡萄糖醛酸转移酶、硫酸转移酶、乙酰转移酶、甲基转移酶、谷胱甘肽-S-转移酶等。除葡萄糖醛酸转移酶存在于内质网外，其余均位于细胞质中。脱氢酶主要存在于细胞质中，可对许多药物和体内活性物质进行代谢，包括乙醇脱氢酶、乙醛脱氢酶、乳酸脱氢酶、二氢嘧啶脱氢酶、琥珀酸脱氢酶、葡萄糖-6-磷酸脱氢酶等。

第二节　生物药物

正常机体通常具有抵御和自我战胜疾病的能力，这是由于生物体内部不断产生各种与代谢紧密相关的调控物质，如蛋白质、酶、核酸、激素、抗体、细胞因子等，通过这些物质的调控使生物体维持正常的机能。根据生物体的这种自我防护机制，可以从生物体内分离提取这些物质作为药物用于临床，这些药物不同于化学小分子药物，被称为生物药物。

一、生物药物概述

（一）生物药物的定义

生物药物（biological medicine）是指利用生物体、生物组织、体液或其代谢产物（初级代谢产物和次级代谢产物），综合应用化学、生物化学、生物学、医学、药学、工程学等学科的原理与方法加工制成的一类用于疾病预防、治疗和诊断的物质。生物药物的内涵相当丰富，不仅包括生化药物与生物制品，还包括其他一切以生物体、组织或酶为原材料或手段制备的医药产品。

（1）**生化药物**（biochemical drug）　主要指的是以天然动物及其组织为原料，通过分离纯化制备的生物药物，属于内源性生理活性物质，这类物质都是维持正常生命活动所必需的，包括氨基酸、多肽、蛋白质、糖类、脂类、核酸、维生素及激素等，历史上曾通俗地称为脏器制药。正是因为机体内不断产生这类物质的调控作用，才能保持健康状态，若机体受到外界环境的影响或其本身老化使某种活性物质的产生或作用受到阻碍时，就会发生与该物质有关的疾病，如胰岛素分泌障碍时就会发生糖尿病。此类药物是人体的基本生化成分，用作药物时显示出高效、合理、毒副作用极小的临床效果，受到极大重视。而生物体间的种属差异，使许多内源性生理活性物质的应用受到了限制，如用人生长激素治疗侏儒症有特效，但猪生长激素则对人体无效。

（2）**生物制品**（biological product）　是以微生物、细胞、动物或人源组织和体液等为原料，应用传统技术或现代生物技术制成的用于人类疾病的预防、治疗和诊断的物质。生物制品一般具有免疫学反应或平衡生理功能，其制造也有别于生化药物，它更多地涉及免疫学、预防医学与微生物学，包括细菌类疫苗、病毒类疫苗、抗毒素及抗血清、血液制品、细胞因子、生长因子、酶、体内及体外诊断制品，以及其他生物活性制剂，如毒素、抗原、变态反应原、单克隆抗体、抗原抗体复合物、免疫调节剂及微生态制剂等。如由重组 DNA 技术制成的干扰素（IFN）、白介素（IL）、集落刺激因子（CSF）、红细胞生成素（EPO）等都属于生物制品类。

对于生物制品的定义，世卫组织则强调了检定方面的特性，规定效价和安全性检定仅凭物理化学的方法或技术不足以解决问题而必须采用生物学方法检定的制品归为生物制品，据此标准抗生素、维生素及激素等不属于生物制品的范畴。**抗生素**（antibiotic）通常是指生物体（包括微生物、动物、植物）在生命活动中产生的，具有抗感染和抗肿瘤作用，在低浓度下能选择性地抑制多种生物功能的有机化学物质。有些抗生素还具有特殊的药理活性，如强力霉素有镇咳作用，新霉素有降胆固醇的作用等。抗生素可以通过微生物发酵产生，有些从植物、海洋生物中提取的抗生物质如小檗碱、海星皂苷等也属于抗生素，而只能用化学方法合成的抗菌药则不属于抗生素范畴。

由于各学科的发展、交叉和渗透，生化药物、生物制品和抗生素等生物药物的分类有时并无明确的界线。如干扰素、白介素等细胞因子也符合生化药物的定义，可归为生化药物，随着现代生物制药技术的发展和应用，各类生物药物的关系越来越密切，内涵也愈来愈接近。

（二）生物药物特性

1. 药理学特性

疾病的发生实际上是受内外环境因素的影响，导致体内相互联系和相互制约的代谢平衡被破坏，其直接表现就是人体内某一种成分的浓度或活性水平提高或降低。如糖尿病与胰岛素合成水平下降有关；牛皮癣与白介素-6 的过多分泌有关等。生物药物直接或间接来源于生物，其结构和性质与人体存在或多或少的关联，在人体中具有相对较高的相容性和针对性，因此具有一些特殊的药理学特性：

（1）强针对性和高疗效　生物药物直接或间接来源于生物体，其结构和性质与人体的生理活性物质高度相近，甚至相同，应用于人体以补充、调整、增强、抑制、替换或纠正代谢失调时具有很强的针对性，且用量小、疗效高。如细胞色素 c 为细胞呼吸链中重要组成部分，用于治疗因组织缺氧引起的一系列疾病效果显著。

（2）高营养价值和低毒副作用　生物药物的组成单元多为机体的营养物质，如氨基酸、核苷酸、单糖、脂肪酸及微量元素和维生素等，进入人体后，易于被机体吸收利用并参与人体正常代谢与调节。

（3）生理副作用　一些大分子蛋白质类往往会引起免疫原性反应和过敏反应等副作用，而且生物药物在机体内的原有活性一般会受到机体的调控平衡，用作药物时常会超过体内正常的生理平衡调控致使发生副作用，如发热等症状。

2. 原料的生物学特性

生产生物药物的原材料来源广泛，可以是人、动物、植物、微生物等天然的生物组织或分泌物，也可来源于人工构建的工程细胞和动植物体。在天然来源的原料中药理学活性成分含量通常都很低，且杂质多，使在生产时过程复杂、利率低。生物药物原料及产品均为高营养物质，极易腐败、染菌，被微生物代谢所分解或被自身的代谢酶所破坏，造成有效生物活性成分生物学活性降低或丧失，甚至产生有毒或致敏性物质。

3. 检验的特殊性

有些生物药物（如细胞因子类药物）极微量就可产生显著的效应，任何药物性质或剂量的偏差，都可能贻误病情甚至造成严重危害，因此质量控制应当非常严格，不仅要有理化检验指标，更要有生物活性检验指标，这也是生物药物生产的关键。生物药物的检测方法也是多种多样，需要综合生物化学、免疫学、微生物学、细胞生物学和分子生物学等多门学科的相关理论和技术，才能保证药物的安全有效。生物药物的检测环节也多于化学类药物，如对基因工程药物的检测，除鉴定最终产品外还要从基因的来源、菌种、原始细胞库等方面及培养、纯化等环节进行质量检验。

4. 生产制备过程的特殊性

生物药物对热、酸、碱、重金属、机械搅拌、压力、空气、日光等各种理化因素敏感，为确保生物药物的药理活性，需从原料处理、制造工艺过程、制剂、贮存、运输和使用等各个环节严格控制。

5. 剂型特殊性

生物药物易于被人体的消化系统所降解或变性，因此生物药物一般多采用针剂，或皮下吸收等新剂型，若需采用口服剂类型，通常需要加保护剂。

二、生物药物的分类与应用

（一）生物药物分类

生物药物的来源、生产、种类、用途复杂多样，也可依据不同标准进行分类，可按药物的化学本质和化学特性分类，也可按原料来源分类，还可依据生理功能和临床用途分类。

1. 按化学本质和化学特性分类

生物药物的分离、纯化和检测，都需要以生物药物分子的化学本质与结构为基础，按该标准分类有助于理解生物药物的生产和检测方法。依据化学本质和化学特性可将生物药物分为以下几类：

（1）氨基酸及其衍生物类药物　这类药物包括天然的氨基酸和氨基酸混合物及氨基酸的衍生物。如胱氨酸用于抗过敏、肝炎的辅助治疗和白细胞减少症；Met 用于防治肝炎、肝坏死和脂肪肝；Cys 的衍生物 N-乙酰半胱氨酸用于治疗咳痰困难；Phe 的衍生物 L-多巴（L-二羟苯丙氨酸）用于治疗帕金森病等。

（2）多肽和蛋白质类药物　多肽和蛋白质类药物有相似性，但分子量与生物功能却存在很大差异，这类药物还可细分为多肽、蛋白质类激素和细胞因子三类。如人血浆白蛋白、免疫球蛋白、胰岛素等。

（3）核酸及其降解物和衍生物类药物　这类药物包括核酸、多聚核苷酸、核苷、核苷酸及相关衍生物。如用于治疗肝炎的抗乙肝免疫核糖核酸；用于抗病毒和肿瘤治疗的多聚胞苷酸、聚肌苷酸、阿糖胞苷、环胞苷等。

（4）酶类药物　多数酶都属于蛋白质类，但酶具有特殊的生物催化活性，因而将它们从蛋白类药物中独立出来，酶类药物已经广泛用于疾病的诊断和治疗。如用于帮助消化的胃蛋白酶、胰蛋白酶等；用于消炎清疮的溶菌酶、糜蛋白酶等；用于心脑血管疾病的纤溶酶、尿激酶、蚓激酶等；用于抗肿瘤的 L-天冬酰胺酶、谷氨酰胺酶等。

（5）糖类药物　糖类药物在抗凝血、降血脂、抗病毒、抗肿瘤、增强免疫功能和抗衰老等方面具有较强的药理学活性。如肝素有很强的抗凝血作用，广泛用于外科手术；小分子肝素是降血脂和防治冠心病的良药；胎盘脂多糖是一种促 B 淋巴细胞分裂剂，能增强机体免疫力；真菌多糖具有抗肿瘤、增强免疫力和抗辐射的作用。

（6）脂类药物　不同的脂类药物的分子结构存在差异，生理功能也很广泛。如用于肝病、冠心病和神经衰弱症的脑磷脂和卵磷脂；用于胆结石的鹅去氧胆酸和熊去氧胆酸；用于降脂的亚油酸、亚麻酸、花生四烯酸等。

（7）抗生素类药物　抗生素类药物种类很多，包括 β-内酰胺类、氨基糖苷类、大环内酯类、四环类、多肽类、多烯类、苯烷基胺类、蒽环类、环桥类及其他一些不能归入以上九类的一些抗生素。

（8）维生素与辅酶类药物　机体内的维生素大多需由食物供给，维生素不是组织细胞的结构成分，不能为机体提供能量，但对机体代谢有重要的调节和整合作用。如抗癞皮病的维生素 PP；治疗小红细胞低色素性贫血的维生素 B_6 等。

（9）其他类　有些生物药物不属于以上八类，如以细胞或病毒整体为药物的生物制品及血液制品、微生态制剂等，这些药物组分复杂，常含有多种不同成分。

2. 按原料来源分类

按原料来源不同进行分类，可以分为以下类别：

（1）人体来源的生物药物　以人体组织为原料制备的药物疗效好，无毒副作用，但受来源和伦理限制，无法大批量生产，主要限于人血液制品、人胎盘制品和人尿制品。随基因工程技术的发展与应用，基本可以解决人体来源原料受限的难题。

（2）动物组织来源的生物药物　动物来源的原料非常丰富，且价格低廉，便于大批量生产，但动物和人存在较大的物种差异，而且有些药物的疗效低于人源同类药物，甚至对人体无效。如人胰岛素与牛、猪胰岛素有不同的生物活性；人生长素对侏儒症有效而动物生长素对治疗侏儒症无效，且会引起抗原反应等。

（3）微生物来源的生物药物　微生物生长快，适于大规模工业化生产，因此微生物来源的生物药物品种最多，应用最广泛，包括各种初级代谢产物、次级代谢产物及工程菌生产的各种人体内活性物质，其产品涉及氨基酸、蛋白质、酶、糖、抗生素、核酸、维生素、疫苗等各种类型药物，尤以抗生素最为典型。

（4）植物来源的生物药物　植物体含有多种具有药理活性的生物组分，这些活性组分可以是初级代谢产物，也可以是次级代谢产物。现有药物中约有 40% 的药物来源于植物或以来源于植物的分子为基础人工合成，我国有详细记载的中草药有近 5000 种，该类药物的资源十分丰富。

（5）海洋生物来源的生物药物　与陆地生物相比海洋生物在本质上并没有什么不同，只是人类对海洋生物的认识相对要比陆地生物滞后，丰富的海洋生物资源是一个新的药物资源宝库。

（二）生物药物应用

生物药物广泛用作医疗用品，在医学、预防医学、保健医学等领域都发挥着重要作用，特别是在传染病的预防和某些疑难病的诊断及治疗上起着其他药物不能替代的独特作用。其应用大致可分为四个方面。

（1）用于疾病治疗　生物药物的主要应用是疾病治疗，对许多常见病、多发病都有很好的疗效。尤其对于疑难杂症，如肿瘤、神经退化性疾病、心脑血管疾病、自身免疫性疾病、冠心病、内分泌障碍等，生物药物的治疗效果是其他药物不可比拟的。在用化疗法治疗肿瘤时最大的问题就是"敌我不分"，在杀死癌细胞的同时，也对正常细胞造成伤害。若利用抗体寻找靶标进行靶向治疗可以将药物准确引入病灶，特异性作用于肿瘤细胞而不伤及其他正常的细胞和组织。神经退化性疾病如老年痴呆症、帕金森病、脑中风的治疗药物非常有限，尤其是治疗不可逆脑损伤的药物更少，胰岛素生长因子、神经生长因子、溶栓活性酶的研制有可能给这些疾病的治疗带来更理想的效果。许多炎症由自身免疫缺陷引起，如哮喘、风湿性关节炎、多发性硬化症，而高效基因药物为这类顽固疾病的治疗带来希望。

（2）用于疾病预防　对于传染性疾病，最重要且有效的手段就是预防，接种疫苗被认为是最行之有效的措施，人类控制和消灭传染病最成功的例子就是天花的免疫预防。已有几十种细菌性疫苗和病毒性疫苗被广泛应用，如预防结核的卡介苗，用于免疫和控制危害极大的小儿麻痹症的脊髓灰质炎（脊灰）疫苗等。尽管疫苗在大量疾病的预防、治疗中起着非常重要的作用，但目前仍有许多难治之症（如癌症、艾滋病等）没有疫苗或现有疫苗不够理想，需要进行更加深入的研究。

（3）用于疾病诊断　许多疾病在诊断时需对病原体进行鉴别、对机体的各种代谢物进行分析，这些都需要各种诊断试剂，大部分临床诊断试剂都来自生物药物，生物药物用作诊断试剂具有速度快、灵敏度高和特异性强的特点。现已成功使用的有免疫诊断试剂、单克隆抗体诊断试剂、酶诊断试剂、放射性诊断药物和基因诊断药物等。如早孕试纸、AIDS 病诊断试剂盒等。

（4）其他用途　生物药物还可应用在生物医学材料、美容化妆品、营养保健品、生化试剂等领域。生物医学材料可用于器官的修复、移植或外科手术矫形及创伤治疗等方面，如止血海绵、人工肾脏、人工胰脏、人造皮等。众多的酶制剂（如溶菌酶）、生长因子（如 EGF）、多糖类（如肝素）、脂类（如胆固醇）和多种维生素均已广泛用于制造护肤护发、美容化妆、清洁卫生、劳动保护等日化产品中。一些生物药物类别还可作为软饮料及食品添加剂的组分，包括多种氨基酸、维生素、甜味剂、天然色素及各种有机酸类。很多生物制品还用作科学研究中的试剂，如细胞培养剂、细菌培养剂、电泳与层析配套试剂、工具酶、植物血凝素、同位素标记试剂和各种抗血清与免疫试剂等。

三、生物药物的制备

（一）生物药物来源

生物药物的原料包括人体、植物、动物、微生物以及海洋生物，有些材料来源方便可直接大量获取，有些原材料不易获得，但可通过基因工程等手段扩大生产。利用各种不同的生化与分子生物学技术，对不同来源的生物材料进行加工处理，可分离纯化出具有药用价值的有效成分。

（1）人体组织　人体来源的生物药物一般归类于生物制品，主要包括血液制品、胎盘制品和尿液制品，这类药物不易产生免疫反应，但来源有限。血浆中含有多种活性蛋白和多肽成分，如已获批上市的白蛋白、IgG、干扰素、白介素等；利用人胎盘可获得胎盘丙种球蛋白、胎盘白蛋白、RNA 酶抑制剂、绒膜促乳激素等；从尿液中可制备尿激酶、激肽释放酶、尿抑胃素、蛋白酶抑制剂、睡眠因子、集落刺激因子、表皮生长因子、绒膜促性腺激素等。

（2）动物组织　这类原料来源广泛、品种繁多、材料丰富且新鲜，可用于制备人体所需的各种活性物质，是生产生物药物的主要资源。此外，细胞培养技术的应用还可以对动物源工程细胞经基因改造后放大培养，用作生物药物的原材料，甚至用转基因动物来表达药物分子。用动物原料可生产酶、辅酶、蛋白、多肽及肽类激素、核酸及其降解物、糖类、脂类等不同种类生物药物。由于动物与人体的种族差异较大，动物来源活性物质的结构与人体同类组分存在差异，注射于人体会产生抗原反应，严重时会危及生命，因而此类药物的安全性特别重要。

（3）植物组织　植物来源的有效成分约占全世界药物的40%，药用植物中具有药物功能的组分多种多样，结构复杂，除各种天然小分子有机化合物以外，还有多种生物大分子活性物质，如蛋白质、多肽、酶、核酸、糖类和脂类等。将相关基因引入植物细胞中获取转基因植物，并对转基因植物进行扩大繁殖，再从中提取生物活性物质，利用转基因植物作为生物药物的原料来源也越来越受到重视。与传统的抗生素和疫苗的生产方法相比，利用转基因植物不仅成本低，而且产量大，可以安全、经济、有效地生产多种活性组分。与动物原材料相比，植物与人体种族差异更大，因而植物来源的生物大分子用于人体时会产生更为强烈的免疫反应，使植物来源的生物大分子药物主要用于口服和外用。

（4）微生物　微生物是生物药物的重要来源，特别是近年利用基因工程改造的工程微生物的应用，更加丰富了生物药物的微生物类材料。微生物来源的生物药物已经创造了巨大的医疗价值和经济效益，利用微生物生产的药物主要有抗生素、多糖、氨基酸、酶以及酶抑制剂、生物调节剂、激素、细胞因子类等。如以青霉素为代表的各种抗生素类，免疫抑制剂环孢菌素A、雷帕霉素FK506等，具有显著降血脂作用的胆固醇生物合成抑制剂洛伐他汀、普伐他汀等，通过基因工程技术生产的胰岛素、生长素、白介素、肿瘤坏死因子等各种蛋白与多肽类药物。

（5）海洋生物　海洋生物来源的生物药物又称海洋药物，目前已经从海洋藻类、微生物、海绵、棘皮动物、腔肠动物、软体动物、鱼类等各种海洋生物中分离和鉴定了数千种海洋天然活性物质，许多物质具有抗菌、抗病毒、抗肿瘤、抗凝血等药理活性作用。如从海藻中获取的用于抗肿瘤、防治心血管疾病的褐藻酸钠、烟酸甘露醇酯、六硝基甘露醇等，从海葵中分离出具有抗癌作用的Polytoxin，从软珊瑚中分离的具有较强抗癌活性的环二肽等。

（二）生物制药技术

以生物体为原料或借助生物过程，利用各种生物技术开发、研制和生产生物药物（包括传统的生化药物、抗生素、生物制品等）的过程称为生物制药。在生物制药过程中使用较多的是发酵工程技术、生化分离技术、基因工程技术、蛋白质工程技术、抗体工程技术和细胞工程技术等。

（1）发酵工程技术　发酵工程也称**发酵**（fermentation），指生物体对有机物的某种分解过程，利用发酵工程技术生产生物药物往往借助微生物的代谢过程直接获取有药用价值的菌体或分离初级、次级具有生物活性的代谢产物。发酵工程常用技术包括菌种的选育与保藏、培养基的配制、灭菌、发酵过程控制及活性组分分离纯化等技术。发酵工程技术已经广泛应用于抗生素、氨基酸、酶、激素等各种生物药物的生产制备过程。

知识链接　　　　　　　　　　　　　酶素化学与无细胞发酵

Eduard Buchner 1860年5月20日生于慕尼黑，是德国著名生物化学家，酶素化学的开拓者，无细胞发酵的发现者。Eduard Buchner为了把酵母提取液用于医学，他用石英砂磨碎酵母菌细胞制成酵母汁，并加入大量砂糖防腐，结果意外地发现酵母汁也有发酵现象，任何生物都具有引起发酵的物质——酶。Eduard Buchner用实验证明了发酵主要是酵素（酒化酶）而不是酵母细胞起作用，其主要著作有《无细胞发酵》（1897年）和《酒化酶发酵》（1903年）等，从而结束了一直以来对发酵本质的激烈争论。从此以后，人们用生物细胞的磨碎物研究种种反应，从而促成了当代生物化学的诞生，也将生物化学和微生物学彼此沟通起来，大大扩展了发酵与酿造的范围，丰富了发酵与酿造的产品。Eduard Buchner的这些杰出成就使他获得1907年诺贝尔化学奖。

（2）生化分离技术　**生化分离**（biochemical separation）技术是利用待分离物中的目标组分与杂质之间的物理、化学及生物学性质上的差异，对目标组分进行分离、纯化的过程。常使用的技术包括细胞破碎、固液分离、纯化与精制等。早期的生物药物多采用生化分离手段直接从生物材料中分离获取，如胰岛素、肝细胞生长因子、绒毛促性腺激素等。随着越来越多新技术的发展，许多生物药物的生产制备可直接在工程细胞中表达，但仍然需要分离纯化过程。

（3）基因工程技术　**基因工程**（gene engineering）是利用分子生物学方法对遗传基因进行人工改造的技术，在生物制药过程中通常将目的基因插入载体，并将重组载体转入新的宿主细胞获得工程细胞，在工程细胞内进行复制和表达目的基因，获得有活性的产物。基因工程技术主要用于生产蛋白质或多肽类药物，第一个基因工程药物是重组人胰岛素，随后人生长素、干扰素、白介素、乙型肝炎疫苗、集落刺激因子、红细胞生成素、肿瘤坏死因子、降钙素等也都通过基因工程技术取得成功生产。

（4）蛋白质工程技术　**蛋白质工程**（protein engineering）需要借助基因工程手段，包括基因的定点突变和表达，对蛋白质进行修饰、改造、拼接，以期获得性质和功能更加完善的蛋白质分子。蛋白质工程通过了解蛋白质的化学组成、空间结构及生物功能之间的相互关系，并在此基础上实现从氨基酸序列预测蛋白质空间结构和生物功能，设计合成具有特定生物功能的全新的蛋白质。如通过蛋白质工程技术将人胰岛素 B28 位脯氨酸与 B29 位赖氨酸位置互换，使产物不易形成六聚体，获得速效胰岛素。

（5）抗体工程技术　抗体是机体由于抗原的刺激而产生的具有保护作用的蛋白质，由浆细胞（效应 B 细胞）分泌产生，被免疫系统用来鉴别与中和外来物质如细菌、病毒等。抗体在医疗实践中应用甚为广泛，包括疾病的预防、诊断和治疗等多个方面。**抗体工程**（antibody engineering）是利用免疫学、动物细胞培养及基因工程等技术制备抗体的过程，包括杂交瘤细胞技术、抗体库技术、基因工程抗体、抗体分离纯化技术等。随着各种技术的发展与完善，将人 Ig 基因转入动物的技术越来越成熟，抗体的人源化及全人源抗体的产生已非难事，另外利用抗体在真核系统的高效表达技术可进行大规模抗体的生产，使各种用于体内治疗的抗体制剂纷纷上市。如用于类风湿关节炎和强直性脊柱炎的阿达木单抗，用于乳腺癌的曲妥珠单抗等。

（6）细胞工程技术　应用细胞生物学和分子生物学的理论和方法，按照预先的设计蓝图，进行在细胞水平上的遗传操作及大规模的细胞和组织培养的过程称为**细胞工程**（cell engineering），包括细胞培养、细胞融合、细胞拆合、染色体操作及基因转移等多个方面。**单克隆抗体**（monoclonal antibody，mAb/McAb）是最早用细胞融合技术获得的生物药物，各种疫苗、菌苗、抗生素、生物活性物质等也可以通过培养、诱变等细胞工程或细胞融合途径进行制备，不仅大大提高了效率，还能制备出多价菌苗，可以同时抵御两种以上的病原菌的侵害。

（7）酶工程技术　**酶工程**（enzyme engineering）就是在生物反应装置中，利用酶所具有的生物催化功能，借助工程手段将相应的原料转化成需要的产品，包括酶制剂的制备、酶的固定化、酶的修饰与改造及酶反应器等。在生物制药领域利用酶工程可以直接生产酶类药物，如淀粉酶、溶菌酶、蛇毒凝血酶、激肽释放酶、胶原酶、谷氨酰胺酶、尿激酶等，也可以利用酶的催化反应特性生成药物，如青霉素酰化酶生产半合成抗生素，用天冬氨酸脱羧酶生产丙氨酸等。

（三）生物制药质量控制

质量控制（quality control，QC）是为达到质量要求采取的作业技术和活动，就是按规定的方法检测原料、中间产品及产品的质量特性，与规定的质量标准进行比较，从而对产品作出合格与不合格的判定过程，通过对检验结果的综合分析，可以提供质量信息，作为质量改进的依据，通常质量控制也称**质量检验**（quality inspection）。生物药物不同于一般化学药品，它源自生物体组织并具有复杂的分子结构，生产涉及生物材料和生物学过程，如发酵、细胞培养、分离纯化等，这些过程有其固有的易变性，因此对此类产品的质量控制比化学药品更为复杂，需要根据生产和使用中的情况逐步完善。

国际上对药品质量管理的理念是不断发展变化的，从"药品质量是通过检验来控制的"到"药品质量是通过生产过程控制来实现的"，现在又提出"药品质量是通过良好的设计而生产出来的"，即"**质量源于设计**（quality by design，QbD）"的理念。这就意味着药品从研发开始就要考虑最终产品的质量，在配方设计、工艺路线确定、工艺参数选择、物料控制等各个方面都要进行深入研究，积累翔实的数据，并依此确定最佳的产品配方和生产工艺。具体地讲，药品的质量设计是以预先设定的目标产品质量概括为研发的起点，在了解关键物质属性的基础上，通过试验设计理解产品的关键质量属性，确立关键工艺参数，在原料特性、工艺条件、环境等多个影响因素下，建立能满足产品性能且工艺稳健的设计空间，并根据设计空间，建立质量风险管理，确立质量控制策略和药品质量体系，整个过程强调对产品和生产的认知。

目前我国生物药物质量控制主要依照《中华人民共和国药典》和《药品生产质量管理规范》以及CFDA颁布的技术指导原则和标准进行，同时参考世界卫生组织（WHO）和美国食品药品管理局（FDA）颁布的指南、药品注册的国际协调组织（ICH）文件和欧洲药典。针对处于开发研究的目标产品不同特点收集和查阅国内外已有的相应的质量控制标准并结合我国现有条件经过研究制定出准确可靠、切实可行、保证产品安全、有效的检定标准与检定方法。

生物药物的质量控制经常使用生物学技术和分析技术，与物理化学测定相比变动性更大，由于方法学和检测灵敏度的限制，某些杂质在成品检定时还可能检测不出，因此对生产全过程进行质量控制十分重要。生物药物生产用原料及辅料购入后在生产前必须按照相应的规章规程和食品药品管理部门所颁布的指导原则进行质量检验，未纳入国家标准的化学试剂也不能低于化学纯。

生物药物产品在进入市场前还应进行严格的理化性质、活性和安全性测定。理化性质包括外观、分子量、纯度、防腐剂、酸碱度、含水量及其他一些可能造成污染的组分的检测分析，蛋白类制品还需要对其等电点、氨基酸组成、肽图谱和末端氨基酸序列进行分析，真空包装的产品还需要进行真空度和溶解时间检测。活性测定一般采用生物学方法进行测定，生物测定是利用生物体来测定待检品的生物活性或效价的一种方法，它以生物体对待检品生物活性的反应为基础，以生物统计为工具，运用特定的实验设计，通过比较待检品和相应的标准品或对照品在一定条件下所产生的特定生物反应的剂量间的差异来测得待检品的效价。安全性测定用以排除可能存在的不安全因素，以保证制品用于人体时不致引起严重反应或意外事故，包括热原、毒性、杀菌灭活与脱毒效果、过敏性物质、其他残余组分（如细胞DNA、蛋白质、抗生素等）等多个方面的检测。

生物药物生产之后受客观环境的影响会逐渐变质，合理的包装可延缓其变质过程。对内外包装材料需要严格控制，不能对药物造成污染，影响品质。包装方式应防止光线、温度、空气、水分和微生物等外界因素的不利影响，而且有详细的标签。为使生物制品在保藏过程中不致变质，还可加入适当的保护剂。绝大多数生物药品对温度敏感，要求在2～8℃的低温条件下冷藏，运输时必须使用冷藏运输车或相应的冷藏设备，保持冷链运输。药品存放区均需设置或悬挂温湿度检测显示仪器，药品分类存放，并有明显标志，每天应认真填写库房温湿度记录。

（四）生物药物现状与趋势

生物药物的应用具有悠久的历史，在新药研发中生物药物的占比逐年提高，目前已达40%以上，是研究最活跃、发展最迅速的领域之一。2014年全球生物药物市场规模从1944亿美元，到2018年达到2618亿美元，年复合增长率为7.7%，高于非生物药市场增速。其中单抗类药物在市场占比中最高，2018年全球单抗销售占生物药销售总额的55.3%；其次是治疗性重组蛋白，销售占比达32.1%；排名第三的是疫苗，销售额占比11.5%。在2018年全球销售额排名前十的药品中，单抗和融合蛋白类产品占据八席。上榜的单抗药物的适应证主要覆盖癌症、自身免疫疾病和眼科疾病等，如用于自身免疫性疾病的阿达木单抗、依那西普等；用于肿瘤的帕博利珠单抗、曲妥珠单抗、贝伐珠单抗等；用于眼科的阿柏西普，其中阿达木单抗连续多年蝉联全球最畅销药物。

生物药物靶向治疗重大疾病符合"个体化治疗"和"精准医学"的概念，未来可借助人类基因组数据、疾病分子分型、大数据分析等相关研究成果，对肿瘤等重大疾病进行个体化治疗和精准治疗。近年来环境污染越来越严重，癌症的发生率不断增高，全球正处于临床研究的生物药物近3000项，其中针对恶性肿瘤的药物超过800项，针对罕见疾病的生物药物近600项，用于神经疾病的在400项以上。生物药物已经成为医药行业中最重要的组成部分，随着医药领域整体技术水平的提升，生物药物仍具备很大的成长空间，必将取得更大的发展。

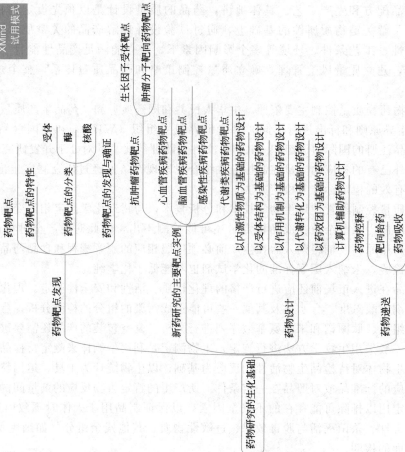

生物化学与药物研究

药物研究的生化基础

药物靶点发现
- 药物靶点
  - 药物靶点的特性
  - 药物靶点的分类
    - 受体
    - 酶
    - 核酸
  - 药物靶点的发现与确证

新药研究的主要靶点实例
- 抗肿瘤药物靶点
  - 生长因子受体靶点
  - 肿瘤分子靶向药物靶点
- 心血管疾病药物靶点
- 脑血管疾病药物靶点
- 感染性疾病药物靶点
- 代谢类疾病药物靶点

药物设计
- 以内源性物质为基础的药物设计
- 以受体结构为基础的药物设计
- 以作用机制为基础的药物设计
- 以代谢转化为基础的药物设计
- 以药效团为基础的药物设计
- 计算机辅助药物设计

药物递送
- 药物控释
- 靶向给药
- 药物吸收
- 药物稳定性

药理评价

生物药物
- 生物药物的定义
  - 生化药物
  - 生物制品
  - 生物技术药物
- 生物药物特性
- 生物药物的分类
  - 按照化学本质分类
  - 按照来源分类
- 生物药物应用
  - 预防疾病
  - 诊断疾病
  - 治疗疾病
  - 其他用途
- 生物药物的制备
- 生物药物的质量保证
  - 质量源于设计(quality by design,QbD)质量保证

拓展学习

本章编者已收集整理了一系列和生物化学与药物研究相关的经典科研文献、参考书等拓展性学习资料，请扫描右侧二维码进行阅读学习。

思考题

1. 生物药物的定义是什么？具有哪些特性？可分为哪些类别？
2. 试举例说明生物制药常用技术。
3. 为什么说生物制药质量控制非常重要？质量控制主要在哪些环节？
4. 什么是药物靶点？具有什么特性？如何分类？如何发现新靶点？
5. 常用药物设计方法有哪些？各有什么特点？
6. 药物递送过程需要注意哪些方面？
7. 药物在体内的代谢反应类型有哪些？根据细胞内的分布药酶可分哪两类？试举例说明。

参考文献

[1] 郭增军.新药发现与筛选.西安：西安交通大学出版社，2017.

[2] 陈小平，马凤余.新药发现与开发.2版.北京：化学工业出版社，2016.

[3] 葛驰宇，肖怀秋.生物制药工艺学.北京：化学工业出版社，2018.

[4] 王素芳，朱秋华，何琳，等.生物药物的制备与质量控制.杭州：浙江大学出版社，2013.

[5] 罗学刚，周庆峰，等.药理学.2版.武汉：华中科技大学出版社，2016.

[6] Santos R，Ursu O，Gaulton A，et al. A comprehensive map of molecular drug targets. Nat Rev Drug Discov，2017，16（1）：19-34.

[7] Lafferty-Whyte K，Mormeneo D，Del Fresno Marimon M. Trial watch：opportunities and challenges of the 2016 target landscape. Nat Rev Drug Discov，2017，16（1）：10-11.

[8] János Fischer，Christian Klein，Wayne E Childers. Successful Drug Discovery. Vol4. New York：Wiley-VCH，2019.

[9] Kristian Strømgaard，Povl Krogsgaard-Larsen，Ulf Madsen. Textbook of Drug Design and Discovery. 5th Edition. London：Taylor & Francis Group，2017.

[10] Jürgen Moll，Sebastian Carotta. Target Identification and Validation in Drug Discovery. 2nd Edition. New Jersey：Humana Press，2019.

[11] Mohini Gore，Umesh B Jagtap. Computational Drug Discovery and Design. New Jersey：Humana Press，2018.

[12] Günter Jagschies，Eva Lindskog，Karol Łącki，et al. Biopharmaceutical processing：development，design，and implementation of manufacturing processes. Amsterdam：Elsevier Ltd，2018.

[13] Shruti Chillistone，Jonathan G Hardman. Factors affecting drug absorption and distribution. Anaesthesia & Intensive Care Medicine，2017，18（7）：335-339.

[14] Tripathi K D. Essentials of Medical Pharmacology. 8th Edition. New Delhi：Jaypee Brothers Medical Publishers（P）Ltd，2019.

（赵文锋）

索 引

A

阿贝西尼 （abemaciclib） 423
阿糖胞苷 （cytarabine 或 cytosine arabinoside，ara-C） 365
阿托伐醌 （atovaquone） 203
阿托伐他汀 （atorvastatin） 459
艾德拉尼 （idelalisib） 424
γ-氨基丁酸 （γ-aminobutyric acid，GABA） 318
氨基多糖 （amino polysaccharide） 224
氨甲酰磷酸 （carbamoyl phosphate） 314，360
D-氨基酸 （D-amino acid） 345
氨基酸 （amino acid） 10
氨基酸残基 （arnino acid residue） 15
氨基酸代谢库 （amino acid metabolic pool） 309
氨基酸脱羧酶 （decarboxylase） 317
氨基酸氧化酶 （amino acid oxidase，AAO） 311
氨基肽酶 （aminopeptidase） 304
氨基糖苷类 （aminoglycoside） 422
氨基糖肽 （glycoaminopeptide） 226
氨基转移酶 （aminotransferase） 310
氨甲酰磷酸合成酶 Ⅰ （carbamoyl phosphate synthetase Ⅰ，CPS-Ⅰ） 315，326，360
氨甲酰磷酸合成酶 Ⅱ （carbamoyl phosphate synthetase Ⅱ，CPS-Ⅱ） 360
氨同化 （ammonia assimilation） 326
氨酰-tRNA （aminoacyl-tRNA） 404
氨酰-tRNA 合成酶 （aminoacyl-tRNA synthetase） 404，407
胺氧化酶 （amine oxidase） 317

B

巴吉林 （pargyline） 453
靶向给药系统 （targeting drug delivery system，TDDS） 461
靶向运输 （targeted transportation） 419
白三烯 （leukotrienes，LT） 266
摆动假说 （wobble hypothesis） 403
半保留复制 （semi-conservative replication） 369
半抗原 （hapten） 36
半寿期 （half-life，$t_{1/2}$） 307
伴侣蛋白/伴侣素 （chaperonin） 417

胞壁质 （murein） 226
胞嘧啶核苷 （cytidine） 64
胞嘧啶脱氧核苷 （deoxycytidine） 64
胞吐 （exocytosis） 159
胞吞 （endocytosis） 159
被动转运 （passive transport） 165
苯丙氨酸羟化酶 （phenylalanine hydroxylase） 337
苯并硫氮䓬类 （benzothiazepines，BTZ） 165
苯烷胺类 （phenylalkylamines，PAA） 165
苯乙双胍 （phenformin） 203
比活力 （specific activity） 139
必需氨基酸 （essential amino acid） 303
必需基团 （essential group） 118
必需脂肪酸 （essential fatty acid，EFA） 263
吡喃糖 （pyranose） 212
RNA 编辑 （RNA editing） 390
编码链 （coding strand） 385
变构效应/别构作用 （allosteric effect） 29
变性 （denaturation） 35，85
变旋性 （mutarotation） 213
别构部位 （allosteric site） 434
别构激活剂 （allosteric activator，或称为正效应物） 132
别构酶 （allosteric enzyme） 132，434
别构调节 （allosteric regulation） 132，434
别构效应剂 （allosteric effector） 434
别构抑制剂 （allosteric inhibitor，或称为负效应物） 132
别嘌呤醇 （allopurinol） 359
丙氨酸-葡萄糖循环 （alanine-glucose cycle） 314
丙氨酸转氨酶 （alanine aminotransferase，ALT） 310
丙酮 （acetone） 277
丙酮酸激酶 （pyruvate kinase） 234
丙酮酸羧化酶 （pyruvate carboxylase） 247
丙酮酸脱氢酶 （pyruvate dehydrogenase） 237
丙酮酸脱氢酶复合体 （pyruvate dehydrogenase complex） 237
博来霉素 （bleomycin，BLM） 19，96
薄膜包衣 （thin film coating） 462
卟吩 （porphin） 343
卟啉 （porphyrin） 342
卟啉症 （porphyria） 345
补救合成途径 （salvage synthesis pathway） 354
不对称碳原子 （asymmetric carbon atom） 210
不均一多糖 （杂多糖） （heteropolysaccharide） 221

不可逆抑制 (irreversible inhibition) 126
不完全显性 (incomplete dominance) 73
不需氧脱氢酶类 (anaerobic dehydrogenases) 180
布鲁顿酪氨酸激酶 (Bruton's tyrosine kinase，BTK) 423

C

残体 (residual body) 307
操纵子 (operon) 73
差向异构体 (epimer) 211
肠激酶 (enterokinase) 304
超二级结构 (super-secondary structure) 24
超滤 (ultrafiltration) 38
超螺旋 (supercoil) 72
超氧化物歧化酶 (superoxide dismutase，SOD) 197，199
沉淀 (precipitation) 33
沉默子 (silencer) 389
成簇规律间隔短回文重复 (clustered regulatoryinterspaced short palindromic repeat，CRISPR) 技术 58
重复序列 (repetitire sequence) 60
DNA 重组技术 (DNA recombinant technology) 58
重组修复 (recombination repair) 383
初级溶酶体 (primary lysosome) 307
初速率 (initial velocity) 138
纯化倍数 (purification fold) 139
纯种 (pure bred) 73
次黄嘌呤-鸟嘌呤磷酸核糖转移酶 (hypoxanthine-guanine phosphoribosyl transferase，HGPRT) 357
次级溶酶体 (secondary lysosome) 307
从头合成途径 (de novo synthesis pathway) 354
促肾上腺皮质激素 (adrenocorticotropic hormone，ACTH 415
醋酸纤维薄膜电泳 (cellulose acetate membrance electrophoresis) 40
催化部位 (catalytic group) 118
错义突变 (missense mutation) 382

D

代谢反应 (metabolic reaction) 441
代谢拮抗剂 (metabolism antagonist) 446
代谢抑制剂 (metabolic inhibitor) 444
代谢组学 (metabonomics/metabolomics) 2，58，173
单胺氧化酶 (monoamine oxidase，MAO) 441
单倍体 (haploid) 73
单侧膜蛋白 (monotopic membrane protein) 151
单纯蛋白 (simple protein) 9，418
单纯甘油三酯 (simple triglyceride) 264
单纯扩散 (simple diffusion) 157，166
单纯脂质 (simple lipid) 262
单泛素化 (monoubiquitination) 417

单核苷酸 (mononucleotide) 62
单加氧酶 (monooxygenase) 180，441
单克隆抗体 (monoclonal antibody，mAb/McAb) 37，470
单链 DNA 结合蛋白 (single-strand DNA binding protein，SSB) 372
单顺反子 (monocistron) 385，400
单糖 (monosaccharide) 208
单体酶 (monomeric enzyme) 106
单向导 RNA (single guide RNA，sgRNA) 60
单向滚环型复制 (rolling circle replication) 371
胆固醇 (cholesterol) 149，163，269
胆固醇酯酶 (cholesterol esterase) 271
胆红素 (bilirubin) 163
胆碱 (choline) 267
胆绿素 (biliverdin) 163
胆色素 (bile pigment) 163
胆汁酸 (bile acid) 264，269
蛋白激酶 A (protein kinase A，PKA) 438
蛋白激酶 G (protein kinase G，PKG) 160
蛋白降解靶向嵌合体 (proteolysis targeting chimeria，PROTAC) 348
蛋白聚糖 (proteoglycan) 228
蛋白酶体 (proteasome) 308
G 蛋白偶联受体 (G-protein coupled receptor，GPCR) 160，452
蛋白质的分选 (protein sorting) 419
蛋白质的营养价值 (nutrition value) 303
蛋白质二硫键异构酶 (protein disulfide isomerase，PDI) 415，418
蛋白质翻译后修饰 (post translational modification，PTM) 414
蛋白质工程 (protein engineering) 470
蛋白质构象病 (protein conformation disease) 31
蛋白质互补作用 (protein complementarity) 303
蛋白质无细胞生物合成 (cell free protein synthesis，CFPS) 399
蛋白质转换 (protein turnover，也称蛋白质更新或蛋白质周转) 307
蛋白质组学 (proteomics) 2，50，58
8-氮鸟嘌呤 (8-azaguanine) 364
氮平衡 (nitrogen balance) 303
氮循环 (nitrogen cycle) 324
氮杂丝氨酸 (azaserine) 365
PH (pleckstrin homology) 的结构域 152
等点聚焦电泳 (isoelectric focusing electrophoresis) 40
等电点 (isoelectric point，pI) 13，32
等位基因 (allele) 73
低密度脂蛋白 (low density lipoprotein，LDL) 294
底物 (substrate) 102
底物水平磷酸化 (substrate-level phosphorylation) 234
底物形变 (strain effect) 120

底物循环 (substrate cycle) 247
第二信使 (second messenger) 437
第Ⅰ相反应 (phase Ⅰ reaction) 441
第Ⅱ相反应 (phase Ⅱ reaction) 441
H^+电化学梯度 (electrochemical gradient for protons) 188
电喷雾电离 (electrospray ionization，ESI) 45
电喷雾离子化质谱法 (electrospray ionization mass spectrometry，ESI-MS) 45
电压门控通道 (voltage-gated ion channel) 158
电泳 (electrophoresis) 32，40，84
电子传递链 (electron transfer chain) 159，182
淀粉 (starch) 221
淀粉酶 (amylase) 230
叠氮胸苷 (azidothymidine，AZT) 365
定量构效关系 (quantitative structure-activity relationship，QSAR) 460
定向效应 (orientation effect) 119
动力学稳定性 (kinetic stability，也称长期稳定性) 463
毒素 (toxin) 422
N端规则 (N-end rule) 417
端粒 (telomere) 378
端粒酶 (telomerase) 372，378
对氨基苯甲酸 (para-aminobenzoic acid，PABA) 323
多胺 (polyamine) 345
多重抑制 (multiple inhibition) 339
多泛素化 (polybiquitination) 417
多核苷酸 (polynucleotide) 62
多核糖体 (polyribosome 或 polysome) 388，412
多克隆抗体 (polyclonal antibody) 37
多酶复合体 (multi-enzyme complex) 106
多顺反子 (polycistron) 385，400
多态性 (polymorphism) 150
多肽 (polypeptide) 15
多肽类抗生素 (polypeptide antibiotic) 19
多糖 (polysaccharide) 209，220

E

鹅去氧胆酸 (chenodeoxycholic acid，CDCA) 162
额外环 (extra loop) 79
儿茶酚胺 (catecholamine) 319
二倍体 (diploid) 73
二级结构 (secondary structure) 19
二甲双胍 (metformin) 203
2,6-二磷酸果糖 (fructose-2,6-biphosphate) 236
1,6-二磷酸果糖醛缩酶 (fructose 1,6-bisphosphate aldolase) 233
二硫键 (disulfide bond) 20，415
二氢吡啶类 (dihydropyridines，DHP) 165
二氢硫辛酰胺脱氢酶 (dihydrolipoyl dehydrogenase) 237，239
二氢硫辛酰胺转琥珀酰酶 (lipoate succinyl transferase) 239
二氢硫辛酰胺转乙酰基酶 (dihydrolipoyl transacetylase) 237
二肽 (dipeptide) 15
二肽酶 (dipeptidase) 304
二糖 (disaccharide) 219
2,4-二硝基苯酚 (2,4-dinitrophenol，DNP) 193

F

发动蛋白 (dynamin，DNM) 456
发酵 (fermentation) 469
翻译 (translation) 368，399
翻译后加工 (post-translational processing) 414
翻译后转运 (post-translational translocation) 419
翻译起始复合物 (translational initiation complex) 409
翻译起始因子 (initiation factor，IF) 408
翻译同步转运 (co-translational translocation) 419
翻转扩散 (flip-flop diffusion) 155
翻转酶 (flippase) 155
反竞争性抑制 (uncompetitive inhibition) 131
反馈抑制 (feedback inhibition) 133
反密码子 (anticodon) 79
反式作用因子 (trans-acting factor) 389
反硝化细菌 (denitrifying bacteria) 324
反硝化作用 (denitrification) 324
反义 RNA (antisense RNA) 58
泛醌 (ubiquinone) 183
泛硫乙胺 (pantethine) 201
泛素 (ubiquitin) 308
泛素-蛋白酶体途径 (ubiquitin-proteasome pathway) 417
泛素化 (ubiquitination) 308，417
泛素激活酶 (ubiquitin-activating enzyme，E1) 308
泛素结合酶 (ubiquitin-conjugating enzyme，E2) 308
泛素连接酶 (ubiquitin ligase，E3) 309
泛酸 (pantothenic acid) 201
范德华力 (Van der Waals force) 21
放射免疫分析 (radioimmunoassay，RIA) 43
放线菌酮 (cycloheximide) 422
非必需氨基酸 (nonessential amino acid) 303
3′非翻译区 (3′-untranslated region，3′-UTR) 399
5′非翻译区 (5′-untranslated region，5′-UTR) 399
非活性蛋白质 (inactive protein) 9
非竞争性抑制 (noncompetitive inhibition) 129
非天然蛋白质合成系统 (cell-free unnatural protein synthesis，CFUPS) 425
非同源末端链接 (non-homologous end joining，NHEJ) 59
非微粒体酶系 (non-microsomal enzymes) 464
非组蛋白 (nonhistone protein) 72
分解代谢 (catabolism) 170

分裂细胞核抗原（proliferating cell nuclear antigen, PCNA） 374
分支酶（branching enzyme） 251
分支酸（chorismate） 335
分支酸变位酶（chorismate mutase） 337
分支酸合酶（chorismate synthase） 335
分子伴侣（molecular chaperone） 417
分子病（molecular disease） 27
分子排阻层析（molecular exclusion chromatography） 44
分子筛层析（molecular sieve chromatography） 44
呋喃糖（furanose） 212
伏立诺他（vorinostat） 423
氟伐他汀（fluvastatin） 298, 459
5-氟尿嘧啶（5-fluorouracil, 5-FU） 364
辅基（prosthetic group） 9, 106, 418
辅酶（coenzyme） 106
辅酶A（coenzyme A, CoA 或 HSCoA） 200
辅因子（cofactor） 106
腐胺（putrescine） 345
腐败作用（putrefaction） 306
负超螺旋（negative supercoil） 72
复等位基因（multiple allele） 73
复合糖（compound saccharide） 209
复合脂质（compound lipid） 263
复性（renaturation） 35, 85
复制（replication） 368
复制叉（replication fork） 370
RNA 复制酶（RNA replicase） 394
复制泡（replication bulb） 370
复制起始区（replication origin, 简称 ori） 370
复制因子（replicator） 377

G

钙调蛋白（calmodulin, CaM） 254, 438
RNA 干扰（RNA interference, RNAi） 76
甘氨酸氧化酶（glycine oxidase） 334
甘露糖-6-磷酸（mannose-6-phosphate, M6P） 420
甘油磷脂（glycerophosphatide） 147, 263
甘油三酯（triglyceride, TG） 262, 264
甘油糖脂（glyceroglycolipid） 148, 263, 268, 269
肝素（heparin, Hep） 226
冈崎片段（Okazaki fragment） 372
高密度脂蛋白（high density lipoprotein, HDL） 294
高尿酸血症（hyperuricemia） 359
高柠檬酸合酶（homocitrate synthase） 328
高通量（high throughput） 91
高效毛细管电泳（high performance capillary electrophoresis, HPCE） 42
高效液相色谱（high performance liquid chromatography, HPLC） 42

高血氨症（hyperammonemia） 316
高脂血症（hyperlipidemia） 296
功能基因组学（functional genomics） 58, 74
共价催化（covalent catalysis） 120
共价修饰（covalent modification） 135
共有序列（consensus sequence） 387
构象（conformation） 19
构型（configuration） 19
谷氨酸合酶（glutamate synthase） 327
谷氨酸脱氢酶（glutamate dehydrogenase, GDH） 326
L-谷氨酸脱氢酶（L-glutamate dehydrogenase） 311
谷氨酰胺合成酶（glutamine synthetase, GS） 313, 326
谷氨酰胺酶（glutaminase） 313
谷丙转氨酶（glutamic-pyruvic transaminase, GPT） 310
谷草转氨酶（glutamic-oxalacetic transaminase, GOT） 310
β-谷固醇（β-sitosterol） 163
谷胱甘肽（glutathione, GSH） 17, 199, 246, 341
谷胱甘肽过氧化物酶（glutathione peroxidase, GPX） 198
固醇（sterol） 269
固醇类激素（steroid hormone） 270
固醇载体蛋白（sterol carrier protein, SCP） 289
固氮酶（nitrogenase） 324
固氮细菌（nitrogen-fixing bacteria） 324
固氮作用（nitrogen fixation） 324
瓜氨酸（citrulline） 314
寡聚酶（oligomeric enzyme） 106
寡聚体蛋白（oligomer） 26
寡肽（oligopeptide） 15
寡肽酶（oligopeptidase） 304
寡糖（oligosaccharide） 209
关键酶（key enzyme） 432
光复活修复（light repair） 383
国际酶学委员会（Enzyme Commission, EC） 103
果糖-1,6-二磷酸酶（fructose-1,6-bisphosphatase） 247
过氧化氢酶（catalase） 180, 197
过氧化物酶（peroxidase） 180, 197, 198
过氧化物酶体（peroxisome） 197

H

合成代谢（anabolism） 170
UMP 合成酶（UMP synthetase, UMPS） 361
ATP 合酶（ATP synthase） 190
核定位信号（nuclear localization signal, NLS） 59, 421
核定位序列（nuclear localization sequence, NLS） 439
核苷（nucleoside） 62, 64
核苷二磷酸（nucleoside diphosphate, NDP） 65
核苷磷酸化酶（nucleoside phosphorylase） 354
核苷酶（nucleosidase） 354
核苷三磷酸（nucleoside triphosphate, NTP） 65
核苷酸（nucleotide） 65

核苷酸酶 （nucleotidase） 354

核苷酸切除修复 （nucleotide excision repair，NER） 383

核苷一磷酸 （nucleoside monophosphate，NMP） 65

核酶 （ribozyme） 56，101，105，407

核内不均一 RNA （hnRNA） 76

核仁小 RNA （snoRNA） 393

核受体 （nuclear receptor） 453

核受体肝 X 受体 （nuclear receptor liver X receptor，LXR） 299

核输入蛋白 （nuclear importin） 421

核酸 （nucleic acid） 55

核酸酶 （nuclease） 82

核酸内切酶 （endonclease） 83

核酸外切酶 （exonuclease） 83

核酸疫苗 （nucleic acid vaccine） 94，95

核糖核苷酸还原酶 （ribonucleotide reductase，RRM） 363

核糖核酸 （ribonucleic acid，RNA） 55，399

核糖核酸酶 （ribonuclease，RNase） 82

核糖核酸组学 （ribonomics） 58

ADP 核糖基转移酶 （ADP-ribose transferases，ARTs） 200

核糖磷酸异构酶 （phosphoribose isomerase） 244

核糖体 RNA （ribosomal RNA，rRNA） 55，75，405，407

核糖体 （ribosome） 75，405

核糖体结合序列 （ribosome binding sequence，RBS） 400，409

核糖体循环 （ribosome recycling） 408

核小 RNA （snRNA） 76

核小核糖核蛋白颗粒 （small nuclear ribonucleoprotein particle，snRNP） 392

核小体 （nucleosome） 72

核心酶 （core enzyme） 386

Pribnow 盒 （Pribnow box） 387

红细胞糖苷脂 （globoside） 263

后基因组时代 （post-genome era） 58

后随链 （lagging strand） 372

呼吸链 （respiratory chain） 159，182

胡斯坦碱基配对 （Hoogsteen base pairing） 71

琥珀酸脱氢酶 （succinate dehydrogenase） 185，239

琥珀酸氧化呼吸链 （succinate oxidized respiratory chain） 182

琥珀酰 CoA 合成酶 （succinyl-CoA synthetase） 239

互补 DNA （complementary DNA，cDNA） 379

花生四烯酸 （arachidonic acid） 161

化合物库 （compound library） 460

化学门控通道 （chemical-gated ion channel） 158

化学渗透偶联学说 （chemiosmotic hypothesis） 188

环 （loop） 24

D 环方式 （displacement-loop） 372

环糊精 （cyclodextrin，CD） 462

环磷鸟苷 （cGMP） 65

环磷腺苷 （cAMP） 65

黄疸 （jaundice） 345

黄素 （flavin） 183

黄素单核苷酸 （flavin mononucleotide，FMN） 110，183

黄素蛋白 （flavoprotein） 183

黄素腺嘌呤二核苷酸 （flavin adenine dinucleotide，FAD） 110，183

回文结构 （palindrome structure） 67

混合甘油三酯 （mixed triglyceride） 264

混合功能氧化酶 （mixed functional oxidase，MFO） 179，196

活化能 （activation energy） 102

活力回收率 （得率，recovery rate） 139

活性部位分析法 （active site analysis，ASA） 459

活性蛋白质 （active protein） 9

活性同类物方法 （active analog approach） 458

活性氧 （reactive oxygen species，ROS） 198，380

活性中心 （active site） 118

J

机械门控通道 （mechanically-gated ion channel） 158

肌醇 （inositol） 267

肌酸 （creatine） 342

基础代谢 （basal metabolism） 175

基因 （gene） 73

基因工程 （gene engineering） 470

基因融合 （gene integration） 61

基因型 （genotype） 55

基因治疗 （gene therapy） 95

基因组学 （genomics） 74

基因座 （locus） 73

基于结构的药物设计 （structure-based drug design，SBDD） 459

基于配体的药物设计 （ligand-based drug design，LBDD） 460

基质辅助激光解吸电离 （matrix-assisted laser desorption ionization，MALDI） 45

基质辅助激光解吸离子化质谱法 （matrix-assisted laser desorption ionization mass spectrometry，MALDI-MS） 45

激光拉曼光谱法 （laser Raman spectrometry，LRS） 49

激活剂 （activator） 131

激活型 G 蛋白 （stimulatory G protein，G_s） 437

激素调节元件 （hormone regulatory element，HRE） 439

吉非贝齐 （gemfibrozil） 299

级联放大系统 （cascade system） 254

极低密度脂蛋白 （very low density lipoprotein，VLDL） 294

嵴 （cristae） 188

几丁质 （chitin） 224

几何异构专一性 （geometrical specificity） 102

己糖激酶（hexokinase）　232

计算机辅助药物筛选（computer-aided screening）　460

计算机辅助药物设计（computer-aided drug design, CADD）　459

继发性主动运输（secondary active transport）　158

加水脱氢（hydration dehydrogenation）　179

加氧酶（oxygenase）　195，341

甲氨蝶呤（methotrexate，MTX）　364

甲基化（methylation）　416

甲基转移酶（methyl transferase）　416

甲硫氨酸合酶（methionine synthase）　323

甲硫氨酸循环（methionine cycle）　322

甲氧苄啶（trimethoprim，TMP）　323，364

假尿嘧啶核苷（pseudouridine）　64

兼性蛋白（amphitropic protein）　150

RNA 剪接（RNA splicing）　391

剪接体（splicesome）　392

减色效应（hypochromic effect）　84

简单抑制（simple inhibition）　338

碱基（base）　62

碱基堆积力（base stacking force）　69

碱基切除修复（base excision repair，BER）　383

间隔区（spacer）　393

间隔序列（spacer sequence）　60

降钙素基因相关肽（calcitonin gene related peptide, CGRP）　18

焦磷酸测序技术（pyrophosphate sequencing）　92

接合（conjugation）　371

结构基因组学（structural genomics）　58，74

SH2（Src homology）结构域　152

结构域（domain）　24

结合部位（binding group）　118

结合蛋白（conjugated protein）　9，418

结合反应（conjugation reaction）　441，442

姐妹染色单体差别染色方法（sister-chromatid differential staining）　370

解偶联剂（uncoupler）　193

解旋酶（helicase）　375

DNA 解旋酶（DNA helicase）　372

经通道协助扩散（facilitated diffusion via channel）　157

经载体介导的协助扩散（facilitated diffusion via carrier）　158

精氨酸代琥珀酸（argininosuccinate，也称精氨琥珀酸）　314

精氨酸酶（arginase）　316

精胺（spermine）　345

竞争性抑制（competitive inhibition）　129

聚丙烯酰胺凝胶（Bio-gel）　39

聚丙烯酰胺凝胶电泳（PAGE）　40

RNA 聚合酶（RNA polymerase，RNA pol）　386

DNA 聚合酶（DNA polymerase）　372

聚合酶链反应（polymerase chain reaction，PCR）　97

聚 ADP 核糖基聚合酶〔poly(ADP-ribose) polymerases，PARPs〕　200

聚糖（glycan）　220

绝对专一性（absolute specificity）　102

均一多糖（同多糖）（homopolysaccharide）　221

K

卡比替尼（cobimetinib）　424

卡托普利（captopril）　457

开放阅读框（open reading frame，ORF）　76，399

糠醛（furfural）　216

抗病毒药物（antiviral drug）　457

抗代谢物（antimetabolite）　364，446

抗代谢药（antimetabolite）　463

抗菌肽（antimicrobial peptide，AMP）　164

抗菌药（antibacterial）　456

抗生素（antibiotic）　421，466

抗体（antibody，Ab）　36

抗体工程（antibody engineering）　470

抗体类药物（antibody drug）　455

抗原（antigen，Ag）　36

抗原决定簇（antigenic determinant）　37

抗真菌药物（antifungal drug）　457

抗肿瘤药物（antitumor drug）　455

可变剪接（alternative splicing）　392

可逆抑制（reversible inhibition）　128

跨膜蛋白（polytopic membrane protein）　151

快代谢型（extensive metabolism，EM）　204

L

赖氨酸乙酰转移酶（lysine acetyl transferase，KAT）　416

酪氨酸蛋白激酶型受体（receptor tyrosine kinase，RTK）　438

酪氨酸激酶结合型受体（tyrosine kinase associate receptor，TKAR）　160

酪氨酸激酶受体（tyrosine kinase receptor，TKR）　160

类固醇激素（steroid hormone）　264

类脂（lipoid）　262

离子泵（ion pump）　158

离子键（ionic bond）　20

离子交换层析（ion-exchange chromatography）　40

离子通道（ion channel）　165

离子通道类受体（ion channel receptor）　452

离子选择性（ion selectivity）　157

立体异构专一性（steroe specificity）　102

利福霉素（rifamycin）　386

利福平（rifampicin）　376，386

利拉鲁肽（liraglutide）　463

连接法测序（sequencing by ligation）　92

DNA 连接酶（DNA ligase）　　　　　372, 375

联合脱氨作用（transdeamination）　　　311

镰刀状红细胞性贫血（sickle cell anemia）　27

裂合酶（lyase）　　　　　104

邻近效应（proximity effect）　　　119

林-贝氏作图法（Lineweaver-Burk plot）　124

磷酸吡哆醛（pyridoxal phosphate, PLP）　310

磷酸丙糖异构酶（triose phosphate isomerase）　233, 237

磷酸二羟基丙酮（dihydroxyacetone phosphate, DHAP）　194

磷酸二酯酶（phosphodiesterase）　　82

3-磷酸甘油醛脱氢酶（glyceraldehyde 3-phosphate dehydrogenase）　233

磷酸甘油酸变位酶（phosphoglycerate mutase）　234

磷酸甘油酸激酶（phosphoglycerate kinase）　234

磷酸甘油酸脱氢酶（phosphoglycerate dehydrogenase）　333

6-磷酸果糖激酶 2（6-phosphofructokinase 2, PFK2）　233

6-磷酸果糖激酶 1（6-phosphofructokinase 1, PFK1）　233

5-磷酸核糖-1-焦磷酸（5-phosphoribosyl-1-pyrophosphate, PRPP）　355

磷酸核糖焦磷酸合成酶（PRPP synthetase）　355

磷酸化（phosphorylation）　　135, 416

磷酸己糖异构酶（phosphohexose isomerase）　232

磷酸己糖支路（hexose-monophosphate shunt, HMS）　243

磷酸葡萄糖变位酶（phosphoglucomutase）　253

6-磷酸葡萄糖酸脱氢酶（gluconate-6-phosphate dehydrogenase）　244

6-磷酸葡萄糖脱氢酶（glucose-6-phosphate dehydrogenase）　244

磷酸戊糖差向异构酶（phosphopentose epimerase）　244

磷酸戊糖途径（pentose phosphate pathway, PPP）　243

磷酸戊糖循环（pentose phosphate cycle）　244

磷酸烯醇式丙酮酸（phosphoenolpyruvate, PEP）　335

磷酸烯醇式丙酮酸羧激酶（phosphoenolpyruvate carboxykinase）　247

磷脂（phospholipid）　　263

磷脂酶（phospholipase, PL）　　287

磷脂酶 A_2（phospholipase A_2）　271

磷脂酸（phosphatidic acid）　　147

磷脂酰胆碱（phosphatidylcholine, PC）　147, 267

磷脂酰甘油（phosphatidylglycerol）　147

磷脂酰肌醇（phosphatidylinositol）　147, 267

磷脂酰肌醇-3-激酶（phosphatidylinositol-3-kinase, PI3K）　424

磷脂酰肌醇 3,4,5-三磷酸（PIP3）　152

磷脂酰丝氨酸（phosphatidylserine）　147, 267

磷脂酰乙醇胺（phosphatidyl ethanolamine, PE）　147, 267

硫胺素焦磷酸（thiamine pyrophosphate, TPP）　332

硫苷脂（sulphatide）　　263

硫酸二甲酯（dimethyl sulfate, DMS）　91

硫酸角质素（keratan sulfate, KS）　225

硫酸皮肤素（dermatan sulfate, DS）　225

硫酸软骨素（chondroitin sulfate, CS）　225

硫同化（sulfur assimilation）　　335

硫氧还蛋白（thioredoxin）　　363

硫氧还蛋白还原酶（thioredoxin reductase）　363

氯贝丁酯（clofibrate）　　299

氯胍（proguanil）　　203

氯吉林（chlorgyline）　　453

氯霉素（chloramphenicol）　　422

卵磷脂（lecithin）　　162, 267

卵磷脂-胆固醇脂酰转移酶（lecithin cholesterol acyl transferase, LCAT）　290

罗米地辛（romidepsin）　　423

α 螺旋（α-helix）　　21

洛伐他汀（lovastatin）　　298, 459

M

麦角固醇（ergosterol）　　163

麦芽糖（maltose）　　219

麦芽糖酶（maltase）　　230

慢代谢型（poor metabolism, PM）　204

酶（enzyme）　　100

酶标免疫分析法（enzyme immunosorbent assay, EIA）　43

酶促反应动力学（enzyme kinetics）　121

酶促反应速率（enzymatic reaction rate）　121

酶工程（enzyme engineering）　　470

酶活力（enzyme activity）　　138

酶联免疫吸附法（enzyme linked immunosorbent assay, ELISA）　43

酶联型受体（enzyme-linked receptor）　160

酶偶联型跨膜受体（enzyme-linked transmembrane receptor）　452

酶原（zymogen）　　137

美伐他汀（mevastatin）　　298

美拉德（Maillard）反应　　215

糜蛋白酶（chymotrypsin）　　304

米氏常数（Michaelis constant）　124

米氏方程（Michaelis-Menten equation）　122

密度梯度离心（density gradient centrifugation）　39

嘧啶（pyrimidine）　　62

免疫电泳（immunoelectrophoresis）　40

免疫球蛋白（immunoglobulin, Ig）　36

免疫抑制剂（immunosuppression）　464

免疫增强剂（immunopotentiator）　464

模板（template）　　369

模板链（template strand）　　385

模体（motif）　　24

膜筏（membrane raft）　　156

膜泡运输（vesicular transport）　158

N

囊泡运输 （vesicle trafficking） 166
脑苷脂 （cerebroside） 148，263，268
脑磷脂 （cephalin） 162，267
内含子 （intron） 66，390
内化 （internalization） 159
内皮素 （endothelin，ET） 458
内肽酶 （endopeptidase） 304
内在膜蛋白 （integral membrane protein） 150
内酯酶 （lactonase） 244
能量代谢 （energy metabolism） 169
逆转录 （reverse transcription） 379
逆转录酶 （reverse transcriptase） 368
黏多糖 （mucopolysaccharide） 221，224
黏多糖沉积症 （mucopo-lysaccharidoses，MPS） 226
黏肽 （mucopeptide） 226
鸟氨酸 （ornithine） 314
鸟氨酸循环 （ornithine cycle） 314
鸟苷酸环化酶 （guanylyl cyclase，GC） 160
鸟苷酸结合蛋白 （guanosine nucleotide-binding protein） 437
鸟嘌呤核苷 （guanosine） 64
鸟嘌呤脱氧核苷 （deoxyguanosine） 64
尿苷二磷酸葡萄糖 （uridine diphosphate glucose，UDPG） 251
尿苷二磷酸葡萄糖焦磷酸化酶 （UDP-Glc pyrophosphorylase） 251
尿嘧啶核苷 （uridine） 64
尿素循环 （urea cycle） 314
尿酸 （uric acid） 359
柠檬酸合酶 （citrate synthase） 238
柠檬酸循环 （citric acid cycle） 238
凝胶过滤 （gel filtration） 39，44
牛磺酸 （taurine） 318

P

爬行模型 （inchworm model） 378
帕比司他 （panobinostat） 423
帕博西尼 （palbociclib） 423
配体 （ligand） 160，451
配体门控离子通道型 （ligand-gated ion channel） 452
配位键 （coordination bond） 20
嘌呤 （purine） 62
嘌呤霉素 （puromycin） 422
苹果酸脱氢酶 （malate dehydrogenase） 240
葡聚糖 （dextran） 223
葡聚糖凝胶 （Sephadex） 39
葡萄糖激酶 （glucokinase） 232
葡萄糖-6-磷酸酶 （glucose-6-phosphatase） 247，253
葡萄糖耐量 （glucose tolerance） 258
葡萄糖转运体 （glucose transporter，GLUT） 158
普伐他汀 （pravastatin） 298
普萘洛尔 （propranolol） 453

Q

齐变模型 （concerted model or symmetry model） 134
启动子 （promoter） 387
起始 （initiation） 408
起始 tRNA （initiator-tRNA，tRNAi） 404
起始前复合物 （pre-initiation complex，PIC） 390
前导链 （leading strand） 372
前导肽 （leader peptide） 421
前导序列 （leader sequence） 60
前列腺素 （prostaglandin，PG） 161，266
前胰岛素原 （preproinsulin） 29
前 β-脂蛋白 （pre β-LP） 293
强代谢者 （extensive metabolizer） 442
β-羟丁酸 （β-hydroxybutyric acid） 277
羟化酶 （hydroxylase） 180
羟基保泰松 （oxyphenbutazone） 458
羟基化 （hydroxylation） 415
3-羟基-3-甲基戊二酸单酰辅酶 A 还原酶 （3-hydroxy-3-methyl glutaryl coenzyme A reductase，HMG-CoA 还原酶） 433
羟基磷灰石 （hydroxyapatite，HA） 87
5-羟色胺 （5-hydroxytryptamine，5-HT） 318
敲除 （knock out） 61
敲入 （knock in） 61
鞘氨醇 （sphingosine） 148
鞘氨醇磷脂 （简称鞘磷脂，sphingomyelin） 263
鞘磷脂 （sphingomyelin） 147，268
鞘糖脂 （glycosphingolipid） 148，263，268
鞘脂类 （sphingolipid） 148，263
切除修复 （excision repair） 383
DNA 切割域 （DNA cleavage domain） 58
亲和层析 （affinity chromatography） 41
氢键 （hydrogen bond） 20
琼胶 （agar） 223
琼脂糖凝胶 （Sepharose） 39
球状蛋白质 （globular protein） 9
6-巯基鸟嘌呤 （6-mercaptoguanine） 364
6-巯基嘌呤 （6-mercaptopurine，6-MP） 364
曲古菌素 A （trichostatin A，TSA） 423
曲美替尼 （trametinib） 424
去氢胆酸 （dehydrocholic acid） 162
全酶 （holoenzyme） 106，386
全新药物设计法 （de novo drug design） 460
犬尿氨酸代谢途径 （kynurenine pathway，KP） 350

缺血性脑卒中（cerebral arterial thrombosis） 456

R

染色体 RNA（chromosomal RNA，chRNA） 76
染色体（chromosome） 72
染色质（chromatin） 55，72
染色质重塑（chromatin remodeling） 388
热休克蛋白（heat shock protein，HSP） 386，417
人端粒酶逆转录酶（human telomerase reverse transcriptase，hTERT） 378
人工固氮（artificial nitrogen fixation） 324
人类基因组计划（human genome project，HGP） 2
人乳头瘤病毒（human papilloma virus，HPV） 381
人血红蛋白（hemoglobin） 418
溶酶体（lysosome） 197，307
熔解温度（melting temperature） 85
肉碱（carnitine） 274
乳糜微粒（chylomicron，CM） 271，293，294
乳清酸尿症（orotic aciduria） 361
乳酸脱氢酶（lactate dehydrogenase） 234
乳酸循环（lactic acid cycle） 249
乳糖（lactose） 219
乳糖酶（lactase） 230
朊病毒（prion） 6，31
朊病毒蛋白（prion protein，PrP） 31
弱代谢者（poor metabolizer） 442

S

三氟甲氧基苯腙氰化物（carbonylcyanide-p-trifluoromethoxyphenylhydrazone，FCCP） 193
三级结构（tertiary structure） 24
三链 DNA（triplex DNA） 71
三羧酸循环（tricarboxylic acid cycle，TCA cycle） 238
三肽（tripeptide） 15
三维结构搜寻法（three-dimensional structure searching） 459
三脂酰甘油（triacylglycerol，TAG） 264
色氨酸合酶（tryptophan synthase） 337
上游（upstream） 387
深度测序（deep sequencing） 92
神经节苷脂（gangliosides） 153，263，269
神经肽（neuropeptide） 18
生长因子受体（growth factor receptor，GFR） 455
生化分离（biochemical separation） 470
生化药物（biochemical drug） 465
生糖氨基酸（glucogenic amino acid） 317
生糖兼生酮氨基酸（glucogenic and ketogenic amino acid） 317
生糖原蛋白（glycogenin） 251

生酮氨基酸（ketogenic amino acid） 316
生物胺（biogenic amine） 345
生物固氮（biological nitrogen fixation） 324
生物化学（biochemistry） 1
生物活性肽（bioactive peptides，BP） 345
生物氧化（biological oxidation） 178
生物药物（biological medicine） 465
生物制品（biological product） 465
生物制药学（biopharmaceuticals） 3
生物转化（biotransformation） 246，441
示差光谱（difference spectrum） 48
Seliwanoff 试验 217
Tollen 试验 217
Bial 试验 217
Molisch 试验 217
适配器分子（adapter molecule） 403
释放因子（release factor，RF） 408
手性碳原子（chiral carbon atom） 210
受体（receptor） 160，451
疏水键（hydrophobic bond） 20
鼠李糖（rhamnose） 208
双加氧酶（dioxygenase） 180
DNA 双链断裂区（double-stranded break，DSB） 60
双向电泳（two-dimensional electrophoresis，2-DE） 40，50
水合作用（hydration） 33
水解酶（hydrolase） 104
水溶性扩散（aqueous diffusion） 166
顺-高乌头酸（cis-homoaconitate） 328
顺式作用元件（cis-acting element） 389
顺乌头酸酶（aconitase） 238
顺序产物抑制（sequential end product inhibition） 340
顺序反馈抑制（sequential feedback inhibition） 339
司来吉兰（selegiline） 453
丝氨酸羟甲基转移酶（serine hydroxymethyltransferase） 334
丝裂原激活的蛋白激酶激酶（mitogen-activated protein kinase kinase，MAPKK） 424
四环素类抗生素（tetracycline antibiotic） 422
四级结构（quaternary structure） 25
G-四链体（guanine quartet） 71
四氢叶酸（tetrahydrofolic acid，THF/FH_4） 319
酸碱催化（acid-base catalysis） 120
酸性糖胺聚糖（acidic glycosaminoglycan） 224
羧基末端结构域（carboxyl-terminal domain，CTD） 390
羧基肽酶 B（carboxyl peptidase B） 304
羧基肽酶 A（carboxyl peptidase A） 304
羧肽酶法（carboxypeptidase） 46
"锁与钥匙"学说（lock-and-key model） 118

T

肽单位（peptide unit） 21

肽基转移酶 （peptidyl transferase） 411
肽键 （peptide bond） 15
肽聚糖 （peptidoglycan） 226
肽类激素 （peptide hormone） 18
肽酰基转移酶 （peptidyl transferase） 407
弹性蛋白酶 （elastase） 304
糖胺 （glycosamine） 217
糖胺聚糖 （glycosaminoglycan，GAG） 221，224
糖醇 （sugar-alcohol） 215
糖蛋白 （glycoprotein） 227，415
糖萼 （glycocalyx） 152
糖负荷法 （Glucose load method） 258
糖复合物 （glycoconjugate） 221
糖苷 （glycoside） 216
糖基化 （glycosylation） 415
糖酵解 （glycolysis） 231
糖类 （carbohydrate 或 saccharide） 208
糖类药物 （carbohydrate-based drug） 258
糖尿病 （diabetes） 257
糖脲 （osazone） 215
糖酸 （saccharic acid） 214
糖异生 （gluconeogenesis） 246
糖原 （glycogen） 222，251
糖原分解 （glycogenolysis） 252
糖原合成作用 （glycogenesis） 251
糖原合酶 （glycogen synthase） 251
糖原累积症 （glycogen storage disease） 254
糖原磷酸化酶 （glycogen phosphorylase） 230，252
糖脂 （glycolipid） 263，268
糖组学 （glycomics） 2
体外翻译 （in vitro translation） 399
天冬氨酸激酶 （aspartokinase） 330
天冬氨酸转氨酶 （aspartate aminotransferase，AST） 310
天冬酰胺合成酶 （asparagine synthetase） 329
天然固氮 （natural nitrogen fixation） 324
调节酶 （regulatory enzyme） 432
铁蛋白 （Fe protein） 325
同多糖 （homopolysaccharide） 209
同工 tRNA （cognate tRNA） 404
同工酶 （isozyme） 136
同化作用 （assimilation） 170
同型半胱氨酸 （homocysteine） 322
同义密码子 （synonymous codon） 401
同义突变 （same sense mutation） 382
同源重组 （homologous recombination，HR） 59
α-酮酸 （α-keto acid） 316
酮体 （ketone bodies） 277
α-酮戊二酸脱氢酶 （α-ketoglutarate dehydrogenase） 239
α-酮戊二酸脱氢酶复合体 （α-ketoglutarate dehydrogenase complex） 239
痛风 （gout） 359

透明质酸 （hyaluronic acid，HA） 224
透析 （dialysis） 38
突变 （mutation） 379
EMP 途径 （Embden-Meyerhof -Parnas pathway） 231
退火 （annealing） 85
吞噬 （phagocytosis） 159
吞饮 （pinocytosis） 159
脱辅酶 （apoenzyme） 106
脱羧基作用 （decarboxylation） 317
脱氧核酶 （deoxyribozyme，DRz） 56
脱氧核糖 （deoxyribose） 208
脱氧核糖核酸 （deoxyribonucleic acid，DNA） 55
脱氧核糖核酸酶 （deoxyribonuclease，DNase） 83
脱支酶 （debranching enzyme） 252
拓扑异构酶 （topoisomerase） 375
DNA 拓扑异构酶 （DNA topoisomerase） 372

W

瓦博格 （Warburg） 效应 236
外肽酶 （exopeptidase） 304
外显子 （exon） 66，390
外周膜蛋白 （peripheral membrane protein） 150
β 弯曲 （β bend） 23
完全显性 （complete dominance） 73
烷化剂 （alkylating agent） 381
微 RNA （microRNA，miRNA） 76
微粒体 （microsome） 195
微粒体酶系 （microsomal enzymes） 464
微体 （microbody） 197
微阵列 （microarray） 91
维生素 （vitamin） 107
E 位 （exit site） 405
P 位 （peptidyl site） 405
A 位 （aminoacyl site） 405
胃蛋白酶 （pepsin） 304
胃蛋白酶原 （pepsinogen） 304
无规卷曲 （random coil） 23
无酶活性跨膜受体 （non-enzymatic transmembrane receptor） 453
无细胞蛋白质合成 （cell-free protein synthesis，CFPS） 424
无效循环 （futile cycle） 247，250
无义突变 （nonsense mutation） 382
戊糖 （pentose） 62
物质代谢 （material metabolism） 169

X

硒半胱氨酸插入序列 （selenocysteine insertion sequence，SECIS） 403

烯醇化酶 （enolase） 234
细胞工程 （cell engineering） 470
细胞黏附分子 （cell adhesion molecules，CAM） 161
细胞色素 P450 （cytochrome P450，CYP450） 441
细胞色素 c （cytochrome c） 185
细胞色素 P450 还原酶 （cytochrome P450 reductase） 341
细胞色素还原酶 （cytochrome reductase） 185
细胞色素氧化酶 （cytochrome oxidase） 186
细胞周期素依赖性蛋白激酶 （cyclin-dependent kinase，CDK） 423
下游 （downstream） 387
先导化合物 （lead compound） 451
纤维二糖 （cellobiose） 219
纤维素 （cellulose） 222
纤维素酶 （cellulase） 230
纤维状蛋白质 （fibrous protein） 9
酰基载体蛋白 （acyl carrier protein，ACP） 112，281
线粒体 DNA （mitochondrial DNA，mtDNA） 202
线粒体 ［膜］ 通透性转换孔 （mitochondrial permeability transition pore，MPTP） 165，202
S-腺苷甲硫氨酸 （S-adenosylmethionine，SAM） 286，322
腺苷三磷酸 （5′-adenosine triphosphate，ATP） 65
腺苷酸代琥珀酸 （adenylosuccinate） 312
腺苷酸环化酶 （adenylate cyclase，AC） 437
腺苷脱氨酶 （adenosine deaminase，ADA） 358
腺苷脱氨酶缺乏症 （adenosine deaminase deficiency，ADA-SCID） 95
腺嘌呤核苷 （adenosine） 64
腺嘌呤磷酸核糖转移酶 （adenine phosphoribosyl transferase，APRT） 357
腺嘌呤脱氧核苷 （deoxyadenosine） 64
相对专一性 （relative specificity） 102
消除 （elimination） 441
消旋酶 （racemase） 345
硝化细菌 （nitrifying bacteria） 324
硝化作用 （nitrification） 324
硝酸还原酶 （nitrate reductase） 324
小 RNA （small RNA，sRNA） 83
小干扰 RNA （small interfering RNA，siRNA） 76，94
效应物 （allosteric effector） 132
TAL 效应因子 （TAL effector，TALE） 59
协同抑制 （synergistic inhibition） 339
协助扩散 （facilitated diffusion） 157，166
缬氨霉素 （valinomycin） 19
DNA 芯片 （DNA chip） 87
辛伐他汀 （simvastatin） 298
锌指核酸酶 （zinc finger nuclease，ZFN） 技术 58
锌指 DNA 结合域 （zinc finger DNA-binding domain） 58
新陈代谢 （metabolism） 1，169
信号斑 （signa patch） 420
信号识别颗粒 （signal recognition particle，SRP） 420

信号肽酶 （signal peptidase） 419
信号转导 （signal transduction） 160
信使 RNA （messenger RNA，mRNA） 55，75，399
胸苷酸合酶 （thymidylate synthase） 361
胸腺嘧啶脱氧核苷 （deoxythymidine） 64
熊去氧胆酸 （ursodeoxycholic acid，UDCA） 162
SOS 修复 （SOS repair） 383，384
DNA 修复 （DNA repair） 382
溴乙锭 （ethidium bromide，EB） 88
需氧脱氢酶类 （aerobic dehydrogenases） 180
序变模型 （sequential model，也称 KNF 模型） 134
Kozak 序列 413
SD 序列 （Shine-Dalgarno sequence） 400
序列特异性向导 RNA （sequence-specific guide RNA） 60
旋光性 （optical rotation） 213
旋光异构专一性 （optical specificity） 102
血卟啉 （hematoporphyrin，HP） 163
血管紧张素转化酶 （angiotensin converting enzyme，ACE） 457
血红蛋白 （hemoglobin） 343
血红素 （heme） 163，343
血红素蛋白 （hemoprotein） 343
血浆脂蛋白 （plasma lipoprotein） 264，292
血栓烷 （thromboxane，TX） 266
血型糖蛋白 （glycophorin） 151

Y

亚基/亚单位 （subunit） 26
亚精胺 （spermidine） 345
亚麻酸 （linolenic acid） 161
亚线粒体颗粒 （submitochondrial particles） 191
亚硝酸还原酶 （nitrite reductase） 324
亚油酸 （linoleic acid） 161
延胡索酸酶 （fumarase） 240
延伸 （elongation） 408
延伸因子 （elongation factor，EF） 408
岩藻糖 （fucose） 208
盐键 （salt bond） 20
盐析 （salting out） 33
衍生脂质 （derived lipid） 263
ω-氧化 （ω-oxidation） 277
α-氧化 （α-oxidation） 277
β-氧化 （β-oxidation） 274
NADH 氧化呼吸链 （NADH oxidized respiratory chain） 182
氧化还原酶 （oxidoreductase） 104
氧化磷酸化 （oxidative phosphorylation） 159，188
氧化酶类 （oxidases） 180
氧化脱氨作用 （oxidative deamination） 311
药物代谢 （drug metabolism） 464

药物代谢酶 (drug metabolizing enzyme) 464
药物代谢组学 (pharmacometabonomics) 173
药物控制释放体系 (controlled release drug delivery system, CRDDS) 461
药物稳定性 (drug stability) 462
药物吸收 (drug absorption) 461
药物转运 (transportation of drug) 441
药效团 (pharmacophore) 458
药效团模拟 (pharmacophore modeling) 460
一级结构 (primary structure) 15
一碳单位 (one carbon unit) 319
一碳基团 (one carbon group) 319
一氧化氮 (nitric oxide, NO) 341
一氧化氮合酶 (nitric oxide synthase, NOS) 341
伊那普利 (enalapril) 457
AMP 依赖的蛋白激酶 (AMPK) 281
依赖 cAMP 的蛋白激酶 (cAMP-dependent protein kinase, 蛋白激酶 A) 253
依赖 DNA 的 DNA 聚合酶 (DNA-dependent DNA polymerase, DDDP) 373
Na$^+$ 依赖型葡萄糖转运体 (Na$^+$-dependent glucose transporter, SGLT) 230
依鲁替尼 (ibrutinib) 423
胰蛋白酶 (trypsin) 271, 304
胰岛素原 (proinsulin) 29
胰脂肪酶 (pancreatic lipase) 271
移码突变 (frame shift mutation) 401
遗传工程 (genetic engineering) 58
遗传密码 (genetic code) 401
遗传性着色性干皮病 (xeroderma pigmentosum, XP) 383
乙醇胺 (ethanolamine) 267
乙酰 CoA (acetyl CoA) 237
乙酰化 (acetylation) 416
乙酰 CoA 羧化酶 1 (acetyl CoA carboxylase 1, ACC1) 280
乙酰乙酸 (acetoacetate) 277
乙型肝炎病毒 (hepatitis virus B, HBV) 381
异构酶 (isomerase) 105
异化作用 (dissimilation) 170
异柠檬酸脱氢酶 (isocitrate dehydrogenase) 239
异头碳 (anomeric carbon) 211
异头物 (anomer) 211
抑制剂 (inhibitor) 126
抑制型 G 蛋白 (inhibitory G protein, G$_i$) 437
抑制作用 (inhibition) 126
易错 PCR (error-prone PCR) 380
易位酶 (translocase) 105
引发体 (primosome) 376
引物 (primer) 376
引物酶 (primase) 375
吲哚美辛 (indomethacin) 457
Northern 印迹法 (Northern blotting) 87

Western 印迹法 (Western blotting) 87
Southern 印迹法 (Southern blotting) 86
有氧氧化 (aerobic oxidation) 237
诱导剂 (inducer) 436
诱导契合 (induced-fit) 120
"诱导契合"学说 (induced-fit hypothesis) 119
原卟啉 (protoporphyrin IX) 163
原蛋白 (proprotein) 29
原发性主动运输 (primary active transport) 158
圆二色谱法 (circular dichroism, CD) 49
运动耐力 (exercise tolerance) 258

Z

杂多糖 (heteropolysaccharide) 209
杂交 (hybridization) 85
杂种 (hybrid) 73
载脂蛋白 (apolipoprotein, Apo) 292
增强子 (enhancer) 389
增色效应 (hyperchromic effect) 84
β折叠 (β pleated sheet) 22
折叠酶 (foldase) 417
蔗糖 (sucrose) 219
蔗糖酶 (saccharase) 230
正超螺旋 (positive supercoil) 72
支链氨基酸 (branched-chain amino acids, BCAA) 349
支链淀粉 (amylopectin) 222
β-脂蛋白 (β-LP) 293
α-脂蛋白 (α-LP) 293
脂蛋白脂肪酶 (lipoprotein lipase, LPL) 294
脂蛋白脂肪酶缺乏遗传病 (lipoprotein lipase deficiency, LPLD) 95
脂多糖 (lipopolysaccharide) 227
脂筏 (lipid raft) 156
脂肪 (fat) 262
脂肪肝 (fatty liver) 296
脂肪酸 (fatty acid, FA) 265
脂肪酸合酶复合体 (fatty acid synthase complex) 281
脂褐质 (lipofuscin) 197
脂溶性扩散 (lipid diffusion) 166
脂酰 CoA-胆固醇脂酰转移酶 (acyl-CoA-cholesterol acyl transferase, ACAT) 290
脂质 (lipid) 262
脂质体 (liposome) 163
直接修复 (direct repair) 383
直链淀粉 (amylose) 221
RNA 指导的 RNA 聚合酶 (RNA-directed RNA polymerase) 394
质量检验 (quality inspection) 470
质量控制 (quality control, QC) 470
质量源于设计 (quality by design, QbD) 4, 470

质谱（mass spectrum，MS）　　　　　　　45
质子泵（proton pump）　　　　　　　　183
质子动力势（proton motive force，PMF）　189
中间代谢（intermediary metabolism）　169，171
中心法则（the central dogma）　　　　　368
"中心法则"（central dogma）　　　　　　57
终止（termination）　　　　　　　　　　408
终止因子（termination factor）　　　　　408
终止子（terminator）　　　　　　　　　388
重症免疫缺陷（severe combined immunodeficiency，SCID）
　　　　　　　　　　　　　　　　　358
逐步反馈抑制（step feedback inhibition）　340
主动运输（active transport）　　　　　158
主动转运（active transport）　　　　　165
转氨酶（transaminase）　　　　　　　309
转氨作用（transamination）　　　　　　309
转换数 K_{cat}（turnover number　　　　102
β 转角（β turn）　　　　　　　　　　　23
转录（transcription）　　　　368，385，399
转录激活样效应因子核酸酶（transcription activator-like
　　effector nuclease，TALEN）技术　　58
转录泡（transcription bubble）　　　　388

转录因子（transcription factor，TF）　　389
转录组学（transcriptomics）　　　　　　2
转醛醇酶（transaldolase）　　　　　　244
转酮醇酶（transketolase）　　　　　　244
转位蛋白（translocater）　　　　　　155
转位酶（translocase）　　　　　407，411
转位子（protein translocator）　　　　421
转移酶（transferase）　　　　　　　104
转运 RNA（transfer RNA，tRNA）　55，75，403
自身激活作用（autocatalysis）　　　　304
Lesch-Nyhan 综合征（Lesch-Nyhan syndrome）　357
阻遏剂（repressor）　　　　　　　　436
组胺（histamine）　　　　　　　　　318
组蛋白去乙酰化酶（histone deacetylase complex，
　　HDAC）　　　　　　　　　　　417
组蛋白乙酰转移酶（histone acetyl transferase，
　　HAT）　　　　　　　　　417，423
RNA 组学（Rnomics）　　　　　　　58
最大反应速率（maximum velocity）　　124
最适 pH（optimum pH）　　　　　　126
最适温度（optimum temperature）　　125